Rehenes en Marte

Novela

M. G. Cooper

Traducido y Editado por: Aracely Valderrabano

Primera Edición en Español Julio 2019

La imaginación es el suelo,
Una idea es la semilla,
El conocimiento es el abono;
El resultado es un proyecto asombroso que se hace
realidad.

Marte está ahí para ser explorado, nos está esperando.

M.G. Cooper

A Dios, quien creó el universo para ser explorado, y me dio la imaginación para escribir esta historia.

A mi Papá que se fue muy pronto, y cuyo nombre utilicé para el Comandante Terra 1.

A mi Mamá quien hizo todo lo posible para prepararnos para la vida.

A mi Esposa Aracely, que me ha acompañado a lo largo de esta aventura.

A mis hijas Lesley y Stephanie.

A todos los Científicos y Exploradores del pasado, presente y futuro de la Tierra, quienes transforman los sueños en ideas y las ideas en realidad.

A todas las personas que de una manera u otra contribuyeron en mi vida para poder imaginar, crear y creer en un gran futuro.

Agradecimientos

Durante mi vida he tenido el privilegio de conocer a personas muy interesantes, que de una u otra manera han contribuido a mi interés por la ciencia, la exploración y, en particular, la Exploración del Espacio.

Aquí menciono a aquellos que me han inspirado, para agradecerles su amistad y apoyo.

Coronel James B. Irwin Astronauta del Apolo XV.

Sr. Hugh W. Harris Director de PAO en KSC.

Sr. Robert B. Sieck, Director de Lanzamiento del Transbordador Espacial y Director de Operaciones del Transbordador.

Charles Bolden Astronauta de la NASA y Administrador de la NASA.

Robert Cabana Astronauta de la NASA y Director de KSC.

William Gerstenmaier, Director de Vuelo Espacial Humano.

John P.Shannon, Gerente del Programa de Transbordadores.

Michael Leinbach, Director de Lanzamiento del Transbordador Espacial.

Peter Nickolenko, Director del Lanzamiento del Transbordador Espacial.

Michael Moses Director de Pruebas del Transbordador Espacial.

Astronauta Vance D. Brand Astronauta de la NASA Apolo Soyuz y el Transbordador Espacial.

Dr. Farouk El-Baz Centro para Teledetección de la Universidad de Boston.

Dr. Robert Zubrin Presidente de Mars Society.

Dr. Carl Sagan.

Y a todos los Científicos e Ingenieros de los Vikings, Pathfinder, MER, Beagle, Curiosity, InSight y todos los Vehículos no Tripulados que tenían y tendrán Marte en su destino.

También me gustaría agradecer a los grandes Exploradores, el Almirante Cristóbal Colón y el Capitán James Cook por su inspiración, y al Dr. Wernher Von Braun y Albert Einstein por su ejemplo.

Y un agradecimiento especial para usted, lector, que invertirá tiempo en este esfuerzo y, con suerte, encenderá su imaginación.

Indice

La Fórmula

Esta fórmula es una representación de la ventaja de dividir un proyecto en diferentes entidades para su ejecución, dependiendo del tamaño del proyecto estas entidades pueden ser las personas, los departamentos de una empresa, las diferentes instalaciones o los diferentes países, como en el caso de la exploración tripulada de Marte.

Mientras avance en el libro, puede comprender todos los conceptos involucrados que deben ser considerados.

Esta fórmula es para definir el tiempo necesario para cada elemento o sección del proyecto.

$$TOn = \sum_{n}^{1} (df - d1)/rf$$

TOn = tiempo para alcanzar el objetivo "n" (por ejemplo, lanzadores, entrenamiento, vehículos espaciales, etc.)
df = fecha de finalización comprometida.
d1 = fecha inicial (considerando que todo se necesita para comenzar).
(df-d1) dará el total de días necesarios para completar.
n = Número de participantes (países, universidades, empresas, científicos).
rf = factor de riesgo para completar el proyecto.

$$rf=(b)(c)(gs)$$

Dónde:

b = presupuesto
c = compromiso a largo plazo
gs = estabilidad del gobierno o empresa

Los valores a considerar son 1 para Sin riesgo y 0 para riesgo. Si cualquier variable es un riesgo, entonces el valor del factor de riesgo será 0, lo que significa un alto riesgo de no completar, este factor se reducirá si los costos y el esfuerzo se producen y existe un compromiso, aprovechando la experiencia de cada participante. Si la gestión del proyecto se asigna a una entidad externa, los riesgos disminuirán.

La formula final es:

$$\text{TPT} = \sum_{n}^{1} (\text{TOn}) - (\text{LTST})$$

TPT = Tiempo total del proyecto.
TOn = Tiempo para alcanzar el objetivo (de la fórmula anterior).
LTST = período de tiempo total simultáneo más largo.
n = número de elementos.

La reducción real en el TPT se obtendrá con el TST que representa la cantidad de tiempo que es común a todas las etapas del proyecto, lo que significa que aunque una ejecución necesita una secuencia específica, la planificación y el desarrollo se pueden llevar a cabo en el mismo período de tiempo, ya que no tienen dependencia.

Si bien esta no es una ecuación matemática que producirá un valor absoluto, muestra las ventajas de dividir este proyecto en particular en muchos países participantes.

Esta es la diferencia entre los dos enfoques: muchos países trabajan juntos para lograr un objetivo común y muchos países trabajan independientemente para lograr el objetivo, lo que significa que cada uno debe repetir la experiencia. La probabilidad de éxito en el primer caso es mayor que la probabilidad de cualquier esfuerzo individual, principalmente por el costo y el tiempo para lograrlo.

Prefacio

Desde la antigüedad, los seres humanos han observado Marte y han imaginado que está habitado; Los canales y las ciudades fueron construidos por ellos. Desde entonces, se han escrito cientos de historias sobre Marte, sobre la invasión de la Tierra por parte de los marcianos; Se han mostrado diferentes tipos de criaturas en dibujos animados y series de televisión, se han escrito libros y películas sobre la exploración humana de Marte.

Durante muchos años he estado imaginando cómo sería posible un viaje tripulado a Marte con la tecnología disponible. Desarrollé algunos diseños conceptuales con diferentes enfoques.

Para hacer este concepto más completo, incluí el factor Humano; esto es para reunir un grupo altamente compatible de astronautas debido al hecho de que estarán juntos durante casi tres años, y para proporcionarles todo lo que necesitan además de consumibles, estos son aspectos espirituales, privacidad, entretenimiento, contacto virtual con sus familias, entre otros aspectos de la vida humana.

Cada capítulo de este libro se enfoca principalmente en un tema específico, pero como muchas actividades tienen lugar paralelamente, también se cubren, esto le permite al lector seguir todos los eventos a través del tiempo.

Esto podría ser una posibilidad para los primeros exploradores. He incluido otros factores aquí para hacer esta novela más intrigante para invitar al lector a continuar esta aventura junto con los personajes.

Al final, habrá leído la mayoría de mis ideas, desde la creación de una Organización Internacional para la Exploración del Espacio hasta el primer asentamiento humano en Marte. Intenté incluir todos los factores a considerar, una forma de ensamblar la estación Terra-1 en la superficie de Marte, la implementación de un invernadero, la búsqueda de vida y agua, además de otras posibilidades como el ensamblaje de una Estación de la Órbita de Marte. esta es una estrategia paso a paso.

Tal vez esto podría considerarse la secuencia para ir a Marte.

Quería compartir estas ideas con todos aquellos que pudieran estar interesados en la Exploración humana de Marte, pero tenía que encontrar una forma que lo hiciera fácil de leer, no como un libro científico sino como una novela.

Esta parte de ciencia, de ciencia ficción, historia se desarrolla en paralelo a un thriller, aparentemente sin tener una relación entre sí, hasta que convergen en un punto.

Cada proyecto nos ha mostrado algo: Vostok y Mercury nos mostraron que los humanos podemos llegar al Espacio; Voskhod y Gemini son los primeros vehículos para dos miembros de la tripulación, operaciones de encuentro y acoplamiento en órbita terrestre con otro objetivo, la primera actividad extra vehicular o EVA. Apolo mostró la capacidad de alcanzar otro cuerpo celeste; Apollo-Soyuz abrió el camino para la cooperación internacional hacia objetivos específicos; Salyut, Skylab y MIR son las primeras Estaciones Espaciales, el Transbordador Espacial, una maravilla de la ingeniería que muestra la capacidad de realizar increíbles actividades en el espacio y construir estructuras muy grandes, la EEI que nos ha demostrado que los humanos pueden vivir largos períodos en órbita, y cómo enviar suministros a una tripulación en órbita, la Integración de muchas naciones en este proyecto como los Estados Unidos, Japón, la Agencia Espacial Europea, Canadá y Rusia comenzaron el programa comercial con la participación de empresas privadas, el Soyuz una nave muy confiable para Orbita terrestre ha permitido mantener la rotación de las tripulaciones. Hemos visto el nacimiento del Programa Espacial Chino con Shenzhou y la Base Espacial Tiangong, y todos los programas robóticos que han llegado a los Planetas del Sistema Solar y más allá. La era espacial que se inició con el Sputnik en 1957, hace solo sesenta años, tiene un futuro muy prometedor.

Además de la Misión a Marte, enfatizo la necesidad de cuidar la Tierra, mantener la naturaleza equilibrada y la importancia de dejar de dañar nuestro Planeta, nuestro único hogar en el universo en este momento. Nadie en su sano juicio pensaría destruir su propia casa sabiendo que no hay otra, ni siquiera si esto significa ganar todo el dinero del mundo.

He incluido algunos gráficos para ayudar a entender los diferentes conceptos. Mi deseo es que esta descripción de la Misión de Marte pueda contribuir de alguna manera al programa Espacial, y que en un futuro cercano, podamos presenciar la llegada de los primeros Humanos en Marte.

Este es un homenaje no solo a los astronautas, sino a todas las personas que trabajan para apoyarlos en el Espacio, este es el grupo de operaciones, el Control de Lanzamiento, el Control de la Misión y el personal administrativo. Como el astronauta Charles Conrad una vez me escribió en una carta: "Durante el Apolo XII, tuve la parte divertida, hay miles de personas que hicieron posible esta Misión".

Espero que disfrute este libro, disfrute Marte, pero principalmente disfrute la Tierra y manténgala a salvo.

Sinceramente

M.G. Cooper

Febrero, 2019, Mayo 2020.

Capítulo 1 Vamos a casa

25 de abril de 2033 Chryse Planitia, superficie de Marte.

Los Marsnauts Leonard Cooper, Nancy Jones, Yelena Pavlova y Kiochi Kanko estaban parados frente al Mars Lander-1 listos para abordar, para un viaje a la órbita de Marte, donde se encontrarán y acoplarán con la estructura orbital de Marte formada por Orion y Habitat.

"Bien, estamos concluyendo la primera Expedición Humana de Marte; hemos construido los cimientos para futuras misiones, estamos orgullosos de reportar que La base Terra-1 está en operación. El invernadero está produciendo vegetales para las siguientes tripulaciones". Comentó el Comandante Cooper.

"Estamos listos para recibirlos en órbita", dijo el Astronauta Thornton en la radio desde la órbita de Marte. "Estamos monitoreando sus sistemas e itinerario y no tenemos objeciones, debe tener un viaje sin problemas".

"Gracias" respondió el Comandante Leonard Cooper, "vamos a ingresar al Mars Lander ahora para prepararnos para el viaje. El Marsnaut Kanko abordó el módulo de aterrizaje primero, seguido por la Marsnaut Pavlova, luego Nancy Jones y finalmente el Comandante Leonard Cooper. En la escotilla del Lander miró hacia el paisaje marciano y dijo: "Maravilloso Planeta, misterioso y bastante hostil". Cerró la escotilla.

Dentro del Lander, la tripulación se preparó para el despegue, comenzaron a seguir la lista de verificación para el procedimiento de despegue, incluía tareas como asegurarse de que no hubiera nada suelto dentro del vehículo, el PPC (contenedor de paquete personal) de cada miembro de la tripulación almacenado y asegurado. Verificar que la escotilla esté cerrada y asegurada, también que el traje espacial de cada tripulante este presurizado, así como el suministro de oxígeno. Verificar la carga eléctrica en las baterías, que los paneles solares externos hayan sido desconectados y almacenados; cada miembro de la tripulación debe verificar que el otro esté asegurado en su asiento de lanzamiento.

...

En la órbita de Marte, los Marsnauts Thornton y Yang Tzu estaban monitoreando el evento y enviando comunicaciones a la Tierra, aunque la información tomaría alrededor de 5.8 minutos en una dirección, por lo que estaban actuando como Control de la Misión. El software se ha verificado y todos los parámetros para despegar se han cargado en las computadoras de a bordo del módulo de aterrizaje, de acuerdo con los últimos cálculos de la posición de la estructura orbitando Marte y el módulo de aterrizaje en el momento del despegue.

...

En el Centro de Control de la Misión en Tierra, los Controladores de Vuelo ejecutaban una simulación que coincidía con lo que estaba ocurriendo en Marte, recibían la telemetría del estado con una demora de 5.8 minutos, con esta información se actualizó la simulación. Si algo parecía anormal, notificarían a la estructura orbitando Marte y al Mars Lander, aunque esto no es para decisiones críticas debido a la demora de tiempo.

Orbitador de Marte al Mars Lander" dijo el Astronauta Thornton. "De acuerdo con los parámetros reales de nuestra órbita y su posición, tienen una ventana de cuatro minutos y siete segundos para el despegue; el tiempo preferido es al comienzo de la ventana. Teniendo esto en cuenta, pueden configurar su reloj de cuenta regresiva en T-20 minutos sin pausas programadas; esto les dará tiempo suficiente para revisar todo y prepararse para partir de la superficie".

"No hay tormentas u otras situaciones atmosféricas que podrían abortar el despegue! Continuó, "Todo el software está cargado, así que siéntese y disfrute del viaje, los veremos aquí en unas pocas horas"

"Gracias, Robert, el reloj de cuenta regresiva comenzará en 3,2,1, ahora, está bien, el reloj corre para despegar en diecinueve minutos y cincuenta y ocho segundos", respondió el Comandante Cooper.

...

Cerca de seis minutos más tarde, el centro de Control de la Misión en la Tierra recibió la señal que indicaba que había comenzó la cuenta regresiva. "Entonces, deberían estar ahora a unos seis minutos para despegar", dijo el Director de Vuelo John Livingstone, y luego agregó "¡Buena suerte Endeavour! Que tengan un despegue seguro". Continuaron monitoreando los eventos y siguiendo la simulación.

...

Todo el mundo estaba siguiendo esta transmisión, las agencias de noticias lo llaman Partiendo de Marte, tienen corresponsales en el Control de la Misión en Houston, en Alemania y en Rusia.

"Como vemos en la simulación en unos cuatro minutos, la Tripulación de Terra-1 despegará de Marte completando cerca de dos años de exploración de superficie y activando el primer campamento humano en Marte, que consisten en un hábitat llamado Mars Lab, un invernadero y un Rover, este reportero ha aprendido que, en los próximos años, este Terra Camp aumentará su tamaño y funcionalidad al agregar nuevos módulos. "Miró la pantalla de simulación y dijo" Solo quedan dos minutos, tendremos la confirmación del lanzamiento dentro de 6 minutos. ….."

...

A bordo del Mars Lander todo transcurría sin problemas, sin alarmas u otros problemas. "Un minuto para despegar", Nancy Jones dijo "Activando los procedimientos de aborto". T- 50 segundos ...... .40 segundos. "Todo se ve bien", dijo el Marsnaut Thornton por radio, "estamos

listos para recibirlos" T-20 segundos, T-10 segundos. Válvulas propulsoras activadas para abrir, T -
5,4,3 segundos. "El reloj se ha detenido", dijo Nancy, el Comandante Cooper miró la pantalla de la
computadora "mira, está esperando algo, está mostrando la palabra código y tiene un cursor
parpadeando" "¡¿un código!? '" dijo con sorpresa "No hay nada así en el procedimiento ".

En la radio, el Marsnaut Thornton dijo: "Estoy analizando la situación, no hay ningún código
mencionado aquí; tendremos que esperar al Control de la Tierra. Perderemos la ventana para este
SOL "dijo el Comandante Cooper. "Lo sé, pero no hay opciones", agregó el Marsnaut Thornton.

"Nancy, por favor, asegura el Lander y documenta esta situación, tendremos que ver qué dice el
Control de la Misión sobre esto", dijo el Comandante Cooper.

...

En control de la Misión en la Tierra, los controladores de vuelo siguieron la simulación "Deberían
estar despegando ahora", dijo el Director de vuelo. Se puede seguir una imagen del vehículo en la
pantalla principal, se muestra ganando velocidad y altura.

Seis minutos después, se recibió un mensaje: "El despegue fue cancelado por una computadora
que estaba esperando un código para proceder con los pasos finales, no pudimos encontrar
ninguna información sobre esto. Perdimos la ventana de hoy, díganos cómo proceder".

Se produjo un silencio escalofriante en el Centro de Control de la Misión, los controladores
miraron al Director de vuelo, John Livingstone, quien también se sorprendió con el mensaje. Él dijo
en voz alta "¡Lander!" llamando al jefe de consola de este.

"Sí" respondió un hombre en una consola.

"¿Sabes de qué trata este código?"

"Estoy verificando todos los procedimientos, no hay nada sobre un código que requiera ser
capturado por la tripulación, especialmente en ese momento, justo antes de abrir las válvulas
propulsoras. Estamos validando si la versión del software cargada en las computadoras de Lander
no era la versión definitiva, pero lo dudo nosotros verificamos esto muchas veces".

"¿Dónde está el grupo de ingenieros de los motores del Mars Lander?, los necesito ahora mismo!",
Dijo el director de vuelo.

"Están todos en la sala de atrás viendo esto" dijo el ingeniero de la consola del Lander.

John Livingstone salió de la habitación junto con el director de operaciones y se dirigió a la sala de
atrás, donde un grupo de ingenieros analizaba el código que controla la secuencia de despegue y
el funcionamiento del motor.

"¿Alguna pista?" Dijo Livingstone

"Estamos revisando todo el código y hemos simulado secuencias de despegue muchas veces. En todos los casos, todas las pruebas se realizaron sin ningún problema, los motores debieron haberse disparado, no entendemos qué está causando que no se abran las válvulas, si hay un problema de hardware se debería haber emitido una alarma, pero no hay nada, no hay alarmas de sensores. Hemos contactado al constructor en Alemania ", explicó el jefe de ingenieros y fue interrumpido abruptamente por Livingstone. "Pero eso no sucedió, necesito una solución, ¡necesito respuestas!".

"Tenemos que analizar todas las causas posibles; necesitan ejecutar más pruebas con todas las situaciones. Esto debe resolverse rápido; la tripulación en la superficie tiene suministros para dos meses como máximo, y perderemos la oportunidad del viaje de regreso; llevará más tiempo y eso significa más provisiones para el viaje, que tal vez no tengamos ", dijo el Sr. Livingstone.

"Hagamos la simulación desde el principio y carguemos una nueva versión de software que hemos probado una y otra vez ". Agregó Livingstone.

"Bien, ya escucharon al Director de Vuelo, preparemos todo para comenzar otra simulación" y luego miró al Sr. Livingston. "Señor, nos gustaría tener aquí a algún miembro de la tripulación de respaldo que haya recibido la capacitación, para que puedan seguir el procedimiento".

"Cuente con eso" el Sr. Livingstone dijo, tomó el teléfono y habló con el Jefe de la Oficina de Astronautas, "Sally, este es John Livingstone, como sabes el Despegue de Marte fue abortado hoy por alguna falla no identificada, hemos realizado algunas pruebas, pero queremos ejecutar la secuencia con la tripulación, por lo tanto, necesito la tripulación de respaldo del módulo de aterrizaje lo antes posible".

"Ok John estarán en el simulador en 30 minutos al máximo, son Thompson, Sorensen y Carpilango".

"Gracias", respondió y terminó la llamada.

"Se reportarán aquí en media hora", le dijo al Jefe de Ingenieros.

...

En la sede de la Organización Mundial de Exploración Espacial en Berna, el Presidente de esta era el Dr. Christopher Cook, estaba siguiendo los eventos de la Misión de Marte; escuchó sobre el problema con el módulo de aterrizaje. Llamó a Charles Washington, Gerente del Programa de Marte y Jefe de la Agencia Espacial de los Estados Unidos. "Charles, ¿qué puedes decirme sobre esta situación?", Preguntó con ansiedad.

"Estamos analizando la información enviada por el Mars Lander y un equipo está realizando pruebas, comenzaremos una simulación completa con un equipo en 30 minutos, Livingstone está con ellos"

"Necesitamos resolver esto rápido, si es necesario envía un grupo a Alemania en donde se construyó el módulo de aterrizaje. Si no pueden despegar en las próximas oportunidades, ¿qué opciones tenemos?

"El equipo alemán está trabajando en el problema, parte del equipo que ensambló el Lander está aquí, el grupo de motores está trabajando con simulaciones".

"¿Recuerdas el nombre del ingeniero alemán que diseñó el motor?".

"Era Erich Von Stuhlinger, de Astrotechnika, creo que ahora está retirado, es un increíble ingeniero y científico".

"Bueno, debes tratar de contactarlo, hasta donde recuerdo es el nieto del equipo lidereado por Wernher Von Braun en Alemania y en Estados Unidos, el grupo que diseñó el Saturno V".

"Lo haré señor".

"Esto se tiene que resolver lo más pronto posible, yo manejaré la prensa". Mantenme informado de cualquier situación, si es necesario, iré a Alemania".

El Dr. Cook colgó el teléfono; fue a la sala de prensa donde todos los corresponsales esperaban una actualización.

"Buenas tardes, solo tengo una nota rápida" Acabamos de recibir un mensaje del Mars Lander referente a que, por alguna razón, el motor no inició al final del proceso de la cuenta regresiva, estamos revisando esta situación con los expertos de Control de la Misión en Houston y con la compañía alemana que lo construyó. La tripulación está bien, tendrán que esperar unos días para otro intento, tienen provisiones para dos meses. Tan pronto como tenga más información, se las haré saber ", dijo el Dr. Cook.

Uno de los periodistas preguntó: "Señor, ¿qué pasaría si los motores no inician?" el Dr. Cook se volvió hacia él y dijo "Eso es algo que no sucederá", salió de la habitación. Todos los periodistas se quedaron en la sala comentando entre ellos.

El Dr. Cook regresó a su oficina, se sentó en su silla y miró la fotografía de la tripulación en la pared y la de su familia en el escritorio, de repente sonó el teléfono. "Sí, señora Dust".

"Tengo una llamada para usted".

"Por favor, tome el mensaje y dígale a esa persona que llame más tarde".

"Es un hombre, dice que sabe la respuesta al problema del motor".

"Ok, transfiera la llamada" "Habla Christopher Cook".

"Sé cómo resolver el problema y que su tripulación pueda reanudar su Misión y regresar a la Tierra", dijo la persona al teléfono.

"¿En verdad? ¿Cómo sabe que hay un problema con el motor? ¿Es un ingeniero? "Preguntó el Dr. Cook.

"Soy un excelente ingeniero, escuche cuidadosamente, el motor y los sistemas están bien".

"Entonces, ¿cuál es el problema? ¿Quién es?", Dijo enojado el Dr. Cook.

Capítulo 2 Una vida simple

1991, en algún lugar de un área agrícola.

Parte 1 Infancia

Andrew Kurt Johnston estaba en el jardín de su casa, tenía 14 años, le gustaba jugar con aviones y cohetes, siguió las Misiones del Transbordador Espacial y todas las Misiones relacionadas con el Espacio en la televisión y la radio. Les ha dicho a sus padres que quiere convertirse en un ingeniero de propulsión. "Construiré el cohete que llevará a las personas a Marte", solía decir.

Sus amigos eran Oliver, Hans, Hussein, Yuri y Jillian.

Su familia posee una gran granja que estaba cerca de otras, esta tierra era principalmente de cultivo para trigo y maíz.

Hace algunos años, una corporación de petróleo y gas estaba explorando estas tierras y encontró gas debajo de la superficie. Uno de los agricultores vendió su tierra y se construyó una refinería de Gas a pocos kilómetros de distancia, por lo que la propiedad se convirtió en un área industrial.

Desde que abrieron esa refinería, sus cultivos se han visto afectados y algunos días ha habido mal olor en el aire, el clima ha cambiado, la temporada de lluvias se ha acortado.

El padre de Andrew era un agricultor de 52 años, su abuelo también había sido agricultor, era una tradición familiar y ellos habían sido dueños de esta tierra por muchas generaciones.

"Parece que esta tierra está muriendo" Su padre le dijo a su esposa, "mira este maíz, son pequeños, algunas áreas son completamente estériles"

"¡Esta maldita industria está matando a nuestra tierra, helos aquí! presentado quejas, pero no se hace nada, parece que a nadie le importa".

"No te enojes, recuerda que es malo para tu salud", dijo su esposa.

"Estoy preocupado por Andrew, con esta situación no podré pagar su educación, y esta tierra no durará mucho más, quizás tendremos que venderla"

"Veremos eso en su momento" dijo su esposa.

...

Era temprano en la mañana de un día de otoño. Como cualquier otro día, el Sr. Johnston bebió su café y se preparó para comenzar un día en la granja. Andrew se fue a la escuela y su esposa estaba en la cocina.

Él estaba en su tractor trabajando en el campo; detuvo el tractor porque comenzó a sentir náuseas. Se bajó y se paró cerca de él. Intentó detenerse en el cuándo se desmayó.

Su esposa estaba en la cocina, estaba mirando a Andrew jugando con sus amigos, habían llegado hacia unas horas. Muy lejos, ella vio el tractor; ella no le dio importancia porque sabía que su esposo estaba allí. Ella siguió trabajando en la cocina, estaba horneando un pastel.

Se volvió hacia la ventana, vio que el pequeño Andrew se estaba despidiendo de sus amigos, eran los hijos de los vecinos, era casi la hora de la cena. Ella vio el tractor y se dio cuenta de que estaba en la misma posición.

Ella salió de la cocina y dijo "Andrew, entra y lávate las manos".

Andrew miró a su madre corriendo hacia el tractor; él solo se paró en el porche de la casa, no sabía lo que estaba pasando.

Ella llegó y encontró a su marido tirado en el suelo, con sangre saliendo de su boca. Trató de cargarlo, pero no pudo hacerlo, regresó a la casa y llamó a un doctor y a algunos vecinos. Andrew la estaba viendo con una mirada de asombro.

Los vecinos llegaron y la ayudaron a cargarlo y llevarlo a su cama, estaba muy débil, pero con vida, llegó una ambulancia y lo llevó al hospital de la ciudad más cercana.

"Ve con él", un vecino le dijo "cuidaremos de Andrew".

...

La Sra. Johnston estaba en la sala de espera del hospital, esperando recibir noticias, eran cerca de las dos de la madrugada.

Después de un tiempo, vino un médico. "¿Cómo está?", Preguntó con angustia. "Está estable en este momento, pero estamos realizando algunas pruebas, tendremos los resultados por la mañana".

"¿Puedo verlo?" "Sí", el Doctor dijo "Está un poco débil". "Gracias Doctor", dijo y caminó hacia la habitación; abrió la puerta y lo miró tendido en la cama, con tubos y máquinas por todas partes. Le sostuvo la mano y él abrió los ojos e intentó sonreír. "Solo descansa, estarás mejor mañana", Andrew está con los vecinos, Los McKinsey, pasará la noche allí, yo me quedaré aquí contigo".

Eran casi las cuatro de la madrugada cuando el Sr. Johnston, llamó a su esposa, ella estaba tratando de dormir en un sillón cerca de la cama, se despertó y se acercó "¿Qué hay querido?", Dijo. Él la tomó de la mano y con voz muy débil dijo "asegúrate de que Andrew vaya a la universidad". Hizo una pausa y se esforzó por continuar "Te amo", dijo, sonrió, cerró los ojos y en unos segundos falleció.

Llamó a las enfermeras y los doctores. El jefe de Doctores en ese momento llegó, lo examinó, intentó aplicar RCP, pero no hubo respuesta. Desconectó todo el equipo y le dijo: "Lo siento mucho, se ha ido".

Recibió el certificado de defunción como causa de muerte, cáncer pulmonar y de estómago que se había extendido a todos los demás órganos y que posiblemente causados por sustancias químicas en la atmósfera.

El pequeño Andrew recibió la noticia de su madre "Tu papá ahora está con el abuelo y la abuela, tuvo un ataque al corazón", ella no le dijo la verdadera causa.

Andrew fue a su habitación llorando, dijo "Papá, dónde estás, te necesito".

...

Al día siguiente fue el funeral, fue enterrado en el cementerio de la ciudad. Después de eso, todos los vecinos y amigos se reunieron en la casa de campo para presentar sus respetos a la Sra. Johnston y a Andrew. Todos sus amigos estaban con él, "No estés triste Andrew" dijo Jillian "Todos estaremos siempre juntos ".

Parte 2 Juventud

La situación con la granja empeoró, la Sra. Johnston no pudo ocuparse de eso, y hubo una gran presión por parte de las grandes corporaciones que necesitaban la tierra, casi la forzaron a venderla.

Se mudaron a la ciudad donde Andrew fue a la escuela secundaria, mantuvo contacto con sus amigos, tenía casi 18 años. Era un muy buen estudiante y recibió cartas de invitación de grandes universidades que le ofrecían becas, incluida la LMU de Munich.

"Encontraré trabajo aquí" le dijo a su madre.

"¡Tonterías!, los últimos deseos de tu papá fueron que asistas a la Universidad, tienes potencial y él estaba seguro de que serías un gran ingeniero, además yo estaré bien con el dinero de la Granja".

Andrew la vio "Te extrañaré mamá, pero te llamaré todos los días, vas a estar orgullosa de mí".

...

Andrew y su amigo Hans fueron admitidos en la Universidad, eran amigos desde la infancia y solían jugar que hacían viajes al Espacio. Andrew se inscribió en Ingeniería Aeroespacial y Hans en Robótica.

Andrew y Hans mantuvieron contacto con los otros amigos de su infancia.

Ambos completaron el título de Licenciatura con honores. La madre de Andrew vivía en el Reino Unido, en una ciudad tranquila. Viajó a Alemania para la graduación de su hijo. Él recogió a su madre en el aeropuerto de Munich y la llevó al hotel. "Estoy muy orgullosa de ti, y estoy segura de que tu padre también, este era su sueño", dijo y Andrew sonrió. "Estoy segura de que hay muchas chicas a las que les gustaría que fueras su novio" "Vamos madre, no tengo tiempo para eso, además sigo teniendo contacto con Jillian, ¿la recuerdas? Ella era de la Granja al otro lado de la calle". Ella lo miró y dijo "Sí, la recuerdo, creo que su papá murió hace unos meses, se mudaron a Wisconsin". Él la miró y dijo: "Sí, me dijo eso, estaba preocupada por su madre". Se casó con un chico francés, pero se divorció de él pocos años después de "Oh". Su madre dijo: "No lo sabía, ¿tiene hijos?" "No, no tiene, de hecho, estará en la graduación de mañana, sabes que Hans también se está graduando, tal vez recuerdes a sus padres ". "Sí, tal vez" dijo ella.

Al día siguiente fueron a la universidad donde se iba a llevar a cabo la ceremonia. Todos los graduados estaban sentados en las primeras filas.

La madre de Andrew estaba sentada en el primer piso; ¿Jillian llegó y la vio "Sra. Johnston? Soy Jillian, la amiga de Andrew de la tierra de cultivo "era una joven hermosa" Hola Jillian, por supuesto que te recuerdo "Ella la miró," Mírate". Eres una chica muy hermosa". "Gracias", respondió ella. Se sentaron porque la Ceremonia iba a comenzar.

Todos los Graduados fueron presentados, mencionaron en una sección especial a aquellos que se graduaron con Honores, eran pocos entre ellos Andrew y Hans".

Después de la Ceremonia, Andrew, su mamá, Hans y sus padres y Jillian fueron a celebrar a un restaurante donde recordaron los tiempos en las Granjas y su infancia.

Las grandes compañías de alta tecnología de Europa miraban el perfil de los estudiantes, por lo que Andrew y Hans fueron admitidos en una de las principales compañías Aeroespaciales de Europa.

"Recibí una oferta de trabajo de una compañía llamada Astrotechnika; las oficinas centrales están cerca de Colonia, aunque tienen instalaciones en muchos países. Ellos diseñan motores para cohetes y para naves Espaciales, me ofrecieron también una beca para una maestría y tal vez un doctorado "" Eso es maravilloso ", dijo su madre. "Es una empresa con alto reconocimiento internacional; es un contratista para Agencias Espaciales"

Esta compañía estaba trabajando con los motores del cohete Astro y con los diseños de motores para vehículos espaciales no tripulados. Los mejores ingenieros están aquí tienen mucha experiencia; algunos de ellos son descendientes del equipo alemán de cohetes de la Segunda Guerra Mundial que fue dirigido por el Dr. Von Braun.

Parte 3 El ingeniero

Andrew fue nombrado jefe de sistemas de propulsión, trabajó en diseños de vehículos no tripulados, específicamente en sistemas de aterrizaje, su equipo estaba trabajando con los cohetes que se utilizarán para la fase descendente de los Mars Rovers que explorarán el planeta. Él tenía que viajar mucho al Laboratorio de Propulsión a Chorro en Pasadena, California.

Fue invitado a asistir al Centro Espacial Kennedy con el lanzamiento del cohete Delta II que llevará el Mars Rover Spirit a Marte. Tuvo lugar el 10 de junio de 2003, un mes después regresó para asistir al Lanzamiento del Mars Rover Opportunity. "Qué gran experiencia es ver esos increíbles cohetes que se elevan para llevar una sonda espacial a otro planeta", dijo a las personas que formaban parte del equipo y que también se encontraban en el área de observación. Alguien agregó "y, también saber que trabajaste en esto, tu trabajo estará en Marte". "Sí, eso es increíble".

Pocos meses después, en enero de 2004, siguió la llegada de ambos vehículos y estaba muy orgulloso de ver que los motores en los que había participado funcionaban perfectamente.

Fue a mediados de marzo cuando recibió una llamada de Plymouth, Devon. Pensó que era su madre porque ella vivía allí, era alguien que no conocía. "Hola Andrew, soy Margaret Wilson, soy vecina de tu madre. Ella no se sentía bien así que la traje al Hospital aquí en Plymouth. "¿Ella está bien? ¿Qué pasa con ella? ", Preguntó.

"Ella está bien, pero ella preguntó por ti, quiere verte".

"Llegaré allí lo antes posible", dijo.

Llegó al Hospital donde estaba, parecía muy débil. Le preguntó al médico sobre su diagnóstico y le dijo: "su madre está muy enferma, tiene cáncer, comenzó en el estómago hace un tiempo y se ha extendido a otros órganos, debe prepararse para lo inevitable".

"¿Cuánto tiempo le queda? Preguntó.

"Es difícil de decir, tal vez algunas semanas", dijo Andrew mirando muy preocupado y triste, después de una breve pausa, preguntó "¿Puedo verla?".

"Sí, por supuesto", respondió el médico "aunque ella podría estar un poco adormilada".

Andrew entró a su habitación y dijo "¿Mamá? Soy Andrew ".

Ella abrió los ojos un poco "hola Andrew, me alegro de que hayas venido, le estaba diciendo a tu padre que estaba seguro de que vendrías".

"¿Mi padre?" dijo, "Murió hace muchos años ", pensó.

"Trata de descansar mamá, te llevaré a Alemania" dijo.

"¿Vives allí?", Preguntó y se quedó dormida.

Andrew siguió mirándola, algo desconcertado. Salió de la habitación y llamó al doctor "Me reconoció, pero ella me dijo que habló con mi padre, que ha estado muerto durante más de diez años".

"Le dimos un tranquilizante, así que tal vez ella está confundida".

"No es tan grande para estar tan enferma" Andrew le dijo al doctor "Bueno, parece que desarrolló este cáncer hace algunos años, pudo haber comido o bebido alimentos contaminados por algún tiempo o respirado aire contaminado. Entiendo que tu padre murió por la misma causa".

Andrew lo miró y dijo "no, él estaba trabajando en la granja, se cayó y le dio un infarto".

"Bueno, tu madre nos dijo eso, entonces tal vez algo más en la granja lo causó".

"¿Por qué me dijo eso?", Pensó "Quizás supuso que era más fácil para mí entenderlo".

"Me estoy quedando en el hotel al otro lado de la calle; Vendré temprano en la mañana. Aquí está mi número de habitación, en caso de que sea necesario".

El doctor tomó la hoja de papel y se fue.

•••

Al día siguiente, Andrew regresó al hospital para ver a su madre, ella estaba despierta.

Salió del hospital y regresó a su casa en Alemania.

Unos días más tarde recibió una llamada de que su madre había fallecido, regresó al Hospital y recibió el Certificado de Defunción.

Fue a la casa de su madre para empacar algunas cosas; Jillian estaba con él para ayudar. "Sabes", dijo, "le compré esta casa, le gustó mucho, nunca me dijo que tenía cáncer, y que papá también lo tuvo".

"No quería preocuparte" le dijo Jillian y continuó: "Mucha gente en esa área tenía cáncer, tal vez estaba relacionado con las industrias que llegaron allí, contaminaban, el suelo, el aire y el agua. ¿Recuerdas cómo todos los animales de la granja estaban muriendo?

"Quizás, esa fue la causa" dijo.

Encontró el archivo de la familia, donde guardaba todos los documentos como pasaportes y certificados. Encontró el certificado de defunción de su padre; lo leyó y vio que la causa de la muerte había sido el cáncer de estómago y de pulmón. Miró el certificado de su madre, parecía que la causa de la muerte era casi la misma. No le dio mucha importancia a esto en ese momento.

•••

Años después, Oliver, un amigo de la infancia de Andrew, se casaba en Francia, por lo que invitó al grupo original, Hans, Hussein, Jillian, Andrew y Yuri, todos tenían cerca de 27 años.

Hablaron de su infancia; algunos de ellos también habían perdido a sus padres. Todos vivieron en diferentes lugares, esa tierra de cultivo se ha extinguido, ahora solo había fábricas, se ha convertido en un área industrial.

Esta fue la última vez que todos estuvieron juntos.

Pocos meses después de esa reunión, Andrew se enteró de que Oliver y Hussein murieron en el conflicto de Irak, mientras buscaban armas de destrucción masiva que nunca se encontraron.

...

Andrew solicitó un trabajo en diferentes Agencias Espaciales sin éxito. Sabía que tenía potencial para cosas más grandes; estaba cansado de hacer el mismo tipo de trabajo una y otra vez, por lo que decidió crear su propia empresa.

"Crearé mi propia empresa que se llamará Tecnología Creativa", se dijo a sí mismo.

Invitó a Hans a trabajar con computadoras, y buscarán a otras personas. Ofrecerán servicios en robótica, motores, y buscarán a otras personas que puedan administrar otras áreas como comunicaciones, ingeniería y otros. Su idea era construir una compañía que pudiera ofrecer servicios a la industria, universidades y Agencias Espaciales, que era su principal interés.

Andrew obtuvo su maestría y doctorado en sistemas de propulsión; él siempre estaba estudiando e intentando encontrar los mejores sistemas para viajes espaciales y trayectorias para alcanzar planetas y otros cuerpos celestes.

En 2011 viajó al Centro Espacial Kennedy para presenciar el último lanzamiento del transbordador espacial. Vio que el *Atlantis* ganaba altitud y aceleración; fue una experiencia increíble, sentir la vibración del aire causada por los motores y los cohetes de combustible sólido "Buen viaje Atlantis" dijo y siguió mirando hacia arriba hasta que desapareció sobre las nubes.

Fue llamado como consultor para participar en el diseño de vehículos de diferentes Agencias Espaciales; participó con las Misiones del Curiosity, Rosetta , ExoMars y Schiaparelli.

Con la Agencia Espacial China realizó evaluaciones para el módulo lunar Chang'e 3 y para los nuevos cohetes de la serie Long March.

Andrew mantuvo siempre la confidencialidad de sus clientes, y su nombre era bien conocido en el negocio Espacial.

"Esto es algo que siempre me ha preocupado", le dijo Andrew a Hans. "¿Qué es Andrew?".

"Mira las noticias" le mostró algo en Internet, Hans lo leyó "Los casquetes polares están en sus niveles más bajos de los últimos 20 años, esto provocará un aumento en la temperatura de un promedio de 2 grados Celsius, poniendo en peligro la vida en algunas regiones del planeta" continuó" Los compromisos de las cumbres del cambio climático son ignorados "

Andrew interrumpió su lectura "Mis padres y algunas personas de las granjas donde crecimos murieron de cáncer debido a la contaminación en el aire, la tierra y el agua, nuestros dos amigos murieron en una guerra" hizo una pausa y luego continúa apuntando a la computadora "mira esto, guerras en todas partes, amenazas nucleares. Parece que nunca aprendemos, es como si quisiéramos destruir nuestro planeta".

"Bueno, esa es la naturaleza de los humanos, es absurdo pero la codicia de tener más riqueza y poder ciega la conciencia y el razonamiento, la gente olvida que este es solo un planeta, no un mundo ilimitado con recursos ilimitados para sostener la vida", dijo Hans.

Andrew dijo en un tono de meditación: "Supongo que tienes razón, no hay mucho que podamos hacer por nuestra parte, espero que esto se detenga antes de que sea demasiado tarde. No estamos listos para movernos a otro planeta, aunque la exploración humana de Marte está tomando forma".

Terminaron la conversación y volvieron a sus actividades.

Capítulo 3 2019 Un Compromiso Mundial.

En las Naciones Unidas, representantes de todos los países miembros y no miembros, jefes de las Agencias Espaciales, jefes de las organizaciones mundiales se reunieron en el salón de la Asamblea General. El objetivo de la sesión fue anunciar oficialmente la Organización Mundial de Exploración Espacial (WSEO por sus siglas en inglés).

La nueva organización sería formada por representantes de todas las Agencias Espaciales y Organizaciones Científicas. Tendrá un Presidente que será seleccionado por todos los miembros; Esta posición tendrá una duración de cuatro años, con la opción de reelección, el Grupo de gestión estaría formado por todas las Agencias Espaciales que actualmente tienen programas activos en el Espacio, Misiones tripuladas y no tripuladas.

El Secretario General de la ONU anunció: "Líderes mundiales, científicos, líderes de agencias espaciales, damas y caballeros, hoy hace 50 años el Apollo 11 aterrizó en la Luna, saludamos a los astronautas, ingenieros y científicos que hicieron posible esta gran aventura. No hay una fecha mejor para anunciar la creación de una nueva Organización Mundial que aproveche las fortalezas y la experiencia de diferentes países para alcanzar objetivos comunes, como la Organización Mundial de la Salud, el Banco Mundial, UNOOSA, la UNESCO entre otros, la nueva organización es la Organización Mundial de Exploración Espacial. Esta nueva organización tendrá como misión explorar el universo con fines pacíficos para mejorar la vida en la Tierra. La Visión será identificar proyectos comunes para el beneficio de la vida en la Tierra".

Toda la audiencia se puso de pie y aplaudió.

"Esta Organización tendrá un Presidente, y un grupo de directores formado por los jefes de las Agencias Espaciales que tienen misiones de Exploración Espacial y Misiones Espaciales no tripuladas y un grupo de apoyo formado por Institutos Científicos y Universidades. La sede central estará en Suiza".

"El objetivo de WSEO es identificar proyectos Espaciales de interés común basados en estas premisas:

- Exploración Espacial tripulada.

- Observación de la Tierra.

- Exploración Espacial no tripulada.

Cada Agencia Espacial decidirá la participación en los diferentes proyectos de acuerdo con sus capacidades y experiencia, los fondos para cada proyecto serán asignados por cada agencia o institución de acuerdo con su participación, aunque estos proyectos son puramente científicos, tienen un retorno de la inversión porque todas las innovaciones producirán beneficios en la Tierra".

"Todas las reglas legales y operativas se pueden revisar en el documento de la Constitución de la Organización Mundial de Exploración Espacial, y como siempre, será revisado y actualizado constantemente".

"Tengo el privilegio de presentarles el primer grupo de Directores, seleccionado por los jefes de las Agencias Espaciales:" cuando mencionó a cada miembro, caminaron hacia el frente.

El Director General: Dr. Christopher Cook.

El Grupo de Miembros de la Administración formado por los jefes de las agencias espaciales.

"Los miembros del grupo de Apoyo pueden ser consultados en el Acta Constitutiva."

"El compromiso de este grupo es identificar proyectos espaciales comunes que beneficiarán a la Tierra para unir esfuerzos y recursos para lograrlos. El grupo definirá estos proyectos, los presentará a los Líderes Mundiales para su aprobación, esto garantizará los fondos y el compromiso para alcanzar estos objetivos, sin importar las situaciones políticas".

Ahora tengo el privilegio de presentarles al Dr. Christopher Cook, Presidente y Director General de la Organización Mundial de Exploración Espacial".

La audiencia se levantó y aplaudió. El Dr. Cook se acercó al estrado.

"Gracias, Señor Secretario", el Dr. Cook dijo y continuó- "Es un honor servir como el primer Presidente de la Organización Mundial de Exploración Espacial. Debo decir que esta Organización es la evolución del ISECG fundada en 2006, este grupo es nuestro cimiento".

"El programa espacial siempre ha involucrado la cooperación en la Exploración Espacial, el Apollo-Soyuz en 1975 fue la primera interacción de los Estados Unidos y la Unión Soviética, luego del Transbordador Espacial y la Estación Espacial MIR, y ahora la Estación Espacial Internacional que incluye muchas naciones, la Unión Soviética tuvo el programa Intercosmos (Интеркосмос) en el que participaron diferentes naciones".

"En el campo de las misiones no tripuladas también se han realizado contribuciones, con instrumentos, orientación, seguimiento entre otros temas".

"Ahora es el momento de comprometerse a alcanzar nuevas metas, no es necesario que las diferentes naciones trabajen por separado para lograr un objetivo, tenemos que aprovechar el conocimiento y la experiencia que cada nación tiene en campos específicos, incluida la ingeniería en todos sus campos, botánica, agricultura, minería, meteorología, salud, psicología, arquitectura y alimentación. Hay naciones que contribuirán con alta tecnología; otros contribuirán con los estudios realizados en agricultura que pueden ser adecuados para realizar cultivos en ambientes extremos".

"Hemos identificado estos cinco objetivos como nuestras principales metas:

1.- Observación de la Tierra. - Se están haciendo muchas cosas, pero tenemos que unir nuestros esfuerzos para hacer que este sistema sea global, ya que el Mundo es un Planeta, tenemos que ser capaces de monitorearlo como una unidad, sus océanos, casquetes polares, bosques, clima, temperatura, contaminación y otros factores, y esto disparará las alarmas para identificar dónde se deben tomar las medidas correctivas. Además de un sistema satelital global para comunicaciones y rastreo, para poder localizar barcos, aviones, trenes y todos los vehículos que necesitan ser rastreados.

2.- Una misión tripulada a Marte. Este es un esfuerzo global, durante años hemos estado siguiendo las misiones que una nación u otra han hecho para comprender mejor el Planeta Rojo, todo este conocimiento nos da una buena idea de lo que un equipo tendrá que vivir allí por el equivalente de un año terrestre, la misión durará casi cuatro años. Las experiencias en la ISS son los cimientos de este proyecto.

3.- Sistema de defensa de asteroides. Nuestro objetivo es crear un sistema de defensa eficiente que nos permita desviar un asteroide que pueda ser una amenaza para la Tierra, para evitar una posible catástrofe.

4.-La Luna. Nuestro satélite es un excelente laboratorio, nuestro objetivo es tener una pequeña Estación Espacial orbitando la Luna, y esto servirá como un puente para la exploración de la Superficie Lunar. Desde aquí, los módulos de aterrizaje reutilizables podrían usarse para llevar Astronautas y Cosmonautas a la Superficie Lunar y viceversa. Un Vehículo Espacial Orion transportará a los Astronautas desde la Tierra a la Base Orbital Lunar.

5.- Proceso de Escombros Espaciales. Nuestro compromiso es garantizar la seguridad en el Espacio, especialmente cerca de la Tierra, trabajaremos en un proyecto para recuperar los desechos de la órbita terrestre mediante unidades colectoras no tripuladas que entrarán en la atmósfera para destruirlas, evaluando el riesgo de que algunas piezas puedan alcanzar la superficie del planeta. Estos recolectores seleccionarán piezas grandes como secciones de cohetes y piezas pequeñas como herramientas, tornillos entre otros. Crearemos las regulaciones que todas las naciones deberían seguir para no abandonar los desechos espaciales en órbita, y todos los satélites deben incluir un sistema para devolverlos a la Tierra cuando hayan alcanzado su vida operacional. Estamos buscando tener una operación limpia en el espacio, sin riesgos de escombros para las Misiones Espaciales tripuladas.

Además, la Estación Espacial Internacional continuará su operación, así como los proyectos Espaciales particulares que cada país tiene.

Todos estos proyectos comunes tendrán beneficios para todo el mundo en diferentes campos, agricultura, medicina, electrónica, etc. y buscan la conservación de nuestro Planeta, nuestro único hogar es el universo, al menos por ahora.

Debo agradecer especialmente al Administrador de la NASA en el periodo 2009 y 2016, porque fue un elemento clave en la creación del ISECG que es nuestro cimiento, también impulsó la participación de empresas privadas en el Programa Espacial, para que la NASA enfocara sus esfuerzos en otros objetivos como Exploración de Espacio Profundo. Está aquí con nosotros como invitado de honor y es parte de nuestros asesores. Por favor, denle un gran aplauso.

Nuestro compromiso en este momento es presentarle a esta audiencia un plan formal de nuestros objetivos, con la participación de cada país y un plan de proyecto en esta fecha en un año, es decir en 2020. Puedo anticipar que esperamos llegar a Marte para el año 2032.

Permítanme presentarles al equipo de Directores que está formado por los Jefes del Programa Espacial de sus Naciones:

Sr. Charles Washington de la NASA
Sr. Vladimir Viktorenko de Roscosmos
Sr. Peter Walheim Ulrich Director de ESA
Sr. Takuma Nagaoka Agencia Espacial Japonesa JAXA
Sr. Graham Bishop Agencia Espacial Canadiense CSA
Sr. Matthew Campbel de CSIRO Australia
Sr. Lin Long Director de la Agencia Espacial de China
Sr. Renjith Singh Director de la Agencia Espacial de la India
Sra. Rosella Pellegrini Agencia Espacial Italiana
Sr. Pierre Dordain Agencia Espacial Francesa
Sr. Lukas Schneider de la Agencia Espacial Alemana DLR
Sr. Parl Hyowon de la Agencia Espacial Coreana
Sr. Oleg Povh Agencia Espacial de Ucrania
Sr. Nada Mansoori Agencia Espacial de los Emiratos Árabes Unidos
Sra. Heather Cavendish de la Agencia Espacial del Reino Unido

Estas son las agencias que formaron parte de ISECG, estoy seguro de que muchas otras agencias se unirán a este grupo en un futuro cercano.

Gracias, si tienen alguna pregunta, estaré encantado de responderla".

Una persona preguntó: "¿Puede explicarnos brevemente cuáles son los planes para la iniciativa de Observación de la Tierra?"

El Dr. Cook respondió: "Ciertamente, como saben NASA y ESA ya tienen grandes programas en observación de la Tierra, medición de temperatura, emisiones, deterioro de casquetes polares, deforestación, derrames de petróleo por mencionar algunos, y por otro lado rastrear barcos y aviones, el objetivo es ampliar todas estas capacidades en todo el mundo, con el compromiso de responder a las situaciones ambientales de acuerdo con el Documento del Calentamiento Global de París 2015, aquellos países que afectan el medio ambiente y no aplican soluciones deben ser sancionados de alguna manera, pero esto es algo que será decidido por otra organización ".

Otro periodista preguntó: "Acerca de la exploración humana de Marte, ¿puede decirnos una visión general sobre ella?".

El Dr. Cook respondió: "Marte ha sido el centro de atención de la exploración humana desde la antigüedad. El programa Apollo nos mostró que es posible aterrizar en otro cuerpo celeste, el Transbordador Espacial nos mostró cómo se podrían construir grandes estructuras en el Espacio, una excelente plataforma de ingeniería para el Espacio. La Estación Espacial Internacional ha demostrado que los humanos pueden pasar hasta un año en la ingravidez, ahora tenemos cohetes de mayor capacidad de carga, la construcción de un vehículo de exploración del espacio profundo está en progreso. Todos los países participarán con su mejor experiencia. Este es un proyecto sobre sinergia, un objetivo común para la humanidad que deja de lado las diferencias. Cuando lleguemos a Marte, estaremos en el nombre de todos nosotros, de este planeta, para todas las generaciones".

La persona solicitó un seguimiento. - "¿Cómo van a recuperar sus inversiones estos países?".

El Dr. Cook respondió: "Cada país diseñará y construirá componentes específicos de acuerdo con su experiencia, esto creará nuevas empresas, empleos, comunidades y pueblos que crecerán y nuevas oportunidades de mercado, y además de lo que se está construyendo, nuevas cosas que podrían usarse en actividades cotidianas. Cada país es responsable de obtener los fondos de su Programa Espacial; esta organización únicamente coordina".

Alguien preguntó: "¿Cómo va a elegir a los astronautas?, ¿quién va a ser el primero en pararse en la superficie de Marte?".

El Dr. Cook respondió: "Seleccionaremos una tripulación primaria y una de respaldo, se seleccionarán los astronautas y cosmonautas mejor calificados. Quién será el primero en pisar Marte, eso es algo que discutiremos en el momento apropiado cuando se seleccione a la tripulación".

El mediador de la ONU dijo, "bueno, esas son todas las preguntas para hoy, estoy seguro de que en futuras conferencias se podrán abordar más preguntas. Gracias Dr. Cook".

El Dr. Cook salió del podio al final de la presentación; el público se levantó y aplaudió por largo tiempo.

Fuera de la ONU se llevaban a cabo algunas manifestaciones de diferentes temas como la hambruna mundial, la esclavitud humana, la injusticia social, pancartas que podían leerse "Mejora la vida en la Tierra", "No contamines a Marte".

Un reportero de televisión afuera de la ONU estaba transmitiendo el evento: "Este ha sido el discurso del recién designado presidente de la Organización de Exploración Espacial, el Dr. Christopher Cook. Él y todos los miembros están dejando la ONU ahora, afuera hay personas de muchas nacionalidades protestando contra la creación de esta Organización, algo muy común aquí. Este ha sido Malcolm O'Connor transmitiendo desde la ONU en Nueva York".

Capítulo 4 El incidente de Tokio

En la sede central de Interpol en Londres, los agentes estaban investigando una serie de mensajes que aparentemente se refieren a algunos posibles ataques terroristas en Japón en 2020. En ese momento no tenían suficiente información para la fecha y el lugar, por lo que tenían que analizar información y buscar más pistas.

...

En Tokio se hacían preparativos para la inauguración de la XXXII Olimpiadas que tendrá lugar el 24 de julio de 2020.

Fireworks and Visual Artistic Shows Inc. fue una de las empresas seleccionadas para la instalación y operación de los fuegos artificiales y el espectáculo de láser, la organización pidió ciertas secuencias e imágenes, todas las empresas tienen que presentar una simulación además del presupuesto.

Hiroki Wako era el jefe de la compañía; tenía un grupo de ingenieros con especialidad en el manejo de fuegos artificiales y electrónica. Primero, programarán las secuencias en simuladores de computadoras, para presentarlas al Comité para su aprobación; también deben garantizar la seguridad de todos los asistentes en el estadio.

Kuan Onishi era un ingeniero de software con experiencia en robótica; él era el jefe de un grupo de ingenieros responsables de programar todas las secuencias. Leroy Otto fue un diseñador que preparó una simulación en computadoras para que el Comité de Organización pudiera verlas antes de continuar con la instalación. Una vez aprobadas, trabajarán estrechamente con el equipo de ingeniería del Estadio Olímpico para tener los ductos y estructuras necesarios para la instalación de los fuegos artificiales y los sistemas láser.

El comité de organización estaba coordinando todas las actividades en preparación para las ceremonias de apertura y los siguientes eventos. Como siempre, la ceremonia de apertura sería muy compleja, estaban planeando usar robots, un espectáculo de láser, la pirotecnia además de los espectáculos que se llevarían a cabo, como cantantes, bailarines, etc.

Para octubre de 2019, todos los contratistas deberían haber presentado sus simulaciones de acuerdo con las solicitudes formuladas por el Grupo de Organización Olímpica, entre ellas el espectáculo de fuegos artificiales y láser.

La empresa seleccionada fue Firework and Visual Artistic Shows, una compañía japonesa con socios internacionales. El espectáculo consistirá en diferentes secuencias en todo el estadio, con un segmento especial a través del que representará los aros olímpicos, y más tarde el Fuego olímpico, que combina luces y fuegos artificiales. El diseño fue aceptado, la empresa tenía que presentar sus requisitos para la ingeniería a más tardar para diciembre de 2019. Esta empresa iba a utilizar más láseres y efectos visuales que fuegos artificiales, para minimizar el riesgo y la contaminación, de hecho, un evento consiste en mostrar un homenaje especial en una cortina de agua. La cortina de agua estará en la parte superior del estadio, pasando por miles de pequeños tubos transparentes; es el primero de este tipo de ceremonias, la proyección usará esto como una pantalla.

En enero de 2020, los fuegos artificiales y espectáculos artísticos visuales presentaron su proyecto final. El sistema de juegos artificiales incluía cableado de respaldo y sistema que se activará en caso de falla del sistema primario, para garantizar la continuidad del espectáculo durante la inauguración. También tienen un espectáculo principal de láser y una opción de respaldo.

En febrero de 2020, la ingeniería civil del Estadio Olímpico terminó con todos los requisitos para todos los grupos, esto significa que había lugares especiales para las lámparas láser y todos los conductos para todas las necesidades eléctricas. También conductos especiales para el cableado requerido por el sistema de láser y fuegos artificiales, así como los contenedores de seguridad, el sistema de extinción de incendios para sofocar cualquier posible mal funcionamiento y una sala de control para que la Compañía monitoree todas las secuencias, instalará sus computadoras y todo lo que se necesita para el sistema.

En el Estadio Olímpico comenzó la instalación, el diseño abarcaba todo el estadio, y a través de una red de energía eléctrica y señalización que recorre todo el perímetro del estadio, cuenta con contenedores para los fuegos artificiales y proyectores que se iniciarán en cada área. Se instaló una red especial de distribución de agua para la proyección en una pantalla de agua horizontal.

Yoshito Kato, presentó su solicitud para ser parte del proyecto, tenía una licenciatura en ingeniería electrónica y tenía experiencia en el manejo de explosivos. Presentó algunos exámenes y calificó para el puesto, iba a trabajar en la instalación del proyecto aceptado.

Los ingenieros comenzaron a instalar todo el cableado que rodea el Estadio Olímpico; identificaron cada área de almacenamiento, o nicho, para fuegos artificiales o proyectores láser. Este era un proyecto muy complejo que involucró muy alta tecnología. La idea principal era usar más efectos visuales que fuegos artificiales reales.

En cada área de almacenamiento pequeña se instaló un pequeño procesador, este procesador controlaría la secuencia de la unidad instalada allí, y enviaría una señal a la siguiente para continuar la secuencia.

Yoshito Kato fue asignado para instalar el cableado y los procesadores en el lado este del estadio, comenzó a instalar el cableado y los microprocesadores, cada segmento fue probado antes de continuar al siguiente y antes de instalar fuegos artificiales o proyectores láser.

Una vez que se probaron el cableado y la secuencia, se continuó con el siguiente módulo.

Yoshito estaba en su teléfono móvil hablando con alguien, dijo, no hay problema, la red estará lista a tiempo, y colgó.

Estaba instalando un procesador en una de las pequeñas áreas de almacenamiento, se recibía el cable de señal   y se conectaba al dispositivo adecuado que fue programado para activar una unidad láser o de fuegos artificiales, por alguna razón él instaló un cable adicional que era desviado a un pequeño módulo con un conector que en algún punto se conectaría con otra unidad. Este módulo se instaló en la base de la pequeña área de almacenamiento y se cubrió con una base falsa que simulaba el piso de la pequeña área de almacenamiento. Repetía esta misma instalación cada diez áreas de almacenamiento pequeñas, pero solamente en las que se instalarían fuegos artificiales.

Un mes antes de la inauguración de los juegos, casi toda la instalación se había completado, los láseres fueron probados, incluida la secuencia de ejecución, para los fuegos artificiales, solo verificaron que la señal era recibida, encendiendo una pequeña lámpara LED conectada allí provisionalmente, porque en este momento los fuegos artificiales no se instalaron físicamente, por razones de seguridad.

El modelo de la computadora funcionaba perfectamente, probaron el sistema primario y de respaldo, simularon algunas fallas, y estas pruebas se realizaron cada día, todo tenía que funcionar perfectamente.

Dos semanas antes de la inauguración, los fuegos artificiales iban a instalarse, esta era una operación muy delicada que requería toda la atención para conectar los módulos, aunque los fuegos artificiales vienen en pequeños paquetes que contienen el sistema de encendido dentro de un pequeño panel de la computadora y un conector externo para los cables que provienen del módulo donde se instaló un led.

Hiroki Wako reunió a todo el equipo para felicitarlos por un trabajo bien hecho, y anunció la siguiente parte del proyecto, esta fue la instalación de los paquetes de fuegos artificiales. Explicó que cada paquete tiene un número, cada uno debe instalarse de acuerdo con el diagrama, porque el tablero de la computadora en cada paquete ejecutará la secuencia de acuerdo con las señales recibidas, y si uno se desincroniza puede afectar el resultado. Anunció que la instalación de los paquetes de fuegos artificiales lo harían el Sr. Yamamoto en el lado este y el Sr. Oshuki en el lado oeste porque tenían experiencia en este tipo de eventos, y el Sr. Kato iba a trabajar con el láser y la pantalla de agua. El Sr. Kato dijo. "Pero señor, con todo respeto, instalé todo el cableado en el lado este, me gustaría participar en esto". El Sr. Wako respondió: "Su supervisor me dijo que hizo un excelente trabajo con eso, y que su campo de experiencia es la electrónica, por eso lo reasigné, porque necesitamos su conocimiento en esta sección". El Sr. Kato respondió "Gracias, señor", y pensó "ahora cómo voy a terminar mi trabajo, pensaré en algo".

Al día siguiente, el equipo comenzó con este trabajo, los fuegos artificiales llegaron en camiones especiales. Comenzaron a instalar uno por uno de acuerdo con el diagrama. El Sr. Yamamoto estaba instalando el primer paquete cuando descubrió que el conector tenía un cableado adicional, no sabía qué hacer con él, ya que no estaba documentado, y se suponía que solo se introduciría un conector en el paquete de fuegos artificiales. Avanzó a la siguiente pequeña área de almacenamiento para verificar esto, y descubrió que solo algunos tenían este cable adicional, por lo que instaló los otros. Cuando miró el diagrama, se dio cuenta de que el cable adicional se presentaba cada 10 pequeñas áreas de almacenamiento. El Registró los que instaló y marcó los otros para revisar esto con su jefe y los diseñadores.

Yoshito Kato le telefoneó a alguien: "Necesito aquí una intervención urgente, el nombre es Yamamoto, le envío su fotografía, necesito confirmación cuando esto haya sido realizado, diciendo esto colgó".

...

En la sede central de Interpol en Alemania, uno de los agentes transmitió este mensaje a toda la red:

Acabo de interceptar una llamada, probablemente desde Tokio a Colonia. "Necesito una intervención urgente aquí, el nombre es Yamamoto, le envío su fotografía, necesito confirmación cuando esto haya sido realizado" final de la llamada. El agente aparentemente agregó una fotografía que fue incluida o iba a enviarse por separado, no se recibió aquí.

En la Interpol Japón el mensaje se recibió, un agente comentó "esto no es mucha información, tenemos que estar al tanto de cualquier persona llamada Yamamoto sea reportada a la policía, no podemos hacer nada en este momento".

...

El Sr. Yamamoto estaba saliendo del estadio para regresar a su casa, como de costumbre caminó hacia la estación de Yotsuyasanchome para tomar un autobús. Dejó sus herramientas y el diagrama en su casillero. No se dio cuenta de que alguien lo estaba siguiendo, llegó a su casa en el área de Yamatocho. Fue recibido por su esposa y dos hijos.

Al día siguiente se levantó temprano para prepararse para ir al estadio, solo faltaban 10 días antes de la Ceremonia Inaugural, por lo que tenía que terminar las instalaciones y buscar las áreas de almacenamiento que tenían el cable adicional, él iba a revisar esto con su supervisor.

Llegó a la parada de autobús de Yamatocho, estaba esperando el autobús cuando un automóvil se detuvo y le preguntó algo, ya que no podía escuchar, se acercó al automóvil. El hombre del automóvil repitió la pregunta y le mostró un mapa. El Sr. Yamamoto se acercó más y llegó al mapa, en este punto el hombre del auto le mostró un arma y le dijo en japonés: "sube al automóvil". Miró a su alrededor. El hombre del auto dijo: "Ni lo pienses". El Sr. Yamamoto subió al automóvil y este abandonó el área.

En el Estadio Olímpico, todos los trabajadores habían llegado. El Supervisor estaba buscando al Sr. Yamamoto, se dijo así mismo, "Que raro, él suele llegar aquí muy temprano, tal vez haya un problema en el tráfico". Luego llamó a Yoshito Kato y le dijo: "Necesito que vaya al lado Este y vea lo que falta, Yamamoto no ha llegado y tenemos que completar el trabajo, la inauguración está a solo nueve días".

"Ok, iré a recoger mis herramientas y los paquetes de fuegos artificiales" respondió Yoshito.

"Antes de que vaya al techo del lado Este, tiene que venir a recoger su gafete, de lo contrario, el personal de seguridad le negará el acceso". El supervisor le dijo.

Yoshito se dirigió a su casillero para recoger sus herramientas y todo lo que necesitaba, luego fue a su automóvil y eligió unas diez cajas pequeñas, luego se dirigió al área de almacenamiento y pidió los paquetes de fuegos artificiales para el lado Este. Puso todo en un carro especial que tienen para transportar todas las herramientas al techo del estadio. Luego fue a la oficina del supervisor para recoger su gafete.

Caminó hacia el ascensor de servicio, mostró su gafete al guardia de seguridad, este lo escaneó para asegurarse de que era auténtico y registró su entrada para mantener el control de todo el personal que trabajaba en el estadio. "¿Qué hay en el contenedor?" Preguntó el guardia.

"Explosivos, quiero decir fuegos artificiales, este es el manifiesto" Se lo mostró al Guardia "¿Quiere verificarlo?".

Miró las cajas y escogió una, miró la etiqueta, volvió a ponerla en su lugar y dijo "Adelante".

Yoshito tomó el ascensor, llegó al techo y comenzó a verificar cada una de las áreas pequeñas de almacenamiento, o nichos, para validar la instalación del paquete de fuegos artificiales y registrarlo en el diagrama, uno nuevo. Marcó los que estaban instalados, luego marcó los que él estaba instalando. Se dio cuenta de que solo algunos de ellos faltaban, estos fueron los que él preparó con el cable adicional.

Llegó al primero, sacó una de las cajas que tenía, se marcaron como fuegos artificiales, sacó uno de los paquetes pequeños que colocó en el fondo del carro de almacenamiento, lo instaló cuidadosamente en la parte inferior del área de almacenamiento, tomó el cable pequeño y se conectó a este paquete adicional, luego desdobló la caja en donde venia el paquete, parecía un cartón plano, insertó el cartón en el área para simular su fondo, dejando un orificio muy pequeño para el cable delgado, luego instaló el paquete de fuegos artificiales en la parte superior y conectó el cable a la pequeña placa electrónica que era el control de la secuencia. Repitió la Operación en los siguientes 9 contenedores que el Sr. Yamamoto no instaló debido a la presencia del cable adicional. Yoshito pensó: "Necesito encontrar el diagrama de Yamamoto, estoy seguro de que registró todos estos contenedores".

Ya de noche tomó el ascensor, el guardia registró su salida con el escáner.

...

En la oficina, el supervisor preguntó: "¿Ha llegado Yamamoto o ha llamado?".

"No", respondió el asistente.

"Por favor llame a su casa, esto no es normal, nunca había fallado antes".

El asistente marcó el número - alguien respondió, ella era su esposa.

"Hola, soy la Sra. Seto de Fireworks and Visual Artistic Show, ¿Está el Sr. Yamamoto?", Dijo el asistente.

"No, se fue muy temprano en la mañana al estadio", le dijo.

Hubo un silencio en la línea, después de algunos segundos, la Sra. Seto dijo "Un momento", dejó la línea en espera, y se dirigió al supervisor: "Tengo a la esposa en el teléfono, ella me dijo que el señor Yamamoto salió temprano".

Tomó el teléfono y reanudó la llamada: "Hola señora Yamamoto, este es Jun Okuhara, la llamamos porque él no está aquí en el estadio y no ha llamado, así que queríamos saber si estaba bien".

Hubo un silencio en la línea, luego ella dijo "pensé que él estaba allí, no sé dónde podría estar, tal vez tuvo un accidente, llamaré a los hospitales y a la policía" - interrumpió el Sr. Okuhara - "por favor" no se preocupe, lo buscaremos y la llamaremos, estoy seguro de que está bien ". Gracias, es muy extraño que él no esté allí ", respondió con voz temblorosa.

El Sr. Okuhara llamó a la estación de policía: "Este es el Sargento Mifune, ¿cómo puedo ayudarlo?", Respondió un hombre.

"Habla Jun Okuhara del Estadio Olímpico, uno de nuestros ingenieros no llegó hoy y se fue temprano de su casa, es una persona muy formal, nunca había fallado antes. ¿Puede verificar si lo tiene en sus informes?, tal vez tuvo un accidente".

"¿Cuál es el nombre de la persona?" Preguntó el hombre.

"Sei Yamamoto" - respondió.

"Un momento por favor, déjame acceder al sistema". Verificó en su sistema y después de unos momentos respondió: "Lo siento, pero no tengo a nadie con ese nombre".

Hubo un silencio en la línea: "¿Puede abrir una investigación para encontrarlo?", Preguntó el Sr. Okuhura.

"Bueno, podemos, pero alguien tendrá que venir a la estación y llenar un reporte para una persona desaparecida, aunque por lo general se considera que una persona está desaparecida después de 48 horas desde que fue vista por última vez".

"Entiendo llamaré a su esposa, gracias Sargento", concluyó la llamada.

...

Yoshito Kato llegó al área de casilleros, abrió el suyo, y estaba tratando de averiguar cuál era el asignado al Sr. Yamamoto, los estaba mirando cuando el Sr. Okuhura, el supervisor llegó con un duplicado de las llaves para abrirlo y tratar de averiguar si había algo que pudiera darles una pista sobre su paradero, tomaron todo del casillero y lo llevaron a la oficina del supervisor. Yoshito solo miró lo que tenía; vió el diagrama de instalación entre las pertenencias.

En su oficina, el Sr. Okuhura miró las pertenencias del Sr. Yamamoto, miró el diagrama; notó que algunos lugares de instalación se marcaron como no instalados. "Esto es raro", pensó, "¿Por qué instaló todo esto y omitió estos otros? Lo veré mañana "; él almacenó el diagrama en la caja de seguridad.

...

Al día siguiente, cuando el Sr. Yamamoto no llegó a su casa, ocho días antes de la ceremonia, la Sra. Yamamoto fue a la estación de policía para presentar un reporte por la persona desaparecida.

"Se fue ayer por la mañana", le dijo al oficial, "y él no llegó a su trabajo y no regresó a casa".

"¿Tuvo problemas con él?, ¿quizás algunas peleas, o sospechas que estaba saliendo con alguien?" - preguntó el oficial

"No" - gritó ella - "él no es ese tipo de hombre, estoy segura de que algo le sucedió".

El Capitán de la estación salió de su oficina: "¿Qué está pasando aquí?", Preguntó.

"Este hombre está insultando a mi esposo" - dijo ella.

"Solo estaba pidiendo información tal como el procedimiento estándar lo establece" - Respondió el oficial.

"Por favor, venga conmigo", dijo el Capitán, y la llevó a su oficina. "Por favor, siéntese" - dijo- "ahora, cuénteme lo que sucedió".

Ella se sentó y comenzó a contarle la situación.

"Mi esposo trabaja en el Estadio Olímpico para la compañía que está instalando los fuegos artificiales para la inauguración, estaba muy contento con este trabajo, ayer se fue temprano al estadio, pero nunca llegó, no regresó a casa anoche, intenté contactarlo por teléfono, pero no hubo respuesta ".

Ella empezó a llorar. El Capitán llamó a su asistente, le hizo una señal y ella se acercó a la Sra. Yamamoto, "¿Le gustaría un Té querida?" "Sí, por favor" - respondió y se enjugó las lágrimas.

"Ahora" - El capitán dijo - "Necesito que llene este reporte, sea lo más específica posible, y si tiene una fotografía de su marido sería de gran ayuda, comenzaremos una búsqueda. Una cosa más, ¿ha recibido una llamada pidiendo un rescate o una llamada extraña?

"No" - respondió ella - "ayer por la tarde su jefe llamó a los servicios de emergencia para averiguar si pudiera haber tenido un accidente, pero no se encontró nada".

"No se preocupe Sra. Yamamoto lo encontraremos" - dijo y miró a su asistente. Ella tomó el formulario y un bolígrafo y comenzó a escribir toda la información solicitada.

Cuando terminó, le devolvió el formulario al capitán, "Esta información se capturará en el sistema de persona desaparecida" -le explicó- "Una vez cargado, se envía un mensaje a todas las estaciones en Japón y a Interpol, por lo que la búsqueda va a ser internacional".

...

En un lugar no identificado, el Sr. Yamamoto fue retenido en una habitación, sin ventanas y con una puerta cerrada, solo recibía una bandeja de comida cada mañana, tarde y noche. No se le permitió ver a sus captores. No hablaban cerca de esa habitación y tocaban música clásica en todo momento dentro de la habitación, para que no pudiera identificar ninguna voz o sonidos.

Uno de los secuestradores le dijo usando un dispositivo de distorsión de voz: "No se preocupe, lo vamos a tener aquí hasta la inauguración de los Juegos Olímpicos, lo liberaremos después de eso y podrá salir libre, así que no intente hacer cualquier estupidez, si quiere regresar con su esposa y sus hijos, por cierto tiene una esposa muy hermosa, sería una lástima que se quedara viuda tan joven".

El Sr. Yamamoto parecía enojado pero impotente de hacer cualquier cosa. - Preguntó - "¿Qué quieren de mí?" - Dijo el hombre con la voz distorsionada - "no queremos nada, solo tiene que estar aquí en silencio".

...

En la sede de la Interpol se recibió el mensaje sobre personas desaparecidas, había muchos nombres en la lista. Ejecutaron un proceso para igualar los nombres con los nombres que identificaron en mensajes sospechosos. El nombre Yamamoto fue mostrado. El oficial llamó a su supervisor. "Tenemos una coincidencia aquí, una persona Yamamoto está desaparecida y el nombre Yamamoto estaba en el mensaje que interceptamos que decía: 'Necesito intervención urgente aquí, el nombre es Yamamoto, le envío su fotografía, necesito confirmación cuando esté lista' ". El Supervisor, que era sargento, accedió a la base de datos para leer el informe de la persona desaparecida, no encontró nada especial, por lo que remitió la información a Interpol Alemania y el Reino Unido.

...

Yoshito Kato llegó al estadio, el supervisor lo llamó, "Buenos días Yoshito" - dijo- "¿puede decirme el estado del trabajo en el techo del lado Este?".

"Terminé ayer la instalación de todos los paquetes, faltaron algunos, pero ahora están completos".

"¿Sabe por qué una de cada 10 cajas no estaba instalada todavía?" Preguntó el supervisor.

"Tal vez el Sr. Yamamoto hizo esto para seccionar el trabajo, así sería más fácil verificarlo más tarde". El supervisor lo miró y, después de una pausa, dijo: "sí, quizás tenga razón".

Yoshito Kato preguntó: "por cierto, ¿ha encontrado algo sobre el Sr. Yamamoto?" El Supervisor lo miró y dijo: "Todavía no, es muy extraño, es una persona muy responsable". Yoshito agregó- "Estoy seguro de que está bien", y se fue hacia el ascensor hasta el techo del estadio. Tomó su teléfono y marcó un número, alguien respondió "¿sí?", Yoshito solo dijo "paquetes en su lugar" y finalizó la llamada.

El Detective Ito llegó al estadio para hablar con el Sr. Okuhura para reunir más información sobre el Sr. Yamamoto.

"Buenas tardes, soy el detective Ito del departamento de policía. Estoy buscando al señor Okuhura".

"Soy el asistente del Sr. Okuhura, ¿podría decirme su nombre y el motivo de su visita?".

Mostró su gafete "Soy el detective Ito de la estación central, se trata del señor Yamamoto, tenemos un reporte que dice que está desaparecido".

"Un momento por favor, está en algún lugar del estadio, sabe que estamos a solo unos días de la inauguración y hay muchas cosas que deben concluirse". "Entiendo" dijo el detective. "Déjeme hablar con él por radio, Señor, tengo un detective aquí que desea hablar con usted sobre el Sr. Yamamoto". Se escuchó una voz en la radio "Estaré allí en diez minutos, estoy en el techo ahora, por favor dígale que espere".

"Por favor tome asiento, ¿le gustaría un té o agua?". "Agua, por favor" - respondió- Comenzó a mirar el estadio y a todas las personas que trabajaban allí, solo 7 días antes de la ceremonia inaugural. "Esto es magnífico" - comentó - "estos juegos van a ser espectaculares".

"Hola Detective" - El Sr. Okuhura dijo mientras entraba a la pequeña oficina, se quitó el casco- "Soy el Sr. Okuhura, ¿cómo puedo ayudarlo?".

"Buenas tardes, Señor, estoy siguiendo la investigación de la desaparición del Sr. Yamamoto, su esposa llenó este reporte, parece que salió ayer por la mañana de su casa para venir a trabajar, pero entiendo que nunca llegó aquí y no regresó a su casa".

"Sí", dijo Okuhura, "eso es correcto, no ha venido desde ayer, es muy extraño, es una persona muy profesional y nunca ha faltado". Él estaba trabajando en una parte muy importante de nuestro contrato. Lo he buscado en hospitales sin éxito".

"¿Tenía un casillero?" - preguntó el detective.

"Sí, él tenía uno, pero ayer sacamos todo, tratando de encontrar algo que tal vez nos dé una pista. Aquí están todas sus pertenencias".

El detective se acercó a mirarlos, había fotos de la familia, un calendario marcado con las actividades realizadas todos los días, algunas monedas y algunos boletos de autobús usados, nada especial.

El Sr. Okuhura agregó: "Además de eso, tenía este diagrama". Se lo mostró al Detective y continuó: "aquí marcó toda la instalación realizada y las que estaban pendientes, de hecho, otra persona está trabajando en ellas mientras nosotros hablamos".

El detective tomó el diagrama y lo miró cuidadosamente; notó que había un pequeño boceto que tenía un rectángulo con una línea a un lado y una línea en su parte inferior; tenía un signo de interrogación en un lado de esta línea. "Disculpe - el detective le dijo al Sr. Okuhura - "¿Sabe el significado de esto? ".

Tomó el diagrama y miró esta figura, "es la placa de la computadora con el conector que va al paquete de fuegos artificiales o la lámpara láser, pero en nuestro diseño debe haber una sola salida, este otro cable no debería estar aquí, parece que esta figura se refiere a las que no instaló, mire, aquí tiene un asterisco, y también en las instalaciones pendientes "- el Sr. Okuhura hizo una pausa y continuó" Quizás encontró estas anomalías en todas estas tarjetas de circuitos, Tendré que ir personalmente a revisarlos ". Él le dijo a su asistente: "Por favor, llame al Sr. Yoshito Kato, dígale que vaya a mi oficina, tenemos que ir al techo del lado Este para verificar algunas instalaciones, espere, parece que va a llover temprano y la seguridad no nos permiten estar en el techo, por favor dígale que quiero verlo temprano mañana para verificar el lado Este, ¿puede venir mañana, detective?".

"Sí, por supuesto que estaré aquí, ¿el Sr. Kato es parte de su equipo?".

"Él es el ingeniero que comenzó la instalación, lo reubiqué porque necesitaba su experiencia en otra área, pero no sé por qué no hizo ningún comentario al respecto". Él nos dirá mañana".

"Eso es interesante" - dijo el detective - "Deberemos tener respuestas mañana".

...

Yoshito Kato, marcó su teléfono y dijo: "la operación está en peligro, habrá una revisión mañana temprano, había algunas notas en el diagrama del Sr. Yamamoto". La voz en el teléfono decía: "proceda según lo planeado, esté allí para la revisión y haga todo lo posible para cubrir la operación". Después de decir esto, la llamada finalizó.

...

En la sede de la Policía, el Detective Ito buscó información del Sr. Yamamoto y Yoshito Kato, luego de reducir la búsqueda, encontró el perfil del Sr. Yamamoto, mostró que estuvo trabajando en Fireworks and Laser Artistic Company, previamente tuvo trabajos en otras compañías, casado y no tenía antecedentes penales, era un ciudadano promedio.

Luego obtuvo la información de Yoshito Kato, trabajó en algunas compañías de energía, tenía conocimiento de explosivos, había sido arrestado por violencia varias veces durante manifestaciones antigubernamentales.

La policía estaba en busca del Sr. Yamamoto, tratando de reconstruir el camino que podría haber seguido el día que desapareció, le preguntaron a algunas personas de la zona si habían visto algo que podría haber parecido sospechoso.

Temprano en la mañana, los agentes de policía le mostraron una fotografía a un anciano, él era el barrendero de la calle: "¿Ha visto a este hombre?".

El anciano respondió: "Sí, lo conozco, él camina aquí todos los días, y toma el autobús en esa parada, él es muy amable, generalmente me da algo de comida o dinero todas las mañanas, aunque hace varios días que no lo veo desde que abordó un automóvil en lugar del autobús, me pareció que se vio obligado a abordarlo ".

El policía preguntó: "¿Puede describir el auto?".

"Bueno, era un automóvil oscuro, bastante grande, creo que no tenía placas, y los hombres que lo empujaron eran bastante fornidos, cuando los vi simplemente continúe con mi trabajo, no me gusta meterme en asuntos ajenos".

El oficial entonces preguntó: "si le mostramos algunas imágenes, ¿reconocería a estas personas?".

"No lo creo, no vi sus rostros, y ellos estaban allá", señaló hacia la parada del autobús que estaba a unos 35 metros de distancia.

El oficial dijo- "Está bien, gracias, aquí está mi tarjeta, por favor llámame si recuerda algo más". El anciano tomó la tarjeta, se la metió en el bolsillo y asintió.

El oficial llamó al detective Ito, que se dirigía al estadio.

"Este es el detective Ito".

"Este es el agente Kato, parece que el Sr. Yamamoto fue secuestrado; un testigo aquí nos dijo que podría haber sido obligado a subir a un automóvil, donde generalmente toma el autobús por la mañana".

"Gracias" - dijo el detective y continuó- "Necesitaré algunos refuerzos en el estadio, pero necesito que lleguen en silencio, vamos a revisar el área del techo Este y después de eso podría necesitar ayuda para encontrar a una persona".

"Entendido, estaremos ahí en el lado Este del estadio esperando sus órdenes", respondió el oficial.

...

Cinco días para la ceremonia de apertura, a las 8 a.m. El Sr. Okuhura llegó al estadio, estaba esperando al Detective Ito y a Yoshito Kato.

"Buenos días" -Detective Ito le dijo al Sr. Okuhura.

"Buenos días, aquí está su casco vamos a subir ahora, y Yoshito nos alcanzará allá". Le dijo a su asistente: "Por favor, dígale a Yoshito Kato que se comunique con nosotros en el Techo del lado Este".

Ambos caminaron hacia el elevador.

"¿Alguna noticia sobre el Sr. Yamamoto?" Preguntó el Sr. Okuhura.

"Creemos que podría haber sido secuestrado, aunque no se ha hecho ninguna comunicación, y él no es una persona rica". Hay otro motivo oculto, estoy seguro".

Llegaron al techo. El Sr. Okuhura sacó el diagrama y le explicó al Detective: "Mire", señalando el piso del techo, "esta es la unidad E1F", la abrió, "como pueden ver aquí está la placa de la computadora, su entrada y salida, este cable corre desde la sala de control alrededor del estadio, y esta es la conexión a esta caja que contiene las diferentes secuencias que se ejecutarán". Pasaron a al siguiente, el Sr. Okuhura dijo: "Este debería ser E2L, lo que significa que contiene un proyector de láser en lugar de fuegos artificiales". Miró el nombre en el piso y era E2L y de hecho tiene un Proyector o unidad de lámpara.

"Ahora" - dijo el Sr. Okuhura - "vamos a este E10F, que es uno marcado por el Sr. Yamamoto como pendiente", caminaron hacia adelante. "Aquí está", dijo. Se inclinó y abrió la tapa con la llave maestra. Lo miró, tenía el tablero de la computadora, el cable de entrada, la caja de fuegos artificiales movió a un lado la caja de fuegos artificiales, y vio el cable adicional del tablero hacia el fondo del compartimiento, se dio cuenta de que tenía un cartón como falso piso. Movió la caja de cartón lentamente y vio otra unidad pequeña conectada al cable, que tenía un led que indicaba que estaba energizada.

El detective Ito lo miró y le dijo. "No lo mueva, voy a llamar a un experto", tomó su radio y dijo: "Este es el Detective Ito, tenemos un posible artefacto explosivo en el techo del estadio Olímpico, necesito el escuadrón de bombas de inmediato y pida a todas las personas que abandonen el área, al menos hasta que identifiquemos qué es esto, por favor, sean discretos ".

"Enterado" - dijo el hombre de la radio.

"Quizás deberíamos esperar a Yoshito Kato" -Mr. Okuhura dijo- "él debe saber qué es esto".

El detective lo miró y añadió: "Creo que el señor Kato no viene", y luego llamó a sus hombres que estaban en el lado Este del estadio. "Por favor, infórmeme si llega Yoshito Kato, si es así, no hagan nada solo manténganlo a la vista, si quiere dejar el estadio deténganlo, pero tengan cuidado, no sabemos si es peligroso ".

Yoshito Kato llegó al estadio, el asistente le pidió que fuera al tejado del lado Este, tomó su casco y una mochila de trabajo. Llegó al techo y vio al Sr. Okuhura y al Detective de pie en uno de los contenedores, vio que el paquete de fuegos artificiales había sido retirado se dio cuenta de que habían encontrado el otro paquete, pero se preguntó si sabrían lo que era.

Comenzó a caminar hacia ellos, pero sacó algo de su mochila. El detective llamó por radio: "Necesito un francotirador en el lado Oeste, necesito que le disparen a Yoshito Kato, no lo maten, solo inmovilícenlo" dijo el hombre en la radio, "entendido, el francotirador está en camino, el escuadrón antibombas ha llegado y están en camino también ". "Gracias", respondió el detective.

Yoshito Kato continuó caminando hacia ellos; él los alcanzó y dijo: "Buenos días".

El detective estaba mirando sus manos para tratar de ver lo que llevaba; extendió su mano para saludarlo. Yoshito dio un paso atrás y les mostró un pequeño control remoto, y dijo: "Voy a explotar el estadio, yo ......". Todavía estaba hablando cuando se sintió mal y el control se le escapó de la mano. La bala del francotirador lo había alcanzado, golpeando en su pierna izquierda. El detective corrió hacia él y lo agarró de los brazos presionándolo hacia el piso. En el piso, apenas si se le oía a Kato: "No podrán desactivar estas bombas, pueden despedirse de los Juegos Olímpicos". Llegaron el escuadrón de bombas y algunos policías, esposaron a Kato y lo llevaron con ellos.

El escuadrón antibombas se acercó al contenedor y tomó un análisis de rayos X del paquete antes de tocarlo. La imagen mostraba que el conector estaba conectado a un disparador que sería activado tan pronto como comenzara la secuencia de los fuegos artificiales. Aparentemente no había riesgo de desconectar estas unidades, sin embargo, movió la primera y la metió dentro de un contenedor blindado, una vez dentro, la desconectó, el led se apagó y no había más actividad en el dispositivo.

El Escuadrón Antibombas examinó todos los contenedores en el techo del estadio y recuperó 21 bombas. El líder del equipo le dijo al Sr. Okuhura: "si hubieran explotado, todo el lado Este del estadio se habría derrumbado y habría matado a miles de personas frente al mundo entero". Me alegra que este complot se haya descubierto a tiempo; realizaremos pruebas nuevamente en todo el sistema, gracias ". El personal del escuadrón antibombas abandonó el área.

El Detective Ito y el Sr. Okuhura abandonaron el techo y se dirigieron a la planta baja. El Detective dijo: "interrogaremos a esta persona y se lo entregaremos a la Interpol, lo pondrán en una prisión de alta seguridad no divulgada dónde será interrogado para averiguar si actuó solo o si es parte de una organización".

Muchas gracias detective, no puedo imaginar el resultado horrible si estas bombas hubieran explotado "- dijo el Sr. Okuhura-

"Es mejor que no lo haga, me alegra que hayan sido encontrados a tiempo, afortunadamente esta persona no es un criminal, él es ingeniero o científico, acaba de arruinar su vida. Una cosa más no deje que esto se conozca fuera de este pequeño grupo, no queremos estropear los Juegos Olímpicos". El detective Ito dijo.

"Puede estar seguro de que nadie comentará nada sobre esto", respondió, pero no se dio cuenta de que había agencias de prensa en el estadio recopilando información.

"Que tenga un buen día señor" Diciendo esto, el detective Ito se fue.

El Sr. Okuhura miró el estadio y se dijo a sí mismo: "qué tragedia iba a ser esto, una festividad convertida en un infierno viviente".

Uno de los periodistas estaba cerca de la salida en donde la policía estaba llevando a Yoshito a un coche de policía, se acercó a los policías y preguntó en japonés "¿Qué pasó?", Uno de los oficiales dijo "él es un terrorista" cuando Yoshito Kato escuchó este gritó "Estoy en contra de los asesinos del Planeta Tierra, soy ecologista", luego los policías lo empujaron al interior del automóvil. El reportero se acercó y preguntó: "¿Qué dijo? ¿Cuál es su nombre? "Lo empujaron y los autos de policía abandonaron el área.

El líder del grupo que tenía al Sr. Yamamoto como rehén recibió una llamada. El hombre del teléfono dijo: "liberen al rehén y abandonen el área, la misión ha fallado" y colgó.

...

El periodista incluyó una nota en un periódico local. Era una pequeña nota que decía: "Un incidente tuvo lugar en el Estadio Olímpico cuando un ambientalista intentó hacer algo para captar la atención de los Asesinos del Planeta Tierra según dijo, fue arrestado terminando la amenaza y todo está seguro. No se dio más información".

Esta nota comenzó a distribuirse en las redes sociales, en especial las relacionadas con el medio ambiente de la Tierra.

"Mira Hans" Andrew dijo "Parece que alguien quería hacer algo para llamar la atención de los líderes mundiales a favor del medio ambiente, pero fue capturado".

"¿Qué intentó hacer esta persona?", Preguntó Hans. "No dice, aparentemente algo en el Estadio Olímpico, los juegos comenzarán dentro de pocos días", respondió Andrew.

"Mmm" dijo Hans y agregó "quizás esto es todo lo que sabremos al respecto".

"Sí, estoy seguro; lo importante aquí es que algunos grupos están comenzando a tomar medidas más agresivas para llamar la atención de los gobiernos en este asunto "comentó Andrew," Que lástima, lo hizo por nada".

Dos años antes de este evento.

Una persona no identificada estaba mirando las noticias, sus principales preocupaciones eran las amenazas de guerra y la contaminación, a veces no podía dormir pensando en esto y cómo podía garantizar la vida en la Tierra. Soñó y estaba obsesionado con encontrar una solución, vivir en un planeta seguro y saludable, donde se respete la naturaleza y se pueda mantener el equilibrio.

"Mira esto, nadie respeta la Tierra, cada día está peor, los animales han sido asesinados y las especies están desapareciendo de la faz de la Tierra. Parece que estas personas necesitan destruir todo como si pudieran emigrar a otro planeta para continuar la vida. El dinero no puede comprar ni un instante de vida ", le dijo a alguien que estaba allí

"El mundo necesita a alguien que pueda defenderlo de estos depredadores, quizás ese sea mi papel".

"¿Qué quieres decir con eso?", Preguntó la otra persona en tono inquisitivo y sorprendido.

"Podemos comenzar una operación para obligar a la humanidad a detener las guerras y detener la contaminación de la Tierra, el aire y el agua".

"Bueno, hay una organización para el cambio climático y la ONU", respondió.

"No es suficiente, no hay un compromiso real, y el tiempo corre rápido, casi estamos en un punto sin retorno", dijo el líder.

"Podemos buscar las mejores mentes en diferentes campos para forzar al mundo a hacer lo necesario para preservar la vida en la Tierra".

"¿Qué quieres decir con forzar al mundo?" Dijo la Otra persona.

"Las personas de este planeta necesitan orientación para preservar la paz y un medio ambiente sano, las autoridades han demostrado incapacidad para manejar este tema, porque hay otros intereses involucrados, y la mayoría de la gente no ve el panorama completo o no les importa, entonces tenemos que forzar a las autoridades a seguir los caminos correctos ".

"¿Qué tienes en mente?", Preguntó.

"Primero he estado siguiendo a los grupos pacíficos y ecologistas en las redes sociales; A partir de ahí he identificado algunas personas y sus perfiles. ¿Ves lo que estoy haciendo aquí? Solo identificando, seleccionando y luego convenciendo a la persona para que actúe. He estado pensando en esto desde hace algún tiempo, podemos planificar algunas actividades para mostrar nuestro potencial a los líderes del mundo, exigir su atención y obligarlos a actuar a favor de nuestros objetivos. De hecho, he pensado en nuestra primera actividad, para esta, necesitamos a alguien con conocimiento de computadoras y explosivos, he buscado en Internet y tengo algunos nombres, entre ellos este se ve perfecto, un ingeniero que ha participado en muchas manifestaciones para protestar acerca del Calentamiento Global, es joven y aparentemente sin familia".

La otra persona vio el perfil en internet y comentó: "Parece que tiene mucha experiencia, pero ¿crees que aceptaría estar involucrado? No somos criminales".

"Ya lo hizo, su nombre es Yoshito Kato, fue fácil ya que estamos luchando por lo mismo, y él es un idealista", dijo el líder.

"¿Cuál es su plan, si se puede saber?" Preguntó una persona.

"El plan es volar el techo del Estadio Olímpico de Tokio en la inauguración de los Juegos Olímpicos, llamaremos la atención de todo el mundo y la de los líderes mundiales, y diremos a todos los ciudadanos de la Tierra que los estamos cuidando , que los verdaderos criminales son todos estos líderes, verán que no estamos jugando y que tendrán que entender nuestras capacidades, formaremos un grupo integrado con los ingenieros y científicos más calificados del mundo, buscaremos personas adecuadas para cada trabajo, esto hará que la operación sea más segura, y todos ellos deberían tener una idea en común: Esta es, Proteger al Planeta Tierra ".

"Pero esto es terrible, ¿cuántas personas van a morir allí?", Preguntó la otra persona.

"Sí, es triste, es un daño colateral, pero es la única forma en que nos escucharán, haciendo algo en un evento mundial, es la única forma de rescatar este planeta, de lo contrario no se logrará nada".

"¿Tiene un nombre para esta organización?", Preguntó.

El líder respondió "no en este momento, tal vez es mejor no tener una organización formal, de esa manera será más difícil de rastrear, solo diremos que estas acciones se hacen para proteger el Planeta Tierra y proteger nuestras identidades, de hecho" Me he puesto en contacto con esta persona usando el nombre falso ViPla, que significa en Latín *Vigilante Planetarium*. No nos contactarán los ejecutores, y nunca nos identificaremos, solo seremos quienes sembremos la idea a otros, aquellos que tienen el control ".

"¿Estás dentro?" Preguntó el líder.

"Bueno, lo estoy, pero no me gustan este tipo de acciones, creo que tenemos que volver a pensar esto antes de hacer cualquier acción que podamos lamentar, estoy seguro de que podríamos encontrar otros medios para hacerlo", respondió reflejando miedo en sus ojos.

"Quizás, pero no tan eficiente" respondió ViPla y agregó: "Por ahora, te llamarás V1, es decir el Vigilante 1".

Capítulo 5 Julio de 2020. Plan de la Misión Terra 1.

En la sede de la Organización Mundial de Exploración Espacial, se reunieron científicos y la prensa internacional. Hoy sería presentado el proyecto para la Misión Tripulada a Marte.

"Damas y caballeros" - dijo la persona de Relaciones Públicas - "En pocos minutos, el Dr. Christopher Cook les presentará el plan de la Misión para llegar a Marte en 2032 y establecer allí el primer asentamiento humano".

"Algunos antecedentes han sido incluidos en sus kits de prensa; en resumen, todo lo que verán aquí ha sido acordado con todos los países que participan en el proyecto. Él hablará sobre los vehículos, el proyecto, el Control de la Misión y la tripulación".

"Es un privilegio presentarles al Dr. Christopher Cook". Ingresó al Auditorio junto con los jefes de los Programas Espaciales; los cuales tenían un asiento asignado en el Podium.

"Buenos días, damas y caballeros". —el Dr. Cook dijo- "Hace un año, esta organización se integró formalmente y fue anunciada, en ese momento me comprometí a presentar en este día el proyecto de enviar seres humanos a Marte, y ser los primeros pobladores en el Planeta Rojo, no va para ser una visita breve al Planeta Rojo como podrán apreciar.

"Primero permítanme presentarles a los jefes de las Agencias Espaciales que son la junta Directiva de la Organización. Él los presentó uno por uno:

Administrador de la Agencia Espacial de Estados Unidos de America Charles Washington
Administrador de Roscosmos. Vladimir Viktorenko
Director de la ESA: Peter Walheim Ulrich
Director de Jaxa: Takuma Nagaoka
Director de CSA: Graham Bishop
Director de CSIRO: Matthew Campbel
Director de la Agencia Espacial de China: Lin Long
Director de la Agencia Espacial India: Renjith Singh
Directora de la Agencia Espacial Italiana: Rosella Pellegrini
Director de la Agencia Espacial Francesa: Pierre Dordain
Director de CSIRO Australia: James McEvoy
Director de la Agencia Espacial de Alemania DLR: Lukas Schneider
Director de la Agencia Espacial de Corea: Parl Hyowon
Director de la Agencia Espacial de Ucrania: Oleg Povh
Director de Estudios Espaciales de los Emiratos Árabes Unidos: Nada Mansoori
Directora de la Agencia Espacial del Reino Unido: Heather Cavendish"

El Dr. Cook continuó: "La agenda incluye estos temas: el objetivo de la Misión, los vehículos, el Control de la Misión, la tripulación, el plan de la misión, los sitios de aterrizaje y terminaremos con lo que vendrá después. Al final tendremos una sesión de preguntas que pueden ser dirigidas a cualquier persona en el panel".

"Comenzaré con el Objetivo. La Misión consistirá en enviar una tripulación de Seis miembros a Marte, dos permanecerán en la órbita de Marte y cuatro aterrizarán en Marte para poner en funcionamiento el primer Laboratorio de Marte, el Invernadero y el Mars Rover. Hemos llamado a esta Misión Terra 1. Esta primera Misión durará cerca de un año terrestre en la superficie de Marte, y aproximadamente tres años en total. Nuestro objetivo es aterrizar en Marte en Enero de 2032, por lo que tenemos cerca de diez años para el diseño, prueba y ejecución. Como verán en las siguientes presentaciones, hay algunos elementos que ya están en fase de prueba".

"Es importante destacar que, lo que están a punto de ver ahora, se basa en tecnología real y tecnología en desarrollo. Por supuesto, algunos elementos de la Misión deben ser diseñados, construidos y probados muchas veces en diferentes condiciones, y algunas tecnologías nuevas podrían estar disponibles durante los próximos años. Esto puede cambiar a través del tiempo, pero no debe afectar nuestro objetivo".

"Ahora los dejaré con el Jefe del Programa Espacial de los Estados Unidos, el Sr. Charles Washington, les hablará sobre los diferentes cohetes, el Vehículo tripulado de Exploración Espacial Orion, y el resumen general de la Misión, ha sido nombrado Administrador de la Misión a Marte".

El Sr. Washington se levantó y se acercó al podio, tomó el control remoto de la computadora y un apuntador láser, y luego dijo: "Gracias, Christopher, permítanme comenzar con la descripción general de la Misión".

Presentó una diapositiva que mostraba las etapas principales de la Misión, usó el apuntador láser para explicar cada evento.

"Esta diapositiva" - dijo el Sr. Washington - "muestra las etapas principales de la Misión. Como pueden ver aquí, en 2023 tendrá lugar una Misión del Orión, que llevará a la órbita de la Luna una tripulación de tres astronautas, ese mismo año tendrá lugar una prueba del cohete SLS que llevará a la Órbita de la Tierra un cohete de aterrizaje en Marte mismo que deberá llegar a Marte en diciembre. Esta es una prueba crítica para enviar equipos a Marte como Marslab y Mars Rover".

"En 2025 se enviará la primera prueba del prototipo del Mars Lander se enviará a la órbita de la Tierra, para probar las capacidades de acercamiento, y en 2027 se enviará un prototipo a Marte con un Rover y un contenedor para la misión de recopilación y retorno de una muestra de Marte, de esta forma probaremos las funcionalidades de aterrizaje, despegue, encuentro en la órbita de Marte y el Viaje de regreso de Marte a la Tierra".

"En 2028 enviaremos a LEO la estación orbital de servicio, esta es una estación de uso específico con un módulo de acoplamiento y un adaptador de servicio que se usará para preparar el Mars Lander y el Habitat para el inicio de una Misión, así como los que regresen de una Misión a Marte para ser usados para una nueva misión, haciéndolos reutilizables. Los astronautas llegarán a la estación de servicio llamada EOSS a bordo de un vehículo Espacial LEO de un socio comercial".

"A finales de 2028 y 2029 se lanzarán tres cohetes SLS para llevar a la órbita de la Tierra la última etapa del cohete y el contenedor de carga; la carga será un cohete de aterrizaje conteniendo el

Marslab, otro con el Green-House y uno más con el Mars Rover. Estos cohetes deberán aterrizar en Marte después de 11 meses de viaje, y cerca de la zona de aterrizaje seleccionada para la tripulación".

"El año 2030 será la preparación para el lanzamiento de la tripulación, durante este año, el Habitat y Mars Lander recibirán pruebas de calidad y entrenamiento de la tripulación, el equipo se entrenará para todas las situaciones de emergencia que puedan encontrar desde el despegue hasta el amarizaje".

"En abril de 2031 se lanzará la tripulación. Un cohete SLS llevará a la órbita de la Tierra al Orión y su módulo extendido de servicio para el encuentro con el Habitat y Mars Rover". Para esto, previamente el Mars Lander y el Hábitat serán enviados a LEO, un equipo en órbita capturará cada elemento y lo acoplará a cada uno de los puertos en la estación de servicio, donde serán evaluados ejecutado distintas pruebas en ellos. Los suministros serán enviados por vehículos no tripulados a la Estación de servicio para ser cargados en el Módulo Hábitat. Cuando esté listo, el Mars Lander será acoplado al Hábitat, será movido con el brazo robot, y luego un vehículo con una tripulación de dos astronautas maniobrará para acercarse a la estructura del vehículo de Marte formada por el Mars Lander y del Habitat. Esta estructura será liberada desde la Estación Espacial de Servicio por el RMS, que la mantendrá allí para permitir que el vehículo tripulado se acople con ella. Este será el modo de entrega para la nave Orion".

"La tripulación de LEO se acercará al Orion para acoplarlo al Hábitat. Una vez acoplado, la tripulación de LEO se moverá a una distancia segura de la estructura formada por la última etapa del SLS, el Orion, su módulo extendido de Servicio y los recién incorporados Habitat y Mars Lander".

"La tripulación de LEO volverá a la estación orbital de servicio, la tripulación de Orion realizará una lista de verificación final del Habitat y Mars Lander antes de abandonar la órbita de la Tierra. Detectando posibles problemas. En el momento exacto se dispararán los motores de la última etapa del SLS para enviar a la tripulación rumbo a Marte, este es un acercamiento muy interesante en el que estamos aplicando las capacidades que aprendimos de Programas de Transbordadores Espaciales y del ISS, y distribuyendo el peso".

"A fines de 2031 El Orion llegará a la órbita de Marte. La tripulación descenderá a la superficie de Marte entre diciembre de 2031 y enero de 2032, y luego explorarán la superficie durante aproximadamente un año terrestre".

"La tripulación activará el Marslab, el Rover y ensamblará el Invernadero que debería estar en la superficie de Marte dentro de la sección de Carga de los Cohetes de Aterrizaje se enviarán previamente".

"Gracias". Regresó a su asiento.

El Dr. Cook le dijo a la audiencia: "Gracias, Charles, una excelente presentación. Para todo el proyecto, el coordinador es el Sr. Washington. Ahora, el Sr. Peter Walheim Ulrich, Director de la Agencia Espacial Europea, les hablará sobre las Actividades en la superficie de Marte".

El Sr. Walheim caminó hacia el podio- "Buenos días. Las primeras actividades de la tripulación serán instalar la antena de orientación que se usará como punto de referencia para la exploración del planeta, luego el panel solar para mantener la energía en el Lander. Además, la primera estación meteorológica se instalará a unos 500 metros del módulo Lander".

"Los primeros días, o SOLS, como se les denomina, la tripulación alcanzará el Mars Rocket 2, o el cohete MR2 que contiene el Marslab, lo descargarán del cohete usando la grúa interna como se muestra en esta diapositiva, una vez en la superficie las ruedas con motores eléctricos pueden ser activadas para moverlo a la ubicación deseada, cerca del Mars Lander. Después de esto, procederán a anclarlo y activar todos los sistemas internos; desplegará los paneles solares y el banco de baterías, también el molino de viento para producir energía adicional".

"Una vez que este activado el Marslab, la tripulación alcanzará el MR3 que tiene el Mars Rover, tendrán que descargarlo con la misma técnica que se utilizó para descargar el Marslab, esto es mediante una grúa, aunque para este caso se está evaluando el uso de una rampa integrada, de cualquier forma una vez en la superficie, la tripulación extenderá sus ruedas principales y secundarias y procederá a activarlo, esperamos tenga suficiente energía para ser activado, de lo contrario la tripulación tendrá que instalar paneles solares para recargar las baterías".

"En los siguientes días, la tripulación irá a bordo del Rover hasta el MR4 para descargar el Invernadero, este debe estar empacado en un vagón que puede ser arrastrado con el Mars Rover, una vez que esté cerca del Marslab necesitará ser ensamblado, realmente es muy fácil".

"Más adelante en el programa, un Mars Rocket deberá llegar con el módulo de acoplamiento para ser acoplado con el Marslab para darle mayor posibilidad de acceso y hacer crecer la estación en la superficie de Marte en módulos, para el programa extendido".

"La tripulación ensamblará el Invernadero, como pueden ver en esta diapositiva, es bastante fácil de ensamblar, extenderán la estructura externa, esto es similar al módulo inflable probado en el ISS, consta de tres capas principales, el exterior actúa como un escudo para protegerlo del polvo externo y las partículas pequeñas, el del medio está hecho de fibras plásticas y una red de pequeños tubos donde circulará el agua, esta será el agua que se recuperará de las plantas. Esta capa protegerá el interior de la radiación, la capa interior también es de plástico y es un sello adicional para mantener el invernadero con la temperatura, humedad y luz adecuada".

"La estructura de soporte mantendrá la estructura externa y tiene la estructura para la cosecha vertical, también el mecanismo de recolección que recogerá toda la humedad para procesarla y producir agua para ser usada en la red de circulación de agua y para regar las diferentes plantas; este es el ciclo del agua".

"La base del Invernadero, es una plataforma que puede ser dividida en cuadrantes para permitir diferentes tipos de suelos, por ejemplo, suelo de la Tierra, suelo de Marte, una mezcla de Marte y suelo de la Tierra, dependiendo de las plantas que se cosecharán, la base tiene un doble fondo para filtrar el agua que no es absorbida por las plantas, esta agua será succionada y pasada a través de filtros, para ser reintegrada al sistema".

"El invernadero está acoplado al Marslab, por lo que los Astronautas pueden acceder fácilmente, al menos para esta Misión, tiene un sello para entrar o salir, como una compuerta estrecha".

"La energía para el invernadero es proporcionada por un conjunto independiente de paneles y baterías solares, tiene un mecanismo para mantener la temperatura y las condiciones de luz como se desee, aunque se puede seccionar para tener diferentes condiciones según sea necesario. Como puede verse es un Invernadero muy completo, está siendo diseñado por institutos de investigación de la agricultura y biólogos de muchas naciones. En este momento, los científicos están definiendo qué tipo de plantas tomarán, están buscando las que requieren menos agua, y sean más resistentes y nutritivas para la tripulación, así como para que formen parte del ciclo de purificación de la atmósfera".

"Después de que la tripulación declare que Terra 1 está en funcionamiento, comenzarán a explorar las áreas circundantes y trabajarán en el camino hacia el Polo Norte, para ser alcanzado por otra tripulación en el futuro".

"La exploración consistirá en el análisis de diferentes áreas, dos Marsnauts, como los llamamos, pueden viajar largas distancias en el Mars Rover, instalarán unidades repetidoras para mantener la comunicación y la ubicación con el Lab, llamamos la técnica Hansel y Gretel estos puntos de repetición también servirán como estaciones meteorológicas, sismómetros y una cámara que podría operarse de forma remota, cada estación tiene una identificación única, por lo que sería capaz de controlar cada punto de forma continua ".

"La tripulación buscará agua y humedad en diferentes niveles en el subsuelo marciano, utilizando un taladro especial que hará mediciones y tomará muestras; estas perforadoras han sido diseñadas por ingenieros de minas y petróleo para hacerlas eficientes y resistentes. Grabarán toda la información en un disco duro y puede operar automáticamente; tienen su propia fuente de poder y su propio conjunto de paneles solares y probablemente tengan una batería de plutonio; esto permitirá a la tripulación pueda dejar esta operación de excavación funcionando mientras exploran otras áreas".

"Tendrán drones para evaluar las áreas que rodean el Mars Rover, estos drones estarán equipados con cámaras e instrumentos para medir los elementos encontrados en diferentes ubicaciones, la idea es acercarse al Polo Norte para realizar mediciones, y buscar la existencia de moléculas orgánicas en esta área, así como evaluar la cantidad de agua que hay debajo del CO2 congelado".

"Las provisiones para la tripulación serían entregadas por Cohetes con capacidad de Aterrizaje (MR) o por sondas automatizadas que utilizarán diferentes técnicas de aterrizaje como rebote o Sky-crane, por ejemplo".

"En el futuro brindaremos información más detallada, estamos considerando el diseño y la construcción de un vehículo tripulado para la exploración del espacio profundo, que tendrá las mismas capacidades que el Orion, y para estar preparados con un vehículo alternativo y un complemento para todo el programa de exploración que en su fase inicial se extiende hasta el año 2056 ".

"Gracias por su atención".

"Gracias Peter" – dijo el Dr. Cook - "Tomaremos un descanso de 10 minutos y continuaremos con el siguiente tema, el Control de la Misión, que será presentado por Vladimir Viktorenko, jefe del Programa Espacial Ruso".

Después de algunos minutos, el moderador dijo: "Bienvenidos nuevamente, por favor tomen asiento, continuaremos". Un recordatorio, pueden recoger sus kits de prensa al final de la sesión, todas estas presentaciones están siendo grabadas y estarán incluidas en el USB que les daremos".

"Los dejo con el Dr. Christopher Cook para continuar con el evento".

"Gracias" - dijo el Dr. Cook y continuó- "Hemos visto el Diseño de la Misión y las actividades en la superficie de Marte, ahora el Sr. Viktorenko hablará sobre la estrategia para el Control de la Misión, él fue un Cosmonauta y ahora es el jefe de Roscosmos".

El Sr. Vladimir Viktorenko se acercó al Podio; tomó el control remoto y presentó la primera diapositiva. "Gracias", dijo dirigiéndose al Dr. Cook, luego se volvió hacia la audiencia. "Gracias por venir, soy Vladimir Viktorenko, jefe del Programa Espacial Ruso, les presentaré nuestra estrategia para el Control de la Misión".

"Como todos saben, este es un problema muy crítico debido a la distancia entre la Tierra y Marte, la demora de la señal tomará en promedio unos 13 minutos alcanzarlos y otros 13 minutos recibir aquí la respuesta, debido a esto, tenemos que proporcionar a la tripulación todas las herramientas y habilidades para ser su propio Control de Misión y poder tomar decisiones en tiempo real. Por supuesto que los estaremos respaldando en la Tierra y tenemos simuladores que estarán replicando su Misión, de acuerdo con la telemetría y la información recibida y proyectándolos trece minutos antes para representar el momento real, teniendo en cuenta que usaremos siempre los mismos parámetros y versiones ".

"Tenemos una gran red de Centros para cubrir 24 horas de soporte de la misión, además de las misiones que cada país pueda tener al mismo tiempo, por ejemplo, la Estación Espacial Internacional, la Estación Espacial de China y cualquier otra que pueda tener lugar en el los años siguientes, por ejemplo el Centro de Control en Houston, en Huntsville, en el DLR en Colonia, el de Korolev y el de China, además de todas las enormes antenas parabólicas y red satelital que recibirán la señal y la transmitirán al Centro de Control que esté actuando como el principal en ese momento ".

"Estos Controles de la Misión actuarán directamente con la tripulación hasta que el retraso de la señal sea de más de un minuto en una dirección. Pasando esta marca, el Control de Misión será transferido a la tripulación a bordo del Hábitat, en específico dos miembros de la tripulación serán el Equipo de Control de la Misión".

"Sin embargo, el Centro de Control en la Tierra simulará todos los posibles escenarios de la Misión, enviará a las computadoras de a bordo las secuencias necesarias para cada uno de los escenarios, por lo que, en caso de un problema, es posible que ya exista la corrección, todas las correcciones de trayectoria y la inserción orbital se enviará con anticipación. La secuencia para el aterrizaje y las posibles variaciones se enviarán a las computadoras de aterrizaje y, por supuesto, a la consola de Control de la Misión en el Módulo Hábitat".

Esta es la idea básica de cómo gestionaremos el Control de la Misión y la seguridad de la tripulación".

"Uno de los requisitos será que toda la tripulación esté en Control de la Misión para las Misiones ISS, y para la Misión Orbital Lunar del Orion, y dos de ellos tendrán entrenamiento como Directores de Vuelo".

"En un futuro cercano crearemos un grupo de Control de la Misión que estará especialmente entrenado para estas Misiones".

"Gracias".

...

Mientras tanto, en la sede de la Interpol en Londres, el agente especial Wilson estaba revisando el caso de Yoshito Kato y las grabaciones de todos sus interrogatorios. Él le dijo a su grupo: "Este no es un terrorista común que realizará un ataque suicida, ni siquiera había una amenaza. No dijo cuál era su motivo, excepto que alguien lo escuchó gritar que era un activista a favor del medio ambiente cuando fue capturado, o si es parte de un grupo. Sus instalaciones fueron muy profesionales; él es un ingeniero altamente calificado. Mire estas fotografías de los explosivos que están muy bien hechos, casi hechos por una empresa profesional. Tenemos que ser conscientes de esto, tengo la sensación de que se intentará algo peor. Debemos ser muy cuidadosos especialmente en los eventos mundiales como lo son los Juegos Olímpicos. Nos enfrentamos a un tipo diferente de terrorismo, más sofisticado, más planificado y peligroso. Necesitamos estar en constante comunicación con Interpol en todo el mundo. Tenemos que estar preparados, ¿para qué? No lo sé".

...

En la Conferencia del WSEO, el Dr. Cook tomó el Podio. "Nuestro próximo presentador es el Director de la Agencia Espacial Japonesa, el Sr. Takuma Nagaoka; él les presentará el concepto para el Mars Rover".

"Buenas tardes, voy a presentarles el diseño conceptual del Mars Rover con el que estamos trabajando, se está considerando una gran cantidad de funcionalidades robóticas como podrán ver".

Mostró una diapositiva con un esquema del Rover.

"Aquí está el Rover, es un vehículo que tiene muchas capacidades, tiene una visión amplia para cubrir 180 grados en el frente, en la parte posterior tiene el túnel de acoplamiento para acoplarse con el laboratorio, y también una escotilla para permitir que un astronauta explore la superficie. Tiene una cámara de aire para permitir que los astronautas se preparen para salir, ocupa aproximadamente 1/3 del área interna total, los trajes de EVA se almacenan aquí para evitar introducir polvo en el vehículo, pueden limpiarse con una aspiradora pequeña incluida en esta zona. La sección central tiene área de almacenamiento para equipos, alimentos y agua. El ambiente interior se recicla, también el agua".

"Para poder moverse con seguridad en la superficie marciana tiene ocho ruedas, cada una se mueve de forma independiente, con su propio motor, y tiene un extensor para mover el cuerpo del Rover más alto para evitar impactos".

"Tiene sensores láser para medir distancias de un objeto al frente, atrás, a los lados y debajo, estos láseres enviarán alarmas si un objeto representa una amenaza e incluso pueden detenerlo si el Marsnaut continúa avanzando".

"Se han instalado dieciocho cámaras en el Rover para poder observar toda el área circundante del Rover. Delante, tiene una unidad de almacenamiento que puede contener el equipo para dejarlo en la superficie del planeta, usando los brazos robóticos, sin necesidad de salir para los tripulantes, también los brazos robóticos pueden recolectar equipos o una muestra de suelo y colocarlo en esta zona de almacenamiento".

"Funciona con la energía almacenada en sus baterías que proporcionan los paneles solares y un molino de viento, en el futuro será reemplazado por otro tipo de energía".

"Para mantener el contacto con el Marslab y el segmento orbital de la Misión tiene una antena, y un GPS para ser rastreado todo el tiempo, la distancia al Marslab se calculará utilizando la antena de orientación de la misma. La distancia de exploración con el Rover puede extenderse usando los repetidores para mantener las comunicaciones con el Marslab todo el tiempo. La ruta a destinos específicos será calculada por la computadora de ruta en el Hábitat, y lo seguirá todo el tiempo".

"En la parte posterior tiene una rampa para que los Marsnauts pueda descender a la superficie, y un gancho para tirar de un vagón que puede transportar equipos o lo que sea necesario para la fase de exploración. El vagón de carga tendrá las capacidades de seguridad como el Rover con respecto a la detección de piedras y objetos. Si es necesario, el Marslab se puede reubicar utilizando el móvil para jalarlo".

"En la parte superior tiene instrumentos meteorológicos para tomar lecturas de temperatura, vientos y niveles de radiación, concentración de polvo, y se registrarán para realizar un seguimiento de las variaciones climáticas durante una excursión".

"El Marslab y el Mars Rover llegarán a Marte en Landing Rockets, el mecanismo para descargarlos incluye una grúa preprogramada, estas grúas se pueden quitar de los cohetes para ser utilizadas por la tripulación en Marte, y se pueden montar en el vagón que se utilizará para levantar el equipo. Teniendo en cuenta que en Marte el peso es .37 en relación al peso de la Tierra según la *fórmula Peso en Marte = (Peso en la Tierra / 9.81m / s2) * 3.711m / s2* por lo que podría usarse para levantar casi cualquier cosa".

"Como se mencionó anteriormente, para encontrar el camino de regreso, el Mars Rover desplegará unidades de retransmisión que lo guiarán; pero recuerden que siempre será rastreado por la estructura formada por la nave Orión y el Hábitat que orbita a Marte, claro, por el momento este rastreo se podrá realizar en ciertos períodos de tiempo".

"Esta es una descripción general de este increíble vehículo, el Mars Rover, gracias por su atención".

Dejó el podio y regresó a su asiento.

El Dr. Cook presentó al Próximo Orador a la audiencia: "Para nuestra próxima presentación, el Dr. Lin Long Jefe del Programa Espacial Chino les presentará el Módulo de Hábitat que se utilizará para el Viaje Tierra-Marte-Tierra. Después de esta presentación, el almuerzo se servirá en otro salón.

El Dr. Long se puso de pie y caminó hacia el podio.

"Como todos ustedes saben, el Programa Espacial Chino ha estado trabajando en el desarrollo de una Base Espacial, hace algunos años lanzamos el Tiangong. Propusimos esto como un prototipo para el Hábitat".

"Es un módulo de unos 6 metros de longitud, un poco más corto que el Módulo que orbita la Tierra, originalmente tenía dos puertos de acoplamiento uno en cada extremo, uno para el Orion y otro para el Lander de Marte, pero estamos viendo la posibilidad de agrega dos más, por lo que uno estará en un extremo, los otros tres en una cámara de aire reducida en el otro."

"El Hábitat es el hogar de los Marsnauts donde pasarán la mayor parte de su tiempo durante el viaje de la Tierra a Marte y viceversa, y será el Centro de Control de la Misión de los dos Marsnauts que permanecerán en la órbita de Marte. El módulo contendrá áreas para descansar, para equipo de ejercicio físico, instrumentos de observación, computadoras de propósito general para cargar las consolas de control de la Misión, consolas de acoplamiento y consolas de trayectoria y otro software operativo. También tiene un área de almacenamiento para alimentos, oxígeno, agua y cocina y baño. El agua y el oxígeno se reciclan. Para Energía Contará con paneles solares para generar y almacenar energía en baterías, y se está evaluando agregar una extensión a este módulo, pero esta decisión se tomará más adelante".

"El software de la consola del Control de Misión supervisará el Mars Lander durante el aterrizaje y en la superficie y enviará la información a la Tierra, también guiará el acoplamiento del Mars Lander cuando regrese de la superficie de Marte, y eventualmente controlará el acercamiento y acoplamiento con la estación Mars Orbit y el acoplamiento de un cohete de Marte que enviará carga o un tripulante desde la superficie de Marte".

"El Hábitat tiene instrumentos de observación para obtener lecturas del espacio durante la trayectoria, así como de la superficie del Planeta, de Phobos y Deimos y de la atmósfera superior de Marte. El Módulo tiene una ventana de observación que se puede descubrir para una observación directa, similar a la Cúpula en el ISS. La escotilla se usará para realizar un EVA, para una actividad programada o para una necesidad especial. Los puertos de acoplamiento en esta parte se utilizan para acoplar el Mars Lander, la estación Espacial de Marte, si se toma la decisión de hacerlo, o un cohete que regrese de la superficie de Marte, transportando tal vez algunos experimentos y muestras para ser analizadas en la órbita de Marte o para ser llevadas a la órbita de la Tierra. Desde este módulo, una pequeña cápsula puede ser enviada a la superficie con suministros o herramientas para la tripulación".

"El Habitat es un módulo reutilizable, será preparado y probado en la estación de servicio que orbita la Tierra para ser acoplado con el vehículo que irá a Marte como fue explicado anteriormente".

"Después de una misión, y antes de llegar a la atmósfera de la Tierra, el módulo de aterrizaje de Marte, el Mars Lander, y el Habitat se desacoplarán del vehículo tripulado de exploración profunda que puede ser el Orion u otro, y será recuperado por una tripulación en una órbita LEO. Esta tripulación se acercará a la estación del Servicio Orbital de la Tierra con ambos vehículos, donde serán revisados y preparados para la próxima Misión. No sé si se incluye una presentación de este proceso en este evento, pero es un concepto muy interesante".

El Sr. Washington intervino: "Si hay tiempo para hablar de ello lo haremos al final, lo que puedo decir brevemente es que esta estación de servicio de la Tierra se concibió cuando se tomó la decisión de tener estaciones pequeñas para funcionalidades específicas, y esto fue posible debido al Programa comercial en el cual empresas privadas podrían administrarlas y proveer la transportación de tripulaciones y carga, gracias Lin, lo siento por la interrupción".

El Dr. Long continuó: "Gracias Charlie, fue interesante y muy importante. Una nota final, aunque esta parte es coordinada por nosotros, muchas partes del equipo provienen de diferentes países, estamos seleccionando lo mejor para cada necesidad específica".

"Gracias por su amable atención". Regresó a la mesa principal.

El Dr. Cook se puso de pie y le dijo a la audiencia: "bueno, es la hora del almuerzo; hemos preparado un buffet que se servirá en el otro salón. Durante el almuerzo presentaremos un par de películas que muestran todo lo que hemos hablado, y algunas cosas que cubriremos en la tarde, así que disfrute de su almuerzo, reanudaremos nuestra conferencia las 3:30, hora de la Tierra".

Toda la audiencia se rio y caminó hacia la otra habitación.

...

El agente Wilson estableció una videoconferencia con Interpol en Tokio; quería saber toda la información que tenían sobre el incidente de Tokio y sobre Yoshito Kato. Obviamente, él no había actuado solo, pero no ha habido ningún reclamo de responsabilidad, tal vez porque no había tenido éxito.

Interpol ha distribuido la información que tienen, pero no hay mucha. "Hola" - dijo por teléfono - "Me gustaría hablar con el agente que interrogó a Yoshito Kato, este es el agente Wilson de la Interpol del Reino Unido".

"Un momento por favor", dijo la persona que contesto el teléfono. El agente Wilson escuchó en la línea que estaban llamando a alguien llamado Ukura, después de un tiempo alguien respondió de forma ruda: "Soy Ukura". "Hola, soy el agente Wilson del Reino Unido, estoy trabajando en el perfil de Yoshito Kato y tratando de asociarlo con algunas organizaciones. Sabemos que no es de ningún grupo conocido, es nuevo, con otras técnicas, más agresivo y elaborado, estoy seguro de que habrá más intentos hasta que se alcance su objetivo".

Ukura respondió: "No nos dijo casi nada, fue entregado a la Interpol de Alemania para ponerlo en una prisión de alta seguridad, prácticamente aislado de todo".

"¿Averiguó dónde estaba viviendo? ¿Llevaba un teléfono o algo así?"

"Dijo que estaba viviendo en un hotel, que tenía un teléfono, pero parece que tiene la costumbre de borrar todos los datos, estaba totalmente vacío, además de ser uno de esos viejos teléfonos simples".

El agente Wilson preguntó "¿ha investigado con la compañía telefónica sobre las llamadas que hizo y recibió?".

"Sí" - respondió- "llamó a un número un par de veces, pero llamadas muy cortas, y algunas llamadas a su oficina y a su supervisor, las verificamos. Las otras llamadas fueron a un número de un código de área que proviene de un lugar en Filipinas, pero esto no significa mucho, ya que podrían iniciarse en cualquier lugar y la compañía telefónica no pudo seguirlo, además parece que tuvo el GPS apagado o que no tenía GPS en absoluto ".

"Parece que realmente sabía lo que estaba haciendo, esto es muy sofisticado, y tenemos que estar alertas. Gracias agente Ukura". El agente Wilson dijo y terminó la llamada.

El agente Wilson continuó revisando el archivo del Sr. Kato, leyó. "Tiene un título de ingeniería en Electrónica, con una maestría en programación de computadoras y control de explosivos. Trabajó en compañías de petróleo y gas y compañías mineras, tiene un doctorado en robótica. "Esta es una persona muy preparada ", pensó, "estoy seguro de que vivía cómodamente".

Tomó el teléfono y marcó el número de la Interpol en Alemania. "Hola, este es el agente Wilson del Reino Unido, me han asignado seguir el caso de Yoshito Kato, estoy interesado en interrogarlo, entiendo que está en una prisión de máxima seguridad allá".

La persona en el teléfono le dijo. "Un momento, estoy checando sus registros; Aquí dice que solo el Director de Interpol puede autorizar visitas a esta persona, en caso de que se autorice una visita será de 10 minutos como máximo. Entonces, si necesita interrogarlo, su Director debe solicitárselo al Director de la Interpol Alemana".

"Gracias" - dijo el agente Wilson- "Le preguntaré al Director aquí, para seguir el procedimiento".

...

En el Almuerzo de la Organización Mundial de Exploración Espacial, los invitados y presentadores estuvieron viendo algunos videos con simulaciones sobre las diferentes etapas de la Misión. "Espero que al ver estos videos tenga más sentido todo lo que hemos resentado hoy", dijo el Dr. Cook a la audiencia, "disfruten de su almuerzo".

Los asistentes de la Conferencia regresaron a la sala de conferencias principal.

El Sr. Long regresó al podio y dijo: "Solo quiero añadir una cosa más, como mencioné, estamos evaluando enviar un módulo Tiangong a la órbita de Marte que se convertirá en una Estación Orbital de Marte para ser usada por una tripulación. Esta Estación Orbital de Marte tendrá un brazo robótico y al menos dos puertos de acoplamiento, paneles solares, sistema de propulsión para ajustes orbitales. Cuando no haya tripulación a bordo, se utilizará como una plataforma de observación; los instrumentos preprogramados desde la Tierra realizarán observaciones y mediciones".

"Cuando llegue una tripulación, se acercará, el Mars Lander se desacoplará del Módulo Hábitat, para ser colocado en el otro extremo de la Estación Orbital de Marte utilizando el brazo robot. El Hábitat se acoplará a la Estación Orbital de Marte. Esto le dará a la tripulación más área para todas sus actividades, y para realizar diferentes estudios y observaciones, tal como se hace hoy en la Estación Espacial Internacional y el Tiangong".

"Si se toma la decisión de proceder con esto, el Módulo será lanzado en un cohete en algún momento durante los próximos ocho años, por lo que estará listo para recibir a la tripulación".

"Esto podrá convertirse en el primer Módulo de una Estación Espacial Orbital de Marte más grande".

"Esto es todo lo que quería compartir con ustedes, Gracias".

El Dr. Cook continuó- "Gracias Lin, este es un concepto muy interesante que estamos evaluando ahora. Nuestro próximo presentador hablará acerca del Mars Lander; Aquí está nuevamente Peter Walheim Ulrich, él es el Director General de la Agencia Espacial Europea".

"Gracias", dijo Peter, y presentó una diapositiva del vehículo. "Hemos estado hablando de esta Misión a Marte, pero ¿cómo vamos a llegar a la superficie del planeta? Déjenme que les hable del prototipo con el que estamos trabajando, se llama Mars Lander. Llevará una tripulación de cuatro Marsnauts a la superficie del planeta, y los regresará a la órbita para acoplarse con el Hábitat".

"El vehículo mide aproximadamente 6 metros de alto y 4,5 metros de diámetro en su parte más ancha. El proyecto está coordinado por la Agencia Espacial Alemana DLR".

"Tiene dos secciones, el área de la tripulación donde estarán los Marsnauts, y el área de propulsión donde se encuentran los motores, el propulsor para el aterrizaje y el despegue, y las plataformas de aterrizaje retráctiles".

"La parte inferior tiene un escudo térmico para protegerlo durante la entrada a la atmósfera de Marte".

"El Mars Lander se separará del Habitat o de la Estación Orbital de Marte, para comenzar el descenso. Adentrándonos en detalles de la secuencia de aterrizaje es así: ".

"El Mars Lander pasa a través del área de máximo calor. El siguiente evento será desplegar el paracaídas guía y luego el paracaídas principal. A continuación, los motores de Ascenso / Descenso serán extendidos y posicionados, estos habían estado retraídos en la sección inferior durante la etapa inicial del descenso. Los trenes de aterrizaje serán extendidos y asegurados, el paracaídas principal será desprendido y alejado, unos segundos antes de aterrizar se apagarán los motores y se encenderá un indicador para confirmar que los trenes de aterrizaje estén asegurados en la superficie. Si hay una inclinación del vehículo, los trenes de aterrizaje se ajustarán automáticamente para permitir que el Mars Lander esté en una posición vertical segura para el despegue cuando sea necesario. Dos anclajes serán disparados para asegurar el vehículo, estos arpones serán liberados antes del despegue".

"Una vez que el vehículo está asegurado en la superficie, la tripulación se preparará para salir del Mars Lander, no tendrá una puerta presurizada, al menos en este diseño, la escotilla se abrirá horizontalmente, formando una plataforma que será el puente para la escalera de descenso; en la parte inferior hay una plataforma donde los Marsnauts pueden pararse antes de pisar la superficie".

"El combustible está dividido para el aterrizaje y el despegue, el combustible no utilizado será agregado al contenedor de despegue, de hecho, es el mismo contenedor pero dividido en dos secciones, y esto es para garantizar las necesidades para el despegue o para abortar el aterrizaje".

"Como se dijo durante la presentación inicial, la tripulación instalará los paneles solares para mantener la energía requerida por el Mars Lander".

"Es un vehículo muy sofisticado y es reutilizable, como fue mencionado, recibirá mantenimiento para una futura Misión en la Estación de Servicio en la Órbita Terrestre".

"Quiero mencionar que durante el primer aterrizaje usaremos paracaídas para ayudar con el proceso de desaceleración, evaluaremos si son necesarios para futuras misiones, y quizás serán eliminados. Pero como dije, esto es algo que revisaremos en el momento adecuado".

"Además de este vehículo, estamos trabajando en otro concepto que se llama Marsplane, esto es solo en una fase conceptual. Básicamente es un avión propulsado, un planeador, un helicóptero y un cohete. Este vehículo permitirá que la tripulación ingrese a la atmósfera de Marte como lo hicieron los orbitadores del programa de transbordadores. Para el despegue tendrá hélices que los impulsarán para ganar altitud, en cierto punto las hélices se retraerán y almacenarán, y se dispararán dos cohetes, probablemente de combustible sólido, para permitirlos llegar a la órbita, luego se convertirá en un vehículo espacial. Estudiaremos algunas de estas características con drones cuando la tripulación esté ahí. Este es un esquema de esta idea".

"Gracias".

El Dr. Cook dijo: "Ahora, el próximo presentador es el Sr. Charles Washington, hablará sobre los "Landing Rockets" que jugarán un papel muy importante en este proyecto".

"Como saben, comenzamos el programa comercial hace algunos años, primero para enviar carga a la ISS y poder regresar algo para completar los estudios en la Tierra, Space-X ha podido entregar y regresar carga con el Dragon, Orbital-ATK ha entregado carga con el Cygnus, Europa con el ATV, Japón con el HTV y Rusia con el Progress".

"Para permitir que el Programa Espacial de Estados Unidos se centrara en otros objetivos, particularmente en el Programa de Espacio Profundo Tripulado, se decidió que las empresas de propiedad privada diseñaran y construyeran vehículos espaciales para enviar tripulaciones al ISS y traerlas de vuelta, obviamente con los estándares de seguridad que tenemos "

"Estos cohetes tuvieron éxito y adicionalmente controlaron la etapa de aterrizaje. Consideramos que esta es una forma posible de enviar cargas pesadas a Marte o la Luna, y quizás usar el cohete como un vehículo para enviar algo desde la Superficie Lunar o la Superficie de Marte a la órbita. Estamos considerando que estos cohetes podrían ser utilizados para transportar una tripulación de la superficie de Marte a la órbita de Marte en caso de falla del Mars Lander, o para enviar a un miembro de la tripulación a la órbita de Marte antes de que la expedición haya terminado. Esto es algo en lo que estamos trabajando, la idea es que estos cohetes incluyan algunas interfases para instalar los asientos de la tripulación y algunas consolas, aunque la idea es tenerlos controlados desde el Habitat o la Estación Espacial de Marte. "Un juego de asientos y consolas serán incluido en uno de ellos, como prueba".

"En un futuro cercano, enviaremos uno de estos cohetes al Hábitat en la órbita de Marte, para poder verificar que puede alcanzar la órbita y acoplarse con el Hábitat".

"Como pueden ver, estos cohetes son un elemento clave en nuestro Proyecto de Marte".

"Ahora, voy a cambiar de tema. Voy a comentar acerca de la tripulación. Seleccionaremos a los miembros de la tripulación principal y de respaldo. Puedo decirles que nosotros, como grupo, seleccionaremos a los mejores candidatos, sin importar la nacionalidad; necesitamos las personas mejor calificadas con experiencia específica de acuerdo con el rol, por ejemplo, conocimiento de geología, meteorología, agricultura y botánica, cuidado de la salud, psicología e ingeniería en diferentes áreas. Y tenemos que estar seguros de que el grupo es compatible, no queremos conflictos en el espacio, esto es especialmente importante, después de todo estarán juntos por al menos tres años y medio terrestres. Estamos en la fase inicial de este tema. Estamos trabajando con el programa de capacitación que incluye el entrenamiento y capacitación de Control de la Misión a bordo del ISS".

"Los mantendremos informados sobre este proceso y los posibles candidatos. Gracias".

"Gracias Charles", dijo el Dr. Cook- "Nuestro último tema para el día será presentado por Lukas Schneider, de la Agencia Espacial Alemana, para este proyecto él es el jefe del equipo que determinará las diferentes áreas de aterrizaje posibles".

Gracias, dijo el Sr. Schneider. Para seleccionar el área de aterrizaje estamos considerando varios factores, entre ellos el terreno, estamos buscando un área plana para reducir el riesgo del aterrizaje de los Mars Rockets y el Mars Lander. Además, un área donde podría haber agua o tierra húmeda debajo de la superficie, o esté a una distancia aceptable que podría ser alcanzada por el Mars Rover para instalar el taladro. Estamos estudiando toda la información recopilada de todas las misiones de Marte como MRO, Spirit, Opportunity, Curiosity, ExoMars, estamos esperando la información del Mars 2020 y ExoMars 2020".

"Les presentaremos las alternativas en una presentación futura".

El Dr. Cook caminó hacia el podio: "Con esto, hemos presentado una visión general de nuestro proyecto".

"Cuando llegamos aquí vimos manifestaciones de personas que decían que, en lugar de ir a Marte, el hambre en el mundo debería ser abolida, que las naciones poderosas deberían ayudar a las naciones en desarrollo y otros mensajes. Déjenme que le diga esto, explorar Marte es un Proyecto de la Tierra, la investigación y construcción del hardware necesario generará miles de empleos, esto desarrollará comunidades. Esto no solo aplica para las naciones que tienen la tecnología para hacerlo, este proyecto necesitará la participación de todos los países, tendremos que aprender de las culturas nativas cómo trabajaron el suelo sus antepasados, cuáles son los mejores vegetales para llevar a Marte , aquellos que ofrecen más valor nutricional y son resistentes a las duras condiciones ambientales, y requieren un mínimo de agua y nutrientes, necesitamos aprender sobre técnicas agrícolas, por ejemplo, las investigaciones que se realizan con trigo, maíz y patatas en todo el mundo ".

"Somos una Organización de las Naciones Unidas, además de la importancia científica del esfuerzo; nuestro interés es ayudar a los ciudadanos del mundo con todo que surgirá de esto, es muy importante para nosotros, que ustedes, la prensa, le hagan saber a la gente todos estos beneficios, necesitamos el apoyo de todas las personas de la Tierra".

"Los humanos siempre se han distinguido por el espíritu de exploración; Los Vikingos de Noruega son un ejemplo, los romanos, los fenicios, Europa con Cristóbal Colón y el capitán James Cook, Los Hermanos Wright y el inicio del Programa Espacial. La naturaleza de los humanos es explorar y expandir sus fronteras".

"La tecnología es parte de estos esfuerzos, el desarrollo de barcos ha creado una gran industria, la necesidad de procesar los datos originó la creación de computadoras, y luego su miniaturización para ser utilizado en vehículos pequeños como vehículos espaciales y consumir el mínimo de energía. Gracias a esto, la industria produjo computadoras portátiles, teléfonos celulares, calculadoras, etc. Los paneles solares están cambiando la manera de generar energía y detener el uso de combustibles fósiles que están dañando el medio ambiente. Estoy seguro de que se crearán muchos beneficios o productos derivados de esta empresa".

"Así que vuelvo a pedirles su apoyo, para que esto no se perciba como un gasto inútil, sino como una inversión en nuestro futuro, este es un mensaje muy importante para transmitir".

"Al decir esto, estamos abiertos para algunas preguntas".

Todos los asistentes a la conferencia levantaron la mano.

"Sí" - señaló a un reportero.

"Soy Howard Taylor de Science in Space". ¿Han definido los cohetes que utilizarán y desde dónde serán lanzados?

"Charles, ¿puedes contestar?" Dijo el Dr. Cook.

Charles Washington respondió: "Con gusto. Justo ahora estamos evaluando varias opciones, en este momento estos cohetes están en desarrollo o en etapa de pruebas, SLS, Falcon 9, Falcon Heavy, el nuevo Long March, New Glenn, Vulcan y Ariane 6 y Delta IV, se tomará una decisión dependiendo del rendimiento y la seguridad de cada uno, aunque podríamos usar uno u otro para diferentes fases del proyecto. La segunda parte de su pregunta trata de dónde vamos a lanzar. Tenemos capacidades de lanzamiento en el Centro Espacial Kennedy, Baikonur, Kourou, Wenchang y otros, por lo que dependerá de la logística para cada etapa".

"Gracias", dijo el periodista.

Todos alzaron sus manos nuevamente. El Dr. Cook señaló a una reportera.

"Hola, soy Tracy Jorgensen de Ciencia y Tecnología Espacial, mi pregunta es, ustedes están considerando diferentes técnicas para el lanzamiento y el viaje, por ejemplo, un cohete con la carga y la tripulación o un reencuentro en órbita para armar la configuración final para el viaje, ¿cuál considera que ofrece una mejor opción? ".

El Dr. Cook respondió: "Esta es una pregunta excelente, Peter, ¿puedes responderla, por favor?"

Peter Walheim Urich se puso de pie y dijo. "Tiene mucha razón y esto es algo que estamos evaluando. Por un lado tenemos los cohetes, y me refiero a un cohete, que tiene la configuración de tres etapas, el contenedor de carga, el Módulo Extendido de Servicio y el Vehículo Orion , por supuesto en el contenedor de carga donde se ubicará el Hábitat y Mars Lander se debe hacer una maniobra como lo hacía el Apolo hace 50 años, el vehículo tendrá la aceleración suficiente para estar en ruta a Marte, esto significa un cohete muy potente que puede enviar todo a la órbita terrestre, pero esto significa demasiado peso. Por otro lado, tenemos la versión donde el cohete tendrá tres etapas, el Módulo de Servicio Extendido y el Vehículo Espacial Orion, esta técnica supone que el Hábitat y el Mars Lander ya están en órbita terrestre. Entonces, la última etapa del cohete y el Módulo de Servicio y el Orión permanecerán en órbita terrestre hasta que el Habitat y el Mars Lander sean entregados. Tal vez podrían ser entregados por un vehículo espacial LEO; de hecho, esta es la forma en que se planea realizar cuando se haya preparado un Habitat y un Mars Lander en la Estación de Servicio de la Tierra, esta es la técnica más viable hasta ahora. Teníamos otra opción, armar el vehículo espacial en órbita, siguiendo la técnica del montaje del ISS. Esta idea consiste en entregar a LEO (órbita terrestre baja), los elementos como Módulo de Propulsión, Hábitat, Módulo de la base Espacial de Marte, compuerta presurizada, Mars Lander y Orion, y tal vez un módulo de energía, esta opción está en evaluación en este momento, y tal vez sea usado en futuras misiones ".

"Gracias" Respondió.

Todos los periodistas gritaban y levantaban la mano. El Dr. Cook señaló a un periodista en la parte posterior de la sala de conferencias.

"Soy Jiyu Kimari de India Air and Space. Mi pregunta es: si por alguna razón durante la trayectoria a Marte sucede algo, ¿cómo podría la tripulación regresar a la Tierra?

"Charles, ¿puedes responder a esta pregunta?", Dijo El Dr. Cook.

Charles Washington se puso de pie y dijo: "Para toda la Misión, desde el lanzamiento hasta el amarizaje debemos diseñar planes de contingencia, secuencias de aborto y procedimientos de emergencia, debemos garantizar la seguridad de la tripulación en todo momento, durante el lanzamiento, en la órbita terrestre, antes de comenzar el viaje a Marte, tendremos que asegurarnos de que el vehículo de la tripulación Espacial , el Habitat y el Mars Lander sean 100% funcionales, todos los sistemas son redundantes, algunos incluso tienen tres o cuatro respaldos, pero nuestra regla es: Para comenzar la Misión tienen que estar operacionales al 100% todos los sistemas . Si sucede algo durante la trayectoria, nuestro compromiso es regresar a la tripulación de forma segura a la Tierra, por lo que consideraremos todas las fallas posibles en el diseño, y puede estar seguro de que no habrá ninguna Misión hasta que todos estemos convencidos de que es segura".

"Tengo un seguimiento" - dijo el reporte- "Adelante por favor" respondió Charles Washington. "¿Qué pasa con los suministros como alimentos, medicinas, oxígeno y agua?", Preguntó el periodista.

"Para el Viaje, el Hábitat llevará suficientes suministros para una Misión que podría ser una órbita completa alrededor del Sol con el propósito de regresar a la Tierra, esta es la opción de no aterrizaje, el agua y el oxígeno se reciclan, así que esto no debería ser un problema, aunque estos recursos son limitados, estamos trabajando en esto".

"Cuando la tripulación esté en Marte, los suministros a la tripulación en la superficie se enviarán con cohetes de aterrizaje o con una sonda con una técnica de aterrizaje como el sky-crane, rebotando o quizás con un sistema de entrega controlado u otro tipo".

"Para la tripulación de la órbita de Marte, los vehículos de carga automatizados se acoplarán con el Hábitat, tal vez una opción sea que este vehículo de carga contenga suministros para ambas tripulaciones, y después de descargar su carga, el vehículo será enviado a la superficie, una entrada común debería funcionar, me refiero al tipo de entrada del Dragon".

"Si en algún momento existe un riesgo con los suministros, la Misión será abortada, como lo dije la seguridad de la tripulación es primero".

"Una última pregunta", agregó el reportero: "He observado diferentes diseños y conceptos ¿los están considerando?".

El Dr. Cook respondió: "como grupo estamos conscientes de muchos de estos conceptos, pero si nuestro objetivo es llegar a Marte para 2032, tenemos que diseñar nuestra Misión con lo que está disponible y probado. ¿Se imaginan si Cristóbal Colón hubiera decidido comenzar su viaje hasta que nuevos barcos fueran diseñados, probados y construidos? ¿O si los aterrizajes lunares se pusieran en espera hasta que se diseñaran de una mejor manera? Como mencioné al principio de la sesión, vamos a considerar qué hay disponible, ya que ocurrirán muchas modificaciones al proyecto durante su desarrollo porque surgirán algunas tecnologías, y vamos a considerar qué es mejor y más seguro para la tripulación. Después de esta primera Misión, estoy seguro de que las siguientes Misiones utilizarán tecnología más avanzada y llegarán a Marte en menos tiempo. Resumiendo, estamos abiertos a nuevas opciones, pero tienen que demostrar que son seguras y eficientes, aprenderemos de cada Misión para mejorar las siguientes".

El Dr. Cook continuó- "Bueno, esta ha sido una sesión muy larga, antes que se vayan, me gustaría darles una última observación. Ir a Marte es una Misión muy sofisticada y arriesgada, estamos involucrando no solo a las agencias que ustedes ven aquí, estamos invitando a universidades, institutos de investigación, científicos y todos los que puedan contribuir con ideas y conocimiento. Nuestro compromiso es comenzar el viaje en el año 2031 para aterrizar en Marte a principios del año 2032, tenemos 10 años para preparar la Misión, algunas tecnologías ya están en uso, otras están en fase experimental y otras tienen que ser construidas, aquí es donde la imaginación juega un papel importante ".

"Una nota final, esta Misión es la primera de una presencia permanente de humanos en Marte, creemos que las Misiones que tendrán lugar en 2040 y más adelante incluirán una nave espacial ensamblada en la órbita terrestre, como una estación Espacial con su propio sistema de impulso, y tal vez este vehículo aumentará el tamaño en la estación Orbital a Marte, entregando componentes. Nuestro futuro es muy interesante y estamos abriendo el camino para nuevas tecnologías para objetivos incluso más allá del año 2056, pero esta es otra historia".

"Por favor, recuerden, esta es una Misión del planeta Tierra, necesitamos su apoyo".

"No olviden recoger su paquete de comunicado de prensa; hay información sobre cómo comunicarse con nosotros para enviar preguntas o ideas".

"Gracias".

La audiencia dio un gran aplauso y comenzaron a abandonar el salón.

Capítulo 6 ¿Qué hacer después?

"Tenemos dos años" - dijo ViPla a V1 - "tenemos que planear algo muy rápido para poder ingresar al grupo de la organización y evitar sospechas". Tenemos que pensar en algo simple y efectivo, tenemos que llamar la atención del mundo".

"Probamos el camuflaje de fuegos artificiales, pero ya sabes lo que pasó, ahora va a ser muy vigilado por el personal de seguridad".

V1 comentó: "Leí que el próximo mes anunciarán los requisitos para las empresas que deseen participar en algunas áreas, por ejemplo, limpieza, jardinería, pintura, cuidado del campo de fútbol y muchas otras. Creo que tal vez no deberíamos ingresar en una organización, podemos presentar un presupuesto y un perfil de corporación, por lo que si somos seleccionados será más fácil actuar, más seguro y sin intervenciones indeseadas".

"Esto me parece bien" - dijo ViPla - "tenemos que examinar las opciones y evaluar cuál es mejor para nosotros".

"Pero ¿qué pasa con el plan de estudios de la compañía, buscarán referencias y trabajos que la compañía haya hecho?", Preguntó V1.

"Esto es algo que podemos organizar fácilmente, podemos crear un historial e incluir algunos de nuestros amigos como referencias, por lo que, si deciden contactarlos, darán buenas referencias. Y podemos crear nuestro registro en la base de datos del gobierno, con un poco de ayuda de nuestros amigos hackers. Tendremos que pensarlo, no queremos involucrar a muchas personas, veremos qué es lo que están buscando". ViPla dijo.

"De todos modos" - continuó- "esto es dentro de dos años y tenemos tiempo para planificarlo, y este deberá ser un trabajo maestro, mientras tanto tenemos que encontrar algo más, algo que tendrá lugar en los próximos meses y será de impacto mundial, no me refiero al pequeño ataque de tipo terrorista, me refiero a algo más grande, tal vez sin víctimas, pero para generar toda la atención que necesitamos, ¿algunas ideas? ".

···

Wilson, El agente de la Interpol obtuvo la aprobación para ir a Alemania para tener una sesión de 10 minutos con Yoshito Kato, había preparado algunas preguntas que supuso podrían ser respondidas por él, y proporcionar información adicional, esperaba que Yoshito pudiera dar información adicional por accidente, aunque no tiene nada que ofrecerle a cambio. Estaba trayendo comida y libros japoneses, tal vez no dejarán que se los dé al prisionero.

El agente Wilson tenía una apariencia de una persona promedio, no era muy alto, algo delgado, con cabello castaño, y parecía siempre un poco distraído. No era alguien a quien temer, por el contrario, parecía alguien en quien confiar; quizás esto ayude con el interrogatorio que prefiere llamarlo la entrevista.

Llegó a la prisión de máxima seguridad; mostró la carta que le había entregado el Director de la Interpol de Alemania. El oficial en la puerta principal le preguntó: "¿Puedo obtener su Identificación de Interpol por favor?"

Se la dio a él. El oficial lo escaneó en el sistema para validarlo, además escaneó el código de barras en la carta para asegurarse de que era auténtica. Tomó una fotografía del agente para validar su rostro en el sistema. Obtuvo un código verde en el sistema que significaba que todo era auténtico.

"Pase a la siguiente puerta" - dijo el oficial.

Caminó hacia la puerta, y cuando llegó, se abrió; entró a una área pequeña, la puerta se cerró detrás de él, la de enfrente también estaba cerrada, era un área de seguridad entre ellas, el oficial desde una ventanilla le dijo que depositara todas sus pertenencias en la bandeja de la izquierda. "Vamos a escanearlo, por favor párese sobre las marcas en el piso y levante los brazos".

Un rayo de luz pasó, el oficial detrás de la ventana lo estaba mirando. El cristal tenía al menos dos pulgadas de grosor, observó el agente Wilson al oficial. Parece que estaba mirando una pantalla frente a él. El oficial le preguntó: "¿Qué tiene en el bolsillo derecho de los pantalones?". El agente Wilson metió la mano en el bolsillo de sus pantalones y dijo "es mi pañuelo". El oficial dijo: "por favor, póngalo en el contenedor, voy a escanearlo de nuevo".

Las luces pasaron nuevamente sobre él. El oficial lo estaba mirando. Después de un momento, él dijo "prosiga por la siguiente puerta", se escuchó un zumbido y se abrió la puerta.

El agente Wilson continuó; había otra puerta, nuevamente la puerta detrás de él se cerró. Otro oficial habló con él por micrófono, no podía verlo. Dijo: "enumere todos los contenidos de sus pertenencias que fueron depositados en el contenedor".

"Llaves, billetera, pañuelo, algunas monedas, y una bolsa que contiene sopas y un libro en japonés", dijo el Agente Wilson.

El oficial preguntó: "¿Por qué trae las sopas y el libro?", Respondió el agente Wilson: "Esperaba dejárselas a Yoshito Kato". El oficial respondió: "Me temo que es imposible, lo siento mucho, estos artículos le serán devueltos cuando se vaya". - Continuó el oficial - "por favor diríjase a la puerta lateral, un oficial le dará una insignia y le explicará las regulaciones".

La puerta se abrió y había un oficial esperando. Le dio al agente una insignia temporal, y dijo: "detrás de esa puerta está la cabina de comunicación, no estará en contacto directo con el prisionero, hablará con él a través de un interfono, todo será monitoreado y registrado, si creemos que algo no debe ser mencionado o es sospechoso su visita será cancelada inmediatamente. Tendrá diez minutos como máximo, ni un segundo más. Pasando diez minutos, la comunicación se cortará y la ventana se cerrará. No puede hacer señales con sus manos o gestos con su cara. ¿Está claro? "Agregó "recuerde que va a visitar a un criminal que intentó volar un estadio lleno de gente inocente, y él es muy astuto".

Entendido - dijo el agente Wilson.

Caminaron por un pasillo muy estrecho hacia otra puerta; Había cámaras por todos lados. El oficial abrió la puerta. Era una habitación muy pequeña, quizás de dos por dos metros, al frente tenía una pequeña mesa transparente y un interfono. Delante de la mesa había una ventana, cubierta con una cortina metálica reforzada. Había ocho cámaras, una en cada esquina del techo, dos debajo de la mesa, una en la parte superior de la ventana apuntando hacia abajo y otra en la parte superior de la puerta.

El oficial le dijo al agente Wilson. "Por favor, siéntese, debe tener ambos brazos todo el tiempo sobre la mesa. Esta luz le permitirá saber cuándo puede hablar, si es verde puede hacerlo si es roja debe detenerse. No puede levantarse de la silla hasta que termine la sesión de preguntas; Le avisaré cuando pueda hacerlo. Esta cortina se abrirá cuando llegue el prisionero, y se cerrará diez minutos más tarde. Toda la sesión será grabada solo para nuestro uso, ¿alguna pregunta?

"No", dijo el agente Wilson- "Estoy listo".

El oficial salió de la habitación, cerró la puerta, la luz pequeña del interfono estaba roja. No había sonido en esta pequeña habitación. "Esto es bastante espeluznante", pensó el agente Wilson.

Pocos minutos después, la cortina metálica comenzó a elevarse y pudo ver a Yoshito Kato, parecía un hombre joven y agradable. La luz del interfono se volvió verde.

"Buenos días", dijo el agente Wilson, y solo lo miró y lo saludó asintiendo.

El agente Wilson continuó: "tiene un plan de estudios impresionante, ahora debería estar trabajando en un proyecto de ciencia, ¿cómo se involucró en esa actividad? Tal vez no sabía lo que estaba instalando".

Yoshito guardó silencio, el agente Wilson solo lo miró para tratar de identificar algún tipo de gesto.

El agente Wilson continuó: "No creo que usted, con todos sus antecedentes y posición social, haya realmente tenido la intención de matar a miles de personas en un evento para ser observado en todo el mundo. Usted es de Japón, ¿verdad? Por qué lo hizo. Si forma parte de un grupo lo han abandonado, estará aquí el resto de tu vida. Debería hablar de esto, ni siquiera nadie conoce sus motivos, excepto alguien que dijo que gritaba que era ambientalista, pero esto es solo un rumor, esto significa que todo lo que hizo fue inútil".

Yoshito comenzó a hablar en voz muy baja: "Queríamos", se detuvo. "¿Sí?" - preguntó el agente Wilson con ansiedad, "¿qué es lo que quería? ¿Por queríamos quiso decir una organización? "-"No puedo hablar "- dijo Yoshito -" Quiero volver a mi celda".

"Por favor" - dijo el agente Wilson - "déjame ayudarle ayudándome, ¿Quiénes son nosotros?".

Yoshito lo miró, estaba sudando, y luego presionó el botón para solicitar el fin de la sesión, ya que como recluso tenía ese privilegio. La luz del interfono se volvió roja y la cortina de metal comenzó a descender. Cuando se cerró y se aseguró, el oficial entró y dijo: "por favor, sígame, la entrevista ha terminado".

El agente Wilson dijo en un tono confuso, "pero solo tuve unos minutos con él".

"Lo sé" - dijo el oficial - "pero el prisionero quería terminarlo, esa fue su decisión".

El agente Wilson fue llevado a la salida de la prisión, caminó hacia su automóvil y condujo de regreso al cuartel general en Berlín.

...

"Creo que podemos tener un nuevo objetivo" - dijo ViPla y continuó- "habrá una Cumbre en Moscú el próximo año, una Cumbre del G20. Esta podría ser la oportunidad de presentar nuestro grupo y nuestras demandas". Miró a V1 y le mostró el perfil de Iván Ivanovich.

Lo contactó lo invitó a una reunión.

Pocos días después se reunieron en el lugar acordado, ViPla le dijo a Iván: "No voltee, solo escuche. Tengo un trabajo que pueda interesarle". Le explicó cuál era el trabajo y qué estaba buscando, cómo lo encontró y por qué creía que estaría interesado". Después de explicar esto, añadió "si acepta, necesito que llame a sus contactos en Rusia e investigue cuándo y dónde va a ser la Cumbre, tenemos que infiltrar a algunas personas allí, pero primero tenemos que encontrar información". Quizás, podríamos incluir a alguien en el grupo de mantenimiento, para esto, necesitamos saber dónde y cómo se contratará al personal, debemos asegurarnos de que al menos uno de nuestro grupo tenga acceso al salón en donde las sesiones se llevarán a cabo. Tenemos que pensar en un método para llamar su atención".

...

El agente Wilson llegó a la sede de Interpol en Berlín, pidió los archivos sobre Yoshito Kato, leyó las transcripciones de los interrogatorios, en algún momento fueron escritas:

Oficial: ¿Tiene socios? ¿Es parte de una organización?

Y. Kato: actué solo.

Oficial: ¿Por qué quería volar el estadio y matar a miles de personas inocentes?

Y. Kato: silencio, sin respuesta.

Oficial: ¿Quién le dio los explosivos?

Y. Kato: los tenía; Sé cómo trabajar con ellos.

El agente Wilson notó que repitió una pregunta tratando de confundirlo.

Oficial: Tenemos a tu compañero en la otra habitación, confesó, sabemos para quién trabajas.

Y. Kato: actué solo, no tengo socios.

La transcripción continúa, pero nunca habló de socios o grupos, así que hoy, pensó el agente Wilson, dijo "nosotros", eso significa que al menos hay un socio.

Miró los registros en su móvil, no se encontraron registros, ni contactos, ni registros de llamadas recibidas o iniciadas, nada. Fue muy meticuloso para borrar todo; debería haber mantenido la información en su cabeza. Él es un hombre muy disciplinado, muy bien entrenado. Tendremos que encontrar toda la información disponible como dónde vivió, quiénes son sus amigos, dónde viajó, etc. en algún lugar, podría haber alguna información que nos pueda conectar con otras personas.

El agente Wilson salió de la Jefatura de Berlín y manejó hasta el aeropuerto donde tomaría un vuelo de regreso a Londres.

Capítulo 7 Prueba de los cohetes de aterrizaje

En Space Services Inc., Jonathan Lewis y su equipo de ingenieros estaban revisando los detalles finales del lanzamiento que tendrá lugar en diez días.

La prensa ha sido invitada a una conferencia donde explicarán los detalles de la misión; El Lanzamiento tendrá lugar en diez días y se lanzará desde el complejo de lanzamiento en Kourou, Guayana Francesa.

"Buenas tardes", dijo Jonathan Lewis- "déjenme presentarles al equipo, él es Peter Webber, es un ingeniero de propulsión, junto a él está Stephanie Van Hassel, ella es responsable de la operación de aterrizaje, de la Agencia Espacial Europea, el Director de Vuelo Pierre Brunet".

"Para comenzar, les daré una breve visión de lo que hemos hecho y cuál es nuestro objetivo con esta prueba. Solo quiero darles algunos datos para considerar, aunque este vuelo es de prueba es lo que requerimos realizar en Marte, las condiciones en la Tierra y Marte son muy diferentes, ya que como saben que Marte tiene solo el 38% de la fuerza de gravedad de la Tierra, tiene una atmósfera muy delgada y por lo tanto un cohete necesita menos energía para aterrizar y despegar de Marte".

"Habiendo dicho esto, comencemos esta sesión. Recibirán por correo electrónico la presentación y la información, por lo tanto, no olviden de verificar que su información esté completa y sea precisa en su registro ", continuó.

Comenzó a presentar algunas diapositivas, primero el título, el nombre de la empresa, las personas que participaban, una fotografía del equipo y luego la descripción de la Misión.

"Nuestra participación en este gran esfuerzo es entregar equipos y suministros seguros a la superficie de Marte, y poder utilizar los mismos cohetes para enviar carga y una tripulación de regreso a la Órbita de Marte en algún momento, tal vez como un vehículo de emergencia o para devolver uno o dos miembros de la tripulación, tal vez para una rotación de tripulaciones".

"Para darles una idea de lo que hemos hecho en el pasado, empezamos a probar el aterrizaje en una etapa del cohete hace algunos años; de hecho, un par de compañías hicieron esto. Se lanzó un cohete, entregó su carga y la primera etapa aterrizó en un punto específico. Este concepto nos permite reutilizar esta etapa en lugar de perderla cayendo al océano, haciendo que nuestro servicio sea menos costoso y ampliarlo a nuevas oportunidades".

"Durante años se presentaron diferentes conceptos para una Misión tripulada a Marte, el problema era entregar una carga compleja a la superficie de forma segura, como es el Marslab. Un diseño fue enviarlo con una protección de escudo térmico y motores para un aterrizaje suave, como si se tratara de una sonda no tripulada".

"Una opción alternativa era usar un cohete como vehículo de entrega, la experiencia ha demostrado que podemos aterrizar de forma segura, por supuesto siempre hay riesgos, el espacio es un negocio muy peligroso y arriesgado, pero también es un gran reto, tenemos que identificar tantos escenarios de falla como sea posible para aumentar las probabilidades de un aterrizaje exitoso".

"Propusimos esta solución. Un cohete con su carga debería ser enviado al espacio por un cohete de carga pesada, esto significa que nuestro cohete estará en la sección de carga de otro vehículo. La última etapa del cohete enviará nuestros cohetes hacia Marte".

"Nuestro cohete, que lo llamamos MR, tiene todas las capacidades informáticas necesarias para seguir un patrón de aterrizaje en un área específica, al igual que una Misión no tripulada, donde llega a la órbita de Marte y un momento específico disparará su motores para reducir la velocidad, entrar a la atmósfera marciana y aterrizar de forma segura, con la certeza de que nuestro vehículo puede permanecer en la órbita de Marte durante un tiempo hasta que se tome una decisión para un aterrizaje seguro, en el lugar seleccionado ".

"La prueba que están a punto de ver en pocos días consistirá en esto". - Presentó una diapositiva: "el MR está montado sobre un cohete Ariane de gran potencia. Esta vez, el cohete seguirá una trayectoria balística porque no tiene un escudo térmico para protegerlo de la atmósfera terrestre, por lo que la altura se tendrá en cuenta. El MR se separará de la etapa del Ariane; encenderá sus motores para alejarlo de la etapa del cohete propulsor".

"Para este vuelo de prueba, después de la separación, el MR se colocará verticalmente, tiene pequeños propulsores para maniobrar y mantenerlo en la posición correcta, y los motores se disparan para aterrizar en el lugar seleccionado, que será una plataforma en el Océano Atlántico, al noreste de Kourou".

"Para este vuelo de prueba en particular, no se ha considerado la opción de despegue desde la plataforma. Aunque habrá telemetría durante todo el recorrido, recuperaremos todos los datos registrados durante el vuelo mediante computadoras de a bordo como temperaturas, presión, velocidad, vibración, entre muchos otros".

"Estas diapositivas muestran cómo el MR se transporta al complejo de lanzamiento y está montado encima del Ariane dentro de este contenedor especial".

"Si todo sale según lo planeado, esperamos lanzar un MR para aterrizar en la Luna y regresar a la Órbita Lunar, para el año 2022".

"Para 2025 enviaremos un MR a Marte, esta vez para aterrizar allí y tal vez entregar un pequeño Rover".

"Ahora, estamos abiertos a preguntas", dijo Lewis.

Un periodista preguntó: "¿El cohete que aterrizará en Marte tendrá un escudo térmico?".

Lewis respondió: "Esa es una muy buena pregunta, en este momento estamos trabajando en un diseño que tendrá un escudo térmico en la parte inferior del MR, el diseño final tendrá motores y plataformas de aterrizaje que se desplegarán después de que la etapa de calor del roce atmosférico durante la entrada haya terminado. Estamos trabajando en esto".

Otro reportero preguntó: "¿Los primeros cohetes tendrán la capacidad de emergencia que mencionó para la tripulación?".

Lewis comentó. - "Las primeras Misiones MR llevarán a Marte el Marslab, el Mars Rover, el invernadero y algunos instrumentos, estos cohetes en particular no tendrán esa capacidad, tal vez uno será usado para probar el despegue y alcanzar la órbita de Marte, pero no para un miembro de la tripulación ".

"¿Qué sucederá si algunos de estos cohetes fallan, la Misión se acortará?", Preguntó otro periodista.

"Si el MR que tiene el MarsLab falla, la tripulación tendrá la capacidad de estar en la superficie un par de semanas, si falla la del Mars Rover, la exploración del planeta se verá afectada. Si el invernadero falla, la Misión no se verá afectada, pero si los objetivos". Lewis respondió y continuó: "Esta es la razón por la cual estos vehículos son fundamentales para la Misión y se lanzarán antes que la tripulación, por lo que podemos garantizar que estarán en Marte para cuando lleguen ellos".

Una persona de la audiencia preguntó: "¿Cuál será la configuración para la capacidad de vehículo de emergencia de la tripulación?".

Lewis respondió: "Estamos considerando dos opciones, una es dejar el cohete tal como está, y solo tenemos la capacidad de instalar algunos asientos y algunos controles muy simplificados para poder lanzar y alcanzar la Órbita de Marte, la otra opción es tener una etapa superior que será utilizada por la tripulación. Por supuesto, esto es más elegante, pero requiere más ingeniería y diseño, ya que debe tener sus propios motores y capacidad de etapas ".

"¿Puede explicar cómo se descargará el Marslab del MR?", preguntó Un reportero .

"Stephanie Van Hassel hablará con ustedes sobre esto", dijo Lewis. Stephanie se puso de pie y seleccionó una diapositiva.

"El cohete MR tiene un área de almacenamiento en su sección media", - dijo- "como se puede ver en esta diapositiva, la sección inferior tiene los motores y las plataformas de aterrizaje, la sección central es el área de carga, y la sección superior contiene tanques propulsores y equipos de telemetría. Esta configuración nos brinda muchas ventajas, en primer lugar, los combustibles están en la parte superior, por lo que están protegidos durante la entrada, y segundo, la carga en la sección media nos permite entregarla de la siguiente manera ", mostró otras diapositivas.

"Tan pronto como aterrice el cohete, sus plataformas de aterrizaje se ajustarán para tener el cohete seguro y en equilibrio, esto es para mantener la vertical".

"Esta sección, a la mitad del fuselaje tiene una escotilla que se abre horizontalmente, esta escotilla es también la base donde se sujeta el Marslab, así es que cuando se abre estará en una posición horizontal, convirtiendo esta base de apoyo en una rampa".

"Cuando la rampa llega a la superficie en su extremo más alejado del fuselaje, se detiene y se asegura, en ese extremo se encuentra la grúa que se activará de la siguiente manera, primero extenderá todas sus secciones, a propósito, esta grúa está fabricada por Canadá, se posicionará para capturar el laboratorio. Cuando esté asegurado, el laboratorio será liberado de su base y será levantado por la grúa. Luego, la grúa girará 180 grados, por lo que se colocará sobre la superficie de Marte. La grúa lo bajará lentamente hasta que llegue a la superficie ".

"Cuando esté seguro en la superficie, la grúa lo liberará, por lo que la tripulación podrá extender los ejes de las ruedas para colocarlas en la ubicación deseada, solo pesará 1/3 de su peso en la Tierra".

"La tripulación puede recuperar la grúa para ser utilizada en la superficie para otras tareas ya que tiene un control manual además de la funcionalidad automática".

"Una vez que se recupera el Marslab, la rampa puede ser cerrada para que el cohete sea sellado nuevamente".

"Estamos trabajando en esta técnica en estos momentos".

...

Centro Espacial de Guayana, Kourou. Diez días después de la conferencia de prensa.

El clima era cálido, cielo despejado, solo una brisa de viento, un día perfecto para un lanzamiento.

Un oficial de Relaciones Públicas de la ESA y el CNES dieron la bienvenida al grupo de prensa y los llevó a una sala de comunicación pública, antes de dirigirse al área de observación del sitio de lanzamiento.

"Hola, mi nombre es Georges Duperier, soy el Oficial de Relaciones Públicas asignado para este evento, tendremos una breve presentación aquí, un miembro del equipo de lanzamiento estará aquí por unos minutos y también un miembro de Space Services Incorporated, que es la compañía que construyó el vehículo MR ".

"Algunos anuncios generales antes de comenzar, al terminar la presentación saldremos del auditorio por la puerta de mi lado izquierdo, habrá autobuses esperando para llevarlos al área de observación del lanzamiento. Tengan su identificación visible todo el tiempo y quédense con el grupo. Después del lanzamiento, tendrán que buscar el mismo autobús que los traerá de regreso a esta área. Si no hay preguntas, comenzaremos con la presentación que será narrada por Marie Berder, que es miembro del equipo de Lanzamiento del Ariane ".

Marie entró y dijo: "Buenos días, Georges comentó que soy miembro del equipo de lanzamiento de cohetes Ariane, hablaré con ustedes sobre el proceso y luego me iré al área de Control de lanzamiento para apoyar al equipo".

Ella presentó la primera diapositiva que mostraba el equipo de lanzamiento, y su Director que es Pierre Bruner, lo señaló con un puntero láser.

"La siguiente diapositiva muestra el Centro Espacial de Guayana, estamos en esta área y estaremos aquí para el lanzamiento que tendrá lugar en esta plataforma de despegue, quizás podamos ir a esta área de observación más tarde para que puedan tomar fotografías ".

"Esta es la versión más poderosa del Ariane, como se puede ver tiene impulsores sólidos y motores principales para la primera etapa, los motores principales comenzarán primero para lograr su impulso máximo, luego los cohetes de combustible sólido se encenderán. Arriba de ésta está la segunda etapa, normalmente se usa   para colocar un satélite en órbita, sin embargo, para esta prueba, es un vuelo suborbital, esta es una versión corta, por decirlo de alguna manera. En la parte superior de esta etapa está el contenedor de carga que tiene dentro el MR-T1, este es el Mars Rocket Test One ".

"Esta diapositiva muestra la secuencia de lanzamiento, el cohete está en la Plataforma de Lanzamiento, después de la ignición, a los dos minutos del vuelo, la separación de los cohetes de combustible sólido. Luego se separa la primera etapa, se apaga el motor de la segunda etapa, se abre la sección de carga, la separación del MR. Después de unos minutos, el MR pondrá en marcha sus propulsores para colocarlo en la dirección correcta para el aterrizaje, que tendrá lugar en una plataforma oceánica ubicada aproximadamente a 620 kilómetros al este de la plataforma de lanzamiento ".

"Como pueden ver es un proceso muy interesante, para la Misión de Marte, se agregará una Tercera etapa, esa etapa se disparará en órbita para enviar el vehículo lejos de la Gravedad de la Tierra, estamos evaluando la posibilidad de utilizar la atracción de la Luna para acelerar el vehículo".

...

ViPla estaba hablando por teléfono con Iván Ivanovich y otras personas con las que Iván se contactó, el teléfono estaba con la funcionalidad de alta voz para que todos pudieran escuchar: "Ahora sabemos que la cumbre tendrá lugar en este hotel, la seguridad es muy estricta desde ahora, así que necesitamos infiltrar a un miembro. Esto es lo que vamos a hacer. Nuestro miembro formará parte del grupo que preparará la sala de reuniones, esta persona "limpiará" la mesa de trabajo de los líderes y, en lugar de un líquido de limpieza, usará esta sustancia ". Iván mostró una botella.

"Esta es una sustancia que no tiene color o aroma, cuando entra en contacto con la piel humana, se absorbe y actúa como un veneno muy efectivo que no deja ningún rastro obvio, la víctima solo se quedará dormida, y nunca se despertará, así es que podemos elegir un par de líderes como ejemplo de nuestras capacidades. Después de esto podemos abordarlos para informarles sobre nuestros requerimientos, si no aceptan nuestros términos, les haremos saber que rociaremos esta sustancia en áreas pobladas de sus países, y los mantendremos dentro de la sala de conferencias, si alguien forcejea la puerta se activará una trampa de rociado y todos los líderes serán asesinados casi de inmediato ".

"Permítanme presentarles a Natalia Kudryavtseva, ella es nuestra miembro del equipo que hará este trabajo, ahora es parte del equipo de mantenimiento, sabe cómo persuadir al jefe para que le den el puesto en la sala de reuniones".

Iván Ivanovich agregó: "También estaré allí para ayudar a Natalia y sacarla en caso de fracaso". Este veneno ha sido probado y es muy raro. No creo que estén preparados para reaccionar. De todos modos, estaré trabajando en nuestra ruta de escape; Reclutaré a otras personas con otras especialidades para asegurar el éxito de esta Misión ".

"Tenemos que estar seguros de que esta vez nadie será capturado. Si tenemos éxito, todos los países destruirán sus armas nucleares y todos los países reducirán sus emisiones de CO_2 y otros gases tóxicos, así como dejarán de contaminar los océanos y ríos y se detendrá la deforestación, por lo que realmente podemos combatir la amenaza del calentamiento global. Por supuesto, pediremos una suma de dinero para apoyar nuestras operaciones y mantener nuestra vigilancia que deberá ser permanente ".

"Nunca podrán saber quiénes somos, tenemos miembros en gobiernos, industrias, bolsa de valores, todos tenemos en común que somos activistas ambientales; y no actuamos como terroristas, será casi imposible bloquearnos. No saben en quién pueden confiar, y esta es una gran ventaja. Todos quieren un mundo seguro para sus hijos y nietos, el dinero no puede comprar vida, es nuestro mensaje ".

...

"Estamos en T-25 minutos en la cuenta regresiva para el lanzamiento del MR -T1, no hay problemas climatológicos o técnicos". Anunció el comentarista de Relaciones Públicas en Kourou ".

"En T-15 minutos, el Director de Lanzamiento conducirá la encuesta final con todos los líderes del equipo para el estado final de Go o no GO. Todo parece estar bien para el lanzamiento de hoy, la única preocupación en este momento son las mareas altas en el área de la plataforma de aterrizaje, pero esto se encuentra aún dentro de los límites aceptables. En T-19 minutos y contando esto es el Control de Lanzamiento del Ariane- MR ".

En el sitio de la prensa, todo el personal de prensa estaba preparando sus cámaras y mirando el reloj de cuenta regresiva. El poderoso cohete estaba parado allí, se veía hermoso contra el océano y la vegetación, podían ver la primera etapa, los cohetes de combustible sólido a un lado, en la parte superior de la segunda etapa y en la parte superior el enorme contenedor de carga.

"3,2,1 T-15 minutos y en pausa. Esto es un intervalo programado en el conteo que le permite al equipo revisar cualquier problema; si no hay problemas, el Director de Lanzamiento realizará la Encuesta de revisión para continuar con la cuenta regresiva ".

Una voz se oyó desde el sistema de sonido, era el Director de Lanzamiento: "Debo conducir ahora la encuesta de revisión", dijo.

"Meteorología" - llegó una respuesta "el clima es adecuado, estamos en GO".

"Seguimiento" - "El seguimiento es GO".

"Propulsión" – es GO".

"Plataforma de aterrizaje" - "Estamos en el límite de las mareas, pero estamos GO".

"MR-T1" - "MR-T1 es Go".

"Ok" - dijo el director de lanzamiento. "Como no hay restricciones, podemos reanudar la cuenta regresiva y proceder al lanzamiento".

En la sala de control de lanzamiento, además del director de lanzamiento y todos los ingenieros asistieron el presidente de la compañía Space Services Inc. Sr. Harldrige, el Sr. Charlie Washington, Pierre Dordain y Peter Walheim. Esta era una prueba muy importante para el Programa de Marte debido a la carga que estos cohetes entregarán en la superficie de Marte.

A través del sistema de sonido se escuchó al comentarista: "Este vuelo durará unos 24 minutos, es un vuelo parabólico que lanzará el cohete MR-T1 a cierta altura para permitirle maniobrar y aterrizar en la plataforma oceánica. Si todo sale según lo planeado, el próximo evento será el lanzamiento del cohete MR-T2 hacia la Luna, donde deberá aterrizar y despegar. Estamos en T-7 minutos y contando ".

"T-3 minutos y contando, los tanques de combustible han sido presurizados, todos los sistemas a bordo del Ariane han sido validados. T-1 minuto, T - 6,5,4 Los motores principales se encienden y funcionan al 100%, la ignición de los cohetes de combustible sólido y El Ariane empieza a elevarse, llevando a cabo la primer prueba de un cohete Mars Rocket ".

La gente del área de observación estaba asombrada con la vista, la gente en la sala de lanzamiento estaba tensa, mirando la telemetría.

El cohete dejó un rastro de humo blanco, y el sonido llegó unos segundos más tarde al área de observación, era un sonido estruendoso que también podía sentirse como pequeños golpes en el pecho, una experiencia única.

Se puede ver yendo hacia arriba siguiendo la curvatura de la Tierra, luego, una plomada de humo anunció la separación de los Cohetes Sólidos, en el sonido Público se anunció: "Tenemos una buena separación de los cohetes de combustible sólido. Dos minutos después del vuelo, los motores principales de Ariane continúan funcionando al 100% ".

Los invitados en el sitio especial de la Prensa continuaron mirando el cielo, esto es sorprendente, dijo un reportero, qué espectáculo, agregó. Se escuchó un anuncio: "El cohete Ariane continúa funcionando impecablemente, en diez segundos tendremos el apagado del motor principal y la separación de la primera etapa". Hubo un silencio en todo el lugar, solo algunos pájaros podían escucharse, luego el oficial de relaciones públicas dijo: "tuvimos un apagado exitoso del motor principal y la separación de la primera etapa, nuestro próximo evento será la ignición de la segunda etapa".

Los invitados en el sitio de prensa aplaudieron y gritaron de alegría.

El representante de Servicios Espaciales dijo a la prensa que "después de que se encienda la segunda etapa, arderá durante 4,6 minutos, esta es una etapa modificada para vuelos suborbitales, luego se abrirá el contenedor de carga y se lanzará el MR-T1., aquí es donde comienza nuestra prueba "- agregó -" mantengamos los dedos cruzados ".

El locutor dijo: "La telemetría indica que la segunda etapa se ha apagado como estaba previsto y que las puertas de la Carga se han abierto, estamos esperando la confirmación de que la MR-T1 ha sido liberada". Un silencio cubrió todo el Centro Espacial: "Tenemos la confirmación de que se ha liberado, la telemetría ahora está en el cohete MR-T1".

Todo el personal en la sala de control de lanzamiento aplaudió y continuaba mirando los monitores.

El locutor continuó- "El MR ha desechado la cubierta de protección de los Motores, y se ha posicionado verticalmente, en este momento está en caída libre".

"El personal en la plataforma en el Océano está listo para recibir el MR, los niveles de mareas continúan estando dentro de los parámetros. La guía electrónica de rayo se ha encendido para guiar el MR hacia el punto de aterrizaje ".

"El Control de MR reporta que el cohete está estable en la vertical, están esperando la confirmación de que los motores de aterrizaje comenzaron". Continuando esto hubo silencio, unos segundos después se escuchó: "El MR ha puesto en marcha sus motores, todo funciona perfectamente, la estabilidad está dentro de los parámetros".

"El próximo evento será el despliegue de los paracaídas; esta característica está en evaluación si se usaría en Marte, pero es usada aquí debido a las condiciones de la tierra, la gravedad y el espesor atmosférico. Estos paracaídas ayudarán a reducir la velocidad, y para acercarse a la plataforma de aterrizaje a la misma velocidad se acercará al área de aterrizaje en Marte ".

"El Control de MR ha confirmado que los dos paracaídas se desplegaron con éxito; el cohete está en la trayectoria correcta para un aterrizaje seguro ".

"En los monitores y pantallas de TV aparece una escena de la plataforma oceánica, mostró las nubes y el cielo, esperando el punto para ver el cohete".

Todas las personas en la sala de control de lanzamiento se quedaron sin palabras, solo mirando los monitores y la telemetría siguiendo el evento.

La velocidad y la altura fueron las esperadas; el MR tenía una desviación de pocos metros a la izquierda de la plataforma. Se encendió una alarma en el panel de control; el MR debería corregir esta desviación con sus motores, moviéndose para producir la corrección deseada de acuerdo con la señal recibida del láser en la plataforma oceánica.

Todo fue controlado por sí mismo, por lo que, si no lo corrige, se hundirá en el Atlántico. Jonathan Lewis estaba literalmente sudando.

En la pantalla de telemetría se mostró un diagrama con la plataforma, la vertical, la desviación permitida y la posición real del MR, en este momento estaba en rojo, lo que indica una alarma.

Los motores mostraron una variación en el empuje y la dirección de algunos de ellos.

"Miren estos valores" - dijo Jonathan Lewis - "esto significa que está teniendo lugar una maniobra de corrección".

El Diagrama mostró que el MR se estaba moviendo hacia la Zona segura, el indicador se puso verde, ahora estaba en la posición correcta. Todos aplaudieron.

Las cámaras en la plataforma del Océano vieron por primera vez los paracaídas y el cohete; esto se mostró en la pantalla de Control de Lanzamiento y en el sitio de prensa.

"Los paracaídas serán soltados pronto, esto producirá una alteración en el cohete que debería corregirse en pocos segundos" - dijo el locutor.

La cámara mostró este momento, los paracaídas fueron alejados, al mismo tiempo los motores MR aumentaron su empuje para compensar la velocidad y mantener la misma trayectoria descendente. Funcionó perfectamente.

"Dos minutos para el aterrizaje", dijo el comentarista. "Durante estos últimos minutos, el MR realizará sus correcciones finales, los motores controlarán la velocidad descendente y los trenes de aterrizaje se desplegarán. En el momento de aterrizaje, los motores deben apagarse automáticamente, si hay una variación en el terreno, en este caso la plataforma, las plataformas de aterrizaje se ajustarán solas para mantener el cohete en posición vertical ".

"Un minuto para el aterrizaje, todos los parámetros están dentro del rango, la plataforma es estable, la marea y los vientos están dentro de los márgenes operacionales, trenes de aterrizaje extendidos y asegurados ".

El público, la prensa y los funcionarios observaban de cerca los monitores, los ingenieros de la consola estaban monitoreando sus parámetros, la tripulación cerca de la plataforma estaba lista para acercarse con su lancha y abordar la plataforma tan pronto como fueran autorizados.

"Veinte segundos", - dijo el comentarista - "los motores funcionan bien; la velocidad está dentro de los límites, a 10 metros de la plataforma ".

"5 segundos, tres, dos uno, aterrizaje, motores detenidos y el MR está a salvo en la plataforma del océano".

Jonathan Lewis les dijo a los controladores, "procedan a asegurar el vehículo". Esto significa que deben seguir una serie de procedimientos para asegurarse de que todos los sistemas a bordo estén apagados y de que el flujo del propulsor también esté cerrado. Este procedimiento puede durar hasta veinte minutos antes de que la tripulación del océano pueda acercarse al MR, por razones de seguridad.

William Haldridge, presidente de Servicios Espaciales, felicitó a todo el equipo, casi hubo una fiesta en la Sala de Control.

"Bueno Charles" - le dijo a Charles Washington- "Ahora estamos listos para la próxima prueba, el aterrizaje lunar de MR-T2".

"Gran trabajo" - respondió Charles Washington, y se dirigió a todas las personas del Centro Espacial y la compañía de Servicios Espaciales- "El exitoso lanzamiento y aterrizaje del MR-T1, ha sido muy importante para la Misión tripulada a Marte, estamos a tiempo, estos cohetes entregarán equipo crítico a la superficie de Marte, para ser utilizado por la tripulación. Felicitaciones a todos".

Charles Washington se quedó mirando a través de la ventana del centro de control y dijo en voz baja "estamos un paso adelante, un sueño que se hará realidad" y sonrió.

...

En la Sede Central de la Interpol en Londres, el agente Wilson estaba buscando en todos los archivos de ataques pasados y ataques frustrados tratando de encontrar una conexión con Yoshito Kato, pero nada se parece a este tipo de intento de alta ingeniería. Esto no era un ataque suicida y nadie se ha atribuido la responsabilidad, sin embargo, era frustrante, tal vez podrían usarlo como advertencia. Se dijo a sí mismo: "Necesitamos estar a la vanguardia de este grupo, pensar como ellos, pero cómo, no tenemos ni idea de quiénes son, cuál es su motivo y su próximo objetivo".

Capítulo 8 Huǒxīng zhàn (火星 站)

La Agencia Espacial de China ha decidido modificar el módulo Tiangong para enviarlo a orbitar Marte para recibir astronautas, se llamará Houxing Zhan que significa Estación de Marte. En la Orbita de Marte los Astronautas vivirán aquí en lugar de mantenerlos dentro del Módulo Hábitat.

Esperan que el módulo modificado esté listo y probado para el año 2023, tal vez para ser lanzado en el año 2029.

Tendrá instrumentos que serán usados como un vehículo espacial no tripulado que observará a Marte cuando no haya tripulación a bordo.

El Dr. Cook anunció a la Organización: "Hoy, nuestros socios chinos nos han confirmado que prepararán un Módulo Tiangong para ser enviado a Marte y ser utilizado como la primer Estación Orbital de Marte, así la tripulación de Marte se acoplará a esta con el Hábitat mientras que una parte de la tripulación explorará la superficie ".

"Esto nos dará muchas ventajas mientras nos preparamos para el viaje de regreso a casa, obteniendo carga desde la superficie con cohetes MR, que pueden incluir muestras para su análisis. Aquí tenemos mucho potencial, el hecho de que agregar puertos de acoplamiento es realmente un plus tecnológico y de exploración ".

"Por cierto, esta Estación Orbital de Marte se llama Houxing Zhan. Para darle más detalles del proyecto, aquí está el Dr. Lin Long ".

"Gracias" - dijo Lin Long- "Buenas tardes, el plan es el siguiente: probaremos nuestro nuevo cohete de gran potencia, el CZ-5 para entregar una sonda no tripulada a Marte en 2022, esto pondrá a prueba nuestras capacidades de lanzamiento para alcanzar Marte. Si esta Misión tiene éxito, estaremos listos para lanzar el Houxing Zhan a la órbita de Marte para el año 2030 ".

"Estamos trabajando en la creación de una sala de control para monitorear el Módulo y activar los sistemas. Tal como lo hemos hecho con el Tiangong, por lo que podemos tener la certeza de que es seguro y totalmente funcional cuando llegue la tripulación".

"Básicamente, el Módulo tendrá un puerto de acoplamiento y desplegará paneles solares para obtener energía para sus instrumentos, mientras que no haya tripulación a bordo, solo algunos instrumentos funcionarán como Observación de Marte, que incluirá atmósfera, monitoreo de tormentas de arena, vientos, observación de superficie con diferentes instrumentos para identificar los elementos presentes, también el observatorio para estudiar galaxias y diferentes cuerpos celestes a partir de allí, y un instrumento que será apuntado a la Tierra, cuando esté en rango para observarlo desde allí. Si todo va bien, en un futuro cercano enviaremos un módulo similar a Unity de la ISS, teniendo por lo menos cuatro puertos de acoplamiento, esto permitirá acoplar vehículos que sean lanzados desde la Superficie de Marte y otros módulos además del hábitat y el Mars Lander, si se decide aumentar las capacidades y funcionalidades de esta Estación Orbital de Marte ".

"Es posible, como el Dr. Cook mencionó anteriormente, que incluirá un RMS proporcionado por la Agencia Espacial Canadiense, y también como comenté, es posible que en un vuelo futuro se envíe un módulo de compuerta presurizada de aire para aumentar las capacidades de acoplamiento, posiblemente se convertirá en el punto de partida para estudiar, Europa, Io, Titán u otros cuerpos celestes ".

"Como se puede ver en esta diapositiva, el módulo tiene el mismo tamaño que el Tiangong una tripulación se ejercitará, dormirá y trabajará en esta área. Se pueden agregar instrumentos en esta sección "- señaló un área del módulo," tal vez la consola de control del RMS, estos instrumentos pueden ser enviados en futuras Misiones para ser ensambladas por una tripulación ".

"Este es el primer paso para crear una Estación Espacial Orbital de Marte, esperamos que muchas naciones se unan a este esfuerzo para ensamblar una Estación más grande con más capacidades, pero por el momento esto es lo que planeamos hacer para recibir una tripulación, con suerte la primer tripulación ".

"Gracias, esto ha sido muy interesante" – dijo el Dr. Cook y continuó- "A largo plazo esto nos dará muchas oportunidades, tal vez para acercarnos a Fobos y Deimos con un vehículo espacial enviado a bordo de un MR, Misiones más largas, pueden ser tripulaciones más grandes, vuelos desde Órbita a la superficie de Marte y viceversa. Estamos construyendo los cimientos de la Exploración Humana de Marte. Muchas Misiones asombrosas seguirán en las próximas décadas, una verdadera exploración de otro planeta, y por qué no una presencia humana permanente allí, quien sabe quizás desde aquí partirán tripulaciones a otros cuerpos celestes en un futuro no muy lejano. Hay una gran variedad de mundos que podemos explorar, Europa, Io, Callisto, Titán y más, estos son los primeros pasos para explorar más allá de Marte, la imaginación es nuestro límite ".

...

El grupo liderado por ViPla se reunió virtualmente para revisar sus planes, como siempre la imagen de ViPla era una sombra y su voz distorsionada.

"Vamos Iván, cuéntanos qué has encontrado y cómo va el plan".

Iván Ivanovich era de Rusia, era un hombre alto de unos sesenta años, trabajó muchos años en la KGB, luego se fue y, a partir de ese momento, como independiente, principalmente en seguridad, física, intelectual y seguridad cibernética, estaba bien conectado con diferentes grupos y personas.

Iván respondió con acento ruso: "Hemos encontrado en dónde se llevarán a cabo las reuniones y qué empresas van a contratar para realizar ciertas actividades. La mayoría de las actividades serán realizadas por el personal de Gobierno, que puede ser sobornado fácilmente, pero esto es algo que no queremos hacer, la buena noticia es que contratarán una empresa llamada Logistika Sobytiy, Event Logistics en inglés. Esta compañía preparará todo para las reuniones; esto incluye mesas, sillas, computadoras, iluminación, podio y todos los artículos de papelería ".

Iván continuó "Como la reunión tendrá lugar dentro de ocho meses, esta compañía comenzó a contratar personal; porque quieren asegurarse de que sean confiables, así ellos serán contratados. Natalia ya ha presentado una solicitud, es licenciada en administración y también hemos incluido cuatro personas adicionales. Una mujer llamada Katarzyna Radosz es de Polonia y tiene un diploma en Organización de Eventos Sociales, ella ha trabajado en eventos de Embajadas, por lo que tiene altas recomendaciones. Otra persona es Stuart Delie, nació en Francia, su padre era francés y su madre estadounidense, decidió mudarse a Rusia, trabaja como asesor independiente para productos e instrumentos de limpieza, es extraño, pero esa es su actividad. Él ofrece sus servicios en hoteles y algunos museos, para garantizar que el producto utilizado no dañe a personas o cosas materiales como muebles, obras de arte, todas estas cosas. Él es Ingeniero Químico ".

"Hay dos más" - continuó - "Anton Donelec, él es ruso, estoy seguro de que se mudó de otro país, tiene una licenciatura en Arquitectura y una maestría en Ergonomía, su trabajo es diseñar muebles y validar que todo esté bien para estar cómodo, y que el nivel de luz y sonido sea adecuado ".

"Gunter Ralvitoff, es el último, es de Alemania, es Ingeniero en Electrónica especializado en sistemas de sonido, es contratado constantemente para instalar equipos de sonido para grandes eventos y conciertos, tiene el conocimiento para vincularse con transmisiones remotas, se aplicará para este equipo, por lo que puede garantizar el correcto funcionamiento del equipo ".

"Con este grupo podemos cubrir casi todas las partes del evento; por supuesto, todos estarán activos antes del evento y después de las reuniones, por lo que tenemos muchas oportunidades para continuar con el plan ".

"¿Confías en ellos? No queremos ninguna filtración de información" - preguntó ViPla, a lo que Iván respondió - "Sabes que tengo la capacidad de detectar lo que no es cierto, he realizado mis investigaciones y todos tienen el perfil que quieren, son personas bastante frustradas con un alto nivel de ambición, les gusta vivir con altos estándares y son muy meticulosos en lo que hacen, además de que son bastante herméticos. Me he reunido con ellos pocas veces, por supuesto que llevo un bigote y lentes de contacto de colores cuando los veo, y un nombre diferente, así que si los atrapan no hay forma de que puedan conectarlos con nosotros ".

"Espero que estés en lo correcto, ahora cuéntanos cuál es tu plan" - preguntó ViPla.

Iván respondió: "Me presentaré como asesor de seguridad, seguridad física que nos dará la entrada a nuestra gente".

"Uno de los líquidos de limpieza se preparará con un veneno que es absorbido por la piel humana, esta sustancia no tiene olor o color, lo único es que debe combinarse con los líquidos correctos para evitar otra situación como una explosión; aquí es donde Stuart ingresará como Químico ".

"La mezcla se usará para 'limpiar' la mesa o el área de la mesa de dos participantes del G20, quizás los menos importantes, de modo que cuando estén en contacto con la superficie, el veneno ingresará en sus cuerpos, causando una soñolienta necesidad que terminará con su silenciosa muerte en unos diecisiete minutos. Natalia es la que hará la solicitud o asignará a una persona para que lo haga, dependiendo de la posición que tenga. Después de que sea aplicada, la botella la desaparecerán, de hecho, solo una botella más pequeña del tamaño de un pequeño perfume es la que tiene la mezcla, para ser removida más tarde, dejando la botella original intacta ".

"Esta limpieza se realizará la noche antes del evento, todo el personal usará guantes. Antes de eso, el equipo de organización del evento preparará todo para la reunión; esta persona es Katarzyna y pondrá el nombre de cada participante en el área designada, de acuerdo con el mapa que recibirá y todo lo que se necesitará para la reunión. Ella sugerirá la posición de los líderes, por lo que aquellos en los que estamos interesados estarán en un punto en que otros líderes no puedan verlos directamente ".

"Al mismo tiempo, Gunter revisará el sistema de sonido, y estará listo para cortarlo cuando ocurra el 'accidente' y conectar nuestra señal para enviar nuestro mensaje, además activará un bloqueador de señal de teléfono celular y un bloqueador de frecuencia, específicamente para las frecuencias de radio que utilizarán, por supuesto que proporcionaré esta información ".

"Anton seleccionará los escritorios, lámparas, sillas y todo lo que se necesita para la reunión, se asegurará de que la superficie del escritorio contenga el líquido y de que no sea absorbido, los sillones serán especialmente para sostener la postura de una persona, por lo que cuando los dos líderes se queden dormidos, nadie se dará cuenta, hasta que lo deseemos ".

"Excepto para Gunter y yo, nadie más de nuestro grupo estará allí en ese momento, aprovecharemos la confusión para dejar las instalaciones antes de que las bloqueen, podremos hacerlo usando las credenciales de acceso de seguridad, además tendremos un gafete de la KGB ".

"Esto suena muy bien, suena bastante ficticio, cómo garantizar que su personal estará permitido allí tal como lo planea" -preguntó ViPla.

"Primero" -respondió Iván- "todas estas personas están calificadas, no tienen ningún registro policiaco serio, por lo que no serán rechazadas, además, como saben, hay mucha corrupción aquí, por lo que con algunos incentivos podemos garantizar que estarán ahí".

...

En el Centro Espacial Kennedy, una tripulación se preparaba para ser lanzada a la Estación Espacial Internacional. Esta tripulación multinacional permanecerá 18 meses en la estación. Han estudiado los resultados de la Expedición de la tripulación de un año del Astronauta Scott Kelly y Cosmonauta Mikhail Kornienko y ellos están listos para la Misión de 18 meses con posibilidades de extenderse hasta 24 meses. La tripulación está formada por la Comandante Nancy Jones, Astronauta estadounidense, y los ingenieros de vuelo Yelena Pavlova, Cosmonauta Rusa, y William C. Mckensey, Astronauta australiano, entrenado en el Centro Europeo de Astronautas.

Se lanzarán desde la Plataforma 39B en unas tres semanas, hoy estaban realizando el ensayo de lanzamiento, el cohete y el vehículo espacial están en la plataforma de lanzamiento, es un cohete del programa comercial, de la compañía Astro Explorer, el vehículo se llama el Beyond Earth 8, el Cohete Orbit Launcher.

El ensayo comenzará cuando la tripulación abandone el edificio Neil Armstrong Operations and checkout building, donde han pasado la noche para estar preparados. Abordarán el Astrovan que los llevará a la plataforma. Una vez que lleguen, bajarán y caminarán hacia el elevador de la estructura, que los llevará al Brazo de Acceso, que es un pasillo que conduce al Vehículo Espacial.

El Astrovan regresa al Edificio de Control de Lanzamiento.

Al final del brazo de acceso de la tripulación, se encuentra lo que se denomina el Cuarto Blanco, donde algunos ingenieros preparan a la tripulación para subir al vehículo y asegurarlos en sus asientos, que todo les funcione correctamente, como las comunicaciones y los trajes presurizados, finalmente procederán a cerrar la escotilla y cerciorarse de que esté segura.

El ensayo continuará con la tripulación dentro del vehículo, revisarán el procedimiento que será seguido el día del Lanzamiento.

El Control de Lanzamiento y el Control de la Misión participarán con sus actividades y procedimientos.

El ensayo terminará en T-0, por supuesto sin encender los motores.

Después del ensayo del Lanzamiento, la tripulación regresará a su sede de entrenamiento para continuar con las sesiones de simuladores y las prácticas de EVA en el Neutral Buoyancy Laboratory ubicado en Houston, Texas.

Para esta Misión de larga duración , se está preparando un nuevo módulo para el ISS en el KSC en el Edificio de Procesamiento de Módulos de la Estación Espacial es del tamaño del Módulo Columbus, tendrá un interior giratorio para simular la Gravedad de Marte, así la tripulación podrá practicar con algunos de los equipos y herramientas que usarán en Marte, este módulo será lanzado desde el Centro Espacial Kennedy a bordo de un Vehículo de gran potencia de la Compañía Espacial, se encontrará con la ISS en donde se capturara con el RMS para que sea acoplado a un puerto específico. La tripulación ya estará allí para activarlo y ponerlo en modo de operación.

...

En el Centro Espacial Chino ubicado en el Centro Espacial de Lanzamiento Wenchang en la Isla Hainan, llegó el nuevo Mars Rover; listo para ser ensamblado en la unidad de contenedor que se montará en la parte superior de la tercera etapa del cohete CZ-5 o Long March 5.

Se trata de un Rover muy sofisticado, de hecho, es una Misión Multi Rover, tiene contribuciones de la Agencia Espacial Europea, NASA, Agencia Espacial Rusa, Agencia Espacial China, Agencia

Espacial Japonesa y la Agencia Espacial de India, además de universidades e institutos. Fue diseñado en 2014. El área de aterrizaje será Vastitas Borealis, cerca del Polo Norte.

Consiste en un Rover Central, llamado Hope 1, que tiene un taladro, laboratorios para analizar el suelo, un invernadero especial dividido en dos secciones.

Se depositarán muestras de suelo marciano en ambos; la tierra será tomada de abajo de la superficie por el brazo colector. La estructura del invernadero tiene una cubierta de plástico interna para reducir el efecto de la radiación y el cristal de plomo (Pb); también, un suministro de agua que se utilizará para rociar el suelo y un mecanismo para reciclarlo.

Se agregará fertilizante a una sección y semillas a ambos, en su mayoría plantas del desierto que necesitan cantidades muy pequeñas de agua. Una termo lámpara mantendrá la temperatura a niveles aceptables; los niveles que son compatibles con esas plantas en la Tierra, esta lámpara será alimentada por una batería energizada por celdas solares. Se incluye una pequeña cámara para poder ver cualquier progreso en el desarrollo de las semillas y sensores para monitorear y medir el ambiente en su interior.

Debido a que es una Misión Multi-Rover, junto al Rover principal hay cuatro Rovers más pequeños, llamados guías, estos pequeños Rovers viajarán en diferentes direcciones para encontrar las mejores condiciones para realizar las pruebas por el Rover principal "Hope", tendrán cierta distancia del Hope para evitar perderse, por lo que este parámetro está controlado. Estos guías tendrán instrumentos meteorológicos y un pequeño taladro para medir la humedad en el suelo de Marte, cada uno tiene una pequeña cámara para registrar el paisaje.

El funcionamiento del mismo se controlará desde el Jet Propulsion Laboratory en Pasadena, California, el Control de Operaciones de China para vehículos robóticos, y desde el Centro de Control de DLR ubicado en Colonia, Alemania.

En el Centro Espacial, científicos de todo el mundo realizarán la última prueba antes de "empaquetarlo" en el contenedor de lanzamiento.

El lanzamiento estaba programado para noviembre de 2021 para llegar a Marte en julio de 2022.

Capítulo 9 2021: Preparándose para Marte, y la próxima sorpresa.

"Desde el incidente de Tokio del año pasado, no hemos escuchado amenazas reales de esta magnitud", dijo el agente Wilson a su grupo en la Interpol de Londres: "Tenemos que estar al tanto de cualquier evento internacional".

Se dirigió a un agente y le dijo: "Jessica, ¿puedes por favor obtener una lista de todos los eventos importantes que se llevarán a cabo en todo el mundo este año?". Estamos buscando conciertos, deportes, eventos políticos, sociales, etc. Los necesito para ser clasificados como Eventos Mayores, aquellos que se seguirán en casi todo el mundo y de allí a los que tendrán menos impacto, como conciertos locales, por favor soliciten información a todas las agencias de Interpol ".

"OK jefe, lo haré", respondió. No dijo nada más, se quedó allí sin mirar ningún lugar, estaba pensando: "Desde el intento de Tokio no hacen nada, tal vez planean un ataque más sofisticado y sean más cautelosos. Ha pasado el año nuevo y solo hemos interceptado las conversaciones del terrorista habitual. No tenemos nada ahora y esto es bastante intrigante y una mala señal ".

Jessica le dijo: "¿Algo más que necesite Señor?".

Volvió de sus pensamientos y dijo "lo siento, discúlpeme, estaba pensando acerca de eso, no eso sería todo por el momento".

...

Natalia Kudryavtseva estaba siendo entrevistada en el Kremlin, en la oficina que estaba a cargo de organizar y contratar personal y empresas para la Cumbre del G20, y presentó su currículum y la experiencia que tenía en eventos similares a este.

El oficial dijo: "Necesito sacarle una fotografía y registrar sus huellas dactilares".

"Está bien" - respondió ella. Después de registrar toda su información, el agente le dijo: "Como usted sabe, este evento es internacional y requiere una gran seguridad, y tenemos que asegurarnos de que todas las personas que hagan cualquier actividad estén libres de cualquier antecedente penal. Su archivo será enviado a Interpol para que cada país que participe en este evento lo analice, de modo que, si alguien encuentra algo que no le gusta, la aplicación será rechazada, ¿Entiende esto? "

"Sí", ella respondió.

"Ahora necesito que vaya a ese escritorio y llene este formulario para mí, tan pronto como lo termine irá a ese escritorio de allá, esa persona recibirá su formulario y le hará algunas preguntas de rutina, después de eso se puede ir y nos contactaremos con usted en pocas semanas. Tal vez alguna persona la visite en su casa o en la dirección de su trabajo, y quizás alguien la siga esporádicamente. Tiene que aceptar esto si quiere continuar el proceso ".

"Estoy de acuerdo" - ella respondió. "Bien, ahora puede completar su formulario".

"Gracias" dijo y se alejó. "La siguiente persona por favor" - dijo el oficial.

Se sentó donde se le indicó y comenzó a leer el formulario; primero tenía una página completa de instrucciones y declaraciones. Ella tuvo que firmar que estaba de acuerdo en todas estas declaraciones. Luego comenzó el cuestionario, primero todos los datos personales, incluida la información de los padres, luego una serie de preguntas para detectar cualquier tendencia idealista y afiliación política. Luego, el motivo por el cual ella quería participar, un párrafo que describía qué pensaba ella sobre esta cumbre y si sabía sobre las anteriores.

Después de un par de horas ella terminó, se levantó y se lo dio al oficial de la KGB que estaba recibiendo estos formularios. Lo miró página por página, asegurándose de que no quedara nada en blanco, después de eso, la vio con una mirada muy intimidante, solo para detectar si mostraba temor que pudiera indicar que estaba escondiendo algo. "Puede irse ahora "- dijo el oficial y agregó- "la llamaremos ".

Se fue del Kremlin y caminó hacia su departamento, mirando a todas partes para ver si alguien la estaba siguiendo. Ella pensó "cómo voy a poder comunicarme con los demás, quizás mi teléfono esté intervenido o quizás me están siguiendo". Ella estaba realmente asustada y pensó "esto es muy arriesgado".

Iván Ivanovich estaba en su oficina, esperando una llamada de Natalia, ella fue la primera en ir a este proceso de selección, quería saber los detalles. Era tarde ahora, y ella no llamó. Pensó: "Tendré que ir a buscarla, algo no está bien".

...

La tripulación de la nueva misión del ISS, Expedición 61, llegó al Centro Espacial Kennedy, aterrizaron en la pista de aterrizaje del transbordador, iniciarán su viaje en dos días a bordo del vehículo espacial Beyond Earth 8 (BE8); estaba integrada por la comandante Nancy Jones, los Ingenieros de Vuelo Yelena Pavlova y William C. Mckensey.

Como es habitual después del aterrizaje, ofrecieron una breve conferencia de prensa.

La comandante Jones dijo: "Gracias por estar aquí, Mi nombre es Nancy Jones y soy la comandante de esta Misión, los ingenieros de vuelo son Yelena Pavlova y Bill McKensey. Como probablemente saben, nuestra Misión durará 18 meses, y si todo va bien, podría extenderse a 24. El objetivo principal es comprender, aprender y prepararse para una Misión tripulada a Marte. Como en Marte, la gravedad es aproximadamente 1 / 3 de la gravedad de la Tierra, se lanzará un nuevo módulo dentro de unos meses que incluirá una estructura con rotación para simular esa gravedad, para permitirnos practicar con simuladores de realidad virtual y equipos que serán llevados a

Marte en algún momento, además de esto, permitirá que nosotros estudiemos los efectos en el cuerpo humano en ese ambiente por un largo período de tiempo ".

Un periodista preguntó: "Mi nombre es Bill Parker de Space News". "El hecho de que se centrará en esto significa que formará parte de la tripulación que irá a Marte en unos 10 años".

La Comandante Jones sonrió y respondió: "En este momento no ha habido ninguna asignación de tripulación para una Misión de Marte, nuestra Misión es aprender y producir información que será usada para la Expedición de Marte".

El reportero preguntó: "¿Les gustaría ser considerados para esa Misión? "Los tres astronautas sonrieron y respondieron casi al mismo tiempo, "por supuesto, nos gustaría ".

La comandante Jones agregó: "¡Gracias a todos por venir, esperamos dales un gran espectáculo el próximo jueves, con el lanzamiento!".

Caminaron hacia el vehículo que los llevaría al Edificio de Operación y Verificación Neil Armstrong en el área industrial de KSC.

El equipo de lanzamiento se había reunido en la sala de control de lanzamientos para comenzar el proceso de la cuenta regresiva, el Director de Lanzamiento es el Sr. Bob Harris, el Director de pruebas y todo el personal llegaron, también el Presidente de Astro Explorer Company, Pete Martin. Charlie Washington llegaría el día del lanzamiento.

"Buenas tardes" – dijo el Sr. Bob Harris dirigiéndose al equipo: "Iniciaremos la cuenta regresiva a las T-43 horas de nuestro objetivo del lanzamiento es el jueves 22 de abril de 2021, con una ventana de 5 minutos que se abrirá a las 7:03:25 AM. Todo el personal inicie sesión en sus consolas ".

La actividad comenzó en la sala de Control de Lanzamiento.

···

Iván Ivanovich llegó al edificio de apartamentos de Natalia, tocó el timbre y se escuchó una voz, "Hola Natalia, este es Peter Gorky" (ese es el nombre que estaba usando con ellos). Había silencio. Entonces sonó el zumbido que abría la puerta de acceso al edificio.

Subió las escaleras y llamó a la puerta de su departamento; ella abrió muy cautelosamente. Entró y ella cerró y aseguró la puerta."Y bien, como te fue?", Preguntó Iván.

"Fue bastante intimidante, te hacen sentir como si fueras un criminal" - respondió y le hizo saber todo sobre el proceso, y continuó- "Tengo mucho miedo, siento que me observan".

"No te preocupes" - dijo - "es la forma habitual de hacerlo".

"Pero, ¿por qué?" -preguntó ella.

"Es un método utilizado para identificar personas con información falsa en la primer etapa del proceso", -respondió y continúo- " Ellos escriben en la aplicación un determinado código, que indica el tipo de vigilancia requerida, generalmente no llaman esa persona nuevamente durante el proceso, pero probablemente la investiguen, principalmente por el tipo de evento que es ".

"Así es que no tienes por qué preocuparte, en unas dos semanas recibirás una carta para notificarte que tendrás una entrevista con algún alto funcionario, si la apruebas, estarás contratada, si detectan alguna incongruencia en lo que estás diciendo y lo que escribiste, entonces te rechazarán ".

"En resumen, esto significa que debes ser muy cuidadosa y mantener tu verdad todo el tiempo, intentarán confundirte y hacerte la misma pregunta de diferentes maneras".

"Estoy seguro que no tendrás ningún problema, solo sé tú misma. ¿Puedo tomar una taza de café por favor?

"Sí, por supuesto" - dijo, y fue a la cocina a prepararlo. Cuando ella se fue, el instaló un pequeño micrófono debajo de la mesa central de la sala. Todas sus conversaciones serían grabadas de forma remota, así Iván podía estar seguro de que ella continuaría colaborando con el plan y de que no hablaría con nadie al respecto.

...

El Director de Lanzamiento, Bob Harris, llegó a la 7:00 PM del miércoles a la sala de Control de Lanzamiento para saludar a todo el equipo, y comenzó a verificar el estado de todas las consolas, habló con el Director de Ascenso Peter Page en el Centro de Control de la Misión en Houston y luego revisó el pronóstico del tiempo para la ventana de lanzamiento y para el Atlántico en caso de un retorno de emergencia del Vehículo Espacial. Todo parece estar bien para el lanzamiento que tendrá lugar al día siguiente.

A las 10:00 PM del miércoles 21 de abril, la Tripulación para la Expedición 61 fue despertada, tendrán el desayuno tradicional y el pastel decorado con el escudo de la Misión, y luego irán al vestidor, en donde serán ayudados con sus trajes de lanzamiento, verificarán que puedan ser presurizados sin ningún problema.

Los tres astronautas salieron del edificio de Operaciones y Verificación Neil Armstrong, el personal de prensa, las familias y algunos funcionarios estaban allí para despedirlos y desearles una Misión exitosa mientras ingresaban al AstroVan que los llevará a la plataforma de lanzamiento. El jefe de la Oficina de Astronautas, el Astronauta Richard Young, estaba con ellos.

El AstroVan comenzó su viaje hacia la plataforma de lanzamiento, abandonó el área industrial KSC, luego se dirigió hacia el VAB y el Edificio de Control del Lanzamiento, ellos pudieron ver los tres edificios del OPF que se utilizaron para preparar los orbitadores en el programa del Transbordador, y ahora utilizado por empresas privadas bajo el Programa Comercial.

Estaba el gigantesco VAB, donde fue ensamblado el vehículo que será lanzado dentro de unas horas, y donde, en un futuro cercano, el cohete SLS será ensamblado para lanzar el Vehículo Espacial Orion primero para la Misión Lunar y algunos años después hacia Marte. Algunos astronautas ya estaban entrenando para este vehículo espacial.

En un lado estaba el edificio de Control del Lanzamiento, aquí todos los ingenieros y funcionarios estaban monitoreando el cohete y el clima para continuar con la cuenta regresiva.

Todavía era muy temprano, 3:00 a.m. El Astrovan continuó todo el camino hacia la Plataforma 39A unas tres millas adelante hacia el Atlántico.

El Astrovan llegó a la plataforma de lanzamiento, la tripulación descendió y subió al ascensor que los llevaría a la parte superior de la estructura, donde se encuentra el acceso al Vehículo Espacial Beyond Earth 8. Al final del brazo de acceso está el Cuarto Blanco, en donde los ingenieros los estaban esperando para ayudarlos a entrar a la nave y a asegurarlos en sus asientos, además de la ejecución del procedimiento de Cierre de la Escotilla.

Charlie Washington llegó a bordo de un pequeño avión a la pista de aterrizaje de los Transbordadores desde allí, un automóvil lo llevó al edificio de Control de Lanzamiento. Ya estaba Pete Martin el CEO y propietario de Astro Explorer Company, el propietario del Cohete y el Vehículo Espacial.

Todos estaban siguiendo los eventos de la cuenta regresiva. El Oficial de Relaciones Públicas comentó sobre las actividades, así todos los invitados en KSC, y en NASA TV podrían estar al tanto de lo que estaba sucediendo en cada momento.

"Esto es Control de Lanzamiento" – El Comentador de Relaciones Públicas dijo- "La tripulación ha llegado al Cuarto Blanco en donde los ingenieros les están ayudando en la preparación final de sus trajes y aseguran a cada miembro en el vehículo, la Astronauta Nancy Jones está dentro del vehículo en los monitores la Cosmonauta Pavlova está en proceso de ingresar al Vehículo Espacial y el Astronauta William Mckensey está esperando su turno ".

"Todo parece listo para el lanzamiento a las 7:03 AM de esta mañana, no hay problemas técnicos o climatológicos. Estamos a T-2 horas y 40 minutos y contando ".

···

Katarzyna Radosz, Stuart Delie, Anton Donelec y Gunter Ralvitoff fueron en diferentes momentos para registrarse para los puestos en los que deseaban ser considerados para la cumbre, todos pasaron por el mismo proceso.

Iván Ivanovich ingresó al Kremlin a la sala donde se estaba llevando a cabo el proceso de registro, ya que solía trabajar en la KGB, muchos del personal lo conocían. "Hola Iván", le dijeron.

Uno de ellos preguntó: "¿va a solicitar un puesto para este evento?", "Sí", respondió: "Estoy desempleado ahora y creo que un puesto en el área de Seguridad estaría bien".

"Eres un buen amigo Iván" - dijo la persona - "puedes contar con este empleo, solo llena los formularios habituales para ejecutar el procedimiento estándar, ni te imaginas quién coordina el evento, con respecto a la seguridad".

Iván respondió - "No sé" - El hombre respondió "es Sergei Tsikov, ¿te acuerdas de él?", "Por supuesto" respondió Iván, "fuimos entrenados juntos, ¿está aquí?", "Sí" -el hombre respondió- "¿Te gustaría verlo?".

"No" dijo Iván- "Estoy seguro de que está muy ocupado, lo encontraré en otro momento, ¿dónde puedo completar los formatos?".

"Puedes ir a esa habitación, hay escritorios disponibles" - respondió el hombre.

"Gracias, nos vemos luego" dijo y se dirigió a la habitación contigua.

Entró y vio muchas filas de escritorios, algunos con personas llenando los formularios. Vio a Anton Donelec en la fila de atrás. Como Iván no llevaba el bigote, no lo reconocerá, o al menos eso es lo que esperaba.

Iván se sentó en un escritorio en la segunda fila, comenzó a llenar los formularios, notó que había cámaras por todos lados, y algunos agentes jóvenes de la KGB caminando entre escritorios. Completó el papeleo y se puso de pie, luego caminó hacia la puerta, un agente le indicó que continuara a la siguiente habitación, sin decir una palabra.

Él caminó y entró, había un escritorio que decía recepción del documento, se acercó y le entrego los formatos. La persona que lo recibió lo leyó y dijo: "Entonces trabajó en la KGB, ¿por qué renunció?". Iván respondió: "Fui herido en una misión". "Oh, ya veo", dijo el hombre, y escribió algo en el papel.

Lo marcó con un número y le dio a Iván un pequeño papel con el mismo número. "Este es su número de solicitud, debe mantenerlo a salvo, es la única forma de seguir el proceso" - dijo el hombre y continuó- "por favor vaya al siguiente escritorio, ellos le tomarán una fotografía, sus huellas dactilares y una gota de sangre" para tener su ADN ".

"Gracias", Iván dijo y se alejó. El hombre en el escritorio continuó mirándolo y escribiendo algo. Iván pensó: "¿Qué le pasa a este tipo?".

Llegó al escritorio contiguo. "Por favor, siéntense ahí", - dijo el oficial- "Déjeme ver su número de solicitud". Iván le dio el pequeño papel. Por favor mire a la cámara ", dijo "ok listo, ahora por favor ponga su mano en esta pantalla. Ok, ahora la otra mano. Bien, ahora por favor deme su dedo índice derecho ". Iván extendió su brazo. "Le voy a pinchar el dedo, para que podamos registrar su ADN", dijo el hombre y pinchó el dedo con una pequeña unidad que recolectó una gota de sangre.

"Esto será todo por ahora", dijo el hombre, "si es seleccionado, se le llamará para una entrevista en unas dos semanas". Gracias ", respondió Iván y se fue.

...

"Estamos a T-10 minutos y contando" - El comentarista de Relaciones Públicas de KSC, "todo va muy bien para el lanzamiento de hoy, a T-9 minutos tendremos una pausa de 10 minutos, durante esta pausa se revisarán asuntos pendientes, si hay alguno, y el Director de Lanzamiento continuará la encuesta con los diferentes equipos para decidir si el lanzamiento procede o se cancela. Estamos a T-9 minutos y en pausa ".

Bob Harris estaba revisando el estado de todas las consolas y no había problemas pendientes, el clima también estaba cooperando. Se dirigió al equipo: "Habla Bob Harris, dirigiré la encuesta final, responda con Go o No-Go.

"Rocket" - respondió un ingeniero - "estamos listos, GO", "gracias" Bob respondió.

"Clima" - Respondió una mujer - "No tenemos restricciones, GO". "Gracias".

Bob continuó - "¿Seguimiento?" - "El seguimiento, estamos listos, GO" - alguien respondió. "Gracias",

"¿Control en Houston?" - "El Control en Houston está listo", respondió el Director de Ascenso.

"Vehículo de recuperación" -preguntó Bob- "Vehículo de recuperación estamos listos Bob". "Gracias".

"Plataforma de recuperación de primera etapa" - preguntó - "En la plataforma de recuperación estamos listos, tenemos mareas muy bajas". "Gracias" - respondió.

"¿Comandante?" - Preguntó Bob- Se escuchó una voz en la Sala de Control de Lanzamiento: "Estamos listos Bob, gracias a todo el equipo por preparar este vehículo y la Misión, esperamos verlos en aproximadamente 18 meses. La tripulación de *Beyond Earth 8* estamos listos ".

"Gracias Nancy, les deseamos un viaje muy seguro y nos vemos de regreso en la Tierra".

En la Estación Espacial Internacional, la tripulación estaba siguiendo el progreso del proceso del Lanzamiento a través del Canal de Internet que tienen disponible para la Transmisión de Video.

Después de esta encuesta Bob Harris dijo: "Estamos listos para el Lanzamiento". Se escuchó una voz que decía: "Estamos listos para el Lanzamiento a las 7:03:25, retomaremos la cuenta a T-9 minutos en 71 segundos".

La voz continúa - "en T-7 minutos el brazo de acceso de la tripulación será retraído, en T-5 minutos el vehículo estará con energía interna, en T-2 minutos las mangueras de combustible serán retraídas y la presurización de los tanques comenzará, en T -20 segundos se activará el sistema de supresión de sonido, en T-6 segundos se encenderán los motores principales del cohete, en T-0 comenzarán los cohetes SRB y el vehículo comenzará a elevarse desde la plataforma de lanzamiento, el control será tomado por el Control de Misión en Houston cuando el cohete despeje la torre ".

El comentarista de KSC anunció que estamos en T-9 minutos y contando, continuó explicando los eventos que estaban teniendo lugar.

Charlie Washington y el Sr. Pete Martin estaban mirando a través de la ventana de Control de Lanzamiento, a tres millas al este estaba el cohete listo para despegar, era una hermosa mañana.

El comentarista de Relaciones Públicas dijo. "Durante el ascenso, si todos los motores funcionan como se planeó, la tripulación se acoplará con la Estación Espacial ocho horas después del lanzamiento, si los motores no alcanzan la aceleración esperada el vehículo realizará la técnica de persecución que concluirá en un acoplamiento con la Estación dentro de tres días ".

Continuó- "El brazo de acceso del vehículo se ha retraído, esta es la forma en que los astronautas usan para entrar y salir de la nave espacial, si es necesario puede volver a colocarse en cuestión de segundos. Estamos a 6 minutos y 40 segundos y contando. Todo se ve bien para un lanzamiento esta mañana ".

"T- Cinco minutos y contando, el vehículo funciona con su propio sistema de energía".

"T -uno minuto y contando a la tripulación ha cerrado y asegurado sus visores".

"T- 31 segundos y contando, la computadora ha transferido el control a la computadora a bordo, miles de parámetros son verificados, si se encuentra alguna discrepancia el reloj se detendrá. Hoy ese no es el caso. El sistema de supresión de ruido ha sido activado ".

"T - 8, 7, 6 estamos listos para arrancar los motores, todos los motores han arrancado en máxima potencia, 3, 2, 1, 0 y despegue del Beyond Earth 8 , la tripulación para la preparación de la Misión a Marte va en camino". Se escuchó una voz "Houston ahora controlando...".

Bob Harris, Charlie Washington, Pete Martin estaban observando el cohete elevándose en una vista espectacular. Todo el personal de la consola seguía monitoreando sus sistemas.

A los dos minutos del vuelo, los cohetes de combustible sólido se separaron; tres minutos después, a cinco minutos del vuelo, se recibió la señal de que la primera etapa se había separado con éxito, esta etapa volverá a la plataforma oceánica de despegue. El motor de la segunda etapa comenzó como estaba planeado, todo parecía estar bien para un encuentro con el ISS en ocho horas.

Había un rastro de humo en el horizonte que mostraba el camino del cohete. "Fue un gran lanzamiento; están en camino "Bob Harris le dijo al equipo- "Felicidades ". Horas más tarde fueron a celebrar con el plato tradicional de frijoles.

...

El agente Wilson en la sede central de la Interpol en Londres recibió los archivos de las personas que estaban aplicando a los diferentes puestos para la cumbre que tendrá lugar en Moscú el próximo mes de julio. Deben correr cada archivo en las bases de datos locales para encontrar información sobre cada persona, por ejemplo, cuántas veces ha venido esta persona al país, si la persona tiene antecedentes penales. La mayoría de las personas no tienen nada que reportar.

Algunos perfiles fueron marcados como nivel 1, lo que significa que necesitan más investigación, entre ellos estaba el de Iván Ivanovich, ya que era un ex agente de la KGB, estaba registrado en todo el mundo, por lo general, este era un procedimiento normal. El perfil fue verificado, no mostraba nada fuera del comportamiento normal, la única preocupación era por qué quería estar ahí como oficial de seguridad si renunció a la KGB cuando estaba herido y rechazó que se le ofreciera un trabajo de escritorio hace unos años. Se fue de la KGB con cierto resentimiento.

El agente Wilson justamente agregó una nota a la evaluación electrónica y la devolvió a Interpol en Moscú.

...

Iván Ivanovich fue a su casa, llamó a su equipo uno por uno. Les dijo que se reunieran en la estación de trenes de Kievsky, esa noche a las 8:00 p.m., en el restaurante CHAIKHONA №1.

A las 7:30 salió de su casa y caminó hacia la estación de metro, tomó el tren y bajó a la estación Kievskaya, luego se dirigió a la estación de trenes Kiensky y llegó al restaurante. Eran las 7:55. Pidió un café mientras esperaba al grupo.

Natalia llegó primero, luego Katarzyna Radosz con Stuart Delie, luego Anton. Esperaron unos minutos.

"Bueno, falta Gunter , es mejor que comencemos" - dijo Iván- "Seleccioné este lugar porque está lleno de gente y ruido, aquí podemos hablar sin ser escuchados, si alguien está tratando de capturar nuestra conversación con una antena de largo alcance, por seguridad nos cubriremos la boca al hablar, para que ninguno pueda leer los labios, ¿está claro? ".

"Entiendo que todos estamos registrados para la selección de personal para la Cumbre del G20. Es muy importante a partir de ahora que estudien sus perfiles, la próxima fase será muy dura puedo decírselos porque sé cómo trabaja esta gente ".

"Los intimidarán con..." Fue interrumpido, era Gunter llegando. "Perdón por el retraso", dijo. Iván continuó- "Estaba diciendo que esta gente será muy intimidante, les harán preguntas de una manera muy ruda, para llevarlos a un nivel tal que si algo es falso los atraparán. Es por eso por lo que deben ser coherentes con lo que escribieron en sus solicitudes. Si no recuerdan lo que escribieron, es mejor que no vayan a la entrevista, si los llaman ".

"Otra cosa, mientras hablamos, todos estamos siendo investigados en archivos policiales y de servicios secretos de todo el mundo; si ustedes fueron miembros de un movimiento social, los descartarían, o si les preguntan y no dicen nada al respecto, estarán en problemas. Esto no es como una entrevista de trabajo. Desde que entraron ahí para aplicar, están en riesgo ".

"No quiero asustarlos, pero será mejor que se preparen para esto, ¿alguna pregunta?" Miró a todos, todos parecían bastante asustados y enmudecidos. "Está bien, ahora podemos comer". Llamó al camarero.

...

A las 15:10 del 21 de abril, el Centro de Control de la Misión en Houston estaba monitoreando el acercamiento del vehículo Beyond Earth 8 a la ISS, que se acoplaría al Adaptador internacional de Acoplamiento (International Docking Adapter 1 o IDA-1).

La pantalla en MCC Houston y en Korolev Rusia mostraron los parámetros de aproximación y la imagen de la ISS acercándose.

"10 pies" - dijo Control de la Misión - "el objetivo de acoplamiento está alineado".

"6 pies", la imagen mostraba una vista detallada de la escotilla ISS. El objetivo parece más grande, y luego las palabras llegaron - "Contacto" - hubo un pequeño movimiento del vehículo. Control de la Misión dijo: "Tenemos un buen acoplamiento, los ganchos de seguridad fueron puestos en posición. Vehículo Espacial asegurado", agregó MCC.

La imagen en la pantalla mostraba a los tres astronautas que ya estaban en el ISS, y una vista desde una cámara externa que mostraba el Beyond Earth 8 acoplado, "se ve realmente asombroso", dijeron.

El Control de la Misión le dijo a la tripulación: "Nancy, necesitamos que comiences el proceso de presurización para llevarlo al nivel ISS, por favor, procede con los pasos 8 a 15". "Pasos 8 y 15 entendido" - respondió ella.

Después de cerca de una hora, se abrieron las escotillas entre el vehículo espacial y el ISS.

Los nuevos miembros de la tripulación ingresaron a la ISS y fueron bienvenidos por los astronautas de la Expedición 61 que ya se encontraban en la ISS, han estado a bordo de la estación cerca casi de tres meses y estarán ahí durante otros tres meses. La tripulación que acaba de llegar verá cuatro o cinco tripulaciones diferentes durante su Misión de 18 meses.

Los seis astronautas se reunieron en el Módulo Zvezda, en donde se llevaría a cabo la Ceremonia de Bienvenida y la sesión de prensa. Se pararon en dos filas para permitir que todos fueran vistos por la cámara.

El Comandante de la Expedición 61, el Astronauta James Wilkins, les dio la bienvenida con un mensaje: "Queremos darles la bienvenida a los nuevos miembros de la Expedición 61, su principal objetivo es simular una Misión tripulada a Marte, los primeros 7 u 8 meses estarán en un entorno de microgravedad como lo estará una tripulación en un Viaje hacia Marte, deberán ejercitarse y tener análisis continuos de su salud. Durante este tiempo, deberemos recibir un Nuevo Módulo que será integrado al ISS, es llamado Schiaparelli ".

"Este módulo rotará para producir una fuerza de gravedad de 1/3 de la gravedad de la Tierra, exactamente lo mismo que la tripulación encontrará en Marte. Pasarán los siguientes diez meses en este entorno, probando equipos y realizando tareas como lo hará una tripulación en Marte. Este Módulo contendrá un simulador básico para aterrizar, despegar, explorar en un Rover y técnicas de perforación. Algunos de estos instrumentos todavía están en fase de prueba, pero el módulo deberá llegar aquí en octubre ".

"Otro objetivo es evaluar las técnicas de invernadero teniendo en cuenta la fuerza gravitacional".

En el área de Visitantes en el Control de la Misión en Houston y en el Centro Espacial Korolev, estaban familiares de la tripulación y algunos representantes de la prensa.

La persona de Relaciones Públicas le dijo a la audiencia "tendremos cinco minutos para las preguntas de prensa aquí en Houston y 5 minutos en Korolev, luego las familias tendrán tiempo para hablar con la Tripulación".

Soy de Space News International. "Debido a las actividades que está haciendo, ¿podemos asumir que forma parte de la tripulación que se enviará a Marte en unos diez años?".

Nancy respondió: "Desearía ser parte de esa tripulación, pero en este momento no se ha asignado oficialmente ninguna tripulación, nuestra tarea es preparar el camino, encontrar los mejores ejercicios físicos en ambos ambientes, la mejor comida y probar algunos equipos que eventualmente tendrán que ser ajustados, probaremos los Trajes para la Exploración a Marte, y descubriremos que tan cómodos están y que tan fácil será para un astronauta trabajar en Marte ".

"Hola, soy Roger Gates del Journal of Aeroscience ¿Cómo van a estar protegidos de la radiación durante el viaje y durante la exploración de Marte? "

Bill McKensey respondió: "Los módulos y vehículos tienen una lámina interna de Plomo (Pb) y plástico, además, el agua siempre estará circulando en una red de conductos creando una protección adicional, esta agua es parte del proceso de reciclaje. Lo mismo aplica para los trajes. Los científicos están trabajando en un método para capturar Hidrógeno y Oxígeno en Marte para producir agua adicional, el agua adicional será producida por los cultivos en el Invernadero, además en un futuro pudiera protegerse toda la base en la superficie de Marte con una red de energía que capture las partículas radioactivas, como si fuera una jaula de Faraday pero de rayos de energía".

El oficial de PAO comentó: "Ahora vamos a tener preguntas de Korolev, por favor, adelante".

"Yo soy, Helmut Gronner de German Scientific News". Mientras esté en el nuevo módulo de Schiaparelli, ¿se le permitirá moverse al resto del ISS?

Yelena respondió: "Preferentemente, tendremos que permanecer en ese módulo todo el tiempo, el objetivo es estar ahí la mayor parte del tiempo, y resolver nuestros problemas con lo que tenemos disponible en ese módulo, pero somos parte de la Expedición 61 y tendremos que realizar algunos deberes si es necesario. La administración de ISS está evaluando la posibilidad de lanzar una tripulación adicional para que la tripulación de Schiaparelli pueda estar ahí al 100 por ciento ".

"Soy de Moscú News ¿Cómo van a garantizar alimentos, oxígeno y agua para la Misión?".

Nancy respondió: "Tendremos suficientes alimentos y suministros para la misión en el Módulo Hábitat, suministros adicionales serán enviados con el cohete MR (Mars Rocket) y otros vehículos, si el Módulo de la Estación Orbital es aprobada, tendrá suministros adicionales. Tenemos sistemas de reciclaje de agua y reciclaje atmosférico. En el futuro, las tripulaciones deben tener la capacidad de producir lo que necesiten, por ejemplo, cultivos en la superficie de Marte y un módulo de invernadero orbitando Marte para la tripulación que estará en órbita ".

El oficial de PAO dijo: "Gracias, ahora cada familia tiene la oportunidad de hablar con la tripulación".

...

Iván Ivanovich fue convocado para la entrevista en el Kremlin, la segunda fase del proceso de selección. Iván llegó, dio su número de identificación de archivo. Le pidieron que se sentara en una sala de espera, alguien lo llamaría.

Un hombre salió de una habitación y gritó: "Iván Ivanovich". Iván se levantó y levantó la mano. "Por aquí, por favor" el hombre dijo.

Entró en una habitación, había una silla y dos funcionarios detrás de dos escritorios. La puerta estaba cerrada.

Comenzaron el interrogatorio habitual para detectar inconsistencias con la información que él escribió hacía dos semanas y la información que se había recopilado de los archivos de Interpol y archivos internos.

Un oficial comenzó el interrogatorio: "Bueno, leímos que usted fue agente por 18 años de la KGB y que dejó el servicio porque usted resultó herido y rechazó un trabajo de oficina".

"Eso es correcto", respondió.

El oficial preguntó: "¿Por qué le gustaría participar en este evento? ¿Qué espera hacer?". Después de unos segundos, Iván respondió: "Como mencioné, trabajé en la KGB durante muchos años hasta que un criminal me disparó. Nunca tuve la oportunidad de trabajar como oficial de seguridad para un líder político o en un evento de esta magnitud. Considero que debe incluir personas con experiencia, personas con la capacidad de descubrir una situación de riesgo, y es por eso que estoy aplicando ".

El oficial dijo: "Usted ya recibe una pensión del gobierno como vemos en sus registros. Ahora dígame ¿qué ha estado haciendo desde que se fue de la KGB? Notamos que viaja mucho a Alemania; ¿Tiene algún negocio ahí? "- "Tengo algunos amigos "- respondió y continúo- "nos reunimos para hablar de los viejos tiempos ".

El oficial lo miró y dijo: "¿y usted habló sobre su trabajo dentro de la KGB?". "No" -respondió- "hablamos de nuestras experiencias personales, pero nadie habló sobre el trabajo".

"¿Han venido sus amigos a visitarlo?", Preguntó.

Iván respondió: "No, normalmente nos reunimos en Berlín, de hecho, pasé parte del tiempo ahí, en parte porque trabajo esporádicamente como guía de turistas para grupos pequeños y solo para Berlín, esto es divertido porque se conoce a mucha gente y dan buenas propinas ".

"Eso es interesante", dijo el oficial, "no mencionó eso en su formulario". "Lo sé" ´el respondió "esto es porque no es una actividad formal , son tours cortos, nada realmente importante".

El otro oficial preguntó: "¿Tiene algún pariente en el Servicio Secreto?".

"No" -respondió. "¿Conoce o tiene contacto con otras personas que también estén aplicando para un puesto en este evento?".

Iván miró a los ojos del hombre, pensó: "tal vez me siguieron porque era miembro de la KGB y me vieron hablando con los demás, si digo que sí me preguntarán sus nombres y los investigarán más minuciosamente, si digo que no y ellos me vieron, seré rechazado y posiblemente una marca en mi archivo ".

"Sí" - respondió - "Tengo algunos amigos que también están aplicando".

"¿Son ellos buenos amigos? ¿Con qué frecuencia se reúnen? "-preguntó el oficial. Después de una breve pausa, Iván respondió: "Hay una cafetería en la estación de tren, nos reunimos ahí porque a todos nos gusta leer, así que decidimos reunirnos de vez en cuando para hablar sobre un libro o una película".

"¿Se reunió con ellos recientemente?" - Preguntó - "Sí, nos reunimos hace dos semanas, hablamos sobre películas".

"¿Cuáles?" - preguntó el hombre - "Bueno, hablamos sobre algunas películas históricas y algunas de ficción, como El Golpe, Guerra de las Galaxias, entre otras".

El oficial volteó su mirada hacia el otro oficial que estaba ahí, le dijo a Iván. "Bueno, eso es todo por ahora, nos pondremos en contacto con usted para informarle la decisión del comité. Pero antes de irse, escriba en este papel el nombre de sus amigos "

Iván escribió el nombre de ellos y pensó: "Tengo que advertirles de esta información, por qué no vi venir esto". Terminó y le dio el papel al oficial. "Puede irse ahora" - dijo el oficial.

Iván se levantó – Y dijo "Gracias". Se puso su sombrero y salió de la habitación.

Un oficial le preguntó al otro: "¿Qué piensas? Es un agente capacitado de la KGB, sabe cómo manejar estas situaciones, es difícil decir si él estaba mintiendo o diciendo la verdad, él es de la vieja escuela ".

Iván salió del edificio; no se dio cuenta de que Katarzyna Radosz estaba entrando al edificio para tener una entrevista. El tenía que hablar con todo el grupo sobre las respuestas que dio tan pronto como fuera posible, ahora que saben con quién se reúne, y les harán las mismas preguntas, para descubrir la verdad.

Él comenzó a llamar a todos; lo hizo desde un teléfono público encontró a todos excepto a Katarzyna, les explicó sobre las reuniones que suelen tener en la cafetería de la estación de trenes y sobre lo que hablaron. Marcó de nuevo a Katarzyna, y no hubo respuesta. Cuando ella entró al edificio, apagó su teléfono.

Katarzyna se acercó a la recepción y le dijo al oficial que tenía una cita para una entrevista. El oficial le dijo que fuera a la sala de espera, que alguien la llamaría.

Se sentó en esa habitación y comenzó a mirar las imágenes, había algunas revistas en el centro de la habitación, ella tomó una y comenzó a mirar las fotografías.

"Katarzyna Radosz", alguien la llamó por su nombre. Se levantó y caminó hacia la persona que la llamó. "Pase a la habitación 1B" - dijo el oficial y señaló a esa dirección. Ella entró a la habitación y ahí estaban los dos oficiales que entrevistaron a Iván hacía unas horas. Repitieron casi las mismas preguntas, hasta que llegaron a la entrevista de formato libre, donde los oficiales podían pedir lo que consideraban necesario para aclarar algo que habían detectado incompleto o contradictorio. "¿Tiene parientes o amigos que también están en este proceso?, ¿ya sea como candidatos o como organizadores?", Preguntó el oficial.

"Sí", respondió ella, "Tengo algunos amigos que también están aplicando ser parte del evento".

"¿Se comunica con ellos con frecuencia?", Preguntó el oficial. "Sí, he hablado con ellos por teléfono, es por eso por lo que todos sabemos que estamos aplicando para el evento, de hecho, uno de ellos fue el que vio el anuncio", respondió ella.

"¿Por qué cree que puede participar en este evento? - El otro oficial preguntó.

"Estoy especializada en eventos sociales, tengo experiencia organizando eventos en diferentes Embajadas y otras ocasiones de gobierno y privados, todo está escrito en mi CV" - respondió ella. El oficial la miró y dijo: "No tengo más preguntas, la llamaremos dentro de una semana para informarle el resultado del proceso".

"Gracias", respondió ella y caminó hacia la puerta, antes de salir de la habitación, el oficial le dijo "buena suerte", lo miró y se fue.

El proceso continuó y un grupo de agentes de la KGB estaban analizando las entrevistas, siguió a algunos de los candidatos para corroborar sus historias, introdujeron todas las fotografías en un sistema que encontraría a cada persona en cada fotografía. El resultado de esto fue enviado a Interpol y si hubiera consultas se realizarían más investigaciones. Por el momento, no se ha realizado ningún proceso de referencia cruzada para encontrar relaciones entre los candidatos.

...

El agente Wilson recibió las fotografías, si quisiera averiguar sobre cierta persona, simplemente tiene que hacer clic en su rostro y el sistema buscará información en miles de Bases de Datos, el resultado traerá toda la información, los antecedentes de esa persona, la referencia a la entrevista y si esa persona está presente en otras fotografías.

La información fue catalogada por individuos, primero aquellos que tienen antecedentes penales, luego aquellos que han sido parte de las fuerzas militares, policías, unidades especiales de investigación y todos los que estaban relacionados con una fuerza de seguridad de un gobierno, luego todos los ciudadanos privados.

El agente Wilson comenzó a mirar la información, obviamente primero miró a los que requerían más atención, había alrededor de 60. Descartó a los que tenían antecedentes penales. Pensó que, por supuesto, estos no serían aceptados, incluso si el crimen es bastante insignificante.

Luego siguió con lo que consideró eran los más interesantes, aquellos que habían sido parte de una fuerza de seguridad dentro de un gobierno. Había 23 candidatos, 7 fueron exmilitares que se habían retirado del ejército después de un conflicto. Estas son buenas personas para seguridad, pero no para este tipo de trabajo, por lo que recomendó no considerar a estos candidatos porque podrían ser bastante violentos. Este mismo proceso fue realizado por todas las 20 agencias de Interpol de los países que forman parte del grupo G20. Entre los candidatos se encontraban 8 ex agentes de la KGB, si habían sido despedidos no serían considerados, solo aquellos que abandonaron voluntariamente el servicio, había tres casos.

Los otros ocho casos eran de servicios de seguridad privada, de servicios de seguridad extranjeros y otras organizaciones de seguridad. Por lo general, estas personas son buenas en sus trabajos, revisó sus archivos y descartó los que fueron despedidos debido a robos u otros delitos nunca resueltos o su participación estaba en duda.

Después de este proceso, solo serán revisados 11 perfiles. El analizó uno por uno.

Tomó el archivo de Iván Ivanovich, lo leyó y lo encontró muy interesante, esta persona parece ser bastante buena en su trabajo, pensó, "Era un agente de la KGB que decidió abandonar el servicio porque no le gustaba el trabajo de oficina que le ofrecieron después de recuperarse de una lesión en un motín. Él es una persona que recibe una pensión del gobierno. No tiene antecedentes penales, solo algunas apariciones en algunas manifestaciones, pero realmente nada importante ".

Leyó su entrevista y no encontró nada anormal. "Ahora voy a analizar el archivo fotográfico" - pensó. Él empezó a ver las fotografías. Por lo general, son tomadas de cámaras en ciudades o específicamente por alguien quien fue instruido a hacer alguna vigilancia. En este caso, como había sido un agente de KGB, alguien lo siguió y tomó fotografías de los lugares a los que fue después que el llenó el formulario de solicitud.

Él empezó a verlas; ahí estaba entrando a un edificio, luego comprando un periódico y otro subiéndose al tren. Nada especial - pensó. Había otra con otras personas en un restaurante, todas las otras personas, cinco de ellas, fueron etiquetadas en la fotografía.

El agente Wilson, empezó a ver los archivos de las personas en esa fotografía en particular, vio que fueron tomadas hacía unas tres semanas en una cafetería en la estación de trenes Kievsky.

Seleccionó a la primera persona, Natalia Kudryavtseva, cuando hizo clic en la imagen, apareció una ventana que mostraba su archivo, la aplicación, la entrevista y las notas. Revisó las notas y ella declaró que se había reunido con él, no vio nada anormal.

Regresó a la Fotografía de Iván, seleccionó a la siguiente persona, su nombre era Katarzyna Radosz. Al igual que en el caso anterior, leyó su file y entrevista, le llamó la atención que ella dijo que había hablado por teléfono con las personas que ella sabía que se estaban aplicando para este evento. ¿Por qué dijo eso? - Él pensó- e hizo una nota. Volvió a la fotografía principal y examinó los archivos de las otras personas que estaban en la fotografía. Todos han confirmado que se reunieron en esa cafetería, todos excepto Katarzyna.

Volvió a la fotografía inicial para leer la entrevista de Iván, notó la fecha y la hora, luego volvió a verificar la fecha y hora de la entrevista de las otras personas en la fotografía. Escribió estos datos en una hoja de papel, notó que todos menos uno estaba en los días siguientes. Solo el de Katarzyna tuvo lugar solo treinta minutos después que la de Iván.

Pensó, ¿qué significa esto? Se levantó y vio por la ventana; parecía alguien hablando por teléfono y alguien entrando a un edificio. Él pensó, posiblemente les dijo a los demás qué decir, excepto Katarzyna, porque ya iba rumbo a la entrevista Esto significa que algo está escondido aquí. No podía olvidar que se reunió con sus amigos, como todos los demás que lo dijeron ¿Por qué lo hizo?

El agente Wilson, que era una persona con una mente analítica, tenía la mirada perdida, pensando acerca de la situación. "Tal vez este grupo está planeando hacer algo, y el ex agente de la KGB es el líder, por su experiencia sabía que iba a ser entrevistado primero, para así poder aconsejar a los demás, pero no consideró la posibilidad de que uno pudiera ser entrevistado el mismo día y casi al mismo tiempo, y si alguna de estas personas tiene una relación con Yoshito Kato ".

"Qué hacer ahora, si no comunico este hallazgo y sucede algo, seré considerado como cómplice, pero si le digo a la KGB ellos investigarán y tal vez detengan para interrogar a alguien pero no necesariamente al líder, y esto eliminará la posibilidad de buscar más sobre sus motivos y quién está detrás, obviamente estas son solo conjeturas, quizás estoy imaginando cosas ".

Él le dijo a su asistente: "Mary, por favor, pídale a la Secretaria del Director una junta conmigo, necesito presentarle algo de alta prioridad".

"De acuerdo, Agente Wilson lo llamaré inmediatamente", dijo.

...

Fue a fines de Abril en el KSC los ingenieros y científicos estaban trabajando en la preparación del Módulo Schiaparelli, se estaban haciendo pruebas en las consolas, pero principalmente en la estructura rotativa que simulará la Gravedad Marciana en la Estación Espacial. El Módulo está programado para ser lanzado en la parte superior de un cohete para carga pesada Delta V que colocará el módulo en LEO.

En una Conferencia de prensa, Charlie Washington les decía a los asistentes: "Después del lanzamiento, cuando el módulo Schiaparelli esté en órbita, un Vehículo tripulado del programa comercial, se acercará para acoplarse, estabilizarlo y acercarlo a la ISS. Una vez ahí el RMS lo agarrará para acoplarlo; luego, la tripulación en el vehículo espacial se acoplará con el ISS ya que son parte del equipo de exploración actual.

...

Mientras tanto, en el Centro Espacial de China localizado en el Centro de Lanzamiento Espacial Wenchang en la isla de Hainan, los ingenieros y científicos habían terminado con todas las pruebas requeridas para empacar el Multi Rover en el contenedor que estará en la parte superior del cohete CZ-5, de la Familia de Cohetes Long March, y que será lanzado el próximo mes de Noviembre.

Los ingenieros deben asegurarse de que el vehículo se encuentre en su configuración de entrada y que esté bien posicionado en el contenedor de carga. El cohete CZ-5 ya estaba en el edificio de Ensamblaje, se veía increíble con sus propulsores y sus tres etapas, casi 62 metros de altura.

...

El agente Wilson estaba esperando en la oficina del Director para la reunión que solicitó. El Director Sir James York, era un antiguo oficial del MI6.

El asistente del Director le dijo al Agente Wilson, "puede entrar ahora". Abrió la puerta, Sir York le dijo al Agente Wilson, "por favor pase. Entiendo que solicitó una reunión porque quiere discutir algunos asuntos importantes de seguridad ".

El agente Wilson empezó a explicar la situación: "Como sabe, en Alemania fue detenida una persona porque instaló algunos explosivos en el estadio de Tokio, aparentemente para ser detonados en los Juegos Olímpicos". En un interrogatorio, él mencionó "Los", así que supuse que era de una organización ".

Continuó: "En pocos meses, tendrá lugar la cumbre del G20 en Moscú. Están seleccionando personas para actividades y especialidades específicas, como de costumbre, envían los archivos a todas las agencias de INTERPOL. Encontré esta situación "- dijo.

"Hay este grupo". Presentó la fotografía. Sir York la miró y dijo: "¿y?" - continuó el agente Wilson- "Todos menos uno aceptó que se encuentran constantemente en este lugar. La situación aquí es que la persona que no confirmó esta reunión fue entrevistada pocos minutos después por el ex agente de la KGB, que supongo es el líder de este grupo ".

"Creo que esta persona puede ser parte del grupo de Kato, entonces, el plan es dejar que continúen con lo que están planeando y atraparlos justo antes de que actúen. Tengo la corazonada de que esto está relacionado con el incidente de Tokio, así que si capturamos a estas personas podríamos descubrir quiénes son y cuál es su motivo, por supuesto sin dejar que los rusos lo sepan, al menos por ahora ".

Sir York guardó silencio por un momento, pensando en las implicaciones y riesgos, luego de unos segundos de silencio le dijo al agente Wilson: "Es una misión muy arriesgada; usted entiende que esta agencia no puede reconocer este tipo de operación, dígame, ¿Cuál es su plan para infiltrarse ahí? ".

Mi plan es este: "Llegaré a Moscú con una carta suya para darme la autorización de buscar algunos archivos; Me pondré en contacto con el agente principal y formaré un grupo con él. No queremos detener a este grupo en este momento, queremos saber más y detenerlos en un momento en el que podamos incriminarlos y sacarles información. Como lo veo ahora, el líder es el ex agente de la KGB, tiene experiencia y tal vez él es quien formó el grupo, los otros miembros son muy jóvenes y todos son personas muy calificadas; deben haber sido reclutados por el exagente para hacer un trabajo. Esto es lo que tenemos que descubrir. La situación es que, si se informa a los agentes rusos ahora, probablemente los arresten y no podremos encontrar más información, especialmente si están relacionados con el grupo que intentó actuar en Tokio, o peor aún, como Iván es un ex agente de la KGB, tal vez, alguien desde dentro podría prevenirlo, dándole la oportunidad de escapar ".

" De acuerdo", dijo Sir York- "puede proceder pero haga todo de acuerdo con las reglas de Rusia, no queremos ningún conflicto, verdad?".

"Lo entiendo, señor" - dijo el agente Wilson- "¿Puede enviar un mensaje al jefe de la Interpol en Moscú, asegurando que se mantenga confidencial hasta que llegue?".

"Haré eso", dijo Sir York, "ahora discúlpeme, tengo otros asuntos que atender y por favor dígale a mi asistente que preparare sus boletos".

"Gracias, señor", dijo el agente Wilson y salió de la oficina.

Capítulo 10 Eventos significativos

El agente Wilson llegó al aeropuerto internacional de Moscú, abordó un taxi para ir a la oficina central de Interpol en 7/19 Kazanskiy.

Llegó, a la entrada del edificio, un oficial le preguntó en ruso: "¿A quién está buscando?". El agente Wilson le mostró su placa de Interpol y la carta que estaba dirigida a Nikolai Stepanova, el jefe de la oficina central rusa de Interpol. El oficial con una señal le indicó que se dirigiera al área de recepción para el procedimiento de registro.

···

Iván Ivanovich volvió a reunirse con el grupo en el mismo lugar, estaban hablando sobre el proceso que seguirían, sabía que lo habían seguido, por lo que tuvieron mucho cuidado con lo que hablaban, no sabían si su conversación iba a ser interceptada, entonces seleccionaron una mesa rodeada por otras con personas hablando, para   que la conversación no pudiera ser aislada. Iván no estaba seguro si le habían implantado un micrófono en su teléfono, abrigo o cualquier otro artículo que no estuvo con él durante la entrevista, los temas específicos los discutieron por escrito, y luego destruirán las notas. Ellos simplemente hablaron de que habían sido entrevistados, no más detalles; todos estaban esperando la decisión. Nunca imaginaron que un agente de Interpol de otro país haya encontrado una inconsistencia en sus entrevistas, algo de lo que los rusos aún no se habían dado cuenta.

Después de la reunión, Iván fue a un teléfono público y marcó un número, solo dijo "esperando" y terminó la llamada.

···

El agente Wilson llamó a la puerta del señor Stepanova, Пожалуйста, войдите -dijo (Por favor pase). Buenos Días - dijo el Agente Wilson- Soy Theodore Wilson de la Interpol del Reino Unido, aquí está mi carta de presentación. El Sr. Stepanova tomó la carta y la leyó, hizo una pausa y dijo: "entonces usted es inglés, la Tierra de los Agentes Secretos", le dijo sonriendo. - El agente Wilson sonrió- "¿Qué puedo hacer por usted?", agregó.

El agente Wilson dijo. "Como posiblemente usted sepa, en julio de 2020 hubo un incidente en Tokio, afortunadamente se descubrió el complot y pudimos capturar al sospechoso. En este momento él está en Alemania y no ha dicho nada. Cuando interrogué a esta persona, inconscientemente mencionó "nosotros", así que estoy seguro de que él es parte de una organización. No es un grupo terrorista común, pero si un grupo bien preparado y sofisticado, que, en este momento, no sabemos nada al respecto, sus posibles demandas y sus nombres ".

"Muy interesante" –El Sr. Stepanova dijo: "¿y qué podemos hacer al respecto?".

El agente Wilson continuó: "Esa fue solo una introducción para ponerlo en el contexto de lo que voy a explicarle ahora".

"Durante el examen de la información que sus agentes enviaron a Interpol, debido al proceso de selección que se lleva a cabo para la Cumbre del G20 que tendrá lugar en aproximadamente un mes, tenemos que examinar cada perfil como un procedimiento. Uno de los solicitantes es un ex agente de la KGB, y se ha estado reuniendo con otras cinco personas, todas más jóvenes y todas con buenos estudios universitarios y experiencias laborales ".

"Todos fueron entrevistados por el personal de la KGB, todos tienen las mismas historias y coartadas, todos excepto uno, y lo extraño de esta persona fue entrevistada momentos después de la entrevista con el ex agente. Ella dijo que no se estaba reuniendo con nadie, solo habló por teléfono, por lo que esta persona no estaba al tanto de las preguntas y respuestas que el exagente dio durante su entrevista ".

"Tenemos razones para creer que este ex agente de la KGB es un miembro de la organización que intentó atacar el estadio de Tokio. Queremos que continúen con su plan, pero bajo vigilancia. Es crucial que nunca sospechen que están siendo seguidos. Queremos capturarlos en acción y con vida, es imperativo desenmascarar a esta gente y descubrir qué están buscando, de lo contrario continuarán sus ataques hasta que tengan éxito ".

"¿Qué sugiere?", Dijo el Sr. Stepanova.

"Me gustaría tener un grupo de agentes dedicados a este caso, al menos seis, algunos vehículos con equipo para poder escuchar sus conversaciones. Estos agentes estarán observando sus actividades y vigilándolos, de alguna manera tenemos que saber con quién hablan, de qué hablan, a dónde van, especialmente el Sr. Ivanovich, creemos que él es el enlace para ese grupo, los otros cinco son solo instrumentos para completar su misión ". - después de una breve pausa, continuó- "quizás su equipo pueda aceptar a este grupo para el trabajo que solicitan para el evento, y darles una identificación especial con un GPS y un micrófono incluidos, para que podamos saber dónde están y qué están planeando".

"Este es el riesgo, si fracasamos, ellos alcanzarán su objetivo, sea lo que sea, y pueden causar una crisis internacional, por lo que es imperativo que podamos desenmascarar esta trama a tiempo".

El Sr. Stepanova estaba pensando en silencio, vio por la ventana y dijo: "bien, tendrá lo que quiere, asignaré un grupo especial para este asunto, y usted los coordinará" -continuó- "si esto es cierto, quiero tener a Iván Ivanovich aquí, en una prisión de máxima seguridad en Rusia, lo interrogaremos con nuestros métodos ".

El agente Wilson respondió: "Eso es algo que tendrá que negociar con la Interpol, no tengo la autoridad para hacerlo".

El Sr. Stepanova lo vio y luego se rio, "Sé que pediré esto en el momento apropiado. Mientras tanto, recomendaré este grupo a la KGB para que puedan decirles que han sido aceptados, en el transcurso de diferentes días, para que no sospechen nada ".

"¿Dónde se está hospedando?" preguntó, "Me estoy hospedando en el hotel Grand Moscow" respondió el agente Wilson.

"Bien" - dijo - "Me pondré en contacto con usted para presentarle al grupo de agentes, mientras tanto disfrute y visite algunos museos".

"Gracias, y por favor mantenga esto confidencial" - dijo el agente Wilson. "Por supuesto, que tenga un buen día", respondió. - El agente Wilson salió de la oficina.

El Sr. Stepanova levantó el teléfono y dijo: "que venga Yuri Vlasov", y colgó.

...

Los ingenieros del Centro Espacial Kennedy estaban en el VAB observando al Cohete Delta V que ya estaba ensamblado.

"Este es un gran cohete", dijo un ingeniero y continuó: "Recuerdo cuando preparábamos el Transbordador Espacial en este edificio, qué increíble Vehículo Espacial". Otro ingeniero respondió: "Sí, eso fue increíble, pero miren lo que estamos haciendo ahora, en este edificio ensamblaremos en un futuro cercano el cohete que llevará a la primera Tripulación a Marte, mientras tanto debemos cerciorarnos de que este es seguro, su carga es muy importante para el programa de exploración de Marte ".

"El Módulo Schiaparelli había sido trasladado de la Instalación de Procesamiento de ISS al VAB, lo que significa que el Módulo había sido probado y asegurado, y estaba listo para ser encapsulado en su cubierta protectora que se colocaría en la parte superior del Cohete Delta V en los siguientes días, en preparación para el lanzamiento del 25 de octubre.

...

En el Centro Espacial de China ubicado en el Centro de Lanzamiento Espacial Wenchang en la Isla de Hainan, el vehículo de exploración Multi Rover estaba siendo probado por última vez en preparación para instalarlo en el contenedor para su lanzamiento, programado para Noviembre.

Una vez asegurado, el contenedor será llevado a ese Edificio de Ensamblaje para colocarlo en la parte superior del cohete CZ-5.

...

Iván Ivanovich estaba en su casa cuando recibió una llamada: "¿Sr. Ivanovich? - la persona preguntó por teléfono, ¿Sí? Respondió con cierta desconfianza ".

"Llamo desde la Oficina de Selección para informarle que su solicitud para el trabajo que aplicó para la cumbre ha sido aceptada" -le dijo la persona que le habló por teléfono.

"Esta es una excelente noticia" - dijo.

El hombre en el teléfono continuó. "Necesitamos que esté en la unidad del Kremlin mañana a las 9 a.m. para llenar algunos documentos y darle su placa. Las actividades darán comienzo en aproximadamente una semana. Deberá ir directamente a la ventana de solicitudes aceptadas con su número de archivo a la mano ".

Iván respondió: "Estaré ahí mañana por la mañana, gracias".

La persona que habló por teléfono respondió "Por nada" y finalizó la llamada.

"¿ Los otros también pudieron haber recibido la llamada? Lo descubriré mañana "Pensó.

Temprano por la mañana del día siguiente, Iván fue al Kremlin y se presentó en el lugar indicado. "Buenos días", dijo, "Aquí está mi número de identificación". -Una mujer le dijo- "por favor espere ahí para ser llamado". Se sentó y miró a su alrededor discretamente para encontrar a los otros miembros, no vio a nadie. Iván Ivanovich" - Un oficial lo llamó. Él se levantó y caminó hacia ella. "Por favor, venga conmigo" - dijo ella.

Ellos caminaron a una habitación. "Por favor, siéntese aquí" - dijo la mujer. Ella sacó el archivo y revisó la solicitud.

Ella preguntó. "Por favor, dígame su fecha de nacimiento". "21 de octubre de 1954", respondió. "¿Su dirección por favor?". Ella continuó haciendo muchas preguntas y comparándolas con las respuestas escritas en la solicitud.

Una vez que terminó de hacer las preguntas, dijo. "Por favor, déjeme ver su identificación oficial". Le dio la identificación que le dieron cuando se retiró del Servicio de la KGB. "Bien" - dijo ella. "Ahora, mire a la cámara". Ella tomó una fotografía y dijo: "Ahora firme aquí dentro del rectángulo". Él firmó "Por favor espere afuera en el área de espera; lo llamaremos cuando su gafete oficial esté listo ". "Gracias", dijo, y salió.

Tan pronto como salió, la agente llamó al agente especial Vlasov.

Vlasov entró, sin decir nada, vio el gafete, sacó una lista escrita que tenía, verificó el nombre y procedió a implantar en él un chip muy delgado que tiene las capacidades de transmisor y GPS.

Una vez implantado, el proceso del gafete se completó. El agente Vlasov llamó a la sede central: "verifique si la unidad está funcionando, el número de identificación ID K0242". Después de unos segundos, la persona de la radio respondió: "Estamos recibiendo sonido y localización". "Gracias", dijo Vlasov. Le entregó la placa a la mujer y le dijo: "puede continuar con su proceso".

Luego llamó a Iván Ivanovich. Ella le dio el gafete y le explicó las reglas para usarlo. Firmó la responsabilidad y un contrato que especificaba el salario que recibiría por semana y firmó un acuerdo de no divulgación.

"Necesitamos que esté aquí el próximo lunes a las ocho de la mañana, tendremos la sesión de presentación y comenzaremos la capacitación de inmediato, ¿alguna pregunta?". "No, por el momento", respondió. "Nos vemos el próximo lunes en este mismo lugar". Se levantó y salió del edificio.

Iván estaba caminando hacia la estación de metro; estaba pensando en los demás, no se dio cuenta de que lo estaban siguiendo.

Decidió hacer una llamada desde un teléfono público. El agente que lo seguía llamó a la oficina central: "El sujeto uno está en la cabina telefónica A43-989". "Gracias" - dijeron, y se contactaron con un área de telecomunicaciones - "tenemos que grabar las conversaciones desde el teléfono público A43-989". "Entendido" - Dijo el agente y comenzaron el proceso para interceptar la llamada. El agente Vlasov fue informado, "excelente", dijo.

Dos días después llamaron a las otras cinco personas y siguieron el mismo proceso, todas tienen sus gafetes ahora, todas están bajo vigilancia. El agente Wilson pensó: "es solo cuestión de tiempo para saber sobre su plan y capturarlos".

Una vez que Iván Ivanovich supo que todos habían sido aceptados, llamó a ViPla desde un teléfono público, la llamada fue interceptada y rastreada. Alguien respondió - "sí" - dijo. "Soy Iván, tu primo, solo para decirte que no podré visitarte durante un par de meses, porque conseguí un trabajo temporal". El hombre al teléfono respondió: "Me alegra que lo hayas conseguido, tal vez pueda visitarte". "No" -respondió Iván- "Estaré muy ocupado, casi sin tiempo libre, iré por allá tan pronto como termine aquí". "OK" - el hombre dijo, "nos vemos" y colgó.

En Interpol en Moscú un agente dijo: "Necesito los resultados del rastreo de esta llamada, es de alta prioridad".

El agente Vlasov se reunió con el agente Wilson- "Tenemos esta información" -dijo Vlasov y continuó- "Iván contactó a los otros cinco para saber si habían sido aceptados. Todos tienen sus gafetes con GPS y micrófono. Hace unas horas, Iván llamó a un teléfono en España, específicamente a Sevilla. Supuestamente habló con un primo, ambos hablaron en alemán, de hecho, dijo que él viajaba a Alemania muy seguido, pero nunca mencionó a España, este es un número de teléfono móvil, el ID de Alemania, pero la llamada se recibió en España ".

El agente Wilson guardó silencio por un momento y dijo: "El primo tal vez sea el líder del grupo y está informando el estado en algún tipo de mensaje codificado, tenemos que vigilarlos de cerca".

Continuó- "Si revisas los files de este grupo, son personas con títulos de maestría o doctorado, con diferentes especializaciones, no creo que sea una coincidencia, creo que estas personas fueron seleccionadas cuidadosamente debido a sus especialidades, habilidades y situaciones personales, mira, tenemos un químico, un especialista en ergología, un administrador, un especialista en equipos de comunicación, un especialista en eventos sociales, y finalmente el líder, un ex agente de la KGB especializado en seguridad. Con esto, se está cubriendo casi todos los aspectos de un evento, excepto alimentos y bebidas, transporte y alojamiento; esto significa que si quieren hacer algo lo harán durante el evento y probablemente durante una recepción; Creo que quieren tener a todos los líderes juntos. No conozco su objetivo ni sus motivos, pero estoy seguro de que algo está pasando ".

Stuart Delie salió de su departamento, tomó un autobús y bajó en el centro, ingresó a una ferretería para comprar algunas cosas y luego fue a un supermercado. Tomó un autobús de regreso a su casa y media hora más tarde se fue, esta vez se dirigió a una estación de metro, bajó y salió de la estación, ingresó en un hospital. Un agente lo estaba siguiendo. Stuart entró en una sección de laboratorio, habló con alguien en el laboratorio, entraron al laboratorio y salió con una pequeña bolsa. El agente no pudo ver lo que había dentro.

Stuart salió del hospital y fue a su departamento; desafortunadamente no tenía consigo el gafete, así es que nada fue escuchado durante este tiempo, el único hecho es que pudo haber obtenido algunos productos químicos, de qué tipo o para que, eso era desconocido. Una vez en su departamento llamó a alguien y dijo: "Tengo los elementos", y colgó, fue una llamada muy breve para ser rastreada.

Iván salió de su departamento; visitó cada uno de los cinco contactos, solo se escucharon algunas partes de las conversaciones, porque se vieron fuera de sus casas, ya que sospechaban que los estuvieran siguiendo.

Ahora el plan había sido hecho. Stuart traerá el veneno; él se lo dará a Iván cuando pase seguridad, así no será detectado.

El veneno se rociará en los lugares que tomarán dos líderes mundiales, en sus auriculares y en la superficie del escritorio, de esta manera se asegurarán de que el veneno ingrese en sus cuerpos, causando una muerte casi instantánea y silenciosa.

Con todas las sustancias, Stuart mezcló las cantidades exactas y creó el veneno, tiene un tono amarillento muy bajo, pero casi sin olor. Stuart probó esta preparación con algunos limpiadores, para descubrir su eficacia, usó ratas. Simplemente distribuyó parte de la mezcla en el piso y puso un pedazo de queso. Esperó hasta que una rata llegó a agarrar el queso, pasando por la parte del suelo que había sido rociada con el veneno, ya seco. La rata tomó el queso y regresó, pero no llegó a la salida, murió pocos segundos después. Se dijo a sí mismo: "Esto está listo; ahora el verdadero truco es meterlo en las instalaciones. Tal vez coloque el veneno en un recipiente pequeño, que debe tener una unidad pequeña para rociarlo ".

Llamó a Iván, él solo dijo: "está listo" y colgó terminando la llamada.

...

La fecha llegó cuando todos tenían que estar en el lugar donde la cumbre iba a tener lugar en tres semanas, el Jefe de Seguridad se dirigió a ellos: "Bienvenidos a este evento, como saben en pocos días tendrá lugar aquí una cumbre con los Jefes de Estado del G20. Esta cumbre durará solo tres días, la seguridad será muy estricta, por lo que hay algunas reglas a seguir, no podrá ingresar con teléfonos, radios, bolígrafos, joyas, relojes, todos recibirán un uniforme para ser usados mientras estén en las instalaciones. Esto significa que llegarán, irán al vestidor, se les asignará un casillero y recibirán una llave, se pondrán el uniforme y guardarán allí su ropa ".

"Cuando lleguen al edificio pasarán un puesto de seguridad, serán escaneados y sus pertenencias pasarán por rayos-X. En este punto, no deberán tener ningún dispositivo electrónico ni ninguno de los artículos enumerados en el manual que tienen, cualquier artículo que traten de traer será confiscado y probablemente destruido ".

"Después de que se pongan su uniforme pasarán nuevamente por un control de seguridad".

"Serán pesados en una báscula cuando entren y cuando salgan, su peso deberá ser casi el mismo".

"Una cosa más deben llevar su gafete con ustedes todo el tiempo, al llegar debe ser visible. Lo necesitarán para mostrarlo en la barricada de seguridad fuera del edificio; si no lo tienen, no podrán ingresar. No se permite llegar tarde ni permisos de salida durante las horas de trabajo, una ausencia injustificada causará la terminación de su contrato ".

"¿Alguna pregunta?".

"Ahora, pueden ir a la mesa de acuerdo con el color de su gafete, para que pueden proceder a reunirse con su supervisor, quien les dará algunas reglas operativas para seguir estrictamente".

"Bienvenidos de nuevo y buena suerte a todos" - terminó.

Todo el personal se dirigió a su escritorio asignado para recibir más información y los uniformes.

El mismo día, en la noche, Iván y el grupo se reunieron en la cafetería habitual ubicada en la estación de tren.

Comenzó a dirigirse al grupo: "bueno, ahora estamos todos adentro. Natalia, por favor cuéntanos cuáles van a ser tus deberes " ", preguntó.

"Como se esperaba", respondió, "he sido nombrada coordinadora del segundo turno para la administración, esto incluye, asegurarme de que todos los inventarios estén disponibles para las necesidades, incluyendo limpieza, papelería e inventario con disponibilidad de suministros generales, que tenemos también personal para cubrir todas las tareas durante el turno y realizar una lista de verificación cada dos horas ". "Bien", dijo.

"Excelente". ¿Qué nos puedes decir Katarzyna? "preguntó Iván ,"debido a mi experiencia "- dijo ella -"Coordinaré los diferentes eventos, tengo un grupo de personas que me reportan. Estoy a cargo de la logística de cada conferencia y evento social ". - "entonces, ¿estarás ahí todo el día? "-

preguntó Iván- "Sí, supongo, no sé si este trabajo tiene turnos, pero no lo creo "dijo. "Excelente, esto nos dará más oportunidades y precisión".

"Ahora Stuart, ¿cuáles son tus deberes?". -preguntó Iván. "Seré el contacto con los diferentes proveedores para verificar los productos que se van a ser usados y para asegurarme de que cada producto y método de aplicación sea el mejor, también para estar seguro de que los proveedores entreguen a tiempo todos los pedidos".

"Excelente", dijo Iván- "esto nos dará la oportunidad de usar los productos que hemos probado".

"Qué hay de ti Anton", -preguntó Iván- "Debido a mi especialidad, trabajaré con la distribución de muebles, mesas, sillones e iluminación, para que cada asistente tenga una vista perfecta del podio, y su sillón y mesa sean ergonómicamente correctos ". "Bien" - dijo Iván- "puedes proponer los sillones de los que hemos hablado y la posición de los dos asistentes seleccionados".

"Finalmente, Gunter, ¿qué obtuviste?"

"Trabajaré con otros dos ingenieros para conectar todo el sistema de sonido" - dijo - "y el equipo de traducción, nos encargaremos del cableado y también de las áreas de prensa, habrá mucho trabajo por delante".

"Bien" - Iván dijo "tendrás que encontrar la manera de hacer tu tarea sin la intervención de los otros ingenieros".

"A mí me han asignado la seguridad", dijo Iván. "Estaré en el puesto de seguridad durante la entrada y durante los horarios de salida, el resto del tiempo haré rondas de seguridad para verificar que todo esté en orden y detectar cualquier riesgo ".

No se dieron cuenta de que mientras estaban hablando, la conversación estaba siendo grabada por una unidad afuera, lamentablemente había demasiado ruido en otras conversaciones, Iván sospechaba que podrían estar siguiéndolos y escuchándolos, así que, como siempre, seleccionó un lugar con mucho ruido alrededor para poder hablar, minimizando el riesgo.

El agente Wilson recibió la información grabada, "maldita sea" -dijo- "es tan ruidoso que apenas podemos escuchar lo que están diciendo. ¿Alguien puede aislar la conversación?

"Podemos intentarlo", dijo un agente, "pero será muy difícil, obviamente saben lo que estamos haciendo".

"¿Alguno de ellos está portando su gafete?", - El Agente Wilson preguntó y agregó, "tal vez podríamos ser capaces de escuchar algo ahí y reconstruir una conversación".

Un agente respondió: "Sí, hay un par de ellos que traen sus gafetes, descargaremos las conversaciones grabadas y se las daremos, por supuesto traducidas al Inglés".

"Magnífico", dijo el agente Wilson "¿de quién eran los gafetes?".

"Déjenme ver" - dijo el agente - "el de Natalia y el de Anton, los otros pudieron haber dejado sus gafetes en sus casas".

"Lo que necesito" - dijo el agente Wilson- "es una transcripción de cada uno, para poder construir la conversación y tal vez encontrar algunos elementos clave, por lo que necesito el tiempo, segundo a segundo de cada frase".

El agente respondió: "haremos eso; Tendrá las transcripciones a primera hora de la mañana ".

Esa noche en su departamento, Iván llamó a ViPla: "Estamos listos, creo que podemos lograr nuestro objetivo esta vez, el equipo está estratégicamente posicionado".

La voz en el teléfono respondió: "Buena suerte, infórmeme de la situación" y colgó.

El agente Wilson llamó a la Interpol de Londres: "Me gustaría hablar con Sir York, por favor", dijo, "habla el agente Wilson".

"Un momento por favor", dijo la Señorita, después de unos minutos el respondió: "Habla Sir York".

"Hola, señor, este es el agente Wilson, estoy seguro de que algo sucederá en la Cumbre del G20, estoy investigando con la Interpol de Rusia, lo mantendré informado".

"Excelente", dijo "¿Tiene algo específico?" "Todavía no señor, pero estoy seguro de que tendré algo más en los próximos días" - dijo el agente Wilson- "tenemos que detener a este equipo antes que lleguen los dignatarios a la cumbre, y tal vez sepamos acerca de quién está atrás de este grupo y cuáles son sus intenciones ".

"Correcto", respondió Sir York "manténganme informado y háganme saber si necesitan refuerzos, es muy importante que paren esto".

"Gracias señor" dijo el Agente Wilson, "Lo mantendré informado, y puede estar seguro de que si algo sucede, lo descubriremos" Terminó la llamada.

...

A bordo de la Estación Espacial Internacional, dos miembros de la tripulación de la Expedición 61 se preparaban para realizar una caminata espacial o EVA, el objetivo era preparar el puerto de acoplamiento para recibir el módulo Schiaparelli, entre los deberes ellos tenían que preparar las conexiones para extender la energía y los sistemas de la ISS al nuevo Módulo.

Dentro de la compuerta presurizada, los astronautas Nancy Jones y William Mckensey estaban esperando que la presión se estabilizara para abrir la escotilla. Tan pronto como la abrieron dejaron la compuerta presurizada para comenzar su EVA.

El EVA iba a durar unas seis horas, los dos astronautas iban a preparar todo para la integración del nuevo módulo que formará parte de la ISS para capacitar a las tripulaciones de las Misiones de Marte.

La Astronauta Jones estaba en la parte final del brazo robot o RMS de la ISS, el Sistema de Manipulación Remota era operado por el Astronauta Bolten desde adentro del ISS, él movió el brazo hacia el puerto de acoplamiento. El astronauta Mckinsey se movió a esa posición sosteniéndose de los rieles de seguridad, ambos astronautas estaban equipados con MMU.

Tenían pasos específicos para reconfigurar algunos cables y tuberías y reemplazar el objetivo de acoplamiento con la nueva versión. Para alinear este objetivo, el RMS utilizó otro simulando el enfoque del módulo.

Los Astronautas del EVA instalaron un paquete de energía especial que fue enviada específicamente para ser utilizada por este módulo para la funcionalidad de rotación para simular la gravedad de la superficie de Marte. También instalarán un mecanismo de amortiguación especial para suprimir cualquier vibración que pueda ser generada por este módulo, para evitar cualquier posible daño estructural o interferencia al ISS.

Después del EVA, la tripulación preparará un módulo del ISS para ser utilizado como Centro de Control de la Misión para la tripulación Schiaparelli, simulando la operación marciana.

...

En la sede de Interpol en Moscú, un agente estaba trabajando con la transcripción de la conversación, estaba usando las voces capturadas por el sistema remoto y los dos gafetes.

El agente Viasov fue a la cafetería donde el grupo generalmente se reúne, pidió hablar con el dueño.

Un hombre alto salió "Me llamo Komarakoff, soy el dueño, ¿qué puedo hacer por usted?" - Soy el Agente Viasov de Interpol- "este grupo generalmente se reúne aquí, usan esta mesa o aquella". Él le mostró una fotografía de ellos - "Ah, sí" - dijo - "él es Peter Gorky y su grupo" - El agente Viasov preguntó: "¿Puede identificar a Peter Gorky aquí?" - "Sí, es este, el de mayor edad, este es él " - lo señaló en la fotografía. El agente Viasov pensó, "así es que, aquí está usando otro nombre", y luego dijo: "Necesitamos instalar esta unidad en un servilletero o en un jarrón de flores, y luego, cuando vengan, necesitamos que coloque el servilletero en su mesa, ellos no deben tener ninguna sospecha ".

Komarakoff preguntó con curiosidad: "¿Qué es esto? ¿Son criminales? "- "No ", dijo sonriendo Viasov," solo queremos asegurarnos de que sean buenas personas ". Estaremos muy agradecidos por su cooperación "- agregó. Komarakoff dijo: "Lo haré si vuelven". "Sé que lo harán", dijo Viasov y se marchó.

El agente Wilson recibió la transcripción de las conversaciones, la primera casi imposible para detectar una secuencia, solo unas pocas palabras, como "oportunidad", "excelente" y otras palabras aisladas. Luego leyó la transcripción de una de las grabaciones de un gafete, este era de Natalia, estaba claro lo que dijo, debería tener el gafete en su bolso, otras voces se perdieron por el ruido.

Ella dijo: "He sido nombrada coordinadora del segundo turno de administración, esto incluye, asegurarme de que todos los inventarios estén disponibles para las necesidades, incluyendo, limpieza, papelería e inventario de suministros generales estén disponibles, también que tenemos personal para cubrir todos los deberes, y realizar una lista de verificación cada dos horas "luego otra voz respondió "Bueno". ¿Qué significa esto? Pensó.

El segunda era de Anton, debe de haberlo tenido en uno de los bolsillos de su chaqueta: Esto también fue muy claro, así que esta debe ser su voz: "Debido a mi especialidad trabajaré en la distribución de muebles, mesas, sillones y la iluminación, para que cada asistente tenga una visión perfecta del podio ". Alguien respondió "Bueno, puedes proponer los sillones de los que hemos hablado".

El agente Wilson escribió en un cuaderno de notas "Sillones", segundo turno.

Algunas otras conversaciones estaban en la transcripción de este dispositivo de grabación del gafete: Ahora Stuart, ¿cuál es tu ... ruido ... - Seré el contacto con los diferentes prov ... ruido.... verifique los productos ...ruido ..., y para estar seguros de que cada producto y método de aplicación es la mejor para ... ruido ... - -se escuchó otra voz ... para usar los productos que hemos probado.

Escribió en su cuaderno, productos y método de aplicación. Vio esto y pensó: "¿A qué productos se refieren?".

Leyó la siguiente transcripción, parece que esta persona estaba sentada cerca de Anton, porque la conversación estaba casi completa: ... ruido .... Una voz masculina dijo: Katarzyna. La otra voz agregó: "Debido a mi experiencia coordinaré los diferentes eventos, tengo un grupo de personas que me reportan. Estoy a cargo de la logística de cada conferencia y evento social. "Entonces se escuchó la voz masculina entre ... ... ruido ... así que lo estarás ... ... ruido ... - Sí, supongo - La persona respondió. La voz masculina agregó: Excelente esto dará ...... ruido ... .nidades, y. ... ruido y silencio.

El agente Wilson escribió: ¿oportunidades? Y Coordinación del evento.

El leyó la siguiente transcripción, que era de la misma voz masculina, fueron interrupciones muy ruidosas:/tengo....... ruido... seguridad... ruido.... Yo estaré ...... ruido ... durante la entrada ... ruido... rondas de seguridad para verificar ... .ruido... orden.

Él anotó: Seguridad, entrada, rondas. "Esto es interesante", pensó.

Leyó la última transcripción: Finalmente, Gunter, ¿qué... ruido...? - Una voz dijo. El otro respondió- voy a trabajar con otros dos ingenieros para conectar todo el sistema de sonido y el equipo de traducción, estaremos a cargo del cableado y también el... ...... ruido......

Él anotó: equipo de comunicación.

Vio sus notas para intentar descifrar qué significan todas estas palabras:

Sillones, segundo turno, productos, método de aplicación, ¿oportunidades?, Coordinación de eventos, seguridad, entrada, ronda.

Luego vio el perfil de cada persona que estaba en esta conversación, este es el grupo que fue identificado previamente.

Anotó en una lista: Nombre, profesión y área en la que se asignarán:

Iván Ivanovich   Ex agente de la KGB → Seguridad

Natalia Kudryavtseva, Administrador de empresas →   Supervisora segundo turno

Katarzyna Radosz, Especialista en organización de eventos sociales → Organización de eventos

Stuart Delie, Productos y herramientas para limpieza, Quimico→ Productos y herramientas de limpieza

Anton Donelec   Ingeniero de ergonomía → Distribución y selección de muebles

Gunter Ralvitoff   Ingeniero Electrónico de Sistemas de Sonido → Sonido e iluminación

Revisó esta lista y las palabras que había escrito de las transcripciones para tratar de hacerlas coincidir y encontrar algún sentido.

Los sillones deben ir con Anton, el segundo turno con Natalia, los productos y los métodos de aplicación con Stuart, la coordinación del evento podría ser Natalia o Katarzyna; seguridad, entrada, rondas tal vez Iván. No tengo nada para Gunter y la oportunidad puede ser para cualquiera.

Está claro que Iván ha formado un grupo multidisciplinario, pero ¿para hacer qué? ¿Y cuándo? Tendremos que seguir observándolos, en dos semanas más comenzará la cumbre. Tomó el teléfono y llamó a Sergei Viasov. Alguien respondió "Zdravstvuyte" (Hola) - "¿Sergei?" - El agente Wilson preguntó - "Sí" - respondió "Habla Wilson". "Que puedo hacer por usted" - preguntó con su acento ruso "Sé que un dispositivo se colocará en la cafetería para escuchar a este grupo, pero también puede enviar a un agente que esté presente en la cafetería cuando abandonen las instalaciones de la Cumbre, solo para asegurarse de que Komarakoff haga su parte ".

Hubo un silencio en la línea, después de unos segundos respondió: "Ya tengo un agente ahí, cada vez uno diferente".

"¡Excelente!" - Agregó el agente Wilson - "Proshchay" (adiós) y colgó.

Sergei Viasov, también había contactado un grupo especial para hackear sus teléfonos y computadoras. Este grupo había recopilado información que había sido enviada a un área que clasifica la información, y extrae lo que puede ser importante, de acuerdo con el trayecto de la investigación.

Este grupo encontró una llamada a Alemania diciendo que era de acuerdo con el plan. En la computadora de Stuart encontraron un archivo completo relacionado con venenos. Para el grupo de investigación, era claro que envenenarían a alguien, pero aún no está claro cómo lo harán, cuándo, dónde y quién será la víctima.

Era solo una semana antes de la cumbre, Sergei Viasov mostró la información al agente Wilson, la información relacionada a venenos fue enviada a un grupo especializado en esto, un grupo de Ingenieros químicos del MI5. Su reporte decía que la información ahí se refiere a venenos que podrían ser incluidos en los alimentos y bebidas y otros que son absorbidos por la piel, estos eran los más peligrosos.

El grupo de Hackers también encontró un archivo con las fórmulas y marcas de productos de limpieza. El agente Wilson y Sergei Viasov, estaban viendo esta información. "¿Dónde está la relación de esto?, tal vez no existe, después de todo, él es un químico especializado en productos de limpieza", pensaron.

El Agente Wilson comento- "Este es un equipo formado cuidadosamente, no creo que sea una coincidencia que sean de estas especialidades, si van a hacer algo en donde usarán todas estas habilidades para hacerlo". El Agente Wilson continuó- "miren, tienen seguridad con Iván, luego la Administración que conducirá todo el mantenimiento, éste se hará cargo de la organización, luego tenemos el químico que sugerirá todos los productos de limpieza y herramientas. Este sugerirá la distribución de muebles y salas de conferencias, el tipo de sillones como ellos dijeron en la reunión grabada, finalmente tenemos un especialista en sonido e iluminación. Estas son las piezas de un rompecabezas, solo necesitamos descubrir cómo encajan todas ".

Tres días antes de la llegada de los líderes a la Cumbre del G20, Iván y el grupo se reunieron en el mismo lugar. Como siempre, Komarakoff los recibió y los llevó a su mesa. Un agente de la KGB los estaba observando desde el otro lado, era muy discreto, nadie sabía que estaba mirando y tomando fotografías

Komarakoff preparó la mesa, trajo vasos, dos servilleteros, cuchillos, cucharas, tenedores, y dijo: por favor llámenme cuando estén listos para ordenar.

El agente de la KGB llamó a la oficina central para pedirles que verificaran si recibían señal de la unidad. Un agente respondió: "negativo, no hay nada". El agente vio que estaban hablando y preguntaron nuevamente. La respuesta fue la misma.

El agente de la KGB se acercó a Komarakoff y le preguntó: "¿instaló la unidad?". "De qué está hablando", dijo, "no trate de pasarse de listo", el agente le dijo, "la unidad que fue entregada a usted para ser instalada en el contenedor".

"Sí, lo instalé", dijo. "Eso es una mentira" -el agente respondió de muy mal humor - "no estamos recibiendo nada y ellos están hablando, por última vez" - dijo - "dónde está la unidad" - y le mostró un arma. "Está bien, está bien, tómelo con calma, la unidad está en este contenedor, estaba confundido".

El agente tomó el contenedor, se puso un delantal, tomó un cuaderno de servicio y una bandeja donde colocó el servilletero y algunos saleros. "Espere aquí" - le dijo a Komarakoff. Se acercó a la mesa y preguntó: "¿Están listos para ordenar?". Puso el servilletero sobre la mesa y los saleros "¿Dónde está Komarakoff?", Iván preguntó. "Está en la cocina recibiendo algunos productos, volverá pronto, me pidió que viniera", dijo el agente. Comenzaron a ordenar.

El agente fue a la cocina donde estaba Komarakoff y llamó a las oficinas centrales, "¿los está recibiendo ahora?" - "sí" -respondieron- "muy claros". "Ok" - dijo - miró a Komarakoff y le dijo, "vé esto era muy fácil, que voy a hacer con usted ahora, ustedes siempre complican todo".

En la sede central de la KGB, se estaba recibiendo la conversación, llamaron a los agentes Viasov y Wilson para avisarles que estaban monitoreando la reunión que estaba teniendo lugar. Ambos agentes llegaron a la sede central para escuchar lo que ellos estaban diciendo, por supuesto, la conversación era en ruso, por lo que Viasov tenía que traducir al agente Wilson.

Iván. "La cumbre comenzará en cinco días, por lo que la seguridad será muy estricta a medida que se acerque la fecha, esto significa que tenemos que actuar mañana".

Alguien dijo: "¿qué sugiere?".

Iván respondió. "Mañana por la mañana Stuart traerá la fórmula, cuando vacíe sus bolsillos con sus pertenencias como llaves, monedas y billetera, y las ponga en la charola en el punto de seguridad, incluirá envuelto en su pañuelo el contenedor; lo sacaré del contenedor, solo en una posición donde ninguna cámara me esté grabando yo lo tendré conmigo y lo dejaré en el área de almacenamiento, en el bote de basura, la basura es recolectada a medio día y a las seis de la tarde, esto dará suficiente tiempo para que Natalia lo recoja y lo combine con el limpiador, de acuerdo a las recomendaciones de Stuart ".

"¿Alguna pregunta?". Nadie respondió, parecen bastante asustados "esto garantizará que estamos listos para ejecutar el plan".

Una voz femenina preguntó: "¿Cuáles van a ser los próximos pasos"?

Viasov envió un mensaje al agente que estaba en la cafetería, vio discretamente el teléfono el mensaje decía. Toma una fotografía del grupo; necesitamos confirmar la identificación de quienes están ahí y hacer coincidir las voces. El agente respondió, ya lo hice, tengo a Komarakoff con las manos esposadas en la espalda, no confío en él, puede advertirles." Bien" - respondió Viasov.

La conversación continúo - se escuchó una voz, probablemente Iván. "Esta va a ser nuestra última reunión, la Cumbre está muy cerca, es demasiado arriesgado ahora, así que pongan atención". - Vio a su alrededor para ver si alguien los estaba observando. Vio la camioneta afuera." Y-dijo- Esa camioneta tiene equipo para capturar conversaciones lejanas; estamos a salvo porque aquí es muy ruidoso, por lo que es difícil capturar una conversación limpia, sin embargo, debemos ser muy cautelosos ".

"¿Cómo sabe que no nos están siguiendo o que estamos bajo vigilancia?", Preguntó Natalia.

"Bueno, realmente no sabemos" -Iván contestó y continuó "Tal vez han seguido a cada uno por un tiempo, y no nos hemos dado cuenta, tal vez estamos siendo vigilados en este momento. Puedes estar seguro de que en algún momento hemos sido observados ".

"Antes de que continúen, déjenme ir al baño" dijo Anthony, se puso de pie y caminó hacia los baños, pasó cerca del agente que estaba sentado en el bar comiendo.

Anton iba a entrar al baño, cuando escuchó un ruido procedente de la bodega vio a su alrededor y no vio a nadie, tan pronto como se volvió hacia la puerta del tocador, volvió a escuchar un ruido, como alguien golpeando algo.

Decidió abrir cuidadosamente la puerta de la bodega, estaba bastante oscuro. Buscó el interruptor eléctrico para encender la luz. Vio estantes con todo tipo de latas, botellas, productos de cocina, un par de refrigeradores, nada fuera de lo normal para un restaurante o una cafetería.

Apagó la luz e iba a cerrar la puerta cuando volvió a escuchar el sonido; parecía que venía de la parte posterior de uno de los armarios de estantes.

Cerró la puerta y encendió nuevamente la luz, agarró una escoba que estaba ahí, en caso de que hubiera una rata u otro animal ahí, se acercó muy sigilosamente volvió para alcanzar la parte posterior del gabinete y vio lo que parecía ser una persona tendida en el suelo con esposas y cinta adhesiva en todo el cuerpo, no podía ver claramente porque estaba oscuro en ese lugar en particular. Había notado que por la entrada había una linterna; se regresó para recogerla y regresó detrás del armario para ver qué podía ser.

Mientras tanto, en la mesa, Iván le dijo al grupo: "podemos continuar mientras Anton regresa, mañana será recogida por Natalia y mezclada con el producto que Gunter ha probado. Será en un contenedor pequeño, no se necesitan grandes cantidades. Natalia debe identificar este contenedor para asegurarse de que se usará solo en las dos posiciones seleccionadas ".

"Un día o dos antes de la primera sesión, la sala de reuniones estará lista, el nombre de los participantes estará en su lugar, quizás sellarán las salas, por lo que debemos asegurarnos de que los escritorios se hayan limpiado con las sustancias adecuadas".

Natalia preguntó: "Si limpiamos los escritorios con el producto especial, ¿tendrá efecto dos días después?", Comentó Stuart, "la fórmula es efectiva hasta por cinco días, así que esto no debe ser un problema".

En la sede central de la Interpol en Moscú, el agente Wilson dijo: "por lo tanto, esto significa que pueden rociar un poco de sustancia en los escritorios para causar daños a algunos dignatarios, no conocemos en detalle la operación". Viasov agregó: "tenemos que encontrar ese contenedor y reemplazarlo por uno común para frustrar su operación sin que se den cuenta".

El agente Wilson dijo: "Sí, es una buena idea, pero debemos ser muy cuidadosos para asegurarnos de identificarla, y para mantenernos en cubierto, quizás podamos reemplazar en el último momento todos los productos en el área de almacenamiento".

La conversación continuó: "¿Dónde está Anton? Está tardando mucho tiempo "- dijo Iván.

El agente Viasov envió un mensaje al agente en la cafetería: busca a Anton. El agente lo leyó y fue al área de los baños, donde se había ido. Entró muy silenciosamente al tocador, no había nadie, se dirigió al baño de damas, tocó y no hubo respuesta. Entró y comenzó a ver en cada área del baño. Nadie estaba ahí. Salió al pasillo, ahí estaba la puerta de la bodega, y notó que la luz estaba encendida cuando vio un reflejo debajo de la puerta.

Abrió la puerta lentamente, vio a Anton caminando con una lámpara hacia la parte posterior de los estantes del gabinete "alto" - dijo el agente con voz fuerte. Afuera nadie podía escuchar debido al ruido en la cafetería. "¿Qué estás haciendo aquí?", Preguntó. "Estaba caminando afuera y escuché un ruido, entré y vi algo en la parte posterior del gabinete, pero ahí está bastante oscuro", respondió Anton. "Déjame ver", dijo el agente, tomó la lámpara de la mano de Anton dirigió la luz hacia el piso y dijo: "aquí solo hay algunos sacos, cajas y bolsas, el ruido tal vez fue este tubo en movimiento, déjame asegurarlo", agarró el tubo y golpeó a Komarakoff en la cabeza, - "listo" - dijo el agente - "no habrá más ruido por el momento, y no vuelvas a entrar aquí, esto es privado, está indicado en la puerta". "Lo siento" dijo Anton y regresó a la mesa.

El agente cerró la puerta y regresó a su banco en el bar.

Anton parecía bastante asustado, se sentó. "¿Por qué tardaste tanto?" -Iván le preguntó a Anton- "Simplemente fui al baño" - respondió. "¿Te sientes bien? Pareces bastante asustado "dijo Iván." Estoy bien "respondió Anton" No me sentía bien pero ahora lo estoy ".

La conversación en la mesa continuó. "Después de que estas dos personas hayan tocado la superficie, se dormirán en unos dos minutos" - Continuó Iván. "Aquí es donde entras Antón, el sillón debe sostener a la persona y hacer para atrás el respaldo para evitar que la persona se caiga, De esta manera nadie notará nada hasta que estemos listos para la comunicación. Después de asegurarnos de que estas dos personas no se estén moviendo, Gunter intervendrá las comunicaciones para que nuestro mensaje pueda ser entregado, en este momento nadie deberá haber notado a las dos personas fallecidas. Katarzyna y Nicole bloquearán las puertas desde adentro, ya que estarán ahí en la parte posterior de la sala dentro de la cabina de traducción ".

"Cuando comience el mensaje, habrá un poco de conmoción; el personal de seguridad puede tratar de ingresar a la sala de conferencias. Les advertiremos que se mantengan alejados o ejecutaremos a estos líderes ".

"Estoy seguro de que continuarán tratando de entrar, por lo que con un control remoto uno de los sillones tiene que mover su respaldo hacia adelante para empujar el cuerpo de uno de los asistentes fallecidos. Esta será una advertencia para detenerlos. En este punto, tendremos toda su atención, para transmitir el mensaje que le daré a Gunter ".

"Así que, Anton tienes tres días para terminar el cableado y asegurarte de que estos sillones se puedan operar de forma remota, ¿alguna pregunta?".

"¿Qué deberíamos hacer si sospechan de uno de nosotros?", Preguntó Anton. "No deben decir nada, deben convencerlos de que no saben de lo que están hablando". Si alguien es arrestado, los otros deben continuar "Iván respondió.

"Bien" Iván dijo "ya es tarde, todos tienen una tarea, los veré mañana por la mañana en el trabajo". Se levantó, tomó su abrigo y su sombrero y caminó hacia la puerta, el grupo solo lo observaba, sin decir una palabra.

Nadie comentó nada más, simplemente se levantaron y se alejaron.

Anton estaba caminando con Natalia, viven cerca uno del otro. "Cuando fui al tocador", dijo Anton, "escuché un ruido procedente del interior de la bodega, estoy seguro de que se trataba de alguien quejándose".

"Entonces?" -Natalia preguntó, y él continuó "Entré a la bodega y estoy seguro de que vi a una persona tirada en el suelo, atada con cinta adhesiva, la iba a verificar cuando alguien entrò y me dijo que no había nada solo un montón de cajas y bolsas, y que el sonido provenía de un tubo, luego oí un ruido como el que uno oye cuando alguien golpea a alguien en la cabeza, un sonido terrible ". "¿Y quién era esa persona?", Preguntó Natalia. Anton respondió, "fue él quien nos tomó la orden, que estaba sentado en el bar, se veía muy extraño, tal vez era un agente. Esto se está volviendo demasiado peligroso, quizás deberíamos renunciar ahora ".

"¿Qué?" - Ella Dijo- "¿Crees que puedes irte? Tal vez no fue nada, tienes que descansar y relajarte, y todo estará bien ". Él la vio y dijo "tal vez" y continuaron caminando.

El agente Wilson y el agente Viasov escucharon el plan y hablaron con el agente en la cafetería. "Mikhail", dijo el agente Viasov, "debes asegurarte de que el dueño de la cafetería y la otra persona, ¿cuál era su nombre? "- "Anton "-respondió, -"sí, Anton que no hable de este incidente, es muy importante para el éxito de este caso ".

"¿Quieres que me deshaga de ellos?". Preguntó "No" - dijo Viasov - "solo debes persuadirlos". No queremos que Iván sospeche nada ". "Está bien, no creo que Anton haya visto nada, pero voy a verificarlo" Mikhail respondió.

Ambos agentes revisaron el plan que Iván y su grupo tenían. El agente Wilson dijo: "deberíamos dejarlos que continúen, por supuesto reemplazando el veneno, deberíamos esperar hasta que Iván hable con el líder".

"Sí" - respondió el agente Viasov - "pero debemos asegurarnos de que no tengan un plan alternativo en caso de falla; no sabemos si Iván tiene algo "debajo de la manga", como se dice ".

"Eso es muy cierto; tenemos que garantizar la seguridad del grupo. ¿Qué sugiere? ", Preguntó el Agente Wilson." Considero ", respondió," deberíamos detenerlos tan pronto como descubran que el veneno no funciona ". Deberíamos asignar al menos un agente para poder capturar a cada uno de los miembros, Iván no, deberíamos obligarlo a huir del área, tal vez intente escapar y llame al líder, deberíamos interceptar la llamada y seguirlo, esta será la oportunidad de descubrir su grupo y sus planes futuros ".

"Tiene razón" - dijo el agente Wilson - "primero tenemos que planificar el reemplazo del líquido, podemos hacerlo por la noche, cuando se hayan ido, tenemos que asegurarnos de que no regresarán. La gente de seguridad debe dejarnos entrar sin preguntar nada, no queremos ninguna fuga de información ".

"Me ocuparé de esto" - dijo el agente Viasov y agregó- "Le diré a seguridad que somos un grupo especial creado para verificar la seguridad de las instalaciones. Mañana los vigilaremos de cerca; de acuerdo con su conversación, introducirán el líquido mañana. Tenemos que mantenerlos bajo vigilancia todo el tiempo, no sabemos si cambiarán de opinión, estamos a solo dos días de la cumbre, los Líderes Mundiales comenzarán a llegar mañana ".

Tomó un radio y habló a todas sus unidades. "Atención, necesito que vigilen muy estrictamente a cada uno de sus objetivos; Quiero saber todo lo que hacen, si hablan por teléfono, si salen, si alguien los visita. Necesito fotografías y que las conversaciones sean capturadas, acérquense lo más cerca posible, pero asegúrense de que no los vean, repito, deben ser invisibles para ellos. ¿Está claro? ", Todas las unidades respondieron afirmativamente.

A la mañana siguiente, todo el personal contratado comenzó a llegar a las instalaciones en donde el evento iba a tener lugar en pocos días. Iván estaba en el puesto de seguridad, verificando la entrada de todo el personal. Según lo planeado llegó Stuart, "Buenos Días", dijo. Iván le dio la bandeja para que pudiera colocar sus pertenencias ahí.

Un agente, que era parte del equipo en el puesto de control de seguridad, tenía una cámara en la parte posterior de su sombrero, por lo que podría estar mirando al otro lado, pero capturando con detalle la situación. Se detuvo a la entrada del puesto de seguridad, mirando hacia adelante; Iván lo miró y vio que estaba viendo hacia otro lado.

Stuart sacó sus pertenencias de sus bolsillos, llaves, monedas, algunos dulces, un bolígrafo, su billetera y un pañuelo blanco. Iván movió el contenedor al otro lado del escáner de rayos x, intercambiando el pañuelo que Anton había depositado, que tenía dentro del pequeño contenedor con el veneno, con otro que ya tenía consigo.

Stuart pasó por el arco detector de metales y el escáner corporal. Iván le dijo: "Aquí tienes tus pertenencias, puedes continuar". Stuart lo miró, tomó sus pertenencias e hizo un gesto dándole las gracias, estaba sudando, caminó hacia el área de casilleros. "Un momento", le dijo un agente.

Stuart se detuvo y lo miró, vio a Iván en la entrada. Iván lo miraba discretamente. El agente se acercó y le preguntó "¿Se siente bien? Está sudando". Stuart respondió con cierto temor "Es porque tuve que correr para llegar a tiempo". El agente lo miró, después de unos segundos dijo "está bien, adelante". Stuart le sonrió y continuó su camino. Iván respiró profundo y continuó con sus actividades.

Una vez que todo el personal entró, las puertas estaban aseguradas. Iván comenzó su ronda de seguridad diaria que incluía la verificación de todas las habitaciones y que todo el personal tuviera sus uniformes y gafetes.

Fue al almacén, abrió la puerta con su gafete y entró. Caminó alrededor haciendo su revisión regular de seguridad. Detectó el bote de basura y puso el pañuelo con el contenedor dentro. Siguió caminando, salió del almacén y cerró la puerta.

Cuando salió un agente llamó a Vlasov "El paquete ha sido entregado". "Bien", él respondió.

El estaba en una camioneta fuera del edificio; tenía con él un portafolio lleno de diferentes formas de pequeños contenedores llenos de agua. Bajó y fue a la entrada de servicio. Un agente abrió la puerta desde el interior, se dirigieron directamente al almacén, el agente abrió con su gafete. Entraron y cerraron la puerta. Como Vlasov sabía acerca del bote de basura, lo buscó y una vez que lo encontró buscó el pañuelo.

Lo encontró y se lo mostró al agente, luego lo desdobló y el pequeño contenedor estaba ahí pegado con una cinta. Se puso un par de guantes de goma para protegerse en caso de un derrame. Vio el contenedor, buscó en su portafolio uno similar. Era un recipiente cilíndrico pequeño con una tapa de goma que lo sellaba perfectamente, un tipo de contenedor de un laboratorio químico.

Vlasov seleccionó uno, casi idéntico, se lo mostró al agente, miró a ambos contenedores y asintió. Vlasov tomó el contenedor con el veneno, lo colocó dentro de una pequeña caja y lo puso en el portafolio; lo reemplazó con otro con agua y lo fijó al pañuelo con la cinta, lo dobló   y lo colocó de nuevo en el bote de basura. Se quitó los guantes y los puso en el portafolio.

El agente abrió la puerta y verificó que no hubiera nadie ahí, indicó a Vlasov que procediera y salió. El agente cerró la puerta y ambos caminaron hacia la salida de servicio. Al salir, Iván vio a los dos agentes. Él no reconoció a ninguno de ellos.

Iván fue a la oficina central de seguridad en el edificio. Se acercó a un agente que estaba en un escritorio. "Disculpe", dijo, el agente lo miró "Acabo de ver a dos hombres saliendo del edificio usando una puerta de servicio". El agente dijo "pueden haber sido de seguridad especial, tal vez de otro país acompañado por uno de nuestros agentes; Si pueden entrar y salir deben tener un gafete de seguridad, ese acceso está validado en nuestras computadoras ". Volvió su atención a los papeles que estaba mirando. Iván se dio la vuelta y se fue.

Pensó: "Tengo que saber quiénes son estas personas, tengo que asegurarme de que estamos seguros". Se dirigió hacia el centro de vigilancia del edificio y sus perímetros, tiene muchos monitores, todo fue grabado y analizado por un sistema que busca patrones faciales, objetos extraños, accesos a las puertas. Si alguien de una actividad específica va a un área que no tiene nada que ver con sus responsabilidades, es reportada, por lo que todo estaba asegurado y controlado. Obviamente, el nivel de seguridad requerido para entrar era alto.

Iván se acercó al agente en la recepción de la sala de monitoreo. "¿Puedo ayudarle?", Dijo. Iván respondió "estoy trabajando con seguridad", le mostró su gafete, el agente la vio, Iván continuó: "Estaba haciendo mi ronda de rutina, cuando vi a dos hombres saliendo del edificio a través de una puerta de servicio, era la puerta 11-A, ¿puede verificar quiénes son? ".

El agente lo miró y dijo: "Si hubiera algo fuera de lo normal, tendríamos una alerta, pero díganme ¿a qué hora fue esto? Iván sacó su pequeño libro y dijo, "a las 10:47". El agente tomó un teléfono y llamó a alguien "¿Puede mostrar en mi monitor el video de las 10:45 a 10:50 dentro y fuera de la entrada 11-A por favor?". Colgó y esperó a ver la repetición en su monitor ".

Se mostró una ventana con el video. Hizo una pausa y abrió un menú de opciones, seleccionó la función de reconocimiento facial y el escaneo de identificación. Pocos segundos después dijo: "Son dos agentes especiales de seguridad, muchos han venido para verificar que todo esté en orden y muchos más vendrán". Cerró la ventana "nada de qué preocuparse". Iván sonrió y dijo "¿Saben a dónde fueron dentro del edificio?". El agente respondió de mal humor: "No, no lo sé, y ese no es su asunto, así es que siga haciendo su trabajo".

Iván dijo "gracias" y dejó el área. Estaba pensando "Qué persona tan antipática". Continuó con su ronda.

Vlasov y el agente llegaron a la camioneta, con el portafolio, el Agente Wilson estaba ahí. "Aquí está el contenedor, lo enviaré al laboratorio de inmediato", dijo. "Excelente", dijo el agente Wilson "mientras usted estaba en camino, recibí un informe de que Iván estaba preguntando quién era usted. Eso confirma que está ocultando algo, por supuesto ninguna información fue dada a él. Ahora tenemos que esperar y ver si descubren que el contenedor fue reemplazado ".

Iván decidió hacer otra ronda de seguridad en el piso donde estaba la sala del almacén, su intención era ir una vez más al área de Almacenamiento y verificar si el contenedor todavía estaba en el bote de basura. Abrió la puerta del almacén.

Se mostró una alarma en uno de los monitores de vigilancia. "Un agente de seguridad ha ingresado al almacén por segunda vez en menos de tres horas, nuestros registros muestran que este mismo agente ingresó. Esta ronda está fuera de su horario ", dijo un agente a su supervisor. "En este momento no haremos nada", dijo el supervisor, "llenaré un informe, para que los asuntos internos decidan cómo proceder".

Iván vio el bote de basura, miró dentro y vio el pañuelo, lo tomó y lo desdobló, vio que todavía había un contenedor ahí, no se dio cuenta de que había sido cambiado. Dobló el pañuelo otra vez y lo puso de vuelta en el bote de basura. Vio todo alrededor, tratando de identificar algo que podría estar fuera de lo normal. Todo parecía normal, comenzó a caminar hacia la puerta, sintió algo debajo de su zapato. Era una pequeña pieza de goma. La recogió y la guardó en su bolsillo. salió de la habitación.

"¿Qué piensa usted?", el agente Wilson le dijo al agente Vlasov, "¿debemos detenerlo o esperar a ver cómo va esto?".

"Es mejor que esperemos, y vigilemos de cerca a todos ellos, no creo que tengan un segundo plan", Vlasov dijo.

Natalia fue al área del Almacén, una de sus tareas era verificar que los artículos necesarios estuvieran disponibles para el próximo turno; ella cerró la puerta. Caminó hacia el bote de basura y lo movió detrás de una mesa, sabía que ninguna cámara llegaría a este punto, la única cámara en esta habitación apuntaba hacia la puerta. Ella sacó un par de guantes de su equipo de trabajo, se los puso y buscó el pañuelo.

"Natalia está en movimiento, acaba de ingresar al almacén". Un agente informó a Vlasov. "Buen trabajo, solo espere hasta que salga, después de eso, cuando no pueda verlo, necesito que entre, busque el pañuelo y el contenedor en el bote de basura. Encuentre los productos de limpieza de superficies y busque cualquiera que pueda tener una marca especial, adjunte en su interior el señalizador electrónico, lo rastreamos desde aquí. Entonces infórmeme "dijo. "Entendido" el agente respondió.

Natalia, tomó uno de los "dispensadores de limpieza para superficies", lo abrió y luego cuidadosamente abrió el contenedor que estaba envuelto en el pañuelo. Vació el contenido en el dispensador, cerró la tapa, la sacudió un poco y la limpió. Puso la tapa de goma en el recipiente pequeño, y la puso en una pequeña bolsa de plástico que tenía, y la puso nuevamente en el bote de la basura envuelta con el pañuelo y algo de papel. Marcó la etiqueta del dispensador con un punto muy pequeño en una parte que ya habían acordado, y lo colocó en un lugar específico entre los demás en el estante. Después de esto, salió de la habitación.

De camino a la sala de reuniones, vio a Iván haciendo su ronda, ella simplemente se cruzó de vista con él, solo asintió con la cabeza un poco para hacerle saber que todo salió como estaba previsto.

"Perfecto" Pensó Iván, "en un par de días el mundo va a cambiar", sonrió y continuó su ronda.

Por la noche, todo el personal abandonó las instalaciones como siempre, Iván se fue a su casa, en el camino se detuvo en una cabina telefónica, marcó un número y simplemente dejó que sonara tres veces y colgó.

ViPla estaba tomando un café con V1 en un restaurante en algún lugar de Europa, su mesa estaba cerca de un teléfono público. Estaba esperando que sonara el teléfono. Sonó tres veces y se detuvo. "Esta es la señal" Dijo a V1, "Todo va según lo planeado, por ahora, la mezcla debería estar lista, solo tenemos que esperar un par de días".

Iván llegó a su casa, sacó de su abrigo todas sus pertenencias, llaves, pañuelo, algunas monedas y la pequeña pieza de goma que encontró en el área de almacén, y puso todo en una mesa a la entrada de su casa.

Vio el correo, fue a la cocina, abrió la nevera, sacó una botella de Vodka y la sirvió en un vaso, la tomó junto con el correo y se dirigió a la sala, se sentó en un sillón lo giró para ver la TV. Hubo una transmisión de noticias, estaban hablando sobre la cumbre, algunos dignatarios han llegado. Seleccionó otro canal, había una película en este, dejó el control remoto sobre la mesa y vio el correo, nada importante, solo la correspondencia habitual. Vio la televisión cuando se presentó un comercial; mostraba un laboratorio que realizaba análisis de sangre, mostraban los recipientes cómo los cuidaban y sellaban con una tapa de goma.

Cuando vio esto, le vino a la mente la tapa de goma que encontró en el almacén, aunque era más pequeña y tenía la misma función. Se levantó y se dirigió a la mesa para recoger la tapa pequeña de goma que encontró, pensó "esta es más pequeña, pero es del mismo tipo que la que tenía el contenedor, ¿por qué esta pieza estaba en el piso? Tal vez las personas que vi sabían sobre esta operación y cambiaron el contenedor, tal vez dejaron esta pieza; si este es el caso, estamos condenados, nuestra misión ha fallado. Tal vez nos han seguido durante mucho tiempo ", estaba sudando cuando todos estos pensamientos vinieron a su mente.

"No quiero ir a Siberia y poner fin a mi vida ahí, creo que es hora de renunciar y dejar esta tontería" Se levantó, fue a su habitación, tomó algunas cosas y se fue.

Él no sabía que lo estaban siguiendo. Caminó hacia la estación de metro y abordó un tren hacia la estación de tren. "Tengo que tomar un tren a Alemania lo más pronto posible", pensó.

"Iván está huyendo, lo estamos siguiendo en el metro", un agente le envió un mensaje al agente Vlasov, "Averigua a dónde se dirige, y no lo dejes salir del país", respondió.

Un día antes de la cumbre. Todo el personal llegó, la seguridad verificó la asistencia, notaron que algunas personas no estaban presentes entre ellos Iván. Por razones de seguridad, informaron de las personas ausentes a la KGB.

"Iván está tomando un tren a Berlín", dijo un agente a la sede. "Debes arrestarlo antes de cruzar la frontera con Bielorrusia, de lo contrario lo perderemos, su crimen es traición entre otros", dijo el agente Vlasov y continúo: "no le permitan llamar a nadie cuando lo arresten".

El tren se detuvo en Viazma, se dirigió a un teléfono público y llamó a alguien "Me descubrieron, la policía me está siguiendo, estoy en camino a Berlín" y colgó. ViPla escuchó la llamada "¿Qué pudo haber salido mal esta vez?, estoy rodeado de incompetentes", Estrelló este teléfono en el piso, lo pisó y se fue.

Iván regresó al tren, vio a algunas personas que parecían agentes de la KGB, caminó a lo largo. Cuando el tren empezó a avanzar, se bajó y se escondió, esperando que los agentes no pudieran verlo. Vio que nadie más se bajó, tan pronto como el tren se fue, caminó hacia la salida de la estación y comenzó a caminar hacia la ciudad para perderse. Aparentemente nadie lo estaba siguiendo.

Desde el tren un agente llamó a Vlasov: "Lo perdimos en Viazma". Él respondió: "Maldita sea, tenemos que encontrarlo antes de que pueda contactar a su equipo, bájate tan pronto como puedas y búscalo". Terminó la conversación y volteó a ver al agente Wilson. "Será mejor que nos movamos para detener a todos los miembros hoy mientras Iván esté huyendo", no quiero darle la oportunidad de advertirles, esto tiene que ser una operación muy discreta, no debería tener ningún impacto en el evento y ¡no prensa! ".

Esa noche, cuando todo el personal abandonó el edificio, los agentes de la KGB interceptaron y detuvieron a Natalia Kudryavtseva, Katarzyna Radosz, Stuart Delie, Anton Donelec y Gunter Ralvitoff.

"Tenemos todo el equipo bajo custodia, la cumbre es segura", dijo Vlosov. "Buen trabajo, pero necesitamos a Iván, él es el contacto principal". El agente Wilson dijo: "Lo atraparemos, puedo asegurarle que, tarde o temprano lo atraparemos", dijo Vlasov.

Capítulo 11 Preparación para el viaje con Schiaparelli.

En el Centro Espacial Kennedy, el cohete Delta V se veía majestuoso en su plataforma, el amanecer fue espectacular. En la parte superior tenía el Módulo de Entrenamiento Schiaparelli para la Misión a Marte, "este es el control de lanzamiento Delta, estamos a cinco horas y treinta y dos minutos para el lanzamiento del Módulo Schiaparelli", dijo el oficial de Relaciones Públicas a través del sistema de sonido.

"El módulo Schiaparelli es una instalación de entrenamiento que se acoplará al ISS en pocos días, los Astronautas realizarán los pasos de la configuración final para ponerlo en funcionamiento. El Módulo tiene una sección fija que está acoplada al ISS, y la sección de rotación, que es aproximadamente el noventa por ciento del módulo, esta girará para simular la gravedad superficial de Marte. Este Módulo está cubierto con celdas solares para generar la energía requerida por el equipo, una configuración similar será utilizada por una tripulación en la Misión real. El objetivo es evaluar la eficiencia en la distribución de las células solares en lugar de utilizar paneles solares extendidos ".

"El lanzamiento permitirá que el módulo Schiaparelli, sea colocado cerca de la ISS, ya que no tendrá propulsión, dos tripulantes de la ISS se acercarán al vehículo. Si el módulo es estable, esto significa que no se esté bamboleando o girando, el vehículo de la tripulación se acoplará a él, lo moverá cerca de la ISS para ser capturado con el RMS, y luego ser acoplado. Si el Módulo necesita estabilizarse, se acercará a él un dron espacial no tripulado, desde el vehículo de la tripulación, para agarrarlo de uno de los soportes ubicados en su base y disparar pequeños propulsores para estabilizarlo ".

"En T - cinco horas esto es Control de lanzamiento del Delta V".

A bordo de la ISS, la tripulación estaba siguiendo el desarrollo del lanzamiento, y preparando el vehículo Beyond Earth para el encuentro, han practicado con el pequeño dron espacial, lo han sacado durante un EVA y controlándolo para llegar a una parte específica de la ISS.

En el Edificio de Operaciones y Verificación de Neil Armstrong, los ingenieros estaban preparando el Vehículo Orion para una Misión que tendrá lugar en pocos años, para llevar a una tripulación alrededor de la Luna y de regreso. Han probado la propulsión, el escudo térmico, el paracaídas, el sistema de guía en órbita. Ahora estaban probando los sistemas y las computadoras y trabajando con simuladores para probar diferentes condiciones y fallas.

Charles Washington llegó al Centro Espacial Kennedy, estaba acompañado por Vladimir Viktorenko, Peter Walheim Ulrich y Takuma Nagaoka, una camioneta los recogió en la pista de Aterrizaje del Transbordador y fueron llevados a la Sala de Control del Lanzamiento.

"Buenos días", dijo mientras entraba a la sala de control, en este momento estaban en una pausa. Se acercó al Director de Lanzamiento "Buenos días, Jim, déjame presentarte a Vladimir, Peter y

Takuma". "Bienvenidos", Jim dijo: "En este momento estamos en una pausa, este es el momento de verificar cualquier problema que hayamos encontrado durante el proceso, en este momento todo va bien, incluso el clima está cooperando. Nuestro objetivo es un lanzamiento a las 13:07, por favor síganme, los llevaré a la sala de observación VIP ". "Gracias Jim"

···

En la sede de la Organización Mundial de Exploración Espacial en Berna, Suiza, el Dr. Cook iba a dirigirse a la prensa para comentar acerca del vehículo Mars Lander.

"Buenas noches, tengo algunas noticias para ustedes. Mientras hablamos, el módulo Schiaparelli está en su cuenta regresiva final para ser enviado a la ISS hoy a bordo de un cohete Delta V. Si todo sale según lo planeado, el lanzamiento tendrá lugar a las 13:07 EST con una ventana de cinco minutos, son bienvenidos para seguirlo aquí o pueden hacerlo con nuestra transmisión en vivo en WSEO.org/WSOTV ".

"Después de varios meses de evaluación, tenemos el diseño del Mars Lander que será utilizado, y hemos asignado la corporación que lo ensamblará y coordinará muchas otras compañías que contribuirán en este proyecto. La compañía es Astrotechnika, ubicada fuera de Colonia, uno de sus mejores ingenieros es Erich Von Stuhlinger, hijo de un miembro del equipo de von Braun, estuvo involucrado en los motores del Saturno V y de los motores principales del Transbordador Espacial. Así que supervisaremos el ensamblaje del Mars Lander y principalmente sus motores ".

"Finalmente, el próximo mes de noviembre, China lanzará la Misión Multi-rover que explorará una amplia área cerca del Polo Norte y buscará agua midiendo el nivel de humedad debajo de la superficie; también tiene un pequeño invernadero para estudiar el crecimiento de una planta con suelo marciano. Con la información que tenemos ahora, los científicos están trabajando en la creación de un suelo similar al suelo de Marte para probar diferentes tipos de plantas, en un ambiente controlado ".

"Estos son los temas más relevantes relacionados con Marte, ahora lanzaremos el próximo año el primer Vehículo Colector de Desechos Espaciales. Como saben, este vehículo no tripulado apuntará a algunos desechos como un cohete usado, un satélite muerto, por ejemplo. Esta vez irá a una órbita baja o LEO, la próxima vez irá a órbitas más altas para recolectar otros satélites. Estas misiones son muy delicadas porque tenemos que estar seguros de que es lo que el vehículo está capturando; tenemos que saber si tiene material peligroso o piezas duras que puedan llegar a la superficie de la Tierra. "

"Esto es todo lo que tengo para ustedes en este momento, por favor, sigan el lanzamiento del Schiaparelli dentro de unas horas, si tienen alguna pregunta por favor levanten su mano. "

...

"Las Nubes se están moviendo hacia esta área", le dijo el oficial meteorológico al Director de Lanzamiento en el Centro Espacial Kennedy, "espero que no interfieran con el lanzamiento, faltan tres horas más".

Charles Washington y sus invitados estaban siguiendo la conferencia que Dr. Cook estaba dando en la Sede, y ayudándolo a responder las preguntas de los periodistas.

"Astrotechnika es una de las mejores compañías" comentó Peter Walheim "han diseñado algunas partes de nuestras sondas espaciales, y trabajaron con los motores del Ariane, harán un gran diseño".

"Tienen un currículum muy impresionante, y su personal está muy bien calificado, tienen un programa de capacitación muy intenso y certificación para todo su personal. Hemos recibido algunos de ellos para capacitarlos en la Agencia", dijo Charles Washington.

...

Andrew Kurt estaba revisando sus correos electrónicos y noticias sobre el programa Espacial. Él y Hans estaban trabajando para diferentes compañías. "Mira Hans, esta compañía construirá el Mars Lander para la tripulación, es interesante, tal vez deberíamos ofrecer nuestros conocimientos y servicios allí, después de todo, soy un ingeniero y tengo experiencia con los Motores del Cohete, tú también, yo recuerdo que quería ingresar a esta empresa cuando estaba en la Universidad "Hans respondió" Bueno, podemos aplicar y ver qué sucede, con fortuna podríamos estar construyendo este vehículo, eso sería fantástico ".

...

ViPla estaba bastante frustrado, dijo: "Dos oportunidades, dos fracasos, increíble, tengo que encontrar a Iván y terminar con este misterio que fue lo que salió mal, no tenemos ninguna información". "Tal vez está muerto ahora, ya sabes cómo opera esta gente de la Agencia de Inteligencia", comentó V1. "Sí, tal vez, si continuamos con esta idea, tendremos que buscar otra opción o deberíamos hacerlo, como se dice, si deseas que algo salga bien, será mejor que lo hagas tú mismo" ViPla respondió y regresó a su trabajo con la computadora.

...

En el Centro Espacial Kennedy, el reloj seguía avanzando, las nubes se acercaban al área, "solo necesitamos once minutos más de tiempo despejado", comentó el Director de Lanzamiento.

El comentarista de Relaciones Públicas anunció: "El Director de Lanzamiento ha sondeado todas las estaciones y estamos listos para su lanzamiento a la hora programada, la única preocupación en este momento son algunas nubes con actividad eléctrica a unas 70 millas al norte, el lanzamiento se suspenderá si las nubes están dentro de un radio de diez millas, el lanzamiento tendrá que ser pospuesto 24 horas. A T-8 minutos y contando esto es Control de Lanzamiento Delta ".

"T menos 1 minuto y contando, no hay problemas técnicos o meteorológicos".

"T menos 10 segundos, 9,8 motores encendidos, tres dos uno encendido de cohetes de los cohetes de combustible sólido y despegue del cohete Delta V con el módulo Schiaparelli".

El cohete subió dejando un rastro de humo blanco, unos minutos más tarde los Cohetes de Combustible Sólido se separaron mientras continuaba su viaje hacia la órbita terrestre.

"Todo salió según lo planeado", dijo el Director de Lanzamiento, en dos minutos más la segunda etapa se encenderá para colocar al Schiaparelli en posición de ser capturado por una Tripulación en dos días "

Todos los asistentes aplaudieron, en los monitores se mostraban algunas repeticiones del lanzamiento, también la telemetría de la ubicación y las condiciones del cohete.

Después del exitoso lanzamiento, Charles Washington se dirigió a los trabajadores en la sala de control de lanzamiento. "Felicidades a todos ustedes, y a todas las personas de muchos países que han participado para que este día se haga realidad. Hoy somos testigos del comienzo de uno de los esfuerzos de exploración más desafiantes de la humanidad hasta la fecha, la exploración tripulada de Marte. En pocos días la tripulación de la ISS recibirá este módulo, lo capturará y lo acoplará en la ISS, convirtiéndose en el primer módulo de entrenamiento creado para la Misión de Marte, en pocas semanas la tripulación ingresará para estar ahí durante dieciocho meses simulando las condiciones de gravedad de Marte. Así podremos estudiar el efecto de ese medio ambiente en nuestros Astronautas y evaluar sus trajes y herramientas de exploración ".

Continuó "Después de que regresen en 2023, otra tripulación partirá para una Misión que terminará en 2026 preparándose para el viaje".

Hizo una pausa y continuó: "En los años siguientes, seremos testigos de acontecimientos asombrosos, preparando el camino para este gran objetivo. Felicidades otra vez "Terminó y caminó con sus invitados a la salida, se les unió el Director del Centro Espacial Kennedy, Bob Anders.

"Por favor, únanse a mí", dijo el Sr. Anders, "Ahora que están aquí, me gustaría llevarlos al edificio de operaciones y Verificación Neil Armstrong para que puedan ver el Orion, este es el que usaremos para enviar a una tripulación alrededor de la Luna en los próximos años, y si tienen tiempo, podemos ir al VAB para que puedan ver el cohete SLS ".

"Excelente", respondieron y subieron a una camioneta.

La tripulación abordo del ISS siguiendo el lanzamiento "Schiaparelli viene en camino, lo deberemos de tener aquí en unas treinta y seis horas", dijo el comandante.

...

Dos días después, en la Estación Espacial, los Astronautas Kenneth Oppenheimer, Josefina Serrato y Bill McKensey abordaron el vehículo espacial Beyond Earth 7 para iniciar el encuentro con el Schiaparelli que estaba ahora en LEO a unas 500 millas de la ISS.

"Lo tenemos a la vista", dijo el astronauta McKensey "Parece bastante estable, sin rotación ni tambaleo, comenzaremos el acercamiento y volaremos para la evaluación fotográfica, y nos prepararemos para acoplarnos con él para posicionarlo cerca de la ISS para que sea agarrado"

"Enterado, ¿están listos para el vuelo alrededor modulo y el procedimiento de acoplamiento?", el controlador preguntó.

El vehículo espacial disparó sus cohetes de maniobra para comenzar a volar alrededor del módulo. Este es un vuelo de 360 grados para fotografiar el módulo para ser evaluado en la Tierra, luego de que complete esta maniobra, comenzará la operación de aproximación.

El vehículo se pone en modo automático para la maniobra de acoplamiento, el objetivo está alineado. Se ejecutan una serie de secuencias de maniobras, pequeñas ráfagas pueden ser vistas saliendo de los cohetes mientras se disparan, para controlar la velocidad de aproximación y corregir cualquier desviación.

"Nueve pies" El Control de Tierra, reportando. "Seis pies, todo va bien, objetivo en posición, un pie y contacto, los seguros en posición, cerrados y bloqueados" El CapCom dijo a la tripulación "Felicidades han capturado al Schiaparelli".

"Gracias" El astronauta McKensey dijo: "Esperaremos para que la evaluación visual comience el procedimiento de entrega".

Después de unos minutos, se escuchó una voz que decía "Puedes proceder a la entrega", dijo Capcom. "Gracias, estamos listos para la entrega", respondió el astronauta McKensey.

La computadora del Beyond Earth 7, comenzó a ejecutar el programa para llevar al vehículo y al Schiaparelli a una distancia no menor a dieciocho pies de la ISS.

En la ISS el Comandante Cabret estaba viendo la telemetría, mientras que los Astronautas Jones y Pavlova estaban preparando el RMS para posicionarlo y agarrar el Schiaparelli.

El Beyond 7 acoplado al módulo Schiaparelli, se acercó al ISS y detuvo el movimiento a la distancia deseada.

Los cierres de seguridad de la unidad de acoplamiento fueron liberados y el Beyond Earth 7 comenzó su maniobra para alejarse del Schiaparelli y comenzó a moverse a su posición de acoplamiento a donde esperaría hasta que el Schiaparelli fuera asegurado con el RMS.

La astronauta Nancy Jones tenía el control del RMS "El objetivo marcado está alineado". Comenzó a mover la unidad de acoplamiento del RMS hacia el objetivo, muy lentamente. Casi no había ruido en la ISS, de repente ella dijo "El Módulo Schiaparelli ahora está capturado y asegurado".

"Bien, Bill, ahora pueden acoplarse", le dijo Capcom a la Astronauta McKensey. El vehículo espacial Beyond Earth 7 avanzó hasta el puerto de acoplamiento. "De acuerdo" Dijo. "Gran trabajo Bill y tripulación" Ahora por favor vayan al paso 7 sobre el procedimiento para estabilizar la presión con el ISS ". "De acuerdo", él respondió e inició la actividad.

"Nancy, puedes proceder con el acoplamiento del Schiaparelli", dijo CapCom, "De acuerdo". Ella comenzó a maniobrar el RMS, de acuerdo con las lecturas del objetivo en ambas partes.

"Tenemos contacto", dijo Nancy. "Schiaparelli está acoplado y los cierres de seguridad en posición de bloqueo".

"Felicidades", dijo el CapCom. "Tienen un nuevo Módulo del ISS y la estructura del primer componente para la Exploración Tripulada de Marte".

Después de casi una hora, desde que el Beyond Earth 7 se acopló con la ISS, la presión en él y en el ISS se estabilizó, Yelena y Bernard fueron al módulo para abrir la escotilla y dejar que la tripulación entrara. Bill, Josefina y Ken estaban de regreso a la ISS, después de un largo día de trabajo, se reunieron para comer algo y relajarse. "Gran trabajo" El CapCom dijo "Todos están muy contentos aquí, el Director de Vuelo dijo que es hora de que se relajen".

Nancy respondió "Gracias a todo el equipo, estaremos listos para abrir la escotilla del Schiaparelli tan pronto como nos pidan que lo hagamos".

"Ok, Nancy, te lo haremos saber, hay un par de caminatas Espaciales que se necesitarán la próxima semana".

•••

En el Centro de Lanzamiento de satélites en Jiuquan se estaban llevando a cabo las verificaciones finales del cohete CZ-5 Long March, el contenedor que contiene al vehículo Multi Rover estaba siendo probado antes de ser montado en la parte superior del cohete. Si todo sale según lo planeado, el lanzamiento deberá tener lugar el 14 de noviembre de 2021 para una llegada a Marte en octubre de 2022.

•••

Kenneth Oppenheimer y Bill McKensey estaban en la compuerta presurizada preparándose para el primer EVA, el objetivo esta vez era terminar la conexión de los sistemas de comunicación y energía del Schiaparelli y desbloquear algunos cierres de seguridad de la estructura rotatoria para que pueda ser probada.

En el Control de Misión, el personal estaba siguiendo el evento, el monitor principal mostraba a ambos astronautas saliendo de la compuerta presurizada y moviéndose hacia el Schiaparelli.

"Esta es una vista impresionante, puedo ver toda la península de Baja justo detrás del Schiaparelli, lo estoy alcanzando" Ken dijo y continuó "¿Cómo estás Bill?"

"Muy bien, a pocos metros detrás de ti, tengo la bolsa de herramientas conmigo" Bill dijo.

"Ok, estoy en el Schiaparelli ahora, ¡Wow, qué impresionante con todas sus celdas solares que brillan!" Es realmente hermoso. He localizado los cierres de seguridad, pueden verlos en sus monitores "Ken dijo" De acuerdo, los estamos viendo ", el Capcom respondió.

"Me estoy acercando a ti Ken, para que podamos empezar a quitar estos cierres", dijo Bill.

Ambos astronautas estaban en la base del Schiaparelli, cerca del área de acoplamiento.

"Cada cierre tiene una identificación, el procedimiento recomienda la secuencia para liberarlos, por lo tanto, Ken iniciará y Bill continuará con lo siguiente, y luego Ken nuevamente" "de acuerdo lo haremos alternativamente, solo tenemos que empujar el cierre a la posición abierto y bloquearlo ahí, puede confirmar "

"Houston para Ken, sí, ese es el procedimiento, necesitaremos documentación fotográfica de cada cierre". "De acuerdo" Ken respondió.

...

El agente Wilson y el agente Viasov estaban buscando información que pudiera llevarlos a detener a Iván Ivanovich, su equipo fue detenido, pero no tenían información acerca de quién era el líder de Iván, de hecho, ellos pensaron que él era la figura principal de esta operación, pero todo indicaba que había alguien más arriba, y tal vez toda una organización.

Solo hay un par de pistas que lo pueden conectar con otra persona, las llamadas que hizo a un número en Alemania, desafortunadamente no había información sobre quién era el dueño del teléfono, aparentemente, la tarjeta SIM podría haber sido comprada en una tienda de teléfonos celulares y no hubo registro. Además, hasta ahora, este teléfono móvil quizás haya sido destruido.

El agente Viasov y un grupo de agentes comenzaron la búsqueda de Iván en el área donde él bajó del tren hace un tiempo, ellos han distribuido su foto a las estaciones de policía, agencias fronterizas e Interpol, pero hasta esta fecha, no había ni una sola pista.

Era de gran importancia capturarlo vivo, él es el único vínculo con la organización que está detrás de este atentado, esto era necesario para rastrearlos y descubrir cuál sería su próximo objetivo.

Mientras tanto, Iván llegaba por tren a Amsterdam, ya que viajaba desde Alemania y no se requería control de pasaportes. "Tengo que encontrar a Eghart, él me dará una nueva identidad", pensó. Eghart era un contacto de él dedicado a la falsificación de documentos.

...

"Todos los cierres han sido liberados con éxito" Ken dijo al Control de la Misión "Excelente" respondió el Control de la Misión, "Ahora Ken, necesitamos que tú y Bill sigan el procedimiento 3-A para conectar el suministro interno de energía" "De acuerdo" Ken respondió.

El comentarista de la NASA dijo: "Los Astronautas han estado dos horas en la caminata espacial, que está programada para durar seis horas y 40 minutos, la siguiente actividad como hemos escuchado será conectar la energía interna, esto es, las celdas solares del Schiaparelli proporcionarán energía para la operación del módulo, además, cuando la rotación empiece, actuará como un dínamo para producir energía adicional. Por supuesto, si por alguna razón se requiere energía adicional, el ISS lo proporcionará a través de un cableado secundario que los Astronautas del EVA conectarán en algún momento durante esta caminata, de igual manera, en caso de haber exceso de energía generada por Schiaparelli se enviará al ISS ".

El Astronauta Jones estaba monitoreando la caminata espacial o EVA desde la ISS, "tengo una confirmación de que los cierres han sido liberados y que el poder interno se ha activado". Ella dijo "Buenas noticias", respondió Ken.

"Cinco horas y diez minutos del EVA", dijo el comentarista de la Misión "Todo ha ido de acuerdo con el procedimiento, la única actividad restante es la conexión del sistema de energía alternativa, esta es la fuente de energía secundaria de la ISS".

"Ok, Bill vamos a completar la última tarea" dijo Ken, no recibió una respuesta, por lo que volteó y vio a Bill, estaba a unos 5 metros de él, al otro lado del módulo. "Bill, ¿puedes escucharme?" Ken dijo. Bill lo vio y con una señal le indicó que había perdido el audio "Houston, Bill está teniendo problemas con el sistema de audio". Después de algunos segundos, el Control de la Misión respondió "OK Bill, tendremos que finalizar el EVA por hoy, necesitamos una comunicación completa con ambos". "Entendido" respondió Ken "iremos a la compuerta presurizada". Ambos Astronautas se dirigieron hacia la compuerta presurizada, Bill fue primero, luego Ken fue quien cerró la escotilla externa.

La astronauta Jones estaba a cargo de monitorear la compuerta presurizada, por lo que cuando la presión se estabilizara Bill y Ken pudieran quitarse sus cascos, la compuerta presurizada se abrirá y ella y la Cosmonauta Pavlova los ayudarán a salir de los trajes EVA.

"Mañana comenzaremos la activación y prueba del Schiaparelli" Nancy Jones comentó.

El Control de la Misión agregó: "Gran trabajo Ken y Bill, programaremos un EVA adicional para finalizar la actividad, y descubriremos qué sucedió con el equipo de comunicaciones en el traje espacial de Bill" "Fue un gran honor trabajar con Schiaparelli, estaremos ansiosos por terminar el trabajo "respondió Ken.

Al día siguiente, después de ser despertado con la canción "It's a Wonderful World", Nancy Jones comenzó el proceso de activación. Primero ella verificó la carga de las baterías, para asegurarse de que la energía requerida estuviera disponible para comenzar la activación de los instrumentos.

"Las celdas s solares están capturando la energía esperada, el flujo de energía del dínamo está en cero porque no hemos iniciado la funcionalidad de rotación. Baterías al 97% de su capacidad "ella informó.

"Eso es lo suficientemente bueno para comenzar la activación puedes proceder con la activación de flujo de energía", dijo el Control de Misión.

"De acuerdo, estoy encendiendo el flujo, todo parece normal, sin alarmas recibidas" Ella dijo "Está usando su propia potencia generada".

"Ok, estamos recibiendo lo mismo, puedes proceder a ingresar y comenzar el procedimiento de activación" el Control de la Misión respondió.

"De acuerdo", se puso una máscara para filtrar los gases que pudieran estar en el interior del módulo, verificó la lectura de presión y se aseguró de que era la misma que en la ISS. "OK, voy a abrir la escotilla ahora" ella Informó "de acuerdo". Respondió el control de la Misión.

Le dio una máscara a Bernard y procedió a abrir la escotilla interna y luego la escotilla del Schiaparelli. "Se ve magnífico", dijo Nancy, las luces están encendidas y todas las consolas se ven espectaculares "Es como el simulador". Ella procedió a ingresar con el Astronauta Bernard, quien era el comandante de la ISS para esta expedición. Evaluaron la atmósfera dentro del módulo, era normal, por lo que procedieron a quitar sus máscaras; luego empezaron a activar las consolas y ejecutar pruebas en cada sistema para verificar que todo estaba funcionando como era esperado.

Se completaron listas de verificación y procedimientos de verificación. "Ok, Nancy, puedes proceder a la prueba de rotación".

"De acuerdo", ella respondió, ambos astronautas abandonaron el módulo, cerraron y aseguraron la Escotilla del Schiaparelli y la Escotilla de la ISS. "Las escotillas están cerradas y estamos listos para empezar las pruebas de rotación". "de acuerdo, puedes proceder a la prueba" Respondió el Control de la Misión.

"Aquí vamos", comentó Nancy en la interfaz de control comenzó la rotación para simular la gravedad marciana. "Fuerza de gravedad al 1%, 2%, 10%, 20%, 38% y estable. Lectura positiva de energía del dínamo, esperaremos el período de estabilización. No hay vibración en la ISS ".

"De acuerdo, tenemos lecturas de que la rotación no está afectando al ISS, ni siquiera vibra. Tenemos que observarlo por un tiempo para asegurarnos de que la rotación sea estable, así que les avisaremos cuándo puedan entrar, tendrán que estar preparados para adaptarse a ese medio ambiente, lo estaremos monitoreando porque será la misma situación que enfrentaremos en Marte ", dijo el Control de la Misión.

"De acuerdo" Nancy respondió y continuó "Continuaremos con nuestras tareas aquí".

•••

Andrew y Hans llegaron a Astrotechnika para presentar sus solicitudes y ser considerados parte del equipo que construirá el Mars Lander.

"¿Por qué le gustaría participar en este proyecto?". Preguntó un Oficial de Recursos Humanos a Andrew.

"Mi padre hablaba mucho sobre el programa Apollo y las Misiones *Viking* a Marte, desde entonces quería formar parte del programa de exploración espacial, como puede ver en mi CV, he participado en muchos proyectos no tripulados, pero este en particular es muy especial, y estoy seguro de que tengo el conocimiento para contribuir a un aterrizaje seguro en Marte, y por supuesto para despegar desde ahí ", dijo Andrew.

"Puedo ver, su CV es muy impresionante, y tiene mucha experiencia y entusiasmo, necesitamos todo esto para esta Misión, pasaré su archivo al Dr. Erich Von Stuhlinger, quien es el jefe del Proyecto".

"¿Es él el descendiente del científico que trabajó con el Dr. Von Braun?". Preguntó Andrew.

"Sí, el mismo, él es un elemento muy importante para esta empresa y para este proyecto", agregó la persona de Recursos Humanos.

"Esto será un gran honor", dijo Andrew.

"Nos pondremos en contacto con usted muy pronto para una entrevista con el equipo de ingeniería".

•••

"Ok, Nancy, hemos estado monitoreando la rotación y ha estado estable, con variaciones por debajo del .001%, por lo que puedes proceder a ingresar con la funcionalidad de rotación", dijo el Centro de Control de Misiones.

"De acuerdo" Nancy respondió "Abriré la compuerta interna" después de unos segundos agregó "Ahora abriré la escotilla del Schiaparelli" En la pantalla se podía ver a Nancy abriendo la escotilla, una vez abierta la imagen mostraba el interior de Schiaparelli con la rotación.

Nancy procedió a entrar al módulo "Ahora estoy entrando, me empujaré para alcanzar una manija".

Se empujó y entró al módulo, alcanzó una manija y ella se aseguró con unas correas que están en el piso. "Estoy parada frente a la consola principal. Las rotaciones me hacen sentir bastante diferente de la microgravedad, es cómodo, aunque al principio tuve náuseas al tener una referencia de algo sin rotación ".

"Enterado, el cirujano dice que esto es normal, que la sensación debería desaparecer en pocos minutos", El Control de la Misión dijo, y agregó: "Necesitamos que ejecutes las pruebas con la rotación activa, queremos medir la estabilidad contigo adentro".

"Enterada, voy a trabajar aquí", respondió Nancy.

"Houston a Bernard" El Control de la Misión dijo "Necesitamos que reinicies la unidad de medición de vibración para verificar el impacto del módulo giratorio a la estructura del ISS" Enterado, lo reiniciaré y lo moveré cerca de la escotilla "

Cuatro días después, Ken y Bill realizaron un segundo EVA para conectar la energía auxiliar, esto es para el sistema de energía del ISS. Esta vez, el EVA terminó sin ninguna situación anormal.

Se realizaron pruebas de consumo de energía para verificar que no hubiera afectación en ninguno de los módulos y sistemas del ISS.

"OK Nancy", el CapCom dijo "Todas las pruebas se han realizado para asegurar la funcionalidad del Schiaparelli, todos los consumibles están abordo ahora, así que mañana tú, Yelena y Bill entrarán para comenzar la simulación. Los supervisaremos todo el tiempo. Estamos ansiosos de enviar otra tripulación al ISS el próximo mes, esta será la Expedición 61-A, de esta manera la ISS tendrá la tripulación necesaria para continuar los estudios que estamos haciendo ".

"Enterado Houston, estaremos listos para entrar al Schiaparelli y con suerte completaremos el tiempo programado."

Un comentarista de Relaciones Públicas explicó "el Schiaparelli es el módulo de rotación que simulará la gravedad Marciana, por lo que podemos entender la adaptación del cuerpo humano a ese nivel de gravedad. El módulo es un simulador del Mars Lab, actualmente en diseño; tiene una simulación SOL de día y de noche. La tripulación podrá realizar algunas de las actividades que realizarán en Marte en un futuro cercano, incluso un estudio de invernadero con un poco de tierra que ha sido preparado con una mezcla conocida de la composición de la tierra de Marte. Si todo sale según lo planeado, la tripulación estará en el módulo Schiaparelli durante ocho meses cuando menos. Durante este tiempo, la tripulación del Schiaparelli no tendrá comunicación con el Control de la Misión en la Tierra; El Equipo ISS actuará como Centro de Control de Misión para ellos como sucederá en la Misión real. Las comunicaciones del ISS a la Tierra relacionadas al Schiaparelli tendrán un retraso inducido de 13 minutos en cada sentido, como si estuvieran en la órbita de Marte, este retraso variará dependiendo de la posición de Marte y la Tierra para la simulación ".

"Una vez que finalice la simulación marciana, los tres astronautas se integrarán con la tripulación del ISS para continuar en órbita por otros nueve meses, teniendo en cuenta que esta será la cantidad de tiempo necesaria para el viaje de Marte a la Tierra. En total, esta tripulación estará en el espacio por casi veinticuatro meses. Durante todo el tiempo, la evaluación física continua tendrá lugar principalmente para comprender la afección en el sistema musculoesquelético además de otras funciones del cuerpo humano ".

Al día siguiente, la tripulación se preparó para entrar al Schiaparelli, los científicos e ingenieros europeos estaban monitoreando el módulo desde Colonia, y habían dado el visto bueno para entrar.

"Nancy, Yelena y Bill, este es Charles Washington, estoy en el Centro de Control de las Misiones con el Director de Vuelo Gene Aronson, y David Thompson, quien es el CapCom. Han estado en microgravedad desde el 22 de Abril, hoy comenzarán otra fase de su Misión, la simulación en Marte ingresando al módulo Schiaparelli. Su experiencia nos brindará información vital para la Misión real de Marte, por lo que en nombre de la Organización de Exploración Espacial de la Organización Mundial les deseo el mejor de los éxitos. Que tengan una gran experiencia en Marte y que Dios los bendiga ".

"Gracias Sr. Washington" Nancy respondió "hemos estado entrenando para esto, es un honor para nosotros estar participando en este preludio de un viaje a Marte, estamos seguros de que esta experiencia será un éxito completo y con suerte vamos a obtener todos los datos necesarios para apoyar a una tripulación en Marte ".

"Ahora procederemos a ingresar, y si todo sale como lo planeamos, saldremos en unos ocho meses".

La Imagen en la pantalla mostraba a Nancy ingresando al módulo, seguida de Yelena y finalmente Bill. Tan pronto como entraron cerraron la escotilla del Schiaparelli, y la tripulación del ISS cerró la escotilla del ISS. Bernard estaba monitoreando el sistema interno, comprobando que todo funcionara bien.

"La tripulación ingresó al Schiaparelli, si todo sale según lo planeado, saldrán en Julio del 2022 y regresarán de la ISS en enero del 2023, su tiempo total en el espacio será de veintiún meses, el tiempo más prolongado que los humanos han estado en el espacio".

Al principio se sentían más pesados debido a la gravedad, y con poco mareo, esta sensación debería desaparecer rápidamente. La fecha era el 10 de noviembre de 2021.

...

Andrew estaba en su oficina en Colonia cuando recibió una llamada "Estoy buscando al Sr. Andrew Kurt". "Soy Andrew Kurt, ¿con quién estoy hablando?", Preguntó.

"Me llamo Germaine Meyer, entiendo que está interesado en formar parte del equipo de ingeniería de Astrotechnika, ¿sigue interesado?" "Sí, por supuesto", Andrew respondió.

"Bien, nos gustaría que viniera para ser entrevistado por varios miembros de la organización, ¿podría estar aquí el próximo lunes, 15 de noviembre a las 8:00 a.m.?" "Estaré ahí", respondió "Y por favor traiga su CV y cartera de proyectos de ingeniería, debe preguntar por mí, Sra. Germaine Meyer, soy de recursos humanos "" Gracias ", dijo y la llamada terminó.

"Hans" gritó "adivina qué". "No sé" respondió Hans. "Me llamaron para una entrevista en Astrotechnika el próximo lunes, ¿no es grandioso?", "Felicitaciones" Hans dijo: "Esta es una gran noticia, quizás trabajes en el diseño y el montaje del Mars Lander ".

"Sí, eso espero, esto me dará esa oportunidad". La charla terminó cuando sonó el teléfono de Hans. "Hola, sí, soy él, está bien, el próximo lunes está bien, estaré ahí, gracias". Colgó el teléfono y le dijo a Andrew "También me entrevistarán". "Esto es increíble", Andrew le dijo. Preparemos la información que quieren ver. Ambos regresaron a sus computadoras.

...

En el Centro de Lanzamiento de Satélites Jiuquan, la cuenta regresiva para el lanzamiento del 14 de noviembre comenzaría en dos días. Se probaron las comunicaciones con las Salas de Control en Alemania y en Pasadena, California; todo se veía bien para el lanzamiento.

La Misión del Mars Multi Lander estaba lista para comenzar; el cohete CZ-5 estaba en la plataforma.

El comentarista de Relaciones Públicas anunció: "Buenos días, desde el Centro de Lanzamiento de Satélites Jiuquan, comenzó la cuenta regresiva para el lanzamiento de la Misión Mars Multi Rover, para su lanzamiento el 14 de noviembre de 2021 a las 14:03 hora de China Central. El vehículo es una cooperación conjunta de Europa, China, Rusia, Japón, Canadá, India y Estados Unidos ".

"Consiste en un Rover principal que tiene laboratorios de prueba para buscar la posible presencia de materia orgánica debajo de la superficie de Marte, un pequeño invernadero con ambiente controlado para estudiar el crecimiento de una planta usando tierra marciana con la adición de algunos nutrientes como fertilizante, también tiene instrumentos para mediciones atmosféricas, un sismómetro y un taladro ".

Junto con él, hay cuatro exploradores de orientación que explorarán el área cercana al Rover principal para guiarlo hacia el área que tenga mejores posibilidades para las diferentes observaciones que se realizarán. Pueden estar aproximadamente a 3.7 millas del Rover principal para estar en contacto, si exceden esta distancia se puede controlar desde el Control de la Misión".

"El control de la Misión, una vez que el vehículo se encuentre en su viaje a Marte será realizado por el Laboratorio de Propulsión a Chorro de la NASA en Pasadena y el Control de la Misión del Centro Espacial Alemán DLR ubicado en Colonia".

"El cohete CZ-5 o Long March 5, es un vehículo de lanzamiento de gran potencia. Tiene tres etapas y cuatro cohetes de combustible sólido y tiene unos 57 metros de altura ".

"El objetivo de aterrizaje es al noreste de Acidalia Planitia, por lo que uno o dos de los Rovers de Orientación pueden examinar el área cerca del Polo Norte".

"La cuenta regresiva ha empezado. Si todo va bien, el lanzamiento será el 14 de noviembre de 2021 para una llegada a Marte en octubre del 2022 ".

En el Centro Espacial Chino, además de Lin Long, estuvieron Peter Walheim Ulrich, Renjith Singh, Heather Cavendish, Lukas Schneider, Vladimir Viktorenko y Bob Anders en representación de Charles Washington.

El día del lanzamiento llegó, todo parecía normal en la cuenta regresiva, a dos horas antes de la hora de lanzamiento, una alarma se encendió en una de las consolas de control, el tanque de oxígeno líquido de la primera etapa mostró una presión más alta de lo esperado. Decidieron continuar con la cuenta regresiva y evaluar la situación en un período de espera que está programado en T-7 minutos. Si la situación continúa, el lanzamiento tendrá que ser cancelado, pero esto implicará que los tanques tendrían que ser drenados y quizás el cohete tendrá que ser movido al edificio de Ensamblaje para llegar a la primera etapa, esta acción durará aproximadamente tres semanas si es necesario. Esperemos que este indicador sea solo una falla en uno de los sensores; ejecutarán pruebas adicionales para verificar esto y garantizar un lanzamiento seguro.

...

Iván Ivanovich tenía una nueva identificación, ahora era Boris Malkin, estaba en Amsterdam, así que era difícil de rastrear.

"Necesitamos un error", dijo el agente Wilson al Agente Viasov. "Lo rastreamos hasta que se fue de Rusia, sabemos que llegó a Alemania", respondió "pero ahora podría estar en cualquier lugar de Europa Continental".

El agente Wilson añadió: "Tal vez con otra identidad, he enviado su fotografía a Interpol por toda Europa, tarde o temprano viajará y lo atraparemos".

...

"El equipo de lanzamiento ha decidido continuar con el lanzamiento del Mars Multi Rover según lo planeado, después de realizar una serie de pruebas, han determinado que la falla es el resultado de un sensor defectuoso en el tanque. Este tanque en particular tiene cuatro sensores más que muestran la presión correcta ", dijo el comentarista de lanzamiento.

En la ventana de observación del lanzamiento, los representantes de las Agencias Espaciales que asistieron al evento observaban el poderoso cohete y cómo avanzaba el reloj y el progreso de la cuenta regresiva. "Espero que todo vaya bien", dijo Peter Walheim al grupo "Este vehículo ha costado mucho dinero y tiempo para diseñarlo y probarlo, y nos dará información muy valiosa para la Misión Tripulada a Marte".

"No te preocupes", dijo Lin Long "Verás que todo saldrá como se espera".

El reloj estaba corriendo "T-2 minutos y contando, no hay problemas técnicos, el Long March 5 está en energía interna, la secuencia de lanzamiento se ha transferido desde las computadoras de tierra a las computadoras internas. Estas computadoras validan todos los parámetros y si se encuentra alguna discrepancia, el proceso de lanzamiento se suspenderá ".

Hubo un silencio absoluto en la sala de Control del Lanzamiento, solo se escuchó la voz del comentarista ".

Un ingeniero de consola dijo en la radio "un minuto" siguiendo al comentarista de la Misión "T-1 minuto, todavía estamos listos para el lanzamiento de hoy, la presión sobre identificación de tanques dentro de los parámetros.... T-30 segundos A T-5 segundos los motores de la primera etapa se encenderán si uno de ellos no alcanza el empuje esperado, se apagarán, en T-0 los cohetes de combustible sólido se encenderán....T-10, 9, 8,7,6,5 Motores de la primera etapa iniciados y funcionando como se esperaba, 1,0 Cohetes de combustible sólido de encendido y despegue del cohete Long March 5 comenzando el viaje de Mars Multi Rover a Marte ".

"Todos los motores a máxima potencia", escucharon a un ingeniero en el sistema de sonido "La vista era increíble, mirando este enorme cohete que subía hacia el cielo, era todo un espectáculo. Todos los ingenieros de la consola estaban siguiendo el cohete. Los Cohetes de combustible sólido fueron separados con éxito, algunos minutos más tarde se interrumpieron los motores de la primera etapa, se separó la etapa y se encendieron los motores de la segunda etapa. Todo salió bien. Pocos minutos después, los motores de la segunda etapa finalizaron su función y la etapa se separó. La última etapa y el Multi Rover estaban en la órbita de la Tierra, y luego el motor de la etapa fue disparado para lanzar el vehículo lejos de la Gravedad de la Tierra y comenzar el Viaje a Marte.

"El Mars Multi Rover está en camino a Marte", anunció el comentarista de la Misión. Todo el personal y los invitados rompieron en aplausos y comenzaron a felicitarse unos a otros. "Te lo dije, todo iba a estar bien" Lin Long le dijo a Peter Walheim "Increíble" dijo.

...

Pocos días después del lanzamiento de Mars Multi Rover, Andrew y Hans recibieron una notificación de Astrotechnika, haciéndoles saber que habían sido aceptados para formar parte del equipo que diseñará y construirá el Mars Lander. Ellos empezarán el 1 de diciembre y deberán reportarse con el jefe de ingeniería Dr. Erich Von Stuhlinger. Un sueño se hace realidad para ambos.

Capítulo 12. 2022 un año clave de lo que vendrá: Presentando los componentes más el nuevo Legatus

En la sede de la Organización Mundial de Exploración Espacial en Berna, se realizó una reunión con todos los jefes de las agencias del Programa Espacial, el objetivo era revisar el estado del Programa de Marte, además Europa anunciará el nuevo vehículo Tripulado de Exploración del Espacio Profundo.

"¡Buenos días, primero que nada, feliz Año Nuevo 2022 para ustedes, sus familias y sus grupos de trabajo! Como saben, la tripulación del Schiaparelli está bien, han estado en el módulo cerca de cuatro meses, están a la mitad de la Misión, se han adaptado bien a la gravedad marciana simulada y con la ayuda del grupo médico, han ajustado las rutinas de ejercicio que necesitan para mantenerse sanos, de hecho, han recuperado algo de calcio que se perdió durante su tiempo en Microgravedad, por lo que estas son buenas noticias ", dijo Dr. Cook.

"Entiendo que tres astronautas del ISS regresarán la próxima semana a la Tierra y que la nueva tripulación de la expedición 62 partirá del Centro Espacial Kennedy en tres semanas, por lo que esta tripulación será la que dé la bienvenida a la tripulación del Schiaparelli el próximo julio del 2022 cuando terminen su experiencia"

"Hemos seguido el desarrollo del Orion y el módulo de servicio que es proveído por la ESA, El Orion es un elemento clave para la Misión, sin un Vehículo Tripulado de exploración profunda no habrá una Misión Tripulada a Marte, debido a esto ESA en cooperación con China y Rusia presentarán una alternativa a Orion, un vehículo tripulado que utilizará el mismo módulo de servicio y se llamará "Legatus", que es embajador en latín, ya se está diseñando ".

Charlie Washington interrumpió "Está claro para nosotros que tuvimos algunos problemas con los fondos para el Orion en el pasado, pero seguimos trabajando y está casi terminado, de hecho, estamos anunciando una Misión Lunar para diciembre de 2023, esto será solo como el vuelo de Apollo 8 Misión a la Luna, quizás haga dos órbitas y regrese, dos años después repetiremos el vuelo de prueba. Esta vez la nave espacial estará en órbita alrededor de la Luna durante un mes, y si un hábitat está listo, podríamos usarlo y extender esa Misión ".

Peter Walheim agregó: "Estamos seguros de que el Orion estará listo para la Misión, pero consideramos que será más seguro tener una alternativa. Entiendo que para las primeras Misiones solo estará disponible un vehículo el Orion, y en el futuro cercano se construirán al menos dos más, pero este podría ser un respaldo para el período de tiempo que tenemos como grupo, además de que esto no interferirá con nuestro compromiso porque esto será hecho por otra compañía llamada Marspace, una subsidiaria de Arianespace, y como se mencionó, el módulo de servicio es el mismo que se usará con el Orion, usará la definición universal de acoplamiento ".

El Dr. Cook complementó la idea "Como hemos hablado, Orion depende del presupuesto asignado a la Agencia Espacial y esto lo hace vulnerable cuando la administración cambia, esperamos y deseamos que el programa Orion continúe según lo planeado. En el caso de Legatus, la financiación proviene de muchas administraciones para nuestra organización, y si una administración en particular cambia, puede que no afecte tanto el proyecto. Lo hará, pero continuará, esto es pura política ".

"Suena como una buena idea, aunque estoy seguro de que el Orion será suficiente para las primeras Misiones y que la administración lo apoyará, pero quizás tener otro vehículo también podría usarse como vehículo de rescate en caso de una falla fatal en el espacio profundo. "Charlie Washington comentó.

"Bien, ahora, el siguiente tema es el vehículo Mars Multi Rover, está en camino y se informa que todo está como se esperaba, por lo que si todo sigue así, debería llegar a Marte el próximo mes de octubre".

"El equipo para diseñar y construir el Mars Lander está formado, están revisando las especificaciones, espero que en pocos meses podamos ver las primeras propuestas, este grupo se encuentra en Colonia".

"La estación orbital de servicio (EOSS) se está construyendo en Japón, y como Takuma nos dijo que está de acuerdo al plan, esto no debería ser un problema, solo tenemos que decidir qué sistema de lanzamiento será el más apropiado para ponerla en órbita. "

"Bien, de acuerdo con nuestras conversaciones aquí está la ruta crítica completa preliminar para Terra 1, una vez que todos estemos de acuerdo y nos sintamos cómodos con ella, la presentaremos a los Jefes de los Estados en la Cumbre, y después de eso se dará a conocer a la prensa". .

"Señora. Dunst, por favor proyecte el plan "Dijo el Dr. Cook.

En la pantalla se mostró la diapositiva titulada "Marte 2032, ruta crítica" y los nombres de todas las agencias y representantes, luego se presentó la siguiente información:

Evento	Fecha
Vuelo de Prueba del Orion a la órbita de La luna.	Diciembre 2023 y Agosto 2025
Lanzamiento del EOSS.	Diciembre 2024
Lanzamiento del Mars Lander de Prueba.	Febrero 2026
Lanzamiento del Mars Rocket TS abordo del SLS.	Julio 2026
Mars Rocket 1 Prueba de aterrizaje en la Luna (Llevando el Moon Rover)	Febrero 2027
Mars Rocket 2 Lanzado a bordo de un SLS con el Mars Lab.	Octubre 2028

Mars Rocket 3 Lanzado a bordo de un SLS con el Mars Rover.	Enero 2029
Mars Rocket 4 Lanzado a bordo de un SLS con el Invernadero para Marte.	Mayo 2029
Mars Orbital Station lanzada (Modulos presurizado y de propulsión) I	Mayo 2030
Habitat y Mars Lander Lanzados a la Estación Orbital de Servicio.	Junio 2030
Orion con tripulación de Terra -1.	Abril 2031
Viaje a Marte.	Abril 2031 – Diciembre 2031
Inserción de la Orbita de Marte.	Diciembre 2031
Aterrizaje en Marte.	Diciembre 2031/Enero 2032
Instalación del Mars Lab.	Febrero/Marzo 2032
Exploración de Marte.	Febrero 2032 a Marzo 2033
Despegue de Marte.	Abril 2033
Salida de la Orbita de Marte.	Abril 2033
Viaje a la Tierra.	Abril 2033 – Octubre 2033

"Por supuesto, estos son solo los principales eventos en función del proyecto, tendremos que agregar algunos eventos como las pruebas del Vehículo tripulado Legatus y en algún momento incluir la segunda Misión, que debería partir de la Tierra en algún momento en 2035 para llegar a Marte más adelante ese año como máximo, para que podamos tener presencia continua en Marte".

"Además, aquí no están incluidas las Misiones para el ISS y la tripulación del Schiaparelli, así que hay mucho trabajo para alcanzar esta meta, ahora, Charles, si puedes comenzar la reunión para revisar los detalles de estos proyectos".

"Por supuesto" Charles Washington respondió "Primero permítanme señalar que tenemos algunos eventos en pocos meses, primero el final de la misión del Schiaparelli 1, y todos los resultados que está dando esta experiencia que nos permitirán mejorar la Misión a Marte, segundo la llegada a Marte del Multi Rover, programado para fines de octubre, tercero el primer vuelo lunar con un equipo Orion. También hemos estado revisando los perfiles de todos los astronautas y cosmonautas activos para seleccionar la tripulación, esperamos anunciar los candidatos el año próximo y asignar la tripulación principal y la tripulación de respaldo, y una Misión simulada en el Schiaparelli antes de la Misión real que está a solo diez años de distancia".

Cada participante habló sobre su involucramiento, la reunión duró dos semanas. Además de revisar la Misión de Marte, también abordaron otros objetivos principales: la Observación de la Tierra y la información que proporcionaron a diferentes gobiernos; Misiones de recuperación de escombros espaciales y los nuevos requisitos para cohetes y vehículos para incluir una entrada controlada una vez que se han utilizado y el sistema de defensa de la Tierra para proteger al planeta de un posible impacto de asteroides.

•••

Era el 12 de junio de 2022, en el Kennedy Space Center, el vehículo Beyond Earth 2 despegaba impulsado por un cohete comercial. Esta es la tercera Misión de este vehículo. La tripulación de tres miembros llegará a la ISS en dos días, y son el reemplazo de la tripulación que regresó a la Tierra el mes de marzo después de seis meses en órbita.

La nueva tripulación está formada por los Astronautas Arthur Warters Jr, Lalita Singh de India y Matthew Beale de Australia; formarán la tripulación de la Expedición 62 junto con los tres astronautas que ya están en la ISS y los tres miembros en el Schiaparelli. La tripulación del ISS está formada por los Astronautas Bernard Cabret, Josefina Serrato y Kenneth Oppenheimer, regresarán a la Tierra aproximadamente una semana después de que los tres astronautas salgan del Schiaparelli, a principios de agosto.

Desde esa fecha hasta enero de 2023, la tripulación ISS estará formada por los astronautas que se lanzaron hoy y los tres Astronautas Schiaparelli que regresarán a la Tierra en enero de 2023. En febrero de 2023 llegará a la ISS un nuevo trío de astronautas, para comenzar la expedición 63. Aproximadamente una semana después, los tres astronautas que estaban a bordo del ISS regresarán a la Tierra.

•••

"Aquí están los primeros diseños del Mars Lander", dijo Erich Von Stuhlinger en Astrotechnika a un grupo de ingenieros de diferentes Agencias Espaciales, mostró cinco ideas diferentes, comenzó a hablar en inglés con un marcado acento alemán ". "De estos cinco diseños, hemos elegido este ya que lo consideramos el más seguro y eficiente, también reutilizable y considerando el mantenimiento de la órbita de la Tierra para estar listo para una Misión de retorno. La mayoría de las partes se conciben como bloques para que los astronautas en la órbita de la Tierra puedan reemplazarlas, incluidos el motor y los tanques propulsores. "Presentó una diapositiva del esquema del vehículo." El vehículo básicamente constará de dos secciones, la sección superior es la cabina de la tripulación, con todos los instrumentos y el mecanismo de acoplamiento, y el contenedor de paracaídas. La sección inferior contiene los tanques de combustible y los motores para el aterrizaje y el despegue, y las plataformas de aterrizaje. Esta sección está cubierta con un material resistente que actúa como un escudo térmico, como la superficie reforzada de carbono-

carbono utilizada anteriormente; los trenes de aterrizaje y los motores se extenderán en un punto específico durante la secuencia de aterrizaje. Los motores estarán controlados por cinco computadoras a bordo para dirigir el vehículo a la zona de aterrizaje exacta. Además, el vehículo tiene algunos propulsores pequeños para operaciones orbitales ".

"Los trenes de aterrizaje están controlados por computadoras que mantendrán al vehículo nivelado verticalmente en la superficie, esto significa que cada tren de aterrizaje tiene un mecanismo para extenderlo o retraerlo según sea necesario"

"La tripulación descenderá a la superficie usando esta escalera y se mantendrá en esta plataforma antes de pisar la superficie, puede albergar hasta tres astronautas al mismo tiempo".

"Este vehículo puede albergar una tripulación de tres o cuatro astronautas hasta seis días, con los consumibles a bordo, en caso de que aterricen lejos del Hábitat, aunque esto no debería suceder, porque estamos sugiriendo que los cohetes de aterrizaje, que entregarán el Marslab, Mars Rover y el Invernadero, incluyan un transmisor con cierta frecuencia para guiar al Mars Lander a un área cercana a ellos, el Mars Lander triangulará las señales para aterrizar en el punto promedio respecto a los tres ".

"Se programarán varias secuencias de aborto de aterrizaje por ejemplo, el vehículo está descendiendo demasiado rápido, el combustible casi se consume y una falla del motor por mencionar solo algunas. Estamos considerando todas las situaciones posibles para que este vehículo sea seguro para la tripulación, incluso en el caso extremo en que el descenso del vehículo sin motores y la secuencia de aborto falle, se inflará un cojín para minimizar el impacto ".

"Esto es básicamente el panorama de la propuesta que tenemos, si esto es aceptado deberíamos tener un prototipo para abril de 2026 para ser probado en la órbita de la Tierra, obviamente no tendrá todas las capacidades, solo las necesarias para ser utilizadas en órbita para maniobras de acoplamiento. El primero que se utilizará en la Misión actual debería completarse en Enero de 2030, para poder ejecutar todas las pruebas de calidad y ser enviados a la Estación de Servicio de la Orbita de la Tierra para más pruebas, antes de que sea entregado al Orion en órbita en Abril de 2031 para la Misión de Marte, esto es muy emocionante, ¿verdad?

"Aquí están algunos de los ingenieros, Andrew Kurt, que es el jefe del sistema de propulsión, Hans Von Strauss, jefe de microcircuitos, Anuar Bakhshi, jefe de robótica, William Henize, jefe de comunicaciones y señalización, Marie Gitard, jefe de ergología, Wernher Eichnard Jefe del medio ambiente . Aquí está el grupo de Aseguramiento de la calidad Dr. Ernst Neubert, Dr. Hans Grau, Dr. Ludwig Ress y Dr. William Grau. Este grupo de jóvenes", todos sonrieron porque la mayoría tenía más de 70 años, "está formado por descendientes del equipo de Wernher Von Braun, algunos de ellos trabajaron en el programa del Shuttle, otros con diferentes vehículos de lanzamiento, y finalmente soy el jefe ingenieros, así que, si tienen preguntas, pueden dirigirlas a cualquiera de nosotros ".

Como todos los participantes eran ingenieros de diferentes especialidades en Rocket Science, comenzaron a hacer preguntas específicas para esta parte del proceso. Sin embargo, su tarea era validar la propuesta inicial para presentarla al jefe de cada Agencia Espacial, por lo que en una reunión aceptarán o rechazarán el diseño.

...

En el Centro Espacial Tsukuba, Koji Tachimoto es el líder del proyecto, un grupo de representantes de la Organización Mundial se reunieron para saber acerca del progreso de la Estación de Servicio de la Órbita de la Tierra o EOSS como lo llaman algunas personas. De acuerdo con el programa, debe lanzarse en diciembre de 2024 para ser operacional el primer trimestre de 2025.

"Este módulo se planeó originalmente para ser enviado a la ISS, era similar a KIBO, pero el proyecto fue cancelado, lo hemos usado a veces como un modelo para entrenamiento, pero ahora ha sido remodelado para su nueva Misión" le dijo al grupo.

"La Estación de Servicio de la Órbita de la Tierra, llamada Hoshi en japonés, tiene esta configuración: el componente central es el módulo presurizado o Módulo Habitable para los Astronautas, en donde una tripulación trabajará, descansará y se ejercitarán, desde allí controlarán ambos RMS, también tienen un baño pequeño, tal como en el ISS. Este módulo es de 11.19 Mts. de longitud y 4.39 Mts. en diámetro."

"La estructura principal ha sido adaptada para soportar hasta cuatro astronautas, así como todos los sistemas. Una plataforma de servicio genérica con puerto de acoplamiento para dar servicio a vehículos espaciales proporciona toda la estructura de soporte para el mantenimiento de estos vehículos, en nuestro caso el Mars Lander, esta estructura ha sido ajustada para soportar el diseño del Mars Lander, de acuerdo a las especificaciones que recibimos de Colonia, decidimos hacerlo flexible porque podría haber cambios en el diseño de Mars Lander en el futuro. El objetivo es brindar apoyo al Vehículo y a los astronautas para las actividades de mantenimiento y pruebas en órbita terrestre ".

"Un módulo de compuerta presurizada con tres puertos de acoplamiento será acoplado en esta parte del módulo principal", mostró un diagrama de la EOSS, "Estos puertos serán utilizados por el vehículo tripulado LEO , el Hábitat y los vehículos de carga que entregarán piezas y suministros y regresarán a la Tierra experimentos y equipo usado ".

"Estamos diseñando este adaptador para ser acoplado con el vehículo de la tripulación, la idea es tener un pequeño RMS para capturar el vehículo y transportarlo cerca de la EOSS, una vez ahí será liberado, para ser agarrado esta vez con el EOSS RMS, que lo acoplará al puerto de acoplamiento, todavía estamos trabajando con esto para encontrar la mejor forma y más segura de realizar esta operación ".

"Como pueden ver en esta diapositiva, el vehículo de la tripulación está acoplado a la unidad de acoplamiento y captura portátil, o PDCU, como está abreviado, ustedes saben que nos encanta usar acrónimos". Los Representantes de las Agencias Espaciales y los corresponsales de noticias se rieron.

Tomó un sorbo de agua y continuó: "Una vez que una tripulación parta para regresar a la Tierra, la PDCU permanece acoplada en el puerto de acoplamiento de la EOSS para un uso futuro. Esta unidad es el mismo concepto que se utilizó con la Misión ASTP en 1975, donde un Vehículo Espacial Apollo se acopló al módulo de conexión para permitir que el Soyuz se acercara y se acoplara para llegar a ser la primer Misión internacional tripulada en el espacio, recuerdo esos días y mirando al Astronauta Stafford y al Cosmonauta Leonov estrechándose la manos en Orbita, también el Astronauta Brand, un buen amigo mío, y el Astronauta Slayton y el Cosmonauta Kubasov estaban allí. Perdón por este momento nostálgico, pero esa Misión fue increíble ".

"¿Dónde estaba? Ah, sí, el módulo tiene una interfaz para ser conectada a una de las laptops de la tripulación para controlar el RMS simplificado, todo será hecho casi automáticamente, el objetivo en el RMS buscará el objetivo en el Mars Lander o Marslab, o cualquier otro vehículo espacial para acercarse y capturarlo, usando la interfase internacional para acoplamientos. Este sistema está hecho por la Agencia Espacial Canadiense que proporcionó este sistema para la órbita del Transbordador y el ISS, así es como una tripulación capturará o entregará a Mars Lander y Habitat, bastante interesante ¿no les parece?".

"Continuando con la descripción del módulo principal, está equipado con dos sistemas manipuladores remotos, que los llamamos RMS 1 y RMS 2, para soportar los equipos y ayudar a los Astronautas durante el EVA y la captura de los vehículos espaciales, estos RMS se utilizarán como grúas para mover equipos de un vehículo de carga al área de mantenimiento ".

"Cuatro paneles solares capturan la energía para proporcionar la energía necesaria para el funcionamiento de todos los instrumentos y mecanismos".

"En un extremo del módulo Presurizado está el hangar de servicio del Mars Lander o MLSH. Este Hangar de servicio consiste en una estructura retráctil y el puerto de acoplamiento donde será atracado utilizando uno de los RMS. El Mars Lander estará casi totalmente cubierto por la estructura que tiene barandas, soportes para los Astronautas y contenedores para almacenar herramientas y piezas, también un contenedor móvil que puede moverse por toda la estructura para que otro miembro de la tripulación pueda depositar o recuperar las herramientas de forma segura ".

"Las compuertas presurizadas tienen una escotilla para permitir que un astronauta realice actividades en el exterior del Mars Lander pero dentro del Hangar de Servicio".

"Esta estructura junto con un puerto de acoplamiento se enviará a la órbita en un vehículo diferente; Los astronautas lo recibirán y lo acoplarán al módulo Principal. Desearía que el Transbordador Espacial estuviera en operación para realizar estas actividades de ensamblaje ".

"Finalmente, la compuerta presurizada que está en este lado del módulo principal, opuesto al hangar de servicio, este componente será entregado por un vehículo diferente. Este Compuerta presurizada tendrá tres puertos de acoplamiento, uno para acoplar el Hábitat para servicio, uno para el vehículo de la tripulación y otro para los vehículos de carga, por lo que como pueden ver es una pieza muy compleja de equipo ".

"El componente principal, este es el módulo presurizado con sus paneles solares, deberá ser lanzado en diciembre de 2024, la Compuerta en abril de 2025 y el hangar de servicio en septiembre de 2025. Tenemos que estar listos para la prueba del primer Vehículo del Mars Lander que será lanzado en febrero de 2026, para probar las maniobras de encuentro, captura y acoplamiento, así como las actividades de EVA que los astronautas enfrentarán en estas operaciones ".

"Como pueden ver es un proyecto muy grande, sus beneficios son enormes, aquí es donde el Mars Lander y Habitat se probarán y prepararán antes del viaje a Marte, como saben la técnica de acoplamiento en órbita ha sido seleccionada, esto significa que el Mars Lander y el Habitat, se acoplarán para ser entregados por el vehículo de la tripulación LEO para encontrarse con el Vehículo tripulado que irá a Marte incluyendo la etapa del cohete. Una vez acoplado, el vehículo de la tripulación será retirado y regresará a la EOSS, la tripulación del Orion o Legatus realizará las verificaciones finales antes de que se dispare la etapa del cohete para dejar la atracción gravitacional de la Tierra para comenzar el viaje ".

"Este proceso es fascinante, ahora permítanme presentarles a algunos de mis ingenieros en jefe, él es el Dr. Art Packard de la Agencia Espacial de los Estados Unidos y la Dra. Tessa Hammond de la Agencia Espacial Canadiense. Los llevaremos al área de visitantes de la instalación de prueba de los módulos espaciales, para que puedan ver desde allí el EOSS, lo estamos preparando para ser enviado al Kennedy Space Center para la preparación del lanzamiento. Así que por favor síganos para poder responder sus preguntas, pueden tomar todas las fotografías que deseen ".

...

"Aquí está el cohete de aterrizaje que probamos en Kourou hace unos meses" Jonathan Lewis, ingeniero jefe de Servicios Espaciales, dijo al grupo de la Organización Mundial de Exploración Espacial "La próxima prueba será para montar un cohete de Marte sobre un cohete SLS, esta será la configuración para la Misión de Marte, este cohete alcanzará la órbita de la Tierra y desde ahí encenderá sus motores para poner una sonda alrededor de la Luna, éste no volverá debido a la protección que necesitaría para volver a ingresar a la Atmósfera de la Tierra. Pero el próximo cohete aterrizará en la Luna, estamos evaluando si entregará un Moon Rover y despegará de la Luna. Este será el plan completo para un aterrizaje en Marte, por supuesto con algunos elementos adicionales para el aterrizaje como paracaídas y más impulso, pero básicamente es el concepto "Jonathan Lewis dijo y continuó.

"Déjenme hablarles acerca del proceso para entregar el Mars Lab, Mars Rover y el invernadero a la superficie de Marte". Presentó una diapositiva con algunos diagramas del cohete.

"Una vez en órbita, el cohete de Marte o MR, como lo conocemos, encenderá sus motores para comenzar el descenso a Marte, los motores se dispararán desde este punto hasta el aterrizaje, estamos buscando una entrada controlada para minimizar la fricción de entrada sin embargo, toda la parte inferior del cohete y sus motores están fabricados con una protección térmica muy alta basada en carbono. Dos paracaídas principales serán desplegados para ayudar al vehículo a reducir la velocidad. Al aterrizar, los motores se apagarán y el vehículo se colocará en una configuración segura, las plataformas de aterrizaje se ajustarán según sea necesario para mantener el cohete en posición vertical ".

"Aquí está el proceso de descarga, usaremos el Marslab para ilustrarlo. El cohete tiene en su parte inferior los motores, y desde aproximadamente la parte media hasta la parte superior los contenedores de combustible, en la parte superior se encuentra el cerebro del cohete, el sincronizador, esta es la señal que se enviará al Mars Lander para el aterrizaje y los paracaídas ".

"Ahora, esta parte aquí" señaló el cohete que se muestra en la pantalla "es el área de carga. Si miramos dentro, la carga está posicionada en esta parte, solo para decirlo de una manera fácil en la pared interna, de modo que cuando la puerta de carga se abra, será horizontal, y la puerta de carga servirá como una plataforma de entrega, la puerta de carga se abre como la cubierta de un libro, ¿de acuerdo?".

"Permítanme comentar acerca de cómo el Marslab y otras cargas serán descargadas en Marte. Primero les mostraré esta grúa inteligente, para esto les presentaré a la Dra. Emily Coates, ella es la ingeniera en robótica ".

Emily se levantó y mostró una diapositiva "Esta grúa, como la que se puede ver aquí" Mostró una grúa real a solo unos metros de distancia "levantará y descargará el Marslab, posiblemente el Mars Rover y el Invernadero para la primera expedición a Marte".

"El proceso de descarga es éste. Una vez que el cohete está en la superficie, la tripulación abrirá el contenedor de carga que se encuentra en esta parte del cohete ". Señaló la sección media del cuerpo del cohete justo encima de los motores.

"Como pueden ver aquí, en el borde exterior es una estructura, esta es una grúa que se extenderá hasta alcanzar el punto de acoplamiento del Mars Lab, lo capturará, luego se moverá unos ciento ochenta grados para colocarlo sobre la superficie de Marte, luego lo descenderá lentamente hasta que esté seguro en la superficie. En ese momento, la grúa lo liberará ".

"Estamos trabajando en estrecha colaboración con la NASA y la ESA tanto para la configuración del cohete y el contenedor; hemos programado algunas pruebas con ellos ".

"Esta grúa puede ser utilizada posteriormente por los Astronautas para levantar y liberar objetos en Marte, la idea es montarla en un carretón que pueda ser arrastrado por los Astronautas o el Mars Rover, por lo que se convertirá en una herramienta útil para la exploración. Tiene baterías para operar, que pueden ser recargadas desde el laboratorio de Marte o utilizando un panel solar independiente o un molino de viento ".

"Después de que el Marslab u otro equipo haya sido descargado, el cohete puede ser utilizado para llevar a la órbita de Marte algunos equipos, experimentos o, en el futuro, un Astronauta para regresar al Vehículo Orbital, la idea es poder hacer esto con los mínimos requisitos de configuración, pero con la máxima seguridad ".

"Como saben, este cohete será probado en una Misión Lunar para entregar un Moon Rover y estamos en conversaciones con Rusia y China para enviar un Rover a Marte que recolectará algunas muestras de suelo de Marte y devolverá estas muestras a la Tierra a bordo del cohete, el Rover permanecerá en Marte. En este momento, esto es solo una idea, tendremos que hacer algunos cambios en el cohete para el despegue desde Marte y poder dejar la atracción gravitacional de Marte, la idea es que el cohete sea capturado en la órbita de la Tierra y atracado con la Estación Espacial China para recoger las muestras de Marte y estudiarlas ahí antes de traerlas de vuelta a la Tierra. Esta experiencia nos dará un viaje completo de la Tierra a Marte, el aterrizaje de Marte y el regreso a la Tierra, pero como dije, este es solo un proyecto en este momento y se están analizando otras alternativas ".

"Como pueden ver, tenemos un calendario muy apretado, pero confiamos que cubriremos todos los compromisos".

...

En Coventry, Reino Unido, un grupo de representantes asistió a una presentación del primer diseño del vehículo Mars Rover. Mark Witaker es el ingeniero en jefe.

"Buenas tardes, me llamo Mark Witaker y les presentaré el primer diseño del Mars Rover, tenemos algunos lineamientos a seguir, específicamente peso, dimensiones, consumo de energía, compuertas y funcionalidad, también tenemos que garantizar un viaje seguro en Marte, esto es, el vehículo tiene que tener suficiente inteligencia para asegurar que la trayectoria sea segura para la tripulación ".

"Habiendo dicho esto, permítanme presentarles a los jefes del proyecto: Henry Mathias quien está a cargo de radares y láseres y Eleine Garnot, ella es experta en robótica y está trabajando con el sistema de ruedas independientes, el RMS y la programación requerida para analizar la dirección, inclinación y riesgos. Aunque el Rover será operado por Astronautas, tendrá suficiente capacidad para operar por sí mismo en un modo seguro, corregir la trayectoria y advertir a la tripulación de cualquier posible riesgo ".

Presentó un modelo de tamaño completo, y algunas diapositivas "el Rover puede soportar hasta tres Astronautas en el interior, en la parte delantera tiene una ventana de observación esférica para ver al menos 180 grados en la parte delantera, este es el asiento para el operador principal, este es para el segundo operador y este es para el Especialista de la Misión. Desde esta consola, el Especialista de Misiones estarán monitoreando 360 grados a la redonda, incluido el terreno debajo del vehículo. Desde aquí, el Astronauta controlará los brazos robóticos frente al Rover para manipular equipos o material de superficie, como rocas o muestras de suelo. Esta consola permitirá a los Astronautas operar una de las grúas que se recuperarán de los Mars Rockets después de entregar el componente, estas grúas pueden soportar cargas muy pesadas ".

"Ahora, la tripulación puede ingresar al Rover por esta escotilla en la parte posterior que puede atracar con el Mars Lab u otros módulos futuros; o por esta escotilla lateral en la parte posterior, por lo que sí está atracada con otro componente, un Astronauta puede explorar la superficie saliendo de esta escotilla ".

"El Rover tiene dieciséis ruedas, operan independientemente controladas por computadoras, para mantener la estabilización y la dirección del Rover, su eje puede extenderse o retraerse, controlando la altura del Rover con respecto al suelo. En la parte trasera tiene una rampa y un gancho donde se puede colocar un carro, o incluso para jalar el Marslab para reubicarlo si así es deseado. En el frente tienen los dos brazos robóticos y el contenedor ".

"La energía es proporcionada por baterías cargadas por células solares y dos molinos de viento, la parte superior del Rover está cubierto por una capa flexible de celdas solares especiales para que recargue continuamente sus baterías".

"Se estarán preguntando, ¿cómo es que este vehículo controlará su ruta para evitar un impacto o una volcadura, especialmente en un terreno difícil, bueno, para darles la respuesta aquí está Henry Mathias, nuestro experto en radar".

Henry Mathias se acercó al escenario delantero "Gracias, como dijo Mark, en la superficie de Marte hay rocas, cráteres, polvo, por decir que en pocas palabras tiene un terreno difícil que puede poner en riesgo la vida de la tripulación, por ejemplo, si la inclinación del terreno es demasiado pronunciada o una roca puede golpear la parte inferior del Rover, o el Rover está en el borde de un cráter. A veces la tripulación no podrá ver estos riesgos, por lo que deben contar con un sistema que los prevenga y detenga el vehículo si existe un riesgo ".

Tomó un sorbo de agua y presentó la siguiente diapositiva "El Rover tiene cuatro punteros láser en la parte delantera, cuatro en la parte inferior, cuatro en la parte posterior, cuatro en cada lado, los láseres enviarán información a cinco computadoras para tomar una decisión, sobre la ruta El Rover tiene ocho inclinómetros, dos en cada lado, dos en el frente y dos en la parte posterior, y medirán el ángulo de inclinación para validar la ruta. Si hubiera peligro, el Rover se detendrá. Cinco computadoras analizarán la información con diferentes algoritmos, compararán los resultados y la mayoría se interpretará como la decisión correcta, por supuesto, hay parámetros o umbrales que son cargados en el sistema ".

"Esto asegurará un viaje seguro, además el Rover tiene dieciocho cámaras para monitorear 360 grados, incluyendo una cámara para cada Brazo robótico, y debido a que no hay Polo Norte magnético en Marte, será guiado por la posición del Marslab. Obviamente, la señal del Marslab se perderá a cierta distancia, y desde la órbita tendremos cobertura parcial en cada órbita del Orion y Habitat, o la Estación Espacial de la Órbita de Marte. Cada vez que la señal al Marslab se debilita, se dejará un repetidor, estas son unidades pequeñas que tienen un panel solar, una señal de radio con una identificación, y opcionalmente pueden tener instrumentos meteorológicos. Esta técnica la llamamos la técnica de guía de Hansel y Gretel ".

"Ahora, déjame presentarte a Eleine Garnot, ella hablará sobre la robótica en este vehículo".

Se acercó al frente de la sala de conferencias y presentó una diapositiva "Como ya saben, este Rover tiene que poder garantizar la seguridad de la tripulación, incluso si toman malas decisiones, la inteligencia de sus computadoras anulará la decisión del Astronauta si algo no está dentro de los umbrales esperados. Estamos incluyendo la mejor tecnología en robótica para mover las ruedas, los soportes de las ruedas, las cámaras, los rayos láser, las luces, el ambiente interior como la temperatura y la calidad de la atmósfera ".

Dejó la pantalla y se acercó al modelo en escala, "estos soportes de ruedas están controlados por una computadora que los moverá para mantener el vehículo con un grado de inclinación lateral seguro y buscar mantener un ángulo cero, por lo que si se detecta una inclinación será compensada. Si el Rover atraviesa un terreno rocoso elevando el Rover a una distancia segura de las rocas. Si la roca es demasiado grande, el Rover se detendrá. Este analizará el área para alejarse de esa roca específica, retrocediendo o moviendo las ruedas 90 grados para desplazar al Rover lateralmente. Este conjunto particular de láseres está diseñado para medir el terreno hacia adelante y determinar si hay una inclinación en el camino que sigue el Rover, esto permitirá que, incluso si la visibilidad es baja, el Rover no caiga en un cráter o pendiente inclinada ".

"Podríamos hablar durante horas sobre todas las características del Rover, pero creo que lo que hemos mencionado aquí les da una buena idea. Probaremos este modelo en diferentes terrenos como Jordán, Antártica y otros, para que podamos validar toda su funcionalidad en terrenos difíciles, similares a la superficie de Marte y en temperaturas bajas ".

...

En una ubicación en Bremen, Alemania, otro grupo de la Organización Mundial de Exploración Espacial se reunió con el equipo que está diseñando el Hábitat. Karl Vogel era el ingeniero en jefe, hablaba en inglés con un fuerte acento alemán.

"Bienvenidos a nuestras instalaciones, les presentaremos algunas diapositivas y después los llevaremos al área donde se está construyendo el Hábitat, es la misma área donde construimos el Módulo Columbus para el ISS. Ahora, por favor, tomen asiento ".

Encendió un proyector conectado a su Laptop y mostró una primera diapositiva "Estamos llamando al Hábitat 'Da Vinci' por razones obvias, pero este es nuestro nombre clave, tal vez el WSEO lo cambiará".

"Este es un dibujo del Hábitat, es casi del mismo tamaño que el Columbus, esto es, 23 pies de largo más los puertos de acoplamiento, y 15 pies de diámetro".

"Estamos considerando dos puertos de acoplamiento para este primer módulo, en un puerto estará acoplado el Mars Lander, el otro será utilizado por el vehículo de tripulación LEO o por el vehículo tripulado de exploración profunda, ya sea el Orion o el Legatus ".

"Creo que el proceso ha sido presentado por el equipo de la estación orbital de servicio, así como una descripción general. El Hábitat se enviará a LEO, quizás desde Florida o Kourou, donde un vehículo tripulado LEO lo capturará y lo llevará a la estación de servicio, donde será atracado, para que la tripulación trabaje en él. Los suministros llegarán en vehículos de carga separados para ser descargados ahí, esto es como un puerto en el que se está preparando un trasatlántico para un largo viaje, estamos considerando la adición de una extensión que será algo así como el almacén para el Hábitat, si este se aprueba, se acoplará en este puerto, y luego el Mars Lander en el puerto de la extensión ".

"El Habitat tendrá cuatro paneles solares, además de la pantalla flexible del panel solar que cubrirá casi todo, excepto en algunas áreas donde están las ventanas o equipos externos como antenas, cámaras externas y la base de apoyo del equipo de observación donde se montará algún equipo cuando orbite Marte. Tiene una cubierta interna hecha con varias capas de plástico e hilos de plomo, y una cubierta superior de plástico, esto reducirá la radiación en el interior, además de una red de pequeños tubos en donde circulará el agua, esta agua será reciclada para ser utilizada más tarde por la tripulación. Tiene alojamiento para seis astronautas, aunque para estar más cómodos algunos pueden dormir dentro del Orion o Legatus, dentro del Mars Lander, y en un área de la extensión si es aprobada. "

"A continuación, se encuentra el compartimento del área de almacenamiento, las baterías y algunos equipos de cómputo. En esta área, la tripulación puede conectar sus laptops y ejecutar la consola de control de la Misión para las operaciones de seguimiento del Mars Lander. También se almacena aquí el equipo para sus rutinas de ejercicios físicos ".

"Mientras está en órbita, el Orion se usará como Compuerta Presurizada en caso de que un Astronauta tenga que realizar un EVA".

Se detuvo por un momento, tomó un vaso lleno de agua, tomó un sorbo y continuó "Hay otras consideraciones. Para ampliar la capacidad y el área de almacenamiento, como comenté anteriormente, un módulo de carga modificado puede ser atracado a este puerto, su diseño será como un túnel para conectar el hábitat y, por otro lado, el Mars Lander, y todo alrededor estará lleno de casilleros con suministros, repuestos y herramientas, tal vez un módulo expandible será usado para este propósito ".

"Finalmente, este Hábitat está preparado para acoplarse con la Estación Orbital de Marte cuando vaya a estar en operación, así la tripulación en órbita tendrá más área".

"Este primer módulo estará listo en aproximadamente cuatro años, para estar disponible para las pruebas operativas y despegar a la EOSS en junio de 2030, como lo indica en el proyecto".

...

Un grupo más estaba en Kazakhstan"Tenemos dos objetivos principales aquí, primero crear el invernadero expandible con toda la protección y toda la estructura necesaria para entregar agua y nutrientes a las plantas y recuperar todo lo que no se usa" Nikolai Perova Jefe del proyecto del Invernadero de Marte en Kazajstán estaba presentando este elemento al grupo asignado al proyecto MGH, o el Invernadero de Marte, el grupo estaba formado por un Científico Agrícola y de Nutrición con un título de doctorado, ingenieros de estructuras, nutricionistas, biólogos y un grupo de expertos agrícolas nativos de muchos lugares entre otros, todos eran parte de WSEO.

"Segundo, tenemos que identificar las plantas más resistentes, que pueden proporcionar nutrientes a la tripulación, requieran muy poca agua y fertilizantes, produzcan oxígeno y crezcan rápidamente. Esta es la tarea más difícil de esta unidad. Antes de entrar a los detalles de esta búsqueda, los dejaré aquí con John Stevens, el ingeniero de riego ", agregó en su acento ruso.

John Stevens se levantó y sacó un modelo pequeño con muchas piezas que corren de un lado a otro y de arriba hacia abajo. "Buenas noches" Era una persona muy nerviosa quien tenía dificultades para hacer presentaciones públicas. "Como saben en Marte las temperaturas son extremas y el nivel de radiación es alto, así que tenemos que simular en este Invernadero las condiciones ideales, es decir, tenemos que controlar temperatura, humedad, luz, radiación y también la gravedad. Tenemos que ser especialmente eficientes en el manejo del agua requerida por las plantas y recuperar el agua condensada liberada, para ser usada más adelante ".

"Primero, la estructura del MGH es una estructura expansible que llegará a un MR, o cohete de aterrizaje, y tiene que ser muy de ensamblaje muy sencillo para que la tripulación pueda hacerlo, y muy resistente al medio ambiente".

"Ahora les mostraré el diseño y el flujo de agua. La estructura básica está formada por un rectángulo, con nueve tubos verticales y seis tubos horizontales. La base tiene una inclinación de 15 grados, por lo que el agua puede correr hacia el depósito principal que se encuentra en la esquina delantera derecha, una pequeña bomba de agua estará enviando el agua a las tuberías superiores que distribuirían el agua en las tuberías verticales donde se ubicarán cultivos verticales, estas tuberías continuarán hacia la parte inferior, se tendrían tuberías por toda la base que gotearían el agua que no fuera utilizada por los cultivos verticales, humedeciendo el suelo donde están las otras semillas. El exceso de agua irá a la base donde se conducirá a un filtro y luego al depósito principal. El agua condensada en las paredes se verá forzada a descender por unidades pequeñas similares a los limpiaparabrisas del automóvil que pueden funcionar de forma manual o automática, esta agua se deposita en los canales inferiores que eventualmente la entregarán en el depósito principal ".

"Como podrán darse cuenta, este invernadero es una pequeña reproducción del ciclo del agua en la Tierra".

"Ahora, si observan la base, las semillas van a ser depositadas aquí, esta área se puede dividir en secciones, cada una puede tener diferentes composiciones de suelo, quizás una sección tendrá tierra del Planeta Tierra, otro Suelo marciano, otro más una mezcla, otro suelo de Marte con nutrientes, y así sucesivamente. Los Ingenieros Agrícolas son los que decidirán sobre esto ".

"Hay doce lámparas en la parte superior de la estructura, ellas producirán la luz y el calor requeridos, toda la energía será producida por paneles solares externos, exclusivos para el MGH y dos molinos de viento. Los astronautas pueden caminar en estos pequeños pasillos proporcionados para este uso ".

"El invernadero estará atracado en el Marslab, y una compuerta interior estará cerrada para evitar que la humedad escape de ahí".

"La selección de las plantas está siendo coordinada por el Dr. Manish Paliwal y el Dr. Walter Smithers, que están trabajando en estrecha colaboración con las Agencias Espaciales utilizando la información recopilada por las Misiones robóticas de Marte. Ahora los dejo con ellos ".

Ambos doctores se pusieron de pie con un grupo de personas que estaban con ellos "Nos hemos estado preguntando sobre esto durante bastante tiempo. Estudiamos la Revolución Verde del Dr. Norman Borlaug, en la que creó una planta de trigo que podía resistir los fuertes vientos y ser una planta de alto rendimiento, este era el trigo enano ".

Hizo una pausa "estamos buscando una solución similar, tenemos que encontrar plantas que requieran pequeñas cantidades de agua, nutrientes o fertilizantes, de rápido crecimiento y ser de gran valor nutricional para la tripulación, también una planta que genere oxígeno".

"Hemos estudiado muchas especies y técnicas, hemos aprendido de la ISS cómo se cultivan las plantas allí, hemos estudiado las técnicas utilizadas en diferentes universidades, y estamos estudiando el comienzo de la agricultura, hemos estado en contacto con institutos etnobotánicos, es por eso que tenemos aquí con nosotros a estas personas, son de diferentes regiones y orígenes, son personas nativas que han conservado las técnicas de muchas generaciones, no solo para el cultivo de plantas, sino también para la medicina natural con plantas ".

El Dr. Paliweó volteó hacia el grupo de personas que trajeron y les pidió que avanzaran y procediera a presentarlos "este es Juan Rodrigo Martínez, especialista en Suelos; Kelso Aquis Es un granjero del desierto de Arizona, de una tribu nativa que viaja desde el norte de México hasta el sur de los Estados Unidos; Yatziri Mutul, agricultor de origen Maya; Asiri Michi Él es un descendiente Inca y Kalu Bopana de la India. Estas personas tienen un gran conocimiento sobre las plantas, sus propiedades y cómo cuidarlas; ellos saben cómo hacerlos crecer en ambientes muy agresivos ".

"Nuestra tarea es combinar lo mejor de los dos mundos, la agricultura antigua y las nuevas metodologías e identificar las mejores opciones, como la Opuntia ficus-indica o Nopal, el Aloe Vera, entre otras".

"Así que, en resumen, hemos presentado la estructura y lo que estamos buscando. Tenemos una red de laboratorios e invernaderos con especificaciones muy detalladas, todos tienen el entorno exacto que tendremos en Marte en el MGH. Pueden ajustar algunos parámetros para encontrar las mejores condiciones para cada tipo de planta. Sabemos que todos ustedes son científicos, y será de gran valor si se unen a nosotros en sus países en esta tarea, les vamos a dar un directorio con todos los participantes en este momento, hay Institutos, Universidades, organizaciones de agricultores, etc. Estamos abiertos para incluir más organizaciones; podemos proporcionarles las especificaciones ambientales que estamos considerando. Una última cosa, de acuerdo con la información que tenemos hasta la fecha, y la que será enviada por el *Multi Rover Vehicle* en los próximos meses, estamos duplicando el suelo marciano para las pruebas, para que podamos usarlo para averiguar los resultados, por supuesto, no serán cien por ciento exactos, pero pueden darnos una idea y quizás esto nos permita saber qué se debe ser requerido para ser agregado al suelo marciano y hacerlo fértil ".

...

"Control de la Misión para el Comandante Cabret" llamó el Capcom de Houston.

"Estamos frente a la escotilla del Schiaparelli, he hablado con Nancy y están en el proceso de terminar la rotación para poder abrir la escotilla y salir del Schiaparelli, después de ocho meses ahí".

"Estamos seguros de que estarán muy felices de verte, ¿puedes mover tu cámara hacia la izquierda un poco por favor, hay una obstrucción en frente", dijo el Control de la Misión.

El comandante Cabret movió la cámara "Gracias dijo el Control de la Misión, ahora podemos ver la escotilla".

"La rotación se ha detenido, ahora estamos en microgravedad", dijo Nancy en la radio y continuó: "Siento lo mismo cuando dejamos la Tierra y alcanzamos este entorno, aunque la sensación es algo diferente, la tripulación está bien. Estamos en proceso de verificar la presión del Schiaparelli y del ISS antes de abrir la escotilla interna ".

"Ok Nancy tómate tu tiempo" El Comandante Cabaret dijo "¿Qué tal fue la experiencia, te sientes bien en 1/3 de la Gravedad de la Tierra?".

"Fue raro al principio, pero después de un par de días estábamos acostumbrados. Lo que me sorprendió es que no sientes la rotación, pensé que nos íbamos a sentir mareados ", respondió Nancy.

"OK" Control de la Misión dijo "La presión es igual en ambos segmentos para que puedan comenzar a abrir la Compuerta interna".

"Enterado" ella respondió "La escotilla del Schiaparelli está abierta ahora, podemos ver la escotilla del ISS".

"Bernard, puedes abrir la escotilla del ISS ahora", dijo MCC.

"Enterado, abriendo la escotilla" después de una breve pausa "ok, ahora lo estoy jalando, puedo verlos en el Módulo".

Nancy Jones, Yelena Pavlova y Bill McKensey dejaron al Schiaparelli y entraron en la ISS. "Bienvenidos", dijo Bernard, fueron recibidos por toda la tripulación: Josefina Serrato, Kenneth Oppenheimer quien regresará a la Tierra en 7 días y la tripulación de la Expedición 62 formada por Arthur. Walters Jr., quien se convertirá en el comandante, Lalita Singh y Matthew Beale llegarán.

Toda la tripulación se movió al área donde se iba a llevar a cabo una conferencia de prensa, reporteros de todo el mundo se reunieron en Houston, Colonia, Japón, Moscú, China e India.

El Dr. Cook y todos los jefes de las Agencias Espaciales estaban siguiendo este evento.

"Asombroso", dijo "Felicitaciones a todos ustedes por completar esta fase en el programa de la exploración humana de Marte, Nancy, Yelena y Bill, ¿Cómo se sienten?".

Nancy respondió: "Estamos bien Christopher., esta fue una gran experiencia, el Schiaparelli funcionó a la perfección, consideramos que este es el mejor entrenamiento que podríamos tener para la Misión a Marte, nos readaptamos fácilmente al entorno de Microgravedad, y estamos listos para completar los siete meses restantes aquí ".

El Dr. Cook añadió: "Maravilloso, llegaron a la ISS en abril de 2021, ingresaron al Schiaparelli en noviembre de 2021 y salieron hoy 20 de julio de 2022, y regresará a su hogar en enero del año próximo. Siete meses de experiencia en el Módulo Schiaparelli, como si estuvieran en Marte. Lo seguimos todos los días, un equipo de médicos en todas las ramas de la medicina ha estado reunido para revisar su condición física y mental. Los médicos validaron que con los ejercicios físicos que tuvieron con la simulación de la gravedad de Marte y la dieta diseñada para ustedes fue adecuado, el análisis de los fluidos corporales muestra que la pérdida de calcio fue mínima y que la masa muscular no fue afectada más allá de lo calculado. Por supuesto, el equipo científico está trabajando para mejorar las rutinas de ejercicio y la comida ".

"Gracias a todo el equipo, ha sido realmente un honor estar aquí en este importante preludio de lo que será la mayor aventura de exploración de la humanidad, la tripulación del ISS ha sido un gran apoyo para el éxito de esta experiencia", Ella respondió.

"Ok, Nancy, sé que tienes muchas actividades y todos ustedes tienen que descansar, gracias por este increíble esfuerzo y los estaremos esperando en enero próximo para darles la bienvenida", dijo el Dr. Cook.

"Gracias Dr." Ella agregó.

Se escuchó una voz en el sistema de sonido "Gracias, comenzaremos las preguntas en el Johnson Space Center, adelante Johnson".

"Soy John Acton de Exploring the Universe", dijo un periodista. "¿Puede decirnos si la gravedad artificial del Schiaparelli le permite trabajar con las herramientas diseñadas para ser utilizadas en Marte? Seguimos la Misión y pudimos ver un poco de trabajo con los trajes para Exploración en la superficie de Marte ".

Yelena respondió: "Tenemos un horario muy apretado; casi tenemos una descripción de la tarea por minuto. Tenemos que probar la mayoría de las herramientas que se pretenden usar ahí, y por supuesto tenemos que probar la flexibilidad del traje, tiene que protegernos de la radiación, pero debe ser flexible para permitirnos hacer el trabajo que necesitamos por ejemplo para ensamblar el invernadero, perforar, conectar paneles solares y otros equipos. Registramos todas nuestras observaciones para que los ingenieros que trabajan con los trajes puedan mejorarlos. Además, realizamos actividades internas, para decirlo de alguna manera, como nuestros entrenamientos, trabajamos con un pequeño invernadero para probar el flujo y la recolección de agua, para evaluar el crecimiento de algunas plantas, utilizamos las plantas del ISS para esta experiencia, simulamos un viaje a Marte en el Rover. Como pueden imaginar, tenemos que probar todo, esta es solo la primera experiencia ".

"Soy Frank Belinhausen de la revista Journal of Medicine for Space, ¿pueden describirnos qué tipo de ejercicios físicos siguieron mientras estaban en el Schiaparelli y la dieta que siguieron?

Bill Respondió "Tenemos una bicicleta fija, una caminadora, algunos tensores para brazos, piernas y músculos abdominales, nuestra comida tiene que estar hidratada, es un alimento muy equilibrado, que nos proporciona todos los nutrientes que nuestro cuerpo necesita, esto es lo que los científicos están buscando en las plantas que cosecharemos en Marte ".

"Tengo un seguimiento a esa pregunta" El reportero dijo: "¿Reciben entrenamiento médico?".

Nancy respondió "Todos tenemos entrenamiento básico, un miembro de la tripulación que irá a Marte, va a recibir un entrenamiento muy especial para poder resolver la mayoría de las posibles situaciones de salud que podamos tener, e incluso recibir asistencia de la Tierra para realizar intervenciones más complicadas, por supuesto, el retraso en tiempo de la señal es un factor para considerar ".

"Hola, soy Boris Strovenko de Space Today, ¿cómo van a manejar los desechos humanos en Marte?".

Para el desecho líquido, será depositado en una unidad que separará los diferentes elementos para recuperar el agua que se purificará para ser utilizada para los cultivos y para el consumo humano, como se hace ahora a bordo de la ISS. Para los residuos sólidos, los científicos están diseñando equipos que lo tratarán de tal manera que el resultado será una pulpa que podría usarse como fertilizante. La parte no utilizada se mantendrá en contenedores sellados, que serán enviados a la órbita de Marte por un MR, y desde ahí pueden ser destruidos, este es un problema que el grupo está definiendo ahora ", respondió Nancy.

"Ok, este es todo el tiempo que tenemos en Houston, ahora nos moveremos para recibir preguntas de Kourou", dijo el mediador en la radio.

...

El agente Wilson llegó a Amsterdam y tomó un taxi hasta la sede de la Interpol.

"Buenas tardes, soy el agente Wilson de la Interpol del Reino Unido, estoy buscando al agente Anicka Uittenboogaard" No pudo pronunciar el apellido correctamente, por lo que mostró un papel con el nombre. El agente en la recepción lo vio y dijo "Ah, Anicka, ella es la persona en esa oficina". Señaló una dirección a seguir ".

El agente Wilson le dio las gracias y caminó hacia la oficina, llamó a la puerta, "kom binnen" alguien gritó desde adentro, el agente Wilson se quedó ahí preguntándose cuál era el significado de eso, cuando alguien se acercó y le dijo: "puede entrar". "Ah, gracias", dijo y abrió la puerta.

Había una mujer mirando hacia el otro lado buscando algo en un archivo. Sin darse la vuelta, ella dijo en holandés "Ja wat kan ik voor je doen". El agente Wilson respondió "Hola, soy el agente Wilson de Londres". Ella se dio la vuelta y se puso de pie, caminó hacia él y le dijo "Lo siento, pensé que era alguien de esta oficina. Gusto en conocerlo, bienvenido a Amsterdam ". "Gracias", respondió.

"Me imagino que está aquí por el caso de Iván Ivanovich, más conocido ahora como Boris Malkin" tomó un archivo y le mostró su fotografía. "Sí, este es, ¿sabe si todavía está aquí en Amsterdam?"

"Tenemos algunos agentes siguiéndolo, él todavía está en Ámsterdam, no se mueve mucho, el último informe dice que está hospedado en el hotel Van Gogh Studio, cerca de la estación de trenes. Solo sale a almorzar y regresa al hotel ".

"Es una persona muy astuta, podemos ir ahora a ese hotel, me gustaría ver los alredededores y planear su captura", dijo.

"Por supuesto" llamó por radio a un agente y le dijo en holandés "Estoy con el agente Wilson, nos reuniremos con usted, ¿dónde está Boris ahora?". "El acaba de irse a almorzar, en la cafetería de la estación de trenes", "Ok, sigan vigilándolo, pronto estaremos ahí, a pesar de que es hora pico". Ella respondió.

"El está almorzando en una cafetería de la estación de trenes", le dijo ella al agente Wilson, comentó: "Va a escapar, estoy seguro de que ha observado los itinerarios y el flujo de personas, se esconderá entre los pasajeros y puede abordar un tren o salir por otra puerta, estoy seguro de que sabe que él está siendo seguido es un ex agente de la KGB ".

Anicka tomó su radio y llamó al agente "Frederick, donde está Boris", no hubo respuesta "Frederick respóndeme, dónde está Boris". "Lo siento jefa, lo perdí, estaba sentado comiendo algo, y al momento siguiente, él no estaba ahí, corrí para tratar de encontrarlo, pero parece que desapareció", informó el agente.

"Llama a la estación de policía y pide ayuda, tal vez él solo abordó un tren", dijo. "Ok Jefa, haré eso".

"Lo encontraremos". Le dijo al agente Wilson y siguió conduciendo hacia la estación.

A bordo de un barco turístico, justo al otro lado de la estación de trenes, la gente observaba la actividad policial preguntándose qué había sucedido, entre ellos estaba Boris sentado como un turista, sonrió y volvió la cabeza hacia el otro lado, susurró "adiós".

Capítulo 13 El Multi Rover aterriza en Marte

"Buenos días a todos, estamos en la sala de control de la Misión en las instalaciones del DLR en Colonia, este es uno de los Centros de Control de la Misión que están monitoreando y controlando la Misión Mars Multi Lander lanzada el pasado 14 de noviembre desde China, y se espera que aterrice hoy 29 de julio de 2022 en el norte de Acidalia Planitia ", dijo el Comentarista de la Misión.

"Estamos en comunicación con el Laboratorio de Propulsión a Chorro en Pasadena, California y el Centro de Control de Jiuquan en China"

"La secuencia de aterrizaje es muy interesante; tenemos aquí con nosotros al Dr. Lin Long, Director del Programa Espacial Chino y miembro de la junta de WSEO, y los ingenieros en jefe, el Dr. Ren Nan, de China, y el Dr. Kurt Hertz, de la Agencia Espacial Europea. ¿Puede explicarnos qué está sucediendo ahora y cómo el vehículo descenderá y aterrizará durante las próximas horas?

El Dr. Long respondió primero "Claro, Larry, déjame darte una breve introducción y luego Ren y Kurt te darán los detalles que están más allá de mi conocimiento" sonrió. "Esta Misión incluye cinco vehículos que aterrizarán y cuatro drones pequeños. El rover principal se llama Mars Central Station Rover o el Rey, como muchos de los miembros del equipo lo llamaron. Cuatro Rovers pequeños llamados Vehículos de Exploración Remota, o exploradores como los llamamos, de la A a la D, cada uno tiene un pequeño dron. Estos cuatro exploradores y sus drones son el equipo de exploración, su propósito es explorar diferentes áreas en el sitio de aterrizaje para guiar al Rey al mejor lugar para comenzar su investigación científica, y eventualmente, esta Misión proporcionará datos para la selección del lugar de aterrizaje. Sitio para el primer campamento en Marte para una tripulación ".

"Como pueden ver, esta es la Misión robótica más compleja para explorar Marte, esperamos que todo vaya bien en las próximas horas".

"¿Puede decirnos qué está sucediendo ahora y qué están haciendo los científicos e ingenieros?", Preguntó el Comentarista de la Misión.

El Dr. Nan tomó la palabra esta vez: "En este momento el vehículo está en órbita alrededor de Marte, tuvimos una muy buena inserción orbital ayer por la noche, solo tuvimos que hacer algunas correcciones menores, y la órbita es lo que esperábamos para que el vehículo aterrice en el área objetivo seleccionada. En este momento, los ingenieros de vuelo están verificando todos los parámetros de la secuencia de aterrizaje, ya que como saben todo debe preprogramarse debido a la demora de la señal, por lo que están probando con simuladores, según los últimos datos recibidos del Mars 2020 Rover, el Exo Mars y otros vehículos. Tienen aproximadamente dos horas más para enviar las correcciones que quieran, aunque en este momento preferimos no cambiar nada a menos que sea muy crítico. La parte crítica hoy es aterrizar a salvo y que podamos tener comunicación con al menos uno de los Rovers. Tener contacto con uno puede abrir el enlace a los otros Rovers. Ahora permíteme dejarte con el Dr. Hertz, él te dará una descripción detallada de la secuencia de aterrizaje, para que su audiencia pueda seguirlo, Marte se encuentra a unos 167 millones de kilómetros de la Tierra en este momento, esto significa que estamos teniendo un retraso de señal de 9.2 minutos en cada sentido, por lo que recibiremos la confirmación cerca de diez minutos después del aterrizaje real ".

"Gracias, Dr. Nan. Como escucharon, el Dr. Hertz, que es miembro del equipo de aterrizaje, nos explicará el proceso. Tengo entendido que está utilizando la técnica Sky crane que se usó con el Curiosity en 2012, y que la técnica de amortiguación que es bastante nueva ".

El Dr. Hertz comenzó la explicación "sí, tienes razón, usamos ambas técnicas" proyectó una película desde su computadora.

"Esta es la secuencia de entrada y aterrizaje", dijo y continuó narrando la película.

"Durante la entrada, el vehículo espacial estará protegido por un escudo térmico, cuando la fricción atmosférica finalice, el protector térmico es disparado, se desplegará un paracaídas y se dispararán los cohetes a una altura y velocidad especificadas, los vehículos de exploración remota serán desmontados o expulsados, usando un resorte para lanzarlos lejos del vehículo principal, cada uno de estos vehículos seguirá la siguiente secuencia para el aterrizaje: "

"Primero, el paracaídas principal se abrirá, a cierta velocidad será desechada con la cubierta protectora superior, disparará un pequeño cohete para empujarlo, el dispositivo de amortiguación debajo de la base REV se inflará. El segundo paracaídas se abrirá, este está unido a la estructura de la rampa; este paracaídas se soltará a pocos metros de la superficie y disparará su pequeño cohete para alejarlo del REV. La base de amortiguación reducirá la fuerza del impacto en el momento del aterrizaje, este dispositivo se desinflará y dos anclajes se dispararán con un mecanismo tipo arpón al momento del aterrizaje, para evitar el rebote, las dos rampas se moverán a su posición y la activación del REV comenzará ".

"Después del aterrizaje, cada REV enviará una señal para que el Control de la Misión para informar que aterrizaron de forma segura, después de esto cada uno de ellos extenderá sus ruedas, paneles solares, instrumento de evaluación atmosférica, brazos robóticos, cámaras, taladro y unidad de medición de profundidad, y descenderá de la estructura de soporte usando la rampa, una vez que se haya verificado que el terreno es claro y seguro ".

"Cada vehículo de exploración remota transmitirá información al Lander principal, y el módulo de aterrizaje principal les transmitirá la secuencia de comandos recibidos desde la Tierra, que incluirá la dirección y la distancia para viajar".

"El Lander principal continuará su fase de aterrizaje con el componente Sky-crane, al momento del aterrizaje; el sky-crane es separado y se enviará lejos del vehículo principal del Rover y de los vehículos de exploración remota. En este punto, enviará una señal a la Tierra para permitir al Control de la Misión conocer que ha aterrizado de manera segura, extenderá sus ruedas, y enviará señales a cada REV para encontrar su posición, luego desplegará todos sus instrumentos y realizará una prueba de ellos para evaluar su funcionalidad ".

"Todas estas secuencias están preprogramadas, así que durante las próximas horas, tendremos que esperar, y con suerte a las 19:07 Hrs. recibiremos la señal de confirmación de cada uno de los cinco vehículos, esto nos permitirá conocer sus coordenadas de aterrizaje, y unos cuarenta minutos después la primer imagen de cada vehículo y algunos datos meteorológicos ".

"Esto es muy impresionante, gracias Dr. Hertz", dijo el Comentarista y continuó.

"Estamos a dos horas y nueve minutos iniciando el descenso. La fase de aterrizaje tomará alrededor de dieciocho minutos. Dieciocho minutos de suspenso, y luego otros diez minutos para recibir las señales de reconocimiento ".

...

Andrew y Hans estaban siguiendo la Misión en internet. Encendieron la televisión para escuchar las noticias.

El presentador estaba hablando sobre el Mars Multi Rover. "Lo mantendremos informado acerca del progreso de la Misión. En otras noticias, algunos países han expresado su intención de abandonar el acuerdo de París 2015 con respecto a la amenaza del calentamiento global, argumentan que esta es una situación natural y no es necesario tomar medidas. A continuación, una entrevista con el Presidente de Francia Pierre Legrant ".

El Presidente de Francia apareció en la pantalla rodeado de periodistas, hablaba en inglés con acento francés "No obstante hemos tenido algunos resultados positivos, por ejemplo, la disminución del hielo en los casquetes polares y en Groenlandia se ha detenido y ha ganado algo de terreno, lamentablemente algunas naciones expresaron su deseo de abandonar el acuerdo. Esta es una noticia muy triste porque lo que hace un país afecta a todo el planeta; desafortunadamente hay intereses que son más importantes para ellos que la vida misma, sin embargo, los países que continuarán con este esfuerzo harán lo posible por cumplir con el acuerdo y los compromisos, y tal vez deberán duplicar sus esfuerzos para compensar el daño que otros están haciendo. Gracias".

"Una noticia muy triste para todos nosotros en este Planeta, y para las siguientes generaciones" El presentador comentó y agregó "este es el Noticiero de las 6 de Berlín, después del receso hablaremos de la nueva guerra fría y la crisis nuclear "Los anuncios comenzaron en el televisor.

"¿Has oído eso?" Andrew le dijo a Hans "Es increíble, la codicia y la ignorancia de un grupo de personas pueden dañar todo el planeta, estamos cerca de una crisis mundial, los huracanes son ahora monstruos, el invierno es más severo en lugares fríos, el clima cálido en algunos lugares está llegando a 60 grados Celsius, los terremotos son más frecuentes, la vida en los océanos está desapareciendo y puedo continuar. Nadie puede hacer nada para detener esta ignorancia; Las próximas generaciones tendrán que vivir bajo la superficie o en burbujas, si tienen suerte ".

"Sí, esto es bastante aterrador". Desde el comienzo del Programa Espacial las personas en la Tierra tienen un conocimiento completo del planeta, con sus recursos limitados y su atmósfera delgada, realmente es inaceptable que alguien siga pensando con un juicio del siglo XIII. Tenemos observación de la Tierra desde la órbita, tenemos mediciones de temperatura, vegetación, entre otros datos muy precisos "respondió Hans.

"Mira todo el esfuerzo necesario para enviar una tripulación a Marte, todos los procesos naturales deben ser entendidos y duplicados para mantener a la tripulación con vida, y aquí tenemos todo y queremos destruirlo, no lo entiendo. ¿Puede la riqueza comprar un segundo de vida?, debemos continuar con nuestra lucha para proteger la Tierra y la Vida en ella, distribuyendo información con las redes sociales y participando en manifestaciones pacíficas "añadió Andrew.

El presentador regresó "La amenaza nuclear sigue creciendo a niveles sin precedentes, la mayoría de los países que una vez firmaron el tratado nuclear han comenzado a aumentar sus capacidades debido al anuncio de algunos países de que construirán más misiles nucleares para mantener seguros a sus países. La situación se está revisando en las Naciones Unidas en una sesión extraordinaria, pero no se han alcanzado acuerdos. Esta crisis nuclear es mucho peor que la que tuvo lugar en la década de 1960. Como nota personal, es difícil creer que estos países estén considerando una guerra nuclear, esperamos que lleguen a un acuerdo para el beneficio y la supervivencia del planeta Tierra. En otras noticias, la Unión Europea ha decidido... "

"Otra consecuencia de esta ignorancia, ¿en qué está pensando esta gente? dijo Andrew enojado.

...

"Por favor díganos, Dr. Nan, qué está pasando en este momento, estamos a solo diez minutos de entrar a la atmósfera marciana", dijo el comentarista.

"Los ingenieros terminaron de verificar las secuencias, y en este momento están viendo sus consolas recibiendo transmisiones de información del vehículo, esta información se originó hace diez minutos. Hace aproximadamente una hora, los ingenieros de vuelo de aquí y de otros centros se reunieron para dar la aprobación final para el disparo para salir de la órbita, todos acordaron que era seguro proseguir y que las últimas secuencias se habían cargado en el Rover principal y en los Rovers de exploración, también en el vehículo de entrada. , si hubieran decidido no ir ahora, podrían haber hecho algunas correcciones y mantener el vehículo en la órbita marciana hasta que estuvieran convencidos de proceder, pero este no es el caso por ahora ".

"Se puede ver la pantalla de simulación al frente que muestra la trayectoria que debe seguir y todos los eventos que tendrán lugar, esta trayectoria se iluminará con una luz azul para mostrar dónde debe estar el vehículo, y con una luz verde para indicar la información recibida y validada desde la telemetría del vehículo, cerca de diez minutos es la diferencia. Como se puede ver, el vehículo está en la parte superior en color azul, a solo dos minutos de disparar sus cohetes para entrar en la atmósfera marciana ".

La pantalla mostró en azul el disparo de los cohetes para comenzar la secuencia de descenso, había un completo silencio en la sala de control, también había una pantalla lateral que mostraba el JPL, la sala de Control de China y la sala de Control de Kazajstán. Todos mostraron a los ingenieros mirando las consolas.

La pantalla principal mostraba la simulación de la secuencia de aterrizaje, ahora el protector térmico debería haber sido lanzado, en pocos minutos se abrirá el paracaídas principal, las simulaciones muestran once minutos para el aterrizaje y 1 minuto cuarenta y seis segundos para recibir la primera señal de telemetría del vehículo, esta señal corresponderá al disparo del cohete.

Todo se ve bien en la simulación que está ejecutando los mismos parámetros cargados en el vehículo. Siete minutos para aterrizar, los cuatro vehículos de exploración serán expulsados por los resortes en cincuenta y un segundos, a pocos segundos de recibir la primera señal de telemetría.

El paracaídas principal es lanzado, y los motores del Sky-crane empezaron, a noventa segundos para aterrizar.

Silencio total en la Sala de Control, todos los ojos estaban en la pantalla de simulación con la esperanza de comenzar a ver las primeras señales verdes de la telemetría de los vehículos.

La tensión se puede sentir en la habitación. Todos estaban viendo la figura de los cohetes en la simulación.

Los Administradores de la Misión y los ingenieros de la consola estaban siguiendo la simulación, se veían muy tensos, el sonido local fue escuchado durante 10 segundos, indicando el momento de la llegada de la primera señal.

La simulación mostró los cuatro Rovers de Exploración fueron empujados del Rover principal. Los cuatro vehículos abrieron sus paracaídas y comienza el proceso de amortiguación.

El Rover principal se ha extendido desde el vehículo Sky Crane. Tres minutos para el aterrizaje del Rover principal, cuatro minutos para que los Rovers de exploración aterricen. Seis minutos el comentarista anunció sobre el sonido local.

El Rover principal estaba a solo unos metros del aterrizaje en la simulación, los Rovers de Exploración se mostraron con los paracaídas y el amortiguador inflado de aterrizaje.

El Rover principal de la simulación tocó tierra, se soltaron los cables del sky-crane y, después de esto el sky-crane disparó sus motores para enviarlos lejos del Rover. Si todo fuera como la simulación indica, el Rover principal debería estar en la superficie en este momento.

La figura que representaba el disparo de los cohetes era azul.

3, 2, 1 segundos, esperando la confirmación de la señal. Hubo un silencio, las consolas y la pantalla aún eran azules. "Vamos", dijo el Administrador de la Misión en voz baja. Pasaron cinco segundos y no se recibió nada. Los Ingenieros estaban viendo sus consolas. Contactaron a Goldstone y Dish en Australia para averiguar si estaban listos. Confirmaron que las antenas estaban alineadas y esperando la señal, estaban viendo esto cuando el Ingeniero Australiano dijo "Tengo una señal aquí, está siendo enviada al satélite ahora para ustedes; debería recibirla en cualquier momento ".

JPL, DLR y el Centro de Control de China estaban ansiosos esperando esta señal, de repente la figura de los cohetes se puso verde, todos los controladores gritaron y aplaudieron de alegría "Tenemos enlace" uno de ellos grito, y comenzaron a ver sus consolas, la información estaba llegando, millones de bits de información.

El silencio regresó a la sala cuando todos los ingenieros y científicos estaban esperando para recibir la confirmación de la secuencia de eventos para el aterrizaje, esta vez del vehículo real.

La señal de paracaídas se volvió verde, indicando que el vehículo sobrevivió a la entrada atmosférica superior. El próximo evento deberá ser el lanzamiento de los cuatro Rovers de exploración.

El Dr. Lin Long, el Dr. Ren Nan y el Dr. Kurt Hertz estaban siguiendo el evento con el Administrador de la Misión en DLR. El Dr. Cook estaba en la sede de la WSEO siguiendo el desarrollo de la Misión.

"REV-A ha sido expulsado, ahora REV-C", anunció la voz, el evento de la pantalla frontal era Verde. "REV-B y REV-D expulsados" Los Ingenieros vitorearon.

"Todo está saliendo como fue planeado", comentó el Dr. Long con una enorme sonrisa en su rostro.

"Hasta este momento, después de una larga espera, el aterrizaje va de acuerdo a lo planeado" dijo el comentarista y continuó: "Los cuatro vehículos de exploración remota o REVS han extendido sus paracaídas, podemos ver los vehículos de color verde en la pantalla, el Sky-crane ha sido extendido y si todo sale según lo planeado, debemos recibir la confirmación de que los Rovers están a salvo en la superficie de Marte, tenemos que esperar unos pocos minutos ". El comentarista estaba mirando la pantalla cuando escuchó una gran celebración; el Rover principal estaba a salvo en Marte, el Sky-crane diseñada por los ingenieros del JPL funcionó a la perfección. Vio la pantalla y observó que el indicador del Mars Rover principal estaba en verde, luego notó que el REV-A se volvió verde y REV C. Era una locura en el Control de la Misión en Colonia, y también en el JPL y en China, tres vehículos llegaron a Marte, unos segundos más tarde el REV-D se volvió verde. Cuatro vehículos en la superficie de Marte, asombrosos, solo faltaba el REV-B, los ingenieros intentarán contactarlo.

"Ahora el próximo evento será recibir una confirmación de que todos los Rovers están vivos y listos". Esto tomará otros diez minutos, la primera imagen en el área de aterrizaje del Main Rover llegará en aproximadamente una hora y la confirmación de La ubicación geográfica de los cuatro Rovers se determinará en las próximas ocho horas, donde el orbitador de Marte puede recibir la señal de cada uno de ellos cuando su órbita pase sobre el área, aunque parece que aterrizaron en el área objetivo, esto es Acidalia Planitia. "El comentarista agregó.

"Para recapitular, cuatro vehículos confirmaron que han aterrizado con éxito, esto no implica que los Rovers sean completamente funcionales, la confirmación de esto llegará pronto. El proceso es que después del aterrizaje cada vehículo se ejecutará y se probará automáticamente, y luego enviará la señal para confirmar que están en funcionamiento. Solo un Rover no ha confirmado que aterrizó a salvo, esto es REV-B, aunque hubo una confirmación de la apertura del paracaídas y de que el amortiguador de aterrizaje estaba inflado. Los ingenieros están analizando esto ahora para descubrir las posibles causas de esta falla, aunque tal vez recibamos una confirmación del Rover. Tendremos que esperar para descubrirlo ".

...

Todas las organizaciones de seguridad en Amsterdam advirtieron sobre Iván y su nueva identidad, todo el personal a bordo de los trenes que salían también fueron advertidos, la instrucción era "No haga nada, solo informe dónde está esta persona".

"Parece que se ha desaparecido, lo teníamos casi en nuestras manos", dijo el agente Wilson. "Lo encontraremos, ya sea aquí o en cualquier lugar de Europa, hemos enviado una alerta de Interpol", dijo el agente Anicka Uittenboogaard.

"Iván, estaba en una habitación en un hotel en las afueras de Amsterdam, era una zona rural". "Nadie me buscará aquí", pensó "esto ni siquiera es una ciudad, tengo que pensar cuál será mi próximo movimiento, por ahora toda la Interpol me estará buscando, encontraré la forma para desaparecer de aquí". ". Alguien llamó a la puerta "¿Sí? "Él dijo" Sr. Costello, aquí está su cena ". Era la señora Dutchat, una anciana dueña de este hotel. Abrió la puerta "Gracias, Sra. Dutchat", dijo, "De nada ¿tiene ropa para lavarse?", Preguntó. "No por el momento, gracias. Que tengan una buena noche ", dijo y cerró la puerta. Se quedó ahí por un momento, tratando de recordar dónde había visto esa cara antes, pensó "tal vez en ninguna parte" y se fue hacia la recepción.

...

Los ingenieros aplaudían y se felicitaban entre ellos; se recibió una señal del Main Rover, minutos después se recibieron las señales REV-A, REV-C y REV-D, y sorpresivamente la señal de REV-B.

"Bueno, parece que los cinco vehículos aterrizaron seguros", dijo el comentarista de la Misión. "Dr. Hertz, ¿puede decirnos cuáles son los próximos eventos?

El Dr. Hertz respondió: "Como mencione en unas cuatro horas, esperamos recibir una fotografía del paisaje del Rover principal, luego, en aproximadamente siete horas y media, El orbitador de Marte pasará por encima de Acidalia Planitia y esperamos que reciba señales de los cinco vehículos, tendremos el tiempo en que se envió la señal y cuando fue recibida por el Orbitador de Marte, por lo que esto nos dará suficiente información para calcular la posición de cada uno de los Rovers ".

"¿Cuál fue el problema con el REV-B?" Preguntó el comentarista.

"Suponemos que el sensor de aterrizaje podría tener un problema, si no funcionaba correctamente, la señal no se envió porque nunca confirmó el aterrizaje, sin embargo, el Rover estaba programado para enviar una señal cuando las rampas de la plataforma de aterrizaje fueran extendidas, entonces pensamos que el REV-B está listo para comenzar la exploración "

"¿Puede hablar sobre la estrategia de la Misión, por qué tantos Rovers?". Preguntó.

El Dr. Hertz continuó. "El Rover principal tiene muchos laboratorios y un invernadero, por supuesto muy pequeños. Queremos utilizar los vehículos de exploración remota para analizar las diferentes zonas en la misma área, para lo que los científicos puedan decidir a dónde debe ir el vehículo principal para recoger las muestras para ser analizadas y la tierra para ser usada en el invernadero. Así que un REV irá hacia el norte, otro irá hacia el este, otro irá hacia el oeste y el otro evaluará hacia el sur y el suroeste ".

"Recuerda que mencionamos que los cuatro REV tienen un pequeño dron. La misión de estos drones es tomar vistas detalladas desde una altura de no más de 30 pies, del área, para identificar terrenos accidentados y diferentes tipos de suelo. Estos drones están programados para mantener cierta distancia del REV para que no pierdan contacto con este. Se cargan con la energía del REV cuando están en su base encima del REV, y el REV tiene paneles solares y además baterías de plutonio ".

"Permítanme explicarles brevemente el invernadero que tiene el Rover Principal", tomó un modelo y se lo mostró al comentarista de la Misión que estaba transmitiendo un programa a través de Internet. "Este contenedor tiene una pantalla reforzada de plástico y plomo para minimizar la radiación. En la parte superior hay dos unidades que controlarán la temperatura y la luz. El interior está dividido en dos, un lado ya tendrá tierra de nuestro planeta, y la otra parte se rellenará con tierra marciana que se introducirá desde abajo. Hay un contenedor de agua que liberará pequeñas cantidades de agua a la tierra, el agua no utilizada se reciclará y esta pequeña unidad recolectará el agua condensada. Estamos usando semillas de rosa de Jericó. Algunos nutrientes o fertilizantes se agregarán a la tierra de Marte, si todo va bien, esperamos ver pronto una pequeña planta. Estas experiencias darán información científica para el Invernadero de Marte que será parte de la primera exploración humana en Marte ".

"Gracias Dr. Hertz, como todos ustedes escucharon, tendremos que esperar para recibir las primeras imágenes de la superficie, hasta ahora todo bien. Tendremos cobertura continua de la Misión a través de todas las herramientas de las redes sociales, esta ha sido la cobertura del aterrizaje de la Misión de Marte del Multi Rover "El comentarista de la Misión terminó el programa.

...

La Sra. Dutchat estaba tomando una taza de té en la oficina del Hotel, llegó una patrulla, era su nieto. "Hola abuela, ¿cómo estás? "él le dijo, "Bien Jimmy, pasa, toma una taza de té, o ¿prefieres una cerveza?" dijo ella. "Una taza de té está bien".

Se sentó y comenzó a ver algunos documentos que traía consigo, principalmente informes policiales, en la parte superior se encontraba el último boletín con la descripción de Iván, él puso estos papeles sobre la mesa.

"¿Cómo va en negocio Abuela?". Preguntó.

La Sra. Dutchat salió de la cocina con una bandeja con el té para Jimmy, "es bastante lento, pero bien, ahora tengo dos huéspedes" colocó la bandeja sobre la mesa, apartó los papeles de Jimmy y vio la que estaba arriba. "Tengo un huésped que es bastante similar a esta persona", dijo.

Jimmy tomó el documento y le preguntó: "¿Sabes cómo se llama?" "Oh, sí, lo tengo en el libro de registro, sabes que soy anticuada, no tengo computadoras". Se puso de pie para obtener el libro, Jimmy la alcanzó en el mostrador". Señaló una línea en el libro, "Este es él. El Sr. Costello me pagó por adelantado cinco noches, así que no tuve que pedirle una identificación o una tarjeta de crédito ". "¿Está aquí?", Preguntó. "Supongo que sí; Le llevé su cena hace aproximadamente una hora, también pagó por las tres comidas, no sale muy a menudo, solo para una caminata matutina que me da suficiente tiempo para limpiar su habitación ".

"¿Estás realmente segura de que se parece a este hombre?". Preguntó. Ella tomó el documento y vio la fotografía "Sí, él podría ser su hermano; Soy buena con el reconocimiento facial ".

Pensó por un momento y dijo "gracias por el té abuela. Tengo que volver al trabajo ".

"De nada, Jimmy, dale mi amor a Daisy".

Salió y subió a su patrulla, se fue en silencio y condujo hasta la estación de policía.

Iván estaba observando a través de la abertura de la cortina; vio salir el auto de la policía. Decidió averiguar qué estaba pasando.

Se acercó a la recepción. "Buenas tardes Sra. Dutchat, siento molestarla, ¿tiene una aspirina? Tengo un terrible dolor de cabeza "" Sí, por supuesto "respondió y agregó" tome estas dos aspirinas, quizás necesite otra más adelante ".

"Gracias", Él dijo "¿Está todo bien? Vi una patrulla aquí hace un momento "dijo" oh sí, fue mi nieto el que vino a visitarme, viene de vez en cuando ".

"Buenas, buenas noches" dijo "Buenas noches, espero que el dolor de cabeza desaparezca".

Jimmy llegó a la estación de policía y fue a ver al capitán "Entra", dijo "Señor, fui a visitar a mi abuela, ella vio este documento y me dijo que uno de sus huéspedes se parece a él, el nombre es diferente. Ella me dijo que solo salía por la mañana a dar un paseo, y después regresa a su habitación, en donde permanece todo el día "" ¿Entonces? ", preguntó el capitán. "Me gustaría ir mañana por la mañana con un equipo para tratar de identificarlo desde la carretera, para que no pueda vernos". Respondió Jimmy.

"No sé, qué podría haber dicho la anciana a su nieto el policía, tengo que estar listo para moverme" pensó Iván y tomó un mapa de la zona, lo vio y comento para sí mismo "Tengo muy pocas opciones, de hecho, tengo solo dos opciones para tomar un tren hacia Bélgica, o hacia Alemania y desde allí viajar a Dinamarca "se sentó en silencio y pensó por un momento, sacó su teléfono y vio los horarios del tren. "Este está bien, a las 4:40 a.m. Este para aquí y va hasta Bruselas, conozco a algunas personas ahí, me ayudarán a seguir moviéndome" Vio la hora, eran las 23:31, tengo tiempo suficiente para caminar a la estación de tren, está a solo un par de millas de aquí ".

A las dos de la madrugada, salió silenciosamente de su habitación, y comenzó a caminar hacia la carretera, luego giró a la derecha, de esta manera el camino lo llevaría al poblado donde estaba la estación de trenes. "Espero que no haya policías en este momento", pensó.

La Sra. Dutchat era una persona con un sueño muy ligero, cualquier sonido la despertaba. No se dio cuenta de que la señora Dutchat estaba observando por la ventana. Ella llamó a su nieto "hola", respondió con una voz soñolienta.

"Hola Jimmy, el hombre se fue hace unos minutos, se dirige hacia la ciudad, y está caminando", dijo. "Hola abuela, ¿de qué hombre estás hablando?", Preguntó, mientras su esposa se ponía las almohadas sobre la cabeza para seguir durmiendo.

"El hombre" dijo "el hombre que es un huésped aquí y se parece al que tienes en tus documentos". Se suponía que debía quedarse aquí hasta el viernes, pagó por adelantado ".

"De acuerdo, abuela, ¿robó algo?", Preguntó. "No" Ella dijo "No lo creo, solo quería que lo supieras, ya que mostrabas interés en el hombre".

"Gracias abuela, llamaré a la estación para que alguien pueda investigarlo, ve a dormir ahora" y colgó. "¿Quién era? "Su esposa le preguntó", "mi abuela comentando acerca de un hombre que salió del hotel, ella pensó que se parecía a una persona que tengo en un boletín, lo verificaríamos mañana por la mañana, pero si se fue, se fue, tal vez no sea nada. Buenas noches", comentó.

La señora Dutchat colgó el teléfono, y cuando se dio la vuelta vio a Iván parado allí, mirándola.

Él dijo "Me voy ahora, aquí están las llaves de la habitación, puede guardar el dinero". Él le dio las llaves. "Ahora señora Dutchat, ¿por qué llamó a su nieto para informarle que me iba?".

"Pensé que era extraño que se fuera tan temprano sin decir nada, y porque usted ..." se detuvo.

"¿Usted qué?" Iván dijo en un modo agresivo.

"Pagó por adelantado", dijo.

"Tal vez, solo tuve que irme temprano para hacer un trabajo, como sabe los trenes llegan al amanecer, tal vez su nieto, el policía, le dijo algo sobre mí", dijo Iván.

"No", dijo ella, "él no dijo nada".

Jimmy salió de la cama y dijo "No puedo dormir". Llamó por teléfono a la estación de policía y pidió una patrulla para ir a la carretera e intentar averiguar si el hombre estaba caminando. Tomó el teléfono y marcó a su abuela. El teléfono sonó una, dos, tres veces y continuó sin obtener una respuesta.

Iván vio el teléfono, "¿Quién era?", Preguntó a la Sra. Dutchat. vio el registro de identificación de la llamada "Era mi nieto", respondió.

"Ok, ahora escúcheme" dijo "llámelo y dígale que todo está bien, que volví y estoy en mi habitación, ¿entiende? No quiero hacerle daño, así que llámelo "Ella lo vio con terror en los ojos" "Llámelo ", el gritó.

"Jimmy, Habla tu abuela, escuché el teléfono pero estaba durmiendo...... Sí, todo está bien, el hombre regresó a su habitación, tal vez solo salió a caminar".

"¿Estás bien, abuela, tu voz tiembla, escúchame, si el hombre está en tu casa, solo di, dale mi amor a Anette", dijo.

"Ok Jimmy, que tengas una buena noche y dale mi amor a Anette", colgó.

"Bien" dijo Iván, "ahora, la voy a atar en esa silla, y después de eso me iré, si alguien me sigue, volveré y la mataré, ¿ Entendido? No quiero hacer eso, solo sea buena y manténgase fuera de mi camino, ¿está claro? ". "Sí", ella respondió y caminó hacia la silla.

"¿Quién es Anette?", Preguntó la esposa de Jimmy: "Nadie, solo para averiguar si la abuela está en peligro y sí, lo está", respondió. Se vistió y llamó a la oficina central y les explicó la situación: "No luces ni sirenas, tenemos que estar muy callados, esta persona es peligrosa, y por favor alerten a la estación de trenes y a las terminales de autobuses", dijo él y terminó la llamada.

Iván regresó a la carretera y empezó a caminar de nuevo, esta vez se fue escondiendo de la carretera principal.

...

Todos los ojos estaban en el monitor principal, esperando la primera imagen de la superficie de Marte enviada por el Rover principal que había aterrizado exitosamente hacía unas horas. A la derecha, un mapa de Marte mostraba la posición de los cinco vehículos, todos alineados para comenzar la exploración según lo planeado.

La primera imagen apareció en el monitor principal, la imagen de calibración, como la llamaron, mostró una escala de color y el suelo cerca del Rover, poco después la segunda imagen, una vista panorámica del horizonte, mirando hacia el norte, ambas imágenes en el color rojizo caracterizado por el tono de Marte, era cerca del mediodía en Marte. "Qué lugar tan sorprendente", exclamó un ingeniero, "hermoso", agregó otro. Los Centros de Control de la Misión en todos los lugares festejaron cuando aparecieron estas imágenes. El siguiente paso es ejecutar pruebas en todos los instrumentos para validar que están listos para operar.

Cuatro monitores adicionales ubicados en la parte superior de la pantalla principal comenzaron a mostrar una imagen de cada uno de los Rovers de exploración, algunos mostraban un terreno más accidentado, con más rocas, otros solo tierra marciana con menos rocas. Al igual que el Rover principal, la siguiente tarea para los Rovers de Exploración era ejecutar pruebas en todos los instrumentos, además de extender la rampa para permitir que los Rovers alcancen la superficie.

De acuerdo con el mapa de ubicación, el REV A estaba a unos 3.2 millas al noreste del Rover principal, El REV B a 2.4 millas al oeste, el REV C 4 millas al este y el REV D a menos de 1 milla al oeste suroeste.

El conjunto completo de pruebas tomará al menos dos días, esto significa que la exploración actual comenzará no antes de los tres días terrestres.

...

Estaba muy oscuro, las patrullas buscaban al Hombre que supuestamente caminaba por la carretera.

Jimmy llegó al hotel de la abuela, entró cautelosamente a la zona de recepción y luego a la habitación de su abuela. La vio atada a la silla, con cinta adhesiva en la boca.

Él la desató y le quitó la cinta de la cara, lentamente para evitar el dolor. "Este hombre es una persona mala", ella dijo. "¿Estás bien abuela?", Dijo Jimmy. "Sí, Jimmy, estoy bien", respondió ella.

"Ok, abuela, aquí hay agua, por favor cierra con llave, lo estamos buscando, no le abras la puerta a nadie, un policía se quedará contigo", él dijo, luego le solicito a un policía que se quedara ahí, y después se fue.

"Parece que se ha esfumado", dijo un policía a su compañero de la patrulla. "Espera", dijo su compañera, ella era una mujer policía "Creo que algo se movió ahí". Estacionó la patrulla, llamó a la estación central para darles la información donde estaban y que iban a investigar. Salieron de la patrulla y caminaron hacia el borde de la carretera. El policía encendió las lámparas y señaló hacia el bosque. Un gran venado saltó de ahí y huyó de ellos.

"Eso fue aterrador", dijo. El policía comenzó a retroceder cuando recibió un golpe en la cabeza con una especie de palo y cayó. La mujer policía se quedó mirando a su compañero en el piso. Iván tomó las armas de los policías y le dijo a ella. "Vienes conmigo". Él tomó la gorra de policía y caminó con ella hacia la patrulla.

"Entra", Iván le dijo y continuó "vas a conducir, y no juegues ningún truco, no estoy de humor".

Ella encendió el motor y comenzó a avanzar, esta vez en la dirección opuesta, ya que lo estaban buscando en esta área.

"Esto es la central, por favor repórtense" se escuchó un mensaje de la radio. "Respóndeles" Iván dijo "pero ten cuidado con lo que dices, puedo entender tu lenguaje y tus claves".

Ella tomó la radio "Fue una falsa alarma, solo un venado, estamos de vuelta en el automóvil fuera", dijo ella. "Gracias, sigan buscando, pero no corran ningún riesgo fuera" El operador central dijo "Ok, ochenta y tres setenta y nueve fuera". La llamada terminó.

En la estación central, el operador fue a ver al capitán "Señor, creo que la Agente Witma está en peligro, me dio nuestro código de emergencia al final de la llamada". "Alerte a todos los otros autos, no a ese, dígales que procedan con cautela. ¿Hay algún informe que se detuvieron en alguna parte? "Dijo el capitán. "Sí, se detuvieron cerca del pequeño puente, creyeron ver algo", dijo el operador. "Envía un auto a esa área y pídeles que busquen alguna pista, y por favor diles que me informen de inmediato, voy a informar a la Interpol, tal vez Jimmy tenía razón y este hombre es el que están buscando".

Jimmy y todos los vehículos recibieron el informe, la patrulla en cuestión no era rastreable porque el GPS había sido apagado, pero afortunadamente el GPS de la agente Witma estaba encendido, esto es algo que Iván ignoraba.

La patrulla llegó al área en donde ellos se habían detenido, Ambos policías comenzaron a registrar el área con sus linternas, vieron marcas en las que la patrulla se había parado antes, de repente oyeron un ruido proveniente de la maleza, se acercaron y vieron al policía que fue golpeado, estaba acostado con sangre saliendo de su cabeza. "Llamen urgentemente a una ambulancia", dijo un oficial a otro "e informe al capitán".

Jimmy vio la patrulla secuestrada en la distancia, informó su posición "Se dirige hacia el oeste".

"Tenemos que detener el automóvil y mantener a Witma a salvo, pero tenemos que capturar al hombre vivo, eso es lo que Interpol solicitó", dijo Jimmy, luego recordó que había un código especial para ejecutar una maniobra de emergencia, se puso en contacto con el centro de operaciones "¿Recuerdas el código de la maniobra de emergencia para las patrullas secuestradas? ¿El auto que se estrella para liberar al agente secuestrado? ". El agente de operaciones respondió: "Sí, pero esta es una maniobra muy arriesgada, si el miembro de la Policía está manejando, debe encontrar un lugar donde impactar y salir del vehículo lo suficientemente rápido como para escapar del secuestrador, pero el riesgo es alto. El Capitán debe autorizar esta operación, y será una decisión del agente involucrado de ejecutarla o no "". "OK, me pondré en contacto con él", dijo Jimmy, y se comunicó con el capitán para explicarle su idea. "Podemos pedirle que continúe, si ella así lo desea, tendremos que estar cerca para ayudarla y atrapar al tipo". Hizo una pausa por un momento "parece que esta es la única manera por el momento, adelante sugirió ella ir hacia la salida 99, el atajo. "Gracias capitán", dijo "Voy a comunicarme con ella".

"Agente J al agente Witma enterado", dijo por radio, como era de suponerse, ellos no saben del auto secuestrado. "Tenemos un informe de que un hombre fue visto caminando hacia el norte, no estamos recibiendo la señal GPS de la patrulla, puedes tomar la salida 99, el atajo, para interceptarlo, estaremos cerca Cambio ".

Hubo un silencio en la radio durante unos segundos "¿Me escuchas?", cambio. El insistió. Ella respondió: "Sí, el GPS está fallando, lo haré, te avisaré cuando vea la salida, debe estar cerca, cambio". Jimmy respondió "Ok, cambio y fuera".

El cambió la frecuencia para comunicarse con las otras patrullas. "Tenemos que movernos cerca de ella, pero no debe ser detectado por el secuestrador; él todavía piensa que lo estamos buscando por el otro lado ".

Iván le dijo: "Excelente, ellos no saben que estoy aquí, así que sigue moviéndote, tengo que ir a la frontera con Alemania, ¿es este el camino?". Sí "ella respondió" tendremos que tomar un desvío para llegar a la autopista principal "" Bien ", él dijo.

Las patrullas se acercaron, estaban lo suficientemente lejos como para no ser detectados, algunas otras venían de la dirección opuesta. "Este es el agente Witma, creo que estoy a una milla de la salida, cambio" "enterado, estaremos con usted pronto, cambio" Ella le dijo a Iván "tal vez están siguiendo a otro auto pensando que es éste" "sí tal vez "dijo de mal humor. Ella vio el espejo retrovisor, distinguió algunas luces de coche, no demasiado lejos, pensó "esos coches deben ser mi equipo", se aseguró de que su cinturón estuviera lo suficientemente apretado, aceleró un poco y desvió el auto hacia la derecha para caer en una zanja y se estrelló contra un gran árbol, el mayor impacto fue en el lado derecho, por lo que podía desabrochar el cinturón de seguridad y salir del automóvil, estaba herida, se cayó en el pasto. Iván estaba inconsciente, recibió el mayor impacto, comenzó a despertarse cuando se dio cuenta de que estaba atrapado, la puerta estaba atascada y el tablero lo presionó contra el asiento, se dio cuenta de que salía sangre de la cabeza.

Las patrullas llegaron a la escena, uno de los hombres se acercó a la agente Witma para llevarla al hospital lo antes posible, otros policías, incluido Jimmy, se acercaron al vehículo accidentado, con las armas apuntando hacia Iván, vieron que estaba atrapado, pero ellos no podían ver sus manos.

Jimmy se acercó con mucha cautela y le dijo "Iván Ivanovich estás bajo arresto, muéstrame tus manos". Lo vio sonriendo con sangre en la cara.

Se escuchó un disparo. Jimmy fue herido en la pierna derecha, se cayó y disparó su arma, la bala golpeó a Iván en su brazo derecho, cerca de su hombro. Al mismo tiempo, un policía se acercó al lado izquierdo del automóvil, subió y apuntó con un arma a la cabeza de Iván "Si te mueves, te volaré la cabeza".

Sacaron a Iván del auto y llamaron a una ambulancia. El agente Witma ya estaba en camino al Hospital.

Jimmy también fue llevado al Hospital.

El capitán envió un mensaje a la Interpol diciéndoles que Iván había sido capturado.

El agente Anicka recibió el mensaje en su teléfono, ella llamó al agente Wilson que estaba durmiendo en su hotel. "Hola" dijo en un estado de somnolencia.

"Habla Anicka, tengo muy buenas noticias, hemos capturado a Iván". Se despertó y dijo "Qué gran noticia, ¿dónde está? ¿Está el vivo?".

"El está en un hospital en Amersfoort, justo al este de aquí", ella dijo "¿Está bien? ¿Cuándo puedo verlo? El agente Wilson preguntó.

"Lo llevaré ahí mañana, él está bien, solo un poco herido como resultado del accidente automovilístico, y él tiene una bala en el hombro, sobrevivirá", ella dijo.

"Qué gran trabajo hizo su gente, espero reunirme con ellos mañana", dijo.

"Lo hará, lo recogeré en su hotel mañana por la mañana, buenas noches", respondió ella.

Pocas semanas después Iván fue trasladado a una prisión de alta seguridad cerca de París.

Capítulo 14 Presentación de los Marsnauts

En la EEI, se estaba llevando a cabo una ceremonia de despedida, la tripulación Schiaparelli partirá a la Tierra después de más de dos años en el espacio.

El comandante de la Expedición, el Astronauta Arthur Warters Jr, los ingenieros de vuelo Lalita Singh y Matthew Beale, permanecerán a bordo de la estación durante otros dos meses; la tripulación de la Expedición 63 llegará en un mes.

"Ha sido un privilegio trabajar con ustedes en este proyecto tan importante, usted y su tripulación han proporcionado información invaluable para la Misión a Marte que tendrá lugar en unos nueve años", dijo el Comandante Walters.

Nancy Jones agregó "ser parte de esta experiencia ha sido increíble; contribuir a desarrollar mejores herramientas y equipos para la siguiente meta es el sueño de todo ingeniero y astronauta. Por supuesto, nos gustaría ser considerados para ir a Marte, pero si no lo somos, sabemos que nuestro trabajo, junto con el trabajo de miles de ingenieros y científicos de todo el mundo, harán posible que los astronautas que irán a Marte tendrán mejores equipos. Queremos agradecerle a usted, a la tripulación anterior y a todos los controladores de tierra por todo el apoyo ".

Ambas tripulaciones se abrazaron, luego Nancy, Yelena y Bill procedieron a entrar en su Vehículo Beyond Earth o BE, que los llevará de vuelta a la Tierra. El equipo se despidió y procedió a cerrar la escotilla, la tripulación a bordo del ISS cerró la escotilla interna del ISS. El proceso para desacoplar empezó, esto incluye presurización, verificación de fugas, ingreso a sus trajes presurizados y empezó la prueba de cada sistema.

El desacoplamiento está programado para llevarse a cabo en una hora y cincuenta y siete minutos, para un descenso en el Océano Pacífico 79 minutos más tarde. Tan pronto como se desacoplen, realizarán un vuelo alrededor de la Estación Espacial para obtener una documentación fotográfica de ambos, el ISS y el vehículo Beyond.

En el Pacífico, a unas 150 millas al oeste de Baja, un portaaviones esperaba el vehículo espacial, a bordo estaban Dr., Christopher Cook, Charles Washington, Vladimir Viktorenko, Peter Walheim Ulrich, Takuma Nagaoka, Graham Bishop y el Director de Astro Explorer Corporation Pete Martin, Propietario de Beyond Earth Vehicles.

"Diez minutos para el desacoplamiento del Beyond Earth 8", dijo el comentarista del Control de la Misión.

"Un minuto", dijo el comentarista de la Misión, la pantalla mostraba el vehículo espacial acoplado. "ganchos de seguridad liberados", dijo Nancy por la radio.

La imagen mostraba un pequeño movimiento hacia atrás del Vehículo Beyond Earth, iniciando el Viaje de regreso. "A bordo del ISS, el comandante tocó la campana tradicional y dijo" Beyond Earth 8 saliendo"y en el sistema de sonido, el CapCom dijo" BE 8 Desacoplado ".

En la pantalla se podía ver una imagen de la ISS y el Vehículo Espacial alejándose cada vez más, y luego lo siguieron con otras cámaras mientras realizaba un vuelo alrededor.

Una vez que el vehículo completó la maniobra, Nancy habló por radio con el Comandante de la Estación, agradeciendo una vez más por toda su ayuda durante su Misión. "Fue un honor", respondió "Buen viaje y que tengan un viaje seguro a casa", respondió.

Beyond Earth 8 retrocedió y empezó a alejarse de la ISS, hasta que se perdió en la distancia.

"El vehículo Beyond 8 ingresará a la atmósfera de la Tierra en unos veinte minutos, luego pasará por la zona de máxima fricción de entrada al comenzar a entrar a la atmósfera. Veinte minutos más tarde se desplegarán los paracaídas principales, tiene cuatro, estos paracaídas reducirán la velocidad. Aproximadamente a treinta y tres mil pies, estos paracaídas serán lanzados y se desplegará el paracaídas principal, los tres paracaídas serán recuperados más tarde por un barco que ya se encuentra en la zona. Justo antes de hacer contacto con la superficie del mar, cuatro pequeños cohetes se encenderán para amortiguar el impacto y el paracaídas principal será lanzado para evitar el riesgo de que caiga sobre el vehículo. Se desplegarán cuatro cojines para mantener el vehículo a flote y en posición vertical ". El comentarista de la Misión explicó la secuencia que mostraba algunos videos animados.

A bordo del portaaviones todos estaban esperando ver los paracaídas, helicópteros estaban volando en el área con cámaras con lentes muy potentes para ubicar el vehículo.

"Miren ahí" dijo Charlie Washington apuntando hacia las nubes. "Se puede ver el paracaídas" Todos los invitados y el personal miraron en esa dirección y observaron cómo el vehículo descendía; los helicópteros volaban por la zona listos para recoger el vehículo y el enorme paracaídas.

El vehículo acuatizó, los cojines estaban inflados. Todos a bordo del Carrier estaban celebrando.

El proceso para recuperar el vehículo del océano fue diferente al de la era del Programa Apolo, los astronautas permanecen dentro del vehículo hasta que se mueve al vehículo transportador. Un helicóptero llamado grúa aérea, abre su parte inferior, extiende una estructura similar a una grúa, en su extremo, esta grúa tiene una unidad especial que puede capturar al vehículo desde cuatro puntos, una vez que estos broches están seguros, el helicóptero levanta el vehículo espacial completamente, hasta que colocarlo dentro del contenedor, en este momento, la parte inferior del contenedor estará cerrada y asegurada. Los Astronautas podrán abandonar el vehículo en este punto, o esperar hasta que se coloque en la superficie del portaaviones, en este caso la tripulación necesitará asistencia médica debido al largo período de tiempo que pasaron en microgravedad.

El helicóptero voló hacia el portaaviones y sobre un punto específico, se mantuvo unos pocos metros por encima para poder abrir la cubierta inferior y colocar lentamente el Vehículo Espacial en la superficie, liberándolo para volar después hacia su posición en el portaaviones.

En este punto, un grupo de Ingenieros se acercó al vehículo para asegurarse de que no hubieran gases a su alrededor y poder empezar el proceso para abrir la escotilla, así la tripulación podría salir.

Se requiere asistencia médica, especialmente para vuelos de larga duración. La tripulación fue trasladada del vehículo a una instalación móvil médica, donde recibieron un chequeo médico para después descansar un tiempo antes de salir a la ceremonia de bienvenida.

Una alfombra roja y tres sillones diseñados para los tripulantes estaban listos para recibirlos después de los exámenes médicos.

Después de un tiempo, la tripulación fue presentada, ayudada por personal debido a que no eran capaces de caminar fácilmente debido a la Gravedad de la Tierra después de dos años de vivir en un entorno de Microgravedad.

Toda la audiencia integrada por los jefes e ingenieros de las agencias espaciales, astronautas, científicos, corresponsales de prensa y el personal del portaaviones los vitorearon.

Los tres miembros de la tripulación estaban sentados en sus sillones especiales, agradecieron a la audiencia por la gran recepción; a la derecha había una pantalla que mostraba a los Tres Astronautas que permanecían en la ISS.

Nancy Jones, que fue la Comandante tomó el micrófono.

"El 22 de abril de 2121, nuestra Misión comenzó como parte de la Expedición 61, pero más tarde renombrada como Expedición 61M, porque de hecho éramos una tripulación para probar las herramientas y la estrategia para una Expedición Humana a Marte".

"Nos integramos con la tripulación que era la Expedición 61 que ya estaba a bordo de la ISS, realizamos tareas con ellos, y algunas actividades que una tripulación tendrá que hacer durante el viaje de la Tierra a Marte".

"Estuvimos a cargo de preparar el módulo Schiaparelli para su uso, realizamos algunas caminatas espaciales para preparar las conexiones y todo lo que se necesitaría para su funcionamiento"

"El 10 de noviembre, ingresamos al Schiaparelli. Este sería nuestro hogar por ocho meses, simulando que estábamos en Marte. Como ustedes saben, este módulo tiene una rotación que simula la gravedad de Marte, esto es 37.9% de la gravedad de la Tierra. Esta experiencia es crítica para la Misión real, porque tenemos que estar seguros de que las herramientas y todos los equipos que la tripulación usará ahí funcionan bien, y principalmente tenemos que entender cómo afectará esta gravedad a nuestro cuerpo, tuvimos pruebas continuamente para medir nuestro nivel de calcio, nuestra masa muscular, nuestros ojos, oídos, etc. Desde el lanzamiento, hasta hoy, y estos estudios continuarán por algún tiempo. Científicos, médicos, psicólogos, nutriólogos, todos están trabajando juntos para diseñar para nosotros en Microgravedad y en Gravedad de Marte las mejores rutinas de ejercicio físico que nos ayuden a mantener nuestros músculos saludables y el consumo de vitaminas y minerales, así como nuestro equilibrio mental ".

Bebió un sorbo de agua "Pasamos 635 días en el espacio, algunos en microgravedad y otros en la Gravedad de Marte, esta es la cantidad mínima de tiempo que requerirá el viaje a Marte, sin embargo, las Misiones actuales tomarán más tiempo. Algunos miembros de la tripulación permanecerán toda la Misión en Microgravedad, ya que permanecerán en la órbita de Marte ".

"Considero que estamos en el camino correcto de preparación, el módulo Schiaparelli es increíble".

Vio el monitor de televisión donde estaban los astronautas del ISS. "Estas personas que todavía están en órbita son increíbles, nos guiaron y fueron nuestro Control de la Misión mientras estábamos dentro del Schiaparelli. Además de todo el trabajo que tienen que hacer en la ISS, nos ayudaron y resolvieron nuestros problemas "les agradeció y los saludó.

La tripulación en el monitor le devolvió el saludo.

"Considero que tenemos que trabajar mejor en el tema de los suministros, para el viaje tanto de ida como el de regreso así como durante la exploración de la superficie de Marte, considerar también una posible cancelación de aterrizaje. Sé que algunos serán enviados a la superficie y algunos serán transportados en el Hábitat, con la adición de la sección de carga expandible ".

"Este ha sido el primer entrenamiento con estas herramientas avanzadas, de niña nunca imaginé que iba a ser parte de esto, y ahora aquí estoy".

"Gracias".

Todos los asistentes aplaudieron con gran entusiasmo.

El Dr. Christopher Cook y el jefe de los Programas Espaciales se acercaron a ellos para felicitarlos y ofrecer algunas palabras.

"Este es un día muy emocionante para la Exploración Espacial, hemos sido testigos de un preludio de lo que será la mayor aventura de la humanidad, una Misión Humana a Marte, algo que ha estado en nuestros sueños durante siglos. Recuerdo al Dr. Carl Sagan hablando de esto ".

"Ha habido esfuerzos para llegar a Marte con naves no tripuladas, muchos vehículos han aterrizado ahí o han llegado a la órbita del Planeta Rojo; muchos de estos vehículos son construidos por naciones que trabajan juntas ".

"Después de muchos años de conversaciones y negociaciones, nos dimos cuenta de que la única forma de llegar a Marte era trabajar todos juntos, debemos aprovechar lo mejor de cada país, la sinergia es la clave. Distribuimos los costos y trabajamos para hacerlo, pero también hay muchos beneficios como la creación de empleo, la tecnología para ser utilizada en la Tierra, la medicina, solo por mencionar algunos, una carrera espacial no fue considerada ".

"Tenemos Astronautas y Cosmonautas. Pero ¿qué son ellos?, ¿cuál es la diferencia? Son exploradores espaciales que trabajan para el mismo objetivo; los ven continuamente en la ISS. Esto es solo una distinción de nacionalidad. Como la Misión de Marte es un proyecto de la Tierra, los Exploradores Espaciales que participarán se llamarán Marsnauts, un nuevo término en el Programa Espacial ".

Los asistentes aplaudieron.

"Ahora, habrá más Misiones del Schiaparelli como la Marsnaut Nancy acaba de mencionar, queremos incluir las tripulaciones que irán a Marte en la primer Misión, y la tripulación de respaldo que eventualmente irá en una Misión posterior, es por eso que hoy estamos anunciando la tripulación primaria y la tripulación de respaldo que irá a Marte para la Misión Terra-1, que empezará en la primavera de 2031 ".

Todos los asistentes a la ceremonia estaban a bordo del portaviones y en completo silencio, esto se estaba transmitiendo a las Agencias Espaciales de todo el mundo.

"Cada Agencia Espacial ha presentado sus candidatos, y después de muchas sesiones de haber estudiado sus perfiles y especialidades seleccionamos un grupo, este grupo fue validado por científicos y médicos para asegurarse de que el grupo puede vivir y trabajar juntos por un período muy largo de tiempo".

"Estos grupos participarán en las próximas Misiones del Schiaparelli, no en las Misiones alrededor de la Luna. Durante los próximos diez años estarán preparándose en geología, biología, botánica, medicina, entre otros, y aprenderán a sobrevivir y a resolver las situaciones que puedan surgir ".

"Ahora, para anunciar a la tripulación principal aquí está el Sr. Charlie Washington".

"Es un gran honor para mí presentarles a los primeros humanos que visitarán Marte, nuestros embajadores", dijo Charles Washington.

Todos los asistentes estaban en completo silencio, con la expectativa de saber quiénes eran.

"Marsnaut Leonard Arthur Cooper del Reino Unido. Comandante de la Misión, Ingeniero Aeronáutico, Maestría en Mecánica Orbital, Astronáutica, Robótica. Doctorado en Ciencias Planetarias ".

"Marsnaut Nancy Jones de U.S.A. Explorador de la Superficie1. Ingeniero Aeroespacial. Doctorado en Biología y Botánica y Doctorado en Nutrición ".

"Marsnaut Yelena Pavlova. De Rusia. Explorador de Superficie 2. Geóloga. Maestría en Astronáutica, Doctorado en Meteorología y Perforación de la Corteza Planetaria ".

"Kiochi Kanko de Japón. Piloto del Mars Lander. Ingeniero Aeroespacial, Maestría en Robótica, Motores de Cohete y Sistemas de Control. Doctorado en Mecánica Orbital y Ciencias Planetarias ".

"Marsnaut Robert Thornton de Canadá. Comandante de la Estación Orbital de Marte. Ingeniero Aeroespacial y Ciencias Médicas; Maestría en Mecánica Orbital; Doctorado en Robótica, Licenciado en Psicología de Seres Humanos en Condiciones Extremas ".

"Marsnaut Li Yang Tzu de China. Ingeniero de la Estación Orbital de Marte. Ingeniero Aeroespacial, Maestría en Sistemas de Propulsión de Cohetes, Mecánica Orbital, Robótica y Doctorado en Ciencias Planetarias ".

El equipo recién llegado mostró sorpresa, no se les había dicho antes para evitar interferencia con su Misión.

"La tripulación de respaldo que eventualmente se convertirá en la tripulación del Terra 2, esta es la segunda Misión a Marte que será lanzada a principios del 2035 está integrada por:"

"Marsnaut David Thompson de Estados Unidos de América. Comandante de Terra 2 ".

"Marsnaut Nicole Sorensen de Dinamarca. Exploradora de Superficie 1 ".

"Marsnaut Lalita Kaur, de India. Exploradora de Superficie 2 ".

"Marsnaut William C. Mckensey, de Australia. Piloto del Mars Lander ".

"Marsnaut Pedro Castillejo Romero de España. Comandante de la Estación Orbital de Marte ".

"Marsnaut Darya Popova, de Rusia. Ingeniero de la Estación Orbital de Marte ".

Los nueve Marsnauts se pararon enfrente a un lado de los tres que regresaron de la ISS, todo el personal de la prensa comenzó a tomar fotografías de los doce, inmediatamente empezaron a subir las imágenes a Internet.

"Estos Doce Marsnauts nos representarán en Marte para las dos primeras Misiones, y ensamblarán la primera estación en la Superficie de Marte", agregó Charlie Washington.

El Dr. Cook intervino: "En un futuro cercano, se les invitará a una sesión con ellos. Les presentarán sus actividades de capacitación, sus expectativas y podrán formularles algunas preguntas ".

"Se entrenarán en muchas partes del mundo antes y después de su experiencia en el Schiaparelli. Es nuestro deseo que cada tripulación entera sea enviada a la ISS para su entrenamiento, los Marsnauts que trabajarán en la superficie del planeta serán entrenados dentro del Schiaparelli, los Marsnauts que permanezcan en la órbita de Marte, participarán como parte de la tripulación de ISS, realizarán tareas de ISS y principalmente practicarán sus deberes para la Misión de Marte, por ejemplo, realizarán un EVA, serán el MCC (Control de Misión) para la tripulación del Schiaparelli ".

Un reportero interrumpió.

"Disculpe Dr. Cook, soy Brewster Hammersmith del British Aerospace Journal, ¿puedo hacerle una pregunta?".

"Sí, Brewster, adelante", dijo el Dr. Cook.

"La Misión a Marte Terra-1 está programada para salir en algún momento en 2031; esto significa que solo faltan ocho años a partir de ahora. Considerando esto, ¿cuándo se enviará el Equipo Terra-1 al ISS, y la segunda parte de la pregunta es las Marsnauts, Nancy y Yelena que regresaron hoy serán enviadas de nuevo?

"La Tripulación del Terra-1 está programada para ser lanzada como la Expedición 64-M en abril del 2024, incluyendo Nancy y Yelena, quienes se convertirán en los seres humanos con más tiempo en el espacio. El Terra-2 será lanzado en junio del 2026 como Expedición 68-M y regresará en agosto del 2028. Para 2031 empezaremos el entrenamiento para Terra-3 y así sucesivamente ".

"Gracias" dijo Brewster.

"Una pregunta más", dijo otro periodista, "Soy Jonathan James de la Revista Australian Spaceport".

"Sí, adelante" dijo el Dr. Cook.

"Me pregunto, ¿qué pasaría si uno de los Astronautas o Marsnauts se enferma mientras está abordo del Schiaparelli o el ISS? ¿Cómo afectaría un evento como este a toda la capacitación y tal vez a la Misión? ".

El Dr. Cook sonrió y después de una breve pausa respondió: "Esta es una muy buena pregunta, de hecho, este es un aspecto muy crítico para la Misión. Si uno de los miembros se siente enfermo durante la Misión del ISS, la primera opción será tratar de resolver la situación con los recursos y el conocimiento del equipo, especialmente si uno de los miembros está en el módulo Schiaparelli. Trataremos de seguir el procedimiento para llamar a la Tierra y esperar la demora que tendrá lugar en la Misión real. Ahora, no me malinterpreten, no pondremos en riesgo la vida de los miembros de la tripulación, pero tenemos que estar seguros de que podemos manejar estas situaciones durante la Misión real. "Hizo una pausa por un momento" Ir a Marte no es fácil, este viaje tiene muchos riesgos, Imagínense a Cristóbal Colón cruzando el océano, no sabía si un miembro de la tripulación se iba a enfermar, sus limitaciones eran enormes en ese momento. ¿Qué hubiera pasado si durante el Apolo uno de los astronautas en la superficie se hubiera enfermado?, por supuesto, las Misiones Apolo duraron unos pocos días y no años. Lo que quiero decir es que tenemos que estar preparados en todos los aspectos para resolver las situaciones que podamos tener. Estos equipos son revisados constantemente por médicos, psicólogos, nutriólogos, etc., no queremos sorpresas, necesitamos un grupo muy fuerte, esperamos eliminar todas las variables posibles que puedan causar un problema, pueden llamar a estas variables físicas o psicológicas. Pero, volviendo a su pregunta original, si uno de los miembros de la tripulación se enferma gravemente en la Misión orbital terrestre y no podemos hacer nada para resolver la situación con los medios del ISS, tendremos que aplicar los procedimientos de emergencia de la ISS. Si uno de los miembros no puede completar el entrenamiento, se reemplazará a toda la tripulación; esto se debe a los estudios que se han realizado para formar a cada equipo como un grupo muy sólido ".

"Dr., ¿quién pisará primero Marte?", Preguntó otro reportero.

El Dr. Cook la vio, sonrió y le preguntó "¿Puede darnos su nombre y afiliación?".

"Oh, sí, lo siento, soy Francesca Bertulli de Spazio e Tecnologia oggi".

"Gracias, Francesca, la pregunta que ha formulado tiene mucha trascendencia porque, como todos saben, este proyecto forma parte de la cartera de WSEO, cuyo objetivo es trabajar para todo el planeta y representar al planeta entero. Sin embargo, todos nosotros estamos conscientes de esta situación. Tenemos que ser muy cuidadosos con esto, porque lo último que queremos es que, debido a una persona, la gloria de la Misión se adjudique a un país u organización, aunque es un esfuerzo común. Puede ver que tenemos Marsnauts de diferentes países, pero hay muchos más países que contribuyen con este esfuerzo. Está claro que se dejará una bandera o placa, incluyendo en orden alfabético todos los países del mundo. No queremos tener firmas de jefes de estado o nuestras propias firmas. Ahora para responder a su pregunta, todos los miembros del Lander llegarán al mismo tiempo a la superficie, pero, hasta este momento no se ha decidido quién pisará primero a Marte, esto es algo que estamos viendo con mucho cuidado, y por extraño que parezca es tan difícil como la Misión misma ".

Todos los reporteros sonrieron.

"A finales de este año, tendrá lugar el primer vuelo del Vehículo Espacial Orión alrededor de la Luna; el objetivo es asegurarse de que el vehículo esté listo para la Misión de Marte. Como saben este vehículo ha sido probado de muchas maneras y estamos seguros de que tendrá éxito, en algunos años más el Legatus hará el viaje. Charlie Washington les presentará la tripulación, los objetivos y el Plan de la Misión ".

"Hola otra vez" dijo Charlie Washington "Como preparación para la Misión de Marte, este año realizaremos una vuelta alrededor de la Luna en el cincuenta y cinco aniversario de la Misión del Apolo 8 que tuvo lugar en diciembre de 1968".

"En este momento consideramos la Misión de cinco días en la órbita lunar, para realizar observaciones de la Superficie Lunar y probar los sistemas del vehículo".

"Todos los sistemas del vehículo han sido probados como paracaídas, escudo térmico, computadoras, etc.; incluso el mismo vehículo sin tripulación ha sido probado en el Espacio ".

"El cohete será el SLS u otro cohete de carga pesada", esto será decidido en los próximos meses, dependiendo de los resultados de las pruebas y evaluaciones ".

"La segunda Misión que tendrá lugar en 2025, para esta Misión acoplaremos con un vehículo que estará listo en la órbita de la Tierra, tal vez la tripulación del LEO lo entregará, la tripulación del

Orion llevará ese vehículo alrededor de la Luna con ellos. En su camino de regreso, lo desacoplarán antes de entrar a la Atmósfera de la Tierra, por lo que permanecerá en órbita para ser recuperado por la tripulación del LEO. Este es el perfil de una Misión de Marte ".

"El equipo ya está entrenando en simuladores, pero están aquí hoy para que puedan conocerlos:"

Cuando se anunciaron sus nombres, se colocaron frente del público, a un lado de la tripulación del Schiaparelli.

"El Astronauta Kenneth Brand será el Comandante, el Astronauta Jeremy Irwin será el Piloto del Orion, el Astronauta Neil Cabana y la Astronauta Judith Routerbin serán los Ingenieros de Vuelo".

Los informes y el personal del Portaaviones vitorearon a esta tripulación.

"Muchas noticias, hoy" dijo un reportero a otro "Sí, esto es muy interesante, necesitábamos algo como esto urgentemente para dejar de pensar en guerras y otras cosas", comentó otro periodista.

El Portaaviones comenzó su camino hacia Hawái.

...

"A un lado tengo al Comandante Scott Kelly, quien pasó un año en el Espacio en 2015. Comandante ahora que la Tripulación del Schiaparelli llegó a salvo hoy después de más de 600 días en el espacio, ¿cuáles son sus comentarios sobre este sorprendente éxito?", Preguntó el reportero al Astronauta Kelly, Andrew estaba viendo las noticias en su casa.

"Bueno, Matt, he trabajado estrechamente con la tripulación, compartiendo la experiencia que tuve durante la Misión de un año, por supuesto, el valor real es la información recopilada por todos los científicos que ayudará a diseñar mejores rutinas de ejercicios físicos y mentales así como la nutrición para reducir los efectos de ingravidez en el cuerpo humano, un aspecto muy importante que debe ser cubierto con especial atención son las actividades abordo, incluyendo el entretenimiento psicológico, debemos tener en cuenta que esta tripulación no verá la Tierra ni a ningún ser humano durante algún tiempo durante el Viaje, y que cuando lleguen a Marte probablemente verán la Tierra como una pequeña estrella en el cielo nocturno. Si consideras que estos Marsnauts, como se los conoce desde hoy, no estarán en contacto directo con ningún otro ser humano durante dos o más años, es una preocupación muy seria, por eso la integración de la tripulación es un factor crítico. Nancy, Yelena y Bill están totalmente integrados. Los equipos Terra-1 y Terra-2 están funcionando muy bien, deben tener éxito en el entrenamiento que tendrán durante los próximos ocho años, casi tienen que vivir juntos, y tienen que conocerse unos a otros casi como ellos mismos. Esta es la tarea de los médicos y científicos que están coordinando el programa, y por supuesto los Astronautas y los Cosmonautas están ayudando "El Comandante Kelly Respondido".

"Gracias Comandante, nadie podría haber explicado esto mejor, continuaremos con las Noticias después de este corte comercial", dijo el presentador.

Andrew siguió pensando "esto es realmente interesante, y tengo mucha suerte de estar participando en el diseño del Mars Lander. Ahora viviré lo que mi abuelo vivió en 1969 cuando los Astronautas del Apollo aterrizaron en la Luna, un gran momento para la humanidad".

Volvió la mirada al televisor, el presentador estaba de vuelta. "En otras noticias, dos ciclones monstruosos están amenazando la costa de Japón, según científicos podrían alcanzar vientos de hasta 300 Kms / h, altamente destructivos, aquí está el Profesor Smith del Centro de Seguimiento de Huracanes ".

El científico continúo: "El camino del ciclón lo está llevando al sur de Japón, lo que significa que Shanghai, Taiwán y Corea del Sur también están en peligro. Cada año hemos sido testigos de un aumento de la fuerza de estos eventos y este es el resultado del cambio climático, hemos predicho que en pocos años desaparecerán muchas islas del Pacífico y muchas ciudades costeras, por eso es fundamental tomar medidas y detengamos estas amenazas ", continuó el presentador." Hemos aprendido que más de un país ha abandonado el acuerdo del calentamiento global para continuar con el uso de combustibles fósiles, espero que, para el beneficio de todos, estos líderes piensen en las generaciones futuras ".

Las noticias continuaron Andrew mantuvo sus ojos en la televisión, pero su mente estaba en otro lugar "Por un lado queremos ir a Marte, un planeta que hasta ahora no puede sostener la vida, y por otro lado debido a la codicia de algunas personas la destrucción de la Tierra es inminente, esto es una locura. Hay que hacer algo para que esta gente comprenda la peligrosa situación de la Tierra ".

...

El agente Wilson y el agente Anika llegaron al hospital donde estaba detenido Iván, estaba bien protegido por policías de la ciudad y agentes de la Interpol.

Entraron en la habitación y lo vieron acostado en la cama; tenía algunas heridas visibles en su cara y aparentemente un brazo roto.

"Hola Iván, deja que te presente a la agente Anika de la Interpol holandesa y yo soy el agente Wilson del Reino Unido. Serás transferido a una prisión de alta seguridad en los próximos días. Nos interesa saber quién fue tu contacto. Tenemos todo tu equipo que planeó un ataque en la cumbre".

Él lo miró y dijo. "No sé de qué estás hablando, no soy Iván, mi nombre es Boris Malkin, ahí está mi identificación, todos ustedes me han estado confundiendo con esa Persona".

El agente Wilson respondió: "Deja de jugar con eso, tenemos fotografías tuyas en la estación del tren de Moscú con todo tu grupo, dentro de las instalaciones donde tuvo lugar la cumbre, te hemos estado siguiendo por un tiempo, y ahora dices que no eres esa persona".

"Soy Boris Malkin, tal vez esa persona se parece a mí, ya que mucha gente se parece a otra persona, no puede retenerme aquí, no tiene ninguna prueba " respondió Iván, ya que era un agente de la KGB muy bien entrenado, él sabía cómo manejar esta situación.

"Bien, ahora escúchame, necesitamos saber dónde estabas en las fechas de la cumbre", dijo el agente Wilson.

"¿Cómo puedo saber si no sé qué es la cumbre? No puedo ayudarlo con eso", respondió.

"Entonces, ¿por qué huías y te escondías? ¿Por qué secuestraste a la mujer policía? Preguntó el agente Wilson.

"Tenía miedo, me han seguido durante algún tiempo, la gente me confunde con esa persona", dijo casi llorando.

Anika le pidió al agente Wilson que saliera por un momento y le dijo "él no hablará, recuerda que ha sido entrenado para esto, tan pronto como se recupere tomaremos sus huellas digitales para compararlas con las de Iván, de lo contrario será encarcelado por secuestrar una patrulla, un policía y posible asesinato de un oficial si podemos encontrar el arma ".

"Bien, al menos el será mantenido en prisión, pero lo que necesito es confundirlo hasta que se incrimine en el ataque de la cumbre, necesito saber con quién estaba trabajando para ver si él es parte de una organización y principalmente para descubrir cuáles son sus próximos movimientos "comentó el Agente Wilson.

"Habrá tiempo suficiente, será condenado por al menos sesenta años en prisión, pero como es un crimen local, se quedará aquí", agregó ella.

"Yo también estaré aquí, él hablará", dijo él.

Capítulo 15 En la órbita de la Luna

El Poderoso cohete SLS estaba siendo ensamblado en el edificio de ensamblaje de vehículos (VAB) en el Centro Espacial Kennedy. La primera etapa fue ensamblada con los dos cohetes de combustible sólido. La segunda etapa estaba siendo levantada por una grúa para colocarla sobre la parte superior de la primera etapa y asegurarla, esta operación requerirá varios días para ser completada.

Mientras tanto, en el hangar de Procesamiento de Vehículos Tripulados número 3, anteriormente OPF-3 durante el Programa de los Transbordadores, estaba siendo preparado, probando y certificado para el vuelo el Vehículo de Exploración Espacial Orion 1. En pocas semanas será transportado al VAB para colocarlo en la parte superior del Módulo de Servicio, desarrollado por la Agencia Europea, que ya estaba en ese edificio.

La Tripulación del Orion-1 estuvo en los simuladores, casi diez horas diarias familiarizándose con todos los sistemas, practicando maniobras y fallas y muy importante, practicando reingreso atmosférico.

El Director del Programa SLS Richard Sieck, el Director del Programa Orion Maurice Lewis y el Director de KSC Bob Anders, estaban teniendo su reunión diaria para revisar el estado del proyecto.

"El Orion-1 está casi listo", dijo Maurice Lewis, "estamos trabajando con el protector térmico, realizando la prueba de integridad". Durante los próximos cinco días todos los sistemas serán probados y certificados, en una semana a partir de hoy la tripulación probará algunos sistemas, y en dos semanas estaremos listos para integrarlo con el módulo de servicio que fue construido por la Agencia Espacial Europea ".

"¿Hay algo que les gustaría informar en este momento, Richard?", Preguntó Bob Anders.

"El único problema que ha sido reportado por los ingenieros es una situación relacionada con el cableado, hemos informado esto a los contratistas, parece que los ingenieros tienen dificultades para identificar algunos cables, y necesitamos que sea muy preciso y bien documentado en caso de que la tripulación necesite hacer algo en este nivel, pedimos específicamente diferentes códigos para cada cable, estamos viendo esto con el contratista, sin embargo no sé si tendrán tiempo suficiente para hacer las modificaciones apropiadas del Orion 1, si lo hacen tendremos cerca de cuatro meses de retrasos porque tendremos que volver a probar todo ", informó el Sr. Lewis.

"Por favor prepare un informe para poder presentarlo a Hank Kranz, que es el Director de la Misión Orion-1 y a Charlie Washington, tenemos que tomar una decisión lo antes posible", respondió Bob Anders.

"¿Qué pasa con el SLS, Richard, hay algún problema?", Preguntó Bob Anders.

"Únicamente el informe que te envié hace dos días sobre uno de los seguros que sostienen las etapas del cohete, tiene algo de corrosión, le he pedido al contratista que retire todas las unidades y verifique todo el sistema, esto tendrá un impacto en la Misión al menos por una semana, a pesar de que podemos recuperar algo de tiempo en las siguientes actividades, pero cómo será el primer vuelo tripulado a la Luna, no quiero correr ningún riesgo. Además, el Dr. Helmut Von Strassen está revisando todos los datos, usted lo conoce, es descendiente del equipo Alemán de Ingenieros de Cohetes, también Ingenieros del Apollo y del Transbordador Espacial, así que tenemos ingenieros muy talentosos en nuestro equipo ", dijo Richard.

"Excelente, lo sé, informaré al Administrador de la Misión sobre el estado hasta el día de hoy para que pueda tener una visión completa, él también está recibiendo información sobre la tripulación y el Control de la Misión. Tenemos suficiente tiempo para el lanzamiento planeado de diciembre, y principalmente con la seguridad requerida ", comentó Bob Anders.

Richard Sieck y Maurice Lewis salieron de la oficina de Bob y regresaron al área de VAB.

...

En el Centro Espacial Tsukuba en Japón, los ingenieros estaban probando todos los sistemas de la Estación de Servicio de la Orbita Terrestre o EOSS, apodado Hoshi (Significado Estrella) debido a que será una nueva Estrella en nuestro cielo nocturno.

Los Ingenieros estaban probando los puertos de acoplamiento con la ayuda de los ingenieros de la NASA y los socios del programa comercial; el Sistema Manipulador Remoto proporcionado por Canadá, y la estructura de servicio diseñada en colaboración con la Agencia Espacial Europea, ya que estaban diseñando el módulo Hábitat.

Koji Tachimoto, el líder del proyecto, estaba siguiendo las pruebas "Los puertos Acoplamiento han sido probados exitosamente en varios escenarios, las operaciones en órbita deben ser muy precisas, necesitamos vigilar un margen de error durante la maniobra de acoplamiento, recuerden que aunque tenemos muchos de los instrumentos de alineación, la tripulación del vehículo LEO no tendrá visión directa en caso de que sea controlada por ellos ", respondió Art Packard, " Hemos ejecutado pruebas controlando el acercamiento y acoplamiento del EOSS con el vehículo tripulado LEO, todos han sido exitosos , aunque necesitamos repetir las pruebas ".

Desde el área de visitantes y reuniones podía ser visto el elemento principal de la EOSS, y detrás del módulo de la compuerta presurizada y el hangar de servicio del Mars Lander, ingenieros vestidos con batas blancas y una gorra cubriendo sus cabezas estaban trabajando en cada una de las secciones. En el siguiente edificio, un grupo estaba trabajando con los sistemas RMS y la estructura de riel RMS.

El Dr. Tachimoto le dijo a Art Packard: "Estamos a tiempo, esto es realmente una belleza, casi puedo verlo orbitando la Tierra y recibiendo el Habitat y el Mars Lander".

...

Dentro del VAB, la Primera Etapa del SLS y los Cohetes de Combustible Sólidos fueron asegurados en la plataforma móvil, una grúa gigante estaba instalando la sección entre etapas y otra grúa estaba sosteniendo la segunda etapa.

En la bahía número dos, estaban el adaptador del Orion y el módulo de servicio.

En la Sala de Lanzamiento 1, los ingenieros estaban verificando sus consolas, y aunque el vehículo no estaba en la Plataforma de lanzamiento, ellos realizan ensayos con simuladores. Bob Harris era el Director de Lanzamiento; él es un ingeniero muy respetado en la Industria Aeroespacial. Le gusta ejecutar simulaciones para cada falla posible que pueda ocurrir durante cada etapa de la cuenta regresiva. En una reunión cada semana el "plan de falla" propuesto, que se presenta a los Administradores de Misión y Directores de Vuelo en Houston. Analizan la posibilidad de esa falla particular con los ingenieros y el impacto en la seguridad de la tripulación y en la Misión. Con esta información, el Director de Simulación prepara con su equipo el escenario para ser ejecutado.

El cohete SLS ha sido probado seis veces, para enviar tripulación y carga a la órbita terrestre y una sonda no tripulada a la Luna, en todos los casos han tenido éxito, por lo que los ingenieros estaban muy seguros de la eficiencia y seguridad de esta, pero tienen presente el riesgo involucrado en cada lanzamiento.

El Orion ha sido probado en Misiones no tripuladas cercanas a la órbita geosincrónica y con Astronautas en órbita terrestre, acoplándose a la ISS para su evaluación y una valoración del escudo térmico antes de regresar a la Tierra, tal como se hizo con los Orbiters en la era del Shuttle.

Para agosto, el Cohete SLS dentro del VAB estaba listo con las dos etapas acopladas juntas.

En la bahía número dos, el adaptador del Orion y el anillo conector estaban siendo preparados para su movimiento e integración con el Cohete. Una vez hecho esto, se integrarán el Orion y su Módulo de Servicio, finalmente se montará el sistema de escape. Estas actividades están programadas para llevarse a cabo la última semana de agosto.

Richard Sieck estaba en la sala de ingeniería VAB con el Director de Pruebas e ingenieros; iban a ejecutar una prueba de integración de las dos etapas. Estas pruebas ejecutarán una serie de comandos desde las computadoras de control a bordo para validar la respuesta y el tiempo de respuesta de cada elemento, como el funcionamiento de las válvulas, la presión del tanque, la posición del motor, el tiempo de apagado y la secuencia de separación. Todos los parámetros deben estar dentro del umbral esperado, antes de proceder a acoplar el adaptador y al Módulo de la Tripulación Orion y el Módulo de Servicio Extendido.

"Bueno Jim" Richard Sieck dijo, "Parece que todas las pruebas fueron exitosas, aunque me gustaría ejecutar el conjunto de pruebas de falla. "

Jim Moses fue el Director de Pruebas para este vehículo "No hay problema, podemos realizar pruebas como pérdida de impulso en un motor durante el ascenso, falla del motor antes del arranque del SRB, aumento interno de la presión, entre otros, y tendremos que repetir estas pruebas cuando el Orion esté acoplado en la parte superior, para asegurarse de que los programas de aborto están trabajando como se espera y tengan el nivel de seguridad requerido ".

"Por cierto", preguntó Richard "¿Has visto a Gunter Spiegel, él es el director de seguridad? Estoy seguro de que querrá verificar estas pruebas, y muchas más".

"Sí", Jim respondió: "Él y Bob Harris estuvieron aquí ayer por la tarde, tienen que dar información al señor Washington".

"Bueno, Estamos a tiempo, si las cosas continúan así, podremos estar en condiciones para transportar el vehículo a finales de septiembre para realizar todo el trabajo, pruebas y ensayos de la Plataforma".

...

"Estás listo para iniciar la trayectoria para la luna TLI" se escuchó una voz dentro del vehículo espacial "Enterado, autorizado para la Trayectoria Lunar para TLI, el Comandante respondió por el sistema de comunicación, de repente se encendió una alarma. "Todos los datos se cargaron en la computadora principal" El motor principal se encenderá en 3,2,1 ahora ", notificó el Comandante. Enterado, tenemos la confirmación de que el Motor Principal ha comenzado, debe encenderse durante trescientos cuarenta y seis segundos "Después de una breve pausa, un ingeniero de consola en el Centro de Control de la Misión dijo:" Tenemos una alarma ". El motor principal está perdiendo impulso no alcanzará la aceleración necesaria ".

El comandante a bordo del vehículo espacial abortó la maniobra para alcanzar una órbita segura de la Tierra donde tratarían de regresar a la Tierra o tal vez ser rescatados por un la Tripulación del LEO. "La maniobra fue abortada, estamos regresando a una órbita de doscientos setenta millas, usando los motores de maniobra".

"Enterado" Pocos minutos después "Orion te tenemos en un LEO seguro" El Centro de Control de la Misión Capcom le dice a la tripulación. "Enterado, gracias" El comandante respondió.

"¿Ahora, Qué tal un almuerzo?", Dijo el Capcom. "Eso nos suena bien, nos vemos ahí tan pronto como apaguemos este vehículo espacial".

"Está bien, la simulación ha terminado por ahora, gracias, la tripulación está a salvo en un LEO" continuaremos después del almuerzo ". Gene Aronson le dijo al personal de MCC, él estaba actuando como Director de Vuelo para esta práctica.

Los astronautas Kenneth Brand, Jeremy Irwin, Neil Cabana y Judith Router, salieron del simulador y se reunieron con Gene Aronson para analizar algunos aspectos de la falla simulada, fueron a la cafetería del Johnson Space Center.

***

El paisaje tenía un tono rojizo, solo podrían ser vistas las rocas, el suelo y algunas montañas. "Esto es sorprendente" dijo un Marsnaut "El paisaje es fuera de este mundo, si no fuera por la gravedad, habría pensado que realmente estaba en Marte", respondió otro Marsnaut.

La tripulación del Terra 1 estaba explorando el desierto de Atacama en Chile, tienen un geólogo, un guía local y algunos ingenieros que estaban trabajando en el diseño del traje de Exploración de Marte.

"Este traje es bastante cómodo y puedo mover mis manos muy fácilmente, pero creo que necesito más campo visual en el casco, me gustaría tener una vista de 180 grados, necesito ver el suelo y el paisaje, también el Mars Lander y el localizador del Mars Rover es difícil de ver ", dijo Leonard Arthur Cooper.

"De acuerdo, lo he registrado", dijo un ingeniero.

"Vean de cerca esta colección de rocas" El geólogo le dijo a la tripulación, ¿cuáles de estas creen que puede darle más información sobre esta área? "Nancy Jones señaló una roca, Yelena Pavlova seleccionó otra, Kiochi Kanko seleccionó otra.

"Kiochi está en lo correcto" esta roca parece ser de origen volcánico, lo que significa que alguna actividad debe haber ocurrido aquí no hace mucho tiempo, las otras rocas son interesantes porque muestran la erosión causada por el flujo de agua que indica que en el mismo punto el agua corre en esta área, tal vez pequeños ríos causados por la lluvia ", les dijo el geólogo.

"Ahora, queremos perforar para descubrir si hay algún rastro de agua debajo de la superficie, y para entender los elementos que conforman las capas debajo de la superficie. El resultado puede darnos una pista de dónde puede estar el agua, si es que existe, y dónde se pueden encontrar microorganismos orgánicos. "vio a la tripulación," Entonces nuestra próxima tarea será elegir un lugar de interés para perforar ".

***

"Tenemos a Orion a la vista, 300 pies. El Marsblock (Formado por el Habitat y el Mars Lander) está en posición", dijo un astronauta por radio. "Enterado, tenemos una visión de la etapa superior del Orion y SLS".

"200 pies. Todo se ve bien, el objetivo de Hábitat está en posición alineada con el Orión".

Comandante del Orion comentó, "nuestro objetivo indica una buena alineación, 150 pies".

"Enterado, el enfoque automático y el acoplamiento están activados, no se reciben alarmas". El Comandante del Beyond Earth (BE) informó.

En la Sala 2 del Centro de Control de la Misión, la pantalla se dividió por la mitad, en un lado estaba la vista desde el Orión hacia el Hábitat, en la otra mitad estaba lo contrario. En la parte superior se mostraban las lecturas de velocidad y distancia.

"30 pies", dijo el comandante de Orion, "todo se ve bien". 15 pies. "La imagen mostraba que el objetivo se hacía más grande; este es el punto de referencia para alinear los dos vehículos para acoplarse.

"Tres pies... y contacto" El comandante del Orion dijo "cerraduras aseguradas y el Hábitat asegurado, todos los seguros están rojos indicando un acoplamiento exitoso"

"Estamos liberando el Marsblock", comunicó el Ingeniero del Beyond Earth. Procedió a liberar las cerraduras de seguridad en el PDCU RMS. Comenzó a retraer el brazo del manipulador remoto y lo movió a una posición preprogramada. "Hemos entregado los componentes, Beyond Earth listo para partir" dijo el comandante.

"Gracias por la preparación y entrega del Habitat y Mars Lander", respondió el comandante del Orion.

John Livingstone era el Director de Vuelo de esta simulación "Felicitaciones, fue un acercamiento y acoplamiento perfecto". La tripulación en el Orion eran los Marsnauts Robert Thornton y Li Yang Tzu del Terra 1, y Pedro Castillejo Romero y Darya Popova del Terra 2. La tripulación para el Vehículo LEO de Beyond Earth estaba formada por el Comandante Sally Glenn, Steve Gordon, Courtney Kent, Yuri Popov, Sean McCoy.

"Vamos a almorzar, a quién le gustaría una hamburguesa jugosa con deliciosas papas fritas", preguntó Robert Thornton a todo el grupo, todos levantaron la mano y empezaron a caminar hacia la cafetería.

La próxima semana tendremos entrenamiento en el Laboratorio de Flotación para las prácticas del EVA, entiendo que ya tienen la maqueta del Hábitat, para que podamos comenzar a explorarlo ", dijo Courtney Kent al grupo. "Eso es genial, el tiempo corre rápido", comentó Sally Glenn.

...

El Vehículo Espacial Tripulado el Orion 1 se transportó desde la Instalación de Operaciones al VAB, para empezar la integración y las pruebas con el Módulo de Servicio Extendido, estas pruebas incluyen comandos para el motor principal y los motores auxiliares, los paneles solares y la energía.

Los ingenieros deben verificar que las secuencias para liberar el Orion del Módulo de servicio se completen a la perfección; que todos los cierres de seguridad sean liberados y todas las conexiones se desconectan de forma segura. También se montará y probará la torre de escape de emergencia.

Estas pruebas de integración durarán aproximadamente una semana, después de lo cual, el Módulo de Orion y Servicio será montado en el adaptador Orion-SLS, el cuál en este momento ya está montado en la parte superior de la segunda etapa de SLS.

Una vez que todas las partes están integradas, se ejecutará una prueba de integración final dentro del VAB, antes de que sea movido a la Plataforma.

Maurice Lewis, el Director del Programa Orion y Peter Moses Director de Prueba del SLS estaban monitoreando la ejecución de diferentes pruebas. "Me gustaría ejecutar la Prueba número 11 una vez más, no estoy contento con el voltaje que esta celda está recibiendo; está en el límite inferior del umbral. También parece que uno de los mecanismos de respaldo para desconectar los cables de señal no está respondiendo ", dijo Lewis a los ingenieros en el cuarto blanco dentro del VAB.

...

En la superficie de Marte, el Rover principal de la Misión del Multi-Rover ha avanzado cerca de cien millas al norte del sitio de aterrizaje ubicado en 68.91N, 11.51 E, en dirección noreste, el objetivo es alcanzar 75.45 N, 15.47 E. "Recogeremos una muestra de tierra ahí, y la calentaremos un poco, si hay agua o moléculas orgánicas las detectaremos, los instrumentos son muy sensibles. El suelo de esta área también será usado para el experimento del invernadero a bordo, ya veremos. Esperamos llegar cerca de esa área en aproximadamente un mes si podemos viajar catorce kilómetros por día ", comentó el Dr. Long mostrando las ubicaciones en un mapa de Marte, y agregó:" Confiamos en que esta región nos brindará información muy valiosa para el aterrizaje de la tripulación, tal vez podamos extraer agua de abajo o traerla de las capas de hielo ".

Mostró algunas fotografías y películas en 2D y 3D de la zona, y algunas tomadas desde arriba por los Drones, eran espectaculares. "Se pueden ver detalles de menos de un centímetro, fotografías de alta resolución del paisaje circundante y áreas específicas de estas imágenes, también información de temperatura, partículas en la atmósfera, vientos, humedad, presión y composición de la tierra basadas en el espectrómetro. El verdadero problema aquí es la temperatura, especialmente por la noche, puede bajar a -243 F, pero esto es algo con lo que tenemos que trabajar ", comentó al reportero.

"Tenemos operaciones continuas en los centros de control en todo el mundo, geólogos, meteorólogos, biólogos y todo tipo de científicos están analizando estos datos mientras hablamos. El resultado debería permitir confirmar la existencia de agua en el planeta y cómo podríamos alcanzarla para ser usada por nuestra tripulación "agregó el Dr. Long.

"Esta Misión es muy interesante e integra la última tecnología, y como dijo el Dr. Long, la información obtenida es muy importante para el Viaje Tripulado a Marte, que tendrá lugar en unos ocho años. Desde el informe del Centro de Comando Aeroespacial de Beijing y el Centro de Control esto ha sido una actualización de la serie De la Plataforma a Marte ". Comentó el periodista.

...

Era el 2 de octubre de 2023 a la 1:00 a.m. en el Centro Espacial Kennedy, los paneles del VAB empezaron a abrirse, esta operación durará aproximadamente 45 minutos; reflectores gigantes estaban iluminando la zona, una vista espectacular. A medida que los paneles verticales subían, se podía ser visto el poderoso SLS con el Orion, toda la estructura sobre en una plataforma móvil de lanzamiento, montada en la Oruga que transportaría el cohete gigante a la Plataforma 39A una plataforma llena de historia de donde partieron asombrosas Misiones.

La plataforma 39A estaba a solo 3.5 millas del VAB, el viaje tomará cerca de cuatro horas para completar, debido al hecho de que la oruga va a una velocidad de una milla por hora como máximo.

En la Plataforma, la estructura móvil del servicio será movida hacia el cohete cuando llegue, para protección y preparación final, sobre la estructura fija está el brazo de acceso de la tripulación con su cuarto blanca, aquí los ingenieros recibirán la tripulación y los ayudarán para entrar al vehículo espacial en el momento de un ensayo o lanzamiento. Antes del lanzamiento, es utilizado por los ingenieros para entrar al Orion para pruebas de sistemas, comunicación y preparaciones finales.

La puerta VAB se abrió completamente, todos los paneles se retrajeron por completo, la Oruga comenzó a moverse, el asombroso vehículo salió de las sombras para ser completamente iluminado por los reflectores gigantes; mostrando la ingeniería más avanzada que llevará a una tripulación de cuatro personas alrededor de la Luna, y más adelante a Marte.

La impresionante estructura se podía ver desde kilómetros de distancia, empezó su trayectoria hacia la Plataforma.

Al amanecer, la estructura llegó a la plataforma, con una precisión asombrosa, la plataforma móvil de lanzamiento se colocó en la base de la Plataforma de despegue, teniendo en el lado izquierdo la estructura de servicio fijo y en el lado derecho la estructura móvil.

El Atlántico en el horizonte se podía ver con un sol rojizo matutino emergiendo, un paisaje impresionante y bello.

"Qué vista" Bob Anders le dijo a Richard Sieck. "Sí, esto es realmente hermoso, mirando el cohete contra los colores de la mañana y el océano".

Los ingenieros empezaron a trabajar en la Plataforma, tienen que asegurar la plataforma de lanzamiento, y la Oruga tiene que ser removida y regresada al VAB. Deben asegurarse de que el cohete está en la posición esperada para un lanzamiento seguro.

Todas las líneas tienen que estar conectadas, las líneas de alimentación de combustible, las líneas de energía, y el brazo de acceso del Orion fue movido a su posición para acceder al vehículo.

Antes de que pueda comenzar una prueba del cohete, los ingenieros de la Plataforma se aseguran de que todos los sistemas de la plataforma son operacionales.

La plataforma estaba rodeada de pararrayos, para evitar impactos de rayos en el vehículo o en cualquier lugar del Área de la Plataforma.

El 9 de octubre, los ingenieros de consolas llegaron al Centro de Control de Lanzamiento 1 ubicado en el complejo de Control Lanzamiento cerca de la VAB, ellos tenían que asegurarse que estaban recibiendo información o, al menos, una señal del elemento que estaban monitoreando con cada consola en particular. Todo tiene que estar funcionando correctamente para la prueba de integración que tendrá lugar el próximo 11 de octubre. Esta prueba será una evaluación de todos los sistemas según sea necesario durante la cuenta regresiva y en operaciones de vuelo; esta primera prueba certificará que todos los sistemas están listos para la Misión.

Después de esta prueba, muchas más continuarán, algunas con la carga de combustible para validar todas las válvulas y la presurización, después de que es validado, el combustible (Oxígeno e Hidrógeno líquidos) serán devueltos a los depósitos de combustible.

La tripulación fue programada para llegar en aproximadamente tres semanas para familiarizarse con el vehículo y el cohete, para conocer y practicar a detalle los procedimientos de emergencia y el sistema de escape si existiera la necesidad de evacuar debido a una emergencia. La tripulación recibirá capacitación sobre cómo egresar en una emergencia usando una canasta que se desliza en un cable hasta un bunker de refugio, aunque si hay una emergencia durante los segundos finales de la cuenta regresiva el vehículo del Orion será lanzado y expulsado por el sistema de escape de emergencia.

Después de esto, habrá un ensayo de lanzamiento completo que incluye una cuenta regresiva desde el principio al lanzamiento, por supuesto, sin iniciar los motores. Este ensayo involucrará a la tripulación, conocer todas las actividades, su viaje desde el Edificio de Operaciones a la Plataforma, todas las actividades del Cuarto Blanco, el cerrado de la escotilla y comprobación de los sistemas.

Los Altos funcionarios y un representante de cada sistema del cohete y el vehículo se reunieron para tener la reunión de Revisión de Preparación de Lanzamiento. Durante este evento que podría tomar un par de días, se lleva a cabo una revisión de todos los problemas que pueden causar un retraso del lanzamiento, si no se encuentran grandes problemas, todos acuerdan una fecha para el lanzamiento, el resultado de esta reunión fue: La cuenta regresiva comenzará el 18 de diciembre para un lanzamiento a las 11:17 AM del 21 de diciembre.

...

"Ahora Iván, deja estas mentiras, eres Iván Ivanovich el ex agente de la KGB", dijo el agente Wilson en la cárcel local cerca de Amsterdam, "estarás aquí el resto de tu vida debido a tus acciones contra la policía local e intento de secuestro de la anciana ".

"Te lo he dicho muchas veces que no soy Iván Ivanovich, ¿no lo entiendes?", Respondió.

"Ve estas fotografías, tú eres esta persona, esta es una copia de su identificación de la KGB, tu pasaporte, en la estación de tren, durante la selección de personal en la KGB para la cumbre, estas son tus huellas digitales".

"Puedes tomar mis huellas digitales ahora si quieres" dijo Iván burlándose de él y mostrando sus dedos. Él no tiene huellas digitales; fueron borrados con ácido en algún momento.

"Si este es el juego que quieres jugar está bien", dijo el agente Wilson, "puedo traer a la KGB para llevarte de vuelta a Rusia, serás juzgado como traidor, y tal vez seas enviado a Siberia, para sobrevivir unas pocas semanas agonizantes".

"No me pueden sacar de aquí, la justicia holandesa no lo permitirá, además ya te dije que mi nombre es Boris Malkin de Ucrania", respondió Iván.

"Bueno, puedes preguntar al agente Anika, ella confirmará lo que acabo de decir. Solo responde esto, ¿quién estuvo detrás del atentado de la Cumbre del G20?

"No sé de lo que estás hablando" respondió Iván.

"De acuerdo, si esa es la forma en que quieres hacerlo, me parece bien". El agente Wilson salió de la sala de interrogatorios y se fue.

El agente Anika lo estaba esperando. "No hablará, tendremos que usar otros métodos" Dejaron la prisión.

...

"Ok listos para comenzar la Cuenta regresiva a T-43 horas esto es a las 9:32 AM hoy 18 de diciembre, para un lanzamiento a las 11:17 AM del 21 de diciembre, por favor procedan a confirmar el estado de sus consolas" el Director de Lanzamiento Bob Harris dijo a todo el personal del Centro de Control de Lanzamiento.

Con él estaban Pete Martin como Director Asociado de Lanzamiento y Jim Moses como Director de Pruebas, el comentarista de la Misión en KSC para hoy era George Walters.

"Director de Lanzamiento al Director de Vuelo en Houston, ¿me escucha?", Dijo Bob en el canal de comunicaciones.

"Hola Bob, este es John Livingstone, estamos listos en el Centro de Control de la misión, el Director de Ascenso para hoy es Peter Page, el Capcom para el lanzamiento será Robert Thornton".

"Gracias John".

Se produjo una pausa y luego se escuchó el sistema de sonido "Manténganse en espera para que se inicie la cuenta regresiva en sesenta segundos".

"3,2,1 estamos a T-43 horas para la Misión MO-1 con Orion 1", anunció el Director de Lanzamiento

Todos los ingenieros en sus consolas empezaron a seguir los procedimientos que correspondían a cada parte de la cuenta regresiva, los ingenieros en la Plataforma de Lanzamiento realizan visitas de inspección para verificar el estado de la estructura del cohete y la Plataforma de lanzamiento, e identifican posibles fugas de combustible y áreas congeladas.

El Dr. Cook y Charlie Washington estaban programados para llegar a KSC el próximo miércoles, para presenciar el Lanzamiento y hablar con algunos miembros del personal, después del Lanzamiento ellos viajarán a Houston.

"Este es un informe especial del Centro Espacial Kennedy, este es Michael Newton. La Cuenta regresiva ha comenzado para la primera Misión Humana en orbitar la Luna desde que el Programa Apolo terminó en diciembre de 1972, esto es hace 51 años. Si todo sale según lo planeado, la tripulación de cuatro miembros alcanzará la órbita lunar antes de Navidad. La tripulación está formada por los Astronautas Kenneth Brand, Jeremy Irwin, Neil Cabana y Judith Routerbin, que se convertirá en la primera mujer en orbitar la Luna ".

"La Misión probará todos los Sistemas y Procedimientos del Orión en preparación para una Misión de Marte, además la tripulación tomará imágenes de la superficie de la Luna, con cámaras de alta definición que nos permitirán ver detalles tan pequeños como de hasta diez centímetros, puede coincidir con algunos de los sitios de aterrizaje del Apollo, sería muy emotivo ver la plataforma de aterrizaje del Módulo Lunar, el equipo, el Moon Rover, alguna de las banderas que se dejaron ahí y quizás las huellas de estos grandes héroes ".

"En esta parte de la cuenta regresiva hay pocos anuncios públicos ya que todo el software está cargado, el Orion es inspeccionado, se prepara para activar la energía del vehículo y probar todas las interfaces entre las diferentes etapas".

"La tripulación está programada para llegar en aproximadamente una hora a la pista de Aterrizaje de Transbordadores; ellos serán conducidos al edificio de Operaciones y Verificación Neil Armstrong, donde revisarán todos los planes de vuelo y procedimientos de emergencia ".

"Voy a mostrarles algunos extractos de una entrevista que tuve con ellos".

El video de la entrevista fue presentado; el primero en aparecer fue el Astronauta Kenneth Brand, quien es el Comandante de la Misión.

"Nuestro objetivo es probar todos los sistemas del Orion, aunque nuestra Misión durará solo quince días, queremos asegurarnos de que todos los sistemas respondan como deberían. En esta Misión no realizaremos ninguna maniobra de encuentro y acoplamiento, es decir, esto está programado para la siguiente Misión que tendrá lugar en dos años más cuando estén listos otros elementos para la Misión de Marte, como la Estación de la órbita terrestre, un Hábitat y un Mars Lander, aunque estos podrían no ser los que realmente se usarán, darán una buena idea de las operaciones que se realizarán. En esa Misión se requiere la participación de las Tripulaciones del Orion y LEO. En Nuestra Misión probaremos la capacidad de maniobra del Módulo de Servicio del Orion cambiando la órbita alrededor de la Luna ".

Ese segmento del video terminó y empezó el comentario de Jeremy Irwin.

"Mis deberes en la Misión como Ingeniero de vuelo son monitorear los sistemas de energía y la posición orbital, tengo que estar seguro de que los paneles solares están extendidos y que todas las maniobras funcionan como fueron diseñadas, tengo que monitorear la calidad de la atmósfera en el vehículo espacial y hacer ajustes si es necesario. Si hay una emergencia con el combustible o la energía es mi deber informar al Comandante que una Misión Mínima o una secuencia de aborto tiene que ser ejecutada, además de eso tengo que iniciar las maniobras para cambiar los parámetros orbitales alrededor de la Luna, y garantizar que estemos en la posición correcta cuando dejamos la Orbita Lunar ".

El siguiente miembro de la tripulación apareció en la pantalla, él era Neil Cabana.

"Soy el Ingeniero de Vuelo 2, he sido entrenado para cubrir todas las actividades del Comandante y el Ingeniero de Vuelo 1, además tengo que asegurarme de que el vehículo esté en buen estado, esto es, no tenemos contaminantes ni restos flotando alrededor. Si hay una necesidad de un EVA, Judy o yo seremos los que lo haremos, por ejemplo, si algo sale mal con los paneles solares o con algún equipo como el LSHIS3B, este es el sistema 3D de imágenes de alta resolución de la Superficie Lunar. Judy y yo cargaremos la secuencia para el funcionamiento de este sistema. Estamos seguros de que tendremos vistas increíbles de la superficie, con información detallada de las elevaciones, la temperatura y la composición del suelo Lunar ".

Finalmente, Judith Routerbin.

"Es un gran honor para mí ser la primer mujer en orbitar la Luna, estaré en el grupo con Amelia, Valentina, Sally, Kathy, Eileen y muchas otras mujeres. Como explicó Neil, nuestras actividades serán muy similares, y además de mí y del Biólogo y Doctor en Medicina, yo seré el que examinará algunos experimentos que tenemos con diferentes tipos de plantas, y también tomaré algunas muestras de la tripulación. Esta es una actividad que será necesaria en la Misión a Marte, el Médico tendrá que cuidar de la salud de la tripulación y, si es necesario, realizar un procedimiento guiado por un conjunto completo de videos que se tomarán. También estaré midiendo el nivel de radiación. El Orion tiene un aislamiento interno especial hecho de plástico y plomo, además del aislamiento de la red de agua. La parte histórica de la Misión será tomar imágenes en alta definición de los sitios de aterrizaje Lunar del Apolo. Sería grandioso ver estos lugares después de tantos años ".

"Bueno, hemos escuchado a la tripulación", dijo Michael Newton, "Estamos en la pista de aterrizaje de Transbordadores en donde la tripulación llegará en breve; nos han dicho que darán un breve comentario y serán llevados casi inmediatamente al Edificio de Operación y Verificación".

Cuatro aviones pequeños aterrizaron en la pista de aterrizaje del transbordador, y se dirigieron hacia el área cercana al edificio principal. Ocho astronautas salieron de sus pequeños aviones, dos de cada uno. Eran la tripulación primaria y la tripulación de respaldo. Fueron recibidos por el Director de KSC Bob Harris, el Director del Programa de Marte Fritz Von Strauss, el Director del Programa SLS Richard Sieck, el Director del Programa Orion Maurice Lewis, el Director de la Misión de Vuelo Lunar Hank Kranz y la Jefa de la Oficina de Astronautas Sally Glenn. Los cuatro miembros de la Tripulación primaria se acercaron a un micrófono instalado para ellos.

El comandante Brand tomó la palabra "Gracias por venir, somos la tripulación de la Misión MO-1 y el equipo de respaldo. Nuestra Misión es muy importante por dos razones principales: Primero, estamos regresando a la Luna, después de 51 años desde la partida del Apollo 17, aunque solo orbitaremos la Luna, estamos abriendo el camino para reanudar la exploración, y segundo, estamos probando el vehículo que en nueve años llevará a la primera tripulación a Marte. Como saben, el equipo se está entrenando mientras hablamos. Estamos seguros de que Orion y SLS funcionarán sin problemas debido al arduo trabajo de todos los ingenieros y científicos que lo ensamblan y lo preparan para la Misión. En menos de 72 horas, esperamos ofrecer a todos un espectáculo impresionante cuando el cohete encienda sus motores y después los SRB. Esta es una Misión de esperanza que unirá a todo el mundo como lo hizo el Apolo 8 hace 55 años; como se hizo en ese tiempo, vamos a leer el Génesis desde la órbita de la Luna. Gracias".

Caminaron hacia el vehículo Astrovan que los llevará al Edificio donde vivirán durante los próximos días para prepararse para la Misión, y tener algunos exámenes médicos.

"Los astronautas están ahora en el Centro Espacial Kennedy, como acaban de ver. Con esto cerraré la transmisión de los eventos de hoy de la serie Camino a Marte, la historia de hoy Regresando a la Luna. Reportó para ustedes Michael Newton ".

El martes por la mañana, 19 de diciembre en el sistema de sonido público se escuchó "T-27 horas y en pausa. Durante esta pausa, la estructura móvil de lanzamiento será movida a una distancia segura para evitar daños durante el lanzamiento, todo el personal debe abandonar el área de la plataforma de lanzamiento, excepto aquellos que realizarán tareas específicas, los Criogénicos empezarán a cargarse en ambas etapas del cohete, esta pausa está programada para durar tres horas y cuarenta minutos. Las autoridades meteorológicas indicaron que no hay restricciones climáticas que podrían detener la operación de tanque, las temperaturas y vientos para los próximos días son favorables para el Lanzamiento, también el área de rescate en caso de aborto en el Océano Atlántico deber estar dentro de los parámetros, por lo que todo va bien en la cuenta regresiva para la Misión MO-1. A T-27 horas y en pausa este, es el Control de Lanzamiento del Orion ".

A T-27 Horas y contando los reactivos de Criogénicos están cargados en el vehículo y en los tanques de almacenamiento y celdas de combustible del módulo de Servicio.

La cuenta regresiva continuó, entrando en otras pausas programadas y preparando el vehículo para su viaje.

"En T-19 Horas y contando los motores de primera y segunda etapa están preparados para el vuelo, se realizan una serie de pruebas en válvulas y sensores para validar que están todos activos y en funcionamiento. El vehículo Orion está preparado para la llegada de la tripulación, y el sistema de escape está probado, el tanque de agua del sistema de supresión de sonido de la plataforma está listo para operar."

"T- 11 horas y en pausa" El comentarista de la Misión anunció "Esta pausa en el conteo es usada para tener informes meteorológicos y de ingeniería, para discutir cualquier problema que pueda requerir un aplazamiento de lanzamiento, el equipo de apoyo a la Tripulación está abordo del Orion, se lleva a cabo la activación de la unidades del sistema de navegación. Las computadoras en los anillos intermedios se prueban, y el sistema de comunicación en el Orion son activadas y probadas, esta pausa puede durar catorce horas. A T-11 horas y en pausa, este es el Control de Lanzamiento del Orion ".

El Dr. Christopher Cook y Charlie Washington llegaron a la KSC, aterrizando en la pista de transbordadores en donde un vehículo los estaba esperando para llevarlos a la Oficina del Director del KSC, donde tendrán informes, luego visitarán a la tripulación en el OCB Neil Armstrong. Por la tarde darán un paseo alrededor de la Plataforma para llevarlos más tarde a la Sala de Lanzamiento en donde el Director de Lanzamiento les informará el estado del lanzamiento que tendrá lugar al día siguiente.

La Cuenta Regresiva se reanudó el miércoles por la noche. "Este es el control de lanzamiento del Orion, reanudaremos la cuenta regresiva en 3,2,1. T-11 horas y contando. Durante la pausa previa no se abordaron problemas técnicos, el oficial meteorológico presentó el pronóstico para las próximas 24 horas y era favorable para las operaciones y el lanzamiento. En este momento las celdas de combustible del Orion serán activadas, y todo el personal no esencial despejará el área de Lanzamiento. La próxima pausa será a T-6 Horas. A T-10 horas y 54 minutos, este es el control de lanzamiento del Orion ".

En el Edificio de Operaciones y Verificación Neil Armstrong, los astronautas estaban cenando, recibieron una breve visita del Dr. Cook, Charlie Washington y Bob Anders, con la tripulación primaria estaba la tripulación de apoyo y la Astronauta Sally Glenn, Jefa de la Oficina de Astronautas.

"Solo tomaré un momento de su tiempo, supongo que deben estar muy ocupados "el Dr. Cook le dijo a la tripulación sonriendo. "En nombre de la Organización Mundial de Exploración Espacial, deseo expresar mis mejores deseos para una Misión muy exitosa. Esta Misión en particular es muy especial por muchas razones, primero tiene un toque de nostalgia porque orbitarán la Luna casi en las mismas fechas que el Apollo 8 en 1968, muchos de nosotros vimos ese evento en televisión con nuestros padres o abuelos, en segundo lugar, ustedes están abriendo el programa de regreso a la Luna que su nación con algunos socios continuará, y tercero probarán el vehículo que llevará a los humanos a Marte en pocos años. Seguiremos su Misión histórica, y los estaremos esperando en aproximadamente tres semanas. Ahora disfruten su cena y disfruten de su viaje ".

"Gracias Dr. Cook, haremos nuestro mejor esfuerzo para alcanzar los objetivos de la Misión, y probaremos todos los sistemas del Orion, estoy seguro de que esta Misión será un éxito total gracias al arduo trabajo y la dedicación de todo el personal en todos los centros "Respondió el Comandante Brand.

"Gracias, los apoyaremos desde el área de visitantes del centro de control del lanzamiento" agregó el Dr. Cook.

"Esperamos darles un gran espectáculo mañana", dijo el comandante Brand.

Los visitantes abandonaron el área y la tripulación continuó con su cena y preparación para el día siguiente.

Por la noche, la cuenta regresiva llegó a la pausa de T-6 Horas, las condiciones climáticas fueron favorables para las operaciones del llenado del tanque, y no hubo problemas técnicos que pudieran detener esta operación, este es el proceso para cargar el oxígeno líquido y el hidrógeno en los tanques de la Primera Etapa, luego serán cargados los tanques de la segunda etapa, este proceso es monitoreado por instrumentos y cámaras para detectar posibles fugas.

Esta pausa durará tres horas, tripulaciones especiales en la Plataforma monitorearan la formación de hielo en las etapas.

A T-6 Horas y Contando, la operación del llenado del tanque continúa, la tripulación en el edificio de operaciones y verificaciones Neil Armstrong son despertados y tendrán el desayuno tradicional y pastel con el emblema de la Misión.

Este emblema fue diseñado por la tripulación; tiene el horizonte de la Tierra, la Luna y el Orión dirigiéndose hacia él. Marte se representa como un pequeño punto rojo que simbolizando que existe el objetivo, y tiene doce estrellas que representan cada Misión Apolo tripulada. Tiene la forma del vehículo Orion y los apellidos de la tripulación en la parte inferior, con el nombre MO-1 que significa Misión Orbital de la Luna 1.

"Este es el control de lanzamiento del Orión, estamos a T-5 horas y 45 minutos en nuestra cuenta regresiva, las operaciones de llenado de tanque han concluido, no hay problemas en este momento, el equipo de hielo está en la plataforma verificando que no haya formaciones de hielo debido a la baja temperatura de los criogénicos. La tripulación está tomando el desayuno tradicional, y después tendrán un resumen del estado del vehículo y climatológico y luego un chequeo médico para proceder posteriormente con la operación para ponerse los trajes presurizados. Dejarán el edificio a bordo del Astrovan a T-3 Horas en la cuenta regresiva. A T-5 horas 37 minutos y contando esto es el Control de Lanzamiento del Orion ".

La actividad en la sala de Control de Lanzamiento era intensa, cada ingeniero estaba mirando todos los parámetros del sistema que estaban a cargo, el Director de Lanzamiento estaba monitoreando todos los sistemas y recibiendo actualizaciones constantes del clima.

Dos barcos habían salido hacia el Atlántico; su objetivo era recuperar los cohetes de combustible sólido que caerán al mar en esa área, y también estar en el área en caso de que el Orion tenga que ser separado del cohete debido a una emergencia. El Director de Lanzamiento recibió confirmación de que estos barcos estaban en posición y la confirmación de las mareas bajas y el clima en esa área.

"Este es el Control de Lanzamiento del Orion, estamos a T-3 horas y en pausa, durante esta pausa la tripulación que ayudará a los astronautas a entrar en el Orion es transportada al cuarto blanco, verificará la configuración de la cuenta regresiva del Orion y verificará la activación del sistema de escape, este es el módulo que separará al Orion a una distancia segura del cohete en caso de emergencia durante los minutos finales de la cuenta regresiva y durante las primeras etapas de lanzamiento. La Unidad de Medida Inercial será calibrada. El director de vuelo recibirá informes meteorológicos y la tripulación también recibirá información meteorológica. El equipo de soporte de los Astronautas realizará pruebas para verificar las comunicaciones desde el Orion ".

"T-3 Horas y Contando" El comentarista de la Misión anunció "La tripulación está caminando hacia el Astrovan estacionado frente al edificio de Operaciones y Verificaciones, podemos verlos saliendo del edificio, saludando a los periodistas y a algunos invitados, y continúan para abordar el Astrovan. Saldrán del Área Industrial y se dirigirán al Edificio de Control de Lanzamiento al lado del VAB, donde se detendrá para que la Astronauta Sally Glenn descienda, como lo indica el procedimiento. En la plataforma de lanzamiento, los ingenieros y los técnicos están verificando la configuración para el lanzamiento, y esperando que la tripulación les ayude durante la entrada al Orion. El Astrovan ha llegado al área VAB, podemos ver deteniéndose y la astronauta Sally Glenn, jefa de la oficina de Astronautas, bajando, ella está en la puerta, posiblemente deseándoles que tengan un viaje seguro y exitoso. Está caminando hacia el edificio del Control de Lanzamiento mientras el Astrovan comienza su recorrido de 3.5 millas hacia la Plataforma ".

"En la sala de Lanzamiento 1, el Dr. Christopher Cook Director de la Organización Mundial de Exploración Espacial, Charlie Washington Director de la NASA, Fritz Von Strauss Director del Programa de Marte y Bob Anders, Director de KSC, saludaron a Bob Harris, quien es el Director de Lanzamiento y se dirigen al área de Invitados aquí en la Sala de Lanzamiento 1. Enviaremos la señal al Control de Misión en Houston para una actualización ".

"Gracias George, estamos a 2 horas y 40 minutos y contando, aquí en el Centro de Control de la Misión todo el personal está listo para tomar el control de la Misión tan pronto como el SLS despeje la torre, como ha sido una tradición. El Director de Vuelo es John Livingstone, Robert Thornton de la Agencia Espacial Canadiense será el Capcom para este turno, como parte de su entrenamiento para la Misión de Marte, el Director de Ascenso es William Leinbach, está recibiendo toda la información de la Sala de Lanzamiento 1 así como las actualizaciones Meteorológicas, esta es la actualización, de regreso a ti George ".

La transmisión regresó a KSC. "T-2 horas y treinta minutos. El AstroVan ha llegado a la Plataforma, los astronautas están entrando al elevador que los llevará hasta el brazo de acceso del Orion, donde se encuentra el cuarto Blanco. En este momento hay una preocupación con un sensor en una de las líneas que alimenta el oxígeno a la cámara de combustión en el motor número 2 de la primera etapa, aunque este sensor tiene dos sensores redundantes, la regla es que, para un lanzamiento, el 100% del equipo debe estar trabajando. Los técnicos están viendo esta situación ".

"En el cuarto blanco los Astronautas han llegado, un grupo de técnicos los ayudará a ponerse su sistema de soporte de vida y casco, la primer Astronauta a la que se asistirá es Judith Routerbin, podemos verla sonriendo y saludando a la cámara, el Astronauta Neil Cabana es el Siguiente en línea ".

"En la zona VIP hay invitados de todas las naciones, entre ellos están familiares de los tripulantes, astronautas, ex astronautas, algunos del Apolo, representantes del gobierno de diferentes naciones.

"De vuelta en el cuarto blanco, la Astronauta Routerbin ha sido asegurada en su asiento, y el Astronauta Cabana está siendo asistido, podemos ver al Astronauta Jeremy Irwin preparándose".

"En la Sala de Lanzamiento 1, los ingenieros están analizando la situación del sensor que no está respondiendo, los otros dos sensores que son de respaldo, están enviando las señales adecuadas, tienen que determinar si esto podría ser un problema de cableado".

"El Astronauta Cabana está ahora a bordo del Orion y la tripulación está ayudando al Astronauta Irwin, el comandante de la Misión se puede ver en el lado izquierdo de la pantalla. El Astronauta Irwin entra al Orion donde es asistido para asegurarlo en su asiento. El Astronauta Kenneth Brand se está preparando ".

"Una vez que toda la tripulación esté a bordo, el equipo del cuarto Blanco procederá a cerrar la escotilla y asegurarla para su lanzamiento, después de eso abandonarán el área de la Plataforma".

"T-Dos horas y contando. La tripulación está en el Vehículo Espacial Orion y la escotilla ha sido cerrada, el equipo la está asegurando ".

"Mientras tanto, los astronautas empiezan una serie de pruebas para verificar las comunicaciones con Houston y con KSC".

"T-20 minutos y en espera. El Director de Pruebas, Jim Moses, está teniendo un informe con el Director del Programa SLS y los Ingenieros sobre el estado del vehículo, el único problema en este momento es el sensor que dejó de responder ".

"Las pruebas en el sensor indican que podría estar desconectado, aunque en las verificaciones anteriores los tres estaban funcionando", comentó el ingeniero del propulsor número 2.

"¿Cuál es el impacto en el lanzamiento? ¿Qué pasa si hay otro problema asociado?" Preguntó Jim Moses.

"Ejecutamos pruebas y revisamos los diagramas de este motor en particular" Los tres sensores son independientes, esto es para evitar un punto común de falla, consideramos que podemos proceder, esto es solo una parte electrónica, los otros sensores funcionan bien y las lecturas son buenas e idénticas, lo único que tenemos que hacer es alimentar el secuenciador con el cambio de configuración, indicando que solo dos sensores estarán activos "Richard Sieck comentó.

"Entonces, ¿cuál es tu recomendación?" Preguntó Jim Moses.

"Recomendamos continuar con el Lanzamiento, ese sensor está totalmente desconectado, si el caso fuera que estuviera enviando lecturas erráticas, detendría el lanzamiento, pero esta no es la situación", comentó Richard Sieck.

"Ok, ¿entiendo que puede ser anulado cuando lleguemos a T-40 Segundos? Jim Moses preguntó.

"Sí, se pensó que podía anularse solo si uno de los sensores falla, con dos no lo dejaría proseguir", comentó Richard Sieck.

"De acuerdo, procederemos hasta a la pausa del conteo en T-10 minutos, podemos extenderla hasta cuarenta minutos, si se necesita más tiempo tendremos que cancelar el lanzamiento para hoy", comentó el Director de lanzamiento, Bob Harris.

Bob Harris anunció: "Reanudaremos la cuenta en un minuto, haremos pausa en T-10".

"T-20 minutos y contando, la cuenta regresiva continuará hasta los T-10 minutos, donde tendrá lugar una pausa final, el único problema técnico es que uno de los sensores que controla el flujo de oxígeno líquido a la cámara de combustión del motor el número dos, no está enviando ningún dato. Hay tres sensores que realizan esta función, ellos toman lecturas del flujo de LOX y su temperatura y lo envían a un procesador a bordo que comparará los valores para encontrar posibles discrepancias, en cuyo caso el motor se apagará, causando la cancelación del lanzamiento, pero los ingenieros han acordado proceder con dos sensores. Al llegar T-40 segundos, el Secuenciador de Lanzamiento tomará el control por el resto de la cuenta regresiva, si en ese punto se encuentra una discrepancia, la cuenta regresiva será puesta en pausa. Si este es el caso, esta pausa solo puede durar un minuto y treinta y cinco segundos debido al estado de las celdas de combustible, las IMU y los tanques criogénicos. Para este caso particular, la cuenta regresiva puede proceder anulando uno de los sensores. Además de este problema, no hay otras preocupaciones para el lanzamiento de hoy; en T-diecisiete minutos y contando este es el Control del Lanzamiento del Orion ".

En Astrotechnika en Alemania, el grupo que estaba desarrollando el Mars Lander ha estado siguiendo la cuenta regresiva "Esto es muy emocionante" dijo el Dr. Gunter Schneider, "me recuerda las historias que mi padre me contó cuando solía trabajar en el Centro Espacial Kennedy con el equipo de Científicos del Dr. Von Braun, fue una gran satisfacción cuando vieron que el poderoso Saturno V despegaba ".

"Estoy seguro de que fue increíble, mi papá trabajó en una granja y me habló de las primeras Misiones Espaciales y el Apollo 8, algunas veces salimos en la noche para ver la Estación Espacial Internacional cruzando el cielo nocturno, era increíble, y solíamos tener un telescopio, no muy grande pero podíamos ver la Luna, Marte, Saturno y Júpiter, con sus satélites Galileanos "Andrew dijo" ¿Te acuerdas Hans? Solíamos imaginar a los viajeros Espaciales yendo a esos mundos distantes ". "Por supuesto que sí" respondió Hans.

"Hay muchas anécdotas e historias", dijo el Dr. Von Stuhlinger, "lo más importante es que somos parte de la próxima aventura, es un gran honor crear el Mars Lander, ¡nuestro trabajo llevará a los primeros humanos a Marte! Miren la cuenta regresiva ha entrado en la pausa final, espero que el problema con el sensor pueda ser anulado ".

"Estamos en la pausa en T-10 Minutos para el lanzamiento de hoy del Orion para un regreso a la Luna. Durante esta pausa, el director de lanzamiento recibirá la realimentación de todos los ingenieros en jefe con la encuesta GO / NOGO. Está hablando con el director de pruebas, el director de seguridad y el ingeniero jefe de propulsión. Conoceremos su decisión de proceder o cancelar por hoy ", dijo el comentarista de lanzamiento. Hubo un silencio sobre la imagen presentada. Esta imagen muestra el cohete en la plataforma, el Orion, luego una vista del Centro Espacial Kennedy, y luego una vista de la Sala de Lanzamiento 1.

"Hemos estado en esta pausa por cuatro minutos, está programado para durar nueve minutos, pero puede extenderse a cuarenta si es necesario".

El Director del Lanzamiento Bob Harris se dirigió a la Sala de Lanzamiento. "Bien, voy a comenzar la encuesta previa al lanzamiento, por favor responda Go / NoGo".

"Dinámica de vuelo" Dijo "Dinámica de Vuelo es GO Bob" "gracias", respondió.

"MILA" Recibió una respuesta "" MILA es GO, estamos listos con el seguimiento "," Gracias ".

"Meteorología" "No tenemos problemas, las condiciones son proceder, es decir GO".

"Recuperación" "La recuperación es Go".

"SLS" "Nosotros GO, excepto por el problema del sensor, recomendamos proceder a anular" "Bien, gracias".

"Control en Houston" "Houston recomienda proceder, estamos listos para la Misión, GO Bob", respondió John Livingstone desde el Control de la Misión en Houston.

"CDR" "Estamos listos Bob" El Comandante del Orion, Brand respondió y continuó "queremos agradecer a todo el equipo de SLS / Orion por la preparación del vehículo, estamos listos para ofrecerles un gran espectáculo" Estamos listos, GO.

"Gracias, Ken" Bob respondió "Todas las personas aquí han puesto todo su esfuerzo y conocimiento para tener este vehículo listo, en nombre de todo el equipo de lanzamiento quiero desearles todo lo mejor para el regreso de la Luna, y los veremos en pocas semanas. Ahora relájate y disfruta el viaje ".

"Nosotros estamos listos para la Misión de hoy", prepárense para reanudar el conteo en un minuto, dijo.

"Hemos escuchado que vamos a continuar con la cuenta regresiva como lo planeado, y vamos a esperar hasta T- 40 segundos cuando las computadoras a bordo tomen el control de la cuenta regresiva verificará miles de parámetros".

"Estamos listos para proseguir el conteo" dijo el comentarista y hubo una pequeña pausa "T-10 minutos y contando". Durante estos últimos minutos de la cuenta regresiva se realizarán muchos eventos, a T-8 minutos el brazo de acceso al Orion se retraerá, a T-5 minutos, el Orion y SLS usarán su propia energía para el resto de la cuenta regresiva, a T -4 minutos y treinta segundos los motores se alinearán según un patrón preprogramado para el lanzamiento, a T-4 minutos los impulsores de cohetes de combustible sólido, a T-2 minutos las estructuras de inyección de nitrógeno es retraída en ambas etapas del cohete. A T-40 segundos se iniciará la secuencia automática, a T-20 segundos se activará el sistema supresor de sonido, a los T-6,5 segundos los motores comenzarán en la primera etapa del SLS, en T-0 los cohetes de combustible sólido se encenderán y será liberados de sus soportes ".

Todas esas etapas podrían ser vistas en el video que estaba siendo transmitido.

"T-1 minuto y contando", llegando a T-40 segundos. T-50 segundos, T-40 segundos y en pausa. La cuenta regresiva se detuvo. El Director del Lanzamiento, el Director de Pruebas de Seguridad y el Director de Motores proceden a anular la lectura del sensor, indicando que solo dos sensores estarán disponibles hoy".

Todos los espectadores en el área VIP y los espectadores que están en la Sala de Lanzamiento estaban esperando para ver si se llevará a cabo un lanzamiento o si se cancelará. Los segundos parecían ser horas. La tensión se podía sentir en el cuarto de Lanzamiento. El comando fue dado; todas las miradas se dirigían hacia el reloj de cuenta regresiva que era estable en cuarenta segundos. De repente Cambió a 39, en el sistema de sonido público se escuchó "T-39 segundos y contando" todas las personas vitorearon, y luego un silencio se rompió cuando todos observaban la Plataforma. El reloj continuó avanzando, T-20 segundos.

"El sistema de supresión de sonido se ha activado", dijo el comentarista, en la pantalla se podía ver el agua que entraba debajo de la Plataforma.

"T-8,7.6.....Los motores SLS-1 comienzan "dijo el comentarista. Una nube blanca cubrió la Plataforma "Tenemos cuatro buenos motores" se escuchó en el sistema de sonido público.

"3, 2,1, encendido de los cohetes de combustible sólido y despegue del SLS y Orion para el regreso a la Luna y prueba del vehículo Orion ".

En el fondo se escuchó "dejando la Torre, Houston ahora controlando".

Desde el área de visualización, los espectadores vieron que el cohete comenzaba a aumentar su aceleración elevándose majestuosamente, pocos segundos después llegó el sonido. Este sonido es muy especial y podía sentirse como un golpeteo.

El cohete continuó subiendo "Los cuatro motores aún se ven bien", dijo el comentarista en el Centro Espacial Johnson. "Dos minutos en el vuelo, esperando la confirmación de la separación de los cohetes de combustible sólido" Pocos segundos después agregó "Se confirmó la separación de los cohetes de combustible sólido, los cuatro motores funcionan como es requerido".

En la Tierra solo queda una columna de humo que se estaba disipando.

"Cuatro minutos en el vuelo, la velocidad y la aceleración confirman una buena trayectoria, en cuatro minutos más el vehículo alcanzará la órbita".

"Estamos esperando la confirmación del apagado de los motores principales y la separación de la primera etapa".

"El sistema de escape de emergencia ha sido desechado".

"Se ha efectuado la Separación entre etapas, el vehículo está ahora en órbita, Los Astronautas y el Control de la Misión realizarán algunas verificaciones para garantizar que todos los sistemas a bordo del Orion están trabajando correctamente antes de que se encienda la segunda etapa, la trayectoria está siendo calculada para enviar el comando a la segunda etapa para encender el motor para acelerar el vehículo y cambiar la órbita real a una elíptica, unos segundos más tarde este motor se encenderá nuevamente para comenzar la trayectoria translunar que es una órbita elíptica que va tan lejos como la distancia a la Luna . Después de que el motor de la segunda etapa se apague, el adaptador del Orion lo liberará, permitiéndole encender el motor y cambiar de dirección para evitar el impacto con la etapa que continuará su viaje hacia la Luna. El módulo de Servicio extenderá sus paneles solares. En el punto pre calculado entre la Tierra y la Luna, el motor será encendido permitiendo al vehículo sea atrapado por la fuerza gravitacional de la Luna, esto es hecho en el momento en que la Tierra deja de atraerlo y la Luna empieza a jalarlo hacia ella ".

"El Control de la Misión recibió la confirmación de que la segunda etapa ha completado su trabajo, y el Orion se había separado de ella." Después de unos minutos y mostrando una simulación en la pantalla principal el comentarista agregó, "los paneles solares del módulo de servicio del Orion fueron extendidos y en un par de horas, encenderá su motor para ponerlo en la trayectoria correcta hacia la Luna" .

"Orion, Houston, tenemos un buen despliegue de los dos paneles solares y una buena lectura de la carga de la batería, estamos en Camino a la Luna", dijo Kenneth Brand.

"Felicitaciones por un lanzamiento espectacular", dijo Robert Thornton, que actuaba como CapCom. "Tenemos que verificar algunos datos, y después de eso tendrán una sesión privada con el Médico de la Misión".

"Bien Bob, vamos a empezar", dijo Kenneth Brand.

En el Centro Espacial Kennedy se iba a llevar a cabo una celebración, con los invitados y el equipo de Lanzamiento. Todos se reunieron para disfrutar de los frijoles tradicionales por un lanzamiento exitoso. El Director de Lanzamiento, Bob Harris, entró en la sala, todos empezaron a aplaudir, seguidos por el Director Asociado de Lanzamiento, Pete Martin, quien según la tradición se cortó la corbata a la mitad.

"Felicidades por un lanzamiento perfecto" Charlie Washington dijo al grupo "estábamos un poco asustados por el problema del sensor, pero estamos muy contentos y orgullosos de que la tripulación está ahora en camino a la Luna. Dentro de algunos años a partir de hoy celebraremos nuevamente, pero esa vez el objetivo no será la Luna, sino Marte. Vamos a cumplir un sueño de la Humanidad, y con él los siguientes objetivos seguirán, tal vez Titan, Ceres, Europa ".

"Esta es una era de descubrimiento, exploración y cooperación, para nuestro proyecto no hay fronteras, no hay nacionalidades, solo Gente de la Tierra alcanzando un objetivo".

"Gracias a todos ustedes por un trabajo excepcional, y que Dios los bendiga".

El. Dr. Cook y Charlie Washington se quedaron unos minutos más con ellos y partieron hacia la pista de aterrizaje del transbordador, donde se reunirían con la Astronauta Sally Glenn para abordar un avión los estaba esperando para ir a Houston.

Todos los sistemas estaban funcionando bien "Podemos ver la Tierra como un planeta completo, Obsérvala es hermosa, puedo ver casi todo el Atlántico, imagina a Cristóbal Colón cruzando todo eso con la tecnología que tenían", comentó Judith Rourtebin.

"Esto es asombroso, me pregunto, ¿por qué si los humanos que han tenido la oportunidad de ver este planeta que es nuestro único lugar para vivir en el Universo, quieren destruirlo con la contaminación, el calentamiento global y las guerras? Mira, no hay nada más, en ninguna parte, cada lugar que miras es casi negro, a excepción de la Luna, mira cómo brilla, un mundo hermoso pero desolado ", dijo Jeremy Irwin. "Esto seguramente fue hecho por Dios, un sistema perfecto Tierra-Luna".

"Estas demasiado filosófico en este momento", dijo Kenneth Brand "pero tienes razón". Mañana tendremos una transmisión en línea y en la televisión, y una plática con algunos estudiantes de todo el mundo, entiendo que se reunirán en la Organización Mundial de Exploración Espacial, ellos seleccionaron a los mejores estudiantes de cada país, tal vez les realizarán este tipo de preguntas, y en Nochebuena, estaremos orbitando a la Luna ".

El 23 de diciembre, la tripulación inició la transmisión con niños de muchas partes del mundo; la imagen apareció en una pantalla mostrando los cuatro astronautas.

"Orion, este es Houston, ¿están listos para el evento?", Preguntó el Capcom.

"Sí, estamos listos" respondió el Comandante Brand.

"Ok, este es la sede de WSEO, estamos listos".

"Hola, niños, estamos a bordo del Orion camino a la Luna", dijo el comandante Brand y presentó a la tripulación. "Por favor procedan con sus preguntas".

"Hola, mi nombre es Nikki Rajid, soy de India, y mi pregunta es ¿ cómo es la experiencia de ver la Tierra como una esfera"?

"Déjame decirte, Nikki, este viaje es la experiencia más increíble que puede tener un ser humano, no hay palabras para expresar los sentimientos al ver todo el planeta ahí afuera, flotando, es como una isla en medio del océano, un oasis. Lo primero que me viene a mi mente cuando lo veo es la creación de Dios, luego saber que todos mis familiares y amigos y todos los lugares que conozco están allí. Cuando miras el Océano Atlántico de un vistazo, piensas en cuán pequeño es el océano y cuán pequeña es la Tierra. No hay tal cosa como recursos ilimitados. Los Astronautas del Apollo 8 nos mostraron esta imagen en 1968, pero aún no hemos aprendido que este es nuestro único hogar. Es una esfera muy frágil con una atmósfera muy delgada; es increíble saber que tiene todo para funcionar a la perfección, todos los recursos. Queremos reproducir un proceso como ciclo del agua o ciclo de la atmósfera y es muy difícil, la madre naturaleza es una gran ingeniero y una gran maestra ", respondió el comandante Brand.

"Soy Aracely Romero de México, me gustaría saber qué comen en el espacio y si pueden cultivar su comida".

Gracias, Aracely, esa es una pregunta muy importante ", respondió la Astronauta Judith." Tenemos que llevar alimentos que nos den todos los nutrientes que nuestro cuerpo necesita, y necesitamos realizar las mismas funciones que las tuyas, tenemos que masticar, tragar y dejar que nuestro sistema digestivo funcione. Estamos trabajando en la Estación Espacial Internacional cultivando algunas verduras y un grupo de científicos y agricultores están trabajando en este tema para seleccionar las plantas que crecen más fácilmente y tienen más nutrientes para la tripulación, entiendo que las personas nativas de diferentes áreas están involucradas en esta tarea, debido a su conocimiento sobre las propiedades de cada planta, incluso propiedades medicinales ".

"Hola, mi nombre es Frank Schaefer de Wisconsin, Estados Unidos. ¿Creen que podrán identificar uno de los sitios de aterrizaje del Apollo?

"Hola Frank, también soy de Wisconsin, de un poblado llamado Rice Lake", respondió Neil Cabana. "Esperamos que podamos identificar y fotografiar al menos dos sitios de aterrizaje del Apollo, estos son el Apollo 11 en Mare Tranquillitatis y el Apollo 15 en la región de Hadley / Apeninos, y tal vez podamos ver algunos más si nuestra Misión se extiende. Las imágenes serán muy detalladas, la cámara se monta en el módulo de servicio y se opera desde la Tierra, preprogramando objetivos. Podríamos ver la plataforma de aterrizaje del Módulo Lunar, el ALSEP dejado allí, el Rover, la Bandera, y con suerte algunas huellas. La importancia de este nuevo sistema es producir imágenes e información de muy alta calidad y detalladas para producir mapas, lo usaremos en la Tierra, Marte, Titán y en todos los objetos celestes que podamos; este sistema puede ser montado en un vehículo robot. Pero en nuestro caso, además de demostrar este equipo, es para conmemorar el Programa Apollo, ya que somos la primera tripulación que regresa a la Luna desde 1972".

"Mi nombre es Bill James de Nueva Zelanda, ¿cuál es el impacto de esta Misión para el programa Aterrizaje en Marte?".

. "Hola Bill, como sabes. El Orion será el vehículo Espacial que llevará a los humanos a Marte en 2031, aunque el vehículo fue probado antes, esta es la primera vez que es probado más allá de los 30,000 kilómetros de la Tierra, nuestra tarea es asegurarnos de que sea un vehículo muy seguro y pueda ser usado para ese propósito. Como saben, nuestra Misión durará quince días, entraremos en la Órbita Lunar Mañana, en Navidad, y comenzaremos nuestro regreso el 2 de enero de 2024, para un amarizaje en el Océano Pacífico el 6 de enero. El Viaje a Marte tomará varios meses, pero la tripulación tendrá un módulo especial llamado Hábitat donde pasarán la mayor parte del tiempo porque es más grande y cómodo, como el módulo Columbus de la ISS ", respondió Jeremy Irwin.

"Ahora" el comandante intervino "¿Qué tal si les mostramos a estos niños nuestro Vehículo Espacial y una vista desde nuestra ventana, podemos mostrarles la Tierra y la Luna en el otro lado".

Los niños en el Auditorio se emocionaron mucho; estaban siguiendo la transmisión muy silenciosamente mientras el Comandante Brand les mostraba el Vehículo y les explicaba algunas de las consolas e instrumentos. Luego giró la cámara hacia una ventana, allí estaba la Tierra, iluminando alrededor de las tres cuartas partes, Océanos, Nubes y un Continente podían verse, era la costa este de América del Sur y la costa oeste de África, entre ellos el Atlántico. Todos los niños comentaron con entusiasmo, y luego tomó la cámara y señaló a otra ventana, donde La Luna podría ser vista, muy brillante y grande.

"Pueden ver la diferencia en estos dos mundos, uno tiene vida, el otro está desolado, esto explica por qué debemos cuidar bien de la Tierra, porque no queremos convertir nuestro planeta en un mundo desolado", agregó el comandante Brand.

Hubo una última pregunta. "Hola, soy Benjamin Stainer de Islandia. ¿Cómo puedo convertirme en astronauta?

Judith tomó la palabra. "Bien, estrictamente hablando, Benjamin ya eres un astronauta, todos en la Tierra son astronautas. Todos estamos a bordo de nuestra Nave Espacial Tierra y estamos viajando a través del Universo, nuestra Nave Espacial es tan magnífica que tiene todos los sistemas necesarios para mantener la vida, limpiar el agua, hacer que las plantas crezcan, purificar el aire, tener filtros que nos protegen de la radiación. ¿Puedes pensar en una nave espacial más perfecta? "Hizo una pausa, todos los niños estaban asombrados con esa explicación, ella continuó:" Sé que tu pregunta fue en el sentido de Astronautas como nosotros, pero quería decirte eso para que tú lo tengas en mente. Ahora, para ser astronauta, debes desearlo con todo tu corazón y estudiar mucho, con el Programa de Marte, los Astronautas, o debería decir Marsnauts, serán necesarios con cualquier formación científica, así que ese es mi consejo ".

El 24 de diciembre, El Orión se acercó a la orbita de la Luna. "Puedes proceder a la inserción de la órbita Lunar" dijo el control de la Misión a la tripulación. El Orion estaba viajando con el vehículo espacial de la tripulación apuntando a la Tierra; el encendido reducirá la velocidad cambiando la Órbita a una Órbita circular alrededor de la Luna, como en el Apolo 8 este encendido tendrá lugar en el otro lado de la Luna, por lo que la telemetría y el contacto por voz tendrán que esperar hasta que vengan desde detrás de la Luna.

Se recibió una señal junto con la telemetría y se escuchó una voz. "Houston, estamos orbitando la Luna, los motores trabajaron a la perfección", comentó el Astronauta Irwin. "Gracias, Orión, estamos muy felices de recibirlos de este lado de la Luna", respondió el CapCom.

Esa noche, según lo planeado, se leyeron los primeros párrafos del Génesis, como un tributo al Apolo 8, y como una forma de agradecer a Dios que estaban orbitando exitosamente la Luna.

"Está bien Orion, estarán allí por lo menos durante ocho días", le dijo el Capcom a la tripulación. "Desde la Tierra queremos desearles una feliz Navidad". En la radio se escuchó la voz del Comandanate Brand "Queremos agradecerles a todos por este gran regalo de Navidad, estar en la órbita de la luna y mirando a la Tierra en esta noche de paz y alegría. Deseamos a todos los habitantes de la Tierra y a nuestros amigos en la Estación Espacial Internacional y en la Base Espacial Tiangong, una Feliz Navidad y Paz en la Tierra. Es nuestro mayor deseo que estas imágenes de nuestro planeta creen conciencia en todos los habitantes para preservarlo, nuestro planeta es vida. Desde Orion les deseamos buenas noches ".

"Gracias, Ken, por favor procede a la lista de verificación para hoy antes de irte a dormir", le comentó el Capcom.

Los días siguientes la Misión continuó sin problemas, la tripulación probó la capacidad de maniobra del Orion cambiando la órbita para obtener las imágenes que estaban buscando y moviendo los paneles solares a cierto ángulo que simula la cantidad de luz solar que recibirá en el trayecto a Marte.

El 29 de diciembre, El Orion pasó por encima de Tranquility Base. "Ahora es el momento de la verdad en que el equipo de imágenes está programado para apuntar los objetivos, y estamos en una buena posición", dijo el Comandante Brand. Judith estaba siguiendo la transmisión de la imagen en el monitor mirando las coordenadas "ya casi llegamos, en cualquier momento" La imagen en la pantalla continuaba mostrando el terreno, cuando algo más apareció "Aquí está, la base de aterrizaje del águila, y vean está el equipo y la bandera, como supuestamente cayó cuando la etapa superior despegó, el terreno se ve diferente de otras áreas, así que significa que las huellas están todavía ahí ".

Control de la Misión en Houston, las imágenes se mostraban en la pantalla del frente, todos los controladores vitorearon. "Aquí hay un momento histórico", dijo Judith en la radio. "Increíble", dijo el Director de Vuelo.

"Tan pronto como se liberaron las imágenes, se convirtieron en el tema de mayor tendencia en todas las redes sociales, en todos los noticieros y en todos los periódicos del mundo; uno de ellos dijo "Para todos los escépticos, aquí tienen la prueba".

El 30 de diciembre pasaron por encima del sitio de aterrizaje del Apollo XV y obtuvieron imágenes asombrosas, pudieron identificar el Moon Rover, el primer "automóvil" utilizado fuera de la Tierra. "Mira", dijo Judith. "Ahí está el Moon Rover que fue usado por los astronautas Dave Scott y Jim. Irwin ". El 1 de enero se obtuvieron imágenes en el sitio de aterrizaje del Apollo XVII.

También pudieron ver algo más "Vean esto", dijo Jeremy Irwin. "Mira este objeto rojo en el cielo, es nuestro objetivo en los próximos años, ahí está Marte". Toda la tripulación lo observó, solo un pequeño objeto rojizo muy lejos.

Largo y sinuoso camino, canción de los Beatles sonó en la radio a bordo del Orion. "Buenos días, Orión", dijo Capcom "Es hora de volver a casa", "Buenos días", respondió el comandante Brand, esa fue una hermosa manera de despertar y para iniciar este día, comenzaremos la lista de verificación en la página 234.

"Ok, el programa en la computadora ha sido cargado, el motor se encenderá en tres horas y cuarenta y siete minutos en la parte posterior de la Luna, que cambiará la órbita y enviará de regreso a la Tierra, solo queremos que vayas a la lista de verificación de interruptores y verifiques la versión cargada de datos, solo para asegurarse de que es la más actualizada ", dijo el Capcom.

"Enterado revisaremos la lista de verificación y la versión de datos cargada en la sección de TEI" respondió el Astronauta Irwin "Versión A.01.34.H, estamos listos para cargarlo cuando nos confirmes que esta es la indicada".

"Ok, tienes la versión correcta; tiene los parámetros para iniciar la maniobra de inserción para regresar a la Tierra, para que puedas cargarla, la maniobra ocurrirá en cinco horas, siete minutos y veinticinco segundos, deberás ver la cuenta regresiva en tu monitor "informó el Capcom a la tripulación.

"Entendido, sí lo estamos viendo" hubo una breve pausa "también hay una alarma que indica baja presión en el tanque de oxígeno en el módulo de servicio, esto acaba de aparecer", dijo el Astronauta Irwin.

"Entendido, lo verificaremos aquí". El Director de Vuelo se dirigió al ingeniero de la consola del módulo de servicio. "No tengo alarmas en la consola, y estamos recibiendo telemetría directamente del vehículo, debe haber una señal falsa que fue activada con el código, enviaré un comando de reinicio, para apagarlo y verificar la presión del tanque" "Ok "El Director de vuelo dijo" Por favor, pídale a la tripulación que estén al tanto de esto ", le dijo al CapCom.

"Orion, vamos a restablecer la alarma, aparentemente solo es una falsa alarma".

"Ok, estaremos viendo, mientras tanto continuaremos con nuestras tareas para prepararnos para la maniobra", respondió el astronauta Irwin.

El operador de la consola envió el comando y la alarma a bordo fue invalidada. "La alarma se ha ido", dijo el astronauta Irwin "y tenemos una buena lectura de la presión, gracias".

"Entendido", dijo el CapCom.

El Ingeniero de la Consola se volteó para mirar al Director de Vuelo, quien en respuesta le dio una señal de aprobación.

La maniobra fue ejecutada exitosamente; el Orion dejó la Orbita Lunar y comenzó su viaje a casa.

"Adiós hermosa Luna", dijo el comandante Brand.

En Tres días y diez horas, el Orión se acercará a la Tierra y tiene que prepararse para la reentrada, primero el Módulo de Servicio será separado, por lo que volverá a entrar en la atmósfera y será destruido en la trayectoria, el Orión maniobrará para apuntar el escudo térmico a la Tierra.

Durante la Trayectoria de la Luna, la tripulación dio algunas entrevistas a las agencias de noticias de todo el mundo, y tuvieron una conversación con la tripulación del ISS.

El día anterior a la reentrada, recibieron una llamada de Charlie Washington.

"Orion, por favor Manténgase en espera la videoconferencia con el Jefe del Programa Espacial".

"Hola Ken, Jeremy, Neil y Judith, estamos muy entusiasmados con los excelentes resultados de la Misión, su regreso a la Luna marcó el fin de una era y abrió una nueva que nos conducirá a Marte, han probado a Orión y nos ha enviado impresionantes imágenes de la Luna, los estaremos esperando a bordo del portaaviones, aquí está conmigo el Dr. Cook, quiere hablar ustedes ".

"Es difícil encontrar palabras para expresar lo que han logrado, solo puedo decir que es absolutamente increíble, desde que el Programa Apollo terminó persistió el deseo de regresar a la Luna, por qué suspenderlo, Apolo fue solo el comienzo de la exploración que debe seguir. Sin embargo, grandes cosas tuvieron lugar entre 1972 y hoy, 5 de enero de 2024, el programa del Transbordador Espacial, el Montaje de la ISS, estos magníficos programas nos permitieron aprender acerca de vivir en el espacio y trabajar allí, ensamblar enormes estructuras. Estoy seguro de que sin esta experiencia no estaríamos preparados para el Viaje a Marte. Su Misión es un elemento clave del Camino a Marte, y lo han logrado, gracias a ustedes podemos continuar. Solo quiero desearles un regreso seguro mañana y nos vemos en el portaaviones ".

"Gracias, señor Washington y gracias Dr. Cook", respondió el comandante Brand. "El éxito de nuestra Misión se debe a todas las personas alrededor del mundo que contribuyeron a crear este maravilloso vehículo espacial. Tuvimos mucha suerte de tener el privilegio de estar aquí, representando al mundo entero. Estamos muy orgullosos de servir al Programa Espacial, y especialmente ser parte del Camino a Marte ".

En la mañana del 6 de enero, la tripulación se preparó para la reentrada, estaban en sus asientos, con sus trajes presurizados puestos. La secuencia de entrada fue cargada en la computadora principal.

"Houston, confirmamos que el Módulo de Servicio ha sido liberado, la maniobra de rotación del Orión se ha iniciado".

En la pantalla principal de MCC fue mostrada una simulación, alimentada con la telemetría recibida.

"Houston, hemos iniciado el contacto con la atmósfera superior, podemos ver el resplandor causado por la fricción atmosférica".

"Orion enterado, el período de no comunicación comenzará en doce segundos".

El descenso continuó impecablemente, finalmente los tres paracaídas principales indicaron la llegada del Orión, pocos minutos después amarizó en el Pacífico.

"Bienvenido a casa Orion" El Capcom dijo "Felicitaciones por una Misión excepcional, han abierto el regreso a la Luna y el camino al Universo".

"Gracias, este fue realmente un gran viaje dijo el Comandante Brand.

"El equipo de recuperación está en el área, los alcanzarán en dos minutos".

"Ok, estaremos aquí", respondió el comandante.

El Astrocopter 1, el helicóptero especial diseñado para el programa se acercó al vehículo espacial flotando en el océano, algunos barcos se acercaron para ayudar a la recuperación y recobrar los paracaídas.

Un bote llegó justo cerca del Orión; un hombre rana saltó y miró por la ventana del Orion para que la tripulación sepa que ellos comenzarán la operación de recuperación.

El Astrocopter 1 se puso sobre el Orion y descendió la herramienta de recuperación, que es similar al mecanismo de captura del RMS; capturó al Orion como si fuera un acoplamiento con otro vehículo espacial. Una vez que se aseguró, comenzó a retraerse lentamente, como una grúa, hasta que fue posicionado en el mismo nivel de la superficie inferior del helicóptero. La puerta corrediza se cerró y la estructura de soporte fue extendida. La Grúa liberó al Orion en la estructura de soporte. Después de esto, la grúa fue guardada.

El Astrocopter voló de regreso al portaaviones, y aterrizó en una parte determinada de la cubierta. A diferencia del Apolo, el Astrocopter libera la estructura central, parecía una enorme caja, dentro estaba la grúa almacenada, y el Orion. Esta caja grande se llama el cuarto blanco de retorno, donde los Astronautas son asistidos para salir del vehículo por una tripulación especial, desde ahí salieron a la cubierta donde fueron recibidos por miembros de la familia, funcionarios del programa espacial, periodistas y otro personal.

El comandante Brand salió primero, seguido por el Astronauta Irwin, luego el Astronauta Cabana y la Astronauta Routerbin.

Fueron recibidos con una Banda de la Marina, todo el personal aplaudió cuando se pararon frente a la "Gran Caja", en una alfombra roja con un micrófono. Charlie Washington se acercó, acompañado por el Dr. Cook y la Astronauta Sally Glenn.

"Bienvenidos", dijo Charlie Washington "sobresaliente", es difícil describir esta Misión con otra palabra. Han regresado a la Luna después de cincuenta y un años, han probado el vehículo que irá a Marte en pocos años, han unido a todas las personas para seguir su Misión y han devuelto el interés por la exploración del Espacio y el interés para cuidar nuestra nave espacial Tierra. Estamos agradecidos de tenerlos aquí hoy, y agradecemos a Dios que hayan regresado a salvo, debido a esta gran Misión Marte está más cerca. ¡Bienvenidos!".

Terminó su discurso y todos los participantes aplaudieron, el Dr. Cook y el astronauta Glenn los saludaron.

El Comandante Brand tomó la palabra "Gracias al Sr. Washington, Dr. Cook, Sally, damas y caballeros, gracias a todos por permitirnos estar aquí, gracias al equipo de recuperación, hicieron un gran trabajo. Esta Misión es el resultado del arduo trabajo de miles de personas; millones de horas humanas se han puesto en este programa. Personas con una imaginación y visión increíbles nos llevaron a este momento. Nosotros, la tripulación, queremos honrarlos por su excelente trabajo. Durante la Misión no teníamos ninguna duda de que iba a ser un éxito completo, nos sentíamos seguros, sabíamos que no estábamos solos; incluso pudimos dormir bien, porque sabíamos que un gran equipo nos estaba cuidando todo el tiempo. Gracias a todos".

"Ahora, esta Misión transformó nuestras vidas, la apreciación de estar vivos y tener un hermoso planeta creció en nosotros". Hemos visto fotografías de la Tierra del programa Apolo y de los satélites, son impresionantes, pero considero que estamos acostumbrados a verlas y no damos el valor que estas imágenes representan. Cuando vimos la Tierra por la ventana y vimos todo alrededor, nos dimos cuenta de lo magnífico que es el universo; una esfera, flotando por ahí, un lugar con límites claros, "nuestro hogar". Esta es una vista asombrosa que queremos compartir en todo el mundo, es crucial crear conciencia en todos para cuidar bien de nuestro planeta, no hay otro hogar para nosotros en el Universo ".

Hizo una pequeña pausa "Pudimos ver el primer sitio del Aterrizaje a la Luna, Tranquility Base, donde los hombres caminaron en otro mundo en 1969, esto nos trajo recuerdos, que aunque no vivimos este evento, nuestros padres o abuelos lo vieron, un gran momento en nuestra historia ".

"Finalmente, ha sido un privilegio volar con esta tripulación y estar un paso adelante en el Camino a Marte. Gracias".

Todo el personal del portaaviones aplaudió mientras los llevaban a sus habitaciones, a descansar, a tener algunas sesiones informativas y exámenes médicos.

...

Andrew estaba siguiendo la transmisión, estaba muy sorprendido, seguía cada día, casi cada hora. "Buen trabajo tripulación, espero que la gente haya entendido el mensaje", pensó, "los lugares cálidos son cada vez más cálidos, las tormentas son más poderosas, los animales se están extinguiendo, hay basura en todo el planeta, espero que estas nuevas imágenes de nuestro planeta cambien la forma de pensar y actuar de todos, la naturaleza es sabia y ella buscara regresar al equilibrio a cualquier costo ".

Apagó su dispositivo y regresó a trabajar. Fue al área de observación del edificio de operaciones donde estaba siendo construido la primera maqueta del Mars Lander, este es el que se enviará a la órbita para acoplarlo con la estación de servicio en 2026, tendrá algunas de las capacidades del Mars Lander 1 que irá a Marte en siete años. Su objetivo principal será probar las capacidades de maniobra con los motores propuestos y el mecanismo de aproximación y acoplamiento.

Andrew era parte del equipo que estaba trabajando con el motor principal del Mars Lander; Hans era parte del equipo de Mecanismo de aproximación y acoplamiento.

Capítulo 16: Una nueva estrella en el cielo: la estación de servicio Orbital de la Tierra Hoshi

"Bien, este es el lugar, creo que obtendremos la muestra aquí para empezar a analizar y descubrir la cantidad de agua que contiene", dijo el Dr. Nan, "Rev A y REV C identificaron la posible presencia de agua a pocos pies de la superficie". Presentaré la evidencia al consejo científico para que puedan tomar la decisión adecuada".

Salió de la sala de control del Mars Multi Rover y se dirigió a su oficina para enviar la comunicación a los científicos de todo el mundo, les proporcionó la evidencia y acceso a toda la información de los Rovers. "Ok, ahora solo es cuestión de tiempo, esperaré la decisión del Dr. Hertz".

...

Koji Tachimoto estaba con un grupo de Ingenieros de diferentes agencias espaciales en el área de observación en el Centro de Operaciones del Módulo Espacial, ubicado a pocos kilómetros del Centro Espacial Tsukuba. "Es hermoso, y está casi listo para ir al Centro Espacial Kennedy para ser lanzado por el cohete Delta Heavy el próximo mes de noviembre, tan pronto como llegue al edificio de Procesamiento de la Estación Espacial correremos nuevamente todas las pruebas. Las dos estructuras adicionales están en cada lado, una es la compuerta presurizada con sus tres puertos de acoplamiento, la otra es la estructura de servicio para el Mars Lander u otros vehículos, estos serán lanzados por separado. La compuerta presurizada está programada para ser lanzada en diciembre y la estructura de servicio en febrero o marzo de 2025, para ser integrado por la tripulación de LEO, llamamos a toda esta Estación Hoshi, que significa estrella, porque eso es lo que será una nueva estrella en el cielo nocturno ".

"El RMS está integrado en el módulo principal, y será desplegado por la tripulación, la extensión del riel permitirá mover el RMS de un extremo a otro, incluida la estructura de servicio y la compuerta presurizada, será integrada por una futura tripulación, cuando los componentes adicionales sean enviados e integrados al módulo principal".

"El plan es así", continuó el Dr. Tachimoto. "Después del lanzamiento de Hoshi, se colocará en una órbita terrestre baja. Enviará una señal a la Tierra que será recibida en el cuarto de control del Centro Espacial Tsukuba, una vez que se recibe la señal se confirmará, esto comenzará la activación de la misma, primero los paneles solares serán extendidos, segundo los sistemas ejecutarán auto prueba para verificar el estado de cada sistema y consola, una serie de lectores de ambiente comenzarán a probar la temperatura, el nivel de radiación y comenzará a liberar oxígeno para probar la calidad de la atmósfera antes de que llegue la tripulación, y detectar si hay fugas , también comenzará el sistema de reciclaje de agua. Este sistema circula agua por todo el módulo para crear protección adicional para la tripulación. La carga de las baterías será monitoreada para garantizar que la energía proporcionada por los paneles solares esté dentro de los parámetros esperados".

"Dos días después, la tripulación será lanzada para acoplarse, si los ingenieros dan su visto bueno en su primera evaluación, su Misión será para realizar un vuelo para verificar visualmente el estado de la estación, se transmitirán imágenes y videos y fotografías a la Tierra para que el equipo pueda analizarlos para emitir un veredicto técnico y también la tripulación tendrá que evaluar si la estación es estable o si tiene movimiento como rotación o bamboleo. Si este es el caso, se necesitará una actividad Extra vehicular para colocar en la estación una unidad de estabilización que la tripulación tendrá a bordo de su nave espacial, esta unidad, una vez colocada, comenzará a encender sus propulsores para equilibrar el movimiento hasta que se estabilice. Por supuesto, esta es una actividad de alto riesgo porque un astronauta tendrá que acercarse para asegurar la unidad; la tripulación ya está entrenada para esta situación y para otras que podrían suceder. Obviamente, esperamos que esta actividad no sea necesaria, el Módulo tiene su propio sistema para mantenerlo estable".

"Bueno, si la tripulación puede continuar su actividad, se acercarán y acoplarán con la estación en este puerto", mostró un puerto de acoplamiento en el diagrama; "Aquí es donde en algún momento será integrado el módulo de la compuerta presurizada. El control de tierra verificará que el vehículo esté acoplado de manera segura. La tripulación usará sus trajes EVA, esperarán hasta que el Control de la Misión, aquí en Japón, se asegure de que la presión en la Estación y en el vehículo de la tripulación sea la misma, una vez que se alcance esta condición, la tripulación abrirá su escotilla y procederá a abrir la escotilla del Módulo desde el exterior".

Luego, ingresarán a la estación y medirán la calidad de la atmósfera y el nivel de radiación. Si todo está dentro de los límites esperados, comenzarán el proceso para despresurizar sus trajes y quitárselos, para que puedan trabajar más cómodos, como si estuvieran en el ISS".

"Tendrán una gran lista de verificación para configurar algunas cosas, probar los sistemas y validar que todo está funcionando según lo planeado, por ejemplo, la orientación de los paneles solares, los sistemas de comunicación, el baño, entre otros. Estarán en comunicación con la tripulación a bordo del ISS para que puedan ayudarlos si es necesario".

"Otra actividad clave que tienen que hacer es activar y probar el RMS. Como recuerdan, el RMS está empacado en la parte superior del Módulo, pueden verlo ahí ", señaló al módulo. "La tripulación lo liberará y lo colocará en una posición preprogramada, ejecutará un conjunto de pruebas preprogramadas para pasar de una posición a otra y apuntar el objetivo de acoplamiento a una marca específica en el Módulo. En este punto, no esperamos ninguna necesidad de que la tripulación realice un EVA para esto".

"La Misión 1 de la EOSS tendrá lugar con el vehículo Beyond Earth en Noviembre de este año es la Misión que acabo de explicar, la segunda Misión tendrá lugar en enero de 2025 para instalar y probar el módulo de la compuerta presurizada, la Misión 3 tendrá lugar en marzo 2025 para configurar y probar la estructura del Servicio, la Misión 4 se llevará a cabo en junio de 2025 para recibir el componente de prueba de Astrotechnika, que se utilizará en la Segunda Misión Orbital de la Luna en la que este componente será entregado por un tripulación LEO a Orión ", Como si fuera la Misión a Marte. Esta será la Misión 5 que permanecerá en órbita para recibir el componente antes de la reentrada del Orión, esta será en agosto de 2025, y la Misión 6 recibirá el primer prototipo de Mars Lander para febrero de 2026. El Mars Habitat y el Mars Lander que irán a Marte serán recibidos en órbita a mediados de 2030, donde los astronautas los prepararán para la Misión y cargarán todos los suministros y partes. Entiendo que también se agregará un módulo de suministro, o módulo de extensión al Hábitat, este será similar al HTV de Japón, una versión que tendrá dos secciones: la sección de maniobra que regresará a la Tierra para ser destruida en el reingreso y la sección de carga que se acoplará al Hábitat, y al Mars Lander, el interior de esta sección de carga será como dona con un túnel para transitar y diferentes tipos de gabinetes alrededor".

" Antes de 2028, la primera PDCU, esta es la unidad de acoplamiento y captura portátil, se enviará a la estación para su evaluación, y las tripulaciones puedan practicar con ella. Esta unidad se usará como un adaptador de acoplamiento, para acoplar el vehículo LEO y la EOSS, tendrá un RMS para poder capturar y acoplar el Habitat / Mars Lander para entregarlo al Orion o Legatus para el viaje a Marte".

Terminó su presentación al grupo "Gracias por venir, como pueden ver que estamos a tiempo y listos. La Sra. Yashito los guiará a la salida y les dará el kit de presentación ejecutiva; Iré ahora al piso para recibir el último reporte de avance".

...

La Expedición 64 estaba formada por seis astronautas a bordo del ISS que estaban preparando la estación para recibir a la tripulación de Marte en pocos días. Tres Marsnauts se lanzarán a bordo del Beyond Earth Vehicle, y tres se lanzarán a bordo del Orbiter de Earth Orbit Corporation, este vehículo de la tripulación es similar al orbitador del programa de Transbordador Espacial pero más pequeño, con capacidad para hasta cuatro astronautas y alguna carga, su uso principal es para LEO, será lanzado desde el Centro espacial de Guayana en Kourou, y regresará como un glider aterrizando en el aeropuerto de Kourou como opción principal, pero también tiene la capacidad de descender en el mar si es necesario.

El 12 de abril de 2024, la Expedición 64 -M2A formada por Marsnauts Leonard Arthur Cooper, Kiochi Kanko y Li Yang Tzu se estaban preparando para despegar del KSC a bordo del Vehículo Beyond Earth 6.

"3,2,1 y despegue del Beyond Earth 6 con los tres primeros Marsnauts para comenzar una Misión de entrenamiento de dos años a bordo del ISS y Schiaparelli", anunció la Oficina de Relaciones Públicas en KSC.

"Se espera que la tripulación 64-M2A se acople a la ISS en tres días, uniéndose a los seis miembros de la tripulación que ya están a bordo. Comenzarán la preparación y configuración del Schiaparelli para la experiencia de entrenamiento de Marte; los sistemas a bordo de Schiaparelli se han mantenido activos, tal como se hará en Marte, por lo que se puede estudiar el progreso de la cosecha de Marte, además, nuevo equipo ha sido enviado para ser probado, así como nueva programación para la consola del MCC para comunicar el ISS con Schiaparelli. Tres astronautas de la tripulación actual regresarán a la Tierra en dos semanas, dos días después, la Expedición 64-M2B será lanzada desde la Guayana a bordo del Orbitador Magallanes para acoplarse ocho horas más tarde si no hay pérdida de energía durante el lanzamiento, esto se llama método fast track. Tan pronto como lleguen habrá de nuevo nueve miembros de la tripulación a bordo del ISS". Dijo el Comentarista de la Misión.

"En diciembre los cuatro Marsnauts que descenderán a Marte, Leonard Arthur Cooper, Nancy Jones, Yelena Pavlova y Kiochi Kanko ingresarán al módulo Schiaparelli, deberán permanecer ahí durante ocho meses, saliendo en agosto de 2025 para regresar a la Tierra en marzo de 2026".

"Tenemos a la vista de la ISS", dijo Leonard Arthur Cooper la noche del 15 de febrero. El vehículo Beyond Earth 6 inició su aproximación a la ISS, como de costumbre iban a realizar un vuelo para acercarse y alinearse con el PMA-3 donde sería acoplado. El Control de la Misión mostró en una de las pantallas la vista desde la ISS y en otra la Vista desde el Vehículo Beyond Earth, "90 pies". El ingeniero de aproximación anunció. "80 pies, todo va bien, el vehículo está en el objetivo ". "Cincuenta pies" La imagen del Beyond 6 mostraba el objetivo y el puerto de acoplamiento. "Veinte pies, todo va bien". "Diez pies" había silencio en la sala de control, "cinco pies, cuatro, tres, dos y contacto". "El vehículo Beyond 6 se ha acoplado a la ISS", anunció el comentarista de la Misión. "Cerrojos cerrados y asegurados" dijo el controlador de vuelo.

"Buen trabajo", dijo el Capcom al vehículo Beyond Earth 6. "Gracias, respondió el Astronauta Leonard Cooper. "Necesitamos pasar a la página 8 del procedimiento para poner el vehículo en modo seguro e iniciar la presurización para que esté al mismo nivel que el ISS". Dijo el Capcom.

"OK, haremos eso", "Hola Leonard, este es Anatoly en la ISS, bienvenido", Anatoly Polov, que era el actual comandante de ISS dijo a la tripulación del Beyond Earth.

"Gracias Anatoly, nos vemos dentro de poco tan pronto como completemos estos procedimientos", comentó Leonard.

"No te preocupes, te estaremos esperando, no te apresures", respondió Anatoly con su acento Ruso.

"Gracias Anatoly, estamos vigilando tu Soyuz para que no te puedas ir", se escuchó una carcajada.

...

En el Centro Espacial Kourou, el Orbitador Magallanes se ha montado sobre el cohete Ariane VI-H. Este fue un cohete muy poderoso que ha sido usado para enviar cargas muy pesadas a la órbita, y para lanzar vehículos de la tripulación de la clase Orbiter, estos orbitadores fueron construidos por una empresa privada de América del Norte y un inversionista francés.

Aproximadamente una hora y quince minutos después de que Beyond Earth se acopló con el ISS, la escotilla estaba abierta, los tres Marsnauts que llegaron fueron recibidos por la tripulación de seis miembros que ya estaba en la ISS, se abrazaron dándoles la bienvenida a bordo, luego se fueron al módulo donde iban a hablar con sus familias, funcionarios de Agencias Espaciales y la prensa.

Después de la videoconferencia, comenzaron a descargar algunos artículos del vehículo tripulado y fueron llevados al módulo Schiaparelli, para que pudieran comenzar a recopilar datos y prepararse para la Misión por venir. Tendrán que esperar a los otros miembros de la tripulación por tres semanas, después de que uno de los Soyuz parta con tres miembros de la Expedition 64. En aproximadamente diez días recibirán un vehículo de carga con suministros y equipo.

"La Soyuz MS14 está lista para partir, los tres astronautas ingresaron temprano hoy y el vehículo será liberado para la operación de desacoplamiento en unos minutos más. La Soyuz aterrizará en Kazajistán a las 7:18 PM hora de Kazajstán. El comentarista de la Misión dijo que era el primero de mayo de 2024. "La tripulación llegó a la ISS el 28 de octubre pasado, completando 6 meses a bordo de la ISS. Después de que departan, la tripulación estará formada por 6 miembros, y el 9 de mayo, el Orbitador Magallanes despegará de Kourou para un acoplamiento ese mismo día, siete horas después".

En el fondo se escuchó el "desacoplamiento Soyuz MS14". El comandante de la ISS quien era el cosmonauta Anatoly hizo sonar la campana a bordo del ISS anunciando la partida. "La Soyuz está retrocediendo como se ve en estas imágenes enviadas por las cámaras del ISS. Realizará un vuelo alrededor y luego comenzará a moverse más lejos para comenzar su entrada a la atmósfera. En Kazajstán llegó la tripulación de rescate, y han instalado la unidad médica móvil donde los astronautas recibirán un examen médico antes de ser trasladados por helicóptero a Star City".

"La Soyuz ha desplegado su paracaídas, y en pocos minutos uno de los helicópteros lo detectará. El Centro de Control de la Misión aquí ha confirmado que está justo en el objetivo. En la pantalla había una imagen del Soyuz con su paracaídas, se veía impresionante, unos minutos más tarde los retrocohetes dispararon y el paracaídas fue liberado, el Soyuz aterrizó de forma segura en posición ascendente tal como se esperaba, en la pantalla del control de la Misión en Korolev fue desplegado en Ruso, un mensaje para dar la bienvenida a los astronautas ", dijo el comentarista de la Misión.

•••

Amanecía en Guayana, se podía ver el Sol saliendo del horizonte, la mañana era hermosa, el cielo azul claro, el mar brillaba y el verde de la vegetación de esa zona hacía un hermoso contraste. En el horizonte se podía ver una gran estructura, era el Ariane VI con el Orbitador Magallanes en la parte superior, se podía escuchar un sonido, era la voz del comentarista de lanzamiento explicando los eventos que estaban teniendo lugar en la Plataforma de Lanzamiento preparándose para el despegue que tendría lugar en unos minutos. Los Marsnauts Nancy Jones, Robert Thornton y Yelena Pavlova partirán hacia la Estación Espacial Internacional; si todo va según lo planeado, se acoplarán en unas siete horas, dependiendo de la energía que tenga el vehículo.

"Este es el Control de Lanzamiento del Ariane, los Astronautas o Marsnauts, como son llamados ahora, están listos y esperando el despegue". Marsnauts Yelena Pavlova y Nancy Jones ya han probado el Schiaparelli; la diferencia ahora es que todo el equipo de Terra 1, incluidos tres miembros que ya están en la ISS, tendrán el entrenamiento como si fuera la Misión real, con todas sus implicaciones. La cuenta regresiva está a T-2 minutos, el cohete Ariane VI-H está listo, no hay problemas, por lo que esperamos un lanzamiento a tiempo".

Una gran nube blanca comenzó a elevarse desde abajo del cohete, indicando que sus motores principales habían sido iniciados, pocos segundos más tarde los cohetes de combustible sólido se encendieron, elevando el cohete con los tres Marsnauts; era una vista impresionante contra la belleza natural del paisaje.

"Todo va bien en los primeros minutos de este vuelo, los cohetes de combustible sólido se separarán en un minuto más, la primera etapa continuará con los motores principales por siete minutos adicionales. La velocidad y la aceleración están en el rango correcto para permitir que la tripulación alcance la ISS en siete horas".

Se podía ver una columna de humo blanco yendo hacia el este mientras el cohete continúa su viaje.

"Tenemos confirmación de la separación de los cohetes de combustible sólido, todo sigue funcionando según lo planeado".

En el ISS, la tripulación estaba siguiendo los eventos en sus laptops, recibiendo la transmisión por Internet, así como mensajes del Control de la Misión "Parece que los tendremos con nosotros en unas pocas horas", comentó Anatoly.

"Tenemos el Magallanes a la vista", dijo Leonard Arthur Cooper, la hora local en Kourou era 13:42.

En la radio se escuchó una voz "Hola, ISS te tenemos a la vista, este es Magellan" Nancy dijo "Hola Magallanes, este es Anatoly, estás alineado con el objetivo ISS PMA-1".

El Orbitador de Magallanes se acercó hasta que alcanzó la marca de 50 pies, se realizó una maniobra para alinear su escotilla y su objetivo que se encuentra en la parte superior de la misma, por lo que será acoplado perpendicular a la ISS, justo como lo hacía el Orbitador del Space Shuttle. Una vez que la maniobra fue completada, comenzó a acercarse al puerto de acoplamiento.

"Contacto", Nancy dijo en la radio, "el anillo PMA está seguro ahora".

"Gracias Nancy, fue un gran acoplamiento", dijo el Capcom, "cuando estés lista, por favor inicia el procedimiento de modo de estacionamiento para Magellan, y luego la secuencia de presión para nivelarlo con la presión del ISS antes de abrir la escotilla". "Enterada" ella respondió.

"Bienvenidos" se escuchó otra voz en la radio, era Anatoly "Estaremos listos para recibirlos, háganos saber si necesita algo". "Gracias Anatoly, haremos eso", dijo Nancy en la radio.

Cincuenta minutos más tarde se abrió la escotilla y los nuevos miembros ingresaron a la ISS, se abrazaron mientras entraban y pasaban al siguiente módulo para la tradicional conferencia de bienvenida con la prensa y los miembros de la familia. En Kourou estuvo Peter Walheim Ulrich, Jefe de la Agencia Espacial Europea quien presenció el lanzamiento temprano ese día, y siguió el viaje en el Centro de Control. Lin Long, jefe del Programa Espacial Chino estaba en el Centro de Lanzamiento de Satélites Jiuquan en China, Charlie Washington estaba en la Sede en Washington; el Dr. Cook estaba en la sede en Suiza, Graham Bishop estaba en la sede de la Agencia Espacial Canadiense en Montreal, Takuma Nagaoka estaba en la sede de la JAXA en Japón, y Vladimir Viktorenko, jefe del programa espacial ruso se encontraba en su oficina en Star City.

Todos ellos iban a hablar en breve con la tripulación para desearles lo mejor en este primer entrenamiento en Microgravedad y Gravedad de Marte de toda la tripulación; ellos actuarán como si este fuera el verdadero viaje a Marte. En todas las salas de control del Centro de Control de las Misiones, tienen una pantalla de simulación que muestra la posición del vehículo como si fuera a Marte, indicando el retraso en la señal y el consumo de energía y la carga de las baterías. Esta experiencia debe proporcionar muchas respuestas y traer a la luz algunas cosas que pudieran pasarse por alto.

"Su Misión acaba de comenzar", dijo el Dr. Cook a la tripulación, "En nombre de todos, les agradecemos que hayan realizado esta increíble experiencia en preparación para el Viaje a Marte, y también les deseo el mejor de los éxitos. Seguiremos su Misión día a día, teniendo en cuenta que la seguridad es lo primero. Buena suerte y disfruten de su experiencia".

El 10 de mayo, los cuatro Marsnauts Leonard Arthur Cooper, Nancy Jones, Yelena Pavlova y Kiochi Kanko ingresaron al módulo Schiaparelli para comenzar el entrenamiento correspondiente a las actividades en la superficie de Marte.

El equipo ha sido actualizado por una nueva versión de realidad virtual vinculada a las consolas que utilizarán, en los Mars Lander, Marslab y Mars Rover. En la parte posterior del Módulo estaba el Invernadero, con las plantas que Nancy y Yelena comenzaron a cultivar hace aproximadamente un año.

"Ok", dijo el Comandante Leonard Arthur Cooper, "Vamos a comenzar la preparación del Mars Lander".

Los cuatro miembros se pusieron sus cascos de realidad virtual y el Comandante Arthur Cooper comenzó el procedimiento para activar todos los sistemas del Mars Lander. Esta actividad se hará varias veces en la Misión real, para asegurarse de que todos los sistemas en el Mars Lander funcionen al 100%; una sola falla dará lugar a la cancelación del aterrizaje.

En la ISS, Los Marsnauts Robert Thornton y LI Yang Tzu estarán verificando sus consolas, como será el Control de Misión para la Tripulación en Marte. Hoy tienen una comunicación casi directa con MCC en la Tierra porque en este punto el Viaje a Marte acaba de empezar.

...

El 20 de abril, en el puerto de Yokohama en Japón, el componente principal del módulo presurizado Hoshi, fue cargado en un buque para ser llevado a Puerto Cañaveral, donde será descargado y transportado a las instalaciones de procesamiento de la Estación Espacial en el Centro Espacial Kennedy, donde será probado y preparado para ser lanzado a bordo de un cohete Delta IV Heavy Lift el próximo mes de octubre.

Los oficiales han revisado el clima del Océano Pacífico durante las próximas semanas, había poca probabilidad de que se forme un Tifón o un mal tiempo durante el viaje.

Se esperaba que Hoshi llegara al Centro Espacial Kennedy a principios de junio.

...

En la Universidad de Oxford, en una gran sala de reuniones, un grupo de científicos de diferentes especialidades se reunieron para analizar algunos aspectos especiales de la Misión de Marte.

"Comenzaremos con el tema del tiempo", dijo el profesor Hammersmith, "como todos saben, el tiempo es relativo, como dijo Einstein, y en este contexto esto es muy cierto". ¿Cómo van a manejar los Marsnauts el tiempo? ¿Cuáles son sus necesidades? ¿Qué va a ser mejor para ellos? Como todos saben, una rotación de Marte dura 24 horas, treinta y nueve minutos y treinta y cinco segundos, y su translación es de 687 días terrestres. A primera vista, los conceptos de tiempo que rigen la Tierra no se aplican a Marte, o mejor dicho, no serán prácticos para las personas que permanecerán allí por largos períodos de tiempo".

"Cualquiera que sea el sistema que utilicen, debe ser funcional y debería tener sentido para ellos, por ejemplo, ¿van a necesitar días de una semana? ¿Los meses tienen sentido allí en este momento? ¿Qué necesitarían realmente en Marte para sentirse cómodos? Esto se refiere a la medición del tiempo".

"Ahora, ¿qué hay con el entretenimiento, la comunicación familiar, la necesidad de tiempo personal durante cada día".

Otro científico agregó: "Necesitan programas de acondicionamiento físico adecuados para su cuerpo y mente".

"Y qué hay de la religión, todos son de creencias diferentes, tenemos una tripulación formada por católicos, protestantes, anglicanos, budistas, ortodoxos y judíos". Un profesor en Teología comentó. "Quizás necesiten seguir algunas tradiciones o festividades, y tal vez algunas ceremonias de la Tierra". Esto es algo para tener en cuenta, esto es bastante delicado, hay personas muy sensibles sobre este tema, y debido a su situación, la necesidad de Dios seguramente aumentará", hizo una breve pausa y comentó "debemos enfocarnos en vencer la lejanía, el miedo a lo desconocido y la soledad a través de la integración del grupo." Hubo un silencio total en la sala.

"Tenemos que entender todos estos componentes de los seres humanos, y encontrar el equilibrio para que la tripulación se sienta cómoda y evite conflictos serios", agregó un psicólogo.

"Damas y caballeros" interrumpió el profesor Hammersmith, "Esta es exactamente la razón por la que estamos aquí, la WSEO conformó este grupo de los mejores científicos en sus campos para que podamos brindar recomendaciones sólidas y bien respaldadas, para que puedan dar estas recomendaciones a los planificadores de Misiones y a la Misión científica para incorporarlos en el plan de vuelo. Esta no es una tarea fácil, uno de los retos principales que tenemos es pensar lo que será alejarse de todo lo que conocen y todas sus costumbres por dos o más años. ¿Cuál será su reacción cuando ya no puedan ver la Tierra a través de sus ventanas? y la comunicación con la Tierra tenga retrasos significativos, habrá un momento en el que comenzarán a extrañar la vida en la Tierra, tal vez se sientan muy solos y olvidados, y tenemos que preparar todo para evitar un caos en la Misión debido a estos sentimientos, todos tienen un archivo en su equipo con los Objetivos de la Misión y el perfil de cada miembro de la tripulación y el equipo de respaldo. Todos firmamos un acuerdo de confidencialidad, recibimos una autorización de seguridad, y nada de lo que se discute aquí puede comunicarse fuera esta sala".

Agregó que "hay otros grupos que están trabajando con la dieta balanceada que tendrán que seguir y otros temas. Aquí hay Científicos de muchos países y muchos campos, también monjes de varias tendencias religiosas que han practicado aislamiento y meditación, esto va a ser muy interesante, entonces, vamos a empezar con el concepto de tiempo".

El profesor Hammersmith continuó: "¿Realmente necesitamos un calendario en Marte para estas exploraciones? ¿Cuál es el propósito de un calendario? Nuestra vida está regida por fechas, ciclos, tiempo, pero ¿es esto realmente necesario en Marte? Es obvio que el Calendario de la Tierra es inútil en Marte, no tiene sentido allí". Hizo una pausa y alguien preguntó "¿Qué tal el Calendario Diarian?, se ha estructurado para los habitantes de Marte".

"Sí, podría ser una opción, un calendario de 24 meses, algunos con otros 27 días otros con 28 días. Les pregunto, consideran que esto ayudará a la tripulación y al Control de la Misión. El Dr. Fritz Von Strauss, quien es el Director del Programa de Marte, está aquí con nosotros, también están la Astronauta Sally Page y la Astronauta Nicole Sorensen. ¿Pueden compartir sus pensamientos con nosotros?

El Dr. Fritz Von Strauss se puso de pie "Este ha sido un tema que ha causado muchas opiniones diferentes, como dijeron al comienzo de esta sesión, un calendario es algo creado para gobernar nuestras vidas e identificar ciertos eventos que son significativos para una persona o un grupo de personas, un país o a una religión. Está claro que los Astronautas, o los Marsnauts, y los controladores de la Misión y Administradores tienen que controlar los eventos, y estos están basados en el tiempo. "Caminó hacia el frente de la sala.

"Las Misiones robóticas de Marte han sido controladas utilizando un SOL secuencial para tener una bitácora de la Misión. SOLs no están etiquetados con un día, mes o año, solo una secuencia. Como cualquier Misión, tienen un principio y un punto final, donde SOL 1 es el comienzo y SOL n es el final".

"Esto ha sido muy práctico para todos los participantes de la Misión. Aunque la idea es tener presencia permanente de humanos en el espacio, habrá diferentes tripulaciones, por lo que no es necesario continuar con la tendencia del calendario, ya que las actividades se pueden planificar por el número de días para propósitos de la Misión, diciendo esto hemos propuesto el siguiente esquema "Presentó una diapositiva.

"Estos son los factores para considerar. Primero el calendario de la Misión. Comenzará con las letras MM y un número, indicando la Misión de Marte y el número de secuencia de la Misión, por ejemplo, Terra1 será MM1, seguido por un número de secuencia representando el día de la Misión, en este caso, Día de la Tierra. Comenzando con 1 para el día de lanzamiento y terminando con n representando el día de amarizaje, así que para la Misión tenemos el día de Lanzamiento de MM1-1, MM1-245 puede ser la Llegada a Marte, MM1-1050 puede ser el regreso de la Tripulación. Entonces los controladores de la Misión en la Tierra pueden hacer un seguimiento de la Misión, esta es la forma más sencilla de hacerlo".

"Por supuesto que no estamos hablando de una colonia en Marte donde la gente establecerá su residencia, esta será otra situación en la que puede ser necesario un concepto de calendario, pero esto será discutido en el momento apropiado".

"Ahora, para entender el punto de vista de la tripulación, aquí están los astronautas Sally Glenn y Nicole Sorensen".

Ambas astronautas caminaron hacia el frente del salón. "¿Cuál es un día en nuestra vida?" Sally comenzó "un día, algo a lo que estamos tan acostumbrados". Tiene al menos tres etiquetas, un número, un mes, el día de la semana, además de otros calificadores como el Día de la Independencia, Navidad, Hanukah, fin de semana y, por supuesto, día de pago " La audiencia se rió.

"Para una tripulación que estará en Marte de ocho a doce meses, ¿cuál es el significado de un día? Significa un día de exploración y observación, un día para cumplir algunas tareas como mantenimiento, cuidado físico, controles médicos, actividades del invernadero y tal vez un día en una excursión. Hemos discutido esto con las tripulaciones que irán a Marte, al menos en las dos primeras Misiones, hemos descubierto que solo necesitamos un número de días de la Misión, donde el día 1 será el aterrizaje de Marte; el último día será el despegue de Marte. Para ser congruentes con Misiones anteriores e identificar desde un día de la Tierra, usaremos el término SOL. Entonces recibiremos mensajes como en SOL 100, un cohete aterrizará en Marte con suministros, nuestros reportes dirán que SOL 20 exploramos la parte sur de... y así sucesivamente. Cada día será identificado como SOL nnnn-m, donde nnnn es el número de secuencia SOL y m es el número de Misión de Marte, en caso de que haya en algún momento dos Misiones simultáneas".

La Astronauta Sorenson tomó la palabra "Soy un miembro de la tripulación de respaldo de Terra1 y un miembro de la tripulación de Terra2, espero aterrizar en Marte en octubre de 2033. Después de todo lo que se ha dicho, consideramos que debemos seguir estos dos calendarios; estos son el Calendario de la Misión para toda la Misión y el Calendario de la Superficie de Marte para el segmento de exploración de la superficie. No consideramos que sea necesario tener una conexión con el Calendario de la Tierra, el Control de la Misión nos mantendrá comunicados para eventos especiales, solo necesitamos tener control de nuestros horarios de la manera más precisa y simple, al menos para esta etapa del Programa de Exploración de Marte ".

"Gracias Dr. Von Strauss y los Astronautas Glenn y Sorensen", dijo el profesor Hammersmith. "Tendremos una sesión para discutir estas propuestas muy interesantes, ahora vamos a traer el otro problema con el tiempo, la duración del día o SOL, esto es importante para los eventos de la Misión que eso a veces un minuto o un segundo es fundamental, ¿cómo vamos a unir el tiempo de la Tierra con el tiempo de Marte? ".

"Tengo una idea", dijo el profesor Bauer. "Como dijo el profesor Einstein, el tiempo y el espacio son relativos, esto significa que se miden de acuerdo con las necesidades y la ubicación, hay muchos ejemplos de esto. Lo que puedo ver es que toda la Misión se basará desde el Momento del Lanzamiento; este será el Tiempo 0 para la Misión y tendrá correspondencia con el Tiempo Universal coordinado o UTC. El tiempo debe continuar tal como lo conocemos, esto es 24 horas al día. Para la Misión durante el Viaje no es importante si es de día o de noche, solo necesitan una referencia en tiempo. Así que, para toda la Misión desde el Lanzamiento hasta el Aterrizaje, este podría ser el momento, podemos llamarlo Tiempo de la Misión, o Missionis Tempus en latín".

"Ahora, esto cambiará para la tripulación que aterrizará en Marte, donde habrá día y noche. Tenemos que pensar en algo práctico, quizás podamos dividir el SOL en dos secciones, día y noche. El día puede comenzar al amanecer, esto será Tiempo SOL 0 y terminará veinticuatro horas, treinta y nueve minutos y treinta y siete segundos más tarde. Esto se usará solo para Marsnauts para que puedan administrar su tiempo, pero el tiempo real de la Misión será el MT que junto con el SOL les dará a los Administradores de Misión la referencia a la Hora y Fecha de la Tierra".

Se detuvo y le dijo a alguien en la parte de atrás: "¿Puedo tener un pizarrón por favor?". Desde una puerta lateral de la sala de reuniones, el personal de la Universidad trajo un pizarrón y le dio un gis y un borrador.

"Excelente, gracias", dijo y continuó "Por ejemplo, podemos tener esta tabla" Comenzó a dibujar en el pizarrón una tabla con seis columnas, luego escribió un título en cada una, la primera fue Evento de la Misión, la segunda fue MM para el Calendario de las Misiones de Marte, el tercero MT para Missionis tempus, el cuarto para SOL, el quinto día y hora UTC y el último Marte.

Continuó "Las primeras celdas podrían ser", escribió en la primera celda de la tabla que dibujó "Lanzamiento", luego en la segunda celda "1", refiriéndose al Día 1 de la Misión de Marte; en la tercera celda "00:00:01" comienzo de Misión Tempus; la Cuarta quedó vacía; en la quinta escribió "17.05.2031 0:00:00" y nada en la última.

Se volteó hacia el grupo de científicos y dijo: "Esta tabla muestra la secuencia de eventos, esta que he escrito es el Lanzamiento, el día 1, a 1 segundo UTC, no hay datos para SOL, la fecha es esta y no hay datos para Marte, suponemos aquí que esta es la fecha de lanzamiento real ".

"Supongamos ahora que el aterrizaje del Mars descenderá a Marte el 27 de febrero de 2032 a la 01:10 UTC, en la tabla de eventos que escribiremos este Evento será Mars Landing; MM o Calendario de la Misión a Marte 286, es decir, 286 días desde su lanzamiento, en la columna SOL 1, porque es el primer día en Marte, en la Columna UTC escribiremos 27-02-2032 01:10, y en la columna de Marte solo Día por el momento. Entonces nuestros datos de Misión para el aterrizaje son MM1 286, MT 01:10, SOL 1-1. En la Columna de Marte, podríamos agregar el inicio del día de Marte de acuerdo con la tripulación y los Gerentes de la Misión, y esto solo será un número, no horas o minutos, por el momento".

"Entonces cualquier actividad tendrá que ser referenciada así, por supuesto el Control de la Misión, la tripulación y todos los involucrados en la Misión tendrán cronómetros, o contadores de tiempo de la Misión de Marte mostrando esta equivalencia".

"Pensando en la tripulación en Marte, su SOL puede comenzar en el aterrizaje, el motor apagado marcará el comienzo de SOL 1, y el sol 1 correrá por 23 horas. 30 minutos y 35 segundos. Esto permitirá que la tripulación sepa el tiempo que permaneció en Marte. Y ellos identificarán a qué hora es anochecer y a qué hora es amanecer, para que puedan trabajar sus horarios de acuerdo con esta referencia, tal como lo hacen los Astronautas a bordo de la ISS. Esta vez tendrá una correspondencia con el Tiempo de la Misión que es el tiempo Absoluto de la Misión".

Mission Event	Mars Mission Calendar (MM)	Missionis Tempus (MT)	SOL	Earth UTC	Mars Day or Night	SOLT (Mission Time on Mars)
Launch	1	00:00:01		17.05.2031 0:00:00		
Mars Landing	286	00:01:10	1	27.02.2032 0:01:10	Day	0:00:00

24h, 39m, 35s

231

"Podemos agregar una columna, aquí", dibujó una nueva columna en la tabla que creó en el pizarrón "con el título SOLT, que significa tiempo SOL, y aquí el día del aterrizaje, podemos escribir 00:00:01. Con esto conocemos la hora de la Misión, el tiempo de aterrizaje en Marte y el tiempo en la Tierra".

"Esta es una Idea, para trabajar, considero que será fácil de manejar por la tripulación, el reloj de la tripulación debe ajustarse con el tiempo de aterrizaje, en el momento del motor apagado, para que todos tengan la misma referencia de tiempo" dejó el gis y volvió a su asiento.

"Esto es bastante interesante; si todos están de acuerdo, podemos incluir esta idea en nuestras recomendaciones ", dijo el profesor Hammersmith mirando al Pizarrón," para que puedan verlo con los ingenieros y la tripulación, gracias, profesor Bauer ".

"Los días de la semana no tienen ningún significado allí, por lo que los Administradores de equipo deberán decidir cuándo será un día libre para cada miembro de la tripulación, tal vez cada cinco días".

 Ellos continúan evaluando el problema del tiempo; de hecho, esta discusión tomó muchos días adicionales.

...

"Las escotillas se han cerrado, la Soyuz MS-14 partirá en aproximadamente una hora, el Cosmonauta Anatoly Polov de Rusia, el Astronauta Helmut Griem de Dinamarca y el Astronauta Paolo Picao de Brasil regresarán a la Tierra más tarde hoy; en la ISS está la tripulación Terra1, formada por los seis Marsnauts; la Soyuz MS-16 despegará de Baikonur el próximo 29 de junio con el Astronauta Patrick Baudin de Francia, la Astronauta Eve Barrow de Gran Bretaña y el Cosmonauta Oleg Viakinov de Rusia, esta tripulación estará a cargo de la ISS cuando la Tripulación del Mars Lander entre al Schiaparelli el próximo noviembre. La tripulación que sale hoy el 2 de junio llegó a la ISS en diciembre pasado ", anunciaron el Comentarista de la Misión y el Centro de Control de la Misión.

El Marsnaut Robert Thornton fue nombrado comandante de la Expedición 65 anunciando "Soyuz MS-15 saliendo" y sonando la campana tradicional en la ISS "que tengan un viaje seguro a casa", dijo en la radio, recibió una respuesta de Anatoly "Nos vemos de vuelta a la tierra en dos años, que tengan una gran Misión". La Soyuz retrocedió lentamente hasta que realizó la maniobra de aproximación y comenzó a moverse cada vez más y más lejos de la ISS.

En este momento, la Tripulación Terra 1 a bordo del ISS estaba practicando maniobras y procedimientos de emergencia del Mars Lander con el Simulador Virtual en el Módulo Schiaparelli, al mismo tiempo que la tripulación de respaldo estaba haciendo las mismas simulaciones en la Tierra, por lo que los procedimientos podrían ser creados, modificados y probados en ambos esquemas de operación.

La Expedición 65 durará hasta el 29 de junio de 2024 con la llegada de la Soyuz MS-16, posteriormente, en marzo de 2025, los miembros de la Expedición 66 llegarán al ISS a bordo del vehículo de la tripulación Beyond Earth 5.

De julio a Octubre habrá nueve tripulantes en la ISS, en Noviembre cuatro miembros ingresarán al módulo Schiaparelli para comenzar la simulación de Marte. Esto debe terminar en junio de 2025. Para febrero de 2025, la Soyuz MS-16 regresará a la Tierra.

En noviembre de 2025, la Expedición 67 se lanzará desde Kourou a bordo del Orbitador Columbus. En enero de 2016, dos miembros más se unirán a la tripulación del Expedition 67 a bordo del Star Dream 1, un nuevo vehículo de Space Services Inc. La tripulación Terra 1 regresará a la Tierra en marzo de 2026, tres miembros a bordo del vehículo Beyond Earth 6 y tres a bordo del Orbitador Magallanes. En Mayo de 2026, El Orbitador Columbus regresará a la Tierra con tres tripulantes, dejando la estación con solo dos miembros de la tripulación. En junio de 2026, tres miembros llegarán al Orbitador Cook y tres a bordo del Vehículo Beyond Earth 7, este es la tripulación de respaldo terra 1 que se convertirá en la tripulación Terra 2.

...

En el Centro Espacial Kennedy estaba teniendo lugar la recepción del módulo Hoshi, que es el módulo Presurizado de la EOSS. Llegó dos semanas después de la fecha prevista debido a un poco de tráfico en el Canal de Panamá. El Módulo estaba siendo descargado del barco y fue puesto en una plataforma especial. Esto se llevará hasta el Centro de Operaciones de la Estación Espacial en el Área Industrial de KSC.

Una vez allí, se ejecutarán una serie de pruebas en todos sus sistemas, así como pruebas de vibración con el fin de prepararlo para el lanzamiento programado para Noviembre.

Los ingenieros en jefe Koji Tachimoto de JAXA, Art Packard de la NASA, Tessa Harvey de CSA y Carina Harting de ESA conducirán la verificación y estarán listas para realizar evaluaciones.

El módulo debe estar listo para finales de octubre para entregarlo al equipo de lanzamiento que deberá asegurarlo en el contenedor de protección, realizar todas las pruebas de seguridad necesarias y proceder a montarlo encima del cohete Delta que estará en una de las plataformas de lanzamiento en Cabo Cañaveral.

Si todo sale según lo planeado, la EOSS será lanzará el 28 de noviembre; y la tripulación que lo activará se lanzará el primero de diciembre desde la Plataforma 39B a bordo de un vehículo Beyond Earth en la parte superior de un cohete denominado *Orbitador de Lanzamiento serie 2* de Astro Explorer Company.

...

El agente Wilson llegó a Holanda, fue a la estación central de Interpol en Amsterdam. Esta vez llegó con otra persona, parecía un agente de la KGB. Él y el agente se reunieron con Aknika y todos partieron a la prisión donde Iván estaba detenido.

"Hola Iván", dijo el agente Wilson cuando Iván llegó a la sala de visitantes. "Ah, eres tú", dijo Iván en un modo despectivo, "Té dije que mi nombre es Boris", decía esto cuando la otra persona entró en la habitación y habló en ruso "¿Privet Ivan, ty pomnish" menya?" (Hola Iván, ¿te acuerdas de mí?). Iván lo miró con sorpresa, comenzó a sudar y con voz temblorosa respondió: "Soy Boris, no lo conozco señor". "¿En serio?", Respondió. "¿Cómo puedes olvidar todos los años que trabajamos juntos en la KGB, hasta que me abandonaste con esos gánsteres que casi me matan? , y te diste un tiro en la pierna para que te consideraran herido en acción y te dieran la oportunidad de retirarte. Estoy seguro de que recuerdas esto. Decidí quedarme en la KGB y encontrar traidores y cobardes como tú".

"No sé de qué estás hablando, nunca he estado con la KGB", dijo Iván desesperado.

"¿Por qué no les muestras tu hombro izquierdo? Si no eres Iván, no tienes nada que esconder, si tienes una cicatriz confirmará que eres Iván, una cicatriz que sufriste en una pelea con los manifestantes hace algunos años, donde conseguí esta en mi cara".

Iván lo miró con terror. "Ok Iván quítate la camisa, si no tienes nada, no me verás más, y tal vez el Agente Anika te deje ir", dijo el Agente Wilson. "Pero si tiene una cicatriz como mencionó Vasyli Belyakova, confesarás en este momento o el Sr. Belyakova te llevará de regreso a Rusia, donde se te preguntará con otros métodos. Ahora, por última vez, ¿dónde está el líder en esta operación? ¿Cuál fue tu motivo y tu objetivo? ".

Se quedó en silencio y luego dijo "Sí, yo estaba involucrado, pero yo no era el líder".

"Bueno Iván, ahora estamos progresando". El agente Wilson dijo "¿Quién era el líder?".

"No sé, solo recibí instrucciones y dinero de alguien a quien llamé con el nombre ViPla, o algo así".

"¿Cómo recibiste el dinero?".

"Esa persona me dijo dónde conseguirlo, podría ser un basurero, un lugar en un restaurante, un asiento en un teatro, casi en cualquier parte".

"¿Fue esa persona un hombre o una mujer?" Preguntó la agente Anika.

"No sé, a veces parece ser un hombre, otros una mujer, no estoy seguro de si era la misma persona" respondió Iván.

"¿Cuáles fueron tus órdenes?", Preguntó el Agente Wilson. Volteó para ver a Vasyli que lo miraba con un gesto burlón. "No sé" Iván respondió de un modo aterrador.

"No sé quiénes son estas personas, no sé qué están buscando no sé si son un grupo o solo una persona. Me matarán, lo sé, necesito protección aquí ", agregó.

"Tómalo con calma, Iván, estás protegido aquí. Ahora descansa y volveremos mañana ", dijo el agente Wilson.

Los tres agentes salieron de la prisión, al salir, el agente Wilson dijo: "Puede estar diciendo la verdad, pero él es bueno en esto, no estoy seguro". Creo que él sabe más de lo que está diciendo, quizás tendremos que enviarlo a la KGB, después de todo, él ya admitió que era parte del complot, en un evento que tuvo lugar en Moscú".

"Hola" Vasyly Belyakova contestando el teléfono "no, él no ha hablado, de acuerdo, me encargaré" y finalizó la llamada.

...

"Es un privilegio y un honor presentarles la primera maqueta del Mars Lander, llamado MLTTV o Vehículo Objetivo de Prueba del Mars Lander", dijo el Dr. Erich Von Stuhlinger en Astrotechnika al grupo de gerentes e ingenieros que trabajan en esa instalación.

"Esta primera maqueta de tamaño real será usada para probar sus capacidades de acoplamiento como un vehículo espacial pasivo, este será utilizado el próximo año como una prueba objetivo para una tripulación de LEO que lo llevará a la EOSS para el servicio, tenemos que estar seguros de que las dimensiones y la robótica para el encuentro son como se esperan. Hans Von Strauss ha desarrollado estos sistemas con su habilidad dentro de la robótica y el conocimiento de la Microprogramación".

"Además, el grupo de Ingenieros está trabajando con la propulsión y pronto realizará algunas pruebas en el campo de prueba de despegue, ¿es esto correcto Andrew?" Lo buscó entre el grupo.

"Sí, eso es correcto, haremos las primeras pruebas en cuatro semanas", dijo desde la puerta de la instalación donde se estaban reuniendo; parecía que acaba de entrar.

"Gracias Andrew, quiero ver eso".

"El segundo que estamos produciendo será una réplica exacta del que aterrizará en Marte, y se usará para realizar varias pruebas con sus motores y propulsores de maniobra, y tal vez se utilizará en la segunda Misión a la órbita de la Luna para desacoplarse en la Orbita Lunar, y descender algunas millas hacia la Luna, pero un aterrizaje en la Luna no está siendo considerado en este punto, otra posible prueba bajo consideración para llevar un Rover a Marte, tal vez para una Misión para traer una muestra de retorno de Marte, pero estas son solo algunas ideas en este momento".

"El equipo de descenso también está trabajando con el sistema de paracaídas, y nuestro equipo de ingenieros está trabajando con las computadoras y la programación. La mayor parte del software ya está en el simulador virtual en el módulo Schiaparelli y en un simulador en el Centro Europeo de Astronautas aquí en Colonia".

Todo el personal aplaudió, estaban muy orgullosos de construir el vehículo que llevará a los primeros humanos a Marte ".

...

En la Estación Espacial Internacional, se abrió la escotilla para recibir a los nuevos miembros de la tripulación que habían llegado hace una hora a bordo del Soyuz MS-16. Los astronautas Patrick Baudin, Eve Barrow y el Cosmonauta Oleg Viakinov fueron recibidos por la tripulación Terra1. "Bienvenidos a bordo", dijo el Comandante de ISS y miembro de Terra1, Robert Thornton. "Estamos contentos de que hayan llegado, necesitamos tener más tiempo para la simulación de la Misión de Marte".

"Gracias, Robert, no te preocupes, nos ocuparemos de los problemas y experimentos de la ISS", respondió el Astronauta Baudin.

"En diez días, tu y yo realizaremos un EVA, tenemos que instalar el nuevo simulador solar encima de Schiaparelli, esto simulará la distancia del sol para conocer la energía que será capturada durante el viaje y en la órbita de Marte" Robert añadió.

"De hecho, Eve es la que realizará el EVA, ella ha sido entrenada en el laboratorio de Flotabilidad neutral en Houston y en Colonia", comentó Patrick.

"Bien, por favor, vengan por aquí, familiares y reporteros en Tierra están esperando nuestra conferencia de prensa".

...

"Hemos realizado las pruebas una y otra vez con los sistemas primarios y secundarios y los procedimientos de respaldo, incluyendo la activación manual", informó Art Packard al Sr. Tachimoto, en la Instalación de Procesamiento de la Estación Espacial.

"¿Qué pasa con los paneles solares y el RMS?", Preguntó el Sr. Tachimoto.

"Los paneles solares están asegurados, se extienden sin ningún problema, usando la secuencia automática y de forma manual".

"El RMS ha sido probado desde su posición inicial para pasar a un objetivo específico; no tenemos problemas que informar, funcionó como una gema "informó Tessa Harvey.

"Las escotillas y la presurización se han probado, había un problema con una escotilla, pero se resolvió reemplazando una cerradura de seguridad y un anillo de aislamiento; creemos que esta cerradura se dañó durante el viaje porque no estaba en modo de configuración segura. La energía se almacena como esperamos y los comandos han sido enviados de forma remota para probar

236

algunas funciones detalladas en el informe, así como también la carga de software ", agregó Carina Harting.

"Entonces, ¿considera que estamos listos para la evaluación segura y de Calidad? ¿Lo probarán todo y harán algunas pruebas para tratar de provocar una falla? ", les preguntó el Sr. Tachimoto.

"Estamos listos, todo el equipo ha trabajado muchas horas para tener el módulo listo y en sus mejores condiciones operativas, hemos realizado las pruebas de vibración de acuerdo con las especificaciones de datos del lanzamiento", respondió Art.

"Bien, entonces, le notificaré al Sr. Washington que proceda con la evaluación para tener la aprobación lista para volar para poder entregarla al equipo de lanzamiento". El Sr. Tachimoto dijo: "Estamos a tiempo, si todo va bien, esta maravilla estará asegurada en el contenedor muy pronto.

...

Ren Nan y Kurt Hetz corrieron por los pasillos del edificio de Ciencia en DLR en Colonia, abruptamente abrieron la puerta de la Oficina del Científico en Jefe Albert Bauer.

"¿Qué está pasando?", Dijo "Lo siento", dijo el asistente, "Ellos simplemente pasaron".

"No se preocupe, conoce a estos científicos, ahora me puede explicar lo que está pasando, estoy en una videoconferencia con el Dr. Lawrence Cutts del Laboratorio de Ciencias en el Reino Unido".

"¡Excelente!" Dijo Kurt con voz eufórica "Por favor agregue al Dr. Stappleton a la conferencia".

"Espere, ¿qué es esta tontería?" Preguntó el Dr. Bauer en un modo enojado.

"Recuerde esta fecha Dr. es 4 de agosto de 2024" Ren Nan se acercó a la computadora del Doctor. "¿Puedo?", Preguntó.

El Dr. Bauer se apartó del escritorio. "Esto es incómodo", dijo "Discúlpeme Lawrence, puede esperar un momento" "No hay problema, veamos lo que estos dos lunáticos tienen que decir, esto es interesante y entretenido".

Ren Nan escribió una dirección en el navegador para acceder a algunos archivos en el servidor de la sala de Control de la Misión Mars Multi Rover, "un momento por favor", dijo. Apareció una imagen en la pantalla "¿Puede ver esto?", Preguntó. El Dr. Bauer alcanzó sus anteojos y se acercó a la pantalla "Sí, es el Invernadero del Rover", dijo. "Mire más de cerca", el Dr. Nan dijo: "Sí, Dr. Bauer mire más cerca", insistió el Dr. Hertz.

Miró con más cuidado a la pantalla "Dios mío, ¿es esto real?", dijo y se sentó. "Comparta esto en la pantalla con el Dr. Cutts", le preguntó. "¿Puedes verlo Lawrence?". Hubo un silencio en la comunicación "¿Es esto lo que creo que es?" Preguntó el Dr. Cutts asombrado.

"Permítanme contactar al Dr. Stappleton", dijo el Dr. Bauer y marcó un número en su teléfono privado "Hola Albert, ¿qué puedo hacer por ti, es la 1 AM aquí en Pasadena?", Respondió con voz somnolienta. "Lamento interrumpir tu sueño, pero tienes que ver esto ahora", dijo el Dr. Bauer. "¿Puedes ir a tu computadora para invitarte a esta conferencia?". "Un momento por favor, déjame ir al estudio".

"No puedo creerlo, por supuesto que necesitamos hacer más análisis para asegurarnos de que esto no sea otra cosa", dijo el Dr. Bauer.

"Hemos realizado pruebas, y hemos tomado imágenes de ambas cámaras en varios filtros, esto es real, puedes ver la imagen en 3D", dijo el Dr. Hertz.

"Ok, ahora estoy en la computadora", dijo el Dr. Stappleton. "Un momento, por favor", el Dr. Bauer respondió y escribió algunos comandos en la conferencia que estaba teniendo con el Dr. Cutts. Después de unos segundos, devolvió un mensaje y aceptó la invitación. "Ok, estoy aquí", dijo el Dr. Stappleton.

"Voy a compartir este video hecho a partir de una secuencia de imágenes", dijo el Dr. Bauer. "Ok", respondió y luego hubo silencio. "Jesucristo, ¿es esto...?" "Sí", dijo el Dr. Bauer con algunas lágrimas en los ojos. "Tendremos que ejecutar algunas pruebas y verificaciones, pero todo indica que es positivo".

"¿Qué prueba es esta?", Preguntó el Dr. Stappleton. "Es la prueba número dos, con Tierra Marciana y pocos miligramos de nutrientes; la semilla es la de Parodiochloa flabellate o hierba Tussock que crece en la Antártida".

Hubo un silencio en la habitación.

"Esto significa que la primera planta ha germinado en tierra Marciana agregando solo un nutriente", dijo el Dr. Cutts. "Sí, sí", dijo el Dr. Hertz eufóricamente.

"Esta es una fecha histórica, la primera planta de la Tierra en otro cuerpo celeste", dijo el Dr. Stappleton. "Esto significa que podemos utilizar suelo marciano en nuestro invernadero, por supuesto, controlando el medio ambiente, ¿dónde está el Rover principal ahora?", Preguntó.

"Esta tierra fue recuperada al norte 75.45 N, 15.47 E. Desde entonces, hemos viajado hacia el sur, donde consideramos que es un buen lugar para el aterrizaje de la tripulación, en la región Chryse Planitia, cerca del área Viking 1. En este momento, el Rover principal está en estas coordenadas 41.13 N 11.25 W ", dijo el Dr. Hertz y mostró un mapa en la pantalla de la computadora.

"¿Le has contado al Dr. Long sobre esto? El Dr. Bauer preguntó. "Todavía no" Dr. Nan Said.

"Bueno, creo que es el momento adecuado para darle esta noticia, será de noche en la isla ahora" El Dr. Bauer marcó su teléfono privado.

"Hola Dr. Bauer, ¿cómo va todo?" Respondió.

"Tengo maravillosas noticias para ustedes, aquí están el Dr. Hertz y el Dr. Nan y en videoconferencia el Dr. Cutts y el Dr. Stappleton", dijo el Dr. Bauer.

"Oh, Dios mío, espero que no hayan destruido algo allí", dijo el Dr. Long como una broma.

"No, por el contrario, aquí está el Dr. Nan".

"Hola Ren, ¿qué es tan importante?" Preguntó el Dr. Long.

"¿Estás sentado? Esta es la noticia. Una de las semillas en el invernadero a bordo del Rover ha germinado. Es verde oscuro y tiene solo un milímetro de altura. Este suelo se recuperó al norte, y añadimos solo dos mililitros de nutrientes, hace once días, por lo que el Suelo Marciano se puede usar en el invernadero, por supuesto, con todo el ambiente controlado "explicó el Dr. Nan.

"Esa es la mejor noticia que he escuchado en mucho tiempo, nunca me imaginé que una hierba Tussock me haría tan feliz", dijo el Dr. Long.

"Llamaré a una reunión con el Dr. Cook para darle la gran noticia y para preparar un comunicado de prensa. Felicitaciones a todos".

Agregó "¿Hay alguna probabilidad de que esto pueda ser un error?".

El Dr. Nan respondió: "Hemos realizado todas las evaluaciones posibles, con imágenes y mediciones en la atmósfera interna del invernadero, ahora tenemos algo de condensación y hemos aumentado el oxígeno solo en algunas fracciones. Preparamos una película con imágenes tomadas cada hora y se puede ver cómo emerge desde abajo, así que sí, estamos seguros. Recuerde que la fecha aquí es el 4 de agosto de 2024 Día de Marte Verde".

"Excelente, gracias, Albert, Lawrence y Benjamín, y gracias Ren y Kurt, le informaré a Dr. Cook", finalizó la llamada.

Cinco días después, Dr. Cook invitó a todos los medios a la sede de WSEO para una conferencia de prensa que iban a dar el Dr. Hertz y el Dr. Nan. Ambos científicos comunicarán el hallazgo de que una semilla ha sido germinada en el suelo marciano dentro del invernadero del Rover principal.

La noticia se extendió por todo el mundo a través de todos los canales en solo unos minutos, en Internet se convirtió en tema de actualidad en todas las redes sociales.

Como era de esperar, se llevó a cabo una manifestación fuera de la Sede de la WSEO, y también en las Agencias Espaciales de todo el mundo. Afirmaron que Marte iba a estar contaminado, que deberían dejarlo solo, alegaron que la Tierra estaba siendo destruida por las industrias, que deberían hacerse esfuerzos para mantener la Tierra segura, algunos de sus carteles decían "La vida está en la Tierra no en Marte". "," Mantener la Tierra viva "," Mantener la Tierra en calma y segura".

El Dr. Cook estaba mirando la manifestación y comentó con otros WSEO que estaban allí "La gente teme que este planeta sea destruido, quieren usar esta investigación para defender su causa. Sé que tienen razón; nuestro planeta está en peligro de convertirse en un planeta que no admite la vida debido a lo que estamos haciendo con los procesos naturales y la constante amenaza de guerra. Hemos hablado de esto con los medios, tenemos un programa especial para observar la Tierra, tenemos que reforzar esto, no podemos permitir que, debido a esta mala percepción, nuestros logros se vean disminuidos. Esta es la primera semilla que ha germinado en otro Planeta, pudo hacerse gracias al arduo trabajo de muchas personas, y para poder construir este Rover, muchas industrias han trabajado intensamente y ahora están produciendo artículos para mejorar nuestra vida. Tenemos que preparar un evento especial para poner estos dos objetivos en perspectiva y enfatizar lo que siempre he dicho, la exploración del espacio es para el beneficio de la Tierra".

...

Koji Tachimoto recibió el certificado de seguridad y calidad para continuar con el proceso del módulo Hoshi. El equipo de Lanzamiento ha comenzado su programa que finalizará con el Lanzamiento del Módulo, si todo sale según lo planeado, en menos de dos meses Hoshi estará en la órbita de la Tierra.

La tripulación EOSS-1 llegó al Centro Espacial Kennedy para visitar la Instalación de Procesamiento de la Estación Espacial y observar el módulo presurizado Hoshi. "Bienvenidos", les dijo el Dr. Tachimoto.

"Permítanme presentarles a la tripulación", dijo Bob Anders. Sally Glenn interrumpió "Nos hemos reunido en el centro de entrenamiento en Japón antes, para familiarización con todos los sistemas". "Ah, sí, por supuesto, me olvidé de eso", agregó Bob Anders.

"Bueno, aquí está Hoshi, listo para irse" Koji Tachimoto dijo con orgullo: "Aquí están los jefes de ingeniería, creo que los conocieron en Japón" La Tripulación del EOSS-1 caminó alrededor del módulo, todos vestidos con batas, pantalones y gorras blancas y protectores de zapatos, para mantener el área limpia y evitar cualquier contaminación.

"Queremos presentarles el escudo de nuestra Misión que tiene una representación de Hoshi y nuestro vehículo. Las Cinco estrellas representan a cada uno de nuestros miembros de la tripulación, y están alineadas con Hoshi que simboliza una nueva estrella, hemos firmado para usted esta carta como agradecimiento y reconocimiento del gran trabajo que se ha realizado para crear este increíble módulo espacial "Sally Glenn, junto con los otros cuatro miembros presentaron este reconocimiento.

"En nombre de todo el equipo, formado no solo por nosotros, sino por miles de trabajadores, les agradezco este gran honor, se colocará en un lugar muy especial en la Sede, para que todos puedan verlo" el Dr. Tachimoto le dijo a la tripulación. Tomaron algunas fotografías del evento y se quedaron allí un tiempo mirando el Módulo y hablando con los Ingenieros en Jefe más tarde se fueron con el director de KSC que los iba a llevar al VAB para que pudieran observar el cohete y el vehículo de la Tripulación que los llevará a la órbita y acoplar con Hoshi.

El contenedor fue movido a las instalaciones de procesamiento de operaciones espaciales, en pocos días el módulo presurizado Hoshi se trasladará de la Instalación de Procesamiento de la Estación Espacial a esa instalación para asegurarlo y proceder con la integración con el cohete y las pruebas previas al lanzamiento.

Mientras tanto, en el VAB se estaba preparando un vehículo para ser trasladado a la Plataforma 39B en pocos días y realizar los preparativos finales para el lanzamiento.

El vehículo de la Tripulación es el Beyond Earth 9 que tiene capacidad para una tripulación de seis miembros. El cohete es un Lanzador de Astro Explorer Company de un Programa Comercial, tiene cuatro propulsores, dos etapas y el módulo de propulsión y servicio para el vehículo de la tripulación.

En las instalaciones de Astro Explorer Company en Nuevo México, los Astronautas Sally Glenn, Steve Gordon, Courtney Kent y Yuri Popov y Sean McCoy, llegaron para continuar su entrenamiento en el simulador de vehículos tripulados Beyond Earth.

Astro Explorer Co. y Japón desarrollaron un simulador de realidad virtual del mecanismo de acoplamiento Hoshi para que la tripulación pudiera practicar maniobras de acercamiento y acoplamiento; además de que también han estado entrenando en Japón para comprender todos los sistemas del módulo presurizado, y en el Laboratorio de Flotación Neutral en Houston para la Actividad Extra Vehicular que tendrá lugar en el Módulo. Se han estado preparando para la Misión durante casi dos años.

A las 0:01 AM del 10 de octubre de 2024, los paneles verticales del VAB comenzaron a moverse para dejar al descubierto el cohete que iba a ser transportado en su plataforma movible de lanzamiento por el transportador oruga. Como siempre, fue una vista espectacular cuando la enorme estructura comenzó a moverse. Era el cohete orbital con el Beyond Earth 9, el vehículo para la primera Misión a la Estación de Servicio de la Órbita de la Tierra, o EOSS para abreviar. El viaje durará aproximadamente cuatro horas hasta La Plataforma 39B, donde será preparado para el lanzamiento programado para el 1 de diciembre, solo dos días después del lanzamiento de EOSS sobre un cohete Delta.

En la plataforma de lanzamiento, las cuadrillas de lanzamiento realizarán todos los procedimientos para preparar el cohete y realizarán los preparativos finales en el vehículo de la tripulación.

Mientras tanto, en el otro lado del Centro Espacial Kennedy, el cohete Delta estaba siendo preparado para el lanzamiento del módulo presurizado EOSS. El módulo ha sido asegurado en su contenedor y las maniobras para colocarlo en la parte superior del cohete comenzarán muy pronto, después de colocarlo en la parte superior se realizarán pruebas para verificar la integridad del vehículo, incluidos el lanzador y la carga.

En la sala de control japonés en el Centro Espacial Tsukuba, los ingenieros y los controladores estaban revisando el estado del módulo y todo el software cargado en sus computadoras. Una vez en órbita, será operado y monitoreado desde este centro las 24 horas del día, a través de la red de comunicaciones espacial.

El 15 de octubre el Cohete Delta con el Módulo de carga fue transportado al Complejo 37 para el lanzamiento.

...

"Hoy, la tripulación Terra1 comenzará su Experiencia en Marte ingresando al Módulo Schiaparelli", dijo Charlie Washington en una conferencia de prensa en la sede de la NASA. "Cuatro miembros simularán el descenso, en actividades de la superficie y regresarán a la órbita de Marte. Toda la experiencia durará casi ocho meses. Estos miembros de la tripulación han estado entrenando con el simulador de realidad virtual del Mars Lander durante los últimos siete meses, y toda la tripulación ha estado practicando como si estuvieran en camino a Marte. El Comandante del Orion ha utilizado el simulador virtual del Orion para colocar la estructura formada por Orion, Habitat y Mars Lander en órbita alrededor de Marte. Han logrado con éxito esta maniobra. En este momento estamos recibiendo su telemetría, datos y comunicaciones con un retraso simulado de trece minutos y dieciséis segundos, este retraso variará a medida que Marte y la Tierra aumenten o disminuyan su distancia. La tripulación del ISS no tiene interacción con los Marsnauts de Terra 1 que están en el ISS en las Consolas del Hábitat, por supuesto, cuando no están haciendo esta actividad, ayudan con la operación del ISS y realizarán un EVA en los próximos meses para practicar algunas actividades que se llevarán a cabo en la órbita de Marte ".

"Han habido muchas preguntas sobre la tripulación; uno de los temas principales es '¿Se van a llevar bien después de tanto tiempo en el espacio?' Hemos puesto todo nuestro conocimiento sobre este tema, los psicólogos han trabajado con el perfil de todos los Astronautas y Cosmonautas, y después de una cuidadosa evaluación de su perfil y experiencia se integraron a los equipos de Terra1 y Terra2 ".

"Desde que fueron seleccionados se han estado entrenando juntos en ambientes aislados como el desierto Chileno, la Antártida, el norte de África, con muy poca interferencia externa, por supuesto, tienen instructores para cada aspecto de su entrenamiento, estamos haciendo revisiones psicológicas prácticamente todas las semanas observando su comportamiento. Y ahora tenemos esta prueba crucial".

"Confiamos en que la tripulación funcionará bien sin un problema mayor, todos tienen este objetivo común, y nadie, ni siquiera el Comandante ha mostrado ninguna intención de convertirse en la estrella de la Misión, podemos decir que es un grupo muy homogéneo con una muy alta preparación y conciencia de trabajo en equipo".

"En solo unos minutos recibiremos la transmisión del ISS, mostrando a la tripulación que ingresa al Schiaparelli, y luego sabremos si aterrizaron de manera segura en Marte, por supuesto, simulado y tal vez el control de la Misión puede incluir alguna falla durante el aterrizaje. ¿Alguna pregunta antes de que comience la transmisión?

Un reportero levantó la mano "Soy Bruno Lombardi de Space y Science. ¿Se ha decidido quién pisará primero a Marte?

El Sr. Washington respondió "Esta ha sido una pregunta que se ha hecho en repetidas ocasiones. La tripulación y nosotros estamos considerando que todos llegarán a Marte en el mismo instante cuando el Mars Lander toque la superficie con su tren de aterrizaje, ahora quien será el primero en caminar sobre Marte; esto es algo que no ha sido definido. Nadie quiere que esto se convierta en una propaganda política para ningún país, porque esta es una Misión de la Tierra, no una carrera espacial, y representan a todos los seres humanos en la Tierra, por lo que les informaremos tan pronto como tengamos una respuesta, o tal vez esto es algo que se definirá en el último momento. Ahora, la tripulación llevará un pequeño contenedor o cápsula con todas las banderas del mundo, un contenedor con tierra de cada nación, un chip con una canción de cada país y fotografías de los lugares que identifican a cada país, estamos trabajando en esto ahora, también incluirá un mensaje de buena voluntad de niños de todo el mundo. Este contenedor será dejado en Marte, y publicaremos sus contenidos en internet".

La imagen de la tripulación que se preparaba para ingresar al Schiaparelli estaba en la pantalla, únicamente por este evento y para la salida de la tripulación en ocho meses, una transmisión en vivo se realizará desde la ISS.

Los Seis Marsnauts estaban en la imagen. El comandante Arthur Cooper comenzó a hablar "Permítanme presentarles a la tripulación de Terra 1, Nancy Jones, Yelena Pavlova y Kiochi Kanko, entraremos en el Schiaparelli para tener una experiencia casi real de nuestra Misión, tendremos situaciones como las tendremos en la Misión real y tendremos que resolverlas, con nuestros propios medios y con la ayuda de Robert Thornton y Li Yang Tzu que estarán en el Hábitat orbitando a Marte, ellos serán nuestro Enlace en la Tierra, considerando el retraso que tendremos. Una vez que ingresemos al Schiaparelli contaremos solo con lo que tenemos allí, aunque en algún momento simularemos la llegada de carga que incluye, equipos, experimentos, comida, agua y oxígeno. Un vehículo de carga especial se acoplará en uno de los puertos del Schiaparelli, para que podamos acceder a él sin tener contacto con el ISS. Robert y Li realizarán el trabajo tal como lo harán en la Órbita de Marte así como las observaciones, caminatas espaciales (EVA), simulaciones de retorno entre otras cosas, y serán nuestro equipo de Control de Misión. Durante los últimos meses hemos practicado aterrizajes y despegues desde Marte, con diferentes escenarios y fallas, por lo que los ingenieros del Mars Lander pueden usar esta experiencia para mejorar el hardware y el software; sabemos que están haciendo un gran trabajo considerando todos los escenarios posibles ellos puedan imaginar".

Hizo una pausa. "Ahora vamos a entrar al Schiaparelli, por el momento como si estuviéramos entrando al Mars Lander. A partir de este momento la señal al MCC (Control de Misión) en la Tierra, sufrirá un retraso tal como sucederá en la Misión, nuestro MCC está aquí con Robert y Li. Si todo va según lo planeado, deberíamos estar en la superficie de Marte en aproximadamente veintiséis minutos después de desacoplar y alejarnos del Hábitat, son bienvenido a seguir el descenso simulado".

Leonard Arthur Cooper, Nancy Jones, Yelena Pavlova y Kiochi Kanko ingresaron al Schiaparelli. Las escotillas en ambos lados fueron cerradas y aseguradas. La pantalla mostró a la tripulación con su equipo de realidad virtual. Estaban realizando la lista de verificación preliminar para el desacoplamiento planificado y descenso a Marte, tal como se hará en unos pocos años en Marte.

"Listo para desacoplar" Nancy Jones dijo "Manténganse listos para la confirmación de liberación de cerraduras" respondió Robert desde la consola ISS.

"Están listos para desacoplar" "Entendido, Mars Lander 1 desacoplándose" Dijo ella.

La simulación mostró al Mars Lander retrocediendo desde el Hábitat y comenzando su descenso, los cohetes de maniobra se vieron cuando fueron encendidos para colocar el vehículo en la posición exacta. La secuencia de aterrizaje fue programada, por lo que la tripulación solo tiene que ver las computadoras para verificar que estén en el objetivo y no haya alarmas activas.

La simulación mostró el camino descendente y los eventos tal como se llevaron a cabo en el simulador físico.

"Las puertas de los motores se abrieron, los motores se extendieron y se aseguraron", informó Yelena mientras los indicadores se tornaban verdes. "Los motores comenzaron" La simulación mostró que los dos motores habían comenzado a reducir la velocidad de entrada.

Ambos motores tienen movimiento y pueden ajustar el empuje para corregir la trayectoria.

"Buena trayectoria y buen consumo de combustibles", dijo Kiochi.

"El paracaídas guía será desplegado en 3, 2,1" Se escuchó un sonido en la simulación se sintió un movimiento "Buen despliegue, velocidad y trayectoria dentro de los parámetros". Hubo un momento de silencio ", liberación el paracaídas guía exitosa, esperando a confirmar el despliegue del paracaídas principal", Dijo Kiochi.

"Los motores funcionan al 100%, combustible al 49%, valor esperado en este momento 51%, desviación -2%", dijo Yelena.

"Si baja a 40% tendremos que abortar el aterrizaje" dijo Leonard.

"Paracaídas principal desplegado" Velocidad dentro de los parámetros. "Tren de aterrizaje extendido y asegurado" informó Kiochi.

"Motores al 90%, combustible al 45%, altura trece mil pies", informó Yelena.

"Viento cruzado casi 0, temperatura exterior -117 grados Celsius" informó Nancy.

"Cuatro minutos para el aterrizaje" Yelena dijo "Combustible 40%, se espera en este punto 41%".

"Bien, el área de aterrizaje se ve bien", comentó el comandante Arthur Cooper. Las cámaras externas en los trenes de aterrizaje mostraban la tierra debajo del Lander, con un acercamiento muy potente, de modo que se podían ver los detalles de las rocas y, si fuera necesario, podría maniobrar a otra área cerca del objetivo.

"Tres minutos para el aterrizaje, todo se ve bien".

"Velocidad de treinta pies por segundo".

"Un minuto, los motores a 110% combustible 24% de velocidad reducida a 18 pies por segundo".

"Levantando polvo, diez segundos, velocidad de tres pies por segundo".

"3, 2,1 y contacto con la superficie, los motores se detienen, combustible al 18%" Válvulas cerradas.

"Bienvenido a Marte", dijo el Comandante Arthur Cooper, "al menos virtualmente".

Comenzaron a sentir el aumento de la fuerza de gravedad desde la microgravedad al 38% respecto a la Gravedad de la Tierra".

"Hagamos la lista de verificación posterior al aterrizaje y la configuración de comprobación previa de la posición del Hábitat en la órbita, en caso de que tengamos que volver a la órbita inmediatamente". El Comandante Arthur Cooper y agregó: "Podemos sentir la atracción de la gravedad, aunque no es como regresar a la Tierra, esta gravedad artificial está haciendo su trabajo, las cosas caen lentamente pero ya no están flotando".

"Lander equilibrado horizontalmente" informó Nancy. "Solo se necesitó un ajuste menor de la plataforma de aterrizaje 2, pero fue realizado por la computadora".

"Gran aterrizaje", dijo Robert en la radio desde el Habitat en el simulador de Órbita de Marte en la ISS.

Los controladores e ingenieros en la Tierra estaban reuniendo todos los datos para analizar y corregir cualquier posible desviación en la versión final del software.

En Astrotechnika en Alemania, los científicos estaban siguiendo la simulación, obteniendo todos los datos de telemetría.

"Esta caída en el combustible no es normal, el motor aquí fue al 112% de empuje y no fue necesario de acuerdo con nuestro diseño" Andrew dijo al Dr. Erich Von Stuhlinger "Sí, lo noté, tendremos que verificar el flujo de combustible en ambas líneas y en las líneas de respaldo, tal vez el frío externo aumentó esto. Tendremos que verificar esto en la prueba que haremos a principios del año que viene, en el Artico, Andrew, por favor comparte conmigo el diseño del sistema y el software de control".

"Sí, Dr., compartiré los últimos archivos que tengo con usted".

...

Hoshi estaba en la cima del Cohete Delta, listo para comenzar su viaje a la Órbita. En pocas horas se lanzará, y diez minutos más tarde deberá estar en Órbita. La primera tripulación llegará dos días después; entre sus deberes estará estabilizar el Módulo si está girando o moviéndose de forma aleatoria, así como empujarlo a la órbita operativa.

En Control de Lanzamiento Delta todos los ingenieros estaban monitoreando los sistemas; la tensión casi se puede sentir en el control de lanzamiento y en el área de visualización cuando se acerca la marca T-0. Todos sabían que, si algo salía mal, la Misión de Marte podría sufrir un gran retraso. No había problema alguno para ser considerado, técnicamente o relacionados con el clima

Este evento estaba siendo seguido en todas las Agencias Espaciales, también en la sede de WSEO, en el área VIP del sitio de lanzamiento estaban el equipo Hoshi representado por Koji Tachimoto, Art Packard, Tessa Harvey y Carina Harting, con ellos estaban Charlie Washington y Takuma Nagaoka, jefe de Agencia Espacial Japonesa y la Tripulación de la Misión EOSS-1.

"Espero que todo vaya bien" pensó Koji Tachimoto, nadie estaba hablando. "El vehículo está con energía interna, 1 minuto para el lanzamiento", anunció el Oficial de Relaciones Públicas. Se podía ver el reloj, y en la parte posterior el cohete naranja y blanco, que contrastaba con el mar al fondo. Era una vista muy impresionante.

"15 segundos" se escuchó "10, 9, 8, 7,6 Motores de arranque" en la parte posterior se escuchó "Motores en máxima potencia. "3, 2,1 y despegue", dijo el oficial mientras el cohete comenzaba a elevarse y ganar velocidad. "Despegue del Cohete Delta con el módulo principal de la Estación Orbital de Servicio, primer componente para la exploración humana de Marte", agregó el comentarista. El sonido era fuerte y, como en otros lanzamientos, se sintió el golpeteo en el cuerpo de los invitados en las tribunas de la zona de observación.

Desde el VAB a millas de distancia, el cohete puede ser visto siguiendo una excelente trayectoria y dejando un rastro que parecía ser una nube creciendo desde la tierra hacia el Cielo.

"Go Hoshi, Go Delta", toda la gente vitoreó mientras se elevaba, una hermosa vista. "Todos los motores funcionando al 100%, el vehículo ha pasado el punto de mayor presión aerodinámica. Todo se ve bien en la Misión. Cuatro minutos en el vuelo, a la espera de la confirmación de la separación de los dos cohetes de combustible sólido "hubo una pausa", se confirmó la separación de los cohetes de combustible sólido "Todas las personas vitorearon nuevamente.

Un minuto y veinte segundos después, el comunicador anunció: "Tuvimos un apagado de los motores principales exitoso y la separación de la primera etapa. La segunda etapa comenzará momentáneamente "Hubo silencio. En la sala de control, los ingenieros estaban siguiendo la telemetría en su pantalla, no había señal de que el motor de la segunda etapa había comenzado. "Esperando la confirmación del inicio del motor de la segunda etapa" hubo un silencio, la tensión aumenta. De repente, el ingeniero de la segunda etapa recibió la confirmación de un buen arranque de motor, se volvió hacia atrás si la sala daba la señal de aprobación. Todos los ingenieros aplaudieron. "Hemos recibido confirmación de que el motor de la segunda etapa ha iniciado", todo el equipo de Hoshi rompió en aplausos y se abrazaron.

Pocos minutos después llegó la indicación de que las puertas del contenedor de carga habían sido abiertas y unos minutos más tarde que el Hoshi había sido empujado desde la segunda etapa, dejándolo en una órbita de 450 kilómetros con una inclinación de 56 grados. "Hoshi ahora está en órbita", anunció el comunicador.

Todas las personas en la sala de control de lanzamiento y en el área VIP estaban aplaudiendo y festejando.

Koji Tachimoto tomó su teléfono y envió un mensaje al jefe de la sala de control en Japón, él respondió: "Hoshi ha comenzado la activación; estamos recibiendo telemetría de eso".

En todos los Centros Espaciales y Sedes, las personas estaban celebrando.

Charlie Washington volteó a la Tripulación EOSS-1 y les dijo "bueno, ustedes tienen una Misión en dos días; una nueva estrella los está esperando en órbita".

En la Plataforma 39B, dos días después del exitoso lanzamiento de Hoshi el módulo presurizado del EOSS, la Tripulación EOSS-1 estaba a bordo del Beyond Earth 9, o BE9 como se llama vehículo, esperando ser lanzado a las 5:45 PM, ese 1 de noviembre de 2024.

Los cinco miembros de la tripulación habían estado entrenando durante dos años para esta Misión, ahora estaban listos, en pocos segundos sentirán todo el poder del cohete EO-SII debajo de ellos. Tuvieron una charla con el Director de Lanzamiento.

La cuenta regresiva ha alcanzado los T-6 segundos, esto significa que los motores principales comenzarán. En el momento del encendido, sintieron un golpe debajo y la vibración, unos segundos más tarde, se estaban elevando. Podrían leer en una pantalla la velocidad, la aceleración, el número "Gs" de presión, el impulso de los motores, y el consumo de combustible.

Cuatro minutos y medio después sintieron una desaceleración, la vibración terminó y se escuchó un sonido fuerte, fue el apagado de los motores y la separación de la primera etapa.

Esta primera etapa regresará a una plataforma móvil en el Atlántico, un aterrizaje controlado, como los que se utilizarán en Marte para entregar equipos.

La tripulación volvió a sentir la fuerza gravitacional al acelerar se incrementó a cerca de 3.1 G. Esta segunda etapa permanecerá encendida por otros cuatro minutos y veintitrés segundos.

Sintieron de nuevo la desaceleración, pero esta vez fue diferente, se dieron cuenta de que la pequeña mascota de la tripulación, un pequeño Jaguar de peluche flotaba. "Bienvenido a la microgravedad", dijo la comandante de la Misión Sally Glenn a la tripulación.

Escucharon otro ruido fuerte, era la segunda etapa de separación, y el anillo entre etapas, luego una serie de explosiones esta vez fueron los pirotécnicos que se dispararon para liberar la torre de escape, y el disparo de los pequeños cohetes para empujarlo lejos del vehículo de la tripulación, más tarde estas partes del cohete dispararán un pequeño cohete para devolverlas a la atmósfera terrestre para ser destruidas durante la reentrada, como parte del acuerdo internacional para evitar dejar partes de cohetes en la Orbita de la Tierra, el Tratado de Desechos Espaciales.

Tan pronto como la torre de escape fue disparada, pudieron ver la Tierra pasando debajo de ellos. "Mira esta vista", dijo Sally.

"BE9, la maniobra de vía rápida se ejecutó con éxito, para que puedan ver la EOSS en aproximadamente cinco horas y dieciséis minutos", dijo el Capcom.

"De acuerdo" respondió Sally.

El equipo de Hoshi estaba en las tribunas VIP, cerca del edificio Saturno V en KSC, después del lanzamiento fueron llevados al edificio Control del Lanzamiento para la celebración tradicional de frijoles con el equipo de Lanzamiento.

Hablaron sobre el éxito del lanzamiento y el trabajo que hará la tripulación. Después de una hora, el equipo de Hoshi fue trasladado a Houston para seguir la operación de encuentro del BE9 y la EOSS.

...

"Podemos ver el Hoshi ahora", dijo el astronauta Steve Gordon. Una imagen estaba en la pantalla en MCC mostrando el Módulo y algunos datos como distancia, posición, velocidad.

"Los paneles solares están completamente extendidos, y el RMS parece estar en su posición segura, parece que tiene algo de rotación, pero es estable".

"Enterado, estamos revisando la situación con el Centro de Control Hoshi en Japón", respondió el Capcom "Reportaron una revolución cada dos minutos y dieciséis segundos".

"En este momento procedemos a maniobrar a 300 pies de ésta y realizar una vuelta, necesitamos toda la documentación fotográfica para ser analizada por los expertos, estamos realizando algunas simulaciones con Japón, para descubrir la mejor manera de acercarse".

El BE9 completó el vuelo y se quedó en una posición a trescientos pies de distancia de Hoshi, esperando las instrucciones.

"Sally, el equipo aquí ha decidido que se debe hacer una EVA para detener la rotación del Módulo, aunque no es significativo, los ingenieros consideran que es un riesgo intentar acercarse y acoplarse. Así que Yuri y Sean tienen que prepararse para hacer lo que practicaron aquí en el Centro Neutral de Flotabilidad; el oficial de EVA cargará la secuencia de actividades para estabilizar a Hoshi "informó Capcom.

"Enterados, comenzaremos con la preparación de los trajes EVA" Respondió Sally.

Los Astronautas Yuri Popov y Sean McCoy, comenzaron a realizar la lista de verificación del procedimiento del traje EVA, incluidas las unidades de maniobra, ya que irán sin ataduras de seguridad, también se verificará la unidad de estabilización diseñada para esta Misión en caso de ser necesario.

Procedieron a tener un período de descanso de 5 horas antes del comienzo de esta actividad.

"Todos tenemos nuestros trajes presurizados, comenzaremos la despresurización del vehículo para comenzar el EVA, esta operación tomará como cuarenta y cinco minutos", informó Sally Glenn.

"Enterado, ojalá el transbordador espacial continuará en operación para estas tareas, requeriría menos Misiones para poner en funcionamiento la EOSS y era una excelente plataforma para trabajar en el espacio", dijo el Capcom, que era un astronauta veterano del Programa de Transbordadores Espaciales.

"Totalmente de acuerdo contigo" respondió Sally.

Una hora más tarde, informó: "Estamos abriendo la escotilla de EVA", "Enterado", respondió el Capcom.

"Me voy a salir del vehículo", dijo el Astronauta McCoy "Tengo una cuerda de seguridad, voy a probar la MMU antes de separarme".

El Astronauta McCoy comenzó a alejarse del BE9, "Probando el MMU". Volvió al BE9 y luego se alejó nuevamente, y realizó algunas maniobras. "Todos los propulsores direccionales funcionan normalmente, me acercaré a la escotilla para recibir la unidad de estabilización". "Enterado" respondió el CAPCOM "Lo tenemos aquí" respondió Sally. "La vista aquí es increíble, Hola mamá", dijo mientras pasaban por el Reino Unido ". "Espero que ella esté siguiendo la misión" agregó el Capcom.

La unidad de estabilización es una herramienta estándar creada por la Agencia Espacial Europea para adaptarse a todos los módulos. Un acuerdo internacional establecido para tener dos cerraduras para asegurarlo. Cuando está conectado, se activa lo que hace es medir el movimiento del módulo o del equipo espacial. Tiene una sección móvil y un brazo extendido "fijo" que mantiene la misma posición, esto es sin rotación y emite un rayo infrarrojo. La unidad tiene algunos detectores de infrarrojos pequeños, que miden el tiempo que se tarda en llegar a un punto cada vez, así como la dirección del movimiento. Luego comenzó a disparar algunos propulsores pequeños en la dirección opuesta para reducir este movimiento. La operación continúa hasta que el módulo se estabilice. Estas unidades se están utilizando por primera vez en el espacio, aunque se han utilizado durante el entrenamiento en el Centro de Flotación Neutral.

La unidad puede ser apagada de forma remota por un Astronauta.

Si esta técnica no funciona, entonces los dos Astronautas tendrán que acercarse, tratar de estabilizarla usando sus unidades de MMU.

"El Astronauta McCay tiene ahora la Unidad de Estabilización y está esperando que el Cosmonauta Popov salga de la BE9", comentó el comunicador. "Estoy atado y abandonando el vehículo", dijo Cosmonauta Popov. Comenzó a probar el MMU acercándose al Astronauta McCay, luego regresó a BE9, se acercó a una de las ventanas y saludó a la tripulación que estaba adentro; fue a la escotilla y soltó la correa.

"Ok, Yuri detengamos este módulo", dijo el Astronauta McCay. Comenzaron a avanzar la base del módulo; esta es la compuerta donde la escotilla presurizada será acoplada en pocas semanas.

"Puedo ver las cerraduras", dijo "Enterado", informó el Capcom.

"Él tiene que acercarse e insertar manualmente la unidad en las cerraduras, una vez en su posición el Cosmonauta Popov enviará el comando para asegurar las cerraduras. El Astronauta McCay tendrá que detener el movimiento que alcanzó al mantenerse en la EOSS giratoria", dijo el comentarista.

"Antes de acercarse, asegúrense de que los dos ganchos de fijación de la unidad estén extendidos al máximo, para que pueda tener cierta distancia con el Módulo", dijo el Capcom.

"Enterado, tiene una marca aquí que indicando 20, y está bloqueado, recuerdo que este es el máximo".

"Permítanme confirmar esto" unos segundos más tarde "Sí Sean, eso es correcto, pueden continuar. El pequeño led en cada lado del soporte principal de la unidad se encenderá cuando el gancho llegue a la cerradura, cuando vean ambos leds en verde, Yuri lo verá también en el control remoto que tiene, para que pueda asegurar la unidad antes de soltarla "Cuando esté segura, ambos leds se volverán rojos, en ese punto podrás soltarlo, retroceder y estabilizarlo tú mismo", dijo el Capcom.

"Enterado, me estoy acercando ahora, mi cámara está encendida para que puedan seguir toda la operación", dijo el astronauta McCoy.

"Lo estamos viendo y también la señal de que Yuri está enviando".

En la pantalla de MCC estaba la imagen de la cámara de la compuerta presurizada mientras el Astronauta McCoy se acercaba a ella, en la pantalla superior, la cámara del Cosmonauta Popov mostraba al astronauta McCoy y al Módulo.

"Bien, ahora estoy a unos pocos pies, sincronizaré la unidad con la velocidad de rotación del módulo, de lo contrario tendré que rotar también" "De acuerdo, estoy apuntando el punto de sincronización al objetivo de sincronización cerca de la escotilla." Hubo un momento en que la respiración del Astronauta se podía escuchar en la transmisión. El Cosmonauta Popov se acercó para tener vista desde un lado.

"Bien, el punto de sincronización y el objetivo de sincronización están alineados, la herramienta está girando a la misma velocidad, me acercaré para insertar los ganchos en las cerraduras. La Unidad de Alineación Central es estable, sin rotación, la estoy empujando."

"El Led derecho es verde y ahora el led izquierdo es verde". El Cosmonauta Popov procedió a asegurar las cerraduras de la unidad de control remoto. "Ahora ambos leds son rojos", dijo el Astronauta McCoy.

"Tenemos la confirmación del exitoso acoplamiento de la unidad de estabilización. Buen trabajo, Sean "dijo el Capcom.

"Ahora estoy retrocediendo, así podamos comenzar el proceso". Se acercó a Yuri y ambos se movieron hacia el BE9.

Estás Listo para empezar el proceso" dijo el Capcom.

"Ok, el inicio de la estabilización está en Encendido, lectura 2,2 revoluciones por minuto", dijo Yuri.

"Propulsores trabajando". 2.1 revoluciones, reduciendo velocidad. "Hubo un silencio, en la pantalla se veía una imagen del módulo, el reflejo de la luz permitía ver la rotación que tenía.

"Reduciendo velocidad, 1.8 revoluciones por minuto, no se detectó movimiento adicional, y la unidad funciona bien", dijo Yuri.

"1.5 revoluciones por minuto y estable".

En la pantalla se podía ver esta reducción de velocidad.

"1 Revolución por minuto, en cero, la unidad debe apagarse. 0.7 revoluciones por minuto y reducción de velocidad".

Hubo un silencio en el Centro de Control de la Misión cuando las Revoluciones se acercaban a cero.

"0.1 revoluciones por minuto y -0.1 revoluciones por minuto, la unidad debería estabilizarse ahora. ¡Cero revoluciones por minuto y la unidad se ha apagado, Hoshi está estable sin rotación, Sir Isaac Newton tenía razón! "Dijo Yuri.

El personal de los diferentes Centros de Control que estaban siguiendo el evento se felicitaron mutuamente por esta exitosa operación.

"Excelente trabajo BE9, ahora Sean, necesitamos que te acerques y recuperes la Unidad de estabilización. Primero debemos asegurarnos de que esté inactivo, de modo que no se puedan disparar otros impulsores. Yuri tienes que mover el interruptor principal del control remoto a la posición de bloqueo, cuando se bloquea el indicador debe ser amarillo y ambas cerraduras de la unidad deben tener un led verde ", dijo el Capcom.

"Enterado, me estoy acercando, Yuri ha movido el interruptor. Ambos leds son verdes. Estoy procediendo a quitar la unidad. La estoy sacando, y la tengo. Estoy regresando a BE9 ".

"Enterado, gracias, Sean, ambos pueden ingresar a BE9, necesitamos que presuricen al BE9. El Control de Hoshi nos dijo que comenzarán la presurización en pocos minutos. Para acoplamiento, necesitamos que tengan sus trajes presurizados".

"Enterado" Sally respondió "Tan pronto como Sean y Yuri estén de vuelta adentro, iniciaremos el proceso de presurización y la lista de verificación del procedimiento de acoplamiento".

Aproximadamente una hora más tarde, el Control de Misión dijo: "Listo para acoplar, Hoshi está ahora presurizado".

"Enterado", respondió Sally, todos los parámetros se cargaron en la computadora, el BE9 comenzó a acercarse a Hoshi. "El objetivo está alineado con Hoshi" informó Nancy.

"20 pies, 10 pies, objetivo en posición, tres pies, tenemos contacto y estamos acoplados con Hoshi. Cerraduras de seguridad bloqueados "informó Nancy.

En la Sala de Control de Japón todos aplaudieron.

"Gran acoplamiento Nancy. Tenemos que esperar hasta que la presión en ambos vehículos sea la misma y realicemos el procedimiento de verificación de fugas, esto llevará un tiempo, pueden quitarse sus trajes presurizados. Cuando ingresen tendrán que usar las máscaras respiratorias, por si hubiera restos de gas que se hayan filtrado durante el lanzamiento, aunque la calidad del aire dentro de Hoshi es excelente, según los indicadores, como se informa desde Japón ", dijo el Capcom.

"Pueden abrir la Escotilla BE9 y luego la Escotilla Hoshi. Tienen el procedimiento para abrir la escotilla desde afuera".

"Enterado" el Astronauta Steve Gordon respondió.

Procedió a abrir la escotilla de acoplamiento de BE9, y luego a abrir la escotilla del Hoshi. El módulo se veía hermoso, tenía algunas luces y consolas encendidas, parece que todo estaba funcionando correctamente. El Astronauta Gordon procedió a trasladarse al otro lado del módulo, donde estaba la escotilla de la estructura de Mantenimiento, éste será acoplado en pocos meses. Esa estructura incluirá una compuerta presurizada para ser utilizada por los Astronautas cuando se realicen actividades con el Mars Lander. Era un módulo muy impresionante; todo fue concebido y construido con la tecnología más avanzada.

La Astronauta Courtney Kent siguió, ambos Astronautas activaron algunos sistemas antes de que el resto de la tripulación ingresara. "Hemos completado la activación de las consolas B y D. La energía está a capacidad completa, no hay alarmas que informar en esta lista de verificación inicial, la ventana muestra una vista espectacular de la Tierra ", informó el astronauta Gordon.

"Gracias" Respondió el ingeniero de comunicaciones en la Sala de Control de Hoshi en Japón.

"OK", dijo el Capcom. "Recibimos la confirmación del Control de la Misión en Japón de que no hay problemas y el módulo es seguro, puede proceder a aplicar la configuración de seguridad el BE9 e ingresar al Módulo para continuar con los procedimientos de activación nominal".

"Enterada, asegurando BE9" informó Nancy.

"Tenemos buenas noticias para ustedes, la compuerta presurizada para la EOSS llegó hoy a las instalaciones de procesamiento de la Estación Espacial en el Centro Espacial Kennedy, será lanzada en enero y la Misión EOSS-2 será lanzada con anticipación para capturarlo con el RMS "Dijo el Capcom.

"Eso es una gran noticia, este montaje va muy rápido" Nancy respondió "¿Alguna noticia de la Unidad de acoplamiento portátil?".

"Será lanzada los primeros días de enero desde el centro de lanzamiento de Wenchang en la Isla de Hainan por un cohete el Long March 5; unas semanas después será capturado con el RMS, como se hace en la ISS con el HTV y otros vehículos de carga. "

Muchas actividades están por venir", dijo "Ok, comenzaremos con el programa de activación y el conjunto de pruebas para el RMS".

"Enterado" respondió el Capcom.

La tripulación EOSS-1 comenzó a activar todas las consolas del Módulo, y realizó las pruebas proporcionadas por la Agencia Espacial de Japón y los ingenieros de cada una; tiene una consola para posición del módulo, otra para el medio ambiente, una consola desde la cual se controlará la compuerta presurizada, otra más para la estructura del servicio. No son consolas físicas, sino conectores a través de los cuales se carga el software a una laptop o dispositivo móvil llevado por los Astronautas. Incluso tienen disponible una unidad de pulsera que puede cargar el software para poder moverse alrededor o incluso durante un EVA para operar el RMS.

En los próximos días, liberarán las cerraduras de seguridad del RMS para comenzar las pruebas, tienen un patrón a seguir, incluye una prueba de alineación acercándose a un objetivo en el vehículo BE9.

Los Astronautas Courtney Kent y Steve Gordon se metieron en el BE9 y se pusieron sus trajes de EVA. El BE9 se despresurizó para que pudieran abrir la escotilla y realizar un EVA para evaluar los movimientos del RMS. Tenían en la muñeca la unidad de control portátil para enviar comandos al RMS, la prueba consistía en el movimiento de las diferentes secciones para medir la precisión del posicionamiento, y también el movimiento a lo largo del riel del RMS en la parte externa del Módulo. Algunas pruebas se realizaron controlando el RMS desde adentro, otras desde la unidad portátil.

Los Astronautas en la actividad extra vehicular sacaron una pequeña estructura para probar la alineación del objetivo y el mecanismo de agarre.

La Astronauta Courtney Kent se paró en la sujeción portátil para los pies (PFR), sistema de operación de sujeción base (MFR) unido al efector final del sistema manipulador remoto (RMS), la gran estructura se extendió por completo "El movimiento es muy suave, no se puede sentir , los sujetadores de los pies son fáciles de usar y seguras, el PFR es fácil de operar y se maneja con el MFR, también estoy probando el nuevo casco del EVA que tiene una vista de cámara de 360 grados, así que tengo una visión de todo a mi alrededor, en la pequeña pantalla lateral que tiene. Puedes seguir esta operación en este sistema ", dijo. El RMS se detuvo, todo se extendió, ella comenzó a girar muy lentamente usando el MFR. "Esta vista es increíble, estamos sobre Bermuda, puedo ver casi toda Florida, ¡Ahí está el Cabo!".

"Comenzaremos la Prueba 14A, lo acercaremos a Steve para que puedas tomar una herramienta, y luego te moveremos todo el camino hasta la otra escotilla, donde se montará la estructura" le dijo Sally.

"Entendido, estamos listos para la operación". Respondió Courtney. El RMS comenzó a retraerse y moverse hacia Steve quien se estaba alejando del BE9 con su MMU, solo para estar a una distancia segura del vehículo en caso de que el RMS sufriera un mal funcionamiento.

La operación transcurrió sin problemas, tomó la herramienta y se movió al otro lado del Módulo, ella saludó a la tripulación cuando llegó a la ventana de la escotilla. "Hola", dijo. La tripulación le regresó el saludo.

"Ok, Courtney, te llevaremos de vuelta al BE9, Steve te ayudará a salir del PFR, necesitamos que lo liberes del brazo y lo traigas, tan pronto como cierres la escotilla BE9, comenzaremos la operación de presurización "dijo Sally.

"Entendido" Ella respondió y comenzó el movimiento del RMS.

A mediados de noviembre, la tripulación se desacoplo de la EOSS, su Misión de activar y hacer una evaluación de los sistemas fue un éxito, ahora la EOSS estaba lista para recibir a la próxima tripulación en aproximadamente un mes para recibir el Módulo de escotilla presurizada.

"Ahora tenemos una nueva estrella en el cielo" dijo Koji Tachimoto mientras miraba la pantalla del planisferio de Control de la Misión que mostraba la posición de Hoshi.

Ei BE9 amarizó en el Pacífico y fue recuperado por el nuevo barco de recuperación. Este barco tiene una cubierta muy grande, por lo que el helicóptero podría aterrizar en ella y se podría colocar el contenedor de recuperación con el vehículo. Es similar a un Portaaviones, pero más pequeño.

...

"Feliz Navidad Iván", dijo el agente Wilson en el área para visitantes de la prisión de Deutschland donde estaba detenido. "Tengo un regalo para ti" Iván lo miró. "He obtenido un trato especial para ti, si me das información sobre la operación, quién está detrás de ella y para qué sirve esta persona u organización, y quiero que veas esta fotografía". Le acercó a él una fotografía de Yoshito Kato.

Iván lo miró y dijo "No sé quién es esta persona". "Vamos Iván míralo de nuevo". Preguntó. "Te lo dije, no conozco a este hombre, ¿por qué debería conocerlo?" Iván dijo.

"¿Recuerdas el incidente de Tokio en los Juegos Olímpicos?", Dijo el agente Wilson. "No realmente, no sigo esos eventos".

"Escucha, Iván, esta persona instaló explosivos en el Estadio Olímpico, fue desenmascarado y la tragedia fue evitada. Estamos seguros de que tu incidente y ese incidente están relacionados, son planeados por alguien con una mente muy clara y organizada, pero no hemos podido ir más lejos, parece que esta persona o grupo de personas nunca muestran sus caras e identidades verdaderas para los ejecutores, en este caso tú. Pero debe haber algo que nos vincule a él y nos permita relacionar a estos ataques frustrados con un motivo desconocido".

"Bueno, tienes mucho en qué pensar" dijo Iván.

"Te doy hasta el 2 de enero para que pienses tu respuesta, si continúas así, tendré que enviarte a la KGB para que puedan enjuiciarte, si hablas te trasladarán a otra prisión aquí, con más tiempo libre para ti y por una sentencia reducida de veinte años".

Iván solo lo miró, "dentro de veinte años, estaré muerto".

El agente Wilson se puso de pie y caminó hacia la salida "Feliz Navidad repitió".

...

"Se ve bien BE8, a 30 pies del EOSS" dijo el Capcom.

"Enterado" respondió el Comandante de la Misión EOSS-2 Scott Preston.

La pantalla en el Centro de Control de la Misión mostraba el puerto de acoplamiento y el punto de destino; algunos parámetros se mostraban como velocidad y posición de distancia del BE8.

"Contacto" El Comandante Preston dijo "cerraduras cerradas y aseguradas" dijo la Astronauta Judith McLean.

"Grandioso acoplamiento" dijo el Capcom "Proceda a asegurar el vehículo, estamos verificando la presión en ambos vehículos antes de abrir la escotilla".

Esta vez, BE8 se acopló en la escotilla donde el Mars Lander será acoplado en el futuro, porque se requiere la otra escotilla, llamada escotilla A, disponible para acoplar la compuerta presurizada que se lanzará el 2 de enero de 2025, a solo tres días de distancia.

"La presión se estabiliza en ambos vehículos, pueden abrir la escotilla ahora, sigan el procedimiento para abrir la escotilla EOSS", dijo el Capcom a la tripulación.

"Enterado, abriendo la escotilla", dijo el comandante Preston, una pantalla mostraba dos imágenes, una desde el interior del BE8 y otra desde una cámara dentro del EOSS. "Escotilla abierta y ahora abriré la Escotilla B del Módulo", el Astronauta Preston siguió el procedimiento y la escotilla se desbloqueó, la tripulación se puso sus máscaras de seguridad, solo como precaución. "Ok, vamos a entrar", dijo, empujó la escotilla y entraron en el Módulo.

"Es un módulo muy grande", dijo el Astronauta Helmut Baun, "Es hermoso", comentó la Astronauta Judith McLean, mira esta vista "miró desde una ventana pequeña.

La tripulación se paró frente a la cámara y extendió una pequeña pantalla para que puedan tener una videoconferencia con sus familiares, funcionarios del programa espacial y la prensa".

El 2 de enero de 2025, en el Centro Espacial Kennedy, un cohete estaba en la Plataforma 39B, esta vez no lanzará un vehículo tripulado, sino un componente para el EOSS, el módulo de la compuerta presurizada, que se adjuntó a un vehículo de carga HTV modificado, que contiene algunos suministros que incluyen el hardware y los mecanismos para preparar uno de los tres puertos de acoplamiento, el que está en el frente está acoplado al HTV para que la tripulación pueda recuperar los suministros como lo hacen en el ISS.

El comentarista de la Misión dijo en el sistema de transmisión pública "El Rocket Orbit V está en la Plataforma 39B, encima de él, la compuerta presurizada y los suministros en un vehículo de carga HTV. Esta es una configuración especial del HTV, debido al hecho que la mitad superior es el módulo de la compuerta presurizada, y el resto es el vehículo de carga. La tripulación a bordo del EOSS capturará el vehículo y lo acoplará en el puerto de acoplamiento donde permanecerá. Este módulo tiene dos puertos laterales y un puerto en el frente donde está acoplado el HTV. El módulo requiere un ensamblaje adicional para preparar los puertos de acoplamiento con los adaptadores de acoplamiento internacionales. Uno será preparado por la Tripulación EOSS-2 que ya está en órbita, y los otros dos serán configurados en Misiones posteriores".

"Si todo sale según lo planeado, el HTV podría alcanzar en siete horas al EOSS, si por alguna razón los motores no alcanzan la energía requerida, entonces seguirá la técnica de la persecución que concluirá con el encuentro y acoplamiento del mismo con la EOSS en tres días ".

El Lanzamiento fue espectacular y al comienzo de la ventana de lanzamiento de cinco minutos, este es el momento ideal para alcanzar al EOSS en el tiempo deseado con el empuje disponible, un lanzamiento fuera de esta ventana requerirá más empuje para alcanzar la órbita apropiada y objetivo, todo salió según lo planeado, los cohetes de combustible sólido cumplieron su función, luego la primera etapa, el módulo de lanzamiento del HTV de la compuerta presurizada fue desechada.

"Tenemos la confirmación de que el HTV ha encendido sus motores para comenzar la fase de encuentro, en aproximadamente cuarenta minutos la Tripulación a bordo de la Estación podrá ver el vehículo con sus lentes de largo alcance, durante el lanzamiento la energía obtenida fue suficiente para realizar la operación de vía rápida. En la Estación, la Tripulación EOSS-2 está lista para recibir el vehículo y la compuerta presurizada. La operación se realizará utilizando el RMS operado por el Astronauta Baun. Una vez que se captura con el RMS, se atracará al puerto de acoplamiento A, donde se asegurará. Este módulo tiene tres escotillas, la Escotilla A1 está en frente, donde el HTV está actualmente acoplado, la Escotilla A2 está a la izquierda y la Escotilla A3 está a la derecha. Después de que la compuerta presurizada / HTV está acoplada, la Tripulación comenzará la presurización del mismo y del HTV".

"Entre la carga, en el HTV están los componentes para instalar el puerto de acoplamiento 3, o IDA 3, para recibir los vehículos del programa comercial para la tripulación, y un estándar para la PDCU, esta es una unidad portátil de acoplamiento y unidad de captura que se enviará a la estación en pocos meses ".

"Tenemos una vista del acercamiento del HTV; se colocará en una distancia segura para ser agarrado por el RMS. El RMS ha sido posicionado al final del riel, y está completamente extendido".

La pantalla mostraba el vehículo acercándose y la tripulación dentro de la EOSS mirando la imagen de las cámaras en cada sección del RMS.

"El HTV está en posición y en modo seguro", se escuchó una voz en el Centro de Control de la Misión; Era el Director de Vuelo del HTV de Japón confirmando esto. "Bien, Helmut, Listo para la captura", dijo el Capcom.

Helmut comenzó a operar el RMS desde la consola, alineando el efector al extremo del RMS con el objetivo en el HTV.

9 pies" dijo "todo va bien, objetivos alineados, 6 pies" hubo silencio a bordo del EOSS mientras seguían la captura a través de los monitores. "Contacto y captura, HTV y la Compuerta Presurizada han sido agarrados", dijo Helmut. En el Centro de Control de la Misión de Houston y en el Centro de Control de Japón, los ingenieros y operadores de consola vitorearon y felicitaron a la Tripulación de EOSS-2.

"Comenzaré la operación de acoplamiento" El HTV se giró para alinearse con el puerto de acoplamiento del EOSS, la alineación se realizó con los objetivos para este propósito.

"La alineación está confirmada", dijo el Capcom "Pueden continuar con la maniobra de acoplamiento los datos del RMS están cargados".

"Enterado, comenzando la operación de acoplamiento, a cinco pies de distancia, el RMS en movimiento, dos pies, todo bien. Tenemos contacto, las cerraduras de acoplamiento asegurados, todos los indicadores en verde ", informó Helmut.

"Confirmando el buen acoplamiento y las cerraduras aseguradas, la compuerta presurizada se ha convertido en parte de la EOSS, felicidades", dijo el Capcom.

"Enterado, gracias, estamos contentos de ser parte de esta operación tan importante, la estación de servicio de la Órbita Terrestre está abierta para operaciones", dijo Scott Preston.

"Gracias, Scott, estoy seguro de que hay muchas personas interesadas en usar la EOSS durante los próximos años", dijo el Capcom.

"Sí, con esto, llegar a Marte está más cerca", dijo el astronauta Scott.

El día siguiente, la tripulación EOSS-2 recibió la confirmación de que la presión en el EOSS, la Compuerta Presurizada y el HTV se había igualado, por lo que la tripulación procedió a abrir primero la escotilla de la Compuerta presurizada, luego la escotilla que conecta la Compuerta Presurizada con el HTV y luego la compuerta del HTV. Procedieron a mover la carga a la EOSS y los componentes de la IDA para instalarla más adelante en la Misión, ya que requería un EVA.

Los días siguientes, la Tripulación realizó un EVA para instalar el Adaptador de Acoplamiento Internacional y un conjunto de cámaras nuevas en la parte superior de la sección de la Compuerta presurizada. Estas cámaras tienen una capacidad de rotación de 360 grados. También instalaron el riel, la extensión del sistema RMS para permitir que el RMS se mueva todo el trayecto hasta la orilla del módulo de la compuerta presurizada. Descargaron la carga del HTV en la EOSS y se prepararon para recibir el primer adaptador de acoplamiento portátil, o PDCU, que se enviará a bordo de un cohete Long March desde China.

Antes de su regreso a la Tierra, recibirán en marzo de 2025 a la tripulación EOSS-3, se acoplarán en la nueva PDU, y unos días más tarde la EOSS-2 se desacoplará y regresará a la Tierra.

La Tripulación EOSS-3 capturará, acoplará y configurará el último componente de la EOSS, la Estructura de Mantenimiento que será lanzada a bordo de un cohete transportador H-IIB desde la Plataforma 2 del Complejo de Lanzamiento Yoshinobu en Tanegashima, Japón. Esta tripulación también depositará dentro del HTV lo que ya no se requiere en la EOSS, para proceder al desacoplamiento de la misma y posicionarlo a una distancia segura para que pueda realizar las maniobras requeridas a distancia para su regreso a la Tierra, y se destruirá durante su reingreso.

Por el momento, la tripulación envió un mensaje a la Tierra, los cuatro Astronautas se pararon frente a la cámara "¿Están listos para el evento?" El Capcom les preguntó "Sí, estamos en posición", respondió el Comandante Preston. "Cuando estén listos" dijo el Capcom.

"En nombre de la Tripulación EOSS-2, queremos desear a todos los habitantes del Planeta Tierra un Feliz Año Nuevo. Queremos compartir con ustedes estas imágenes de nuestro hermoso Planeta, para que puedan apreciar la belleza de nuestro hogar desde aquí; estas son vistas en vivo mientras orbitamos alrededor del planeta. Este año ha sido muy exitoso para el Programa de Marte, hemos instalado esta Estación Espacial que será el punto de partida del Habitat y el Mars Lander, y serán acoplados en órbita con el Orion para comenzar el Viaje. Además de lo que estamos haciendo para explorar Marte, estamos observando la Tierra para encontrar cambios en la temperatura de los Océanos, temperatura de la superficie, deforestación, afectación de los casquetes polares, contaminación y todo lo que afecta los procesos naturales para mantener el equilibrio en el Planeta. Nosotros en esta estación tenemos que cuidar cada recurso que tenemos, tenemos que aprender a ahorrar agua, a mantener nuestro medio ambiente seguro para nuestra protección y beneficio. Como alguien dijo hace un tiempo, todos somos Astronautas, estamos viajando por el universo movido por diferentes fuerzas que mantienen todo perfecto para permitir la vida en la Tierra, no en Venus, no en Marte, sino en la Tierra. Estamos a una distancia segura del Sol, tenemos filtros que nos protegen de la radiación del espacio, tenemos diferentes estaciones para regenerar recursos, tenemos filtros naturales para limpiar la atmósfera y tenemos un ciclo de agua. La Tierra es perfecta. Somos muy afortunados de poder ver la Tierra desde el espacio, la hemos visto desde la Luna con las Misiones Apolo y las Misiones del Orion en Órbita Lunar, la hemos visto desde Saturno, desde Marte en imágenes enviadas por sondas espaciales. Podemos ver los límites reales de nuestro Planeta y esta es la razón por la cual se debe crear una cultura para mantener la Tierra viva, como se ha dicho, en estos momentos no hay opción B".

"La Misión de Marte es un gran desafío como los viajes de Cristóbal Colon, Magallanes y Cook fueron en su momento; Llegaremos ahí y comenzaremos a crear un medio ambiente adecuado para nosotros en Terra 1, aprenderemos mucho. Toda la tecnología creada para alcanzar esto está diseñada y hecha en diferentes lugares por millones de personas, y tiene beneficios para la vida en la Tierra, como energía solar, reciclaje, menos necesidades de consumo eléctrico, menos materiales contaminantes, etc. "

"Estamos esperando un año 2025 muy desafiante, con la finalización de la EOSS, la prueba del sistema de acoplamiento del Mars Lander con el Orion para una segunda Misión orbital; practicaremos la entrega del Mars Lander y la captura de este después de la Misión de la Luna. Un cohete aterrizará en la Luna y entregará un pequeño Moon Rover, para probar el aterrizaje del cohete en Marte para entregar los componentes de la base Terra 1. El camino a Marte continúa".

"Les deseamos a ustedes y a sus familias un muy feliz Año Nuevo y que Dios los bendiga a todos ,Gracias".

La transmisión terminó. En la WSEO, el Dr. Cook lo estaba viendo con otros funcionarios. "Fue un mensaje grandioso y poderoso, espero que aclare las ideas de los manifestantes, bueno, es hora de ir a casa para celebrar el éxito de este año y desearle a todos lo mejor para el nuevo".

···

"Damas y caballeros, bienvenidos a esta conferencia". Los Doctores Ren Nan y Kurt Hetz dijeron en el Congreso Botánico 2024 en el Auditorio de la Universidad de Cambridge.

"En primer lugar, como anunciamos hace unos meses, si hay pequeños marcianos verdes, y se les llama pasto Tussock Marciano".

"Estas plantas continúan creciendo en el pequeño invernadero del Mars Rover, están realizando la fotosíntesis y el ciclo del agua".

Mostraron una serie de imágenes donde la planta se podía ver desde el día 1 hasta hace unos días.

"Estas son buenas noticias para el equipo que está trabajando en el invernadero para la base Terra 1 de Marte" agregó el Dr. Nan.

"El análisis de suelo de la muestra que obtuvo el Rover mostró una mayor presencia de moléculas de agua a una profundidad de tres pies en la corteza Marciana, esto significa que, si la tripulación puede usar el taladro para alcanzar mayor profundidad, podrían ser capaces de procesar la tierra para extraer el agua que se utilizará en la estación Terra 1".

Todos los científicos e invitados quedaron impresionados con estos resultados; había un ambiente muy optimista en esta conferencia.

Capítulo 17: Segunda Misión de la Órbita de la Luna: probando las maniobras orbitales para la Misión de Marte (2025)

La Cuenta regresiva llegaba a cero en el Centro de Lanzamiento de Satélites Jiuquan en Gansu. Esta vez un cohete Long March Heavy Lift llevará a Órbita el vehículo Yùnshū (transporte en chino) que lleva el primer Adaptador de acoplamiento portátil y el vehículo de Carga que lo colocará cerca del EOSS.

El Lanzamiento procedió sin ninguna falla, los cohetes de combustible sólido y las etapas de los cohetes colocaron el vehículo de carga en la órbita correcta para comenzar el patrón de persecución orbital para encontrarse con el EOSS, donde será capturado y acoplado.

"Yùnshū a la vista", informó el Astronauta Yan Lu. Se puede ver en la pantalla, una imagen proveniente de una de las nuevas cámaras en la parte superior de la compuerta presurizada. "Se ve hermoso", dijo el Astronauta Lu. Hubo algunas conversaciones en el fondo del Centro de Control Chino con el Centro de Control de la Misión.

"Yùnshū está en posición ahora, esperando que Autorizado proceda con la maniobra de captura" dijo el astronauta Lu.

"Enterado, estamos esperando la confirmación del Centro Jiuquan" dijo el Capcom.

"Yùnshū es seguro, puedes continuar con la captura", anunció un controlador de China.

"Gracias, enterado" respondió el controlador en el Centro de Control de la Misión, "Estás autorizado para captura", dijo el Capcom.

Yùnshū es un módulo cilíndrico, el puerto de acoplamiento es el del adaptador de acoplamiento portátil, tan pronto como esté acoplado y asegurado, se liberará desde el interior del contenedor; este será removido desplazando el RMS hacia atrás y liberándolo lo más lejos posible del módulo, desde ese momento, el Centro de Control Chino lo controlará para destruirlo al reingresar, este es un nuevo tipo de operación de vehículo de carga.

"PDCU capturado y asegurado" dijo el Astronauta Lu.

"Enterado, la activación de la PDCU y la apertura de la escotilla serán hasta que Yùnshū la libere, por favor espere a que se retire la cubierta y hasta que recibamos el comando de China".

"Enterado".

"Yùnshū ha liberado la carga, comenzará la operación de apertura de la sección media ahora", dijo el Controlador de China.

La imagen de las cámaras mostraba la apertura del módulo acoplado en su parte central, que deberá abrirse noventa grados, al igual que una almeja que abre sus conchas, para poder retroceder sin dañar la PDCU.

"Estamos teniendo algunos problemas con la maniobra, parece estar trabada a treinta y dos grados, la cerraremos de nuevo y reiniciaremos el sistema para abrirla nuevamente, esta operación durará unos noventa minutos", dijo el controlador chino. "Nuestros ingenieros están viendo este problema".

"OK, vamos a esperar" respondió el ingeniero del Centro de Control de la Misión.

"Si este problema no se resuelve, tendremos que realizar un EVA, si no es demasiado arriesgado", mencionó el Director de Vuelo.

"Yen, tendremos que esperar, hay un problema con el mecanismo de cubiertas, te mantendremos informado".

"Enterado, vamos a esperar" respondió Yen.

La imagen mostraba las cubiertas cerradas y volviéndose a abrir, pero se atascaron una vez más.

Liu Yuan, ingeniero jefe de la PDCU, sugirió en una videoconferencia "podemos activar la PDCU e intentar usar una de las cámaras PDCU-RMS para enfocar el mecanismo; quizás podremos ver qué lo está obstruyendo. El movimiento de la cámara no representa ningún riesgo y tiene visión nocturna".

El Director de Vuelo consideró la opción. "¿Qué necesitamos para activar el PDCU?", Preguntó.

"Como las antenas de recepción están bloqueadas con las dos cubiertas, necesitamos que la tripulación use la consola manual, deberían tenerla en la biblioteca de operaciones de software, puedo guiarlos a través de esto", dijo.

"Ok", se dirigió a la Astronauta Juliane Walters, que actuaba como Capcom "Por favor, comunícales lo que haremos".

Yen tomó el Control de la Consola PDCU en el EOSS, y siguió las instrucciones hasta que una cámara comenzó a mostrar la imagen en el interior del contenedor. El ingeniero en jefe miró la imagen y la grabó para dársela al grupo de ingenieros que diseñaron y construyeron el Yùnshū, sugirieron cerrarla solo cinco grados y luego proceder a abrirla de nuevo para encontrar cuál era el problema.

En el Centro de Control en China, los ingenieros estaban trabajando contra reloj para reproducir el error en una maqueta que tenían, consideraron que el problema había sido causado por uno de los engranajes que tiene una ligera desviación en su eje, tal vez originada por una sacudida durante la preparación y el lanzamiento.

El grupo de ingeniería probó algunas soluciones posibles. Una de las soluciones es cerrarlo de nuevo y desactivar el motor eléctrico de ese lado, y luego abrirlo con un solo motor, en este caso el mecanismo dañado no debería oponer resistencia. Si esto no funciona, la única opción sería realizar un EVA para desmontar esa pieza. El grupo dio las opciones al Control de la Misión. Realizarán la primera opción desactivando el motor eléctrico.

Procedieron a enviar los comandos al Yùnshū para cerrarlo y luego desactivar el motor. En el Centro de Control Chino se recibió una alarma que indicaba que uno de los mecanismos no funcionaba. Los controladores anularon esa alarma y enviaron el comando para abrir las cubiertas una vez más.

En Microgravedad, un mecanismo debería ser suficiente para mover ambas cubiertas.

El movimiento comenzó; los controladores han elegido movimiento lento, por lo que pueden hacer un seguimiento de ella para evitar más daños a la unidad. "Diez grados", dijo un controlador, "Veinte grados, todo continúa sin problemas, veintiocho grados, llegando al punto de los treinta y dos grados" Todos los ojos estaban en la pantalla y en los datos, en el Centro de Control Chino, en el Centro de Control de la Misión y la tripulación a bordo.

Hubo un completo silencio y luego se escuchó un mensaje "treinta y dos grados y el movimiento continuó, treinta y cuatro grados" El personal en los Centros de Control vitoreó y felicitó al grupo de ingenieros. Las cubiertas abrieron los noventa grados requeridos. El PDCU se separó de la base del vehículo de carga. Ahora estaba listo para alejarlo con EOSS RMS, solo tiene que esperar hasta que el Centro de Control Chino confirme que la PDCU se había liberado y que la recuperación se podía realizar sin ningún riesgo adicional.

El Centro de Control de la Misión respondió: "Nos gustaría verificar la situación aquí alejándola del PDCU, queremos asegurarnos de que se libere el PDCU y de que no existan piezas sueltas en el Yùnshū, como tornillos o resortes".

"Enterado, tendremos una verificación visual con la cámara PDCU, especialmente en ambos mecanismos de apertura, y las pruebas adicionales que nos indicarán si la PDCU está completamente liberada", respondió el ingeniero del Centro de Control Chino. "Esta operación tomará alrededor de seis horas".

"Enterado" respondió el Director de Vuelo "Gracias, esperamos su actualización".

"Scott, este es el Capcom" "Adelante" "Tendremos que esperar un tiempo antes de que se pueda retirar el Yùnshū, los ingenieros en China realizarán la verificación para garantizar que sea seguro para proceder".

"Ok, no tenemos prisa" respondió Scott.

"Hemos realizado nuestras pruebas y evaluación visual y nuestra recomendación es proceder con la separación del Yùnshū, no encontramos ningún riesgo en esta operación", dijeron los controladores de China.

"Enterado", el Director de vuelo respondió "Gracias".

"Scott, puedes proceder con la separación de Yùnshū y la operación para liberarla", dijo Capcom.

"Enterado, gracias, vamos a seguir adelante con la operación".

Yan Lu regresó a la consola de RMS para reanudar la operación. La imagen mostraba el PDCU, el Yùnshū con sus cubiertas abiertas, y el RMS sosteniéndolo desde la base.

"Comenzando el movimiento hacia atrás" Yan comento: "La cámara de codo del RMS mostró una imagen clara de que el PDCU estaba realmente separado de la base Yùnshū, y del movimiento en el vehículo.

"Módulo a quince pies, esperando la confirmación del Centro de Control de Misión para liberarlo".

"Yan, espera, la operación de cierre comenzará momentáneamente" respondió el Capcom.

La imagen mostraba las dos compuertas cerrando por última vez "Podemos ver el movimiento" dijo Yan.

"Cubiertas cerradas y aseguradas" Se escuchó una voz, era un controlador de China "estás autorizado para liberar al vehículo.

"Enterado" respondió el operador de la consola en el Centro de Control de la Misión.

"Yan, autorizado para liberarlo".

"Enterado, autorizado para liberación", respondió Yan, desbloqueó el mecanismo de captura del efector final y replegó las cerraduras de captura, cuando se recibió una confirmación en la consola, procedió a mover el RMS y ponerlo en una posición predeterminada de almacenamiento. "Adiós Yùnshū, y gracias por la entrega del PDCU", dijo Yan.

El Yùnshū estaba flotando a unos quince pies de distancia, sus cohetes de maniobra comenzaron a disparar, alejándolo del Hoshi para comenzar su trayectoria de reentrada y ser destruido al ingresar a la atmosfera.

El Primer PDCU fue instalado, en pocas semanas llegará la Tripulación del EOSS-3; su Misión será de Capturar y configurar la estructura de mantenimiento.

...

"Estamos a seis años de enviar la primera tripulación a Marte" El Dr. Cook estaba dirigiendo una Reunión de Revisión de la Misión en la Sede de WSEO con los representantes de todas las agencias.

"¿Qué hemos logrado desde que comenzamos?", Dijo "Tenemos Marsnauts en entrenamiento en el módulo Schiaparelli, y en la Tierra".

"El EOSS está casi completo, hace pocos días se entregó el primer PDCU, y el próximo mes de marzo se lanzará, capturará e integrará la estructura de mantenimiento".

"El increíble crecimiento de la primera planta en tierra Marciana en el Invernadero de la Misión a Marte Multi Rover, este gran éxito ha dado nuevas pautas a nuestros científicos que están trabajando con el Invernadero Terra1".

"El Orion ha sido probado en una Misión a la Luna, y este año volverá y practicará el encuentro y el acoplamiento con el prototipo del Mars Lander y la operación de liberación antes de regresar a la superficie de la Tierra, para ser capturado más tarde por una tripulación de LEO".

"Además, el desarrollo de Legatus continúa, y el diseño de una Misión para traer una muestra del suelo Marciano está en desarrollo con la colaboración de Japón y la ESA. Esta Misión robótica nos permitirá aprender sobre el viaje completo, está programado para ser lanzado en 2027".

"El nuevo casco de los trajes para realizar actividades extravehiculares o EVA ha sido probado con la cámara de 360 grados en la parte superior, los simuladores con realidad virtual se han utilizado a bordo de la ISS".

"Tenemos una propuesta de científicos sobre cómo medir el tiempo en Marte para la tripulación, y todas las actividades cotidianas que tenemos que incluir como entretenimiento, comunicación familiar, tiempo libre, momentos religiosos, etc. todos estos factores que pueden aparentar no ser importantes en nuestra vida diaria, pero se volverán críticos para la tripulación. La experiencia ISS / Schiaparelli nos dará información muy valiosa sobre la relación del grupo y sus necesidades, esta es la razón por la cual esta simulación es muy importante, después de todo, estamos hablando de una Misión de casi tres años, con muchos desafíos".

"Entonces, como pueden ver, estamos en el Camino a Marte".

Continuó "hemos enviado la primera Misión de recuperación de escombros, recuperamos una etapa de Ariane y la regresamos a la Tierra para ser destruidos durante la reentrada, y también algunos objetos pequeños. Para esto, le estamos cobrando a cada Agencia Espacial el costo de recuperar los desechos, por lo que el que tenga más escombros pagará más".

"La observación de la Tierra ha sido un éxito, tenemos satélites que observan la Tierra, observan todos los aspectos, hemos enviado toda la información a la ONU y a los Gobiernos sobre los hechos y peligros del Calentamiento Global desafortunadamente casi no hemos recibido comentarios, hay ceguera en este tema debido al factor económico, esto es muy erróneo y muy crítico, estamos llegando a un punto sin retorno donde muchas ciudades costeras estarán bajo el agua, el calor aumentará en la superficie, se producirán huracanes más peligrosos, más tornados, sequías y extinción de muchas especies de plantas y animales. Tenemos que encontrar una mejor manera de crear conciencia sobre esta situación crítica, aunque este no es nuestro objetivo debemos impulsarlo".

"Nuestro próximo tema para revisar, uno muy importante, es el presupuesto, tengo que presentar a los jefes de estado el estado financiero del proyecto, incluido el presupuesto, la inversión real y el costo proyectado de cada elemento de la Misión. Además del número de empleos que han sido generados directamente por las Agencias Espaciales e indirectamente por los socios comerciales. Necesitamos trabajar en los beneficios directos del proyecto para la vida en la Tierra, para que el público los conozca ".

...

En Astrotechnika, el grupo que estaba trabajando con el diseño y desarrollo del Mars Lander, estaba evaluando el vehículo de prueba que se enviará al EOSS en pocos meses, el que se usará para las pruebas de acoplamiento y desacoplamiento con Orion, tal como será el perfil de la Misión.

"Hagámoslo una vez más" Hans le dijo al equipo robótico: "Tenemos que estar seguros de que se acoplará con el vehículo LEO, que puede ser capturado en órbita y que puede ser acoplado con Orion, esta prueba es sobre mecanismos de Acoplamiento, sin propulsión, solo los motores orbitales para ajustar la Órbita Terrestre cuando sea liberado del Orion. Tiene que funcionar; no hay margen de error aquí".

"Aquí está Andrew Kurt, él está con el equipo de propulsión, él hablará sobre la maniobra orbital del sistema de propulsión".

"Gracias Hans" dijo Andrew y luego se dirigió al grupo. "Viniendo de la Luna o Marte hacia la Tierra, y entrando en la atmósfera de la Tierra es diferente respecto al ingreso desde LEO, esto es debido a la velocidad que el vehículo gana durante el acercamiento a la Tierra, y porque entra directamente, esto es, no llega a una órbita terrestre para reingresar en un momento posterior. Esta característica nos hizo pensar en un sistema de propulsión para disminuir la velocidad de un vehículo que será capturado por la gravedad de la Tierra y maniobrarlo para alcanzar la órbita que queremos. Esto es lo que tenemos que hacer con el Habitat y Mars Lander para poder capturarlos por un vehículo de la tripulación LEO y llevarlos a la EOSS, que ahora está en órbita". Hizo una pausa.

"Cuando un vehículo regrese de la Luna, y me refiero a este vehículo que estamos diseñando y ensamblando, primero será liberado desde el Orión, después de esto el Orión maniobrará para entrar a la atmósfera de la Tierra. Este prototipo de Mars Lander necesita tener algo que lo desvíe de entrar a la atmósfera, y evitar que se pierda en el espacio, esto es ponerlo en una trayectoria parabólica, que se transformará en una órbita elíptica, con un apogeo muy alto, que será corregido por estos cohetes de maniobra de alta eficiencia. Una vez que el vehículo esté en una órbita estable, el vehículo de la Tripulación de LEO se acercará para capturarlo".

"Como pueden ver, cualquier falla causará la pérdida del vehículo y es por lo que tenemos el mejor equipo aquí".

"El Mars Lander, es el vehículo más sofisticado que se ha concebido, debido a toda la funcionalidad que tiene y el hecho de que aterrizará en otro planeta, regresará a la tierra acoplado al Hábitat y será reutilizable. Si piensan en esto, somos privilegiados de participar en este proyecto, el vehículo que aterrizará a los humanos en Marte".

"Oh, lo siento Hans, me tan orgulloso de esto que cada vez que hablo de ello estoy emocionado, ¿tienes un minuto?".

"Sí, por supuesto" se volvió hacia su equipo "Por favor, continúen con la simulación, volveré en unos minutos".

"¿Han escuchado las noticias sobre el medio ambiente?", Preguntó Andrew. "Sí, escuché que la deforestación continúa además del aumento de las emisiones de dióxido de carbono", respondió Hans. "Ese es el punto, en lugar de mejorar, está peor, muchos países no están alineados con el acuerdo, no les importa". La próxima generación tendrá una expectativa de vida mucho más reducida, tendrán cáncer y otras enfermedades. Nuevamente son la avaricia, la ignorancia y el conformismo que hacen que las personas sean ciegas, tenemos que hacer algo, de lo contrario, es posible que no podamos explorar nada. Me enoja tanto que después de tantos descubrimientos científicos y toda la información disponible, a estas personas no les importe "dijo Andrew.

"Sí, lo sé, es frustrante, pero no hay mucho que podamos hacer, a todas estas personas poderosas no les interesa esta situación, aunque la mayoría de la gente está consciente del peligro que esto representa y llegar al punto de no retorno. "La mayoría de la gente piensa en sus hijos o nietos y en las generaciones venideras. He oído que la gente se pregunta si somos la última generación", dijo Hans.

"Sí, supongo, no podemos hacer mucho, deberíamos encontrar una manera. Ok, te veo después Hans "Andrew salió del edificio, Hans solo lo miraba con una mirada desconcertante, pensó:" Tienes razón, amigo mío, pero esto está fuera de nuestras manos "Regresó con su grupo.

...

Rodrigo Cervantes estaba en el laboratorio en Coventry, donde se estaba diseñando el Mars Rover. Él es especialista en energías limpias, principalmente con energía solar y eólica. Su desafío fue generar suficiente energía para mantener las baterías del Rover casi al cien por ciento, incluso cuando el Rover está en funcionamiento.

El diseño original incluía paneles solares externos que se conectarán para producir energía, pero esta alternativa causará que después de un tiempo, el Rover tendrá que detenerse y cargar las baterías.

Luego pensó en montar los paneles solares en la parte superior del Rover y agregar un molino de viento que generará un poco de energía adicional, esto parece funcionar, pero la energía almacenada puede no ser suficiente y tal vez durante la noche la tripulación puede estar atrapada en algún lugar hasta que las baterías puedan ser completamente cargadas.

Estaba mirando el diseño y pensó, qué pasaría si toda la parte superior del Rover pudiera cubrirse con una manta de celdas solares que puedan ser añadidos a una base con los conectores para mover la energía, tal vez no una manta sino cuadros que puedan ser montados esto será muy ligero, no le causará ningún problema al Rover, y tal vez podríamos agregar algunos paneles solares montados que podrían ser extendidos como alas, esto aumentará la cantidad de energía capturada.

"Esta energía puede usarse para sistemas críticos", pensó, "y si agregamos dos pequeños molinos de viento que pueden capturar algo de energía mientras el Rover está en movimiento y si hay algo de viento".

Imaginó esta configuración y luego pensó: tal vez podamos agregar ocho dínamos, uno en cada rueda; allí podría producirse algo de energía, quizás para un consumo pequeño como los lectores láser o las luces de bajo consumo.

Calculó la cantidad de energía que todas estas soluciones podrían producir, con un margen de error del diez por ciento, y se dio cuenta de que esta configuración produciría casi un cincuenta por ciento más de energía que la requerida. Calculó el peso total de todos los componentes y estuvo dentro de los márgenes; quizás con algunos ajustes podrían hacerse.

Miró su dibujo y pensó: "¿Qué tal si un adaptador de generación de energía auxiliar pudiera engancharse a la parte posterior del Rover, y este carro, el carro de energía, puede tener baterías? Las células solares y las interfaces para transferir energía, en la parte posterior de este carro y otro para transportar herramientas y otras cosas podrían engancharse".

Miró su reloj y pensó: "Es demasiado tarde, es mejor que tome un descanso, mañana voy a pensar en esto para presentar un proyecto al grupo".

Cerró su laboratorio y se alejó.

•••

A bordo del ISS, las actividades continuaron con la Tripulación actual y con la Tripulación de Terra1.

La Tripulación Terra 1 a bordo del Schiaparelli continuaba su entrenamiento, hoy iban a utilizar el nuevo simulador de realidad virtual del Rover, aunque el vehículo estaba en diseño, las funciones básicas estaban disponibles, por ejemplo, podían viajar, recibir alarmas, esquivar rocas y usar el sistema manipulador Rover para alcanzar o colocar un objeto.

"Hemos estado aquí cerca de noventa SOLs " el Marsnaut Arthur Cooper le dijo a la tripulación "después de esta simulación del Rover deberíamos practicar las técnicas del Invernadero para limpiar filtros y verificar el flujo de agua, Yelena tienes el día libre mañana para que puedas concentrarte en tus deberes personales".

Aunque la comunicación con la Tierra del Schiaparelli fue suprimida para la Misión, habían conversaciones entre los miembros de la tripulación con médicos y científicos, esta acción fue necesaria para mejorar la calidad de vida de la tripulación en una Misión real.

El comandante Arthur Cooper se comunicó con el Médico en Jefe.

"¿Cómo están usted y la tripulación?" Preguntó el Dr. Goldenstrain.

"En general, estamos bien; lo único que noté fue una disminución en el entusiasmo de todos los miembros de la tripulación, incluyéndome a mí, aunque tenemos muchas asignaciones, después de tres meses todo parece ser una rutina y la necesidad de comunicarse con otras personas en la Tierra aumenta".

"Comandante, este es el patrón normal de estas Misiones, lo hemos notado incluso en quince días de la Misión, es como una curva, comenzando con gran entusiasmo, casi eufórico, luego disminuye hasta el punto más bajo cuando la tripulación se da cuenta de que estarán en la Misión por muchos meses más. Estos pueden durar un par de días o incluso semanas, luego el interés en las actividades aumenta nuevamente y se estabiliza. Lo importante aquí es que durante ese período de falta de entusiasmo, deben mantener la mente ocupada con actividades y, si es posible, nuevas actividades, por ejemplo, cambiar los roles, que todos aprendan sobre el otro trabajo. Incluso aquí en la Tierra esta situación está presente. Mi consejo es motivar a cada tripulación con algo nuevo y desafiante, hablaré con el Control de la Misión sobre esto "respondió el Dr. Goldenstrain.

"Gracias por el consejo Doctor" finalizó la videoconferencia.

"OK Tripulación, estamos iniciando SOL 94, hoy iremos al suroeste, tenemos una tarea ahí, encontraremos el Viking 1, y tomaremos algunas muestras y ejecutaremos una prueba similar a la ejecutada por el Viking en 1976 pero con un instrumento más sensible. Este viaje puede tardar dos SOLs en llegar y dos SOLs de regreso, no hay problemas con el clima en este momento, por lo que Nancy y Kiochi, ustedes dos irán. Yelena y yo nos quedaremos aquí y supervisaremos su viaje ", dijo el Comandante Cooper.

"Ok", dijo Nancy "¿pero eso significa que tendremos que usar el equipo de Realidad Virtual durante cuatro días?".

"No" el Comandante Arthur Cooper, respondió "Esto es algo que haremos en la Misión real, para la simulación solo durará solo un par de horas. Necesitamos que sientas el movimiento del Rover y te familiarices con él, aunque cambiará, esto te dará una muy buena idea. Durante el entrenamiento, puede haber fallas del vehículo que deberás resolver con nuestra asistencia remota. Una cosa más, cuando llegues al área Viking 1, necesitarás salir e instalar un taladro para obtener medidas de una profundidad de quince pies".

"Ok, eso suena bien, nos prepararemos y comenzaremos este entrenamiento" dijo Nancy.

"Yelena, tú y yo iremos al Invernadero, tenemos que agregar estas semillas con una nueva mezcla de tierra enviada por los científicos en la Tierra, así que podríamos tener que realizar un EVA para recolectar la tierra cerca de esta área, tal vez seiscientos pies de aquí".

"Leonard, este es Robert" llamó Robert Thornton desde el Habitat de la Órbita simulada de Marte, él estaba en la ISS. "Adelante Robert".

"Hemos recibido una alerta sobre la actividad solar durante las próximas 24 horas, por lo que queremos que todos ustedes estén dentro del Terra1 e instalen la cubierta adicional de Plástico / Plomo y hagan un seguimiento de los niveles de radiación, necesitamos que coloquen las sombras en el invernadero para evitar daños a las plantas".

"Ok Robert, pospondremos las actividades y nos prepararemos para esta actividad Solar. "El comandante Arthur Cooper le dijo a la tripulación" Bueno, parece que tendremos que posponer todas las actividades que mencioné, tenemos que prepararnos para esto, así que tenemos que desplegar una cubierta de protección contra la radiación y seguir el procedimiento para las tormentas solares ".

...

"Me enorgullece presentarles el prototipo de los Trajes de exploración de Marte". La ingeniera en jefe Shannon Walker lo presentó a un grupo de científicos de todo el mundo.

Detrás de la cortina, el traje blanco se presentó en una base giratoria, con una pantalla lateral para explicar los detalles de esta compleja pieza de tecnología espacial.

Ella comenzó la explicación "todos los trajes tendrán estas correas luminiscentes, un color diferente se le asignará a cada miembro por lo que será fácil saber quiénes son visualmente, estas correas se unen con velcro y algunos clips pequeños, tienen una batería interna para mantener los leds parpadeando todo el tiempo, estas correas deben ser cargadas después de un EVA, como parte de la lista de verificación que cada miembro debe seguir antes del EVA. Aún no hemos llegado al punto en que un Marsnaut pueda entrar y salir de su traje. Como todo traje, tiene muchas capas de material, tela con hilos de plomo y plástico, paño muy resistente para proporcionar la protección necesaria para la radiación, la temperatura y resistente a posibles raspaduras, y en este caso impacto de arena y rocas pequeñas que vuelan a diferentes velocidades durante una tormenta de arena".

"La mochila no es muy ancha a pesar de contener el suministro de oxígeno y la unidad de reciclaje atmosférico, el suministro de agua para mantener la temperatura del cuerpo, proteger de la radiación y también para que el Astronauta pueda beber. Para las comunicaciones, tiene un rayo láser para transmitir imágenes en vivo al Hábitat, tiene dos frecuencias de radio, para hablar y transmitir imágenes y videos. Estas frecuencias son únicas para cada miembro de la tripulación; hemos incluido un GPS para indicar la posición del Marsnaut todo el tiempo".

"Hemos aprendido que después de una actividad de EVA en un ambiente polvoriento los trajes se volverán muy sucios con todas los pequeñas partículas de tierra adherido a ellos, hemos pensado en diferentes soluciones, y creemos que, para esta primera etapa de exploración de Marte la alternativa más fácil es el uso de un componente externo para EVA, este componente externo evitará que la tierra Marciana dañe el traje EVA, es una protección, como pueden ver que tiene algunas áreas claras, así puedan verse las correas de identificación de los miembros de la tripulación. Antes de entrar a la compuerta presurizada, el Marsnaut puede quitárselo fácilmente, ponerlo en una bolsa especial que explicaré más adelante, y luego puede ingresar a la Base de Marte".

"La compuerta presurizada también tendrá la unidad de eliminación de polvo, una mezcla de sopladores y unidades de aspiración que pasará a través de todo el traje y las botas para eliminar el polvo que puede adherirse al traje, el polvo es capturado por un filtro que puede ser limpiado después".

"Esta bolsa", dijo ella y mostró una bolsa blanca con sellado en la parte superior y con algunos agujeros y conectores en cada lado. "Es un prototipo que aún está en desarrollo. El Marsnaut quitará la protección externa del traje de EVA, luego él o ella lo doblará, con la parte sucia hacia afuera, la bolsa está sellada y este conector será insertado en esta unidad de expulsión de aire que generará aire a alta velocidad para eliminar el polvo, en el otro lado está conectada a la unidad de succión que capturará el polvo en el contenedor. Una vez hecho el proceso, el miembro de la tripulación puede abrir la bolsa y quitar la cubierta del traje para usarla en el futuro".

Dio media vuelta y empujó hacia el frente una mesa con un casco encima.

"Hablemos del Casco. Hemos agregado muchas características y funcionalidades. En la parte inferior del visor, se encuentra un tablero virtual con algunos indicadores, por ejemplo se muestra la distancia desde el Rover o el Marslab, la distancia a un objeto puede ser calculado, la cantidad de oxígeno, la temperatura, la información metrológica, toda esta información está disponible, incluso la fuente del sonido proviene de los auriculares, el sonido en el casco es estéreo, tiene dos funciones, primero para escuchar las comunicaciones con otros miembros de la tripulación y los vehículos espaciales, y desde el exterior. El Marsnaut no solo puede ver sino escuchar los sonidos del ambiente planetario. Todo lo que ven y escuchan es grabado para análisis y capacitación futura".

"En la parte superior hay una cámara con capacidad de 360 grados, para video e imágenes fijas, incluso para imágenes estéreo; con esto, los Marsnaut pueden ver y grabar el paisaje a su alrededor, sin la necesidad de moverse, por lo que cada momento puede estar al tanto de lo que está detrás y al frente, compañeros de tripulación pueden cuidarse unos a otros de esta manera, también una cámara digital de alta definición para capturar las imágenes que quieran sin la necesidad de una cámara externa, todas las funcionalidades pueden recibir comandos de voz ".

"Por supuesto, el casco tiene un popote para un depósito de líquido para beber agua, y tiene un sello especial para evitar la posibilidad de filtraciones de agua, como sucedió con algunos astronautas que estaban realizando un EVA para la ISS".

"Este pequeño control, está montado en la muñeca del Marsnaut, aquí puede seleccionar todas las funciones que ofrece el casco.

"Tiene lámparas de led para ambos lados, para mantener el nivel de luz necesaria para el terreno inmediato, y un indicador láser para mostrar las posibles variaciones u obstáculos en el terreno por delante, para evitar las caídas que pueden poner en peligro la vida del Marsnaut".

"Como pueden ver, el traje ofrece excelentes opciones para el beneficio y la seguridad de la tripulación. Hay muchos científicos y diseñadores trabajando en ello, tenemos personas del Reino Unido, de Francia, Italia, Alemania, Japón, Rusia, E.U.A. Y China, cada uno trabaja con una funcionalidad y tenemos el grupo de integración. Este traje con la mochila, las botas, los guantes, el casco y las herramientas de control adicional pesará alrededor de trescientas libras en la Tierra, en Marte pesará unas cien libras, por supuesto, seguimos trabajando en ello, nuestro objetivo es disminuir el peso con materiales más ligeros, pero con más resistencia".

"En este momento la tripulación a bordo del módulo del Schiaparelli tiene este prototipo, probarán algunas características y nos darán su realimentación".

"Además de todo esto, estamos trabajando en el diseño de una unidad de movilidad personal para ser usada en la superficie de Marte, algo así como un scooter eléctrico para viajar distancias cortas desde el Rover para colocar equipos o realizar una actividad de investigación, pero en este momento esta es solo una posibilidad para Terra 1".

Después de la presentación, todos los asistentes se reunieron para ver el prototipo y formular preguntas específicas para ser respondidas por los expertos.

...

"Hola otra vez Iván", dijo el agente Wilson en el área de visitantes de la prisión donde estaba detenido en Deutschland. "Has tenido suficiente tiempo para pensar lo que quieres. Déjame refrescarte la memoria. La primera opción es que nos brindes información y serás trasladado a un centro cómodo de rehabilitación cerca de Amsterdam. La opción dos no das información y la próxima semana estarás en una prisión en algún lugar de Siberia, ya sabes lo que la KGB les hace a los traidores. Entonces, ¿qué opción vas a elegir?

Iván lo miró y dijo "Te he dicho todo lo que sé, no sé nada más".

"Es difícil de creer, trabajar para alguien que no conoces, intentar hacer un acto criminal por una razón que ignoras, recibir pagos y gastos de quién sabe quién". Esto puede indicar que tú eres el cerebro de esta operación por tus propios motivos. Estoy seguro de que cualquier tribunal de cualquier país alcanzará este veredicto ", dijo el agente Wilson.

Iván respondió: "¿Qué puedo hacer? No tengo más información para compartir, creo que me han atrapado en una trampa, como dijiste, es posible que los japoneses no tengan nada que decir. Tienes que ser más listo, buscas una persona muy sofisticada que no sea un delincuente o un terrorista común, lo único que puedo decirte es que está protegiendo a la Tierra contra el calentamiento global y la amenaza nuclear. Es un activista que quiere salvar al planeta de la destrucción, para el beneficio de las próximas generaciones. Tú sabes esto, los líderes viven en el pasado, piensan que el planeta es ilimitado y que la codicia y el poder son la clave, están tan equivocados. No sé si tienes hijos o nietos, ¿qué tipo de planeta te gustaría para ellos?".

El agente Wilson se sorprendió por esta respuesta, su rostro mostraba confusión, todo el esquema cambió de un acto criminal a un activista que luchaba por proteger el planeta. "Esto sigue siendo un crimen", pensó, "pero no es para ganar poder, es para crear conciencia sobre nuestro futuro". Le sonrió a Iván y se alejó.

Llegó a su automóvil afuera, se quedó parado allí y pensó "No importa el motivo, este es un acto criminal, debo buscar a esta persona o grupo, estoy seguro de que están planeando otra cosa, estoy seguro de que no descansarán hasta que alcancen su objetivo. Iván y los japoneses son solo instrumentos para conseguir esto, ¿quién será el próximo?". Él entró en el automóvil y se alejó. Regresó al Reino Unido, dejando a Iván en la prisión de Ámsterdam.

...

Desde Kourou en la parte superior de un cohete Ariane VI, el nuevo Orbitador Newton estaba iniciando su primera Misión a la Órbita. La Misión EOSS-3 comenzó con un lanzamiento perfecto y espectacular.

Una vez en órbita, el Orbitador se liberó del contenedor de protección y de la última etapa del Ariane, disparó sus cohetes para alcanzar la órbita correcta y encontrarse con el EOSS. La configuración del Orbiter Newton en órbita es con las alas retraídas hacia la parte superior del vehículo, que se desplegarán antes del regreso a la atmósfera. Estos vehículos tienen doble protección de entrada, en caso de falla de las alas la sección de propulsión puede actuar como un escudo durante la entrada y tiene dos paracaídas principales en el caso de que se necesiten, por supuesto, todo el personal no espera usar esta opción.

El mecanismo de acoplamiento está en la parte superior del vehículo, justo detrás de la cabina, por lo que el vehículo una vez acoplado estará perpendicular a la EOSS.

Se acoplarán a la PDCU que fue recibida y configurada por la Tripulación EOSS-2, y se utilizará para capturar el Módulo de estructura de servicio utilizando el Sistema manipulador remoto PDCU por primera vez.

La tripulación EOSS-3 formada por los Astronautas Timothy Moore, Claude Pascal, Vittorio Aliegi y Olga Ramonov llegaron a la Estación de Servicio Orbital de la Tierra. Fueron recibidos y bienvenidos por la Tripulación EOSS-2 que partirá en un par de semanas. La principal tarea de EOSS-3 es recibir e instalar la Estructura de Servicio que llegará a fines de marzo. Tiene que estar listo para recibir el Prototipo del Mars Lander que se usará para la prueba del Orión durante la Misión 2 de la Órbita de la Luna.

El EOSS tiene ahora el BE8 y el Orbitador Newton acoplado a él.

La Tripulación EOSS-2 informó a los nuevos Astronautas sobre el estado de la EOSS y les mostró todos los sistemas. "En tres semanas llegará un vehículo de suministro, pero hay suficientes suministros en este momento para cinco semanas", dijo el comandante Scott Preston.

Pocos días después tuvo lugar la Ceremonia de Cambio de Mando, como se hace a bordo del ISS. El Comandante Preston transfirió el Comando al Astronauta Timothy Moore. "Con esta gran tripulación continuamos la preparación de la EOSS por su importante papel en el Programa Camino a Marte. A partir de este momento, serás el Comandante de esta estación que completará la primera fase del montaje", dijo el Comandante Preston. Judith Mclean hizo sonar la campana que dejó la primera tripulación, para continuar la tradición de la ISS en estas ceremonias.

Ambas tripulaciones se reunieron para despedirse y la Tripulación del BE8 entró en su vehículo. La compuerta del BE8 se cerró, y la Tripulación del EOSS cerró la escotilla interna. Tendrán que esperar unas dos horas antes de que tenga lugar el desacoplamiento.

Mientras tanto, se recibió una llamada en el EOSS " Comandante Moore, este es el Comandante Custeard de la ISS" Bienvenido a la Órbita Timothy, la Tripulación del ISS desea que tengas una gran Misión, entendemos que integrarás la estructura de Servicio en la EOSS, esto es una gran responsabilidad y algo asombroso".

"Gracias Claude, el cohete se lanzará en nueve días, y recibiremos la carga tres días después, la Tripulación del EOSS-2 probó el RMS en la PDCU, es realmente sorprendente, tiene la precisión del RMS principal, han hecho que el Control RMS sea realmente pequeño y eficiente, hemos practicado un poco con él aquí en el espacio. La PDCU está muy bien diseñada y es práctica, nos está dando la capacidad de movernos hacia un objeto para capturarlo".

"Enterado Timothy, comprendo que el EOSS-2 partirá en breve, manténgase en contacto orbital".

"Lo haremos" respondió Patrick.

"Todo está listo para el desacoplamiento y la salida del BE8" comentó el Capcom "Patrick puedes continuar con la liberación de los pernos".

"Enterado, se han retractado los pernos de seguridad, todos los indicadores son verdes" comentó Patrick.

"Scott, Estas autorizado para desacoplar", dijo el Capcom.

La imagen en la pantalla principal en el Control de la Misión mostraba que el BE8 retrocedía. "Que tengan un buen viaje de vuelta a casa". Patrick dijo a Scott y a la Tripulación de EOSS-2 "BE8 partiendo" dijo Claude Pascal tocando la campana del EOSS.

"Nos vemos de vuelta en la Tierra", dijo Scott por radio.

El BE8 comenzó la maniobra de vuelo de 360 grados alrededor del EOSS para documentarlo con imágenes. "La EOSS se ve increíble con el Newton acoplado a ella", comentó Scott.

A medida que completaba el vuelo alrededor del BE8 comenzó a ganar distancia del EOS, preparándose para su regreso a la Tierra.

...

En la Universidad de Oxford, los científicos continuaron comprendiendo la experiencia del vuelo espacial humano para satisfacer las necesidades que tendrán en una Misión muy larga lejos de la Tierra.

"Cuando alguien realiza un largo viaje por la Tierra en este momento, ¿qué es lo que suele hacer? Él o ella llaman a su casa, quizás tengan videoconferencias todos los días, el viajero puede comprar regalos para la familia y amigos. Esto significa que la persona está lejos de casa, relativamente hablando, pero se mantienen conectados. La diferencia aquí es que se encuentra en el mismo ambiente conocido que su grupo de personas amadas. "El profesor Hammersmith dijo:" Para esto tenemos una experiencia muy interesante liderada por el Dr. Von Krugerstrain y él hablará al respecto".

El Dr. Von Krugerstain se puso de pie y se acercó al podio; comenzó a hablar con un marcado acento alemán. "Gracias Profesor, hemos estado experimentando con la realidad virtual para este problema, como usted sabe, un grupo de personas estuvo aislado durante un año en la Antártida, les enviamos diferentes escenarios de realidad virtual, por ejemplo, una experiencia de buceo en el Océano, en donde la persona pudiese escuchar y ver peces, y todo el entorno como si estuviera buceando, caminando en una ciudad o ingresando a un Mall o un Museo, asistiendo a una ceremonia religiosa y la más importante es estar con la familia ".

"Sé que están pensando que la interacción con la familia será casi cero, y tienen razón, pero aquí la idea es estar con ellos de forma virtual, esto es, la familia se convertirá en parte de la Misión, como comunicación en línea será imposible la mayor parte del tiempo, serán video grabados en su casa, hablando con el padre o la madre que está en la Misión, tal vez mostrarán la tarjeta de calificaciones, o la tarea, tal vez los nietos estarán allí, la mascota de la familia. Estarán en diferentes partes de la casa. La esposa o el esposo hablarán con el Marsnaut. Tenemos que hacer esto de una manera que el miembro de la tripulación se sienta como en casa. Cada experiencia será única, y como lo es en realidad virtual, podrían explorar toda la situación".

"Un grupo especial de expertos producirá el escenario con la familia para transmitirlo al miembro de la tripulación; Los miembros de la tripulación no perderán ninguna ocasión especial. Por supuesto, además de esto, tendrán las comunicaciones familiares de la manera tradicional con el factor de demora".

"Ahora estamos experimentando con el sentido del olfato, esperamos poder incluir esta característica, para que el Marsnaut sea capaz de percibir el olor de una madera, el olor del océano, el olor de un pastel y el olor de su casa, por supuesto, todavía estamos trabajando en esto, pero esperamos tenerlo listo para la Misión ".

Todos los científicos quedaron impresionados con esta presentación.

El profesor Hammersmith continuó. "Esta solución resolverá muchas situaciones, como él mencionó las creencias religiosas, como ceremonias se pueden enviar de esta manera para que el miembro de la tripulación pueda sentir que es parte de ella, por ejemplo, podría leer una lectura en la ceremonia durante la experiencia de Realidad Virtual".

"Ahora tenemos que abordar el siguiente tema, esta es la comida y las bebidas que necesitarán. Tenemos algunas ideas del Dr. Yoshiro Nakuyama, el Dr. Patel y el Dr. Yun La. Hablarán en sus propios idiomas, así que por favor utilicen sus auriculares para la traducción".

El Dr. Nakuyama comenzó: "Hemos estado trabajando con el proyecto de cómo alimentar a una tripulación en el Espacio para un largo viaje como lo será la Misión de Marte. Este es un problema importante. Está resuelto en el ISS mediante el uso de vehículos de carga, pero esta opción no es práctica para la Experiencia en Marte".

"Tenemos dos requisitos: comida para el viaje hacia y desde Marte y comida para la tripulación en la superficie de Marte, más las necesidades de los miembros de la tripulación que permanecerán en la Órbita de Marte".

"Está claro que todos los consumibles necesarios para el viaje de la Tierra a Marte se deben incluir desde el inicio de la Misión, es por eso que se está considerando una adición al Hábitat, una versión reducida del HTV para llevar toda la comida para el viaje a Marte y un plan de dieta en caso de que la Misión sea abortada y la tripulación tenga que regresar a la Tierra".

"La adición propuesta podría ser atracada en el puerto de acoplamiento del Vehículo Espacial, y este puede acoplarse al puerto adicional en el módulo de consumibles o *Pantori*, como lo llamamos significa despensa. Este módulo tendrá celdas solares y baterías para hacer funcionar el sistema de congelación para mantener la comida segura. Tendrá ocho contenedores en el interior, por lo que un túnel estará en el centro para permitir que los miembros de la tripulación se muevan desde el vehículo Orion, o el Mars Lander al Habitat. Cada contenedor está protegido contra la radiación por medio de una red de tubos finos con corriente de agua que es la misma que mantendrá el sistema frío, y otras capas de material ligero como plástico y plomo. Hemos estado trabajando con los ingenieros en el Centro Espacial de Japón en coordinación con la ESA y la NASA, podemos enviar un prototipo a la ISS, pero esto todavía está en evaluación".

El Dr. Yun Lan continuó: "Como todos ustedes saben, China está diseñando y construyendo un módulo que será el primer componente, o tal vez el único componente de una estación orbital de Marte. Nuestra visión es lanzar este módulo en los primeros meses del año 2030. Este módulo tiene paneles solares y propulsión para poder colocarlo en la órbita de Marte seleccionada, estamos trabajando con Roscosmos y la NASA para esto. El objetivo del Módulo es permitir que el Hábitat esté acoplado a él, por lo que los Marsnauts que estén en órbita tendrán más espacio para trabajar y más equipo, el módulo tendrá tres puertos de acoplamiento, uno para el Hábitat, uno para el Mars Lander y uno para los vehículos de carga que pueden ser enviados desde la Tierra. Este Módulo se llama Houxing Zhan ".

El Dr. Raji Patel continuó: "Estamos estudiando dos alternativas para enviar suministros a la Superficie de Marte, estamos trabajando estrechamente con Space Services Inc., la Agencia Espacial Europea y la Agencia Espacial de Japón".

"Consideramos que se podría enviar una unidad a bordo de un cohete a Marte con todos los suministros necesarios para los primeros cuatro meses en la superficie de Marte, estamos diseñando una unidad que podría estar acoplada en la compuerta presurizada del Marslab para contener todos los suministros necesarios, como alimentos, medicamentos , agua y suministros en general, como en el caso del Pantori, la unidad llamada Despensa Marciana tiene contenedores que se pueden quitar y llevar al Marslab; si se aprueba, se le asignará un conector y una ubicación, esta solución será necesaria hasta que el módulo de compuertas presurizadas del Marslab sea enviada e instalada. Para los siguientes meses, los suministros se pueden enviar por otros métodos de aterrizaje como el Sky crane para entregar contenedores o por un cohete a Marte con los contenedores o suministros que se trasladarán a los contenedores. Recomendaremos que un mínimo de cuatro a seis meses de suministros debe estar disponible en la estación de Marte".

"Otra alternativa es que los suministros lleguen a la Estación Orbital de Marte y desde allí enviados a la superficie en un vehículo sellado que puede aterrizar con la técnica de amortiguación o cualquier otra técnica que pueda desarrollarse. En este caso, el mismo vehículo que entregó la carga a la Estación de Marte podría ser el que se le envíe a la superficie, dando la oportunidad de enviar suministros a ambas estaciones, en órbita y en la superficie".

"Esto es algo que todos estamos contemplando, sin una metodología definida; ninguna Misión podría tener lugar".

"Gracias, caballeros", dijo el profesor Hammersmith. "Como notaron hay ideas y avances tanto en la realidad virtual como en los suministros, ambos son asuntos muy importantes. Otros grupos están discutiendo los temas técnicos como cohetes, propulsión, combustible sólido, etc. Estamos discutiendo aquí una parte muy compleja de la Misión, estos son los humanos que emprenderán este viaje. Entre agosto y octubre de 1492, Colón emprendió el viaje de España al Nuevo Mundo. La falta de conocimiento y la desesperación de la tripulación casi causaron el fracaso de la expedición; estaban lejos de casa en medio de la ruta que pensaban que los llevaría a Asia, no tenían comunicaciones con el mundo exterior solo entre los tres barcos, sin vista de su tierra natal, un viaje similar estamos planeando ahora, en diferentes dimensiones. Con esto quiero enfatizar la importancia de estos temas, cuanto mejor los cubramos, mejor estará la tripulación en Marte. Debemos estar seguros de que estarán cómodos, de que sentirán que estamos en la Tierra con ellos, y principalmente de que se sienten seguros todo el tiempo".

"Diciendo esto, entremos en discusión" concluyó el Profesor Hammersmith.

...

Un cohete estaba en la plataforma 2 del complejo de lanzamiento Yoshinobu en Tanegashima, era un cohete H-IIB que en la parte superior tenía un vehículo de carga modificada HTV que contenía la estructura de servicio EOSS.

"En pocas horas, este vehículo despegará para llevar a la Órbita la estructura de servicio que será instalada en la EOSS. Todo va bien para el Lanzamiento, no hay problemas pendientes que resolver", dijo el comentarista.

La tripulación EOSS-3 estaba siguiendo el evento en la estación, en tres días se encontrará con él, para capturarlo con el nuevo RMS de la PDCU y acoplarlo a la estación.

La cuenta regresiva alcanzó T-0, todos los motores funcionando a máxima velocidad, el cohete gigante comenzó a ganar altitud y velocidad, este era el último componente de la EOSS. Los Cohetes de Combustible Sólido completaron su función y se separaron del cohete.

Todo fue de acuerdo con el plan de ascenso, ocho minutos después del lanzamiento, la última etapa se encendió colocando el HTV modificado en la órbita y dirección correctas. El motor se apagó y la etapa del cohete se separó, liberando el HTV. Después de unos minutos, esta última etapa se vio obligada a ingresar a la atmósfera de la Tierra para ser destruida durante el reingreso.

"HTV-M está en Órbita" fue anunciado en el Cuarto de Control de Vuelo.

"Enterado, fue un lanzamiento hermoso", respondió el Comandante Moore, "lo estaremos esperando ansiosamente".

"Lo tendrán dentro de sesenta horas" respondió el Control de la Misión del HTV.

...

"El prototipo de las pruebas del Mars Lander está casi listo", le dijo el Dr. Erich Von Stuhlinger al Dr. Gunter Schneider.

"Esto es muy buena noticia; Tenemos que enviarlo a Baikonour en tres semanas, para que puedan asegurarlo en el módulo de carga en la parte superior de un cohete protón. He leído sobre las pruebas y han tenido éxito cien por ciento con respecto al mecanismo de acoplamiento y al sistema de estabilización orbital, por lo que estoy seguro de que estamos listos. Irás allí junto con Andrew y Hans, para poder resolver situaciones que puedan estar fuera de su alcance "dijo El Dr. Gunter.

"Una cosa más, me gustaría ver el proyecto final para el Lander, estoy especialmente interesado en el sistema de propulsión eso es algo que queremos asegurarnos de que funcione correctamente, quiero incluir sistemas redundantes en caso de que necesitemos usarlos. Aprendí eso de mi padre, que trabajó con el Dr. Von Braun desde el comienzo del proyecto V2, tu abuelo también fue parte de este equipo".

"Sí, Dr. Gunter, el también formó parte del equipo de cohetes, pero murió justo después de que terminó la guerra. Los mantendré informados y prepararemos todo para la entrega y el lanzamiento del componente de prueba del Mars Lander". El Dr. Erich respondió y salió de la oficina.

...

"Puedo verlo" dijo Olga Ramonov señalando un punto en la pantalla que mostraba la imagen capturada por una de las cámaras externas de la EOSS "Está a diez mil pies de nosotros, muestra el indicador de distancia".

"La aproximación es controlada desde Japón, como se hace con el HTV, una vez cerca, esperaremos la decisión de capturarlo con el RMS en el PDCU o con el EOSS RMS", agregó, ya que ella era la principal operadora del RMS.

La imagen en su monitor también era seguida en el control de tierra, en Japón, Houston y en la Sala de Control de la Misión DLR.

"HTV-M a 8500 pies, todos los sistemas funcionan bien, la protección de la cubierta de la estructura de servicio se ha desechado como estaba previsto".

Olga Ramonov hizo un acercamiento en la cámara y se vio en un tono verdoso, la base del HTV y la estructura unida a él.

"Tal como se practicó, un soporte tiene los pernos donde el efector final lo capturará para moverlo a la posición que lo acoplará con el EOSS; una vez que esté asegurado, las cerraduras de seguridad serán liberadas para permitir que el RMS retroceda con la base que soporta la estructura del HTV, y liberarlo a una distancia segura del EOSS. El HTV comenzará a retroceder y se moverá a una órbita diferente, ya que se usará para hacer algunas observaciones de la Tierra durante un par de meses, con una nueva tecnología y parte del Programa de Observación de la Tierra. "explicó el Capcom de Control de Tierra Japonés.

"Según lo planeado, dos Astronautas realizarán un EVA para integrar la estructura a la EOSS, y para activar la estructura de la compuerta presurizada y extender el riel del RMS hasta el final de la estructura, con el sistema de riel desplegable". Él continuó.

"Seis mil pies de la EOSS, a 300 pies se colocará en una configuración estable a la misma velocidad de la EOSS. En este punto, las verificaciones de todos los sistemas se llevarán a cabo antes de proceder a la captura. También se realizará un análisis fotográfico y visual".

"Mil pies, hasta ahora todo bien, los ingenieros están mirando las imágenes para una evaluación visual".

"Los propulsores se dispararán en pocos minutos para ajustar la velocidad del vehículo con la del EOSS, para estacionarlo cerca de él para que pueda ser capturado".

"Quinientos pies, propulsores ajustando la velocidad" Hubo un momento de silencio "Ok, los propulsores se apagaron, y el HTV está estacionado a 300 pies de la EOSS".

"Podemos verlo, se ve fantástico". La estructura brilla "respondió Olga.

"Felicitaciones HTVM Control", dijo el Capcom de Houston. "Esperaremos sus comentarios antes de continuar con la captura", dijo Olga en la radio.

"Enterada Olga, el control HTV-M comenzará su procedimiento de seguridad. El Director de Vuelo y su equipo están evaluando el procedimiento de agarre a seguir; les informaremos tan pronto como se haya alcanzado una definición".

El comentarista de la Misión dijo: "Esta conversación entre el Control de la Misión y la tripulación es sobre el procedimiento de captura, tienen la opción de usar el RMS de la Estación de Servicio de la Órbita Terrestre o el de la unidad portátil de acoplamiento y captura, este último no se ha usado, en este caso debido a que es una pieza muy grande de equipo, el control de la Misión considera que existe un mayor riesgo al usarlo. Una decisión deberá venir en las próximas horas; Mientras tanto, el control de tierra HTV está ejecutando un conjunto de pruebas para evaluar el vehículo antes de proceder".

A bordo del EOSS, la tripulación estaba revisando ambos procedimientos, y preparando el Orbitador Newton para el proceso de captura o para salir de la estación en caso de una emergencia, este era un procedimiento común cuando se lleva a cabo este tipo de operaciones. En ambos casos, el vehículo debe estar listo.

...

Desde un avión de observación que volaba a 40 mil pies sobre el nivel del mar, la tripulación informó que una gran bola de fuego entraba a la atmósfera de la Tierra. "Este es el Observador 1 según la hora y la ubicación especificadas por una zona de exclusión aérea durante esta hora, parece que el SDR-5 está entrando a la atmósfera, debería haber traído algo grande, ya que se ve muy brillante".

"Observador 1 voy a confirmar la información con el Control de ESA", la vista era espectacular, la gran bola de fuego comenzó a dividirse en miles de piezas, algunas más grandes que otras. "Este es el Observador 1, el objeto ha comenzado a desintegrarse".

"Observador 1 este es control, el objeto que vieron fue el SDR-5 que trajo de vuelta a la Tierra un satélite de comunicación inoperante, este es el proyecto internacional para eliminar los restos del espacio. Me preguntaron si lo documentaron visualmente".

"Este es el Observador 1, sí lo hicimos, capturamos todo en video, todavía estamos rastreando las piezas más grandes, nos acercaremos para descubrir si algunas partes alcanzaron el océano".

"Enterado, pero mantengan la distancia".

"El avión maniobró para acercarse y descender para poder mirar con la capacidad de visión nocturna".

"Este es el Observador 1, el vehículo fue completamente destruido durante la entrada, no detectamos ningún residuo que llegara al océano".

"Gracias Observador 1, informaré a la ESA, aprecian su participación y la grabación del evento".

"Enterado y fuera" El avión regresó a su ruta.

En el WSEO, Peter Walheim, que es el jefe del Programa Espacial Europeo, estaba ofreciendo una conferencia de prensa sobre el programa de recuperación de escombros de la órbita de la Tierra.

"Acabamos de recibir la confirmación de que el SDR-5 ha sido un éxito. Esta Misión de Recuperación de escombros espaciales capturó un satélite de comunicaciones que estaba en una órbita geoestacionaria. El satélite fue capturado hace cuatro días. Una vez capturado, el SDR-5 fue controlado para bajar su órbita y finalmente disparar sus propulsores por última vez para ingresar a la atmósfera en una maniobra controlada para evitar cualquier área poblada, en caso de que una pieza de satélite sobreviva al reingreso. Hace algunas horas, un avión de observación detectó el vehículo que entraba y se desintegraba en la atmósfera. Las cuatro Misiones anteriores de SDR recuperaron elementos como las etapas superiores del cohete, pequeños objetos como herramientas, tornillos y otros artículos, pero este fue más difícil debido a la altura orbital, afortunadamente fue un éxito, ahora estamos en el negocio de limpiar el espacio cerca de la órbita para garantizar operaciones más seguras a los astronautas".

"EOSS-3 este es el Control de la Misión", dijo Capcom.

"Adelante".

"HTV-M Control ha dado la autorización para capturar al vehículo, está en modo seguro. El Director de Vuelo ha decidido que la captura se hará con el EOSS RMS, debido al tamaño y la complejidad de la operación".

"Enterado" respondió el Comandante Moore.

"Puede continuar con la preparación para comenzar la operación, ya que hoy el objetivo es acoplar la unidad a la EOSS. Después de eso, el control HTV-M preparará el vehículo para liberar la estructura de Servicio para que pueda continuar con la separación del HTV-M. Esto se hará mañana; por ahora, el RMS permanecerá atornillado al HTV ", dijo el Capcom.

"Enterados, comenzaremos la preparación para la operación".

"Gracias Timothy, háznos saber cuándo estés listo, preferimos realizar la operación a la luz del día. Estarás en la obscuridad en 9 minutos "respondió el Capcom.

"Ok, prepararemos el RMS y lo pondremos en posición, para estar listo en 52 minutos".

"Ok Vittorio y Olga, ustedes son los expertos con el RMS, pueden continuar con el procedimiento de reactivación del RMS y el posicionamiento sobre el módulo; Claude y yo prepararemos el Newton para el caso de que tengamos que dejar la Estación ", dijo el comandante Moore a la Tripulación.

Olga comenzó la activación del RMS y lo liberó de sus seguros. El RMS comenzó a moverse, extendiendo sus diferentes secciones. Primero lo colocó en posición vertical, luego giró el engranaje del hombro del brazo o la base 180 grados, a continuación, encendió todas las cámaras, después el efector final y el mecanismo de captura. La articulación del codo se movió 45 grados, y luego la muñeca otros 45 grados. Luego, el RMS se desplazó a la posición en la que estaría más cerca del vehículo que había llegado. Una vez allí, la articulación del hombro se movió 20 grados.

La cámara del efector final ubicó el objetivo en el vehículo, y el brazo se colocó de tal manera que el efector final estuviera justo encima del objetivo de agarre en el vehículo.

"Estamos en posición", dijo Olga en la pantalla, la imagen mostraba al objetivo justo en su posición, el efector final estaba a solo tres metros del vehículo.

"Enterado, esperaremos la luz del día, solo once minutos" dijo el Capcom.

"De acuerdo".

"Les daremos Autorización para empezar la operación de captura; el Control HTV vigilará cualquier movimiento en el vehículo. Una vez que lo tengas, muévelo a su posición para acoplarlo, Vittorio te ayudará con el objetivo en el puerto de acoplamiento EOSS".

"Bien, Olga, puedes continuar con la captura".

El RMS comenzó a avanzar lentamente para llegar a la unidad de agarre en el HTV. "Un pie, la alineación está en el objetivo, y tenemos contacto" Ella dijo. "El vehículo es estable, ahora voy a cerrar los pernos y los seguros" hubo un silencio. "Tengo una alarma aquí que el perno número 7 no está bloqueado", dijo ella.

"Vamos a verificar esto" Hubo un silencio en las comunicaciones. El director de vuelo y el ingeniero de la consola del RMS estaban hablando.

"Olga, parece que hay un falso contacto en la señalización, el ingeniero en jefe de RMS del Control de la Misión dice que la telemetría indicó que el vehículo está asegurado, estamos esperando la confirmación del Control de HTV", dijo el Capcom.

"Ok, Olga puedes continuar cerrando los seguros y empezar el posicionamiento y la alineación, el control HTV confirmó que los pernos en las unidades de agarre están cerrados".

"Enterado, comenzaré a reposicionarlo".

El monitor mostró cuatro imágenes, una de la cámara de pulsera del RMS, una de la cámara del codo, una de la cámara en la parte superior de la compuerta presurizada, y una de la cámara en la parte superior de la EOSS justo encima del puerto de acoplamiento para el módulo de servicio. Fue una maniobra asombrosa, el RMS movido a lo largo del riel para colocar el vehículo frente al puerto de acoplamiento. Una vez allí, el mecanismo de la muñeca se giró para alinear el puerto de acoplamiento de la Estructura de Servicio con el de la EOSS.

Se mantuvo en este puesto hasta que se realizaron todas las verificaciones. "Solo mueve el vehículo y detente a tres pies", dijo el Capcom.

En la posición Vittorio agregó "El vehículo está en posición, objetivos alineados".

La pantalla mostraba el objetivo del módulo visto por una cámara de la EOSS sobre el puerto de acoplamiento; también mostró datos como la distancia, la velocidad del vehículo que se aproxima y la desviación de la referencia del objetivo.

La fase final de la operación de acoplamiento se hizo automáticamente, leyendo los parámetros y corrigiendo cualquier desviación hasta que se escuchó un sonido y Olga dijo "Contacto, tenemos contacto con la Estructura de Servicio, los pernos se han activado y bloqueado, la estructura ahora es parte de la EOSS".

Hubo celebración en el Control de la Misión y en la Sala de Control en el HTV en Japón.

"Timothy, puedes proceder a asegurar el Newton, la operación de acoplamiento ha finalizado con éxito" El CapCom le dijo al Comandante Moore que estaba a bordo del Orbitador Newton por razones de seguridad.

"Enterado, y felicitaciones por una captura exitosa, estamos listos para operar", respondió el Comandante Moore.

La Tripulación comenzó un período de descanso de ocho horas; tuvieron sus informes médicos, algunas comunicaciones privadas y se fueron a dormir. La tarea para el día siguiente será separar la base del HTV-M de la estructura.

La canción Across the Universe de los Beatles comenzó a sonar para despertar a la Tripulación del EOSS-3. "Buenos días", dijo el Capcom. "Gracias por la música para despertar", respondió el Comandante Moore "Me gusta mucho esa canción". "Sabemos, tu esposa nos pidió que lo tocáramos para ti".

"Tienen otro gran día por delante, el HTV-M tiene que ser retirado y colocado a distancia para alejarse de ustedes, esto dejará la estructura de servicio lista para ser activada con un EVA planeado para mañana por Claude y Vittorio, revisaremos el plan hoy "informó el Capcom.

"Noticias en la Tierra es que algunos países no están cumpliendo con los acuerdos del tratado de Calentamiento Global, y esto está causando algunas protestas en todo el mundo. El vehículo de prueba del Mars Lander está listo para ser lanzado en pocos meses; el Vehículo Espacial tripulado Legatus está apuntando a una prueba no tripulada el próximo mes de noviembre. La tripulación Terra1 en el Schiaparelli está bien, y esto es para Olga, Natasha perdió su diente ayer y está esperando al hada de los dientes esta noche".

"Gracias por la actualización, Olga está llorando aquí" respondió Timothy. "Estaremos listos para la operación en cuarenta minutos".

"Capcom, esta es Olga, gracias por la actualización, estamos listos para comenzar la operación de separación".

"Enterado, estamos esperando la confirmación del Control de Misión del HTV", respondió el Capcom.

"El comando ha sido emitido para liberar la Estructura de Servicio desde la base del HTV-M", dijo el Comentarista de la Misión en la Sala de Control del HTV. "El panel de control muestra que se han liberado todos los pernos, los ingenieros realizarán una serie de pruebas para asegurarse de que la operación de separación pueda realizarse sin ningún peligro para la tripulación y para la Estación".

El ingeniero de la consola comunicó al Director de Vuelo del HTV que todo estaba bien para la separación del HTV.

"Autorizado para ser separado" El Director de Vuelo le dijo al Director de la Misión en el Centro de Control de la Misión.

"Bien, Olga, el HTV está autorizado para la separación, queremos que lo muevas hacia atrás hasta que la estructura quede completamente expuesta, luego muévelo 90 grados hacia el lado del estribor de la EOSS y levántalo ochenta grados. Mantenlo allí hasta que recibamos la confirmación ", dijo el Capcom.

"Enterado, estamos listos para la operación, los paneles solares del EOSS han sido retraídos", respondió Olga. Miró el monitor y comenzó a mover el HTV hacia atrás muy lentamente; el Efector final estaba acoplado en la base del vehículo. El HTV comenzó a moverse y la estructura comenzó a estar totalmente expuesta, era una gran pieza con la cubierta retraída, por lo que la base era visible. El HTV continuó moviéndose con el RMS. Una vez que la estructura de soporte fue totalmente libre, el RMS comenzó a realizar una rotación para colocarlo perpendicular a la EOSS, luego la sección media del RMS se movió a 45 grados de altura. El HTV parecía un cilindro delgado en la base y dos placas que eran el soporte de la estructura, y finalmente se abrirán para ser los paneles solares del vehículo que permanecerá un par de semanas en órbita.

"El HTV está en posición, la Estructura de Servicio está descubierta y luce fantástica" dijo Olga y señaló una cámara del RMS hacia ella.

"Gran vista Olga, gracias", dijo el Capcom.

"Olga, el Control del HTV ha dado Autorización para liberar el vehículo. La hora de liberación será a las diecinueve horas y catorce minutos UT, dentro de cincuenta y cuatro minutos. Después de la liberación, necesitarán retraer el RMS a su posición de bloqueo. Los paneles solares se redesplegarán después de la salida del HTV".

"Enterados, estaremos listos" Ella respondió.

Mientras tanto, observaron la estructura en el monitor, para una evaluación visual por ellos y por los Ingenieros Japoneses, parece no haber daño en absoluto.

"Liberaremos el HTV en 30 segundos. Los Pernos de sujeción del RMS liberados "Olga dijo y continuó" 3, 2,1. Liberando HTV, RMS se aleja del HTV, reposicionándolo para estacionarlo y asegurarlo a su posición".

Una de las cámaras del exterior transmitió la escena, mostrando el RMS alejándose y dejando el vehículo flotando en frente de la EOSS.

"RMS estacionado y asegurado" informó ella.

El HTV comenzó a disparar sus propulsores para iniciar a alejarse de la EOSS. "Vemos que el HTV-M alejándose", informó el Comandante Moore. "Gracias por traernos la Estructura de Servicio" dijo Olga hablando al vehículo que partía. Vieron cómo las dos secciones que se usaron como soporte se abrieron como dos pétalos de una flor. "Míralo, está reflejando la luz del sol, qué vista" comentó Claude.

El vehículo se movió lentamente hasta que desapareció de la vista de la tripulación.

"Felicidades por una adición exitosa a la estructura a la estación de servicio. Necesitamos que Claude y Vittorio comiencen a revisar los procedimientos del EVA y repasen la lista de verificación de los trajes EVA. La actividad comenzará mañana a las diez y cuarto UT, durará siete horas".

"Enterado" Claude respondió.

"Y, por favor, Timothy procede al desplegado de los paneles solares y la operación normal" añadió el Capcom.

"Enterado, gracias" El Comandante Moore respondió.

...

En el auditorio de WSEO, se iba a llevar a cabo una conferencia de prensa, esta vez para explicar la Misión de Retorno de Muestras de Marte que estaba siendo preparada por Japón y la Agencia Espacial Europea.

"Bienvenidos a la presentación del MRSM-1, esta es la Misión de Muestra de Retorno de Marte uno", dijo la Dra. Daiya Takato, que era la Gerente de Proyecto de la Agencia Espacial Japonesa.

"Primero déjenme decirles que esta Misión se está llevando a cabo con la cooperación de Japón, la Agencia Espacial Europea, Rusia, China, los Estados Unidos y la India".

"Ahora, permítanme presentarles al equipo directivo: el Líder del Mars Lander, Florian Better, él es responsable de la coordinación de todos los eventos en Marte; El Gerente de cohetes de Marte, Garret Muzos, él y su equipo están trabajando con el diseño del cohete de Marte que descenderá y despegará de Marte; El Gerente del Mars Rover, Leon Takishita, está trabajando con un equipo multinacional de ingenieros en la construcción del Rover que dejará en Marte algunos equipos y volverá con una muestra de tierra y algunas rocas pequeñas; y, por último, los Ingenieros en Jefes Enzo Lefort, Rebecca Barrow y Roger O'Connor, que están a cargo de los principales ingenieros y científicos. Gracias a todos por estar aquí".

"Estamos a tiempo, esperamos que la Misión despegue de la Tierra el 2 de enero de 2027, aterrizando en Marte el 22 de agosto de 2027, dejando Marte el 20 de noviembre de 2027, llegar a la órbita Lunar el 23 de noviembre de 2028".

"Estamos evaluando los lanzadores, dependiendo de la configuración final del cohete de aterrizaje y el Rover, es probable que usemos un Ariane VI HL o un H-IIB, tenemos ambas opciones para estar listos a tiempo".

"El programa comercial de los Estados Unidos está trabajando con una versión simplificada de los Cohetes de aterrizaje a Marte. Tendrá toda la funcionalidad de los Mars Rockets que llevarán a la superficie de Marte el Marslab, Mars Rover y el Invernadero. Este cohete aterizará en Marte, abrirá su sección de carga desde donde el Mars Rover será sacado, y después de la exploración depositará el contenedor de muestra en su estructura de soporte, donde será asegurado, la puerta de carga será asegurada, y el mismo cohete despegará de Marte".

"El cohete de Marte llegará a la Órbita de Marte en un vehículo que tiene el sistema de propulsión para la inserción y estabilización orbital de Marte y para la salida de la órbita de Marte, así como la inserción de la Órbita Lunar al regresar. El Mars Rocket tendrá una ventana de lanzamiento todos los días para reunirse con el vehículo Orbital. Rusia está trabajando con nosotros con el mecanismo de acoplamiento".

"El Rover llevará consigo un conjunto de instrumentos que incluyen una estación meteorológica, un espectrómetro, un analizador de partículas, cámaras, un taladro y un pequeño laboratorio para realizar pruebas de estas muestras. Para la muestra que será devuelta, tendrá un pequeño contenedor para depositar en ella la tierra y las rocas, una vez que el material haya sido recolectado, el contenedor será sellado, el Rover viajará hacia el cohete de Marte y descargará el contenedor con la ayuda de una versión simplificada de la Grúa de Marte, que es una estructura robótica que detectará el contenedor, lo recuperará y lo fijará en su estructura de soporte donde permanecerá para el regreso a la tierra, aunque puede operarse desde la Tierra, debido a la demora de la señal, tiene un programa cargado para hacer esto, en caso de falla una versión corregida del código puede cargarse previamente ".

Mostró un pequeño cubo con una tapa que cierra herméticamente "Este es el diseño con el que estamos trabajando, va en la parte frontal del Rover, la cubierta tiene este pequeño dispositivo en la parte superior, este es el objetivo de la grúa de Marte, una vez centrado con su propio objetivo, será agarrado, cuando esto sucede se envía un comando al Rover para liberarlo, cuando este es recibido por la grúa comenzará el proceso de liberación. La grúa lo asegurará dentro de un contenedor en el cohete de Marte, donde se mantendrá hasta que se tome una decisión para liberarlo y analizarlo en la Órbita Lunar".

"Esta operación requiere alta precisión y exactitud, mientras hablamos se están haciendo pruebas con la grúa robótica y su operación con el contenedor. Hemos experimentado algunas dificultades en el depósito del contenedor respecto ubicación exacta y aseguramiento, pero lo solucionaremos en las próximas semanas".

"Como pueden ver, estamos trabajando muy intensamente para llegar a las fechas objetivo, porque esta Misión es un preludio de la Misión Humana, queremos probar algunos equipos y maniobras, antes de que La Tripulación del Terra 1 sea lanzada".

"El vehículo de Retorno permanecerá en la Órbita de la Luna hasta que se tome una decisión sobre cómo manejar estas muestras. Esperamos instalar una cámara pequeña para obtener imágenes de las muestras".

"Esta es una presentación muy breve de esta muy complicada y ambiciosa Misión, si hay algunas preguntas, todos aquí estaremos disponibles para ustedes, gracias". El Dr. Takato finalizó la presentación.

...

"Estamos en la compuerta presurizada", dijo el Astronauta Claude Pascal al Capcom. Él y el Astronauta Vittorio Aliegi estaban a punto de comenzar su actividad extra vehicular para interconectar la estructura de servicio recién instalada a los sistemas de la EOSS, incluida la energía eléctrica, la señalización y la extensión del riel del RMS. Si todo va según lo planeado, regresarán a la EOSS a través de la estructura de la Compuerta Presurizada del Servicio.

"Ok, Claude y Vittorio pueden dejar la compuerta presurizada" dijo el Capcom.

El Astronauta Claude abrió la escotilla externa del módulo de la compuerta presurizada, aseguró la línea para proceder a la salida y comenzó a probar la MMU antes de que se liberara la línea de seguridad. El Astronauta Vittorio se quedó en la compuerta presurizada para ayudar a su compañero y para mover el conjunto de herramientas que usarían.

"Guau, esto es fantástico", dijo Claude. "La vista es espectacular y el EOSS se ve increíble y realmente enorme. Ahora procederé con las pruebas del MMU, recuerdo al Astronauta Bruce McCandless cuando lo usó por primera vez en 1984". Hubo una pausa "ok, me estoy alejando de la EOSS" accionó el joystick para avanzar y pequeñas ráfagas de gas lo empujaron, luego giró hacia la izquierda y miró a la EOSS. "Regresando a la compuerta presurizada", dijo y comenzó a moverse hasta que llegó y se encontró con Vittorio, que estaba allí. "Me liberaré de la línea de seguridad ahora".

"Enterado" dijo el Capcom.

Soltó la línea de seguridad y empezó a alejarse de la compuerta presurizada a unos treinta pies. "Es tu turno Vittorio, puedes continuar con tus pruebas antes de separar tu línea".

"Enterado", salió de la compuerta presurizada y realizó una serie de pruebas como lo hizo Claude. "Esto es increíble, mira la Tierra, ¡mira! ¡Ahí está mi casa! ". Señaló la costa de Italia como la EOSS estaba cruzando Italia a unos 400 kilómetros de distancia "" Casi puedo ver todo el país ". Saludó y dijo "¡Buongiorno!" Estaba realmente feliz, y luego continuó con el procedimiento. "Todo está funcionando bien, voy a liberar la línea de seguridad", dijo. Tomó el contenedor de herramientas y se movió cerca de Claude; ambos comenzaron a moverse hacia la nueva Estructura.

"Voy a mover el RMS para que el efector final esté allí para que pueda instalar el soporte para la operación", dijo Olga. El RMS comenzó a moverse y se colocó en una posición donde uno de los Astronautas del EVA podía pararse sobre el soporte del pedestal del efector final para realizar algunas actividades.

"Mira eso" dijo Claude al ver que el RMS se movía.

Ambos Astronautas llegaron al otro lado de la EOSS, allí estaba la enorme estructura, se movieron a la parte superior donde algunos conectores serán instalados, tendrán que desempacarlos y abrir una puerta externa sobre la EOSS que tiene los conectores necesarios para la integración de la estructura.

"Estoy abriendo el panel 25B, lo único que se necesita es desatornillar estos pernos de seguridad y abrir el panel" Este compartimento, se abre como la puerta de un horno una vez que es liberado. El Astronauta podría pararse sobre unas bases sujetadoras para asegurarse con las correas de seguridad en el fuselaje de la EOSS.

"Claude, vamos a tomar el control de la cámara de tu casco y de tu cámara frontal, para que podamos guiarte si es necesario. En tu muñeca, el panel electrónico tiene el procedimiento a seguir, el que practicaste en el Laboratorio de flotabilidad neutral ", dijo el Capcom.

"Enterado, tengo el procedimiento aquí y ahora estoy desmantelando las interfaces, la primera será la principal fuente de señalización. Timothy, ¿puedes iniciar la consola de la Estructura de Servicio e ingresar a la pantalla de control por favor? Claude dijo a Tim Moore que estaba monitoreando desde el interior del EOSS.

"Ok, ahora estoy ingresando, todos los indicadores están apagados y en cero, como se esperaba", respondió el Astronauta Moore.

"Olga, estoy seguro ahora, puedes empezar a mover el RMS hacia el borde interno de la estructura, tengo que llegar al contenedor de la interfaz primaria", dijo el Astronauta Vittorio.

"Ok, Vittorio, tengo una cámara apuntando a la estructura, el gabinete es señalado como SP1, comenzaré el movimiento".

"De acuerdo".

El RMS comenzó a avanzar hasta que el lugar estaba justo debajo de Vittorio; él puede comenzar a trabajar con las interfaces. "Ok, Vittorio, estás en el lugar correcto". "Gracias Olga, ¿puedes por favor bajarme un pie"? "Ok, listo" "gracias".

Vittorio abrió el panel. "Aquí está, Capcom, ¿puedes ver la imagen del contenedor?" "Sí Vittorio estamos siguiendo la operación, el primer conector para trabajar es el de señalización, y luego iremos con el conector de energía. Programaremos tres EVAS más para la interconexión de los dos sistemas auxiliares y para el riel del RMS "Respondió el Capcom.

Después de cerca de una hora, el cable de señalización se interconectó y se colocó dentro de un conducto diseñado para este propósito, envuelto en un paño especial que lo protegerá de interferencias, radiación y cambios de temperatura.

"El cable de señalización está conectado", dijo Claude. "Excelente, buen trabajo, los ingenieros están empezando a realizar algunas pruebas internas antes de que el sistema se active". El Capcom respondió y agregó: "Pueden comenzar con el conector de energía. Tim, tenemos que asegurarnos de que el flujo de energía hacia la Estructura de Servicio esté desactivado "hubo un momento de silencio" comprobado está apagado ", respondió.

Ambos Astronautas comenzaron la operación para interconectar el sistema de energía, por lo que la estructura recibirá energía de las baterías del EOSS, un conjunto identificado de baterías para ese fin.

En el Control de la Misión, los ingenieros estaban probando el cable de interfaz recién conectado; tienen una herramienta integrada solo para verificar que las señales lleguen de un extremo a otro.

La interfaz de Energía fue conectada, y el cable fue depositado en el conducto de energía con todas las protecciones necesarias.

"Claude y Vittorio, ahora tenemos que trabajar con la SSA, esta es la estructura de servicio de la compuerta presurizada, la activación se hará más tarde cuando regresen a la EOSS", dijo el Capcom.

Ambos Astronautas se trasladaron hacia la compuerta presurizada.

"Hemos realizado algunos diagnósticos y la compuerta presurizada no tiene problemas, han pasado cinco horas y dieciséis minutos en esta EVA, queremos que Vittorio regrese a la Estación usando la compuerta presurizada de la estructura de servicio, y Claude necesitamos que finalices tu EVA ingresando a través de la compuerta primaria presurizada y asegúralo".

"Enterado" Claude respondió "Ayudaré a Vittorio a abrir la compuerta presurizada y entrar en ella".

"Enterado, supervisaremos el estado de la compuerta presurizada, mientras avanzas hacia el módulo de la compuerta presurizada, nos gustaría que te coloques en el efector final del RMS, para que puedas tomar algunas imágenes de la estructura y asegurarte de que no se haya dejado ninguna herramienta " el Capcom le dijo.

"Enterado" Ambos Astronautas procedieron a abrir la escotilla de servicio de la compuerta presurizada, como se le llama, el Astronauta Vittorio entró y cerró la escotilla desde adentro "Vittorio está en la compuerta presurizada, me moveré hacia el RMS" "Ok, yo te estará esperando "respondió Olga.

"Comenzaré la presurización manual de servicio de la compuerta presurizada", dijo Timothy. "Ok, ¿podrías instalar una cámara para que podamos monitorear desde aquí?" El Capcom pidió "Ok" respondió Timothy.

El Astronauta Claude se movió hacia el RMS, asegurándose primero que los dos contenedores estaban cerrados y asegurados, y que los conductos estaban dentro de los canales para protegerlos, luego verificó que todas las herramientas se hubieran regresado en la caja de herramientas, "Estoy atando los soportes de la base en el RMS, está bien Olga estoy listo para el viaje ".

"Bien, Claude abrocha el cinturón de seguridad" dijo Olga y comenzó a mover el RMS extendiendo verticalmente todos los segmentos para que Claude pudiera tener una visión completa de la Estructura de Servicio, luego movió el RMS al centro de la EOSS, y comenzó a bajar los segmentos para que Claude pudiera estar cerca de la compuerta primaria presurizada. "Gracias por el viaje", dijo "fue espectacular, voy a liberar la unidad de pedestal portátil del Efector Final". Lo desmontó y lo aseguró en su estructura de almacenamiento cerca de la compuerta presurizada para usarlo en el futuro.

"Estoy entrando ahora", colocó las herramientas dentro de la compuerta presurizada, y luego entró, cerrando la escotilla externa.

Olga estacionó el RMS en la posición de almacenamiento y se dirigió hacia la compuerta presurizada, para monitorear el proceso de presurización y ayudar a Claude con el traje de EVA. Mientras tanto, el proceso de presurización en la estructura de servicio de la compuerta presurizada había terminado, y Timothy abrió la escotilla interna por primera vez. Entró para ayudar a Vittorio a quitarse el traje de EVA.

Pocas horas más tarde se reunieron para cenar; Tendrán bistec con papas y tortillas para acompañar la comida.

Después de la cena, comenzaron sus actividades para concluir el día y planificar el día siguiente; energizarán la Estructura y validarán sus funcionalidades.

...

Mientras tanto en el Espacio el EOSS estaba siendo preparado para la Misión a Marte, en la Tierra, la Tripulación EOSS4 se estaba preparando para su Misión que comenzaría en unas semanas, en este momento, estaban entrenando en simuladores practicando la captura del Vehículo de Prueba Objetivo del Mars Lander. Dos astronautas estaban practicando en el Laboratorio de Flotabilidad Neutral en Colonia la preparación del esta en la estructura del servicio.

La Tripulación de la Misión Lunar 2 del Orion se estaba preparando para su Misión que los llevará a la Orbita Lunar, pero esta vez se encontrarán en órbita con la Tripulación del EOSS-5 que les entregarán el MLTTV. Lo llevarán con ellos alrededor de la Luna y lo liberarán en su camino de regreso antes del reingreso. La Tripulación del EOSS-5 tendrá que recuperarlo unos días después. Ambas Tripulaciones estaban entrenando en el Centro Espacial Johnson en Houston.

El vehículo de prueba Mars Lander (MLTTV) en Astrotechnika se estaba preparando para comenzar su viaje a la Guayana Francesa, las pruebas finales se realizarán allí antes del lanzamiento en la parte superior del Ariane VI, programado para el 20 de junio de 2025.

...

La primavera de Vivaldi fue escuchada en el sistema de sonido en el Centro de Control de la Misión; fue la música para despertar a la tripulación. "Esperamos que les haya gustado la música Vittorio" dijo el Capcom "Es una forma hermosa de comenzar un día extraordinario, Grazie", respondió.

"Revisamos el plan para hoy y hay pocos cambios con respecto al programa original. Continuarán con la activación de la estructura del Servicio, a continuación, debemos verificar todos los indicadores, puede haber una alarma, lo revisaremos si esto sucede. La Sala de Control de Japón nos dijo que podrían necesitar cargar una nueva versión de software, pero lo harán más tarde. Necesitamos probar el despliegue de la estructura superior en diferentes posiciones; lo tienen en el plan y probar todo el sistema de iluminación. Necesitamos probar cada perno de seguridad; cerrándolo y abriéndolo para asegurarse de que los indicadores muestren el estado correcto. La última prueba será con la compuerta presurizada para despresurizarlo y volver a presurizarlo ", dijo el Capcom.

"Si todo sale según lo planeado, mañana Claude y Vittorio realizarán un EVA para conectar el sistema redundante 1, tendremos que realizar pruebas al respecto, y en una fecha posterior el sistema redundante 2. Finalmente se necesitará un EVA para extender el riel del RMS que está soportado en ambos lados de la estructura, por lo que Claude y Vittorio necesitamos que repasen la lista de verificación de sus trajes EVA y recarguen las MMU".

"Tim, haznos saber cuándo estarás listo para energizarlo, necesitamos monitorear el consumo de energía durante esta primera activación y el proceso de estabilización. Olga monitoreará estos valores".

"Y Olga, por favor extiende el RMS para que podamos seguir las operaciones en la pantalla con las cámaras del RMS".

Ella empezó a mover el RMS hacia el extremo donde estaba la estructura, luego colocó las secciones para tener una vista desde arriba y desde el frente.

"Capcom, este es Tim, estamos listos para energizar la estructura, tenemos la consola aquí, vamos a ingresar el código y configurar la energía" el ingresó un código de seguridad, y tocó la pantalla para encender la energía. "La energía está activada".

Olga estaba mirando el consumo de energía del grupo 4 de baterías, diseñado para proporcionar energía a la estructura "todo está bien, energía al 100% en todas las baterías".

"Estoy viendo la consola indicadora, las luces apagadas, todos los pernos están abiertos, la estructura expansible retraída, los soportes estructurales internos bloqueados". Dijo Tim.

"Muevan la estructura expandible diez pies".

Presionó la función en la consola y seleccionó 10 pies. Hubo una alarma que decía que la estructura está bloqueada. "Lo siento" Tim dijo: "Lo desbloquearé primero".

La estructura comenzó a moverse, el consumo de energía era casi nulo.

Estaban mirando el monitor, se veía muy impresionante la gran estructura que se extendía.

"Ahora mueve los soportes internos circulares treinta grados, y mueve los soportes frontales a la posición superior".

Cuando están en funcionamiento, estos soportes se ajustan al tamaño del vehículo para asegurarlo, se mueven muy despacio y tienen sensores láser que detectan la distancia al objeto, cuando la distancia es casi nula detienen el movimiento automáticamente, manteniendo el vehículo espacial seguro y estable. Si por alguna razón se requiere mover estos soportes de seguridad, se pueden mover manualmente según las pruebas que estaba realizando la tripulación.

Los soportes comenzaron a moverse; la consola mostró un esquema de los componentes en 3D, la imagen se puede girar para verla desde diferentes ángulos "Wow, esto es asombroso, esta interfaz es excepcional", dijo Tim.

La Activación continuó sin grandes problemas. Al día siguiente, Claude y Vitorio realizaron una segunda EVA para conectar los primeros conectores redundantes, y dos días después una tercer EVA para conectar los segundos conectores redundantes, todo salió sin contratiempos.

Cinco días más tarde, realizaron un EVA adicional, esta vez para preparar la extensión del riel para el RMS, por lo que puede ir desde el módulo de la compuerta presurizada hasta el final de la estructura de mantenimiento.

La extensión para el desplazamiento del RMS consiste en un riel central, que está soportado por barras laterales que se mueven a lo largo de un riel en cada lado de la estructura, tirando del riel central a la distancia deseada, el riel central es una estructura que soporta la fuerza y movimiento del RMS. Los Astronautas del EVA tienen que calibrar ambas barras en sus rieles para producir un movimiento suave y estable del riel; además, tienen que quitar los cerrojos de seguridad de la parte central de la estructura expandible, de modo que puedan moverse libremente hacia adelante y hacia atrás, de acuerdo como se reciban los comandos desde la consola de operación del RMS.

Cada Astronauta se movió a un riel lateral, por lo que podían trabajar con ellos al mismo tiempo para asegurarse de que no se desplazaron durante el lanzamiento, usarán una unidad de láser para esta medición.

"Estoy montando la unidad láser en la base de la barra", dijo Claude. "Está bien, también lo estoy montando en este lado y poniéndolo en modo de reflejo", dijo Vittorio, que estaba en el otro lado de la estructura.

"Ok, la unidad está montada en su soporte, el láser está encendido. La lectura muestra 0,23 "dijo Claude.

"Vitorio debes asegurarte de que la unidad de tu lado esté sobre su soporte y no tenga movimiento, la lectura inicial indicaba que la barra B está 25 unidades adelante", dijo el Capcom.

Vittorio empujó la unidad para asegurarse de que estaba asegurada. "¿Puedes intentarlo de nuevo, Claude?", Preguntó el.

El Láser estaba encendido, la lectura todavía era 0.25. "Voy a poner mi dispositivo en modo de envío, Claude ¿puedes poner el tuyo en modo de lectura?" Vittorio dijo "Ok, está en modo de lectura". "La Lectura aquí es -0.25, eso significa que tenemos un desplazamiento, voy a quitar el perno de seguridad aquí y mover la barra hacia atrás con el láser encendido, para que pueda ver cuándo es cero", dijo Vittorio.

Ejecutó la operación hasta que la lectura fue cero. "Tengo un indicador de alineación en verde" dijo Olga mirando la consola. Vittorio aseguró la barra de nuevo. Las unidades de láser se dejaron allí en funcionalidad bidireccional; estas unidades estaban conectadas a una fuente de energía para estar siempre activas.

"Bien, Claude, ahora sigamos hacia el centro para llegar a la estructura del riel", dijo Vittorio. Ambos Astronautas se movieron de cada lado de la estructura a la parte superior, casi por encima de la SSA o la compuerta presurizada de la estructura de servicio. Procedieron a quitar la cubierta de protección y a soltar los pernos. "Ok, ahora está libre para moverse" dijo Claude.

"Olga, puedes ejecutar el programa de prueba solo para verificar el movimiento, Claude y Vittorio necesitamos que se muevan hacia el centro de la EOSS. Háganos saber cuándo estén allí para que Olga pueda proceder ", dijo el Capcom.

La prueba comenzó, el riel se extendió unos centímetros y se retrajo, luego alrededor de un metro y se retrajo. Siguió varios patrones para asegurarse de que funcionará.

Claude y Vittorio montaron en el riel principal sobre la EOSS una pequeña unidad para probar el movimiento a lo largo del riel; era como la base de desplazamiento del RMS.

El riel expandible se extendió al máximo. "Claude subió a la unidad de prueba y con los propulsores de la MMU, la propulsó con él encima para verificar la continuidad del riel. Llegó al final y regresó "Esto fue divertido", dijo.

Después de la prueba, almacenaron la unidad en el área del rack de almacenamiento de la estructura de servicio, donde las herramientas y el equipo pueden almacenarse y luego descendieron a la compuerta presurizada de la estructura de servicio para ingresar al EOSS.

"Ahora que la Estación de Servicio de la Órbita Terrestre está completa, estamos listos para iniciar operaciones", dijo Timothy en la radio.

"Felicidades a todos por un trabajo excepcional, el equipo del Programa de Marte está muy satisfecho con este resultado", dijo el Capcom. "Mientras realizaban esta actividad, el vehículo de carga Progress 82 fue lanzó con éxito desde Baikonur. Los alcanzará en dos días para acoplarse en la compuerta presurizada en el puerto B".

La Tripulación se reunió para la cena; esta vez tenían pasta y ensalada.

"Buenos Días EOSS-3" dijo el Capcom después de tocar la canción *Un jour en orbite* que era muy popular desde 2023, y una de las favoritas de Claude.

"Tenemos que hacer la reubicación del Orbitador Newton al puerto C de acoplamiento, el PDCU debe permanecer en el puerto A de acoplamiento, el BE9 lo acoplará en el para su Misión", dijo el Capcom.

"En este momento todo está Autorizado para el lanzamiento como está programado, en dos semanas, estarán con ellos dos días antes de regresar a la Tierra".

"Enterado" respondió el Comandante Moore, "nos prepararemos para la reubicación del Orbitador Newton". Esta operación debe hacerse antes de que llegue la nave Progress".

"Preferimos proceder con la reubicación mañana por la mañana, el Progress llegará en dos días, y nos gustaría que comiencen a descargarlo, hay algunas piezas de repuesto para la EOSS".

Al día siguiente, el Comandante Moore y el Ingeniero Claude Pascal ingresaron al Orbitador Newton y se preparan para reubicarlo. Se les pidió que realizaran un recorrido por la EOSS para obtener una documentación fotográfica. El Newton también realizará una maniobra de 360 grados sobre su eje para ser fotografiado para una evaluación antes de regresar a la Tierra.

"La presurización se ha igualado", dijo Vittorio.

"Ok" respondió el Capcom. "Puedes continuar con la liberación de los pernos del puerto de acoplamiento, y Tim, espera hasta que demos autorización para el desacoplamiento".

"Enterado, esperaremos, las cámaras están en posición para volar alrededor, las hemos montado en una de las ventanas de la cabina".

"Y Olga, prepara las cámaras para una secuencia de fotos del Orbitador Newton, queremos asegurarnos de que el escudo de protección del roce atmosférico sea seguro". "OK" Ella respondió.

"Tim, autorizado para desacoplar, retrocederás noventa pies para comenzar el vuelo alrededor".

"Ok" El Orbitador del Newton comenzó a retroceder lentamente. Las cámaras a bordo mostraron el puerto de acoplamiento de la PDCU. A medida que retrocedía se podía ver más la EOSS, estaba el Módulo de la compuerta presurizada, el Módulo Presurizado o el área de trabajo con sus paneles solares y la cubierta de las celdas solares, a medida que avanzaba parte de la estructura de Servicio recién instalada podía verse.

Cuando llegó a la marca de los trescientos pies, el Orbitador comenzó a volar sobre la Estación para completar casi un círculo que terminará en el puerto A del módulo de la compuerta presurizada, justo en el otro lado donde comenzó.

Las cámaras de la Estación estaban fotografiando el vehículo para el análisis que se requería hacer del Escudo Térmico por ingenieros en el Control de Misión. Mirando ambas imágenes se veían espectaculares, en un lado la Estación, en la otra pantalla el Orbitador de Newton que estaba haciendo su vuelo inaugural. Parece una coreografía Espacial.

El sobrevuelo finalizó con éxito y el Orbitador Newton se acopló al puerto A, después de casi una hora las compuertas se abrieron y ambos Astronautas se reunieron con Vittorio y Olga.

"Eso fue hermoso", dijo el Capcom, "La gente en Japón está revisando las imágenes de la EOSS, y en Francia están revisando el material fotográfico del Orbitador Newton".

•••

"Tenemos al Progress en la vista", dijo Claude mientras seguía el acercamiento del vehículo de carga al día siguiente en que realizaron la reubicación del vehículo.

Una pantalla mostraba la transmisión desde la cámara del Progress, con todos los parámetros de la operación que era controlada desde el Control de Misión de Korolev.

"Contacto" Vittorio dijo que " El Progress 82 está asegurado en el puerto F de acoplamiento", dijo mientras cerraban los pernos de seguridad. "

"Gracias, Vittorio, puedes comenzar con el proceso de presurización lenta para que puedas abrir la compuerta mañana", dijo el Capcom.

•••

Los siguientes días la Tripulación descargó la carga del vehículo Progress, que incluía alimentos, oxígeno, agua, repuestos, algunos dispositivos electrónicos nuevos, cartuchos de gas para la MMU y algunos artículos personales para la Tripulación y para la Tripulación del EOSS-4 que llegará en pocos días. También almacenaron en el Progress material que ya no era necesario ser destruido cuando el Progress vuelva a entrar en la atmósfera al final de su Misión.

•••

En el Centro Espacial Kennedy, el Rocket Orbit V, RO-V, se estaba preparando en la plataforma 39A, arriba de éste el vehículo BE9 que llevará la tripulación del EOSS-4 a la EOSS en pocos días. La Tripulación formada por los Astronautas Juliane Walters, Comandante, Gregory Olsen, ingeniero de vuelo, Nokolai Paseka y Sakura Sasaki, especialistas de la Misión, estaban haciendo su entrenamiento final en el Centro Espacial Johnson en Houston.

A bordo del EOSS, la Tripulación del EOSS-3 ha empacado la mayoría de sus pertenencias y había almacenado en el vehículo Progress todo el material usado. Seguían en Internet el lanzamiento de la Tripulación del EOSS-4 que los reemplazará para la próxima fase del proyecto; esta es la captura del Vehículo de prueba Mars Lander.

"Estamos a T-3 minutos y contando, el Director de lanzamiento Pete Martin ha decidido posponer el lanzamiento de hoy por cuarenta y ocho horas por lo menos, esto debido a que había una lectura de alta presión en uno de los tanques internos de la segunda etapa del Rocket Orbiter V. El brazo de acceso de la tripulación se ha reposicionado, tan pronto como el vehículo esté asegurado, la tripulación desembarcará con la asistencia del personal del cuarto Blanco ", dijo el comentarista de lanzamiento.

"Tim, escuchaste que había un problema con el cohete, ellos examinarán la situación y anunciarán una nueva fecha de lanzamiento, para que puedas continuar con tu plan te enviaremos un calendario para los próximos días ", dijo el Capcom.

"Ok, no hay problema con nosotros, tienes cuatro caras sonrientes aquí", respondió.

En el Centro Espacial Kennedy, los ingenieros de la Astro Explorer Company, el Presidente y ex Astronauta Pete Eliot se reunieron para revisar la situación. Los ingenieros acordaron realizar algunas pruebas mientras el cohete estaba en la plataforma durante las siguientes dieciocho horas, para determinar si esta lectura era una falla de señalización o un problema real. Hay cinco sensores en cada tanque, pero los criterios de lanzamiento, en misiones tripuladas, requieren que, en el momento del lanzamiento, todos los sistemas de señalización redundantes funcionen como se esperaba.

Al día siguiente, el Director de Lanzamiento Pete Martin y algunos funcionarios del Centro Espacial Kennedy se reunieron con Pete Elliot y los ingenieros de Astro Explorer para revisar la situación y definir una nueva fecha de lanzamiento.

"Estamos seguros de que es un error de lectura causado por un mal funcionamiento del sensor, hemos realizado algunas pruebas y los otros cuatro sensores funcionan bien", comentó un ingeniero.

"Conoces los criterios de lanzamiento, necesitamos todos los sistemas redundantes trabajando en el momento del lanzamiento", dijo Pete Martin.

"Nos gustaría probar y reemplazar el sensor en la plataforma accediendo a la segunda etapa", dijo Pete Elliot.

"Necesitaremos dos días para esa actividad", dijo el ingeniero en jefe.

"Tenemos que garantizar que es seguro", dijo el jefe de seguridad del KSC "Como recuerdo la compuerta de las etapas no es muy grande, y el sensor de acuerdo con su diagrama está casi en el lado opuesto, esto puede representar un riesgo para una persona y de dañar otras partes".

"Creemos que podemos hacerlo, si no tendremos que regresar el vehículo al edificio de ensamblaje y reemplazaremos la segunda etapa, pero esto nos llevará a mediados de junio, y en ese tiempo es cuando se lanzará el vehículo de prueba del Mars Lander", dijo Pete Elliot.

"Hay un calendario de lanzamiento muy apretado en Kourou, si el MLTTV no es lanzado en junio, la próxima fecha puede ser en septiembre porque tienen un compromiso adquirido con los clientes para lanzar satélites de comunicaciones, y el Orion será lanzado por el 30 de agosto para ser probado en el Vuelo Orbital de la Luna "comentó Pete Martin. "Tenemos que discutir las alternativas con el Dr. Von Strauss, tan pronto como tengan su diagnóstico final".

"Bien, Pete, te mantendré informado, y podemos reunirnos aquí a esta hora pasado mañana", dijo Pete Elliot.

Pete Martin llamó al Director de Vuelo del EOSS Gene Aronson "Gene, este es Peter Martin". "Hola Pete, alguna noticia sobre la fecha de lanzamiento del EOSS-4" "Bueno, creo que va a haber un retraso, la gente de Astro Explorers parecía muy optimista, pero mi experiencia dice que no podrán solucionarlo en la Plataforma, eso significa que por lo menos un retraso de un mes es posible".

Gene guardó silencio durante unos minutos, estaba escribiendo algo en su computadora. "Eso forzará una demora en el lanzamiento de la Misión del Mars Lander y el lanzamiento del Orion, y tendremos que verificar con el Centro Espacial de Guayana su calendario de lanzamiento".

Respondió Pete "Lo verifiqué y parece que la fecha de lanzamiento más temprana podría ser a mediados de Septiembre, pero tenemos que averiguarlo con ellos. Desde mediados de agosto hasta noviembre tenemos lanzamientos para el ISS y algunos satélites, si el EOSS-4 puede lanzarse a fines de junio estaríamos bien en el Cabo".

Gene respondió: "El factor crítico aquí es que no habrá tripulación a bordo del EOSS para capturar el vehículo objetivo del Mars Rover, a menos que extendamos el EOSS-3 para que capturen el vehículo, y cuando se lance el EOSS-4 podrían entregarlo al Orion. La tripulación actual es muy capaz; siguieron su trabajo con la Estructura. Podríamos enviarles el simulador de Realidad Virtual para que puedan practicar con este fin, estoy seguro de que podría funcionar".

"Bueno, de todos modos, solo quería que supieras, que pasado mañana se tomará una decisión, y nos contactaremos contigo, el Dr. Von Strauss y el Sr. Charlie Washington", dijo Pete.

"Ok Pete, gracias, esperaré la llamada, mientras tanto prepararé algunas cosas" La llamada terminó.

En la plataforma, los ingenieros estaban trabajando, todo el combustible y los gases fueron drenados, y la energía interna se apagó y se aseguró. Uno de los ingenieros quitó todos los tornillos y remaches para poder ingresar a la segunda etapa. Como se mencionó, la puerta no era muy grande, y era difícil trabajar dentro de la etapa, instalaron una escalera especial diseñada para este tipo de actividades, la escalera se inserta en un riel que rodea todo el interior de la etapa, hay manijas que pueden ser utilizados por el ingeniero para mover la escalera, el ingeniero está asegurado a la escalera para evitar cualquier accidente. "Estoy dentro", el ingeniero dijo "me voy a mover al otro lado", encendió las lámparas de led para poder ver. Llegó al área donde estaba el sensor. "He llegado al sensor, voy a reemplazarlo por uno nuevo" "De acuerdo, ten cuidado" alguien en la radio dijo "Es difícil trabajar aquí, no puedo quitar los cerrojos de seguridad, parecen estar trabados" En la radio se puede escuchar el esfuerzo que el ingeniero estaba haciendo. Intentó muchas veces sin éxito el sensor estaba atascado, quizás esa era la razón por la que se dañó. Después de casi dos horas adentro, salió, se estaba enfermando.

"Tenemos que encontrar otra solución", dijo el Ingeniero en jefe. Planearon entrar nuevamente y traer un aerosol para tratar de aflojarlo quizás esta vez funcionará".

El grupo de análisis, formado por Astro Explorer Company y Kennedy e Ingenieros del Centro Espacial, se reunieron para revisar la situación en ese punto.

"Después de examinar la situación", dijo el ingeniero en jefe "hemos decidido no proceder con una intervención de la Plataforma en la segunda etapa, será más seguro hacer retroceder el vehículo y desmontarlo para reemplazar la segunda etapa". Esto debido al hecho de que el sensor tiene una lectura, entendemos que, si el sensor estuviera completamente apagado, otro escenario sería, pero es demasiado arriesgado, especialmente con la segunda etapa. Entonces, mañana temprano comenzaremos los preparativos para el retroceso".

Jim Moses y Pete Martin estuvieron de acuerdo con ellos. "Ahora tenemos que informar al Director de EOSS y ver cómo podemos superar esto, teniendo en cuenta que el próximo intento de lanzamiento será al menos en cuatro semanas que nos llevará hasta el final de Junio", dijo Pete Martin.

Tan pronto como los ingenieros salieron de la sala de reuniones, ubicada en el Edificio de control de Lanzamiento, Pete Martin llamó a Gene Aronson. "Hola Pete, ¿cuáles son las últimas noticias". "Hemos decidido retroceder el cohete, por lo que es oficial que no habrá lanzamiento del EOSS-4 hasta finales de junio como lo más pronto posible".

"Bueno, eso es mejor, primero la seguridad, ahora tenemos que arreglar esto, llamaré a Koji Tachimoto, el Gerente del Programa del EOSS, el Dr. Von Strauss, el Sr. Charles Washington y al Dr. Cook para revisar el programa y tomar algunas decisiones. Informaré a Sally Glenn para que pueda llamar a la tripulación para que regrese a Houston y continúe con su entrenamiento". Gene Aronson dijo.

"¿A qué hora va a ser la reunión?", Preguntó Pete. "Bueno, son las 4 a.m. aquí en Houston, en la Costa Este son las 5 a.m., en Suiza las 12 del mediodía y en Japón son casi las 7 p.m. Podemos programarlo a las 6 AM de aquí "respondió Gene.

···

"He llamado a esta reunión porque el lanzamiento de la Tripulación del EOSS-4 no tendrá lugar hasta finales de junio cuando más pronto, debido a una falla en la segunda etapa del cohete", dijo Gene.

"¿Cuál es el impacto Charles?", preguntó el Dr. Cook.

"El lanzamiento del vehículo de prueba del Mars Rover está programado para el 20 de junio. El EOSS-4 iba a capturarlo con el PDCU, el próximo evento es en agosto donde se lanzará el Orion y el EOSS-4 deberá entregar el MLTTV a este "dijo Charles Washington.

"Consideramos que no hay problema con la segunda actividad, con suerte la tripulación actual podría continuar en la EOSS, esta es la EOSS-3 pudiendo capturarla, usando el RMS de la EOSS. "Agregó.

Hubo un silencio; el Dr. Cook estaba revisando las actividades. "Puedo ver que la Tripulación EOSS-3 ha estado en órbita desde marzo, y completaron su tarea principal sin problemas, recibieron carga hace unos días. ¿Como están psicológica y físicamente?, tendríamos que verificar con el médico su salud y si él no ve ninguna situación de riesgo, podemos discutir esto con ellos y con Sally".

"Si tienen que regresar, tendremos que posponer el lanzamiento del Mars Test Lander y el Orion, teniendo en cuenta el calendario de lanzamiento de todas las instalaciones involucradas", agregó.

"Tengo una pregunta para Koji", dijo. "Estoy aquí, Doctor" Koji comentó: "¿Ve algún problema con la EOSS para mantener la tripulación actual más tiempo y para capturar el módulo de prueba con el RMS para colocarlo en la Estructura de servicio?".

"La EOSS funciona a la perfección; no hay nada que pueda amenazar a la tripulación actual si se quedan más tiempo. He visto el diseño de la estructura de soporte que contiene el MLTTV y su unidad de captura, es estándar. Tenemos que hablar con el equipo de ATV en la ESA para averiguar si pueden maniobrar esta estructura de soporte cerca de la EOSS para ser capturada por el RMS ", dijo Koji.

"Ok, entonces tenemos algunas tareas que hacer en las siguientes horas, primero el problema de salud de la tripulación, Charlie, por favor verifica esto, luego la situación de la captura, creo que Koji puede hablar esto con los Expertos en Alemania y Francia. Podemos hablar en ocho horas para revisar la situación y tomar una decisión, y tendremos que comunicarlo a la tripulación "dijo el Dr. Cook dijo:" Bueno, caballeros, tenemos trabajo que hacer "y dio por terminada la videoconferencia.

A bordo del EOSS, se informó a la tripulación sobre la falla al preparar el cohete y se tomará una decisión en unas pocas horas para un nuevo plan. "Ok, estaremos aquí", dijo el Comandante Moore al Capcom, ambos rieron.

A las cuatro de la tarde, hora de Houston, comenzó la videoconferencia. "Buenas noches o Buenos días "el Dr. Cook dijo "Charles, ¿cuál es la recomendación del médico de vuelo?".

"Dr. Klaus Goldenstrain está aquí conmigo, Dr. por favor" "Me alegra verlo Dr. Cook, Buenas noches. He analizado los resultados médicos diarios de la tripulación, y su último análisis de sangre, no hay problemas con ninguno de ellos, no han presentado ningún síntoma que se considere como una alarma, su sistema musculo esquelético no muestra ninguna condición anormal. Psicológicamente, los cuatro están estables, no ha habido fricciones entre ellos, tal vez sea porque los cuatro son de diferentes países y el comandante tiene mucha experiencia en vuelo. Nuestra recomendación es que pueden continuar en órbita dos meses más, por supuesto que los veremos muy de cerca ", dijo el Dr. Goldenstrain.

"Gracias Doctor, estoy muy contento de escuchar eso. Charles, tengo una pregunta, ¿le has preguntado a Sally Glenn cuál es su opinión? ", Dijo Dr. Cook.

"Ella está aquí también" "Hola, Doctor Cook, me alegro de poder hablar con usted", dijo. "Me alegro de verte, Sally, como Astronauta, ¿cuál crees que será su reacción si les pides que permanezcan más tiempo en la Órbita?, entiendo que todos tienen familias y niños, no queremos que sientan que los estamos forzando para permanecer más tiempo en la EOSS".

"Como Astronauta puedo decir que cuando recibes una solicitud como esta es una noticia maravillosa, porque cuando estás allí quieres tener más días, estar en ingravidez es algo muy especial, como esposa y madre, obviamente quiere uno ver a la familia, pero ellos entienden y son conscientes de estas posibilidades, además, cuando estaba en órbita, hablaba con mi familia casi todos los días. Así que estoy segura de que aceptarán esta extensión de la Misión y la nueva tarea con buen ánimo, estarán orgullosos de ser considerados para completar otra tarea y contribuir en este gran proyecto para superar esta situación ", dijo ella.

El Dr. Cook la miró durante la Videoconferencia "Bien", dijo "Gracias Sally, solo tenemos que escuchar lo que Koji encontró para tomar la decisión".

"Buenos días, Dr. Cook, tuvimos una reunión aquí con los ingenieros en jefe de los tres componentes de la EOSS, y con ingenieros de Astrotechnika y Aerospace de Francia, todos coincidimos en que no hay ningún problema para que la tripulación actual permanezca más tiempo en la Base Espacial, la estructura está lista para funcionar y no vemos ningún problema usar el RMS en lugar del brazo robótico PDCU para capturarlo, por lo que técnicamente no hay problemas. Creemos que esta será una muy buena opción porque principalmente Claude y Vittorio conocen muy bien la Estructura y pueden resolver cualquier problema para este primer uso operativo de la misma ", dijo Koji.

"Gracias, Koji, ahora una última cosa, sé que tienen suministros por un período más largo, ¿tenemos algún problema con el personal de Control de la Misión en cualquier lugar? Y sobre el regreso, ya que el Orbitador Newton se deslizará y aterrizará sin propulsión, y teniendo en cuenta que es el primer aterrizaje de este tipo de vehículos, ¿es apropiado el clima en Guayana en julio? ", Preguntó Dr. Cook.

Charlie Washington tomó el teléfono para localizar a un ingeniero en Guayana y uno de los directores de descenso. "Aquí, por teléfono, están Maxim Legrand y William Leinbach, son de Kourou y de KSC respectivamente. Maxim, Bill, ¿ven algún riesgo de traer a Newton a finales de junio o principios de julio?

Maxim comenzó, hablando con acento francés "El clima aquí debería estar bien a menos que haya una perturbación climática cerca, que usualmente puede afectar esta área de junio a noviembre, al igual que pueden afectar el área costera de Florida, así que no lo considero un problema, pocos días antes del aterrizaje programado verificaremos las condiciones, y si no son favorables aquí, pueden aterrizar en la pista de aterrizaje de transbordadores en KSC, o en otra pista, tenemos muchas opciones".

Bill continuó: "Estoy de acuerdo con Maxim, solo tenemos que asegurarnos de que el clima esté estable para el día de regreso, esto es algo que hacemos todo el tiempo para lanzamientos y aterrizajes".

Dr. Cook miró algunas notas y dijo: "Bueno, Charlie, por favor, sigue con todas las modificaciones necesarias y dile a la tripulación sobre esto, hablaré con ellos en unos días. Gracias a todos por su valiosa participación, me ocuparé de los presupuestos, que tengan un gran día o noche ", finalizó la llamada.

"Sally, por favor llama a la tripulación temprano en la mañana y dales la noticia, diles que vamos a subir el simulador de realidad virtual para la captura del vehículo y un nuevo plan de vuelo. Estamos ansiosos por traerlos de regreso a principios de julio, y dile a la Tripulación del EOSS-4 sobre este cambio, deben continuar su entrenamiento para las maniobras de entrega y captura con el Orion", dijo Charlie.

"Koji por favor ajusta el plan de Misión de EOSS y envíamelo lo antes posible, e incluye la llegada del EOSS-4 el 14 de julio, que es la próxima oportunidad de lanzamiento que tenemos aquí".

"Llamaré al Administrador de Operaciones de la Tripulación para ajustar el programa".

...

Buenos Días EOSS-3" se escuchó una voz en la estación, esta vez no era el Capcom, los cuatro astronautas se miraron el uno al otro. "Buenos días, ¿eres tú, Sally?", Dijo el Comandante Moore. "Sí Tim", dijo ella. "Este debe ser un día muy importante para ser despertado por el jefe de la Oficina Internacional de Astronautas", agregó Tim.

Ella se rio "Bueno, es muy importante, tengo noticias para ustedes, su Misión se ha extendido hasta principios de julio, debido al hecho de que hay un problema con el lanzador de la Tripulación EOSS-4, por lo que recibirán el vehículo de prueba Mars Lander a fines de junio. Les enviaremos un nuevo plan de actividades y cargaremos el simulador de realidad virtual para que puedan practicar. La captura se realizará con el EOSS RMS".

"Buenas noticias", dijo Tim. "Desempacaremos nuestras cosas". Comentó riéndose.

La tripulación continuó con sus actividades de investigación, descargando carga del Progress y cargándola con el material que se desechará, así como el entrenamiento para la captura del Vehículo de Prueba Mars Lander utilizando el Entrenador Virtual, y el entrenamiento para el regreso y el aterrizaje, esto tiene que hacerse cada semana para poder responder a diferentes situaciones.

Para el 14 de junio, el Progress se desacopló, lleno con todo el equipo y el material que no era necesario, el Progress volvería a entrar en la atmósfera donde será destruido.

...

El cohete Ariane VI estaba en la Plataforma donde se estaban haciendo las preparaciones finales para el Lanzamiento del 20 de junio, en la parte superior del Vehículo de Prueba del Mars Lander montado en el módulo de propulsión y control modificado del ATV, todo dentro del Contenedor de Carga.

Entre los invitados a seguir el lanzamiento estuvieron el grupo de Ingeniería Astrotechnika formado por el Dr. Erich Von Stuhlinger, Ernst Neubert, Hans Grau, Ludwig Ress, Wilhelm Goartz, Andrew Kurt y Hans Von Strauss, todos ellos del equipo de Ingeniería, Propulsión y Robótica, y con ellos Peter Walheim Director de la Agencia Espacial Europea.

El Lanzamiento tenía una ventana de 5 minutos a partir de las 7:03 AM, hora local, es decir, 5:03 AM CDT, en este momento la única restricción es una tormenta que amenazaba con pasar a menos de 20 millas de la Plataforma.

El 20 de junio a las 6:00 a.m. el reloj de cuenta regresiva estaba funcionando, el oficial meteorológico estaba monitoreando la tormenta proveniente del Atlántico, tenía la posibilidad de convertirse en una tormenta tropical con un 85% de posibilidades de convertirse en huracán, sus vientos y primeras huellas de la tormenta podían alcanzar la costa de la Guayana a las 10 AM, se debía tomar la decisión de lanzar o resguardar el vehículo. La predicción del tiempo para la ventana estaba dentro de los parámetros aceptables. Era una carrera contra reloj.

"Continuar con la cuenta regresiva", dijo la Directora de Lanzamiento del Ariane, Emilie Billaud.

No se informaron problemas técnicos, la tormenta se encontraba a unas setenta millas al noroeste en el Atlántico, los vientos comenzaron a sentirse en la costa. A las 6:30 a.m. quedaban solo 20 minutos en la cuenta regresiva, incluida una pausa programada, todo estaba listo. El oficial meteorológico informó que los vientos aumentaban la velocidad, aunque el centro de la tormenta todavía estaba lejos, había nubes y algunas tormentas eléctricas acercándose, se estaba llegando al margen aceptable para un despegue.

Llegó la última pausa, solo quedan cinco minutos para la cuenta regresiva. Emillie Billaud comenzó la encuesta final para verificar la situación de los sistemas, la propulsión, el seguimiento y el clima, todos fueron positivos, solo el clima tiene una preocupación con la velocidad del viento y la tormenta eléctrica que se acerca a solo 30 millas al noroeste.

La cuenta regresiva continuó, el clima fue monitoreado de cerca, todo dentro de los límites. Si en este momento el cohete no despega, tendrá que estar protegido en la Plataforma no habrá tiempo para descargar la criogenia y transportarlo al hangar de ensamblaje, por lo que debía salir.

Un minuto para el despegue. Emille Billaud y el equipo de lanzamiento mostraron la tensión. Los vientos están a solo dos millas por hora menos que el límite aceptado. 20 segundos.

Los ingenieros de Astrotechnika y todos los invitados estaban atentos a la cuenta regresiva y la Plataforma y escuchando los anuncios y los diagnósticos del clima, esta era un momento muy tenso. "El viento es más fuerte, mira las banderas, podrían cancelarlo". Uno de los ingenieros les decía, cuando miraron a la Plataforma, se iniciaron los motores principales del Ariane VI y unos segundos después los cohetes de combustible sólido.

Todos vitorearon ahí vá el cohete elevándose "Ahí va nuestro bebé", gritó Andrew.

Todo el personal en el control de Lanzamiento miraba la telemetría a medida que el cohete ganaba altitud y velocidad. "Ahora es seguro", dijo Emille, "tuvimos un lanzamiento exitoso".

En el EOSS, Timothy y la tripulación estaban siguiendo el lanzamiento del Ariane con el vehículo de prueba objetivo Mars Lander. "Bueno, tenemos otra tarea que hacer", dijo. "Hemos practicado y estamos listos para recibir este vehículo".

El cohete Ariane continuó su trayectoria de lanzamiento sin problemas, los cohetes de combustible sólido se separaron, minutos después la primera etapa y más tarde la segunda etapa. Once minutos más tarde, el MRTTV estaba en órbita en la plataforma de soporte modificada del ATV que lo dirigirá a un encuentro con la EOSS en dos días.

Los ingenieros de Astrotechnika y el Director de la Agencia Europea estaban entusiasmados por este lanzamiento exitoso y tenso, finalmente el viento era más fuerte y la tormenta estaba a unos 8 kilómetros de la costa, asistieron a una recepción con el equipo del cohete Ariane y el equipo de lanzamiento. El Dr. Von Stuhlinger se acercó a Emile Billaud, le dijo: "Felicitaciones por este lanzamiento tan exitoso, pensamos que no despegaría" ella sonrió "Pensamos eso también al principio, pero nos arriesgamos, por supuesto con toda la seguridad necesaria, estábamos a punto de posponer el lanzamiento, mire este clima, en pocas horas tendremos una tormenta aquí, ahora su vehículo está a salvo en su camino".

"Gracias a ti y a tu equipo", dijo el Dr. Von Stuhlinger "y como se dice, estamos en el camino a Marte".

...

Dos días después, la MLTTV montada en el ATV modificado se aproximó a la EOSS, la tripulación observaba la maniobra, hasta que lograron avanzar para capturarlo. La Astronauta Olga Ramonov estaba a cargo de operar el sistema de manipulación remota. "Tengo el objetivo, seis pies", dijo. "Tres pies, los pernos de agarre están abiertos, un pie, tenemos contacto, los pernos de agarre están cerrados y asegurados y tenemos una captura" ella dijo "Todos los indicadores en verde".

"Felicidades Olga" dijo el Capcom "Timothy tenemos que retraer los paneles solares para la maniobra, tan pronto como estén seguros, necesitamos que Olga mueva el vehículo hacia la Estructura de Servicio y lo coloque alineado con el puerto de acoplamiento, una vez allí realizaremos un análisis fotográfico antes de proceder al acoplamiento final".

"Enterado te avisaremos cuando los paneles solares estén retraídos y asegurados" Ella respondió.

Mientras tanto, en el Centro Espacial Kennedy, el Rocket Orbit 7 se trasladaba a la Plataforma 39 A, la segunda etapa fue reemplazada y ahora está lista para lanzar la tripulación del EOSS-4 a bordo del Vehículo Espacial BE9. El Lanzamiento ahora está programado para el 10 de julio, solo dentro de dos semanas.

El cohete SLS y el Orion se estaban preparando dentro del VAB para la segunda Misión Orbital de la Luna que comenzará el 30 de agosto, esta vez el Orion será integrado al Módulo de Servicio ampliado, similar al que se usará para la Misión de Marte que proporcionará más capacidad y energía para las maniobras de Marte.

"Estamos listos para comenzar el movimiento" dijo Olga. "Enterado, Procedan" respondió el Capcom. La vista era increíble, el Mars Lander se movió hasta el otro extremo de la EOSS, una verdadera maravilla de la ingeniería espacial. "Todo va bien", informó. "Ok, el MLTTV está alineado con el puerto de Estructura". La vista mostraba su imagen, se veía impresionante.

En Astrotechnika, todo el equipo estaba siguiendo la transmisión, después de todo ellos diseñaron y construyeron el Mars Lander "se ve majestuoso", comentó el Dr. Gunter Schneider. "Este es un evento muy importante para el proyecto".

"Olga, hemos tomado todas las imágenes que necesitábamos, así que puedes proceder a acoplarlo", dijo el Capcom.

"Enterada, tengo el objetivo alineado con él, procederé a moverlo hacia adelante". Ella respondió. La imagen en la pantalla mostraba la punta del prototipo del Mars Lander acercándose. Un pequeño movimiento de lado a lado indicaba que ha entrado en contacto con la estructura del Puerto. "Contacto" Olga dijo "asegurando los pernos y cerrojos del puerto. El Mars Lander está acoplado y asegurado "En la parte trasera se escuchó la campana del EOSS cuando el Astronauta Claude anunció" el Vehículo de Prueba Objetivo Mars Lander acoplado a la Estación".

"Puedes proceder a liberarlo del RMS" dijo el Capcom.

"Enterada, cerrojos del efector final del RMS liberados, tengo indicadores verdes. RMS liberado". La imagen de la pantalla mostraba el movimiento, como se transmitía desde la cámara del efector final, mostraba al Mars Lander acoplado, conforme se alejaba el RMS, se veía esta vez una imagen completa. Olga estaciono el RMS en la posición de almacenaje.

"Tim, puedes volver a desplegar los paneles solares ahora y luego extender la cubierta superior de la estructura de servicio", dijo el Capcom.

"Enterado" El Comandante Moore respondió.

"EOSS-4 está listo para partir en diez días; Has hecho un gran trabajo. La Administración de la Misión los felicita a todos y les desea todo lo mejor para el resto de la Misión ", dijo el Capcom.

...

"Estamos en los minutos finales de la cuenta regresiva", dijo la Voz de Control de Lanzamiento en el sistema de transmisión pública "La Tripulación EOSS-4 se encontrará y acoplará con la estación cincuenta y una horas más tarde. A solo un minuto del lanzamiento, la segunda etapa del cohete fue reemplazada, y todo está listo en este momento. Treinta segundos, el secuenciador abordo tiene ahora el control del vehículo por el resto del conteo, el sistema de supresión de sonido ha comenzado. Diez segundos. Los motores de la primera etapa se han movido en la posición preprogramada, los motores principales comienzan; Encendido SRB y despegue del vehículo BE9 para comenzar la primera Misión con un encuentro orbital con el Orion ", en la radio se escuchó" Houston ahora controlando".

El lanzamiento fue perfecto; la tripulación estaba en camino a la EOSS. La EOSS-3 estaba preparando su partida. El Comandante Moore y el Ingeniero de Vuelo Claude Pascal han estado practicando el procedimiento de retorno y el aterrizaje, la secuencia ha sido probada en los simuladores de vuelo virtuales. Los sistemas en el Newton han sido validados. Solo tienen que esperar la llegada de la nueva tripulación para irse al día siguiente. El clima en el sitio de aterrizaje primario, Kourou, es favorable. Este será el primer regreso de un Orbitador tripulado de la Serie European Orbiter Explorers.

···

"BE9 llegando" La campana anunció el acoplamiento exitoso a la EOSS. La Tripulación del EOSS-3 se preparó para recibir a la tripulación de llegada, formado por los Astronautas Juliane Walters, Gregory Olsen, Nokolai Paseka y Sakura Sasaki.

La escotilla fue abierta y la Comandante Juliane Walters fue recibida por Timothy, Claude, Vittorio y Olga, luego el Ingeniero de Vuelo 1 Gregory Olsen, seguido por los Ingenieros de Vuelo 2 y tres Nikolai Paseka y Sakura Sasaki. Los cuatro miembros de la tripulación se reunieron en el módulo Presurizado para una conferencia, y también aprovecharán esta oportunidad para cambiar el comando de Timothy Moore a Juliane Walters.

"Antes que nada, bienvenidos a bordo" Timothy dijo "Es maravilloso tenerlos aquí, estos últimos meses han sido muy interesantes para la Tripulación del EOSS-3 , la adición de la estructura de servicio para la EOSS y la recepción del Mars Lander, estamos muy contentos de informarles que todos los sistemas están funcionando al 100%, y también para reconocer el trabajo realizado por la tripulación, Claude, Vittorio hicieron un trabajo sobresaliente durante sus EVA y la configuración de la Estructura, Olga tu controlaste el RMS como una extensión de tus brazos, es increíble. Sin esta tripulación altamente calificada esto no podría lograrse. Mañana volveremos a casa, algo nuevo para nosotros, el reingreso y el aterrizaje del Orbiter Newton. Desde este momento transfiero el comando de la EOSS a Juliane".

"Gracias, Tim, y gracias por cubrirnos en el acoplamiento del MLTTV, hemos podido extender nuestro entrenamiento junto con la Tripulación del Orion para que la Misión llegue a fines de agosto. Esta Misión probará las operaciones que haremos para la Misión de Marte, con el BE9 acoplado al PDCU, entregaremos el Mars Lander a Orion, y cuando regresen de orbitar la Luna, y liberen el Mars Lander, lo capturaremos en órbita para traerlo de vuelta al mantenimiento aquí. Esto suena como algo de ciencia ficción, pero déjenme decirles que esto es real, el futuro nos ha alcanzado Tim, Claude, Vittorio y Olga, hicieron un gran trabajo y les deseamos un regreso seguro a casa "dijo Juliane.

Después de la ceremonia, ambas tripulaciones trabajaron juntas para entregar todos los sistemas y para la preparación final antes de partir.

Al día siguiente, la Tripulación del EOSS-4 deseó un viaje seguro de vuelta a casa y después de una breve ceremonia de despedida, Tim y su tripulación entraron a su vehículo, el Orbiter Newton, para el regreso a casa.

Antes de desacoplar, se verificaron todos los sistemas a bordo del Newton, se realizó una sesión informativa sobre el clima para conocer las características del viento durante la trayectoria y descenso. Después de que se desacople realizara dos órbitas más. Recibirán la autorización para ejecutar la maniobra para iniciar el descenso mediante el disparo de los motores, causando la disminución de velocidad para dejar la órbita terrestre. Este disparo se ejecutará sobre el Mar Oriental de China para aterrizar en Kourou una hora más tarde.

"Newton, está Autorizado para desacoplar " dijo el Control de la Misión.

"Enterado, autorizado para desacoplar" se soltaron los pernos de acoplamiento y el orbitador comenzó a moverse muy lentamente hacia atrás, ganando distancia de la estación. A seiscientos pies, el Orbiter cambio su orientación para poder realizar un vuelo alrededor de la EOSS. "Estas son excelentes vistas", dijo el Capcom a ambas tripulaciones ya que ambas transmitían video al Control de la Misión.

"Adiós EOSS" dijo Tim mientras completaban el vuelo alrededor y se alejaban de la estación hasta que la perdieron de vista. Se realizó una última sesión informativa sobre el clima y las condiciones fueron favorables para un aterrizaje en la pista en Kourou.

En el Control de la Misión en Kourou, el Director de Vuelo de Entrada, Bernard Moselly, estaba siguiendo la Misión, dará la autorización para la maniobra para salirse de la órbita terrestre en aproximadamente cuarenta minutos si no hay ningún problema técnico o de clima.

A bordo del Newton, Tim estaba realizando una verificación final de todos los sistemas, cada miembro de la tripulación tenía asignado reportar el estado de alguno cuando se mencionara, de esta forma dijo "sistema hidráulico" Claude respondió "El sistema hidráulico está operando correctamente, sin avisos ni alarmas"; "Propulsión" Vittorio respondió "GO". "Orientación" Olga respondió "Orientación GO". "Computadoras" Olga respondió "las cinco computadoras están conectadas y en línea". "Tren de aterrizaje" "Sin alarmas" respondió Claude. "Ruta de aterrizaje cargada en las computadoras", dijo Tim. "Paracaídas armados, dispositivos de seguimiento de emergencia y dispositivos flotantes armados".

"Kourou a Newton", el Director de Vuelo de la Entrada dijo "adelante Kourou" Respondió Tim. "Hemos revisado todos los parámetros y estamos autorizados para la maniobra para dejar la órbita, por lo que, si no hay objeciones, utilizaremos la ruta de entrada cargada en su computadora, ruta número 896743A con la contraseña 9mr5hi23. Por favor verifique el acceso, la revisión debe leerse 6A".

Tim capturó la información en la computadora y verificó la revisión "Ruta de entrada cargada, revisión 6A", dijo.

"Gracias Tim, el programa ahora está cargado y activado, la maniobra para dejar la órbita terrestre durará noventa y tres segundos", dijo Bernard Moselly.

"La última vez que un vehículo como este regresó de la órbita fue el transbordador espacial Atlantis en 2011, aquí vamos", dijo Tim a la tripulación.

El Orbitador fue girado hacia atrás para disparar sus cohetes y reducir la velocidad, esto causará un decaimiento en la órbita, después del encendido, girará 180 grados en su eje para que su nariz apunte hacia la dirección de viaje.

La fricción atmosférica comenzó a calentar la superficie debajo del Orbiter, la protección del escudo térmico del orbitador, en este momento hubo pérdida de la comunicación con la Tierra debido a la estática producida.

En la pantalla mostraba un diagrama que indicaba la trayectoria del orbitador, entrando, volando sobre el Pacifico, unos trescientos cincuenta kilómetros arriba. Las alas estaban extendidas; se abren como las conchas de una ostra, por lo que ahora la superficie del vehículo es más grande para poder planear. Ambas alas estaban en posición y aseguradas.

El Orbiter comenzó a hacer algunas maniobras para reducir la velocidad; volaba sobre el Atlántico. Su trayectoria lo llevará por Centroamérica, Colombia, Venezuela y Guyana para llegar a Kourou.

Han pasado cuarenta minutos desde que se produjo la maniobra para dejar la Orbita Terrestre; toda la telemetría mostró que estaba en trayectoria.

Las cámaras de largo alcance estaban listas para capturar las primeras imágenes. Quince minutos para el aterrizaje, el Orbiter estaba cruzando Costa Rica y entrando en el Atlántico, doce minutos. La pantalla del Control de la Misión mostró el Orbitador sobre Colombia. Nueve minutos para aterrizar, el orbitador estaba sobre Venezuela. A los cinco minutos de aterrizar, en la pantalla se mostraron las primeras imágenes del Orbiter, todo el personal de Kourou aplaudió. Tres minutos para el aterrizaje, dos minutos se escuchó un estruendo supersónico a medida que el Orbitador disminuía su velocidad a una velocidad menor que la del sonido.

Treinta segundos, allí estaba, acercándose a la pista. "Veinte segundos para aterrizar" dijo el comentarista de Kourou. "Tren de aterrizaje abajo y asegurado, contacto del tren de aterrizaje principal, contacto del tren de aterrizaje frontal, paracaídas desplegados". El Orbiter Newton continuó avanzando en la pista por algunos segundos más. "Vehículo parado, bienvenidos de nuevo, felicitaciones por una Misión excepcional y por un aterrizaje increíble", dijo el Director de Vuelo de Entrada a la tripulación por radio. "Gracias, este es un Vehículo Espacial maravilloso y son un equipo increíble", respondió Tim.

Después de que el Orbitador y la Tripulación fueran asegurados, la Tripulación salió, saludaron a los asistentes, principalmente a sus Familiares, Oficiales del Programa Espacial y algunos invitados. Fueron recibidos por Sally Glenn.

Hoy, 14 de julio de 2025, será marcado en la Historia del Programa Espacial como el primer aterrizaje exitoso del Programa Explorer Orbiters ", dijo el Director del Centro Espacial de Guayana.

La Tripulación caminó hacia el vehículo que los llevaría a la sede para las Tripulaciones en Kourou.

"Fue un gran aterrizaje, espectacular", dijo Juliane Walters, Comandante de la tripulación del EOSS-4 en la radio.

...

Como es costumbre, en el primer minuto del día, el poderoso SLS / Orion fue sacado del VAB para comenzar su viaje a la Plataforma 39A, donde será preparado para ser lanzado el 30 de agosto para la segunda Misión Orbital Lunar.

Se celebró una conferencia de prensa en Washington, en la sede de la Agencia Espacial, el panel estaba formado por el Director del Programa de Marte Fritz Von Strauss, el Director de Lanzamiento Bob Harris, el Ingeniero en Jefe de Astrotechnika Andrew Kurt, el Director de la Misión de Vuelo Lunar Hank Kranz y Charlie Washington que fue el Director del Programa Espacial de los Estados Unidos y fue designado como Jefe del Programa Internacional de Marte.

La Conferencia fue inaugurada con una declaración de Charlie Washington que brindó una breve explicación de los eventos que tendrán lugar durante la Misión.

"Buenos días, como saben hoy, fue trasladado el vehículo SLS / Orion a la Plataforma39A. Nuestro objetivo es un lanzamiento el 30 de agosto a las 9:07 P. M., Hora del Este, con una ventana de cinco minutos".

"El objetivo de esta Misión es probar la logística de esta operación; esto es para entregar el Vehículo de Prueba de Objetivo Mars Lander a Orión, orbitar la Luna varias veces y liberar el Mars Lander antes de regresar a la Tierra para ser capturado por la Tripulación LEO en los siguientes días. Como se puede imaginar, esta es una operación muy compleja".

"El SLS colocará al Orion y el nuevo Módulo de Servicio Extendido en una órbita que le permitirá acercarse a la EOSS en dos días. En este punto, el módulo de servicio y el Módulo de la Tripulación estará anexada a la última etapa del SLS, que enviará el vehículo hacia la Luna".

Cambió a la siguiente diapositiva. "A medida que se aproxima a la EOSS, el vehículo de la Tripulación, en este caso el BE9 acoplado a la PDCU capturara al Mars Lander con su RMS, para estar listo para el encuentro en órbita con el Orion".

"Cuando se acerque el Orion, el BE9 maniobrará para estar frente a Orion, luego con su RMS, moverá el Mars Lander más adelante para acoplarlo con el Orion".

"Una vez que esté asegurado con el Orion, el RMS de la PDCU abrirá sus pernos para liberarlo, el BE9 maniobrará para regresar a la EOSS".

"A la hora especificada, la última etapa de SLS disparará para enviar el Orion hacia la Luna, esta vez con el vehículo de prueba del Mars Lander anexado a él".

"Aquí pueden ver que el contenedor del Orion está abierto, y la etapa del SLS separado, en este punto la etapa del SLS dispara sus propulsores para frenarlo y el Orion disparará el motor principal del Módulo de Servicio para ganar aceleración y ser atraído por la Luna".

"El Orion ingresará a la Orbita Lunar, la Tripulación realizará observaciones de la Luna y liberará una pequeña sonda que debería alcanzar la superficie Lunar para transmitir datos desde allí".

"El motor será disparado nuevamente al final de la Misión para cambiar la ruta orbital de manera que el Orión escapará de la atracción en algún punto de la trayectoria Translunar, disparando su motor y quedará atrapado por la fuerza gravitacional de la Tierra".

"A aproximadamente 30,000 kilómetros de la Tierra, el Orion girará 180 grados, su puerto de acoplamiento en la parte superior con el Mars Lander estará apuntando hacia la Luna, para decirlo de alguna manera. En este punto, el Mars Lander es liberado y disparará sus propulsores para alejarse del Orion. El Orion regresa a su posición mirando hacia la Tierra y se prepara para la reentrada, justo antes de la entrada el Módulo de Servicio es liberado, el Orion maniobrará para que el escudo de protección térmica esté apuntando hacia la Tierra".

"El Mars Lander disparará su motor para cambiar la trayectoria orbital y lo ajustará a una órbita donde la Tripulación de LEO pueda encontrarse con él para capturarlo. Este ajuste Orbital del Mars Lander puede tomar varios días, en este punto puede controlarse desde la Tierra enviando los comandos apropiados".

"De esto se tratará la Misión, por lo que estamos abiertos a preguntas".

Un periodista preguntó: "¿Este Mars Lander es similar al que se utilizará en la Misión a Marte?

Andrew respondió: "Este es un vehículo de prueba, las dimensiones son las mismas que el vehículo real, pero este solo tiene los sistemas de acoplamiento y control orbital, no está presurizado para los Astronautas. Lo que queremos probar aquí es la operación completa desde la entrega hasta la recuperación en órbita; esto permitirá que el Programa Espacial lo use nuevamente para otras Misiones haciendo mantenimiento en órbita en la EOSS".

Otro Reportero preguntó: "¿Qué pasaría si durante el regreso del Mars Lander no puede desacoplarse del Orion?".

"Hemos analizado todas las posibles situaciones de falla que podríamos enfrentar". El Sr. Kranz respondió "Como saben, explorar el Espacio es una actividad con muchos riesgos, la mayoría de ellos se pueden imaginar, la Misión tendrá mayor posibilidad de éxito mientras se desarrollen soluciones y procedimientos para superar estas situaciones; regresando a su pregunta, si por alguna razón el Mars Lander no puede ser liberado como estaba planeado. Será desechado liberándolo del anillo de acoplamiento, y se quemará al reingresar. Tiene un anillo secundario que también puede ser liberado mediante un comando de aborto, por supuesto, el vehículo se despresurizará todo el tiempo".

"¿Puede comentar sobre el Módulo de Servicio Extendido?", Preguntó otro periodista.

"Este Módulo de Servicio ha sido diseñado y construido en cooperación con la Agencia Espacial Europea", respondió Maurice Lewis. "Para el viaje a Marte y el regreso necesitamos capacidad de empuje adicional, esto significa propulsores adicionales. Como el Habitat y Mars Lander se entregarán en órbita, este peso ahorrado se utiliza ahora en este Módulo de Servicio Ampliado. De lo contrario, hubiéramos necesitado un tanque extra de combustible para la Misión para alimentar el motor del módulo de servicio o una etapa adicional del cohete".

"Tengo otra pregunta" Una mujer preguntó: "¿Los astronautas a bordo del EOSS practicarán algo con el RMS de la Unidad Portátil de Acoplamiento y Captura? Entiendo que no lo han probado en el Espacio".

"Tiene toda la razón" Charlie Washington respondió: "El itinerario original tiene algunas prácticas y pruebas, debido a la demora, se desarrolló un nuevo programa de actividades, por lo que en los próximos días verá la Tripulación del EOSS-4 probando el RMS, desde el BE9, unos días más tarde, el BE9 se acoplará a la Unidad PDCU, desacoplándolo de la EOSS para practicar la captura y la liberación del Mars Lander. Puede acceder a esta información usando sus credenciales de inicio de sesión en el sitio virtual de prensa bajo la Misión EOSS-4".

La rueda de prensa continuó, mientras tanto el Cohete SLS con el Orion en la parte superior, llegaba a la Plataforma, y estaba siendo asegurado para comenzar su preparación. La Tripulación continuaba su entrenamiento en Houston.

Los Astronautas Juliane Walters, Gregory Olsen y Nikolai Paseka ingresaron al vehículo BE9 para realizar una simulación de vuelo, esta vez probarán la funcionalidad del PDCU acoplado a la Estación. La Astronauta Sakura Sasaki permanecería en la EOSS, para operar el RMS y usarlo como un objetivo para probar la unidad portátil.

"Comenzaré a mover el RMS, y colocaré el efector final sobre la PDCU, a veintiún pies de distancia, estoy siguiendo y grabando los movimientos del sistema portátil de manipulación remota, para medir su precisión" dijo Sakura.

"Entendido" respondió Nikolai "solo díganos cuando esté listo, he ejecutado un diagnóstico de la consola de operación PRMS y no hay errores ni advertencias. Lo desbloquearé y lo moveré a la posición inicial".

"Ok" dijo Sakura.

En el Control de la Misión, la pantalla estaba dividida en dos segmentos, uno tenía la vista del EOSS RMS y la otra mitad, la vista del PRMS en la PDCU.

"Todo va bien" dijo el Capcom "Sakura, controlaremos las cámaras del RMS desde aquí para obtener las tomas que estamos buscando, y Nikolai, tomaremos el control de las cámaras PRMS también".

"Enterado" respondieron ambos Astronautas.

"Estamos cambiando la alimentación de energía de la EOSS a la PDCU, por lo que podemos medir el consumo de energía y la energía recogida por la capa de celdas solares", dijo Juliane.

"Entendido" respondió Capcom.

"Las baterías de PDCU se cargaron al 100%, cambiando ahora a alimentación interna", dijo ella. "El consumo parece normal, cayó al 98% y se recarga a una tasa del 60%".

"Nikolai el RMS en posición, tengo el objetivo alineado con la base del PRMS" dijo Sakura.

"Enterado, comenzaré el movimiento del PRMS" comenzó a extender las secciones del PRMS, y moviéndolo hacia el efector final RMS, parecía un brazo tratando de alcanzar algo. El PRMS se movió en tal posición para alinear su efector final con el del RMS.

"Energía al 95%, tasa de carga 67%", dijo Juliane.

"Tengo el PRMS alineado al Efector final del RMS, distancia de catorce pies" comentó Nikolai.

"Tenemos la imagen de ambos aquí, están alineados, Nikolai puedes continuar con el acercamiento y detenerte a un pie, Sakura asegura la posición real y abre los pernos".

El PRMS comenzó a moverse lentamente hacia el RMS, el objetivo se alineó como se muestra en la imagen y principalmente en los datos transmitidos por ambas unidades. "Un pie" dijo Nikolai.

"Enterado" Capcom transmitió.

Los Administradores de la Misión estaban decidiendo si procedían a acoplar a ambos RMS, y si esto representaría un riesgo para la Tripulación. Se tomó la decisión de no acoplarlos, simplemente acercarse hasta el contacto y permanecer allí para las mediciones.

"Decidimos no agarrar ambas unidades, así que asegúrese de cerrar los pernos y asegurarlos; solo queremos que continúes en la fase de contacto. El PRMS será el elemento que se aproxima ", dijo el Capcom.

Nikolai continuó moviendo el PRMS, lentamente, la distancia de ambos efectores finales fue disminuyendo hasta que ambos tuvieron contacto, el indicador en ambas consolas mostró el indicador de contacto, ambos efectores finales se alinearon perfectamente.

"Buen contacto, vamos a tomar un video con las cámaras externas del EOSS" dijo el Capcom.

"La energía es estable al 92% de la tasa de carga del 65%", informó Juliane.

"Los Administradores de Misiones han declarado que esta es una prueba muy exitosa, necesitamos que retraigan ambos Brazos Robóticos a su posición de almacenamiento, después de eso, necesitamos que Juliane y Gregg pongan la PDCU en la configuración de modo seguro. Les enviaremos los detalles del plan para la prueba en vivo. Los ingenieros evaluarán el rendimiento de la PDCU antes de definir una fecha y debemos asegurarnos de no interferir con la llegada del vehículo de suministro D-7 la próxima semana. Felicidades a todos "dijo el Capcom.

Las Imágenes en la pantalla mostraban que ambos RMS se movían a su posición de almacenaje, la Tripulación continuaba con sus actividades.

Richard Sieck, Bob Harris, Jim Moses y Maurice Lewis se reunieron en una sala de conferencias en el edificio de la sede en KSC. Estaban discutiendo el estado de la preparación del SLS en la Plataforma de Despegue, tienen que estar seguros de que no se necesitará trabajo adicional para continuar con la programación del ensayo de Lanzamiento con la Tripulación y la reunión para la revisión del estatus para hacer oficial la fecha de Lanzamiento para el 30 de agosto. Por el momento, recibieron el informe de que no había ningún problema en la Plataforma, todo estaba bien para un Lanzamiento para la fecha programada.

Cuatrocientos kilómetros en órbita, la EOSS-4 iba a volver a ensayar la captura y liberación del Vehículo de Prueba Mars Lander, esta vez iban a desacoplarse de la EOSS y pasar al extremo donde estaba acoplado el vehículo objetivo de prueba Mars Lander. La prueba consistió en capturar el Lander usando la PDCU, desacoplarlo de la EOSS y retroceder unos seiscientos pies, luego acercarse y acoplarlo de nuevo a la EOSS y liberarlo del PRMS. Como en la práctica previa, tres miembros de la Tripulación van a estar en el BE9, y un miembro de la Tripulación retraerá la cubierta superior de la estructura y está a cargo de desatracar los pernos del Mars Lander del puerto de acoplamiento de la Estructura EOSS.

"La cubierta de la Estructura se está retrayendo", informó Sakura, pocos minutos después informó: "Estructura completamente retraída y cerrada, paneles solares retraídos". RMS en posición".

"Copiar" respondió Juliane que estaba a bordo del BE9 que estaba acoplado al PDCU. "Nos acercaremos a la estructura del servicio para capturar el Módulo".

La maniobra podía ser seguida en el Control de la Misión, fue transmitida desde una de las cámaras del RMS de la EOSS. La imagen mostraba que el ensamble BE9 / PDCU hacía una rotación de 180 grados, por lo que el PRMS apuntaba hacia el Módulo de aterrizaje. El vehículo se colocó en la parte superior de la estructura, avanzaron hasta que el efector final del PRMS se alineó con la unidad de captura en el Mars Lander.

"Empezando posicionamiento del PRMS para agarrar el vehículo", informó Nikolai.

El PRMS extendió sus secciones para alcanzar el objetivo. El objetivo estaba alineado. Se tuvo contacto. Los pernos se cerraron y se aseguraron.

"El vehículo está asegurado", dijo Nikolai.

"Espera para desacoplar" el Capcom le dijo a Sakura, luego de unos minutos llegó el mensaje "estas autorizado para desacoplar". Sakura liberó los pernos y se lo comunicó a la Tripulación.

El Lander fue retrocediendo lentamente mientras el BE9 disparaba sus propulsores para hacer un retroceso.

Todo parecía estable, el BE9 / PDCU en la parte superior y el Mars Lander abajo, vinculado por el PRMS.

La Tripulación finalizó con éxito la prueba, procedieron a volver a acoplar el Mars Lander al EOSS y liberarlo del PDCU. Maniobran el BE9 para volverse a acoplar al Módulo de la compuerta presurizada en el otro lado de la Estación. "Estamos listos para el encuentro con el Orion y entregar la carga", dijo Juliane.

"Gracias por una excelente demostración, todos estamos esperando ese evento. Solo para su información, la revisión de preparación de vuelo se realizó esta mañana, y es oficial que la fecha de lanzamiento del Orion es el 30 de agosto a las 9; 07 P. M., Solo a dieciocho días a partir de hoy. La Tripulación llegará a KSC en tres días para el ensayo de Lanzamiento ", les dijo el Capcom.

La Tripulación EOSS-4 ingresó a la Estación luego de que se completara el proceso de presurización y verificación de fugas.

Dos días después de la maniobra de acoplamiento, el vehículo de carga D-7 llegó y se acopló a la compuerta presurizada, llegaron muchos suministros para la tripulación y algunas piezas de repuesto. Como este vehículo de carga podría recuperarse en el Pacífico, enviarían material de regreso de todos los experimentos que han estado realizando, además de algunas partes que se han dañado o fueron actualizadas, este vehículo estaba programado para regresar a la Tierra en unos cuarenta y cinco días, justo después de que la Misión de la Luna haya tenido lugar.

En el Centro Espacial Kennedy, el ensayo de despegue se llevó a cabo sin ningún incidente, la cuenta regresiva se realizó según lo planeado, la Tripulación practicó el ingreso y la salida del Orión. Todo estaba listo para el Lanzamiento del Orión para la Misión Orbital de la Luna 2, y para las pruebas críticas de captura y liberación del Mars Lander, si esta Misión falla, el Programa de Marte estará en peligro.

...

Un comentarista de televisión estaba transmitiendo en vivo desde el KSC "Este es William Crown, desde el Centro Espacial Kennedy, los Tripulantes de la Misión MO-2 a bordo del Orion llegaron hoy" mostró una transmisión de los Astronautas llegando a la pista de aterrizaje de los transbordadores, y entrando al AstroVan que los llevó al edificio OPC. "La cuenta regresiva comenzó hoy a la una de la mañana, para un lanzamiento a las 9:07 PM del próximo sábado 30 de agosto".

Continuó "Cuando alcancen la órbita, ocho minutos y medio desde el despegue, la segunda etapa del SLS con el Orion comenzará el ajuste orbital para encontrarse con el BE-9 el martes 2 de septiembre a las 2:19 AM, donde la operación se llevará a cabo para atracar el vehículo de prueba del Mars Lander a Orion. La Tripulación del BE9 con la unidad de acoplamiento y unidad de captura, o PDCU, asegurará al Mars Lander desde la Estructura de Servicio de la EOSS cinco horas antes del encuentro, y se moverá a la posición para la operación de encuentro y entrega del Mars Lander al Orión".

"Una vez que el Lander está acoplado con el Orion, el BE9 retrocederá y volverá a la EOSS. Mientras tanto, el sistema compuesto por la segunda etapa del SLS, el soporte para el Orion, el Orion y el Mars Lander permanecerán en órbita hasta que alcancen el punto para poner en marcha los motores de la segunda etapa para iniciar el viaje hacia la Luna".

"Esto es lo que sucederá en los próximos días, aquí estoy con el Astronauta Neil Cabana, que estuvo en la primera Misión en Orbita Lunar del Orion en Diciembre de 2023. Gracias por venir, sabemos que has estado muy ocupado con la capacitación de La Misión Lunar Orbit 2, ahora cuéntanos, qué tan difícil es la operación que harán para encontrarse con la Tripulación del LEO, acoplar el vehículo e ir hacia la Luna".

"Gracias a ti William" El Astronauta Cabana dijo "La Misión a la Luna es muy compleja. Si recuerdas el Programa Apollo, en la parte superior del Saturno V estaban los Módulos de Servicio y de

Mando, y debajo de ellos el contenedor con el Módulo Lunar, en el camino hacia la Luna ellos maniobran para girar el Apolo para alinearlo con el Módulo Lunar, liberarlo desde su soporte y de la última etapa del Saturno V, luego ellos maniobran nuevamente para colocar el vehículo en dirección a la Luna, seguido por el encendido del Motor del Módulo de Servicio. En este caso, el concepto es tener el Habitat y Mars Lander en órbita, para ser entregados al Vehículo de Exploración de Espacio Profundo, que permitirá tener un Módulo de servicio más grande y poderoso para la propulsión necesaria para llegar a Marte y regresar a la Tierra. En este caso cada maniobra en órbita requiere muchos cálculos y telemetría, lo que lo hace más complejo porque hay dos Vehículos Espaciales en el mismo punto, pero esto ya se ha hecho antes, por lo que sabemos que es posible. La Tripulación ha estado practicando durante un par de años, junto con el equipo del BE9, por lo que esperamos, sea una Misión muy exitosa".

"Gracias, Astronauta Cabana" dijo William.

"Ahora, ya que estamos siguiendo esto, algo más está sucediendo a bordo de la Estación Espacial Internacional, voy a transferir la señal a la proporcionada por WSEO".

En la pantalla había una imagen proveniente de la Estación Espacial Internacional, mostraba a tres Astronautas abriendo una escotilla, era la Escotilla del Schiaparelli, la Tripulación había terminado la Experiencia de Marte estando ahí desde Diciembre de 2024, aunque han estado en órbita desde abril 2024 y volverá a la Tierra en Marzo de 2026.

"La escotilla ha sido abierta, podemos ver salir al Comandante Leonard Arthur Cooper, seguido por Nancy Jones, Yelena Pavlova y Kiochi Kanko, y son recibidos por Robert Thornton y Li Yang Tzu. Son los miembros de la Tripulación de Terra 1 que en pocos años se convertirán en los primeros exploradores humanos de Marte, también en esta vista se puede ver al Comandante de la Expedición 66, Patrick Baudin. Se espera que se sometan a un examen médico por parte de la misma Tripulación, y transmitirán la información a la Tierra, tal como se realizará en la órbita de Marte considerando el retraso de la señal. La Tripulación se ve bien; sus próximas tareas serán abandonar la órbita de Marte, utilizando el simulador de realidad virtual, para continuar la experiencia. Se espera que hablen con el Dr. Cook, el Sr. Charles Washington y otros funcionarios de la WSEO y de esa reunión se comunicará una declaración. No se espera conferencia de prensa de esta Tripulación hasta marzo del próximo año ", dijo el comentarista de la misión.

•••

El día del despegue llegó; a bordo de la EOSS, la Tripulación estaba siguiendo los eventos, no había ningún problema técnico o climático. La cuenta regresiva continuó sin problemas. Todo estaba listo para la encuesta del Director de despegue, era hora de iniciar esta Misión que era de gran importancia para el viaje a Marte.

La Tripulación a bordo eran Robert Robinson, Olivia Donaldson, Pedro Castillejo Romero y Roger Bowman.

La única luz en el horizonte era la que proporcionaban reflectores gigantes al enorme cohete. Esta vista cambió cuando los motores principales y los cohetes de combustible sólido se encendieron y el cohete comenzó a subir, parecía como si fuera de día por un instante. A medida que subía parecía ser una estrella brillante que regresaba al cielo, luego los Cohetes de combustible sólido se separaron, unos ocho minutos más tarde se consumió la primera etapa, dejando el vehículo y la segunda etapa en órbita, para comenzar su persecución del BE9. Los ajustes de la trayectoria se realizaron usando los impulsores de maniobras en la segunda etapa, eran cuatro motores pequeños en el borde de la base de la etapa, posicionados uno cada 90 grados. La trayectoria se calculó en referencia a la posición de la EOSS, sincronizando las computadoras de encuentro del BE-9 y el Orion.

A bordo del EOSS, la tripulación se preparó para entrar en el BE9 para el encuentro, los tres astronautas se pusieron sus trajes presurizados. El Astronauta Sasaki, estaba preparado para retraer la cubierta de la estructura de servicio móvil, y retraer los paneles solares.

Tan pronto como se iguale la presión, se desacoplarán, capturarán el Lander y se alejarán del EOSS para el encuentro.

El 2 de septiembre, como estaba previsto, ambos vehículos se encontraban a unos 500 kilómetros de distancia y, acercándose, en solo unas pocas horas estarían a una distancia mínima de diez metros.

"Tengo al BE9 a la vista" El Comandante Robinson dijo "Están a seis mil pies de distancia, velocidad de treinta pies por segundo". "Orion te tenemos justo en el objetivo" Juliane respondió "Tenemos un paquete para ti". El equipo de Orion se rio, "Gracias, es un excelente servicio de entrega", dijo el Comandante Robinson.

"Ambos vehículos están separados por cinco mil pies y se acercan a una velocidad de treinta pies por segundo, el BE9 está actuando como el vehículo activo, lo que significa que este vehículo es el que se acerca, ambos viajan a diecisiete mil millas por hora. Todo se ve bien para la operación de encuentro, y acoplamiento del Mars Lander dentro de treinta y siete minutos ", dijo el Comentarista de la Misión.

En el Control de la Misión en Colonia, los ingenieros de Astrotechnika estaban monitoreando el estado del Vehículo de prueba Mars Lander; Tendrán que seguir monitoreando sus sistemas durante toda la Misión. Deben asegurarse del estado de operación completo del mismo y la integridad de los sistemas. La mayoría de sus sistemas se usarán cuando el Lander se desacople del Orion para ajustar su órbita para un encuentro con la tripulación del LEO. El éxito de esta operación es crítico para el concepto de servicio en órbita y los vehículos reutilizables, y para la recepción de las muestras de Marte reunidas por la tripulación

La pantalla en cada centro de control de la Misión mostró una imagen dividida una del Orion y una del BE9, la telemetría mostró que el BE9 está a solo doce pies de distancia del Orion, están en posición de realizar la operación de acoplamiento y entrega.

El Astronauta Nikolai Paseka era el especialista en la operación del sistema de captura portátil comenzó a colocar el vehículo frente al Orion, una maniobra extremadamente delicada.

"Activaré el objetivo en el Lander" Se recibió una señal que mostraba los datos recibidos del objetivo de acoplamiento de destino, procedió a mover el efector final para apuntar directamente al Orion. "Tengo el objetivo del Orion alineado, la desviación es 0.001, esto se corregirá a medida que se acerque".

"La unidad de acoplamiento del Orion está lista para recibir el Lander, los pernos están abiertos", dijo Roger Bowman.

"Lander objetivo a siete pies, cinco pies, la desviación es cero, el freno de movimiento de seguridad de contacto está activado; La unidad de acoplamiento del Lander está abierta. Dos pies "Hubo un silencio total en todas las salas de control de la Misión y en ambos vehículos espaciales, todos los ingenieros estaban monitoreando su consola.

"Un pie y contacto" dijo el Astronauta Paseka, se escuchó un pequeño ruido dentro del Orion. "Tenemos la luz de indicación de contacto, procederemos a cerrar los pernos, y asegurarlos", dijo el Astronauta Bowman a bordo del Orion.

"Tengo una indicación de que un perno todavía está abierto", dijo.

"Enterado, lo estamos viendo aquí" respondió el Capcom. La consola de acoplamiento mostró todos los pernos en rojo lo que significa que han cerrado el circuito con la unidad del Lander, pero uno todavía estaba verde, esto significa que uno todavía estaba abierto, y por lo tanto, la operación de bloqueo no podía ejecutarse por completo.

"Enterado, necesitamos que abras todos los pernos otra vez" El Capcom dijo "Cuando tengas todo en verde, procede a cerrarlos manualmente uno por uno, tendrás que cambiar a manual en la consola de la unidad de acoplamiento, primero cierra el que está con el problema "dijo el Capcom.

"Enterado" Seleccionó la funcionalidad manual, luego seleccionó la pantalla del perno y mostró una imagen en 3D de la unidad de acoplamiento con sus ocho pernos. "Voy a cerrar el Perno 4 primero". Seleccionó la función, hubo un mensaje de advertencia y el indicador todavía estaba verde, luego intentó con otro, se cierra correctamente. "Tengo la misma situación" informó.

"Enterado" respondió el Capcom.

El Gerente de la Misión estaba hablando con el ingeniero en jefe del sistema de acoplamiento del Orion, su teléfono sonó, era una llamada de Colonia. "Hola, habla Gene Aronson" "Soy Hans Von Strauss de Astrotechnika, consideramos que la solución podría estar retrocediendo el Lander un par de metros, realizar la prueba manual en los pernos del Orion y acoplarla de nuevo. Existe la posibilidad de que algo de estática pueda haber causado esto, y haciendo esto, esta energía será liberada".

El Sr. Aronson respondió: "Debemos asegurarnos de que no exista ningún riesgo en esta operación, si retrocedemos y un perno está asegurado podemos causar un accidente".

"En el otro lado del Lander todos los pernos están abiertos, hemos verificado por tres métodos diferentes, consideramos que no hay riesgo", dijo Hans.

"Déjeme ponerlo en conferencia con el equipo del Orion" dijo el Sr. Aronson.

Después de discutir la situación y los riesgos involucrados, el Sr. Aronson acordó liberar el Lander y moverlo cinco pies hacia atrás, luego hacer las operaciones sugeridas y observar las lecturas de voltaje en cada perno.

"Nikolai, necesitamos que muevas el Lander de vuelta cinco pies y lo sostengas allí", dijo el Capcom.

"Enterado, verificó la configuración de PRMS y comienza la operación para mover el Lander "Las pantallas mostraron el movimiento.

En el control de la Misión, el ingeniero de la consola de Acoplamiento estaba monitoreando los ocho pernos, tan pronto como el Lander fue removido, el voltaje de todos se redujo a cero, solo uno aún tiene un valor, tan pronto como la tripulación hizo la operación de cerrar los pernos manualmente, y abrirlos de nuevo, su valor regresó a cero en todos "No tenemos voltaje en los pernos", le dijo al Director de la Misión.

"Necesitamos que vigilen esos valores cuando el Lander se esté acoplado de nuevo" les dijo.

El PRMS comenzó a mover el Lander una vez más. "Contacto" dijo Nikolai.

"Tenemos valores cero en todos los pernos" dijo el ingeniero de la consola.

En Orion, el Astronauta Bowman procedió a cerrar los pernos uno a la vez, el operador de la consola siguió monitoreando los valores de carga para encontrar evidencia de estática o un problema de circuito.

"Todos los pernos cerrados", dijo el astronauta Bowman.

Se percibió una sensación de alivio en todas las salas de control de la Misión y a bordo de los dos vehículos.

"Gracias, enterado, ahora puedes asegurarlos" dijo el Capcom.

"Pernos cerrados y asegurados, el vehículo de prueba Mars Lander está ahora acoplado a nosotros", dijo Bowman.

"Nikolai, sigue el procedimiento de liberación del Lander", dijo el Capcom.

Nikolai comenzó la preparación para liberar el Lander, "Los pernos del Lander están cerrados y asegurados con los del Orion, los pernos del Efector final están desbloqueados. Tengo todo en verde".

"Empezando el movimiento del PRMS" El brazo robótico comenzó a alejarse del Lander, y se colocó en una posición de almacenaje sobre el PDCU, luego se aseguró.

"PRMS asegurado" dijo Nikolai.

"BE9 puede comenzar el procedimiento de separación" dijo el Capcom.

"Entregamos el MLTTV que tengan un viaje increíble a la Luna", dijo Juliane a la Tripulación del Orion.

"Gracias EOSS-4 por su gran trabajo y por entregar el Lander, lo traeremos de vuelta en diez días", respondió el comandante Robinson.

"Enterado, estaremos ansiosos por atraparlo", dijo ella.

El BE9 comenzó a alejarse del sistema SLS / ORION / MLTTV, disparando sus propulsores para ganar distancia antes de iniciar su maniobra para regresar al EOSS, en aproximadamente un día lo alcanzarán.

Una vez que el BE9 estaba a una distancia segura, el SLS / Orion comenzó su transferencia orbital utilizando los propulsores auxiliares para alcanzar el punto donde los motores principales del SLS comenzarían para la Maniobra de Inyección Trans Lunar.

Mientras se encontraba en órbita, se ejecutaron todos los diagnósticos del módulo de servicio y del Orion para asegurar que no existía ningún problema que debía considerarse antes del TLI; después de un análisis completo, el equipo de administración dio la autorización para TLI. El SLS se cargó con los datos para el disparo y la trayectoria. A las 00:34 AM del 4 de septiembre, el motor del SLS fue encendido durante 370 segundos, colocando el vehículo en ruta hacia la Luna.

La Tripulación del EOSS-4 regresó a la EOSS el 4 de septiembre a las 6:02 PM. Ahora tendrán que esperar doce días para recuperar el Mars Lander.

La Misión en la órbita de la Luna fue espectacular, como lo fue la Misión 1, fotografiaron la superficie con una cámara más sensible, los científicos estaban interesados en comparar imágenes de la misma área de las dos Misiones, para detectar si había cambios significativos. Esta vez la tripulación probó el Módulo de Servicio Extendido disparando varias veces su motor para modificar la Órbita de circular a elíptica, y un Lunarlab-1 fue liberado para aterrizar en la superficie con el sistema de rebote y anclaje, esta era una unidad pequeña para medir temperaturas, cantidad de luz y posibles temblores en la Luna.

Tanto el Orion como el Módulo de servicio funcionaron a la perfección, se probaron los arreglos de celdas solares en el módulo de servicio, desplegando cuatro y luego retrayendo dos para medir la cantidad de energía que podrían capturar.

Llegó el momento de abandonar la Órbita Lunar y regresar a la Tierra, el motor del módulo de servicio extendido se activó durante 102 segundos para comenzar la trayectoria para dirigirse a la Tierra. El 22 de septiembre el Lander sería liberado del Orion para comenzar su programa de ajuste orbital que concluirá en cuatro días, cuando la EOSS-4 se encuentre con él y lo capture.

"Iniciando la maniobra de giro", dijo el Comandante Robinson cuando la maniobra para girar 180 grados el módulo de servicio / Orion / Mars Lander, como era requerido para liberar al Mars Lander.

La Ingeniera de vuelo Olivia Donaldson desbloqueó los pernos de acoplamiento y verificó que todos fueran verdes. "Pernos desbloqueados", informó.

"Secuencia de retorno activada" informó el Control de la Misión del MLTTV de Colonia, lo que significa que después de liberar el vehículo disparará sus propulsores para desacelerarlo, esto permitirá que ambos vehículos ganen distancia entre ellos, para que ambos puedan seguir sus maniobras; el Orion para la reentrada, el Mars Lander para el ajuste de la órbita.

"Giro de 180 completado, preparándose para liberar el Lander", dijo el. Esta operación en particular fue crítica porque tiene que hacerse casi de inmediato, porque el Orión se estaba acercando a la Tierra para volver a entrar, y si se retrasa, el Lander se destruirá cuando llegue a la atmósfera.

"Enterado, estás Autorizado para liberar en 5, 4,3,2,1 liberar" , dijo el Capcom.

La Ingeniera de vuelo Olivia Donaldson tocó la marca virtual de liberación en la consola; se escuchó un ruido cuando un resorte alejó el vehículo. "Mars Lander liberado" informó ella.

"Colonia controlando el Mars Lander" se escuchó una voz.

"Los propulsores de Mars Lander se dispararon. Mars Lander a doscientos pies del Orión, a trescientos pies de distancia y aumentando ", informó el Centro de Control de Colonia.

"Estás Autorizado para la maniobra de giro y preparar para el reingreso", dijo el Capcom a la Tripulación del Orion.

"Paneles solares almacenados" anunció Olivia.

"Empezando Maniobra de giro, 180 grados, tenemos la Tierra en frente de nosotros, maniobra completada" dijo el Comandante Robinson.

"Están en el corredor de entrada, a setenta minutos para reingreso" dijo el Capcom.

"Comenzó el motor MLTTV, posicionando el vehículo en una órbita elíptica con perigeo a 450 kilómetros y apogeo a 1400 kilómetros, la siguiente maniobra en 120 minutos para modificar la órbita a 410 kilómetros por 650 kilómetros", informó el control de Colonia.

"Módulo de servicio de Orion separado "El Comandante Robinson dijo, en pocos minutos el Orión entrará en la atmósfera terrestre, en el Pacífico, el transporte de recuperación especial con el helicóptero estaba listo para recuperar al vehículo, el Orión debería alcanzar el océano en unos setenta y seis minutos".

"El Orion, en posición para el reingreso", dijo el Capcom.

La pantalla mostraba la representación gráfica de la reentrada, mostrando la telemetría en cada momento.

La Tripulación a bordo del EOSS estaba siguiendo el regreso de la tripulación y la trayectoria del Mars Lander. "Lo capturaremos en cuatro días", dijo Gregory Olsen mostrando una gráfica en la laptop proyectando los ajustes orbitales que hará.

El Orion continuó su reingreso, amarizando en el Pacífico a dos millas del área pronosticada, el Astro-helicóptero se acercó para recuperar el Vehículo con el nuevo sistema que lo capturó para colocarlo en su contenedor interno para el Vehículo Espacial y voló hacia el portaaviones de recuperación, serian recibidos allí por Charles Washington y otros Oficiales de WSEO y NASA.

...

Como se predijo cuatro días después del amarizaje del Orion, el EOSS-4 entró en el BE9 para encontrarse con el Mars Lander.

En la Tierra, el sistema de seguimiento mostraba ambos vehículos a una distancia de ciento veintidós millas, y acercándose.

"Modificando la altitud para el encuentro" dijo Juliane. Estaba mirando la pantalla donde pueden monitorear la posición del Lander.

"BE9 se acerca al Mars Lander a un promedio de veintiún pies por segundo, la distancia entre ambos vehículos es de ochenta millas", dijo el comentarista del Control de la Misión.

"MLTTV está estable, esperando ser recuperado, la unidad lateral de agarre está abierta", dijo el Control de la Misión de Colonia.

"Tenemos el Lander a la vista", informó Juliane.

"PDRMS está en posición" añadió Nikolai.

Juliane continuó, "20 pies, 15, 10 pies. Estamos por encima a 10 pies; el Lander es estable, sin rotación o cualquier otro movimiento. Realizaremos el vuelo alrededor solicitado por la Agencia Espacial Europea ".

"Enterado" dijo el Capcom.

Las imágenes mostraron el vehículo tal como salió hace unas tres semanas, solo algunas indicaciones del encendido del motor.

Una vez que terminaron de volar alrededor, el BE9 se colocó en posición para permitir que el PRMS lo capture.

"El efector final en posición a tres pies" dijo Nikolai y procedió a moverlo hacia adelante.

"Contacto, perno cerrado y asegurado, tenemos la MLTTV de vuelta" dijo Nikolai.

Todos los ingenieros y científicos de Colonia aplaudieron y se felicitaron entre ellos, los ingenieros de Astrotechnika también estuvieron allí. "Gran trabajo", dijo Lukas Schneider, el Jefe de la Agencia Espacial Alemana.

"Felicidades por un excepcional encuentro y captura, El Control de la Misión está celebrando su Misión" dijo el Capcom.

"Gracias, y Gracias a todo el equipo en Japón y Alemania por su asistencia, ahora comenzaremos nuestro camino orbital a nuestro Hogar en el Espacio la EOSS", dijo Juliane.

Según los cálculos, alcanzarán la EOSS en un día y cuatro horas.

La estructura de servicio de la EOSS fue abierta y estaba lista para recibir el Mars Lander. Como se hizo en la práctica, el BE9 se acercó y alineó el Mars Lander al puerto de acoplamiento de la Estructura de Servicio. Con el PRMS, lo movió hacia adelante hasta que fue acoplado. El Astronauta Sasaki estaba dentro de la Estación asegurando el vehículo.

El Lander fue liberado del PRMS. El BE9 maniobró para acoplarse en uno de los puertos de la compuerta presurizada.

La Tripulación del EOSS -4 permanecerá a bordo de la estación por diez días más, esperando a la siguiente tripulación, que entre otras cosas moverá la EOSS a una órbita más alta para compensar su pérdida de altitud orbital.

"La Odisea del Orion MO-2 y la Tripulación del EOSS-4 han sido un paso adelante en el camino a Marte, se han aclarado muchas dudas, la Misión puede ser realizada entregando los elementos de Marte en Orbita" dijo el Dr. Cook en un videoconferencia "Felicidades a todos por el ensamblaje de la Estación de Servicio de la Orbita de la Tierra, o EOSS, por el diseño y la construcción de la unidad de acoplamiento y captura portátil y su sistema de manipulación remota, y los ingenieros que diseñaron y construyeron el vehículo de Prueba del Mars Lander. Felicidades a ambas tripulaciones y a todos los científicos e ingenieros que hicieron posible esta excepcional operación".

"Tenemos nuevos desafíos por delante, la Tripulación de Schiaparelli regresará el próximo año, otra tripulación comenzará su entrenamiento allí, el primer lanzamiento del cohete de Marte sobre un SLS. Esta vez, el cohete de Marte aterrizará en la Luna y entregará un Moon Rover, del mismo modo que el Marslab, el Mars Rover y el invernadero se entregarán en Marte entre 2029 y 2030".

"Le mostramos al mundo que todos podemos trabajar juntos para lograr un objetivo, un objetivo en nombre de la humanidad".

La videoconferencia terminó y celebraron en todas las instalaciones de las agencias espaciales.

...

En el Centro Espacial de Guayana, se iba a llevar a cabo un evento, el primer lanzamiento del Vehículo Tripulado Legatus. Esta primera Misión sería sin tripulación, controlada desde tierra. La maniobra preprogramada iba a tener una altura de 35000 kilómetros, orbitaría la Tierra unas pocas veces y regresaría con un amarizaje en el Océano Pacífico, la Misión duraría unas cinco horas, el vehículo será recuperado por el Astro-Carrier. El objetivo es probar los sistemas del vehículo, el escudo térmico, el sistema de paracaídas. El vehículo estaba acoplado al módulo de servicio, y ambos estaban encima del lanzador de cohetes de elevación pesada Ariane VI. Este vehículo era muy similar al Orion, y está planeado para ser usado en la exploración a Marte alternando con el Orion.

El Ariane despegó, un despegue sin ningún problema importante, el Control de la Misión en Alemania tomó el control mientras despejaba la torre de lanzamiento, y estaban monitoreando todos los parámetros de vuelo.

El Legatus alcanzó la órbita, la etapa final de Ariane fue desechada al vacío, el Motor Principal del Módulo de Servicio fue disparado y los paneles solares extendidos, el vehículo fue presurizado, con tres maniquíes simulando astronautas, tienen cámaras en sus cascos para tener una visión de lo que la vista va a ser., el ambiente de la cabina fue monitoreado como temperatura, presión, calidad del aire, vibración, fuerzas G, etc. Los diferentes propulsores fueron probados en maniobras para ajustar la trayectoria.

Este Vehículo ha sido construido con la contribución de todos los países europeos, cada uno con su especialidad, y coordinado por un grupo alemán.

El Vehículo orbitó la Tierra según lo planeado, el viaje completo fue transmitido y grabado, se pudieron ver vistas espectaculares de la Tierra.

Tal como estaba programado, el vehículo liberó el módulo de servicio para volver a entrar, se posicionó solo e inició la reentrada atmosférica.

El Vehículo siguió el reingreso tal como se esperaba los paracaídas se abrieron como se esperaba, para finalmente amarizar en el Pacífico en el área esperada para ser recuperada.

El Vehículo de la Tripulación Legatus será llevado a California para enviarlo en un avión especial a Alemania, donde el grupo de ingeniería y científicos evaluarán todos los datos recuperados durante la Misión y lo prepararán para su vuelo inaugural programado para fines de 2028.

Capítulo 18: Misión de Prueba de los Mars Rocket una prueba crítica para el Proyecto de Marte

El primer vehículo completo del sistema Mars Rocket fue mostrado en febrero de 2026.

"Este es el primer vehículo del Mars Rocket que se enviará a una Misión", dijo William Haldridge, que es el Director del Socio Comercial. "Como pueden ver, esta es una versión más corta de la serie Star Rocket que hemos estado utilizando para llevar satélites a la órbita terrestre, y regresar la primera etapa del cohete al sitio de lanzamiento, una maniobra controlada que termina con un aterrizaje suave".

"Permítanme describirles el vehículo y la Misión que cumplirá. La altura del vehículo es de 110 pies, se divide en tres secciones, la sección inferior tiene los motores principales y los motores de maniobra. La sección media es la sección de carga, mide sesenta pies de largo, y de este lado corren las líneas de combustible y todo el cableado. En la sección superior del vehículo están los contenedores del combustible y la unidad de control y comunicaciones".

"La parte superior del cohete está cubierta de celdas solares, aunque se extenderán cuatro paneles solares ubicados en el área media, cuando el vehículo esté en su ruta a Marte".

"Enfoquémonos en esta sección, en la sección media o en la sección de carga. Esta área contendrá el Marslab, el Rover, el Invernadero o cualquier otro equipo. Este panel es lo que llamamos la rampa de entrega /Puerta. Esto es muy interesante."

"Cuando el cohete aterriza y está asegurado y nivelado en la superficie, este panel se abrirá horizontalmente desde la parte superior, tiene dos soportes en la parte superior que ayudarán a mantener el peso, el panel continuará abriéndose hasta que el movimiento se detenga cuando llegue al suelo, entre 25 y 30 grados. En el interior, este panel tiene la base de soporte de la carga; este es el soporte donde se ubicará el Marslab. En la parte superior de la base de soporte, o en el borde externo, está la grúa que se usará para descargar el módulo. Mirándolo desde el exterior en una vista lateral, cuando el panel está abierto, un Marsnaut lo verá; el cohete parado sobre sus plataformas de aterrizaje, una rampa y sobre él, el Marslab y la grúa".

"El proceso para descargar el Marslab se hace en una secuencia preprogramada; la grúa es un brazo robótico. Esta es la secuencia: "

"Primero, la grúa debe extenderse desde su posición de almacenamiento; a continuación, moverá su unidad de agarre para llegar a la unidad de captura en la parte superior del Marslab u otro equipo; para este ejemplo utilizaremos el caso del Marslab. Cuando es capturado y asegurado, los pernos de seguridad que sujetan el Marslab a la base de la plataforma se liberarán y la grúa comenzará a mover el laboratorio, primero hacia arriba, luego hará un giro de 180 grados, luego extenderá sus secciones hacia adelante y comenzará a bajar el módulo; cuando se alcanza la superficie, el movimiento de la grúa se detiene. En este momento, la grúa hará una pausa de unos segundos y probará si el laboratorio está seguro en la superficie tratando de bajarlo más. La posición de la grúa se validará contra la inclinación de la rampa, esto corroborará la información y la grúa liberará el laboratorio de la unidad de agarre".

"Después de este punto, el Marsnaut se hará cargo".

"La grúa puede ser removida de la plataforma para ser utilizada en Marte para levantar equipos de exploración o quizás para cargar algo en un Mars Rocket que previamente haya llevado".

"Esta es una característica en la que estamos trabajando, después de que el cohete haya entregado su carga, estamos considerando dos opciones: Primero usarlo como un vehículo de emergencia para poder regresar al Vehículo Orbital de Marte en caso de que el Mars Lander presente un problema o, poder regresar a la Orbita de Marte un miembro de la tripulación por alguna razón. En la Orbita de Marte, el Mars Rocket tendrá un sistema de guía para permitirle encontrarse con el conjunto Orion / Habitat o con la Estación en la Orbita de Marte, si se decide seguir adelante y se puede alcanzar. Esta opción requerirá que se agreguen algunos instrumentos de control para el Marsnaut, así como asientos ligeros y, por supuesto, las opciones de seguridad necesarias".

"La Otra Opción es enviar a la Orbita de Marte , material que ya no sea necesario, y tal vez enviar algunos experimentos o equipos al módulo orbital de la Misión, o ser utilizado como un satélite si se puede incluir algún hardware en él".

"En este momento, estas posibilidades son solo eso, posibilidades, los primeros Mars Rockets solo entregarán equipo".

"Ahora, concentrándonos en esta Misión en particular, los llamamos Mars Rocket TS y MR-01-L".

"El Mars Rocket TS, es una Misión de prueba que consiste en entregar un cohete de prueba a la órbita terrestre en la parte superior de un Lanzador de Cohetes SLS, el objetivo es probar la secuencia de lanzamiento, el despliegue del Mars Lander y su funcionalidad para llegar a la Orbita de la Luna, y en cierto punto aterrizar ahí, para esta Misión esperamos recibir la señal cuando el motor se detenga y enviar algunas imágenes desde la superficie. Esta Misión tendrá lugar a fines de Agosto".

"El objetivo de MR-01-L es aterrizar un Mars Rocket en la Luna y entregar un Moon Rover que hará algunos estudios en la Luna, de esta manera probaremos el lanzamiento sobre un cohete SLS, la trayectoria, la inserción de la órbita Lunar en el aterrizaje y la entrega, usando la grúa para liberar el Moon Rover. El sitio de aterrizaje está a 11 grados al norte, 67 grados al oeste, en la región Oceanus Procellarum, este sitio fue elegido por los geólogos. Esta Misión despegará el 17 de febrero de 2027, para un aterrizaje Lunar el 22 de febrero".

"El vehículo que ven aquí es el del MR-01-L; el otro no tiene una sección de carga operacional".

"Entregaremos el cohete a KSC, el próximo mes de mayo, así que los preparativos comenzarán a integrarlo con el SLS; un contenedor especial ha sido hecho para protegerlo durante el despegue".

"Esperamos el éxito de estas Misiones, porque es el mismo concepto que utilizaremos para enviar por adelantado los módulos y el equipo que los Marsnauts necesitarán para su Misión, y también será el comienzo del ensamblaje y la instalación del Terra1 en Marte".

...

"Nuestra misión ha llegado a su fin", dijo el comandante Cooper a su tripulación y la tripulación de la Expedición 67 a bordo de la ISS.

"Hemos completado una Misión virtual a Marte que comenzó en abril de 2024, hace casi dos años, completamos con éxito la simulación de actividad de la superficie de Marte a bordo del módulo Schiaparelli, y practicamos las comunicaciones entre Marte y la Tierra para mejorarlas debido al hecho de que tendremos aproximadamente de trece minutos a veinticuatro minutos de retraso en cada sentido dependiendo de la distancia entre la Tierra, Marte y nuestro vehículo".

"Quiero felicitar a la tripulación del Terra 1 formado por Nancy Jones, Yelena Pavlova, Kiochi Kanko, Robert Thornton y Li Yang Tzu por su compromiso en esta simulación, y a la Tripulación del ISS por su colaboración y apoyo, están representados aquí por la Tripulación de la Expedición 67 Yuri Popov, Pierre Baudry y Wernher Braun. "

"En pocos días volveremos a la Tierra, algunos a bordo del BE6 y otros a bordo del Orbiter Magallanes, ahora estamos practicando los procedimientos de aterrizaje. En junio, la Tripulación del Terra 2 vendrá a tener su simulación, los ayudaremos desde la Tierra".

La transmisión de la ISS terminó.

En la Tierra, los Astronautas David Thompson, Nicole Sorensen, Lalita Kaur que llegarán a la ISS en el vehículo BE7; Darya Popova, William McKensey y Pedro Castillejo Romero utilizarán el Orbiter Cook para llegar a la ISS, estaban en sus fases finales de su entrenamiento antes de ir a la ISS para una Misión de simulación de junio de 2026 hasta agosto de 2028.

La escotilla se cerró en el ISS y el BE6, los Marsnauts Leonard Cooper, Kiochi Kanko y Li Yang Tzu estaban listos para su regreso a la Tierra, en aproximadamente una hora se desacoplarán de la ISS, y una hora más tarde amarizarán en el Océano Pacífico donde el Astro-carrier los estará esperando. Dos días más tarde, el Orbiter Magallanes partirá y su Misión finalizará con un aterrizaje en la pista del Centro Espacial Kourou si las condiciones climatológicas lo permiten.

Después de su regreso, los seis Marsnauts fueron llevados a las instalaciones médicas, donde se les aplicaron un conjunto completo de exámenes físicos, psicológicos, y análisis. Especialistas en salud de todo el mundo evaluarán el impacto de casi dos años en el espacio en todos sus sistemas corporales y su comportamiento y su interrelación durante la Misión; se consideran dos entornos diferentes, el entorno de microgravedad o 0g y la gravedad Marciana para los miembros que estuvieron en el módulo Schiaparelli.

Estos estudios les darán a los científicos la oportunidad de diseñar el mejor programa de entrenamiento físico para la tripulación, la dieta que deben seguir para mantener su cuerpo y energía en forma óptima, el programa para mantener sus mentes enfocadas y con diferentes actividades para evitar la depresión y una sensación de la soledad en el espacio.

Muchas cosas ya han sido propuestas por el grupo científico que se reunió en Oxford, pero estas propuestas deberán validarse con la experiencia real.

La Tripulación del Schiaparelli 3 incluirá en su programa algunas de las recomendaciones de Oxford, y será seguido por científicos.

Un programa completo debe estar listo para el año 2029.

Aproximadamente un mes después del regreso de la tripulación, y un mes antes del lanzamiento de la Tripulación del Schiaparelli, los doce Marsnauts se reunieron en el auditorio en la sede de la WSEO en Berna. El Dr. Cook y todos los jefes de las Agencias Espaciales estaban allí. Representantes de Universidades, Industrias, Institutos de Investigación y la Prensa fueron invitados a la conferencia que la tripulación brindará.

"Buenos días" El Dr. Cook dijo "bienvenidos a la sede de WSEO, como ustedes saben la Tripulación del Terra1 completó su Misión de casi dos años en el espacio como una simulación de su Misión a Marte que comenzará en 2031, dentro de cinco años. Como lo escucharán de ellos, esta experiencia nos ha dado a todos una idea de lo que será este viaje, lo que será estar lejos de casa y de otros seres humanos durante dos años o más. Deben aprender a trabajar como una familia y proteger a cada miembro de ella".

"Por su experiencia fueron enviados a la ISS, dos de ellos actuaron como si estuvieran en el vehículo Orion / Habitat, los otros cuatro ingresaron al simulador Schiaparelli para la exploración de la Superficie de Marte. Tienen los simuladores de realidad virtual más nuevos y los usaron. Incluso se comunicaron con la Tierra considerando que el retraso de la señal varía de unos minutos a veinticuatro minutos en cada sentido, por eso deben tener todas las herramientas necesarias para resolver todas las situaciones de su viaje incluyendo aterrizar y despegar de Marte. Esta es su historia".

Extendió su brazo derecho apuntando hacia ellos, otorgándoles la palabra. Se pusieron de pie y todo el auditorio les dio una gran ovación.

El Comandante Cooper comenzó: "Gracias por esta cálida bienvenida, ha sido un privilegio y un honor para nosotros participar en esta Misión de preparación para la Misión a Marte, y ser la tripulación primaria para la primera Misión tripulada de Exploración de Marte".

"Permítanme comenzar con explicarles el objetivo de esta simulación y cómo funcionó. El objetivo era comprender la adaptación del cuerpo humano y el comportamiento bajo estas condiciones extremas, esto es Robert y Li pasaron todo el tiempo en un entorno de cero g, esto significa que tienen un tipo específico de ejercicios físicos para mantener su cuerpo en buen estado, también por siete meses fueron los únicos dos humanos en esa parte de la estación, la tripulación de la ISS no mantuvieron contacto con ellos, a menos que una tarea crítica fuera necesaria, durante ese tiempo monitorearon nuestras actividades y fueron nuestro Centro de Control de la Misión . Cuando necesitaban algo de la Tierra, aunque todos estábamos en el ISS, la señal se retrasó de acuerdo con la trayectoria simulada que estábamos siguiendo, estas señales demoradas eran en los dos sentidos, y algunas veces se necesitaba más tiempo cuando el vehículo no tenía vista directa a la Tierra. Hicieron un trabajo excepcional".

"Antes del aterrizaje simulado practicamos aterrizajes con el VRMS, este es el simulador de realidad virtual de Marte, que se cargó desde la Tierra, por lo que podemos probar diferentes perfiles y fallas para practicar secuencias de aborto. Llegó el día en que entramos en el Schiaparelli, es un módulo grande con una estructura rotativa para simular la gravedad de Marte, que es el 38% en relación con la de Tierra; esto significa que, si alguien pesa ciento cincuenta libras en la Tierra, en Marte su peso será de cincuenta y siete libras. Bastante bueno para nosotros que estamos un poco pasados de pesado "La audiencia se rio.

"Pero, esto también significa que nuestro cuerpo tendrá que adaptarse a este entorno, el corazón necesitará más esfuerzo para mantener la sangre circulando, por esta causa nuestro corazón crece, el sistema musculoesquelético necesitará menos esfuerzo para mantener el cuerpo vertical, por lo que perdemos masa muscular y calcio de los huesos. De esta manera, cada sistema tiene un proceso de adaptación. Esta es la razón por la cual los científicos están estudiando estos resultados para ofrecer las mejores rutinas de ejercicio y nutrición".

"Volviendo a la entrada de Schiaparelli, nos preparamos para la operación de desacoplar del Hábitat y el procedimiento de Aterrizaje, verificamos todos los sistemas, en nuestros visores de realidad virtual vimos todos los controles y el exterior, parecía muy real, muy pocos problemas técnicos, incluso los asientos se mueven y vibran de acuerdo con la simulación".

"Desacoplamos y comenzamos la secuencia descendente, la fricción atmosférica, la apertura de los paracaídas, extensión de los motores e inicio de estos, la extensión de los trenes de aterrizaje y aseguramiento, finalmente aterrizaje, apagado del motor, sentimos el movimiento de los trenes de aterrizaje para nivelar el vehículo, esto es para compensar cualquier inclinación que pueda tener. Controlamos todos los parámetros durante el aterrizaje y pusimos el vehículo en configuración de despegue en caso de que necesitáramos despegar de inmediato. Entonces nos preparamos para descender a Marte".

"Uno de los elementos clave del éxito que encontramos es estar siempre enfocados en nuestras tareas y objetivos, y tener tiempo libre para hacer las cosas que normalmente hacemos en la Tierra, por ejemplo, jugar al ajedrez, lo hice con algunos jugadores en la Tierra , y aunque el juego es lento debido a las demoras y la disponibilidad, te mantiene ocupado, además del registro de la Misión, mantuve un diario de la Misión con todas mis observaciones, e incluso lo pasé bien con la realidad virtual, la experiencia cortando el césped, tenía la imagen de mi jardín, puedo decir que no era una cosa totalmente real, pero se acerca a la realidad, y lo importante es que me mantuvo enfocado en algo y me relajé ".

"Ahora, Nancy, Yelena y Kiochi hablarán sobre la exploración, por cierto, Nancy y Yelena son las astronautas con más tiempo en el espacio, ambas han acumulado más de cuatro años".

"Bueno días, gracias por venir, soy Nancy Jones. Soy primer oficial de Mars Explorer 1, me gustaría hablar sobre la experiencia de estar allí, en la simulación. Hemos ido a muchos lugares en la Tierra para entrenar, lugares que están desolados, hemos sido entrenados para reconocer tipos de rocas y tierra, y hemos practicado en la instalación de entrenamiento de Flotabilidad una EVA y en simuladores. Schiaparelli es el siguiente nivel de entrenamiento y estoy segura de que es el más cercano a la Misión real. Después de simular el aterrizaje, la gravedad simulada se activó en el Schiaparelli para comenzar la Exploración, cuando comenzó a girar, sentimos la diferencia de la gravedad contra la microgravedad en la ISS, las paredes del módulo se convirtieron en una pantalla de 360 grados, donde pudimos ver el paisaje Marciano, como estar ahí. Sabíamos que el Schiaparelli estaba girando, pero no teníamos ninguna referencia, así que fue completamente estable para nosotros. Practicamos el despliegue de equipos, la recolección de muestras, virtualmente por supuesto, seguimos el programa diario. No puedo negar que algunos días me sentí frustrada y ansiosa, pero esta sensación estaba controlada. Estando en el MarsLab, cambiamos la simulación y la imagen se modificó, y por supuesto tuvimos algunas consolas para operar. Experimentamos Actividad Solar y una gran tormenta, aprendimos que el Lab y todo el equipo deberían estar asegurados con el sistema de arpón y el Lab protegido con el escudo contra arena antes del comienzo de la tormenta".

"Tenemos que hacer operaciones de limpieza y procesamiento de residuos, y tenemos que cuidar nuestro medio ambiente porque nos mantuvo con vida, era una Misión con muchas actividades que nos mantuvo muy ocupados. Yelena, por favor, adelante".

"Hola, soy Yelena Pavlova, Explorador de superficie 2. Nancy ha hablado sobre la mayoría de nuestras actividades. Una tarea adicional que tenemos es trabajar con el Invernadero, en el simulador tenemos uno pequeño, pero similar al que tendremos en Marte, entonces tenemos que practicar nuestro conocimiento agrícola, cosechar nuestros vegetales y dar mantenimiento al mecanismo y los filtros de agua, el agua es reciclada, incluso la que producen las plantas se recolecta de las paredes del invernadero. Estamos utilizando dos técnicas: hidroponía y tradicional en suelo, ambas funcionaron bien. Todavía tenemos que probar el suelo marciano, aunque tenemos información de que el invernadero en el Multi Lander Rover utilizó Tierra Marciana con un poco de fertilizante y creció una planta, llamada el pequeño marciano verde".

"Tenemos mucha comunicación con nuestros compañeros en la órbita de Marte, en este caso en la ISS, pero está limitada cuando su órbita pasa por encima o cerca de nosotros, esto es algo que debe corregirse de alguna manera".

"Finalmente, déjenme comentarles, esta experiencia es muy real, quiero felicitar a todas las personas que trabajaron para imaginar y crear este simulador. Espero que la próxima vez que presentemos algo aquí sea después de nuestro regreso de Marte. Ahora aquí está Kiochi".

"Hola, soy Kiochi Kanko, soy el Piloto del Mars Lander, mi deber es supervisar el vehículo durante el aterrizaje, mientras estamos en Marte y para el despegue y el acoplamiento con el Hábitat. Debo verificar todos los días que el vehículo se encuentre en óptimas condiciones para operar, para que en caso de emergencia podamos irnos lo suficientemente rápido. Realicé esta actividad con el simulador de Realidad Virtual, ejecuté algunas listas de verificación y probé algunos sistemas. Estoy a cargo de operar el Mars Rover, para esto usamos los goggles de realidad virtual, teníamos que cargar el simulador del Rover y el destino, para poder tener imágenes del paisaje que veremos, en base a la información de los vehículos enviados a Marte desde 1976 con el programa Viking. Es una gran simulación, ya que todos estábamos sentados, los asientos se movieron a medida que avanzamos sobre un terreno rocoso, y a veces cuando se inclinaba sentimos esta inclinación. Aunque el Rover todavía está en desarrollo, el simulador cubre la mayoría de la funcionalidad especificada y los sistemas, como los detectores láser, los brazos robóticos para recoger objetos y muestras, la escotilla para acoplarlo con el Laboratorio. Estoy seguro de que la tripulación de Terra 2 tendrá una versión actualizada de esto".

"Gracias Nancy, Yelena y Kiochi, fue una Misión extraordinaria y lo mejor está por venir. Ahora aquí están Robert y Li, ellos hablarán sobre su experiencia ", dijo el Comandante Cooper.

"Hola, soy Robert Thornton, mi deber es ser el Comandante de la estación Mars Orbit, aunque no es una estación, consideramos que la estructura del Orión y Hábitat es una estación orbital de Marte, porque supervisamos todas las actividades en la superficie y estudiamos el planeta desde órbita, recolectamos información para mapas, medimos la temperatura de la superficie y monitoreamos el planeta con un espectrógrafo para ubicar diferentes elementos, y la posible existencia de agua, o los lugares más probables, aconsejamos a la tripulación de cualquier amenaza de Actividad Solar, o tormentas de polvo que vemos en el planeta. Realizamos experimentos y mantenemos contacto con la Tierra, recibimos actualizaciones de software que quizás tengamos que transmitir a la tripulación. A veces realizamos una Actividad Extravehicular o EVA, para realizar tareas de mantenimiento o para preparar un instrumento que realiza tareas específicas. Observamos las estrellas, Phobos y Deimos, y los planetas como Júpiter, Saturno y, por supuesto, la Tierra, capturaremos las imágenes de los asteroides que analizarán los astrónomos de la Tierra. Tenemos que verificar los sistemas de Orion para asegurarnos de que no haya problemas con ellos. Todas estas actividades se realizaron en la sección de la consola del ISS; estábamos aislados de la tripulación de ISS, Como parte del entrenamiento. Li, te gustaría agregar algo".

"Hola, soy Li Tang Tzu, pero pueden llamarme Li. Ingeniero de la Estación de la Orbita de Marte es mi puesto. La tarea más importante que tenemos es ser el Control de la Misión de la Tripulación en la superficie del planeta, tenemos que ser capaces de resolver cualquier problema que puedan tener, y ser la comunicación entre la Tierra y ellos, considerando el retraso de tiempo y períodos de bloqueo. Como Ingeniero, es mi deber validar todas las versiones de las consolas, que tenemos tanto nosotros como la Tripulación en Marte, y asegurarnos de que las nuevas versiones estén cargadas y funcionando correctamente. Tenemos que mantener los sistemas del Hábitat que reciclan la atmósfera y el agua, y si se presenta la oportunidad, tenemos que maniobrar para acoplar un vehículo enviado con carga, ya que los vehículos recibidos se acoplaron con la ISS. Durante la simulación, realizamos algunas EVA nos desacoplamos y acoplamos con el Mars Lander; simulamos fallas y el regreso a la Tierra. Simulamos la liberación del Habitat y Mars Lander justo antes de la separación del módulo de servicio y la reentrada. Los simuladores de realidad virtual me dieron una sensación real de toda la Misión. Estamos casi listos para ir".

"Gracias Robert y Li. Al final de la Misión de Exploración, simulamos el despegue, por supuesto, tenemos que continuar el entrenamiento sobre esto, usando las simulaciones que se nos envían a través de Orion / Habitat. Nos sentamos en nuestros asientos y cargamos el programa de simulación del despegue, con nuestros goggles puestos. Como en la Tierra, tenemos que considerar una ventana de despegue para encontrarnos con los vehículos en órbita, dependiendo de la energía que obtenemos, podemos alcanzarlos en pocas horas o podemos tener que usar la técnica de persecución. En nuestra simulación perdimos algo de energía durante el despegue, y pasamos un par de días en la órbita de Marte hasta que nos encontramos y acoplamos con el Hábitat ", agregó el Comandante Cooper.

"Gracias a todos por esta gran exposición de su experiencia", dijo el Dr. Cook. "Antes de pasar a las preguntas, presentaré a la Tripulación Terra-2, es la tripulación de respaldo de Terra-1 y la Tripulación Primaria para Terra-2, comenzarán su entrenamiento orbital el próximo mes y son David Thompson, Comandante; Nicole Sorensen, Surface Explorer 1; Lalita Kaur, Surface Explorer 2; William C. Mckensey, Piloto del Mars Lander; Pedro Castillejo Romero, Comandante de la Estación Orbital de Marte, acaba de regresar de la Misión de la Orbita de la Luna en el Orion y Darya Popova, Ingeniero de la Estación de la Orbita de Marte ".

La Tripulación se levantó y todos en el auditorio se levantaron y aplaudieron.

"OK, ahora estamos listos para responder algunas preguntas".

"Soy Nikolai Riskov del Boletín de Noticias de Star City, mi pregunta es esta. ¿Cómo se sienten al cambiar la gravedad de cero G a gravedad marciana y viceversa?

"Hola, puedo responder esa pregunta", dijo Yelena. "Cuando llegamos a la ISS después de dejar la Tierra, sentí una sensación de libertad total, no apegada a la fuerza gravitacional, pero a veces al principio me sentía mareada, esto fue superado unos días después. Cuando nos movimos de los entornos de microgravedad y "aterrizamos virtualmente" en Marte, comenzó la gravedad artificial, después de casi siete meses, mis movimientos fueron un poco torpes, pero después de un tiempo nos acostumbramos, el cambio no fue tan crítico como regresar a la Tierra. Cuando salimos del Schiaparelli a la ISS, la sensación era casi la misma que la de la Tierra, aunque la Gravedad de Marte es aproximadamente 1/3 de la gravedad de la Tierra. Para mí, el momento más difícil fue regresar a la Tierra después de tanto tiempo, sentí un gran peso sobre mí y que mis movimientos eran completamente torpes, no podía levantarme y tenía dolor de cabeza, era un momento incómodo, duró algunas horas, y pocos días después todo se volvió normal ".

"Soy Nicholas James del Reino Unido del Space Bulletin. ¿Cuál consideran que fue el momento más difícil y peligroso de la Misión para ustedes?

"Ir al espacio es definitivamente una aventura de alto riesgo". El Comandante Cooper respondió: "Ingenieros y científicos trabajaron duro para tener una solución para cada situación de la Misión, tenemos procedimientos de aborto en diferentes momentos, tenemos un plan para regresar a la Tierra si no pudiéramos aterrizar en Marte. La seguridad es lo primero, nadie tomará un riesgo innecesario, pero sabemos que puede haber situaciones que pueden suceder y pueden ser difíciles de superar, es por eso que estamos capacitados, para encontrar una solución a estas situaciones, especialmente si los especialistas están a treinta minutos para darnos una respuesta. Tenemos que estar preparados en todo momento, sabemos que la Misión depende de nosotros, y sabemos que nuestros vehículos han sido diseñados y construidos por las mejores personas de la Tierra".

"Pierre Lamatre de Des Sciences et de Génie Aérospatial, esta experiencia ha sido impresionante; ¿tienen alguna recomendación para la Tripulación de Terra 2?".

"Hemos comunicado a la Administración de la Misión todas nuestras recomendaciones" Respondió el Comandante Cooper "como tripulación y como equipo, les recomendamos que sigan todos los procedimientos y especialmente el programa de ejercicio físico, y mantengan su mente enfocada en el objetivo de la Misión, pero tomen el tiempo para relajarse y meditar. Darle tiempo a la religión esto es muy importante también, todos en nuestra tripulación asistieron a ceremonias virtuales como la misa dominical, Sabbath, Navidad, Hanukkah, ceremonias de mezquita, ceremonias budistas, estos momentos nos dieron un sentido de vida y un sentido de esperanza. También es importante la comunicación con la familia, recibimos mensajes de video casi todas las semanas y correos electrónicos a diario, por supuesto con el retraso de tiempo".

"Helmut Kenso de Science Today, ¿tienen algún pensamiento para compartir con la generación Joven?".

"Me alegro de que hayas mencionado esto, por supuesto, todos tenemos un mensaje para los jóvenes, ante todo lucha por tus sueños, trabaja en equipo y nunca dejes de aprender e investigar, pero el mensaje más importante es cuida bien el Planeta Tierra, este es nuestro hogar, y es perfecto, tenemos una protección contra la radiación, tenemos un gran sistema para reciclar el aire que respiramos, tenemos un ciclo de agua, tenemos todo tipo de alimentos, tenemos un clima agradable, y temporadas para renovar los procesos. Tenemos que dejar de contaminar el aire, los océanos, los ríos, la tierra, tenemos que detener la deforestación y el derretimiento de los casquetes polares, tenemos que dejar de dañar la atmósfera; te guste o no, este es nuestro único lugar en el universo donde podemos vivir, al menos por ahora. Vean todo lo que necesitamos para enviar a seis personas a otro planeta, mucha ciencia para duplicar los procesos naturales; estamos muy contentos de que una pequeña planta esté creciendo en el Invernadero de un Mars Rover. Entonces pueden preguntar, si tenemos todo aquí, ¿por qué ir a Marte? La respuesta es explorar y aprender, y tal vez expandir nuestra civilización; primero la Luna, ahora Marte, en un futuro cercano, quizás Europa, Callisto, Titán y hacia los Exoplanetas. "Respondió el Comandante Cooper.

"John Sullivan de Our Universe, esta es una pregunta para el Dr. Cook. ¿Quién será la primera persona en pisar Marte?

"Mi querido John, esa es una pregunta capciosa" el Dr. Cook respondió y todos se rieron, "Esto es algo que no se ha decidido, no queremos que esto sea un problema de competencia, queremos transmitir la idea de que el primero para entrar en Marte es un habitante de la Tierra, un Explorador Espacial, todos ellos son embajadores de la Tierra, por lo que para responder a su pregunta son todos " el Dr. Cook Respondió.

"Esperamos que sigan el entrenamiento de la tripulación del Terra 2 en la Orbita de la Tierra y las actividades de la Tripulación del Terra 1. Antes de irse, solo un par de notas. El primer lanzamiento de un Mars Rocket sobre un cohete SLS tendrá lugar el próximo mes de agosto. El aterrizaje del Mars Rocket en la Luna para entregar el Lunar Explorer Rover el próximo mes de marzo, también el próximo año comenzará la Misión de Retorno de Muestras de Marte".

"Gracias por su asistencia y participación en este evento" dijo el Dr. Cook al terminar la conferencia.

···

El Agente Wilson en la sede central de la Interpol en Londres, estaba revisando los archivos de las últimas amenazas y ataques terroristas. Tenía los casos de Yoshito Kato e Iván Ivanovich, ambos casos cerrados, pero para él todavía faltaba una pieza, un líder, él estaba seguro de que ambos casos estaban relacionados, pero él no había encontrado la relación, aunque Iván mencionó que la persona con la que habló era un activista, un defensor del Planeta. Estudió muchas otras Amenazas Terroristas, ataques y ataques frustrados y ninguno tenía el nivel de complejidad de estos dos casos.

···

En junio de 2026, la Tripulación de Terra 2 llegó a la ISS. Llegaron en dos vehículos LEO diferentes y fueron reunidos por la Tripulación de la Expedición 67 formada por los Astronautas Yuri Popov, Pierre Baudry y Wernher Braun. Apenas llegaron reconfiguraron las consolas y prepararon el Schiaparelli para el entrenamiento y la experiencia de Marte. La Tripulación de Terra 2 iba a estar en el Espacio hasta el mes de agosto de 2028, y los miembros de la Tripulación del Schiaparelli estarían allí desde el mes de febrero de 2027 al mes de febrero de 2028, tres meses más que el Schiaparelli 2. Cuando salgan, la Tripulación de ISS será la Expedición 70.

Mientras tanto, en la sede de WSEO en Berna, se estaba llevando a cabo una reunión con todos los jefes de los Programas Espaciales.

"He llamado a esta reunión para abordar un tema muy importante", dijo el Dr. Cook, "Comunicaciones de los Marsnauts, no con la Tierra, sino entre el Mars Lander y el vehículo en órbita; en la actualidad tenemos un porcentaje muy bajo de cobertura, solo cuando el Orion esté pasando por la estación Terra, necesitamos más, tenemos que estar seguros de que pueden transmitir cualquier situación de emergencia, y que pueden ser monitoreados todo el tiempo. Necesitamos al menos dos satélites geoestacionarios en la órbita de Marte, uno en el hemisferio oriental y otro en el hemisferio occidental, de esta forma podríamos tener casi el 100% de las comunicaciones con la tripulación en la superficie de Marte. Así que mi solicitud aquí es considerar un proyecto para enviar al menos dos satélites de comunicaciones, como el TDRS a Marte, ponerlo en una órbita estacionaria marciana y probarlos antes de la Misión. Sé que tienen que revisar sus programas y presupuestos locales. Recuerden que tenemos aquí un presupuesto que podría usarse para eso, después de todo, esta es una necesidad de alta prioridad para garantizar la seguridad de la tripulación; ¿alguna propuesta? "

"Hemos tenido alguna de experiencia con el lanzamiento de dos satélites, creo que esta sería una buena opción", dijo Renjith Singh de la Agencia Espacial de la India. "Tendremos que seleccionar un cohete que pueda colocar ambas unidades en la órbita de Marte y ajustar sus órbitas. Podríamos usar cualquier satélite de comunicación; cuanto más simple, mejor, ya que en este punto solo lo necesitaremos para aumentar las capacidades de comunicación entre el Lander y la tripulación en órbita".

"El único riesgo es que si el cohete falla perderemos ambos satélites", comentó Takuma Nagaoka de JAXA. "Podríamos considerar enviar estos satélites de comunicación con sus motores de maniobra con cohetes específicos, uno cada vez, o uno tras otro. En este caso, si perdemos un vehículo, todavía tendremos un satélite operativo".

"Podemos usar un vehículo Ariane VI que está listo, sería útil poner en órbita geosincrónica un satélite de una nación del Continente Americano, pero fue cancelado, ya saben problemas del Gobierno", agregó Pierre Dordain de la Agencia Espacial Francesa.

"Hemos estado probando satélites de retransmisión muy compactos que estoy segura podrían cubrir nuestras necesidades inmediatas, estos satélites son muy pequeños y estoy segura de que podemos usarlos, tienen una unidad de maniobra para colocarlos en la órbita correcta, aunque son experimentales, los hemos estado probando ", agregó Heather Cavendish de la Agencia Espacial del Reino Unido.

"Tenemos muchas ideas, los necesito a todos para revisar esto en su Agencia Espacial, necesito saber lo que está disponible ahora, buscaremos un despegue de estos satélites en 2028, para que puedan ser posicionados y probados, Estoy nombrando coordinador de esta actividad a Pierre Dordain "el Dr. Cook dijo. "Este será nuestro tema principal para la próxima reunión de revisión del mes que será organizada por ISRO en Bangaluru, ¿no es Renjith? El Dr. Cook dijo.

"Sí, Dr. Cook, pero el lugar de reunión se trasladará al Centro Espacial Satish Dhawan en Sriharikota, para que podamos visitar las instalaciones donde el cohete GSLV MkIII está preparado para el despegue", dijo Renjith.

"Excelente. Gracias a todos por venir "la reunión terminó y todos salieron de la Sede.

...

El cohete SLS que llevará al espacio el MR-TS, se colocó en la Plataforma de Lanzamiento 39 A. esta vez tiene las dos etapas y los propulsores, por primera vez la carga se instalará en la Plataforma, debido al hecho de que la altura excedió el máximo permitido para ser trasladado a la Plataforma.

Una estructura gigante, a un lado de la Plataforma se usará para instalarla y asegurarla en el soporte de carga entre etapas, en la parte superior de la segunda etapa. En esta ocasión lo que llevará es el Mars Rocket, es el vehículo de prueba, en su contenedor. Esta es la primera vez que se lanza un cohete desde otro cohete, aunque cada vez que se envía un satélite tiene su propio mecanismo de propulsión.

Hace unos días, el SLS dejó el VAB en su plataforma móvil de lanzamiento y ambos en la parte superior del tractor, como se hace en cada Misión. El SLS llegó al Plataforma donde los ingenieros comenzaron las actividades de preparación. Pocos días después, otro tractor salió esta vez con el cohete de Marte dentro del contenedor, este tractor posicionó la plataforma y el vehículo en la base de la grúa, la base de la grúa se movió noventa grados para colocarse frente al Cohete del SLS.

Esta plataforma tiene una perforación en el centro, llamada punto de ensamblaje entre etapas, donde la base del contenedor es soportada por cerraduras de seguridad. La plataforma con el contenedor y el cohete dentro de ella se mueven muy lentamente hasta que alcanza la parte superior de la segunda etapa del SLS. Una vez allí, la plataforma se desplaza hacia adelante hasta que el punto de ensamblaje coincida con la parte superior de la segunda etapa del SLS. Una vez Alineadas, ambas partes, las cerraduras de seguridad en la base de la plataforma se abren, el contenedor se mueve lentamente hacia abajo con la grúa que lo sostiene en la parte superior; este movimiento es de tres pies, que es el espesor de la plataforma hasta que entra en contacto con el SLS. Una vez que se confirma que el contenedor está posicionado en la posición exacta, uno por uno, los cerrojos de la sección entre etapas serán cerrados y asegurados. El equipo de operaciones de SLS se asegurará de que todos estos indicadores de los cerrojos se vuelvan rojos en la consola, indicando que el circuito está cerrado, y esto solo ocurre cuando están cerrados y asegurados.

Esta operación lleva unos cinco días en la plataforma, por lo que debe realizarse cuando las condiciones atmosféricas sean favorables, para evitar el impacto de los rayos.

En este punto, ni el SLS ni el Mars Rocket tienen combustible en sus tanques internos, esta es otra operación complicada.

El contenedor en el SLS tiene un panel que se puede quitar para que el grupo de mantenimiento pueda entrar y realizar algunas verificaciones antes de que comience la cuenta regresiva, deben asegurarse de que el vehículo esté en condiciones óptimas para el vuelo, deben seguir todo el protocolo para las actividades previas al lanzamiento.

Además de este panel, hay una unidad de conectividad externa que tiene las mangueras necesarias para cargar el combustible y las líneas de energía que mantendrán al vehículo energizado durante la cuenta regresiva, antes de transferir el control al Mars Rocket, estas líneas también conectan las computadoras a una fuente externa, por lo que el software se puede actualizar. Estas computadoras ejecutarán todos los comandos para la Misión.

La cuenta regresiva se llevará a cabo como siempre por el grupo de Control de Lanzamiento SLS, y esta vez será un grupo adicional que se llamará Grupo de Carga. Este grupo llevará a cabo su propia cuenta regresiva hasta el momento de la encuesta que el director de lanzamiento realice. En este punto, tendrán que decidir si continuarán o no.

Durante el último periodo de pausa en la cuenta regresiva, todas las líneas deben estar desconectadas del Mars Rocket, estas son las mangueras de combustible. Los sensores internos validarán la existencia de gases en el contenedor, obviamente hay unidades de ventilación para extraer toda la posible existencia de gas. Hay sensores para detectar posibles fugas de combustible.

La presión de los tanques en el Mars Rocket se mantendrá a la presión de vuelo durante los últimos minutos de la cuenta regresiva del SLS.

La energía durante el despegue será proporcionada por la Segunda etapa del SLS al Mars Rocket, justo antes de la separación con el contenedor, el Mars Rocket comenzará a usar su propia energía.

Esta es una prueba crucial para el proyecto de Marte, si esto falla, todo el proyecto de Marte podría sufrir un revés porque deberá definirse otra forma de enviar los componentes de la estación de la superficie de Marte denominada Terra. Todos los modelos de ingeniería indican que este esquema operacional es seguro, en pocas semanas debe ser probado.

El contenedor y su carga se apilaron con éxito encima del SLS, los ingenieros inspeccionaron el Mars Rocket dentro del contenedor, tienen un elevador portátil para permitirles inspeccionar desde los motores hasta la punta del cohete, moviéndolo a los diferentes niveles.

Dentro del contenedor, cuatro secciones horizontales, o niveles, sostienen al cohete en su posición durante el lanzamiento del SLS, estas son como plataformas que rodean el vehículo, en la Tierra estas son plataformas de ingeniería para alcanzar todos los niveles del cohete; en su base está asegurado por cerrojos a la base del contenedor de carga, al igual que un cohete está asegurado en la plataforma de lanzamiento. Este contenedor podría ser considerado el hangar y la plataforma de lanzamiento para este cohete.

La Cuenta regresiva para el SLS comenzó como estaba programado, si todo sale bien en cuatro días, este cohete se lanzará para llevar el Vehículo de prueba Mars Rocket a la Orbita. Su Misión, alcanzar la órbita y ser enviado a la Luna impulsado por la segunda etapa del SLS; después para entrar a un patrón orbital alrededor de la Luna. Dependiendo de las circunstancias, se tomará una decisión de intentar aterrizar en la Luna con todas las secuencias preprogramadas; de lo contrario, el Control de la Misión MR podría decidir estrellarlo en la Luna o enviarlo de regreso a la Tierra para un reingreso controlado donde será destruido, esta decisión se tomará más adelante de acuerdo con el combustible disponible.

La fecha de lanzamiento fue establecida para el jueves 18 de agosto, para una Inserción de la órbita lunar el domingo 21 de agosto de 2026.

Los ingenieros dentro del Contenedor estaban realizando las verificaciones finales del Mars Rocket, aunque todos los sistemas fueron monitoreados desde el Control de Despegue y el Control de la Misión en las instalaciones de Space Services Inc. en Titusville, Florida.

El Equipo de Ingeniería del MR debería abandonar el área a las T-11 horas; en este punto, el soporte del contenedor se abrirá en dos secciones, como una tijera. Una vez que se abren y aseguran, la estructura de la grúa se moverá hacia atrás, dejando el SLS completamente visible en ese lado, la estructura permanecerá a una distancia segura durante el despegue. A partir de ese punto, solo se permite a la Tripulación del SLS en la Plataforma.

No se identificaron problemas a considerar sobre el Mars Rocket TS, todo parecía estar bien para el lanzamiento del jueves temprano.

"Son las 5:20 AM, el jueves 18 de agosto de 2026", dijo el comentarista en el sistema de transmisión pública en KSC. "La Cuenta regresiva avanza sin ningún problema; el clima no es una preocupación para el Lanzamiento de hoy".

"Voy a hacer la encuesta final, por favor respondan GO o No GO", dijo el Director de Lanzamiento, y comenzó a llamar a todos los sistemas "de Carga", preguntó el.

Se escuchó una voz en el sistema, era el Director de Lanzamiento de MarsRocket. "No tenemos problemas, Mars Rocket TS está listo para su Misión".

"Gracias, el Director de Lanzamiento del SLS respondió y añadió:" Autorizados para el lanzamiento; reanuden la cuenta regresiva en dos minutos, no esperamos ninguna pausa adicional".

La tensión se sintió en el Control de Despegue; eran las 6:25 a.m., a solo tres minutos de iniciar los motores principales del SLS. Las mangueras que se utilizaron para cargar el combustible a la MR se desconectaron del exterior del contenedor, unos segundos más tarde desde el interior. Los sensores detectaron la concentración de gas en el contenedor, pero estaba dentro de los límites, las unidades de ventilación lo expulsarán hacia el exterior. A un minuto antes del lanzamiento, la lectura de la concentración de gas fue cero como se esperaba. A 45 segundos antes del lanzamiento, las computadoras MR validaron todos los parámetros del cohete, si se detectara algo fuera del umbral esperado, una señal que indicaría que la cuenta regresiva del SLS debía ser suspendida y, por lo tanto, se cancelará el lanzamiento. Afortunadamente, esto no sucedió hoy, el reloj continuó y el Despegue tuvo lugar justo a tiempo.

Los Cohetes de Combustible sólido se separaron dos minutos después y se recuperaron en el Atlántico. Los motores de la Primera Etapa del cohete Gigante SLS continuaron encendidos durante otros siete minutos. Los motores terminaron su trabajo, y la primera etapa se separó de la segunda etapa. Comenzó a regresar a la atmósfera de la Tierra donde iba a ser destruida por la fricción, mientras que la segunda etapa y el contenedor continuaron su viaje. El anillo entre las etapas primera y segunda fue separado.

La Segunda Etapa y el Contenedor con su carga han llegado a la Orbita, el Control de la Misión MR estuvo monitoreando el Mars Rocket durante el Lanzamiento, no se recibieron alarmas, eso fue un indicador de que todos los sistemas estaban operando bien, aunque tendrán que esperar para realizar un diagnóstico de todos los sistemas antes del inicio de los motores. Mas adelante, se realizará una cuenta regresiva simplificada para el de lanzamiento del Mars Rocket, esta será en el espacio entre la Tierra y la Luna.

La segunda etapa de SLS se inició en el instante calculado, comenzando el TLI para dejar la atracción gravitacional de la Tierra. El motor se disparará por 5 minutos, después de ese tiempo se apagará, en este momento comenzará la preparación para la liberación del Mars Rocket.

Todo el sistema fue revisado, el Mars Rocket estaba listo para ser lanzado. El Director de la Misión del Mars Rocket TS1, después de una encuesta con los ingenieros en jefe, revisó los resultados y dijo "MR TS está listo para su liberación".

El equipo comenzó a ejecutar la secuencia de liberación.

"Se han liberado los pernos de bloqueo de las plataformas de servicio interno", dijo un Controlador de la Misión.

En la pantalla había un diagrama del Mars Rocket dentro del contenedor. Los pernos mencionados aquí, se ubicaron en el punto medio de cada circunferencia, coincidiendo con la parte media del contenedor. Estas circunferencias fueron las plataformas de servicio, actuaron como soporte para el cohete durante el lanzamiento y como plataformas de servicio para el grupo de soporte en la Plataforma de Despegue. Había cuatro plataformas de servicio para llegar a cada una de las secciones del Mars Rocket.

El contenedor está dividido en dos secciones, se abrirán a cada lado, moviéndose hacia abajo 100 grados cada una, al igual que las conchas de una almeja, y unida en su borde inferior a la base del contenedor.

"Se liberan los cerrojos de seguridad del contenedor" dijo el controlador.

El Diagrama en la pantalla mostraba la posición de los pernos en las plataformas internas y en el interior de la cubierta del contenedor, todos estaban en verde, indicando que estaban desbloqueados.

"MR asegurado por los pernos de seguridad inferiores".

"Usaremos la técnica OBO comenzando en R", dijo el Administrador de la Misión.

"Empiecen a abrir el panel derecho del contenedor".

Tienen la opción de abrir ambos paneles al mismo tiempo, o uno cada vez, decidieron Autorizar uno por uno o la técnica OBO como lo llamaron.

La pantalla mostraba el diagrama de la apertura del panel, el panel mostraba en su parte interna el medio círculo de las plataformas de servicio.

Una pantalla mostraba una imagen de la cámara interna, ubicada en la base del contenedor, cuando la luz del panel abierto entraba en el contenedor y se podía ver la silueta del Mars Rocket. El panel se abrió completamente.

"Proceda a abrir L", dijo el Director de Vuelo.

El panel izquierdo comenzó a moverse mientras se abría, el MR podía ser enfocado completamente por las cámaras ubicadas en la base del contenedor.

"Ok equipo, tenemos que ejecutar un conjunto final de pruebas antes de liberar el cohete", comentó el Director de Vuelo. Todos los administradores de la consola comenzaron a ejecutar los diagnósticos y cargar las actualizaciones que necesitan hacer.

"La secuencia de separación será así" El comentarista del Control de la Misión dijo "Los pernos de la base se desbloquearán y abrirán, el resorte de la base empujará el cohete lejos de la segunda etapa, un minuto después el MR disparará sus cohetes auxiliares para ganar distancia de la segunda etapa, a una distancia de novecientos pies, se dispararán los motores principales del Mars Rocket para aumentar la distancia y la trayectoria. La segunda etapa de SLS se dirigirá a estrellarse en la Luna".

"Todos los sistemas de MR están operando correctamente, se autoriza para proceder a la liberación", dijo el Director de Vuelo mientras miraba su consola.

"Prepárense para liberar en dos minutos".

El esquema en la pantalla cambió, ahora se mostraba la base del contenedor con el Mars Rocket, en la otra pantalla había una transmisión en vivo desde las cámaras de la base.

"El sistema de resorte activado".

"Pernos de base desbloqueados".

"Pernos desbloqueados confirmados. Los Pernos se abrieron "unos segundos después". El cohete MR es libre para iniciar su Misión".

"Sistema de resorte activado".

En las cámaras se puede ver que el cohete MR comenzó a separarse de la base del contenedor.

"Diez pies", "20 pies", sesenta pies, motores auxiliares encendidos, velocidad de MR aumentando. Doscientos pies".

Las cámaras mostraron que el cohete ganaba distancia.

"Novecientos pies, los motores principales MR se dispararon".

La Imagen en la pantalla mostraba una luz brillante durante un par de minutos, luego desaparecía y se podía ver un pequeño punto muy lejos "encendido inicial completado, MR en su camino a la Luna. Distancia a la segunda etapa mil ochocientos sesenta y cuatro pies".

La pantalla mostraba la telemetría del cohete, incluyendo velocidad y distancia desde la Tierra, distancia a la Luna y un esquema de la Tierra y la Luna que mostraba la ubicación de la segunda etapa del SLS y el cohete MR ".

"Felicidades a todos en esta fase, estamos en camino a la Luna, en sesenta y cuatro horas el MR entrará en la órbita Lunar". Todas las personas en la Sala de Control aplaudieron.

Controlarán el cohete y subirán los datos necesarios para la inserción orbital.

El domingo 21 de agosto, el MR-TS1 pasó a 120 millas de la superficie de la Luna cuando estaba en el lado oculto de la Luna, el cohete encendió su motor para reducir su velocidad y ser capturado por la órbita de la Luna.

Los controladores de la Misión estaban esperando la señal del vehículo cuando saliera de la parte posterior de la Luna. Todos los ojos estaban puestos en la imagen que mostraba la telemetría. De repente allí estaba, el MR TS1 estaba en la Órbita de la Luna. Todos los ingenieros estaban celebrando.

El MR regresó a su posición de vuelo haciendo un giro de 180 grados, por lo que la punta del cohete apunta a la dirección de viaje. Después de que llegó a la Luna y estaba detrás de ella, el MR realizó una maniobra de 180 grados para que los motores principales apuntaran a la dirección de viaje para poder desacelerar el vehículo y disminuir su órbita.

El MR-TS1 estaba en órbita Lunar, el único equipo que llevaba era un conjunto de cámaras para fotografiar la superficie de la Luna; estaban ubicados en la sección superior del cohete y una cámara en cada uno de los estabilizadores de aterrizaje, por lo que en caso de que decidieran continuar con el aterrizaje en la Luna, las imágenes podrían transmitirse a medida que el cohete descendiera sobre la superficie.

Los ingenieros necesitaban analizar todos los datos del cohete para recomendar a los Administradores de la Misión la conclusión de esta que podría ser un choque en la Luna, intentar un aterrizaje o un regreso a la Tierra para una entrada y destrucción ardiente.

El martes 23 de agosto de 2026, el Director de Vuelo se reunió con los Administradores de Misión, la decisión fue intentar un aterrizaje; el lugar de aterrizaje seleccionado estaba en Mare Imbrium, en Sinus Iridum, 44.1 N, 31.5 W.

El equipo de vuelo comenzó a hacer todos los cálculos para llegar al punto de aterrizaje deseado. Deben calcular las correcciones orbitales, esto significa el consumo de combustible, el combustible necesario para un aterrizaje suave y tienen que probar las plataformas de aterrizaje que aún no se habían extendido.

Ejecutaron muchos modelos diferentes en la computadora para obtener el resultado más eficiente.

Se necesitarán cuatro pequeños encendidos para modificar la órbita real, esto colocará el MR-TS1 en su punto orbital inferior sobre el objetivo de aterrizaje. Justo antes de llegar a este punto, los motores principales se encendieron para reducir la velocidad y comenzar la maniobra de descenso, para ello el cohete se colocará al revés. Justo después de que comience la pérdida de altitud, será reposicionado y se encenderán los motores principales para reducir la velocidad y poder aterrizar de forma segura. Los motores se detendrán cuando el tren de aterrizaje haga contacto con   la superficie y estén aseguradas. Según los cálculos, este modelo consumirá el 67% del combustible disponible, lo cual está bien para esta Misión.

Antes de esta operación, el tren de aterrizaje debe ser probado, debe extenderse y bloquearse.

El equipo de ingeniería presentó esta opción al equipo de Administración. Esta maniobra demorará alrededor de dos días en completarse debido a los cambios orbitales, esto significa que el aterrizaje podría tener lugar el 24 de agosto.

Mientras tanto, las cámaras MR han transmitido imágenes espectaculares de la superficie y algunos videos, debido al hecho de que el sitio de aterrizaje del Apolo XV estaba en la trayectoria orbital, se pudieron capturar imágenes detalladas, mostrando el Moon Rover, también fue posible de identificar las áreas de aterrizaje de la Luna 17 y Chang'e 3.

 "El Tren de aterrizaje extendido y bloqueado del MR TS, las seis plataformas de aterrizaje están en posición", informó el ingeniero de la Consola principal.

Después de esa prueba, el MR iniciará el ajuste orbital, la secuencia de comandos ha sido cargada a las computadoras de a bordo y se ha enviado el comando Proceder.

El primer encendido del motor se ejecutó cambiando la órbita, fue exitoso. La pantalla mostraba el modelo y el seguimiento con los datos de telemetría, ambos eran exactamente los mismos en este momento.

Las siguientes maniobras se realizaron como se esperaba, sin sorpresas.

En las primeras horas del 24 de agosto, el cohete realizó la maniobra de rotación, encendió sus motores principales durante setenta segundos y comenzó a descender, después de eso realizó la maniobra de rotación inversa para que los motores apuntaran a la superficie de la Luna.

Los motores fueron encendidos para reducir el descenso y controlarlo, las cámaras transmitían video de todo el proceso, las cámaras inferiores mostraban la superficie de la luna acercándose, luego algo de polvo obstruía la vista de estas cámaras, las cámaras superiores mostraban el horizonte de la Luna.

La telemetría mostró que los motores se habían detenido. Eso significa que el MR-TS1 había aterrizado a salvo en la Luna, aunque había un indicador de que uno de los trenes de aterrizaje estaba roto, o estaba flojo, esto causó que la vertical del cohete fuera 83 grados en lugar de los 90 grados requeridos para descargar con seguridad la Carga, afortunadamente esta fue solo una Misión de prueba sin carga. Los ingenieros analizarían el problema con las imágenes y los datos de telemetría, así como las pruebas que ejecutarán, y también tratarán de equilibrar el cohete de forma remota ajustando los otros trenes de aterrizaje.

La Misión fue considerada un éxito total, ahora el equipo se enfocará en la Misión MR -1 que aterrizará en la Luna para entregar un Moon Rover, una Misión que tendrá lugar en marzo de 2027.

Capítulo 19: La Misión de Retorno de la Muestra de Marte (2027-2028)

En el Centro Espacial Kourou, un cohete Ariane VI HL estaba programado para despegar en unas pocas horas. En el control de lanzamiento, todos los ingenieros estaban trabajando en sus consolas, monitoreando cada sistema del vehículo. Esta era una Misión muy especial, nada como esto se había intentado antes, esta Misión sería un preludio de la Exploración Humana de Marte, esta es la Misión de Retorno de la Muestra de Marte.

"Buenos días a todos", la Directora de la Misión, Daiya Takato, les dijo a todos los asistentes en el Auditorio del Centro Espacial; representantes de agencias espaciales y reporteros de todo el mundo estaban presentes.

"Esta Misión ha llamado la atención de muchas personas en todo el mundo, algunas personas lo consideran un preludio para los viajes humanos a Marte, otros lo consideran peligroso. El hecho es que esta Misión nos mostrará el camino que seguirá la primera tripulación para llegar a Marte, y nos dará información muy importante sobre todas las fases del viaje. Si lo logramos para fines de 2028 tendremos orbitando la Luna un vehículo espacial con muestras de la superficie de Marte".

"Algunos de ustedes comenzaron a tener información de esta Misión hace tres años, la verdad es que hemos estado trabajando con esto por más de una década, afortunadamente, el Programa de Marte de WSEO nos ha ayudado a completar el proyecto integrando a las agencias y compañías más experimentadas en cada campo. El vehículo tiene estas secciones: el módulo de propulsión, luego el módulo de encuentro y el Lander. El Lander tiene estos componentes, primero el sistema de aterrizaje y despegue, la sección de carga que contiene el Mars Rover y la unidad del contenedor de conservación".

"El módulo de propulsión tiene la funcionalidad del cohete para el viaje a Marte y viceversa, este realizará las maniobras para insertar la órbita de Marte y luego abandonar Marte, después para ser capturado por la atracción Lunar, llamamos a este cohete el Módulo Goddard en honor a Robert Goddard, en la parte superior está el vehículo de Julio Verne, éste es un vehículo que tiene todos los sistemas para el encuentro y acoplamiento del Mars Lander cuando regresa a la Orbita de la Luna con las muestras, cuenta los Paneles Solares y baterías para todo el vehículo".

"Encima están el colector de muestras y el vehículo de aterrizaje y despegue, llamado Davinci. Este vehículo ha sido diseñado y construido con la colaboración de Astrotechnika y Space Services, con conceptos del proyecto Mars Rocket y Mars Lander; de hecho, este vehículo es el que se usará para las pruebas en la órbita terrestre. El Lander descenderá en Marte de la misma manera que lo hará la tripulación en 2032; Andrew Kurt de Astrotechnika hablará sobre esto en solo unos minutos".

"Una vez allí, un panel de la sección superior del Lander se abrirá verticalmente, y extenderá una plataforma que mantendrá el Rover sobre él. Esto se ve como un trampolín. Detrás de él, se encuentra la Grúa Marciana, que es similar a la que usarán los Mars Rockets para entregar el Marslab y otros equipos a la superficie de Marte".

"La grúa asegurará el Rover, ya que tiene una unidad de captura en la parte superior de la unidad del contenedor de muestras. Cuando la grúa verifique que está asegurada probando los circuitos en cada perno, los cerrojos que sujetan el Rover a la plataforma lo liberarán, luego la grúa, que es más como una unidad manipuladora remota, lo levantará, lo moverá hacia adelante, y extendiendo por completo todas las secciones de la grúa, luego comenzará a bajar al Rover, midiendo con dispositivos láser en la Grúa la distancia a la superficie. Cuando el Rover alcance la superficie, un sensor central conectado con la unidad de captura de la grúa enviará una señal para detener el movimiento. Antes de soltarlo, el Rover extenderá sus soportes de ruedas para verificar que sea seguro. Se enviará una señal a la unidad de agarre de la grúa para que lo libere y se mueva un poco hacia arriba. El Rover iniciará la activación de todos sus sistemas para comenzar su Misión".

"El Rover es un vehículo que fue diseñado por Universidades de Japón, el Reino Unido y los Estados Unidos. Su construcción fue coordinada en Japón por Leon Takishita, él hablará acerca del Rover más tarde hoy, después del lanzamiento; él está ahora en el Control de Lanzamiento como parte del grupo de soporte de Carga, ejecutando diagnósticos finales en el vehículo".

"Una vez que la muestra está en el contenedor, el Rover se acercará al Lander, el extremo o efector final de la grúa se alineará con el dispositivo de captura del Rover, que se encuentra en la parte superior del contenedor de muestras; el Rover verificará que la unidad haya sido sujetada y bloqueada, en este momento liberará los cerrojos de seguridad que sostienen el contenedor. La grúa Marciana comenzará a moverse hacia arriba con el contenedor, luego se moverá hacia atrás y retraerá sus secciones. Colocará el contenedor en un lugar diseñado para esto en el Mars Lander".

"El Rover se alejará y continuará su Misión de exploración en el Planeta".

"Una vez que el contenedor esté seguro, el panel del Mars Lander estará cerrado y bloqueado. El Lander despegará, en la ventana apropiada para encontrarse con el vehículo en órbita Jules Verne, que controlará el acercamiento y el acoplamiento del Lander Da Vinci".

"Ahora regresemos al proceso de lanzamiento, en este momento todo el sistema está dentro del contenedor del vehículo, en la parte superior de la segunda etapa del vehículo Ariane, si todo sale según lo planeado, nueve minutos después del lanzamiento, la segunda etapa encenderá sus motores para enviar el vehículo hacia Marte. Noventa minutos más tarde, el contenedor estará abierto y se liberará el vehículo del Mars 1, su motor principal realizará correcciones de trayectoria durante el Viaje y encenderá su motor el próximo 18 de agosto de 2027 cuando se acerque a Marte, para un aterrizaje el 22 de agosto en Elysium Planitia a 0.1S, 172.1E ".

Dentro del Auditorio, una pantalla a cada lado mostraba las actividades que se estaban realizando en la plataforma de lanzamiento y un reloj con la cuenta regresiva. Estaba en T-3: 17: 00 y contando.

Daiya Takato miró la cuenta regresiva y dijo "Ok, hay tiempo suficiente para las próximas sesiones informativas, tenemos aproximadamente cuatro horas antes del despegue, considerando los periodos de pausa programados. Tengo que irme ahora porque, realizaremos la verificación final de los sistemas con los ingenieros en jefe, ahora Andrew Kurt de Astrotechnika le informará sobre el Lander, después de eso Marie Lacombe los llevará al área de observación".

"Buenos días", dijo Andrew con voz temblorosa ya que no era un muy buen orador público. "Soy Andrew Kurt de Astrotechnika, como se explicó, el Lander que diseñamos es el que entregará esta vez el Mars Rover y traerá la muestra a Órbita Lunar Esta es una gran oportunidad para nosotros, como saben un Mars Lander similar a este, se utilizará para la tripulación que aterrice en Marte. El vehículo que se lanzará dentro de unas horas originalmente fue diseñado para una Misión de prueba, para ir a la órbita y acoplarse con la EOSS, y antes del reingreso a la atmósfera realizar una serie de pruebas de motor. Luego recibimos esta propuesta de la WSEO en la que nos consultaron si estaríamos listos para una prueba de aterrizaje y despegue en Marte para esta fecha. Después de algunos análisis, llegamos a la conclusión de que era posible y que esto nos daría más datos para el Mars Lander de la Misión Terra 1, estamos usando EML1 como nombre clave, para Earth Mars Linker 1. "

"Para este Lander en particular, el que está en la parte superior del cohete, nos concentramos en el sistema de propulsión y los componentes electrónicos necesarios para operarlo, para acoplarlo y abrir los paneles según sea necesario, el peso del Rover y la Grúa es menor que el peso que tendrá la Misión Terra 1 tendrá considerando el equipo y la tripulación, pero nos dará una muy buena idea de la operación".

"El Lander realizará toda la secuencia de aterrizaje preprogramada, es decir, la entrada atmosférica, la apertura del paracaídas, el despliegue de los motores principales y los trenes de aterrizaje, inicio de los motores de aterrizaje, el aterrizaje y apagado de los motores. Después de la recolección de muestras, la secuencia de despegue y el acoplamiento con Jules Verne en la órbita de Marte".

"Como pueden ver, esta Misión es idéntica a la ruta y secuencia que seguirán los Marsnauts, el Rocket y el Módulo de Acoplamiento son como el Orion y el Hábitat, este es el valor de esta Misión, además de las muestras recolectadas, todo el trabajo involucrado de investigaciones científicas y de ingeniería, este es un ensayo de lo que veremos en cinco años con la Tripulación de Marte".

"En esta Misión recopilaremos datos sobre temperaturas, niveles de radiación, rendimiento, empuje, consumo de combustible, consumo de energía, entre otros".

"La parte superior del módulo, este no tiene ventanas, excepto dos pequeñas para las observaciones de la cámara, todo el fuselaje está cubierto de celdas solares para mantener las baterías completamente cargadas todo el tiempo".

"La Misión será controlada desde la sala de control como ESTEC, con los ingenieros que diseñaron todos los sistemas, y por supuesto en coordinación con el Control de la Misión en Japón, en los Estados Unidos y en Rusia".

"Bueno, tienen que disculparme; Tengo que ir a la Sala de Control de Lanzamiento. Gracias"

Andrew salió del Auditorio; todos los invitados fueron guiados a los autobuses que los llevarían al área de observación para ver el Despegue. En el área VIP dentro del Control de Lanzamiento estaban entre los asistentes el Dr. Cook, Charlie Washington, el Dr. Gunter Schneider y el Dr. Erich Von Stuhlinger de Astrotechnika, el Director de la ESA Peter Walheim Ulrich, el Director de JAXA Takuma Nagaoka y el Director de Space Services Inc. William Haldridge.

La cuenta regresiva continuó, la pausa llegó y la encuesta fue realizada por el Director de Lanzamiento del Ariane, cuando él llamó a los ingenieros de Carga, todos los componentes habían sido reportados a la Líder del grupo de Carga útil Daiya Takato, y respondió: "Hemos realizado todos los diagnósticos y procedimientos finales, todos los componentes están listos para ir a Marte para preparar el viaje de los Marsnauts. Estamos Listos". "Gracias" Respondió el Director de Lanzamiento.

La cuenta regresiva procedió sin ningún problema. Los motores del Ariane Rocket comenzaron a producir una nube blanca en la plataforma de lanzamiento, unos segundos más tarde iniciaron los Cohetes de Combustible Sólido, de entre la nube de humo apareció el Ariane elevándose majestuosamente hacia el espacio, para comenzar un gran paso en el camino a Marte.

Casi diez minutos más tarde, la etapa superior del Ariane y el Vehículo de Retorno de Muestra de Marte, o MSRV para abreviar, estaban en la órbita terrestre, pocos minutos más tarde comenzó el motor principal de la etapa superior, dando suficiente aceleración para abandonar la atracción gravitacional de la Tierra, iniciando el viaje hacia Marte.

Dos horas en la Misión, se abrieron los cuatro paneles del contenedor y el MSRV fue empujado hacia adelante desde la base de sujeción localizada en la parte superior de la plataforma. El motor del cohete MRSV fue encendido unos segundos para obtener más velocidad que la etapa superior, también para desviar pocos grados de su trayectoria; la etapa superior eventualmente entrará en la órbita Lunar y se verá forzada a estrellarse en el Lado Oscuro de la Luna en pocas semanas.

El vehículo estaba en su ruta a Marte, deberá alcanzar la Orbita del Planeta Rojo en agosto de 2027 para aterrizar unos días después y comenzar su recolección de muestras.

Todos los invitados estaban celebrando el despegue exitoso; esta Misión es la prueba para la Misión humana, especialmente para el Mars Lander. El Dr. Cook y todos los invitados VIP felicitaron al equipo de lanzamiento y al equipo del vehículo por un trabajo fantástico.

Después del evento, los invitados regresaron al auditorio, donde iban a recibir información sobre el Mars Rover y la conferencia de prensa después del despegue.

"El Mars Rover", dijo Leon Takishita, "es un vehículo diseñado principalmente para recoger muestras de Marte y para seguir explorando Marte cuando el Mars Lander abandone la superficie del Planeta".

"Tiene instrumentos meteorológicos, un sismómetro, cámaras, un brazo robótico de sección múltiple con una pala en el extremo, el contenedor de muestras, dos antenas, paneles solares y baterías; tiene seis ruedas con movimiento independiente y láseres para detectar obstáculos y evitar impactos, y la unidad de medición de inclinación que evitará que el Rover tenga una inclinación de más de 37 grados, evitando el riesgo de vuelco y, por supuesto su computadora de a bordo".

"El Rover mide unos doscientos cuarenta centímetros de largo y noventa centímetros de ancho. La unidad de recolección está ubicada en el centro del Rover, sujetada por ocho pernos de seguridad, en la parte superior tiene la unidad de agarre, y en un lado la unidad de depósito de material recolectado aquí es donde la pala depositará las muestras para luego trasladarlas al contenedor. Tiene una capacidad de cuarenta y ocho kilogramos de muestras".

"Estoy seguro de que se están preguntando, ¿cómo se enviará este contenedor a la Orbita Lunar al término de la Misión? Recuerden que el vehículo que llevará el Rover a Marte es un Mars Lander, un modelo similar al que se usará para la Tripulación Terra 1, y este vehículo tiene la capacidad de despegar de Marte. Ahora, cuando todas las muestras estén almacenadas, el Rover regresará al área donde se encuentra el Lander, se colocará debajo de la grúa Marciana, justo donde se colocó al principio, cuando se descargó. La grúa se moverá para alinearse con la unidad de agarre en la parte superior de la unidad del contenedor de muestras. Una vez alineado, avanzará para capturarlo. El Rover probará los pernos para verificar que los pernos de la grúa se hayan insertado correctamente. Después de esto, los Pernos en la unidad de agarre del Rover se bloquearán, el contenedor de Muestra se liberará desde la base del Rover. La grúa lo moverá hacia arriba, una vez en la parte superior, la plataforma del Rover en el Lander se extenderá, la grúa almacenará el contenedor en él, en un área específica. El contenedor estará asegurado por cerrojos en la base, la grúa lo liberará y la plataforma con el contenedor se retraerá y se asegurará dentro del Lander. La grúa doblará sus secciones y se colocará en la posición almacenada. Después de esto, el Rover se alejará para continuar su exploración de esa área. Esperamos que dure al menos un año Marciano, para que podamos observar los cambios durante ese tiempo, su sismómetro será colocado en la superficie para registrar cualquier movimiento, podría detectar terremotos de Marte con intensidad desde2.4 grados".

Después de esta presentación, el equipo de lanzamiento realizó una conferencia posterior al despegue para los asistentes.

El equipo de la Misión de Retorno de la Muestra de Marte supervisará la Misión antes de su llegada a Marte en siete meses, esto es en agosto de 2027.

...

A bordo de la Estación Espacial, la Tripulación del Terra-2 ha estado trabajando en el Módulo del Schiaparelli y en las Consolas han practicado con los simuladores de realidad virtual y probado nuevas características en los sistemas de la Misión y para experiencias personales como parte del programa de entretenimiento para la tripulación. Los cuatro Marsnauts practicaron procedimientos de aborto en diferentes etapas de aterrizaje; desde la órbita hasta el aterrizaje, las fallas durante el despegue, el malfuncionamiento del equipo MarsLab, entre otras situaciones, como lo harán en la Misión real antes de descender. Los dos Marsnauts que permanecerán en la órbita de Marte, practicaron con el simulador del Orion y posibles fallas del Hábitat.

Ha llegado el momento para que la tripulación ingrese a Schiaparelli, para comenzar la simulación de doce meses en la superficie de Marte, la tripulación ingresó al Módulo las primeras horas serán para la preparación y ejecución d aterrizaje, durante este tiempo la rotación comenzará a simular la gravedad Marciana.

Como la Misión anterior, la comunicación con la Tierra y otros miembros de la Tripulación del ISS debe evitarse, solo en caso de situaciones de emergencia, y para las reuniones informativas que cada miembro de la tripulación tiene con el Médico de vuelo cada dos días.

Mientras tanto, la Tripulación EOSS-7 llegó a la EOSS a bordo del Soyuz-MS 23, actualizarán algunos sistemas y realizarán algunos estudios a bordo de la estación, recibirán un vehículo espacial de carga y estarán a bordo por cuatro meses.

Antes de regresar a la Tierra, realizarán, por primera vez, la maniobra de encontrarse con el ISS a bordo de su Soyuz. Esta será la primera operación espacial entre estaciones orbitales, la importancia de esta es para el traslado de la tripulación en caso de emergencia. Si todo sale como se espera, la tripulación se acoplará al ISS en dos días, para permanecer allí un mes antes de regresar a la Tierra. Esta es una Misión planificada entre la NASA, la ESA y Roscosmos. China también está interesada en este programa.

...

En el Centro del Centro Espacial Dhawan en Sriharikota, India, los líderes de WSEO se reunieron, esta vez el tema principal fue la red satelital de Marte para comunicaciones continuas entre la tripulación en la superficie de Marte y la tripulación orbitándolo, y adicionalmente con la Tierra.

"Bienvenido a la reunión" el Dr. Cook le dijo al grupo, "Gracias Renjith por organizarlo".

"Como saben tenemos un tema especial en la reunión de hoy, tenemos que tomar una decisión sobre la solución de comunicación que tendremos en Marte. En este momento tenemos ventanas de comunicación limitadas entre la tripulación en la superficie y la tripulación en órbita, esta situación hace muy difícil tener la continuidad y la seguridad que estamos buscando. Tenemos una solución parcial usando la Antena del laboratorio de Marte y los repetidores portátiles. Si instalamos satélites en órbita geosincrónica de Marte, podríamos aumentar la comunicación al menos al 80% en cada órbita, esto es considerando tres satélites y usando el concepto del sistema TDRS de la NASA. He considerado una cantidad en nuestro presupuesto para cubrir dos cohetes de carga pesada y la operación de lanzamiento y tres satélites. Ahora quiero escuchar de ustedes sus puntos de vista, sé que una podría ser entregar tres satélites con un cohete de carga pesada que podría ser el SLS, Ariane, Long March, H3A, Proton 2 o GSLV MkIII. No podemos fallar, así que debemos ser muy cautelosos, y tenemos que negociar con las Agencias Espaciales la fecha de despegue, porque algunas tienen calendarios muy ajustados. El segundo problema son los satélites, tenemos que considerar los satélites ligeros con capacidades de reorientación, no necesitamos satélites demasiado complejos, solo unos pocos canales de comunicación y transmisión de video, con capacidad de almacenamiento para la retransmisión. Su uso es para la Comunicación de Marte y un enlace hacia la Tierra, así que vamos a empezar a escuchar las propuestas".

La reunión continuó por horas y hasta días, algunas empresas y universidades previamente seleccionadas por cada agencia presentaron su propuesta y presupuesto; hablaron sobre el tiempo promedio entre fallas de cada satélite y sus componentes.

Para el cuarto día, el grupo de administración de WSEO visitó las operaciones de ensamblaje del Centro Espacial y el cohete GSLV.

Llegó el día para tomar una decisión.

"Señoras y señores" el Dr. Cook dijo "Hemos tenido la oportunidad de escuchar grandes exposiciones de los diferentes asociados, ahora es el momento de decidir nuestra mejor opción. No es necesario recordarles a todos que una demora en este problema puede causar un retraso en la Misión de Marte. No queremos arriesgar una tripulación en Marte debido a que tienen comunicaciones limitadas o deficientes y los datos críticos no pueden ser descargados a tiempo, hemos aprendido con las experiencias del Schiaparelli que hay una necesidad de enviar actualizaciones con frecuencia, también en el vehículo yendo a Marte en este momento, tienen que enviarle información constantemente. Esto es admisible ahora, pero para los exploradores humanos no lo es".

"Dos soluciones me llamaron la atención después de todos los excelentes puntos de referencia que presentaron para los lanzadores Ariane VI-H y el cohete LongMarch. Para los satélites, los satélites NetSat S2 de Communications Satellites Inc. con sede en California, y sus sistemas de propulsión y el CubSat XL de Gloucester Radar and Tracking Corporation, del Reino Unido. Ambos lanzadores tienen experiencia con entregas de múltiples satélites en la Órbita Terrestre, he hablado con el Centro Espacial de Guyana y el Centro Espacial de Japón y ambos pueden darnos un espacio de tiempo para acomodar este lanzamiento en el primer trimestre de 2028. Descubrí que ambos satélites de transmisión son similares y confiables, por lo que me gustaría escuchar sus argumentos".

"Las características de los satélites son similares, aunque el NetSat S2 ofrece más capacidad de almacenamiento en este momento y un mayor rendimiento en el consumo de energía", comentó

Heather Cavendish de la Agencia Espacial del Reino Unido. "Esto, por supuesto, nos dará una ventaja en Marte, donde la producción de energía solar no es la misma que en la órbita de la Tierra; Por otro lado, los satélites CubSat tienen un canal de video adicional y un receptor láser, que son muy útiles para nosotros, porque es posible que necesitemos un video de la órbita de Marte y de la superficie, y la opción de láser podría ser una opción interesante entre el Marslab y el Satélite, si se pueden alinear".

"Bien, gracias", dijo el Dr. Cook.

La sesión continuó escuchando las observaciones de cada uno de los miembros; finalmente llegó un momento de decisión.

"Ok, tenemos una decisión aquí, usaremos el CubSat XL por las características de comunicación que tienen, y el cohete Ariane VI, hemos confirmado la disponibilidad del cohete Ariane y de los Satélites, por lo que podemos seguir adelante para desarrollar el proyecto. Como los satélites son del Reino Unido, será más fácil si Heather coordina este esfuerzo. ¿Estás de acuerdo?

"Por supuesto, Dr. Cook, tomaré el liderazgo en este proyecto y los mantendré informados", respondió.

"Gracias, esta solución garantizará las comunicaciones, para las Misiones posteriores a Terra1 podemos ajustar esta configuración si es necesario, estos satélites beneficiarán a otras Misiones que están explorando Marte como el Multi Rover o el MSRM Rover", agregó el Dr. Cook.

...

"Despegue del SLS que lleva el cohete de Marte MR-1 para entregar un Luna 1 Rover a la superficie de la Luna". El comentarista del Control de Despegue anunció en el Sistema de radiodifusión pública en el Centro Espacial Kennedy, mientras el poderoso cohete rugía hacia el cielo en dirección a la Orbita Terrestre. La carga esta vez fue el vehículo MR-1, con el Moon Rover que se dejará en la superficie de la Luna. La entrega del Rover se hará de la misma manera que el Marslab y otros componentes se entregarán en Marte. Los ingenieros realizarán algunas pruebas con la grúa Marciana.

"El objetivo de la Misión es aterrizar con seguridad en la Luna, en el cráter Deslandres al Sur de Mare Nubium, 32.55 ° S 5.57 ° O. Una vez en la superficie, el MR-1 descargará al Luna Explorer en la superficie de la Luna para comenzar su exploración ", dijo William Haldridge, Director de Space Services, Inc. en una entrevista en línea.

"Esta Misión tiene muchos aspectos importantes, el primero es alcanzar la órbita y comenzar su viaje hacia la Luna, esto se hizo por primera vez hace unos meses con el Vehículo de Prueba del Mars Rocket. El siguiente aspecto es aterrizar con seguridad en la Luna en el objetivo específico definido por los científicos ", explicó Charlie Washington. "Cuando estos cohetes lleguen a Marte dentro de unos años, queremos que estén en el área donde llegarán los Marsnauts, para que puedan descargar y activar sus equipos. Esperamos una desviación no mayor a cero punto cuatro millas. El siguiente objetivo es descargar el Rover utilizando la Grúa Marciana. Esta es la forma exacta en que la operación tendrá lugar en Marte. Si tenemos éxito aquí, estamos listos para ir, si fallamos, la Misión de Marte se verá afectada. Así que seamos optimistas y con suerte en tres días seremos testigos de este aterrizaje en la Luna y entrega del Rover".

"La segunda etapa del cohete SLS ha sido encendida, comenzando con la Inyección Trans Lunar, esta maniobra colocará la segunda etapa y el Mars Rocket 1 en su camino hacia la Luna, si todo sale como se planeó el próximo lunes 6 de marzo de 2027, el MR -1 estará en la órbita Lunar. Y el viernes 10 deberá aterrizar en el área objetivo-específica ", dijo el comentarista de la Misión.

El viaje continuó sin problemas, la etapa superior del SLS hizo su trabajo, su motor se apagó como se esperaba, los paneles del contenedor fueron abiertos y el Mars Rocket se empujó hacia adelante, como en el caso anterior, comenzaron sus motores a ganar velocidad y corregir su ángulo de desplazamiento para alcanzar el camino orbital deseado alrededor de la Luna.

El Mars Rocket llegó a las proximidades de la Luna, realizó las maniobras para reducir la velocidad y comenzar la operación de ajuste orbital para permitir que aterrice en el sitio objetivo. Se necesitan una serie de maniobras en los próximos días.

El 10 de agosto de 2027, el MR-1 realizó la maniobra para poner el cohete en la dirección de viaje, disparar sus motores y comenzar el descenso a la Luna. Cuando empezó a descender el cohete realizó la maniobra para ponerlo en posición de configuración de descenso esto es, los motores apuntando hacia la superficie de la Luna.

"Durante el descenso, el cohete extenderá sus trenes de aterrizaje, y disparará sus motores direccionales y motores principales para colocarlo sobre el área de aterrizaje y dejarlo aterrizar suavemente en la superficie de la Luna", dijo un comentarista.

Los controladores de Tierra estaban siguiendo su descenso y todo iba según lo planeado, si continúa en la trayectoria real aterrizará en el objetivo, quizás con una variación de 0.2 millas.

Los seis trenes de aterrizaje están extendidos y asegurados. La velocidad estaba en el rango y la distancia a la superficie era de 14 kilómetros, el consumo de combustible era el esperado. No hubo necesidad de correcciones adicionales.

La trayectoria y la velocidad estaban justo en el objetivo, "A 2.500 metros de la superficie", dijo el Director de Vuelo. "Los motores funcionan al 80% como se esperaba, seis trenes de aterrizaje en posición y asegurados, 2000 metros. Combustible a 55% de su capacidad, velocidad de doscientos metros por segundo y disminuyendo, cohete vertical nominal. "Mil quinientos metros a la superficie, cámaras tomando imágenes de la zona de aterrizaje. Velocidad 160 metros por segundo. Tiempo de aterrizar nueve minutos".

"Velocidad de cien metros por segundo, distancia a la superficie de setecientos metros. El empuje de los motores aumentando al 100%, el combustible al 48%; reduciendo la velocidad a cincuenta metros por segundo, distancia a la superficie de cuatrocientos cincuenta metros, cohete vertical nominal. Velocidad 37 metros por segundo, distancia doscientos veinte metros".

"Velocidad punto cinco metros por segundo, diez metros a la superficie, ocho metros. Dos metros. Contacto apagado de motores. Cohete vertical 82 grados, ajustando trenes de aterrizaje. El MR-1 está en la superficie de la Luna, cero puntos dos millas de distancia del objetivo. Combustible en tanques treinta y siete por ciento, cohete vertical a 90 grados en relación con la superficie. Seis trenes de aterrizaje asegurados".

"Felicitaciones por un aterrizaje exitoso en la Luna", dijo el Director de Vuelo del MR.

Todos los controladores de Vuelo en la Sala de Control de Space Services Inc. celebraron este gran éxito.

El Dr. Cook siguió el descenso del MR-1, tan pronto como aterrizó telefoneó a William Haldridge, CEO de Space Services Inc. "Hola William, habla Christopher, acabo de enterarme de que el MR aterrizó exitosamente y en el objetivo de la Luna, felicidades a todo tu equipo. Espero que la operación de descarga del Rover sea tan exitosa como el aterrizaje. Con este éxito, estamos a tiempo para la Misión Terra1".

"El despliegue del Luna Rover está programado para mañana 11 de agosto a las 10:05 EST. La puerta de carga está apuntando hacia el noroeste del sitio de aterrizaje ", dijo el Director de Vuelo.

"El cohete está en modo seguro. La sección de carga es normal, la presión se ha igualado con el exterior". El ingeniero jefe de carga de MR informó, mientras corría diagnósticos remotos.

"Proceda con la liberación de los cerrojos y la apertura de la puerta de carga", dijo el Director de Vuelo.

"Las cerraduras de seguridad han sido abiertas, el Lunar Rover está asegurado en su plataforma. Inclinación esperada del pórtico de apertura y la rampa es de sesenta y siete grados".

"Empezando a abrir la puerta", dijo el ingeniero.

La pantalla mostraba una vista externa desde una cámara situada en la parte superior de uno de los estabilizadores de aterrizaje, y desde una cámara dentro de la sección de carga, justo encima de la puerta.

Se detectó un movimiento desde la cámara externa, mientras que la cámara interna mostró que penetraba algo de luz.

La puerta continuaba abriéndose, se abría desde la parte superior, ya que estaba asegurada en la base, al igual que la puerta de un horno. Mientras continuaba, se podía ver el Lunar Rover en la parte superior de su plataforma, y en el borde externo, que correspondía a la parte superior de la puerta, la grúa Marciana.

El proceso continuó hasta que la punta de la puerta-rampa detectó la superficie. Tiene un mecanismo que detiene el movimiento cuando no puede continuar. Después de este punto, el mecanismo de la puerta realizó una prueba para confirmar que no podía moverse más empujándolo un poco. Esta prueba activa la siguiente fase, que es el seguro de la puerta para evitar cualquier movimiento posterior.

La cámara interna mostró una vista de la Puerta que ahora parecía como una rampa, mostraba al Lunar Rover desde arriba y la Grúa. La cámara lateral mostraba al vehículo en la parte superior de la rampa y al final la grúa. "Ahora parece una rampa que sale del cohete".

"La puerta de carga abierta y asegurada", dijo el Ingeniero de Carga.

"Comenzando la liberación de la Grúa Marciana y desplegándose".

La grúa Marciana estaba doblada en muchas secciones, como secciones de un brazo. Es una unidad robótica, programada para mover y capturar el objeto para descargarlo y depositarlo, en este caso, en la superficie de la Luna.

La grúa comenzó a extender sus secciones, antes de la operación real, comenzó a ejecutar una serie de autodiagnósticos y movimientos, se movió 360 grados en su base, y se movió arriba y abajo de cada sección.

Una vez que concluyó la autocomprobación, el ingeniero de la Grúa Marciana envió el comando para comenzar la secuencia ya cargada en su computadora principal.

La grúa comenzó a mover cada sección para alinear la punta de esta, donde se encuentra la unidad de captura, con la parte superior del Lunar Rover. La Grúa tiene dos cámaras, una en la punta y otra en la mitad de la sección.

La unidad de captura se alineó con la unidad objetivo en la parte superior de la carga, en este caso, el Rover.

Una vez alineada, la grúa avanzó muy lentamente hasta que tuvo contacto con el objetivo, en este punto cada cerrojo debería indicar que estaba correctamente posicionado, un pequeño sensor envió una señal en cada uno.

La computadora de la Grúa detectó que todos los cerrojos estaban en posición. Después de esto, los cerrojos se pusieron en modo de cerrado, esto se hizo para atracar con seguridad al Lunar Rover.

La Grúa verificó que todos los cerrojos estuvieran cerrados y que el Rover estaba asegurado tirando hacia arriba unos pocos milímetros.

Una vez que la carga fue capturada de forma segura, la computadora de la grúa liberó las cerraduras en la base de la carga, en este caso, la base que sostenía el Lunar Rover durante el viaje.

Los cerrojos de seguridad enviaron una señal a la unidad de control de la Grúa. En este punto, la grúa comenzó a moverse hacia arriba, muy lentamente. A una altura predefinida, luego, giró 180 grados, colocando el Rover sobre la superficie de la Luna, a aproximadamente nueve pies. Luego la grúa la movió hacia delante unos dos pies y comenzó a bajarla muy lentamente hasta que entró en contacto con la superficie, en este momento el movimiento cesó al sentir resistencia. Un instrumento láser en la Grúa midió la distancia a la superficie para confirmar que el Rover estaba seguro.

En este punto había dos opciones, liberar el Rover de acuerdo con los cálculos del sistema de control de la grúa, o esperar un comando enviado desde la Tierra después de que los ingenieros validaran que estaba seguro en la superficie.

Para esta Misión, seleccionaron la opción de comando, en Marte los Marsnauts pasarán por alto las maniobras de descarga del Marslab, Mars Rover y el Invernadero, La Tripulación de Terra 1 están entrenando para estas operaciones en este momento.

Los ingenieros evaluaron todos los parámetros y observaron de cerca las imágenes en el monitor. Se dieron cuenta de que pequeñas marcas hechas por el Rover estaban en la superficie de la Luna; todos los parámetros mostraron que era seguro liberar el Lunar Rover.

"Autorizado para liberar" dijo el Director de la Misión.

"Liberación de la Grúa Marciana" respondió el operador de la consola de la Grúa.

"Lunar Rover, cerrojos de seguridad abiertos, cerrojos liberados, moviendo la grúa Marciana hacia arriba. El Lunar Rover está solo, lo entregamos exitosamente", dijo el ingeniero en jefe.

"Felicitaciones, magnífico trabajo", dijo el Director de la Misión.

"Empezando activación del Lunar Rover" se escuchó en la radio, proveniente del JPL en Pasadena.

El Lunar Rover comenzó a activar sus sistemas, la antena, la cámara y los instrumentos se activaron, en la pantalla se recibieron las primeras imágenes, la cámara se movió hacia el MR, fue una vista muy impresionante. El Lunar Rover avanzó unos treinta pies mostrando el Mars Rocket.

Todos los científicos e ingenieros estaban celebrando este gran éxito. El Mars Rocket y la grúa han demostrado su funcionalidad, el equipo del Lunar Rover comenzará su exploración Lunar.

"Estamos listos para enviar el laboratorio a Marte", dijo el Director de Vuelo del MR.

...

El Marslab fue presentado a la prensa por primera vez en las instalaciones de Thales, Enrico Pagliani, que era el Gerente del proyecto, estuvo presente para la presentación.

Era un módulo increíble, del tamaño del módulo Columbus, de siete metros de longitud, cuatro puntos cinco metros de diámetro, sostenido por seis ruedas y su eje. En la parte superior, una gran antena. El módulo estaba cubierto con celdas solares montadas sobre una estructura especial que sostiene las mantas de las celdas solares y sus conectores.

En ambos lados había compuertas presurizadas, para la primera configuración, una compuerta presurizada se comunicará con el invernadero, y la otra para atracar el Rover o dejarlo libre para exploración. En el futuro, el módulo de las compuertas presurizadas estará atracado aquí para aumentar esta capacidad.

Tiene dos ventanas grandes que se pueden cerrar en cualquier momento con cobertizos internos, son ventanas panorámicas.

Internamente era un módulo muy limpio, pocas consolas, el baño, el área de descanso y el área de ejercicio físico y psicológico. Tiene un área pequeña para privacidad en caso de que sea necesario.

Había gabinetes en la parte superior e inferior, para almacenar alimentos principalmente. Las primeras Misiones utilizarán uno de los MR Rockets como almacenamiento para piezas y material desechable.

Además, se mostraron las celdas solares externas y el molino de viento y los sistemas de reciclaje de agua y oxígeno, y también el sistema de procesamiento de residuos sólidos.

El MarsLab era el Módulo Espacial más avanzado diseñado y construido; tiene su propio diagnóstico interno que detecta cualquier situación posible que pueda causar un mal funcionamiento.

Una vez en Marte, recibirá actualizaciones del sistema y, finalmente, actualizaciones de hardware que se enviarán en un Mars Rocket u otro método.

Su funcionalidad ha sido probada manteniéndola con su propio soporte por más de cien días, midiendo su energía, calidad atmosférica, ciclo de agua y protección contra la radiación. Esto se hizo bombardeándolo con ciertos elementos en un entorno controlado para validar la protección contra la radiación. También se ha probado después de aplicar el grado de vibración especificado por el Equipo de Lanzamiento.

El Marslab se lanzará a Marte. En octubre de 2028, esto significa que será enviado al Centro Espacial Kennedy en febrero de 2028, para ser instalado y asegurado dentro del Mars Rocket 2.

En los siguientes meses se realizarán más pruebas, la Tripulación de Terra 1 visitará estas instalaciones y el Marslab en unas pocas semanas.

En las instalaciones de Coventry, se probó el Mars Rover, sobre terreno irregular también en colinas con alta inclinación, frontal y lateral. En este momento todavía no se había terminado, estaban probando los sistemas láser para evitar colisiones o una posible volcadura.

El sistema manipulador remoto se probó por separado; se probó para capturar objetos y depositarlos en un área específica, para retirar objetos del contenedor para depositarlos en la superficie, o para mover objetos que estén frente al vehículo.

El sistema de orientación y comunicación, así como los sistemas de reciclado de oxígeno y agua estaban siendo probados.

También se evaluó la unidad de expansión del equipo, esta unidad se usará para permitir que el Rover viaje distancias más largas, teniendo sistemas de soporte allí. El Rover tiene celdas solares, molinos de viento y sistemas de dínamo para generar energía que se almacenará en sus baterías.

El sistema de la cámara ha sido probado en otra parte de la compañía ya que el vehículo tendrá al menos dieciocho cámaras y una consola de control para manejarlas.

Una vez que la versión final esté integrada, se someterá a pruebas de vibración de acuerdo con los parámetros proporcionados por el equipo de Lanzamiento.

El Mars Rover tenía que estar listo para Marzo de 2028 para ser transferido al Centro Espacial Kennedy en junio de 2028 para un Despegue en Enero de 2029.

...

La Tripulación EOSS-8 llegó a la Estación de Servicio de la Orbita Terrestre a bordo del vehículo Star Dream, un vehículo para la Tripulación LEO diseñado y operado por Space Services Inc., el propietario de Star Rockets.

La Tripulación EOSS-8 solo tiene dos miembros: Oleg Viakinov y Courtney Kent. Estarán en la Estación durante cuatro meses. La tripulación actual partirá en cuatro días, esta vez hacia la ISS, donde se unirían a la Tripulación de la Expedición 68 formada por 3 miembros, de esta manera la tripulación normal de seis miembros estará a bordo, además del entrenamiento de los Tripulantes del Terra 2.

Pocos días después, la Soyuz MS-23 se desacopló de la EOSS para comenzar su trayectoria de persecución de la ISS para un encuentro en dos días. Se tomó la decisión de proceder con la Misión de Estación a Estación debido al hecho de que la Soyuz tenía suficiente combustible.

La Soyuz comenzó a ganar distancia de la EOSS hasta que se perdió de vista. Los controladores de tierra estaban siguiendo la trayectoria; algunas maniobras de ajuste tuvieron que hacerse para lograr la órbita esperada. La Soyuz llegará desde abajo para acoplarse con el puerto de acoplamiento del módulo Rassvet.

En el Centro de Control de la Misión en Houston y en el Control de la Misión de Korolev, una pantalla mostraba una imagen enviada por el Soyuz, indicando los parámetros para el acercamiento, la ISS estaba en el centro de la pantalla. La Soyuz estaba a tres kilómetros de distancia y se acercaba.

Los últimos minutos de la maniobra de acoplamiento tuvieron lugar; La Soyuz disminuyó su velocidad a fracciones de metro por segundo. La imagen mostraba el puerto de acoplamiento. Otra imagen mostró el Soyuz desde la ISS.

"Contacto" anunció el control de la Misión, se cerraron los cerrojos de acoplamiento y comenzaron las operaciones de post acoplamiento. La primera Misión entre estaciones fue un completo éxito.

...

El MSRV (Mars Sample Return Mission) se acercaba a Marte, el vehículo estaba preparado para lograr la Inserción Orbital de Marte. Dio un giro de 180 grados para que los motores del módulo de Energía apuntaran en la dirección del viaje, al dispararlos, causaría una disminución en la aceleración del vehículo para que pudiera ser capturado por la fuerza gravitacional de Marte, entrando en órbita.

"Cinco minutos y doce segundos para disparar el sistema de propulsión principal, este disparo durará cuatro minutos y dos segundos", anunció el comentarista de la Misión.

En Astrotechnika, todo el personal estaba siguiendo de cerca la Misión, ya que el Lander era su creación y el prototipo de la Tripulación del Lander. Andrew Kurt y su equipo estaban monitoreado todo el estado del sistema del Lander continuamente, querían asegurarse de que no habría problemas para el aterrizaje y el despegue, sabían que esto era un elemento de decisión para todo el Programa de Marte. William Henize y su grupo en coordinación con Hans Von Strauss estaban validando los parámetros de desacoplamiento y el mecanismo de acoplamiento.

"En este momento el encendido del motor debería haber comenzado, tendremos la confirmación de la telemetría del vehículo en veintiún minutos y cinco segundos". En una pantalla en el Centro de Control de la Misión había una simulación de los eventos, una representación gráfica de lo que debería estar sucediendo. Una línea verde paralela a la simulación representaba la confirmación real de los eventos.

Para todos los ingenieros y científicos, estos veinte minutos parecieron durar años. Algunos de ellos estaban sudando, esperando que llegara la telemetría.

"Esperando la telemetría para confirmar el éxito del encendido del motor" Hubo un completo silencio en el Control de la Misión. El Director de la Misión estaba mirando su consola esperando la señal de confirmación. "Pocos segundos más", pensó. Llegó el momento, todavía no había señal.

Pasaron treinta segundos. Había temor en el Control de la Misión de que algo hubiera salido mal y que el vehículo se hubiera perdido. De repente, llegó la confirmación, con solo un ligero retraso. El Control de la Misión enloqueció; el vehículo estaba en la órbita de Marte. Durante los días siguientes, su motor dispararía varias veces para modificar sus parámetros orbitales y alcanzar la órbita necesaria para el aterrizaje. Si todo va bien en pocos días, el 22 de agosto, el Mars Lander descenderá en Elysium Planitia.

A la 1:00 a.m. CDT, a las 8:00 a.m. en Colonia, Alemania. El grupo Astrotechnika se reunió en el Control de la Misión en DLR. Todo parecía estar listo para el descenso del Mars Lander, se hicieron las preparaciones finales, solo unas horas antes de que se ejecutara la orden de desacoplamiento. Todas las secuencias se han cargado en el vehículo, no habrá oportunidades para correcciones. Todo fue verificado una y otra vez.

"Hoy es el día", dijo el Dr. Gunter Schneider, Director de Astrotechnika.

"Sí, este es un día muy importante, estamos listos, el equipo ha hecho un trabajo excelente", comentó el Dr. Erich Von Stuhlinger, él era el diseñador y director del programa del Mars Lander.

El Control de la Misión de Wenchang en Japón estaba a cargo de la Misión, aunque el JPL en Pasadena y el Control de la Misión en Colonia estaban realizando algunas actividades.

La Directora de la Mision Daiya Takato y su equipo formado por el gerente del Mars Lander Florian Better, el gerente de Mars Rocket Garret Muzos, el gerente de Mars Rover Leon Takishita, los ingenieros en jefe Enzo Lefort, Rebecca Barrow y Roger Oconnor estaban realizando las verificaciones finales antes de que se emitiera la orden de desacoplamiento. Recibieron opiniones del grupo Astrotechnika en Colonia sobre el Mars Lander, y de Garrett Muzos de Space Services acerca de las funcionalidades del cohete y el módulo de Acoplamiento.

"Cologne nos ha dado la autorización para aterrizar en la próxima oportunidad orbital", dijo Daiya Takato al grupo. "El módulo de acoplamiento está listo para liberar el Lander", dijo Garret Muzos.

"Ok, prepárense para el desacoplamiento y descenso del Mars Lander en la órbita 79, bloqueen la configuración real y ajusten la telemetría", dijo Daiya.

"El desacoplamiento tendrá lugar en cincuenta y siete minutos, el Mars Lander debe alcanzar la superficie veintiocho minutos después de eso, y la confirmación se recibirá veintiún minutos después", dijo el gerente de la consola del Control de la Misión.

"Colonia está lista para seguir el aterrizaje, del Mars Lander" se escuchó una voz en la Sala de Control.

Como era costumbre, una pantalla mostrará la trayectoria esperada de acuerdo con los parámetros de vuelo, y cuando se reciba la confirmación de cada evento, se mostrará una ruta verde paralela a la simulación.

"Cuatro minutos para desacoplar, en este momento los cerrojos de acoplamiento deberían estar desbloqueados, preparándose para la liberación. El Lander está con su energía. Tres minutos para desacoplar "dijo el comunicador de la consola. Había silencio en todas las salas de control, en este momento el vehículo estaba solo, no había manera de detener la operación o cargar datos, lo único que podían hacer era esperar hasta que la señal de Marte llegue, confirmando el éxito de cada evento; a estos tiempos de espera los llamaron los minutos más largos, para el deleite de Einstein y la relatividad del tiempo.

"Desacoplando 4, 3, 2, 1. El Mars Lander debería haberse desacoplado del vehículo en órbita y haber comenzado sus maniobras para alejarse y comenzar el descenso" La pantalla mostró los dos vehículos ganando distancia entre ellos y la trayectoria del Mars Lander se mostró como una línea punteada frente a él y una línea sólida detrás, la curvatura de su maniobra se podía ver en la pantalla. En un lado, los valores de velocidad, distancia a la superficie, temperatura y maniobras, empuje de los motores y consumo de combustible, la simulación usa los mismos datos cargados en el Lander.

Este prototipo de Mars Lander tenía todos los procedimientos para abortar aterrizajes, por lo que, si algo sale mal, regresará a la órbita de Marte, tal como sucederá con la Misión de la tripulación.

"Seis minutos desde el desacoplamiento, el vehículo debería estar cruzando la atmósfera superior, y su protector térmico protegiéndolo del calor generado por la fricción. Ocho minutos desde el desacoplamiento, veinte minutos para el aterrizaje. Las puertas de los motores deberían haberse abierto y los motores extendidos y asegurados. Los motores deberían haber comenzado. Diecisiete minutos para el aterrizaje".

"Doce minutos para el aterrizaje, el paracaídas guía debería haberse abierto, y los paracaídas principales ya deberían estar abiertos. Las compuertas de las plataformas de aterrizaje deberían estar abiertas y el tren de aterrizaje extendido y asegurado".

Han pasado dieciséis minutos desde que se produjo el desacoplamiento; tendremos que esperar otros seis minutos para confirmarlo.

La representación gráfica mostraba el Mars Lander a cinco kilómetros de la superficie, la velocidad debería ser de doce metros por segundo y disminuyendo, el tiempo de aterrizaje era de ocho minutos y diecinueve segundos.

"Cinco minutos para aterrizar, velocidad 7 metros por segundo, altitud dos mil ochocientos metros".

Ha pasado el tiempo, todos miraban la pantalla esperando que se mostrara ahí la información de telemetría, después de unos segundos el primer evento se volvió verde y el desacoplamiento fue exitoso. Todos los ingenieros, científicos y Administradores se felicitaron, el silencio volvió a reinar. Pocos momentos después, se inició la confirmación de los propulsores de maniobra del Mars Lander para comenzar la entrada en la atmósfera.

"Tres minutos para el aterrizaje, velocidad tres puntos dos metros por segundo, distancia al suelo setecientos ocho metros. "

La secuencia de la pantalla mostró que el vehículo terminó con éxito el primer contacto atmosférico, y que las puertas de los motores fueron abiertas.

"Un minuto para el aterrizaje, velocidad de dos metros por segundo, distancia al suelo noventa metros".

La representación de los motores extendidos y encendidos se volvió verde en la pantalla, todos aplaudían, la tensión se hacía evidente.

"Veinte segundos para el aterrizaje, velocidad de dos metros por segundo, distancia de treinta y un metros. Diez segundos, velocidad de un metro por segundo, distancia de quince metros. Cinco segundos velocidad cero punto ocho metros por segundo distancia cuatro metros y tenemos un aterrizaje del Mars Lander en el planeta Marte en Elysium Planitia, a las veinte horas y dieciséis minutos hora de Colonia el 22 de agosto de 2027. Esperando la confirmación telemétrica en veinte minutos " Dijo el Comentador de Consola.

Todos los eventos en la pantalla fueron confirmaron en secuencia cuando la telemetría del Mars Lander alcanzó las antenas en la Tierra, se mostraron todos los parámetros de velocidad y distancia reales, muy similares a los utilizados en la simulación, aunque la velocidad era más alta en los datos recibidos, pero dentro de los umbrales esperados.

El momento de la verdad llegó, el próximo evento debería ser el contacto de los trenes de aterrizaje en la superficie y los motores apagados; Solo unos segundos más para esperar. Una vez más, el silencio invadió todos los centros de control de la Misión, todos los ojos se centraron en un punto, la pequeña figura que representa el Lander en la superficie, todos esperaban que se volviera verde.

"Tres, dos uno", dijo el comentarista de la consola, lo que significa que ha llegado el momento de recibir la señal. Si no llega una señal, significaría que el vehículo se he había impactado o que no estaba funcionando correctamente y que las comunicaciones pueden perderse. Pasaron pocos segundos, los Administradores de la Misión estaban ansiosos tratando de hacer algo. Ha pasado un minuto, el pesimismo comenzó a apoderarse de ellos.

En el Control de la Misión en Colonia, Andrew estaba mirando la pantalla de telemetría, estaba esperando que llegara la señal, estaba seguro de que llegaría. Lo estaba mirando cuando fueron desplegados los datos; tres trenes de aterrizaje enviaron la señal y también el evento de los motores apagados. Andrew gritó "¡Nuestro vehículo está en Marte!" Todos lo miraron y luego miraron la pantalla, la pequeña figura era verde. El Control de la Misión se convirtió en una gran celebración, también en Pasadena y Japón.

Más tarde se determinó que debido a que un tren de aterrizaje no envió la señal, hubo un retraso cuando las computadoras intentaron verificar la situación, después de unos segundos se envió la señal.

Se confirmó que el vehículo estaba firmemente en la superficie, fue una falla en un pequeño sensor eléctrico que no se cerró correctamente para producir la señal esperada.

El Mars Lander comenzó a enviar algunas imágenes desde la superficie, con una muy alta definición, el color era rojizo y hermoso, y algunas montañas se podían ver en el horizonte.

Todo el personal de Astrotechnika estaba celebrando. Los sitios de redes sociales tuvieron millones de visitas y comentarios de todo el mundo. "Parece que nuestra Misión llamó la atención del mundo", dijo el Dr. Gunter Schneider a todo el grupo. "Estoy seguro de que cuando llevemos a la tripulación a Marte, seremos la noticia central".

Andrew estaba analizando toda la información posterior al aterrizaje, verificando el consumo de combustible y todos los datos registrados durante el desacoplamiento y el descenso, él y el grupo de ingeniería continuarán este análisis durante varios días, semanas y meses.

Algo llamó su atención "¿Qué dijo él?", Le preguntó a un ingeniero sentado a su lado en la sala de control. "Estaba diciendo que la Misión ha sido seguida por todos los países y que está seguro de que la Misión de la tripulación será la noticia central". "Gracias", dijo y continuó con su trabajo. "El combustible utilizado es del 72%, el combustible para el despegue está al 100% y estamos bien", él informó.

Después de toda la emoción, Andrew estaba mirando su correo electrónico y el sistema de mensajes, leyó acerca de una manifestación iba a tener lugar en París para la reunión de revisión del grupo de Cambio Climático. Los organizadores pidieron a todas las personas que asistieran para protestar contra todos los países que no estaban haciendo lo suficiente en esta situación crítica. Miró el Calendario y lo marcó. "Debo estar allí", pensó. Reenvió el mensaje a todos sus contactos, en todas las cuentas de redes sociales y a todo el público donde estaba permitido.

...

En Japón, Daiya Takato estaba celebrando con el Equipo, y todos comenzaron a analizar la información y a prepararse para la siguiente fase, esta sería la descarga del Rover y la recolección de muestras de Marte.

Como en otras partes, manifestantes se reunieron frente a la Agencia Espacial Japonesa y la WSEO para protestar acerca de la invasión de Marte, como ellos le llamaban, argumentaban que Marte debe dejarse solo, que los humanos llegarían y lo contaminarían, otros dijeron que era peligroso traer muestras, por supuesto, estas personas no habían leído que la muestra iba a permanecer en la Orbita de la Luna, en un contenedor dentro de una Nave.

La orden fue emitida para abrir la escotilla del Mars Lander; este diseño de escotilla era diferente del que se usará para la Misión Terra1.

El de esta Misión siguió este proceso. El panel será retraído unos centímetros y luego se deslizará sobre un riel dentro del módulo hacia la izquierda, justo en paralelo a la pared interna.

Una vez abierto, será extendida la Grúa Marciana y también la plataforma del Rover, pero un paso a la vez, la confirmación de cada evento debe ser recibida.

Se recibió la señal de que la escotilla se había desbloqueado, retraído, deslizado y asegurado. También se envió una imagen desde Marte mostrando el interior del vehículo y la escotilla abierta. Esta imagen fue tomada por una cámara interna que seguirá desde el interior del despliegue del Rover y el almacenamiento del contenedor de muestra de Marte.

En el Control de la Misión en Japón, los ingenieros se estaban preparando para desplegar la Grúa Marciana, primero querían probar sus movimientos y documentarlos en video, también querían tomar imágenes de alta resolución y videos de los alrededores, usando las cuatro cámaras montadas en la Grúa Marciana, las cámaras de video también deberían capturar el sonido.

Astrotechnika solicitó tener algunas imágenes de las plataformas de aterrizaje y los motores, así como del escudo térmico. Para hacer esto usarán la grúa y el Rover.

El conjunto inicial de instrucciones fue cargado en el Mars Lander, se debía recibir una confirmación y después comenzaría la actividad. Este primer conjunto de instrucciones incluye esta secuencia, primero para extender la base de soporte de la Grúa al borde del vehículo. La grúa se encuentra físicamente en la parte superior del interior de la sección "para Tripulaciones" del Lander.

El segundo movimiento será liberarlo de la posición de cerrado. Sus siete segmentos comenzarán a desplegarse horizontalmente, por lo que en este punto se verá como una gran estructura que sale del Lander.

A continuación, comenzará a moverse hacia abajo, primero la última sección y luego una por una hasta que estén alineadas verticalmente con el Lander. En este punto, se enviarán algunas imágenes de los motores.

Finalmente, la grúa estará en posición de capturar el Mars Rover; en este punto tomará imágenes del despliegue de la plataforma de soporte del Mars Rover.

El Control de la Misión tendrá que esperar hasta que se complete toda la secuencia para proceder con la siguiente fase, esto significa aproximadamente tres horas.

El video fue recibido y fue increíble, la primera vez que se recibieron los sonidos de Marte. Sonido de silencio total y algo de viento interrumpido con sonido de alguna actividad de un motor eléctrico, las imágenes también fueron sorprendentes. El Control de Tierra confirmó que todo estaba funcionando según lo planeado; los próximos pasos podrían ser ejecutados.

El comando fue enviado para extender la plataforma de soporte de Mars Rover; este comando colocará al Rover en una posición que puede ser alcanzada con la grúa para moverlo a la superficie, si hubiera alguien observando desde afuera se veía como un trampolín con un vehículo encima.

Una vez que se recibió la confirmación de que la plataforma había sido extendida y asegurada, la grúa se movió hacia el objetivo, esta vez el Mars Rover. Alineó su efector final con el objetivo en el Rover. La Grúa fue movida para capturar el Rover. Una vez que se confirmó que el Rover estaba asegurado, fue liberado de su base para permitir que la grúa lo pudiera transportar.

Cuando se capturó el Rover, se liberaron los seguros de la plataforma y se levantó la grúa.

En este punto, el Rover fue sostenido por la grúa; la siguiente operación fue llevar el Rover a la superficie de Marte. Pero primero el control de la Misión tenía que estar seguro de que el Rover estaba seguro.

Después de asegurarse de que el Rover estaba atracado y asegurado, la plataforma fue retraída para permitir que el Rover se moviera hacia abajo a la Superficie de Marte.

La grúa comenzó a moverse hacia abajo para colocar el Rover en la superficie, esta fue una operación preprogramada, ahora el Control de la Misión tendrá que esperar para confirmar que el Rover había sido colocado en la superficie y que estaba firmemente en el suelo, antes de que la grúa proceda a liberarlo.

La imagen fue recibida junto con la señal de confirmación; el Rover estaba en la superficie, listo para ser liberado.

El equipo de control de la operación del Rover confirmó que las seis ruedas del Rover estaban en la superficie y que el Rover había comenzado la secuencia de activación inicial, este es un autodiagnóstico para verificar el estado operacional de todos sus sistemas, aunque en este punto no fueron ejecutados movimientos mecánicos. Después de recibir los datos iniciales, el Gerente del Rover dio Autorización al Control de la Misión para liberar al Mars Rover.

El comando fue enviado a la grúa para la secuencia de liberación, esto es para abrir los pernos, confirmar que todos estaban abiertos, luego la grúa se moverá hacia arriba dos pies y se colocará en una posición estacionaria.

En la superficie de Marte, la grúa recibió los comandos y comenzó a liberar el Rover, toda la operación fue grabada con dos de las cámaras de la grúa. Cuando se liberó el Rover, se ejecutó una secuencia preprogramada, para activar su cámara, tomar algunas imágenes de los alrededores y del Lander. Estas imágenes fueron almacenadas y luego serían enviadas a la Tierra. El Rover también comenzó a activar todos sus instrumentos, los sistemas ambientales que medirán, la temperatura, la velocidad del viento, la humedad, las partículas atmosféricas y la cantidad de luz; el espectrómetro para medir componentes atmosféricos y partículas también una unidad de medición de radiación.

Un panel solar fue extendido, la pala se movió a una posición predeterminada. El contenedor también se activó. La escotilla inferior fue abierta para extender el taladro y se volvió a retraer, se evaluaron también la escotilla superior y la unidad de depósito, aquí es donde la pala depositará las muestras recolectadas.

Después de veintiún minutos el Control de la Misión recibió la telemetría de la Grúa y las Imágenes. "Este es el Control de la Misión", dijo Florian Better. "El Rover ha sido liberado, es todo tuyo". Gracias por el viaje ", respondió Leon Takishita, que era el Gerente de Mars Rover.

Poco después de esto, se recibieron las señales del Rover, confirmando la activación de todos los instrumentos, llegaron las primeras imágenes, y también las primeras mediciones Parecía que estaba anocheciendo en esa región en Marte, en el horizonte se podía ver el Sol poniéndose; imágenes hermosas.

Horas después de eso, las primeras imágenes enviadas por la grúa y el Rover se publicaron en el sitio web y fueron anunciadas en todas las plataformas de redes sociales; en pocos minutos fueron vistas por millones de personas en la Tierra.

Andrew y su equipo estaban en la Sala de Control de la Misión en Colonia. Ellos estaban siguiendo todos los eventos, pero estaban enfocados en este momento en los sistemas del Lander. Tenía que estar listo para despegar de Marte en pocos días con las muestras.

El Rover comenzó la exploración del área, viajará ocho millas al norte del Lander para recoger algunas muestras, y para extender el taladro para obtener una muestra de la corteza. El taladro debe alcanzar una profundidad de ochenta centímetros como máximo, según el tipo de subsuelo que encuentre.

Durante el viaje, el Rover envió datos e imágenes. Por primera vez se envió un video con sonido. El video era una panorámica de 360 grados; se podía ver el Lander en el horizonte, estaba a seiscientos metros de él. Las capturas de sonido incluyeron un ruido del Rover cuando la cámara se movía, como un pequeño motor eléctrico, el sonido de la arena y rocas en el suelo siendo aplastados cuando el Rover avanzaba y sus ruedas pasaban sobre estos. Cuando se detuvo, hubo un completo silencio, pero el sonido de un viento ligero fue capturado por los micrófonos.

El Rover llegó al lugar seleccionado para recoger las muestras. Los Científicos validaron el lugar y dieron el visto bueno para continuar.

Todos los comandos fueron enviados para realizar primero la operación de perforación. El taladro descenderá del contenedor. Una vez que su punta alcance la superficie, comenzará la operación de perforación. El contenedor interior está dividido en dos secciones, una es el contenedor de muestra de perforación, donde se guardará la muestra obtenida por el taladro del interior de la superficie, y la otra es el contenedor de muestra de superficie, donde las muestras del suelo serán depositadas por la pala.

La escotilla en la parte inferior del contenedor se abrió y el taladro salió de un tubo que tenía un soporte en la parte superior; el taladro fue empujado hacia abajo, esta fuerza lo hacía girar, penetrando el suelo. La muestra de la perforación fue almacenada en el cilindro. Una vez que el taladro alcance su profundidad máxima, ochenta centímetros como máximo, se retraerá y se almacenará, luego será cerrada la escotilla.

Esta operación tomaría alrededor de dos horas, pero dependerá si tiene que moverse hacia atrás y hacia adelante para continuar la perforación en caso de que llegue a topar con material más duro.

En el Control de la Misión del Rover, recibieron datos del progreso de la perforación, mostrando la profundidad, la temperatura y si había algún rastro de agua. A medida que se recibía la información, un diagrama en una de las pantallas mostraba esta secuencia, por lo que podían saber si tenía que retraerse muchas veces para seguir adelante.

Sabrán que la operación ha finalizado tan pronto como el indicador de "perforación almacenada" sea verde, y un peso de la muestra será medida con la báscula interna, por supuesto, este peso será presentado en "libras Marcianas".

La operación terminó. Los datos mostraron que el taladro pudo alcanzar setenta y un centímetros de profundidad; tal vez encontró rocas más allá de ese punto.

Los ingenieros se prepararon ahora para recolectar la muestra de la superficie, los científicos querían seguir adelante, detectaron un área con algunas rocas de interés particular; esperaban recoger algún material que pudiera tener signos de erosión, origen volcánico o de meteoritos.

El Rover estaba a unas dieciséis millas del Lander, se había ido más allá de lo esperado, pero contaba con tiempo suficiente para regresar a tiempo. Se espera que el Lander despegue de la superficie de Marte el 20 de noviembre debido a la ventana para acoplar con el vehículo en órbita.

El Rover llegó a la ubicación seleccionada; envió imágenes de alta definición del suelo cerca de él. Los científicos observaron detenidamente las imágenes y seleccionaron algunas rocas que les parecían interesantes, de acuerdo con lo que esperaban encontrar en esa área.

Debía programarse una operación de recolección para cada roca, los ingenieros utilizaron un lenguaje de programa robótico especial que utilizaba algunos puntos de referencia para proceder, y en este caso cada roca estaba prácticamente marcada como un objetivo para el Rover. La secuencia fue cargada. Tendrán que esperar los resultados aproximadamente 90 minutos para cada muestra. Una vez que todas las rocas seleccionadas fueron recogidas y almacenadas en el contenedor, el siguiente paso era recolectar un poco de tierra con la pala, depositarlo en el contenedor y regresar al Lander.

El Rover tenía su valiosa carga, por lo que comenzó el viaje hacia el Lander. Fue guiado por una señal enviada por él. Durante la travesía, el Rover tomó imágenes y videos de la zona y los almacenó en su almacenamiento digital interno para ser transmitidos posteriormente.

En la Tierra, el viaje del Rover fue documentado sobre un Mapa de Marte proporcionado por una Misión previa Orbital de Marte, era un Mapa 3D con detalles de hasta un metro de tamaño.

El vehículo orbital realizó algunas observaciones desde la órbita, aunque este no era un objetivo principal de la Misión.

Después de algunos SOLs (días marcianos), el Rover se acercó al Lander. Las cámaras de la grúa lo capturaron aproximándose.

Se detuvo a tres pies de distancia del Lander, en el Control del Mars Rover, los operadores de la grúa requerían seguir una serie de comandos para alinear el contenedor del Rover con la unidad de atraque en el extremo de la grúa.

La unidad de Atraque de la grúa tiene un láser que fue diseñado para guiar al Rover en su aproximación final. El láser apunta a un pequeño receptor en la parte superior de la unidad del contenedor.

Primero, el láser escaneará el área hasta que encuentre el punto reflector, cerrando el circuito. Cuando el Rover recibe el rayo láser, responderá de inmediato, por lo que la Grúa asegurará su posición con el láser hasta ese punto.

En la Tierra, en el Control de la Misión del Rover, los ingenieros de la consola recibirán los datos, mostrando que el Rover y la Grúa están virtualmente vinculados. El próximo conjunto de instrucciones que se enviarán se trata de acercarse al Lander y estacionarlo justo debajo de la unidad de atraque de la grúa, el enlace del láser debe ser completamente vertical, cero grados de desviación.

Esta operación será llevada completamente por el Rover; tiene la inteligencia propia para maniobrar y lograr este objetivo. En tierra, los ingenieros recibirán datos del movimiento y del ángulo del láser, por supuesto con el retraso causado por la distancia.

Era el 16 de noviembre de 2027, cuatro días antes del despegue programado del Lander. Lecturas fueron recibidas.

"Tenemos un ángulo de dos grados en el borde A, parece que el Rover ha entrado en un ciclo, mira estos datos, retrocede y luego regresa, esta maniobra se ha repetido al menos catorce veces, debemos verificar el terreno abajo, quizás haya una roca que actúa como un bache, quizás deberíamos intentar otra maniobra ", dijo un ingeniero.

"Ok, aquí están las imágenes tomadas por la cámara de la grúa, no hay una roca grande o una protuberancia profunda" miró detenidamente la imagen "tal vez esta roca esférica está provocando que el Rover se deslice. Tal vez podamos alejarla con el brazo del Rover. "Otro ingeniero respondió.

"Si decidimos hacer eso, tendré que seleccionar la roca como objetivo para que el Rover pueda empujarla, esta operación puede tomar dos o tres horas; Otra alternativa es avanzar hacia adelante y luego avanzar un poco a la izquierda y dejar que se vuelva a colocar con la grúa ", respondió el ingeniero.

"Me gusta más esa idea, prepararé la secuencia, no debería llevar mucho tiempo", dijo el ingeniero en jefe.

El ingeniero de la consola preparó las instrucciones para las maniobras, las validó primero en un simulador que tenía en su computadora, y luego le dio el paquete de secuencia al ingeniero a cargo de los procesos de enlaces ascendente y descendente.

Tan pronto como el Rover reciba esta secuencia, la ejecutará porque se marcó como de alta prioridad y ejecutar solo una vez. Tendrán que esperar al menos dos horas para saber el resultado.

En la superficie de Marte, el Rover recibió la maniobra preprogramada; comenzó a moverse como se indicó. Primero avanzó unas seis pulgadas, luego se movió hacia la derecha girando sus ruedas 90 grados cuatro pulgadas, luego se movió hacia atrás cinco pulgadas. Esta vez, la pequeña roca ya no era un problema. En veintidós minutos los controladores del Rover deberían de recibir los datos.

Mientras tanto, el Rover continuó su operación de alineación, que se completó con éxito con dos maniobras adicionales en fracciones de una pulgada. Ahora estaba en posición de permitir que la grúa recuperará el contenedor tan pronto como la instrucción fuera recibida de la Tierra.

En el Control de la Misión en Colonia, los ingenieros de Control y todo el equipo de Astrotechnika estaban verificando controles previos al despegue, aunque se esperaba que el despegue tuviera lugar en tres días, querían asegurarse de que todo estuviera dentro de los parámetros.

En Japón, Científicos e Ingenieros estaban realizando diagnósticos en el módulo de acoplamiento, probaron el mecanismo de acoplamiento, estaban a punto de llevar el vehículo a su capacidad máxima, ya que se había mantenido en bajo consumo durante el tiempo en que el Lander ha estado en la superficie. El cohete ha hecho muy pocos ajustes orbitales.

Aunque el Despegue tiene una ventana de seis minutos, el momento de despegue preferido es el primer segundo de la Ventana, ya que esto ahorrará combustible para las maniobras de encuentro y acoplamiento que serán completamente automáticas, ambos vehículos tienen la capacidad de intentar diferentes acercamientos si es necesario.

Los Controladores de Tierra recibieron el resultado de la maniobra que realizó el Rover, y se felicitaron mutuamente.

El operador de la grúa recibió la confirmación de que ya estaban acoplados; este es el momento cuando la grúa y el Rover estaban en posición para capturar al contenedor de muestra. En este punto, el Rover se auto configura en un estado seguro automáticamente para evitar cualquier movimiento inesperado.

"Confirmación de alineación para captura" informó el operador de la consola de la grúa al equipo control del Rover. Tendrán que esperar hasta que el equipo del Rover le dé Autorización para la operación de aseguramiento". El equipo del Rover tiene que hacer algunos preparativos antes de que la grúa intente mover el contenedor. Primero tienen que retraer las ruedas para darle más soporte y estabilidad al Rover. Todos los sistemas deben ponerse en modo de hibernación; esto es para evitar que cualquier instrumento sea activado. El único que estará activo es la cámara y, por supuesto, la base de soporte del Contenedor.

Cuando el Rover esté listo, el equipo de operación del Rover notificará al Gerente del Rover, para que pueda dar "Autorización" al operador de la consola de la Grúa.

El primer movimiento de la grúa será bajarla para que el mecanismo de atraque entre en contacto con el mecanismo en la parte superior del Rover, el mecanismo de atraque se encuentra en el extremo final de la grúa; si es necesario, la sección de la muñeca puede ser girada hasta 360 grados para ajustar los pernos a sus contrapartes en el Contenedor.

La grúa y el Rover enviarán una confirmación de que el mecanismo de captura está en posición para asegurarlo.

"Estamos en posición de cerrar los pernos", anunció el operador de la consola de la grúa.

"Después de revisar el estado del Rover", El Director del Equipo del Rover dio la Autorización para cerrar los pernos.

El comando fue emitido, deberían recibir la confirmación de que los pernos estaban cerrados y asegurados en 52 minutos.

Tan pronto como se recibió la telemetría indicando que el Rover fue capturado por la grúa y que estaba asegurado, el ingeniero de vuelo del Mars Rover envió el comando para liberar el contenedor de la base de soporte de contenedores del Rover. Esta operación liberará el contenedor del Rover, permitiendo que la grúa mueva el contenedor con las muestras al compartimiento interno dentro de la sección superior del Lander.

La cámara del Rover y las cámaras de la Grúa grabaron esta operación.

En la superficie de Marte, el Rover recibió el comando para liberar el contenedor. Se abrieron y retrajeron una serie de cerrojos para permitir que la grúa lo moviera hacia arriba y comenzara la operación de almacenamiento.

Una vez que la Grúa identificó que el contenedor ha sido liberado, debido a que se envió una señal a través de la unidad de atraque, la levantó sesenta centímetros y permaneció en esa posición hasta que recibió el comando para proceder con la operación de almacenamiento.

Los Controladores de Tierra recibieron la confirmación de liberación y las imágenes del contenedor liberado de su soporte por la grúa. Los ingenieros realizaron una revisión del Rover y la grúa para continuar a la siguiente fase, esta es el almacenamiento del contenedor en la sección superior del Lander y el posicionamiento del Rover a una distancia segura del Lander para el Despegue.

"El contenedor está asegurado y el Rover no tiene problemas ni advertencias en ninguno de sus sistemas, podemos proceder con la operación de carga del contenedor. La Cámara del Rover debería registrar este evento, por favor notifiquen cuándo comenzará la operación ", dijo a todo el equipo el Jefe de la Misión del Mars Rover en Japón.

El equipo de la Grúa Marciana estaba realizando las últimas evaluaciones de la secuencia que deben seguir la grúa y la base de soporte del Mars Rover para depositar y asegurar el contenedor, incluso para asegurarse de que las compuertas de los contenedores estuvieran cerradas y aseguradas.

Mientras tanto, el equipo del Rover envió la secuencia al Rover para moverlo hacia atrás sesenta pies y apuntar la cámara hacia el Lander, este movimiento se realizará hasta que el contenedor esté seguro a bordo del Lander, por si fuera necesario ser colocado nuevamente en el Rover por algún problema de operacional.

"Este es el control de operación de la grúa Marciana, hemos validado las secuencias de almacenamiento y aseguramiento y es seguro proseguir con el procedimiento de almacenamiento", dijo el operador de la Grúa Marciana.

"No tenemos restricciones para proceder, pueden empezar el procedimiento de almacenamiento", respondió Daiya Takato.

"Enterado, empezaremos la operación".

El software comenzó a cargarse, los ingenieros querían asegurarse de que la versión cargada era la que habían probado en la simulación, la operación de carga y validación debería tomar aproximadamente cuatro horas a partir de ese momento, deberían recibir la confirmación de que el software se había cargado correctamente en la computadora y que se habían validado los códigos de verificación.

En la superficie de Marte, la Grúa comenzó a moverse, primero movió el contenedor hacia arriba, casi llegando a la punta de la compuerta. Luego se desplegó la base de soporte del Mars Rover, esta base es donde el Rover se mantuvo durante el viaje a Marte y donde fue retenido para ser depositado en la superficie de Marte. Esta vez, el contenedor será depositado en un área especial que lo asegurará con los pestillos, tal como el Rover estuvo asegurado.

Una vez que la base de soporte fue desplegada por completo, la grúa se movió para colocar el contenedor en el área específica de retención de la base, esta es un área cuadrada con una profundidad de dos centímetros, los pestillos deben avanzar para asegurar el contenedor.

La Grúa es un mecanismo robótico, capaz de calcular la posición y puede aplicar cualquier corrección. Tiene punteros láser que se alinearán con el receptor en la base. Una vez que este láser está alineado, la grúa bajará el contenedor para colocarlo en la base. Los sensores de la base detectarán que el contenedor ha sido depositado e intentará cerrar los pestillos. Si esta operación falla, la grúa moverá el contenedor hacia arriba e intentará nuevamente.

Afortunadamente, los pestillos se cerraron y los circuitos de la base los detectaron, luego los pestillos fueron asegurados para evitar cualquier movimiento adicional del contenedor. La grúa permanecerá unida al contenedor hasta que se envíe un comando para liberarla. El Control en la Tierra decidió verificar esto antes de que proceda en un modo programático.

Mientras se llevaba a cabo esta operación, el equipo del Mars Lander finalizó con toda la validación y prueba previas al despegue. Han probado todas las secuencias de despegue y procedimientos de aborto, también el movimiento de los motores y la trayectoria para encontrarse con el vehículo en órbita y el módulo de acoplamiento de acuerdo con los últimos parámetros. Si despega al principio de la ventana, alcanzará al Módulo de acoplamiento cuatro horas más tarde, para un acoplamiento con él a las cuatro horas y veintiún minutos después del despegue. Esta es la primera vez que se realizará una operación como esta. Es muy complejo, muchas variables interactúan, pero esta es una prueba crucial para la Misión Terra1.

"Hemos recibido los datos de que el contenedor está en la base y asegurada, no vemos ninguna situación inesperada. El comando para liberar el contenedor ha sido emitido a la grúa, después de ser liberado se espera que la plataforma extendida donde se encuentra el contenedor, sea retraído y colocado dentro del módulo, después de eso la grúa se moverá para ser almacenada y asegurada; Una vez que se completen estas tareas, la compuerta del Lander será cerrada y asegurada, y le daremos el Control de la Misión al grupo de operaciones del Mars Lander en Colonia "informó el operador de la consola de la Grúa Marciana.

"Enterado" dijo Daiya Takato, Administrador de la Misión.

En el Control de la Misión en Japón, una pantalla mostraba un esquema de las actividades, y la otra pantalla mostraba las imágenes que fueron enviadas por las cámaras del Rover y la Grúa.

En Marte, el Contenedor había sido liberado por la grúa y fue asegurado en la plataforma; luego se movió hacia arriba. La plataforma extendida se retrajo como se esperaba; la grúa se colocó en la posición de almacenamiento.

Antes de que se cerrara la compuerta, el Rover recibió el comando de retroceder sesenta pies adicionales y apuntar la cámara hacia el Mars Lander y descender el sismómetro. Las imágenes recibidas veintidós minutos después en la Tierra fueron increíbles y espectaculares.

La compuerta del Lander estaba cerrada y asegurada. Estaba listo para despegar, en la Tierra se verificó la configuración de Despegue, todo estaba listo.

"Está bien Equipo, comenzaremos los procedimientos de despegue de L-dos horas", dijo Florian Betters, que era el Administrador del Mars Lander.

"Necesitamos revisar los últimos parámetros sobre la posición del Cohete y el módulo de acoplamiento", agregó.

Se escuchó una voz en el sistema de comunicación que decía las coordenadas del Cohete y el Módulo de acoplamiento y la velocidad de viaje.

"De acuerdo" Florian respondió. "Andrew, por favor ejecuta una simulación más con esta información, esta es nuestra última oportunidad para modificar cualquier parámetro".

Andrew, que tenía todo el conocimiento del sistema de propulsión, ingresó los datos y los comparó con los que se cargaron en las computadoras del Mars Lander. "Estamos bien, no hay necesidad de una actualización, los cuatro modelos mostraron un buen encuentro", dijo.

La fecha era el 20 de noviembre de 2027, la hora 18:57 PM Hora local en Colonia.

"L-40 minutos" Florian dijo "Dirigiré la primera encuesta de despegue desde Marte que alguna vez se haya hecho, por favor respondan "Go" o "No Go" cuando mencione su consola, esta es la última oportunidad para enviar un comando para abortar el despegue".

"Mars Lander Propulsion System" Andrew respondió "Estamos listos, propulsión es GO" Gracias, Florian respondió.

"Contenedor de Muestras" "estamos listos, GO, en posición y asegurado".

"Meteorología en Marte" "De acuerdo con los últimos informes recibidos del Rover, no hay problemas como los vientos en la atmósfera inferior, GO".

"Módulo de Acoplamiento" "Estamos en la órbita esperada y listos para acoplar con el Lander, las computadoras de ambos vehículos están sincronizadas, no tenemos objeciones, GO" respondió Garret Muzos.

"Mars Rover" "El Mars Rover está a una distancia segura del Lander y listo para tomar un video y el sismómetro está activo" Leon Takishita respondió como él es el gerente del Rover.

"Gracias, vamos a continuar con el conteo y el despegue desde Marte" comentó Florian.

Los últimos minutos de la Misión deberían ir sin problemas, aunque no se sabía en este momento, se recibió algo de telemetría, así como algunas imágenes del Lander.

"L-30 segundos" Andrew dijo "Los tanques de combustible deben estar presurizados, las válvulas deben abrirse ahora, L-3,1, inicio de los motores y despegue de Marte deberían estar ocurriendo mientras hablamos".

"Sabremos el resultado en veintidós minutos", dijo Andrew. Estaba siguiendo una simulación de la trayectoria del despegue del Lander.

Veintidós minutos después, se recibió la confirmación de que los motores arrancaron y, unos minutos más tarde, una imagen de los motores disparando y levantando un poco de polvo.

Luego comenzó a recibirse telemetría sobre el empuje, la velocidad, la trayectoria, la altitud y algunas imágenes que mostraban el Lander despegando, "Se ve impresionante y espectacular", dijo Andrew, ya que todo el equipo estaba muy contento.

El sismómetro registró un movimiento de 2.6 grados cuando el Lander despegó; lo cual significaba que el sismómetro estaba leyendo datos de la superficie del Planeta.

La secuencia de ascenso fue ejecutada sin problemas; el Lander estaba ahora en la Órbita de Marte en la trayectoria para encontrarse con el Módulo de Acoplamiento.

Los datos recibidos de ambos vehículos mostraron que estaban en la ruta correcta, y deberían ser capaces de acoplarse en aproximadamente 190 minutos.

Aproximadamente a las 5:03 AM del 21 de noviembre, llegó la señal; el Lander fue acoplado con éxito al módulo de acoplamiento, justo como se planeó, el Control de la Misión en Japón, Pasadena y Colonia se convirtieron en una fiesta para celebrar esta increíble operación.

"Sabemos que el Lander funciona muy bien", dijo Andrew al equipo de Astrotechnika. "Estamos listos para llevar a la Tripulación a Marte".

Los ingenieros comenzaron a ejecutar una serie de diagnósticos en el módulo de acoplamiento, en el Lander y en el cohete. Después de que fueron ejecutados todos los diagnósticos y toda la información recibida, los diferentes equipos se reunirán para validar todos los datos para proceder con la siguiente fase, esto es dejar la Orbita Marciana y empezar el viaje de vuelta a casa.

"Combustible usado, 74%" comentó Andrew "Se ejecutaron pocas maniobras de corrección durante el acercamiento y acoplamiento controlado por el módulo de acoplamiento, parece que el Lander se acercó un poco más rápido de lo esperado, dentro de los parámetros, esto es algo que tendremos que cuidar. Todos los sistemas se ven bien, las baterías están cargadas al 82%. El contenedor está seguro en su base. "Hizo una pausa y después de un segundo análisis dijo" podemos poner el Lander en modo de hibernación en este momento".

"Enterado" respondió el operador de la consola "Este es el Control del Lander, hemos revisado el estado de Mars Lander y estamos listos para ir al modo de hibernación cuando estén listos".

"Gracias, nos pondremos en contacto contigo en un momento" Florian Betters respondió desde Japón "Primero verificaremos el estado de acoplamiento".

"Ok, vamos a esperar".

"El módulo de acoplamiento está listo para el viaje, la telemetría muestra que el Mars Lander es seguro y todos los pestillos están asegurados, informó el Gerente del Módulo de Acoplamiento Alexei Perova.

"Gracias Alexei" Daiya respondió.

"Procederemos a la maniobra de encendido a las 20:01 hora universal, el encendido durará siete minutos y será ejecutado en la parte posterior del planeta. Esto pondrá al sistema en una trayectoria hacia la Tierra que le permitirá alcanzar a la Orbita Lunar el 16 de Diciembre de 2028. La evaluación inicial indica que solo serán necesarias dos correcciones durante la trayectoria ". Comentó Garret Muzos, Jefe de Cohetes.

Daiya Takato se reunió con el equipo directivo para definir las próximas maniobras, se acordó que el Mars Lander se pusiera en modo de hibernación, esto es solo en algunos sistemas son mantenidos vivos, pero con un consumo de energía muy bajo, aunque el Lander cargará sus baterías a través de las celdas solares localizadas en todo el fuselaje del módulo superior.

Se decidió también proceder con la maniobra de encendido para empezar el viaje a la Tierra.

Durante las próximas horas, todos los comandos serán enviados y las verificaciones, serán realizadas por último en el cohete.

En el Control de la Misión en Japón, la pantalla mostraba un diagrama de Marte y el MSRV (vehículo de retorno de muestra de Marte) en órbita. El reloj en la parte superior marcó 19:55 UT, hora del próximo evento: cinco minutos y veintiún segundos.

El vehículo estaba detrás del planeta, llegó el momento esperado, "El encendido debería estar ocurriendo ahora" dijo Garret.

La pantalla mostraba tiempo de encendido, estaba en segundos comenzó a correr hasta que alcanzó 420. "Debería estar en camino. El encendido debe haberlo liberado de la atracción de Marte. Phobos y Deimos están lejos, así que no deberán afectar la maniobra. Tendremos que esperar otros dieciséis minutos para confirmar el comienzo del encendido "comentó Garret.

En la pantalla, el gráfico del vehículo mostraba que salía de Marte; la telemetría llegó, el motor comenzó a tiempo, el empuje inicial fue correcto. Deben esperar otros siete minutos para confirmar que el encendido se ejecutó como se esperaba y que el vehículo salió de la órbita de Marte.

"Estamos de camino a casa" informó Daiya Takato, todos los ingenieros mostraron sonrisas y se felicitaron "un pequeño fragmento de Marte está en nuestro camino, pero principalmente hasta este momento hemos demostrado que el Viaje a Marte es una realidad, ahora podemos prepararnos para la Navidad".

Todo lo que tienen que hacer ahora es controlar el vehículo, calcular su posición de acuerdo con las estrellas, la Tierra y Marte y aplicar algunas correcciones si es necesario, en aproximadamente un año; debe llegar a la órbita Tierra-Luna para ser colocado en la Orbita Lunar.

Después de este gran éxito, y sabiendo que el vehículo estaba en su camino, el personal de Astrotechnika regresó a su instalación, realizarán un análisis muy detallado del aterrizaje y el despegue para encontrar mejores formas de hacerlo y aumentar la seguridad y la eficiencia. Aunque este vuelo no había tenido problemas técnicos o fallas, querían estar seguros al cien por ciento.

El Dr. Gunter Schneider, CEO de la compañía, llamó a todo el equipo y a los proveedores para una celebración, como era a fines de noviembre ofreció una reunión navideña. "Me gusta tomar algunos momentos de su tiempo para felicitarlos a todos por el gran éxito del Mars Lander durante la Misión de Retorno de la Muestra de Marte; ustedes han construido un vehículo muy fuerte y seguro. El mundo siguió la Misión día tras día; tenemos millones de visitas en nuestra página web y hemos sido un tema principal en todas las redes sociales para toda la Misión. Estamos listos para llevar Terra 1 a Marte. Mis mejores deseos para ustedes y sus familias para esta temporada y para el Año Nuevo que tiene un mayor desafío, la preparación final del Mars Lander. ¡Felices Fiestas!".

Todo el personal, proveedores e invitados respondieron al brindis.

El Dr. Erich Von Stuhlinger, que es el ingeniero en jefe de todo el proyecto, se acercó a Andrew, Hans y sus equipos los felicitaron e hizo reconocimiento de su conocimiento como ingenieros. "Me alegra tenerlos en nuestro equipo, pueden estar muy orgullosos de saber que lo que construyeron fue a Marte y está regresando, y que su dedicación está proporcionando el vehículo para la exploración más impresionante de la raza humana hasta ahora, su vehículo llevará a los humanos a Marte".

Capítulo 20: Hardware Terra en su camino a Marte (2028-2029 - llegada 2030-2031)

Después del gran éxito del Mars Lander y de todas las celebraciones, Andrew decidió tomar unos días libres, se fue a París a la manifestación contra los representantes de países que no están haciendo nada para preservar el medio ambiente en la Tierra, en la reunión anual del acuerdo sobre el cambio climático, alguien se acercó a él y le dio su tarjeta, "Te he visto en una conferencia en internet, tu trabajo es muy importante y todo el mundo lo está siguiendo, ojalá todo el mundo siga estas manifestaciones , tal vez se necesite algo para obtener la adecuada atención "dijo el hombre, Andrew estaba tratando de escuchar lo que estaba diciendo, había mucho ruido por toda el área. "De todos modos piénsalo, quizás tengas una idea, llámame" dijo el hombre y se alejó, Andrew estaba de pie, mirando al hombre que se alejaba, luego miró la tarjeta, se dio cuenta de que no había nada escrito en ella, solo una tarjeta en blanco; continuó con la manifestación.

Después de eso, viajó a un complejo en las Bahamas, le gustó ese lugar por su significado histórico, ya había estado allí antes y esta vez decidió visitar algunas de las islas, disfrutó de las más aisladas, donde un bote lo dejó y lo recogería más tarde.

Estaba sentado en la arena mirando el mar, el color era realmente hermoso. Estaba pensando en la Misión del Mars Lander que había sido completada y en los reconocimientos y felicitaciones que recibió.

A pesar de todo el éxito y la satisfacción personal, algo lo estaba molestando, que lo ha molestado por muchos años. "Es increíble cómo los humanos todavía están dañando nuestros recursos naturales, no lo entienden, piensan que el poder y la riqueza comprará vida. ¿Cuántas veces los Astronautas han mostrado la Tierra desde la órbita y desde la Luna, cómo se puede explicar esto a las personas que no entienden que la Tierra tiene límites, por qué continúan amenazándose unos a otros con armas nucleares, dónde piensan que irán si ocurre un desastre? "Se preguntó a sí mismo. "Mi papá y mamá murieron de cáncer debido a los contaminantes en el agua y en el aire de nuestra granja".

Estaba meditando sobre algunos de los discursos que escuchó durante la manifestación en París, estos eventos no son lo suficientemente fuertes como para influir en los líderes y las personas, soy un habitante de la Tierra y un activista Ambiental, no puedo ignorar la situación, cada vez está peor, aunque se realizan enormes esfuerzos todos los días, la tecnología está monitoreando desde el espacio todos los recursos, y son ignorados por algunos líderes mundiales, están ciegos, algo tiene que hacerse antes que sea demasiado tarde ", recordó el hombre que se acercó a él y lo que dijo: "Esa era una persona muy extraña", pensó mientras recordaba la tarjeta de presentación en blanco "pero sabía mucha información sobre mí".

Se levantó y comenzó a caminar; una imagen le vino a la mente una imagen de la Tripulación bajando a Marte. Era una imagen muy motivadora, y algo que se hará realidad en solo cuatro años, este pensamiento le dio un gran entusiasmo.

"La configuración de despegue está activada", le dijo David Thompson a Pedro Castillejo Romero, quien estaba en el simulador del Orion a bordo de la ISS. Ha llegado el momento de poner fin a la simulación de Marte, por lo que los cuatro Marsnauts en el Schiaparelli tomaron su lugar y comenzaron la simulación en realidad virtual del despegue. La versión ha sido actualizada con los datos más recientes del Mars Lander.

"3, 2,1 y despegue desde Marte", dijo el comandante Thompson. "Tenemos un empuje total", informó el Piloto del Mars Lander, William Mckensey. Pocos minutos después, a una altura de dieciocho kilómetros, se activó una alarma "Estamos perdiendo empuje en el motor B, está operando al 68%", informó. "El flujo de combustible es bajo".

"La computadora indica que el empuje en el motor A se incrementará a 140% para compensar la pérdida", informó McKensey.

"La altitud, la velocidad y la trayectoria están dentro del corredor", informó Nicole Sorensen.

"Sin Alarma ", informó McKensey.

"Todo se ve bien", les dijo Pedro Castilleja Romero desde El Vehículo Orbital.

"Gracias, estaremos ahí pronto", respondió el comandante Thompson.

La operación de ascenso se completó con éxito, por supuesto ellos han practicado muchas fallas posibles durante el despegue con el simulador de realidad virtual, y todo fue documentado y enviado a la Tierra; en este momento el Schiaparelli ha detenido su rotación para regresar a la tripulación a un entorno de microgravedad, el siguiente paso en la simulación fue el acoplamiento. Practicaron diferentes aproximaciones y maniobras de acoplamiento.

Finalmente, abrieron la Compuerta del Schiaparelli y regresaron al ISS, donde tuvieron una ceremonia de bienvenida con los dos miembros de Terra 2 y la Tripulación del ISS, tuvieron una conferencia en vivo con la Tierra, especialmente era interesante para entender cómo se sentían después de haber estado tanto tiempo en la gravedad simulada de Marte. Esta fue la única vez que tuvieron una reunión con la Tripulación del ISS y un evento de video en vivo.

Ahora tienen que completar la simulación del Viaje de vuelta a la Tierra, esto significa que permanecerán en la ISS por otros siete meses.

...

Los tres satélites de comunicación CubSat XI se han colocado dentro del contenedor que los llevará a Marte. El contenedor se ha montado sobre el nuevo Cohete Ariane VI HL. Este vehículo tiene dos etapas más los Cohetes de Combustible Sólido. En la parte superior de la segunda etapa se encuentra el contenedor de los Satélites con su sistema de propulsión.

El sistema de propulsión realizará correcciones de trayectoria. La segunda etapa proporcionará la aceleración necesaria para salir de la atracción de la Tierra e iniciar el Viaje a Marte.

El Ariane VI HI estaba en su plataforma de lanzamiento en el Centro Espacial de Guayana, la operación de carga de combustible estaba teniendo lugar, y esto quería decir que el lanzamiento se llevaría a cabo en cuarenta y seis minutos, si no habían problemas técnicos o climatológicos.

Esta Misión debe colocar los tres Satélites de Comunicación en su camino a Marte dentro del Contenedor.

Se espera que lleguen a la Órbita de Marte a fines de octubre de 2029. Era necesario lanzarlo en esta fecha debido al Programa de Lanzamiento Internacional y todos los lanzamientos del Proyecto a Marte que vendrán en los próximos años.

Sesenta días antes de llegar a Marte, el contenedor abrirá sus paneles; la configuración del vehículo en ese punto será la unidad de propulsión del cohete y el soporte del contenedor con el sistema de expulsión para los tres satélites.

Durante este tiempo, los ingenieros realizarán la evaluación final de los tres satélites, probando los sistemas y cargando actualizaciones de software. Aproximadamente seis días antes de alcanzar a Marte, el contenedor expulsará cada satélite con un resorte de eyección para el momento inicial; cada uno será liberado en un momento específico, para que puedan alcanzar la posición programada alrededor de Marte, 120 grados de separación entre ellos para completar la órbita sincrónica requerida y tener cobertura de Marte de 360 grados.

Cada satélite tiene propulsores de maniobra y paneles solares, y una batería de respaldo de plutonio; se espera que estén en operación al menos durante cuatro años Marcianos, suficiente para las primeras etapas de la Exploración de Marte.

Tan pronto como sean liberados, extenderán sus paneles solares para recargar las baterías y ejecutarán el programa que activará todos sus subsistemas.

Cada uno seguirá una trayectoria que los colocará en la Órbita de Marte, se espera que disparen sus propulsores para lograr la posición orbital designada.

Una vez que los tres satélites estén en Órbita Marciana, comenzarán una serie de pruebas utilizando el Mars Rover de la Misión MRSV y los vehículos Mars Multi Rover, enviando patrones desde un satélite a un vehículo y de regreso a otro satélite. Esto dará una Idea de la cobertura que estos tres satélites tendrán para la Misión Terra 1.

El Ariane despegó sin problemas, pocos minutos más tarde comenzó la Segunda etapa en la Orbita de la Tierra enviando el contenedor con los satélites hacia Marte.

...

La reunión anual de la WSEO tenía lugar en el Centro Espacial Jiuquan en China.

"Bienvenido a Jiuquan", dijo el Dr. Lin Long, Director del programa Espacial Chino a todos los WSEO "Durante esta semana, les mostraremos Houxing Zhan; esta es la Estación Espacial de la Órbita de Marte".

Gracias "Respondió el Dr. Cook" Eso va a ser muy interesante. Hemos tenido un gran año, como ustedes saben la Misión MSRV ha sido un éxito completo hasta ahora, solo tenemos que esperar a que llegue la Órbita Lunar a fin de año. Esta Misión probó con éxito el Mars Lander y los mecanismos de Acoplamiento en la Órbita de Marte, un gran evento para el Programa de Exploración de Marte. La Tripulación de Terra 2 acaba de completar su entrenamiento en el Schiaparelli y regresará a la Tierra en los próximos meses completando 27 meses en el espacio".

"Este año enviaremos a Marte el primer componente Marslab de la Estación a la superficie de Marte denominada Terra, prepararemos el lanzamiento del Mars Rover y el Invernadero para principios de 2029. La tripulación continúa su entrenamiento, están trabajando en la Antártida probando un modelo a escala completa del Marslab e Invernadero, están trabajando con científicos agrícolas para ayudarlos con los cultivos. Los satélites del Sistema de Comunicaciones de Marte han sido lanzados hace algunas semanas. Incluí en sus archivos la situación del presupuesto; Necesito que empiecen a trabajar con el presupuesto proyectado para 2029 a 2032, lo que se ha llamado los años críticos, porque es cuando tendrá lugar la Misión Terra 1".

"Hace unos días tuve una reunión en la ONU, donde la mayoría de los países estaban representados por su jefe de estado o por un embajador. Hablé de dos cuestiones: primero, el calentamiento global y el cambio climático, y el progreso de la recuperación de desechos de la Órbita".

"Presenté el informe que todos ustedes conocen sobre la situación en la Tierra en relación con el cambio climático, la pérdida de selva y bosques, la reducción continua de los casquetes polares y el nivel de contaminación principalmente; los datos muestran una mejora, pero se necesita hacer más trabajo. Les mostré gráficos y algunos datos reales enviados por la Red Mundial de Observación de la Tierra, y revisamos el compromiso del acuerdo de París 2015 que ha sido modificado a través de los años, por cierto, el comité se reunió en París pocos días después, entiendo que hubo una gran demostración. Todos los asistentes, bueno casi todos, acordaron tomar más medidas para detener esta alarmante situación y aumentar las medidas para revertir los daños, solo unas pocas naciones siguen en la posición de no cumplir con esta recomendación, sino de aplicar sus propias medidas que, por supuesto, son muy pobres. Fue bastante decepcionante la posición de estos países y espero que puedan cambiar de opinión en el futuro cercano".

"Tenemos progreso recuperando los desechos de la Órbita Terrestre, al menos de LEO en este momento, hemos sido capaces de capturar y destruir los restos que presentaban un alto riesgo para el ISS y el EOSS, por lo que tenemos un avance del 23% en este tema, y, por supuesto, el país que es el propietario de esos restos en particular absorbe el costo de la Misión".

"Les presenté las diferentes opciones que estamos estudiando para el sistema de defensa de Asteroides, como saben este sistema está diseñado para poder desviar un asteroide que pudiera estar en ruta de colisión con la Tierra".

"Ahora, Tengo una gran noticia, solo quería mencionarles que la Agencia Espacial Europea, Japón, India, China, los Estados Unidos y Rusia acordaron comenzar todas las actividades necesarias para definir la nueva arquitectura de Lanzadores para Misiones en el espacio profundo , este es el Sistema de Empuje Distribuido, o DTS como es llamado y tiene como objetivo configurar cada Misión con el empuje requerido, esto es, las reglas serán cambiadas, la masa no será limitada por la altura del cohete, porque estamos empezando a explorar la configuración simétrica horizontal".

"Esta nueva arquitectura permitirá tener de uno a seis cohetes de primer nivel y hasta cuatro cohetes de dos niveles para cargas muy pesadas y para Misiones en el Espacio Profundo. Los cohetes de primer nivel son similares a una primera etapa del cohete de hoy. Por supuesto, un cohete de primer nivel es la configuración de torre. Para más cohetes de un nivel, la arquitectura mantendrá todos los cohetes en un círculo, u otra estructura geométrica, unida a una estructura central que tendrá toda la inteligencia para controlar y equilibrar el empuje y la trayectoria de todo el sistema, y coordinará los motores apagados y separación de secciones del nivel. La plataforma de lanzamiento tendrá soporte para cada cohete, y tan pronto como despegue, la estructura se contraerá hacia la estructura central para concentrar el empuje y ser un diseño más aerodinámico. Luego, el siguiente nivel será encendido y seguirá una secuencia similar. Esta arquitectura resolverá muchas situaciones para entregar estructuras grandes al espacio. La primera prueba no será antes de 2038".

En el cuarto día fueron al Centro de Integración de la Base Espacial donde está siendo preparado el Houxing Zhan.

Tiene un módulo central presurizado con dos puertos de acoplamiento y una compuerta EVA, un módulo de servicio que tiene los paneles solares y todas las computadoras y las instalaciones de la tripulación. Esta era una Base de Tiangon que se decidió modificarla para el Proyecto de Marte; adicionalmente, tiene un módulo de propulsión que se utilizará para ajustes de la órbita.

Los ingenieros estaban buscando opciones de lanzamiento, quizás todo iba a ser enviado con un cohete Long March. La estación estaba programada para ser lanzada en abril de 2031 para llegar a la Órbita de Marte en noviembre del mismo año. Esto significa que la estación estará lista para ser utilizada por la Tripulación de Terra-2.

Parado frente a la Estación de Marte el Dr. Cook se dirigió al grupo: "Esta ha sido una semana muy productiva, estamos a solo tres años del Lanzamiento de Terra 1 a Marte y lograr este sueño de exploración, y lo más importante es que tenemos la colaboración de todas las naciones, de una forma u otra. Estemos atentos a la Misión de Retorno de Muestras de Marte, el vuelo de la Primera Tripulación del Legatus, el Retorno de Terra 2 y a la preparación de la Estación en la Superficie de Marte y la primera Misión. Ahora entiendo que tenemos una cena organizada por la Agencia Espacial China para cerrar este evento".

En Astrotechnika, los ingenieros estaban trabajando en la preparación del vehículo que utilizará la Tripulación para la Misión a Marte. Este vehículo tiene que estar listo para diciembre de 2029; para enero de 2030, debe enviarse a Kourou para las pruebas finales previas al lanzamiento y la integración del cohete. En abril se lanzará y será acoplado en la EOSS para las verificaciones y actualizaciones finales. Durante los últimos meses en la órbita terrestre, si es necesario, se pueden incluir repuestos y suministros en las dos Misiones de carga programadas, por supuesto, dependiendo de la capacidad del vehículo y la prioridad.

Basado en la información recibida de la Misión de retorno de muestra de Marte, los ingenieros realizaron algunas mejoras principalmente en seguridad, eficiencia y redundancia.

Un grupo especial estaba trabajando con el diseño interno, para el alojamiento de la Tripulación. Era importante el peso y la funcionalidad, por lo que los ingenieros en ergonomía, diseño y material estuvieron involucrados.

El Hábitat se estaba preparando en Bremen, Alemania, estaba en su fase de integración, se estaba realizando el montaje final, incluidos todos los sistemas. Se realizarán una serie de pruebas durante los próximos meses, que incluyen el mecanismo de acoplamiento, la presurización, la reducción de radiación, las pruebas de vibración, las comunicaciones y todas las instalaciones de la Tripulación. Algunos suministros serán incluidos en el momento del lanzamiento, pero la mayoría se enviarán en un vehículo de carga que se acoplará con él y será una adición para la Misión. Este vehículo de extensión está siendo diseñado y construido por Aerospace International, la compañía que integró los vehículos del ATV. Esta adición es similar a la del ATV pero tiene dos puertos de acoplamiento, uno se usará para acoplarse al Habitat y en el otro se acoplará el Marslab; el sistema de propulsión se separará. Cuenta con Paneles Solares que generarán la energía para mantener todos los suministros y para los accesorios de cocina y otros sistemas.

La estructura del Invernadero estaba siendo probada en Rusia. Biólogos, Agricultores y muchas personas con experiencia en el campo están participando en el diseño de este para controlar el flujo de agua considerando la débil gravedad Marciana, para recuperarlo y reciclarlo, y para seleccionar las plantas que se pueden cultivar más fácilmente, con rápido crecimiento y con la mayor cantidad de nutrientes para la Tripulación, incluso con propiedades medicinales. La participación de representantes de culturas antiguas era crítica, debido al conocimiento que tienen de diferentes plantas y sus propiedades.

El Invernadero será enviado desensamblado; el diseño ha estado considerando una secuencia de ensamblaje fácil, pero una estructura fuerte con protección contra la radiación, también unidades para anclarlo al suelo, basado en la tecnología de módulos inflables probados en la ISS. La única parte de la estructura que es una pieza completa es la compuerta presurizada que será acoplada con el Laboratorio de Marte.

...

El tiempo parecía transcurrir muy rápido, habían actividades relacionadas con el Proyecto de Marte en todo el mundo, y con cada día que pasa la tensión aumentaba.

La Tripulación EOSS-9 llegó al EOSS, iban a permanecer cuatro meses en la Estación, actualizando los sistemas y recibiendo algunas provisiones y partes para actualizar la estructura de servicio y los sistemas a bordo. Tenían comunicación continua con el ISS, esta Misión fue la primera Misión de la Tripulación del nuevo vehículo ruso LEO, el "мечтатель" esto es Dreamer. Todo debe estar listo para las actividades que comenzarán en 2029, y la EOSS estará permanentemente habitada hasta la partida de la Misión Terra 1.

En agosto, la Tripulación de TERRA-2 finalizó su Misión de 27 meses, y estaban listos para regresar a la Tierra, antes de abandonar la ISS practicaron los procedimientos de reingreso. Tres miembros regresaron a bordo del vehículo Beyond Earth 7 amarizando en el Océano Pacífico, los otros miembros de la Tripulación regresaron a bordo del Orbiter Cook, esta vez aterrizaron en la pista de Aterrizaje del Transbordador en el KSC. Los seis miembros de la Tripulación fueron llevados a Houston, donde los médicos realizarían estudios de salud antes de regresar a sus actividades. Les tomó algunos días readaptarse a la gravedad de la Tierra. Los médicos estaban interesados en medir su sistema músculo esquelético, harán comparaciones entre la fecha de salida, el período en que los miembros de la Tripulación estuvieron en la gravedad artificial de Marte y después de su regreso. La Tripulación tenía comidas balanceadas y rutinas de ejercicios diseñadas para compensar la pérdida de calcio y otros elementos del cuerpo y para mantener el corazón trabajando tanto como fuera posible en la Tierra, evitando un crecimiento de éste.

...

La junta de Directivos de WSEO se reunió en el KSC para presenciar el Lanzamiento del cohete SLS que enviará a Marte el Mars Rocket-2 o MR-2 que contiene el Marslab.

Hacía tres meses, el Marslab llegó al KSC. Tuvo pruebas finales   de verificación y vibración antes de ser colocado en el área de carga del MR-2

Aproximadamente hace un mes había comenzado la preparación del Cohete SLS con el Mars Rocket como carga en la parte superior, esta operación fue similar a la que se hizo hace unos años para enviar el Lunar Rover en un Mars Rocket. Esta vez se iba a enviar el primer componente de la Estación Terra. Si falla, afectará el programa ya que la Tripulación no tendría un Marslab o alojamiento en Marte.

"Este es un momento crítico", comentó el Dr. Cook a Charlie Washington. "Sí, lo sé, espero que todo salga según lo planeado".

"Ok, conduciré la encuesta final, por favor, contesten GO o No GO cuando los mencione", dijo el Director de Lanzamiento, Bob Harris, al equipo de lanzamiento. Dirigió la encuesta, solo había un problema con uno de los IMU del Mars Rocket que parecía estar inactivo, estas unidades se usan para alinear el vehículo con las estrellas, si esto era cierto, el lanzamiento tendría que ser pospuesto y los técnicos tendrían que ir al contenedor para trabajar en él, pero esto significa que los tanques SLS y MR tendrán que ser drenados, como consecuencia pospondrá el lanzamiento por siete días cuando menos.

"Podemos permanecer en esta pausa por diecisiete minutos, por favor notifiquen si el problema ha sido resuelto" Bob Harris se dirigió al Equipo de Lanzamiento de MR. "Enterados, estamos trabajando en ello", respondió Jonathan Lewis, que era el Ingeniero en Jefe del Equipo de Mars Rocket.

"Necesitamos reiniciar el sistema, lo probamos varias veces sin problemas, esto no debería tomar más de cuatro minutos, y es nuestra última oportunidad de continuar o posponer el Lanzamiento", dijo Jonathan Lewis al equipo.

Un ingeniero procedió a reiniciar las siete computadoras a bordo; verificó antes que la versión del software fue la última que probaron. "Reinicio de las computadoras ejecutándose", dijo.

En el Control de Lanzamiento, el reloj estaba corriendo, tenían once minutos restantes en este último periodo de espera programado. La situación aquí era que si inician la energía interna contaban con solo cinco minutos para lanzar antes de que necesiten reciclar los sistemas, además de que se había seleccionado una ventana de lanzamiento para tener mejores oportunidades.

"Ok, todas las computadoras están de vuelta en línea", comentó el Ingeniero. Jonathan Lewis miró la consola; estaba esperando que todos los indicadores de estado se conectaran, y esperando que esta vez el indicador IMU sea verde. "¡Sí!", Dijo, "estamos listos, tomó el teléfono y llamó al Director de Lanzamiento. "Sí Jonathan" Bob dijo "Estamos Listos Bob, todas las alarmas han sido limpiadas". "Bien, gracias, Jonathan".

"Prepárense para continuar la cuenta al final de la pausa, estamos listos para despegar", dijo el Director de Lanzamiento, el Sr. Harris.

La cuenta regresiva transcurrió sin ningún problema adicional, y el Lanzamiento fue espectacular, ver a este poderoso cohete elevándose hacia el espacio fue algo increíble, y el sonido que producía fue algo para recordar.

Nueve minutos más tarde, la segunda etapa, el Módulo de Propulsión del Contenedor y el contenedor con su preciosa carga estaban en la Órbita Terrestre.

El motor fue encendido para dejar la atracción gravitacional de la Tierra y comenzó su viaje hacia Marte. Si todo sale según lo planeado, el Mars Rocket con el Marslab debería llegar a la Orbita de

Marte en julio de 2029, donde se mantendrá durante un tiempo hasta que su órbita se ajuste para un aterrizaje en el área seleccionada en Chryse Planitia, justo al norte del sitio de aterrizaje Viking 1.

El exitoso Lanzamiento y el inicio del viaje de Marslab a Marte fue un gran comienzo. El próximo año 2029 se lanzarán dos componentes más para completar la entrega del equipo que los Marsnauts utilizarán allí en 2031 y conformar la primera Estación en la superficie de Marte denominada Terra-1.

...

El MSRV se acercó a la Tierra, el Centro de Control de la Misión en Japón lo estaba monitoreando, el módulo de propulsión fue programado para realizar una maniobra para apuntar los motores en la dirección de viaje, luego encenderían sus motores para disminuir su velocidad y ser capturado por la fuerza gravitacional de la Tierra, poniéndolo en una trayectoria parabólica, luego volvería a encender su motor para convertir esta órbita en una elíptica.

Estos ajustes orbitales continuarán hasta que su órbita sea similar a la Órbita Lunar.

Una vez que el vehículo pasa cerca de la Luna, volverá a encender su motor para permitir que sea capturado por la gravedad de la Luna. Finalmente, ajustará esta órbita a una casi circular a una altura promedio desde la superficie de la Luna de 21000 kilómetros, una vez en esa órbita, el MSRV entrará en modo de hibernación, esperando que una Tripulación o vehículo recupere su carga compuesta por tierra y rocas de Marte.

El vehículo continuará siendo monitoreado y continuará recibiendo energía de sus paneles solares.

Esta increíble Misión llegó a su fin. Su éxito fue sobresaliente. Esta Misión probó prácticamente todo el viaje que la Tripulación seguirá; probó el vehículo, la grúa, el acoplamiento orbital de Marte y el regreso a la Tierra. Su carga es invaluable, por razones de seguridad permanecerán allí hasta que se tome una decisión, hay algunas Misiones que están siendo evaluadas para analizar estas muestras, algunas con Astronautas, otras con algunos Robots, pero esta es una decisión que tendrá lugar en el futuro cercano.

Peter Walheim, Director del Programa Espacial Europeo y Lukas Schneider, Director del Programa Espacial Holandés, acudieron a Astrotechnika para felicitar al equipo por este gran resultado y para hablar sobre el estado de los objetivos de WSEO. Mencionaron el hardware que se estaba construyendo, el entrenamiento de los Marsnauts, el programa de la Misión de Marte, incluida la operación de EOSS.

También mencionaron la Misión de los Legatus que tendrá lugar el mes próximo, diciembre de 2028, y el Progreso de la Recuperación de Escombros y la observación de la Tierra.

"¿Consideran que el Proyecto de Observación de la Tierra está dando los resultados que se definieron para este año?", Preguntó Andrew.

"Gran pregunta Andrew, aunque se ha logrado progreso y el daño del planeta se ha reducido al menos un 5%, los resultados están por debajo de los objetivos establecidos por la ONU en base al acuerdo de París de 2015. En esta fecha deberíamos tener una reducción del 25% en contaminantes, el derretimiento del hielo debería haberse reducido de una forma notable, por ahora la recuperación debería haber comenzado. Desafortunadamente, algunos Jefes de Estado no están adoptando las medidas acordadas, no reconocen este impacto, otros están haciendo muy poco, la mayoría de los casos debido a implicaciones económicas, el problema es que estos países tienen influencia en otros y de una manera u otra los obligan a no bajar las emisiones, la deforestación, etc. En este programa nosotros, como WSEO, somos solo guardianes que observan e identifican las desviaciones, pero no podemos hacer más, esta es la tarea de la ONU".

Andrew se mantuvo en silencio, pensando en lo que acababa de decirse, después de unos segundos solo dijo "Gracias".

Había silencio en la sala de conferencias, esto fue decepcionante, algo que preocupa especialmente a aquellos que tienen hijos y nietos.

"Ok", dijo Peter Walheim, "brindemos por el éxito del MSRV y el Mars Lander y por las actividades por venir".

Después de este evento, abandonaron las instalaciones de Astrotechnika.

"Hola Andrew, ¿te gustaría unirte a nosotros para tomar una cerveza?", Dijo Hans. "Adelante, te veré más tarde, ¿vas a ir a Mars Hausen?" "Sí, nos vemos luego" respondió Hans.

Andrew decidió caminar a través de un parque que estaba cerca de Astrotechnika, estaba pensando en las palabras que acababa de escuchar. "Es increíble que todavía estén en la misma posición y no hayan aprendido nada", pensó. "Algo se tiene que hacer para obligarlos a adoptar las medidas antes de que el Planeta llegue al punto de no retorno". Vio a algunos niños jugando, algunas personas trotando y otros caminando. "Este mundo es tan hermoso", se puso de pie y caminó hacia el "Mars Hausen" para reunirse con Hans y el Equipo.

...

Los Astronautas Giovani Carpilango, Pierre Baudry, Reinhard Deusser y Emma Sharman dejaron el área de operaciones de Tripulación en el Centro Espacial de Guyana para abordar un vehículo que los llevará a la Plataforma de Despegue del Ariane donde el Ariane VI HL lanzaría al Vehículo Espacial Legatus y su Módulo de Servicio.

En pocas horas será el Lanzamiento para comenzar la primera Misión de Legatus que los llevará a la Órbita Lunar.

La Tripulación llegó a la Plataforma de Lanzamiento. Había un pequeño cuarto donde todos cabían junto con cuatro técnicos. Una vez dentro del cuarto que se llama Cuarto Blanco, se eleva mediante una grúa especial a una parte de la Torre de Lanzamiento donde se ajusta y es empujada hacia adelante hasta que alcanza el tope y es asegurada por broches de seguridad.

El técnico abrió la puerta y extendió una base para alcanzar la escotilla del Legatus, que estaba cubierta con una estructura que protege a la tripulación de los vientos y la lluvia.

Los Astronautas son asistidos uno a uno para ingresar al vehículo, son asegurarlos en sus asientos y sus trajes presurizados son probados para asegurarse que están operando correctamente.

Una vez que los cuatro miembros de la Tripulación estaban dentro del vehículo, los técnicos cerraron la escotilla, quitaron la estructura y entraron a la Cuarto Blanco que iba a ser retirada y regresada a la base de la Plataforma y de allí alejarse.

Cualquier emergencia durante la cuenta regresiva y el despegue hará que el Legatus se separe del Ariane por la torre de escape impulsada por los cohetes de combustible sólido.

Estas actividades tuvieron lugar a las T-3 horas.

La Cuenta Regresiva continuó hasta la marca T-30 minutos, este es el comienzo de una pausa para realizar una encuesta final; esta pausa puede extenderse hasta veinte minutos dependiendo de la Misión. Después de la pausa, la cuenta regresiva debe continuar todo el camino a T-0, y si es necesario, se puede incluir una pausa en la marca a t-4 minutos, una pausa que puede durar hasta diez minutos, si la ventana del despegue lo permite.

El Director del Despegue del Ariane, Pierre Brunet, ha determinado que el Lanzamiento será pospuesto por el día por problemas con las comunicaciones con la Tripulación, por lo que un nuevo intento en realizará en veinticuatro horas, si se necesitara más tiempo, los tanques internos deben ser drenados y eso significa que debe haber al menos un nuevo intento en 72 horas.

Una vez que la Tripulación fue desembarcada y conducida a sus oficinas centrales, los técnicos comenzaron a solucionar el problema, descubrieron que una placa electrónica no fue asegurada; tal vez fue movido durante las operaciones de montaje. Las pruebas se realizaron con el Control de la Misión y Control de Despegue y tuvieron éxito, por lo que el Lanzamiento se reprogramó para el día siguiente.

El proceso de Cuenta Rregresiva se recicló a la marca t-3 horas; este es la pausa programada cuando la Tripulación ingresó al Vehículo Legatus.

El Dr. Cook, Peter Walheim Ulrich, Pierre Dordain y Charlie Washington se encontraban en el área VIP dentro del Cuarto de Despegue "Jacques-Étienne Montgolfier" nombrada en honor de uno de los Inventores del Globo Aerostático.

Había miles de personas cerca del área para presenciar el Lanzamiento, y algunos barcos fuera de la zona de seguridad.

Esta vez la cuenta regresiva fue perfecta, la fecha fue el 29 de diciembre de 2028. Si todo va bien, estarán orbitando la Luna para el Año Nuevo.

"T-4 minutos y contando", dijo Marie Lacombe en el sistema de transmisión pública en Kourou; Eran las 6:54 AM hora local. "En este momento el Legatus está con su energía interna y su IMU se ha alineado, las células de combustible han comenzado y el sistema de escape está activo, T-3 minutos 27 segundos y contando. Todo continúa sin problemas para el Lanzamiento de hoy; los tanques internos de Ariane han sido presurizados para el vuelo, T-3 minutos, las mangueras de combustible han sido desconectadas y retraídas. T-2 minutos y contando, las boquillas del motor han sido movidas a la posición de despegue programado. Estamos llegando a la marca de un minuto en la cuenta regresiva. En este punto, las computadoras de a bordo han tomado el control del vehículo para lo que falta de la cuenta regresiva, durante esta operación se validan miles de parámetros, T-30 segundos y contando.

Como en cada Lanzamiento, durante los últimos minutos de la cuenta regresiva, hay un silencio completo; los únicos sonidos son los pájaros, el mar y la voz del comentarista de Kourou.

"T-10, 9, 8, 7, 6 Los motores principales iniciaron, tenemos cuatro motores buenos, 2, 1 encendido de los cohetes de combustible sólido y despegue del Ariane iniciando la Misión inaugural de Legatus en un viaje hacia la Luna".

El sonido fue muy intenso y se podía sentir cuando alcanzaba a los asistentes, fue un lanzamiento espectacular en un día muy claro, podría ser visto desde la costa norte de Brasil.

Desde Kourou pudo ser vista la separación de los cohetes de combustible sólido y la primera etapa, luego el encendido del motor de la segunda etapa, en este punto el sistema de escape fue desechado.

La segunda etapa se encendió durante cinco minutos, después de ese tiempo fue separada. La tercera etapa y el Legatus y su Módulo de Servicio estaban en la Orbita de la Tierra, esperando la aprobación del Director de la Misión Andreas Kupier. Antes de dar la Autorización, todo el equipo estaba realizando verificación que aseguraran la integridad del vehículo.

Después de dos órbitas, Andreas Kupier les anunció: "Gionvani tú y tu Tripulación Están Autorizados para TLI, el motor de la tercera etapa se encenderá en cuarenta y siete minutos, será un encendido de seis minutos. Que tengan un buen viaje",

"Gracias a todo el equipo por preparar este gran vehículo y me refiero al cohete y al Legatus", respondió Giovani Carpilango. "Les vamos a dar un gran espectáculo".

La Tercera Etapa encendió su motor como se esperaba y comenzaron su viaje de tres días hacia la Luna. El Módulo de Servicio y Legatus fueron separados de la tercera etapa utilizada, cambiaron su trayectoria para evitar una colisión con ella. Esta tercera etapa fue diseñada para regresar a la Tierra y quemarse durante el reingreso; su trayectoria la llevaría alrededor de la Luna y de regreso a la Tierra, cuando se acerque a ella iniciará su motor por última vez usando un "tanque de combustible para la entrada" para forzarlo a ingresar a la atmósfera. Nada de eso debería llegar a la superficie de la Tierra. Esta fue la primera vez que esta técnica iba a ser utilizada en este tipo de Misiones, para evitar dejar más escombros en el espacio.

El 31 de diciembre de 2028, la Tripulación del Legatus envió un mensaje a la Tierra, se encontraban a unas 230,000 millas de la Tierra, solo un poco más de ocho mil millas de la Luna.

"Mostraron imágenes de alta resolución de la Tierra y dijeron:" Feliz Año Nuevo desde el vehículo Legatus, a medida que viajamos más lejos de nuestro Planeta de origen estamos cada vez más sorprendidos de este milagro". ¿Cómo podemos estar viviendo en una esfera que está flotando en el Universo? Si lo piensas, Dios es el Ingeniero más maravilloso que puedas imaginar. Míralo de esta manera. Primero, la Tierra está tan lejos de la estrella que llamamos Sol para proporcionarnos el clima perfecto, Luego el Planeta gira para recibir esta luz cada doce horas, y tiene la inclinación de asegurarse de que la esfera completa reciba energía solar parte del año, renovando la Tierra para cultivos y para el ciclo animal. Para evitar un exceso de calor, los casquetes polares enfriarán la atmósfera usando los vientos y filtros para protegernos de la radiación. Todo funciona en la Tierra perfectamente, no se necesita ayuda humana. Ahora mira en esta otra ventana "Movió la cámara hacia la Luna que era muy grande debido a la distancia a ella. "Este es un mundo espectacular, con muchos misterios y también funciona con la Tierra para controlar las mareas y dar algo de luz por la noche. Es hermoso, misterioso, un mundo para explorar, pero no es compatible con la vida. Este es nuestro mundo más cercano y no podemos usarlo para vivir aquí ", dijo Giovani Carpilango y le dio el micrófono a la Astronauta Emma Sharman.

"Los colores de la Tierra se destacan contra la obscuridad del espacio, las nubes, los océanos, los continentes; todo es un símbolo que es un Planeta viviente. Estamos trabajando arduamente para ir a Marte, un planeta que en este momento está desolado y es muy hostil, y cuando lo visitemos, nos dará mucha información y entendimiento sobre lo que sucedió allí, a dónde se fue toda el agua y qué sucedió con su atmósfera".

"Mirando la Tierra desde aquí, sentimos un alivio porque sabemos que todas nuestras familias y amigos viven ahí. Los mejores deseos para 2029 a todos los habitantes de la Tierra " Ella Pasó el micrófono a Pierre Baudry.

"Nuestro Planeta es como una pequeña isla en medio de un océano enorme, es el único lugar donde podemos vivir y estamos a salvo. Parece una esfera muy delicada, como las que se usan en los árboles de Navidad. La atmósfera es casi imperceptible, solo una capa muy delgada. Solo piensen por un momento, ¿qué necesitarían para hacer que Marte u otro planeta sea habitable? Como un compromiso de año nuevo, sugiero que todos cuidemos nuestro Planeta de origen y hagamos cosas pequeñas como reducir el uso de combustibles fósiles, no tirar la basura y menos al mar o a los rios, reciclar, limpiar los lagos y ríos, etc. Si todos hacemos algo, nuestro Planeta durará para las generaciones venideras. Feliz año nuevo para todos, ahora aquí está nuestro Ingeniero de Vuelo Reinhard Deusser".

"En unas pocas horas más alcanzaremos la Órbita de la Luna, donde pasaremos al menos cuatro días. Mirando a la Luna, me vino a la memoria cuando mi abuelo nos comentó cuando vieron en la televisión la transmisión del Apolo 8 en diciembre de 1968 y luego la primera Misión Apolo a la Luna en 1969, comento que para ese evento todos los seres humanos estaban unidos, todos deseando lo mejor para la Tripulación, me mostró algunas imágenes, que para ese tiempo fueron extraordinarias. Todas las personas en la Tierra se unieron para un evento asombroso que fue extraordinario, él me dijo que por primera vez los Astronautas del Apolo 8 podían ver la Tierra como un todo. Estoy seguro de que fue realmente impresionante verlo así. Luego vieron a la Luna como la estamos viendo ahora, un mundo plateado, desolado pero asombroso. Si pudiera tener los planetas en un árbol de Navidad, pondría a la Tierra en la parte superior. Tenemos que agradecer a Dios por este universo increíble, y debemos respetar los procesos naturales si queremos un planeta duradero. Desde Legatus y cerca de la Luna Feliz año nuevo para todos ustedes en el Planeta Tierra, y por supuesto para nuestros colegas en la ISS y en la EOSS".

El primero de enero, el módulo de servicio encendió su motor para entrar en la Órbita Lunar, algunas maniobras en las siguientes horas colocaron a Legatus en la órbita deseada.

La tripulación comenzó a realizar las actividades que les asignaron como objetivos fotográficos, algunas mediciones y principalmente probar todos los sistemas del vehículo, evaluar los Paneles Solares del Módulo de Servicio y liberar cuatro CubSats.

Realizaron un EVA, para poder probar la compuerta presurizada individual, esta es una unidad flexible dentro del vehículo que cuando se extiende puede cerrarse herméticamente, por lo que un astronauta puede usarlo como Compuerta Presurizada para un EVA. Por supuesto, estas primeras pruebas requirieron prevenir todos los posibles problemas de seguridad como la descompresión de todo el vehículo antes de que se abriera la escotilla. En una segunda prueba, realizaron procedimientos de verificación de fugas.

Están considerando estas unidades para la Estación en la Superficie de Marte.

Después de cuatro días, el módulo de Servicio encendió su motor para abandonar la Órbita Lunar y comenzar el viaje de vuelta a casa.

El 9 de enero de 2029, El Legatus se separó del Módulo de Servicio y comenzó su última gran prueba el reingreso a la atmósfera terrestre. Si todo sale según lo planeado, debería llegar al Océano Atlántico, justo en frente de Brasil en setenta minutos.

En el Atlántico, un barco especial llamado SVC o Recolector de Vehículos Espaciales estaba esperando el vehículo. El Legatus fue monitoreado durante el reingreso; sus paracaídas fueron vistos sobre las nubes, justo en el área en que debería llegar. "Bienvenido de nuevo", dijo el Director de Vuelo tan pronto amarizaron.

Un helicóptero se acercó al Legatus, así como a un pequeño bote, cuatro hombres rana saltaron al agua y se acercaron al vehículo para instalar a su alrededor la base inflable y la unidad para ser levantada por la grúa del barco.

El SVC se acercó y extendió una estructura que al final tenía una unidad que capturaría el vehículo. Una vez asegurado, lo levantó y comenzó a moverlo lentamente a un punto específico en la cubierta principal, donde fue bajado por una plataforma elevadora a la cubierta inferior del barco, para protegerlo, y en ese punto la tripulación salió con la ayuda de los técnicos.

La Tripulación de los Legatus fue recibida por la tripulación de los barcos y algunos invitados como el Dr. Cook, así como Peter Walheim Ulrich, Pierre Dordain, Rosella Pellegrini de la Agencia Espacial Italiana, Heather Cavendish de la Agencia Espacial del Reino Unido y Charles Washington de la Agencia Espacial de EE. UU, y algunos otros miembros.

"Legatus está listo para la operación", dijo el comandante de la Misión Giovani Carpilango "Está listo para ir a Marte".

"Felicitaciones por un trabajo excepcional", dijo el Dr. Cook a la tripulación "Y a todos los ingenieros que construyeron este maravilloso vehículo", luego se dirigió a Charles Washington y le dijo "Ahora tenemos un vehículo alternativo al Orion".

Luego, el Dr. Cook se dirigió a la audiencia y a todo el mundo. "Hoy hemos completado el primer Vuelo del Legatus, el primer Vehículo Europeo Tripulado de Exploración de Espacio Profundo. La imaginación y el arduo trabajo de miles de personas están aquí, miles de horas de investigación, diseño y montaje. Este vehículo nos da una nueva posibilidad para el Viaje a Marte. La Tierra ahora tiene dos vehículos increíbles, el Orion y el Legatus. El Orion llevará a la Tripulación del Terra1 y Terra2 a Marte, han estado entrenando en él; Legatus llevará al Terra3".

"La Misión inaugural del Legatus fue completada con éxito por su tripulación" Los señaló " Ellos Son nuevos héroes de la Exploración Espacial y nos han maravillado con las vistas de la Tierra desde el espacio, hemos escuchado sus pensamientos, pensamientos que vinieron de los sentimientos más profundos que puede tener un ser humano cuando tiene la oportunidad de ver el planeta como un todo, ver todos los océanos y continentes en una sola vista, pudieron ver la Ruta seguida por Cristóbal Colón y la que Magallanes y Cook navegaron en barcos muy limitados, pero lograron grandes hazañas".

"Bienvenidos Giovani, Pierre, Emma y Reinhard, tenemos un año nuevo lleno de desafíos, en dos años los primeros humanos partirán hacia Marte".

Capítulo 21.- El Mars Lander 1 está listo para la Misión

El año 2029 comenzó con el regreso de la Tripulación del Legatus tras haber Orbitando la Luna exitosamente, probando el primer Vehículo Tripulado Europeo de Exploración del Espacio Profundo y la Compuerta Presurizada portátil.

Como años anteriores, conforme la Misión de Marte se acercaba se llevarían a cabo muchas actividades. La primera tendría lugar el 16 de enero; esta será el lanzamiento del Mars Rocket con el Mars Rover abordo del Cohete SLS.

En el Centro Espacial Kennedy, el Cohete SLS estaba la Plataforma 39A, los ingenieros trabajaban en la Plataforma para preparar el cohete SLS y otro grupo estaba trabajando dentro de la sección de carga verificando el Mars Rocket y el Mars Rover. Como el último lanzamiento del SLS, fue una operación muy compleja para garantizar que ambos cohetes estuvieran listos para salir y también probar la carga de forma remota para detectar fallas técnicas de último minuto.

Mientras tanto, en el VAB se estaba preparando otro cohete SLS para un lanzamiento que tendrá lugar el próximo mes de mayo, para enviar hacia Marte el Mars Rocket con el Invernadero que deberá llegar al Edificio de la Estación Espacial en Marzo para ser probado y preparado.

El lanzamiento del cohete SLS con el Mars Rover se llevó a cabo como estaba previsto sin ningún problema, ahora estaba en camino a Marte.

...

El agente Wilson estaba continuaba buscando posibles situaciones que podrían considerarse como una amenaza, hubo algunas comunicaciones interceptadas, pero nada fuera de la actividad normal, estaba muy intrigado por los ataques frustrados de Tokio y Moscú, sabía por experiencia propia que si esos fallaron uno nuevo probablemente tendría lugar, pero otros eventos deportivos han tenido lugar y otras reuniones de Jefes de Estado y no ha habido nada, ni una sola amenaza.

Estaba seguro de que algún día, una amenaza llegaría, una amenaza que ni siquiera alguien se ha imaginado, sabía que la persona detrás de esos ataques es una persona muy astuta, tal vez esta persona ha fallecido, pero tal vez esté esperando otra oportunidad, un evento único que tenga la atención de todo el Mundo.

Según la información limitada que tenía, proporcionada por los dos hombres capturados, un activista del cambio climático y el calentamiento de la Tierra están involucrados, reunió a un grupo y pidió información a todos los países sobre las manifestaciones que habían tenido a ese respecto. Con esta información, videos y fotografías, le pidió al grupo de Cibernética que realizara un proceso para seleccionar a las personas que aparecen en más de cinco manifestaciones. Por supuesto, este proceso tomaría muchas horas de procesamiento y tal vez tenga que ser pospuesto porque se llevarán a cabo otras investigaciones urgentes. Sabía que tenía que esperar, pero tenía la corazonada de que algo volvería a suceder pronto, especialmente porque los acuerdos climáticos no se estaban cumpliendo.

Siguió buscando nuevas pistas que podrían ser indicativos de un nuevo intento.

...

En las instalaciones de Astrotechnika, se estaba llevando a cabo un evento, el Mars Lander para la Misión Terra1 se presentó a la prensa y los científicos.

"Damas y caballeros, el Vehículo que están a punto de ver, es el Mars Lander que llevará a la Tripulación del Terra 1 a la Superficie de Marte, y de regreso a la órbita de Marte. Puedo decirles que todos los sistemas han sido probados en diferentes condiciones y situaciones. Hemos preparado un simulador de realidad virtual para la Tripulación que coincide con la versión que tenemos aquí. Todos los sistemas tienen redundancia; algunos tienen tres o cuatro alternativas de respaldo " dijo el Dr. Erich Von Stuhlinger.

Abrió una cortina y detrás de una gran ventana de vidrio estaba el Mars Lander, ingenieros, científicos y técnicos estaban trabajando en ello. El Mars Lander era un gran vehículo de casi nueve metros de altura y siete y medio de diámetro. Tiene dos motores y tanques de combustible para aterrizaje y despegue. Tiene cuatro trenes de aterrizaje con dos unidades de soporte adicionales para una mayor estabilidad en la superficie de Marte.

Tiene la escotilla de acoplamiento en la parte superior, diseñada para acoplar con la EOSS y el Habitat durante el Viaje, la otra escotilla es la escotilla del EVA, esta es la que la tripulación usará para salir del Módulo para Explorar Marte.

Internamente, el Lander tiene capacidad para soportar cuatro Marsnauts mientras el Marslab está listo para su operación, aunque la cantidad de suministros está calculada por catorce días.

El fuselaje del Lander está cubierto de celdas Solares que producen energía para almacenarse en sus baterías, además de que se pueden conectar dos paneles solares externos para aumentar la carga de energía si es necesario.

El Lander tiene una unidad que emite una señal para ser rastreado todo el tiempo, por el Orion en órbita, por Tierra y por la red de comunicaciones de Marte que debería volverse operacional más adelante en 2029.

"Este Mars Lander se llama Endeavour; se lanzará en octubre de 2030 hacia la EOSS, donde recibirá las verificaciones finales, actualizaciones y pruebas antes del viaje a Marte. Esta es una buena opción porque nos da la oportunidad de realizar pruebas críticas después del lanzamiento, por lo que podremos corregir cualquier problema que pueda verse afectado durante el lanzamiento ", dijo el Dr. Von Stuhlinger.

"Tenemos aquí dos Astronautas que irán en la EOSS-12 y la EOSS-13, que están aprendiendo todo acerca del vehículo, para poder ayudar a nuestros ingenieros desde la órbita terrestre si algo tiene que hacerse mientras está acoplado a la EOSS".

"El Lander Endeavour será entregado al KSC en febrero de 2030, deben montarlo en la base de propulsión del HTV que se utilizará para las maniobras de encuentro, y luego en el contenedor de lanzamiento, un conjunto muy complejo de operaciones, nuestros ingenieros estarán ahí todo el tiempo realizando pruebas ".

La presentación continuó por otra hora, se hicieron muchas preguntas y se tomaron fotografías, iban a estar en periódicos, revistas científicas y, por supuesto, en Internet.

En el Cuarto blanco, el área donde estaba el Lander, los ingenieros estaban trabajando, había computadoras, laptops y todo tipo de dispositivos para realizar pruebas, mediciones y evaluaciones, en la parte superior del Cuarto Blanco había una grúa para mover el vehículo. El edificio era como un edificio de seis pisos de altura.

Estaba Andrew estaba trabajando con el sistema de propulsión, estaba probando todas las señales y voltajes enviados por la computadora a los diferentes elementos, aplicó algunas mejoras que encontró en el MSRM. Ejecutó simulaciones y leyó las señales recibidas en cada componente como válvulas, control de fluidos, presión del tanque, posición de los motores, etc. Usualmente se quedaba en el Cuarto Blanco doce o más horas al día, y algunas veces trabajaba los fines de semana, quería estar seguro de que todo iba a funcionar como estaba planeado.

Para observar y encontrar cualquier posible problema con el sistema de propulsión, lo dividió en secciones, por lo que pudo ejecutar una prueba hasta un punto y cuando quiso continuar, simplemente escribió una clave especial, esto resultó muy práctico para aislar las partes del proceso, pero también puso una idea en su mente.

Mientras Andrew estaba trabajando en este sistema, Hans estaba trabajando con las computadoras y robótica con su grupo. El Dr. Von Stuhlinger estaba revisando el sistema de propulsión para el aterrizaje y el despegue, aunque eran independientes, pensó en algunas alternativas para situaciones de emergencia. Era de la vieja escuela, su conocimiento provino de los ingenieros que trabajaron con el Saturno V y más tarde con el Transbordador Espacial sabía que las computadoras eran necesarias y que podían realizar miles de operaciones por segundo, pero también sabía que cada sistema debería tener una puerta trasera para ser utilizada en caso de emergencia. Esta ingeniería de alta tecnología fue realizada por él y algunos ingenieros y supervisada por el Dr. Gunter Schneider, propietario de Astrotechnika y nieto de un miembro del equipo de Von Braun.

Andrew estaba saliendo de la oficina cuando recibió una llamada "Hola Andrew, nos encontramos en la manifestación de París hace unas semanas, espero que me recuerdes", dijo el hombre en el teléfono. "Sí, creo que sí", respondió Andrew con cierta desconfianza. "Leí acerca de tu trabajo y tu perfil, también leí sobre tus pensamientos y preocupaciones sobre el cambio climático y los problemas del calentamiento global, no sé si conoces algunas actividades que fueron hechas para persuadir, para decirlo de alguna manera, a los líderes mundiales para tomar en serio estos asuntos y comprometerse, lamentablemente estos esfuerzos fracasaron ". "No, no sé cuáles fueron esas actividades". Andrew respondió: "Es una pena" dijo el hombre," bueno solo quería decirte que puedes hacer mucho para presionar a los jefes de estado a comprometerse con los acuerdos, tienes en tus manos la oportunidad de oro de tener la atención de todo el mundo. Bueno, piénsalo. Te llamaré otro día ", dijo el hombre y terminó la llamada. Andrew estaba desconcertado, "¿Qué quiso decir, de qué estaba hablando esta persona?", Pensó, se dirigió a su automóvil y se fue de la compañía.

...

El tercer y último componente de la primera etapa de la Estación en la Superficie de Marte estaba listo para ser lanzado. Como los dos anteriores, el SLS estaba en la Plataforma 39A, los técnicos estaban trabajando dentro del contenedor del Mars Rocket en la parte superior del SLS. Al igual que en vuelos anteriores, verificaron todos los Sistemas del Mars Rocket antes de que comenzara la operación de llenado de combustible de los tanques.

La cuenta regresiva llegó a T-0 y el lanzamiento fue perfecto, ahora tres Mars Rockets estaban en camino a Marte. Deberían llegar en Agosto de 2029, Enero de 2030 y Mayo de 2030 respectivamente, su área de aterrizaje objetivo es un círculo de cuatro millas de radio, considerando su punto central a las 24.58 N y 44.27 W, que son las coordenadas de aterrizaje calculadas para el Mars Lander, por lo que los Marsnauts podrían alcanzar a estos vehículos.

En julio de 2029, el MR-2 con el Marslab como carga se acercaba a Marte, todas las maniobras para ser capturado por la fuerza gravitacional de Marte habían sido probadas en simuladores, y la secuencia había sido cargada en las computadoras a bordo de la MR-2. En pocos días, el cohete realizará su primera maniobra, esto es una maniobra para apuntar sus motores hacia Marte, esto causará una reducción de velocidad cuando estos motores sean encendidos, como resultado, Marte los capturará. El cohete permanecerá en esta orientación durante el resto de la Misión.

En el Control de la Misión de los Mars Rockets en California, los ingenieros de vuelo estaban monitoreando el vehículo, ya que en otras ocasiones una pantalla grande mostraba la trayectoria proyectada y las maniobras que debería realizar para aterrizar en el área seleccionada.

La primera maniobra se mostró ahí y la telemetría confirmó que se ejecutó correctamente, los motores se encendieron durante los cuatro minutos esperados, confirmando que el MR-2 estaba en la órbita de Marte, otras maniobras deberían seguir para ajustar la órbita, estas maniobras tomarán varios días para completarse, solo se realizarían pequeños disparos para colocar el cohete en la ruta de descenso correcta.

El combustible a bordo estaba al 96% de su capacidad, para el aterrizaje necesitaban el 75% como mínimo para un aterrizaje seguro.

Doce días después, el MR-2 estaba en la órbita deseada, estaba pasando por el área de aterrizaje, algunas fotografías fueron enviadas para ser evaluadas por el equipo de aterrizaje y los cartógrafos y geólogos de Marte. El equipo pasó la información al Director de la Misión Jonathan Lewis.

"Escuchen, tenemos la confirmación de que estamos pasando sobre el área objetivo. Tenemos que ejecutar un último modelo para estar seguros de que podemos aterrizar de manera segura en esa área, de lo contrario, la Misión de Marte quedará en peligro. Así es que necesito un plan de aterrizaje con todos los detalles y riesgos lo más pronto posible, debe incluir el calendario de los diferentes eventos. Necesito dar esta información a la junta directiva de WSEO para que puedan darnos su aprobación para el aterrizaje ", dijo.

Todos los Administradores de subsistemas se trasladaron a la sala de simulación, junto con los ingenieros en jefe. Comenzaron a alimentar la computadora con todos los datos, incluidas las coordenadas de aterrizaje; así como a ejecutar el programa. La simulación mostró todos los parámetros de la trayectoria, los que recibirá el vehículo en la órbita de Marte.

Esta primera simulación consumió el 87% del combustible total y aterrizó a unas diez millas al norte del área objetivo, esto significa que debe ejecutarse otra simulación y el encendido inicial tenía que ser ajustado.

La segunda prueba continuó esta vez calculada para la órbita número 162 alrededor de Marte. Todos los parámetros fueron cargados y la simulación comenzó. El proceso de aterrizaje tarda aproximadamente treinta y siete minutos desde el inicio de los motores hasta el aterrizaje.

"Todo se ve bien", dijo el ingeniero de propulsión, "la trayectoria es buena, el nivel de combustible es el esperado, los paracaídas deben corregir una ligera desviación". Pocos minutos después, la simulación mostraba el Mars Rocket en la superficie de Marte, esta vez a solo dos millas del punto central. "Ok" dijo el director de vuelo "Quiero que corras este modelo considerando vientos de cero a veinte millas por hora y ver los resultados, tenemos que estar seguros de que el viento no será un factor. Para Misiones robóticas previas no era necesario aterrizar en un área tan limitada, precisión es la palabra clave aquí, tenemos que estar más que 100% seguros".

Las simulaciones continúan durante un par de días, incluso pidieron la información disponible de diferentes robots activos en Marte, desafortunadamente no se tenía información precisa sobre la velocidad del viento en diferentes altitudes, solo en la superficie.

Después de varios días de cálculos, se encontró un modelo, corrieron la simulación varias veces cambiando algunos parámetros como la velocidad del viento y arena. Los nuevos datos incluyen diferentes momentos para abrir los paracaídas en función del factor viento.

Emily Coates, Jefe del Equipo de Trayectoria, y Peter Webber, Jefe de Propulsión, presentaron las conclusiones a Jonathan Lewis y William Haldridge, Director de la empresa. La presentación mostró que encendiendo el motor principal durante la órbita 192 que tendrá lugar en cuatro días, sobre Amazonis Planitia coordenadas 49.31 N y 169.37 W, se podría alcanzar el área objetivo, dentro del rango de uno a tres punto cuatro millas del punto central de referencia de aterrizaje, variando los vientos de cero a treinta y dos millas por hora. El terreno parecía no presentar ningún problema, de acuerdo con la información recibida de los geólogos y cartógrafos.

"Eso es fantástico, gracias" William Haldridge dijo "¿Cuánto tiempo necesitan para preparar el vehículo para esto?".

"Necesitamos dos días para subir los datos al cohete y validarlo, y ocho horas antes del encendido necesitamos ejecutar otra simulación solo para estar seguros" respondió Emily Coates.

"Bien, entonces mejor presentemos esta conclusión a la Junta" llamó a su asistente, "por favor llame al asistente del Dr. Cook y pídale una junta de consejo con respecto a la decisión del Aterrizaje del MR-2 el próximo domingo 26 de agosto, es urgente ", dijo el Dr. Haldridge.

Al día siguiente tuvo lugar la videoconferencia; El Dr. Haldridge les pidió a Emily y a Peter que presentaran sus cálculos. En la conferencia estuvieron el Dr. Cook, Charles Washington, Vladimir Viktorenko, Peter Walheim Ulrich y algunos otros Jefes de Agencias Espaciales.

Después de la revisión, todos acordaron proceder con el aterrizaje para el 26 de Agosto.

El Equipo del Mars Rocket preparó todo lo que se necesitaba, el envío de la información durará unas nueve horas, porque en este momento la información solo puede ser cargada cuando el cohete está en frente del planeta, aunque utilizarán otros vehículos que están en la superficie de Marte para almacenar y retransmitir la información, esto dará más velocidad al proceso.

Una vez que toda la información esté en los sistemas del Mars Rocket, se llevará a cabo un proceso de verificación, lo que significa otras nueve horas, si algo necesita ser enviado de nuevo, se necesitan más horas. Esta era una carrera contra el tiempo.

El sábado, el Equipo y el Director de Vuelo tuvieron una última reunión de revisión para el aterrizaje y para verificar por última vez las condiciones en Marte, con la información disponible. No había problemas, por lo que la decisión fue continuar.

Uno de los Mars Rovers que ya estaba en Marte fue desplazado al área de aterrizaje en Chryse Planitia, para tener lecturas del entorno y quizás ser capaz de capturar un video del Aterrizaje del Mars Rocket.

El comando fue enviado al MR-2 para comenzar la secuencia, en solo cuatro horas se encenderá el motor para comenzar la entrada atmosférica, el motor se encenderá durante los próximos quince minutos, para reducir la velocidad durante la entrada y evitar el aumento de las temperaturas durante esta fase.

En el Control de la Misión en California, la pantalla principal mostraba la trayectoria de aterrizaje esperada y se completaría a medida que se reciban datos del MR-2 durante el aterrizaje real, en este momento se espera una demora de señal de veintidós minutos.

En la consola principal, anunció el director de vuelo. "En este momento el MR-2 debería haber encendido sus motores para comenzar su descenso a Marte, en veintidós minutos lo sabremos con certeza".

Estos períodos de tiempo parecen ser interminables "Ahora entiendo a Einstein", pensó el Director de la Misión. Un reloj digital con la etiqueta "próximo evento" indica los minutos de espera hasta que se recibiría la telemetría.

Todo el personal de Control de la Misión estaba mirando sus consolas y eventualmente miraba la pantalla principal. Cuando se llegó al cero en la pantalla, todos esperaron a que llegara la telemetría para confirmar la ejecución del evento.

Se recibió la señal de Inicio del motor, lo que significa que hace veintidós minutos el MR-2 inició su descenso, de hecho, en pocos minutos debería aterrizar en Marte.

Una pantalla adicional mostró una imagen enviada por el Rover, estacionada cerca del área de aterrizaje, esperando capturar una imagen. El paisaje era realmente misterioso, desolado pero asombroso.

Ahora el reloj estaba contando para el próximo evento, por supuesto, no los veintidós minutos, sino solo tres minutos, esto debería ser el apagado de los motores durante cuatro minutos, como la fricción máxima y luego se reiniciarán para el aterrizaje controlado.

En una Sala al lado del Centro de Control estaban los invitados VIP, este evento fue transmitido en vivo a través de Internet y transmisiones internas a toda la red WSEO.

Los motores se han apagado y el cohete continuó con su trayectoria de descenso de acuerdo con la telemetría, la velocidad del viento era de ocho millas por hora a esa altura.

Cuatro minutos después, se recibió una indicación de que los Motores comenzaron de nuevo, esta vez permanecerán activos hasta el aterrizaje.

Pocos minutos después se recibió la señal de que los paracaídas se abrieron con éxito.

Si alguien hubiera estado en Marte, él o ella ya sabría si el cohete de Marte había aterrizado de forma segura, en la Tierra tendrán que esperar otros veinticinco minutos.

Una de las imágenes que envió el Rover mostraba un objeto pequeño en el Cielo Marciano, podría ser el MR-2 Rocket descendiendo, pero requería un análisis adicional.

La telemetría indicó que la secuencia se ejecutó sin problemas, finalmente llegó la señal esperada, los seis soportes del tren de aterrizaje estaban en la superficie y los motores se apagaron con un 18% de combustible todavía en sus tanques internos.

"Coordenadas oficiales de aterrizaje no confirmadas 24.59 N, 45.32 W, 2.32 kilómetros desde el punto central" Anunció el ingeniero de la consola de trayectoria.

El Control de la Misión estalló en júbilo, se unió de forma remota por las salas de control remoto y salas de videoconferencia.

La siguiente fase consistió en obtener información del sistema de equilibrio, esta unidad debería proporcionar mediciones detalladas de la posición vertical y horizontal del cohete, también debería enviar algunas imágenes del área.

Una imagen comenzó a mostrarse en uno de los monitores frontales, era una imagen enviada por el Mars Rover que estaba cerca del área de aterrizaje. Era una imagen de alta definición; mostraba una nube de polvo y la punta del cohete. Esto se tomó unos segundos antes del aterrizaje luego se comenzó a mostrar una secuencia de imágenes, mostraron el MR-2 siendo descubierto mientras la nube de polvo se asentaba, hasta que una imagen era muy clara mostrando el cohete de Marte en la superficie de Marte. Tal como se suponía que aterrizaría.

Llegó la primera imagen enviada por una de las cámaras MR-2; mostraba el sureste del área de aterrizaje. Se veía increíble, algunas montañas se podían ver en el horizonte, el terreno estaba plano como el Viking 1 lo mostró cuando llegó en julio de 1976, un lugar perfecto para un aterrizaje seguro.

"Hemos entregado el MarsLab" Jonathan Lewis informó al equipo "Felicidades".

El equipo MR-2 comenzó a asegurar el vehículo y envió los comandos para comenzar un conjunto de verificaciones de sistemas, incluyendo la Grúa Marciana, aunque permanecerá allí durante casi dos años, querían asegurarse de que funcionará cuando llegue la Tripulación.

Los ingenieros de la Agencia Espacial Italiana comenzaron a probar algunos de los sistemas del Marslab, aunque estaba dentro del Mars Rocket era necesario mantener activos los sistemas.

La energía para el Mars Rocket se recibía en las celdas solares que cubrían la mayor parte del fuselaje, además de dos paneles solares que iban a ser extendidos unas horas después del aterrizaje. El vehículo del MR-2 proporcionó energía al Marslab dentro de este.

La llegada a Marte del primer elemento de la Estación de la superficie de Marte fue un éxito; todos indicaron que no hubo daños durante el viaje. En pocos meses, los siguientes dos elementos deberían aterrizar y en poco más de dos años la primera Tripulación debería aterrizar en Marte.

...

"El vehículo se acerca al punto de separación. El contenedor del CubSat debe abrirse en cuatro minutos, los satélites CubSAt XL se liberarán durante las próximas cuatro horas "informó el Comunicador en el Centro de Control de la Misión de Colonia. Ahora era el turno de liberar los tres satélites de comunicación y esperar que alcanzaran sus posiciones correctas en la órbita de Marte.

Los dos paneles del contenedor se abrieron hasta que estuvieron en una posición perpendicular en relación con el módulo de transportación; ahora los tres satélites estaban listos para ser empujados, una pequeña cámara en la base del módulo mostró los satélites desde abajo hacia arriba, esta cámara transmitirá video de la operación de liberación de los satélites.

Tan pronto como sean empujados, realizarán una maniobra para alejarse el uno del otro y del transportador. Cada satélite extenderá sus paneles solares y encenderá su motor para alcanzar la posición orbital sobre Marte. Idealmente, cada uno estará separado por 120 grados en una órbita circular sincrónica, esto es, cada satélite mantendrá su posición sobre Marte a 26,270 millas, estando siempre en el mismo punto en referencia a la superficie, si todo va bien, esta red de comunicación permitirá a la Estación Terra en Marte comunicarse con la Tripulación en la Órbita de Marte casi todo el día Marciano o SOL, tal vez ocurra una pequeña pérdida de períodos de señal. Si uno de los satélites no alcanza su posición, la cobertura será de alrededor del 74% del SOL, y si solo un satélite alcanza la posición orbital correcta, la cobertura podría ser del 55% como máximo.

Una vez que se abrieron los paneles, la secuencia comenzó a liberar los satélites, uno por uno. Cada satélite tenía el código para la operación de inserción orbital y la estabilización.

Desde el momento que cada uno fue liberado, cada satélite debería alcanzar su posición orbital en dos días, los tres satélites fueron monitoreados desde la Tierra, y durante el acercamiento final, las actualizaciones podrían estar cargadas a ellos, por supuesto considerando los diecisiete minutos de retraso en cada sentido en este momento, 14 de octubre de 2029.

La simulación mostró una buena trayectoria para los tres satélites, aunque esta es la primera vez que tal operación se ejecuta más allá de la órbita terrestre.

Había una consola de operación para cada satélite, y cada uno tenía un grupo de ingenieros y técnicos asignados.

"El CubSat XL-A listo para ser empujado en cinco segundos", anunció el ingeniero jefe de la consola transportadora. "CubSat XL-A debería ser empujado lejos por el primer resorte y en pocos segundos su motor de maniobra debería encenderse durante algunas fracciones de segundo para separarlo del transportador, y se espera que se reciba una confirmación en 17 minutos cuarenta y siete segundos"

Unos veinte minutos más tarde, se lanzó el CubSat XL-B y, treinta minutos más tarde, el CubSat XL-C.

Se comenzó a recibir información sobre los diferentes eventos que tenían lugar, la liberación, el encendido de los motores, la distancia relativa a Marte, la trayectoria. Todo parece ir bien, a excepción de una pequeña desviación del CubSat XL-B, esta desviación terminará en una órbita diferente de Marte, y podría perderse, y los ingenieros intentarán las próximas treinta horas encontrar el problema y una solución para eso. No se podía hacer mucho y el tiempo es muy corto.

El 17 de octubre, el CubSat-XL-A ingresó a la órbita de Marte, necesitaba realizar un par de pequeños disparos para ajustar la órbita para la posición deseada. En los primeros minutos del día siguiente, el CubSat-XL-C se posicionó con éxito en la posición orbital requerida, ahora había dos satélites de comunicación en la órbita de Marte, separados unos de otros por 120 grados y 240 grados, esto significa que, si el tercer satélite no pudiera ser recuperado, iba a haber un segmento de pérdida de señal de aproximadamente sesenta grados.

La buena noticia fue que CubSat-XL-B estaba orbitando Marte; la mala noticia era que tiene una órbita más baja, y por lo tanto su período orbital era de una órbita cada 354 minutos, y no la órbita geoestacionaria necesaria.

Los ingenieros consideraron que podría haber una posibilidad de estabilizar la órbita, pero estas maniobras podrían consumir casi todo su combustible, esto significa que la vida de ese satélite en particular se reducirá de cuatro años Terrestres a un año y medio como máximo, esto es, cuando la Tripulación de Terra 1 llegue a Marte a finales de 2031, este satélite puede ser inútil. Por supuesto, estos cálculos se realizan considerando el uso de combustible para ajustes orbitales durante su operación normal; el valor puede tener una variación del 10% en ambas situaciones, más o menos tiempo operacional, de acuerdo con la experiencia adquirida en la órbita Terrestre.

"Entonces, ¿cuáles son nuestras opciones?", Preguntó el Director de la Misión.

"Podríamos tratar de reposicionar el Satélite B, quizás dure más porque la fuerza gravitacional de Marte es menor, y esto puede dar como resultado menos ajustes. Además, podemos planificar la reubicación de los satélites A y C "Respondió un ingeniero.

"¿Qué quieres decir con reubicación?", Preguntó el Director de la Misión.

El ingeniero se levantó y dibujó en un pizarrón un círculo que representaba a Marte, luego escribió A y C para representar ambos satélites. Dibujó una línea circular de A a la C y escribió 120, y luego dibujó otra línea en el otro lado del círculo de C a la A y escribió 240.

"Ahora, dijo, si podemos reajustar estos dos satélites para estar 180 grados separados de este y oeste, deberíamos poder cubrir al menos el 85% de la órbita, solo tendremos estas dos áreas de LOS, una al este y al oeste. Haciendo algunos cálculos, estas reubicaciones deberían consumir como máximo el 25% de combustible, tal vez el costo de esto sería la pérdida de aproximadamente seis meses de la vida de uno de los satélites".

"Eso nos llevará al año 2033, la Misión Terra1 regresará a la Tierra y quizás el Terra 2 estará en camino. Podemos presentar estas Opciones al Dr. Cook. Sé que estaban planeando enviar otros satélites más adelante, tal vez esa decisión tendrá que tomarse antes".

"Esta es mi sugerencia", dijo el Gerente de la Misión. "Me gustaría obtener más datos para el rescate de B, creo que podría hacerse y, como dijiste, debido a la distancia del Sol y la fuerza gravitacional de Marte, el satélite podría ser operacional hasta el final de 2032, lo que nos dará suficiente tiempo para el Terra1. Mientras tanto, le informaré de esto al Dr. Cook, y le presentaré las opciones, por favor prepárenme una breve presentación, muy ejecutiva ", le solicitó al ingeniero que estaba de pie junto al pizarrón.

Pocos días después de esa reunión, el equipo de ingeniería realizó algunas simulaciones para la reubicación del satélite B, llegaron a la conclusión de que la maniobra consumirá el 62% de combustible, y que la vida del satélite se reducirá a un año y cinco meses, considerando las variables de la órbita de la Tierra, esto significa once meses considerando las variables de Marte. Estos valores extenderán la vida útil del satélite B hasta mediados de 2033, esto apoyará a la Misión Terra-1, además de que tienen la opción de la reubicación de los satélites A y C si es necesario.

"He llamado a esta reunión porque tenemos una situación con el Sistema de Satélites de la Red de Marte", el Dr. Cook dijo a todos los miembros de la junta de WSEO que estaban todos vinculados por videoconferencia.

"Un problema ha llamado mi atención en relación con que uno de los tres CubSats no llegó a la ubicación orbital planificada, aunque hay alternativas como se puede ver en la información que les envié, mi preocupación es que el CubSat B, aunque ellos pueden reposicionarlo a la ruta orbital correcta, su vida que depende del combustible puede terminar en los primeros meses de 2033. Esto significa que para el despegue del Mars Lander podemos tener solo dos satélites, y si se toma la decisión de extender la Misión unas semanas adicionales, por cualquier causa que se presente, la falta de disponibilidad de las comunicaciones puede ser un problema".

"Me gustaría conocer su opinión sobre las soluciones que propone el fabricante u otras ideas que puedan tener, teniendo en cuenta que el primer y más importante problema es la seguridad de la tripulación".

"Si tenemos el peor escenario, perderemos unos 200 grados de cobertura, pero considero que esto no pone en riesgo la Misión, podemos mover un Mars Rover a esa zona y podemos usarlo como estación Terrestre, de hecho, también podemos usar las capacidades de comunicación de los Mars Rockets para funcionar también como estaciones terrestres. Recuerden que la primera Misión Espacial Tripulada tuvo muchos períodos de LOS durante cada órbita. La situación aquí es tener un plan de vuelo con varias opciones, para que la tripulación sepa exactamente cuándo no tendrán comunicación directa entre los elementos orbitales y de la superficie ", dijo Charlie Washington.

"Tenemos otra opción", dijo Lin Long. "El próximo año lanzaremos la Base Espacial Orbital de Marte, para fines de 2032 debería estar en funcionamiento, podemos usar su capacidad de comunicaciones, y aunque su órbita no es geoestacionaria, tiene dispositivos muy poderosos que pueden cubrir gran parte del área, de hecho, podemos moverlo a otra órbita, por supuesto no usando todo el combustible".

"Considero que esto no es un problema, esta es solo una situación menor que se puede solucionar con muchas opciones", comentó Peter Walheim Urich.

"Bien" el Dr. Cook dijo "Eso es lo que quería escuchar, entonces tenemos alternativas. Heather, ponte en contacto con la empresa CubSAt y diles que procedan con la mejor solución".

En el Control CubSat, los Administradores de Vuelo decidieron proceder con el ajuste orbital del Satélite B, de esta manera no alterarán los otros dos que ya han comenzado sus operaciones. Primero los equipos de operaciones realizaron una serie de pruebas para evaluar si otros sistemas pudieran estar dañados; después de que se recibió el resultado, concluyeron que el Satélite estaba sano.

Durante las siguientes semanas las maniobras se programaron en un simulador, el equipo de operación probó diferentes modelos y finalmente seleccionó uno, este consumirá menos combustible por lo que dará como resultado una vida más activa para este.

Los parámetros fueron vinculados al CubSat XL B y después de una verificación, el comando fue enviado para ejecutar la secuencia, debe comenzar cuando el satélite reciba un código del CubSat XL-A y confirmado por CubSat XL-C, estas dos señales indicaron el comienzo de las maniobras.

La corrección Orbital se realizó encendiendo sus motores de control unas veintiún veces durante unos segundos, y un minuto encendido para lograr una órbita más alta.

Estas maniobras fueron completadas en cuatro días, finalmente CubSat XL-B estaba en posición; la buena noticia fue que el combustible utilizado fue menor de lo esperado, ya que tiene casi el setenta por ciento de combustible disponible, su vida se extenderá hasta el final en 2033.

Después de esta exitosa reubicación, el equipo de CubSat comenzó una serie de pruebas entre los tres satélites y, utilizando un Rover como Estación Terrestre, enviaron patrones que fueron recibidos por otros y regresados al Rover. Estas fueron pruebas planificadas para evaluar la funcionalidad y la capacidad de almacenamiento.

Casi a fines del año 2029, anunció el Director de Operaciones "Tenemos una buena red de comunicación orbitando Marte, estamos cubriendo 360 grados".

...

El año casi había terminado, en el Centro Espacial Kourou se lanzó el Orbiter Columbus con tres Astronautas a bordo, Claude Pascal, Vitorio Aliegi y Amanda Livingstone. Su Misión, denominada EOSS-11, consistía en actualizar algunos sistemas de la EOSS y recibirán dos vehículos de carga de la Tierra con suministros, herramientas y piezas de repuesto. Esta Misión estaba preparando la EOSS para recibir el Hábitat en marzo y el Lander en octubre de 2030.

EOSS-11 permanecerá en la Estación de Servicio de la Órbita Terrestre hasta mayo de 2030, y recibirán la Tripulación del EOSS-12 el próximo mes de marzo, dos semanas antes de la llegada del Hábitat. La Tripulación del EOSS-12 permanecerá en la Estación hasta noviembre de 2030.

Para junio, el Módulo de Extensión del Hábitat debe llegar; este es un ATV modificado que estaba siendo preparado para permitir a la tripulación llevar con ellos más suministros y otros artículos. El diseño mostró al ATV acercándose a la ISS para ser capturado con el brazo robot, pero esta vez, habrá una variante, el sistema de propulsión se separará del resto, dejando solo el vehículo de carga con un puerto de acoplamiento en cada lado, uno para acoplar con el Hábitat, y el otro para acoplar con el Mars Lander.

2030 iba a ser un año muy ocupado; un año de la preparación final de la tripulación, el control de Tierra y los vehículos.

Capítulo 22.- Preparándose para el viaje (2030)

El MR-3 estaba listo para descender y aterrizar en Marte; este Mars Rocket iba a entregar el Mars Rover para la tripulación, al igual que el MR-2 tiene que aterrizar dentro del área especificada de cuatro millas.

El Rocket logró la órbita necesaria para comenzar el descenso controlado hacia la zona especificada, todo estuvo bien y el Rocket aterrizó de forma segura en las coordenadas de aterrizaje 24.589 N, 45.223 W; 3.13 Kilómetros del punto objetivo del Mars Lander, muy cerca del área de aterrizaje para que los Marsnauts puedan alcanzarlo fácilmente. Fue un muy buen comienzo para el año 2030, a solo un año del inicio de la Misión Terra-1.

...

En la EOSS, la Tripulación de EOSS-11 estaba preparando la Estación para recibir a la Tripulación del EOSS-12, llegarán en el Vehículo мечтатель o soñador, este es el nuevo Vehículo Soyuz, más grande y está diseñado para transportar hasta cuatro astronautas. Deben acoplarse en el Puerto B, que tiene acoplado el PDCU, el Puerto A estaba utilizado por el Columbus Orbiter, y el puerto C, que es el frontal, se usará para acoplar el Hábitat.

Los Astronautas de la Tripulación del EOSS-12 fueron Yuri Popov, Judith Mclean y Timothy Moore, los tres recibieron capacitación especial en el Hábitat, para que pudieran realizar todos los diagnósticos y cambiar las partes necesarias si fuera necesario, la tarea principal de esta tripulación era recibir y preparar El Habitat y su extensión, programada para ser lanzada en marzo y junio, respectivamente.

El Habitat ya estaba en su contenedor montado en un SLS Rocket, en la Plataforma 39A en el Centro Espacial Kennedy; los ingenieros estaban realizando las preparaciones finales en la plataforma de lanzamiento. Ingenieros Alemanes e Italianos estaban realizando las pruebas finales en el Hábitat y su Módulo de Propulsión diseñado por la Agencia Europea.

Una vez lanzado y en órbita, el Hábitat se acercará a la EOSS utilizando su módulo de propulsión, hasta que se estacione a pocos pies de distancia de la EOSS, para ser capturado por el RMS.

El lanzamiento tuvo lugar a tiempo, porque solo había una ventana de cinco minutos, y debido al buen rendimiento de los motores y la arquitectura del Rocket, se estaba llevando a cabo la técnica de la vía rápida, esto significa que en seis horas la EOSS será capaz de capturar el Habitat.

Los controladores de tierra monitorearon la separación de las etapas del SLS, la apertura de los paneles del contenedor y las maniobras del módulo de propulsión para lograr la órbita y la posición deseada cerca del EOSS.

Seis horas después, la Tripulación del EOSS vio el Hábitat, a unas seis millas de distancia, pudieron ver con las cámaras de largo alcance, que sus propulsores se encendían debido a la fase de aproximación.

"Tenemos el Hábitat a la vista, se ve muy bien, brilla mucho debido a su fuselaje cubierto de celdas solares", dijo Claude Pascal.

Los controladores de la Tierra monitorearon la operación de aproximación, a treinta pies el Hábitat se mantuvo estable, para que el RMS lo pudiera capturar. En este momento el módulo de propulsión que estaba en un extremo del Hábitat todavía estaba unido a él, tenía que ser asegurado para evitar cualquier actividad.

El RMS de la EOSS se desplazó a la posición para comenzar la operación de captura. Se extendió y se posicionó sobre el Hábitat donde estaba ubicado el mecanismo de agarre. El efector final comenzó a moverse hacia adelante, obteniendo mediciones con el láser y el objetivo en el Hábitat. "Contacto" fue dicho por la Astronauta Amanda Livingstone que estaba operando el RMS con el apoyo del Control de la Misión.

El proceso de asegurar el Habitat comenzó cerrando los cerrojos, una vez que se recibió la confirmación de que todos los cerrojos estaban asegurados, se envió un comando al módulo de propulsión que era un sistema de propulsión modificado ATV para liberar los cerrojos de fijación y preparar el sistema de resorte de separación.

 El resorte se activó, haciendo que el módulo de propulsión se alejara del Hábitat muy lentamente, la tripulación y el control de la Misión miraban estas imágenes y leían los parámetros. Una vez que el sistema de Propulsión se alejó 30 pies, se dispararon pequeños cohetes de maniobras para aumentar la distancia con respecto al Hábitat.

El RMS se desplazó completamente hacia el módulo de la compuerta presurizada del EOSS, luego, comenzó a posicionar el Hábitat con el puerto de acoplamiento C del módulo de la compuerta presurizada. Fueron alineados usando el sistema de guía de acercamiento internacional y acoplamiento.

Este sistema controlaba el movimiento del RMS, por lo que la Tripulación y el Control de la Misión solo tenían que monitorear la Operación.

"Diez pies" dijo el Astronauta Livingstone "Seis pies, un pie y contacto" El Habitat ahora estaba acoplado con la EOSS, la tripulación solo sintió un movimiento muy pequeño.

"Asegurando el mecanismo de acoplamiento", dijo el ingeniero de Acoplamiento, a través del sistema de comunicación.

Antes de proceder a abrir la escotilla, a tripulación tendrá que esperar unas pocas horas hasta que la presión en el Hábitat sea igual a la presión del EOSS, y algunas evaluaciones de la integridad del Hábitat se llevarán a cabo desde la Tierra.

Horas más tarde, la tripulación recibió la autorización para abrir la escotilla, al principio solo entró un astronauta, protegido con una máscara de gas como precaución en caso de que algunos gases se filtraran durante la fase de ascenso.

Cuando el Control de la Misión dio la Autorización, la tripulación pudo ingresar al Hábitat para comenzar a activar los sistemas y realizar diferentes pruebas sobre ellos.

La primera actividad fue extender los cuatro paneles solares; iban a monitorear la extensión de ellos y la cantidad de energía que podían capturar, por lo que los científicos en la Tierra podrían evaluar su rendimiento.

"Extendiendo la base de soporte del panel solar A, Ok y asegurado, comenzando ahora la Extensión del Panel Solar A-1", dijo la Astronauta Judith Mclean, quien siguió el despliegue en el Monitor del Hábitat. "Panel solar A extendido 82% y continuando" Después de unos minutos " El Panel solar A-1 Extendido 100% y asegurado, comenzando el posicionamiento de escaneo solar". Esta operación fue el movimiento del panel para recibir la energía solar, esta operación fue automática, midiendo la energía solar recibida, entonces se ajustará su posición para aprovecharla al máximo.

"Comenzando la extensión del Panel Solar A-2", dijo ella. Cada panel solar tenía dos paneles solares. El panel Solar B también se extendió en su longitud total.

Ahora los Ingenieros del Control de la Misión ejecutaron una serie de pruebas y mediciones para evaluar el rendimiento de los paneles solares y el almacenamiento de energía.

La Tripulación del EOSS-12 ingresó al Hábitat para comenzar la activación de todos los sistemas y realizar pruebas y actualizaciones, los tres astronautas vivirán en el Hábitat durante los próximos meses, como si fueran los Marsnauts, mientras que la Tripulación del EOSS-11 permanecerá como residentes de la EOSS.

El próximo evento para estos tripulantes seria recibir la extensión de Hábitat que será lanzado desde Kourou. La extensión es bastante similar a un vehículo de carga ATV, pero modificado en su estructura para apoyar el viaje, y tiene un módulo de propulsión desmontable.

•••

"Estamos en camino" El controlador del Mars Rocket anunció en la Sala de Control, "el MR-4 debería comenzar su descenso en noventa segundos, todos los parámetros fueron cargados y la simulación mostró que debería descender aproximadamente a 24.50 N, 45.58 W".

Como en los casos anteriores, la pantalla mostró la trayectoria calculada, y se modificará cuando se reciba la telemetría del cohete.

A medida que comenzó a mostrarse la señalización, el controlador del Mars Rocket dijo: "Todo va por buen camino, tenemos una pequeña desviación de la trayectoria calculada, y la telemetría indica que el cohete ha estado aumentando el empuje en algunos motores para volverlo a poner en marcha; de acuerdo con los datos hay viento proveniente del Norte que está empujando el cohete hacia el sur, a nueve minutos restantes en el descenso, combustible disponible al 47%, en este punto todavía debería tener el 58%, todo se ve bien ".

Todo el personal permanecía en silencio siguiendo la simulación y la telemetría. "En tiempo real debería estar ya en Marte ahora, tenemos que esperar para conocer su estado". Un ingeniero comentó a otro.

"Cinco minutos, el combustible al 30% del empuje de los motores el vehículo se estabilizó, dos minutos para aterrizar, todavía hay suficiente combustible para un aterrizaje seguro. Un minuto, la telemetría indica que el cohete se desvió a una o dos millas del punto de aterrizaje objetivo debido al viento, pero dentro del límite establecido de cuatro millas".

"La telemetría indica que el MR-4 ha aterrizado en Marte, los motores detenidos. Las coordenadas de aterrizaje no oficiales son 24.56N, 45.283 W, 1.1 Kilómetros desde el punto central, un poco más cerca de lo esperado".

"En pocos minutos deberíamos recibir la confirmación del MR-3 y MR-2, los tres vehículos deberían estar vinculados entre sí".

"Se han desplegado paneles solares del MR-4, combustible al 16%, baterías recargadas".

"La señal de confirmación ha sido recibida, los tres cohetes están seguros en la superficie de Marte, los tres pueden usarse para una prueba de despegue en el futuro".

Todo el personal se felicitaba, los tres primeros elementos para la Estación de la Superficie de Marte ya estaban en el Planeta, esperando que la Tripulación los descargara y los llevara a su operación total, estos formaban la primera fase de la Estación Terra 1.

Los ingenieros en la Tierra iban a seguir revisando el Marslab, el Mars Rover y el Invernadero, aunque estaban dentro de los Mars Rockets, había una interfaz que les permitía acceder a ellos a través de los sistemas de comunicación del MR y aprovechando la red de comunicaciones de Marte que estaba completamente operacional.

...

En la EOSS, la tripulación recibió un vehículo de carga con suministros, partes y herramientas, parte de la carga recibida se trasladará al Hábitat para el viaje a Marte, entre otras cosas algunos artículos personales, consolas y visores de realidad virtual para los Marsnauts.

La tripulación estaba lista para recibir el Módulo de Extensión del Hábitat que debería lanzarse desde Kourou en aproximadamente una semana.

Estaban monitoreando el Lanzamiento del Ariane VI, esta vez después del lanzamiento; el ATV modificado llegará a la EOSS en 52 horas.

"El ATV-HX está ahora a 70 millas del EOSS, todos los sistemas funcionan perfectamente. El Módulo debería llegar a la EOSS en 47 minutos "informó el Control de la Misión.

La Tripulación del EOSS estaba monitoreando el encuentro; el ATV modificado debería quedar estacionado a treinta pies del EOSS para que el RMS lo capture y lo acople al Hábitat; la tripulación tendrá que esperar hasta que la presión se estabilice en la extensión para abrir la escotilla.

"Podemos ver el ATV-HX, está a ciento diez pies de nosotros", dijo Amanda Livingstone, "estamos listos para agarrarlo".

"ATV se acerca" Dijo el comentarista del Control de la Misión del ATV "a cien pies del EOSS, se estabilizará a 30 pies para que el EOSS pueda continuar con la captura".

El vehículo se estabilizó a treinta pies del EOSS, justo en frente del Hábitat que estaba acoplado en el Puerto C.

El RMS se movió hasta el borde del módulo de la compuerta presurizada, operado por Amanda Livingstone. Ella comenzó a colocarlo sobre el mecanismo de acoplamiento del ATV modificado, y luego lo bajó para que el efector final pudiera capturar el Módulo y cerrar los ganchos y los cerrojos para asegurarlo.

Cuando los controladores de Tierra verificaron que todos los cerrojos y ganchos estaban asegurados, enviaron el comando para alejar el módulo de propulsión que se utilizó para la fase de encuentro y captura. Una vez separado, fue maniobrado para ganar distancia de la EOSS, para un reingreso a la atmosfera controlado.

El RMS se posicionó para alinear el nuevo elemento con el Hábitat, por lo que los puertos de acoplamiento deberían coincidir. El objetivo se activó, por lo que Amanda pudo seguir la operación automática realizada por los procesadores del RMS. "Tres pies para contactar" dijo ella "y tenemos contacto, el Habitat ha sido acoplado con el módulo de extensión" Ella emitió el comando de cerrado para asegurar ambos módulos "Tengo la confirmación en la consola de que los doce seguros están ahora cerrados"

"Gracias Amanda", dijo el Capcom en el Control de la Misión. "Comenzaremos el ajuste de presión y la verificación del módulo ahora; le avisaremos cuando sea seguro abrir la escotilla. Timothy, cuando entres, asegúrate de usar la máscara de respiración". "Enterado", respondió Timothy Moore. En este momento, por razones de seguridad, la escotilla del Habitat se ha cerrado y los paneles solares se han retraído, y la mayoría de los sistemas se han puesto en modo de hibernación. Una vez que se abra la escotilla el Hábitat volverá a su estado de operación. Se requerirá un EVA para conectar algunos componentes entre el Hábitat y el Módulo de Extensión.

Setenta minutos después recibieron la orden de proceder con la apertura de la escotilla. Abrieron la escotilla del Hábitat primero y luego la escotilla del Módulo de Extensión del Hábitat. En este momento, solo Timothy Moore ingresó y tomó lecturas de la calidad de la atmósfera. No encontró problemas; todos los valores estaban dentro de los límites. Informó al Control de la Misión para que pudieran darle la Autorización para activar el Módulo de Extensión.

"Puedes proceder con la integración de la extensión", dijo el Capcom. "Enterado", respondió Timothy.

Extendieron los paneles solares del Habitat y activaron todos los sistemas; aún necesitaban realizar un EVA para agregar algunos conectores para transferencia de energía y señalización además de algunos cerrojos de seguridad. Todos estos equipos llegaron en un vehículo de carga.

El EVA tendría lugar en un par de días, estaba programado para durar seis horas, los Astronautas que harán caminata en el espacio serán Judith Mclean y Timothy Moore, ambos han estado practicando esta operación en el Centro de Flotabilidad Neutral en Houston y en el Centro Europeo de Astronautas en Colonia.

Mientras tanto, muchos de los suministros y partes recibidos fueron trasladados al Módulo de Extensión, que, aunque tiene muchos gabinetes ya llenos, muchos otros se llenarán en las próximas semanas.

...

El hombre de la manifestación de París siguió llamando a Andrew, ha estado aumentando la angustia de Andrew por las amenazas ambientales, las posibles guerras y la necesidad de obligar a los líderes a tomar medidas efectivas, ha convencido a Andrew de hacer algo y aprovechar la atención mundial al proyecto con el que ha estado trabajando. Andrew estaba confundido, pero su enojo iba en aumento a medida que leía las noticias, ahora estaba pensando en esto, "Algo tiene que hacerse de inmediato", pensó.

"La próxima semana el personal de KSC llegará para preparar el Mars Lander para transportarlo", dijo el Dr. Erich Von Stuhlinger, "por lo que si tiene algunas pruebas debe terminarlas el jueves, el viernes revisaremos la configuración final y los asuntos pendientes que tienen que ser atendidos por la Tripulación del EOSS. Esto es muy importante; Necesito que detengan lo que están haciendo y se concentren en las pruebas finales".

Después del informe general, el Dr. Von Stuhlinger se acercó a Andrew "Hola Andrew, ¿está todo bien? Te he notado un poco tenso en las últimas semanas". "Estoy bien, solo quiero estar seguro de que todo funcione perfectamente", respondió Andrew.

"Y así será, hemos verificado y simulado todas las opciones imaginables", agregó el Dr. Von Stuhlinger.

"Lo sé, solo quiero pasar estos últimos días haciendo algunas pruebas, y tratar de pensar en otras fallas, tendré tiempo para descansar en el futuro", respondió Andrew.

"Bien, pero descansa un poco, viajarás a Florida para los preparativos finales, allí podrás visitar las hermosas playas".

"Eso haré", respondió Andrew y agregó "pero ahora quiero verificar algunas cosas en la secuencia del despegue" diciendo esto caminaron hacia el hangar blanco donde estaba el Mars Lander.

El Dr. Erich Von Stuhlinger fue a ver al Dr. Gunter Schneider "Hola Gunter, he hablado con el equipo, como he visto no hay problemas importantes, si algo se necesita, todavía tendremos tiempo en el Centro Espacial Kennedy o en el EOSS, hemos entrenado muy bien a los Astronautas Helmut Baun y Reinhard Deusser que estarán en la Misión EOSS-13 para recibirlo y realizar los preparativos finales. Andrew y otros dos Ingenieros de Propulsión estarán en Florida, también Hans y dos Ingenieros de Robótica y señalización, estaré allí todo el tiempo, y tal vez tendremos que mover a otros ingenieros si algo surge".

"Bien", dijo el Dr. Schneider, "¿Tienes un cronograma actualizado?".

"Sí, el lunes llegará un equipo de KSC y tendremos una junta para validar el estado y, si todo está bien, para el jueves, el contenedor llegará en un avión de carga especial. Tomará cerca de seis días asegurar el Lander en el contenedor y luego cargarlo en el avión. Este domingo partirá y hará una parada en Londres, y luego en Bermuda, para llegar a Florida el martes. Lo descargarán y moverán el contenedor al Edificio de Operaciones del ISS, en el Área Industrial. Una vez ahí se sacará y colocará en un área totalmente aislada preparada para ello, si todo va bien en dos semanas, estaremos trabajando ahí".

"Maravilloso", dijo el Dr. Schneider "Iré antes de que se cargue en el contenedor de lanzamiento, me gustaría tener una reunión de revisión de preparación con el equipo".

•••

"Estamos en la compuerta presurizada, estoy abriendo la escotilla ahora", dijo el Astronauta Moore.

El EVA comenzó, los dos astronautas se movieron hacia el área donde estaban acoplados los dos vehículos. Localizaron los conductos que se encontraban debajo de la cubierta del panel solar con los cables y conectores. Primero, adaptarán una unidad al Hábitat en un contenedor de mantenimiento externo; esta unidad tiene el conector necesario para recibir los cables del módulo de extensión.

Su segunda tarea era instalar una cubierta protectora y un conducto, este se usará para pasar los cables de un módulo al otro, este conducto es flexible y tiene una protección contra los micro meteoritos y la radiación, además de que irradiará el calor que pueda quedar atrapado adentro.

La tercera actividad será conectar los diferentes cables; cada uno tiene un ID, por número y color que corresponde al conector instalado en el Hábitat.

Para esta operación, los sistemas del Hábitat se han desactivado y se ha cerrado un interruptor para proteger a los Astronautas y a todos los sistemas en caso de una sobrecarga del sistema.

Una vez que se complete la instalación, los Astronautas del EVA ejecutarán una serie de pruebas con una unidad para medir la continuidad de cada línea y el nivel de respuesta recibido.

Después de cinco horas y cuarenta y siete minutos terminaron la instalación, antes de regresar tuvieron la oportunidad de mirar a la Tierra, estaban pasando por la Península de Yucatán y el Caribe, los colores eran simplemente increíbles. Luego, miraron la EOSS, era una Estación Espacial muy impresionante, no tan grande y compleja como la ISS, pero tiene la estructura de Mantenimiento, el módulo presurizado, el módulo de la compuerta presurizada y sus paneles solares. Acoplado al Módulo de la compuerta presurizada estaba el Habitat y su extensión, el Orbitador Columbus acoplado al PDCU y el nuevo vehículo Ruso Soyuz-Dreamer.

Ver esta magnífica estructura les quitó el aliento a los astronautas, era algo de ficción, comentó el Astronauta Moore.

Ambos astronautas se aseguraron de tener todas sus herramientas con ellos y procedieron a ingresar a la Compuerta Presurizada para comenzar el proceso de presurización y poder quitarse los trajes EVA.

Pocas horas más tarde, el Control de la Misión le dio la Autorización para comenzar la transferencia de Energía al Módulo de Extensión.

Los astronautas activaron el flujo de energía y verificaron las lecturas en el módulo de extensión antes de encender todos los sistemas en el Hábitat, todas las lecturas estuvieron dentro de los valores esperados.

Comenzaron a activar los sistemas del Hábitat y volvieron a extender los paneles solares; después verificaron la carga en el conjunto principal de baterías y en el conjunto secundario que proporcionará energía a la extensión.

Los controladores de Tierra y la tripulación estaban monitoreando las consolas de medición de energía para asegurarse de que el nivel de energía no decayera cuando la extensión sea activada.

La Astronauta Judith McLean activó el flujo de energía al Módulo de Extensión, todas sus luces comenzaron a brillar y algunos sistemas como aparatos de refrigeración y cocina comenzaron a cobrar vida. No hubo indicios de que la energía en el Hábitat se viera afectada.

El Capcom les comunicó que no había problemas para poder ingresar y comenzar la preparación del Módulo de Extensión, consistiendo en desempacar algunas cosas que permanecerán en la EOSS, y mover algunas cosas a los gabinetes.

Una de las actividades fue configurar el sistema de comunicación inalámbrica que permitirá usar esa funcionalidad desde el Orion a la extensión; de esta manera no habrá necesidad de buscar conectores físicos, aunque están ahí para ser utilizados en caso de contingencia.

La instalación de procesamiento de alimentos de rehidratación, el horno y el congelador están ubicados en esta sección, dejando más área para la tripulación en el Hábitat; solo el baño y el equipo de ejercicio físico se guardan en el Hábitat.

Para dormir hay un área en el Orion, en el Hábitat y en la Extensión y también en el Mars Lander, por lo que la Tripulación del Terra puede ser distribuida para este asunto.

El Hábitat y la Extensión estaban listos para la Operación; la Tripulación del EOSS-12 probará cada sistema durante las siguientes semanas y aplicará cualquier actualización enviada por el Control de la Misión.

La Tripulación EOSS-11 entró en su vehículo, para ellos era hora de regresar a la Tierra. Después de una ceremonia de despedida, las escotillas se cerraron entre La Compuerta Presurizada A del EOSS y el Orbitador Columbus, una vez que se sellaron las escotillas y se completó la verificación de fugas y se desacopló el Orbitador para comenzar su regreso a la Tierra, se esperaba aterrizar en la pista de aterrizaje de Kourou en cuatro horas.

"Partiendo Columbus", anunció Yuri Popov, Comandante de la EOSS mientras sonaba la campana tradicional.

El Orbitador Columbus se posicionó con sus motores en la dirección de viaje, los motores fueron encendidos para disminuir su velocidad y comenzó su entrada a la atmósfera. Se realizó una maniobra para colocar la cabina del Orbitador en la dirección de viaje, posicionándola para que el escudo térmico reciba la fricción de reentrada.

Se realizaron una serie de maniobras para reducir la velocidad y finalmente se acercó a la pista, proveniente del noroeste.

"Las ruedas se detienen", dijo el Capcom "felicidades por una Misión excepcional, estamos más cerca para el viaje a Marte." "Gracias, ha sido un privilegio participar en esta Misión y con esta Tripulación y la Tripulación del EOSS-12" respondió el Astronauta Claude Pascal.

"Claude, por favor procede con el procedimiento de desactivación" dijo el Capcom.

Una serie de vehículos se acercaron al Orbiter Columbus para comprobar que no hubiera gases peligrosos cerca del vehículo del cual la tripulación desembarcará; también una unidad para eliminar cualquier combustible restante del sistema de propulsión.

Después de casi una hora, una tripulación se acercó para abrir la escotilla, ayudaron a los tres Astronautas a salir del vehículo y los condujeron a un vehículo especial que los llevaría al edificio de operaciones de la tripulación, donde los iban a ser recibidos por un grupo de médicos y más tarde por sus familias.

Mientras tanto, en Baikonur, un cohete Soyuz con un vehículo de carga Progress estaba listo para ser lanzado a la EOSS. Llevaba suministros y equipamiento para la Tripulación del Terra 1 y para las Tripulaciones del EOSS. Este cohete seguirá la técnica procedimiento rápido para poder alcanzar la EOSS en solo seis horas.

...

En el Centro Espacial Kennedy, el avión especial con el Mars Lander llegó a la pista de aterrizaje del Transbordador. Un equipo descargó el contenedor y lo llevó a las Instalaciones de Procesamiento de la Estación Espacial para los preparativos finales antes de que sea movido al VAB para que se monte sobre un SLS para su lanzamiento en octubre.

El Mars Lander fue extraído del contenedor y se colocó en el cuarto aislado en las Instalaciones de Procesamiento de la Estación Espacial.

El personal de Astrotechnika llegó para comenzar la verificación de todos los sistemas y prepararlo para el lanzamiento, con ellos estaban los Astronautas Reinhard Deusser y Helmut Baun del EOSS-13, ellos han estado entrenando para poder trabajar en él mientras está acoplado al EOSS, por lo que estaban participando en esta operación.

La Tripulación del Terra 1 visitó la instalación de procesamiento de la Estación Espacial; estaban entrenando en el Centro Espacial Kennedy y fueron invitados a ver su Mars Lander. Se encontraron con el grupo Astrotechnika, que les mostró todo el vehículo. La tripulación ha estado practicando en un simulador durante muchos meses, pero fue una experiencia diferente ver el vehículo real y poder entrar en él.

La Tripulación del Terra 1 estaba impresionada; le dieron el nombre de Endeavor en honor al HMS Endeavor que llevó al capitán James Cook a Australia y al Pacífico.

"Uno de los viajes que el Capitán James Cook quería hacer con el Endeavour era viajar desde el Pacífico a través del estrecho de Bering y el Ártico hasta Inglaterra, desafortunadamente cuando intentó hacerlo ya era invierno, y la mayor parte del océano en esa región tenía una gruesa capa de hielo. Ahora llevaremos nuestro Endeavour a Marte. Nos llevaremos una placa con los nombres de todos los exploradores del mundo que han abierto el camino para llegar a nuevas fronteras ", dijo el Comandante Cooper.

Por primera vez vieron las plataformas de aterrizaje y la plataforma de superficie que usarán para pasar del vehículo a la superficie de Marte.

Después de la visita de la Tripulación de Terra 1, los Ingenieros de Astrotechnika completaron su verificación final y aseguraron el vehículo para el lanzamiento. El equipo de lanzamiento comenzará la tarea de asegurar el vehículo en el contenedor de lanzamiento, luego será transportado al VAB para ser integrado en la parte superior del SLS. El lanzamiento está programado para el 10 de octubre. El contenedor fue sellado para minimizar el riesgo de contaminación del vehículo.

Todo el equipo de Astrotechnika siguió la operación, Andrew estaba mirando el contenedor, muy orgulloso porque su trabajo estaba dentro de este, y llegará a Marte, algunas lágrimas salieron de sus ojos, pero dentro de él había algo que lo estaba molestando mucho, algo que hizo, algo que él solo lo sabe.

Cuando el Mars Lander Endeavour fue trasladado para ser instalado en el contenedor, los Astronautas del EOSS-13 viajaron a Houston para completar entrenamiento del EVA en las instalaciones de flotabilidad, después de eso los cuatro miembros de la Tripulación iban a reunirse en Kourou para su preparación final y Lanzamiento, el Orbitador Cook iba a ser su vehículo, y el lanzamiento estaba programado para el 2 de septiembre de 2030. Eran la tripulación que verificará y realizará la preparación final del Mars Lander para ser entregado en órbita para la Tripulación del Orion.

···

"Después de desayunar, la tripulación recibió la información meteorológica y estaban siendo ayudados para ponerse sus trajes presurizados, los Astronautas Helmut Baun, Reinhard Deusser, Olga Ramonov y Matthew Beale fueron transportados a la plataforma de lanzamiento a bordo del transporte de la tripulación. "Marie Lacombe de la Oficina de Relaciones Públicas dijo en el sistema de transmisión pública.

"La tripulación ha llegado al Cuarto Blanco móvil, los cuatro Astronautas y un miembro de OCBA, grupo de asistencia para abordar el vehículo están ingresando; la grúa gigante comenzó a moverse para colocarla y asegurarla en la estructura de soporte para el Cuarto Blanco, ubicado frente a la escotilla de Orbitador en la Estructura de Servicio".

"Una vez que el Cuarto Blanco está asegurado, dos miembros adicionales de la OCBA comenzarán a ayudar a los astronautas a entrar en el Orbitador y asegurarlos en sus asientos, también realizarán una verificación final de los trajes presurizados y las pruebas de comunicaciones entre la Tripulación y el Centro de Lanzamiento y el Centro de Control de la Misión en Houston".

"Esta Tripulación se encontrará con la EOSS en dos días. Una vez que lleguen allí, se acoplarán al puerto A que acaba de ser liberado con el desacoplamiento del vehículo de carga Progress".

"A bordo del EOSS, la Tripulación del EOSS-12 está trabajando con el Habitat y su extensión, además de los preparativos para recibir a la Tripulación del EOSS-13 y las actividades del EOSS".

"El reloj de la cuenta regresiva está avanzando y estamos en pausa en T-dos horas y veinte minutos, esto es un periodo de pausa programada para permitir que la tripulación suba a bordo y el Equipo OCBA cierre y asegure la escotilla, esta pausa está programada para durar cincuenta minutos, aunque puede extenderse hasta sesenta y cinco minutos ".

"Todo va bien para el lanzamiento de hoy, no hay problemas técnicos y el clima estará dentro de los criterios para un lanzamiento, aunque el oficial meteorológico está siguiendo una tormenta que se encuentra a unos noventa kilómetros de la Plataforma de Lanzamiento. El Criterio establece que debe haber cuarenta kilómetros de clima despejado para el regreso al sitio de lanzamiento en caso de que el lanzamiento deba abortarse durante los primeros minutos del vuelo, y el clima despejado en la pista Transoceánica en España, en caso de aborto transoceánico debido a una falla del motor del cohete".

La cuenta regresiva continuó, mientras tanto, la Tripulación del EOSS-14 estaba practicando las maniobras que realizarán en órbita para preparar la entrega del Habitat y el Mars Lander a Tripulación del Terra-1. Ambas tripulaciones se estaban entrenando juntas para practicar el encuentro y el acoplamiento del Hábitat con el Orión.

"Estamos a T-9 minutos y contando", dijo el comentarista del lanzamiento en el Centro Espacial Kourou. "Todo sigue muy bien, el Director de Lanzamiento acaba de completar la encuesta final, y todos los sistemas están listos, la única preocupación era el clima, sin embargo, en este momento ya no presenta riesgo".

"Los astronautas han cerrado y asegurado sus visores; estamos a tres minutos del lanzamiento del Orbiter Cook, llamado así por el gran explorador británico James Cook, la Misión de esta tripulación es preparar el Mars Lander llamado Endeavour para ser entregado a la Tripulación del Terra-1 el próximo año".

"El Orbiter Cook tiene alimentación interna, T-1 minuto y contando a T-40 segundos el secuenciador de tierra transferirá el control a las computadoras de a bordo, en este punto se evalúan miles de parámetros para asegurarse de que todos estén dentro de los límites".

"T- 40 segundos y contando, el Ariane VII y el Orbiter Cook están listos para el vuelo".

"T- 10 segundos, 8,7,6 inicio de los motores principales del Ariane, todos los motores funcionando, 3,2, 1, encendido de cohetes de combustible sólido, y despegue, despegue del Orbitador Cook con la Tripulación del EOSS-13 hacia la Estación de Servicio de la Órbita Terrestre para dar la revisión final al Mars Lander, y el Ariane ha despejado la torre ".

"Control de la Misión dando seguimiento" se escuchó en el sistema de transmisión público. Era la voz del CapCom, el Director de vuelo de Ascenso lidereaba al equipo durante el ascenso, y más tarde el equipo de Orbit One se hará cargo de la operación.

El ascenso se realizó sin problemas; los Cohetes de Combustible Sólido y las dos etapas del Ariane colocaron el Orbiter Cook en órbita justo ocho minutos después del Lanzamiento; ahora la tripulación estaba comenzando la "persecución" de la EOSS que concluirá con un acoplamiento en cuarenta y ocho horas.

"El Orbiter Cook está a doscientos setenta pies de la EOSS; realizará un vuelo alrededor para alinearse con el puerto de acoplamiento A, donde permanecerá durante toda su Misión. El Puerto B tiene el PDCU y acoplado a él está el Soyuz-Dreamer, y el puerto frontal es donde el Hábitat está acoplado ", explicó el comentarista de la Misión.

La pantalla mostraba una imagen dividida, en un lado estaba la vista desde la cámara del orbitador; la otra mitad era una vista desde una de las cámaras externas de la EOSS.

"Tres pies, el Orbiter Cook se acerca y confirmamos Contacto" La imagen mostraba el objetivo de acoplamiento visto desde el Orbiter y una vista del orbitador acoplado desde una cámara externa de la EOSS.

"Los ganchos y las cerraduras se han cerrado y asegurado, el proceso de presurización ha comenzado".

Después de sesenta minutos, se abrieron las escotillas y la tripulación recién llegada fue recibida por la Tripulación del EOSS-12. Se trasladaron al Módulo presurizado del EOSS para una breve ceremonia de bienvenida y una reunión informativa con familiares y funcionarios de las Agencias Espaciales.

...

En el KSC se abrieron los enormes paneles del VAB y comenzó el movimiento del poderoso cohete SLS montado em la plataforma móvil, avanzaba hacia la Plataforma 39A, un viaje de tres horas. Una vez allí, el equipo de lanzamiento iba a comenzar los últimos preparativos para el lanzamiento, esta vez el cohete no lleva tripulación, lleva al Mars Lander en la parte superior.

Todos los ingenieros de Astrotechnika estuvieron allí y fueron invitados a presenciar el lanzamiento.

Tres semanas después, el 10 de octubre de 2030, todo estaba listo para el lanzamiento que iba a tener lugar a las 18:05 EDT.

En el área de observación VIP, las Tripulaciones del Terra 1 y Terra 2 estuvieron presentes, así como el Dr. Cook, Charlie Washington, Peter Walheim Ulrich, Lukas Schneider y otros Jefes de Agencias Espaciales y todo el equipo de Astrotechnika.

El equipo de Lanzamiento fue liderado por el Director Bob Harris quien condujo la encuesta final sin problemas pendientes, esta vez Andrew representaba al equipo de Carga, desde que el Mars Lander estaba "empacado" en el contenedor, él y su grupo habían estado realizando algunas pruebas, por lo que dio un "Adelante" para su lanzamiento como el representante de carga durante la encuesta.

La cuenta regresiva procedió y el despegue fue espectacular, ya era de noche, por lo que los motores iluminaron todo el horizonte cuando comenzaron. El cohete subió espectacularmente. Se pudo ver cuando los cohetes de combustible sólido se separaron. A medida que el cohete subía, se les salieron las lágrimas a los ingenieros de Astrotechnika quienes gritaban "Adelante Mars Lander, delante Endeavor", se emocionaron al ver que el vehículo que habían creado estaba en camino y en pocos meses estará en Marte, fue un momento muy emotivo

La primera etapa se separó dejando el contenedor en órbita, se abrieron los cuatro paneles y un resorte empujó el módulo de propulsión lejos de él. Pequeños propulsores en el módulo de propulsión fueron disparados para ganar distancia del contenedor, después de un minuto el motor principal del módulo de propulsión fue disparado para ganar velocidad para lograr una órbita más alta y comenzaron las maniobras de persecución hacia la EOSS.

Cuarenta y siete horas después del lanzamiento, el módulo de propulsión con el Mars Lander estaba a seiscientos pies del EOSS, la operación de aproximación estaba siendo controlada desde la Tierra. El Vehículo Espacial se estabilizó a 50 pies de la Estación, todos los sistemas de propulsión se pusieron en modo de hibernación.

La Astronauta Judith Mclean, con ayuda del Control de la Misión, movió el EOSS RMS hacia el Mars Lander, para posicionar al efector con el objetivo que estaba en la parte posterior del mismo.

El RMS se colocó a tres pies de la unidad de captura del Mars Lander, después de la validación de la alineación y el estado del módulo de propulsión, el RMS fue movido muy lentamente para alcanzar el objetivo de captura. "Tenemos contacto", dijo el Astronauta Mclean, "Hemos capturado el Endeavour".

Una vez que se aseguró al RMS, los cerrojos y los ganchos, que estaban sosteniendo al Lander con el módulo de propulsión fueron liberados.

"Tenemos la confirmación de que el Lander ha sido liberado, puedes continuar con la maniobra de recuperación", dijo el CapCom a Judith. Ella comenzó a mover muy lentamente el RMS con el Lander capturado, las cámaras en el RMS y el sistema de señalización mostraron que el Lander se podía mover libremente.

El RMS movió al Lander lejos del módulo de propulsión hacia la estructura de mantenimiento donde el Lander se acoplará con el EOSS.

Una vez que se había asegurado, el RMS lo liberó y la estructura de servicio superior se extendió para cubrir la mayor parte del Lander.

En este momento el Módulo de Propulsión recibió un comando de la Tierra para disparar sus propulsores para alejarse de la EOSS y maniobrar para reingresar a la atmósfera en donde será destruida.

El Mars Lander Endeavor se había acoplado de forma segura al puerto de la estructura del Módulo de Servicio del EOSS, ahora la Tripulación del EOSS-13 debería comenzar sus actividades para probar cada sistema una y otra vez, y para aplicar las modificaciones y actualizaciones necesarias, tendrán para realizar una Caminata Espacial para hacer algunas actividades en el exterior del vehículo y verificar el escudo térmico.

En dos semanas, un nuevo vehículo de suministro deberá llegar esta vez para ser capturado por el RMS y acoplado en el puerto de acoplamiento del Módulo de Extensión del Hábitat. Muchos materiales y suministros llegarían para ser colocados en el Lander y en el Habitat. La actividad en la EOSS era impresionante.

El vehículo de carga se acercó al EOSS y se acopló en el puerto de acoplamiento de la Extensión del Hábitat, en este puerto el Lander se acoplará para el viaje a Marte.

Tan pronto como la Escotilla pudo ser abierta, la Tripulación comenzó a transferir la carga al Hábitat y la Extensión, al Mars Lander y al módulo presurizado del EOSS.

La Tripulación del EOSS-12 se preparaba para partir en tres días, terminaron la preparación y la carga de suministros para   el Habitat y su extensión, probaron los paneles solares y todos los sistemas, los Ingenieros en la Tierra trabajaron estrechamente con ellos en cada prueba.

"Es hora de que regresemos a casa" El comandante de EOSS-12 Yuri Popov dijo en la ceremonia de despedida "La extensión del Hábitat y el Habitat están listas para apoyar la Tripulación del Terra-1, Judith, Timothy y yo fuimos muy afortunados de participar en este Misión. Ahora la Tripulación de EOSS-13 permanecerá aquí trabajando con el Lander y con el Habitat. Dejamos la Estación en excelentes manos con la Tripulación altamente calificada formada por Helmut, Reinhard, Olga y Matthew. "Después de la ceremonia se abrazaron y la Tripulación ingresó al Soyuz-Dreamer para el regreso a casa.

La escotilla se cerró, se inició el proceso de presurización, y preparación, y se completaron las pruebas de verificación de fugas.

"Dreamer partiendo " fue anunciado por Helmut Baun cuando sonaba la campana en la EOSS.

El vehículo comenzó a alejarse de la Estación, y una órbita más tarde comenzó su descenso para aterrizar en Karaganda en Kazajstán.

El Soyuz Dreamer aterrizó sin problemas; la Tripulación fue llevada y transferida a la tienda médica provisional para los análisis de rutina.

La Misión EOSS-12 finalizó exitosamente, los preparativos finales para el Viaje a Marte estaban teniendo lugar, a solo cuatro meses de distancia para comenzar la mayor odisea en la Historia de la Humanidad.

Capítulo 23: Comienza el viaje a Marte (abril de 2031)

En la reunión de WSEO en la sede en Berna, el Dr. Cook con todos los Jefes de las Agencias Espaciales y los Equipos Terra1 y Terra2 presentaron un resumen del avance hasta la fecha en preparación a la Misión que iniciará en abril 4, 2031.

"Señoras y señores, bienvenidos a esta sesión informativa en la que resumiré todas las actividades que llevamos a cabo desde 2019 para llegar a este punto con respecto a la Primera Exploración Humana de Marte".

"Primero permítanme presentarles a la Tripulación del Terra 1, Astronauta Leonard Arthur Cooper, Comandante, es Ingeniero Aeronáutico, tiene Maestría en Mecánica Orbital, Astronáutica y Robótica, Doctorado en Ciencias Planetarias; Astronauta Nancy Jones Explorador de la Superficie 1, es una Ingeniera Aeroespacial, tiene un Doctorado en Biología y botánica y Doctorado en Nutrición. Yelena Pavlova. Explorador de Superficie 2, es Geóloga con Maestría en Astronáutica, Doctorado en Meteorología y Perforación de la Corteza Planetaria. Kiochi Kanko, Piloto del Mars Lander, es Ingeniero Aeroespacial, Maestro en Robótica, Propulsión de Cohetes y Sistemas de Control. Doctorado en Mecánica Orbital y Ciencias Planetarias, Robert Thornton, Comandante de la Estación Orbital de Marte, Ingeniero Aeroespacial y Ciencias Médicas, Maestría en Mecánica Orbital, Doctorado en Robótica, Licenciado en Psicología de Seres Humanos en Condiciones Extremas, y finalmente Li Yang Tzu Mars Orbit Station Ingeniero, es Ingeniero Aeroespacial, Maestro en Sistemas de Propulsión de Cohetes, Mecánica Orbital, Robótica y Doctorado en Ciencias Planetarias".

"Han estado entrenando desde 2020, en simuladores, en desiertos, en el Ártico, a bordo del Schiaparelli; han estudiado todos los manuales del Lander, Orion y Habitat. Después de esta reunión, regresarán a Houston para continuar su entrenamiento, y el 21 de marzo estarán en el KSC para la capacitación final, los chequeos y los ensayos de lanzamiento. Como has notado, no estamos distinguiendo nacionalidades, queremos que sean considerados habitantes del Planeta Tierra, explorando Marte, son nuestros Marsnauts".

Hizo una breve pausa: "Después de años de deliberaciones sobre las ventajas de crear una Agencia Espacial Global, tuvimos éxito, tenemos que convencer a los gobiernos sobre los objetivos comunes y los beneficios que estos objetivos deberían traer a todo el mundo y a sus países. Tenemos cinco objetivos principales: la Tierra, velar por la salud del planeta, informar cualquier desviación detectada por la Red Global de Observación de la Tierra. Recuperación de desechos espaciales, para eliminar de LEO todos los restos, sin importar su tamaño, haciendo que el Programa Espacial Tripulado sea más segura. Exploración Humana de Marte, lo que estamos presentando hoy, Sistema de defensa de asteroides y estudio, para estar preparados para proteger a la Tierra de un posible impacto de un asteroide, y preparar una Misión para estudiar uno. Finalmente, la Luna, continúa el programa Apolo usando la Luna como laboratorio".

"Todos estos objetivos han sido concebidos para el beneficio de la vida en la Tierra, para desarrollar sociedades y países y para aplicar todo lo que se crea en nuestras vidas cotidianas. Esto es importante, hay manifestaciones en todo el Planeta que protestan contra el Programa de Exploración de Marte, porque desconocen los beneficios en la Tierra y los beneficios que recibiremos entendiendo a Marte para proteger la Tierra".

"Ahora, la estructura de la Misión de Marte es bastante compleja, hemos tenido que aprender, y seguiremos aprendiendo, muchas cosas en este proceso, pero finalmente pudimos juntar todas las piezas".

"Hemos desarrollado y probado cohetes de diferentes capacidades; acabamos de comenzar a trabajar con el nuevo lanzador de arquitectura de empuje distribuido o DTS que nos permitirá enviar cargas más pesadas a LEO y Espacio Profundo, un nuevo concepto que estará listo para probarse en aproximadamente seis años. Hoy, tenemos disponibles varios vehículos excelentes, Ariane V y VI, SLS, Programa Cohetes Comerciales, Long March entre otros, pueden ver el informe completo en nuestro sitio de Internet".

"El tema principal de un viaje como este es la seguridad de la tripulación, para esto, tenemos que estar seguros de que la tripulación está preparada para ello, en todos los aspectos, para cubrir esta situación tan compleja, tuvimos un grupo de científicos de muchas universidades e institutos de investigación, de diferentes disciplinas para entender lo que la tripulación necesitará para una Misión de larga duración, no estoy refiriéndome solo a suministros como oxígeno, alimentos o agua, estoy hablando de su salud física y psicológica, situaciones cotidianas como la familia, la religión, el entretenimiento, y tenemos que crear un conjunto completo de rutinas de entrenamiento físico para la microgravedad y la gravedad en Marte para mantener el sistema musculoesquelético saludable, el corazón y la circulación sanguínea como en la Tierra y todos los sistemas del cuerpo humano. Tenemos que garantizar su protección de la radiación en todo momento. Estudiamos las propiedades de las plantas, las semillas y los alimentos en general, necesitamos darles no solo un alimento balanceado y nutritivo sino también alimentos que puedan disfrutar, después de todo, estarán lejos de la Tierra por cerca de tres años. Tenemos que estar seguros de que no se sentirán solos en el espacio, ya que verán la Tierra como un pequeño punto en el horizonte, como cuando veamos a Marte desde la Tierra. Muchas de las compañías de alta tecnología crearon una aplicación especial de Realidad Virtual para que los miembros de la tripulación se sintieran como si fueran parte del evento que están viendo. Una presentación de Realidad Virtual se puede vincular para que el Marsnaut pueda sentir que está en casa con su familia, por supuesto, pueden ver lo que están haciendo y estar cerca de ellos, pero no interactuar con ellos, en este punto, pero pueden hacer otras actividades como cortar el césped o ir a pescar. Pueden asistir con su sistema de realidad virtual a una ceremonia religiosa. El principal factor aquí es hacerlos sentir que estamos cerca".

"La tripulación se ha entrenado para ser exploradores y su propio Control de Misión, ya que la comunicación con la Tierra tomará de 5 a 24 minutos en cada sentido dependiendo de la distancia.

Así que, para esto, Marsnaut Thornton y Yang Tzu han estado involucrados en el Control de la Misión para aprender técnicas y sobre todos los recursos que tendrán a bordo del Marslab".

"Un nuevo traje espacial ha sido diseñado y desarrollado con la participación de los Estados Unidos, Europa, Rusia y China. Estos trajes están diseñados para proteger a la tripulación de la radiación cuando estén fuera del vehículo, son más flexibles y resistentes, el casco tiene muchas funciones, como una cámara de 360 grados en la parte superior para poder ver el paisaje en una pantalla especial en su visor, para que puedan mirar hacia atrás, así como hacia el frente. Se han incluido unidades de transmisión para permitirles enviar información al Marslab o al Hábitat mientras exploran, entre otras características".

"Todos los vehículos tienen una capa especial de plomo y plástico para reducir la radiación, además de la red de agua que ofrece protección y se utiliza para el reciclaje".

"Como todos saben, tenemos la Estación de Servicio de la Orbita de la Tierra operando, de hecho, un equipo está allí ahora, ya tienen el Habitat, la Extensión Hábitat y el Mars Lander y, mientras hablamos, están trabajando en sus últimos preparativos y revisiones antes de entregar esta estructura al Orion, esto fue diseñado por tres razones principales: primero, el peso del lanzamiento con todos los componentes excedió las capacidades que tenemos disponibles en este momento; en segundo lugar, queremos que el Habitat y Mars Lander sean reutilizables y tercero llevándolos a órbita primero y acoplarlos en la EOSS dará a los astronautas, científicos e ingenieros la oportunidad de verificar todos sus sistemas antes del viaje a Marte ".

"El Mars Lander fue probado en la Misión de retorno de la Muestra de Marte, mostró sus capacidades de aterrizaje y despegue".

"Los simuladores se han desarrollado con técnicas de realidad virtual, por lo que los equipos a bordo del Módulo Schiaparelli han podido practicar diferentes escenarios".

"Los componentes de la base Terra, para esta primera configuración han llegado a Marte; están a bordo de los Mars Rockets, todos dentro del área de las cuatro millas esperadas, un logro increíble. Estos componentes están esperando que la tripulación llegue y ensamble su Casa Marciana".

"Ingenieros agrícolas, científicos, biólogos y nativos de muchas culturas que poseen el conocimiento de las plantas y sus propiedades alimenticias y medicinales han diseñado el Invernadero y han seleccionado las mejores opciones para el entorno controlado que tendrán. Esto cambiará con el tiempo, pero esperamos que puedan producir suficiente alimento nutriente para los cuatro Marsnauts. Sabemos que en un ambiente controlado una planta puede crecer en Marte, lo hicimos con la Misión Multi Rover".

"Una Red de Comunicaciones de Marte está en operación, esto permitirá que la Tripulación en la Orbita de Marte y la Tripulación en la Superficie se comuniquen casi el 100% del tiempo, aumentando de esta manera el apoyo a la Tripulación en Marte y la seguridad de ellos y de la Misión".

"Hay una Estación Orbital de Marte lista para ser lanzada, donde los Marsnauts de futuras Misiones tendrán más espacio para vivir y trabajar, la cantidad de ciencia que se puede hacer en la órbita de Marte aumentará".

"Todo esto ha generado millones de empleos, miles de empresas han sido creadas o contratadas, y comunidades enteras han aumentado su población y sus negocios locales, el conocimiento ha aumentado, y todo esto es un beneficio para nosotros, los habitantes de la Tierra. Esta Misión también ha traído la unidad en el Mundo, siguiendo las Misiones Lunares con el Orión y el Legatus, y las Misiones robóticas han unido a las personas. Estamos seguros de que la Tripulación Terra1 se unirá a todos los habitantes de la Tierra, y que este nuevo esfuerzo nos traerá grandes cosas".

"Sé que muchas personas de todo el mundo sienten curiosidad por saber quién será el primero en pararse en la superficie de Marte". Todo el público se rio. "Solo puedo decirles, que el primer Marsnaut en pisar Marte será un Ciudadano del Planeta Tierra".

" La Tripulación EOSS-14 se lanzará en tres semanas hacia la EOSS, entregarán el Habitat y el Mars Lander a la Misión Terra-1 en la órbita terrestre, serán los últimos humanos en ver a la tripulación antes de su viaje".

"Entonces, todo lo que puedo agregar ahora es que estamos listos para ir a Marte, estamos listos para enviar estos grandes Marsnauts para que nos representen allí y hemos hecho todo lo posible para un viaje seguro y nos reuniremos nuevamente con ellos, en dos años para darles la bienvenida".

"Gracias a todos por su arduo trabajo y por hacer de este sueño una realidad, en unas semanas habrá elecciones internas para nombrar a mi sucesor como Director de la WSEO, permaneceré en este puesto hasta el 1 de julio de 2031, después de eso estaré actuando como un consultor y consejero. He tenido el privilegio de dirigir esta increíble organización durante once años desde que se creó, ahora es el momento de dejar que las mentes nuevas continúen con lo que hemos comenzado. Gracias".

El evento terminó y la Tripulación de Terra1 fue llevada al aeropuerto donde tomaron dos aviones especiales que los llevarían a Houston; fueron acompañados por el Dr. Cook, Charlie Washington y otros miembros de WSEO, así como los Astronautas Sally Glenn, Yuri Leonov y Patrick Reiter, Jefes del Equipo Internacional de Astronautas.

...

En el centro de lanzamiento de satélites de Jiuquan, el Long March Heavy estaba en la plataforma de lanzamiento, su carga era el primer módulo para una Estación Orbital de Marte. El Lanzamiento estaba programado para el 2 de marzo de 2031 y, si todo va bien, la Base Orbital de Marte debe llegar a la Órbita de Marte antes del 22 de septiembre.

Se colocará en una altura orbital de 211 a 279 millas sobre la superficie, el Orion y Habitat deberían tener una órbita sobre Marte de 240 Millas.

La Estación Orbital de Marte fue una adición del programa inicial para esta etapa. La Agencia Espacial China decidió usar un Módulo Tiangong para modificarlo y enviarlo a Marte para ser utilizado por futuras tripulaciones.

La Base Orbital, llamada Houxing Zhan (Estación de Marte) consta de dos partes, una es el módulo de propulsión que proporcionará el empuje para las correcciones de trayectoria y la inserción y estabilización de la órbita; más adelante, este módulo proporcionará impulso para mover la Estación a una órbita más alta. El segundo es el módulo presurizado, que tiene una compuerta presurizada para acoplar el Hábitat u otro vehículo espacial y en el futuro otro módulo; y una escotilla EVA para Caminatas Espaciales. Este módulo tiene un conjunto de cuatro paneles solares.

...

En el Centro Espacial Kennedy, el cohete SLS que llevará a Marte el Orión y su Módulo de Servicio Ampliado había sido verificado varias veces, todos los sistemas habían sido probados. El cohete estaba dentro del VAB, las dos etapas y los SRB se ensamblaron en la parte superior de la plataforma móvil, el Orion y el Módulo de Servicio estaban en las instalaciones de operaciones número dos donde los ingenieros estaban ejecutando las pruebas finales. En cinco días, se trasladará al VAB para comenzar el proceso de integración con la parte superior de la segunda etapa e instalar la cubierta de lanzamiento del Orion con el sistema de escape, después de ese evento se transportará a la Plataforma 39A, desde donde muchas de las Misiones espaciales históricas han salido. Allí, los ingenieros continuarán ejecutando pruebas y diagnósticos; un ensayo tendrá lugar diez días antes del lanzamiento, y la histórica revisión de preparación de vuelo tendrá lugar el 20 de marzo, esta revisión dará paso a formalizar la fecha de lanzamiento del 4 de abril. Una vez definida la fecha, la tripulación ingresará a sus cuarteles de cuarentena donde se impondrá el acceso controlado, solo médicos y algunos técnicos podrán ingresar.

...

En el Centro de Lanzamiento de Satélites Jiuquan, el Lanzador Long March Heavy estaba en la Plataforma de Lanzamiento, su carga era la Estación Espacial de Marte y su módulo de propulsión. El cohete gigante estaba formado por tres etapas más cuatro cohetes de combustible sólido.

Si tiene éxito, esta será la primera Estación Orbital de Marte, permitirá que la tripulación en órbita esté más cómoda y tenga más área para sus observaciones, El Habitat se acoplará con ella. No hay planes para que la Tripulación Terra-1 visite la Estación de Marte Houxing Zhan, principalmente porque llegarán a la órbita de Marte en el mismo período de tiempo, y una vez que llegue a la órbita, los científicos de la Tierra tendrán que activar algunos sistemas y evaluar su funcionamiento antes de que un equipo pueda usarlo. En cualquier caso, este es el primer paso para montar una Estación Orbital de Marte.

El lanzamiento del Cohete Long March fue puntual, los cohetes de Combustible sólido fueron separados después de dos minutos, la primera etapa se separó después de ocho minutos, la segunda etapa estuvo en funcionamiento durante otros cuatro minutos, ahora la tercera etapa y el contenedor con la estación y el módulo de propulsión estaba a una altitud de cerca de cuatrocientos kilómetros.

La tercera etapa se inició, comenzando el Viaje a Marte. En dos días, se abrirá el contenedor y la Base Espacial con su sistema de propulsión, se empujará hacia adelante desde la tercera etapa. Dos minutos más tarde, el módulo de Propulsión de la Estación disparará su motor principal treinta y dos segundos para ganar velocidad y modificar su ruta para evitar cualquier colisión en el futuro con la tercera etapa. La tercera etapa impactará en Marte en algún lugar de la zona de *Reull Vallis*, se espera que el sismómetro de uno de los Mars Rovers registre este evento, esto será en algún momento después de que la Estación alcance la órbita de Marte y antes de que llegue Terra 1.

El Control de la Misión en el Centro Espacial Jiuquan recibió la telemetría que indica que la Tercera Etapa había concluido su trabajo y la Estación se había separado, había una imagen de una cámara en la tercera etapa que mostraba que la Estación se alejaba y luego vieron el motor comenzando. La Estación de Marte estaba en camino. Durante los próximos días, el Control de la Misión desplegará los paneles solares de la Estación y comenzará a probar todos los sistemas. Tratarán de hacer tantas pruebas como sea posible mientras el retraso de la señal no sea muy largo.

...

La Tripulación EOSS-14 llegó al Centro Espacial Kourou después de haber completado su entrenamiento en Houston. El Equipo realizará muchas actividades para ensamblar la Estructura de Marte formada por el Hábitat, su extensión y el Mars Lander, y luego se acercarán y tomarán el RMS del PDCU para ser transportados para el encuentro con el Orion.

La Tripulación estaba formada por los Astronautas Steve Gordon, Courtney Kent, Sean McCoy y George Cooper.

El equipo EOSS-13 los recibirá y los familiarizará con el trabajo que se está realizando en el Habitat y el Lander.

Se han realizado muchas pruebas con el Lander, han probado el despliegue de motores y tren de aterrizaje desplegado y asegurado. Ahora los Motores y el tren de aterrizaje han sido colocados de nuevo en la posición almacenada dentro de la parte inferior del Lander y protegidos por el escudo térmico. Durante la actividad extra vehicular los Astronautas aplicaron la pasta de sellado alrededor de las compuertas de los motores y del tren de aterrizaje. Esta pasta es un material flexible con las mismas propiedades del escudo térmico para garantizar que no entrará calor durante el ingreso en la atmosfera de Marte que pudiera dañar el módulo de aterrizaje.

La Tripulación EOSS-13 también recibirá el último vehículo de carga, esta vez un HTV de Japón, el 7 de febrero, debe ser descargado y desacoplado para el 10 de marzo.

La Tripulación EOSS-14 llegará a la Estación el 12 de febrero y para el 15 de marzo trasladarán el Mars Lander al puerto de acoplamiento de la extensión del Habitat. Una vez hecho esto, verificarán los pestillos y ganchos y verificará que no haya fugas en ninguna parte.

La Tripulación EOSS-13 regresará a la Tierra el 21 de marzo, dejando a la Tripulación EOSS-14 lista para la entrega.

...

En la mañana del 10 de febrero, el clima era cálido, en pocas horas el Ariane VII despegará llevando a la Tripulación del EOSS-14 a la EOSS.

En este momento estaban teniendo un examen médico; recibirán un informe sobre el clima del sitio de lanzamiento y sitios de aborto del transatlántico. Después de esto tendrán el desayuno tradicional y comenzarán con ayuda de los técnicos, el proceso para ponerse el traje presurizado y verificarán su funcionalidad y seguridad.

La tripulación dejó el edificio de operaciones de los Astronautas ubicado a unos siete kilómetros de la plataforma de lanzamiento, y abordó el transporte que los llevaría a la Plataforma; fueron acompañados por Sally Glenn, el equipo de respaldo y uno de los técnicos del Cuarto Blanco.

Los cuatro miembros de la tripulación y el técnico Llegaron al Cuarto Blanco móvil, e ingresaron. Una vez que estuvieron asegurados, el Cuarto Blanco fue elevado por la grúa de servicio, hasta que fue posicionada en la estructura de la torre de Lanzamiento en el de soporte del Cuarto Blanco, donde un puente ya estaba desplegado para permitirles caminar desde el Cuarto Blanco hasta el Vehículo Espacial, esta vez el Orbitador Magallanes.

Cerca de la escotilla había otros dos miembros del equipo de abordaje y cierre, iban a ayudar a la tripulación a entrar al vehículo, asegurarlos y realizar algunas pruebas.

Dos horas después, la cuenta regresiva alcanzó el T-cero y el cohete se elevó espectacularmente. Fue un lanzamiento impecable y una escalada sin problemas a la órbita.

Nueve minutos después del lanzamiento, el Orbitador Magallanes estaba en órbita, comenzando la persecución de la Estación de Servicio de la Orbita de la Tierra.

La Tripulación EOSS-13 siguió el lanzamiento, estaban listos para recibir a la tripulación del EOSS-14 en dos días.

"Puedo ver al EOSS", dijo la Comandante Courtney Kent, cuando comenzaron el acercamiento final y el acoplamiento en el PDCU en el Puerto A.

"Contacto" dijo el Control de la Misión "Asegurando con los pestillos y ganchos de bloqueo" unos minutos más tarde se dijo "Mecanismo de acoplamiento bloqueado y asegurado, comenzando la nivelación de presión". Este proceso dura aproximadamente una hora, hasta que la presión en el Orbitador sea igual a la presión la EOSS, esta es una condición para abrir la escotilla entre ambos vehículos.

La Tripulación EOSS-14 fue recibida por la Tripulación anfitriona EOSS-13; esta nueva tripulación se encargará de reubicar el Mars Lander en el puerto de acoplamiento de la extensión del Hábitat tan pronto como el vehículo de carga se desacople, por ahora se familiarizarán con el trabajo realizado por los equipos EOSS-12 y EOSS-13.

La Tripulación del EOSS terminó de descargar el vehículo de carga; depositaron material no necesario. Este vehículo de carga se desacoplará y será destruido durante el reingreso a la atmósfera.

Llegó el momento de mover el Mars Lander del módulo de servicio al puerto de acoplamiento del Módulo de Extensión Habitat. Esto se iba a hacer con el EOSS RMS.

La Astronauta Olga Romonov estuvo a cargo de la operación del RMS con la asistencia del Control de la Misión. La Escotilla del Lander se ha cerrado, y las pruebas de fugas estaban en marcha.

La estructura de servicio se retrajo por completo, los paneles solares del Habitat y la Estación se retrajeron por razones de seguridad, y también se retrajo y aseguró el RMS en la unidad portátil de acoplamiento y captura.

El RMS se colocó en la parte superior del Lander, el efector final estaba a solo dos metros de él, esperando Autorización para la operación de captura.

"Olga, puedes continuar con la captura".

"Enterada" ella respondió.

El RMS comenzó a moverse hacia adelante, ambos objetivos estaban alineados, el sistema láser estaba midiendo la velocidad y la distancia controlando el RMS. En la consola, un mensaje mostraba que el indicador de contacto estaba verde, y unos minutos más tarde se encendió la indicación de que el Lander había sido agarrado y asegurado.

"Endeavour agarrado y asegurado" informó Olga, las pantallas en el monitor mostraban algunas imágenes de las cámaras del RMS.

"Gracias Olga, puedes proceder con la liberación de los ganchos y pestillos de acoplamiento con el EOSS", dijo el Control de la Misión.

"Enterada" respondió Olga. Después de verificar que se había completado la verificación de fugas y que no había ninguna alarma, se desbloqueó el mecanismo de acoplamiento del módulo de servicio del EOSS, y se retrajeron los pestillos y los ganchos. "Tengo una indicación de que el Endeavour ha sido liberado, comenzaré con la operación de separación. El Mars Lander está ahora separado, a un pie del puerto de acoplamiento".

El Mars Lander se movió a doce pies de distancia del puerto de acoplamiento, luego el codo del RMS lo movió hacia arriba y la muñeca hizo un movimiento de noventa grados para colocarlo paralelo a la EOSS.

El brazo se movió en el riel de transporte del brazo al otro extremo de la EOSS, esto está en la parte superior del módulo de la compuerta presurizada, una vez colocado allí la muñeca hizo un giro de 90 grados para colocar el puerto de acoplamiento del Mars Lander hacia el puerto de acoplamiento del módulo de Extensión del Hábitat.

"Estoy empezando a bajar el Mars Lander para colocarlo frente al Módulo de Extensión", dijo Olga.

La cámara en la parte superior del módulo de aterrizaje mostró el movimiento hacia abajo a medida que el codo movía la sección del RMS hacia abajo.

Cuando los dos puertos de acoplamiento estaban alineados, el movimiento se detuvo. Ambos puertos de acoplamiento estaban separados por una distancia de quince pies.

Antes de continuar con el acoplamiento real, se verificó la lectura de la unidad de alineación objetivo láser. El objetivo estaba dentro del umbral esperado, "Ok Olga, prosigue a acoplar al Lander", dijo el Capcom.

Olga comenzó a mover el RMS lentamente hacia la extensión del hábitat, el objetivo estaba alineado, la operación fue realizada por el mecanismo robótico del RMS, Olga estaba monitoreando esta maniobra.

Tres pies se muestran en la consola indicando la distancia para el contacto. El diagrama mostraba que ambos vehículos se acercaban; en el momento del contacto, el RMS detuvo su movimiento y la consola mostró un indicador verde. Después de esto, los ganchos y pestillos se cerraron y aseguraron. El Mars Lander estaba ahora en su posición final, atracado en el puerto de acoplamiento de la Extensión del Habitat.

Después de que se aseguró el Lander, el RMS fue liberado y almacenado. Los Paneles Solares de la EOSS fueron redesplegados. La Tripulación del EOSS-13 continuó con sus actividades mientras se nivelaba la presión del Lander y el Habitat, la Tripulación del EOSS-14 continuó con su entrenamiento para el encuentro con el Orion utilizando sus simuladores de realidad virtual, practicaron diferentes maniobras de aproximación y todos los datos fueron analizados en el Control de la Misión para recomendaciones y ajustes.

Una vez que se abrieron las compuertas, el Equipo EOSS-13 realizó una última verificación de todos los sistemas del Lander y de toda la carga. Después de su partida, un último vehículo de carga llegará a la EOSS y atracará en el puerto B.

El 5 de marzo, la Tripulación del EOSS-13 abordó su vehículo de regreso, el Orbitador Cook. Tuvieron una Ceremonia de despedida y comenzaron el proceso de cerrar las escotillas y prepararse para el desacoplamiento.

Después de desacoplarse, se alejaron trescientos pies, el Control de la Misión les pidió que realizaran una maniobra de aproximación para documentar visualmente la EOSS con el Hábitat, su extensión y el Lander.

"Esta es una vista hermosa" Helmut Baun, el Comandante del Orbitador dijo: "Es increíble ver esta estructura que irá a Marte en pocas semanas".

Completaron la maniobra y comenzaron el regreso a casa.

El Orbitador Cook aterrizó en la pista del Puerto Espacial de Kourou unas horas más tarde.

La Tripulación EOSS-14 continuó con las verificaciones finales de los elementos y el entrenamiento con los simuladores de realidad virtual. El último vehículo de carga llegó y se atracó en el Puerto B, entre la carga se encontraban algunos artículos personales para la Tripulación Terra 1, comida, agua, oxígeno, semillas y muchas otras cosas que necesitarán. Todo estaba listo en la órbita de la Tierra.

...

En el Centro Espacial Kennedy, el SLS y el Orion se encontraban en la Plataforma 39A, donde los ingenieros y técnicos realizaban las preparaciones de la Plataforma. La configuración de SLS consistía en una la primera etapa que se utilizará durante los primeros ocho minutos de la Misión, dos impulsores de cohetes sólidos que se quemarán en dos minutos en el vuelo. Luego está la segunda etapa de maniobra orbital. Esta etapa se usará para realizar maniobras durante la operación de encuentro con el Vehículo espacial LEO. Su computadora de navegación se vinculará con la computadora Orion y con el vehículo LEO para ajustar la ruta orbital para el Encuentro y para lograr una mayor altitud para el inicio del Viaje; esta etapa tiene un motor principal y dos motores auxiliares para maniobras orbitales, además de ocho propulsores de maniobra. La Tercera etapa se utilizará para dar al vehículo suficiente propulsión para abandonar la fuerza gravitacional de la Tierra. Además de esta etapa, está el Adaptador y encima el módulo de servicio extendido y el Orion.

En la sede de KSC se estaba llevando a cabo la revisión de preparación de vuelo, el objetivo era evaluar si todo está listo para un lanzamiento seguro de la Tripulación Terra-1 el 4 de abril.

En la reunión estuvieron Bob Harris, Director de Lanzamiento, Fritz Von Strauss, Director del Programa de Marte, director de KSC Bob Anders, Director de Programa de SLS Richard Sieck, Director de Pruebas de SLS Jim Moses, Director de Seguridad de SLS Gunter Spiegel, Director de Programa de Orion Maurice Lewis, Charlie Washington, Director de WSEO para la Misión a Marte, Comandante de EOSS-14 Courtney Kent participando desde la EOSS, Sally Glenn, Directora de la Oficina Internacional de Astronautas, también representantes de Astrotechnika y el Diseñador y Constructor del Habitat, Oficiales Meteorológicos e Ingenieros de Consola.

La reunión tuvo una duración de casi tres días, el resultado fue Autorizado para despegar el 4 de abril de 2031 a las 9:29 AM EDT, con una ventana de lanzamiento de cinco minutos porque se reunirá con el Orbitador Magallanes que entregará el Habitat y Mars Lander en órbita.

El Dr. Cook recibió la noticia en la sede de WSEO; estaba muy contento de que todos estos años de arduo trabajo, investigación y Misiones increíbles estuvieran más cerca de alcanzar el objetivo y cumplir un sueño.

Fue la decisión de la junta directiva del WSEO que el Dr. Cook continuara en la posición de Presidente hasta la conclusión de la Misión Terra 1, coincidieron en que el trabajo que ha realizado había sido sobresaliente y que era mejor que continuara el liderazgo de esta.

La Tripulación del Terra 1 recibió la noticia de que era oficial, la fecha de lanzamiento fue aceptada, el 4 de abril. Estaban felices de saber que estaban a solo tres semanas de distancia; mantendrán el entrenamiento en Houston hasta los últimos días, en este momento la maniobra más crítica era el encuentro con la Tripulación en LEO para atracar con la estructura del Habitat / Mars Lander.

La Tripulación EOSS-14 participó en la revisión. El 3 de abril se retraerán y asegurarán los paneles solares del Habitat, todos los sistemas se pondrán en modo de hibernación, verificarán toda la carga y la escotilla que se conecta al módulo Mars Lander, el módulo se presurizará para la entrega, la escotilla con el EOSS se cerrará y se realizará el proceso de verificación de fugas. El 4 de abril, tres de los cuatro Astronautas ingresarán al Orbitador Magallanes, sincronizarán la computadora de encuentro con el Orion, se desacoplarán del Puerto de acoplamiento A, pero acoplado con la PDCU, tendrán que maniobrar para capturar el Hábitat con el brazo robótico de la PDCU, una vez que esté asegurado, el Astronauta en la EOSS, George Cooper estará a cargo del desacoplamiento del Hábitat desde el Puerto F del Módulo de la Compuerta Presurizada. La tripulación permanecerá allí hasta que se reciba la confirmación del lanzamiento, en este punto comenzarán las maniobras para alcanzar la órbita donde se encontrarán con el Orion el 5 de abril para realizar la maniobra de entrega y atraque del Hábitat.

Diez días antes del lanzamiento, la tripulación fue transportada a KSC para el ensayo de lanzamiento que incluye todas las actividades previas al lanzamiento y un proceso de cuenta regresiva. Todo el equipo de Lanzamiento estaba allí, en sus consolas, la cuenta regresiva comenzó pocas horas antes de que llegara la tripulación.

Por primera vez se usaría el Cuarto Blanco Móvil en el KSC, su objetivo era mantener a la tripulación en un ambiente limpio, por lo que entraron a este cuarto con dos miembros del equipo Orion que iban a ayudarlos, un médico y Sally Glenn. Cuando se cerró la compuerta de abordaje, el Astrovan comenzó el viaje hacia la Plataforma, esta vez remolcando el MWR o Cuarto Blanco movible.

Una vez que llegaron a la Plataforma, el Astrovan maniobró para alinearse con las señales en el piso para colocar el MWR frente a la Estructura de Servicio, las rejas de seguridad del elevador se quitaron, por lo que el MWR se podía colocar y asegurar en él. Dos ingenieros de la Torre de Servicio estuvieron a cargo de esta operación. Cuando se aseguró el Cuarto Blanco, el elevador se movió hacia arriba a la altura del vehículo Orion, allí tres ingenieros del equipo de abordaje estaban esperando, extendieron y aseguraron el túnel de abordaje que iba desde la escotilla Orion hasta la compuerta del Cuarto Blanco; este es el brazo de acceso a la tripulación que está unido a la estructura de servicio.

Los dos ingenieros de abordaje que estaban con los Astronautas en el Cuarto Blanco abrieron la compuerta y ayudaron a la tripulación a entrar al Orion, y asegurarlos en sus asientos, también para probar sus equipos y comunicaciones.

Los ingenieros de la compuerta deben esperar fuera del túnel. Una vez que la tripulación estaba a bordo del Orion, los dos ingenieros de abordaje procedieron a cerrar la escotilla.

El túnel de acceso se eliminó para que los ingenieros de la compuerta comenzaran su operación de cierre de la compuerta y procedimientos de aseguramiento; mientras tanto, el MWR fue llevado a la base de la estructura de lanzamiento donde fue enganchado con el Astrovan para engancharlo y retirarlo del ascensor; los ingenieros de la torre de Servicio extendieron los barandales de seguridad. El elevador de servicio se envió al nivel del Orion para ser utilizado por el equipo de la compuerta una vez que su trabajo hubiera sido completado y verificado.

Durante la última pausa en T-14 Minutos, el Astrovan y el Cuarto Blanco movible regresarán al Edificio de Operaciones llevándose a los Ingenieros de Compuerta y abordaje, el médico y la Astronauta Sally Glenn.

Aunque fue solo un ensayo, había muchos miembros de la prensa internacional y visitantes, la ocupación de los hoteles en el área de KSC y Orlando era del 100% para las próximas fechas.

La tripulación y el equipo de lanzamiento practicaron toda la secuencia desde el comienzo de la cuenta regresiva, tres días antes del día de lanzamiento hasta T-0, se verificaron todos los procedimientos y el ensayo fue exitoso.

En solo diez días, la tripulación vivirá la verdadera experiencia, ya que ahora fueron llevados a la Casa de Playa con sus familias para pasar un tiempo privado de dos días con ellos, disfrutaron de una barbacoa acompañados sus familias con total privacidad. En dos días iban a llevarlos a los alojamientos de la tripulación en el edificio de Operación y Checkout Neil Armstrong, donde recibirán exámenes médicos, informes sobre la Misión y los servicios religiosos, estarán aislados aquí hasta el día del lanzamiento.

Un área se convirtió en una sala de simulación, donde la tripulación podía practicar sus actividades en realidad virtual con la ayuda y los comentarios de Control de la Misión.

Comenzaron con la dieta que seguirán para la Misión, por lo que los médicos podrían comenzar a analizar el impacto de la gravedad sobre ellos mediante análisis.

La cuarentena comenzó; solo algunas personas pudieron tener acceso directo con ellos.

La actividad en el área de KSC fue increíble; Autocaravanas, SUV y todo tipo de vehículos comenzaron a llegar a las playas cercanas al área. Miles de personas de todo el mundo se reunieron para presenciar la partida de la Primera Tripulación para el viaje a Marte. Era como una gran fiesta, no se había visto nada similar desde el programa Apolo y el lanzamiento del Columbia en 1981.

...

La Cuenta regresiva comenzó el lunes 31 de marzo, a las 18:00 EDT, la primera actividad fue notificar a todos los operadores de la consola la secuencia de eventos que tendrán lugar, empezando por la verificación de todas las consolas, para esta cuenta regresiva en particular, había una consola adicional para el Equipo de EOSS, porque tendrán que estar coordinados para la entrega del Habitat y del Mars Rover.

"Buenas tardes, comencemos la cuenta regresiva para la Misión Terra 1, el lanzamiento está dirigido a T-0 a las 9:29 a.m. EDT del 4 de Abril, con una ventana de cinco minutos, si por algún motivo, el lanzamiento se cancela, se dará un giro de 24 horas a menos que la causa requiera más tiempo para ser resuelto ", dijo el Director de Lanzamiento Bob Harris.

"Por favor, inicien sesión en sus consolas y reporten cualquier problema que tenga, el Director Asociado de Lanzamiento es Pete Martin, el Director de Pruebas SLS Jim Moses, el Director de Seguridad SLS Gunter Spiegel, el Director de la Misión Terra 1 John Livingstone, el Director de la Misión EOSS-14 Wilhelm Strauss, El Director de Ascenso William Leinbach, el Oficial de KSC PAO George Walter y el Oficial de Houston PAO Rob Wild".

"La Cuenta regresiva está configurada en T-57 Horas. Y el tiempo corre; estamos en T-56 horas 59 minutos y contando " dijo el Sr. Harris.

Comenzó a verificar que todas las consolas estaban en verde, lo que indica que estaban activas; la única que faltaba era la consola EOSS. "EOSS CDR del Director de Lanzamiento" dijo "Hola Bob, recién iniciamos sesión en nuestra consola" respondió Steve Gordon "Enterado Steve, gracias".

Todas las consolas estaban en línea, diferentes grupos de ingenieros trabajaban en la plataforma de lanzamiento, con listas de verificación en sus unidades electrónicas para asegurarse de que todo estuviera operacional, algunas pruebas de funcionamiento en dispositivos electrónicos para asegurarse de que funcionaban bien y manejaban los voltajes, también todos los sensores en cada subsistema del cohete. El SLS debe ser 100% operativo, incluyendo todos los sistemas redundantes.

Otro equipo estaba probando el Orion y el Módulo de Servicio; ejecutarán pruebas en cada sistema y cargarán el software que se haya actualizado. El Módulo de Servicio Ampliado preparado por la Agencia Espacial Europea también se verificó una y otra vez, tiene sistemas con redundancia en cuatro niveles.

La cuenta regresiva incluyó muchas pausas integradas para realizar tareas específicas y, en algunos casos, para dejar descansar a los diferentes equipos.

La tripulación continuó con sus simulaciones de realidad virtual, el jueves, un día antes del lanzamiento, iban a tener la visita de sus familias, luego el Director y los Representantes de WSEO, esta visita se llevaría a cabo en un área aislada que separa con un Cristal a la tripulación de los visitantes ya que vivían en un ambiente controlado para reducir la contaminación al mínimo.

La cuenta regresiva continuó, el reloj estaba en espera en T-36 horas, en este punto los Ingenieros de Orion estaban validando los procedimientos de acoplamiento y probando todas las consolas y sistemas de comunicación.

En Orbita, la Tripulación del EOSS-14 estaba teniendo sesiones de entrenamiento para el encuentro. Atracando al Habitat con el Orion, estas sesiones fueron supervisadas por ingenieros ubicados en la sala de Control de la Misión en Colonia y la de Harwell, Oxfordshire.

A medida que el reloj avanzaba, la presión aumentaba en el Cuarto de Control de Lanzamiento y en los Centros de Control de la Misión.

Un avión llegó a las instalaciones de la pista de aterrizaje de transbordadores, abordo venían el Dr. Cook y todos los jefes de las agencias espaciales, fueron recibidos por Bob Anders, el Director del Centro Espacial Kennedy, todos abordaron un autobús que los llevó a la sede donde iban a tener una reunión de revisión y al día siguiente hablarían con la Tripulación del Terra-1.

"Este es el Control de Lanzamiento del Orion, en T- 20 horas y contando. Todo va bien para el lanzamiento de la Misión Terra-1 el próximo viernes; solo se habían presentado algunas fallas menores, pero no problemas técnicos o problemas meteorológicos. En la actualidad, la estación de servicio de la Orbita de la Tierra informa que no tienen problemas y mañana realizarán algunas operaciones con el sistema de manipulación remota del dispositivo portátil de acoplamiento y captura o PDCU. Mañana la tripulación recibirá la visita de sus familias en el área de visitantes, que está separada por un cristal de la zona aislada donde viven la Tripulación o Marsnauts. Esta será la última vez que los verán durante más de dos años, aunque la comunicación se mantendrá utilizando escenas de Realidad Virtual que se grabarán semanalmente en sus hogares para ser enviadas a la tripulación, debido al retraso de tiempo será muy difícil seguir una conversación. Más tarde, el Presidente de WSEO les dirigirá unas palabras y estará acompañado por los Jefes de todas las Agencias Espaciales".

"Esta pausa programada está planeada para durar doce horas, una vez terminada, la cuenta avanzará hasta T- 11 horas, en este punto entrará en una pausa que durará hasta las 5 p.m. del jueves. La cuenta continuará hasta T-6 horas, en este momento todo el personal no esencial debe abandonar la plataforma ya que comenzará la operación de carga de combustible para las etapas SLS, y la etapa intermedia que se utilizará para las correcciones de la órbita de la Tierra y la operación de encuentro. La operación de carga de combustible se debe completar a las tres de la mañana del viernes. "

"A las cuatro de la madrugada del viernes, la tripulación se despertará para tomar el desayuno tradicional, un chequeo médico y un momento de oración, luego se vestirán con sus trajes presurizados y contarán con la ayuda de un equipo. A las seis y veinte de la madrugada, la tripulación será transportada desde el Edificio a la plataforma de lanzamiento para comenzar los procedimientos de abordaje y pruebas".

"En el momento del Lanzamiento, la EOSS pasará sobre Florida a una altura de 193 millas náuticas, el vehículo EOSS y el Orion estarán conectados por una computadora que calculará las maniobras para el encuentro. A T-20 horas, este es Control del Lanzamiento del Orion ". El comentarista de PAO anunció en el sistema de sonido público que se escuchó en toda el área de KSC.

Era temprano en la mañana el jueves 3 de abril, quedaban solo veinte horas para despegar. La tripulación había despertado a las cuatro de la mañana, por lo que su agenda se ajustó con la hora de la Misión. Desayunaron y asistieron a sus reuniones informativas médicas, después de eso caminaron hacia el área de visitantes que estaba dividida por una ventana de cristal, ambos lados tenían micrófonos ambientales. En la parte posterior, a lo largo de los seis Marsnauts, estaban Sally Glenn y la Tripulación del Terra-2, que era su equipo de apoyo y de respaldo.

Las familias de los Seis Miembros estaban esperando por ellos, cada uno tendría la oportunidad de hablar con los miembros de su familia, luego podrán tener una conversación privada a través de un teléfono especial.

Había niños pequeños y algunos hombres y mujeres jóvenes, fue un momento muy feliz, aunque las lágrimas salieron de casi todos cuando se despidieron, sabiendo que no se verían en casi tres años, aunque el WSEO tiene un grupo que estarán en contacto constante con las familias y tendrán una cobertura especial de la Misión, las esposas y los maridos conocían el riesgo y tendrán que aprender a vivir con él durante la Misión y controlar estos sentimientos.

Se despidieron y la tripulación abandonó el área, las familias fueron llevadas al comedor ejecutivo en el edificio de la Sede, donde tendrán una comida con algunos astronautas y funcionarios de WSEO, el Dr. Cook también estuvo allí junto con Bob Anders Director del KSC y los Jefes de las Agencias Espaciales. La tripulación fue llevada a un comedor dentro del área aislada de los cuartos de la tripulación, recibirán la dieta especial y algunos vegetales que algunos de ellos han estado cultivando.

Pocas horas más tarde el Dr. Cook y los jefes de las Agencias Espaciales llegaron al área para visitantes, después de unos minutos la tripulación apareció al otro lado de la ventana, se veían muy felices y emocionados.

"Leonard, Nancy, Yelena, Kiochi, Robert, Li. Es un honor reunirme con ustedes solo un día antes de su viaje. El mundo entero está con ustedes, todas las naciones han estado siguiendo la preparación de este esfuerzo y todos desean seguir la Misión y orar por su éxito".

"Solo pocas veces todos los habitantes de la Tierra se han centrado tanto en un evento, el Apolo 11, el Apolo 13, las Misiones Orbitales de la Luna del Orión y Legatus y hoy la Misión Terra-1".

"Las mejores personas en la Tierra han trabajado juntas para armar esta Misión, cuyo principal objetivo siempre ha sido su seguridad. En nombre de toda la Junta Directiva del WSEO y de millones de ciudadanos del mundo, les deseo una Misión muy exitosa, disfruten de cada momento y recuerden que estaremos con ustedes todo el tiempo. Dios los bendiga y Buen viaje ".

El Comandante Leonard Cooper respondió: "Gracias, Dr.Cook, sabemos el enorme esfuerzo que se ha hecho en todas las áreas del conocimiento humano para hacer posible este viaje, un viaje que es solo el comienzo de la exploración humana de Marte que continuará durante muchas décadas. Hemos sido entrenados con los mejores equipos y por las mejores personas, hemos aprendido geología, agricultura, botánica y muchas otras ciencias, hemos recibido entrenamiento del Control de la Misión y todo tipo de situaciones, tenemos simuladores de realidad virtual que se actualizan constantemente, y hemos aprendido a vivir en equipo y a respetar la privacidad de los demás. Los científicos han creado un programa para celebrar ceremonias religiosas y reuniones familiares con grabaciones de realidad virtual, hemos utilizado algunas de ellas y realmente nos da la sensación de estar allí".

"Estamos listos después de más de diez años de entrenamiento y haremos todo lo posible para abrir la Exploración de Marte. Agradecemos a todos los que han participado en la preparación de la Misión. Vamos a representar no una nación o una agencia; vamos a representar a toda la Humanidad".

Después de decir eso, la tripulación se despidió y regresaron a sus habitaciones, para ellos es casi la hora de irse a dormir, su última noche en la Tierra. Al día siguiente, comenzarían su viaje.

El Dr. Cook y oficiales de la WSEO salieron del edificio y fueron llevados a la sala 1 del Edificio de Control de Lanzamiento para una sesión informativa.

A las tres de la madrugada del 4 de abril, la Tripulación TERRA 1 se despertó, con una canción llamada "Te seguiré a Marte" de un grupo llamado "Banda de Nuevos Mundos".

Tuvieron su último informe médico, después de que se vistieron para tomar el desayuno tradicional. Tuvieron algunos minutos con los Ministros de su religión y después una breve videoconferencia con sus familias.

En este momento, la operación Carga de Combustible para la primera etapa del SLS, la etapa de maniobras y la segunda etapa estaban casi terminadas. Esto significa que solo unas pocas personas permanecerán en el área de la Plataforma de Despegue.

Los tripulantes fueron llevados al área de preparación y de los Trajes Espaciales, donde recibieron asistencia para entrar en los trajes presurizados, fueron revisados y preparados para el despegue, a solo cuatro horas.

Mientras tanto, en la Plataforma 39A, se estaban llevando a cabo muchas actividades, verificando por última vez sistemas, sensores, válvulas, unidades de conexión de combustible, etc., el equipo de ICE estaba buscando formación de hielo en la Plataforma, y el equipo de la nave espacial estaba configurando el Orion para Iniciar y probar comunicaciones e interfaces con el Módulo de Servicio Extendido, también verificando el enlace con la consola de Encuentro de Vehículos EOSS.

La cuenta regresiva estaba a T-3 horas y 30 minutos y contando. En la marca de T-3 horas, la cuenta regresiva entrará en una hora de pausa que da tiempo para que la tripulación llegue a la plataforma de lanzamiento y sea asistida para ingresar al Vehículo de Exploración de Espacio Profundo Orion, asegurarlos en sus asientos, también para comenzar el procedimiento de cierre de la escotilla.

Mientras tanto, en la órbita, los tres Astronautas de la EOSS ingresarán al Orbitador Magallanes y se prepararán para el desacoplamiento, deberán esperar hasta que se complete el proceso de verificación de fugas, mientras que el cuarto Astronauta, George Cooper, verificará que el Hábitat esté listo para desacoplarse.

Cuando la cuenta regresiva continúe, el Orbitador Magallanes se desacoplará del EOSS y comenzará las operaciones de agarre con el sistema manipulador remoto de la unidad de acoplamiento y captura portátil. El RMS será operado por el Astronauta Sean McCoy.

T-3 horas y en pausa. La tripulación salió del área de vestimenta de trajes presurizados y fueron llevados a bordo del Astro Van que los llevará a la Plataforma 39A, esta vez no saldrán del edificio para abordar el vehículo, se creó una sala móvil que estaba conectada a la camioneta Astro. Por lo que continuarán estando en el ambiente aislado. Con ellos estaban Sally Glenn y dos miembros del equipo de abordaje, tal como lo habían practicado días atrás.

La Astro-van y la sala móvil salieron del edificio y tomaron dirección hacia la VAB, donde seguirán el camino hacia la Plataforma PAD 39A.

Esta vez, la tripulación permaneció en la habitación móvil aislada. Se realizó una maniobra para colocar la habitación en un elevador de carga que los llevó hasta el Vehículo Orion. El equipo de cierre del Orion que ya estaba allí conectó el túnel de abordaje a la puerta trasera del cuarto blanco móvil, por lo que el cuarto blanco quedó aislado, lo que redujo la posible contaminación. El equipo de cierre de escotilla del Orion permaneció fuera del cuarto esperando que la Escotilla se cerrara para comenzar con la operación de aseguramiento de esta.

Los dos miembros del grupo de abordaje comenzaron a ayudar a la tripulación a entrar al Orion y asegurarlos en sus asientos, primero el Comandante Leonard Cooper entró, Una cámara en el Cuarto Blanco mostraba la actividad, se despidió.

Le siguieron el Explorador de Superficie 1 Nancy Jones, después el Explorador de Superficie 2 Yelena Pavlova. El siguiente miembro de la tripulación en ingresar al Orion fue el Ingeniero de Vuelo número uno Robert Thornton, luego el Ingeniero de Vuelo número dos Li Yang Tzu, finalmente Kiochi Kanko el Piloto del Mars Lander.

Una vez que fueron asegurados en sus asientos, el equipo de abordaje dejó el Orion y cerró la escotilla, antes de mover el túnel de abordaje, se verificó que todos los Marsnauts estaban asegurados. La tripulación comenzó con la prueba del proceso de comunicación; cada miembro de la tripulación contactó con la sala de control de lanzamiento 1, Control de la Misión y la Tripulación Magallanes en órbita.

Debido a que las pruebas fueron exitosas, el equipo de abordaje regresó al cuarto blanco móvil y el equipo de cierre de escotilla retiró el túnel de abordaje. El cuarto blanco fue bajado por el elevador de carga y una vez en la base fue removido, el elevador de carga fue enviado para alcanzar al grupo de cierre de la escotilla, una vez que llegó se instalaron los barandales de seguridad.

"La cuenta regresiva se reanudará en diez segundos", anunció el director de lanzamiento asociado.

"T-3 horas y contando" El oficial del PAO dijo "La tripulación Terra-1 ahora está segura dentro del Vehículo Espacial Orion, el equipo de cierre de la escotilla está asegurándola, esta actividad debería completarse en pocos minutos".

Mientras tanto, en órbita estaba teniendo lugar la operación para capturar los componentes de Marte. "Estamos en el proceso de capturar el Habitat con el PDCU RMS, pero tan pronto como el efector y el objetivo están en posición no cierran los pestillos y cerrojos", informó el Astronauta McCoy al Director de Misión de EOSS, Wilhelm Strauss. "Ok, Sean, veamos la situación aquí".

"Bob, tenemos una situación con la Misión EOSS-14, estamos investigando. El RMS del PDCU no está liberando sus ganchos y pestillos ", dijo el Sr. Strauss al Director de Lanzamiento, Bob Harris.

"Copia a Wilhelm, mantenme informado, debemos tenerlo listo en T-30 Minutos como límite, si no, tendremos que cancelar el lanzamiento", dijo Bob Harris.

"Wilhelm para Sean, vamos a restablecer el sistema RMS, necesitamos que confirme esta operación, después de eso ejecutaremos un patrón de prueba en el sistema que involucra el movimiento del RMS y el efector final. Para estas pruebas, necesitamos que Magallanes se mueva a treinta pies de distancia de la EOSS. Confirme cuando esté listo ","entendido" respondió Sean.

Courtney Kent comenzó la operación para alejarse de la EOSS a una distancia de treinta pies, pequeños propulsores fueron disparados para esta maniobra.

En el KSC, la cuenta regresiva continuó sin otros problemas.

"T-una hora y contando" El Oficial de Comunicaciones anunció "Todo va bien para el Lanzamiento de hoy que será el comienzo de la primera Exploración Humana de Marte, el único problema en este momento es con el mecanismo de captura de la estructura de Habitat / Mars Lander por el Orbiter Magallanes. Los ingenieros están trabajando con este problema. La estructura debe ser capturada para ser llevada al punto de encuentro treinta y seis horas después del lanzamiento. En el momento del Lanzamiento, el Magallanes y la estructura deberían comenzar sus maniobras orbitales para el encuentro y la entrega de la estructura al Orión. La entrega debería tener lugar mañana a las 21:16 EDT. En este momento, los patrones de prueba de brazo robot se están ejecutando, hasta ahora todo bien, tendremos que esperar hasta que se complete la prueba".

"Tengo una indicación en la consola de RMS de que todas las pruebas fueron exitosas" Sean informó "de acuerdo Sean, gracias". El Sr. Strauss respondió: "Estamos viendo algunos valores los ingenieros han acordado que todo está dentro de los límites aceptados, por lo que puede continuar la captura".

"Enterado, Courtney se acercará a la EOSS", la pantalla del Control de Misión de Magallanes mostró que el orbitador avanzaba, luego se detuvo y el RMS comenzó a moverse".

"Tengo los objetivos láser RMS y Habitat alineados, el efector final está a tres pies, y contacto, tengo la indicación de contacto. Ahora voy a enviar el comando cerrar pestillos "Sean estaba diciendo en la radio, hubo silencio, la cuenta regresiva estaba en T-40 minutos. "Tengo una indicación de que los pestillos y ganchos se han cerrado y asegurados, tenemos el Habitat y Mars Lander asegurados para la entrega".

"Excelentes noticias", dijo el Sr. Strauss, todos los ingenieros estaban aplaudiendo en el Control de la Misión EOSS-14 en Colonia.

"EOSS para Bob" "adelante" respondió Bob Harris. "El Hábitat está asegurado por el Magallanes", dijo Strauss.

"Formidable, gracias. Necesitamos estar seguros de que podrá ser liberado después del acoplamiento con el Orion ", respondió Bob Harris. "enterado".

"George, vamos a desacoplar el Hábitat de la EOSS en diez minutos, procede con las verificaciones finales", dijo el Sr. Strauss al Astronauta George Cooper, quien estaba en la EOSS.

"George para Sean" "Adelante" Sean respondió del Magallan. "El Habitat está listo para ser liberado de la EOSS, las verificaciones de fugas se han completado y todos los sistemas están en modo de hibernación, los pestillos se liberarán en cuatro minutos y se abrirán un minuto después de eso. En ese punto puedes proceder a alejarlo de la EOSS, puedes seguir esto en la consola 75".

"Enterado" respondió Sean. Courtney intervino: "Una vez liberado, será movido por el RMS a dos pies del EOSS, después de eso los propulsores se dispararán para ganar distancia de la EOSS para comenzar la operación de encuentro".

El Sr. Strauss comentó: "Necesitamos un video de la maniobra desde ambos lados". "Enterados", respondieron George y Courtney.

En el KSC, la cuenta regresiva ingresó en su última pausa a T-14 minutos, durante esta pausa el Director de Lanzamiento realizará la encuesta final llamando a cada administrador de consola para la respuesta Autorizar/ o no Autorizar.

Bob Harris Dirigiéndose a todo el equipo de lanzamiento "Voy a realizar la última encuesta de lanzamiento, responda con Autorizar/o no Autorizar cuando llame a su consola".

"Seguimiento" llegó una respuesta "Seguimiento es Autorizar Bob".

"Gracias, Cohetes de Combustible sólido" "Cohetes de Combustible sólido es Autorizar Bob".

"Gracias, SLS" "SLS está listo para la Misión".

"Gracias Richard, Recuperación".

"Recuperación está autorizado, estamos listos para recibir Cohetes de Combustible y la tripulación en caso de un aborto del lanzamiento".

"Gracias, Orión" "Orion está listo para volar a Marte, Autorizamos" respondió Maurice Lewis.

"Gracias Maurice, Seguridad" " Seguridad Autorizamos".

"Gracias, Módulo de Servicio Extendido" "El ESM está listo".

"Gracias, Comandante" "La Tripulación Terra-1 está lista para iniciar la misión".

"Gracias Leonard, los enviaremos al Espacio en breve".

"Control de la Misión", llegó una voz a través de la radio "El Control de la Misión está listo", respondió el Director de Vuelo Livingstone. "Gracias John".

Bob Harris continuó, "EOSS-14" hubo un breve silencio "EOSS-14" La respuesta llegó "EOSS-14 está listo para entregar un paquete especial a la Tripulación Terra 1, estamos listos para comenzar la operación de persecución, los computadores de seguimiento están sincronizadas" "Gracias, Courtney ", dijo Bob Harris.

"Meteorología", "No hay restricciones meteorológicas en el sitio de lanzamiento y en el área de recuperación" Gracias.

"Gracias a todos, estamos listos para el Lanzamiento, nos preparamos para retomar el conteo en dos minutos" Luego Bob Harris se dirigió a la tripulación "Todo el personal les desea un viaje muy exitoso, hemos preparado el mejor equipo para ustedes, disfruten el viaje y la experiencia y Dios los bendiga a todos".

Leonard Cooper respondió: "Gracias Bob, en nombre del Equipo de Terra1. Quisiera agradecer a todo el equipo por la preparación de estos magníficos vehículos. Estamos orgullosos y honrados de representar a nuestro planeta en otro mundo. Haremos todo lo posible para cumplir todos los objetivos de la Misión y abrir el camino a Marte".

"Gracias Leonard, hemos preparado un gran vehículo para ustedes, Buen Viaje Terra-1, la cuenta regresiva se reanudará en sesenta segundos".

"Estamos a T-14 minutos y contando", el Comentarista de la Misión dijo:" No hay problemas meteorológicos o técnicos, todo está listo para el lanzamiento de hoy de la Tripulación TERRA-1, durante estos últimos minutos se llevarán a cabo muchos eventos, a T- 7 minutos, el brazo de acceso de Orion se retraerá, en T-6 minutos las líneas de combustible se retraerán y comenzará la presurización de los tanques. En T-4.7 minutos, el Orion y SLS iniciarán los sistemas hidráulicos, en T-tres minutos el SLS estará con energía interna, en T-dos minutos Se realizará la configuración de vuelo de los motores, en T-1.5 minutos. Los datos se sincronizarán con el Orbitador Magallanes para la operación de Encuentro, en T-40 segundos el secuenciador de lanzamiento será transferido a las computadoras de abordo, todos los parámetros de vuelo serán verificados en este momento por las computadoras de a bordo. En t-15 segundos, se activará el sistema de supresión de ruido. En T-6.6 segundos, los motores principales de SLS se iniciarán y en T-0 los SRB se encenderán y liberarán. Estamos en T-10 minutos y contando".

La Tripulación EOSS-14 a bordo del Magallanes ha confirmado que el vehículo se encuentra a seiscientos pies de la EOSS y en posición de iniciar la trayectoria de encuentro, en la marca T-0.

Aunque miles de personas se encontraban en muchos lugares cerca del KSC, había un completo silencio, escuchando al comentarista durante estos últimos minutos de la cuenta regresiva, hoteles y restaurantes de todas las ciudades circundantes, mostrando letreros y anuncios que deseaban lo mejor a la tripulación.

Todas las empresas de TV e Internet estaban transmitiendo este evento. Las encuestas sugirieron que cerca de ocho mil millones de personas en todo el planeta estaban siguiendo el lanzamiento, y por supuesto los ocho miembros de la Tripulación en la ISS, y cuatro de la Misión EOSS-14.

El reloj de la Cuenta regresiva marcó T-5 minutos. "Este es el Control de Lanzamiento del Orion en T-4 minutos y treinta segundos y contando, las APU internas han comenzado y funcionan al cien por ciento. T-4 minutos y contando, los tanques de combustible están a presión de vuelo, la tripulación confirmó que están listos para partir, sus visores están cerrados y asegurados, la Tripulación EOSS-14 está lista para comenzar su viaje al encuentro con el Orion en 36 horas. T-3 minutos, todo continúa sin problemas esta mañana, a solo tres minutos del lanzamiento. El Equipo de Lanzamiento en la Sala de Control está en silencio, todos los ingenieros están monitoreando sus consolas para detectar cualquier situación. Los oficiales de WSEO están en el área de invitados en la Sala de Control 1. T-dos minutos y contando, el SLS y Orión están con energía interna. T-un minuto y treinta segundos la Computadora del Orion se está sincronizando con la Computadora del Orbitador Magallanes en órbita. Esto permitirá que ambos vehículos maniobren para el rencuentro, Magallanes ha confirmado la sincronización".

"T-1 minuto, todas las Estructuras de Servicio se han retraído, llegando a la marca de T-40 segundos en la cuenta regresiva, en este punto el control se transfiere a las Computadoras del Orion y SLS, se verifican miles de parámetros, si un parámetro no está dentro de los umbrales se detendrá la cuenta regresiva".

Tan pronto como el reloj pasó la marca de T-40 segundos todas las personas en las áreas de observación vitorearon.

"T-20 segundos, el sistema de supresión de sonido activado a T-15 segundos , T-10, 9, 8 los motores SLS-1 comenzando, los cuatro motores a plena potencia" Una gran nube de humo blanco emergió desde abajo, y se elevó rápidamente casi ocultando al cohete, "tres dos uno ignición de SRB" y despegue del vehículo Orion, iniciando la primera Misión Tripulada hacia Marte, en esta fecha histórica del 4 de abril de 2031 a las 9:29 AM EDT". El humo salió de los cohetes al encenderse, combinado con el humo blanco, el poderoso SLS comenzó a emerger de la nube blanca, el sonido comenzó a llegar a las áreas de observación, era un sonido fuerte que se podía sentir en el cuerpo "Houston controlando ahora" fue escuchado en el sistema de sonido.

"Vamos Orion Vamos, " todos gritaban, en la Sala de Control 1, todos los ingenieros miraban el rendimiento del vehículo en sus consolas "Tenemos cuatro buenos motores" se escuchó en la radio. El Control de la Misión, el Director de Ascenso William Leinbach estaba monitoreando la trayectoria.

"El Orbitador Magallanes informó que habían tenido un buen encendido y habían iniciado la trayectoria de Persecución", dijo el comentarista.

"Un minuto después del vuelo, todo va bien", comentó el Oficial de PAO de Huston.

...

En el momento del lanzamiento, en la Orbita de la Tierra, el Magallanes encendió sus motores para comenzar la trayectoria de persecución. "Tenemos sincronización con el Orion, todos los parámetros para las maniobras se han cargado y se ajustarán a medida que Orión alcance su órbita", informó el Comandante Courtney Kent. "Los motores Magallanes se encenderán por 58 segundos para comenzar la Operación de Persecución", agregó.

"Los motores comenzarán en 3,2.1 y el encendido ha comenzado", informó. El Astronauta George Cooper a bordo del EOSS siguió el encendido con una cámara externa. "Buen encendido", le dijo al Magallanes y añadió: "Que tengan una entrega segura nos vemos en cuatro días, Buen Viaje Magallanes". "Gracias George", respondió Courtney.

...

"Dos minutos en el vuelo" El comentarista de la Misión dijo "Estamos esperando la confirmación de la separación de los dos cohetes de combustible sólido" El día estaba tan claro que la separación de estos cohetes se podía ver a simple vista como dos pequeños objetos girando, así como el cohete continuando su asenso hacia la órbita. Todos los observadores vitorearon al ver esto, y unos minutos después, otro objeto se estaba separando y cayendo, era la torre de escape de emergencia del Orión.

"Se confirmó la separación del cohete de combustible sólido, tenemos cuatro motores buenos, la Torre de Escape de Emergencia ha sido separada".

"Todo va bien, a los tres minutos del vuelo, nos dio algunos datos sobre la velocidad, distancia al Centro de Lanzamiento y la altitud".

En Orbita, la Tripulación EOSS-14 a bordo del Magallanes estaba siguiendo el lanzamiento, y mirando sus datos, todo iba como se esperaba; el Magallanes con su preciosa carga estaba en camino.

"Cuatro minutos en el vuelo, los cuatro motores funcionando como se esperaba, no hay problemas. La tripulación se reporta en excelentes condiciones, hay pocas comunicaciones con el Control de la Misión en este momento".

"Como es acostumbrado por los Astronautas del Soyuz, esta vez la tripulación colgó en el Orion un pequeño modelo del planeta Tierra, este comenzará a flotar tan pronto como lleguen al espacio; este será su indicador de microgravedad. Esta fue una solicitud hecha por Yelena Pavlova".

Algunas imágenes del interior del Orion mostraron a los seis astronautas y al pequeño modelo de la Tierra colgando.

"Cinco minutos en el vuelo, el SLS y el Orion están en una muy buena trayectoria".

"Esperando apagado de los motores principales y la separación de la primera etapa" La pantalla mostraba a la Tripulación a bordo del Orion, y otra tenía una simulación con los datos de telemetría. En el momento de apagado del motor principal, el pequeño modelo del planeta Tierra comenzó a flotar. "Bienvenidos al Espacio", le dijo Leonard Cooper a la Tripulación.

"Tenemos confirmación de una buena separación. En un minuto, la etapa de maniobras encenderá su motor durante dos minutos, colocando el vehículo en la ruta orbital para el encuentro".

"Los barcos de recuperación han localizado los dos cohetes de combustible sólido que se usaron hoy; serán procesados para otro vuelo en el futuro".

"El cohete de la etapa de maniobras se ha iniciado con éxito, este encendido elevará la órbita del Orion a 180 Millas Náuticas, se realizará un encendido adicional más tarde para lograr una órbita circular. El Magallanes y el EOSS tienen una órbita de 193 millas náuticas". Dijo El comentarista de la Misión.

Todos los servidores de redes sociales estaban saturados con los mensajes enviados y compartidos por los usuarios, la página web de WSEO y las páginas web de las agencias espaciales recibieron miles de millones de visitas, lo que hace que su acceso sea casi imposible.

"Felicidades a todo el equipo", dijo el Director de Lanzamiento al Equipo de Lanzamiento en la Sala de Control 1. El Dr. Cook, Charlie Washington, y todos los Directores del programa espacial los felicitaron también. Todos los datos del lanzamiento se guardaron para analizarse en las siguientes semanas.

Bob Harris asistió a una conferencia de prensa y luego fue al auditorio para la celebración tradicional después de un lanzamiento exitoso donde los frijoles no podían faltar.

"Bienvenidos a Orbita, se escuchó una voz en el Orion" Fue la Comandante Courtney Kent del Magallanes. "Hola, Courtney, gracias". El Comandante Cooper respondió: "Fue un viaje increíble", agregó.

"Tenemos aquí un paquete para ustedes" Courtney agregó "Dice que será entregado el 5 de abril en su puerta" Todos rieron.

Durante este primer día en Orbita, se verificaron todos los sistemas del Orion, la tripulación revisó la operación de acoplamiento que tendrá lugar al día siguiente y practicó con el simulador de realidad virtual.

Los periódicos de todo el mundo tenían en su primera página una fotografía del lanzamiento espectacular y titulares como "El viaje ha comenzado", "Buena suerte, Marsnauts", "Un día para recordar", etc.

Al día siguiente, ambos vehículos estaban en sus trayectorias alrededor de la Tierra para la reunión espacial.

"Orion y Magallanes están a 672 millas náuticas de distancia", dijo el Comunicador de la Misión, "se aproximan a una velocidad de tres millas por minuto. Para el acercamiento final, el Orion será estático y el Magallanes se moverá hacia él, disminuyendo la velocidad hasta menos de un metro por segundo".

"El acercamiento final antes de la operación de acoplamiento se llevará a cabo en cinco horas y veintitrés minutos", agregó el comentarista de la Misión.

A bordo del Magallanes el Astronauta Steve Gordon estaba mirando la consola de la computadora que estaba conectada a la computadora Orion, era interesante ver cómo cambiaban los parámetros y cómo estas computadoras enviaban comandos para encender los diferentes motores y propulsores de maniobra, estos procesos de computadoras calculan las mejores maniobras con el menor consumo de combustible.

También podría usarse una representación gráfica, en la que se pudieran ver distancias, velocidades y predicciones de encuentros. "Esto es magnífico", le dijo a la tripulación y en la radio al Orion. "Sí, lo sé, este proceso es realmente asombroso y único", comentó Robert Thornton, del Orion, y agregó: "Veo que estamos a solo noventa millas de distancia, de hecho, podemos verte como un objeto pequeño". "Podemos verte también, de acuerdo con esto estaremos a noventa pies sobre Australia en la próxima Órbita a un día doce horas y cuarenta y cuatro minutos de la Misión Terra 1; esto es a las 21:16 EDT".

En el momento esperado, ambos vehículos estaban separados por solo trescientos pies. La estructura formada por el Orion y SLS era estable, como si fueran una Estación Espacial. El Magallanes fue el que se acercaría a él para la entrega.

"Houston para Courtney" dijo el Capcom "Adelante" Ella respondió. "Necesitamos que muevas el RMS a la posición final de acoplamiento y después de eso el acercamiento al Orión con la secuencia 26 de aproximación final de encuentro. Debes detenerte a nueve pies por delante del

Orión, el puerto de acoplamiento del Habitat debe estar alineado con el del Orión "el Capcom continuó.

"Entendido, Sean está moviendo el PDCU RMS." Sean McCoy ejecutó la secuencia. Solo tiene que seleccionar la configuración deseada y el Brazo Robótico realizó los movimientos para alcanzar la posición deseada del Hábitat. "De acuerdo, Courtney, el RMS está en posición y asegurado", dijo Sean. "Gracias Sean" Ella respondió.

"Courtney para Houston, el RMS está en posición, solo avísame cuándo podemos comenzar el acercamiento final".

"Enterado Magallanes, por favor esperen" dijo el Capcom.

"Capcom para Orion" "Adelante", respondió Leonard Cooper. "Magallanes se está preparando para el acercamiento final; necesitamos que se asegure de que la escotilla esté en la configuración de atraque, que todos los cerrojos y pestillos estén abiertos". El Capcom comentó. "Entendido" Orión respondió.

Una pantalla en el Control de la Misión en Houston, Colonia y Oxfordshire mostraba los puntos de vista del Orion al mirar el Magallanes el PDCU y el RMS con la estructura del Habitat y el Lander. "Wow, mira eso, realmente se ve como una escena de ciencia ficción", comentó Nancy Jones. Otra pantalla mostró al Magallanes mirando las etapas del Orion y SLS "Su vehículo es enorme", comentó Courtney a la Tripulación del Orion.

"Houston para Courtney y Leonard, vamos a seguir la configuración 27 de aproximación final, hemos realizado simulaciones aquí y es la mejor opción. Este patrón dejará al Magallanes a ocho pies del Orion, con el Hábitat justo enfrente de la escotilla del Orión. Courtney, avísanos cuando estés lista ", dijo el Capcom. "De Acuerdo" Ella respondió.

Pocos minutos después, Courtney Kent le comento al Control de la Misión "Magallanes a Houston, la configuración de aproximación ha sido validada y está cargada". "Ok, Magallanes, Autorizado para el acercamiento final".

El Magallanes comenzó a acercarse; los propulsores se encendieron para colocarlo en la posición deseada podrían verse como destellos. "Sesenta pies" informó. Sean estaba mirando la consola RMS que mostraba los objetivos de atraque del Habitat y el Orion. El rayo láser del Hábitat debe coincidir con el objetivo del láser en Orión, el ajuste final se realizará durante la fase de atraque".

"Treinta pies" informó Courtney. "Todos los parámetros son normales, veinte pies, nueve pies, ocho pies y en posición de espera".

La pantalla mostraba una imagen de una de las cámaras RMS que estaban siendo controladas por el Control de la Misión.

"Anotado" respondió el Capcom "Sean, tenemos que comenzar la operación de alineación con el objetivo del láser".

"Enterado", respondió Sean. Esta operación sería realizada por la unidad robótica del RMS. Se necesitarán movimientos de fracciones de una pulgada, el láser en el Habitat buscara el objetivo en el Orion, una vez que se encuentra la información es procesada por las computadoras del RMS para realizar los movimientos para alinearla, una vez hecho esto y el indicador en la consola debe mostrar la alineación en verde al 100%, esto significa que la operación de atraque podría realizarse.

"El Habitat y el Orion están alineados" informó Sean.

"Por favor, espera" informó el Capcom; El Control de la Misión estaba en comunicación con Colonia y Oxfordshire, revisando todos los parámetros y la configuración para dar la autorización final para continuar con el atraque.

"Houston para Sean y Leonard", dijo el Capcom, "los Directores de la Misión tuvieron una reunión y se tomó una decisión, pueden proceder para ejecutar el acoplamiento, no se esperan correcciones adicionales".

"Entendido" respondió Sean, "Estamos listos para recibir la estructura" agregó Leonard.

El RMS comenzó a moverse muy lentamente, manteniendo la alineación requerida "Tres pies", Sean dijo. El silencio reinó en el Control de la Misión mientras se mostraban las imágenes y se mostraba la telemetría.

"Un pie y contacto", dijo Sean, mientras se sentía un pequeño golpe en el Orión y se escuchó un ruido.

"Ganchos y pestillos han hecho contacto y están en proceso de cerrarse" Sean informó mientras miraba la consola. "El mecanismo de acoplamiento ahora está asegurado. Lo hemos entregado ", dijo.

Se escuchó una gran ovación en el Control de la Misión; Se vieron muchas caras felices.

"Felicitaciones por esta entrega" dijo el Capcom "Por favor, estén listos para la liberación del Habitat" y agregó que "el tiempo oficial de atraque es de 1 día, doce horas y 39 minutos de la Misión".

Antes de que el efector final del RMS libere la unidad de captura del Habitat, el Control de la Misión realizará una lista de verificación post-acoplamiento.

"Houston para Sean, hemos realizado la lista de verificación de atraque, el Hábitat está asegurado y puede continuar con la liberación del RMS".

"Enterado" respondió Sean; comenzó a abrir los ganchos y pestillos del RMS de la unidad de agarre del Habitat. Hubo algunas dudas sobre esta operación porque el problema que había presentado el RMS hace pocos días con el efector final que no abriría los pestillos. "Espero que esta vez no de problemas" pensó Sean.

Sean estaba mirando la consola, todos los pestillos y ganchos eran de color verde, lo que significa que se han desbloqueado "El efector final y Hábitat están desbloqueados, comenzaré con la liberación de los pestillos y luego moveré el RMS ". "Enterados" el Capcom respondió "Te tenemos en la pantalla y estamos mirando tu consola".

"Ok, estoy retrayendo ganchos y pestillos y liberando" dijo Sean, la consola indicó que todos los ganchos y pestillos se habían retraído y el movimiento del RMS comenzó, moviéndose muy lentamente hacia arriba, liberando el Hábitat. La pantalla mostraba que el RMS se alejaba.

"El Habitat y el Mars Lander ahora son parte de la Estructura del Orion-SLS, entregamos los primeros componentes para una Misión Humana a Marte", dijo Courtney.

"Aquí en Control de la Misión y en nombre de todo el equipo involucrado para alcanzar este momento, felicitaciones por un trabajo sobresaliente", dijo el Capcom a la Tripulación EOSS-14 a bordo del Magallanes.

"Este es Orion, también queremos agradecerles por todo el trabajo realizado para preparar al Habitat, su Extension y el Mars Lander, sin estos módulos no habría Misión, ahora estamos listos para comenzar el viaje a Marte" Dijo el Comandante Leonard Cooper.

"Que tengan un buen viaje, que Dios los bendiga, estaremos con ustedes desde el planeta Tierra", dijo Courtney a Leonard mientras saludaban desde una ventana desde sus respectivos Vehículos Espaciales. "Buen Viaje Terra 1", agregó mientras salían lágrimas de sus ojos "Ha sido un honor y un privilegio participar entregando estos componentes".

"Gracias Courtney, Sean, Steve y George, tengan un viaje seguro a casa", dijo el Comandante Leonard.

"Magallanes se está preparando para la partida, desvinculándose de la Computadora del Orion ", dijo Courtney.

"Enterado, pueden retraer el RMS y retroceder a seiscientos pies del Orion", dijo el Capcom.

El RMS de la PDCU se retrajo completamente y se colocó en la posición de almacenamiento sobre la PDCU. El Magallanes comenzó a encender sus propulsores para alejarse lentamente del Orión.

"Houston a Leonard, necesitamos que sigas el procedimiento de iniciación previo a la Trayectoria de Marte mientras Magallanes abandona el área".

"Enterado, estamos comenzando con el procedimiento, mientras tanto, aquí hay algunas vistas de la nave Magallanes alejándose", respondió Leonard Cooper.

El Magallanes continuó ganando distancia del Orión, a medida que avanzaban estaban tomando imágenes del Orión, ahora formado por la segunda etapa y la unidad de maniobra del SLS, la Tercera Etapa del SLS, el adaptador del Orion y su Módulo de Servicio Extendido, y el Hábitat recién acoplado, la Extensión del Hábitat y Mars Lander. Fue una vista muy impresionante, una imagen histórica que permanecerá como el punto de partida de la Misión de Marte.

"Magallanes para Houston, estamos a seiscientos pies de distancia del Orion" "Enterado Magallanes, pueden comenzar la operación de encuentro con el EOSS", respondió el Capcom.

"Enterados, el encendido inicial comenzará en dos minutos, todos los parámetros orbitales se han cargado, estamos vinculados con la computadora del EOSS. Nuestro plan orbital indica que alcanzaremos el EOSS en 27 horas. Nuestro nivel de combustible es del sesenta por ciento. Ok, volvemos a nuestra Casa Orbital ", dijo Courtney.

"Los estaré esperando" George Cooper comentó en la radio que estaba en el EOSS.

"Magallanes saliendo" dijo Courtney, los motores de maniobra se encendieron durante cuarenta segundos, lo que le dio a Magallanes más velocidad para cambiar su órbita y comenzar la persecución hacia la EOSS y alejarse del Orión.

Cerca de treinta minutos después, el Magallanes estaba muy lejos del Orión, y la Tripulación Terra-1 estaba lista para comenzar el Viaje.

"Bien, hemos verificado la escotilla del Hábitat, no hay fugas, la operación de presurización para el Hábitat y su Extensión se realizarán a las cuarenta horas de acuerdo con el Plan de la Misión. El encendido del motor principal de la segunda etapa será a los 2 días, cuatro horas treinta y ocho minutos, tiempo de la Misión. Este durará dos minutos y cuarenta y seis segundos, después de esto se separará, un minuto más tarde el motor de la tercera etapa disparará durante cinco minutos, en ese punto estaremos en camino a Marte ", dijo Leonard.

"Enterado Leonard, tenemos la misma información, el Director de Vuelo dio la autorización para la inserción de la Trayectoria de Marte" dijo el Capcom.

"Que tengan un viaje seguro y disfrútenlo, estarán donde nadie ha estado, verán cosas con sus ojos que nadie ha visto, caminarán en un Planeta donde nadie ha caminado antes". Aquí está el Dr. Cook, le gustaría dirigirles algunas palabras."

"Leonard, Nancy, Yelena, Robert, Kiochi y Li, están a punto de comenzar el viaje que miles de personas han imaginado desde el comienzo de nuestra civilización, transformarán un sueño en un hecho. Todos nosotros en la Tierra estamos muy orgullosos, y nuestros pensamientos están con ustedes. Dios los bendiga y Buen Viaje Terra-1 "dijo el Dr. Cook.

"Gracias Dr. Cook, este es el resultado del arduo trabajo y la imaginación de muchas personas en todo el planeta a través de muchos siglos, haremos todo lo posible para tener éxito y regresar a casa en aproximadamente dos años. "Dijo Leonard Cooper.

"De acuerdo, Orion, están a veinticuatro minutos del encendido de la segunda etapa. Tomen sus posiciones y que tenga un buen viaje ", dijo el Capcom.

"En espera para el encendido del motor en 10,9,8,7,6,5,4,3 2, 1 y tenemos un buen encendido de motor" comentó el Capcom.

Una Imagen dentro del Orion mostró a los Marsnauts sintiendo la aceleración. "Observen a nuestro hogar; no lo veremos por un tiempo ", dijo Nancy Jones a la Tripulación.

Dos minutos y cuarenta y seis segundos después del encendido el motor se apagó, la Segunda etapa se separó del anillo inter-etapas y después este fue expulsado; el Motor Principal de la tercera etapa inició su operación y comenzó a acelerar el vehículo para dejar la fuerza gravitacional de la Tierra.

"Adiós Planeta Tierra, estamos en camino", dijo el Comandante Cooper por radio.

"Todo se ve bien, el Orion está en camino a Marte, el motor de la tercera etapa estará activo durante cinco minutos. Cinco horas después se encenderán durante tres minutos adicionales, después de este disparo, la etapa se separará y el Orion estará solo ", dijo el Comentarista de la Misión.

Cinco minutos más tarde, el motor principal se apagó, todo iba de acuerdo con el plan de vuelo.

A los dos días, nueve horas y 53 minutos dentro de la Misión, el Módulo de Servicio se separó de la Tercera etapa que acaba de completar su segundo y último disparo.

Se desplegaron los cuatro Paneles Solares del Módulo de Servicio Extendido; el equipo y el control de tierra confirmaron que los cuatro paneles estaban en operación ya que las consolas mostraron el indicador de carga activo.

El Vehículo estaba ahora solo, ocho meses para llegar a la órbita de Marte. La tripulación pudo ver con una de las cámaras externas de la Tierra, esta vez pudieron ver casi la mitad del planeta en una sola imagen.

Los Marsnauts comenzaron sus actividades, el Control de la Misión informó a la tripulación que la presurización del Habitat y su extensión habían comenzado, era controlada desde Colonia Alemania, también se desplegaron los Paneles Solares del Hábitat y los de la Extensión del Hábitat; informaron que estaban operando al 100%. La tripulación pudo ver cómo se extendían desde las ventanas de Orion.

"Houston a Orion, el Director de Vuelo del Habitat le ha dado la Autorización para abrir la escotilla para acceder, necesitamos que todos usen máscaras antigás de protección como precaución, aunque las lecturas indican que la atmósfera en su interior es pura", dijo el Capcom.

"Enterado" dijo Robert Thornton, que era el Comandante del Orbitador de Marte para la Misión. Se abrió la compuerta interna del Orion, y luego con una herramienta especial, la escotilla del Habitat.

Robert Thornton y Li Yang Tzu ingresaron al Habitat, tomaron una cámara y lectores de gas portátiles. Era un módulo muy limpio y grande, recorrieron todo el camino hasta la extensión del Habitat y vieron todos los casilleros con suministros y el área de descanso para algunos de los miembros de la tripulación, y en su extremo la escotilla al Mars Lander con una pequeña nota de uno de los equipos de la Tripulación del EOSS que decía "¡Disfruten Marte, tráiganos una roca roja! Y las firmas de ellos" Sonrió y se detuvo al final "Wow, las Tripulaciones del EOSS hicieron un gran trabajo preparando esto para nosotros", dijo Robert.

"Los lectores atmosféricos no muestran nada fuera de lo normal", dijo Li.

"Gracias Robert y Li, pueden quitar sus máscaras, tenemos las mismas lecturas aquí, pueden continuar con la activación", dijo el Capcom.

A los dos días y veintidós horas, se solicitó a la tripulación que realizara una llamada personal con el médico de vuelo, y luego recibieron este mensaje del Capcom.

"De Houston a Orion, hoy ha sido otro gran día, necesitamos que inicien el período de sueño de ocho horas, mañana podrán continuar con la activación del Hábitat".

"Enterado, que tengan buenas noches e y nos vemos mañana" respondió Leonard Cooper.

...

 De vuelta en la órbita terrestre, el Magallanes se acercó y atracó con la EOSS, después de los controles de presión, la tripulación desembarcó y se reunió con George Cooper, llamaron al Orion.

"Courtney a Leonard" "Hola, Courtney, ¿has llegado a casa?" Respondió Yelena. "Sí, estamos de vuelta en la EOSS, regresaremos a la Tierra en cuatro días", respondió Courtney.

"De parte de todos nosotros, gracias por el gran trabajo que hicieron ustedes y todas las Tripulaciones del EOSS, acabamos de ingresar al Hábitat, brilla como una estrella" dijo Yelena.

"Me alegra oír eso, que tengan un gran viaje y nos vemos de regreso en unos cuantos años" dijo.

"Gracias, que tengan un aterrizaje seguro" dijo Yelena y terminó la llamada.

...

"Also Sprach Zarathustra", el título principal para la película 2001 fue escuchado en el Control de la Mision y en el Orion "Buenos días Orion, es un nuevo día, están en las noticias en todos los medios", dijo el Capcom.

"Buenos días Capcom" Kiochi respondió "Gracias por la música muy inspiradora, fue una gran película".

La tripulación comenzó con sus actividades, cada miembro programó una sesión de ejercicios físicos, así como una sesión de comunicación con sus familias mientras estaban cerca de la Tierra, y otras actividades específicas y entrenamiento virtual, sus mentes deben estar ocupadas todo el tiempo para evitar cualquier depresión debido al largo viaje. y la sensación de soledad, este fue uno de los desafíos más difíciles.

Pudieron capturar una imagen de la Tierra con alta definición y tres cámaras especiales para imágenes en tercera dimensión, nunca antes se capturó una imagen tan real como la veían. Este día tuvieron una transmisión de televisión a través del Control de la Misión.

"Hola Tierra" El Comandante Cooper dijo "Ahora estamos a 281,567 millas de la Tierra, casi a la distancia entre la Tierra y la Luna, estamos a 167,926,565 millas náuticas de Marte o 311,000,000 kilómetros, un largo camino por recorrer, nuestra velocidad aumentará a 54,217 Kms / Hr. pero aquí tenemos muchas tareas por completar, pruebas de equipos, experimentos, ejercicios, tenemos entretenimiento que recibimos aquí algunas películas que no se han exhibido en Salas de Cine, recibimos nuestros programas favoritos y nos comunicamos con nuestras familias todos los días, también con los médicos, cada uno de nosotros tiene algo de tiempo libre para asuntos personales, por ejemplo, para mantener un diario personal. Incluso estamos jugando ajedrez con contrapartes en la Tierra, así que como pueden ver, tenemos muchas actividades. Por supuesto que podemos hacer todo esto debido a la proximidad con la Tierra, pero a medida que avanzamos la señal a la Tierra tardará más tiempo en llegar y regresar, recuerden que nuestras comunicaciones viajan a la velocidad de la luz, esto es 299,792,458 metros por segundo, esto es casi 300,000 kilómetros por segundo, por lo que la señal que reciben en este momento tiene menos de un segundo de retraso, casi imperceptible ".

Nancy Jones tomó el micrófono "Queremos mostrarles esta increíble imagen de nuestro planeta, esta imagen está en 3D para que puedan descargarla de los sitios web de WSEO y Agencias Espaciales, es una vista hermosa, no hay palabras para expresar y explicar el sentimiento que experimentamos cuando vemos nuestro planeta, es un milagro, un acto de Dios, es como una isla en el medio de la nada, nuestro único lugar para vivir en el universo conocido, nuestro único hogar, al menos por ahora. En esa esfera están todas las cosas que conocemos, todas las personas y todos nuestros familiares y amigos, toda la historia de la humanidad. Todo lo que necesitamos para vivir está allí, el aire y el agua se reciclan, podemos cosechar todo tipo de verduras y frutas, tenemos estaciones, tenemos todo tipo de especies en el reino animal y cada una tiene un rol específico, por ejemplo, los gusanos crean un túnel debajo del suelo para permitir el flujo de oxígeno y esto ayudará a las plantas a crecer. Nuestro planeta es una máquina única y perfecta para sustentar la vida". Hizo una pausa, la imagen se mostró en la pantalla" Estamos mirando desde el Continente Americano a Europa y África en una vista; esto significa que nuestro planeta es realmente pequeño, la atmósfera es muy delgada y frágil. Es imperativo que se tomen medidas para detener la contaminación, las emisiones de CO2, la deforestación y otras acciones humanas que están afectando los procesos naturales, estamos cerca del punto de no regreso, donde el daño será tan grave que todo estará fuera de control, hemos experimentado huracanes más agresivos, temperaturas más altas en algunos lugares y la perdida de hielo en los casquetes polares y Groenlandia. No debemos permitir que la indiferencia destruya el mundo que pertenece a nuestros hijos y nietos, esta es una tarea de todos en la Tierra, tenemos la oportunidad de ver a nuestro planeta desde aquí y compartir esta increíble vista con ustedes".

Entonces Yelena tomó el micrófono "Es increíble. En la Tierra tienes que ejercitarte para estar en buen estado de salud y quemar todas las calorías extra, aquí usamos este equipo para hacer ejercicio porque necesitamos forzar a nuestro organismo a mantener nuestro sistema musculoesquelético y el sistema cardiovascular en buena forma, esto es porque en cero g los huesos y los músculos no requieren la misma fuerza que en la Tierra, y el corazón debe trabajar más para mantener el flujo de sangre. Con toda la experiencia reunida por los equipos del ISS, los científicos diseñaron estos instrumentos y nuestras dietas. Tenemos un conjunto similar de instrumentos que utilizaremos en Marte, aunque po allá estaremos en un tercio de la gravedad de la Tierra, esto significa que si pesas 180 libras en la Tierra, en Marte pesas solo 60 libras aproximadamente, esto es bueno ¿No creen ?".

Kiochi tomó la palabra ahora "En la Tierra estamos protegidos de la radiación por diferentes capas de la atmósfera, por lo general no nos importa esto; solo necesitamos usar algunos protectores solares para evitar el daño causado por algunas partículas. En el Espacio es diferente, recibimos radiación directamente porque no tenemos la protección natural que tenemos en nuestro planeta de origen, por ejemplo, no tenemos un campo magnético. Los científicos y los ingenieros han trabajado para brindarnos la protección necesaria en nuestros Vehículos Espaciales, en el Marslab, en el Invernadero de Marte y en el Mars Rover, y en nuestros trajes espaciales. Tenemos capas de diferentes telas como el plástico con plomo, la red entrelazada de circulación de agua, y en nuestros vehículos una delgada capa intermedia en la que circula el ozono. Tenemos lectores de nivel de radiación y los estamos comprobando constantemente. En este momento tenemos una conversación diaria con nuestros médicos de vuelo; tenemos lectores de sangre que cargan información para su análisis. A medida que nos alejamos de la Tierra, esta sesión se grabará y enviará. Como puede ver, estar aquí es una tarea de duplicar cada proceso natural que tenemos en la Tierra, procesos que estamos acostumbrados a tener. Ya que estemos en Marte tendremos nuestra cosecha de vegetales, por eso el Invernadero en Marte se llamará pequeña Tierra".

Entonces, fue la oportunidad para Robert "Hay un largo camino hasta Marte, pero estamos muy ocupados todo el tiempo con experimentos, ejercicio y entrenamiento continuo. Durante los primeros miles de millas recibiremos apoyo del MCC de todo el mundo, hasta que el retraso de la señal sea tan significativo que deje de ser eficiente esta comunicación directa; Li y yo recibimos entrenamiento del Control de la Misión durante muchos años, porque cuando el Lander descienda en Marte, seremos su Control de la Misión. En estas consolas tenemos un conjunto de software utilizado por las consolas del Control de la Misión en la Tierra para los sistemas principales, este se actualiza constantemente para ayudarnos durante la Misión, seremos la guía para el Lander para desacoplarse, descender, despegar, ascender y acoplarse. Nuestros deberes son mantener el Hábitat y su Extensión operando e informar cualquier situación anormal, para nosotros este es nuestro hogar, viviremos aquí por cerca de tres años, así que tenemos que cuidarlo bien". Avanzó hasta la parte posterior del Hábitat. "Esta es la Extensión del Hábitat, donde tenemos casilleros con suministros para el viaje, todo está documentado en esta computadora, tiene cantidades y horarios para todos, tenemos un casillero de primeros auxilios con todo lo que necesitamos para lesiones e incluso para RCP. Esta escotilla se conecta al Mars Lander".

Le dio el micrófono a LI "Hola, Robert y yo trabajamos en equipo; permaneceremos en la órbita de Marte mientras los otros miembros de la tripulación descienden a la superficie. Estaremos en comunicación con ellos constantemente gracias a la Red de Comunicación CubSat ubicada en la órbita de Marte. Esto es muy importante porque tenemos que monitorear constantemente a la tripulación y estar listos para ayudarlos si hay una emergencia, los ayudaremos a rastrear la ruta, también a rastrear el Rover cuando realicen una excursión, también tenemos que prevenirlos si se está formando una tormenta en algún lugar del planeta. Tenemos aquí nuestro pequeño Invernadero, como pueden ver es vertical y horizontal, tenemos lechugas, tomates entre otros, tenemos que cultivarlos y hacer un poco de trabajo agrícola, debemos tener las mejores verduras de alto rendimiento, para esto estuvimos con científicos de todo el mundo aprendiendo técnicas agrícolas y de injerto. En Marte y en la órbita de Marte, esta será una importante fuente de nutrición".

"Bueno, esperamos que hayan disfrutado de esta transmisión, los mantendremos informados sobre el progreso de la Misión", dijo el comandante Cooper.

"Gracias Orion, ha sido una transmisión fantástica, tenemos que agregar varios servidores y ancho de banda de red para admitir todos los hits, todos los Medios transmitieron el evento" les dijo el Capcom.

"Gracias, Capcom, volvemos a las operaciones normales".

Una semana en la Misión a casi 4, 918,347 millas de la Tierra, la Tripulación Terra-1 ha superado en millones de millas la distancia máxima de la Tierra que un ser humano ha viajado en el espacio.

La Tripulación del Terra-1 miró por las ventanas del Habitat y vieron la más espectacular e impresionante vista que hubieran visto, lo más increíble que cualquiera podría ver, la Tierra y la Luna en una sola vista, ningún ser humano había visto esto con sus propios ojos, solo a partir de imágenes enviadas por sondas espaciales. Las lágrimas brotaron de los ojos de todos ellos, y notaron que las lágrimas no caían, sino que permanecían en su rostro. "Ah, ahora recuerdo que Chris Hartfield habló sobre esto", dijo el Comandante Cooper, y todos sonrieron y limpiaron sus ojos.

Tomaron fotografías de esta gran vista, también imágenes 3D y video, "Capcom, tenemos algo aquí que nos gustaría compartir con ustedes", dijo Leonard Cooper. "Adelante", respondió el Capcom. Movieron la cámara para apuntar la Tierra; esto se mostró en las Pantallas de todos los Centros de Control de Misiones. "Esa es una gran vista de nosotros" comentó el Capcom, luego se alejaron de la vista y apareció la Luna. Todos los ingenieros de la consola, los Directores de la Misión y todo el personal se quedaron sin palabras, solo mirando esa increíble vista que fue transmitida en vivo por la tripulación. "Estamos sin palabras aquí mirándola, qué vista tan maravillosa. Es increíble, gracias por compartirla ", dijo el Capcom. La demora de la señal en este punto era de 16.66 segundos en cada sentido.

Obviamente, esta imagen se distribuyó de inmediato en todo el mundo, y en las redes sociales tuvo miles de millones de visitas, como nunca.

La tripulación continuó su viaje, siguiendo sus actividades diarias. Los Marsnauts que iban a descender a Marte practicaban casi todos los días en los simuladores de realidad virtual, practicaban para cada escenario que podían pensar, como fuertes vientos, falla de paracaídas, apagado del motor, entre otros, y también despegar de Marte con diferentes condiciones, el registro de cada sesión se transmitió a la Tierra para analizarlos e implementar mejoras.

Miraron hacia atrás para ver nuestro hogar en el universo, seguían admirando tanto la Tierra como la Luna, cada día más pequeños hasta que ambos llegaron solo para ser un punto en el Espacio, la estrella más brillante que podían ver. También pudieron ver a Marte como una pequeña estrella rojiza, fácil de localizar debido a su color. "¡Miren, nuestro destino!", Dijo Nancy.

La Tripulación del Terra-1 continuó su viaje, se les asignó un tiempo personal para realizar algunas actividades y ver la sesión de la familia en Realidad Virtual cada semana, también para tener sus actividades religiosas, incluidas también en una grabación de realidad virtual de la última ceremonia. Estas grabaciones les daban la sensación de que eran parte de la actividad, a pesar de todo esto, como era de esperar, después de tres meses de viaje espacial la depresión se hizo presente para algunos miembros de la tripulación.

Durante el entrenamiento se les dijo que ocurriría esta situación, así como llegaría desaparecería, lo único que se requería era darle tiempo adicional a cada miembro de la Tripulación, para que él o ella pudieran pensar las cosas y reintegrarse a la Tripulación. Afortunadamente, todos los casos presentados se resolvieron rápidamente.

Para el 20 de agosto de 2031, habían viajado 175, 670,640 Kilómetros; una transmisión a la Tierra tomó 9.7 minutos en cada sentido, por lo que solo recibían recomendaciones, actualizaciones de software, mensajes, pero no asistencia en tiempo real. Era el día 136 de su Misión, era hora de ingresar al Mars Lander.

"OK, es hora de abrir la escotilla del Mars Lander y comenzar la activación de todos los sistemas para informar su estado a la Tierra, entiendo que hemos recibido algunas mejoras", dijo Leonard Cooper.

"Las lecturas de presión indican que es igual que el Hábitat, por lo que podemos abrir la escotilla", informó Robert Thornton.

Como parte del procedimiento de seguridad, la tripulación se puso sus máscaras de gas antes de abrir la escotilla.

El Control de la Misión había dado la autorización su última comunicación.

Li comenzó a abrir la compuerta de la Extensión del Hábitat y luego la Escotilla del Mars Lander, Estaba oscuro por dentro, así que, siguiendo el procedimiento, activó el flujo de energía.

Se confirmó que no había gases peligrosos en el interior por lo que era seguro entrar, ya con iluminación, lo pudo ver, se veía bastante espacioso, a través de sus ventanas se podía ver la parte superior del Hábitat y algunas estrellas.

Los cuatro miembros de la Tripulación que aterrizarán en Marte, sentados en sus ubicaciones asignadas, y comenzaron el procedimiento de activación, validarán que todos los sistemas funcionen correctamente; si se detecta una falla, se informará, para que los ingenieros de la Tierra la evalúen.

En este momento se registraron todas las actividades de activación y al final de los procedimientos se enviaron al Control de la Misión para que los ingenieros de Astrotechnika pudieran analizarlas.

...

En la Tierra, Andrew y el Equipo del Mars Lander comenzaron a recibir información; identificaron mejoras y prepararon sus recomendaciones que algunas veces incluían actualizaciones de software.

"Esas imágenes que enviaron hace unos meses sobre la Tierra y la Luna son asombrosas" Andrew le dijo a Hans "Todavía no entiendo por qué las personas no captan el mensaje e insisten en dañar el Planeta, algunos son ignorantes y otros son personas codiciosas. Tenemos todo tipo de herramientas que monitorean nuestro Planeta, los científicos han invertido miles de horas de investigación y millones de euros y continúan con su posición, contaminando y construyendo más armas nucleares. Esto tiene que cambiar pronto o no habrá un Planeta para la próxima generación " Parecía muy molesto, después de un momento de silencio dijo" Bueno, alguien tendrá que hacer algo muy pronto, ¿no estás de acuerdo? ", Preguntó a Hans.

"Eso espero, pero mientras tanto revisemos toda la información que está enviando la Tripulación del Terra, ya que están activando todos los sistemas del Mars Lander Endeavour", respondió Hans, ambos continuaron mirando sus consolas.

De vez en cuando, Andrew recibía llamadas del hombre que conoció en la manifestación en París, las llamadas eran cortas. "¿Cómo va todo?", El hombre le preguntó a Andrew por teléfono: "Todo está bien, no hay comentarios sobre el tema". Andrew respondió y la llamada terminó, cada vez el hombre usaba un número de teléfono diferente, las llamadas eran siempre del hombre a Andrew.

...

"No hemos recibido ningún dato del Terra 1 desde hace veinte minutos", informó el Oficial de Comunicaciones al Director de Vuelo. La última telemetría recibida es de hace diecinueve minutos, deberíamos recibir datos, había algo de actividad solar pero no debería causar ninguna interferencia ".

"Bueno, esa puede ser la causa, pero tenemos que estar seguros, el ISS no se vio afectado, me he puesto en contacto con todas las estaciones de seguimiento, en Colonia tienen la misma situación, solo sigan tratando de contactarlos". Procedieron a contactar al Director de la Red de Espacio Profundo.

"No recibimos ninguna señal del Terra 1. Quizás sus radiotelescopios puedan capturar cualquier señal", dijo el Director de Vuelo.

"Registramos una actividad solar inusual, hubo cuatro grandes destellos solares que han enviado una gran cantidad de partículas que pueden estar causando un bloqueo de las señales provenientes del vehículo" Respondió y continuó.

"Le notificamos a usted y a todos los otros centros, pero no sabíamos en ese momento que esto podría causar este tipo de interferencia, con nuestros telescopios identificamos el vehículo hace aproximadamente doce minutos".

"De acuerdo con nuestros cálculos, la corriente de partículas debería abandonar el área en dieciséis minutos, la buena noticia es que la mayor concentración de partículas no golpeó el vehículo, este cinturón de partículas se encuentra entre la Tierra y Marte, y esta es la razón por la cual no se emitió ninguna notificación de emergencia "Él agregó.

"Gracias por la información, estaremos monitoreando la telemetría", dijo el Director de Vuelo.

Mientras tanto, a bordo del Orion, la Tripulación estaba preocupada por la falta de comunicación.

"Nada, no recibimos nada de la Tierra desde hace más de treinta minutos", dijo Robert Thornton, "He probado los sistemas y no hay problemas, no tenemos notas de información espacial sobre interrupciones de comunicación".

"También he enviado señales desde el MarsLab y no tengo respuesta" comentó Yelena.

"De hecho, probamos los sistemas localmente, comunicando el Mars Lander con Orion, y no hay problemas, también se recibió una señal de Marte desde MR-2 hace unos minutos, cuando envié una solicitud de reconocimiento", agregó Li.

"Bueno, no hay nada más que hacer que esperar hasta que se restablezcan las comunicaciones, mientras tanto continuaremos con nuestras actividades", dijo el Comandante Cooper.

Como se pronosticaba dos horas más tarde, los mensajes comenzaron a llegar al Control de la Misión, eran los mensajes de hace casi tres horas y se retransmitieron porque no se había recibido ninguna confirmación de recepción. "Estamos nuevamente en comunicación, gracias a Dios", dijo el Director de Vuelo. Todos los Controladores en todas las Salas de Control sonrieron y aplaudieron, "Eso fue realmente aterrador", dijo un Controlador.

"Volvemos a las operaciones normales" agregó el Director de Vuelo.

"Leonard, mira, estamos recibiendo señales de la Tierra", dijo Robert. "Excelente, esa es la mejor noticia que hemos recibido hoy", todos sonrieron, ninguno había expresado su preocupación para no transmitirla a los demás. "Bien, estos mensajes son de hace aproximadamente tres horas". Dijo Robert y miró el último recibido antes de que saliera el bloqueo. "Hay retransmisiones de los enlaces ascendentes perdidos, los revisaré, estoy seguro de que nos harán saber la causa de la interrupción", agregó.

Las comunicaciones y el flujo de información volvieron a la normalidad.

Después de un tiempo, cuando toda la información estaba en enlace ascendente Robert comentó: "Aquí está la causa, la alta actividad solar emitió un estallido de partículas que afectó la comunicación entre nosotros y la Tierra, incluida nuestra posición actual, bloqueando todas las comunicaciones, es necesario probar las comunicaciones del rayo láser y estar preparados en caso de que este evento vuelva a suceder". Nancy agregó: "Me alegra que no estuviéramos en la trayectoria de estas partículas, tenemos protección contra la radiación, pero no quiero saber si detendrá una emisión de esa magnitud". "Buen pensamiento" añadió Kiochi y todos sonrieron.

Los Marsnauts Leonard Cooper, Nancy Jones, Yelena Pavlova y Kiochi Kanko estaban a bordo del Mars Lander, hoy era el día 157 de la Misión, fecha de la Tierra el 10 de septiembre, tiempo de viaje de la Señal de Terra-1 a la Tierra 11.349 minutos.

"Hemos verificado todos los sistemas, estamos listos para realizar la prueba de desacoplamiento y acoplamiento del Mars Lander Endeavour", dijo el Comandante Cooper.

"Verificaciones de fugas en progreso" anunció LI.

Luego de unos minutos, dijo: "Tenemos confirmación de que no hay filtraciones; se han abierto cerrojos y pestillos "."De acuerdo "respondió Yelena" Estamos listos para liberar".

"Pernos, pestillos y ganchos retraídos, tengo la confirmación de que el Mars Lander ha sido liberado", dijo Li a la Tripulación del Mars Lander.

"Enterados, comenzaremos con el desacoplamiento, retrocederemos seiscientos pies desde el Hábitat, realizaremos una maniobra de rotación y nos acoplaremos nuevamente".

"Combustible al 100%, velocidad de un pie por segundo, distancia al Habitat de cuatro pies" informó Kiochi.

"Estoy comenzando con la documentación fotográfica y de video solicitada", dijo Robert desde el Habitat.

Los objetivos de esta prueba fueron probar los propulsores para maniobrar en el espacio y obtener una vista detallada del vehículo desde el exterior para ser evaluados por los ingenieros en Alemania y detectar cualquier daño que pudiera tener antes de la operación de aterrizaje.

El Lander llegó a la distancia programada, seiscientos pies, para comenzar su maniobra, parecía increíble. Cuando el escudo térmico apuntaba hacia el Hábitat, se detenía durante unos minutos para que se pudieran tomar imágenes y videos de toda el área.

"Este vehículo es realmente muy fácil de operar y muy estable", comentó Yelena. "Las consolas están muy bien distribuidas y son espaciosas, se ven igual que en el Simulador de Realidad Virtual", agregó el Comandante Cooper.

"Ok, he fotografiado toda el área del escudo térmico del Lander", anunció Robert Thornton.

Mientras miraban hacia Marte, pudieron verlo. "Mira allí", dijo Kiochi, "allí está nuestro destino". Los cuatro Marsnauts miraron por las ventanas, se sorprendieron. "Parece un pequeño punto rojo". En solo dos meses estaremos allí ", dijo el Comandante Cooper.

"Enterado Robert, completaremos ahora la maniobra de rotación, estábamos mirando a Marte desde aquí" respondió Yelena.

La maniobra se completó y el Módulo de Aterrizaje comenzó la secuencia de aproximación hacia el Hábitat para el acoplamiento.

"Diez pies", Li anunció.

"Dos pies y contacto", dijo. "Pestillos, pernos y ganchos en posición para cerrar" La consola mostró un diagrama del mecanismo de acoplamiento, todos los pestillos se encienden en rojo, lo que significa que se han cerrado. "Luego procede a asegurarlos". Mecanismo de acoplamiento asegurado".

"Enterados" respondió Yelena. "La medición de la presión se está llevando a cabo, así como las comprobaciones de fugas", agregó Li.

La Tripulación regresó al Habitat, la prueba fue exitosa, toda la información fue enviada a Astrotechnika para su evaluación.

Con una cámara externa, Li enfocó a Marte y amplió la imagen, era la primera vez que admiraban su destino; era como una vista de ciencia ficción. Estaban a 105,701,707 kilómetros de Marte. Luego giró la cámara para apuntar a la Tierra, y capturó una estrella muy brillante, esa estrella era especial, tenía la Tierra y la Luna, y lo más importante tiene vida. Estas imágenes fueron enviadas a la Tierra.

Cuando las imágenes llegaron al Centro de Control de la Misión, todo el personal detuvo sus actividades para observar estas dos increíbles vistas, una mostrando la Tierra y la Luna como una estrella brillante y la otra a Marte, capturada por primera vez por el Equipo como una pequeña esfera.

...

En el Centro Espacial Jiuquan en China, ingenieros y científicos estaban realizando las últimas verificaciones de los parámetros que la Estación de Marte y su Módulo de Propulsión necesarias para poder ser capturados por Marte y así entrar en órbita del Planeta. Esta era su última oportunidad, en solo doce días el vehículo estaba en posición para encender sus motores principales para desacelerarlo y dejar que la Fuerza gravitacional de Marte lo capture, logrando la Órbita deseada que se ajustará en las semanas siguientes.

"Todos los datos para ingresar a la órbita de Marte el 22 de septiembre a las 21:34 estaban cargados, el secuenciador lo ha validado y estamos en posición para la maniobra", dijo un ingeniero de consola.

"El vehículo realizará una maniobra de rotación de 180 grados para colocar el sistema de propulsión en la dirección de desplazamiento; esta maniobra tendrá lugar en dos días. El 20 de septiembre, tendrá lugar el primer encendido del motor principal; este encendido de un minuto y cuarenta segundos reducirá la velocidad del vehículo, para que sea atraído por Marte. El 21 de septiembre, solo veinticuatro horas antes de la inserción Orbital, el motor se encenderá por dos minutos. El 22 de septiembre, el motor se encenderá durante cinco minutos, esto pondrá a la Estación en una trayectoria parabólica, y veintisiete minutos más tarde el motor se encenderá durante dos minutos para alcanzar la órbita elíptica inicial. En ese punto, la Estación estará en órbita de Marte, y durante las siguientes semanas se realizarán pequeños ajustes orbitales para alcanzar la órbita final, estas maniobras se realizarán encendiendo las unidades de maniobra y los propulsores "informó el Controlador.

Como en otros casos, una gran pantalla en el Centro de Control de Jiuquan mostró la trayectoria proyectada y la trayectoria real cuando se recibía la telemetría, la señal tuvo un retraso de diecinueve minutos en cada sentido.

"La comunicación desde la Estación a la Tierra utilizará la red de satélites de comunicaciones de Mars CubSat para tener cobertura todo el tiempo" agregó el Controlador.

Llegó el día y la primera maniobra para reposicionar la Estación fue un éxito. En el Control de la Misión estuvieron el Gerente de la Estación Espacial Sen Xiang, el Gerente de la Estación Orbital Espacial Wu Yang y los Directores de Vuelo de la Estación Espacial Wang Kai, Dong Yang y Zhang Yunli y también el Director de la Agencia Espacial China Lin Long.

Todas las Agencias Espaciales estaban siguiendo este evento que marcará el comienzo de la Estación Espacial Internacional en la Orbita de Marte si todo va bien; y si la Exploración de Marte continúa después de Terra-1, había una gran probabilidad de que crecerá agregando otros Módulos, optimistamente de muchos países.

La Estación y su Módulo de Propulsión realizaron todas las maniobras como se esperaba, logrando la órbita de Marte deseada.

"Es un privilegio para mí anunciar que la Primera Estación Orbital de Marte llamada Houxing Zhan está orbitando a Marte", anunció el Dr. Ling Long a todas las Agencias Espaciales. "Durante las próximas semanas, todos los sistemas se activarán desde Tierra, comenzando con el despliegue de los paneles solares primarios y auxiliares, aunque el fuselaje de la Estación está cubierto por una unidad de revestimiento de celdas solares; también la órbita se ajustará para estar entre 211 y 279 millas con una inclinación de cuarenta grados. Completará una órbita cada ochenta y ocho minutos y cincuenta y dos segundos".

"En este momento no contará con una Tripulación, pero realizará observaciones, mediciones y se activarán algunos experimentos, por ejemplo, el experimento de cultivo de vegetales, estos serán monitoreados desde la Tierra. La Estación proporcionará información a la Tripulación del Terra-1 sobre el medio ambiente, y como tiene instrumentos para detectar diferentes elementos en la superficie y unos pocos centímetros debajo de ella, ayudará a la Tripulación a explorar las áreas donde haya posibilidad de agua debajo de la superficie, para que ellos pueden realizar las operaciones de perforación.

WSEO no ha considerado un acoplamiento del Hábitat y la Estación, debido a la sincronización, pero estamos evaluando esta posibilidad, o al menos una aproximación dependiendo de muchos factores. Pero Terra-2 ahora programado para el 8 de junio de 2035 lo hará, pero este es otro capítulo de la Exploración de Marte".

El equipo de Terra-1 fue informado sobre este logro exitoso "Felicitaciones a nuestros socios chinos por este gran éxito, esperamos tener la oportunidad de ser los primeros invitados, aunque sabemos que esto no es parte de nuestra Misión, pero sabemos que nos proporcionará información muy valiosa para nuestra exploración ", escribió el Comandante Cooper en un mensaje enviado a la Tierra.

Capítulo 24 Alcanzando la órbita de Marte

El 31 de octubre de 2031, a solo 60.157.502 kilómetros de Marte, quedaban 46 días de viaje. Marte parecía una esfera del tamaño de una canica, la primera vez que los humanos observaban el Planeta con sus propios ojos. "Se ve tan diferente de las imágenes que hemos visto, mirándolo es algo asombroso, un Planeta que ha sido observado desde hace miles de años por muchas civilizaciones, un Planeta que solo ha sido alterado con la llegada de los robots. Pensar que estaremos allí en unos pocos días es como un sueño ", dijo el Comandante Cooper.

La Imagen fue transmitida a la Tierra, y fue recibida cerca de catorce minutos más tarde. Las Exclamaciones en el Control de la Misión en todo el mundo fueron de asombro, fue una vista increíble, sabiendo especialmente que estaba siendo enviada por Humanos. Esta Misión además de la investigación científica es filosófica y poética ", comentó uno de los Controladores. En pocas horas la imagen fue presentada en las redes sociales y en todos los sitios web de las Agencias Espaciales, en pocos minutos recibieron miles de millones de visitas y comentarios.

En la sede de WSEO, el Dr. Cook y el Consejo formado por los jefes de las Agencias Espaciales celebraron una conferencia, revisando el estado de la Misión, el plan de la Misión para los próximos días y un resumen de la opinión pública y la aceptación, también planearon la programación de la Misión Terra -2 , para mediados de 2035, aunque el Habitat y el Mars Lander deberían ser capturados cuando Terra-1 regrese a la Tierra, y preparados por la Tripulación de EOSS, se estaba construyendo un nuevo Habitat y un nuevo Mars Lander, ambos con mejoras y más capacidades.

El vehículo Terra 1 continuó su aproximación a Marte, la tripulación estaba muy ocupada monitoreando los sistemas, realizando tareas diarias y entrenando en su simulador de realidad virtual. Hoy Nancy Jones estaba teniendo un tiempo privado, recibió algunos mensajes de su esposo e hijos en formato de realidad virtual. Se conectó su equipo y comenzó a mirar la grabación. Comenzó en la cocina, podía girar la vista y mirar toda el área, incluso por las ventanas hacia el patio trasero; oyó que se abrió la puerta principal, que su esposo y sus hijos, Richard y Tiffany, volvían de la escuela. Entraron y saludaron a la cámara, para este propósito. Su esposo la saludó y le mostró lo que compró en el Mercado, Richard le mostró un trabajo que hizo en la escuela acerca de su viaje y Tiffany, que tenía solo cinco años, le mostró una flor que dibujó en una hoja de papel. Hablaron de sus actividades y le mostró los periódicos y revistas con las imágenes que enviaban. Para ella, este momento era como estar allí, un momento que alimenta sus sentimientos internos con esperanza y alegría, sabía que, aunque estaban lejos de la Tierra, estaban conectados con sus mentes. Ella grabó un mensaje para ser entregado a ellos, en el que expresó cómo le gustaba el trabajo escolar de sus hijos y expresó su amor por todos, grabó una vista desde la Ventana de Hábitat que mostraba a Marte, luciendo como una esfera del tamaño de un limón, "Si miras con cuidado "dijo ella" encontrarás nuestro sitio de aterrizaje, está justo en el centro de esta imagen".

Todos los miembros de la tripulación tuvieron estas sesiones personales y sesiones de Servicios Religiosos; también recibieron los últimos lanzamientos en películas y series de televisión.

A medida que pasaban los días, pudieron ver a Marte más grande y pudieron identificar más detalles en la superficie con las cámaras de alta definición fuera del Habitat y la Extensión del Habitat. Comenzaron a realizar pruebas de comunicación con los Mars Rockets que estaban en la superficie con el LAB, el Rover y el Invernadero, utilizando la red satelital de Marte. Estaban a poco más de 40 millones de kilómetros de Marte; notaron que la señal a Marte tiene un retraso de solo 2.24 minutos en cada sentido, mientras que una señal a la Tierra tardaba 14.96 minutos en cada sentido.

El 15 de noviembre comenzó el programa de aproximación inserción orbital, aunque faltaban aun quince días; tenían que repasar una lista de verificación para asegurarse de que todo estuviera listo para la maniobra crítica para la inserción Orbital de Marte, deben tener en cuenta tiempo suficiente debido a la demora de la señal, ya que estaban enviando datos a la Tierra, por lo que el Control de la Misión podría ejecutar diferentes simulaciones para calcular la duración de cada encendido para lograr una órbita circular con el menor uso de combustible.

Primero, el vehículo requería realizar una maniobra de rotación por lo que el motor principal del módulo de servicio extendido de Orion deberá apuntar hacia la dirección de viaje, por lo que cuando se encienda reducirá la velocidad durante el acercamiento a Marte, permitiendo que sea capturado por la fuerza gravitacional de Marte, con una trayectoria parabólica. Una vez que se realice esta operación, una vez más se verificarán todos los parámetros para las maniobras que se realizarán en los próximos días.

Se sintió tensión a bordo del Orion, en todas las salas de Control de la Misión y en la sede central de WSEO en Suiza, todos sabían del riesgo en esta maniobra, la velocidad debe reducirse a casi la mitad y el propulsor debe optimizarse porque se usará para el viaje de regreso a la Tierra.

Se hicieron todos los cálculos, se utilizaron diferentes escenarios para encontrar la mejor y más segura opción; el que usa menos combustible, pero ofrece menos riesgo para que la tripulación logre la órbita esperada, y no para entrar a la atmósfera de Marte o ser enviado a un camino orbital alrededor del Sol perdiéndolos en el espacio.

El diseño del Módulo de Servicio tiene dos conjuntos de combustible; un juego contiene todo lo que se necesitaría para la inserción orbital de Marte, el otro conjunto para el viaje a casa. La secuencia tiene umbrales que, si se alcanzan, dará como resultado un programa de aborto, en este caso si se consume demasiado combustible en las primeras fases de las maniobras y se alcanza el límite inferior, la inserción orbital se abortará, comenzando la secuencia de aborto para el retorno a la Tierra.

Con las cámaras del Habitat y la cámara externa del Mars Lander que estaban enfocadas en Marte, con el paso del tiempo se vio más grande, desde un tamaño de una canica, a un limón, a una naranja a un melón y a un tamaño de una pelota de basketball, por primera vez que Fobos y Deimos fueron vistos por ellos; aunque muchas imágenes de Marte habían sido enviadas por sondas espaciales. Esta vez fue diferente; estas imágenes fueron tomadas por humanos que se acercaban a Marte.

Cuando se acercaron, algunas características de Marte se pudieron ver como Olympus Mons, Ascraeus Mons, Tharsis Montes, Cráter Schiaparelli, y pudieron identificar su área de aterrizaje Chryse Planitia. Todos los miembros de la tripulación estaban asombrados con estas imágenes, aunque las simulaciones tienen paisajes de alta definición, no había nada como esto.

"Estamos observando a Marte, las imágenes son muy detalladas, es increíble ver este Planeta y pensar que no está habitado, o eso es lo que suponemos. Es tan desolado pero magnífico al mismo tiempo, un planeta lleno de misterio y mitos. Al mirar la Tierra desde el espacio, es obvio que es un planeta lleno de vida, una joya fascinante en el universo. Es inconcebible que lo estemos destruyendo y peleando entre nosotros, este viaje debería cambiar esta conducta y apreciación de nuestro planeta de origen, no hay una forma inmediata en que podamos migrar a otro mundo, me pregunto quién en el universo quiere destruir su propio hogar". Robert Thornton comentó mientras miraba las imágenes.

"Desafortunadamente tienes toda la razón, aunque todas las herramientas que el WSEO ha puesto en órbita para monitorear la Tierra, hay gobiernos y personas tan ignorantes que no quieren ver el daño" respondió Leonard Cooper "Bueno, ya basta de esto, tenemos que preparar una maniobra", agregó.

Nueve días para la inserción orbital de Marte, se realizó el primer encendido del motor del Módulo de Servicio, un encendido de dos minutos para reducir la velocidad. La maniobra se ejecutó con éxito, la telemetría se envió a la Tierra para su análisis y para generar los nuevos parámetros para las siguientes maniobras, la siguiente será cinco días antes de la inserción orbital.

El segundo encendido fue exitoso, duró 58 segundos, el límite de combustible estaba dentro de los parámetros, incluso más alto de lo esperado, la Tripulación de Terra 1 estaba a seis millones de kilómetros de Marte a solo cinco días de la inserción orbital.

La Tripulación recibió un mensaje, que se había generado hacía casi diecisiete minutos desde el Control de la Misión: "Están en ruta para la inserción orbital, nuestros cálculos indican que usarán aproximadamente el 57% del combustible requerido para esta maniobra, por lo que todo está bien, en cinco días más estarán orbitando a Marte. Hemos cargado los últimos parámetros de acuerdo con la última grabación; Esperaremos la confirmación de la computadora a bordo. Cambio".

La Tripulación estaba entusiasmada con la noticia, aunque ya habían analizado los parámetros, era más seguro recibir la confirmación de la Tierra. En poco más de cuatro días serán capturados por Marte, en una trayectoria parabólica, el vehículo debería estar preparado para maniobrar para convertir esta parábola en una elipse; esta será la primera trayectoria orbital que se ajustará a una órbita circular con una inclinación de 62 grados respecto al Ecuador Marciano.

Todos los días se enviaban imágenes más detalladas a la Tierra. La tripulación estaba lista para este momento.

Los oficiales de WSEO estaban en todos los Centros de Control, el Dr. Cook estaba en Colonia con los europeos y los jefes de las agencias espaciales rusas, Charlie Washington estaba en Houston con los jefes de las Agencias Espaciales de América, también en China, Japón, Australia y la India. Altos funcionarios de las agencias espaciales. Prácticamente todas las personas de todo el mundo estaban siguiendo este momento crítico. "¿Van a tener éxito?", Dijeron los presentadores de noticias en la televisión. "Si la maniobra no es precisa, podrían terminar estrellándose en la superficie de Marte o podrían perderse en el espacio para siempre", comentaron. Tenían un oficial de una agencia espacial que les explicará la situación, también presentaron imágenes de la Misión hasta hoy, mostraron entrevistas con la tripulación, el lanzamiento, la entrega del Hábitat y Lander, la imagen del año que muestra la Tierra y la Luna, vista por la tripulación hace algunos meses, las imágenes de Marte. Hablaron sobre las maniobras que tendrán lugar y lo que vendrá después, en los días siguientes.

El 30 de noviembre de 2031, a las 4 AM GMT, se realizó la última verificación de los parámetros cargados con diferentes computadoras y simuladores. "Bueno, ha llegado el momento", dijo Fritz Von Strauss. "En una hora y doce minutos, el primer encendido para la inserción en la órbita de Marte tendrá lugar con un encendido de un minuto y cinco segundos, después de este encendido el vehículo quedará atrapado por Marte como el foco de una parábola, cuarenta minutos después el segundo encendido tendrá lugar durante siete minutos y veinticuatro segundos, este encendido pondrá al vehículo en una órbita elíptica, solo hasta este momento podremos estar seguros de que Terra-1 esté en la Orbita de Marte".

Las pantallas en todos los Centros de Control mostraban las maniobras proyectadas, y como en casos anteriores, al recibir la telemetría se actualizará, no habría ningún periodo de interrupción en las comunicaciones de Marte porque estaban usando la Red Satelital de Marte para enviar a la Tierra todos los datos, incluso desde la parte posterior de Marte, solo la angustia de esperar la llegada de la señal causada por el retraso.

"La gran diferencia con esta empresa de Misiones tripuladas es que no tendremos comunicación inmediata con ellos debido a la demora de tiempo, es por eso que hemos aplicado la prueba de todos los parámetros con diferentes modelos y simuladores en todo el mundo, hemos enviado la última versión al vehículo. El control del vehículo es solo por las computadoras de a bordo y la tripulación. Confiamos en que tendrán éxito ", dijo el Director de Vuelo.

Hubo un completo silencio en el Control de la Misión; solo se escuchaba un comentario de vez en cuando, todos veían la pantalla.

A bordo del Orion, los miembros de la tripulación estaban en sus asientos, viendo sus instrumentos y el gráfico de la trayectoria esperada, este era el mismo que tenía el Control de la Misión. Ellos estaban monitoreando el propulsor, la velocidad, la altura, la orientación entre otros parámetros. Había un reloj de cuenta regresiva que indica el tiempo restante para el encendido. "Ok, aquí vamos" dijo el Comandante Cooper y agregó "Por favor, Dios libranos de todo peligro, guía nuestra Nave Espacial". Diez segundos indicaba el reloj, 9, 8,7. Todos sudaban, 2,1, encendido. El indicador se encendió y el reloj se ajustó a los segundos restantes de ese encendido en particular. "El Empuje, está al 100%, todo funciona bien", informó Robert Thornton. Sintieron la desaceleración del vehículo.

"Tenemos encendido", comentó el Director de Vuelo mirando la pantalla, "tendremos que esperar catorce minutos para confirmarlo, estos serán los minutos más largos de nuestras vidas", dijo, un Controlador agregó "Recuerda la relatividad de Einstein, el tiempo es relativo ". Él sonrió.

El tiempo transcurrió muy lentamente, solo faltaban unos segundos para que llegara la telemetría. Los datos comenzaron a mostrarse en la pantalla indicaban que las válvulas se habían abierto y el encendido se había realizado en el momento exacto. Todos respiraron otra vez, aunque todos miraban la pantalla esperando ver que se completara con éxito, un minuto y cinco segundos después llegó la señal de que el motor se había apagado como se esperaba, también llegaron algunas imágenes que mostraban la superficie de Marte y la tripulación. Todos los parámetros fueron calculados, todo estaba funcionando a medida que se proyectaba la simulación. "En veintiún minutos, tiempo de Marte, el segundo encendido debería comenzar", dijo el Director de Vuelo.

"Quedan 21 minutos", dijo Robert Thornton a bordo del Orion a la tripulación, "este será el encendido que nos pondrá en órbita de Marte, el propulsor estará al 74%, la trayectoria tal como se proyectó, no se necesitan correcciones adicionales".

Catorce minutos más tarde llegó un mensaje al Orion desde el Control de la Misión, que decía: "Confirmamos un buen encendido, no se requieren más acciones, Buen Viaje Terra-1" Este mensaje se envió justo después de que se completó y analizó el primer encendido.

El reloj mostró 7 minutos y dos segundos para el encendido, esta vez durará siete minutos y veinticuatro segundos. Si el encendido no se completa, o el combustible está por debajo del límite inferior, se iniciará una secuencia de aborto para enviar a la Tripulación de regreso a la Tierra.

"Es ese momento", dijo el Director de Vuelo mirando la pantalla principal que mostraba el T-0 para el encendido del motor principal. "Tendremos que esperar catorce minutos, en ese momento deberían ya estar en órbita". Todos los ingenieros estaban tranquilos esperando que llegara la telemetría, no había nada que pudieran hacer en este momento, solo esperar.

"Bien, Tripulación, ahí vamos", dijo el Comandante Cooper cuando el reloj llegó a cero y comenzó el encendido, todos sintieron una vibración y una fuerza que los empujó desde su asiento mientras el motor estaba encendiendo contra la dirección del viaje. El reloj marcaba siete minutos y veinticuatro segundos.

"Combustible al 74%" Nancy informó, "Velocidad 42,589 Kms / hora".

"Siete minutos restantes en esta maniobra, combustible al 73%, velocidad 42.240 kms / hora, todo va de acuerdo con los parámetros proyectados" Informó.

"Un minuto en el encendido, combustible al 67% de velocidad 40.892 kms / hr".

Los miembros de la tripulación estaban en sus trajes presurizados, sujetos a sus asientos por los cinturones de seguridad, todos los indicadores estaban bien, solo se sentía una pequeña vibración, pero dentro de los parámetros.

"Tres minutos y cincuenta segundos en el encendido, combustible al 59% de velocidad 36,873 kms / hr".

"En este momento deberían estar en el punto medio del encendido, su velocidad debería ser de unos 35,000 kilómetros por hora", el oficial de la consola de inserción orbital de Marte dijo "Catorce minutos para recibir la telemetría".

"Cinco minutos en el encendido, dos minutos y veinticuatro segundos para terminar. Combustible al 51%, velocidad 34,200 kms / hr, el empuje es al 100%, tenemos una desviación de 2.9 en la velocidad "dijo.

"Ok, no hay alarmas", dijo Robert Thornton. "Se aplicará una corrección si es necesario a medida que la computadora procese los datos".

"Seis minutos en el encendido, un minuto y veinticuatro segundos restantes, combustible al 46%, estamos dieciséis por ciento por encima del límite inferior, la velocidad 31,376 kms / hora, la desviación del 2,2%, empuje del 100%, el motor auxiliar ha comenzado".

"Un minuto veinticuatro segundos para finalizar, combustible 41% de velocidad 29,879 kms / hr, desviación del 1,9% aplicando corrección".

"Un minuto, todo va según lo esperado".

"Treinta segundos para el final, combustible 38% de velocidad 28.067 kms / hr. Desviación 0.2%, apagado del motor auxiliar".

"Quince segundos, combustible 36% de velocidad 27.800 kms / hr.; cinco segundos, combustible 34.2% de velocidad 27.470 kilómetros".

"5, 4, 3, 2,1 Motor apagado. Combustible 34.2%, velocidad orbital 27.600 kms / hr. Inclinación 62 grados "Volvieron a sentir el ambiente de ingravidez.

Todos guardaron silencio por un momento, a través de la ventana pudieron ver a Marte y su horizonte, "Bienvenidos a Marte", dijo Leonard Cooper. Todos los miembros de la Tripulación sostuvieron la mano de que estaba cerca de ellos; todos estaban sonriendo después de siete minutos muy tensos.

"Qué gran vehículo es", comentó Robert Thornton.

El Comandante Cooper envió un mensaje de confirmación a la Tierra, un mensaje que se recibirá en catorce minutos. "Estamos en la órbita de Marte; todo se ejecutó según lo planeado, gracias a todo el equipo que trabajó muy duro para llegar a este momento. Marte se ve increíble; es difícil expresar la idea de que estamos en órbita alrededor de este Planeta. Toda nuestra vida hemos estado siguiendo Misiones de Marte y Aprendiendo de Misiones como los Vikingos que llegaron aquí en 1976, hemos visto muchas imágenes de alta definición y tenemos el mejor simulador de realidad virtual con imágenes de Marte, pero mirándolo desde una órbita desde setecientos por doscientos kilómetros es algo espectacular, es un sueño hecho realidad no solo para nosotros sino para toda la humanidad. Durante los próximos días ajustaremos la órbita y comenzaremos los preparativos para el aterrizaje, consideramos que la primera oportunidad de aterrizaje será en unos veinte días, según nuestros datos".

El Comandante Cooper continuó: "Este momento me trajo un recuerdo que mi padre me contó. Cuando él era un niño pequeño, él y su padre, mi abuelo, estaban sentados juntos siguiendo en la televisión la Misión Apollo 8, que fue en diciembre de 1968, un gran momento me dijo. Estoy seguro de que hay muchas familias juntas que son testigos de este evento histórico que estará en sus mentes para siempre".

"Recibiremos telemetría en un minuto" dijo el Director de vuelo, "En este momento deberían estar en la órbita de Marte".

Toda la atención se centró en la pequeña representación del vehículo en la pantalla gráfica. El silencio fue impresionante. "Cinco segundos", dijo el Comentarista de la Misión. "Tenemos confirmación de un buen encendido, esto durará siete minutos veinticuatro segundos", agregó.

Todos los ingenieros aplaudieron y continuaron mirando el esquema en la pantalla; esta misma señal fue enviada en internet a todo el mundo.

Con el paso del tiempo, la representación gráfica del vehículo en el esquema de la pantalla mostró cómo se modificó su trayectoria, con toda la telemetría asociada. Finalmente, el encendido terminó y vieron que todos los datos eran correctos, la pantalla mostraba al vehículo siguiendo una órbita elíptica "el vehículo debe estar en la órbita de Marte en este momento", comentó el Director del Vuelo. El mensaje del Comandante Terra-1 llegó para confirmarlo, las salas de Control de la Misión en todo el mundo se convirtieron en salas de celebración, mientras todos los científicos, ingenieros y funcionarios aplaudían y celebraban. En la pantalla grande en todos los Centros de Control se mostró "Terra-1 en la Orbita de Marte" en todos los idiomas.

El Dr. Cook y todos los Jefes del Programa Espacial celebraron este logro. "Por primera vez, seis valientes humanos orbitan alrededor de otro Planeta", dijo el Dr. Cook, "gracias al arduo trabajo de millones de personas en todo el mundo". Hoy, personas en toda la Tierra están celebrando esta odisea "Recibió mensajes de la ONU, líderes de la mayoría de los países, líderes de las diferentes creencias religiosas. "Hoy, 30 de noviembre de 2031 será recordado en la historia como el primer día que seres humanos orbitan a Marte" añadió el Dr. Cook.

La Tripulación recibió un mensaje de felicitación unos veinte minutos después.

Capítulo 25 Chryse Planitia 44.27 Longitud W 24.58 Latitud N

Tras la exitosa inserción de la Orbita de Marte se programaron una serie de maniobras para ajustar la órbita del vehículo Terra-1 a la órbita deseada. El 10 de diciembre se logró una órbita circular a 444 kilómetros de la superficie del Planeta. "Hemos alcanzado la órbita planeada; el propulsor está al 26% ", dijo Nancy. Mientras orbitaban, estaban grabando videos de la superficie de Marte con una cámara 3D de alta definición; estas imágenes fueron enviadas a la Tierra para su análisis.

La Estación Orbital de Marte Houxing Zhan, estaba en una órbita más baja en este momento, a unos 312 kilómetros sobre la superficie. La activación de todos los sistemas había sido completada; instrumentos y diferentes cámaras estaban registrando información de la superficie y desde debajo de la superficie, incluso estaban midiendo el movimiento del polvo a diferentes alturas atmosféricas. Toda la información fue enviada al Control de la Misión en Rusia, Japón, Colonia, Reino Unido, Estados Unidos y Australia, para que los científicos pudieran analizarla antes de que se realizara un aterrizaje, los controladores pudieron programar una de las cámaras externas para capturar una imagen del vehículo Terra-1 pasando sobre ellos, a unos ciento cincuenta kilómetros, fue una gran imagen.

En la Universidad de Cambridge, un científico notó un ligero incremento en la cantidad de polvo en la atmósfera Marciana dentro de un rango de altitud de uno a cincuenta kilómetros, en la región de Olympus Rupes, parece que los vientos se aceleraron. Lo revisó con algunos colegas de otras universidades e institutos, junto con el equipo científico chino. Este instrumento fue construido en el Reino Unido, ha sido utilizado en algunos satélites de observación terrestre para detectar posibles tormentas de arena en áreas desérticas y cenizas volcánicas para prevenir a poblaciones que puedan vivir cerca de estas áreas, se llama PWMU, por sus siglas en inglés de unidad de medida de partículas y viento.

Envió estas observaciones a la Dra. Heather Cavendish, Directora de la Agencia Espacial del Reino Unido.

"Dr. Cook, esta es Heather, acabo de enviarle un mensaje que recibí de un grupo de PWMU, es posible que se esté formando una tormenta de arena en Marte, considero que esta información debe ser confirmada por instrumentos adicionales de observación, y por supuesto, esto afectará la fecha de aterrizaje".

"Gracias Heather, hablaré con el grupo de gestión" respondió el Dr. Cook.

Charles Washington, quien era el líder del Programa de Marte en el WSEO, estaba buscando la información y comparándola con algunos datos del Observador de Marte 2027. "Los instrumentos a bordo de la Estación de Marte son más sensibles, pero si se observa con cuidado en estas imágenes y datos del Observador de Marte hay una perturbación aquí, es muy probable que sea la misma tormenta ", dijo el Investigador principal de la superficie de Marte a Charlie Washington, al Director de Vuelo y al Gerente del Programa de Marte.

Se envió un mensaje a la Tripulación Terra1, que fue grabado por el Astronauta David Thompson, que actuaba como Capcom y será el Comandante de la Misión Terra-2. "Leonard, nos gustaría que observaras las coordenadas -135, 17.05 con tus instrumentos, existe la posibilidad de que se esté formando una tormenta de arena allí, detectamos algunas perturbaciones, esto obligará a posponer el aterrizaje durante algún tiempo".

Cuatro miembros de la Tripulación trabajaban en el Mars Lander, otros en el Habitat. El Marsnaut Li Yang estaba trabajando con las consolas, se dio cuenta de la acumulación de arena en la atmósfera inferior en la región de Ceraunius Fossae, moviéndose hacia el oeste. Comparó la información de diferentes órbitas y con la de la Estación China de Marte. "Aquí está sucediendo algo, hay actividad de Ceraunius a Olympus Rupes", pensó y continuó su análisis. La velocidad del viento es de aproximadamente 50 kilómetros por hora.

Mostró la información a Robert Thornton y luego a la Tripulación de aterrizaje. Él procedió a enviarlo al Control de la Misión. "Esto definitivamente moverá nuestro objetivo del aterrizaje al día 256, el 18 de diciembre", dijo el Comandante Cooper.

Estaban mirando esto cuando llegó el mensaje de la Tierra. "Aquí está la confirmación", dijo Robert, "hay actividad allá abajo". "De acuerdo, continuaremos con nuestra preparación de aterrizaje y entrenamiento, hasta que recibamos el nuevo plan del Control de la Misión", dijo el Comandante Cooper.

Dos días más tarde llegó un mensaje, era de Charlie Washington. "Como saben, confirmamos la amenaza de una tormenta de arena en la superficie, aunque su área de aterrizaje no está cerca, no sabemos cómo se desarrollará en los próximos días, estamos ejecutando algunos modelos aquí, por lo que cancelaremos el aterrizaje de Marte para el día 256. Estableceremos una nueva fecha cuando descubramos más sobre esta tormenta".

"Bien, ya lo escucharon, aquí está el programa modificado para los próximos 20 días", dijo el Comandante Cooper.

En el Control de la Misión, la tormenta estaba siendo monitoreada de cerca, cada vez era más grande y comenzó a moverse hacia el oeste. "Espero que el área de aterrizaje no sea golpeada por esto, tiene vientos de 150 kilómetros por hora, esta situación podría afectar a los vehículos MR", dijo el Director de Vuelo. "Las pruebas realizadas en la Tierra con los anclajes especiales permiten que el cohete soporte vientos de hasta 190 kilómetros por hora". Un ingeniero comentó: "Sí, lo sé, pero por lo general esas pruebas se realizan en condiciones ideales, no sabemos si los anclajes penetraron en la profundidad esperada, con suerte no se verán afectados ", respondió.

La Tripulación a bordo del Habitat miró a través de la ventana, "Esta es una gran tormenta, los volcanes apenas se ven", comentó Li. "Me alegra que no estemos allí abajo", dijo Yelena. "Espero que nuestra área de aterrizaje no sea golpeada, no podemos perder nuestro equipo", dijo Kiochi. "Tendremos que esperar y ver", dijo el Comandante Cooper. "La tormenta ha avanzado hacia Amazonis Planitia, y parece moverse hacia el suroeste", dijo Robert Thornton, "si continúa esta trayectoria, Chryse Planitia no se verá afectada directamente".

Continuaron sus actividades y entrenamiento. La tormenta abajo en el Planeta ganó más fuerza y cubría casi un tercio de este.

Para el 20 de diciembre la tormenta continuaba avanzando, su área de aterrizaje estaba al borde de la tormenta, podían verificar que los cohetes de aterrizaje no se habían visto afectados hasta ese momento, tendrían que esperar unos días más para averiguar el estado de estos cohetes.

Mientras orbitaba Marte, Kiochi estaba trabajando con la cámara telescópica, ingresó algunos parámetros y la cámara se enfocó en Júpiter para poder capturarlo con gran detalle junto con sus cuatro satélites más grandes. A simple vista, Júpiter parece una estrella muy grande, más brillante de lo que se puede ver desde la Tierra, continuó haciendo algunas observaciones y fue capaz de enfocar la cámara hacia la Tierra, que estaba a 261 millones de kilómetros de distancia, puede verse como una estrella , con la capacidad telescópica se podía ver una esfera, incluso la Luna se podía detectar como un pequeño punto, los continentes apenas podían distinguirse porque la imagen no era muy clara debido a la distancia, sin embargo, mirarla le traía un momento de paz y meditación. Compartió las imágenes con la Tripulación, y decidieron usar esta imagen como una tarjeta de Navidad para la Tierra: una Tierra Creciente con una Luna Creciente desde Marte.

Los miembros de la tripulación recibieron mensajes virtuales previamente grabados de sus familias para la Navidad, para que cada uno pudiera sentir que estaban juntos; Los científicos creían que, si sus familias y ellos tuvieran la misma comida ese día, podrían sentirse más cómodos. También se recibió una celebración religiosa y un mensaje especial del Jefe de la Religión de cada miembro de la Tripulación.

Leonard Cooper estaba celebrando su cena de Navidad, en el video de realidad virtual podía ver el árbol de Navidad, algunos regalos y algunas figuras decorativas, y por supuesto las tradicionales Galletas de Navidad. Vivían en Greenwich en una hermosa casa. En la mesa estaban su hijo de siete años y su hija de diez años, sus padres y sus suegros, sus dos hermanas y sus maridos. La cena consistió en ravioles, filete con patatas a la crema, una ensalada y un pastel; todo estaba hecho con las recetas de su madre. Tuvo la misma cena en el vehículo espacial que orbitaba Marte, por supuesto tenía que hidratarse, pero el sabor y el aroma eran como si estuviera en casa, también recibió un regalo y un cracker que se almacenaron en la Extensión del Habitat con una nota que decía "Abrirlo hasta Navidad". Anteriormente, también había grabado un mensaje para la familia, que se reproducía en la pantalla especial en 3D proporcionada por WSEO. Esto contribuyó en gran medida a disminuir la sensación de soledad y lejanía.

Para el 27 de diciembre, la tormenta de arena había terminado. Los ingenieros de Space Services, Inc. estaban evaluando la situación de los tres MR que ya estaban en Marte y contenían los elementos para la Estación de la Superficie de Marte. Sabían que la tormenta había golpeado al sur de esta región, y los vientos en esta área deberían haber sido menores de 40 kilómetros por hora. En cualquier caso, tenían que verificar su estado.

Un Rover fue dirigido para llegar a esa área, para una Misión de reconocimiento, fue el mismo Rover que hace unos meses había capturado imágenes del aterrizaje de los tres cohetes de Marte. El Rover se dirigirá para tomar imágenes de cada cohete para que los ingenieros puedan realizar también inspecciones visuales. El Rover debería llegar al área en doce días; esto es en la fecha 270 de la Misión, el 1 de enero en la Tierra. Si todo está bien, la próxima oportunidad de aterrizaje de Marte será el día 289 de la Misión; esto es el 20 de enero de 2032.

El Año Nuevo llegó a la Tierra, se mostró un mensaje del equipo Terra-1 en todo el mundo, era un mensaje muy breve que decía "Paz en la Tierra, nuestro hogar en el universo" y se tradujo en más de veinte idiomas y algunos dialectos.

El Rover Explorer 4 llegó al área de aterrizaje en Chryse Planitia, tiene ocho cámaras diferentes con capacidades de zoom muy potentes. Fue dirigido para acercarse a cada cohete y tomar imágenes de cada uno; los ingenieros estaban especialmente interesados en las plataformas de aterrizaje, inclinación y anclajes.

Después de algunos días de análisis, se determinó que no había daños y que estaban listos para la Tripulación.

El Rover tomó algunas vistas panorámicas del área y tomó medidas de la profundidad de la capa de polvo superior; solo para asegurarse de que era seguro para el Módulo de Aterrizaje.

"Hemos revisado todos los datos del Rover Explorer 4, la Administración de la Misión ha dado el visto bueno para un aterrizaje el 20 de enero, este es el día 289, todos los cálculos y escenarios están siendo preparados para ser enviados y cargados en la computadora del Mars Lander y los simuladores Necesitamos que repasen todos los escenarios en el simulador virtual de entrenamiento y realicen la lista de verificación del Lander " El Capcom envió el mensaje a la Tripulación, este mensaje llegará en quince punto dos minutos.

A bordo del vehículo de la Tripulación Terra-1, Robert Thornton y Li Yang recopilaron información de la órbita, analizaron algunas imágenes del área de aterrizaje y se comunicaron con los tres cohetes de Marte (MR) en la superficie para mapear su posición y probar la sincronización con la unidad de guía de aterrizaje.

Leonard Cooper, Nancy Jones, Yelena Pavlova y Kiochi Kanko estaban a bordo del Mars Lander verificando los sistemas y los suministros que tienen a bordo.

Un cohete fue enviado a Marte hace unos meses con suministros adicionales, debería entregarlos en marzo de 2032, esta vez la carga aterrizará utilizando la técnica sky-crane.

El mensaje fue recibido en la consola de comunicaciones del Habitat; era un mensaje de video de Nicole Sorensen que actuaba como Capcom. "Tenemos Autorización para el aterrizaje", dijo el Comandante Cooper a la Tripulación, todos estaban felices y nerviosos, sabían el riesgo que implicaba, aunque los sistemas del vehículo habían sido probados miles de veces en la Tierra. "Gracias por la gran noticia, estamos listos para bajar". Respondió en un mensaje de video.

En el Control de la Misión en Houston, en una videoconferencia con Colonia, Japón, Rusia, Reino Unido, China, India y la sede de WSEO estaban teniendo una revisión de preparación para el aterrizaje en Marte, en esta reunión se tomará la decisión de proceder o no con el aterrizaje de Marte en el día 289. Todos los especialistas de la Misión estaban virtualmente conectados para dar su recomendación.

El Dr. Erich Von Stuhlinger junto con Andrew Kurt y Hans Von Strauss representaron a Astrotechnika, ya que fueron los diseñadores y constructores del Mars Lander. "Hemos realizado miles de pruebas durante estas últimas semanas en todos los sistemas del Mars Lander, hemos probado el flujo de señalización de todos los componentes, después de una reunión con mi equipo, podemos decir que el Mars Lander Endeavour está listo para un aterrizaje seguro "Dijo el Dr. Von Stuhlinger.

William Haldridge de Space Services Inc. dijo: "Los tres cohetes en Marte están operacionales, la Tripulación y nosotros hemos probado el modo de sincronización con el módulo de aterrizaje y no tenemos preocupaciones".

Wu Yang de China comentó: "La Estación Espacial de Marte ha continuado observando el Planeta, a partir de la información reunida por los instrumentos y analizada por un especialista, no hay eventos en este momento que pudieran amenazar el Aterrizaje".

Cada uno expuso su estado operativo, la red de comunicaciones satelitales en Marte estaba operando en un cien por ciento, vinculados con la Estación, el Orion y los Mars Rockets.

Desde el JPL y Japón, los equipos del Mars Rovers indicaron que en el área que tienen los Rovers no se han identificado amenazas.

Al final de la reunión del 11 de enero de 2032, el Dr. Cook emitió esta declaración: "Después de revisar cuidadosamente en los últimos tres días el estado de la Tripulación de Marte, el Control de la Misión, los vehículos de Marte y el entorno de Marte, la recomendación es continuar con el aterrizaje de Marte en enero 20, 2032, esto es en el día 289 de la Misión, todo el equipo está coordinado y estamos seguros de que los Marsnauts tocarán la superficie de Marte a las 7:06 AM GMT ese día, en el lugar de aterrizaje en Marte, la hora local será alrededor de 2 : 00 PM, marcando el comienzo de la exploración de la superficie ".

...

El 12 de enero se llevó a cabo una conferencia de prensa en WSEO, que se transmitió a todo el mundo.

"Señoras y señores, el Presidente de la Organización Mundial de Exploración Espacial, Dr. Christopher Cook "dijo el presentador.

"Gracias, como todos saben, el Terra 1 está en la órbita de Marte, la tripulación está bien y han estado entrenando para las actividades por venir. El aterrizaje en Marte debió posponerse a causa de una tormenta de arena que cubrió casi un tercio del planeta. Afortunadamente, el equipo que ya estaba en Marte no sufrió daños porque la tormenta se movió al sur de esa área. El Rover Explorer 4 se ha movido al área para capturar imágenes detalladas de los cohetes para un análisis visual adicional. Todo el equipo ha trabajado día y noche para garantizar que todo esté listo y principalmente seguro para la Tripulación. Tengo el privilegio de anunciar que se ha establecido una fecha para el aterrizaje a Marte; este será el 20 de enero de 2032, en el día 289 de la Misión "Todos los asistentes aplaudieron.

"Gracias, ahora para explicar el Proceso de Aterrizaje aquí están William Henize de Astrotechnika, el Dr. Shudha Raut de ISRO y Charles P. Fleming de la Agencia Espacial del Reino Unido".

"Buenas noches, mi nombre es William Henize, soy ingeniero Jefe de Comunicaciones y señalización del Mars Lander en Astrotechnika, fui nombrado Coordinador del Aterrizaje en Marte. Estamos utilizando una nueva técnica llamada secuenciador de sincronización de aterrizaje y aproximación, o LASS como la llamamos. Su primer uso oficial fue con el Orion y el Orbitador Magallanes para coordinar la operación de Lanzamiento y Encuentro, estas unidades se sincronizaron para calcular las maniobras de ambos vehículos para encontrarse en órbita. Como recuerdan, esto fue muy exitoso".

"Para el aterrizaje de Marte estamos utilizando cuatro referencias, estos son los tres cohetes de Marte, los MR, y el Mars Lander. Cada cohete de Marte tiene una unidad que se sincronizará con la Unidad en el Mars Lander, esta vez las tres unidades en la superficie servirán como guía para el módulo de aterrizaje, por lo que sus motores maniobrarán para corregir la posición para aterrizar en el punto específico calculando una distancia promedio de cada cohete, para obtener un punto central, por supuesto optimizando el uso del combustible. Haciendo esto, aumentamos la probabilidad de aterrizaje dentro del área esperada, por lo que la Tripulación podrá alcanzar los cohetes para descargar la carga".

Shauda Raut continuó: "Los tres cohetes no serán solo un punto de referencia, sino que enviarán a la unidad Mars Lander información acerca de la distancia y la altura de cada uno, por lo que la unidad en el Módulo de Aterrizaje puede enviar solicitudes a los motores para la trayectoria descendente. Estas unidades también detectarán si el Lander desciende demasiado rápido".

Charles P. Fleming tomó la palabra "El sistema está formado por estas cuatro unidades, todo el procesamiento se envía a la computadora del Hábitat, representando la trayectoria gráficamente. Ahora, si una de las unidades del cohete falla, las otras dos tomarán el control de inmediato, esto significa que el sistema no intentará obtener datos de la otra unidad, esto es debido al poco tiempo del proceso de descenso".

"La computadora a bordo del Hábitat puede tomar el control del Lander si las unidades de los cohetes fallan, o si los datos que envían están fuera de los parámetros esperados, la computadora tendrá mayor prioridad para controlar el aterrizaje de acuerdo con la última información sobre la localización de los tres cohetes, por supuesto esta no es la mejor opción, pero es lo suficientemente buena para resolver un problema con la sincronización con los tres MR y garantizar un aterrizaje seguro".

"Tenemos una opción más, si por alguna razón el contacto de pérdida de la Unidad en el Lander con los tres MR y con la computadora del Habitat, la sincronización enviará datos a la computadora de los motores con la última información recibida, para que pueda calcular el punto de aterrizaje. Probamos esta opción muchas veces, teniendo un promedio de desviación de más o menos doscientos sesenta metros".

"Gracias Shudha y Charles" dijo William Henize y continuó: "Nuestra última opción es un aterrizaje manual por parte de la Tripulación, no es completamente manual sino con el punto de referencia de los cohetes y las señales del Rover Explorer 4 como referencia, el motor será operado, dando a la Tripulación la oportunidad de aplicar correcciones manualmente de acuerdo con la gráfica de descenso, es como jugar con un videojuego interactivo, por supuesto, esta opción puede terminar en aterrizaje a pocos kilómetros del objetivo de aterrizaje esperado ".

"Gracias William" dijo el Dr. Cook "como pueden ver hay opciones, hay riesgos, pero nuestro principal problema es la seguridad de la Tripulación, el Dr. Erich Von Stuhlinger les hablará de esto".

"Este tema no es muy agradable para muchos Administradores del Proyecto, pero es crucial para la seguridad de la Tripulación, estoy hablando de las opciones de aborto que tiene la Tripulación durante la secuencia de aterrizaje".

Mostró una diapositiva y continuó. "El vehículo ha sido diseñado para abortar el aterrizaje en cualquier momento, el diseño interno tiene dos sistemas diferentes de combustible, uno para el aterrizaje y otro para el despegue, si por alguna razón el propulsor de aterrizaje llega a un punto crítico y todavía no ha aterrizado, la fase de retorno a la órbita comenzará instantáneamente cambiando la fuente de combustible a los contenedores de despegue. Hemos probado esta operación en muchas situaciones; la seguridad es nuestro primer compromiso para la Tripulación. No quiero entrar en muchos detalles sobre esto; pueden encontrar más información en nuestro sitio de la web".

El Dr. Cook tomó la palabra "Han escuchado a los expertos, en pocos días podremos presenciar un gran momento para la humanidad, y lo más importante, el Mundo se unirá para ser testigo de cómo se escribe este capítulo en la historia".

"Como saben, miles y tal vez millones de personas que participan en este programa, no ha habido tanta actividad en la Exploración Espacial como ahora, en un futuro cercano, el Habitat 2 y el Mars Lander 2 serán enviados a la EOSS para su preparación y entrega a la Tripulación Terra-2 que se lanzará el 30 de julio de 2035, la actividad en la ISS y la EOSS continúan. El Control de Misión tiene una parte crítica en esta operación. A medida que hablamos, se están diseñando y construyendo mejores Vehículos Espaciales. Este es solo el comienzo de la Exploración Humana de Marte, Gracias".

···

En el Control de la Misión en Colonia, los ingenieros trabajaron todo el día para asegurarse de que todo estaba bien para el aterrizaje, otro grupo de Astrotechnika estaba trabajando en el Mars Lander 2.

Andrew, Hans y todo el Equipo estaban recibiendo información del Lander, todo estaba bien.

Se iniciaron las pruebas para Sincronizar el Lander con el Hábitat y los MR, la comunicación era en tiempo real gracias a la red Orbital de Comunicaciones de Marte y la Estación Orbital de Marte. Esta primera sincronización se realizó para asegurar los canales de comunicación. Toda la información fue enviada a la Tierra, para ser recibida dieciséis minutos después.

···

En las primeras horas del 20 de enero, tiempo de la Tierra, la Tripulación ingresó al Mars Lander en sus trajes presurizados. La compuerta con el Habitat fue cerrada para comenzar las comprobaciones de fugas, presurización y comenzar las revisiones de sistemas a bordo del vehículo. Durante los días previos, se realizaron verificaciones de suministros y otros artículos.

Thornton, el Comandante del componente en la Orbita de Marte formado por el Orion y el Habitat dijo: "Hemos verificado todos los parámetros enviados por el Control de la Misión desde la Tierra todo está listo para el Aterrizaje en Marte ". "Enterado" El Comandante Cooper respondió por la radio.

El Comandante Thornton continuó: "vamos a verificar el procedimiento de desacoplamiento, por favor espera, esperando la estabilización de la presión, vamos a iniciar con la lista de verificación de los sistemas de aterrizaje, por favor respondan con Go o NO GO. En este momento somos su Control de la Misión, ya que la demora desde la Tierra los hace no operativos para rastrearlo, el Comandante de la Orbita de Marte comenzó la encuesta de aterrizaje: "

"Presurización de Naves Espaciales". "Listo" respondió el Comandante del Mars Lander.

"Configuración de Aterrizaje". "configuración de Aterrizaje cargada y lista" -respondió el Piloto del Mars Lander.

"Configuración del Motor del Mars Lander " "Listo" respondió el Piloto del Mars Lander.

"Secuenciador del Sistema de Aborto para el Aterrizaje". "Listo, activado" - Dijo el Comandante del Mars Lander.

"Situación meteorológica en el área de aterrizaje de Marte". "Listo", dijo el ingeniero de la Estación de la Orbita de Marte, "no hay eventos meteorológicos notables en la trayectoria de descenso o en el área de aterrizaje".

"Sincronización con el Hábitat y los Mars Rockets". Kiochi miró la pantalla y respondió "todos los vehículos están en sincronización".

Tripulación del "Mars Lander". " Listos para ir a la Superficie de Marte", respondió el Comandante Cooper.

El Comandante Thornton agregó: "Para su aterrizaje no hay vientos significativos de acuerdo con la información proporcionada por los vehículos orbitales y los Rovers. Mars Explorer 4 está esperando en el área de aterrizaje, todas sus cámaras se han posicionado para capturar la mayor parte del área, tengo control de ellas, así que trataremos de capturar los minutos finales del descenso y el aterrizaje".

Luego agregó: "En nombre del Control de la Misión en la Tierra, les deseamos un aterrizaje y una Misión muy exitosa, ustedes serán el primer asentamiento humano fuera de la Tierra, su experiencia será un punto de partida para futuras Misiones. Estaremos monitoreando desde MO1 su descenso y sus actividades en Marte. Buen Viaje Terra-1 los veremos en aproximadamente seis meses Marcianos".

El Comandante Cooper respondió "Gracias Bob, tú, Li y el Equipo en la Tierra han hecho un trabajo maravilloso, estamos seguros de que tendremos una Misión muy exitosa en nombre del planeta Tierra. Gracias por su apoyo y nos vemos pronto".

Comandante de la Estación orbital de Marte: "Están Listos para desacoplar, esta es la información de aterrizaje procesada en la computadora: El aterrizaje estará en un rango de una milla de los MR2, MR3 y MR4, en L-44 Minutos las puertas de los motores principales estarán abiertas, ambos motores se extenderán, se asegurarán y serán encendidos, en L- 36 minutos se abrirá el paracaídas primario, en L- 32.8 minutos se desplegarán los paracaídas principales. A los L-4 minutos se desplegarán las plataformas de aterrizaje, en L-2 minutos los paracaídas serán arrojados, en L- 90 segundos, la computadora realizará una evaluación final para continuar o abortar. En L-90 segundos, al menos el 20% del combustible debe estar disponible, en L-1.6 segundos, el motor principal se apagará. Todos los parámetros han sido validados, sistema de aborto activado".

El comandante Cooper respondió: "Mars Lander al Comandante de la Estación de Marte". Estamos listos para desacoplar".

El Comandante Thornton dijo en la radio: "Buen Viaje Terra1, que tengan un aterrizaje seguro ". "Enterado y gracias, les llamaremos desde la superficie de Marte en unos 60 minutos terrestres", respondió el Comandante Cooper.

Li Yang comenzó a desbloquear los pestillos y ganchos del puerto de acoplamiento, "Pestillos desbloqueados", luego procedió a liberar los ganchos "ganchos liberados, el Mars Lander Endeavor está liberado" Luego, un conjunto de resortes empujó el Lander desde el puerto de acoplamiento por lo que comenzó a ganar distancia del Hábitat.

El Habitat y Orion y continuarán en la órbita de Marte como un Control de la Misión Orbital de Marte, identificado como MO1. Robert Thornton tocó una campana y dijo "Mars Lander Endeavor partiendo", continuando con la tradición de la ISS, y la primera vez que se realizaba lejos de la Tierra.

Pocos minutos más tarde, al estar una distancia segura del Hábitat, el Mars Lander encendió sus propulsores para disminuir su velocidad y bajar su órbita para comenzar su entrada en la atmósfera Marciana, antes de esto, realizó una maniobra de rotación para apuntar su escudo térmico hacia la dirección de viaje, por lo que esto protegerá a la Tripulación del calor por el roce atmosférico durante la entrada.

"Todo se ve bien", dijo Robert, "tuvieron una buena separación". El Mars Lander comenzó su descenso hacia la superficie Marciana. Se podía ver desde la ventana del Habitat, una vista hermosa, con Marte detrás de ella. El módulo de Sincronización mostró los cinco elementos vinculados: El Mars Lander, el Hábitat y los Cohetes de Marte guiando al Lander hacia el objetivo de aterrizaje.

En la Tierra, los Centros de Control de las Misiones recibían señales con un retraso de 16 minutos, debían esperar los datos de telemetría. Todos los Controladores y Administradores de Misión estaban siguiendo a la Misión en una simulación que tenían, representaba cada momento del aterrizaje ejecutando los mismos parámetros que el Mars Lander tenía cargados en sus computadoras. Solo tenían que esperar.

A bordo del Hábitat, el Comandante Thornton y el ingeniero Li observaban muy de cerca el avance del aterrizaje, leyendo toda la telemetría enviada por el Mars Lander y los vehículos sincronizados.

"Ya deberían haber pasado el bloqueo de comunicaciones por la ionización atmosférica, y deberían tener contacto por radio ahora - MO1 a ML1 ¿me reciben " Dijo Robert Thornton - se recibió algo de estática, repitió "MO1 a ML1 ¿me reciben?". "ML1 aquí, te escuchamos fuerte y claro que todo va bien, solo con algunas fuerzas G", respondió el Comandante Cooper.

"Los motores principales se han extendido y asegurado, arrancarán en 3,2,1", hubo silencio "Tenemos dos motores principales buenos, tenemos algo de vibración aquí, la velocidad está dentro de los límites", dijo Nancy Jones.

El Comandante Thornton mirando la consola de rastreo del ML1 dijo: "El paracaídas guía debería abrirse en 3, 2, 1". Se mostró un indicador en la computadora, "el paracaídas guía ha sido desplegado, la velocidad es un poco más alta de lo esperado, pero se estabiliza, esperando que se desplieguen los paracaídas principales".

Aproximadamente un minuto después, Nancy Jones comentó en la radio: "tenemos desplegado un enorme y hermoso paracaídas". "Bien, lo vemos en nuestra lectura de telemetría" comentó Robert Thornton y agregó: "están a treinta y dos minutos del aterrizaje, combustible y motores se ven bien".

"Nuestra velocidad está en el rango, todo se ve bien", dijo, "Enterado", respondió el Comandante Thornton.

"La consola de Sincronización está indicando que estamos en una buena trayectoria hacia el área de aterrizaje, esto nos ubicará a una distancia promedio de mil doscientos metros de los cohetes", informó Kiochi.

En el Centro de Control de la Misión en la Tierra, el ingeniero de la consola de aterrizaje dijo "Deberíamos recibir la primera confirmación de la entrada en cinco segundos". La pantalla mostraba el diagrama con los datos reales, mostrando el vehículo que ingresaba a la atmósfera, la velocidad, la temperatura y todos los demás datos, luego el vehículo entró en el bloqueo por lo que tuvieron que esperar unos minutos más para que los datos continuaran llegando". Fue un momento difícil, nadie estaba acostumbrado a guiar un vuelo con información del pasado, el papel del Control de la Misión para esta Misión ha cambiado del control en tiempo real a la preparación previa a la actividad, controlando la Misión de forma remota por la Tripulación en órbita de los Marsnauts y mucho análisis.

En la Estación de Control de la Misión de la Orbita de Marte o MO1, el Comandante Thornton dijo: "todo parece excelente; aterrizarán en el área seleccionada en unos nueve minutos". Se recibió una alarma. El ingeniero del Hábitat dijo que "la velocidad es más alta de lo esperado, esto podría dañar el sistema de aterrizaje y podría ser un problema para el despegue, una corrección debería comenzar automáticamente, de lo contrario una secuencia de aborto podría activarse para evitar el error humano".

El Comandante Thornton informó por radio "ML1 tenemos una alarma de que su velocidad está fuera de límites, confirme". El Comandante Cooper respondió "lo estamos viendo, se está estabilizando ahora, los motores auxiliares han comenzado, nuestro combustible para aterrizar es 31%, y estamos a siete minutos del aterrizaje, si no se mantiene en los límites el aterrizaje será abortado por el secuenciador de aterrizaje". Había un silencio en el canal de comunicación: la telemetría mostraba que la velocidad se reducía dentro de los límites, a solo cinco minutos para aterrizar. "La velocidad se ha estabilizado, está dentro de los umbrales, parece la misma situación que el MSRM tuvo".

En la radio había un silencio breve: "Tren de aterrizaje extendido y asegurado, tren de aterrizaje auxiliar extendido y asegurado", informó Nancy Jones.

En el MO1, el Comandante Thornton dijo: "Todo parece estar bien, los paracaídas principales se desecharán en 21 segundos". Hubo un momento de silencio: "Los paracaídas principales se desecharon lejos del Lander, todo está dentro de los parámetros, estamos a menos de 2 minutos del aterrizaje, justo en el objetivo".

En el Control de la Misión en la Tierra, el diagrama de secuencia de aterrizaje mostró que los dos motores principales se extendieron y dispararon, recibieron la telemetría sobre la velocidad, el combustible y la trayectoria que ocurrió hace dieciséis minutos "Jesús, esto es muy difícil de seguir algo que ya sucedió, espero que hayan corregido este problema con la velocidad, de lo contrario no habrá Aterrizaje a Marte ", dijo un Controlador al notar que la velocidad de descenso era más rápida de lo esperado.

Esta vez el ambiente en el Control de la Misión era diferente que en cualquier Misión Tripulada anterior, la tensión podía sentirse, el nerviosismo estaba presente como se podía ver, algunos jugando con sus plumas o algo en sus escritorios, algunos rezaban, casi no había diálogos, aunque había aire acondicionado en todas las salas de control, la mayoría de los Controladores sudaban, miraban sus consolas esperando no ver alarmas, sus ojos se volvían constantemente hacia el diagrama de enfrente. Cada segundo parecía ser como una hora, y un minuto como una eternidad.

"En este momento deberían estar en las etapas finales del aterrizaje", dijo el Director de Vuelo mientras miraba la simulación en la enorme pantalla, la telemetría recibida estaba a dieciséis minutos de retraso.

En la WSEO la tensión era evidente, nadie hablaba, solo observaban en las pantallas de simulación grandes y en monitores con imágenes de las salas de Control de la Misión y algunas imágenes enviadas desde el Habitat, el Mars Lander, el Mars Explorer Rover 4 y los Mars Rockets.

"100 metros para aterrizar, todo se ve bien; la velocidad está bien, el combustible está bien, no hay problemas esta vez "comentó Kiochi Kanko-" 50 metros para aterrizar, velocidad 10 metros / segundo y disminuyendo, 40 metros, 30 metros, todo va bien, 10 metros".

Los Controladores de Tierra notaron que la velocidad se redujo y que el Lander continuó su trayectoria de descenso sin problemas en este momento, esto fue un alivio, en unos doce minutos sabrán si el Lander se había posado en la superficie de Marte.

Se produjo una breve pausa, los motores principales se apagaron, fracciones de segundos después, la Tripulación del ML1 sintió el momento cuando los soportes de aterrizaje tocaron la superficie de Marte, los cuatro Marsnauts permanecían en silencio, observando los instrumentos y se veían unos a otros. El Comandante Arthur Cooper se dirigió a la Tripulación: "Felicidades, estamos en Marte, lo logramos. A las 7:08 GMT del 20 de enero de 2032, este será nuestro horario de inicio para la exploración de la superficie de Marte. El reloj del Lander y nuestros relojes se han configurado a 0 de SOL 1".

En Marte, en el sitio de aterrizaje, se pudo ver una nube de polvo desde las cámaras del Mars Explorer 4; en el MO1 Robert y Li pudieron ver las imágenes recibidas desde la superficie y la telemetría que indicaban que los motores se habían detenido y que los cuatro trenes de aterrizaje estaban en la superficie, solo tenían que esperar la confirmación de la Tripulación.

"Este es Terra-1, hemos aterrizado en Chryse Planitia", dijo el Comandante Cooper en la radio.

El Comandante Thornton de la Estación Orbital de Marte recibió la señal: "Felicidades ML1, Bienvenidos a Marte, estamos respirando nuevamente". El Comandante Cooper respondió: "gracias Bob y Li, de acuerdo con las lecturas aterrizamos en el lugar correcto, de hecho podemos detectar los tres Mars Rockets aunque el polvo causado por los motores aún no se ha asentado", vamos a realizar nuestro procedimiento de seguridad y configuración de despegue de emergencia". Enterado" dijo El Comandante Thornton, "Prosigan con la verificación posterior del aterrizaje".

En la Tierra después de una simulación en la pantalla principal en el Control de la Misión en Houston, "El Vehículo debería estar en Marte ahora" El Director de Vuelo dijo "De acuerdo con los datos todo está pasando como era esperado".

Dieciséis minutos más tarde se encendió una señal en el diagrama de que los Motores se detuvieron y la confirmación de que los soportes de aterrizaje estaban sobre la superficie. Todos los ingenieros vitorearon porque entonces sabían lo que significaba, que el vehículo había llegado sano y salvo a la superficie de Marte. "Se recibió la telemetría de que el Mars Lander Endeavour está en Marte. Estaremos esperando recibir la confirmación de la Tripulación "El Director de Vuelo comentó" algunas imágenes llegaron desde el Rover mostrando al Mars Lander justo antes de aterrizar y al aterrizar la nube de polvo, cuando estas imágenes llegaron hubo euforia en toda la Tierra, entonces, un completo silencio invadió toda la WSEO cuando llegó el primer mensaje de Marte, era el Comandante Cooper. "Hemos aterrizado en Marte de forma segura a las 7:09 GMT, al mirar el paisaje pensamos en la Tierra, en todas las personas que contribuyeron a este momento y de nuestras familias y agradecemos a Dios que nos guio de forma segura a este impresionante Planeta para comenzar su Exploración Humana, llegamos en nombre del Planeta Tierra ", los Controladores de la Misión y los Gerentes de Misión vitorearon de nuevo y se felicitaron, muchos de ellos tenían lágrimas en los ojos, entre ellos el Dr. Cook, que se consideró el fundador de la WSEO y el Programa de Marte, algunos de ellos pararon su reloj para recordar este momento para siempre.

El lugar de aterrizaje está en Chryse Planitia, cerca del sitio de aterrizaje del Viking 1, y estamos esperando la declaración del Director de la Misión John Livingstone. "Es un gran privilegio para nosotros anunciar que el Mars Lander Endeavour, aterrizó con éxito hoy a las 7:09, las coordenadas de aterrizaje son 24.5808 N y 45.2839 W. De acuerdo con esto, está en el medio de los tres cohetes de Marte, 2.32 kilómetros al sureste de MR2, 3.13 Kilómetros al suroeste de MR3, y 1.1 Kilómetros al norte de MR4. La Tripulación está bien y lista para comenzar la exploración"

Hubo celebración en todo el mundo y a bordo del ISS y la EOSS, la Tierra estaba en paz.

...

En la superficie de Marte: El Comandante Cooper "dijo a Kiochi por favor sigue la lista de verificación para asegurar el vehículo y ponerlo en la configuración de espera," Esta configuración era requerida para tener el vehículo listo en caso de un despegue de emergencia, se mantendrá activo hasta que se confirme que es seguro, los cuatro soportes de aterrizaje y el tren de aterrizaje auxiliar confirmaron que estaban asegurados y sin daños, el vehículo tenía una pequeña inclinación, pero fue corregido por el sistema de nivelación que controla las plataformas de aterrizaje.

Kiochi Kanko miraba la computadora y apagaba los interruptores de acuerdo con la lista de verificación posterior al aterrizaje. "Tenemos alrededor del 17% del combustible restante para la fase de descenso. El equipo de ascenso no tiene alarmas ". "Gracias", respondió el Comandante Cooper, y continuó- "¿Puedes ver claramente los tres cohetes?". La Marsnaut Jones respondió: "Todavía hay algo de polvo en la atmósfera, pero puedo ver dos hacia el sur y uno hacia el norte, este está bastante cerca".

Comandante Cooper- "MO1 ¿Puedes confirmar nuestra posición?" - El Comandante Thornton a bordo del Habitat mirando algunos datos dijo- "Sí, la operación del modo de sincronización es sobresaliente, un sistema de guía perfecto, los cohetes todavía están en contacto con el módulo de aterrizaje, estos son 2.32 Kilómetros de MR2, 3.13 de MR3 y 1.1 de MR4". Estás justo en el lugar correcto, felicitaciones".

Aunque en la Tierra recibieron el mensaje anterior, el Comandante Arthur Cooper envió un nuevo mensaje a la Tierra "Este es el Mars Lander Endeavour, hemos aterrizado en Chryse Planitia, realizando la lista de verificación posterior al aterrizaje para evaluar nuestros sistemas. Todo fue sin problemas desde la entrada hasta el aterrizaje. A partir de ahora, nuestra Estación de la Superficie de Marte es llamada Terra 1, hoy marca una nueva era para la humanidad. En los próximos días comenzaremos a montar el primer asentamiento en otro planeta, que será nuestro hogar durante los próximos once meses más o menos, y el hogar de otros Marsnauts que seguirán explorando en los próximos años. El paisaje es asombroso; hemos visto los tres Mars Rockets, muy cerca, y el Rover Explorer 4 que siguió al aterrizaje. Debido a la menor gravedad aquí no sentimos todo el peso como se siente al regresar a la Tierra después de una larga experiencia de microgravedad, sin embargo, tenemos que adaptar nuestros cuerpos a este nuevo entorno. Agradecemos el apoyo y las oraciones en todo el mundo. Desde Chryse Planitia en Marte, este es Terra 1".

"Tendremos que esperar 32 minutos para escuchar alguna respuesta de la Tierra", agregó. "Este es Terra1 en la superficie a Orion Mars Orbit 1". Respondió Robert Thornton: "los tenemos en el radar y la telemetría indica que todo es normal. Comenzará a oscurecerse en unas dos horas, pueden continuar con la recolección de muestras de emergencia usando la unidad de recolección externa y prepararse para el día siguiente. Así que tienen que descansar. Las actividades del día de mañana son explorar cerca del módulo de aterrizaje, dependiendo de su evaluación física, se decidirá si pueden caminar hasta el MR2 para descargar el Marslab, esta operación les tomará aproximadamente siete horas, por lo que tendrán que llevar consigo la unidad portátil de soporte vital. Cambio".

"Enterado Robert, gracias", respondió "tomaremos la muestra y nos prepararemos para el día siguiente, Kiochi y yo iremos al sitio MR2, Nancy y Yelena permanecerán cerca del Endeavour e instalarán los paneles solares externos".

"Bien, Leonard, tenemos aproximadamente un 8% de pérdida de señal en cada órbita, se muestra en la consola de tu MCC en el Lander, por lo que puedes saber cuándo ocurrirán estos pequeños períodos de tiempo", dijo Robert.

"Gracias, estoy activando la consola de seguimiento de MCC aquí, la dejaré en esta ventana de la pantalla".

"Vamos a realizar las listas de verificación en los trajes EVA y el equipo de seguimiento" agregó el Comandante Cooper.

El polvo se asentó. - "mira esta vista, es realmente increíble, esas rocas han estado allí durante millones de años, el color del polvo y el cielo es simplemente asombroso" -comentó la Marsnaut Pavlova, y continuó- "esto es realmente increíble, tan lejos de La Tierra, pero comenzando una nueva era, como hicieron los grandes exploradores hace cientos de años, estamos comenzando un Nuevo Capítulo en la Historia de la Humanidad".

Llegó un mensaje de la Tierra, enviado hace unos 16 minutos, cuarenta minutos después de que se confirmó el aterrizaje en la Tierra. "Este es Christopher Cook, en nombre de todos los habitantes de la Tierra, quiero felicitarlos por su exitosa llegada a la superficie de Marte, lo que han logrado es el comienzo de la expansión humana en esta era, abriendo nuevos horizontes, nuestra cultura debe extenderse más allá de nuestro Planeta". Continuó - "Les deseamos el mejor éxito en la activación del Marslab, el Mars Rover y el Invernadero que servirá como base para futuras Misiones. Tienen toda nuestra atención y tecnología para apoyar su Misión y superar cualquier problema que puedan tener. 1492, 1969 y ahora 2032 son algunos de los años históricos de Exploración Humana. Dios los bendiga a todos".

El Dr. Cook había recibido mensajes de felicitación de prácticamente todos los jefes de estado, líderes religiosos y de organizaciones internacionales.

El Comandante Cooper respondió: "Felicidades Nancy, Yelena, Kiochi, Bob, Li, y todas las personas que con su imaginación, conocimiento y trabajo hicieron posible esta Misión. Su visión nos permite llegar a Marte para representar a todos los habitantes de la Tierra, dejando a un lado las diferencias, culturales, nacionalidades, creencias religiosas y razas. Somos embajadores de la Tierra y llegamos en paz y en nombre del progreso. El primer asentamiento humano más allá de la Tierra está comenzando aquí. Como la Tripulación del Apolo 11 dijo en 1969, venimos en paz para toda la humanidad, este es un proyecto del mundo, y haremos nuestro mejor esfuerzo para representar a todas las personas buenas de la Tierra".

"Ok, tenemos que pasar por el programa SOL1, que incluye chequeos médicos y ejercicios físicos, tenemos que descansar y estar preparados para mañana, a las 20 Hrs. en SOL1 abriremos la escotilla y comenzaremos a explorar".

Se acordó que cada SOL comenzará con el tiempo de toma de aterrizaje, esto es a las 7:09 GMT será 0:00 SOL 1. Este SOL se ejecutará hasta las 7:48 GMT del 21 de enero a tiempo de la Tierra. SOL1 en Marte comenzó en las condiciones de luz equivalentes de 18:00 en un día de la Tierra en un lugar dentro del Trópico de Cáncer en otoño, por lo que a las 20 Hrs. en Sol1 será similar a las 2 AM, esto significa que tendrán que esperar cuatro horas para abrir la escotilla cuando tengan presencia de luz solar, suficiente tiempo para realizar las actividades iniciales, desayunar y preparar los trajes del EVA y despresurizar el vehículo para la actividad.

La Tripulación se despertó con la canción pregrabada "Es un nuevo día en un mundo nuevo" que fue escrita e interpretada para ellos por un grupo de Científicos y Astronautas e incluía la frase "Buenos Días" en muchos idiomas durante la canción, incluso un Saludo Marciano que dice "Soneub opty" algo que inventó un Científico y su equipo, generando vocabulario usando un algoritmo en una computadora, esta era la primera canción que se escuchaba en la superficie de Marte. "Buenos días, desde MO1" Robert dijo al Equipo "Buenos Días Robert" respondió el Comandante Cooper "Estamos listos para un día muy emocionante". "Ok, transmitimos todos los mensajes de la Tierra y el cronograma, creo que estarán contentos de saber que están Autorizados para la Caminata y para la Excursión al MR2", agregó Robert.

"Buenas noticias" respondió el Comandante Cooper "comenzaremos de inmediato aquí hay cuatro caras muy felices", dirigió la cámara a cada uno de ellos. "Por cierto", agregó Robert, "el Equipo de Mars Explorer 4 colocó el Rover justo enfrente de ustedes, por lo que grabará este momento en 3D y con sonido natural, deberían poder verlo". Miraron por la ventana de la escotilla y allí estaba. "Espero que no nos resbalemos" dijo el Comandante Cooper, todos sonrieron.

La primera actividad después del despertar fue verificar sus mensajes, que incluían actividades para el SOL (día Marciano), recomendaciones médicas según la información enviada antes de ir a dormir, solicitudes médicas para enviar a la Tierra, por ejemplo, una pequeña unidad que tomó una pequeña muestra de sangre de un dedo, lo analiza y envía los resultados a los Médicos de la Tierra, las rutinas de ejercicios individuales y los suplementos alimenticios y mensajes personales. Después de eso tendrán su primer desayuno en Marte, un menú muy típico: jugo, huevos con jamón y café, por supuesto, todo en sus contenedores.

Se realizó una verificación de todos los sistemas a bordo del Lander, así como el nivel de energía, el oxígeno y el agua, el nivel de radiación y algunas tareas de mantenimiento como limpieza y reemplazo de filtros.

La Tripulación comenzó a prepararse para bajar a la superficie de Marte por primera vez; se pusieron sus trajes de EVA y prepararon el módulo de aterrizaje para despresurizarlo. Recibieron una conferencia telefónica del Primer Ministro de Inglaterra, el Presidente de Rusia, el Primer Ministro de Japón, el Presidente de China, el Presidente de Francia, el Primer Ministro de Australia, el Canciller de Alemania, el Presidente de los Estados Unidos, el Secretario de la ONU y otros miembros de diferentes gobiernos, el Papa y los Jefes de otros Grupos Religiosos, la comunidad científica y muchos otros. La secretaria de la ONU Anita Gustafdosttir de Islandia se encargó de dar un mensaje a la Tripulación:

"Estimado Equipo de Terra1, estoy en la sala de consejo de la ONU con los líderes del mundo, estamos muy orgullosos de lo que han logrado. Aterrizar en Marte es una gran Odisea, es el resultado del esfuerzo de muchas naciones uniendo sus conocimientos, un sueño que se ha alcanzado, como lo hizo Colón en 1492 ahora ustedes han abierto el camino, y con la Estación de Marte, Terra 1 marca el comienzo de la primera colonia en un Planeta diferente. Seguiremos sus actividades y oraremos por ustedes. Sé que este mensaje llegará 16 minutos después, y que quizás en ese momento ustedes y sus compañeros de la Tripulación estarán caminando en Marte, lo actualizaremos más tarde".

Ella continuó: "Han reunido a todas las naciones para presenciar este momento histórico, como se hizo en 1969 cuando Neil Armstrong pisó la superficie de la Luna, como el primer ser humano en visitar otro cuerpo celeste".

"La humanidad tiene el espíritu de exploración. Su experiencia allí nos dará conocimiento para cuidar bien nuestro hogar en el universo, nuestro Planeta Tierra. Nosotros desde la Tierra podemos ver el Planeta Marte como una Estrella Brillante, una estrella rojiza, estoy seguro de que también podrán vernos desde allí, como una estrella azul, un lugar lleno de vida, su misión inspira sinergia y paz".

"Que tenga una gran exploración, cuídense y los veremos en la Tierra en unos dos años. Todos estamos con ustedes. Nosotros en la ONU nos reuniremos aquí para seguir su Misión y difundir esta transmisión y las que se realicen a todo el mundo. Dios los bendiga a todos y Buena exploración".

El mensaje terminó.

Bueno, eso fue muy agradable, el Comandante Cooper, le dijo a la Tripulación, ahora vamos a prepararnos para dar nuestros primeros pasos en la superficie.

Los trajes EVA de los cuatro Marsnauts fueron verificados, y las comunicaciones probadas entre ellos y el MO1, ahora estaban en sus trajes presurizados, el Comandante Cooper estaba a cargo de realizar las pruebas".

"Mars Lander asegurado y equilibrado" - "Verificado", respondió el piloto de ML1.

"Mars Lander Comunicaciones Abiertas" - "Verificado".

"Comencemos con el proceso de Verificación de Comunicaciones" dijo el Comandante Cooper.

"CDR al Piloto ML1". Piloto ML1 respondió: "Mensaje fuerte y claro, y tú que tal". El Comandante respondió: "Te escucho fuerte y claro Kiochi, gracias".

"CDR a SF1". Surface Explorer 1 respondió: "En voz alta y clara y tú que tal". "Te recibo fuerte y claro Nancy, gracias".

"CDR a SF2". Sin respuesta. "CDR a Yelena me escuchas", repitió el Comandante Cooper. No podía escuchar. El Comandante Cooper se le acercó y le pidió que revisara su sistema de transmisión.

Verificó todas las conexiones y encontró el problema, le dijo: "Ahora te escucho fuerte y claro". Hizo la señal de pulgar hacia arriba, "Enterado", respondió.

"Terra 1 a CDR MO1, ¿cómo me escuchan?". Respondió el Comandante Thornton, "los escuchamos fuerte y claro". Están autorizados para la Exploración de Marte ". "Gracias Robert", respondió el Comandante Cooper.

Todos en la Tierra estaban intrigados acerca de quién iba a ser el primero en pisar Marte, la mayoría de las personas pensaban que sería el Comandante. "Es fácil deducirlo" algunos comentaron "tienen identificadores luminosos en sus trajes" mostrando una revista "El Comandante tiene una tira, Nancy Jones tiene un círculo, Yelena tiene un triángulo y Kiochi tiene un cuadrado", algunas personas hicieron algunas apuestas en esto.

"Presión del Mars Lander", preguntó el comandante Cooper. "La presión del Mars Lander es igual a la presión externa", respondió Kiochi.

"Esta lista la cámara del Mars Rover 4, está apuntando a la escotilla" Dijo Robert.

"Gracias, estamos listos para comenzar la Primera Exploración Humana de Marte", dijo el Comandante Cooper.

El Comandante Cooper le dijo a la Tripulación: "visitemos la superficie de Marte". Robert Thornton dijo: "la presión interna se verificó, el vehículo está asegurado, pueden proceder para liberar la escotilla" "Enterada" respondió Nancy.

Presionó un interruptor e ingresó un código para liberar los pestillos de seguridad de la escotilla para actividad extra-vehicular, un sonido fue escuchado a medida que fueron liberados. La escotilla tenía integrado un verificador de presión interna y externa como medida de seguridad, si estas eran diferentes no se abriría.

"Tengo una confirmación de que los broches de seguridad han sido liberados; si están listos, pueden abrir la escotilla", les dijo Robert. "Gracias, Robert".

Nancy abrió la escotilla, pudieron ver el paisaje como estaba amaneciendo, el Sol salía por la izquierda.

Para este momento, acordaron poner un parche en sus identificaciones visuales en el traje.

El Comandante Cooper comenzó a descender las escaleras, pisó la plataforma del Mars Lander, luego soltó algunos pestillos que contenían dos extensiones del tren de aterrizaje, uno a cada lado, ambos cayeron al suelo. Caminó sobre una de estas extensiones de las bases del tren de aterrizaje y se quedó allí. Luego, Nancy bajó y se paró cerca del Comandante. Yelena bajó la escalera y se paró en el borde de la otra extensión de la Plataforma, finalmente Kiochi se paró en la Plataforma cerca de la escalera.

"Estamos parados en la Plataforma del Endeavour, podemos ver que las bases del tren de aterrizaje están pocos centímetros hundidas en el suelo Marciano, el color aquí es hermoso, es un mundo intrigante", comentó el Comandante Cooper.

"En nombre de toda la Humanidad, bajaremos del Endeavour ahora", agregó.

Los cuatro Marsnauts salieron de las extensiones de la base del tren de aterrizaje al suelo Marciano, todos a la vez, eran las 19:40 GMT, hora de la Tierra, 12:31 horas de la Misión SOL1, la imagen transmitida desde las cámaras del Rover 4 era espectacular, imágenes que permanecerán en los libros de historia.

El Comandante Cooper dijo en la superficie "El espíritu de exploración nos trajo a Marte". Continuó- "Hemos llegado a Marte en nombre de todos los Habitantes de la Tierra, nuestra Misión buscará respuestas y la comprensión de este Planeta, su presente y su pasado. Este es un Planeta hermoso, pero no es adecuado para mantener la vida, tenemos que atesorar cada recurso que tenemos con nosotros, creemos que esta exploración contribuirá en gran manera a dirigir nuestros ojos hacia la Tierra y cuidarla bien".

Agregó, "Moverse en Marte es bastante fácil, las cosas aquí pesan 1/3 de su peso en la Tierra, así que incluso nosotros somos muy ligeros, estos trajes son muy cómodos y flexibles, cada uno de nosotros tiene aquí a la mano, indicadores que permiten a cada uno saber la cantidad de oxígeno, agua, nivel de radiación, temperatura interior y exterior, podemos ver otros datos de los Marsnauts. Toda esta información se envía al Hábitat, donde Robert y Li mantienen el monitoreo y nos informan sobre los riesgos".

El Comandante Thornton en la Orbita de Marte dijo: "Felicitaciones al Equipo Terra 1, por su primera excursión a Marte. Necesito que instalen el GPS y la unidad de orientación, para que podamos hacer referencia a los lugares desde este punto. En espera de un mensaje de la Tierra en unos 34 minutos".

"Enterado" -respondió el Comandante Cooper.

En la Tierra, el aterrizaje en Marte y los primeros pasos parece ser la única noticia, por primera vez toda hostilidad se detuvo por algún tiempo ya que todo ser humano estaba siguiendo el progreso de la Misión, las imágenes eran increíbles, algo de ficción, mirando a los Marsnauts, moviéndose e instalando equipos. Un presentador dijo: "Aquellos que hicieron una apuesta sobre quién sería el Primero en pisar la Superficie de Marte, no hubo ganadores porque los Cuatro pisaron al mismo tiempo, como se puede ver en este video enviado por el Mars Rover Explorer 4".

La primera tarea de la Tripulación fue instalar paneles solares externos del Lander para mantener los sistemas energizados, en estado de hibernación; tomaron algunas muestras de rocas y procedieron a ubicar los tres cohetes con sus binoculares, una vez que se localizó el objetivo, estos calcularon la distancia y dirección para guiarlos.

El Marsnaut Jones sacó la unidad de orientación GPS, extendió su antena telescópica, funcionaba como un faro magnético, todas las unidades de orientación lo reconocerán como un punto central, y esto permitirá que la Tripulación lo use como punto de referencia en la superficie, especialmente cuando comiencen excursiones a bordo del Mars Rover 1.

La Marsnaut Pavlova procedió a instalar la unidad meteorológica, a unos 100 metros de distancia del módulo de aterrizaje; contiene detectores de humedad, temperatura, velocidad y dirección del viento, densidad de la atmósfera con respecto a partículas de polvo. Tiene dos paneles solares y un pequeño molino de viento para generar energía, toda la información se almacena en una memoria interna, y luego se transmite al Lander que lo redirige a la Estación Orbital de Marte, MO1 y a la Tierra.

Los Marsnauts Cooper y Kanko se estaban preparando para la Caminata que realizarán para descargar el Marslab del MR-2 y comenzar su activación.

El Comandante Thornton informó desde la Orbita de Marte: "Estamos comenzando a recibir datos atmosféricos, así como la información del GPS. Puedo ver que el Mars Rocket 2 está ubicado a 2320 metros al noroeste de Endeavour, Mars Rocket 3 a 3130 metros al noreste y el Mars Rocket 4 a 1100 metros al suroeste, podemos rastrear a ustedes cuatro en el sistema".

En el Control de la Misión en la Tierra se estaban realizando las verificaciones finales del cohete MR-2; todo tiene que estar listo para que los Marsnauts lo descarguen. "La escotilla y la rampa de Carga han sido liberadas. La Tripulación tiene un dispositivo en su equipo de portátil para abrirlo y activar la secuencia de descarga, solo tienen que observar y grabar la operación en video.

Llegó la llamada de la Tierra: "Queridos Leonard, Nancy, Yelena y Kiochi, este es Christopher Cook, estoy aquí con los Jefes de las Agencias Espaciales, los Líderes Políticos y Eclesiásticos, el Secretario General de la ONU y todas las personas, ya que este evento se transmite en todo el Mundo".

"Ha sido un gran privilegio verlos descender en Marte bajado para permanecer firmes en suelo Marciano, este es un momento de orgullo para la humanidad, como lo fue el Apolo 11 hace más de 60 años. Se ha abierto un nuevo capítulo sobre exploración, lo que están haciendo eleva el espíritu de todos los habitantes de la Tierra, sabemos que este mensaje llegará a ustedes dentro de 17 minutos, y no recibiremos su respuesta durante otros 17 minutos. Sus compañeros de Tripulación en órbita, Robert y Li, han estado haciendo un trabajo increíble como Control de la Misión para ustedes".

"Seguiremos de cerca su Misión, estamos seguros de que en algunos SOL tendrán el Laboratorio y el Invernadero en funcionamiento, y su movilidad en Marte será posible con el Mars Rover".

"Su Misión ya está produciendo beneficios invaluables para nuestro planeta de origen y para todos nosotros".

"Ustedes son verdaderos Exploradores de nuestro tiempo, nuestros Embajadores en el Sistema Solar. Dios los bendiga a todos".

La transmisión terminó. Esto es todo- Robert Thornton dijo-, "Gracias Robert" - respondió el Marsnaut Cooper y continuó- "Gracias Dr. Cook por sus alentadoras palabras y nuestro sincero agradecimiento a los Jefes de las Agencias Espaciales, Jefes de Estado. La Tripulación de Terra 1 se enorgullece de representar a todos los ciudadanos de nuestro Planeta, hemos tenido la suerte de ser seleccionados y estar aquí hoy. Nuestro compromiso es explorar y proporcionar a los científicos toda la información para comprender la mecánica de este Planeta y comprender y apreciar mejor nuestro Planeta".

"Somos solamente la punta del iceberg, para hacer posible este momento, hay un gran Equipo de Ingenieros, Científicos, Médicos y Profesionales de todos los Campos del Conocimiento Humano, Universidades y Organizaciones de Investigación. Miles de personas han dedicado su vida para llegar a este momento. Astronautas y Cosmonautas abrieron el camino para nosotros; algunos de ellos dieron sus vidas en este esfuerzo".

"En unos momentos el Marsnaut Kanko y yo iremos al MR2 y transportaremos el Marslab hasta aquí para empezar a activarlo y probar todos los sistemas en los siguientes SOLs, este será nuestro hogar aquí".

Se detuvo cuando sintió un nudo en la garganta debido a tanta emoción.

Continuó: "Antes de iniciar estas actividades, hemos desplegado esta bandera que representa a la Tierra, es especial porque no tiene naciones, ya que desde el espacio no se pueden identificar las fronteras. Esta Bandera tiene una representación del Planeta que muestra ambos hemisferios, y en el otro lado tiene un saludo en la mayoría de los idiomas y dialectos en la Tierra".

"Gracias de nuevo a todos los individuos y organizaciones por hacer posible este viaje". "Dios los bendiga a todos".

"Terra 1, fin de la transmisión". "Eso fue Grandioso Len, ha sido enviado a la Tierra, la imagen se veía increíble con el Endeavour atrás" – dijo el Marsnaut Thornton.

Los Marsnauts Cooper y Kanko comenzaron su caminata de 2320 metros hacia el Mars Rocket 2 "Ok Kiochi, si todo sale bien, podríamos alcanzar el MR2 en unas dos horas".

Desde el MO1, Robert y Li los estaban monitoreando.

SOL2 comenzó para la Tripulación Terra1.

...

En la Tierra las celebraciones estaban en todas partes, por supuesto, el grupo Astrotechnika estaba teniendo una fiesta especial de llegada a Marte. En los días siguientes se realizaría un análisis completo del descenso, para aplicar cualquier corrección al Mars Lander 2, ya en construcción, estuvieron especialmente interesados en la situación de la velocidad, que, aunque fue controlada, estuvo presente en ambos aterrizajes de Marte.

En la ONU hubo celebración, por primera vez la mayoría de los Líderes se reunieron para presenciar este evento histórico.

Como siempre, llegaron correos electrónicos y cartas escritas, la oficina de correspondencia estaba a cargo de mirar cada carta y distribuirla a la persona adecuada, entre estas se encontró una nota, aparentemente enviada desde Nueva Zelanda que decía: "El medio ambiente de la Tierra tiene que estar limpio y el armamento nuclear destruido de inmediato, esta es nuestra última advertencia "no tiene firma ni fecha". Este tipo de amenazas eran enviadas a la oficina de seguridad que estaba a cargo para evaluar si realmente era una amenaza o simplemente un engaño: "Miren aquí, hay otro de estos Activistas Ambientales", dijo un funcionario a otro, "mmm, deberíamos enviarlo a Interpol, pueden verlo, generalmente tienen datos de varias organizaciones ", " Ok, solo póngalo en el buzón de amenazas".

...

"Estamos a solo 534 metros del cohete, mira es realmente enorme", dijo Leonard.

"Leonard, cuando llegues allí, el Control de la Misión quiere que realices una evaluación visual del cohete y sus bases del tren de aterrizaje; quieren asegurarse de que no se incline al abrir la escotilla de la carga. Si puedes tomar imágenes, las enviaré a la Tierra, por supuesto, esto significa que tendrás que esperar al menos una hora antes de continuar "," Enterado ", respondió.

Después de un tiempo, recibieron autorización para abrir la compuerta de carga del MR2. Los Marsnauts contaban con una unidad de control para comenzar la secuencia, todo fue grabado en video.

El área de Carga estaba situada cerca de los motores, si se divide el cohete en cuartos; comienza alrededor de un cuarto desde el fondo del cohete. La puerta de carga era un poco más grande que el Marslab, y aproximadamente la mitad del cuerpo principal del cohete.

Los dos Marsnauts estaban a unos ocho metros del cohete. Kiochi comenzó la secuencia liberando los pestillos de seguridad, luego comenzando la secuencia de apertura.

Primero, la puerta de carga comenzó a abrirse desde su punto más alto para abrirse como una rampa de un vehículo de carga. Se extendieron dos barras de soporte para evitar una apertura brusca de la compuerta.

Dentro de la compuerta hay una base-rampa, donde el Marslab se sostiene y asegura; cuando la compuerta está completamente abierta, el Marslab está completamente expuesto horizontalmente, las barras de seguridad se posicionan para soportar la maniobra de descarga.

El Marsnaut Kiochi recibió el indicador de que la compuerta de carga se había abierto y asegurado por completo, también que el cohete estaba balanceado para comenzar la maniobra de descarga.

La maniobra de descarga fue realizada por una grúa que estaba ubicada cerca del borde exterior de la rampa, justo en frente del Marslab.

En este momento, la grúa estaba en posición de almacenamiento, es decir, todas sus secciones estaban dobladas y la unidad de agarre estaba en la parte superior.

La grúa debe desbloquearse primero, mediante un comando de la unidad remota, inicia con una rutina de autodiagnóstico, desplegando todas sus secciones para que quede completamente vertical, luego cada sección se mueve en cierto ángulo; una vez que se termina la autocomprobación, un indicador le permitirá al Marsnaut saber que la Grúa está lista para operar.

La Grúa podía ser operada manualmente o por secuencias precargadas, para descargar el Marslab cuenta con una secuencia precargada que realizará la operación que podría durar un par de horas, la unidad de agarre de la Grúa tiene algunos punteros láser para capturar el Marslab, y también en diferentes secciones algunos punteros para medir la distancia a la superficie Marciana y en relación con el cohete, además de algunos otros en la estructura de soporte del Marslab.

La secuencia de descarga incluyó una serie de maniobras, primero la grúa se movió para acercarse a la unidad de agarre al objetivo de captura en la parte superior del Marslab; esta es una unidad que está sosteniendo una estructura que soporta al Marslab. Una vez que la unidad de captura está atracada y asegurada, se liberan los ganchos de seguridad que sujetan el Marslab a la Rampa.

Cuando la Grúa reciba la confirmación de la liberación del Marslab desde la computadora de a bordo del MR, comenzará a moverlo hacia arriba, lentamente y midiendo cualquier movimiento que el Marslab esté teniendo.

Al alcanzar una altura preprogramada, la grúa girará lentamente hacia la derecha ciento ochenta grados, para colocarla sobre el final de la rampa y sobre el suelo Marciano.

La grúa extenderá su sección hasta que sus sensores identifiquen que el Marslab está completamente sobre el suelo Marciano. La grúa comenzará a bajar el Marslab lentamente hasta que las cuatro ruedas confirmen que está firmemente sobre la superficie.

Las ruedas, que están ubicadas en las plataformas de aterrizaje de la estructura de sujeción, estarán completamente extendidas; esto le dará al Marslab una altura de cincuenta centímetros sobre la superficie.

Una vez que la unidad de agarre recibe la confirmación de que el Marslab está asegurado, desbloqueará sus ganchos y pestillos y se alejará del objetivo de la Grúa del Marslab, liberándolo para ser movido por los Marsnauts usando los motores eléctricos de sus ruedas, de esta forma, puede viajar hacia el área del Mars Lander a una velocidad de un kilómetro por hora.

La grúa puede ser desmontada por la tripulación en el futuro, para ser utilizada con el Mars Rover como una grúa de carga, acoplando herramientas para agarrar, cavar, incluso una plataforma para ser utilizada como punto de observación para que un Marsnaut sea elevado en una canastilla de observación.

Los dos Marsnauts comenzaron su viaje hacia el área donde se instalaría el campamento Terra-1, a solo ochocientos metros del Mars Lander, que es la distancia recomendada por los ingenieros del Mars Lander para evitar cualquier daño al Marslab cuando despegue al final de esta Misión. Eran aproximadamente las cuatro PM en Marte cuando regresaron.

Fue necesario realizar las siguientes actividades para extender el Marslab a su longitud total, la sección central se construyó con una estructura que puede ser extendida, como un acordeón, para obtener más área de trabajo para la tripulación, siguiendo este proceso de extensión, que se hizo automáticamente cuando se recibió un comando, los dos Marsnauts procedieron a asegurar la estructura en su posición mediante la retracción de las ruedas.

"El Marslab se extiende y se asegura en su ubicación; necesitamos confirmación para disparar a los arpones para anclarla en el suelo Marciano ", dijo el Comandante Cooper a Robert Thornton.

"Enterado" respondió "Tendremos que esperar la confirmación del Control de la Misión de la Tierra, mientras tanto, puedes conectar los paneles solares externos del MarsLab, están empacados en la escotilla de acceso A, tienen una identificación, y puedes encontrar el conector en la parte inferior del fuselaje de MarsLab, tienes un diagrama en tu guía electrónica portátil, esto es necesario para acelerar la recarga de todas las baterías".

"De acuerdo, haremos eso".

Mientras Leonard y Kiochi fueron al Marslab, Yelena y Nancy instalaron algunos equipos a unos 800 metros del Mars Lander, también los paneles solares externos para ello, y la compuerta presurizada portátil, donde pueden entrar y salir del Mars Lander, se quitarán su traje EVA en esta compuerta presurizada portátil basado en el concepto inflable probado en el ISS en 2014. La compuerta presurizada fue instalada y sellada en la escotilla del Mars Lander, tiene un túnel y en su extremo un cilindro que llega hasta la superficie con una escotilla, en donde entrarán los Marsnauts, puede contener a dos miembros de la tripulación al mismo tiempo. Una vez que están adentro, presurizarán el módulo, una vez que lo hagan, podrán quitarse sus trajes de EVA y subir hacia el túnel usando una escalera interna. El túnel de acceso tiene dos escotillas, una en cada extremo, para protección, solo una se puede abrirse una a la vez. Una vez que el Marsnaut ingresa al túnel, cierra la escotilla; espera a que la señal abra la escotilla interna que da acceso al Lander. La señal será verde cuando se confirme que la presión en el Lander y en el túnel es la misma.

"MO1 a Terra 1" dijo Robert desde la Orbita de Marte "Adelante" Respondió el Comandante Cooper. "Ha sido un SOL largo para ustedes, así que es hora de entrar al Mars Lander, el Control de la Misión en la Tierra realizará el proceso de activación inicial para el Marslab en las siguientes horas, así que mañana podrán ingresar y colocar la unidad externa de protección en la parte superior de la unidad de agarre; el programa de cierre del SOL está en sus computadoras".

"Enterado" Respondió, "Nancy y Yelena regresarán primero al Mars Lander, han hecho un trabajo impresionante al instalar la Compuerta Presurizada Portátil y las Herramientas de Marte".

"Enterado, felicidades a todos" Robert respondió.

Al anochecer, la tripulación comenzó a entrar en la Compuerta Presurizada para ingresar al Mars Lander, tendrían que hacer sus rutinas médicas y físicas, cenar y pasar un tiempo en privado.

Mientras continuaron sus actividades a bordo del Mars Lander, el Control de la Misión en la Tierra comenzó el programa de activación para el Marslab; primero verificaron la comunicación con él, un proceso muy largo debido al tiempo de demora, 16.11 minutos en cada sentido.

El procedimiento iba a verificar que no hubiera fugas en el laboratorio, probar las baterías y usar su energía para activar algunos sistemas vitales, hasta que queden completamente cargadas. Una de las primeras actividades fue verificar el nivel de radiación, luego presurizarlo y llenarlo con la composición atmosférica adecuada para que la tripulación pueda ingresar.

El proceso de Activación del Marslab fue según lo planeado, el Marslab, el módulo presurizado estaba listo, la sección de compuerta presurizada ubicada en uno de sus extremos tiene una escotilla de atraque para el Mars Rover y una escotilla Eva para las excursiones de los Marsnauts cerca del área. Esta esclusa de aire tiene que ser probada por un miembro de la tripulación para evaluar su funcionalidad, esta compuerta presurizada puede contener a dos miembros de la tripulación a la vez, el proceso para igualar la presión demorará aproximadamente treinta minutos, después de eso tendrán que quitarse sus trajes de Eva, dejarlos en la unidad de aspiración, esto es para evitar que entre polvo en el laboratorio.

La tripulación se despertó después de un período de descanso de ocho horas, era alrededor de las 4:00 AM en SOL 3. Se prepararon para los nuevos desafíos, desayunaron y revisaron el sistema de mensajes que contenía recomendaciones médicas, actividades y mensajes familiares. SOL 4 iba a ser dedicado a terminar la activación del Marslab, moverían algunos suministros del Mars Lander para prepararlo para soportar a los cuatro miembros de la tripulación ya que este sería su nuevo hogar en Marte.

Yelena fue la que entró primero, probó la compuerta presurizada, tuvo que monitorear todos los valores como nivel de presión, radiación y composición atmosférica, estaba siendo guiada por Ll desde el Habitat en la Orbita de Marte quien estaba validando todos los datos antes de que procediera a abrir la escotilla interna.

Tan pronto como la atmósfera y la presión se mantuvieron estables, Li le dijo a ella: "Ok Yelena, puedes despresurizar tu traje y proceder a colocarlo en la Unidad Aspiradora 3". La Unidad Aspiradora era un pequeño armario flexible donde se almacena el traje, cuando se activa, sopla aire y aspira todo el polvo que se almacenará en pequeñas unidades de filtrado, de esta manera se puede eliminar la mayor parte del polvo del traje EVA.

"Ok Li, voy a quitarme el casco y ponerme la máscara de inhalación", dijo.

Li estaba siguiendo las actividades con una cámara de video y lecturas de instrumentación.

Mientras tanto, Leonard y Nancy estaban preparando los suministros para ser movidos, y Kiochi estaba cerca del Marslab, retirando la unidad de protección superior que se iba a instalar más adelante en la unidad de agarre del laboratorio. Esto permitirá extender una manta de protección contra la radiación en caso de tormentas solares para tener protección adicional, también para proteger el laboratorio de las tormentas de polvo. En este caso, puede ser movido para asegurarlo en la estructura que da soporte al LAB.

En la Tierra los Científicos estaban siguiendo las actividades, con un retraso de diecisiete minutos, supervisaron todos los sistemas y el estado. La misma consola estaba en el Hábitat, pero los ingenieros en la Tierra podrían detectar posibles desviaciones y aplicar las medidas correctivas.

Yelena abrió la escotilla interna y entró en el laboratorio, cerró la escotilla y miró las lecturas en su consola de operación portátil.

"Yelena, te puedes quitar la máscara de inhalación, el ambiente es bueno y el nivel de radiación está en verde" dijo Li.

Yelena se quitó la máscara y pudo respirar dentro del laboratorio, abrió las persianas laterales para poder ver el paisaje desde allí, vio al Mars Lander y el Marsnaut Kiochi trabajando con la manta de protección externa.

"Estoy en el laboratorio" dijo "Es increíble, aunque lo hemos visto antes en la Tierra, parece enorme y único, es nuestro hogar".

"Eso es una gran noticia", respondió el Comandante Cooper, "Gran trabajo; llevaremos los suministros más tarde".

"Ok, pero tienen que estar muy limpios para entrar" dijo Yelena riendo.

"Te tengo en la pantalla", dijo Li, "se ve muy bien, más grande que el Hábitat. Hay algunas actividades que debes realizar, las baterías tienen ahora un 85% de carga, deben estar al 100% en las próximas horas".

Después de instalar la unidad de protección externa, Kiochi se unió a Nancy; iban a desempacar el taladro que estaba debajo del Marslab en un contenedor especial.

El taladro es una unidad que consta de cuatro estructuras de soporte de dos componentes cada una, como un brazo con un codo, para actuar como soporte y ejercer fuerza para empujar el taladro hacia abajo. Un anillo central donde se ensamblarán las cuatro estructuras de soporte, este anillo tiene el soporte de perforación en su parte central. Las cuatro estructuras tienen un arpón cada una para asegurarlas al suelo, cuando el taladro está funcionando.

La herramienta de perforación para penetrar en las capas de la corteza de Marte, puede ir a una profundidad de hasta siete metros, dependiendo de la composición de las capas. En medio tiene un tubo, llamado tubo central o evaluador, tiene sensores que contienen un espectrómetro con una ID cada uno. Estos sensores envían información a la unidad de procesamiento para su almacenamiento. Cada registro contiene el ID del sensor y la firma de los elementos encontrados, la temperatura y la humedad en su caso. La profundidad de cada sensor se puede calcular con la referencia de profundidad total de cada muestra.

El procesador y la unidad de almacenamiento se encuentran en una caja externa, la información se enviará a la Tierra a medida que es generada. También tiene un conjunto de baterías y paneles solares para operar, y puede dejarse en un área para una operación de perforación lenta.

El Comandante Cooper dejó el Mars Lander, movió algunos artículos desde allí al Marslab, los dejó cerca de él. "Recibí la confirmación para anclar el Marslab, la recomendación es hacerlo sin ningún miembro a bordo, y tendremos que alejarnos, esto debe protegerse en caso de que una roca o una pieza de metal vuele lejos, por lo que el Marslab y su área cercana tiene que ser despejada para la operación de anclaje ", dijo a la tripulación.

"OK" Yelena respondió "Necesito unos sesenta minutos para poder salir".

"Enterado, está bien".

Después de un tiempo Yelena salió del Marslab, y los cuatro miembros de la tripulación se alejaron unos quinientos metros. Kiochi activó la secuencia de anclaje para cada soporte del tren de aterrizaje. Estaban mirando el Marslab, se podían ver la varilla de anclaje siendo empujada hacia abajo, debía entrar unos cincuenta centímetros, si era necesario, podían retraerse.

Una vez que se recibió la confirmación de que los anclajes estaban asegurados en el suelo, la tripulación regresó al Marslab para comenzar a entrar por parejas, primero Yelena y Nancy.

El Comandante Cooper y Kiochi regresaron al Mars Lander y lo aseguraron, este proceso consistió en apagar algunos sistemas no vitales, pero mantenerlo activo para recibir actualizaciones de software y mantener las baterías cargadas. Esta configuración permitirá a la tripulación abandonar Marte lo suficientemente rápido en caso de emergencia. Cuando lo dejaron, desmontaron y quitaron las plataformas de aterrizaje auxiliares que se usaron para el primer paso en la ceremonia de superficie, ya que ya no se usarán más, en estas placas se escribieron los nombres de científicos de todo el mundo que han contribuido en el Programa Espacial, por lo que se quedarán allí como reconocimiento.

Más tarde en el SOL, los cuatro miembros estaban en el Marslab, cada uno fue asignado con una serie de actividades para poner en funcionamiento todos los sistemas y preparar el equipo de ejercicio físico y organizar los suministros. Deben completar simulaciones de entrenamiento para utilizar el Mars Rover y para el despegue del Mars Lander, cada sesión registraría todas las actividades que se enviarán a los ingenieros en la Tierra para su análisis.

El Sol 5 comenzó con una canción para despertar enviada por Robert Thornton titulada "Home Sweet Home". "Buenos días, esperamos que les guste la canción, ahora que están instalados en el Marslab o Cuartel Central Terra1", dijo.

Los Marsnauts Klochi y Nancy comenzaron su caminata hacia el Sitio MR-3, su tarea era descargar el Mars Rover.

El MR-3 estaba a 3510 metros del Mars Lander Endeavour. "Esta será una larga caminata", dijo en la radio. "Quizás encuentres un centro comercial en tu camino" Robert comentó y se rio "Sí, tengo un poco de dinero Marciano aquí conmigo", respondió ella.

El Mars Rover ha sido pre-activado desde la Sala de Control de Coventry en el Reino Unido, esto significa que todos los sistemas se han actualizado y la información se ha introducido en su GPS, con las coordenadas de los Mars Rockets, Marslab y Mars Lander.

Cuando llegue la tripulación, el proceso para descargarlo es similar al que se usó para descargar el Marslab. La diferencia aquí es que el Rover se desplazará hacia abajo sobre dos rieles a la superficie del Planeta, una vez allí los Marsnauts pueden iniciar su activación final.

...

La Estación Orbital de Marte, se encontraba orbitando Marte sin una tripulación, continuó su observación de la superficie y enviando su información al Control de la Misión en China, se han capturado imágenes muy claras del área de aterrizaje, donde los Mars Rockets, el Marslab y el módulo de aterrizaje de Marte podrían ser identificados, e incluso ahora podrían localizar a los dos Marsnauts caminando, identificando sus señales de radio.

Se estaba diseñando y construyendo un segundo módulo para la Estación Orbital de Marte, con la colaboración de Rusia, Europa e India. Este segundo módulo se llamará "Mars Portus". El módulo tendrá un área de trabajo, una compuerta presurizada con tres puertos de acoplamiento y un sistema manipulador remoto, también una plataforma que se extenderá desde el fuselaje con instrumentos de observación, así como una plataforma para un miembro de la tripulación, para observaciones de astronomía.

El "Mars Portus" se lanzará a bordo del nuevo Vehículo de Carga Pesada Long el 23 de mayo de 2032 cuando Marte estará a 78, 000,000 kilómetros de la Tierra. Se montará en una unidad de control tipo Soyuz que guiará el módulo a las fases finales de acoplamiento que se realizarán automáticamente. El módulo debe llegar a la Orbita de Marte el 17 de noviembre de 2033, y el acoplamiento tendrá lugar el 15 de enero de 2034, donde la activación comenzará para ser totalmente operativo para recibir a la Tripulación del Terra-2.

...

Después de casi cuatro horas de caminata, Nancy y Kiochi llegaron al sitio de aterrizaje del cohete MR-3, siguieron el mismo procedimiento que Kiochi y el Comandante Cooper habían seguido anteriormente con el Marslab. Primero tomó imágenes de las plataformas de aterrizaje y la estructura de soporte del cohete, para analizarlas en la Tierra y asegurarse de que estaban en una posición segura para descargarlas. Después de noventa minutos recibieron la autorización para descargar, Kiochi comenzó la secuencia desbloqueando la compuerta de carga, y luego se abrió.

Como en el caso del Marslab, la compuerta de carga se abrió verticalmente, como una rampa de carga de aviones. Unido a él en el interior, estaba la plataforma de soporte que sostenía el Mars Rover y, a través de esta, pudo recibir comandos de la Tierra que fueron recibidos por la antena del receptor del Mars Rocket. En este caso, la descarga no usará una grúa.

Una vez que la rampa llegó al suelo Marciano, se extendieron dos rieles, para ser utilizados por el Rover para descender a la superficie. Antes de que esto se hiciera, el Rover fue liberado de la plataforma; dos unidades delante de las ruedas frontales soportaron el Rover y avanzaron lentamente para permitir que el Rover comenzara a descender desde la plataforma, al final estas dos unidades que servían como frenos para las ruedas y serán lentamente ajustadas horizontalmente para convertirse en la última parte de los rieles descendentes, permitiendo al Rover completar la operación descendente.

Una vez en la superficie, los Marsnauts liberaron las cerraduras de seguridad de todas las ruedas y lo abordaron con sus trajes EVA para comenzar la activación de todos sus sistemas, extendieron el molino de viento para generar energía adicional para recargar las baterías.

"Ok, estamos listos para iniciar el viaje, tiene olor a vehículo nuevo" dijo Kiochi sonriendo. "Espero que hayas traído tu licencia de conducir" comentó Nancy y se rio.

"Te tengo en la pantalla", dijo Robert desde el Habitat en la Orbita de Marte. "Primero necesitas activar el sistema de detección láser y elevar el Rover a su altura máxima, para evitar cualquier impacto con rocas" "Enterado, el sistema de detección láser está activado, tengo la indicación de que todas las unidades láser son verdes y el soporte vertical de la extensión de las ruedas completado" respondió Kiochi.

"Bien, tengo la lectura del 67% de carga en baterías, deben recargarse en el camino de regreso, la capa externa de celdas solares está capturando energía; sin embargo, tendrán que colocar los paneles solares externos adicionales para cargarlas completamente cuando lleguen al Campamento Terra ", respondió Robert.

"Enterado", aquí vamos", dijo Kiochi, el Rover comenzó a moverse, era conducido con una palanca de control tipo joystick. "Wow, esto es idéntico al simulador". Nancy activó el GPS y seleccionó el destino, era el Marslab, cada uno tiene una identificación única. "Aquí están las proyecciones de viaje, estamos a 3,432 kilómetros del Marslab, la velocidad recomendada es de 23 kilómetros por hora, el tiempo para llegar al destino es de 8,9 minutos", dijo. El Rover fue diseñado para operar completamente automático, no se requirió intervención de la tripulación; era capaz de elegir el camino menos arriesgado según las lecturas de los láseres y las cámaras de distancia.

"Puedo ver el Marslab", dijo Nancy. Se estacionaron a unos veinte metros de distancia.

"Antes de salir, asegúrense de colocarlo en modo de espera y activar la carga de energía para los dos drones", dijo Robert.

"De acuerdo", lo aseguraron y colocaron los paneles solares externos. "Este es un gran vehículo" dijo Kiochi.

"Bienvenidos al Cuartel Central Terra " El Comandante Cooper les dijo por radio, Yelena y él estaban activando algunos equipos y asegurando la cubierta interna sobre la estructura flexible de la extensión del Marslab, esta cubierta asegurará la extensión y dejará pasar algunos conductos abajo, también organizaron los suministros y prácticamente prepararon el laboratorio para las operaciones normales.

"Tengo noticias para ustedes", dijo Robert, "en ocho días llegará la primera carga de suministro, de acuerdo con la trayectoria enviada por los ingenieros, debe aterrizar a unos ochenta kilómetros de su ubicación, utilizará la técnica de Sky-crane para entregar, por lo que este se convertirá en el primer paquete de entrega interplanetaria".

"Es una gran noticia, gracias, Robert", respondió el Comandante Cooper.

Kiochi y Nancy entraron a la compuerta presurizada del Marslab; una vez completado el procedimiento, abrieron la escotilla interna y se unieron con el Comandante Cooper y Yelena".

"Mañana probaremos el procedimiento de acoplamiento del Mars Rover con el Laboratorio, para eso primero tenemos que desconectar los paneles solares externos, y después de eso tendremos que preparar el vagón de carga que se utilizará para traer el Invernadero", dijo Kiochi.

"Tengo una solicitud del Control de la Misión, quieren que preparen un video en el Marslab y un video afuera, para que puedan mostrarle al público cómo están trabajando y como se puede caminar y saltar en una gravedad de 1/3 de el de la Tierra, cuando tengan tiempo, también en su equipo de realidad virtual tienen nuevos mensajes familiares para ver y para responder ", dijo Li desde Habitat.

"Todo el mundo está siguiendo la Misión, hay imágenes impresionantes del área de aterrizaje tomadas desde la Estación de la Orbita de Marte", agregó Robert.

"Gracias, Robert y Li, comenzaremos con las actividades de SOL". Dijo el Comandante Cooper.

"Copiado, no olviden las solicitudes del médico, sé que están muy ocupados, pero todos deben seguir las rutinas de ejercicio físico y recomendaciones", dijo Robert.

"Sí, señor, haremos eso".

SOL 6.

Рассвет в другом мире (Abajo en otro mundo) fue la llamada del despertador para la tripulación enviada por el Centro de Control de la Misión de Marte a bordo del Habitat. "Buenos días" dijo Robert Thornton. Gracias por esa canción ", comentó Yelena. "Fue escrita en tu honor por un grupo ruso llamado Рок-Марс 2030" le comentó.

Debido a su itinerario, se despertaron alrededor de las 4 AM, hora de Marte, esto era benéfico para ellos porque les daba tiempo para revisar su plan diario, seguir las recomendaciones médicas, desayunar y prepararse para comenzar sus actividades sin perder el horario diurno, especialmente ahora cuando estaban estableciendo su Estación de Marte.

Los Marsnauts Kiochi y Nancy se alistaron para salir a preparar el Rover para ir a buscar el Invernadero, en el área de aterrizaje MR-4, a solo 1100 metros de distancia. Antes de partir, tienen que descargar de la parte posterior del Rover el vagón externo, podrá ser usado para mover equipos o muestras de un lugar a otro enganchándolo de la parte trasera del Mars Rover.

Según lo solicitado, se tomaron un tiempo para producir un video que mostraba el interior del MarsLab, ahora completamente desplegado y habilitado. La otra parte del video seria filmada por los Marsnauts preparando el Mars Rover y mostrando el Marslab desde afuera.

Dentro del MR-4, estaba montado el Invernadero en una plataforma para ser transportado, por lo que, cuando lo descarguen del Mars Rocket, pueden transportarlo todo el camino con el Rover. Además de la estructura del Invernadero, llegó material adicional de la Tierra dentro de contenedores sellados, para ser usados en los diferentes cultivos y evaluar la diferencia entre las plantas que crecen en el suelo de Marte y el suelo de la Tierra, y los diferentes experimentos diseñados por agricultores, biólogos e ingenieros agrícolas de todo el mundo.

El Mars Rocket 4 tiene un objetivo adicional; será el primer cohete lanzado desde Marte hacia la Orbita de Marte. Esta funcionalidad permitirá utilizar en un futuro este tipo de cohetes como un vehículo de emergencia para llegar a la Estación Orbital de Marte, llevar equipos y muestras a la Orbita de Marte, o para almacenar y eliminar la carga que ya no sea de utilidad, pero esta prueba se está evaluando debido a la proximidad del cohete con la Estación Terra, de todos modos, está programada para unos meses más adelante.

El Comandante Cooper fue al Mars Lander para la verificación de rutina de los sistemas y para una sesión de entrenamiento de lanzamiento con la última unidad de entrenamiento de realidad virtual. Yelena tuvo algo de tiempo para grabar un mensaje a su familia.

Kiochi y Nancy llegaron al sitio de aterrizaje MR-4; comenzaron a seguir el procedimiento para asegurarse de que el cohete estaba asegurado en la superficie Marciana.

El procedimiento para abrir la puerta de carga era idéntico al de los otros dos cohetes, por lo que procedieron a abrirlo y descargaron el Invernadero que estaba montado en una plataforma grande. Antes de salir a la superficie, Kiochi lo enganchó con el Mars Rover; luego Nancy comenzó a jalarlo lentamente hasta que salió por completo de la rampa para colocarse en la superficie de Marte. Se conectó el cable de señal a la unidad de conectores de señalización del Mars Rover para que el Mars Rover pudiera recibir datos de la plataforma durante el viaje de regreso y controlar todo el vehículo, ya que también tiene láseres para medir la distancia a los objetos y el ángulo de inclinación. Si hubiera un riesgo se activaría una alarma.

Debido a su carga, la velocidad del Mars Rover se estableció a diez kilómetros por hora, el viaje de regreso tomará unos doce minutos.

Cuando el Mars Rover llegó con el Invernadero se alineó a un extremo del Marslab para ser atracado con él cuando se ensamble, en el lado opuesto de la escotilla para exploración Exterior (EVA), esto permitirá tener la misma presión y atmósfera en ambos módulos, el Comandante Cooper se reunió con Nancy y Kiochi para descargarlo.

Los siguientes tres o cuatro SOLS, los Marsnauts dedicarán su tiempo para ensamblar el Invernadero.

Primero fue desmontado de la plataforma donde fue soportado y transportado. La tripulación tenía que ensamblarlo, en solo unos pocos pasos. Primero desplegaron ambos extremos, luego seis arcos metálicos internos fueron asegurados para soportar la estructura flexible, esta era una estructura con un fuselaje hecho de muchas capas de material para proteger su interior del medio ambiente y de la radiación, y mantener dentro la presión, humedad y temperatura requeridas, esta estructura fue probada en diferentes ambientes en la Tierra, incluyendo Antártica.

La siguiente etapa fue instalar los soportes horizontales de la estructura, estos eran varias tuberías que encajan con los arcos en diferentes secciones; una vez terminado tiene la forma de un octágono.

Además de esta estructura, la tripulación instaló el piso que consiste en una estructura rectangular con segmentos removibles para colocar los contenedores para cultivos horizontales, y canales especiales con un ángulo de inclinación para entregar el agua al contenedor principal, para ser reciclada.

Se instalaron verticalmente seis estructuras para apoyar la agricultura hidropónica, también una estructura rectangular que va de un extremo a otro para este tipo de técnica.

Finalmente instalaron el equipo ambiental que mantendrá la cantidad de luz, temperatura y humedad apropiadas para el desarrollo de los cultivos.

En el exterior instalaron un conjunto de paneles solares para producir energía a las baterías del Invernadero independientemente del Marslab.

Esta instalación llevó a la tripulación cuatro SOLs.

La tripulación probó el sistema eléctrico para medir la temperatura y la luz.

Una vez que esté presurizado instalarán el contenedor de agua de la bomba y conectarán las tuberías para la circulación del agua y el riego, tienen que asegurarse de que no existan fugas de agua y que el agua llegue a cada sección en la cantidad esperada.

Podrían administrar el flujo de agua abriendo y cerrando las válvulas de paso.

Finalmente, cuando se terminó la validación de que no existían fugas, debían igualar la presión con el Marslab para poder acoplarlo y abrir la escotilla interna.

Para el SOL 14, el Invernadero estaba listo para entrar en operación; la tripulación estaba lista para comenzar a trabajar en él. Se les pidió que usaran sus trajes presurizados antes de abrir la escotilla, como medida de precaución.

La lectura de presión en el Laboratorio de Marte y en el Invernadero fue la misma; han realizado numerosas pruebas para verificar la ausencia de fugas en la estructura del Invernadero y en la escotilla de conexión.

Deben abrir primero la escotilla del Marslab y luego la escotilla del Invernadero.

La operación fue monitoreada desde la órbita por Robert y Li, siguiendo todas las recomendaciones enviadas por la Tierra.

"Ok, estoy lista para abrir la escotilla interna" Dijo Yelena.

"Enterados prosigue, tenemos los valores esperados en la consola aquí en el Hábitat", respondió Li.

La escotilla se abrió sin ningún problema. Yelena miró el Invernadero desde la ventana de la escotilla interna.

"Estoy abriendo la compuerta del Invernadero ahora", dijo, procedió a desbloquearla y luego a abrirla.

"La compuerta está abierta, ahora voy a entrar al Invernadero y caminar alrededor" Había cámaras que monitoreaban la operación, "Todo parece estar bien desde aquí", dijo Li, "la lectura de la atmósfera tiene la misma mezcla y valores que en el Marslab, el nivel de radiación está dentro de los límites, puedes despresurizar tu traje y quitarte el casco".

"Enterada", dijo y comenzó el proceso de despresurización que podía durar cuarenta minutos, mientras tanto ella continuaba caminando e inspeccionando la red tubular y las llaves de flujo. "La lista de verificación está completa", dijo y agregó: "El Invernadero está listo para operar".

"Felicitaciones por un excelente trabajo en el montaje de esta estructura, estoy seguro de que mucha gente en la Tierra estará muy feliz cuando reciban las noticias. He estado operando de forma remota una cámara del Mars Rover y esta es una vista desde el exterior ", dijo Li transmitiendo esa imagen a uno de los Monitores del Marslab. Era una vista muy impresionante, toda la estructura ahora tiene cerca de veinte metros de largo, los paneles solares se podían ver y el molino de viento, también algunos equipos adicionales que se dejaron afuera. "Se ve muy bien", dijo Nancy, caminó hacia una de las ventanas de Marslab y saludó al Rover. "Podemos verte" dijo Li desde el Habitat riendo.

Se quitaron sus trajes de EVA y todos ingresaron al Invernadero por primera vez. "Tengo algunas noticias para ustedes, hace unas horas aterrizó con éxito el Mars Supplier Vehicle 1, aterrizó a treinta kilómetros al sur del Mars Lander, puedes rastrearlo con el GPS que tiene el ID MSV1, ya lo he localizado", dijo Li.

"Copiado, esa es una gran noticia, iremos por el en SOL 17", dijo el Comandante Cooper. "Ok, llegó utilizando la técnica de Sky-crane. Los Ingenieros en la Tierra quieren que busques la grúa para colocarla en el Vehículo MR-4; quieren medir el impacto del peso en caso de que decidan continuar con la prueba de lanzamiento ". "Ok, tendremos eso en mente para una futura excursión" respondió el Comandante Cooper.

Era el 5 de febrero de 2032 en la Tierra, el tiempo de la Misión era de 304 días, SOL 15 para la Tripulación de Terra 1 en la superficie, 360.65 horas desde el aterrizaje.

Los cuatro miembros de la tripulación abandonaron el Marslab y se pararon frente a él, el Rover fue movido a un lado para tenerlo en la imagen que iban a transmitir. Instalaron dos cámaras externas en el frente y comenzaron a grabar una ceremonia.

"Nos reunimos aquí hoy en la superficie de Marte en la Región Chryse Planitia, SOL 15 de la Misión Terra 1, para rendir homenaje a todas las personas que a lo largo de la historia de la humanidad contribuyeron a preparar el camino para este momento". Dijo el Comandante Cooper.

"El espíritu de Exploración es un instinto humano natural, la exploración tiene riesgos que los exploradores estuvieron dispuestos a tomar, están dispuestos a tomar y estarán dispuestos a tomar. Nuestra presencia aquí hoy vino de ellos, desde los primeros viajes de un lugar a otro, el cruce del Atlántico a bordo de tres barcos muy pequeños, explorando todo el mundo. Luego, los primeros vuelos tripulados y las primeras Misiones Espaciales".

"En este acrílico, se incluyeron pequeños fragmentos de diversos monumentos de la tierra, como Pinturas Rupestres de Africa, Stonehenge, las pirámides de Egipto, la muralla China, el Coliseo, las cabezas de la Isla de Pascua, pirámides Incas, Aztecas, Mayas y de otros grupos de América, entre otros. Estos simbolizan la cultura humana a través de su historia"

Nancy continuó: "Millones de personas han participado de una forma u otra, algunas desconocidas por su nombre, pero conocidas por su legado. Tenemos aquí con nosotros esta placa que está dedicada a todas las personas que luchan por una vida mejor para la humanidad arriesgando todo para el futuro. La placa tiene este mensaje "Para todos los Exploradores en la Tierra que su visión ha abierto lo desconocido para acceder a lo que parecía ser imposible. Tiene la firma de los seis Tripulantes del Terra 1 y en la parte inferior el año y una imagen del Planeta Tierra".

"Junto con esta placa, estamos rindiendo homenaje a todos los Exploradores Espaciales desde el primer vuelo Espacial Tripulado, esta escultura octagonal tiene el nombre de todos ellos, identificando con una pequeña cruz a los que murieron durante una Misión Espacial", agregó Yelena.

"Estamos aquí representando a la Tierra, no a un país en particular, es por eso por lo que también trajimos este globo terráqueo, sin fronteras, sin diferencias, este es un planeta para todos. Cuando miras tu casa como parte de una Colonia, el sentido de individuo se traduce a la Colonia, y luego escalas esto a un Condado, un Estado, un País, Continente y ahora un Planeta. Nos consideramos Ciudadanos del Planeta Tierra. Nos estamos moviendo al siguiente nivel de identidad, este es el nivel Planetario".

Klochi continuó: "Los Humanos siempre han creído que hay un Ser Supremo que creó el Universo, esta caja contiene un pequeño procesador con almacenamiento que contiene los Libros Sagrados de todas las religiones, esta caja permanecerá aquí como un símbolo de respeto para todas las creencias, nuestra Misión tiene un profundo respeto por este tema, cada uno tiene libertad para sus Creencias Espirituales".

"Como un homenaje especial a nuestro Lander, llamado Endeavour en honor al Barco HMB Endeavour Comandado por el Capitán Cook, trajimos una medalla que por un lado tiene una imagen del Barco y por el otro lado una del Capitán Cook de perfil. A medida que nos alejábamos de la Tierra, vimos la ruta que el Capitán Cook quería seguir para viajar del Pacífico al Atlántico cruzando el Norte del Continente Americano, nos dimos cuenta de que podría haberse hecho, que tenía esa visión, lamentablemente las condiciones climáticas no eran apropiadas en ese momento ", dijo el Comandante Cooper, y agregó:" Esa es la visión que nos trajo aquí, una visión que encuentra el camino para superar todos los obstáculos, una visión respaldada por la voluntad de alcanzar un objetivo. En nombre de toda la humanidad, agradecemos a esos visionarios".

"Leí que los Astronautas del Apolo sintieron la presencia de Dios mientras estaban en la Luna, Apolo 8 leyó el Génesis, Jim Irwin del Apolo XV dedicó su vida a anunciar la palabra de Jesús y narró su experiencia en la Luna, donde sintió su presencia y lo guio tanto a él como al Astronauta Scott a la Roca Genesis. Agradecemos a Dios por permitirnos llegar a salvo y oramos por una exploración exitosa y por un regreso seguro a casa".

"Estas dos placas, que fueron las plataformas en las que solíamos estar para el primer paso en Marte, llevan escrito miles de nombres de personas de todas las naciones que contribuyeron en esta Misión, las dejamos aquí como reconocimiento a su brillante dedicación".

Nancy continuó: "Nos acaban de informar que el primer vehículo de carga llegó con suministros, viajaremos a esa zona en dos SOLs para recogerlo. Nuestra próxima tarea será comenzar nuestra actividad agrícola, es nuestro Invernadero ", señaló. "Lo hemos ensamblado y probado, está listo para su uso. En una plática futura, se los mostraremos, mientras tanto puedo decirles que en su piso tienen diez secciones; pondremos diferentes suelos en cada sección. Trajimos tierra de nuestro Planeta y trajimos diferentes nutrientes y diferentes semillas y bulbos de plantas, también usaremos la técnica hidropónica para cultivar vegetales sin tierra, claro con la seguridad de no contaminar este planeta".

Kiochi continuó: "Otro objetivo de nuestra Misión es continuar la búsqueda de agua, tenemos este taladro que puede llegar a profundizar siete metros en la corteza Marciana, una vez que el taladro está dentro, este tubo nos dará información sobre los diferentes elementos encontrados a diferentes profundidades, con ella podremos seguir el rastro de la existencia de agua en Marte".

"Para moverse por Marte, tenemos este vehículo impresionante, el Mars Rover 1", continuó Yelena, "puede ayudarnos a los cuatro, aunque por lo general solo viajarán dos al mismo tiempo. Tiene baterías que son cargadas por las celdas solares ubicadas en su fuselaje, paneles solares externos y un molino de viento. Tiene láseres para medir la distancia a los objetos y evitar impactos en cualquier lugar, las cámaras para ver el área circundante e incluso debajo de ella, con todas estas herramientas podemos viajar con seguridad, controla la velocidad en función del terreno y los obstáculos. Delante tiene dos brazos robóticos y un contenedor para colocar o recuperar muestras y equipos. En la parte posterior tiene un gancho para conectar un vagón o plataforma para transportar el taladro, los repetidores de comunicación u otra carga. Esta es la escotilla que puede atracarse con el Marslab. Esta escotilla conduce a la compuerta presurizada, por lo que podemos tener el Rover presurizado o no. Esta es otra compuerta que nos permite entrar y salir cuando el Rover no está presurizado. Cada equipo tiene una etiqueta electrónica, llamada MEID para la identificación electrónica de Marte. Cada uno tiene un Id único, así como también cada uno de nosotros, por lo que podemos hacer un seguimiento de todos en tiempo real y recibir orientación cuando sea necesario. Con él iremos a perforar lugares muy al norte, tendremos que vivir varios SOLs en el Rover, iremos a visitar el Viking 1 que aterrizó el 20 de julio de 1976, se encuentra a 240 kilómetros al sureste de aquí, recuperaremos uno de sus laboratorios y lo colocaremos en un contenedor especial que se sellará aquí. Manejaremos para recoger y traer el vehículo con nuestros suministros y muchas otras excursiones".

"Como todos ustedes saben, ahora estamos a 302, 000,000 kilómetros de la Tierra, nuestra señal tiene un retraso de 16.777 minutos en cada sentido, esto hace que la comunicación tradicional del vehículo espacial del Control de la Misión sea poco práctica. Tenemos aquí nuestro Control de la Misión en la órbita de Marte, Robert y Li son nuestros guías y ellos son el enlace con el Control de la Misión en la Tierra, Robert, ¿quieres comentar algo? ", Dijo el Comandante Cooper.

La vista de la cámara se cambió al interior del Habitat "Gracias Leonard" dijo Robert y continuó: "Mientras nuestros compañeros de tripulación exploran la superficie tenemos que realizar muchas tareas aquí, estamos frente a la consola del Control de la Misión en el Hábitat, aquí podemos elegir lo que queremos monitorear en detalle, esta es una pantalla con un resumen de todos los sistemas, y esta muestra la ubicación de los Marsnauts y el equipo. Podemos monitorear los signos vitales de ellos. Toda la información aquí se transmite a la Tierra para su análisis; recibimos recomendaciones y respuestas a nuestras preguntas. Tenemos cobertura del Endeavour en Marte casi todo el día, solo unos pocos periodos de interrupción de señal, o LOS para abreviar, en cada órbita, esto es gracias a la Red de Satélites de Comunicaciones de Marte, la Estación Espacial Orbital de Marte, y algunos Rovers en la Superficie de Marte ".

Volteó la cámara hasta el final del Hábitat y le dio la palabra a LI "Aquí está el Vehículo Orion". Ingresó a través del túnel de conexión, tenemos que realizar una lista de rutina del vehículo para mantenerlo en buen estado. El Control de la Misión de la Tierra nos envía las pruebas que ellos quieren que hagamos para que puedan analizar los resultados más tarde y quizás enviar una actualización de un sistema. Usamos este equipo de realidad virtual para entrenamiento continuo y para las grabaciones que recibimos de casa".

"Ahora, déjenme mostrarles lo que podemos ver a través de las ventanas del Orion y las ventanas del Habitat". Movió la cámara para enfocar afuera, se veía el Planeta Rojo abajo. "Estamos en una órbita de aproximadamente 400 kilómetros, casi la misma altura que la EOSS en la órbita Terrestre. Estamos pasando por el área de Olympus Mons, se puede ver el gran volcán ", movió la cámara hacia la ventana opuesta" Aquí tenemos la parte obscura del espacio, ya que es de día no podemos ver estrellas. Hemos podido ver a Phobos y Deimos, es increíble "Regresó al Hábitat".

Estas son las ventanas del Hábitat, a veces miramos desde estas ventanas, pero generalmente miramos el Planeta en estas pantallas, ya que tenemos cinco cámaras afuera, cuando queremos ver una característica especial nos acercamos con el zoom al objetivo".

"En el lado opuesto del Orion está el túnel que nos lleva a la extensión del Habitat, aquí tenemos almacenamiento, nuestros electrodomésticos de cocina, podemos dormir en esta área y podemos ir al baño aquí". Señaló hacia el final "esta es la compuerta de aire presurizada que se conecta con el Mars Lander y en el futuro con la Estación orbital de Marte".

"Este es el equipo de ejercicio físico; tenemos que seguir un programa para mantener nuestro sistema musculoesquelético en forma, y también para que nuestros corazones funcionen como en un entorno de gravedad terrestre. Para la tripulación en la superficie tienen herramientas de ejercicio similares".

"Gracias, Li" dijo Robert "Esperamos que hayan disfrutado de este rápido recorrido por nuestras instalaciones en la órbita de Marte" Giró la cámara hacia una pantalla donde se veía la tripulación en la superficie. "De nuevo contigo Leonard".

"Gracias", respondió el Comandante Cooper: "Bueno, como pueden imaginar, miles de personas en la Tierra trabajaron durante muchos años para concebir lo que han visto". Finalmente, este es el Marslab "Lo señaló. "Esta es nuestra casa, esta es nuestra pequeña Tierra, tenemos que trabajar para mantenerla limpia y conservar nuestros recursos como el oxígeno y el agua, tenemos que reciclar, mantener los filtros limpios y aprovechar al máximo lo que tenemos, para conservar nuestra vida y completar la Misión. Lo mismo debe hacerse en la Tierra, los procesos naturales deben respetarse para conservar el planeta y sustentar la vida de los seres humanos y de las especies animales y vegetales".

"En el futuro cercano, compartiremos con ustedes más experiencias del Planeta Rojo".

"Desde la base Terra en Chryse Planitia, esta es la Tripulación del Terra-1, Nancy, Yelena, Kiochi, y en órbita Robert y Li. Gracias por su apoyo y oraciones. Soy Leonard Cooper. Dios bendiga a la Tierra".

La grabación terminó, se transmitió a la Tierra para ser recibida en aproximadamente 17 minutos. Tan pronto como fue recibido fue visto por el Dr. Cook y los oficiales de WSEO, el Dr. Cook con gran entusiasmo comentó, "Este es un video fantástico, mostraron todo, esto es historia, qué maravilloso grupo de los Marsnauts".

Aproximadamente dos horas después de que se recibió se cargó en el sitio web de la Misión de Marte, las redes sociales se saturaron de puntos de vista, se registraron miles de millones de visitas y comentarios. Casi todos en el planeta lo observaron con curiosidad y admiración.

En la sede del Grupo de Observación y Medición de la Tierra en Nueva Zelanda, los altos funcionarios quedaron muy satisfechos con el mensaje transmitido "Espero que este mensaje genere conciencia, la emisión de CO_2 ha aumentado y también la temperatura en la Tierra, miren esta información de la Red Global de Observación de la Tierra, estos indicadores no han disminuido, esto significa que la actividad industrial, la deforestación y otras cuestiones no se han reducido. La circulación oceánica y atmosférica distribuye esto por todo el Planeta. Tendremos que ser muy claros en la Cumbre de 2033, o llegaremos pronto al punto de no retorno, tendremos que ser muy enfáticos, para que todos los países estén de acuerdo y respeten los compromisos".

"Sé que algunas personas se han responsabilizado personalmente, al no consumir lo que producen los grandes contaminantes, hay países donde la mayoría de la energía es producida por celdas solares, molinos de viento, turbinas propulsadas por corriente marítima e hidrógeno, ya no hay vehículos que usen combustibles fósiles. "Dijo otro oficial.

"Eso está muy bien, pero desafortunadamente no es suficiente" Respondió El Presidente.

Andrew estaba siguiendo la Misión de Marte con gran interés, y estaba trabajando en el desarrollo del Mars Lander 2, su diseño era casi el mismo, pero se agregaron muchas características nuevas. Como siempre, siguió los gráficos y mapas de Observación de la Tierra. "Esto es increíble", se dijo a sí mismo "No entiendo por qué estos valores no disminuyen; las emisiones de CO_2 se mantienen casi en el mismo nivel. Hay nuevas pruebas de la destrucción de la selva tropical en el Amazonas y en Indonesia y el derretimiento del hielo en los casquetes polares y Groenlandia, algunas islas se han visto afectadas por el aumento del nivel de los océanos. En algunos lugares durante el verano, el calor ha aumentado hasta 50 grados Celsius y más. ¿Cuándo va a parar esto?

Capítulo 26 Explorando el Planeta, cada SOL es una nueva experiencia.

Nancy y Leonard salieron a preparar el Rover para el viaje en SOL 16, iban a desmontar la grúa del MR-2, la necesitaban para agarrar el vehículo de carga que había llegado hacía unos días y contenía cerca de 5000 kilogramos de consumibles y equipo.

Engancharon el vehículo de carga e iniciaron su viaje, el cohete MR-2 estaba a 2.32 kilómetros de distancia, Nancy seleccionó el destino en el sistema de guía automática, y comenzaron su viaje, la velocidad promedio será de 12 kilómetros por hora, por lo que deberían llegar allí en doce minutos aproximadamente.

Mientras tanto Yelena y Kiochi permanecieron en el Invernadero, comenzaron con la preparación de cada bandeja de cultivo, se dividieron, dos iban a depositarse en suelo Marciano, uno en una mezcla de suelo Marciano y arena del desierto de la Tierra, otro en suelo Marciano con tierra negra, otras cuatro con suelo negro puro de la tierra. Contaban con una guía completa escrita por el grupo de agricultura formado para esta Misión, para que tuvieran la cantidad de tierra y la cantidad de nutrientes que se agregarían en cada sección y las semillas que crecerían en el suelo, la distancia entre cada semilla o bulbo y la profundidad, tenían que calibrar la cantidad de agua que cada uno debería de recibir y las horas entre periodos de riego.

"Este es un trabajo de tiempo completo" comentó Kiochi "Cuando era niño ayudé en casa con el jardín familiar, teníamos algunos vegetales y diferentes hierbas para la cocina. Yelena respondió "en casa cultivamos papas, tomates, zanahorias y otras verduras, mi padre tenía una pequeña tienda en el mercado".

"Bien, comencemos con el opuntia o el nopal como dice aquí, tenemos que colocarlo en el suelo Marciano con un poco de nutrientes y arena del desierto, luego tenemos que programar el riego una vez al día al principio".

El Mars Rover llegó al sitio del MR-2, la puerta del compartimiento de carga estaba abierta, tal como la dejaron hace pocos SOLs cuando descargaron el Marslab. El Comandante Cooper bajó del Rover y miró a su alrededor y dijo: "Qué paisaje tan increíble, es tan misterioso; Me pregunto qué habrá pasado hace miles de años en este lugar". Estaba mirando el horizonte y pensó "Estamos tan lejos de casa, nuestra existencia aquí depende de esta tecnología y de lo bien que la manejamos, sé que todos tenemos temor al saber que somos los únicos cuatro humanos aquí, y que estamos a 300,000,000 kilómetros de la Tierra, pero también sé que todos estamos muy emocionados de estar aquí y que esta es una oportunidad única, y haremos nuestro mejor esfuerzo para tener éxito, debemos tener el ánimo muy alto ".

Se acercó a la grúa ubicada en el borde de la rampa donde estaba el Marslab. "Bien Nancy, aquí está nuestra grúa, miró su dispositivo portátil para seguir el procedimiento para liberarla de la

Rampa. "Hagámoslo, la grúa debe estar en posición de almacenamiento, esto significa que todos los segmentos deben estar retraídos, luego la cerradura debe estar encendida y la energía debe estar apagada".

"Estamos bien", respondió Nancy mientras miraba a la Grúa.

"Bien, aquí está la parte complicada", dijo el Comandante Cooper, "Tendré que entrar para liberar la grúa del resto de la plataforma; aquí dice que debería haber una palanca y un botón para liberarla".

Subió la Rampa MR-2 "Robert, ¿me estás siguiendo? Tengo las cámaras de mi casco". Desde el Habitat Robert respondió: "Sí, te tengo a la vista, y las imágenes que estás transmitiendo son muy claras, todo está registrado. Una vez que esté libre, puedes moverlo hacia la plataforma del Mars Rover ya que tiene ruedas que se extenderán cuando se libere. Si por alguna razón la palanca está bloqueada, no intentes forzarla, solo toma algunas imágenes para enviarlas al equipo en la Tierra".

"Enterado" respondió Leonard Cooper. "Estoy caminando por la rampa, y justo entrando a la sección de Carga" hubo un breve silencio "Wow esto es enorme" encendió las lámparas de su casco.

"La palanca debe estar a tu derecha, en el piso", dijo Robert.

"Ok" respondió y se movió hacia la derecha y apuntó sus lámparas al piso. "Puedo verla, voy a inclinarme para alcanzarla", se escucharon algunos sonidos a través del micrófono cuando comenzó a inclinarse "Ok", dijo: "Estoy en el suelo, voy a tirar de la palanca". ¿Nancy estás a una distancia segura del MR? "," Sí, moví el Rover a pocos metros de distancia ", respondió ella.

"Todo se ve bien Leonard, puedes tirar de la palanca ahora" dijo Robert.

"Enterado" tiró de la palanca y se escuchó un sonido cuando se soltaron los pestillos de seguridad, de inmediato, las ruedas de la base de la grúa se extendieron; habían estado almacenadas en un compartimento. Tan pronto como se presione el botón, se liberará el último gancho que sujeta la grúa al resto de la plataforma, en este punto se puede empujar para llevarlo cerca del vagón de carga del Mars Rover.

"Puedes soltarlo ahora presionando el botón que está cerca de la palanca", dijo Robert. El Comandante Cooper apretó el botón y la base de la grúa comenzó a moverse, ya que tenía una inclinación en la rampa. "Tengo una indicación aquí de que la grúa ha sido liberada, por favor confirma" dijo Robert.

Leonard se levantó y salió del área de carga del cohete, caminó por la rampa y llegó a la grúa. Mientras miraba hacia abajo notó una brecha, lo que significa que había sido liberada "Puedo ver un espacio entre la base de la grúa y la plataforma, voy a empujarlo un poco", la Grúa se movió hacia la superficie de Marte. "La grúa ha sido liberada", dijo.

"Enterado, gracias" Robert respondió.

La grúa se movió cerca de la parte trasera del vagón de carga o plataforma, moviendo una manivela manual, la rampa del vagón se bajó para que los Marsnauts pudieran empujar la grúa para colocarla en el vagón. Una vez hecho esto, la rampa fue llevada a su posición original y asegurada. La grúa se aseguró al retraer sus ruedas y bloquearlo con los pestillos del vagón que sostienen su base a la superficie del vagón. Después de esto, condujeron de regreso a la Estación Terra.

Cerca de veinte minutos después, el Rover y su cargamento llegaron a la base Terra 1. Nancy y Leonard se aseguraron de que la grúa no sufriera ningún desplazamiento. Conectaron un panel solar para cargar sus baterías, ya que se utilizarían en el próximo SOL para mover el módulo de carga y colocarlo encima del vagón de carga adicional, el que había llegado con el invernadero con el Invernadero.

Después de esto, Nancy entró en el Mars Lander para la revisión diaria, y el Comandante Cooper entró en el Marslab.

El huerto estaba creciendo en el Invernadero; ellos habían colocado semillas y bulbos en sus contenedores en la base del Invernadero, y habían colocado algunos bulbos de lechuga y semillas de tomate en la unidad hidropónica vertical. Por el momento, deben asegurarse de que estén correctamente regados y de que el sobrante del agua se haya recogido y reciclado. Tienen cámaras en cada contenedor y sensores diferentes en la red de tuberías, tienen un algoritmo que calcula la relación entre el agua liberada y recuperada durante todo el proceso.

Al inicio del SOL 17, la tripulación se despertó con el tema de una película titulada "Nuestro Planeta Marte", una película de ciencia ficción con hermosa música clásica. "Buenos días, tienen su programa en su e-log personal", dijo Li desde Habitat. "buen día Li" respondió el Comandante Cooper. "Control de la Misión de la Tierra, sugirió que Leonard y Kiochi pasen la noche en el área de aterrizaje de MSV1, comentaron que necesitarán cerca de cinco horas para llegar a esa área, y pueden ser dos horas para cargar el vehículo en el Wagon. El plan establece que lleguen y exploren el área, quieren que tomen el taladro y lo dejen allí con la opción de perforación automática, e instalen uno de los repetidores con una cámara".

"Bien, podemos hacer eso, solo tenemos que cargar el taladro en el vagón de carga y el repetidor, también tendremos que probar el sistema de presión y los sistemas ambientales del Mars Rover, porque tenemos que usarlo sin trajes, pero no creo que sea un problema", respondió el Comandante Cooper. "Entendido Leonard, transmitiré el mensaje a la Tierra para que puedan comentar sobre el tema más adelante, la identificación es MSV1, ya está en tu sistema de orientación" respondió Li.

Tres horas más tarde, el Comandante Cooper y Kiochi, abrieron la escotilla Marslab para ir al Mars Rover. Mientras Kiochi estaba cargando el Taladro y el repetidor en el Carro de Carga, Leonard ingresó al Rover para comenzar su presurización; este proceso debería tomar alrededor de veinte minutos, también para establecer la temperatura en 21 grados centígrados. Identificó el destino en la pantalla de orientación, estaba a unos ochenta y cuatro kilómetros al noreste de la Base Terra, mostraba algunas estadísticas considerando el terreno, podía durar cuatro horas y cincuenta minutos, verificó las baterías y el sistema de respaldo., estaban completamente cargados y las celdas solares estaban funcionando.

"La lectura de presión muestra que mi traje está en el mismo nivel que el Marslab, ¿puedes confirmarlo?", Dijo el Comandante Cooper.

"La presión es buena y estable, puedes quitarte tu traje de EVA" respondió Yelena.

"Entendido, estoy quitando los cierres de seguridad de mi casco, lo desbloquearé y me lo quitaré" unos segundos después dijo: "Está bien, estoy respirando aquí, la temperatura es bastante cómoda". Voy a verificar nuestros suministros de agua, oxígeno y alimentos, el Mars-Drone también está listo para ser utilizado ", dijo.

"El taladro y el repetidor están cargados y asegurados, voy a ingresar al Rover usando la compuerta para el EVA", dijo Kiochi. "Bien, Kiochi, puedes entrar, el proceso de presurización de la Esclusa tomará unos veinte minutos antes de que puedas abrir la escotilla interior", dijo Leonard. La Esclusa está situada en la parte posterior del Rover, en la parte central es la escotilla de acoplamiento que se utilizará con el Marslab a la derecha es la escotilla de EVA.

Después de media hora, Kiochi ingresó al Mars Rover, dejó su traje de EVA dentro de la Esclusa. "Bienvenido" Leonard dijo "¿estás listo para este viaje, la primera excursión en el Planeta". "Listo para ir", respondió. El Mars Rover comenzó su autodiagnóstico antes de que comenzara a moverse. Verificó el funcionamiento de los láseres, las cámaras, los equipos de comunicación, el oxígeno, el agua, el nivel de radiación y el movimiento de las ruedas alrededor y verticalmente. Una vez que finalizó el diagnóstico, la ruta fue seleccionada por la tripulación, simplemente tocando la ID deseada en la pantalla de navegación, desde allí el Mars Rover operará sin la intervención de la tripulación, siguiendo la dirección hasta el destino y controlando la velocidad según el sistema láser de detección de obstáculos. Una vez que se desacopló del Marslab, maniobró para posicionarse frente al gran vagón de carga, retrocedió un poco para enganchar el vagón de carga, esta fue la primera vez que se probó esta operación automática. En la consola, ambos Marsnauts pudieron verificar que el Cargo Wagon estaba enganchado y se recibió una señal de él. "Ok, estamos listos para partir" dijo Leonard.

Nancy y Yelena vieron partir el Mars Rover con el gran vagón de carga, se concentrarán en el Invernadero, en algunos estudios médicos y experimentos de algunas universidades que trajeron en el Mars Lander.

El Mars Rover se acercó al MSV1, han recorrido 77,45 kilómetros. Se detuvieron cerca de él, y se prepararon para el EVA, ambos Marsnauts se pusieron sus trajes de EVA y entraron a la Esclusa, tienen que esperar hasta que la presión de esta sea igual a la presión exterior. Verificaron sus trajes y esperan la confirmación del Control de la Misión Marte, MO1.

"Robert para Leonard, necesito que verifiques si la cámara de aire interior está bloqueada y asegurada, tengo un indicador de que no está asegurada, solo empuja la manivela hacia la derecha, deberías recibir luz verde", dijo Robert desde el Hábitat.

"OK, déjame verificar eso". Empujó la manivela y se escuchó un ruido, la luz se volvió verde. "Parece que necesitaba un empujón más fuerte", respondió Leonard.

"De Acuerdo, tengo todo verde aquí. Pueden abrir la escotilla externa ", agregó Robert.

"Enterados, el seguro está apagado, y ahora estoy abriendo la escotilla", mientras empujaba la escotilla, podían ver el paisaje, su tono era un poco más rojizo que en el lugar de aterrizaje. Ambos Marsnaut descendieron del Rover y caminaron hacia el MSV1. Era un contenedor cilíndrico grande, tal vez del tamaño de un automóvil compacto.

Kiochi comenzó a mover la grúa, primero tuvo que desbloquearla y desplegarla, ya que se desplegó y ejecutó una serie de patrones de autodiagnóstico para calibrar sus movimientos con la precisión requerida.

El MSV1, tiene la unidad de agarre en una base del cilindro, durante la entrada y el aterrizaje estaba protegido por una cubierta que fue automáticamente expulsada en el momento del aterrizaje.

La unidad de agarre se activó para que el efector final de la grúa pudiera alinearse con ella.

La operación se realizó sin problemas, fue grabada en video. El MVS1 se colocó en la parte superior del vagón de carga.

La siguiente tarea fue instalar el taladro, ambos Marsnauts decidieron posponer esa actividad para el siguiente SOL, ya que iba a oscurecer muy pronto.

"Mars Rover para MO1", dijo el Comandante Cooper.

"Adelante" Robert respondió desde el Hábitat.

"El MSV1 está en la plataforma de carga, nos gustaría viajar al oeste a las coordenadas 24.53N 44.89 W, hacia un cráter en esta área, a 33.15 kilómetros de nuestra posición actual, y ubicar el taladro allí mañana, pero necesitamos la aprobación".

"Gran trabajo, tendré que enviar la información a la Tierra, y les dejaré saber su decisión, mientras tanto, les sugiero que ingresen al Rover para concluir el SOL, les dejaré saber la respuesta tan pronto como lo reciba. "dijo Robert.

"Enterados, dejaremos el taladro en el vagón de carga por ahora." Kiochi respondió.

"Vamos a hacer una inspección visual del Rover desde afuera, y luego entraremos".

"Las baterías tienen un 89% de carga, asegúrese de extender los paneles solares adicionales", agregó Robert.

"Enterado".

Leonard y Kiochi ingresaron al Rover y comenzaron su registro de fin de SOL; documentaron sus actividades y continuaron con las tareas finales que incluyeron las rutinas físicas, solicitudes médicas y asuntos personales. Mientras tanto, en el Marslab Nancy y Yelena sembraron algunas patatas, tomates y champiñones, y otras plantas en los contenedores del suelo y algunas hortalizas adicionales en los contenedores hidropónicos horizontales verticales y altos, hubo algunas otras semillas que plantar, pero por ahora estas serán todas. Deben controlar la temperatura, las condiciones de luz, el riego y los nutrientes. Todo fue documentado electrónicamente para que el equipo en la Tierra pudiera recomendar acciones.

Se escuchó Música en el Rover, era una canción escrita por Kaori Hoshi titulada "Explorando lo desconocido o Michi o tanken suru", fue escrita para Klochi por un artista japonés muy popular. "Ohayōgozaimasu" dijo Robert en el sistema de comunicación. Kiochi se rio y respondió: "Arigatō, sore wa totemo sutekina kyokudatta, que significa Gracias, fue una canción muy bonita". "Tienen un SOL muy ocupado por delante, hay algunos mensajes que deben tener en cuenta, primero el Control de la Misión Tierra autorizó su excursión hoy hacia el cráter Guaymas, el mapa de viaje se ha cargado en su sistema de orientación, ya que no hay una referencia de ID estará monitoreando desde aquí, su viaje debería tomar aproximadamente ciento setenta minutos, distancia de viaje treinta tres punto dieciséis kilómetros "dijo Robert y añadió " Por favor verifiquen su registro de actividad y disfruten de su desayuno Marciano ".

"Gracias", respondió Leonard y agregó "Nos pondremos en contacto con ustedes en un momento".

Se tocó otra música para la Tripulación en el Marslab titulada "Moya ferma" en ruso que significa "Mi Granja", fue escrita por el padre de Yelena, que era músico en Rusia. "Buenos días" Yelena dijo "Ese fue mi padre cantando". "Buenos días, sí, ayer recibimos la canción del Control de la Misión Korolev". "Gracias, fue una buena manera de despertar, mi padre estará muy orgulloso de que su canción se haya tocado en la superficie de Marte", dijo.

"Sí, estoy seguro" comentó Robert y continuó: "Sus actividades de hoy han sido descargadas, Nancy tendrá un tiempo libre, tiene algunas llamadas personales, Yelena, necesitamos que documentes el jardín, luego nos gustaría que realizaras la lista de verificación del Mars Lander y

519

actives la consola remota, nos gustaría que pudieras realizar la inspección diaria desde el Marslab en el futuro ".

"Enterada, eso sería magnífico" respondió Yelena.

El Comandante Cooper y Kiochi a bordo del Rover comenzaron a moverse hacia el suroeste, estaba amaneciendo. El terreno no tenía muchas rocas, por lo que el Rover aumentó su velocidad a dieciocho kilómetros por hora. "Si continuamos a esta velocidad estaremos allí en dos horas" Comentó Kiochi, desafortunadamente cuando se acercaron a la zona, la velocidad se redujo a ocho kilómetros por hora, el terreno estaba lleno de baches y con muchas piedras sueltas de diferentes formas y dimensiones.

Desde Orbita, Li estaba monitoreando el viaje del Mars Rover, mientras que Robert estaba realizando algunas verificaciones a bordo del Orion, ya que el nuevo software estaba siendo cargado durante las últimas horas. Tenía que asegurarse de que estuviera completo y enviar al Control de la Misión en Tierra la confirmación.

Cuando el Mars Rover se acercó al borde del cráter Guaymas, se dieron cuenta de que el terreno era demasiado duro para el taladro. "Kiochi para Li, tenemos una situación aquí, estamos en el borde de Guaymas, el terreno parece ser un lecho rocoso, consideramos que el taladro puede quedar atrapado aquí si tratamos de hacer una perforación, sugerimos mover al suroeste, al cráter Bira, ubicado a 25.10 norte y 45.52 oeste, a 41.23 kilómetros de aquí ".

"Enterado Kiochi, danos algo de tiempo para evaluar este nuevo viaje", respondió Li.

Después de sesenta minutos, aproximadamente, Li comentó "MO1 a Rover, tenemos la recomendación del geólogo en la Tierra, deben ir a 25.52N, 44.11W. Esa área ha sido observada desde la órbita y es de interés para el equipo científico. Está a 37.5 Kilómetros al este de ustedes; de acuerdo con el sistema de guía móvil, podrían llegar a esa área en tres horas y cuarenta minutos. La instalación del Taladro debería demorar aproximadamente dos horas; el Control de la Misión en la Tierra recomienda regresar al campamento Terra este Sol o mañana por la mañana, está a 58.01 kilómetros de ese lugar".

"Enterados, gracias, comenzaremos el viaje tan pronto como capturemos algunas imágenes de esta área, es espectacular, puedo ver el nuevo destino cargado en el sistema de Orientación" respondió Kiochi.

El Rover avanzó para llegar a la nueva ubicación; llevaba a la plataforma de carga con el MSV1 en la parte superior y también el taladro, por lo que la velocidad era más lenta de lo normal. Cuatro horas más tarde llegaron. Los dos Marsnauts se prepararon para salir, por lo que se pusieron sus trajes de EVA y comenzaron el procedimiento de despresurización de la Esclusa.

"MO1 a Rover, les recomendamos que instalen los paneles solares externos, sus baterías están al 68%, necesitan carga completa para el viaje al Campamento de Terra", dijo Robert. "Enterado, tan pronto como salgamos, haremos eso".

Salieron del Rover y procedieron a instalar y conectar los paneles solares externos, para acelerar la carga de las baterías. Luego descargaron el taladro y la estación de repetidores etiquetados MRS-1. El Comandante Cooper y Kiochi comenzaron a armar el taladro, simplemente tuvieron que insertar y asegurar los cuatro soportes a los anillos centrales, luego el anillo interno con el soporte de perforación debe colocarse y asegurarse en el interior del anillo de soporte.

La estructura se colocó en posición, justo en el borde del cráter que llamaron la Estación de Perforación 1 por el momento. El taladro se insertó en su soporte en el anillo interior y se aseguró; el motor eléctrico estaba conectado junto con dos paneles solares.

Luego desplegaron la Estación Repetidora a un lado. Era una estructura pequeña con un trípode como soporte; tiene una cámara, un transpondedor, un procesador con almacenamiento, una unidad de medición meteorológica, una unidad de comunicación, un panel solar y un conjunto de baterías. Su objetivo era capturar en video la operación de perforación y documentar las condiciones climáticas.

El taladro fue probado, los Marsnauts vieron que estaba funcionando bien; se aseguraron de que sus señales fueran enviadas a través de la Estación Repetidora a la computadora Marslab. "Estamos recibiendo una lectura" respondió Yelena "dice que ha perforado seis centímetros y se está recibiendo un registro de espectrómetro, su batería está al 100% y perforará en modo automático". "Gracias Yelena" respondió Kiochi.

"Rover al MO1, el taladro está instalado y en funcionamiento, confirmen que están recibiendo los datos y la ubicación", dijo el Comandante Cooper.

"Perfecto" Robert respondió "Estamos recibiendo la información en la computadora de control y tenemos su ubicación en el mapa, gran trabajo. Las baterías del Rover están completamente cargadas ahora. Hay tres horas más de luz solar, el viaje a la base, incluido el tiempo necesario para la presurización, será de seis horas, nuestra recomendación es que pasen la noche allí, de esta forma les dará tiempo ahora para explorar y probar el Drone de Marte ".

"Bien Robert, exploraremos y probaremos el Drone, iremos a la base a primera hora en la mañana", dijo el Comandante Cooper.

"Hay algunas observaciones que el Control de la Misión quieren que hagan; tienen la información en su dispositivo portátil. Primero, podrán ver la Tierra en las coordenadas que les envié, para que puedan programar la cámara telescópica de alta definición, está a casi 307 millones de kilómetros, por lo que será casi imperceptible. Luego se verá a Phobos al atardecer. Quieren que tomen algunas imágenes, finalmente, la MO1 pasará por su posición viajando de SW a NE a una elevación de 72 grados, así podrán verme, este evento será a las 456.65 horas en la superficie de Marte". Robert dijo.

"Enterados, te veremos desde aquí y haremos las observaciones astronómicas" respondió Kiochi.

Ambos Marsnauts prepararon el Drone que estaba montado en la parte superior del Rover, sus baterías estaban completamente cargadas y pueden llegar a recorrer hasta tres kilómetros. Como era un vuelo de prueba, decidieron volar alrededor del Rover a una altura de veinticuatro metros. Tiene instrumentos para medir las condiciones climáticas; esta información fue enviada a la Computadora del Rover y al Hábitat.

El Drone envió imágenes y videos muy impresionantes del Rover con el Wagon y el MSV1, los Marsnauts, el taladro y el repetidor desde arriba. "Esta será una imagen histórica, es impresionante y hermosa", dijo Robert cuando recibió la señal del Drone.

Dirigieron al Drone para que volara sobre el pequeño cráter, ellos estaban en el borde, para tener algunas imágenes de su base, luego dirigieron al Drone para que descendiera a su base, voló hacia atrás y descendió sobre el Rover, luego lo apagaron y aseguraron.

Ambos Marsnauts caminaron alrededor del cráter, tenía alrededor de ochocientos metros de diámetro, tomaron imágenes y lecturas del suelo a su alrededor, subieron por el borde y volvieron a observar el taladro. Funcionaba bien; registró ciento cinco centímetros de profundidad.

Pudieron detectar a la Tierra con el telescopio; era un punto muy pequeño en la inmensidad del espacio. "Tan pequeño y tan grande", pensó el Comandante Cooper con cierta nostalgia.

En el momento especificado, volvieron sus ojos hacia el cielo Marciano, pudieron ver al Habitat pasar, como una pequeña estrella cruzando el cielo nocturno, tal como como el ISS se puede ver desde la superficie de la Tierra, fue una experiencia muy especial poder verla.

Después de verificar el Taladro, el transmisor y que no quedaban herramientas, los Marsnauts regresaron al Rover para comenzar el proceso de presurización de la Esclusa y luego finalizar las actividades de ese SOL.

En el Campamento Terra, Yelena regresó del Mars Lander, probó algunas rutinas de software que, cuando estaban cargadas con software actualizado activó la consola remota, realizaría algunas pruebas en los siguientes SOLS. Nancy tuvo asignación de tiempo personal. Ambas también trabajaron con el Invernadero.

"Buenos dias Rover", dijo Robert desde el Habitat. "Esperamos que tengan un buen viaje a casa hoy, el terreno parece estar bien con algunas rocas en su camino, por lo que el Rover puede ir más rápido. Cuando lleguen, deben colocar la plataforma con el MSV1 a unos treinta metros del Hábitat y el Lander, y luego probaremos el acoplamiento en el Rover y el Habitat con el sistema de aproximación automática".

"Buenos Dias MO1", el Comandante Cooper respondió "Enterados, realizaremos las actividades iniciales y estaremos listos para partir tan pronto como tengamos luz solar en aproximadamente una hora y cuarenta y siete minutos. Tan pronto como lleguemos allí activaremos la función de sincronización de atraque con el Marslab".

El Rover comenzó su camino a casa cuando aparecieron los primeros rayos del sol. "Es increíble pensar en el Sol, esta misma luz se recibió en la Tierra hace unos minutos, se puede ver desde ambos planetas, es un hermoso amanecer", comentó Kiochi. Cuatro horas y diecisiete minutos más tarde se acercaron al Campamento Terra . Se detuvieron a unos treinta metros de la escotilla de atraque.

"Buenos días" El Comandante Cooper dijo "Bienvenido a Terra Camp" Yelena respondió.

"Tenemos una entrega para ustedes, pero tienen que firmar de recibido" Comentó Kiochi y todos rieron.

El vagón fue liberado para que el Rover pudiera maniobrar para ser atracado con el Marslab.

Se realizó la sincronización del Rover con el mecanismo de control de la compuerta del Habitat. El Mars Rover comenzó a maniobrar sin la intervención de los Marsnauts, primero se alineó con la escotilla extrema derecha del Marslab, que se encuentra en el lado opuesto donde se montó el Invernadero.

Los láseres en la parte trasera del Rover apuntaban a los objetivos láser alrededor de la escotilla del Habitat. El Rover realizó algunos ajustes en su elevación al extender un poco sus soportes de las ruedas, algunos más que otros debido a la irregularidad del terreno. El equipo siguió la operación en la pantalla de su computadora, donde pudieron rotar una imagen 3D y leer todos los parámetros.

Cuando todos los láseres estaban alineados, el vehículo comenzó a retroceder lentamente hasta que se estableció contacto con la escotilla del Marslab; en este punto, los primeros pestillos se cerraron, seguidos de los bloqueos de seguridad.

Los indicadores mostraron que el Rover estaba asegurado. El ajuste de presión y las comprobaciones de fugas comenzaron.

"No hay fugas y la presión entre los dos vehículos se ha igualado, Mars Rover pueden proceder a abrir la escotilla interna", dijo Robert desde el MO1.

Una vez que abrieron la escotilla, ingresaron a la esclusa y cerraron la escotilla del Rover porque antes de proceder, se llevó a cabo un proceso de limpieza consistente en soplar aire y luego succionarlo para capturar la arena que podrían tener en sus trajes, y esto se depositó en filtros, estos requieren mantenimiento de limpieza cada cierto tiempo.

Después de esto, se abrió la compuerta interior para ingresar al Marslab, donde se reunieron con Yelena y Nancy.

"Bueno, fue una gran excursión, trajimos el MSV1, y mañana lo configuraremos, conectaremos los paneles solares para recargar sus baterías internas y comenzaremos a mover los Contenedores al laboratorio", dijo el Comandante Cooper.

Durante los siguientes SOLS, los Marsnauts trasladaron los suministros que habían llegado, al área de almacenamiento de Marslab, algunos se dejaron dentro del MSV1 alimentado por sus propias baterías para mantenerlos con las condiciones requeridas, se convirtió así, en un almacén, que en el futuro podría ser atracado en un puerto del módulo de la Esclusa, por ahora es un elemento separado. El vehículo de suministro de Marte fue diseñado como un contenedor de carga y como un módulo para ser utilizado en Marte; tiene la estructura para poder atracarse y adaptarse como un módulo de uso general; puede usarse como una Estación remota para exploraciones prolongadas, pero esto todavía estaba bajo consideración.

El Invernadero comenzó a producir hortalizas pequeñas, en pocas semanas podrían recoger sus primeras cosechas, lechugas, papas y tal vez algunas hojas de cactus, así como algunos tomates, zanahorias y una variedad especial de amaranto creado por técnicas de injerto por científicos durante los últimos diez años. Ingenieros agrícolas, científicos y nativos de diferentes regiones de la Tierra, monitoreaban día a día el desarrollo de las diferentes plantas, enviaban recomendaciones al Campamento Terra sobre luz, agua, temperatura y humedad, y recomendaban qué plantas debían aislarse para proporcionarles condiciones ambientales específicas.

En el Sol 40, 329 días desde el lanzamiento, Kiochi y Nancy prepararon el Rover para una nueva excursión, tenían que llevar un contenedor de almacenamiento con suficientes suministros para treinta SOLS, porque ese era el tiempo que se había calculado para la Excursión 1, como se le nombró, llevarán consigo contenedores para el almacenamiento de muestras de superficie y muestras obtenidas por el taladro.

El viaje consta de cuatro secciones, primero recogerán el taladro que quedó en operación y almacenarán la muestra; continuarán al oeste 382 kilómetros hasta el borde de Chryse Planitia, al sur del cráter Worcester, en la zona de Nilokeras Fossa, este es el segundo segmento. Después se dirigirán al sur 68 kilómetros, este será el tercer segmento. Esta área es de particular interés porque el agua podría haber fluido en esa región, ya que la forma de la superficie indica la dirección posible del flujo, en esta área se tomarán tres muestras lo más profundo posible, la profundidad máxima del taladro es de siete metros. El cuarto y último tramo es el regreso al Campamento Terra, un viaje de 384 kilómetros.

Además de las estaciones de recolección de Muestras, tendrán que detenerse en diferentes momentos para descansar, por lo general no dejarán el Rover en estas paradas, a menos que exista un interés específico en observar algo.

Todo el Viaje será monitoreado y seguido por la Red de Satélites de Marte, el MO1 y la Estación Orbital de Marte.

Después de revisar cuidadosamente todos los suministros y herramientas necesarios para este viaje, Kiochi y Nancy entraron al Mars Rover. La preparación para desacoplarlo del Marslab comenzó, todos los parámetros fueron verificados. Se abrieron y soltaron cierres y ganchos. El movimiento del Rover comenzó; la primera tarea fue enganchar el vagón de carga que tiene los suministros y herramientas en él.

Leonard y Yelena estaban monitoreando la operación desde adentro del Marslab.

"Ok Kiochi, tenemos el indicador de que el Wagon está asegurado y la interfaz de señalización está conectada, deberías estar recibiendo las lecturas", dijo Leonard.

"Enterado, lectura recibida, la autoprueba se está ejecutando, tan pronto como termine estaremos listos para partir, Nancy ha traído su colección de Música Country con ella", dijo Kiochi.

"Te divertirás manejando en Marte y escuchando esas canciones" respondió riendo.

"Lo sé, ella también tendrá que escuchar mi música" Respondió.

"MO1 para Mars Rover, les alegrará saber que el clima para las próximas semanas es estable, no hemos detectado actividad eólica, hemos agregado a su computadora de orientación el primer destino identificado como E1S1, para la Excursión 1 Estación 1, el terreno en algunas áreas se ve bastante accidentado con algunas rocas, pero generalmente está bien para que el Rover pueda alcanzar velocidades de hasta 30 kilómetros por hora en algunos segmentos, consideramos que debería ser capaz de recorrer los 56.44 kilómetros en dos horas y cuarenta minutos. La extracción del taladro puede demorar hasta dos horas y necesitarán una hora adicional para ingresar al Rover. En ese momento, le avisaremos si deben continuar su viaje a E1S2 que está a 382.16 kilómetros de distancia. Para esta sección, la simulación mostró que se podía llegar a esa ubicación en doce SOLs. El mapa de orientación muestra los lugares para los periodos de descanso "comentó Li.

"Enterados y gracias, esperamos encontrar buenos hoteles en el trayecto" respondió Kiochi sonriendo.

"Ok, Kiochi en la consola de control del Mars Rover indica que todo está bien para su travesía" dijo Yelena.

"Enterados" respondió "Vamos a agregar algunas millas a este vehículo" respondió Kiochi y comenzó a moverse.

"Que tengan un buen viaje, Godspeed, los veremos en 30 SOLs, en SOL 72", dijo Leonard.

"Esperamos traer las muestras que los científicos están esperando" Nancy y Kiochi saludaron desde adentro del Rover.

Mientras realizaban esta excursión, Leonard y Yelena trabajarán con el Invernadero y algunos otros experimentos que tienen, así como con el MSV1. También instalarán la unidad de observación astronómica a unos quinientos metros del Campamento Terra, esta unidad comenzará a crear un mapa de las estrellas tal como se ven desde la superficie de Marte.

Todo el tiempo que el Rover de Marte estaba en movimiento enviaba video con cuatro cámaras, esto permitirá a los geólogos crear un mapa detallado del área, las vistas eran espectaculares. En SOL 54 llegaron a la Estación 2, el terreno aquí era más oscuro y muy accidentado. Nancy y Kiochi se prepararon para bajar del Rover y recoger muestras, y principalmente para instalar el taladro y una estación repetidora que se dejará allí, lo dejaron en funcionamiento para que durante las horas de oscuridad pudiese continuar la perforación, siguieron su operación desde el interior del Rover.

Mientras estaban en ese lugar en Nilokeras, Fossa Kiochi dijo: "Estamos en este lugar, llamado Horn of the Nile;" parte del canal "Nulus". Esta es un área que ha intrigado a los científicos durante siglos, Schiaparelli nombró a estas características de la superficie de canales, por su forma cuando los miró desde la Tierra; ahora los hemos observado con más detalle y parecen las huellas dejadas por un río que alguna vez corrió por aquí, hoy estamos aquí Sol 54 para iniciar la perforación de esta área y quizás obtener algunas pistas que ayuden a resolver un gran misterio de Marte. Nancy continuó "Estamos dejando aquí una placa con el escudo de nuestra Misión para simbolizar la exploración que estamos haciendo, también una pequeña esfera azul que representa nuestro Planeta, esta estación se llamará Estación Esperanza, ya que es la esperanza de todos los científicos para confirmar la existencia de agua en este Planeta".

Después de esta breve ceremonia comenzaron la operación de perforación, el taladro parecía ir más profundo con facilidad, aunque alcanzó una capa dura. Exploraron el área alrededor del Rover recogieron algunas muestras e hicieron una documentación fotográfica. Antes de regresar al Rover, trasladaron algunos suministros del vagón de carga al interior de la Esclusa del Rover.

...

Robert y Li recibieron un mensaje de video de la Tierra. "La Administración de la Misión considera la posibilidad de acercarse a la Estación de Marte Houxing Zhan, en el día 415 de la Misión, 26 de mayo de 2032, hemos calculado la cantidad de combustible necesaria y solo es un 2%, en ese punto la Estación estará cerca, aproximadamente a veinte millas de ustedes en una órbita más alta. Vamos a ejecutar algunas simulaciones adicionales. Si lo hacen, se acercarán a cincuenta metros y alinearán con el puerto de acoplamiento de la Extensión del Hábitat, esto asegurará que para la Misión Terra-2 podría realizarse un acoplamiento. Nos gustaría que ejecuten algunas simulaciones allí y nos envíe los resultados". Fin del video "Robert y Li se miraron el uno al otro" Bueno, cambiaron de opinión, haremos simulaciones y estudiaremos detenidamente el consumo de combustible para enviarles los resultados ", dijo Robert a Li.

...

En la superficie de Marte, el Rover continuó su trayectoria, el taladro fue capaz de llegar hasta seis metros en la Estación 1, cinco metros en la Estación 2 y siete metros en la Estación 3, la información fue enviada a la Tierra para su interpretación por el grupo de científicos. Ahora era el largo viaje al Campamento Terra, otros diez SOL de viaje, podían recoger y documentar algunas muestras sin la necesidad de salir del Rover usando los brazos robóticos del Rover y el contenedor externo. Kiochi y Nancy pudieron dejar una fotografía de sus familias en la superficie de Marte, a cien millas del campamento Terra, que previamente habían sido colocadas en el contenedor externo del Rover para colocarlas en la superficie con el RMS del Rover. "Estamos dejando aquí estas fotografías como un saludo a nuestras respectivas familias que nos respaldaron todo el tiempo para lograr esta Misión increíble", dijo Kiochi mientras las fotografías dentro de un recipiente de acrílico especial se colocaban cuidadosamente sobre la superficie roja.

Los cultivos crecían en el invernadero, era SOL 64, el aloe vera había crecido unos cinco centímetros, en suelo Marciano puro con nutrientes. El oxígeno generado por todas las plantas en el Invernadero era capturado, almacenado y distribuido al laboratorio y al Invernadero. El reciclaje de oxígeno funcionaba perfectamente, también el sistema de reciclaje de agua era como un pequeño modelo del ciclo natural en la Tierra. Si ambos ciclos pudieran controlarse, estabilizarse y aumentarse, podría establecerse una colonia humana en Marte, pero eso es algo que se abordará en el momento adecuado en el futuro, por supuesto dependiendo de la Tierra.

Nancy y Kiochi regresaron en el SOL 70, el vagón de carga del Rover fue desenganchado y estacionado cerca del Marslab, y luego el Rover se posicionó para atracar con el Laboratorio.

Nancy y Kiochi entraron al Marslab, estaban exhaustos, fueron recibidos por Leonard y Yelena, la primera comida fue una deliciosa ensalada hecha con lechuga y tomates Marcianos.

En Los siguientes SOLs los Marsnauts limpiaron el Rover, eliminaron todo el material del sistema de procesamiento de residuos, limpiaron los filtros y ejecutaron diagnósticos en todos los sistemas, tenían que prepararlo para la próxima excursión, al sitio de aterrizaje del Viking 1.

···

En la Tierra, los científicos estaban analizando la información de las muestras de perforación. "Las muestras tomadas por el taladro en Nilokeras Fossa mostraban la presencia de átomos de hidrógeno y oxígeno, incrementando las lecturas en el análisis espectrográfico en muestras más profundas, esto podría significar que podría haber alguna evidencia de la presencia de agua unos metros más abajo" Un científico comentó, sin embargo, no querían presentar conclusiones todavía.

Mientras los Marsnauts estaban en Marte, se estaban llevando a cabo diversas actividades en la Tierra, los equipos Terra-2 y Terra-3 estaban en entrenamiento. El EOSS estaba recibiendo equipos constantemente realizando actualizaciones y mantenimiento de la Estación; tenían que prepararlo para recibir el Lander y el Hábitat a fines de 2033. Los equipos de EOSS estaban recibiendo capacitación en el Laboratorio de Flotación Neutral en Houston, en Colonia, y en simuladores.

Hubo Misiones que se dirigieron a la EOSS, atracaron allí y, una vez terminado su trabajo, desacoplaron e iniciaron las maniobras orbitales para atracar con la ISS y la nueva Estación Earth Moon, o EMS, una estructura que se estaba ensamblando para ser el puerto de salida para las Misiones Lunares.

La Operación de Recuperación de Escombros Espaciales continuó eliminando objetos pequeños así como grandes etapas de cohetes y satélites, el objetivo era eliminar los objetos que pueden representar una amenaza mayor para la tripulación cuando regresen de Marte, así como para el módulo de aterrizaje y el Habitat, que serán liberados a cerca de 30000 kilómetros sobre la Tierra para comenzar su ajuste orbital y reducción de velocidad para ser capturados a unos 400 kilómetros sobre la Tierra por una Tripulación LEO.

Se estaba construyendo un nuevo Mars Lander y una nueva Extensión de Hábitat, que aumentaría el área para la tripulación casi un ochenta por ciento, incluido un nuevo adaptador de acoplamiento para ser usado con la Estación Orbital de Marte, y un cohete de Marte que transportará a un Marsnaut desde la superficie de Marte a la órbita de Marte para acoplarse con la Estación de Marte, tal vez durante la Misión Terra-2.

Se construyeron módulos adicionales para ser enviados a la superficie de Marte para aumentar las capacidades del Terra Camp, un Módulo del Hábitat y el Módulo de Esclusa de Aire, es un módulo en forma de cubo con cuatro puertos de atraque, uno en cada lateral para soportar el Rover, para permitir que los Módulos MSV se convertirán en área de laboratorio y el nuevo Módulo Habitat , además de uno superior, que será utilizado más adelante por un Mars-Helicopter que está diseñado para permitir que dos tripulantes realicen vuelos cortos en Marte, la Extensión del Invernadero con más capacidad para los cultivos Marcianos y nuevos sistemas de riego.

Se está diseñando un nuevo módulo de Energía, posiblemente con generadores de energía nuclear, para proporcionar energía a todo el Terra Camp de una manera más eficiente.

El Mars Rover II estaba siendo diseñado, incluidas las recomendaciones dadas por la Tripulación de Terra-1 en Marte.

La observación de la Tierra fue un objetivo principal de la WSEO; nuevos satélites han sido puestos en órbita con instrumentos más precisos, toda la información era descargada al Centro de Monitoreo de la Tierra (Earth Monitor Center) en Nueva Zelanda, donde un grupo internacional interpreta los datos para dar recomendaciones y detecta zonas de riesgo para tomar acciones correctivas y/o preventivas de forma inmediata.

Un segundo vuelo a la órbita Lunar tuvo lugar a bordo del Vehículo Espacial de Exploración profunda Legatus, esta vez se aproximó y alineo en la órbita lunar con un cohete de pruebas Lunares, para simular la operación que se realizará en Marte cuando un cohete de Marte atraque con el Hábitat.

...

El Comandante Cooper y Yelena estaban preparando la carga que necesitarán para el recorrido que iban a hacer. Primero visitarán el sitio de aterrizaje del Viking 1, ahí llevarán a cabo una ceremonia conmemorando el 56 aniversario de su aterrizaje y retirarán un segmento del laboratorio donde probaron muestras del suelo. Debido al gran éxito de la Excursión 1, la administración de la Misión decidió extender la Excursión hasta llegar al límite de Kasei Valles para explorar varios puntos allí. El recorrido será de 947 kilómetros, según las simulaciones se podría hacer en 25 SOLs.

Leonard y Yelena prepararon todos los suministros que necesitarán, almacenando algunos dentro del Rover y el resto en un contenedor montado en el vagón de carga. Este contenedor fue utilizado por Kiochi y Nancy en la Excursión 1, tiene un entorno controlado.

Se verificaron los sistemas del Rover, se realizaron autocomprobaciones, estaba listo para funcionar, esta vez llevaban un contenedor especial para la parte del módulo de aterrizaje Viking 1 que se iba a quitar, y una placa especial con los nombres de todo el Equipo Viking 1 que se quedará allí para rendirles homenaje.

En el SOL 88, 2112 horas en Marte, día de la Misión 377, fecha de la Tierra del 18 de abril de 2032, comenzó la Excursión 2. Leonard y Yelena entraron en el Rover que estaba atracado en el Marslab, las escotillas estaban cerradas; Después de verificar que no había fugas, Kiochi liberó los ganchos y los pestillos y le dio luz verde al Rover para iniciar su movimiento. Comenzó a moverse lentamente y maniobró para engancharse con el Cargo Wagon, después de eso verificaron por última vez que todas las consolas y elementos operacionales funcionaban y que el Cargo Wagon estaba recibiendo y enviando señales desde el Rover.

"Que tengan un buen viaje" Kiochi dijo "Los veremos en SOL 115". Gracias, les traeremos muchas muestras ", dijo Leonard. "Cuida mis lechugas" comentó Yelena riendo. El Rover comenzó a alejarse.

"Les tengo en el mapa de navegación, tienen las coordenadas del objetivo en su consola, se predice que la mayor parte del camino del Rover podría viajar a un promedio de 30 kilómetros por hora, excepto en el área de Kasei Valles. Les he descargado los puntos de observación sugeridos para el Drone durante su trayectoria y en las Estaciones de Exploración ", dijo Robert desde el Habitat en Orbita.

El Rover llegó al área de aterrizaje del Viking 1; Se detuvieron a unos cincuenta metros de allí.

Tomaron algunas imágenes con las cámaras del Rover, estaba completamente cubierto de arena roja, parecen montículos en el terreno Marciano. "Rover a Marslab, hemos llegado al punto de aterrizaje Viking 1, no podemos ver nada de eso, solo algunas colinas pequeñas, tendremos que quitar la arena con cuidado después de que lo localicemos, ya que está oscureciendo, realizaremos los procedimientos de cierre de día y nuestras rutinas de ejercicio para concluir las actividades de hoy "dijo Leonard.

"Bien, podemos ver las imágenes, después de cincuenta y siete años de estar allí, debe haber recibido muchas tormentas de arena, Robert espera escanear el área en las próximas órbitas, para que él pueda señalar el lugar" dijo Klochi.

"Ok, enviaremos al MO1 todo el final de la información SOL" respondió Leonard.

Al amanecer del SOL 89-90, Leonard y Yelena fueron despertados con una canción llamada "Meeting with the Viking" creada e interpretada por un grupo de jóvenes Controladores del Jet Propulsion Laboratory en Pasadena, fue el estreno de la misma. "Buenos días" Robert dijo: "Buenos días, Robert y Li" Yelena respondió "Qué hermosa canción". "Buenos días, los Ingenieros de Control del JPL lo compusieron para la ocasión" dijo Robert y continuó: "Tengo noticias para ustedes, el analizador espectrográfico y de superficie indica que el Viking probablemente se encuentra en el montículo a unos cuarenta metros de ustedes, la cámara L1 del Rover lo está apuntando ". "Gracias al personal del JPL desde el sitio de aterrizaje del Viking 1, recordaremos esta canción para siempre y gracias Robert, podemos ver el montículo; comenzaremos a prepararnos para la actividad de hoy ", dijo Leonard. "Les transmitiremos el mensaje, estoy seguro de que estarán muy felices", respondió Robert.

Leonard y Yelena se prepararon para dejar el Rover, tenían algunas herramientas en el Wagon para usarlas en la búsqueda del Viking 1, y quitar tanta arena como pudieran. Entraron en la Esclusa y cerraron la escotilla, luego se pusieron sus trajes EVA y comenzaron el proceso de presurización, una vez que los trajes se presurizaron, la despresurización de la esclusa comenzará.

Salieron tan pronto como Robert del MO1 les dio el visto bueno para realizar una EVA.

"Bueno, es hora de cavar", dijo Leonard, "los Astronautas del Apolo tuvieron la suerte de encontrar al Surveyor muy limpio", se rio.

Leonard se dirigió hacia el Cargo Wagon y de un lado extrajo algunas herramientas que les ayudarán a quitar la arena del montículo, primero usó un bastón para probarlo y descubrir si llegaba a una parte sólida, el bastón pasó unos cincuenta centímetros cuando llegó a un material duro.

Comenzó a retirar la arena con una pala, esto tiene que hacerse con mucho cuidado para evitar dañar el vehículo, luego utilizó un soplador de aire portátil para eliminar el polvo cerca de la estructura del Viking. El Vehículo Espacial comenzó a mostrar su estructura, estaba la antena, los dos generadores, las cámaras, los instrumentos, el brazo telescópico y sus almohadillas de aterrizaje. Esta tarea duró varias horas, mientras Leonard retiraba la arena con la pala, Yelena retiraba el resto con el soplador de arena.

Finalmente, allí estaba, el histórico Viking 1, todavía tenía un poco de arena, pero era difícil de quitarlo todo, la estructura estaba intacta, incluso se podía ver la bandera y el emblema del Bicentenario, solo algunos rasguños causados por el impacto de la arena y pequeñas rocas durante las tormentas de arena.

"Ok, tomemos algunas imágenes, estoy seguro de que traerán grandes recuerdos a muchas personas, incluyendo a mi papá", dijo Leonard.

Después de eso, comenzaron la Ceremonia "Hemos llegado aquí hoy, fecha de la Tierra el 20 de abril de 2032, SOL 90 para rendir homenaje a un Vehículo Espacial que fue un pionero en la exploración de la superficie de Marte. Llegó a este lugar el 20 de julio de 1976 y realizó experimentos para responder la pregunta sobre la existencia de vida en Marte, en busca de moléculas orgánicas en sus laboratorios. El resultado no fue claro; se creía que los instrumentos debían ser más sensibles. Viking nos mostró la capacidad de un aterrizaje controlado, el uso de un brazo telescópico y una pala, el uso de instrumentos para realizar diferentes mediciones del clima en Marte, y tomó sorprendentes imágenes en 3D por primera vez ", dijo Leonard.

Yelena continuó: "Esta placa tiene una microficha con el nombre de todas las personas que trabajaron juntas para diseñarlo, construirlo, lanzarlo y operarlo, incluido su vehículo orbital. Agradecemos a estos pioneros por su trabajo; marcaron el camino a Marte que nos trajo aquí hoy".

Finalmente, Leonard agregó "Hola papá, estoy aquí frente a Viking, el vehículo que tanto admiras. Esto es para ti "y finalizó la llamada. Luego se lo contó a Yelena: "Mi papá me platicó cuando fue a la casa de su abuela para seguir la transmisión televisiva del aterrizaje del Viking, porque no tenían televisión en casa y cómo las primeras imágenes en blanco y negro comenzaron a aparecer en rectángulos verticales. Él tiene un álbum que hizo con recortes de periódicos, le gustó mucho esta Misión ". "Eso es formidable, debe haber sido un gran admirador del Programa Espacial", dijo. "Sí lo era y lo sigue siendo" respondió Leonard.

La ceremonia fue grabada por las cámaras en el Mars Rover y por una cámara montada en un trípode.

"Eso fue muy emotivo, enviaré esto a la Tierra de inmediato", dijo Robert, "Felicidades". "Wow", dijeron Kiochi y Nancy desde el Campamento Terra. "Esas imágenes son increíbles".

Después de la ceremonia, el equipo caminó alrededor del Viking y regresaron al Mars Rover, ha sido un SOL agotador, intentarán retirar el procesador de Biología En el SOL siguiente; siguiendo el procedimiento que el JPL les entregó.

En el Campamento Terra, Kiochi y Nancy estaban trabajando con la unidad atmosférica que se instaló a pocos metros del Marslab, que tiene la intención de separar el oxígeno de otros elementos, por el momento parece que estaba funcionando de acuerdo con las predicciones. También trabajaban con el sistema de procesamiento de desechos sólidos, una unidad que procesa las heces humanas para producir un fertilizante que se utilizará en el suelo Marciano. Parte de ella se ha utilizado en uno de los cuadrantes del Invernadero, y las plantas estaban creciendo.

Ambos Marsnauts continuaron trabajando en el Invernadero, las verduras crecían, las primeras plantas de amaranto comenzaban a producir semillas, un segundo tomate comenzaba a crecer, y el más sorprendente, la Opuntia o Nopal, había crecido treinta y cuatro centímetros, era realmente hermoso, una de sus hojas ya podía cortarse para prepararla y comerla. El Aloe Vera también crecía tan bien como la Hedera Helix, esta era una escalada en postes instalados para ese propósito, su principal objetivo era producir oxígeno y eliminar el dióxido de carbono. El nivel de oxígeno medido en el Invernadero indicó un incremento, esto significaba que el ciclo estaba funcionando bien.

...

En la sede de WSEO se estaba llevando a cabo un evento, el Dr. Cook, iba a presentar la transmisión más reciente de Marte, la del Viking con Leonard y Yelena, así como Kiochi y Nancy en el Invernadero. Habían invitados de todas las Agencias Espaciales, universidades y las familias de los Marsnauts. Era el 21 de abril de 2032.

El Dr. Cook abrió el evento "Bienvenidos, hace 380 días comenzó la Misión Terra, hace 91 SOLS el Marte Lander Endeavour aterrizó en Chryse Planitia. La Tripulación se ha reunido en el Campamento Terra y se han convertido en agricultores Marcianos que cultivan hortalizas en el Invernadero. Hoy vamos a mostrarles la última comunicación que recibimos, tomó veintiún minutos llegar a la Tierra. Primero veremos el evento Viking 1 y luego el tour en el Invernadero ".

La proyección comenzó, primero mostró algunas imágenes de cómo el Viking 1 estaba completamente cubierto con polvo Marciano, luego cómo se eliminó este polvo, finalmente la ceremonia grabada. Fue una ceremonia muy conmovedora que trajo muchos recuerdos a quienes vivieron el aterrizaje del Viking 1, el 20 de julio de 1976. Fue maravilloso ver eso. "Mira, ahí está nuestro hijo, increíble", le dijo el padre de Leonard a su esposa, a su nuera y a sus nietos, "Ahí esta mamá", le dijo el hijo de Yelena a su padre y sus abuelos. La imagen fue increíble en 3D con los sonidos reales de Marte.

Luego Kiochi y Nancy en el Invernadero dieron una explicación de sus cultivos y los diferentes suelos que estaban usando, explicaron cómo se captura y se recicla el oxígeno, y el proceso de riego, cómo se distribuye y se captura el agua para reciclar. Mostraron cómo se controlaba la temperatura, la luz y el nivel de humedad. Los padres de Kiochi, su esposa e hijas estaban allí al igual que los padres de Nancy, su esposo y su hijo.

Finalmente, Robert y Li, mostraron cómo estaban actuando como Control de Misión para la Tripulación en la Superficie, cómo estaban monitoreando todos los sistemas y el viaje del Rover. Las familias de ambos también estaban allí.

Después de la presentación, todos los asistentes fueron invitados a un cóctel en el que hablaron con el Dr. Cook, les informó a las familias de los tripulantes, el excelente trabajo que estaban haciendo, y que estaba consciente del sacrificio que ellos y sus familias estaban haciendo, pero les aseguró que el mejor Equipo del Mundo estaba trabajando para ellos.

Después de la Ceremonia fueron llevados a sus Hoteles, y pocos días después fueron transportados a sus respectivos hogares, los padres de cada miembro siempre estuvieron acompañados por un Oficial de WSEO que los mantiene informados sobre el progreso de la Misión.

...

En el siguiente SOL, el Equipo Rover fue despertado con una canción de Rusia. "Buenos días", dijo Robert "Tengo algunas solicitudes de los científicos en la Tierra, primero quieren que encuentren una gran roca que se llama Big Joe a unos ocho metros del Viking, es grande de unos dos metros de ancho, y la segunda no es tan grande, está cerca del módulo de aterrizaje, se parece a un cono con una excavación que abarca la mitad, les he descargado las imágenes de 1976. Quieren imágenes detalladas de Big Joe para aprender sobre la erosión, y quieren a uno de ustedes a un lado para referencia, quieren que traigan la otra roca si no es muy grande y pesada, si este es el caso solo procedan a documentarla".

"Buenos días Robert, enterados, trabajaremos con el Laboratorio Viking y con las rocas, planeamos tomar una documentación de imágenes de 360 grados", respondió Leonard, mientras veía las imágenes de las rocas, dijo: "Conozco estas rocas, yo las he visto antes en las fotografías de la Misión Viking 1".

"Por cierto, tu ceremonia fue transmitida en la Tierra, dijeron que fue un gran éxito, he descargado para ti un Mensaje de tus padres, tu esposa y tus hijos, estaban muy emocionados mirando a los dos y al Viking, también un mensaje de la familia de Yelena, todos estaban en la sede de WSEO con el Dr. Cook ", comentó Robert.

"Enterados, gracias, los veremos más tarde hoy" Leonard respondió.

Los dos Marsnauts comenzaron la exploración del área, primero se aproximaron al Viking para retirar el procesador de Biología, no fue una tarea fácil ya que uno de los miembros de la tripulación tiene que estar muy cerca para intentar retirar el componente con las herramientas proporcionadas por los ingenieros, después de un par de horas la pieza estaba suelta y podría ser removida y colocada en el contenedor provisto para este propósito. Luego se colocó una cubierta en el lugar donde se retiró la pieza para aislar el interior del vehículo.

Leonard buscó la roca de forma cónica, tuvo que remover arena alrededor del Viking, pudo ubicarla a unos tres metros y medio del módulo de aterrizaje, era una gran roca de cuarenta y dos centímetros de longitud y doce centímetros de diámetro, pesaba alrededor de 3700 gramos. Pasó la información al MO1 para ser transmitida a la Tierra para una recomendación; la señal tardó 20.11 minutos en llegar a la Tierra.

Big Joe era fácilmente localizable, aunque estaba cubierto de arena, estaba a unos ocho metros del Viking, y tenía casi tres metros de largo y más de un metro en su parte más alta. Con un pico, Yelena recuperó una muestra para llevarla a los científicos en la Tierra.

Después de casi una hora se recibió un mensaje de Robert desde el MO1 "Leonard, El Control de la Misión de la Tierra ha confirmado que la roca cónica deberá dejarse allí, pidieron solo capturar imágenes de esta y obtener una pequeña muestra con el pico".

"Enterados, así lo haremos y concluiremos el EVA para preparar la próxima Estación" respondió Leonard.

"Enterado, todavía tienes aproximadamente dos horas de luz solar, no hay problemas climáticos para tu próxima fase de la excursión", dijo Robert. Leonard dejó una fotografía de sus padres que estaba protegida con acrílico cerca de la roca cónica; él tomó una fotografía de esa. "A mi papá le encantará esto", pensó.

"Enterado" Leonard le dijo a Robert, ambos Marsnauts caminaron por última vez alrededor del Viking y tomaron algunas últimas imágenes, hasta que el Sol comenzó a ponerse. Decidieron probar el Drone para un vuelo corto, solo para subir veinticinco metros para tomar algunas imágenes del Viking, el Mars Rover y ambos Marsnauts desde esa altura, después de eso caminaron hacia el Rover. La última imagen tomada por Leonard mostraba al Viking y detrás de ella estaba Yelena caminando hacia el Mars Rover, era una imagen impresionante.

Los siguientes SOLs Yelena y Leonard continuaron su exploración; viajaron 184 kilómetros para llegar a la Estación 2, al borde de Kasei Valles. El siguiente tramo fue noroeste 65 kilómetros, esta fue la Estación 3, luego se dirigieron hacia el oeste 34 kilómetros hasta la Estación 4, aquí exploraron la zona caminando algunos metros, y finalmente condujeron 36 kilómetros al noreste hasta la Estación Cinco. Habían rodeado lo que pudría haber sido una isla hace algún tiempo, ubicado al sur del Cráter Worcester, esta área es el borde del Canal Kasei del Sur. En cada Estación perforaron y recogieron algunas muestras, y dejaron un repetidor para monitorear las áreas, y exploraron las áreas circundantes con el Mars-Drone que tomó imágenes increíbles del Rover y del equipo desde arriba. La distancia total recorrida en la Excursión 2 fue de 947 kilómetros, en 28 SOLs, regresaron a Terra Camp era el SOL 115.

El vagón de carga se separó del Rover, luego se colocó y maniobró para atracar con el Marslab. Leonard y Yelena fueron recibidos por Kiochi y Nancy, después de una comida de bienvenida, fueron a descansar.

En los siguientes SOLs, la Tripulación dio mantenimiento al Rover para prepararlo para el próximo viaje, y descargaron todas las muestras del vagón de carga y el contenedor que tenía un poco de material para ser desechado.

"MO1 al Campamento Terra" dijo Robert.

"Hola Robert, este es Kiochi" "Tengo algunas solicitudes del Control de la Misión", dijo Robert.

"Adelante", respondió Kiochi.

"Básicamente están proponiendo la Excursión número 3; lo que quieren es retirar todos los suministros del MSV1, para que pueda prepararse para ser transportado hacia el norte, deberán configurarlo para ser utilizado como una Estación o refugio de expedición para la Tripulación Terra-2 cuando exploren áreas cerca del Polo Norte en pocos años. Les he enviado la configuración de eso. Será necesario instalar dos paneles solares y dos baterías para mantenerlo funcionando en modo bajo. MSV-2 llegará dentro de 78 SOLs. La Excursión 3 se pospondrá después del período LOS que comenzará en SOL 156 y puede durar hasta SOL 191, durante este período la Administración de la Misión quiere que realicemos operaciones de rutina "Robert dijo.

"Enterado" Kiochi respondió.

...

En poco tiempo, se lanzaría un nuevo elemento hacia la EOSS, este es un módulo con dos puertos de acoplamiento adicionales para vehículos estacionarios, este módulo estará atracado con el puerto de acoplamiento B; tiene dos puertos de acoplamiento, uno se usará para un vehículo estacionario, esto permitirá que el Mars Lander que vuelve esté acoplado allí mientras se está preparando otro módulo de aterrizaje en el módulo de Mantenimiento. Una Tripulación EOSS ya estaba en la Estación realizando los preparativos para recibir al módulo, capturarlo y acoplarlo al EOSS.

En la Universidad de Oxford, los científicos se reunieron para dar su informe preliminar sobre la existencia de agua en Marte en base a las lecturas realizadas por los espectrómetros montados en el taladro.

"Hemos estado analizando los resultados de las primeras cuatro muestras del subsuelo Marciano; creemos que hay suficiente evidencia para apoyar la existencia de agua en Marte. El análisis espectrográfico en las muestras más profundas mostró una gran cantidad de átomos de oxígeno e hidrógeno más que en las muestras cercanas a la superficie, lo que podría indicar que podría haber agua atrapada en el interior del Planeta. Por supuesto, es demasiado pronto para llegar a una conclusión firme, pero con las nuevas muestras recogidas en la Excursión dos y las Muestras que se recuperarán en la Excursión tres, nuevas pruebas nos guiarán para comprender estas lecturas. El Mars Rover principal (de los Multirover) está viajando hacia el Polo Norte, debería llegar allí en unas seis semanas, si tiene éxito, recogerá una muestra del suelo debajo de la capa de hielo para analizar su composición".

Otro científico tomó la palabra "Me complace informarles que las diferentes plantas están creciendo dentro del Invernadero y el ciclo de oxígeno está funcionando perfectamente, en la actualidad el veintisiete por ciento del oxígeno necesario para la Tripulación es producido por las plantas, y este valor está creciendo, el doce por ciento proviene del procesador de Oxígeno Atmosférico, aproximadamente cincuenta por ciento se recicla en el Laboratorio y el resto se toma de los tanques de oxígeno enviados desde la Tierra ".

"Estamos construyendo un modelo del suelo en Marte para comprender la composición del núcleo interno y para poder utilizar el oxígeno y el hidrógeno para futuros Marsnauts".

...

En el Campamento Terra, los cuatro Marsnauts continuaron con sus actividades, entre ellas simulaciones de despegue del Mars Lander y verificando todos los sistemas. El Invernadero fue una actividad importante que requirió observación y supervisión constante. El equipo también pasó algo de tiempo libre viendo videos de realidad virtual de sus familias y grabando mensajes para ellos.

En la Orbita de Marte, Robert y Li se estaban preparando para el próximo evento, este es el encuentro con la Estación Orbital de Marte para el día 415 de la Misión, a solo 5 días de distancia, cuando ambos vehículos estarán a solo dos kilómetros de distancia.

Una transmisión llegó al Habitat en la Orbita de Marte era el Capcom Pedro Castillejo Romero, el mensaje había sido enviado hacia veintiún minutos, "Hola Robert y Li, hemos realizado varias simulaciones para su cita con el Houxing Zhan, en el día 415 de la Misión. Ya está cargada la secuencia de operación 7980 en su sistema, incluye secuencia y el tiempo de encendido de los motores auxiliares para acercarse a tres metros de la Estación. Las cámaras registrarán toda la maniobra y los procesadores almacenarán todos los datos y lecturas con el objetivo. El Control de la Misión en China también registrará toda la maniobra desde el punto de vista de la Estación. Deben permanecer en esa posición durante doce minutos, después de eso retrocederán y regresarán a su órbita original, todo esto también está en la secuencia. Pueden ejecutar la simulación con el archivo sim-7980".

Robert grabó un mensaje: "Gracias Pedro, haremos la simulación y te enviaremos los archivos de registro, tendremos todo listo. Cambio".

"Ok, Li, veamos estas secuencias" dijo Robert.

En el Campamento Terra, Leonard y Kiochi comenzaron las actividades para preparar el MSV1 para ser montado en la plataforma de Carga. La Excursión número 3 se llevará a cabo alrededor de SOL 250, esto es el 27 de septiembre fecha de la Tierra y el día de la Misión 539; las razones son, por un lado, que Marte y la Tierra estarán en lados opuestos del Sol y del 25 de junio al 30 de julio podría haber interrupciones en las comunicaciones; por otro lado, los científicos creen que en ese momento habrá heladas en las áreas del norte , quieren tomar algunas muestras en esa condición para averiguar si esta escarcha está formada por agua, CO_2 o una combinación de ambos, también para tener una muestra de corteza de esa área. El MSV1se quedará con su plataforma en la parte norte de la travesía; esto es 36.72 norte y 44.50 oeste.

En este momento, no podrán mover todos sus contenidos hasta que el MSV2 llegue a pocos SOLS, mientras tanto, tenían muchas actividades alrededor del Campamento Terra.

Físicamente, la Tripulación estaba en buena forma ya que los médicos analizaron sus muestras constantemente, por supuesto de forma remota, las rutinas de ejercicios funcionaban bien, solo se realizarán pequeños ajustes para futuras Misiones.

Leonard y Kiochi estaban realizando un EVA, estaban preparando un evento especial, ambos se pararon cerca del laboratorio y comenzaron una ceremonia, Nancy y Yelena estaban dentro del laboratorio mirándolos por la ventana y grabando el evento,

"Hoy, SOL 121 de la Misión Terra 1, 21 de mayo de 2032 en la Tierra, vamos a inaugurar los primeros Juegos Olímpicos Interplanetarios, no solo en la Tierra los tendremos este año, vamos a comenzar estos juegos con el primer evento, correremos los cien metros en Marte este será el primer evento de la primera competencia olímpica en otro Planeta ", dijo Leonard en un mensaje que estaba siendo grabado.

Kiochi y Leonard delinearon previamente una pista de carreras con dos carriles, cien metros de largo.

"Antes de comenzar plantaremos esta bandera olímpica en el Campamento Terra , que se exhibirá aquí hasta el cierre de los juegos, también trajimos aquí una pequeña roca del templo de Hera en Olimpia, donada por el gobierno griego, en esta pequeña exhibición que también tienen el logo de los Juegos Olímpicos, su lema "Citius, Altius, Fortius" y la fecha 2032 AD, esta pequeña vitrina se dejará aquí para conmemorar estos juegos que traen paz y unidad a la Tierra". Leonard dijo. Mientras plantaban la Bandera, el himno de los Juegos Olímpicos se escuchó en su sistema de comunicaciones.

"Para este evento, hemos colocado una cámara en la línea de meta para identificar al ganador", dijo Leonard, "recuerda que estamos en el 33% de la gravedad terrestre, por lo que nuestros pasos serán muy largos", dijo Kiochi.

"Nancy allá", señaló Leonard en el laboratorio "nos indicara cuando iniciar la carrera.

"En sus marcas", dijo Nancy, ambos Marsnauts estaban al comienzo de la pista con sus trajes de EVA. "Listos, y fuera", dijo.

Los dos Marsnauts comenzaron a correr dando pasos muy largos, solo necesitaban unos treinta pasos para completar los cien metros. Llegaron a la línea de meta.

Yelena comentó: "Como soy el juez, voy a ver el video para saber quién es el ganador". Lo miró y dijo "El ganador es Kiochi por una mano".

Kiochi saltó celebrando su triunfo.

"La próxima competencia será el lanzamiento de roca por Nancy y Yelena, este evento tendrá lugar en pocos días", dijo Leonard.

Después de este evento volvieron a sus actividades.

"Esa fue una gran ceremonia, la enviaré a la Tierra, estoy seguro de que la usarán para la inauguración de la XXXV Olimpiada", dijo Robert. "Además, los Médicos están interesados en registrar la respuesta de su organismo en este tipo de esfuerzo ".

Leonard y Kiochi fueron al Mars Lander para realizar una verificación y para un entrenamiento del despegue.

"Robert al Campamento Terra" "Adelante" Respondió Nancy "Comenzaremos la maniobra de encuentro con la Estación Orbital de Marte, nos gustaría limitar la comunicación tanto como sea posible durante esta operación" Robert dijo "Enterados, buena suerte con eso, llámenos cuando estén listos ", dijo Nancy.

"Ok Li, de acuerdo con nuestras lecturas, el Houxing Zhan está a cuarenta kilómetros por delante. La secuencia de encuentro comenzará en ocho minutos ", dijo Robert.

Comenzó la secuencia de encuentro, los motores auxiliares del Orion fueron disparados por lapsos cortos para ajustar la órbita, el porcentaje de combustible disponible para las operaciones en la Orbita de Marte era del 97%.

"Ahí está", dijo Li. "Estamos a dos mil metros de allí", el vehículo Orion / Habitat se acercaba, su velocidad se redujo a una décima de metro por segundo, se realizaron algunas pequeñas maniobras para alinear los láseres del Hábitat con el objetivo, la consola de acoplamiento mostraba todos los objetivos alineados, a tres metros su velocidad se igualaba con la velocidad de la Estación.

"La Estación parece estable, los paneles solares extendidos, el Hábitat no tuvo problemas para alinearse con los puntos de referencia objetivo, es una vista hermosa", informó Li en un mensaje de voz que se transmitirá. En la Tierra, tendrán que esperar veintiún minutos para comenzar a recibir la telemetría.

Ambos vehículos permanecieron en esa posición durante doce minutos, se tomaron imágenes y se registraron todos los datos de la maniobra. Después de este período, la secuencia automática comenzó a alejar lentamente a Orion y al Habitat de la Estación, las cámaras externas de ambos vehículos estaban programadas para grabar todo el evento.

Cuando la estructura del Orión / Hábitat estaba a una distancia segura de mil metros, los motores auxiliares fueron disparados para regresar a su órbita original, el propulsor para las operaciones de Marte estaba al 94%, estaba dentro de los márgenes esperados.

La Maniobra tomó aproximadamente cuatro horas desde el principio hasta el final.

"MO1 al Campamento Terra" Li dijo: "Estamos de regreso en nuestra órbita, la maniobra fue un éxito total, les descargaremos algunos videos de la Estación de Marte, se ve impresionante". "Gracias, Li, nos alegra saber de ti, eres nuestro boleto de regreso a casa", respondió Kiochi sonriendo.

En la Tierra, el Control de la Misión en China, en Houston y en Colonia recibieron la telemetría del evento, analizarán todos los datos para averiguar si necesitan hacer algún ajuste al módulo de acoplamiento que se enviará a principios del 2033.

En el SOL 129 tuvo lugar otro evento olímpico, esta vez Yelena y Nancy realizarían varias competencias: lanzamiento de Jabalina, Disco y de Martillo.

Aunque no son atletas olímpicos, rompieron los récords olímpicos. Como Jabalina usaron un palo que su propósito principal era excavar, Yelena alcanzó 120 metros y Nancy 118.9 metros. Para Disco usaron una cubierta de un tubo de perforación usado, Nancy llegó a 110 metros y Yelena 95,6 metros, finalmente para Martillo usaron un pequeño pico, Yelena llegó a 130 metros, mientras que Nancy alcanzó 115,9 metros. "Guau, estas herramientas realmente vuelan aquí", comentó Nancy.

Después de este evento, Nancy y Yelena tomaron el carretón portátil con algo de desperdicio y se alejaron hacia el MR-4 que estaba a 1,1 kilómetros de distancia, iban a colocar todos estos residuos en el área de carga para la prueba de lanzamiento que tendrá lugar más adelante en la Misión.

Leonard estaba trabajando en el Invernadero, estaba documentando algunas de las plantas para enviar los informes al grupo científico que estaba siguiendo esta actividad en la Tierra, algunos de los científicos eran de Israel, ya que han desarrollado métodos agrícolas en ambientes desérticos.

Kiochi estaba ejecutando diagnósticos en el Mars Rover y actualizando algunos de sus sistemas.

"Este paisaje es increíble" comentó Yelena "no ha habido viento ya que podemos seguir las huellas del Rover cuando vino por el Invernadero", agregó Nancy. "Ahí está", señaló hacia adelante; el cohete MR-4 podría ser visto. "Estamos cerca" agregó

Ambos Marsnauts llegaron al Cohete MR, abrieron la puerta de carga y esperaron hasta que se posicionó para subir a la rampa. Yelena fue al área de Carga y tiró del carretón para descargar todos los artículos y ponerlos dentro del cohete. Fueron asegurados utilizando parte del material liberado del desembalaje del Invernadero y la carga que llegó. "Este es un área enorme", dijo, "Sí, entiendo que MR-6 o MR-7 tendrá algunos componentes e interfaces para apoyar el lanzamiento de un miembro de la tripulación para llegar a la Estación en la Orbita de Marte, y todos los sistemas necesarios para una aproximación automática y un acoplamiento, esto es importante en caso de que un miembro de la tripulación necesite asistencia médica en la Estación ", dijo Nancy. "No sé si tendremos otra oportunidad para regresar, el futuro parece muy interesante aquí" comentó Yelena. "Tal vez seremos asesores para futuras Misiones", respondió Nancy.

Ambas abandonaron el interior del cohete y procedieron a cerrar la compuerta de carga, regresaron al Campamento Terra con un carretón vacío.

Kiochi maniobraba el Mars-Drone en el área cercana al Campamento Terra, lo dirigía hacia el área donde Yelena y Nancy venían, pudo localizarlas con la cámara del drone, la elevó hasta cien metros.

En SOL 137 a los cuatro Marsnauts se les permitió realizar un EVA, esta vez para participar en el último torneo olímpico, fue el Maratón de Marte, por supuesto que caminarán no correrán, y solo dos kilómetros en cada dirección; Además del significado cultural del evento, el equipo médico estaba interesado en tomar algunos datos de cada uno de ellos durante el esfuerzo, esto les dará a los especialistas de la Misión la oportunidad de evaluar la efectividad del esfuerzo contra las rutinas que tienen que hacer cada día dentro del Marslab ; adicionalmente el grupo que diseñó y construyó los trajes de EVA estaban interesados en averiguar qué tan flexible y cómodo era el traje para cada miembro de la Tripulación.

Esta vez, Robert desde el MO1 dará la señal de inicio, deben alcanzar MR-4 y regresar a la línea de llegada, verificó que los sensores de todos los participantes estaban activos. "Ok, participantes del Primer Maratón Marciano, las reglas son simples, no hay carreras, no queremos tener accidentes o daños en sus trajes, El Drone ha sido programado para seguir el ID de Leonard, así que todo el evento será grabado". Robert dijo y continuó: "En sus marcas, listos, fuera".

Los cuatro Marsnauts comenzaron a caminar lo más rápido que pudieron, cada zancada era casi equivalente a dos y medio pasos respecto a una zancada similar en la Tierra, les tomó 37 minutos alcanzar el cohete y 34 minutos para regresar. Kiochi fue el primero en cruzar la línea de meta, seguido por Leonard, luego Yelena y Nancy.

Después del evento tuvo lugar la Ceremonia de Clausura de la Olimpiada. "En este SOL 137 del Terra 1, declaramos cerradas las primeras Olimpiadas de Marte", dijo Leonard. Se decidió dejar la Bandera Olímpica allí como símbolo de Paz.

"Eso fue magnifico, todo el evento fue grabado, buen trabajo, todas las lecturas fisiológicas se envían a la Tierra para su análisis", dijo Robert.

"El Control de la Misión en la Tierra ha enviado el programa para cada uno de los SOL 156 a 191, sería conveniente que los revisaran, este período de tiempo el Sol estará entre nosotros y la Tierra, por lo que las comunicaciones con la Tierra serán muy erráticas o nulas en ocasiones, quieren que tengamos actividades de operación estándar, no habrá excursiones y las actividades extravehiculares o EVAs se realizarán en el perímetro del Campamento Terra, no quieren que tomemos riesgos adicionales ", comunicó Li a la Tripulación Terra Camp. "Si tienen algún problema o desean enviar un mensaje a sus familias, tiene hasta SOL 152 si desean recibir respuestas".

"Han enviado también las últimas películas comerciales, algunas de ellas no se han estrenado en los cines de la Tierra y series de televisión", agregó Li.

"Gracias, Li, veremos estas series y películas, esperamos no ser causantes de spoilers" respondió Leonard riendo.

En el SOL 159 como era de esperar el enlace con la Tierra comenzó a ser inestable debido a la posición del SOL, sin embargo, ese día enviaron un rayo de luz desde el Campamento Terra hacia la Tierra para confirmar la teoría de Einstein sobre la influencia del Sol sobre un rayo de luz, debería causar una desviación ya que el haz de luz se ve afectado por la gravedad del sol.

Este Mensaje fue grabado por el Comandante Cooper. "Estamos aquí hoy, Sol 159 del Terra 1 para realizar un experimento para confirmar la teoría de Albert Einstein sobre la influencia de la fuerza gravitatoria del Sol en un rayo de luz, en este momento Marte y la Tierra están comenzando a ser eclipsados por el Sol, por decirlo de alguna otra manera, ambos planetas están en lados opuestos. Generaremos un rayo, cuando se reciba en la Tierra debería presentar una diferencia del origen, esto es, el ángulo de desviación indicará la fuente aparente, no la posición real de Marte en este momento".

"Los científicos analizarán esto en la Tierra y en algún momento darán sus resultados y conclusiones", agregó.

En SOL 162 Robert a bordo del Habitat notó que se estaba formando una perturbación en Terra Sirenum, 39.7S, 150W. "Robert al Campamento Terra" "Adelante" Leonard respondió "Hemos observado una perturbación que se está formando en Terra Sirenum a 7,185 kilómetros al suroeste de ustedes, las predicciones del modelo son que se moverá hacia el oeste, lo estaremos observando, y los mantendremos informados ", informó Robert. "Gracias". Respondió Leonard.

Los siguientes días, el equipo realizó operaciones de rutina, que incluyeron EVA para explorar hasta a tres kilómetros del Campamento Terra, utilizando el drone para la observación del terreno y el mapeo desde arriba.

Se instaló un pequeño modelo de escudo electrostático a unos 2000 metros del laboratorio, con un contador de radiación para conocer la efectividad de esta tecnología para proteger a la tripulación de la radiación.

La tormenta de arena se movió hacia el suroeste y luego se disipó, por lo que nunca fue una amenaza para la tripulación, sin embargo, practicaron la instalación de escudos de protección en caso de tormenta de arena en el Campamento Terra, también removiendo todo el equipo alrededor del laboratorio y asegurando el Mars Lander.

Desde orbita, Robert y Li, continuaron la observación de Marte y el Espacio, tuvieron la oportunidad de tomar imágenes de Phobos y Deimos, también de Júpiter y sus satélites.

En el Sol 171, Robert llamó al equipo del Campamento Terra y les informó que "hoy estamos a la distancia más lejana de la Tierra, estamos a 394,000,000 kilómetros, estamos en el lado opuesto del Sol. Es increíble que podamos ver este lado del Sol mientras las personas en la Tierra observan el otro lado; estos muestran el magnífico Universo creado por Dios. En SOL 192 la distancia comenzará a disminuir, eso significará que nos acercaremos a casa ". "Gracias, Robert, a solo doce meses de regresar a casa" dijo Leonard. Esta oportunidad se aprovechó para tomar imágenes del Sol desde el MO1 en la Orbita de Marte y de la Tierra, de esa forma podrían estudiar el movimiento de Manchas Solares.

En el SOL 185, el MSV-2 se acercaba a Marte y en pocas horas comenzará su descenso a un área predeterminada cerca del Campamento Terra. "Robert a Leonard, en las próximas horas el MSV-2 aterrizará en Marte, nuevamente usando la técnica de Sky-crane, la última información que tengo es un aterrizaje a 150 kilómetros al sureste de ti, tal vez podrías verlo cuando entre a la atmósfera". "Es una gran noticia, trataremos de captarla con las cámaras del Rover y Marslab", respondió Leonard. "El prototipo de scooter eléctrico está a bordo, por lo que pueden probarlo y enviar comentarios a los ingenieros, también un nuevo MarsDrone diseñado para Misiones de Exploración Extendida", dijo Robert, "enterado que va a ser muy interesante".

Más tarde, al empezar a caer la noche, pudieron ver el vehículo que entraba en la atmósfera Marciana con las cámaras, luego desapareció cuando el escudo térmico fue arrojado, unos cuarenta minutos después, recibieron la confirmación de Li en el MO1 de que el MSV-2 había aterrizado de forma segura en las coordenadas 22.57 N 42,61 W a 149,84 Kilómetros desde el Campamento Terra. Lo sabían porque tan pronto como el sky-crane lo liberó, envió una señal al MO1 para poder localizarlo con su ID electrónica MSV2.

"Su carga ha llegado", dijo Li al equipo del Campamento Terra. "Gracias por la noticia", respondió Kiochi.

A bordo del Marslab, Yelena no se sentía bien; después de que Nancy la revisara, descubrió que su presión arterial era baja. Toda la Tripulación había recibido capacitación para emergencias médicas de primeros auxilios y Nancy recibió capacitación como especialista médica para ciertas situaciones de salud. Se preparó el Diagnostico y se estableció la comunicación con el MO1. "Robert, tenemos una situación aquí", dijo Nancy. "Yelena tiene presión arterial baja, comenzó a sentirse muy débil y casi desmayada, he seguido el procedimiento y ahora descansa, la controlaré. Por el momento su presión arterial se ve estable ". "Enterado, voy a necesitar que prepare un informe para enviarlo a la Tierra tan pronto como termine el bloqueo de la señal, en aproximadamente tres SOLs, por lo pronto sigue el procedimiento". Robert dijo. "Enterado, lo haré".

Durante las siguientes horas Yelena se recuperó de esta situación, todos sus signos vitales fueron registrados por los sensores que todos los miembros de la tripulación usan todo el tiempo, de esta manera Médicos en la Tierra podrían diagnosticar y dar sus recomendaciones a este equipo y tripulaciones futuras.

...

En la órbita terrestre, la Tripulación Terra-3 comenzó su entrenamiento en el Módulo Schiaparelli, aunque serán enviados a Marte en octubre de 2037, eran la Tripulación de respaldo del Terra-2.

El Módulo de acoplamiento adicional para la EOSS fue enviado a bordo de un cohete de carga pesada comercial del Centro Espacial Kennedy, y fue recibido por la Tripulación a bordo del EOSS que lo capturó y lo atracó en el Puerto B del Módulo de compuertas. Se estaban haciendo los preparativos para recibir el Módulo de Extensión del Habitat y el nuevo Mars Lander, y se necesitaba un puerto de acoplamiento adicional para recibir al Mars lander 1 para mantenimiento.

El Módulo de acoplamiento para la Estación Orbital de Marte estaba en los preparativos finales para colocarse en su contenedor de protección para Lanzamiento, y en pocas semanas se integrará con el nuevo cohete chino, el Long March HL-4.

...

Robert en el MO1 recibió la primera comunicación de la Tierra después del LOS causado por el Sol. "Control de Misión Tierra a MO1, por favor, confirme este mensaje, el período LOS ha terminado". El mensaje fue enviado en el día de la Misión 481, el 31 de julio de 2032. Hace 21.88 minutos. "Me alegra oírlos de nuevo" Robert respondió y envió el mensaje que se recibirá en 21.88 minutos a partir de ahora. Luego comenzó a transmitir toda la información almacenada de los SOL anteriores.

"Control de Misión Tierra a MO1, el médico de vuelo recomienda que Yelena tenga una menor actividad y una dieta que ha enviado, también quieren muestras de sangre, así como muestras de orina y heces, siguiendo los procedimientos para insertarlas en la unidad de Análisis Médicos, esta es una actividad de alta prioridad, la Administración de la Misión también recomienda que Leonard y Kiochi vayan a buscar el MVS-2 que ha llegado. La Próxima Excursión que irá al Norte está tentativamente programada para SOL 247, este es el Día de la Misión 536. El lanzamiento del MR-4 para Marte ahora se considera para SOL 388, Día de la Misión 677, hay una oportunidad de ventana de cuatro minutos para realizar un encuentro con ustedes en la Orbita de Marte y una EVA realizada por Li está siendo considerado para acercarse al cohete y abrir la escotilla de servicio del área de Carga. Es posible que una Excursión 4 se programe dependiendo de los resultados de la Excursión 3. El MSV-1 debería estar listo para la excursión 3 de acuerdo con la lista de verificación que cargáramos. Fin del mensaje".

Según lo planeado, Kiochi y Leonard viajaron al sureste para obtener el Contenedor MSV-2; a diferencia con el anterior, extendieron sus bases de plataforma de aterrizaje y luego las ruedas, lo engancharon a la parte posterior del Rover y probaron el flujo de señales desde él hasta la consola Rover. Se tomaron un tiempo para explorar el área y dejar un repetidor remoto para monitorearlo.

Regresaron al Campamento Terra más tarde en el mismo SOL, dejaron el MSV-2 cerca del Marslab y colocaron el Rover en posición para atracar con el Marslab. Tienen que prepararlo para la Excursión 3, un viaje planeado de 1463 kilómetros para salir con el MSV-1 hacia el norte. Debido a la carga y el terreno, este viaje durará alrededor de 34 Sols, considerando una velocidad promedio de veinte kilómetros por hora, viajando ocho horas al día, y pasando dos días en cada Estación y de cinco a diez días en la Estación 4 donde el MSV -1 quedará para uso futuro.

Yelena estaba totalmente integrada a las actividades, ahora era el momento de definir quién iría a esta Excursión. Se decidió que Kiochi y Nancy. Leonard y Yelena permanecerán en el Campamento Terra, trabajando con el recién llegado MSV-2.

Kiochi y Nancy prepararon el Rover para la Excursión 3, realizaron todas las verificaciones de los sistemas, ajustaron los sensores, eliminaron el polvo, cargaron los sistemas con el software enviado desde la Tierra, llenaron los tanques de agua y oxígeno y limpiaron los filtros para el proceso de reciclaje y cargado de suministros para la primera parte del viaje. Esta vez tendrán a bordo un Aloe Vera extraída del invernadero, que debería ayudar con el oxígeno.

Tenían muchas actividades para realizar en el exterior, así que se pusieron sus trajes de EVA y salieron del Marslab. Tuvieron que cargar el vagón de carga con suministros y repuestos, como baterías y los paneles solares auxiliares, también con el taladro y los tubos de extracción, las estaciones repetidoras remotas que se iban a dejar en cada Estación; luego se enfocaron en el MSV-1 que tenía que estar preparado para dejarlo en la Estación T1E3-4 ubicada a 36.72 N y 44.5 W.

MSV-1 se convertirá en una Estación Remota del Campamento Terra 1, y se utilizará para futuras exploraciones hacia el Polo Norte; quizás la próxima Tripulación lo moverá más hacia el norte. Este módulo tiene su propia energía suministrada por paneles solares y baterías de plutonio, un molino de viento cuenta con contenedores presurizados para suministros y un contenedor para herramientas y repuestos, tiene unidades de reciclaje de agua y oxígeno, puede soportar dos Marsnauts. Puede estar presurizado, por lo que en este caso el Rover debe atracar con él para poder entrar, y para las Excursiones EVA se usará la esclusa de aire del Rover. En esa Estación, la Tripulación también dejará en operación un generador de oxígeno atmosférico que utiliza la atmósfera de Marte para extraer el oxígeno de y almacenarlo en un tanque para ser incorporado en la Unidad de Reciclaje del MSV-1.

El MSV-1 se puede operar de forma remota desde la Tierra, por lo que se verificará constantemente para tenerlo en operación para la siguiente Tripulación.

Como el Rover y su carga estuvieron listos antes de tiempo, la Administración de la Misión decidió mover la fecha de la Excursión tres a SOL 230, 5520 horas en el día 519 de Marte y de la Misión, esto es 17 días antes de la fecha original, esto porque se detectaron heladas en esas latitudes y le dará a la administración de la Misión, la oportunidad de agregar una excursión más al sur del Campamento Terra .

En los siguientes SOLs, Kiochi en el Rover y Robert a bordo del Habitat en la Orbita de Marte trabajaron juntos en los detalles de la ruta, cargando la información en el sistema de guía del Rover, para permitir que el Rover opere casi autónomamente, supervisado por el sistema de seguimiento en Orbita de Marte en tiempo real.

Cuando el Sol comenzó a levantarse en SOL 230, Kiochi y Nancy ingresaron al Rover; cerraron la escotilla del Marslab y la del Rover, y comenzaron las últimas rutinas de autoprueba antes de desacoplarse.

Los pestillos y ganchos se desbloquearon y el Rover comenzó a moverse para colocar su parte trasera delante de la unidad formada por el vagón de carga y el módulo MSV-1. El vagón fue capturado por el gancho trasero del Rover, y la transferencia de señales comenzó a fluir a la consola del Rover, indicando el estado de los dos vehículos que tirará. Después de esto, comenzaron el viaje.

Noventa minutos más tarde llegaron a la Estación uno, identificada como Estación T1E3-1, en esta Estación solo dejaron una Estación de transmisión remota, la instalaron con los brazos robóticos remotos del Rover, ya que estaba en el contenedor frontal. Continuaron hasta la Estación Dos, ubicada a 295 kilómetros al noroeste. El viaje duró casi diez horas, la velocidad promedio fue de 30 kilómetros por hora; pudieron ver y registrar la puesta de Sol y llegar al lugar predeterminado por la noche. El Rover tenía suficientes faros para iluminar el área circundante. Completaron el final de las actividades de SOL y se prepararon para descansar, Li desde la órbita verificó la ubicación con el sistema de seguimiento para confirmar que estaba en el lugar correcto. La etiqueta MR1-ID estaba visible.

Cuando apagaron los faros externos, pudieron ver el cielo nocturno con millones de estrellas brillantes, pudieron ver a Júpiter y sus cuatro satélites galileanos con gran detalle con una cámara móvil, y detectaron algunos meteoritos que entraban en la atmósfera Marciana. "Este es realmente un espectáculo celestial", dijo Nancy.

En el Campamento Terra, Leonard y Yelena comenzaron a mover algunos suministros y equipos que deberían agregarse o reemplazar los equipos existentes en el Laboratorio, Invernadero, Mars Lander o Mars Rover. También recibieron su cena de Navidad y regalos, por supuesto esto se usará en la fecha apropiada, SOL 338 que se convertirá en la primera Celebración de Navidad en la superficie de Marte, el Primer año chino se celebró en SOL 21, el próximo se celebrará en SOL 376.

Hubieron dos artículos especiales que llegaron, uno fue el Scooter eléctrico para ser utilizado por un Marsnaut para viajar distancias de hasta diez kilómetros, o dos horas antes de que requiera recargarse, y el segundo fue un nuevo Drone, el Mars Exploration Drone, o MED1 para abreviar, que fue diseñado para volar largas distancias, a una altura de diecisiete kilómetros, tiene baterías de plutonio, cuatro cámaras de alta definición, instrumentos meteorológicos, una pequeña canasta de carga y una grúa pequeña para recoger una muestra. Se probará sobrevolando todas las estaciones repetidoras remotas que se instalaron para mapear toda el área, y también se puede programar para volar a un marcador virtual. Si esto funciona como se probó en la Tierra, se usará para explorar uno de los puntos más altos de los volcanes Marcianos y los Polos Norte y Sur.

Leonard se paró en la plataforma eléctrica Scooter para probarla en un corto viaje. El scooter era impulsado por energía solar, como el Rover, tiene láseres para identificar las amenazas en el terreno y una cámara con un estabilizador para registrar y transmitir el viaje. Se puede colocar una pequeña canasta de carga en el frente para transportar herramientas o muestras. Él solo lo usó a pocos metros alrededor del Campamento Terra. Ambos Marsnauts regresaron al laboratorio para trabajar en el Invernadero y para terminar las actividades de este SOL.

En la Estación T1E3-2 Kiochi y Nancy se despertaron con la canción "Looking for Water on Mars" escrita y cantada por Unique World, un grupo formado por cuatro hombres y cuatro mujeres de diferentes países, que comenzaba diciendo "Esta canción fue inspirada por la valiente Tripulación del Terra-1, esto es para todos ustedes". Era una hermosa canción que hablaba sobre el esfuerzo por buscar agua en Marte y sobre la importancia del agua para la vida; la música fue acompañada por una orquesta con violines y otros instrumentos que produjeron una melodía fantástica. "Esa fue una canción hermosa", dijeron Kiochi y Nancy. "Esperamos encontrar algunas pistas que nos lleven a encontrar agua en este Planeta", dijo Kiochi. "Estamos en lo que parece que una vez pudo haber sido un gran lago, hay estructuras que parecen ser lechos de ríos que entran en el lado oeste". Parece que hubo una salida de agua a un océano o un lago ", dijo Nancy. Esta grabación fue enviada al MO1 para ser transmitida a la Tierra.

Después de prepararse, Nancy y Kiochi abandonaron el Rover y lanzaron el Drone para reconocimiento de la zona. Comenzaron a caminar hacia el este para colocar el taladro y recoger una muestra, como lo indicaron los geólogos y planetólogos de la Tierra.

Después de seis horas de exploración, ambos Marsnauts regresaron al Rover y dejaron el taladro en operación automática; se recuperaría en el próximo SOL.

El siguiente SOL, continuaron explorando el área, esta vez fueron al norte del Rover. El Taladro se había detenido, tenían una muestra completa de seis metros de profundidad, y el transmisor del Taladro ya había enviado los resultados espectrográficos a la Tierra.

En el SOL 234 llegaron a la Estación 3 al norte, a 33.93N, 40.74 W, pudieron ver que había escarcha en algunas áreas y rocas. Exploraron esta área por dos SOLs y tomaron las muestras que se les pidieron, algunas del taladro y otras de la superficie. Todas las muestras se examinaron *in situ* principalmente para tener las condiciones reales, luego las empacaron y sellaron el contenedor. Se les pidió que depositaran un poco de tierra en un laboratorio biológico que buscará moléculas orgánicas, con instrumentos más sensibles que los utilizados por los Vikings y otros vehículos robots, esperan ver los resultados si se agrega un nutriente en el suelo, esto podría Indicar la presencia de moléculas orgánicas.

En el SOL 237 partieron hacia la Estación 4, donde se iba a entregar el MSV-1, estaba a 244 kilómetros de distancia, a 36,72 N 44,5 W. Debido al terreno, el viaje debe dividirse en dos SOLs.

En el SOL 237, el Rover avanzó ciento ocho kilómetros en nueve horas. El Control de la Misión decidió que deberían descansar durante la noche, pero permanecer en el Rover. En SOL 238 cubrieron la distancia restante en diez horas y quince minutos.

En la mañana del SOL 239, Nancy y Kiochi liberaron la plataforma que estaba soportando el MSV-1, para poder asegurarla en la superficie de Marte y proceder a activar sus sistemas para dejarla lista para su uso futuro. Una vez liberados, movieron el Rover con el vagón de carga hacia adelante a pocos metros de él. Se pusieron sus trajes de EVA dentro de la Esclusa, comenzaron el proceso de presurización de ellos y luego la despresurización de la cámara de aire, abrieron la escotilla del EVA y salieron a la superficie.

"Podemos ver escarcha en todo el lugar, algunas áreas son completamente blancas y otras sin ella, es un poco resbaladiza, colocaremos el taladro en un lugar con escarcha y luego en un lugar sin escarcha", dijo Kiochi.

"Ok, Kiochi, pasaré la información a los geólogos planetarios", dijo Robert desde el MO1.

"Después de que coloquemos el Taladro, comenzaremos a asegurar el MSV1 en el suelo Marciano con los arpones", agregó Kiochi.

Ambos Marsnauts comenzaron con el proceso de seguridad, primero retrayendo las ruedas del MSV-1, luego disparando los arpones que lo asegurarán y evitarán que se mueva con vientos de hasta 120 kilómetros por hora, luego procedieron a abrir la escotilla y extrajeron los paneles solares externos que debían instalarse a cada lado de la estructura del tipo de cilindro, eran cuatro, cada uno tenía un poste que podía doblarse para proteger los paneles solares de los fuertes vientos. Tan pronto como fueron instalados deberían comenzar a cargar las baterías, también había una conexión a un molino de viento inteligente que se posiciona en la dirección del viento y ajusta sus astas para una mejor generación de energía.

Una vez que se cargaron las baterías, el siguiente paso fue establecer el módulo primero en modo de operación y luego en modo de hibernación, lo que significa el estado mínimo de operación para mantener los sistemas en línea y permitir que los científicos de la Tierra puedan acceder a ellos.

En este momento este Módulo es solo un Hábitat temporal para soportar hasta dos miembros de la Tripulación, no tiene una cámara de aire; para futuras Misiones el Rover estará atracado y usará la escotilla para EVA del Rover para exploración; por el momento, esto significa que necesitaba ser presurizado cuando la escotilla estuviera asegurada, los Marsnauts tienen que seguir los procedimientos de verificación que no existían fugas así como el proceso de igualación de presión del módulo con la de sus trajes.

Los siguientes dos SOLS, Nancy y Kiochi se quedaron en el MSV-1 probando su equipo y las comunicaciones con el Habitat, a través de la Antena del Rover. Básicamente, el módulo solo tenía instrumentos meteorológicos y control ambiental.

En el SOL 243, Nancy y Kiochi estaban de vuelta en la superficie, esta vez para recuperar el taladro y la muestra; llegó a 5.21 metros de profundidad. Procedieron a instalarlo en otra ubicación que no tenía escarcha, y lo dejaron para la operación de perforación en automático.

En el Campamento Terra, Leonard y Yelena estaban dentro del Marslab realizando algunos experimentos y trabajando con el Invernadero, tenían que cosechar algunas de las verduras para sembrar otras nuevas, pero antes tienen que preparar el suelo nuevamente para cultivos de tierra, tal como se realiza en la Tierra. Algunas lechugas hidropónicas y otras verduras también fueron recolectadas, y prepararon el lugar para las nuevas.

Leonard probó el nuevo MED1, el Mars Drone de Exploración; ingresó en su computadora la ubicación del MR-4 para un vuelo de prueba donde debería sobrevolarlo y transmitir el video desde esa ubicación. En ese momento, Leonard pudo maniobrarlo remotamente desde el laboratorio utilizando la consola MED1. Todos los datos fueron grabados y enviados a MO1 para ser transmitidos a la Tierra.

"Estamos frente al MSV-1", dijo Nancy a la cámara para una grabación de este evento, Kiochi estaba cerca de ella, ambos parados frente al módulo en sus trajes de EVA. "Este módulo, a partir de este SOL se llamará Estación del Norte 1 y será utilizado por el Equipo Terra 2 y otras tripulaciones para explorar esta zona y el norte". Movieron la cámara hacia el horizonte. "Este es el lugar más al norte que exploraremos en esta Misión, como pueden ver, la mayor parte del suelo está cubierto de escarcha, como en la Tierra, esta escarcha puede derretirse en pocos días ya que las estaciones están cambiando y el invierno aún no ha llegado" Kiochi dijo; la cámara se movió hacia el Rover. "En dos SOLS partiremos hacia la Estación 5 de esta Excursión, se encuentra en el área de Nilokeras Mensae, a 517 kilómetros de distancia, nos tomará tres SOLS para llegar, ya que el Rover es casi autónomo. Podemos hacer nuestras rutinas físicas y hacer otras actividades, esperamos viajar diez horas cada día, a una velocidad promedio de veintidós kilómetros por hora", dijo Nancy.

"En esta región hemos recolectado muestras y hemos perforado dos veces, los científicos en la Tierra están analizando los resultados transmitidos por el taladro para las evaluaciones preliminares, también hemos depositado muestras de suelo de esta área en algunos tubos que serán analizados durante los próximos días por el laboratorio biológico portátil. Este laboratorio utiliza el tubo insertado con tierra para analizar el material y los resultados después de agregar un nutriente a la muestra, el objetivo es averiguar si hay material orgánico en Marte que pueda procesar el nutriente "agregó Kiochi" Por supuesto, la interpretación de estos datos deberá ser realizada por un grupo de científicos en la Tierra ".

"Finalmente, queremos compartir esta puesta de sol, es impresionante, tal vez no tan hermosa como las puestas de Sol en la Tierra, pero tiene su belleza y es realmente espectacular", dijo Nancy mostrando el atardecer y terminando la transmisión.

"Fue un gran evento, mostró lo que estamos haciendo aquí, los felicito a ambos", dijo Leonard desde el Marslab "¡Fue asombroso!". Comentó Yelena.

"Gracias por este gran evento", comentó Li desde el MO1 en la Orbita de Marte. "Estoy seguro de que mañana muchas personas en la Tierra estarán mirándolo y estarán muy orgullosos de ustedes". "Gracias, Li". Nancy respondió. "Ahora deben regresar al Rover, necesitamos que aseguren la compuerta del MSV-1. Mañana pondrán el MSV en modo de hibernación y recogerán el taladro; Verificaré los datos de la próxima estación que ya está cargada en el sistema de guía del Rover".

"Ok, haremos eso" respondió Kiochi y procedieron a regresar al Rover.

El siguiente SOL, Kiochi y Nancy salieron por última vez en esta Estación para asegurar el MSV-1 y ponerlo en modo de hibernación; verificaron con el MO1 que la ID se recibía estando en este modo para que pudiera ser identificada por la siguiente tripulación y poder tener acceso a sus sistemas remotamente. Después de hacer esto, recuperar todos sus equipos y almacenar las muestras en el Carro de Carga, regresaron al Rover para concluir las actividades y prepararse para partir hacia la Estación 5.

En la Estación 5, llamada T1E3-5 ubicada en Nilokeras Mensae 30.39N, 51.4W Nancy y Kiochi pasaron tres SOLs, llegaron en el SOL 250 después de casi tres días de viaje. Exploraron el área, tomaron algunas muestras y extrajeron algunas muestras de la corteza con el taladro, como en excursiones anteriores dejaron una estación repetidora remota.

Después de esto, se detuvieron en dos Estaciones más, T1E3-6 ubicado a 29.7 N, 52.15 W, 54.8 kilómetros de la Estación 5, y la Estación T1E3-7 68.86 kilómetros al Sur de la Estación 6, a 28.53N 52.19 W.

En el Sol 259 comenzaron su regreso a Terra-Camp, fue un viaje de 479 kilómetros por lo que se realizaría en dos SOLs.

Después de 31 SOLs, el Rover con Kiochi y Nancy llegaron al Campamento Terra. El vagón de carga se soltó y el Rover se colocó en posición para el atraque automático con la escotilla Marslab. La Excursión había sido muy exitosa, la información generada por todas las muestras ya estaba siendo analizada en la Tierra por científicos de muchas naciones, tomaría algún tiempo antes de que una declaración se hiciera pública. Nancy y Kiochi ingresaron al laboratorio, fueron recibidos por Leonard y Yelena con buena música. "Bienvenidos a casa", les dijeron y se celebró una ceremonia de Bienvenida, y la planta de Aloe Vera que los acompañó todo el recorrido regresó al Invernadero.

Leonard y Yelena comenzaron a revisar el plan para la Excursión 4, esta vez hacia el sur y el este, un viaje de 1882 kilómetros con nueve Estaciones. Explorarán Simud Valles, y Tiu Valles, diferentes tipos de terreno, se estima que durará 35 SOLs.

Antes de la Cuarta Excursión tenían que preparar el Rover, aplicar las actualizaciones que se enviaron desde la Tierra, eliminar el polvo y probar cada sistema de él, los láseres, cámaras, baterías, equipos de reciclaje, ruedas y cada sistema con un conjunto de pruebas enviadas por los ingenieros que lo construyeron.

Nancy y Kiochi tenían que documentar cada muestra de la superficie y del taladro, enviar la información a la Tierra, algunas muestras se analizarían en el Laboratorio del Marslab y otras se llevarían a la Órbita de la Tierra, los científicos determinarán esto. También tienen que limpiar el laboratorio biológico portátil para usarlo en la próxima Excursión.

Tenían mucho trabajo por hacer, Nancy y Kiochi tendrán tiempo libre, para actividades personales, debido al arduo trabajo realizado durante la Excursión de los SOLs anteriores.

Kiochi y Leonard se tomaron un tiempo para probar el MED1, se programó para sobrevolar todas las estaciones repetidoras remotas instaladas cerca del Campamento Terra, y también para recoger una muestra de un lugar específico a quinientos metros del Campamento Terra. Si estas pruebas eran exitosas, el MED1 realizará algunas observaciones en las áreas del terreno alrededor del Rover durante la Excursión 4, y dependiendo de estos resultados, se considerará una última excursión al suroeste, al norte de Maja Valles, donde se enviará el MED1 para tomar imágenes del punto más alto de Ascraeus Mons.

Leonard y Yelena entraron en el Rover y comenzaron los preparativos finales para la excursión, el Rover se desacopló del Marslab y se colocó frente al vagón de carga que contenía las Estaciones remotas para instalarse en cada sitio de exploración que visitarán, el taladro, herramientas, y un contenedor con suministros. Antes de comenzar, verificaron por última vez que todos los sistemas estuvieran operando, los suministros cargados, así como el oxígeno, el agua y los alimentos.

"Las baterías están al 100% cargadas, tenemos las nueve Estaciones de Exploración cargadas en los sistemas de guía, todos los láseres funcionando bien, todas las cámaras, reciclador de oxígeno y reciclador de agua, generador de oxígeno funcionando, funcionamiento de molino de viento, sistema de gestión de desechos listo, señalización del vagón de carga OK "dijo Yelena.

"Ok, te tenemos identificado desde el MO1" dijo Robert.

"Los seguiremos con el MED1 por encima de ti", dijo Nancy desde el Marslab.

"Bien, comencemos este viaje", dijo Yelena y el Rover comenzó a moverse, esta vez hacia el sur y el sureste, era el SOL 238.

Esta sería la Excursión más larga de la Misión Terra-1; planeaban quedarse al menos dos SOLs en cada ubicación para documentar el terreno y recoger muestras en la superficie y mediante perforación.

La primera Estación, T1E4-1 ubicada a 313 kilómetros al sureste del Campamento Terra en 20.57N, 40.37 W entrando en Simus Valles, después de explorar esta área, continuaron hacia el sur hasta 17N, 36.89 W, este es Tiu Valles. Esta es la Estación más al sur de la Excursión, la Estación T1E4-2.

"Tenemos un visitante" dijo Leonard mientras exploraban, Yelena lo miró intrigada. "No te preocupes, no es un extraterrestre, es el Drone de Exploración de Marte", señaló hacia arriba, estaba el drone volando a unos cien metros por encima de ellos.

"Hola exploradores del sur" Nancy dijo en la radio "Pudimos grabar sus huellas en el suelo" se rio. "Entonces no podemos escondernos" dijo Yelena. El Drone descendió a unos veinte metros de altura. "Vamos a probar el acercamiento y la selección de muestra del Drone, por lo que voy a aterrizar a doscientos metros de ustedes y recoger una pequeña cantidad de tierra. Esta es una prueba que los Administradores de Misión quieren que realicemos ", dijo Nancy.

"Ok, solo danos un minuto para direccionar y enfocar con las cámaras" dijo Leonard y después de unos minutos agregó "Ok, lo tenemos enfocado, Yelena está de un lado y caminaré hacia él mientras esté en la superficie para grabar la recolección de muestras" dijo Leonard.

"Enterado, entonces comenzaré la maniobra de aproximación, este vehículo tiene inteligencia, calcula la distancia a la superficie para ajustar la velocidad y se detiene cuando llega" dijo Nancy: "Sí, probamos esa funcionalidad en el Campamento" respondió Yelena.

El Drone comenzó a descender, reduciendo su velocidad y maniobrando para alinearse con el punto de aterrizaje seleccionado, cuando llegó a la superficie se detuvo. "Justo en el blanco", dijo Nancy.

"Lo tengo a la vista, déjame acercarme para capturar esta imagen", dijo Leonard. "Ok, lo tengo aquí".

Nancy dio la orden de recolectar la muestra de suelo y ponerla en la cesta de carga del Drone.

El brazo robótico del Drone tiene diferentes herramientas que se pueden adaptar en su conector ubicado al final del mismo, tiene una cuchara, una herramienta de captura y un taladro pequeño, dependiendo de la tarea se seleccionará la herramienta necesaria, para este caso la cuchara fue seleccionada. El brazo se movió para seleccionar la herramienta y asegurarla; luego avanzó para recoger una pequeña cantidad de tierra. La pala tiene una tapa que se asegura después de que se recupera la muestra, luego el brazo se mueve hacia la canasta para depositar allí la muestra. La canasta tiene tres secciones de depósito. Después de esto, el brazo robótico se movió hacia el frente y vibró para liberar el polvo que pudiera haber quedado en la pala. Luego retrocedió para depositar la pala en la sección de herramientas, la desbloqueó y la liberó, finalmente el brazo robótico volvió a la posición del almacenaje.

"Eso fue increíble", dijo Leonard.

"Ok, ahora el Dron despegará y comenzará su camino a casa, lo enviaremos mañana nuevamente", dijo Nancy.

"Enterados, estaremos aquí" respondió Yelena.

"Esta área parece haber sido el lecho de un río que fluía hacia el sur, de hecho, donde el Campamento Terra esta, pudo haber sido un océano o lago, con agua fluyendo hacia el oeste y el sur, esto es un misterio y esperamos que todas estas muestras puedan ayudar a científicos y planetólogos a comprender lo que sucedió en este Planeta ", dijo Leonard.

"Bien dicho" respondió Robert desde el MO1.

Ambos Marsnauts abordaron el Rover para continuar a la siguiente Estación T1E4-3 ubicada a 136 kilómetros al este, coordenadas 17.48 N 31.47 W cerca del borde de una tierra alta, mientras Yelena se quedó cerca del Rover, Leonard subió unos diez metros para tomar una muestra " Esto podría haber sido una isla ", comentó.

Después de tres SOLs continuaron hacia la siguiente área de Exploración ubicada al este, en los límites con Oxia Colles, un área con material más oscuro, sus coordenadas 19.89N, 31.03 W. El viaje tomó un SOL y seis horas porque estaba a 237 kilómetros de la Estación anterior. El MED1 voló sobre ellos, luego, se dirigió hacia el este, en dirección a Coogoon Valles.

Después de T1E4-4 viajaron 98 kilómetros hasta la Estación 5 ubicada a 21.5 N 31.58 W, un área geológica muy interesante, que también parecía que el agua había fluido allí en algún momento, hacia el sur. Recolectaron aquí cuatro muestras de perforación, todas llegaron al límite de siete metros en profundidad. "Estoy seguro de que los científicos en la Tierra estarán muy contentos con estas muestras, observándolas pueden tener material congelado en la parte más profunda", dijo Yelena.

Después de dos SOLs, continuaron su viaje hacia T1E4-6, 135 kilómetros al oeste, esta Estación estaba en el borde de la base de un cráter, a 20.87N y 33.85 W. Los planetólogos y geólogos estaban interesados en tener muestras de esta área para tratar de determinar el origen del cráter, una muestra de roca de esta área iba a ser llevada a la Tierra para que los científicos puedan analizarla, compararla con algunos meteoritos que se encontraron en la Tierra y calcular la edad de esta roca y por lo tanto de esta área.

"Leonard y Yelena, el Control de la Misión Tierra quiere saber si se sienten bien, este viaje ha sido muy largo y todavía tienen algunas Estaciones para ir antes de regresar al Campamento Terra, si están cansados pueden cancelar las próximas Estaciones", preguntó Robert. Después de un breve silencio, Leonard respondió "Gracias Robert, estamos bien, estamos seguros de que podemos completar la Excursión según lo planeado, tendremos tiempo para descansar más tarde". "Bien, Leonard, les diré esto. Sabía cuál iba a ser la respuesta, pero tenía que preguntarlo de todos modos, que tengan un buen viaje a la Estación siete ", agregó Robert. "Gracias, por cierto, pudimos ver la Tierra como una estrella brillante al atardecer, es impresionante mirarla desde aquí, creo que estamos comenzando a sentir nostalgia", dijo Leonard. "La he visto también desde aquí, es difícil describir la sensación cuando sabes que es un Planeta con vida, y que nuestras familias y amigos están allí, es una joya en el universo, un oasis, mi más profundo deseo es que después de este esfuerzo, los habitantes de la Tierra vean al Planeta con amor y lo cuiden, nadie quiere que la Tierra se transforme en un Planeta como Marte o Venus, estamos muy lejos de los Planetas con condiciones similares a la Tierra descubiertos por las Misiones de los cazadores de planetas "Robert respondió.

"Tienes razón, tendremos que ser lo suficientemente buenos para transmitir esto a todos, esta es una poesía científica" respondió Leonard, el Rover viajaba hacia T1E4-7, a 61 kilómetros al noroeste.

En la Estación 7, ubicada en 21.26N, 35.01W, Leonard le pidió a Yelena que se pusiera de pie contra la puesta del Sol, quería capturar la imagen de un Marsnaut en la superficie de Marte, con la increíble puesta de sol que va del anaranjado oscuro al azul oscuro, quería capturar a la Tierra como un punto brillante en el cielo nocturno. "Bien, Yelena ahora por favor levanta tu mano izquierda a mitad de camino y apunta hacia arriba, ahora mueve tu brazo unos centímetros hacia tu izquierda. Detente, esto es perfecto, esta será una fotografía histórica "Tomó muchas imágenes. La imagen mostraba a Yelena en su traje de EVA de pie sobre el suelo rojo, como fondo los colores de la puesta de Sol, y apuntaba a una pequeña Estrella que era el Planeta Tierra.

Por la noche podían ver a Júpiter y a Saturno, se veían muy brillantes.

En esta Estación exploraron un pequeño valle que estaba rodeado por tierras más altas, el suelo estaba bastante oscuro, tomaron algunas rocas y dos muestras de perforación, una de ellas tenía seis metros de profundidad, la otra solo cuatro hasta que alcanzó una roca o una capa de rocosa.

La siguiente Estación T1E4-8 estaba ubicada a 102 kilómetros al suroeste, coordenadas 20.62N, 36.76W, aunque no fue un viaje muy largo, les tomó casi nueve horas debido a la cantidad de rocas en la superficie. "Este ha sido un viaje lleno de baches", dijo Yelena "Aunque el Rover absorbe los golpes y el movimiento", agregó.

Estuvieron dos días en esta área. "OK, ahora iremos a la última Estación y luego al Campamento Terra" dijo Leonard, el Sol apenas salía de la distancia para cubrir 305 kilómetros, necesitarán dos SOLS para llegar, los Administradores de la Misión querían que manejaran ocho horas cuando mucho en cada SOL.

En SOL 315 llegaron a T1E4-9, la última Estación, ubicada a 24.69N, 40.21 W. Esta Estación estaba cerca de un cráter más pequeño que el promedio, tratarán de subir a la cima, si el terreno lo permite.

Primero usaron el Rover Drone para tomar video del área; el Drone voló alrededor del cráter y de regreso al Rover. Decidieron que podían escalar de un lado; les tomó casi tres horas llegar a la cima, y tomaron una muestra allí. Después de eso, regresaron al Rover.

"De Leonard a MO1, necesitamos saber si la Administración de la Misión considera seguro bajar al cráter". "Hola Leonard" Respondió Li "Este es Li, Robert está en su tiempo de ejercicio, le enviaremos su solicitud y tendremos una respuesta para ustedes".

Al siguiente SOL tuvieron la respuesta, primero se despertaron con una canción de los años setenta seleccionada por Robert. "Buen día Exploradores, esperamos que hayan descansado bien, he cargado en su computadora las recomendaciones de la Tierra, no consideran seguro que bajen al cráter, quieren que el MED1 aterrice allí y elija una roca pequeña, quieren que exploren alrededor del cráter y se preparen para el viaje al Campamento Terra mañana, quieren que verifiquen la Estación remota RST1E4-9-1 porque no estaban recibiendo datos de ella".

Yelena y Leonard fueron al lugar donde dejaron la estación repetidora remota y descubrieron que tenía un conector suelto, pudieron arreglarlo y continuar sus actividades de Exploración, en la tarde concluyeron la Excursión y regresaron al Rover; al siguiente Sol tuvieron que viajar 213 kilómetros al oeste.

En el SOL 320 Nancy y Kiochi estaban esperando el Rover, el viaje duró 38 SOLs. Siguieron la llegada del Rover y prepararon una ceremonia de bienvenida para ellos.

El vagón de carga se separó del Rover y luego se colocó en posición para el atraque con el Marslab, unos noventa minutos después se abrieron las escotillas, Yelena y Leonard entraron al Marslab donde les esperaba una buena cena.

Yelena y Leonard tuvieron dos días libres para recuperar fuerzas después de la Excursión más larga realizada en Marte hasta la fecha, 38 Sols y 1882 kilómetros.

Los siguientes SOLS se hicieron preparativos para la última Excursión que hará esta Tripulación, esta vez tendrían una sola Estación, desde la cual iniciará su vuelo el MED1 para un sobrevuelo de Ascraeus Mons y posiblemente Olympus Mons. Pero antes de eso iba a ser Navidad en Marte.

Los cuatro Marsnauts en la superficie de Marte y los dos en la órbita de Marte celebraron una cena de Navidad con comida especial que se había mantenido cerrada hasta esta fecha, también tenían algunos adornos navideños, regalos de sus familias y videos de realidad virtual que cada uno iba a mirar en privado, también habían enviado un video especial para la ocasión. Cada uno recibió una ceremonia religiosa de realidad virtual según correspondía y un mensaje adicional para la Tripulación.

Era un mensaje de video del Dr. Cook reunido con todos los Jefes de las Agencias Espaciales. "Leonard, Nancy, Kiochi, Yelena, Robert y Li, este ha sido el año más increíble de nuestras vidas y un año que ha creado una nueva forma de ver la vida en la Tierra y la unidad de la humanidad. Han logrado lo que personas de muchas naciones y de diferentes épocas soñaron. Su trabajo ha sido sobresaliente, sus observaciones, excursiones, hallazgos, fotografías son un tesoro, y abrieron el camino para nuevas Misiones, estamos entrenando a las Tripulaciones de Terra-4 y Terra-5, la carrera espacial se convirtió en un proyecto de la humanidad. Pero el objetivo principal se ha cumplido con éxito; esto es trabajar todos juntos y superar la nostalgia de estar lejos de la Tierra por tanto tiempo. En unas semanas más comenzarán el viaje de regreso a casa, por ahora todos nosotros y toda la gente en la Tierra les deseamos Feliz Navidad, Felices Fiestas y todo lo mejor para su próxima Excursión y para la prueba MR-4 con MO1. Dios los bendiga a todos "Este mensaje se grabó temprano ese día en la Tierra, a 275,000,000 de kilómetros de distancia, y tardó casi dieciséis minutos en llegar.

La Tripulación grabó un mensaje para enviar a la Tierra, incluyeron una pantalla de video para mostrar a Robert y LI en la grabación, Leonard comenzó: "Ha sido nuestro privilegio participar en la Primera Exploración de Marte, que representa al Planeta Tierra. Estar aquí nos ha dado la oportunidad de reevaluar lo que tenemos en la Tierra. Nuestro Planeta y nuestro Hogar que es una Nave Espacial perfecta para sostener la vida, tiene todo lo que se necesita, tiene sus propios procesos naturales para renovar los recursos, tiene filtros que nos protegen de la radiación, podemos plantar y cosechar para obtener nuestros alimentos. Aquí en Marte hemos duplicado esos procesos naturales, y dependemos de ellos para sobrevivir, es por eso por lo que dedicamos muchas horas en mantener y limpiar nuestro hogar, este Laboratorio y el Hábitat en Orbita. En cada excursión tenemos que hacer el mejor uso de nuestra agua y oxígeno y reciclar para mantener el medio ambiente en el Rover. En la Tierra tenemos que hacer lo mismo para tener un Planeta saludable que garantice la vida de las generaciones futuras y para preservar todas las especies".

Robert continuó desde orbita "Orbitar a Marte y ser el Control de la Misión para la Tripulación en la Superficie es una gran responsabilidad, tenemos que monitorear sus sistemas y ayudarlos en sus tareas para identificar posibles riesgos y poder estar en contacto con la Tierra para obtener recomendaciones, teniendo en cuenta el retraso de las comunicaciones. Hemos observado el cielo desde aquí, hemos visto a Júpiter, Saturno, Urano y Neptuno y algunos de los asteroides, hemos visto a Phobos y Deimos y principalmente hemos visto a la Tierra, como un pequeño punto en la inmensidad del espacio, no puedo encontrar las palabras correctas que describen los sentimientos de mirarlo, sabiendo que somos de ahí y que todas nuestras familias y amigos viven ahí. Podemos mirar alrededor y no encontrar un lugar como la Tierra, nuestro hogar, un oasis en el universo, el estar tan lejos permite apreciar más lo que la Tierra ofrece ".

Yelena comentó: "Además de la cena que tuvimos enviada desde la Tierra, estamos disfrutando de una Ensalada que llamamos Mars con vegetales cultivados aquí en tierra de Marte y con la técnica de hidroponía y aplicando los fertilizantes que producimos aquí con la unidad procesadora de residuos sólidos, tenemos lechuga, espinaca, tomate y zanahorias, no son tan grandes como las que se encuentran en la Tierra pero son sabrosas y principalmente nutritivas, también disfrutamos de algunas papas cocidas en el horno eléctrico, la jardinería aquí ha sido toda una experiencia y esperamos que el Invernadero pueda agrandarse para Tripulaciones futuras, y que estas técnicas se pueden usar en la Tierra en zonas áridas ".

Ahora Kiochi tomó la palabra "Hemos estado explorando muchas áreas, impresionantes paisajes y estructuras naturales, la arena, las tierras altas, las rocas, todo es realmente hermoso, pero una belleza diferente a la que podemos ver en la Tierra. Esperamos que hayan seguido nuestras transmisiones, aunque no están en vivo desde aquí debido a la demora. Si salen de noche y miran las Estrellas y los Planetas, tal vez podría ver un pequeño punto rojo, que es Marte, envíenos una sonrisa desde la Tierra".

Finalmente, Nancy tomó la palabra "De todos nosotros en Marte, queremos desearles una Feliz Navidad, felices fiestas y un muy Feliz Año Nuevo".

El mensaje fue enviado a la Tierra, mientras la Tripulación comenzaba a cenar, tenían un árbol de Navidad, uno en el Marslab y otro en el Hábitat, y galletas de Navidad, medias de Navidad y otros artículos para que tuvieran una gran celebración.

Entre Navidad y el Año Nuevo de la Tierra, Nancy y Kiochi prepararon el Rover para la quinta y última Excursión de la Misión Terra-1.

...

En Space Services, ingenieros y expertos orbitales estaban ejecutando simulaciones para el despegue desde Marte del cohete MR-4 que estaba ubicado a 1.1 kilómetros de distancia del Lander, había dos objetivos, primero probar la capacidad del cohete para llegar a la Orbita de Marte y reunirse con el vehículo Orion / Habitat, segundo para despejar esta área para el uso y crecimiento del Campamento Terra.

El cohete MR-4 fue el único diseñado para esta prueba, tiene tanques adicionales de combustible entre la sección de cono y el área de carga, además de que los soportes del tren de aterrizaje pueden dar el soporte para actuar como plataforma de lanzamiento, sosteniéndolo durante el arranque del motor y soltándolo para despegar.

Desde su llegada, los ingenieros lo han estado monitoreando y cargando información y actualizaciones a sus sistemas.

Las simulaciones consideraron estos factores: un ángulo de inclinación de un grado hacia el noreste para el lanzamiento, para evitar cualquier posible accidente con el Campamento Terra; el acercamiento al Orión se hará evitando cualquier maniobra del Orión, debería estar tan cerca como doscientos metros, no más. Después de esto, debe ser enviado de regreso a Marte para ser destruido durante la reentrada.

Un EVA de uno de los Marsnauts en el Hábitat estaba bajo consideración dependiendo del resultado del encuentro y la estabilización del cohete.

William Haldridge, Director de Servicios Espaciales estaba en una reunión con Jonathan Lewis, ingeniero principal, y Peter Webber, Ingeniero de Propulsión, para revisar los resultados de las simulaciones.

"Todos indican que la mejor opción es el 12 de febrero de 2033", dijo el señor Haldridge, "si podemos lanzar en esta ventana de tres minutos y particularmente al comienzo de la ventana, podremos colocar el cohete a doscientos diez metros de distancia del Orion. El lanzamiento debe ser a la 1:03 AM hora de la Tierra, que será a las 9329.65 horas de tiempo de la Misión de superficie en SOL 388. La Tripulación tendrá que proteger el Marslab, Mars Rover y el Invernadero para evitar cualquier daño causado por la arena y pequeñas rocas que puedan salir disparadas; tenemos que observar esto con cuidado. Presentaremos estos resultados al equipo de Administración de la Misión para su aceptación el próximo 2 de enero, mientras tanto necesitamos ejecutar más simulaciones, tenemos que definir los márgenes de la velocidad del viento, esperamos que la atmósfera sea estable como lo ha sido "hizo un pausa. "El próximo año revisaremos el programa de vuelo para MR-5,6 y 7. Tendremos que preparar el MR-8 para lanzar un miembro de la Tripulación desde la Superficie de Marte a la Estación Orbital de Marte, por el momento vamos a celebrar la Navidad con nuestras familias.

...

3,2,1 "Feliz Año Nuevo" se escuchó en todas partes de la Tierra cuando comenzó el año 2033. En Marte, la Tripulación celebró el Nuevo Año Tterrestre y tuvo un poco de sidra sin alcohol para brindar. Su celebración fue corta ya que se estaban preparando para la Excursión 5 que los llevará a 938 kilómetros del Campamento Terra, a un lugar entre Xanthe Montes y Maja Valles, 13.71N 56.07 W, donde Kiochi y Nancy explorarán la zona y lanzarán el MED1 para un vuelo de observación de Ascraeus Mons situado a 2814 kilómetros de ese punto.

En el SOL 347, día de la Misión 636, 2 de enero de 2033, Kiochi y Nancy partieron del Campamento Terra hacia su objetivo, llevaban el Drone de Exploración de Marte 1 para observar a Ascraeus Mons. Los científicos estaban interesados en mirar el cráter y, de ser posible, tener una muestra de él.

Iban a alcanzar el objetivo en seis SOLs, pero no descenderían del Rover hasta el destino, se podrían obtener muestras del terreno con los brazos robóticos del Rover en caso de requerirse, y se depositarían en la cesta externa. Durante el viaje pudieron ver algunos remolinos de polvo, en el pasado fueron vistos por sondas robóticas.

En la trayectoria grabaron un evento, Kiochi comenzó: "Estamos viajando a bordo del Mars Rover 1 al noroeste del Campamento Terra, nuestra Misión es llegar a un punto específico, donde realizaremos algunas operaciones de perforación y enviaremos el Drone de Exploración de Marte para una Misión de Exploración del Mons Ascraeus, su cráter se encuentra a las 11.18 N, 104.46 W, este es el segundo volcán más grande de Marte, con una altura de 18 kilómetros. Esta será una prueba muy dura para el Drone, lo hemos probado en viajes de larga distancia acompañando al Rover en la Excursión 4, pero la gran pregunta aquí es si sobrevivirá a la elevación de 18 kilómetros por tres razones principales, primero la cantidad de aire a esa altura para soportarlo; segundo, la velocidad del viento a diferentes alturas, y la tercera la temperatura a esa altura. Para esto, Robert y Li en el Hábitat están monitoreando el viento, aunque no podemos monitorear la velocidad del viento a esa altura ni su densidad, en este momento, para futuras Misiones tendremos que traer unidades de tipo globo para monitorear esto. De todos modos, el plan es liberar el Drone y volar a 50 metros de altitud hasta que llegue a los 2000 kms. del Rover, quizás necesitemos recargar baterías en el camino, así que tendremos que aterrizar, pero eso es algo que monitorearemos, las baterías de plutonio deberían proporcionar la energía necesaria; a partir de ese punto, continuará ganando altura hasta que alcance los 18,500 metros de altitud, luego se acercará al cráter, volará a su alrededor y tomará imágenes de muy alta definición. Si todo sale según lo planeado, Nancy ordenará al Drone que descienda y tome una pequeña roca de muestra, y use su taladro para obtener otra muestra, este taladro tiene como máximo treinta centímetros de profundidad, luego, depositará esas muestras en su canasta y regresará al Rover".

"Este Drone", continuó Nancy, "tiene baterías de plutonio y celdas solares, sus hélices además de impulsarlo generan energía que se almacena en un conjunto de baterías muy pequeñas y eficientes". El Volcán estará a 2814 kilómetros de distancia, por lo que a 50 kilómetros por hora debería llegar al objetivo en 85 horas, teniendo en cuenta el plan de vuelo explicado por Kiochi. El Drone se controla desde esta consola, aquí la ruta y el objetivo ya están programados, se guía con el apoyo de la red de comunicación de Marte, controlamos aquí su velocidad, estado, baterías y todos los sistemas, podemos operar sus cámaras y su brazo robótico, requiere una intervención humana mínima, pero debemos vigilarlo. Si todo sale según lo planeado, regresará en aproximadamente once SOL s".

"Este es un diseño experimental del Drone que se utilizará en la Tierra para la exploración y el rescate, por ejemplo, para localizar barcos perdidos en el mar, para llevar algún medicamento a lugares remotos o escaladores en la cima de una montaña, hay muchos usos para esto. Mientras llegamos a esa zona, estamos monitoreando los sistemas del Rover, el clima y el terreno circundante, así es como se ve Marte ", mostró las imágenes de diferentes cámaras.

"Eso es todo por ahora, prepararemos otra transmisión en algunos SOLs, con la esperanza de compartir imágenes de MED1". La transmisión finalizó, Robert la retransmitirá a la Tierra para su emisión en todo el Planeta.

El Rover llegó a la zona de destino en SOL 352, Kiochi y Nancy realizaron algunas pruebas en el Drone, preparándolo para su vuelo que iba a comenzar el próximo SOL, Robert y Li en órbita estaban monitoreando con sus instrumentos meteorológicos, y con la información recogida en las estaciones repetidoras remotas instaladas por la tripulación, las mediciones hechas con la Estación Orbital de Marte y con algunas sondas de Marte que estaban en órbita alrededor del planeta, con todos estos datos pudieron obtener una proyección del clima para los próximos cinco SOLs, las condiciones eran favorables para el vuelo del Drone, aunque había un cierto grado de incertidumbre a mayor altura.

Leonard y Yelena estaban en el Campamento Terra, probaron el Scooter eléctrico para distancias más lejanas, fueron a los sitios MR-2 y MR-3 y exploraron el área hasta a cinco kilómetros del Mars Lab, alternando viajes, ya que el scooter fue diseñado para un Marsnaut, uno hizo el viaje mientras que el otro lo monitoreó. También trasladaron la carga del MSV-2 al Mars Lab y colocaron las muestras seleccionadas en los contenedores para el viaje de regreso a la órbita de Marte. También se ocuparon de las tareas del Invernadero y mantenimiento en los filtros, la unidad de captura de oxígeno y el reciclador, el procesador de residuos sólidos y el sistema de reciclaje de agua, probaron la operación desatendida para el Invernadero y Mars Lab, este es el modo de operación que se configurará cuando partan en pocas semanas, también realizaron la verificación de la configuración remota del Mars Lander.

Temprano en la mañana del SOL 352, Kiochi salió del Rover para realizar una inspección visual del Drone, después de esto se alejó del vagón de carga hacia la parte delantera del Rover, desde el interior del Rover Nancy dio el comando para desbloquear los pestillos de seguridad y luego el comando para liberarlo. El Drone dejó la plataforma de Cargo Wagon mostrando sus turbo-hélices secundarias y voló a una altitud de diez metros donde permaneció durante algunos minutos realizando pruebas internas; una vez que se completaron, Nancy verificó el plan de vuelo y le dio el comando para iniciar.

El MED1 comenzó a volar hacia adelante y a ganar altitud, Nancy podía verlo desde adentro y desde la consola, Kiochi lo siguió con la vista hasta que se perdió debido a la distancia. Las cámaras del Rover lo siguieron por un tiempo hasta que se perdió en el horizonte. Después de veinte minutos, los datos mostraron que había alcanzado la altitud de cincuenta metros y que estaba a 24 kilómetros de distancia, todos los sistemas estaban bien. Robert y LI en órbita tenían una consola para monitorearlo; esto permitirá que la Tripulación lo rastree todo el tiempo.

El MED1 continuó su recorrido, en el SOL 355 había cubierto 2.000 kilómetros, se tomó la decisión de continuar el vuelo, todos los parámetros estaban dentro de los límites.

"Nancy, tengo un mensaje del Control de la Misión de Tierra, recomiendan continuar, el rendimiento del Drone ha sido mejor de lo esperado, por lo que la fase de elevación puede continuar, lo supervisaremos desde aquí", dijo Robert.

"Ok, el Drone debería alcanzar los 18,500 metros por la mañana del SOL 357, su velocidad se reducirá para poder explorar el volcán ese mismo SOL y descender allí si es posible; y esperando una salida antes del atardecer para que podamos estar seguros de que saldrá el cráter de forma segura ", respondió Nancy.

"Lo supervisaremos desde aquí, lo hemos estado rastreando con su identificación, debe funcionar bien", respondió Robert.

Mientras el Drone continuaba su viaje, Nancy y Kiochi exploraron la región, recogieron algunas muestras y perforaron un par de veces.

En SOL 357, Kiochi y Nancy se despertaron una hora antes del horario habitual para estar preparados para el acercamiento del MED1 al cráter, el Sol comenzó a salir, ambos Marsnauts observaban la Consola de Control MED1, mostrando que había alcanzado el área, las primeras imágenes deberían llegar en cualquier momento a partir de ahora.

"Buenos días Rover", dijo Li desde el MO1, "Un gran día por delante, tuvimos que encender los calentadores auxiliares del MED durante la noche porque la temperatura estaba bajando con los calentadores operacionales, también necesitábamos aumentar la potencia en dos de los turbo-hélices para ganar altitud, el aire a esa altura no es muy denso, ahora es estable. La temperatura es increíblemente helada y el viento es fuerte como se puede ver en la consola, de todos modos, el Control de la Misión de la Tierra consideró que siguiera y tratara de llegar al cráter".

"Buenos días Li, gracias lo haremos" Nancy respondió.

El área estaba iluminada por el Sol, el Drone comenzó a acercarse al borde del cráter, se transmitieron imágenes sorprendentes, su velocidad se había reducido debido a la velocidad del viento que viene del oeste. Nancy decidió descender donde el viento no era tan fuerte. "Puede que tengamos que volar alrededor del Volcán y tratar de obtener impulso adicional del viento solo para entrar al cráter", ejecutó una simulación con vientos de 30 kilómetros por hora, la simulación mostró un 30% de probabilidad de perder estabilidad del Drone y podría colapsar en el cráter. "Li, ¿qué piensas de esto?", Preguntó.

"El Control de la Misión está monitoreando esto también, la demora ahora es de más de catorce minutos, y deberíamos recibir sus recomendaciones en unos treinta minutos", respondió Li. "Bien, esperaremos; mientras tanto intentaré realizar un vuelo alrededor de la pared externa del cráter para obtener una vista de 360 grados y algunas lecturas ambientales ", comentó Nancy.

El Drone comenzó su vuelo alrededor, el cráter tenía un diámetro de 36 kilómetros, cuando alcanzó el punto suroeste, la velocidad del viento era de 9 kilómetros por hora, por lo que Nancy decidió seguir adelante antes de que la situación cambiara. Ella envió el comando para que se elevara por encima del borde del cráter para comenzar a descender en él y obtener las imágenes. El Drone tiene un láser para medir las distancias lateralmente y debajo de él, de esta manera se detectó cuando la pared de la montaña terminó para proceder a avanzar.

Las imágenes comenzaron a recibirse, también las lecturas hechas con el espectrómetro, la mayor parte de la superficie estaba cubierta de escarcha, las lecturas mostraron que era una mezcla de agua helada y dióxido de carbono.

"Esto es hermoso", dijo Nancy, "¿estás mirando esto LI?". "Sí, respondió esto es realmente sorprendente, la velocidad del viento en el lado oeste del cráter es bastante estable, quizás en el lado este es turbulento", comentó Li.

"Bueno, creo que voy a proceder a tomar una muestra de esta área, y luego intentaré completar el vuelo en toda el área", dijo Nancy y envió el comando para descender y para tomar una muestra de la superficie y perforar. La cámara mostró la arena y la escarcha más cerca hasta que aterrizó el Drone. "Estamos en la superficie del cráter", dijo Nancy emocionada.

La cámara del MED1 ahora estaba enfocando el paisaje, el brazo robótico comenzó a moverse para obtener la primera muestra, luego la cámara se enfocó en la pala a medida que avanzaba el brazo robótico. Llegó a la superficie y agarró un poco de tierra mezclada con escarcha y algunas rocas pequeñas. La tapa de la pala estaba asegurada; el brazo comenzó a retraerse y se movió hacia la cesta de muestras donde se depositó su contenido.

El brazo robótico luego regresó la pala al compartimiento de herramientas y obtuvo el taladro; se movió a la posición para perforar y recolectar una muestra, solo fue veintiún centímetros de profundidad. Después de esto, depositó el taladro con la muestra en la cesta de carga. Ahora estaba listo para despegar y comenzar el viaje de regreso.

Nancy y Kiochi estaban siguiendo estas actividades en la consola MED1. Antes de despegar, verificaron todos los parámetros operativos que se recibían, la temperatura, la carga de la batería, el funcionamiento de las hélices, el funcionamiento del láser, los calentadores, todos los parámetros estaban dentro de los umbrales. "Ok, Kiochi" Nancy dijo "Esperemos que el MED1 pueda despegar y continuar volando". Ella envió el comando, la cámara apuntaba hacia el horizonte, la altitud indicaba cero, después de unos segundos comenzó a moverse, las turbo hélices auxiliares comenzaron a operar, el altímetro mostró 0.4, se movía, las baterías estaban al 88% y las baterías adicionales al 60%, necesitaban ser recargadas pronto.

MED1 subió quinientos metros y comenzó a volar alrededor del cráter central que tiene un diámetro de 24 kilómetros; iba a recorrer toda el área para obtener imágenes de alta definición.

"Rover a MO1" Nancy dijo "el Drone ha cubierto aproximadamente el veintiocho por ciento de la superficie del cráter, pero los calentadores no proporcionan suficiente calor a las hélices, por lo que voy a abortar el resto del barrido para sacarlo del cráter y llevarlo a la superficie antes de que lo perdamos ".

"Este es Robert, adelante, tenemos las mismas lecturas, informaremos al Control de la Misión".

El Drone escaló cerca de cuatro kilómetros para poder alejarse del cráter que tiene una profundidad promedio de 3.4 kilómetros, luego voló hacia la parte suroeste del volcán y comenzó a descender, durante su descenso voló hacia el noreste del Volcán, a unos 180 grados de ahí comenzó a descender.

Le tomó casi cuarenta minutos descender y aterrizar de forma segura en la base del Tharsis Quadrant a 10 N, 80 W, una de las hélices primarias falló durante el descenso, tal vez estaba congelada. El plan era dejar el MED1 allí hasta que regresara a su temperatura operacional y recargara las baterías.

Una vez en la superficie, se ejecutaron pruebas en todos los sistemas del Drone, Nancy intentó iniciar la hélice fallida pero no respondió. Robert descargó el software que fue enviado desde el Control de la Misión para ser ejecutado en el Drone, pero todo indicaba que una parte física fue dañada. Debido a esto y al peso adicional de las muestras, la recomendación de la Tierra fue regresar utilizando las turbo-hélices auxiliares y las dos hélices primarias adyacentes, esta operación deberá dividir el viaje de regreso en períodos de ocho horas como máximo, con una hora de inactividad, entre períodos para enfriarse y recargar baterías, aunque tenía las baterías de plutonio, las adicionales eran necesarias. Era muy importante llevarlo de forma segura con la preciosa carga que transportaba.

En el SOL 365 después de siete SOLs de viaje, el Mars Exploration Drone1 regresó a su base de apoyo en el vagón de Carga, se puso en modo seguro que implicaba la retracción del soporte de las hélices y el apagado de todos los sistemas.

"Tenemos el MED1 y su carga asegurada en el Vagón de Carga, comenzaremos nuestro viaje de regreso al Campamento Terra al amanecer", dijo Kiochi al MO1. "Magnífico trabajo, descansen", dijo Robert. "Hola, Nancy y Kiochi, fue asombroso, todos estábamos muy tensos durante el descenso del MED1, que duerman bien y los veremos en algunos SOLs", dijo Leonard.

Los científicos en la Tierra estaban celebrando este gran logro, y ya estaban analizando la información enviada desde Marte que incluía imágenes y lecturas espectrográficas.

Cuatro SOLs más tarde, en el SOL 371, el Rover se acercó al Campamento Terra, el vagón de carga con el MED1 en la parte superior fue separada, luego el Rover se colocó en posición para el acoplamiento con el MarsLab. Esta fue la última Excursión del Terra-1; duró 25 SOLs y cubrió 1800 kilómetros por tierra y 5,600 kilómetros por aire.

Los siguientes SOLs Nancy y Kiochi le dieron el mantenimiento necesario al Rover y empacaron el tesoro que trajeron de Ascraeus Mons.

El resto del tiempo en Marte, la Tripulación preparó el Marslab, el Invernadero, la unidad de recolección de oxígeno y el Rover en estado de hibernación, este es un estado de consumo de energía mínimo pero suficiente para mantener los cultivos en el Invernadero y sistemas activos.

Parte de sus actividades fue cosechar todos los vegetales que están listos y dejar nuevos cultivos para la Tripulación Terra-2.

La actividad final iba a ser el Lanzamiento del MR-4 que fue programado para el SOL 388.

...

"Robert a Leonard, necesitamos que instales los protectores contra tormentas en el Marslab, el Invernadero, el Rover, el MEV2, el Mars Lander y todo el equipo que está afuera, para protegerlos de posibles impactos de polvo y rocas causados por el despegue del MR-4. El Despegue está programado para el SOL 388".

"Enterado, moveremos el Vagón de carga con el MED1 detrás del Marslab. ¿El equipo de lanzamiento espera una gran cantidad de material volando de esta manera debido al despegue? ", Preguntó Leonard.

"Los cálculos indican que no deberían recibir mucho polvo debido al hecho de que están a más de 300 metros de distancia, pero quieren estar seguros de que si algo llega al Campamento Terra estén protegidos con los escudos de tormenta", dijo Robert.

"Ok, procederemos a instalarlos".

"Para ese evento, el Control de la Misión los quieren a bordo del Mars Lander, y en la configuración de lanzamiento, en caso de que necesiten salir inmediatamente ", agregó Robert.

"Enterado" Leonard respondió.

En Space Services, los ingenieros estaban revisando todos los sistemas y las trayectorias proyectadas; simularon la cantidad de material que podría ser lanzado al encender los motores, teniendo en cuenta la gravedad de Marte, la atmósfera delgada y el tamaño de las partículas.

Las diferentes evaluaciones de simulaciones y riesgos se presentaron al Dr. Cook y a toda la junta de WSEO a través de una videoconferencia con el Equipo de Servicios Espaciales formado por William Haldridge Director, Jonathan Lewis Ingeniero Principal y Peter Webber, Ingeniero de Propulsión, presentaron las conclusiones; de esta reunión se debe tomar una decisión para proceder o cancelar ese Despegue.

"Después de analizar diferentes simulaciones, llegamos a la conclusión de que el 12 de febrero de 2033 a la 1:03 AM nuestro tiempo es la mejor oportunidad para el encuentro con el Orion, habrá una ventana de tres minutos, y nuestro objetivo es despegar al principio. Las proyecciones de expulsión de escombros mostraron que la arena y las rocas pequeñas podrían alcanzar hasta 700 metros desde el cohete, por lo que consideramos que el riesgo de que el Campamento Terra sea alcanzado por una partícula o roca pequeña es del 2% como máximo" explicó el Sr. Halridge. Luego, los ingenieros comenzaron una presentación de todas las simulaciones y la proyección de partículas voladoras teniendo en cuenta la fuerza gravitacional y la atmósfera Marciana, que mostraba la ubicación del Campamento Terra y dónde deberían caer las partículas.

La reunión duró varias horas, se tomó la decisión de proceder con el despegue en la fecha y hora seleccionadas, el único factor que se consideró cerca de esa fecha era el viento, la velocidad máxima del viento que se consideró para el lanzamiento fue de once kilómetros por hora viniendo del oeste y siete kilómetros por hora si venía del este, por lo que este factor se controlará muy de cerca.

La decisión fue comunicada a Robert y Li a bordo del Hábitat ya que serán el Equipo de Lanzamiento para ello, aunque todos serán programados en una secuencia automática, se necesitará una supervisión y la decisión final Autorizacion o NO/Autorizacion, y esta será dada por ellos, porque del retraso de tiempo a la Tierra, será en ese momento 11.5 minutos en cada sentido.

Leonard y la Tripulación instalaron los escudos de protección que fueron diseñados para proteger el Campamento Terra en caso de una tormenta de polvo, afortunadamente para la tripulación no había pasado ninguna tormenta a través de esta área hasta este SOL.

"Leonard para Robert, hemos instalado los escudos de protección, solo estamos recogiendo algunas herramientas y equipos que hemos estado usando, el Mars Lander está protegido y hemos estado entrenando para el despegue con el simulador de realidad virtual".

"Ok, hemos recibido la Autorización del Control de la Misión para un lanzamiento en el día 677 de la Misión, esto es el SOL 388 para ustedes, el lanzamiento ha sido establecido a las 7:03 GMT, que corresponde a las 15:47 su tiempo, así que todavía tenemos pocos SOLs para este evento, las simulaciones demostraron que hay un 2% de probabilidad que algún objeto los alcance, pero tenemos que tomar precauciones. Una cosa más, necesitamos que se acerquen al MR-4 y verifiquen que la compuerta y la escotilla de carga y servicio estén aseguradas, el Control de la Misión considera que la escotilla de carga tiene un indicador de que podría estar abierta, necesitarán la unidad de control remoto MR ", dijo Robert.

"Enterado, Kiochi y yo iremos a primera hora mañana" dijo Leonard.

El siguiente SOL ambos Marsnauts caminaron para alcanzar el cohete MR-4, abrieron la escotilla de carga y verificaron que todo estuviera asegurado dentro, luego probaron la puerta de servicio, que estaba al otro lado de la escotilla de carga. Procedieron a cerrar y asegurar ambas escotillas, el indicador en la unidad de control remoto MR mostró que ambas estaban cerradas y aseguradas.

"Leonard a Robert, hemos cerrado las escotillas de carga y servicio y tenemos el indicador de cerrado en el control remoto, por favor confirma".

"Lo tengo aquí también, debería recibir la confirmación del Control de la Misión en los próximos minutos", dijo Robert.

"Ok, vamos a esperar aquí, vamos a tomar algunas imágenes del terreno antes del lanzamiento y haremos lo mismo después de eso, para que los ingenieros puedan ver el impacto", dijo Leonard.

"Buena idea" Robert respondió.

Después de treinta y cinco minutos Robert recibió la confirmación de que ambas escotillas estaban aseguradas, notificó a Leonard y Kiochi para que pudieran regresar al Marslab.

En el SOL 388 los cuatro Marsnauts en la superficie de Marte, aseguraron el Marslab y el Invernadero y entraron en el Mars Lander, comenzaron el procedimiento para un despegue.

Robert estaba siguiendo la cuenta regresiva del MR-4 que previamente había cargado el Control de la Misión, todas las actividades y pruebas se realizaron internamente, solo tenía que seguir el progreso y dar la Autorización Final si todo estaba bien y el clima también estaba dentro de los parámetros.

Como un lanzamiento en la Tierra, en T-3 minutos, era una pausa programada, solo para darle tiempo a Robert de verificar con la Tripulación en Marte si estaban listos y seguros, y para verificar los parámetros meteorológicos finales.

Como todo estaba bien, dio la señal de Autorización en la consola, el reloj continuó, todo iba bien para un lanzamiento a tiempo, justo al comienzo de la ventana de inicio.

Leonard y la Tripulación estaban siguiendo la cuenta regresiva, el Mars Lander se configuró para el lanzamiento de emergencia, este era un modo diseñado para saltar algunos pasos en un lanzamiento normal, pero para garantizar el regreso a la Orbita de Marte y la seguridad de la Tripulación, el último comando para el lanzamiento del Mars Lander en esta configuración debe ser dado por Leonard y confirmado por Nancy.

En T-2 minutos, los soportes del tren de aterrizaje se ajustaron para dar al cohete el ángulo necesario para el lanzamiento, y luego se aseguraron.

T-1 minuto en la cuenta regresiva para MR-4, todo iba bien, en la Tierra se recibió información de eventos que habían sucedido hacia once minutos, por lo que en este momento no estaban seguros de si todo iba bien.

T-7,6,5,4 MR-4 Comenzaron los motores, la arena y las pequeñas rocas comenzaron a volar, desde el Hábitat Li estaba monitoreando esto para identificar cualquier posible amenaza para la Tripulación; 2,1 El soporte de pistas de aterrizaje liberadas y el cohete comenzó a elevarse, era muy estable, desde las cámaras del Campamento Terra se podía ver, era espectacular, el sonido llegó pocos segundos después haciendo que el Mars Lander vibrara un poco, era algo diferente del sonido en la Tierra, tal vez debido a la atmósfera más delgada.

A un minuto del vuelo, todos los motores al 100%, la trayectoria dentro de los límites, todos los parámetros estaban dentro de lo esperado, el cohete debería alcanzar la órbita de Marte en siete minutos y debería encontrarse con el Hábitat en cuatro horas y cuarenta y un minutos.

"Robert a Leonard, pueden regresar la operación del Mars Lander al modo seguro, el cohete está en camino y lejos de ustedes El monitor de los restos muestra que algo de material llegó tan lejos como 1,876 metros, por lo que pueden tener algo en sus equipos, verifiquen los escudos de protección y documenten cualquier impacto. Necesitamos que realicen una verificación del Marslab, el Invernadero y el Rover antes de la operación normal."

"Enterados, estamos asegurando el Mars Lander, lo despresurizaremos y nos prepararemos para regresar al Marslab, esto nos tomará aproximadamente una hora", respondió Leonard.

En el Control de la Misión de la Tierra se comenzó a recibir la telemetría e imágenes del lanzamiento que había lugar hacía once minutos, todo el personal lo seguía de cerca, cuando vieron que estaba en buena trayectoria todos se pusieron felices.

Cuatro horas más tarde, Robert y Li tenían el MR-4 en el radar, se estaba acercando en la órbita correcta, pocos minutos después pudieron enfocarlo con la cámara de largo alcance del Habitat.

El cohete MR-4 se acercó al Orion / Habitat, encendió sus cohetes de maniobra para ajustar la velocidad con el Orion, estaba a solo 180 metros del Orion.

"El cohete es estable, no muestra ninguna rotación o movimiento errático, podemos ver claramente la Escotilla de servicio", dijo Robert.

Se recibió un mensaje "Control de la misión Tierra (MCT) a Robert, solo queremos que tomes todo el video posible, vamos a proceder con el EVA pero solo para inspeccionar alrededor y acercarnos a él hasta cinco metros, pero no abran las escotillas las escotillas de Carga o servicio, repito no deben abrir ninguna de las escotillas".

Robert grabó la respuesta "Enterados, Li será quien realice el EVA, usará la MMU para realizar una inspección del exterior del vehículo y no abrirá ninguna de sus escotillas, por favor confirmen".

Después de media hora la respuesta llegó "MCT a Robert, el último mensaje que enviaste es correcto, solo acercamiento. MR-4 es seguro para el EVA".

"Bueno, Li, es tu momento de explorar, te ayudaré a entrar en tu traje de EVA y verificar el MMU", dijo Robert. Ambos Marsnauts entraron en la Compuerta Presurizada, cuando LI estaba listo y el traje fue probado adecuadamente, la compuerta interna del Habitat se cerró para comenzar la despresurización de la compuerta presurizada. Li iba a salir atado primero para realizar algunas pruebas del MMU, después liberaría la cuerda de seguridad para volar libremente en el espacio.

La compuerta externa se abrió y salió Li, se alejó unos treinta metros, que era la longitud de la correa, en ese punto probó la MMU acercándose al Hábitat y se alejó volando, probó el control de dirección. "Robert a Li, tengo todo verde aquí para la MMU, puedes liberar la correa de seguridad". "Enterado" respondió Li y quitó el seguro del gancho que lo sostenía, luego soltó la correa y comenzó a alejarse hacia el MR-4. La cuerda se retrajo hacia el Habitat.

"Guau, esto es fantástico", dijo Li. "Puedo ver a Marte debajo, y el cohete al frente, la vista es indescriptible". "Puedo ver la vista desde tu cámara, realmente se ve increíble, te acabas de convertir en el primer ser humano en realizar una caminata espacial en la órbita de otro planeta", dijo Robert. "Eso es un gran honor" respondió Li

"Me estoy acercando al cohete, estoy a cuarenta metros de distancia, comenzaré un vuelo alrededor desde los motores hasta la parte superior". Comenzó a moverse hacia los motores, luego pasó cerca de ellos para comenzar el camino hasta la cima. Su cámara estaba enviando el video al Hábitat donde estaba siendo grabado. Llegó a la cima del cohete. "Estoy en la punta del cohete, voy a acercarme a él". Se movió lentamente hasta que alcanzó el límite de dos metros que indicó el Control de la Misión de la Tierra. "Esto es realmente grande", dijo. Él maniobró lentamente hacia un lado tomando imágenes de las compuertas, y comenzó a volar todo el camino hasta la sección del motor a esa distancia; comenzó a volar hasta una distancia de doscientos metros, "Ahora puedes disfrutar esta vista del cohete, el Hábitat y el Orión y debajo de ellos Marte". Era como una escena de una película de ciencia ficción, pero esta vez era real. "Ahora voy a toma una selfie, con los Vehículos Espaciales y Marte como fondo". Esta imagen seguramente se volvería muy famosa.

Comenzó el viaje de regreso al Hábitat, pero antes de entrar realizó un vuelo alrededor del Hábitat y el Orión. "Qué hermoso vehículo, y este nos mantiene con vida y nos llevará de regreso a casa", dijo y comenzó su camino hacia la compuerta presurizada.

Después de que él ingresó y pudo entrar al Hábitat, enviaron un mensaje al Control de la Misión de la Tierra para notificarlo.

"MCT a Orion fue una EVA fantástica Li, gracias. Enviaremos los comandos al MR-4 para empezar a alejarse de ustedes, usará sus propulsores auxiliares, a unos trescientos kilómetros de ustedes, encenderá sus motores por última vez para volver a entrar en la atmósfera de Marte y ser destruido".

Robert y Li vieron cómo el cohete estaba ganando distancia respecto a ellos "Adiós MR-4", dijo Li, hasta que lo perdieron de vista. Pocas horas después recibieron la confirmación de que el cohete ingresó a la Atmósfera Marciana, aparentemente ninguna parte de este alcanzó la superficie, pero esto es algo que un Rover verificará en el futuro.

El MR-4 demostró que podría usarse para llevar carga o un Marsnaut desde la superficie de Marte a la órbita. Esto es algo que se hará en Misiones futuras, y quizás acoplándose con la Estación Orbital de Marte.

...

Capítulo 27 Preparando el regreso, la decisión de Andrew

Era casi la hora de abandonar la superficie de Marte, los Marsnauts estaban realizando tareas para preparar su partida; había muchos procedimientos que debían seguir para dejar el Campamento Terra en una configuración operativa segura, especialmente el Invernadero.

Desafortunadamente, en la Tierra, la situación del cambio climático no estaba mejorando, los datos de los satélites de observación de la Tierra revelaron que la disminución proyectada en las emisiones de CO_2 no había ocurrido, y las temperaturas seguían aumentando. En la Sede Central de Observación del Clima en Nueva Zelanda se estaba celebrando una reunión, se transmitió a la sede de la ONU donde se invitó a todos los líderes del mundo.

La Presidenta de la Organización de Observación y Regulación Ambiental de la Tierra, Dra. Josephine Forstelling, inauguró la sesión "Desearía poder darles mejores noticias, pero la realidad es que los acuerdos firmados no se han cumplido, como resultado, el índice de contaminantes disminuyó en 0.3% el año pasado en lugar del 3% proyectado que se acordó. Las industrias no han disminuido sus emisiones y no han aplicado los filtros requeridos en sus procesos; no ha habido suficiente apoyo de algunos gobiernos para aumentar el uso de energía renovable, como la energía solar, eólica, oceánica, hidrógeno, entre otros. Los automóviles y aviones aún se están fabricando para usar combustibles fósiles, esto se debe a la potencia económica que tienen estas compañías petroleras, es inaceptable, que se hayan instalado más plataformas de extracción, dañando las áreas naturales y el medio ambiente".

"Estas diapositivas muestran las áreas donde se producen más emisiones, puedes identificarlas. Es inaceptable en este momento que todavía haya personas dañando los bosques madereros y tropicales de la Tierra. La suma de todo esto ha elevado la temperatura de la Tierra 1.2 grados, Celsius. Estamos llegando a un punto sin retorno, la naturaleza encontrará su camino para restablecer el equilibrio, ¿a qué costo? Nadie lo sabe realmente, pero puedo asegurarles que los inviernos serán más fríos, los huracanes y los tifones serán más fuertes a medida que el agua del mar se caliente, los terremotos y las erupciones volcánicas serán más frecuentes, y tierras bajas o islas puede desaparecer. Esto no es ciencia ficción, esta no es una película sobre el Fin del Mundo; esta es la realidad. Tenemos que hacer un compromiso para acelerar el proceso para reducir la contaminación y comenzar los esfuerzos de reforestación, debemos tener muy claro que el daño causado por uno afecta a todo el Planeta, por lo que estas acciones tienen que hacerse a partir de ahora y globalmente".

"Hemos visto nuestro Planeta desde el espacio, hemos visto las actividades excepcionales de la Tripulación del Terra-1 en Marte, un planeta demasiado hostil para nosotros, y nos han explicado a todos nosotros lo que necesitan para sobrevivir. No puedo entender por qué continuamos dañando nuestro Planeta; la avaricia, la ignorancia y la apatía son nuestros enemigos".

La conferencia continuó mostrando diapositivas con estadísticas e imágenes que mostraban el deterioro de las regiones en la Tierra y los datos recopilados por los diferentes satélites en órbita.

Andrew era un seguidor y activista de la Organización de Observación y Regulación Ambiental de la Tierra, lo siguió en las redes sociales y en su sitio web, estaba preocupado por la falta de respuesta y compromiso de algunos gobiernos e industrias, tenía miedo de que debido a ellos todo el Planeta sufriera. Había estado en contacto con un líder de este movimiento independiente contra el calentamiento global y el cambio climático, una persona muy influyente que había "convencido" a Andrew para actuar.

Al día siguiente en Astrotechnika, almorzó con su amigo Hans y le dijo "¿Has visto esto?". Le mostró los resultados presentados por la conferencia hace unos días. "Ha habido muy poco progreso, y el daño ambiental está avanzando más rápido, pronto no tendremos forma de restaurar el daño, esto es terrible para nosotros, pero principalmente para las próximas generaciones, no me puedo imaginar a uno de los miembros de la Tripulación del Terra -1 tirando basura en su vehículo espacial o dañando los sistemas de reciclaje. "," Por supuesto que no "respondió Hans. "Pero esto es lo que estamos haciendo en la Tierra dañando todos los procesos, solo porque la Tierra es enorme para nosotros, no significa que sea ilimitada, la gente debería saber esto ahora" hizo una pausa.

"¿Recuerdas lo que leímos hace unos años sobre una persona que intentaba forzar a los Jefes de las Naciones a aplicar medidas eficientes para detener el daño ambiental?", Preguntó Andrew. "Sí, por supuesto que recuerdo, aunque la información fue muy limitada, era una locura, solo pensar en eso me da escalofríos, no sé cómo alguien puede pensar en esos actos tan terribles" respondió Hans.

"Bueno, esto no ha terminado, me ha contactado uno de los líderes de estos movimientos, estaba buscando una nueva oportunidad para llamar la atención de todo el mundo, y encontró una última oportunidad, me dijo hace algún tiempo que tuvo la idea de llegar a todas las personas en la Tierra, esta idea debería obligar a sus líderes a actuar de acuerdo con lo que la Agencia de Observación de la Tierra ha recomendado ", dijo Andrew. "¿Cuál fue su idea?", Preguntó Hans.

"Lo que voy a decirte es confidencial, antes de juzgarme, piensa en tus hijos, ¿quieres que ellos reciban un Planeta moribundo como su hogar? Sabes al igual que yo que si continuamos de esta manera el futuro es muy oscuro, si es que hay futuro "dijo Andrew.

"Está bien Andrew, me estás asustando nos conocemos desde que teníamos cinco años, ¿qué tienes en mente?", Le preguntó Hans.

Andrew le mostró un diagrama que mostraba una secuencia; Hans casi se desmaya cuando vio esto. "Debes estar bromeando", dijo Hans. "No, esto es serio y lo tengo ya en posición, esperando ser desactivado tan pronto como se reciba una respuesta positiva. ¿Te imaginas la reacción del mundo si ven que sus líderes no reaccionan y no se comprometen realmente con el cambio climático?

"Lo que veo es que la policía irá detrás de ti. Detén esta tontería Andrew no puedes ganar esta pelea contra todos los Líderes, no les importa, deja que esa persona que te llamó busque otras opciones; ni siquiera conoces quien es esta persona ¿o sí? Él o ella te está utilizando, está explotando tu fanatismo sobre este tema, el no da la cara ", Hans dijo enojado.

"Ya veremos eso, si no quieres involucrarte está bien, pero nunca hables con nadie sobre esto, ni siquiera con tu esposa", dijo Andrew.

"Puedes estar seguro de que no lo haré, esto es terrible, debes contarle al Dr. Von Sullinger antes de que sea demasiado tarde". Hans dijo: "La hora del almuerzo ha terminado, esto es increíble", dijo y se fue.

Andrew regresó a su laboratorio, estaba trabajando con el nuevo sistema de propulsión para el Mars Lander-2, estaba pensando en lo que Hans acababa de decirle y trató de identificar quién era esta persona.

...

En la sede del WSEO se estaba celebrando una conferencia de prensa, el Dr. Cook estaba precediéndola, acompañado por Charlie Washington, Peter Walheim Ulrich, Vladimir Viktorenko, Takuma Nagaoka, Heather Cavendish y Sally Glenn representando a los Marsnauts.

"Gracias por venir", dijo el Dr. Cook al abrir la sesión. "Sabemos que han estado siguiendo la Misión del Terra-1 desde su lanzamiento el 4 de abril de 2031, hemos recibido impresionantes imágenes de la Tierra y la Luna, desde la superficie y la órbita de Marte, los Tripulantes realizaron cinco Excursiones cubriendo miles de kilómetros y recolectando cerca de cuarenta muestras con el taladro y muchas otras de la superficie, se han realizado diferentes pruebas con estas muestras, lo que les ha dado a los científicos mucho trabajo de análisis, ya que es como si su laboratorio estuviera en Marte. Algunos de ellas fueron pruebas biológicas para tratar de responder la pregunta: ¿hay vida en Marte? Tendremos que esperar la interpretación de las lecturas de los elementos liberados cuando a la muestra se le agregó el nutriente".

"Los científicos están casi seguros de que hay agua en Marte, que esta agua está debajo de la superficie como se ha encontrado con las muestras de perforación, esto daría a las Tripulaciones futuras la oportunidad de obtener agua y oxígeno, y tal vez se pueda establecer una colonia más grande, para ser el punto de partida para continuar la Exploración Humana del Universo".

"Los Marsnauts han cosechado lechugas, tomates, papas, zanahorias y otras verduras; algunos crecieron en suelo Marciano con un nutriente o fertilizante natural".

"El procesador de residuos sólidos, la unidad de colección y reciclaje de agua, la captura y el generador de oxígeno han estado trabajando sin problemas dando mejores resultados que los esperados, el nuevo generador de energía nuclear está siendo probado y esta será la fuente de energía futura para el Campamento de Marte. La Tripulación probó el Drone de Exploración de Marte obteniendo asombrosas imágenes del cráter de Mons Aascraeus, y la obtención de dos muestras que se traerán de vuelta con la Tripulación, probaron el Scooter eléctrico y por supuesto el Rover que funcionó maravillosamente, con todas sus características, incluyendo un Drone para explorar distancias cortas".

"Incluso tuvieron la Primera Competencia Olímpica en Marte".

"Considero que el mayor éxito ha sido lograr unir a todas las naciones para alcanzar este objetivo, reunir todo el conocimiento y la experiencia humana, todos los países trabajaron juntos y contribuyeron de una forma u otra, y pueden encontrar esta información en nuestro sitio electrónico público, este ha sido un proyecto sin fronteras políticas".

"La Misión a Marte es una Misión que trajo muchos beneficios en la Tierra, como nuevos empleos, nuevas compañías, nueva tecnología para todas las personas, y principalmente trajo paz y unidad. Puedo asegurarles que casi toda la población en la Tierra ha seguido esta Misión, esperando que todo vaya bien, aprendiendo de esta y cambiando su apreciación de la Tierra".

"Toda la tecnología utilizada para la Misión tiene aplicación en la Tierra, por ejemplo, el Drone de Exploración de Marte, se utilizará para buscar personas en lugares remotos para rescates, el reciclaje de agua para el procesamiento de agua en hogares y edificios, la unidad de recolección de oxígeno para pacientes que necesitan oxígeno sin necesidad de tanques, la energía, procesos agrícolas y muchos otros".

"Los niveles de radiación en el Campamento Terra, en el Rover, en los trajes EVA, y en el Orion / Habitat han estado dentro de los límites esperados, estamos probando nuevas técnicas en la superficie de Marte".

"Además en otros campos, hemos logrado un gran progreso en la recuperación de basura espacial en la órbita de la Tierra hasta los 30,000 kilómetros, hemos recuperado grandes etapas de cohetes, satélites obsoletos, pequeños fragmentos de diferentes Misiones, esto es necesario para la seguridad de las personas en la Tierra y para las Tripulaciones, especialmente al regresar de la Luna o Marte".

"La observación de la Tierra ha producido información muy importante, desafortunadamente otros factores han intervenido negativamente para los resultados que se esperaban, pero hemos identificado zonas de deforestación, incendios, emisiones, entre otros".

"Los Miembros de la Tripulación en la Orbita de Marte ha estado haciendo un trabajo fantástico como científicos y como Control de la Misión para la Tripulación en Marte, han estado trabajando casi 24 horas al día, su trabajo ha sido vital para el éxito de la Misión, y principalmente durante la pérdida de señal cuando Marte y la Tierra estaban en lados opuestos del Sol y las comunicaciones con la Tierra fueron interrumpidas por completo".

"La Red de Comunicaciones de la Orbita de Marte permite que la Tripulación del Orion / Habitat esté en contacto con los Marsnauts en la superficie casi el 100% del tiempo, solo unos pocos periodos de pérdida de señal, la Estación Orbital de Marte ha contribuido en las observaciones, y el nuevo Módulo de la Compuerta Presurizada está en camino para acoplarse con él, la Tripulación del Terra-2 se acoplará a la Estación dando más área a la Tripulación, y más equipo para observaciones y experimentos, recibirán suministros de la Tierra ".

"El Mars Rocket despegó con éxito de Marte y se acercó al Orión, esto ofrece la posibilidad de enviar muestras desde la superficie a la Estación Orbital de Marte e incluso a miembros de la Tripulación para una situación de emergencia alternativa".

"Es imposible cubrir los 689 días de la Misión hasta hoy, 24 de febrero de 2033, SOL 400, 9600 horas en la superficie de Marte, solo puedo decir que estos años han sido los años más increíbles de mi vida, y espero hayan disfrutado cada momento de la Misión Terra-1 ".

"Ok eso es suficiente; No quiero aburrirlos con más información. Tenemos aquí un mensaje enviado por la Tripulación, después de eso vamos a abrir la sesión de preguntas y con suerte podemos darles algunas respuestas".

"Por favor pónganse sus visores de realidad virtual para disfrutar esta conferencia desde Marte".

La proyección comenzó, mostró a Leonard, Kiochi Nancy y Yelena en el Marslab, y en una pantalla a Robert y Li.

"Hola Ciudadanos de la Tierra, estamos justo ahora a 185 millones de kilómetros de la Tierra, y reduciendo la distancia día a día, hemos estado en la Superficie de Marte 400 SOLs, y estaremos aquí otros sesenta SOLs. Durante este tiempo, hemos explorado áreas increíbles de este fantástico Planeta, hemos viajado en diferentes tipos de terreno y hemos probado muchos equipos y técnicas. Para mí, la experiencia más impactante ha sido poder ver la Tierra desde aquí como un pequeño punto en el cielo nocturno, como cuando se ve a Venus desde la Tierra al atardecer. Cuando dejamos la Tierra y comenzamos nuestro viaje, todos quedamos cautivados por la primera vista de la Tierra y la Luna; no podíamos creer lo que estábamos mirando; ambos cuerpos celestes al mismo tiempo como dos esferas que colgaban de la nada. A medida que avanzamos más y más las dos esferas se convirtieron en un solo punto pequeño, y Marte cambió de un punto rojo a un enorme Planeta. Después de años de planificación, desarrollo y capacitación, finalmente llegamos, para abrir el camino a los futuros exploradores y el conocimiento de este Planeta para comprender lo que sucedió aquí. Estamos seguros de que muchas Misiones seguirán explorando este Planeta y tal vez algunos de los satélites de Júpiter y Saturno, pero siempre volviendo la vista hacia la Tierra "dijo Leonard" Bueno, estoy seguro de que no quieren escucharme hablar más , con las imágenes grabadas y enviadas a la Tierra durante nuestras excursiones, los expertos en Realidad Virtual prepararon esta visita virtual, ya que fue filmada con las cámaras del Rover, cubrieron todo el paisaje, así que disfruten, lo narraremos para ustedes , y recuerden que pueden mirar a su alrededor con sus Visores de Realidad Virtual para ver lo que vimos y tal como lo vimos".

La proyección comenzó, todos los asistentes estaban usando sus visores, giraban la cabeza para ver toda la escena, pudieron ver el paisaje mientras el Rover estaba en movimiento, los Marsnauts extrayendo muestras con el Taladro, la visita al sitio de aterrizaje del Viking 1, las Estaciones diferentes que visitaron en cada Excursión, y las imágenes enviadas por el MED1 del cráter de Ascraeus Mons. Estos fueron algunos de sus comentarios durante la proyección.

"La siguiente secuencia nos muestra a Leonard y a mí con el Viking 1" dijo Yelena "Tuvimos que quitar toda la arena que cubría el Viking, fue un momento muy especial verlo".

"Cuando llegamos a este punto muy al norte" Kiochi dijo "Nancy y yo preparamos el Mars Supply Vehicle 1 para ser utilizado como una Estación para que las siguientes Tripulaciones que viajarán al norte para alcanzar el casquete Polar puedan establecerse ahí para descansar y planear las siguientes actividades, otras de estas serán instaladas en el futuro son refugios remotos".

"Nuestra Excursión al sur fue la más larga, obtuvimos muestras de diferentes tipos de terreno, nuevamente estuvimos en un área dónde el agua pudo haber fluido hace algún tiempo", dijo Leonard, "Esta es una bella imagen, aquí está Yelena en su traje EVA, con el atardecer como fondo, pero ella señala un pequeño punto en el cielo, este punto es la Tierra, una fotografía de todos ustedes ", comentó Leonard.

"Volar el MED1 fue fácil desde la consola de control, con la ayuda de Robert y Li, pudimos programar su ruta y seguirla, estuvimos cerca de perderla en la cima del volcán debido a las bajas temperaturas y las corrientes de viento, pero logramos tener éxito", comentó Nancy.

"Celebramos la Navidad en Marte y también tuvimos nuestros Juegos Olímpicos, dejamos una pequeña piedra del Templo de Hera como homenaje a estos juegos de Paz, rendimos homenaje a todos los Viajeros y Científicos Espaciales que han dado su vida por la Exploración Espacial, en cada Estación que visitamos dejamos una reproducción del Planeta Tierra, una esfera del tamaño de una pelota de golf, también probamos la teoría de Einstein de la desviación a un rayo de luz causado por una gran masa como el Sol. Instalamos unidades de repetidores remotos, que proporcionarán información continua de cada ubicación, como la temperatura, la velocidad del viento, un sensor de vibración, como un sismómetro, pero más simple para detectar terremotos en Marte "comentó Leonard.

"En el Invernadero tenemos muy buenas cosechas, el reciclaje del agua funciona bien, ajustamos el riego según las necesidades de cada tipo de planta", dijo Nancy mientras mostraba un video de 360 grados del Invernadero.

La grabación también incluyó las actividades en el Orion / Habitat, mostraron el encuentro con la Estación Espacial de Marte, y la del MR-4, cuando la Marsnaut Li flotaba sobre el Hábitat, el cohete de Marte MR se podía ver abajo. Mostraron vistas fantásticas de los cielos desde allí, Júpiter, Saturno, Urano podían ser identificados, imágenes de Fobos y Deimos e imágenes de la Tierra a millones de kilómetros de distancia.

Para Finalizar, Nancy estaba en la pantalla "Esperamos que hayan disfrutado de esta experiencia virtual, estaremos en Marte cerca de 60 SOLs adicionales, durante este tiempo realizaremos pruebas en las muestras como lo solicitaron los Científicos de la Tierra, porque llevaremos con nosotros solo una fracción de ellos, también tenemos que practicar nuestro despegue desde aquí con el simulador de realidad virtual, podemos practicar diferentes escenarios, tenemos que preparar el Invernadero para operaciones desatendidas y dejar el Marslab, el Rover, el Scooter protegido y listos para la próxima Tripulación, esperamos verlos de regreso en la Tierra a finales de este año ".

"Desde Marte, los integrantes deTerra-1 les agradecemos su apoyo y disfruten de su Nave Espacial llamada Tierra".

El video terminó mostrando los cuatro Marsnauts en el Marslab y los dos Marsnauts en el Hábitat, despidiéndose.

En el auditorio, se escuchó una ovación para la Tripulación y para todo el Equipo.

"Esto es muy impresionante, un trabajo en equipo" dijo el Dr. Cook "Ok, ahora estamos abiertos para algunas preguntas".

"¿Por qué TERRA-2 está programado para comenzar en julio de 2035 en lugar de este año?", Preguntó un periodista.

"Antes de regresar a Marte, queremos tener más tiempo para analizar la Misión TERRA-1, hay cosas que tendremos que mejorar y tenemos que aprender de la Tripulación y el Control de la Misión, como saben el Módulo de la Compuerta Presurizada para la Estación Orbital de Marte está en sus preparativos finales para ser lanzada en mayo y llegará a la Orbita de Marte en Noviembre de este año, se encontrará con la Estación Orbital de Marte y se acoplará a ella. Una vez hecho esto, se necesitan una serie de pruebas. También estamos en las fases finales de la construcción del Mars Lander 2 y el Habitat E2, que tiene más espacio y un puerto de atraque adicional, estos dos vehículos, se lanzarán a la EOSS en 2034 para las preparaciones orbitales finales. El Hábitat y el Lander son reutilizables; prepararemos el Mars Lander 1 y el Habitat en órbita después de que sean recibidos a finales de este año, aunque esto puede cambiar en un futuro cercano; pero el aspecto más importante es concluir la primera Misión con éxito antes de comenzar la siguiente "respondió el Dr. Cook.

Otro periodista preguntó: "Muchas personas están hablando sobre el riesgo de traer muestras de Marte a la Tierra, y tienen preguntas sobre cómo planean aislar a la Tripulación y al Vehículo Espacial cuando regresen".

Charlie Washington tomó la palabra "Déjenme decirles cómo vamos a recibir a la Tripulación. Como sabrán, cuando el Orión amarice en el Pacífico, será recogido por el helicóptero que tiene en su sección media el contenedor para Vehículos Espaciales, donde se guardará el vehículo. Este es un contenedor que tiene una grúa y un puerta de dos paneles en la parte inferior; cuando la grúa sostenga al vehículo, asegurado por el equipo de rescate, el vehículo se levantará, luego, cuando esté dentro del contenedor, los paneles inferiores de la puerta se cerrarán, sellarán y asegurarán, el vehículo dentro de él para evitar cualquier movimiento, el helicóptero regresará a la nave de recuperación donde se encuentra una unidad móvil más grande para la Tripulación, esta es aproximadamente del tamaño de una casa móvil estándar, y llamamos a esto la casa móvil de cuarentena o MQH. El contenedor de Vehículos Espaciales se baja y se coloca en una base de soporte que tiene ruedas. Este contenedor se empuja hacia la casa de cuarentena, donde se unirá al extremo con un túnel de transferencia para la Tripulación, quedando sellado. En este momento, ya en la casa de cuarentena habrá cuatro médicos y dos técnicos para ayudar a la Tripulación, los seis permanecerán con la Tripulación mientras dure la cuarentena. Los técnicos de la Tripulación ayudarán a los Tripulantes del Terra-1 a abrir la escotilla del Vehículo Espacial y sacarlos de allí, y los llevarán a la casa de cuarentena donde los médicos comenzarán a realizar exámenes médicos a la Tripulación, mientras tanto, Los técnicos de la Tripulación retirarán los contenedores de las muestras del Orion y el contenedor de muestras médicas, se colocarán en una caja de muestra sellada y se moverán al MQH. Cada miembro de la Tripulación será colocado en un sillón especial, para que puedan comenzar el proceso de ajuste a la gravedad de la Tierra, recordemos que han estado en microgravedad por más de dos años. Cuando el barco de recuperación llegue al puerto, el Contenedor del Vehículo Espacial será separado del MQH, luego, la Casa de Cuarentena Móvil o MQH se colocará dentro de un avión de carga que los llevará a Houston; esta casa móvil se trasladará a un lugar donde se adjuntará a la Casa de cuarentena, que en realidad es una casa sellada, por lo que tendrán más espacio para permanecer durante el período de cuarentena, con suficiente espacio para la Tripulación, los médicos y los técnicos, con todas las instalaciones que tienen en sus hogares, y por supuesto tendrán un área de visitantes, pero aislados de ellos. Esta casa está casi terminada".

"El Contenedor de Vehículos Espaciales con el Vehículo Espacial, en este caso Orion,, será trasladado al Centro Espacial Kennedy donde permanecerá asegurado durante el período de cuarentena, el contenedor tiene un sistema para poder ventilar aire limpio y recuperar partículas en un filtro".

"Mencioné muestras de Marte, pero esta será una parte muy pequeña de ellas y se almacenarán en un área sellada en el JSC, las muestras médicas serán analizadas por los médicos en la casa de cuarentena, se ha incluido un laboratorio para este propósito, la mayoría de las muestras permanecerán en el Hábitat como lo explicará Peter Walheim Urich. Entonces, como pueden ver, no hay riesgo".

"Gracias Charlie", dijo el Dr. Walheim "Se tomó la decisión de mantener la mayoría de las muestras de Marte en el Hábitat, ya que será recuperado más tarde por la Tripulación del EOSS, estas muestras se asegurarán y sellarán durante la trayectoria de Marte a la Tierra por la Tripulación del Terra-1. Cuando el Habitat se acople con el puerto del EOSS, no se abrirá hasta que los Administradores de la Misión consideren que es seguro hacerlo, esta es la razón por la cual requerimos puertos de acoplamiento adicionales para el EOSS; entonces la Tripulación del EOSS comenzará la operación de mantenimiento, el Hábitat se liberará del polvo Marciano, el contenedor se moverá a un vehículo LEO que lo transportará a un nuevo módulo en la ISS llamado MSRM, o módulo de recepción de muestras de Marte, este módulo será lanzado a bordo de un Ariane VI Heavy para la ISS más adelante en junio de este año, para ser activado por la Tripulación del ISS. En este módulo, las muestras serán depositadas, y una Tripulación de Científicos será lanzada quizás en 2034 a la ISS para realizar todas las pruebas antes de que sean traídas a la Tierra, por supuesto, después de que consideremos que es seguro ".

"La pequeña cantidad de muestras que traerá la Tripulación es una precaución para tener algo en caso de que el Hábitat se pierda durante la operación de recuperación en la órbita terrestre, ya que se dice" es aconsejable no poner todos los huevos en una sola canasta ". "

"¿Hay alguna otra pregunta?". El Dr. Cook preguntó.

"Sí", un periodista levantó la mano "¿Pueden explicarme cómo será el regreso?".

"Sí, por supuesto, Charlie, por favor ayúdame con esto".

Charlie Washington tomó la palabra "La Tripulación despegará de Marte el 25 de abril, hay una ventana de cinco minutos para que puedan reunirse con el Orion / Habitat. Se acoplarán con él. La Tripulación realizará una verificación final de todos los parámetros para abandonar la Orbita Marciana y recibirá la Autorización del Control de la Misión; esto es validando todos los parámetros de disparo".

"El Motor del Orion se disparará durante unos ocho minutos para cambiar la órbita, de circular a una elíptica, luego en el punto más alto el motor principal disparará de nuevo durante cuatro minutos para cambiar esta órbita a una trayectoria que los llevará a encontrarse con la Tierra para una llegada prevista el 12 de septiembre de 2033 ".

"Cuando alcancen una distancia de 30,000 kilómetros de la Tierra, el Orion se desacoplará de la estructura del Habitat / Mars-Lander, el control de esta estructura será tomado por el Control de la Misión en Colonia que asegurará que los motores del Mars Lander realicen las maniobras necesarias para reducir su velocidad y altura, para lograr una órbita de 450 kilómetros de altura para ser capturados por la Tripulación del EOSS, aproximadamente tres semanas desde el desacoplamiento del Orion, esta es una operación muy compleja ".

"El Orion continuará su aproximación a la Tierra, se desacoplará del Módulo de Servicio antes de ingresar a la Atmósfera Terrestre, el Orion maniobrará para que el escudo térmico esté posicionado en la dirección de viaje".

"Entonces la secuencia de aterrizaje continuará con los paracaídas y finalmente el acuatizaje".

"Como pueden ver, hay muchos factores involucrados, los cálculos y las simulaciones se realizarán continuamente para garantizar la seguridad de la Tripulación".

"Gracias Charlie" dijo el Dr. Cook, "Gracias a todos por venir, hay un paquete de información para ustedes sobre la mesa en la parte posterior, y asegúrese de seguir la Misión.

•••

En Astrotechnika Andrew estuvo trabajando con las simulaciones para el despegue desde Marte en diferentes escenarios, estas simulaciones incluyeron la posición del Orión, agregó algunos factores como viento, pérdida de empuje a diferentes alturas, para estar listo para reaccionar a cada situación, aunque todas las secuencias eran automáticas, tenían que cargarse en las computadoras del Lander, y tenían que ser conocidas por la Tripulación. Simulaciones de estas secuencias fueron enviadas para su uso en los simuladores de Realidad Virtual para su práctica.

Era tarde, casi todo el personal se había retirado, el Dr. Erich Von Stuhlinger también se marchaba cuando vio que Andrew todavía estaba allí, ingresó al laboratorio.

"Buenas noches, Andrew, es tarde, debes descansar", dijo. "Estoy terminando esta secuencia de despegue, quiero tenerla lista para enviarla al Control de la Misión para que puedan revisarla y enviarla a la Tripulación con propósitos de simulación, esta tiene una falla en el motor y vientos de 35 kilómetros por hora procedentes del Este, este es de hecho, uno de los peores escenarios. Necesitaremos una forma de medir los vientos superiores en futuras Misiones". Dijo Andrew.

"Está bien, Andrew, que tengas buenas noches" El Dr. Von Stuhlinger salió del laboratorio.

Andrew continuó su simulación, pero esta vez agregó un objeto de programación que cambiará la secuencia lógica de instrucciones en el momento de ignición, una secuencia ejecutada en un microprocesador entre los procesadores principales y los procesadores de válvulas de combustible, un procesador que instaló en el momento del Lander fue construido para un propósito que solo él conocía. Una vez que terminó, se sentó y lo miró. Redactó el documento operativo y de entrega que fue enviado al Dr. Von Stuhlinger para su revisión y autorización, decía: "Módulo 1: simulación de lanzamiento con falla del motor y vientos cruzados, módulo 2 secuencia de arranque del motor para reemplazar el objeto SQ156, corrige un posible bucle debido a temperaturas más bajas, firmado por Andrew". Presionó enter en su teclado y envió el correo electrónico con los enlaces a la biblioteca de objetos de la computadora. "Ya está hecho, ahora solo tengo que esperar", pensó y se fue del laboratorio.

Al día siguiente llegó como siempre, esta vez parecía bastante distante, llegó a su oficina y recibió una llamada del Dr. Von Stuhlinger "Buenos Días Andrew" dijo "Recibí la simulación y la modificación, realizamos una evaluación de calidad de la modificación y solo encontramos una nueva instrucción para modificar la secuencia, nos gustaría saber algunos detalles al respecto ", dijo; Luego de unos segundos, Andrew respondió "Ok Dr. Déjenme preparar algunos diagramas para mostrárselos, aunque es necesario integrarlos para continuar con las simulaciones, porque esta situación ha afectado algunos resultados". "Ok, entiendo, ven cuando estés listo", respondió el Dr. Von Stuhlinger.

Ese día por la noche, Andrew fue a la oficina del Dr. Von Stuhlinger para hablar sobre esto, preparó algunas diapositivas y mostró la secuencia normal y la modificada, usó un diagrama y un modelo 3D en la computadora que mostraba cómo la secuencia continuaba y cómo podría entrar en un bucle si la modificación no se realizaba. "Como puede ver, esto provocará que después de esta verificación se dé el control a la secuencia de inicio para abrir las válvulas, de lo contrario podría volver a la secuencia de verificación de motores que causará la pérdida de la oportunidad de la ventana, aproximadamente una de cada 20 pruebas cayó en esta situación, es por eso que se volvió crítico".

"Eso me parece bien, tú eres el mejor ingeniero que tenemos y casi has diseñado este sistema de propulsión, así que esto debe ser correcto", dijo el Dr. Von Stuhlinger. "Gracias Doctor" respondió Andrew y comenzó a caminar hacia la puerta. "Andrew", el Dr. dijo "olvidaste tu unidad de almacenamiento de datos". Andrew regresó y le dio las gracias y se fue de la oficina.

Estaba caminando por el pasillo y tomó el ascensor para ir al primer piso donde se encontraba el laboratorio. Cuando se abrió la puerta del ascensor, vio a Hans "Hola, Hans", dijo, se veía bastante tenso. "Estás bien, Andrew". Hans preguntó "Sí, gracias". Hans lo conocía muy bien desde la infancia, "Sé que algo te molesta, lo veo en tus ojos", dijo Hans, Andrew lo miró. "Oh, no, por favor dime que no lo hiciste", Hans dijo en un tono aterrador. Andrew salió del elevador y se dirigió al laboratorio.

···

En Marte, la Tripulación simulaba el despegue, con todas las fallas programadas que se enviaron desde la Tierra y la Tripulación del Orion simulando las maniobras para el acoplamiento y para abandonar la órbita de Marte, ambos grupos estaban muy ocupados recolectando datos y enviándolos a la Tierra para su evaluación.

La Tripulación también estaba realizando pruebas en muestras y seleccionando las muestras que los científicos querían analizar en la Tierra o en la órbita de la Tierra.

Veinte SOLs antes del despegue, los Marsnauts prepararon todo el equipo que iban a llevar con ellos, las muestras fueron documentadas y empacadas en contenedores sellados que no se abrirán hasta que sean recibidos en la Tierra o en el ISS.

Todos los equipos no esenciales fueron almacenados y asegurados, el Mars Rover fue cerrado y protegido de posibles tormentas de polvo, el Scooter eléctrico y el MED1, se almacenaron dentro del MSV2.

Una semana antes del despegue, los sistemas de manejo de desechos se apagaron, limpiaron y almacenaron, el Invernadero se preparó para nuevas cosechas y se empacaron las verduras para llevarlas a la Orbita de Marte para ser consumidas durante el viaje de regreso. Los protectores de Tormentas fueron instalados y asegurados para el MarsLab, el Rover y MED2, fueron asegurados con anclajes.

"El Control de la Mision ha confirmado la fecha de despegue, estará en SOL 460, a las 11049.65 horas, día de la Misión 749. Tiempo de la Tierra 11:05 AM GMT, comenzaremos el proceso de lanzamiento cinco horas antes del despegue, esto incluirá la revisión final de la Estación Terra, la salida del MarsLab de Leonard y Nancy para comenzar las listas de verificación previa al lanzamiento del Mars Lander. En L-dos horas Yelena y Klochi saldrán del Marslab y lo protegerán. En T-1.5 horas, la Escotilla del Mars Lander se cerrará y se asegurará, se iniciarán las comprobaciones de fugas, y la verificación final de los parámetros de despegue. En T-60 minutos, se realizará una evaluación final del vehículo. En T-30 minutos se recibirá la decisión final Autorizar /No Autorizar desde el Control de la Misión en la Tierra, en L-10 minutos los tanques de combustible se alistarán para el vuelo, en T-dos minutos se sincronizarán las computadoras guía del Habitat y el Mars Lander , en T-40 segundos, el secuenciador validará todos los datos de vuelo, en T-0 los motores arrancarán y el Mars Lander despegará, once minutos más tarde, el Mars Lander Endeavour debería alcanzar la Orbita de Marte, y siete horas más tarde la operación del encuentro empezará "dijo Robert.

"Enterados" Leonard respondió: "Estamos listos para comenzar el viaje a casa".

El Rover Explorer 4 fue movido al Campamento del Terra para transmitir el Despegue. El control de su cámara se le dio a la Tripulación en el Hábitat.

El día del despegue llegó, los Marsnauts siguieron todos los procedimientos, estaban en sus asientos, mirando la secuencia de lanzamiento y verificando que no hubiera alarmas, parecía que todo estaba perfecto.

En la Tierra, los Controladores de la Misión estaban siguiendo el evento, pero con 5,8 minutos de retraso, una vez más, no había mucho que pudieran hacer, sino esperar y observar.

Robert y Li, seguían la secuencia de Lanzamiento, ahora eran el equipo de Control de lanzamiento para el Endeavour.

En el WSEO y en todas las Agencias Espaciales, todo el personal estaba siguiendo el evento desde las pantallas de simulación que tiene cada Control de la Misión.

En Astrotechnika todo el personal estaba siguiendo el despegue, sabían que todo dependía del vehículo que diseñaron y construyeron, confiaban en que iba a despegar como se esperaba, solo una persona no estaba presente, Andrew.

Capítulo 28 Despegue de Marte; T-3,2 ....

"OK, Tripulación prepárense para el viaje a la órbita", dijo Leonard mientras la cuenta regresiva marcaba T-5 segundos, se detuvo a T-1.2 segundos, este es el momento donde las válvulas deberían haberse abierto para mezclar el combustible en la cámara de combustión. En la consola a bordo, el puntero en la pantalla del evento parpadeaba como si estuviera esperando algo que tenía la palabra Código, algo de lo que nadie estaba enterado, no había ningún error en la pantalla de la computadora, solo un guion bajo parpadeado esperando que algo se tecleara. Los cuatro Marsnauts estaban asombrados; nadie sabía sobre esto, esto fue inesperado.

"Robert a Leonard, no sé qué es eso en la secuencia, lo mejor que se puede hacer ahora es regresar el Lander a una configuración segura, mientras podamos recibir noticias de la Tierra en unos quince minutos".

"Enterado" Respondió Leonard, nadie más dijo una palabra.

El silencio era impresionante, cuando la telemetría se recibió en la Tierra, un silencio escalofriante se apoderó de todos los centros de control,

"Leonard, el Control de la Misión me contactó, el mensaje es breve, solo dice que están viendo la situación, aconsejamos a la tripulación que asegure el Lander y regrese al Marslab" dijo Robert.

•••

Los ingenieros del Control en la Tierra realizaban todo tipo de pruebas y simulaciones, todas las pruebas que utilizaban la configuración y el software exactos tuvieron éxito. La secuencia de despegue fue recargada a las computadoras del Mars Lander, se hicieron pruebas con el mismo resultado. Se le pidió a la Tripulación que regresara al Marslab ya que los ingenieros trabajaban para solucionarlo.

Todo el personal de Astrotechnika trabajaba contra reloj, se realizaron todo tipo de pruebas, el Dr.Gunter Schneider y el Dr. Erich Von Stuhlinger estaban buscando posibles causas: "¿Cómo podría suceder esto? No queremos ser los responsables de una tragedia Espacial ", dijo el Dr. Schneider," traigan al grupo del sistema de propulsión, tenemos que ir paso a paso ", dijo.

Un grupo de ingenieros llegó, "¿Dónde está Andrew?", Preguntó el Dr. Von Stuhlinger. "No sabemos no lo hemos visto en todo el día", dijo un ingeniero.

El Dr. Von Stuhlinger se quedó asombrado de que Andrew no estuviera allí, era el Jefe de Ingeniería de Propulsión, "bueno, búsquenlo, él conoce el sistema perfectamente", añadió en tono molesto.

•••

Después de recibir la información más reciente, en el WSEO el Dr. Cook escuchaba a la persona que estaba hablando por teléfono y afirmaba que tenía la respuesta para resolver el problema del Mars Lander.

"¿Quién es usted, ¿cuál es el problema?", Le dijo enojado el Dr. Cook.

"Por el momento, solo considéreme la única persona en el mundo que puede salvar a sus Astronautas o Marsnauts como sea que los llame. Quiero que llamen a los Líderes del Mundo y establezcan una reunión en la ONU y la EEORO en dos días, presentaré mis demandas allí".

"¿Está loco?", le respondió el Dr. Cook.

"Para simplificar, su vehículo y su Tripulación son mis Rehenes en Marte; tengo lo que se necesita para arrancar esos motores. Depende de usted decidir si los quiere de vuelta o morirán en Marte".

"Pero ¿cómo puedo contactarlo?, ¿cuáles son sus demandas?" preguntó en un tono de desesperación.

"Solo haga lo que dije, en dos días a las 10:00 a.m., hora del Este iniciaré una conferencia en la ONU, en la sala de prensa, hasta ese momento les dejaré saber a los Líderes mis demandas. Dígale a sus técnicos en la ONU que esperen mi señal para establecer la conexión".

"No traten de localizarme, y no traten de adivinar la solución, podría bloquear los motores para siempre".

"Lo intentaré, pero va a ser difícil convencerlos, necesito más información".

"Ese es su problema, si no puede entonces prepare su discurso para un funeral en Marte", la llamada finalizó.

Colgó el teléfono y se recostó mirando una fotografía en la pared, era una fotografía de la Tripulación del TERRA-1 firmado por todos. "Por qué alguien estaría interesado en hacer algo como esto, esta persona debe tener contactos o ser una persona dentro del programa", pensó.

···

Sonó el teléfono, uno de los ingenieros respondió: "sí, un momento, por favor", se dirigió al Sr. Livingstone y le ofreció el teléfono. "Esta llamada es para usted señor". El Sr. Livingstone lo miró "Es el Sr. Charles Washington". Miró al grupo y tomó el teléfono. "Sí señor" Respondió "Estoy con el Equipo del Lander, están analizando el problema".

Charles Washington, quien era el Director de la Misión de Marte y el Jefe del Programa Espacial de los Estados Unidos, le dijo "no hay ningún problema técnico, acabo de recibir una llamada del Dr. Cook, parece que la Tripulación permanecerá en Marte hasta que se cumplan algunas demandas de un demente". "¡¡¿Qué?!!", dijo el Sr. Livingstone.

"Como lo escuchaste, la Tripulación de Marte ahora son rehenes de algún demente", dijo el Sr. Washington. "Los llamaré más tarde y por favor mantengan la confidencialidad hasta que sepamos cómo vamos a proceder, sin filtraciones de prensa, nadie debe salir del Control de la Misión, ¿Está claro?" Colgó el teléfono.

John Livingstone permaneció sin habla, con el teléfono en la mano; se volvió hacia el grupo con una mirada de asombro. Él solo dijo "sus motores están bien, tenemos un gran problema" colgó el teléfono y salió de la habitación.

Todos los ingenieros se miraron entre ellos tratando de entender lo que estaba pasando, simplemente se sentaron. "¿Qué debemos hacer ahora?", Preguntaron, el Ingeniero en Jefe los miró y respondió "por el momento solo esperar y rezar".

•••

Como fue solicitado, en las Naciones Unidas se reunieron los Embajadores de la mayoría de los países, también el jefe de la EEORO.

Apareció una imagen en los monitores, no estaba claro quién era esa persona, pero se estaba preparando para hablar con los representantes de los Líderes Mundiales, el video mostraba solo una silueta y la voz estaba distorsionada.

Se estableció un nivel de seguridad muy alto, ninguna información de ningún tipo debía filtrarse al exterior, al menos en este momento.

"Deben estar intrigados de quien soy, en este momento, esto es lo menos importante de esta conversación, puedo decir que represento a millones de personas en el Planeta Tierra, y tal vez a la Tierra misma".

Los asistentes comenzaron a mirarse con desconcierto y curiosidad, entre ellos el Dr. Cook, que viajó desde Berna.

La voz en la videoconferencia continuó: "La llegada a Marte es uno de los mayores logros de la historia humana, lo comparo con la llegada de Colón a América y la llegada del Capitán Cook a Australia, este es un primer paso hacia la investigación humana del Planeta Rojo, la expansión de la cultura humana, esta Misión ha sido increíble y nos ha demostrado que en el Planeta podemos trabajar juntos para lograr un objetivo. Ir a Marte ha sido realmente un desafío. Admiro y respeto a todos los científicos que han trabajado día y noche para hacer de esta empresa una realidad, y admiro a la Tripulación en Marte y es mi mejor deseo que vuelvan a casa".

"Pero hay un problema que nos molesta a millones de personas en este Planeta y a mí. Por favor no me malinterpreten; ¿Realmente consideran que estamos listos para esta expansión? ¿En un momento en que estamos destruyendo nuestro propio Planeta contaminando todo, acabando con los bosques y las especies animales y provocando otra Guerra Fría? Parece que tenemos la visión de las culturas antiguas cuando pensaban que la Tierra era el centro del Universo. A veces me pregunto, ¿ustedes Líderes del Mundo y Líderes Industriales se han dado cuenta de que este Planeta es nuestro único hogar?

Él continuó: "El siglo pasado nos dio la oportunidad de ver la Tierra desde el espacio exterior. Yuri Gagarin y John Glenn fueron los primeros en aventurarse en orbitar la Tierra. Hemos visto a la Tierra flotando en el vacío del Espacio con las imágenes enviadas por los Astronautas del Apolo y sondas no tripuladas. El Apolo 8 nos mostró la Tierra desde la Luna por primera vez, una esfera muy frágil. Recuerdo al Astronauta del Apollo XV, Jim Irwin, cuando habló de su experiencia: "Miré la Tierra, todo lo que sé y todos los que amo están en esa esfera azul; no hay fronteras solo un Planeta-. Los Equipos ISS, EOSS, Orion y Legatus nos han mostrado la Tierra incluso en un modelo 3D; y ahora los Marsnauts han estado transmitiendo imágenes de la Tierra desde el comienzo de su viaje y desde Marte, con sus excursiones nos han mostrado cómo se ve el Planeta desolado, esta es una gran oportunidad para valorar lo que tenemos."

"Hay satélites que envían información sobre el medio ambiente de la Tierra como la temperatura, los diferentes gases de la atmósfera, el espesor y longitud de las capas de hielo en la Tierra, etc. Proporcionan toda la información necesaria para comprender las desviaciones que estamos causando y aplicar medidas correctivas".

"Hay Misiones han estado buscando Planetas similares a la Tierra en el Universo, y han encontrado muchos, los exoplanetas, pero no estamos listos para un viaje de miles o millones de años luz desde la Tierra".

"Ustedes los Líderes, están viviendo con codicia y poder, quizás piensen que este problema no les afecta, que son tan importantes para verse afectados por esto y están ignorando un problema real. Tengo noticias para ustedes, se verán afectados como cualquier otra persona, no han aprendido nada y no quiere ver la verdad. Es triste, la ciencia y el conocimiento humano nos han mostrado dónde vivimos, y mantienen la misma mente medieval".

"Si esto no es lo suficientemente claro, imaginen esto. Imaginen su casa, su familia está allí, tienen una casa bonita con un pequeño jardín y todo está limpio. Ahora imaginen que su vecino comienza a quemar la basura y el mal olor invade su casa porque el viento sopla hacia ustedes, simplemente porque no les importa y debe deshacerse de la basura. Ahora escalen esto a su vecindario, una gran empresa decide instalar cerca de su casa una gran fábrica, comienzan a contaminar el aire, la tierra y el agua, hacen ruido y su vecindario pacífico se convierte en un lugar horrible, donde el agua que reciben ya no es clara y además tiene mal sabor y aroma, y el aire que respiran huele a industria, sus hijos comienzan a enfermarse. Esa fábrica no se preocupa por ustedes, están produciendo y vendiendo y están en su propiedad. ¿Pueden ver el problema aquí?".

"Ahora, veamos el panorama general, a nivel planetario, vivimos en una burbuja, ningún recurso se regenera desde el exterior, y nada puede ser expulsado al espacio exterior. El aire que respiramos es todo lo que tenemos, también el agua, son reciclados por procesos naturales, no necesitan que los humanos lo hagan, todo está en equilibrio para sostener la vida. ¿Qué creen que sucede cuando alguien decide que ese país no será parte del acuerdo ambiental porque no es bueno para el país? ¿O firman el acuerdo, pero no hace nada porque en realidad no les importa o les afecta intereses personales? Toda la contaminación que generan estas naciones afecta a todo el Planeta, y estoy seguro de que nadie está interesado en intoxicarse debido a esta falta de compromiso. Esto es intolerable Hay muchas otras opciones para crear empleos y riqueza, por ejemplo, con este Proyecto de Marte se crearon miles de empresas y puestos de trabajo, cada país puede aprovechar sus recursos para construir un Planeta y una sociedad mejor, todo esto se publica y es información pública. "

Los asistentes se miraron entre ellos, apenas hablaron.

"Hoy la mayoría de las personas en la Tierra están siguiendo la Misión de Marte, y están orando por su retorno seguro, el mundo está unido. Me pregunto, ¿por qué no se puede hacer esto por un compromiso de cuidar el Planeta Tierra? ¿Por qué queremos comenzar la vida en otro Planeta si estamos destruyendo la vida aquí en la Tierra? ¿Pueden explicarme esto?

"La Tripulación en Marte está bien. Pueden regresar de manera segura a la Tierra y la Exploración de Marte puede continuar. Pero creo que primero debemos garantizar la Vida en la Tierra. Si no saben lo que significa esto debido a su pobre visión, déjenme explicárselos".

Se proyectaron algunas imágenes "No podemos continuar con esta explotación indiscriminada de los recursos naturales. El dinero no puede salvar a nadie de la destrucción global. Si se inicia una guerra nuclear, toda la vida en este Planeta desaparecerá, crearemos un Planeta muerto, si no detienen el calentamiento global, los recursos no estarán disponibles, y los procesos naturales intentarán restaurar el equilibrio como un mecanismo de autodefensa. Si no se han dado cuenta de que todos vivimos en un mismo Planeta en donde la geografía política no importa, están realmente equivocados. ¿Saben cuántas muertes por cáncer son causadas por lo que respiramos, o lo que comemos? ¿Qué tipo de Planeta les gustaría heredar a sus nietos?

"Aquí es donde estoy interviniendo en nombre del Planeta y la Raza Humana. Si quieren que su Tripulación regrese a la Tierra a salvo, deben comprometerse a detener la guerra, detener las armas nucleares y crear un programa ambiental efectivo para salvar la Tierra. Disfruto de la Exploración Espacial y cómo ha evolucionado, pero no entiendo por qué todo el conocimiento que proporciona se utiliza para destruir nuestro único hogar, esto no tiene ningún sentido".

"Tienen solo veinticuatro horas para decidir y olvidar su posición de liderazgo. Si quieren salvar a la Tripulación solo acepten salvar el Planeta Tierra, es muy fácil comprometerse a eliminar todas las armas nucleares y respetar y cumplir el Acuerdo Ambiental Mundial. Tienen que escuchar el EEORO y darle a su Director el poder que este puesto requiere, por lo que sus recomendaciones deben ser consideradas como Leyes, no como opciones".

"Tienen toda la información, el destino de la Tripulación está en sus manos, la codicia humana por el poder y el dinero o la conservación de la vida esa es su elección. Por cierto, si no se toma una decisión en veinticuatro horas, la transmisión de este evento se distribuirá en todo el mundo, por lo que el mundo sabrá la verdad. Como pueden ver, no estoy pidiendo algo para mí. Todos miraban a Marte; es tiempo de mirar hacia atrás a nuestra propia Tierra."

"Sé que están pensando que soy un criminal y un terrorista, pero me pregunto, ¿quién es realmente el criminal? ¿Quién está matando el Planeta?

"Sabré si aceptaron este compromiso cuando todos anuncien al Mundo la Autoridad que están otorgando a la Organización de Observación y Regulación Ambiental de la Tierra, y el compromiso de respetar y seguir sus recomendaciones, también de que todas las naciones desactivarán sus armas nucleares Si no veo este mensaje, desapareceré y nunca recuperarán a la Tripulación".

"¿Este día será un día para lamentarse o un día para celebrar? tienen la decisión en sus manos".

La transmisión terminó.

El Dr. Cook llamó al Jefe de Relaciones Públicas de la WSEO. "Harry, necesito que prepares y publiques un comunicado de prensa diciendo que el Mars Lander todavía está en Marte porque hubo un problema técnico durante la cuenta regresiva y los ingenieros lo están analizando, también contacta a la familia y a los padres de todos los miembros de la Tripulación y tráigalos a Berna, instálenlos en las Suites del WSEO, queremos alejarlos de los rumores y de la prensa, dígales que volveré más tarde hoy, no hay necesidad de quedarse aquí, todos son políticos".

"Ok Dr. Cook, lo haré de inmediato"

...

El Jefe del MI6 llamó al Agente Wilson en la oficina de Londres; él llegó tan pronto como pudo.

El Jefe del MI6 estaba escuchando la videoconferencia de la ONU, "Por favor, venga Agente Wilson, siéntese y escuche esto cuidadosamente", dijo el Jefe, se acercó e hizo lo que se le había ordenado.

"Esto es serio, una persona u organización, presumiblemente un científico de alta tecnología del Programa Espacial está chantajeando a los Jefes de Estado, quiero que descubra todo lo que pueda sobre esta situación y quién está detrás, quizás tenga algo que ver con esos casos no resueltos de Tokio y Moscú ", dijo" Sí, señor, comenzaré de inmediato ". El agente Wilson se puso de pie y miró al Jefe" ¿Qué está esperando? ", dijo el Jefe. "Estaba escuchando a la persona; tiene acento, pero no está claro de dónde es él ". "Bueno. Buena suerte Agente, usted tiene todos los recursos a su servicio, esto es altamente clasificado, no ha escuchado nada sobre esto, ¿de acuerdo? Esta grabación no existe". El Jefe dijo. "No se preocupe, señor, entiendo".

Salió de la oficina y caminó hacia la salida. Decidió ir a la Agencia Espacial del Reino Unido para reunir más información sobre el Proyecto de Marte; lo había estado siguiendo en los noticieros no como un experto.

Llegó a la sede de la Agencia Espacial del Reino Unido.

Se dio cuenta de que había una pantalla grande con la imagen de una sala de control, decía en la parte inferior que era el Centro de Control de la Misión. La imagen cambió y mostró las fotografías de la Tripulación en Marte.

"Hola señor, ¿qué puedo hacer por usted?" Dijo la recepcionista.

"Hola, soy el Agente Wilson de Interpol, necesito hablar con el Director de esta Agencia".

"Dr. Heather Cavendish es la Directora de la Agencia Espacial del Reino Unido, pero ahora está en la Sede del WSEO "Respondió.

"¿Y dónde está esa oficina?".

"En Berna, Suiza" Ella respondió.

"Gracias" Salió y habló por radio "Este es el Agente Wilson, necesito un transporte urgente a Suiza, tengo que ir a la sede del WSEO".

La Voz en la radio dijo: "Veo que está en la Sede de la Agencia Espacial del Reino Unido, vaya a Polaris Way, y camine hacia el campo abierto en Swindon College, un helicóptero lo recogerá allí para llevarlo al *London City Airport*, en dónde será llevado en un avión de la agencia, cuando aterrice en Suiza, un helicóptero lo llevará directamente a la sede del WSEO, tienen un helipuerto. Su helicóptero lo recogerá en 7 minutos".

"Gracias", dijo y corrió hacia el lugar donde lo recogerían, escuchó cómo se acercaba un helicóptero, era uno de la RAF. Mostró su identificación en la entrada de la Universidad, un guardia lo llevó al campo abierto. Acababa de llegar cuando aterrizó el helicóptero.

"¿Agente Wilson?", Preguntó el piloto. "Sí", respondió y mostró su identificación. "Cuidado" dijo el piloto y le indicó que se pusiera los auriculares. "Abróchense el cinturón de seguridad, llegaremos al aeropuerto en veinte minutos".

Como se le dijo, el helicóptero lo llevó al London City Airport, de ahí voló al aeropuerto de Berna, Flugplatzstrasse, desde donde fue transportado a la WSEO en helicóptero.

···

En Astrotechnika, el Dr. Gunter Schneider y el Dr. Erich Von Stuhlinger, estaban analizando todas las posibilidades, el equipo estaba allí para realizar todas las simulaciones, no se encontró nada. "Dónde está Andrew, lo necesitamos aquí", dijo el Dr. Schneider con tono desesperado, "Cuatro personas están atrapadas en Marte y él no está aquí, Hans, eres su amigo, encuéntralo", agregó.

Hans lo llamó por teléfono sin respuesta, se dirigió a su casa que estaba a veinte minutos de allí pero no pudo encontrarlo, estaba asustado, sabía que Andrew podría haber hecho algo, pero no iba a decirle a nadie, de lo contrario, se le considerará como cómplice, además quería proteger a su amigo.

Regresó a Astrotechnika y les informó que no podía encontrarlo.

El Dr. Stuhlinger dijo: "Tenemos que informar a la policía sobre esto, es una persona desaparecida, él no es así, él acostumbra a estar aquí muy temprano y se retiraba por la noche, tal vez le pasó algo o lo secuestraron" El Dr. Schneider llamó a su asistente "Por favor llame a la policía e informe a Andrew como una persona desaparecida, dígales que es muy urgente encontrarlo, que esto es de alta prioridad".

...

El Agente Wilson estaba en la sede del WSEO en Berna, los Directores de las Agencias Espaciales se habían reunido a puerta cerrada. Tendrán una videoconferencia con el Dr. Cook desde Nueva York.

"¿Cuánto tiempo tengo que esperar?", Le preguntó a la recepcionista, "Lo siento, no sé, han estado dentro de esa oficina por varias horas, no podemos interrumpirlos, esa fue la instrucción que todos recibimos".

"Debe haber un gran problema". El Agente Wilson dijo. "Sí, escuché que había un problema con el Mars Lander, no puede despegar", dijo. "Ese es un gran problema, pero ¿por qué están aquí y no con los ingenieros?", Preguntó. "No lo sé señor".

Miró su teléfono y vio el aviso de otra persona desaparecida, no le prestó ninguna atención especial, solo susurró "otra llamada perdida" y siguió mirando la transmisión que estaba en el área de recepción, algunas vistas desde Marte y la Tripulación.

El Agente Wilson continuó esperando en la sala de espera, se veía desesperado "Perdóneme Señorita, ¿puede llamar a Heather Cavendish, esto es urgente es un asunto policiaco". "Lo siento, mis instrucciones fueron ..." se levantó y caminó hacia la puerta de la sala de reuniones, tocó y la abrió. Todos los miembros lo miraron, detrás estaba la recepcionista "Lo siento, no pude detenerlo".

"¿Qué quiere Señor, quien es usted?" Pregunto Lukas Schneider, que era el Jefe de DLR. "Soy el Agente James Wilson de la Interpol del Reino Unido mostró su identificación" Está bien Adelaide, por favor cierre la puerta ", dijo el Sr. Schneider. Esperaron hasta que la puerta fuera cerrada.

"Tengo que hablar con la Sra. Cavendish, el Dr. York del MI6 me envió" el Agente Wilson dijo "Me imagino que él explicó la situación". "Sí, señora" "¿Qué le dijo él?" "Dijo que había una posible situación de chantaje usando a la Tripulación de Marte como rehenes "agregó el Agente Wilson.

"Sí, tenemos una situación aquí, hay alguien amenazando a los Líderes Mundiales para que la Tripulación despegue de Marte, la cuestión es que el rescate no es dinero. Lo que exigen es el compromiso de todas las Naciones para cumplir con el Acuerdo del Cambio Climático y desmantelar todas las armas nucleares. En resumen, su argumento es que los Líderes del Mundo están destruyendo el Planeta Tierra y parecen estar ignorando que este es el único Planeta disponible para nosotros. Quiere un compromiso presentado al mundo en unas veinte horas, si no, simplemente desaparecerá y la Tripulación nunca podrá abandonar Marte". Comentó ella.

"Eso parece serio y bastante aterrador", respondió el Agente Wilson y agregó: "¿Dijo esta persona algo más sobre lo que sucedería si hay un compromiso y no se cumple?

"No que yo este enterada, el mensaje fue grabado y esto es todo, sabemos que en la ONU los Embajadores están hablando con sus Líderes sobre esto y el Dr. Cook está allí", dijo la Dra. Cavendish.

"Me imagino que los ingenieros están viendo esto, ¿los ha contactado?", Preguntó.

"Tenemos una línea abierta con el Sr. Livingstone en el Control de la Misión, él está informando el progreso de la situación", dijo. "¿Y?" el Preguntó.

"Bueno, han estado ejecutando todo tipo de simulaciones, pero todo funcionó como se esperaba, el vehículo fue probado y se realizaron miles de horas de pruebas para evitar cualquier problema".

"¿Han considerado el sabotaje? ¿Tal vez alguien que ha hecho algo sin ser notado? Preguntó.

"Es casi imposible, el proceso para validar cualquier configuración y todos los componentes son muy estrictos, y con diferentes niveles de garantía de calidad", respondió.

"Pero ¿y si alguien desde adentro tiene suficiente conocimiento para hacer algo, tal vez porque es amenazado por un grupo extremista, este es un trabajo muy especializado?", Preguntó el Agente Wilson.

"Eso podría ser posible" Ella respondió.

"¿Es posible tener una lista de todo el personal que participó en la construcción del vehículo?", Preguntó el Agente Wilson.

"Sí lo es, pero hay miles de personas y muchas compañías porque algunas partes fueron integradas", dijo.

"Ya veo, ¿cómo funciona esto? ¿Hay alguna compañía que integre todas las piezas para construir este vehículo? Preguntó.

"Sí, es Astrotechnika, están ubicados en Colonia, Alemania", ella respondió.

"Tendré que ir allá, ¿puede llamar a alguien para decirles que necesito una lista de personal?".

"Bien, puedo hacerlo, pero estoy seguro de que todos están comprometidos a resolverlo", dijo.

"Entiendo, quizás si alguien puede darme algo de tiempo, eso ayudaría", dijo el Agente Wilson.

"Hablaré con ellos y déjeme conseguirle un helicóptero para llevarlo de aquí a nuestra sede en Colonia; es un vuelo de cuatro horas ", dijo Lukas Schneider.

"Y por favor, no comente a nadie sobre esto, no queremos comenzar un pánico mundial", dijo la Dra. Cavendish.

Salió de la sala de conferencias y la recepcionista le pidió que esperara mientras llegaba el helicóptero. Mientras esperaba, miró su teléfono, comenzó a desplazar a todos los mensajes, seleccionó solo los mensajes de la Interpol, había un par de posibles amenazas terroristas, uno de un ladrón de bancos, otro de un fugitivo de América del Norte, y una decena de personas desaparecidas. Miró a estos, había niños desaparecidos, adolescentes, una o dos personas mayores, y había uno de una persona llamada Andrew Kurt, este tenía una bandera roja que significaba que era de muy alta prioridad, estaba viendo esto cuando la recepcionista lo interrumpió "Señor, el helicóptero lo está esperando" Se levantó y abandonó el área.

El Agente Wilson llegó a la sede de la Agencia Espacial Alemana y fue llevado a Astrotechnika, que estaba a solo diez minutos en automóvil. Fue conducido a la oficina del Dr. Gunter Schneider.

"Pase Agente" El Dr. Schneider le dijo "Por favor cierre la puerta, estamos aquí muy ocupados tratando de resolver la situación del Mars Lander, ¿cómo puedo ayudarlo?". "Me gustaría ver la relación de las personas que trabajaron con el Mars Lander, aquí y en el extranjero, creemos que el vehículo fue comprometido por un ingeniero de alto nivel que tenía conocimiento del sistema y también las evaluaciones de calidad", dijo el Agente Wilson.

El Dr. Schneider miró por la ventana y guardó silencio por unos segundos, luego se volvió hacia él. "Esto tiene sentido porque hemos realizado muchas simulaciones sin ningún problema, y especialmente nada que espere una intervención de la Tripulación" hizo una pausa". Todo el personal está aquí, todos excepto uno, el Ingeniero Jefe del Sistema de Propulsión, no pudimos encontrarlo, de hecho, nos pusimos en contacto con la policía para que nos ayude a encontrarlo". "Ya veo, ¿él tiene el conocimiento para hacer algo como la situación que tienen? Él preguntó: "Es un ingeniero muy talentoso, pero no creo que piense en hacer algo como esto", respondió el Dr. Schneider. "Supongo que no lo haría, pero nunca se sabe lo que está en la mente de las personas, ¿sabe si es o ha sido un activista ambiental? Preguntó el Agente Wilson. "No sé, no hablamos mucho, entiendo que estuvo todo el tiempo en el laboratorio o en la sala de simulación, solo tengo excelentes referencias sobre él", respondió y agregó "Quizás el Dr. Von Stuhlinger pueda darle más detalles, pero él está trabajando con el problema, usted sabe, tenemos que traer esos Marsnauts de Marte, tenemos que hacerlo rápido. "Entiendo, ¿puede darme el nombre del ingeniero?" El agente Wilson preguntó, "Sí, es Andrew Kurt ", respondió, el Agente Wilson recordó que vio ese nombre en el mensaje de personas desaparecidas. "Ahora, si me disculpa, Agente, tengo que volver con mi equipo, si necesita algo, pregúntele a mi asistente". Ambos salieron de la oficina.

El Agente Wilson se paró en la recepción y llamó a su oficina central "Necesito toda la información que pueda encontrar de una persona llamada Andrew Kurt, fotografías, direcciones, amistades, donde lo vieron últimamente, etc. Lo necesito tan pronto como sea posible, tenemos que encontrar esta persona urgentemente".

...

"Erich" El Dr. Gunter Schneider llamó al Dr. Von Stuhlinger, se acercó "Tenemos que resolver esta situación por seguridad de la Tripulación, el programa y nuestra empresa; Hemos visto que después de toda la secuencia siempre se detiene en el mismo lugar, justo antes de la apertura de las válvulas y las válvulas de seguridad para permitir el flujo del combustible y comenzar la combustión, pero haciendo las mismas pruebas aquí, esto no sucede. Nuestro peor temor está sucediendo; alguien puedo haber saboteado el vehículo por algún motivo que no conocemos. Dime si todo el equipo aquí está trabajando en esto, necesito todos los ingenieros que participaron aquí, y por favor no comunicación con el exterior. Tenemos que dejar de probar la secuencia y concentrarnos solo en ese evento en particular".

"He verificado los registros, además de algunas personas que fueron contratadas hace poco tiempo, el único desaparecido es Andrew", dijo el Dr. Von Stuhlinger.

"Un Agente de la Interpol acaba de hablar conmigo, le conté sobre Andrew, ¿sigues intentando contactarlo?" Preguntó el Dr. Gunter en un tono muy sorpresivo. "Sí, hemos tratado de contactarlo por teléfono, móvil, radio, herramienta *Where-Am-I* de GPS y en su casa sin éxito, hemos preguntado a los vecinos, pero algunos de ellos ni siquiera saben quién vivía allí, era muy reservado y estaba aquí la mayor parte de su tiempo "respondió el Dr. Erich.

"Si lo hizo debe ser porque lo han secuestrado y obligado a hacerlo, o lo hizo por algún motivo que desconocemos", dijo el Dr. Gunter y continuó: "¿Has hablado con Hans?, entiendo que se conocen desde que eran niños ".

"No, él ha estado rastreando la situación con sensores remotos, pero esta operación es muy lenta debido al retraso, prefiero no distraerlo en este momento", respondió el Dr. Erich, "además, odio decir esto, pero yo creo que Andrew está detrás de esta situación, él es el que tenía más conocimiento de los motores, y él es el único que falta en este momento. Ojalá me equivoque. Es un gran ingeniero y tiene toda mi confianza".

"Los Ingenieros también han considerado la posibilidad de quitar el protector térmico para ver directamente a los motores y ser examinados visualmente por expertos, pero es muy difícil y arriesgado obtener acceso y la Tripulación no tiene el tipo de herramientas necesarias, ya que nunca pensamos en esta posibilidad, por lo que estamos trabajando para encontrar otras soluciones ", dijo el Dr. Erich.

...

En el Campamento Terra, la Tripulación estaba en el MarsLab, realizando algunas actividades y experimentos. "Tengo una comunicación del Control de la Misión, están trabajando con Astrotechnika para resolver esta situación, confían en que pronto encontrarán una solución", dijo Robert. "¿Comentaron algo sobre el cursor esperando algo?", Dijo Leonard. "No, no lo hicieron". Después de esto Robert guardó silencio. "Gracias, Robert", dijo Leonard y pensó: "Hay algo que nos están ocultando, la famosa política de Exploración Espacial; si no pueden arreglarlo, no necesitan saberlo, hay algo malo, muy malo, Lo presiento ", guardó sus pensamientos para sí mismo, aunque los otros miembros de la Tripulación notaron preocupación en sus ojos, todos sabían que había algo de lo que no habían sido informados, y que tal vez nunca volverían a ver la Tierra, pero todos mantuvieron su pensamientos para sí mismos y su espíritu elevado, sabían que preocuparse no ayudaría.

Capítulo 29: Luto o Celebración, esta es su elección

Las últimas palabras que el secuestrador Planetario había dicho fueron: "Este día será un día para lamentarse o un día para celebrar, está en sus manos la decisión".

La prensa fue informada a través del Oficial de Relaciones Públicas "Hubo una demora en la salida de la Tripulación debido a un problema técnico que estaba siendo analizado, y que esperan estar en Marte por otras 24 a 48 horas terrestres".

Aunque la información estaba siendo tratada de manera muy hermética, hubo una fuga de información en la que se comenzó a mencionar que la Tripulación se había visto obligada a permanecer en Marte como rehenes, pero no se mencionó nada más.

Los titulares en las redes sociales y los periódicos comenzaron a decir "Terra-1 en Marte: falla técnica o intervención humana".

...

"Todas nuestras pruebas han sido exitosas en el simulador, pero fallan en el Mars Lander en ese punto exacto, hemos intentado procedimientos manuales y automáticos, algo no está bien, no está documentado, estoy seguro de que podemos encontrar una solución alternativa". El Dr. Von Stuhlinger se dijo así mismo.

"Estamos perdiendo un tiempo precioso, tenemos que encontrar una solución alternativa, tenemos que trabajar descartando el procedimiento de despegue, está claro que no encontraremos la falla y que Andrew no volverá, tenemos que usar nuestro conocimiento e imaginación, tenemos que traer a la Tripulación de vuelta a casa ", dijo el Dr. Gunter, que se quedó mirando su escritorio, a una maqueta del Mars Lander y una maqueta del Saturno V.

"Ok, Erich, ahora es el momento de aplicar nuestro conocimiento y experiencia, debemos encontrar una alternativa, tenemos que traer de vuelta esa Tripulación, recuerden los viejos tiempos con el Cohete Saturno".

Abrió los planos de los sistemas de propulsión en su computadora, y la secuencia programada que se estaba utilizando en el Mars Lander y para las simulaciones. Tiró todo lo que había en una mesa de reuniones y sacó un proyector de la sala de reuniones. Lo conectó a su computadora para que pudieran seguir el diagrama en la pantalla. "Me gusta mejor de esta manera", dijo el Dr. Gunter "y ahora, como dijo nuestro compañero Albert, usemos nuestra imaginación para resolver esto, hagamos todas las preguntas que podamos, en este momento no existen preguntas tontas, la respuesta debe estar aquí en algún lugar".

"Ahora, veamos, la secuencia del programa sigue todos estos pasos de inicio del motor, todos se ejecutan correctamente hasta que alcanzamos el comando para abrir las válvulas de encendido. En nuestro modelo aquí, tiene la misma versión del archivo de comandos que se procesa sin problemas, y también utiliza el mismo modelo de computadora que las del Mars Lander, con la misma versión de procesadores, firmware, mismo fabricante " dijo el Dr. Erich.

"Mmm" Dijo el Dr. Gunter mirando el plano "para que nos lleve a este punto, el último comando es detenido por algún tipo de código, o las válvulas no reciben señales del secuenciador, pero eso no es muy probable debido a las redundancias y los sensores habrían detectado una interrupción en el flujo de energía. Tendremos que esperar hasta que Hans termine su análisis que tomará algunas horas más".

"Lo que tenemos que encontrar aquí es una solución alternativa, descartando los programas y las computadoras que se están utilizando ahora, porque estamos casi seguros de que el problema está aquí", dijo el Dr. Gunter señalando las pequeñas válvulas.

El Dr. Erich buscó en la computadora otro plano "Aquí está", dijo, "este es un diagrama de todas las computadoras y procesadores del vehículo, aquí están las computadoras de la Tripulación, y aquí están las computadoras de control y aquí las computadoras redundantes". Sabemos que hemos vuelto a cargar el software en el vehículo, desde el firmware hasta la aplicación y todas las capas de software intermedias. El verdadero problema es que si se agregó un procesador a cualquier circuito de la computadora a bordo del vehículo que no está documentado, hemos analizado todas las posibilidades y todo termina aquí, es como si un firewall bloqueara los comandos".

"Sí, eso es una posibilidad", dijo el Dr. Gunter. "Si este es el caso, tenemos que encontrar otra forma de alcanzar las válvulas, desde otra computadora, quizás utilizando las válvulas auxiliares". ¿Cómo está la Tripulación?

"Escuché que están bien, desconcertados, pero saben que tienen suministros suficientes para un par de semanas y confían en que se encontrará una solución". Respondió el Dr. Erich.

"Bien, es importante que sean optimistas. Debemos tener muy claro a qué nos enfrentamos a algo no considerado, y que Andrew no volverá, esto podría no tener un final feliz ", agregó.

"Después de depurar el código y seguir la secuencia paso a paso en la computadora principal abordo del Mars Lander, encontramos que, al final de la misma, la secuencia salta a una dirección de memoria que tiene algún código, esto significa que no se puede eliminar, esto es complicado, el código no es parte de nuestro código o secuencia, parte de él está cableado, esto fue agregado para controlar ese último paso, en pocas horas podremos leer ese código para averiguar cuál es su función ", dijo Hans.

"Excelente Hans, ahora tenemos que encontrar al creador de ese código, y por qué lo hizo", dijo el Dr. Gunter. "Tengo al Dr. Cook sobre mí; él quiere algunas respuestas y alternativas".

"Entiendo señor" continuaré de inmediato.

El Dr. Gunter estaba viendo la pantalla con los planos y estaba pensando en la llegada a Marte hace un año. De repente caminó hacia el pizarrón y dijo "sí, esta puede ser una opción".

El Dr. Erich lo estaba mirando mientras borraba el pizarrón con su manga. "Escucha, Erich, recuerda que cuando estábamos diseñando este vehículo y decidimos tener sistemas de motor independientes para el aterrizaje y el despegue, el único elemento común son las boquillas. ¿Qué sucede si utilizamos la secuencia de inicio del motor de aterrizaje que funcionó perfectamente y, tan pronto como superemos la secuencia de bloqueo y el motor inicie, continuaremos con la secuencia de despegue? El aterrizaje fue preprogramado y utilizó otro conjunto de computadoras. ¿Podemos programar estas computadoras para el despegue?

"Podríamos si tuviéramos tiempo suficiente para redirigirles el secuenciador de trayectoria, y tendremos que realizar varias pruebas que tal vez nos tomarán veinte días o más", respondió el Dr. Erich.

El Dr. Gunter lo miró y después de unos segundos dijo: "El hecho es que podríamos usar esto para encender los motores, y aún mejor podemos drenar los propulsores desde el despegue hasta los tanques de aterrizaje que están casi vacíos, diseñamos estas líneas para ser utilizadas en caso de un aborto de aterrizaje".

"Sí, eso puede funcionar, el truco aquí es transferir el control de una secuencia a otra", dijo el Dr. Erich. "Pero podemos hacerlo fácilmente, después de que el motor haya iniciado, se podría enviar una señal a las computadoras para indicar esto a la Tripulación, en ese mismo instante el control de la secuencia se transferirá a la secuencia de despegue justo después del encendido del motor. Al comenzar esta función, el combustible comenzaría a fluir ", dijo el Dr. Gunter y agregó:" Necesitamos que Hans y el equipo de programación trabajen en esto de inmediato, tenemos que hacer algunas pruebas, y también el Equipo de propulsión".

"¿No sería mejor que descansen por unas horas? Han estado trabajando casi veinticuatro horas seguidas ", dijo el Dr. Erich. "Tienes razón, envíalos a los hoteles de la zona, no quiero ningún accidente, cubriremos todos los gastos y les permitiremos una comida nutritiva y nos aseguraremos de que vuelvan en seis horas, pero no comenten nada de esto, y no los dejen hablar con nadie, cuando regresen se quedarán aquí hasta que esto se resuelva, no queremos revelar esta información que pueda ser interceptada por quién sabe quién, tenemos que tener mucho cuidado no sabemos si hay informantes aquí ", dijo el Dr. Gunter.

"No se preocupe, Dr. Gunter, seguiré sus recomendaciones" dijo el Dr. Erich y se retiró.

...

El Agente Wilson rastreó a Andrew, sabía que no era un criminal, era un ingeniero, así que no tenía la mente retorcida de un criminal y, en cambio, tenía una mente muy estructurada, era el vínculo con el verdadero criminal, él debe tener miedo, especialmente después de que el límite de las veinticuatro horas que se estableció no había habido ninguna respuesta de ningún gobierno sobre el compromiso ambiental o la destrucción de armas nucleares. "Veamos si alguien trata de contactar nuevamente a la ONU o si publica algo en internet. Estoy seguro de que Andrew no pensó en estas posibilidades cuando estuvo involucrado en esto, aunque la verdad es que la Tripulación está en peligro ", pensó el Agente Wilson.

Andrew fue a un café internet en el Centro de Colonia; quería ingresar a su cuenta de correo electrónico para enviar un mensaje a una agencia de prensa internacional explicando qué había detrás de la situación del Mars Lander, se dio cuenta de que su cuenta había sido bloqueada y que no recordaba la contraseña de la cuenta personal. Vio a un estudiante en otra computadora y le pidió que lo dejara enviar un mensaje, que no recordaba su contraseña y que era muy urgente. El estudiante no era de allí, así que no entendió todo lo que dijo, pero él le dio cien euros, ella se apartó y él le envió el mensaje de su correo electrónico, su nombre era Penelope Verty, una estudiante de las Islas Canarias que estaba aprendiendo alemán.

Andrew escribió el correo electrónico y lo envió; lo eliminó de la carpeta de mensajes enviados y de la carpeta de mensajes eliminados. También escribió un correo electrónico a Hans, explicándole el problema y la solución, él iba a enviarlo, pero se dio cuenta de que esto involucraría a Hans, por lo que simplemente lo eliminó, después de esto se fue y la estudiante continuó con lo que estaba haciendo.

El correo electrónico fue recibido por un periodista en la agencia de noticias, primero pensó que era un engaño, pero luego se dio cuenta de que tenía demasiada información, y que era un hecho que la Tripulación todavía estaba en Marte, envió el correo electrónico a su editor en jefe y lo reenvió a la Interpol con el tema: "Relacionado con la Misión de Marte", acordaron no publicar nada hasta que se recibiera una confirmación de la Interpol sobre la autenticidad de la misma.

La policía de seguridad cibernética de Interpol llegó a la oficina de prensa y se dirigió con el periodista que había recibido el mensaje, aislaron la computadora y comenzaron a rastrear el correo electrónico para ver de dónde se había enviado, también le pidieron al proveedor del correo electrónico que les diera la información del propietario de la cuenta de correo PVerty, pidieron permiso para auditar esa cuenta y analizar los correos electrónicos de la misma y para obtener las direcciones IP de las computadoras desde donde se enviaron los correos electrónicos en los últimos meses.

Descubrieron que todos los correos electrónicos eran típicos de un estudiante para sus padres y amigos, para otras personas que les pedían actividades académicas o para una cita, todos los correos electrónicos eran así, excepto este que se ha eliminado en todas las carpetas. Notaron que la mayoría de los correos electrónicos habían sido enviados desde un servidor que tiene una dirección asignada a una escuela en Colonia, y algunos otros incluyendo este desde un cibercafé, en el Centro de Colonia, donde muchos estudiantes van a hacer sus tareas y a usar una computadora fuera de las escuelas y universidades. La cuenta era de Penelope Verty, tenía una dirección en Islas Canarias.

La información se le dio al Agente Wilson, todavía no había una fotografía de la estudiante, así que fue al Café Internet y le preguntó a la persona a cargo si conocía a Penélope Verity, no estaba seguro debido a la cantidad de personas que estaban ahí todos los días. Preguntó si tenían cámaras de seguridad y si podía ver las cintas. De acuerdo con la información, el correo electrónico se envió a las 11:54 hora de Tenerife, por lo que correspondía a las 12:24 hora de Colonia.

Miró en las cintas y vio a una chica en una PC, otra persona llegó y usó la otra PC, luego dejó esa PC y se acercó a la chica, hablaron y ella se hizo a un lado y él comenzó a escribir algo, después de unos minutos se levantó de la silla y se fue, la muchacha continuó con lo que estaba haciendo. "Esa chica viene casi todas las tardes, va a la escuela que está a dos cuadras de aquí, es el Goethe-Institut Köln", dijo el empleado "Y el hombre, ¿lo ha visto antes?", Preguntó el Agente Wilson. "No, no creo que sea un cliente habitual", respondió.

 "Debe ser Andrew", pensó "Debe estar cerca; Es solo cuestión de tiempo "pensó.

El Agente Wilson decidió no buscar a la chica porque eso requeriría una serie de procedimientos policiales que causarían muchas preguntas, por lo que por ahora no era necesario, ya había encontrado lo que estaba buscando.

...

En Astrotechnika Hans y los ingenieros prepararon la configuración para usar la secuencia de aterrizaje para el despegue y forzar el aborto al aterrizar , esto hará el truco, lo probaron en varios escenarios, los motores comenzaron con el aborto en el comando de aterrizaje; esta secuencia de aborto se creó para encender los motores o continuar su disparo para despegar de la superficie o durante los últimos segundos antes de aterrizar. Esto funciona bien, excepto que el Mars Lander no necesariamente alcanzará la órbita cerca del Orion / Habitat, esto es porque en operaciones normales el aborto ocurriría dentro de los treinta minutos como máximo después del desacoplamiento, la secuencia ejecutará maniobras para el encuentro con el Orion / Habitat considerando la distancia que tiene para viajar, las coordenadas orbitales de desacoplamiento son la referencia inicial, además de que las computadoras de orientación de los dos vehículos están conectadas en ese momento, esto significa que en la próxima órbita deben encontrarse y acoplar. En este caso es diferente porque el despegue se calculará según la posición del Orion / Habitat, para cargar parámetros y sincronizar sus computadoras.

"Así que, después de que los motores inicien, el momento crítico será transferir el control a los secuenciadores de despegue que ya tienen los parámetros para alcanzar la órbita y encontrarse con el Orion / Habitat, la sincronización debe estar en el segundo exacto, si está hecho antes o después la trayectoria pueda cambiar. "Uno de los ingenieros de propulsión dijo:" En las simulaciones sincronizamos primero las computadoras del Orion y Mars Lander, luego iniciamos los motores con secuencia de aborto, la computadora de aborto continúa calculando la trayectoria proyectada de Orion para un posible encuentro en caso de aborto, dos segundos después transferimos el control a la secuencia de despegue, y esto funcionará igual que la secuencia normal".

"Cuántas simulaciones han hecho y cuál es el porcentaje de falla", preguntó el Dr. Gunter.

"Hemos realizado cuatro simulaciones y el porcentaje es de 25 fallas y 75 de éxito", respondió.

"Bueno, necesitamos que ejecuten al menos 20 simulaciones para ser más realistas", agregó el Dr. Gunter. "¿Cuánto tiempo toma preparar y ejecutar cada una?".

"Si no se necesitan ajustes, alrededor de dos horas", dijo.

El Dr. Gunter estaba haciendo algunos cálculos en su mente "Bueno, tienen 24 horas para ejecutar tantas simulaciones como puedan, le informaré esto al Dr. Cook. Quiero los resultados a esta hora mañana, recuerden, esto salvará la vida de los cuatro Marsnauts, del Programa de Marte y de Astrotechnika".

Los ingenieros regresaron al laboratorio.

•••

En el Campamento Terra, la Tripulación continuó con sus rutinas y experimentos diarios. "Leonard, el Control de la Misión en la Tierra quiere que tú y Nancy vayan al Mars Lander y practiquen la secuencia, como un ensayo, están trabajando con los ingenieros", dijo Robert. "Enterado; ¿Tienen alguna fecha para intentar un nuevo despegue? ", preguntó Leonard, hubo un silencio en la radio, después de unos segundos" No Leonard, todavía no "Robert respondió. "Enterado y Fuera" Leonard dijo: "Ok Nancy, tenemos que realizar algunas simulaciones en el Lander".

Han pasado tres SOLs y aún no había fecha para otro intento, para la Tripulación, la esperanza de regresar a casa se desvanecía con el paso del tiempo.

...

El Dr. Gunter Schneider llamó al Dr. Cook. "Christopher, habla Gunter, tenemos la solución, la hemos probado en varios escenarios y funciona".

"¿Encontraste el origen del problema?", Preguntó el Dr. Cook.

"Definitivamente es en el momento del comando para abrir las válvulas para producir el encendido, sospechamos que se agregó una rutina de programa y tal vez un procesador a la secuencia normal, el código está cifrado y *hard coded* , por lo que no podemos eliminarlo", respondió el Dr. Gunter. , hizo una pequeña pausa y continuó: "Esto es lo que haremos, la Tripulación activará la fase 5 del procedimiento de aborto, esto es Abortar al Aterrizar, esto encenderá los motores pero usará las computadoras y válvulas de aterrizaje para regresar a la órbita en ese momento de aterrizaje, esta fase particular es cuando el Lander está a menos de ciento cincuenta pies de la superficie, incluso al llegar a la superficie. El truco aquí es que los motores recibirán primero el combustible de los tanques de aterrizaje y luego comenzarán a sacarlo de los tanques de despegue, de esta manera evitaremos por completo la secuencia de despegue al principio, y una vez que los motores estén funcionando al 100%, el secuenciador transferirá el control al secuenciador de despegue que tiene todos los valores para la maniobra de encuentro con el Orion / Habitat, por supuesto esta secuencia ha sido modificada para mantener los motores que reciben combustible de los tanques de aterrizaje. "

"¿Cuál es el riesgo involucrado?", Preguntó el Dr. Cook.

"La única situación es que el despegue será más violento, ya que la secuencia supone que los motores ya están en marcha, la operación detectará el empuje de los motores y, como será cero, obligarán al empuje total a alcanzar el 100% en menos de dos segundos, esto hará que el vehículo se sacuda y aunque la fuerza de gravedad solo sea un tercio, experimentarán 4G en algún momento, o tal vez más, por lo que la Tripulación debe estar preparada con sus trajes presurizados " añadió el Dr. Gunter.

"Hemos probado la maniobra en simulaciones de computadora y en un simulador de motor, todas las pruebas fueron positivas, así que estamos seguros de que funcionará".

"¿Qué porcentaje?" preguntó el Dr. Cook.

"97%", respondió el Dr.Gunter.

"97 es mejor que nada en estas circunstancias y el tiempo es un factor primordial, ¿cuál es el plan?", Preguntó el Dr. Cook.

"Normalmente esta secuencia comienza automáticamente, esta vez la Tripulación tendrá que presionar el botón Abortar 'engañando' al sistema para forzar el aborto, después de esto, la Tripulación no tendrá que hacer nada hasta que estén en la Orbita de Marte, el sistema está programado para el encuentro con el Orion, sin embargo, la Tripulación tendrá que ser informada acerca de la hora de despegue, para que puedan sincronizar su computadora de orientación con la computadora de orientación del Orion. En el segundo exacto, el aborto debe activarse al comienzo de la ventana de tiempo del despegue; es nuestro consejo seleccionar la oportunidad más directa. Hans Von Strauss, uno de nuestros ingenieros en jefe y parte de su equipo, están viajando a Houston mientras hablamos para trabajar junto al equipo de Control de Vuelo, esperamos poder despegar de Marte en dos días".

"Eso espero", dijo el Dr. Cook "Notificaré a Charlie Washington que su equipo llegará más tarde hoy y sobre su solución, y por favor asegúrese de que su equipo no hable con nadie acerca de esto, la situación es muy delicada, como usted sabe".

"Cuente con eso Doctor ", respondió el Dr. Gunter.

El Dr. Cook se comunicó con Charlie Washington para notificarle la alternativa de Astrotechnika y que un grupo de ellos iba en camino a Houston para apoyar en la operación. Antes de terminar Charles Washington comentó "Esto no es agradable, pero tenemos que ir considerando la opción alternativa del regreso del Orión sin el Mars Lander en caso de falla en el despegue, así como preparar un comunicado", El Dr. Cook permaneció en silencio, después de una pausa le respondió "Hay que tener Confianza Charles, no será necesario".

Capítulo 30 La imaginación es más importante que el conocimiento. Einstein tenía razón otra vez

El grupo de Astrotechnika llegó al Control de la Misión en Houston; tenían una línea de comunicación abierta con el grupo en Colonia. Explicaron al Equipo de Administración de la Misión la solución que tenían y mostraron todos los resultados de las simulaciones y un diagrama detallado de la secuencia. En la reunión estuvieron Charlie Washington, Fritz Von Strauss, quien era el Director del Programa de Marte, y los Directores de Vuelo John Livingstone, Gene Aronson, Wilhelm Strauss, Kiochi Fukuhara, Benoit Lemaitre y Alexei Popov.

La reunión duró cerca de diez horas; la recomendación fue proceder con un intento de despegue en dos días a partir de ese momento en el día de la Misión 753, el 3 de mayo de 2033 a las 23:47 GMT, SOL 468.

El Director de Vuelo a cargo en ese momento, Benoit Lemaitre, anunció al Equipo de Vuelo "Intentaremos un despegue de Marte en el Día de la Misión 753, Hans de Astrotechnika está trabajando con el equipo de la Misión para enviar las secuencias al Mars Lander Endeavour, para ser cargado y validado, esta será una operación con riesgo, pero en este momento es la única opción y tenemos que sacar a la Tripulación de la Superficie de Marte, así que preparen sus consolas y tendremos un ensayo en 10 horas, lo siento pero es mejor que llamen a sus familias y les digan que necesitamos que estén aquí, pero no den detalles ".

...

"Robert a Leonard", "Adelante Robert", respondió Leonard desde el Marslab, "Necesitarán empacar nuevamente, en el SOL 468 dejarán Marte, el Control de la Misión ha enviado el perfil de despegue modificado y ahora está siendo cargado en las computadoras del Mars Lander, les he descargado las simulaciones que tienen que hacer lo antes posible, porque necesitan analizar los resultados, encontrarán todos los detalles en la secuencia" Robert explicó" Ok, eso suena bien, este es un maravilloso planeta, pero como se dijo en el Mago de Oz no hay otro lugar como el hogar, en nuestro caso Tierra "respondió Leonard. "Una cosa más, la recomendación es que todos ustedes estén en el Mars Lander para las simulaciones", agregó Robert.

Los cuatro miembros de la Tripulación abandonaron el Marslab, Leonard y Nancy primero y después de ellos Kiochi y Yelena.

Tomaron sus lugares en el Mars Lander y comenzaron a leer el procedimiento "Esto es extraño, la secuencia comienza con la activación de aborto al aterrizar, dijo Nancy. "Nancy a Robert". "Adelante, Nancy", respondió. "Solo queremos asegurarnos de tener la secuencia correcta, ¿comienza con el modo Abortar?". "Afirmativo, por alguna razón las válvulas de despegue no se abren, por lo que usarán el hardware del motor de aterrizaje para el despegue, el aborto en el aterrizaje producido es un arranque rápido de los motores, después la secuencia será transferida a la secuencia de despegue, el combustible será drenado de los tanques de despegue a los tanques de aterrizaje ", explicó Robert.

"Esto parece bastante arriesgado", dijo Leonard. "Han probado en simulación varias veces y están seguros de que esto funcionará", respondió Robert. "Bueno, no tenemos muchas opciones, ¿verdad? Sonrieron y continuaron siguiendo el procedimiento; por supuesto, se deben asegurar primero que la opción abortar esté desactivada por el momento".

Cuando finalizó la simulación, todos los archivos de registro se enviaron al Hábitat para su retransmisión a la Tierra, el Control de la Misión debería recibir los datos en poco más de cinco minutos. Tan pronto como se recibieron los resultados, se compararon con la simulación realizada en la Tierra y los resultados fueron prácticamente los mismos. La información fue dada a Charlie Washington quien había sido designado por Dr. Cook como el Coordinador de la Misión de Marte para la WSEO. Los revisó junto con la recomendación de todos los Administradores de Misión; la decisión fue proceder.

El Dr. Cook recibió la información, estaba de regreso en Berna. Fue a las suites del hotel de WSEO para hablar con las familias de la Tripulación y explicar la situación y el procedimiento, prometió mantenerlos informados minutos a minuto y los invitó a estar en el auditorio del WSEO para seguir el despegue con la misma información que el Control de la Misión estaba recibiendo.

Los ingenieros estuvieron trabajando todo el día verificando todos los parámetros para el despegue, acoplamiento y la trayectoria de Marte a la Tierra, tenían que programar los motores principales de encendido del Orión y los ajustes de la trayectoria auxiliar. Los ingenieros de Astrotechnika también hacían todo tipo de simulaciones con diferentes situaciones, aunque la mayoría ya se habían probado.

El momento de la verdad estaba muy cerca, a solo un día.

···

Eran las 11:00 AM del 3 de mayo, casi 12 horas antes del despegue de Marte, un transporte fue a las suites del Hotel del WSEO para recoger a las familias de los Marsnauts para asistir al despegue en el auditorio de la sede del WSEO, todos los jefes de las Agencias Espaciales estaban allí, excepto Charlie Washington que estaba en Houston, el Dr. Cook dio la bienvenida a todos, era evidente que estaba muy tenso, la Tripulación del Terra-2 también estaba allí, iban a explicar lo que estaba sucediendo, también había una pantalla de simulación que mostrará la trayectoria esperada y mostrará los datos reales enviados por la telemetría del Mars Lander. Una vez en órbita, la pantalla cambiará para representar el acoplamiento.

···

"OK, Leonard" dijo Robert "Pueden comenzar a configurar el Marslab en modo seguro, después de eso se moverán al Mars Lander para la preparación de despegue, todos los parámetros están cargados y la secuencia ha sido probada cientos de veces, los índices meteorológicos de Marte son favorables y no deberían tener vientos fuertes en ningún momento durante el ascenso. Hemos estado verificando todos los sistemas desde aquí y todo está listo, me han informado que sus familias están en el auditorio del WSEO para seguir su despegue ". "Gracias, Robert, estamos listos para reunirnos contigo en unas horas, sabemos que cientos de personas en la Tierra han estado trabajando para este momento, les agradecemos desde la superficie de Marte. Aún tenemos un largo viaje a casa, pero pronto regresaremos a nuestro precioso Oasis en el Espacio llamado Tierra ", dijo Leonard. Robert transmitió el mensaje a la Tierra para mostrarlo en todas partes.

El Rover Explorer 4 que estaba cerca del área estaba ubicado a unos trescientos metros del Campamento Terra , tenía una buena vista del Marslab, el Invernadero, el Rover y el Mars Lander, por lo que iba a registrar todo el evento desde la salida de los Marsnauts del laboratorio hasta el despegue. La cámara de esta unidad estaba controlada por Robert y Li. Este video también fue transmitido a la Tierra; por supuesto que lo recibieron con un retraso de aproximadamente cinco minutos.

Leonard y Nancy salieron primero del Mars Lab y caminaron en sus trajes de EVA hasta el Mars Lander, entraron y comenzaron las verificaciones previas al despegue, unos noventa minutos más tarde Kiochi y Yelena salieron del Marslab, aseguraron la escotilla y caminaron hacia el Mars Lander, antes de eso, Kiochi caminó hacia el Rover Explorer 4, que estaba tomando el video y mostró una nota escrita a mano que decía "De Marte con Amor, Kiochi" dijo "Te daré esta nota cuando llegue a casa "Ese día estaba celebrando un aniversario de bodas, después de esto se dirigió al Mars Lander, Yelena lo estaba esperando, subieron la escalera y cerraron la escotilla.

Cuando el video llegó a la Tierra, todos los asistentes al Auditorio de la WSEO miraron a la esposa de Kiochi y le dieron muchos aplausos, se sintió avergonzada pero feliz.

Los cuatro Marsnauts estaban dentro del Mars Lander, estaban en sus trajes presurizados, el procedimiento de despegue había comenzado. Robert y Li fueron una vez más el equipo de Control de Lanzamiento.

"Estamos a T-90 minutos del despegue de Marte", dijo un comentarista en el Auditorio del WSEO, "En T-30 minutos el Mars Lander enviará una señal al Hábitat para la sincronización, una vez hecho esto, el Lander utilizará esta información para la trayectoria de despegue, esta es la información para el encendido del motor principal y los ajustes de la trayectoria de los motores auxiliares para el encuentro".

El Dr. Cook le pidió a todo el personal que evitaran comentar acerca de la solución provisional que iban a aplicar, debido a su complejidad.

···

En Colonia, el Editor en Jefe de la Agencia de noticias que recibió el correo electrónico sobre la situación y la solicitud hecha a los Líderes Mundiales, decidió incluir una nota en la edición en línea, una nota titulada "Rehenes de Marte, ¿están en peligro?". La nota era solo de unas pocas líneas decía: "Esta editorial recibió un correo electrónico anónimo con este contenido: La ONU tiene la solución para traer a los Marsnauts a casa, por favor hagan lo que se les solicitó ", recibimos esta nota de un informante anónimo, en la que alguien amenazó a los Líderes Mundiales en la ONU pidiendo que comprometan a sus países a proteger la Tierra del calentamiento global y el cambio climático causados por la contaminación excesiva que está afectando los procesos naturales y matando al planeta, causando millones de muertes por cáncer y otras enfermedades relacionadas; también se les pidió que desmantelaran todas sus armas nucleares para poner fin al riesgo de una catástrofe nuclear debido a una decisión de alguien o por un error. Esto se solicitó en nombre de todos los ciudadanos de la Tierra y principalmente de las generaciones por venir. En caso de no recibir respuesta veinticuatro horas después, significaría que decidieron sacrificar a los Marsnauts, y que no se harán nada para detener al asesinato del Planeta Tierra. Es el entendido de esta Editorial de que han transcurrido las veinticuatro horas, y en este momento no está claro si esto es real o un engaño y si hay sospechosos "La nota finalizó.

Este sitio de noticias en línea no tenía muchos lectores, el verdadero problema era que, si esta nota comenzaba a ser distribuida en todo el mundo por las redes sociales, esto podría agregar una amenaza a la Tripulación que estaba a punto de despegar, porque nadie sabía si había amenazas ocultas adicionales.

Cuando esta nota comenzó a circular, otra comenzó a distribuirse en todas las redes sociales "Lamentablemente no hubo respuesta de los Líderes Mundiales, espero que los habitantes de la Tierra comiencen a cuidar y proteger el Planeta y la naturaleza, necesitamos este Planeta, pero este Planeta no nos necesita, cada acción pequeña ayuda a la naturaleza, y esto garantizará el futuro saludable de sus hijos y nietos. Estoy muy decepcionado, ojalá lo hubieran entendido, traer a los Marsnauts a casa hubiera sido muy fácil, pueden culpar a sus Líderes por esta tragedia "este mensaje no fue firmado.

El Agente Wilson recibió ambos mensajes, se sorprendió de que la agencia de noticias publicara eso y que tenían un informante, él sabía que esto generaría un problema; luego miró el otro mensaje. "Este es del líder, tal vez el cerebro de los intentos de Tokio y Moscú, finalmente se ha mostrado a sí mismo", llamó a la sede y les pidió que siguieran el origen de ese mensaje y lo eliminaran de todas las redes sociales.

...

"Bien, Robert, comenzaremos la sincronización en 3,2,1, se envió el Comando Sync", dijo Nancy abordo del Endeavour. "Sincronización confirmada", dijo Robert, las computadoras de orientación en ambos vehículos mostraron la posición de ambos, y parámetros como la velocidad de la distancia y las trayectorias proyectadas en diferentes momentos, la trayectoria programada fue indicada por una línea curva roja. "No hay problemas", dijo Robert, y agregó "T-29 minutos".

La cuenta regresiva continuó impecablemente, en el auditorio del WSEO la pantalla mostraba los datos de las actividades que habían tenido lugar hacía cinco minutos. El Dr. Cook estaba hablando con los padres de Leonard Cooper cuando fue interrumpido por el Jefe de Relaciones Públicas. "Tenemos una situación", dijo. Dr. Cook se levantó, se disculpó y salió con el jefe de Relaciones Públicas. ¿Qué es eso? "Preguntó. "El sitio de noticias en línea de Colonia publicó la nota enviada por el saboteador, y este otro mensaje está comenzando a extenderse por todo el mundo", se lo mostró, "Oh Dios, ¿por qué lo hicieron?", Dijo el Dr. Cook. "Le pedimos que eliminara la nota, no sabemos si alguien la leyó y tal vez ahora está en las redes sociales, si la eliminó, el enlace enviará un error cuando alguien intente acceder a ella, pero si alguien cortó y pegó el texto, no podemos hacer nada, y la otra nota es peor "dijo el Dr. Cook y añadió" Póngase en contacto con el editor y pídale que incluya una nota que explique que esta era una nota no confirmada, o algo así, ahora discúlpeme tengo que regresar" El Dr. Cook terminó y regresó a su asiento. "Está todo bien", le preguntó el padre de Leonard Cooper, "Ah, sí, solo una situación de logística con la prensa" contestó el Dr. Cook.

La tensión era evidente en todos los Centros del Control de la Misión, el silencio invadió el área, solo se escuchaba el ruido que hacían los teclados de las consolas, y una voz dando algunos anuncios, junto con las conversaciones entre el Habitat y el Mars Lander que habían tenido lugar hacia unos minutos.

"T-15 minutos dijo el Comentarista, en este momento todo está en orden para el Despegue del Endeavour de Chryse Planitia para comenzar su encuentro con el Hábitat".

Habitantes de todo el mundo estaba siguiendo el evento, todos orando por un despegue seguro desde Marte, nadie estaba seguro de lo que había causado la demora, algunas personas dijeron que había sido por el clima en Marte, otros que la causa había sido un error en una computadora, otras personas dijeron que uno de los miembros de la Tripulación había enfermado, incluso había otro grupo que estaba seguro de que extraterrestres habían dañado el vehículo, y muy pocos hablaron de un posible sabotaje.

Andrew estaba en su hotel después de la transmisión en internet, aunque era el autor intelectual del problema, quería ver a la Tripulación a salvo de regreso a la Tierra, sabía que si regresaba a Astrotechnika sería interrogado y probablemente arrestado, y estaba seguro de que habían encontrado una solución porque eran un excelente grupo de ingenieros. "Si solo esperaran un minuto adicional, antes de la secuencia de apertura de las válvulas eso hubiera solucionado el problema", pensó Mientras miraba la transmisión, comenzó a escribir una nota para una agencia de noticias, explicando sus razones; lo enviará por correo postal depositando la carta en cualquier buzón público. Él ha decidido hacer eso, y tal vez desaparecer.

"T-10 minutos y contando", dijo el Comentarista, mirando la pantalla de simulación. "En este momento el Mars Lander debería haber activado todas sus unidades de energía y los parámetros finales de la trayectoria deberían haberse calculado y cargado, estos parámetros controlarán el encendido de los motores principales y auxiliares para el despegue y la operación de encuentro" Eso era exactamente lo que estaba sucediendo en la superficie de Marte.

"Bueno, creo que nos iremos esta vez, así que echen un vistazo afuera por última vez", dijo Leonard a la Tripulación. "Estamos listos para recibirlos aquí", dijo Robert, en dos minutos comenzará la secuencia, estén listos para activar el Interruptor de abortar al aterrizaje a mi cuenta "dijo Robert. "T-1 minutos, todo va bien".

En Astrotechnika todos los ingenieros observaban sus consolas, recibían toda la información del Mars Lander. "Todo va según lo esperado", dijo el Dr. Gunter. En unos segundos comenzarán el Despegue, sabremos el resultado en cinco minutos, los cinco minutos más largos de nuestras vidas".

"Ok, Tripulación, prepárense para el viaje, espero que no hayan olvidado nada en el laboratorio" dijo Leonard y sonrió "Adiós Campamento Terra gracias por tenernos aquí" dijo Kiochi "Esta ha sido una experiencia única, este Planeta es tan interesante "agregó Yelena. "Endeavour a MO1, estamos listos" dijo Nancy.

"Estamos en T-30 segundos, todo está bien, la computadora tiene los valores correctos. Ok Nancy abre el switch de Aborto fase Aterrizaje en 3,2,1 Ahora "dijo Robert.

...

"En este momento el Mars Lander debería haber encendido sus motores y comenzado el despegue, recibiremos la confirmación de telemetría en cinco minutos", dijo el Comentarista del WSEO.

El silencio invadió el Auditorio, los Centros de Control de la Misión y todas las compañías relacionadas con el Espacio, los líderes de diferentes religiones rezaban, estos 5.3 minutos de demora parecían durar para siempre.

Las pantallas de simulación mostraban que el Mars Lander despegaba, pero la telemetría real recibida se encontraba en los minutos finales de la cuenta regresiva.

"Solo Dios sabe si la solución funcionó" pensó el Dr. Gunter en Astrotechnika, miró a todo el Equipo, todos mostraban angustia en sus caras.

En el Control de la Misión, los Operadores de Consolas, Capcom y Directores de Vuelo sudaban, todos los ojos estaban en la pantalla de simulación, aunque ya habían experimentado este retraso, se sentían inútiles en esta situación, cuatro minutos más de espera.

"En este momento deberían estar en camino al encuentro con el Hábitat, a solo seis minutos de llegar a la Orbita de Marte" pensó el Dr. Cook, miró a las familias de la Tripulación, estaban tomados de la mano con fuerza, era evidente que algunos estaban rezando.

Tres minutos más para recibir la telemetría, todo estaba en silencio, la pregunta que la mayoría de la gente se hacía era: "¿Qué está pasando en Marte en este momento? ¿Estará la Tripulación en órbita en este momento? En el auditorio, los invitados miraban la pantalla, seguían la simulación y los datos reales; de vez en cuando se miraban unos a otros, solo para tener una idea de sus sentimientos. Algunos parecían preocupados, otros parecían tranquilos.

"A solo unos segundos de recibir la telemetría y el video del despegue", dijo el Comentarista. "Pocos segundos para saber la verdad, unos segundos para definir el futuro de las Exploraciones Planetarias por Humanos" pensó el Dr. Cook, miró a los padres de Leonard que estaban tomados de la mano con fuerza.

"3,2,1 y" dijo el Comentarista.

La pantalla mostraba la telemetría del Mars Lander, sus motores arrancaban, el video del Rover Explorer 4, mostraba los motores encendidos, un poco de arena volando y entre una nube de humo y arena despegaba el Mars Lander, parecía increíble, comenzó a ganar velocidad y altitud en solo unos pocos segundos.

"¡Tenemos un despegue desde Marte!", Dijo el Comentarista con una voz llena de emoción y con los ojos llenos de lágrimas, apenas pudo ser escuchado ya que todos los invitados en el Auditorio estaban aplaudiendo, así como los ingenieros en los Centros de Control de la Misión.

En Astrotechnika, el Dr. Gunter, el Dr. Erich y todo el Equipo siguieron segundo a segundo el ascenso en sus consolas, aplaudieron cuando los motores arrancaron, y ahora sabían que la transferencia de control había sido exitosa, el lanzamiento fue como estaba planeado. Sentirán alivio cuando el Lander se acople al Habitat, dentro de cuatro horas.

...

A bordo del Mars Lander, "Cinco minutos de vuelo" Nancy informó " todos los sistemas funcionan a la perfección, combustible al 75%, orientación de sincronización en el objetivo".

"Enterado Robert dijo "Los tengo en el objetivo, en 102 segundos alcanzarán la órbita, y desde allí algunos ajustes para el encuentro".

En el Control de la Misión, los ingenieros e   invitados en diferentes lugares seguían el ascenso, la cámara del Rover Explorer 4 continuó enfocando al Endeavour elevándose hacia el cielo Marciano, columna de humo del combustible quemado comenzó a disiparse en la atmósfera, "Mira " dijo La madre de Leonard "Ahí van" apuntando a la pantalla.

El Mars Lander Endeavour alcanzó la Orbita de Marte, los Marsnauts sintieron la microgravedad de nuevo, comenzaron la persecución del Orion / Habitat que concluirá en aproximadamente cuatro horas con el acoplamiento.

"MO1 a Endeavour" Li dijo "Los tenemos en la cámara; están a unos 5000 metros de distancia ". "Enterados" respondió Nancy "El Endeavour está maniobrando para el encuentro". El Mars Lander se acercó, estaba a 100 metros del puerto de acoplamiento, su velocidad en relación con el Hábitat había sido reducida a tres metros por segundo y disminuyendo, a diez metros su velocidad era de 0,10 metros por segundo.

"Objetivos alineados", dijo LI. "La velocidad es buena, un metro" hubo una pequeña pausa "Contacto" dijo Li cuando el Mars Lander llegó al puerto de acoplamiento. "Se han asegurado los ganchos, comenzando los procedimientos de cierre de los cerrojos, Bienvenidos a casa" dijo Li "Gracias" Respondió Leonard y agregó riéndose "perdón por la demora" en referencia a los días extra que estuvieron en la superficie debido al problema. "No hay problema", respondió Li. "Estamos comenzando el proceso de nivelación de presión y verificación de fugas, les notificaremos cuando sea seguro salir de sus trajes presurizados". "Enterados" respondió Nancy. "Espero que hayan traído algunas verduras de su granja Marciana", dijo Robert. "Por supuesto, tendremos una buena ensalada", respondió Nancy.

Después de setenta minutos se abrieron las escotillas y los cuatro Marsnauts ingresaron al Hábitat, fueron recibidos por Robert y Li, se abrazaron y todos mostraron una gran sonrisa, se reunieron para tener una breve declaración que se transmitiría más tarde a la Tierra. La imagen mostraba a los seis miembros, Leonard se dirigió como Comandante: "Después de 468 SOLs en Marte estamos muy felices de reunirnos en la órbita de Marte con Robert y Li, la Exploración del Planeta Marte ha sido posible porque detrás de nosotros hay miles de personas dedicadas quienes han dado lo mejor de ellos para alcanzar la meta, somos solo la punta del Iceberg, el grupo que es más visible, les agradecemos a todos por su excelente trabajo. Queremos especialmente reconocer el arduo trabajo del Dr. Christopher Cook, quien creyó en el programa y, además de todas las diferencias entre las naciones, pudo formar un grupo de Ciudadanos del Mundo donde se borraron todas las diferencias. Nos sentimos honrados de estar aquí haciendo realidad su visión y alcanzando un objetivo que durante miles de años fue un sueño de la humanidad. Ahora tenemos que completar el viaje de regreso. Nancy, Yelena, Kiochi y yo queremos agradecer a Rober y a Li por el magnífico trabajo que realizaron siendo nuestro Control de Misión, esta pequeña roca de Marte es para ellos como un reconocimiento", Leonard mostro una pequeña roca en un recipiente sellado y la entregó a Robert, tenía una nota con la firma de los cuatro que decía gracias Robert y Li, continuó " Desde la Órbita de Marte, Nancy, Robert, Kiochi, Li Yelena y yo les deseamos lo mejor, y que Dios los bendiga a todos". Todos saludaron y el evento terminó. Este mensaje llegaría a la Tierra en cinco minutos.

En la sede de la WSEO se estaba celebrando un evento con todos los invitados. El Dr. Cook se dirigió al grupo "Bueno, han sido testigos de la partida de la primera Tripulación que exploró la superficie de Marte, durante estos últimos meses hemos visto los paisajes más fantásticos con Leonard, Nancy, Kiochi y Yelena, desde la Tierra hemos mirado el cielo y vimos un punto rojo, esta vez con ojos diferentes porque sabíamos que seres humanos estaban allí. Comenzarán su viaje a la Tierra en cuatro días, y llegarán a la Tierra a fines de septiembre, pasaron 11,235 horas en la superficie de Marte, han trabajado en equipo con Robert y Li en órbita quienes desempeñaron un papel muy importante como Control de la Misión. y como Control de Descenso y Ascenso, los observaron durante sus largas excursiones, los seis miembros de la Tripulación formaron un equipo sobresaliente. Entre nosotros se encuentran sus familias de las que estoy seguro de que están muy orgullosos de ellos, tal vez un poco asustados después del despegue de hoy desde Marte. Este es un mensaje enviado por la Tripulación hace unos minutos". El mensaje fue reproducido al final y todos los invitados dieron un gran aplauso. El Dr. Cook acaba de agregar "Felicidades a todo el Equipo y disfruten de esta noche tan especial".

En Astrotechnika, el Dr. Gunter recibió una llamada del Dr. Cook; lo felicitó a él y a su Grupo de Científicos e Ingenieros, y les agradeció por salvar la vida de la Tripulación y el Programa de Marte. El Dr. Gunter dio un discurso en una celebración que estaban teniendo, la solución funcionó a la perfección, ahora han identificado algunos cambios para sus futuros vehículos. La siguiente tarea para ellos son las modificaciones para las maniobras Orbitales de la Tierra en el acercamiento final de los vehículos.

...

Andrew, cerró su laptop, estaba muy feliz de saber que la Tripulación estaba segura en órbita y que sus motores habían funcionado perfectamente, "hice un buen trabajo con estos" pensó, decidió escribir una nota a mano, sabía que había matado sus sueños y su carrera, pero también estaba convencido de que su acción era necesaria para tratar de salvar el Planeta Tierra, ya que solo pequeños grupos aislados estaban luchando por esto, esta carta era su último recurso. Salió de su habitación, se acercó a la recepción y compró un sello postal, salió del hotel y caminó hacia la estación de tren, en el camino depositó la carta en un buzón de correo, estaba dirigida a la Sede de una Agencia de Noticias en el Reino Unido, continuo caminando cuando recibió una llamada, era la persona que lo había convencido e involucrado en esto y hacer algo en el Mars Lander, solo dijo "fracasaste como lo hicieron los otros, serás castigado" y colgó; tuvo miedo de lo que vendría después, estaba muy confundido.

El Agente Wilson llegó al hotel preguntando por él, la persona a cargo le dijo que se había ido hacía unos minutos pero que no sabía en qué dirección se dirigía ni hacia dónde iba.

Andrew llegó a la estación de tren, y reservó un boleto a Bruselas, el tren saldría en unos minutos, así que corrió hacia la rampa para abordarlo.

Al día siguiente, 5 de mayo, la Agencia de Prensa de Londres recibió la nota escrita a mano de Andrew en la que confesaba lo que había hecho, y por qué, y pedía perdón.

"Decidí escribir esta nota, ahora que sé que el Mars Lander ha despegado exitosamente de Marte. No les dejaré saber mi identidad, todo lo que quiero hacer es escribir mi historia y espero que sea publicada. Aunque yo no soy quien amenazó a la ONU y el que pensó en esto, soy yo quien puso en riesgo las vidas de los Marsnauts que estaban en la superficie, tal vez no sabían de esta situación porque todo se manejó con el mayor secreto, pero pueden verificar la historia con sus contactos.

¿Por qué lo hice? Se han de preguntar, y la respuesta es: lo hice por ustedes, por sus hijos y nietos, por toda la gente de la Tierra. Quería que todo el mundo escuchara y entendiera el peligro de nuestra situación, los Marsnauts y las Misiones Espaciales anteriores nos han mostrado la Tierra tal como es, y han explicado cuán difícil ha sido duplicar algunos procesos naturales para proteger la vida de los humanos en el espacio, hemos visto todas las dificultades y riesgos de ir a Marte, hemos visto cómo se ve un Planeta desolado. Desafortunadamente, el hecho es que muchas personas y Líderes del Mundo no quieren aceptar esta verdad, o no hacen nada, y la gente en muchos lugares parece que no les importa o no están al tanto de la situación. Los números no mienten, pueden ver todos los datos y proyecciones en EEORO, si nada cambia pronto, este Planeta estará condenado, habrá más huracanes y tifones más poderosos, terremotos más fuertes, el nivel del océano aumentará, habrá más sequías, todo esto porque la naturaleza intentará restablecer el equilibrio, habrá más enfermedades como el cáncer y otras por lo que respiramos, lo que bebemos y lo que comemos.

La responsabilidad de mantener nuestro Planeta seguro es de todos en este Planeta, cada individuo puede decidir no dañar el Planeta, dejar de usar cosas que requieren combustibles fósiles y sus derivados en su proceso, aumentar el uso de fuentes de energía renovables como Solar y

Energía eólica, reciclar el agua y no desperdiciarla, acabar con la contaminación de ríos, lagos y océanos, dejar de tirar basura por todas partes, pedir más plantas de procesamiento de basura para reciclar, reducir la fabricación de productos que dañan el medio ambiente con su producción o a su disposición, terminar con la deforestación y la destrucción de junglas, y terminar también con la matanza de animales y plantas. Los gobiernos pueden decidir no ver este peligro, pero la decisión no depende de ellos, estoy seguro de que todas las personas, y particularmente todos los que tienen hijos y nietos, quieren una vida mejor para ellos y para las próximas generaciones. Es nuestro deber entregar un Planeta sano a las nuevas generaciones, no heredarles problemas. No queremos vivir con miedo en un mundo amenazado por el desastre nuclear; mejor vivamos en un mundo bien organizado que pueda desarrollar mejores técnicas para la agricultura y crear más empleos en todo el Planeta, la Misión de Marte es un ejemplo de cooperación y buena voluntad.

Somos nuestro peor enemigo, si no queremos continuar la vida en este Planeta, entonces no hagamos nada, pero tengan en cuenta que no hay otro Planeta en el universo que podamos alcanzar para migrar, no tenemos la tecnología en este momento.

La elección y la solución están en manos de cada persona.

Su agencia de noticias es la que puede correr la voz para comenzar el rescate del Planeta Tierra; no soy un terrorista o un criminal, soy un científico y un ser humano, y este evento fue una oportunidad para llamar la atención de todo el mundo, entiendo que estuvo mal, pero no había otra manera de ser escuchado".

No tenía firma ni fecha.

El editor de noticias quien lo leyó estaba muy impresionado, de hecho, mientras lo leía, pensaba en sus hijos; lo llevó al Editor en Jefe para que él pudiera decidir qué hacer.

. ▪▪▪

La Tripulación revisó todos los procedimientos y equipos preparándose para abandonar la Orbita de Marte, aseguraron todos los objetos en el Mars Lander y el Hábitat. El Control de la Misión en la Tierra envió todos los parámetros para el encendido del motor del Orion. Ejecutaron simulaciones de la trayectoria proyectada del viaje a la Tierra mostrando los posibles ajustes que se pudieran requerir, estos cálculos se realizaban teniendo en cuenta la cantidad de combustible que se necesitaría, por lo que la mejor opción sería la que requiriera menos disparos, no deberían arriesgarse en caso de que una maniobra correctiva debiera ser hecha por cualquier razón.

Después de que fue calculada la mejor trayectoria, todos los parámetros fueron cargados y la secuencia se cargó en las computadoras principales, se sincronizó con la hora y comenzó la verificación. El Control de la Misión en la Tierra revisó los últimos parámetros de verificación y después de una reunión de evaluación de la maniobra, se dio la aceptación para el encendido del motor principal en el día 762 de la Misión más 8.75 horas.

"Bueno, esta es nuestra última órbita completa de Marte, es hora de decir adiós al Planeta Rojo, así que disfrutemos de la vista" dijo Robert; en aproximadamente ciento dos minutos el motor principal del Orion será encendido por siete minutos dos segundos para cambiar la órbita a una más alta, en aproximadamente quince minutos más tarde, un segundo encendido de cuatro minutos les permitirá abandonar la atracción gravitacional de Marte para comenzar el viaje a casa.

La Tripulación se trasladó al Orión y aseguró la Escotilla del Hábitat, estaban esperando sentir la aceleración cuando el motor se encienda en cinco minutos.

"5,4,3,2,1" dijo Robert: El motor inició y el vehículo comenzó a ganar velocidad, "permanecerá encendido siete minutos y dos segundos". La Tripulación sintió la aceleración, eran empujados hacia la parte posterior de sus asientos.

El primer encendido terminó, quince minutos más tarde se produjo el segundo encendido, esta vez para comenzar el Viaje a la Tierra, Marte se comenzó a ver más lejos, pudieron ver la curvatura del Planeta y casi la mitad de él "Adiós Marte y gracias por tu hospitalidad ", dijo Leonard.

El Control de la Misión confirmó la maniobra "Tuvieron un buen encendido, Terra-1 está en camino a casa", dijo un Controlador.

. ■■■

En el periódico de Londres, el editor en jefe miró la nota, tomó su teléfono e hizo algunas llamadas, tratando de confirmar la autenticidad de esta. Finalmente habló con un corresponsal de Noticias en la ONU.

"Conoces la política de este lugar, no puedo darte ninguna información", dijo el corresponsal, "Sí, lo sé, pero solo dime si esto realmente sucedió, te prometo que no te mencionaré, ok, hagámoslo, diré la palabra es verdadera, si cuelgas el teléfono significa que esto es auténtico, si te quedas en línea significará que es falso ", dijo el editor de Londres y continuó. "Ok aquí voy, ¿esta historia es cierta?", el corresponsal de la ONU terminó la llamada.

"¡Así que esto realmente sucedió, Jeremy prepara la nota!", Dijo al llamar al periodista que recibió la carta. "Ok, lo prepararé y lo enviaré al área de publicación lo antes posible".

. ■■■

La Tripulación de Terra-1 estaba en camino hacia la Tierra. Pocos días después al ver a Marte, podían verlo como un Planeta entero, pudieron identificar las áreas que visitaron. "Es increíble, como un sueño" comentó Yelena. Prepararon el Hábitat y su extensión para el viaje a casa; tienen que continuar con algunas observaciones, pruebas médicas y entrenamiento con el equipo de realidad virtual para el desacoplamiento del Hábitat y las maniobras finales y la entrada a la atmosfera de la Tierra.

. ∎∎∎

El periódico londinense publicó en todas sus versiones la nota que les envió Andrew, con el título "¿Estuvo en riesgo la Tripulación en Marte?". La noticia principal era que la Tripulación se dirigía a casa e incluía algunas imágenes de Marte, ya que la Tripulación se estaba alejando cada vez más. En pocas horas, esta nota apareció en las redes sociales, algunas personas estaban enojadas y dijeron que la WSEO había estado ocultando la verdad, algunas personas decían que la Tripulación ya estaba muerta, y que el regreso fue fabricado con efectos especiales.

La presión fue tan fuerte que el Dr. Cook tuvo que hacer una declaración: "Sabemos acerca de la nota anónima, es cierto que hemos recibido algunas amenazas, generalmente en este tipo de proyectos se reciben amenazas, y tenemos que considerar que todas son auténticas. Tomamos todas las precauciones para garantizar la seguridad de la Tripulación, que es nuestro primer objetivo. La Tripulación no estuvo en peligro en ningún momento, ya que como saben en este momento se dirigen a casa. "

Un periodista preguntó "¿Qué pasa con el mensaje ambiental que está presentando esta persona, lo considera cercano a la realidad?" El Dr. Cook respondió "Es evidente que este Planeta requiere atención, los invito a todos ustedes a leer la información y recomendaciones del EEORO. Cuidar del Planeta es una tarea de todos ya que es nuestro hogar, y todos deben hacer su parte, ninguna acción es demasiado pequeña para ayudar al medio ambiente "Después de esto, agradeció a los periodistas y se fue, no quería más preguntas sobre el incidente.

El Agente Wilson estaba investigando todos los trenes que salían de Colonia ese día, tratando de encontrar a Andrew, leyó la nota enviada al periódico del Reino Unido, mientras la veía, llamó su atención una niña que estaba recogiendo basura en el piso y la depositaba en un bote de basura, su madre le dijo que no lo hiciera porque estaba sucio, pero ella respondió: la maestra nos dijo que debemos cuidar la Tierra como lo hacemos en casa. Se dio cuenta de que el mensaje de Andrew estaba teniendo resultados de alguna manera, y tal vez de una manera más eficiente.

Los días siguientes notó algunos anuncios con el título "Necesitamos la Tierra para vivir, la Tierra no necesita nuestra intervención para sostenernos". Mantenga el medio ambiente limpio para el beneficio de todos.

Pocas semanas después hubo campañas públicas para promover el uso de energía limpia y evitar el consumo de bienes de industrias que estaban contaminando la atmósfera, los océanos, los ríos y la Tierra. Parece que una nueva revolución ha comenzado; este podría llamarse "Salvando el Planeta Tierra".

∎∎∎

La Tripulación del Terra-1 podía ver a Marte como una pequeña canica, mantenían su trayectoria hacia la Tierra, todavía les quedaban tres meses, mantenían sus rutinas diarias, incluyendo el entrenamiento para el regreso. Las imágenes enviadas a la Tierra fueron espectaculares; en este punto el retraso de la señal se había reducido a 3.7 minutos.

En la Tierra, los ingenieros de Astrotechnika habían reconfigurado las maniobras de ajuste orbital de la Tierra para utilizar en el hardware de aterrizaje del Mars Lander en lugar del hardware de despegue; esto se refiere a los motores principales que se necesitan para cambiar la órbita de la estructura del Habitat / Mars Lander después de desacoplarse del Orion, a unos 30,000 kilómetros de la Tierra. Los Centros de Control de la Misión estaban ejecutando diferentes secuencias para el encendido final del Orion, su separación del Módulo de Servicio, entrada y amarizaje.

Marte se veía ahora como un pequeño punto en el cielo, la Tripulación pudo nuevamente ver la impresionante vista de la Tierra y la Luna desde sus ventanas y con sus cámaras, estaban en cuarto creciente, la Tierra estaba mostrando la luz del día en Europa, la costa este de América del Norte se podía ver, dado que el día comenzaba allí. Mirar a ambos continentes era una experiencia increíble, como si estuvieran dando la bienvenida a la Tripulación del Terra-1.

Los primeros días de septiembre, la Tripulación se cercioró de que todo en el Hábitat y el Marslab estuviera asegurado, no debía haber ningún objeto suelto después de la separación, cerraron por última vez las escotillas entre el Mars Lander y el Hábitat, y verificaron que los cerrojos estuvieran cerrados y asegurados, así como el vehículo despresurizado. El 8 de septiembre ingresaron al Orión y cerraron las escotillas entre éste y el Hábitat. Estaban en sus últimos días de este viaje fantástico.

El 12 de septiembre en el Pacífico, el barco de Recuperación con el Astro-Helicóptero estaban en posición según las referencias dadas por el Control de la Misión, a bordo del Barco estaban el Dr. Cook, y los Jefes de las Agencias Espaciales, entre ellos Charlie Washington, Vladimir Viktorenko, Peter Walheim Ulrich, Takuma Nagaoka, Graham Bishop, Lin Long y Heather Cavendish.

La Tripulación se estaba preparando para las maniobras finales; el Orion realizó una rotación de 180 grados para prepararse para el desacoplamiento del Habitat; ahora el motor del módulo de servicio apuntaba en la dirección de viaje. La secuencia fue cargada en la computadora principal; mostró diez segundos para desacoplar.

"Cinco segundos para desacoplar" dijo Robert d "3,2,1 Desacoplando" se escuchó un ruido cuando los pestillos finales se retrajeron y el resorte desacoplado alejó el Hábitat, los propulsores del Mars Lander se encendieron para ganar distancia del Orion, la Tripulación Pudo ver cómo el Hábitat y el Mars Lander iban más lejos. "Ahí va nuestro hogar, maravillosos equipos", dijo Nancy con cierta nostalgia. "Tenemos el control del Mars Lander", se escuchó una voz en la radio, era la comunicación del Control de la Misión en Colonia.

El Orion continuó en esa posición y encendió por última vez el motor del Módulo de Servicio, para reducir la velocidad y la trayectoria.

"Treinta segundos para la separación del Módulo de Servicio" dijo el Control de la Misión en la radio. Se escuchó un sonido cuando el Módulo de Servicio se separó del Orion y se alejó con sus propulsores.

"Todo está verde para la reentrada". El Capcom del Control de la Misión le dijo a la Tripulación "Debemos tener una entrada nominal", "Enterados"" Robert respondió: "Estamos listos".

El Orion alcanzó las primeras capas de la atmosfera terrestre, a medida que descendía la fricción atmosférica aumentaba, no hubo comunicaciones con la Tripulación durante unos minutos.

"Los paracaídas guía se abrieron" se escuchó una voz en el canal de comunicaciones, era Robert.

"Se abrieron los paracaídas principales" dijo Robert unos minutos más tarde "podemos ver el cielo azul, es hermoso", agregó.

La imagen fue capturada por una cámara en el barco de recuperación; Mostraba el Orión y sus paracaídas justamente pasando a través de algunas nubes.

Dos helicópteros de orientación dejaron la nave de recuperación y se dirigieron al área donde el Orion iba a amarizar, a solo una milla del barco.

"Amarizaje", dijo el comentarista de la Misión "La Tripulación del Terra-1 ha regresado de Marte". "Bienvenidos a la Tierra", dijo el Capcom y añadió, "Felicidades por un viaje excepcional, han convertido un sueño de la Humanidad de miles de años en realidad". "Gracias y gracias a todo el Equipo", dijo Leonard.

"Espere al personal de recuperación en su área", dijo el Capcom. "Enterado" Robert respondió y agregó "estaremos aquí" se escucharon algunas risas.

En todos los Centros de Control de Misiones y casi en todo el mundo hubo celebraciones por la llegada de la Tripulación, había festejos cerca del Big Ben en Londres, en Champs Elysées en París, en Times Square en Nueva York, y en todas las plazas principales y avenidas en todo el mundo. Había pantallas públicas que mostraban las actividades que estaban teniendo lugar, todo el Planeta unido por un evento.

Cuatro hombres rana se acercaron al Orion, uno de ellos se asomó a la ventana y le dio a la Tripulación una señal de éxito. Robert estaba cerca de esa ventana, respondió con la misma señal, el hombre rana tomó una foto de esto y luego se publicó en todo el mundo, la primera fotografía de un miembro de la Tripulación que regresaba de Marte. Instalaron los flotadores de seguridad que rodeaban la base del Orión y los cruzaron por debajo; luego, en el mecanismo de acoplamiento, instalaron la herramienta de captura que será agarrada por el Astro-Helicóptero para levantar el Orion y colocarlo en el contenedor del vehículo.

El Astro-Helicóptero, se colocó sobre el Orión a unos cuarenta metros, abrió los paneles de la base del contenedor del vehículo, la unidad de agarre descendió y fue acoplada a la ya instalada por los hombres rana, el Control de la Misión informó que la unidad estaba asegurada.

Una vez que el Orion estaba firmemente conectado, la grúa en el helicóptero comenzó a elevar el Orion lentamente, al mismo tiempo que descendía lentamente para proteger el vehículo en caso de una caída.

El Orion se elevó y fue colocado en el contenedor del vehículo, una vez dentro, los paneles inferiores se cerraron y aseguraron, el Orion se depositó en la base del contenedor y fue asegurado por la Tripulación de recuperación, con soportes de cada esquina del contenedor para mantenerlo seguro, protegido y firme. El Astro-Helicóptero aterrizó en la cubierta del barco de Recuperación, liberó el contenedor del Vehículo y despegó para dirigirse a otra área en la cubierta del barco.

La casa móvil de cuarentena se movió cerca del contenedor; adentro había dos doctores y dos miembros de la Tripulación del equipo técnico. El contenedor y la casa de cuarentena móvil estaban acoplados con un túnel.

Los miembros del equipo técnico abrieron las puertas para llegar al Orion y comenzaron a abrir su escotilla, colocaron un sillón cerca de la escotilla, sacaron uno por uno a los miembros de la Tripulación, colocaron cuidadosamente a cada uno en un sillón y los llevaron a la casa móvil de cuarentena, debido a que en Misiones de larga duración en microgravedad no debían caminar hasta que se readaptaran a la gravedad de la Tierra con la supervisión de los médicos.

Una vez que los seis miembros de la Tripulación estuvieron en la casa de cuarentena, el técnico cerró la compuerta del Orion, luego la puerta de acceso al contenedor del vehículo, liberó el túnel de acceso, se cerró y aseguró la puerta del módulo de cuarentena.

La Tripulación estaba a salvo en la casa de Cuarentena, los médicos realizaron un chequeo médico preliminar y tomaron algunas muestras para analizar; estas muestras fueron colocadas en un contenedor sellado especial para ser transportadas a un Centro Médico. Los médicos y los técnicos permanecerán con la Tripulación durante todo el período de cuarentena. Este período no tiene una duración definida, dependerá de los resultados de los análisis que se llevarán a cabo cada semana, pero durará al menos cuarenta días.

Mientras esto ocurría, el Control de la Misión en Colonia confirmó que el Habitat / Mars Lander estaban en buena configuración orbital, y proyectó que la Tripulación EOSS-17 a bordo de la Soyuz MS-19 podrá capturarlo el 1 de octubre de 2033, utilizando la Unidad portátil de acoplamiento y su RMS.

La Ceremonia de Bienvenida se celebró en la cubierta principal, frente a la casa de Cuarentena, y fue organizada por el Dr. Cook y todos los Miembros del WSEO. "Hoy hemos completado la primera Expedición de Marte, el Equipo Terra1 hizo realidad uno de los sueños más antiguos de la humanidad, la Exploración Humana de Marte, hemos convertido en realidad un sueño de miles de años y lo más importante es que la Tripulación regreso a salvo. Completamos lo que parecía ser imposible. En los próximos años, la Estación Terra crecerá con nuevos elementos, la Estación Orbital de Marte integrará nuevos módulos para diferentes usos, la tecnología evolucionará y surgirán nuevos vehículos espaciales, la nueva arquitectura de viajes de Marte con módulos de aterrizaje más grandes que partirán de la Orbita Terrestre, como un avión saliendo de un aeropuerto. El vehículo *Mars Journey* incluirá un módulo de potencia y un módulo de almacenamiento más grande con suministros, la energía migrará de Solar a Nuclear; esta es una era de descubrimientos, una era donde las diferencias entre las Naciones han sido olvidadas".

"Este programa ha creado millones de empleos, miles de industrias, y ha ayudado a desarrollar comunidades, el conocimiento humano se ha enriquecido al encontrar soluciones y recibir información, este es el beneficio positivo cuando todos trabajamos para un objetivo común. La tecnología desarrollada también trajo beneficios a la vida cotidiana, como la optimización de las técnicas agrícolas, el uso de la realidad virtual para otros campos como la educación, nuevas formas de capturar y almacenar energía, asistencia remota para emergencias médicas y la posibilidad de tener drones para encontrar personas perdidas después de un desastre o un accidente, hay una lista completa de beneficios; la colaboración de todos los países, olvidando en algún momento las nacionalidades, y el aumento de la conciencia global sobre nuestro propio Planeta ".

"La Exploración de Marte conducirá a la Humanidad a los próximos pasos: en 2060 Exploración de Asteroides desde Marte, en 2080 Exploración Humana de Calisto y Europa, en 2100 Exploración

Humana de Titán, hasta donde la imaginación pueda llegar y la voluntad de alcanzar estos objetivos".

"Los humanos han sido exploradores desde el comienzo de la historia, y esto es lo que estamos haciendo ahora. Exploración significa progreso; progreso significa oportunidades, oportunidades significa desarrollo y una mejor vida".

"Los científicos tienen que trabajar con la información enviada por la Tripulación para comprender al Planeta, y a partir de ahí con ingenieros para mejorar la Exploración de Marte, tal vez extrayendo agua y oxígeno desde abajo, creando un Invernadero más grande y otros recursos para las futuras Tripulaciones".

"Solo en ese momento podríamos decir que somos una especie multiplanetaria, y solo así podríamos encontrar la independencia necesaria de la Tierra. Misiones como Kepler y Planet Hunters han enviado información sobre Planetas remotos que pueden tener las condiciones para la vida tal y como es en la Tierra, no sabemos si están habitados, pero, de cualquier forma, están tan lejos que no son una opción para nosotros en este momento, esta es la razón por la que necesitamos explorar. Esta no es una sola Misión, es el comienzo de una Exploración continua de Marte y más allá".

"Los Marsnauts cuidaron muy bien sus vehículos y recursos, y son un ejemplo".

"Pero la Misión más importante es la que la Tripulación de esta Nave Espacial que llamamos Tierra tiene que hacer para mantener esta astronave, este Planeta a salvo, nosotros, todos los Earthnauts tenemos que entender y respetar todos los procesos naturales para mantener al Planeta saludable. La madre naturaleza no necesita ayuda, puede controlar todos sus procesos, es nuestro Ingeniero en Jefe, controla todos los sistemas para proporcionarnos todo lo que necesitamos y mantener el equilibrio. Hemos explorado diferentes mundos, la mayoría de ellos muy hostiles para nosotros, hemos estado en Marte, un Planeta que puede mantener la vida en algún momento con condiciones controladas, no como en la Tierra y no como una alternativa inmediata para nosotros, podemos aprender mucho con la Exploración que estamos haciendo, y la Tierra se ocupa de todo lo que necesitamos para que podamos continuar con nuestras actividades.

Se volvió hacia los seis Marsnauts que estaban dentro de la casa de cuarentena, los vieron detrás de una ventana, todos sentados en sus sillones.

"Estos valientes Marsnauts nos mostraron que podemos lograr casi todo lo que realmente queremos lograr, pasaron más de diez años en un plan de entrenamiento muy ajustado; durante los últimos doce años han estado en el espacio cerca de cinco años, algunos entrenando en el ISS otros durante la Misión de Marte. Han vivido lo que nadie ha vivido, se enfrentaron a lo desconocido; controlaban sus propios sentimientos de soledad y miedo. Detrás de ellos había un gran Equipo de Científicos, Ingenieros, Técnicos y Personal Administrativo de todo el mundo trabajando las 24 horas del día, los siete días de la semana. Sus familias sacrificaron el tiempo porque sabían que al final, lo que la Tripulación estaba haciendo y todo lo que el Equipo estaba haciendo era para beneficio de todos nosotros".

"En pocos meses, esta Tripulación visitará universidades de todo el mundo para relatar su experiencia, y esperamos captar el interés de las nuevas generaciones para continuar con este programa".

"Este proceso ha sido una poesía integrando todos los elementos del conocimiento humano, para mí ha sido un privilegio y un honor dirigir este Equipo de personas increíbles. Gracias".

Se decidió que en este punto los Marsnauts no iban a dar ninguna declaración.

El barco llegó al puerto, la casa móvil de Cuarentena se movió dentro de un gran avión de carga para ser transportado al Área de Houston. El contenedor del vehículo con el Orion se cargó en otro avión de carga para ser transportado a KSC, donde se aislará hasta que finalice el período de cuarentena.

Una vez que el avión de carga llegó a Houston, la casa móvil se trasladó a un área donde se había construido una casa más grande, fue nombrada la Casa de Bienvenida a la Tierra, la casa móvil se adjuntó a un lado de esta casa. Los Miembros de la Tripulación fueron llevados a sus habitaciones, la casa tenía todas las instalaciones que necesitaban, como sala de televisión, sala de SPA y piscina interior, Wi-Fi, y tenía una sala de visitas, por supuesto, con un cristal que aísla a los Marsnauts de los visitantes.

Después de algunos días, sus familias visitaron a la Tripulación, Leonard estaba esperando a su familia, vio que ingresaban al área de visitantes, y allí estaban su esposa y dos hijos, su madre y sus dos hermanas con sus maridos, también el Dr. Cook. "¿Dónde está papá?", Preguntó. "Tu papá falleció hace dos semanas, pocos días después de tu regreso, estaba muy orgulloso de ti y deseaba ir a verte. Él estaba enfermo y finalmente tuvo un derrame cerebral". Leonard se veía muy triste. "Decidimos no decírtelo hasta ahora", dijo el Dr. Cook "para que pudieras recuperarte del viaje. Tuve la oportunidad de hablar con él. Es una pena que nunca haya tenido la oportunidad de ser parte de una Agencia Espacial, tenía mucha imaginación y conocimiento. Bueno, te dejo ahora con tu hermosa familia". Se fue del área de visitantes. La esposa y los hijos de Leonard se acercaron a la ventana para hablar con él".

●●●

"Tenemos la estructura a la vista, se ve impresionante, es increíble pensar que estos vehículos estuvieron en Marte hace unos meses", dijo el Comandante Popov de la Tripulación del EOSS-17 mientras se acercaban a la estructura del Habitat / Mars Lander. "Se ve muy estable, no muestra ninguna rotación o movimiento", agregó. "Enterado", dijo el Capcom. "Esto es el Control del Mars Lander", dijo el Comunicador del Control de la Misión en Colonia y continuó: "El Mars Lander está ahora en configuración de modo seguro" "Enterado Gracias" respondió desde el Control de la Misión "EOSS-17 están Autorizados para realizar el vuelo alrededor para un análisis visual".

El vehículo Soyuz acoplado a la PDCU se acercó a una distancia de cien metros, se les pidió que realizaran un vuelo alrededor para que los ingenieros en la Tierra pudieran tener una apreciación visual del vehículo antes del acercamiento final. Esto se hizo para asegurarse de que no había partes sueltas, abolladuras visibles o alguna fuga de que pudieran representar un riesgo para la Tripulación del EOSS. "Todo está listo para proceder a la captura", dijo el Capcom. "Enterado respondió el Comandante Popov.

Amanda Livingstone estaba a cargo de la operación del PDCU-RMS.

La Soyuz se acercó a tres metros de la estructura, la Astronauta Livingstone comenzó a mover el RMS hacia adelante para colocarlo encima del Hábitat, "Objetivos alineados", dijo. "Moviendo el efector final hacia adelante y tenemos contacto, pestillos y ganchos cerrados y asegurados. Tenemos el Habitat / Mars Lander capturado ", anunció. "Felicitaciones, buen trabajo", respondió el Capcom "Estoy seguro de que mucha gente está muy contenta en este momento, tengo a alguien en el teléfono que quiere decirles algo". "Adelante", dijo ella. "Hola, soy Leonard Cooper; los seis miembros de la Misión Terra-1 están aquí en la casa de Cuarentena, hemos estado siguiendo su Misión, felicidades por una excelente captura, estamos muy contentos de ver nuestros vehículos seguros y en buenas manos ", dijo Leonard por teléfono. "Es un honor Comandante Cooper, estamos orgullosos de ser parte de este programa internacional, y especialmente por estar en esta importante Misión, sabemos lo que representa esta estructura, y puede estar seguro de que la cuidaremos bien" respondió la Astronauta Livingstone. "Gracias y que tengan una gran Misión y un buen regreso a casa", dijo el Comandante Cooper, la llamada terminó.

La Soyuz comenzó su camino para encontrarse con la EOSS, donde la Astronauta Lalita Singh los estaba esperando y para completar las operaciones de acoplamiento. Por ahora, la estructura se colocaría en el puerto de acoplamiento C, que es el puerto frontal del módulo de la Compuerta Presurizada, y permanecerá allí hasta que los Administradores de la Misión determinen cuándo desacoplar el Mars Lander para colocarlo en el módulo de estructura de servicio. Existe un interés especial en desmontar la sección del motor que se analizará para encontrar la causa exacta de la falla que experimentaron en Marte con las válvulas para el despegue.

Todo fue impecable, el Hábitat se acopló a la EOSS y la Soyuz con la PDCU atracó en el puerto B, después de verificar el nivel de presión y las verificaciones de fugas, la Tripulación ingresó a la EOSS. Por ahora, la compuerta del Habitat se mantendrá cerrada. Los ingenieros de la Tierra deben realizar algunas pruebas y evaluaciones antes de proceder a abrirlo, también se debe observar un período de cuarentena, aunque cuando se abra, el contenedor con todas las muestras de Marte será llevado al nuevo Módulo del Laboratorio de Marte de la ISS.

...

Debido al gran éxito del WSEO y la Misión Tripulada a Marte, el Dr. Cook recibió la orden del Imperio Británico a finales de octubre de 2033 convirtiéndose en Sir Christopher Cook, además de ser nominado para recibir el Premio Nobel de la Paz debido a los beneficios y la unidad que la Misión trajo a la Tierra.

Sir. Christopher Cook dio algunas platicas en las universidades y en la ONU, decidió retirarse en diciembre de 2033, fue diagnosticado con cáncer de páncreas. Se realizó una selección del próximo Presidente de la WSEO; su sucesor fue Ashley Buckling de Australia, quien era Ingeniera Aeroespacial, con un doctorado en Ciencias Planetarias y en soluciones de Energía Limpia.

...

En la Organización de Observación y Regulación Ambiental de la Tierra (EEORO) en Nueva Zelanda, el Secretario de la ONU pronunció un discurso para enfatizar la Misión de esta Organización Internacional que estaba cuidando el medioambiente y desde esa fecha tendría el poder y la autoridad para sancionar a los países que causaran daño al medio ambiente, y por supuesto la responsabilidad debe reparar el daño y resolverlo.

Esta Organización recibía toda la información de la Red de Satélites que observa el Planeta, incluyendo todos los Satélites del proyecto Planeta Tierra administrados por la WSEO.

"Fue muy triste que alguien tuviera que tomar medidas agresivas para hacernos pensar sobre lo que estamos haciendo; el responsable de esto puede ser un delincuente, pero creó la conciencia en los individuos. La presión de la gente ha forzado a los líderes a enfocarse y comprometerse a seguir y respetar las recomendaciones internacionales para el beneficio de todas las especies vivientes en la Tierra".

"Quiero dejar un mensaje muy claro, lo que estamos haciendo es asombroso, los humanos somos exploradores y aprendemos de esta exploración. Pero si destruimos nuestro hogar, estaremos condenados. Este activista, quien quiera que sea, nos dio un gran dolor de cabeza y estaba muy equivocado con la manera de actuar, pero tiene toda la razón de que tenemos que detener este Calentamiento Global y el Cambio Climático, tenemos que dejar de contaminar el suelo que nos da comida, junglas y los bosques de todo el Planeta son muy importantes para el ciclo del agua y el reciclaje del aire que respiramos, eliminando el CO_2 y produciendo oxígeno, los mares y los casquetes polares. Tenemos que respetar a otras criaturas que viven aquí, cada uno tiene una tarea específica en la máquina compleja, no podemos ignorar las cadenas biológicas y alimenticias, y también tenemos que detener esta proliferación de armamento nuclear que en algún momento pudiera causar un accidente fatal que pudiera causar el fin de nuestra existencia".

"Aunque hay países, este es solo una división política; la realidad es que vivimos en el mismo Planeta, cada acción afecta a todo el Planeta. Es hora de enfocarse de manera global y continuar la exploración del Universo".

"Por lo tanto, todas las naciones deberán alinearse con las normas emitidas por EEORO. La información de la red del Planeta Tierra será la única fuente para evaluar el cumplimiento de cada nación. Aquellos que fallen serán sancionados por todas las otras naciones. No podemos correr el riesgo de destruir nuestro Planeta".

"Los representantes en la ONU, han elegido a la Dra. Theresa Akkerman de Nueva Zelanda como Directora; ella tiene un   Doctorado en Estudios Ambientales, participó en diferentes eventos aquí en la ONU y en todo el mundo, por favor denle un fuerte aplauso".

"Todos ustedes tienen acceso a la información. Gracias".

...

Andrew estaba en el Aeropuerto de Heathrow esperando abordar un vuelo a Sudamérica, alguien se sentó cerca de él "Hola Andrew, finalmente te conozco, soy el Agente Wilson de la Interpol del Reino Unido, sé lo que hiciste y sé que no eres un criminal, sé que alguien más te influenció, y ese es el que más me interesa, tú no piensas como ellos. Arriesgaste todo y has fallado ", dijo el Agente Wilson.

"No he fallado" respondió "Recibí la atención y el mensaje fue escuchado. Todos ustedes, no ven lo que está sucediendo, nuestro Planeta Tierra está muriendo, todo lo que estaba buscando era crear conciencia en todos los seres humanos sobre el peligroso destino al que todos vamos, estamos llegando al final de un camino, después de eso no hay vuelta atrás, tenemos que tomar el último desvío para llegar al destino correcto. Sé que a algunos Líderes del Mundo no les importa esto porque consideran otras cosas con mayor prioridad, y están ciegos a esto, otros simplemente se comprometen, pero no hacen nada; pero hay otros que están haciendo grandes cosas, como promover la energía limpia, vehículos con combustibles limpios, reciclaje de basura, luchando para controlar la producción de plástico debido al daño que está causando al medio ambiente, etc. Estas nuevas generaciones deben darse cuenta de que no tienen que heredar un Planeta enfermo con tecnologías ineficientes y dañinas, lo que era bueno hace cien años no es en este momento, todo tiene que evolucionar de acuerdo con la situación. No sé si tenga hijos pequeños o nietos, estoy seguro de que no quiere que vivan en un Planeta con aire de mala calidad para respirar, con terribles fenómenos meteorológicos, en un temor continuo a una guerra nuclear. Como dije, El Programa de Marte y la WSEO es lo mejor que ha pasado en la historia de la humanidad, todos unidos por un solo objetivo, cada país dio lo mejor de sí en sus campos de especialización para alcanzar el objetivo. Se han puesto en marcha programas globales con la participación de todos, como el monitoreo de la Tierra, la recuperación de desechos espaciales y un sistema de defensa de Asteroides, todo esto para proteger a nuestro Planeta, pero internamente estamos haciendo todo lo contrario. ¿Cree que como especie estamos listos para migrar a otro Planeta? Aprendí mi lección, la violencia no es la forma de negociar, y el costo para mí es demasiado alto, tengo que dejar el trabajo que amo. Tenían la respuesta todo el tiempo, solo tenían que esperar 60 segundos para continuar la secuencia, pero no podía decirles, porque habría involucrado a otras personas; No lo hice como este fanático quería, de hecho, me amenazó y no sé si me esté siguiendo; yo sabía que los ingenieros lo lograrían es un grupo maravilloso."

El Agente Wilson guardó silencio y pensó: "He sido testigo de que se han implementado nuevas acciones en algunos vecindarios para ser parte de este esfuerzo global, la solución provino de los ciudadanos comunes y no de los Jefes de Estado. Estaba claro que su forma de actuar era demasiado agresiva y no pudo cambiar los criterios de las personas codiciosas que son los Líderes de diferentes países, pero cambió la forma de pensar de los ciudadanos del Planeta y de muchos líderes de la industria. Debemos dejar que la próxima generación enderece la conciencia de los Líderes Mundiales y logre la recuperación del Planeta, en beneficio de las siguientes generaciones; la avaricia ya no es una opción". Pensó en sus nietos y dijo en voz baja: "No merecen heredar un Planeta que está muriendo por nosotros, estamos destruyendo bosques y selvas, estamos causando el aumento de la temperatura, somos responsables del exterminio de animales y especies de plantas, nuestros hijos aprenderán acerca de estos animales solo en libros y museos, porque un puñado de personas ignorantes con poca visión han abusado durante décadas, una actitud egoísta y absurda. La Misión de Marte nos ha enseñado lo que se necesita para mantener la vida para una Misión Espacial y cómo se ve un Planeta inhabitable, estoy seguro de que nadie quiere transformar la Tierra en un Planeta como Marte".

Como estaba en estos pensamientos, vio a Andrew entrar en la puerta de embarque, se preguntó a sí mismo "debería capturarlo o dejarlo ir y monitorearlo". Andrew lo miró, sonrió y comenzó a caminar por el túnel de la puerta de embarque, mientras desaparecía, una pregunta surgió en su mente, se acercó a la entrada del túnel y le preguntó: " Andrew, ¿ la persona que te contactó tenía algo que ver con los eventos de Tokio y Moscú?". Andrew lo miró y le preguntó "¿Usted qué piensa?", "Lo atraparemos, tenemos pistas ahora, necesitaré tu ayuda para eso, me pondré en contacto contigo, te mantendremos monitoreado", dijo el Agente Wilson. Andrew sonrió de nuevo y se despidió.

El Agente Wilson recibió una llamada de la Oficina Central "Agente Wilson, ¿encontró al sospechoso?", Preguntó su Jefe. Pensó por un momento y dijo "No, esta persona se parecía a él, pero no lo era, tal vez se fue hace días, lo buscaremos". "Ok, necesito un informe completo", dijo el Jefe.

Se cree que Andrew cambió su identidad, con apoyo de Interpol ya que se volvió un informante cubierto, y después de estar en Sudamérica fue contratado por EEORO en Nueva Zelanda como Director de Integración de Datos y contacto con fabricantes de Satélites, ya que tenía muy buenas ideas y conocimientos para administrar toda la información provista por los Satélites además de un buen conocimiento de la operación de Satélites, su nuevo nombre era Andreas Terranova. No podía contactar a ninguna persona relacionada con su identidad anterior, Hans, su amigo de la infancia, nunca volvió a ponerse en contacto con él; esto es lo que siempre dice, solamente el Agente Wilson se comunicaba con él en la búsqueda del verdadero criminal conocido como ViPla.

•••

A mediados de noviembre de 2033, Leonard, Nancy, Kiochi, Yelena Li y Robert, abandonaron la casa de cuarentena y dieron una gran conferencia de prensa; fueron acompañados por Ashley Buckling, la nueva Directora de WSEO, y Sir Christopher Cook. La Tripulación narró todo su viaje desde el despegue hasta el amarizaje, expresaron su reconocimiento a todas las personas de todo el mundo que de una forma u otra contribuyeron a hacer posible el viaje, y a todas las personas en la Tierra por el apoyo que se les brindó.

Al final abordaron los vehículos que los llevaron junto con sus familias al aeropuerto para abordar sus aviones que los llevarían a sus respectivos hogares; Tendrán un período de descanso antes de comenzar su recorrido por todo el Mundo para eventos oficiales y educativos.

···

Sir Christopher Cook falleció el 30 de enero de 2034, fue enterrado en la abadía de Westminster, cerca de la tumba de Sir Isaac Newton. Los Jefes de todas las Agencias Espaciales, Jefes de Estado, los Tripulantes del Terra-1, Terra-2 y Terra-3 asistieron al servicio.

Un monumento fue erigido en honor a Sir Christopher Cook y la Tripulación del Terra-1 cerca del Observatorio de Greenwich.

Había un rumor de que fue incinerado y sus cenizas fueron colocadas en una urna funeraria cerrada para ser llevada a Marte por la Tripulación del Terra 2; tenía una inscripción "Sir Christopher Cook, Un Visionario de la Exploración Espacial, Padre del Programa Tripulado a Marte. Octubre 4 de 1957 - 30 de Enero de 2034, Planeta Tierra". Irónicamente, nació el mismo día en que comenzó la era Espacial con el Lanzamiento del Sputnik 1. Se programó el Lanzamiento del Terra 2 el 30 de julio de 2035.

···

La Tripulación del EOSS recibió la autorización para abrir la compuerta del Hábitat y prepararse para mover el Mars Lander al módulo de Mantenimiento; la Tripulación deberá retirar del Habitat las muestra de Marte que estaban en contenedores sellados para llevarlas al nuevo Módulo receptor de muestras del ISS abordo del Star Dream 2 que estaba acoplado al EOSS; estas muestras serian analizadas por un grupo de científicos que había recibido capacitación para viajar a la EEI y que estarán allí hasta cuatro meses para trabajar con ellas, asesorarán sobre la factibilidad de llevar las muestras a la Tierra, aunque prefieren mantenerlas en un ambiente más limpio.

El Mars Lander fue desacoplado de la extensión del Habitat y se movió al otro lado de la EOSS, se acopló al puerto de acoplamiento de mantenimiento y la estructura de servicio fue extendida, permanecerá allí hasta la llegada de Mars Lander-2, en ese momento el Mars Lander-1 se moverá a otro puerto de acoplamiento temporalmente.

Dos Astronautas realizaron un EVA para retirar el escudo térmico y su estructura, para alcanzar el compartimento de Motores. Los Ingenieros de Astrotechnika necesitaban saber qué fue lo que impidió abrir las válvulas, fue removido el sistema completo de motores de despegue junto con las válvulas. Este hardware fue enviado de regreso a la Tierra en un vehículo de carga que iba a ser recuperado en el Atlántico cerca de Kourou.

El vehículo de carga regresó con éxito a la Tierra, se recuperó y el contenido se envió a Astrotechnika para su análisis.

Se encontró que se agregó un procesador al proceso de operación de la válvula interna, cableando el flujo de señales provenientes de la unidad de control de despegue principal o redundante, esta fue la razón por la cual la señal nunca llegaba a la válvula.

En un análisis posterior, pudieron descifrar el microcódigo y descubrieron que la única forma de eludirlo era esperar sesenta segundos después de enviar el último comando antes de la apertura de las válvulas, era lo único necesario para continuar con la secuencia de inicio., "Es por eso que no pudimos corregir el error, está fuera de secuencia, no documentado. Si hubiéramos sabido esto antes, podríamos haber ahorrado muchas horas de pruebas y dolores de cabeza; increíble solo un temporizador ", comentó un ingeniero.

Debido a esto, se agregó al proceso una nueva estrategia de garantía de calidad y seguridad.

El Mars Lander 2 estaba listo para partir a la EOSS para la próxima Misión, tenía algunas mejoras, también en el futuro cercano se enviará un nuevo conjunto de motores para que el Mars Lander 1 sea preparado para un futuro regreso a Marte.

Epílogo

En julio de 2035, Terra-2 comenzó su viaje a bordo del Vehículo de Exploración del Espacio Profundo Legatus, en diciembre de 2035, la segunda Tripulación desembarcó en Marte, llegaron nuevos elementos para el Campamento Terra; el Campamento había sido cambiado de nombre a Estación Cook en honor a Sir Christopher Cook, el hombre que luchó para crear el WSEO y sus objetivos y hacer posible la Exploración Internacional Tripulada de Marte. El Marslab ha sido llamado Schiaparelli y el Invernadero fue nombrado Martiae horti.

La Estación Cook era más grande ahora, tenía un Hábitat adicional, llamado Marshab Goddard, para separarlo del Marslab, y el Módulo de la Compuerta Presurizada, llamado Carl Sagan para interconectar el Marslab, el Marshab y un puerto de acoplamiento para el Mars Rover; el Invernadero estaba produciendo verduras saludables.

La Estación Orbital de Marte entró en funcionamiento y llegó un nuevo módulo, un módulo de acoplamiento. La estructura Legatus / Habitat se acopló con uno de sus puertos, dando a los Marsnauts en órbita más espacio para trabajar y más equipamiento para sus observaciones.

Continuaron la Exploración hacia el norte del Planeta, utilizando el MSV1 como una estación temporal para avanzar hacia la capa de hielo del norte.

Dos Marsnauts estaban caminando en Marte, estaban pensando que será lo próximo para las nuevas generaciones, tal vez una Misión a Europa, Titán o los Océanos de Calisto.

Se pararon en la cima de una pequeña colina para ver el atardecer en la superficie de Marte, "Esto es hermoso, mira los colores", uno dijo, el otro respondió "Sí, es impresionante, pero nada se puede comparar con la belleza de nuestro Planeta Tierra. Esta persona que amenazó a la Tripulación del Terra 1 no estaba equivocada en sus pensamientos, por supuesto que usó métodos inaceptables, pero finalmente logró lo que estaba buscando, sin obtener nada para sí mismo. Debido a esto, las cosas están mejorando. Era bastante preocupante cómo el medioambiente se estaba deteriorando en la Tierra, perdíamos capas de hielo, bosques, animales y todo esto debido a la falta de comprensión de que los recursos en la Tierra no se agotarían, y que todos los procesos naturales funcionan bien sin intervención humana Si se interrumpen estos procesos, es como si alguien interrumpe un proceso de fabricación, la producción fallará. Estamos sentados aquí en un Planeta cercano a la Tierra, pero incapaces de mantener la vida, tenemos que duplicar los procesos naturales de la Tierra para poder sobrevivir aquí, esto es muy difícil y requiere mucho conocimiento, trabajo duro e imaginación. Ahora estoy seguro de que las próximas generaciones estarán a salvo y recibirán un Planeta saludable".

Uno de los Marsnauts comentó: "Recuerdo las palabras de Sir Christopher Cook antes de ser elegido Presidente de la WSEO, fue entrevistado en Londres. Dijo que las personas deberían dejar de considerar la Exploración Espacial como un desperdicio de recursos; dijo que era la tarea de los Jefes de las Agencias Espaciales cambiar esta apreciación, mostrando todos los beneficios que el programa devuelve a la humanidad en la agricultura, la medicina, la tecnología y el conocimiento de la tierra y sus procesos. Mencionó que una Misión Espacial Tripulada captura todo el conocimiento humano para tener éxito. Tenía razón, ahora las áreas áridas están produciendo vegetales debido a lo que se desarrolló aquí en Marte, la Tierra tiene una atmósfera más limpia y agua ya que las personas entendieron la vulnerabilidad de nuestro Planeta, podemos rescatar personas o animales en alta montaña o en áreas de desastre con drones y equipos más precisos, puedes mencionar cualquier cosa, estoy seguro de que está relacionada con el desarrollo de la Tecnología Espacial".

Se puso de pie para mirar alrededor, en el cielo del atardecer se podía ver una pequeña estrella, esa estrella era la Tierra. Encendió la música para ser escuchada por él en su traje de excursión vehicular. Seleccionó la canción *"What a Wonderful World* de Louis Armstrong".

Misiones siguieron, Terra 3 programada para partir en octubre de 2037, Terra-4 y Terra-5 una Misión dual programada para diciembre de 2039 para regresar a la Tierra a mediados de 2042, Terra-6 para partir de la EOSS en febrero de 2042 con la nueva transferencia del Vehículo de Marte, agregando elementos a la Estación Cook y construyendo un Invernadero más grande, un Mars Rover adicional para la Tripulación fue llevado a Marte.

La Estación Orbital de Marte creció con módulos construidos y enviados por diferentes naciones. Tenía un módulo orbital de invernadero, módulos de energía, módulos de la tripulación, módulo de ejercicios físicos, llamado MarsGym, estructuras de servicio, sistemas manipuladores remotos, diferentes puertos de acoplamiento y plataformas de observación y para experimentos.

El concepto del viaje cambió con el tiempo, el EOSS se hizo más grande, como una terminal espacial donde se prepararon nuevos vehículos para el viaje. Este fue el punto de partida hacia el Universo, los Astronautas llegaban allí con vehículos LEO, no más vehículos tripulados para la exploración del espacio profundo fueron lanzados desde la superficie de la Tierra; El Hábitat se integró al nuevo Vehículo de Transferencia de Marte que admite Tripulaciones más grandes, los Mars Landers se acoplaron a la Estación de Marte para llevar a los Marsnauts hacia y desde la Superficie de Marte, el mantenimiento de estos Landers se hacían allí, ya no había necesidad de llevar el Lander a la Tierra de regreso, los suministros, las piezas y los módulos propulsores llegaban desde la Tierra y eran acoplados con la Estación, tal como era hecho con la ISS. En 2048 las tripulaciones permanecieron en Marte por casi tres años, esto fue posible porque con los taladros encontraron agua, fueron capaces de instalar una bomba para extraerla y para traer alguna del polo norte, fue necesario procesarla y eliminar algo de CO_2 congelado, pero finalmente fue utilizado por la Tripulación y para los cultivos. Los primeros peces fueron llevados a Marte, para tener la primera granja de peces más allá de la Tierra, después de un tiempo se adaptaron a la nueva gravedad y pudieron nadar y comer, y comenzaron a reproducirse, por lo que las Tripulaciones pudieron "ir a pescar" "Y tener algo para comer.

La nueva generación de lanzadores entró en operación, estos fueron los cohetes radiales que permitieron enviar carga más pesada a la Orbita Terrestre, este fue un elemento clave para la nueva metodología para el viaje a Marte y el ensamblaje de la Estación Internacional de la Orbita de Marte o (EIMOS).

Los siguientes objetivos estaban siendo planeados; un sobrevuelo humano de algunas Lunas de Júpiter, saliendo de Marte, pero esta es otra historia.

...

El agente Wilson estaba caminando con algunos colegas cerca del Támesis, estaban hablando de casos no resueltos. "Este caso del Viaje a Marte aparentemente fue hecho por un ingeniero muy calificado, desafortunadamente desapareció", dijo el Agente Wilson, "pero no se puede negar que fue un delito que trajo beneficios y nadie resultó herido, muy astuto". Si ves la información del EEORO hay una importante mejora en el entorno, algunas industrias tendrán que cerrar porque nadie está comprando sus productos, pero muchas otras están creciendo. Es interesante cómo el cambio se dio en la gente común como nosotros, también debido a esto tenemos pistas sobre el que está detrás de esto y otros incidentes sin resolver, lo encontraremos tarde o temprano "," ¿Cuál es el nombre del científico del EEORO? el que trabaja con todos los datos "preguntó el agente. "Andreas Terranova, un gran ingeniero", respondió el Agente Wilson. Ellos continuaron caminando.

Para la exploración de Marte y más allá, este no es el final, ni siquiera es el principio del fin, pero es solo el final del principio, como dijo Sir Winston Churchill, por supuesto en otro contexto.

EL FIN

Abreviaturas

AOS	Acquisition of Signal
BE	Beyond Earth Crew Vehicle
EEORO	Earth Environmental Observation and Regulation Organization
EOS	II Earth Orbit Rocket Series 2 rocket
EOSS	Earth Orbit Service Station
HTV	H-II Transfer Vehicle (Japan)
IDA	International Docking Adapter
IMU	Inertial Measurement Unit
ISS	International Space Station
KSC	Kennedy Space Center
LEO	Low Earth Orbit
LOS	Loss of signal
MCC	Mission Control Center
MED	Mars Exploration Drone
MED1	Mars Exploration Drone 1
MGH	Mars Greenhouse
ML1	Mars Lander camp (Terra Camp)
MLTTV	Mars Lander Target Test Vehicle
MMN	Mars Mission N day nnn (since Launch)
MO1	Mars Orbit Mission Control
MQH	Mars Quarantine House
MSRM	Mars Sample Receiving Module
MSV	Mars supplier vehicle (Cargo Vehicle)
MT	hh:mm:ss Mission Time since Launch
MWR	Mobil White Room
PDCU	Portable Docking and Capture Unit
PFR	Portable Foot Restraint
PMA	Pressurized Mating Adapter (Docking port on the ISS)
PRMS	Portable Remote Manipulator System
REV	Remote Exploration Vehicle (Mars Multi Lander Mission)
RMS	Remote Manipulator System
SOL	Number of day on Mars
SOLT	Hour on Mars since landing. SOL changes every 24 H, 39m, 35 s
WSEO	World Space Exploration Organization

Figuras

Planeación del Proyecto de la Exploración Humana de Marte

Tarea	2023	2024	2025	2026	2027
Orion Moon Orbit Test Flight	X (Dec)		X (May)		
Earth Orbit Service Station launched Delta IV Heavy		X (Nov) / X X (Dec-Jan)			
Mars Lander Launched (Mars Sample Return Mission)/test component launched			x (Oct)	X (Dec)	
Mars Rocket TS launched aboard the SLS				X (Nov)	
Mars Rocket 1 Mars Landing Test on the Moon (Delivering Moon Rover)					X (Apr)
Mars Rocket 2 Launched aboard an SLS with Mars Lab					
Mars Rocket 3 Launched ontop of SLS with Mars Rover					
Mars Rocket 4 Launched ontop SLS with Mars Green House and supplies					
Mars Orbital Station (One module and Propulsion stage) launched					
Legatus Flight Test					
Mars Communications Network Satellites					
Habitat, extension and Mars Lander Launched					
Orion Terra -1 Crew Launched					
Mars Journey					
Mars Orbit Insertion and orbital pre landing activities					
Mars Landing					
Terra-1 Camp assembly					
Mars Exploration					
Mars Lift off					
Mars Orbit departure					
Earth Journey					

Tarea	2028	2029	2030	2031	2032	2033
Orion Moon Orbit Test Flight						
Earth Orbit Service Station launched Delta IV Heavy						
Mars Lander Launched (Mars Sample Return Mission)/test component launched						
Mars Rocket TS launched aboard the SLS						
Mars Rocket 1 Mars Landing Test on the Moon (Delivering Moon Rover)						
Mars Rocket 2 Launched aboard an SLS with Mars Lab	X (Nov)					
Mars Rocket 3 Launched ontop of SLS with Mars Rover		X (Jan)				
Mars Rocket 4 Launched ontop SLS with Mars Green House and supplies		X (Feb)				
Mars Orbital Station (One module and Propulsion stage) launched				L / A		
Legatus Flight Test		X (Dec)				
Mars Communications Network Satellites	L (Jan)		M (Jul)			
Habitat, extension and Mars Lander Launched			H / o / L			
Orion Terra -1 Crew Launched				X (Nov)		
Mars Journey				X X X X X X X X (Nov-Jun)		
Mars Orbit Insertion and orbital pre landing activities				X X X (Jul)		
Mars Landing				X (Aug)		
Terra-1 Camp assembly				X X (Aug)		
Mars Exploration				X X X X X X X X X X X X X X X		
Mars Lift off					X (Jan)	
Mars Orbit departure					X (Feb)	
Earth Journey					X X X X 12	

631

Emblema de la Mision Terra-1

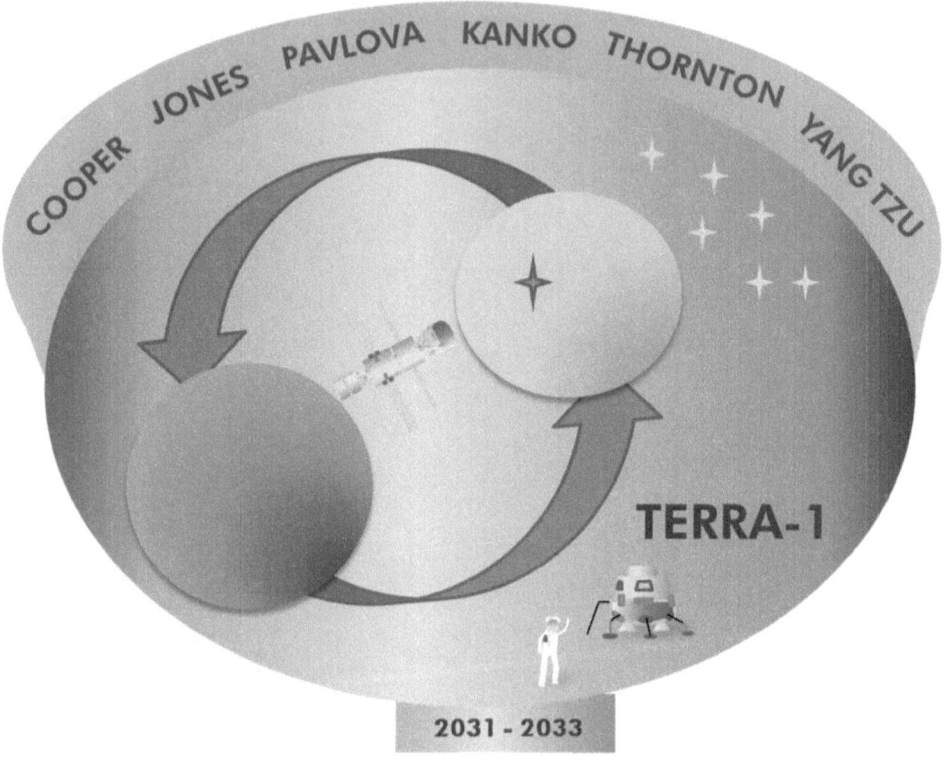

Proyecto de Robots múltiples para Marte

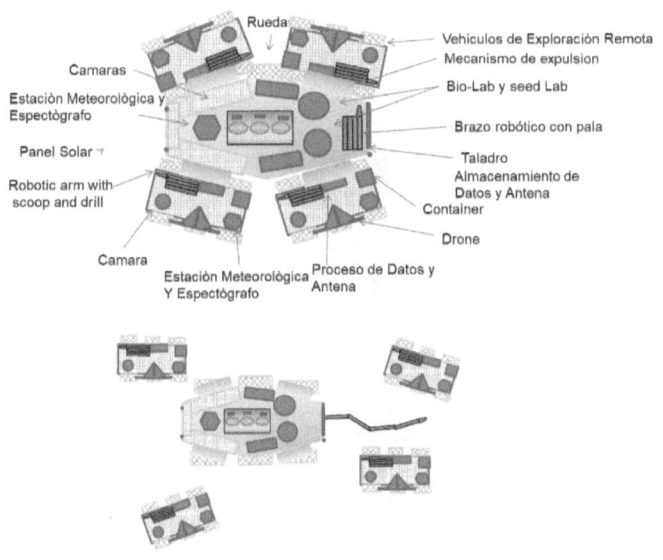

Rueda
Camaras
Estaciòn Meteorológica y Espectògrafo
Panel Solar
Robotic arm with scoop and drill
Camara
Estaciòn Meteorológica Y Espectògrafo
Proceso de Datos y Antena

Vehiculos de Exploraciòn Remota
Mecanismo de expulsion
Bio-Lab y seed Lab
Brazo robótico con pala
Taladro
Almacenamiento de Datos y Antena
Container
Drone

Rover Principal

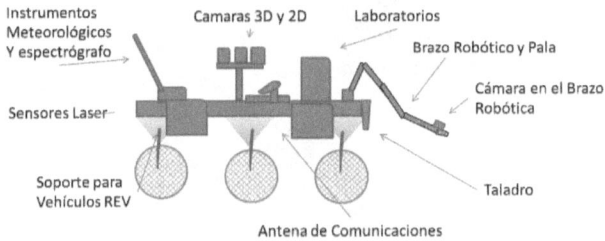

Instrumentos Meteorológicos Y espectrógrafo
Camaras 3D y 2D
Laboratorios
Brazo Robótico y Pala
Cámara en el Brazo Robótica
Sensores Laser
Soporte para Vehículos REV
Taladro
Antena de Comunicaciones

Invernadero y Laboratorio

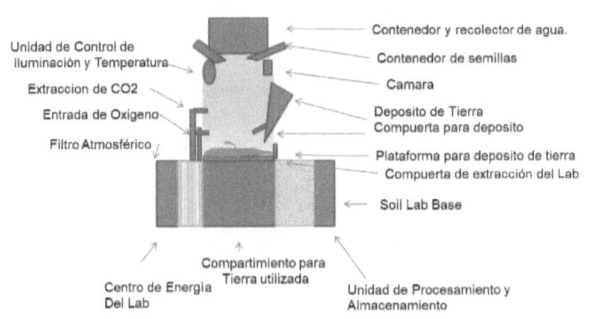

Unidad de Control de Iluminación y Temperatura
Extraccion de CO2
Entrada de Oxigeno
Filtro Atmosférico

Contenedor y recolector de agua.
Contenedor de semillas
Camara
Deposito de Tierra
Compuerta para deposito
Plataforma para deposito de tierra
Compuerta de extracción del Lab
Soil Lab Base

Centro de Energia Del Lab
Compartimiento para Tierra utilizada
Unidad de Procesamiento y Almacenamiento

Vehículos de Exploración Remota

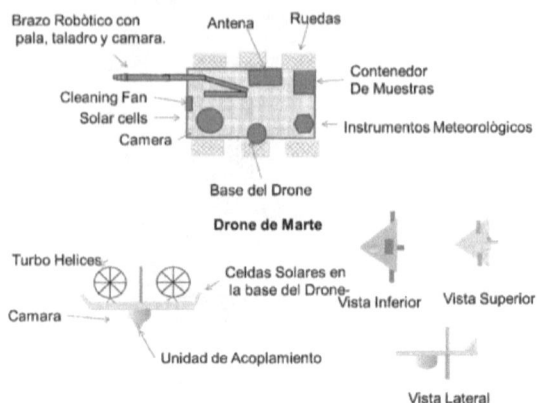

Brazo Robótico con pala, taladro y camara.
Antena
Ruedas
Contenedor De Muestras
Cleaning Fan
Solar cells
Camera
Instrumentos Meteorológicos
Base del Drone

Drone de Marte

Turbo Helices
Celdas Solares en la base del Drone
Camara
Vista Inferior
Vista Superior
Unidad de Acoplamiento
Vista Lateral

Secuencia de Aterrizaje

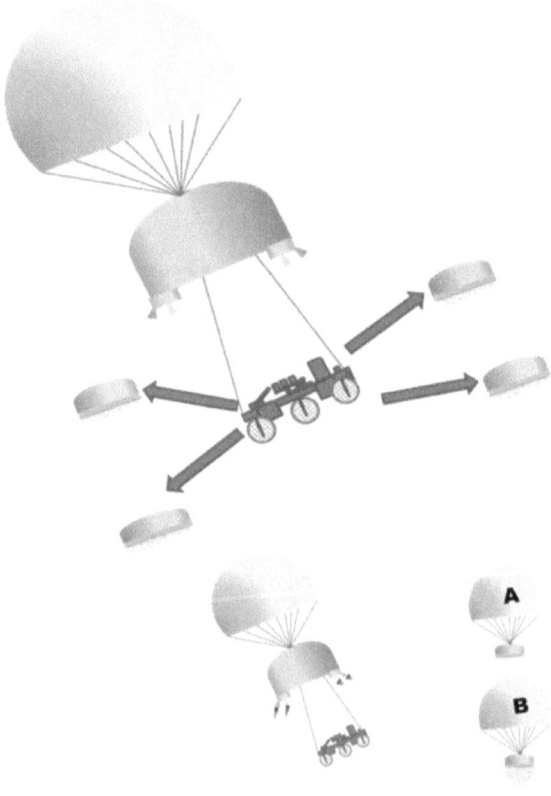

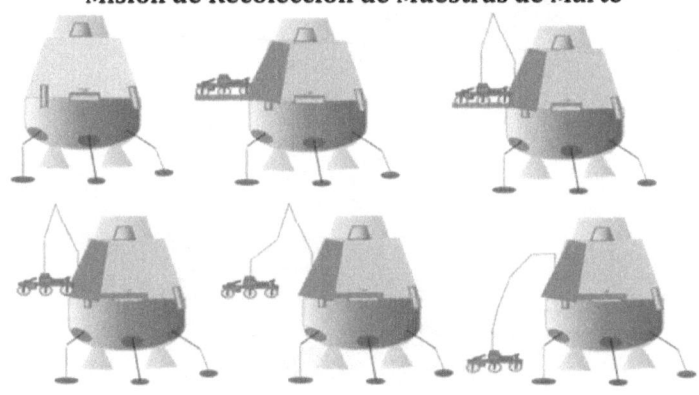

Vehículo explorador/recolector de Muestras Descargado

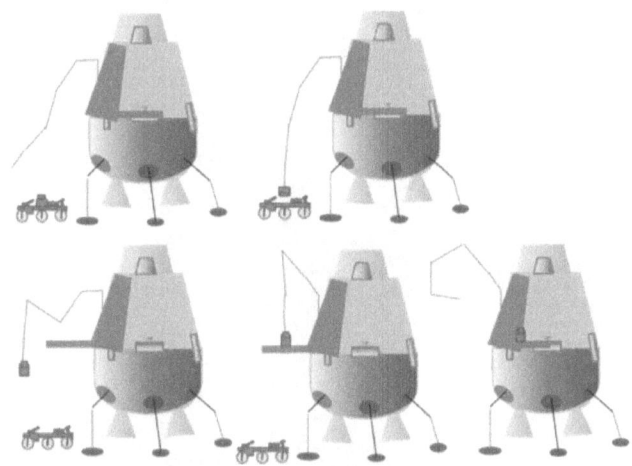

Contenedor con muestras recuperado para envío a la Tierra

Rover con Contenedor

Componentes de la Misión Tripulada

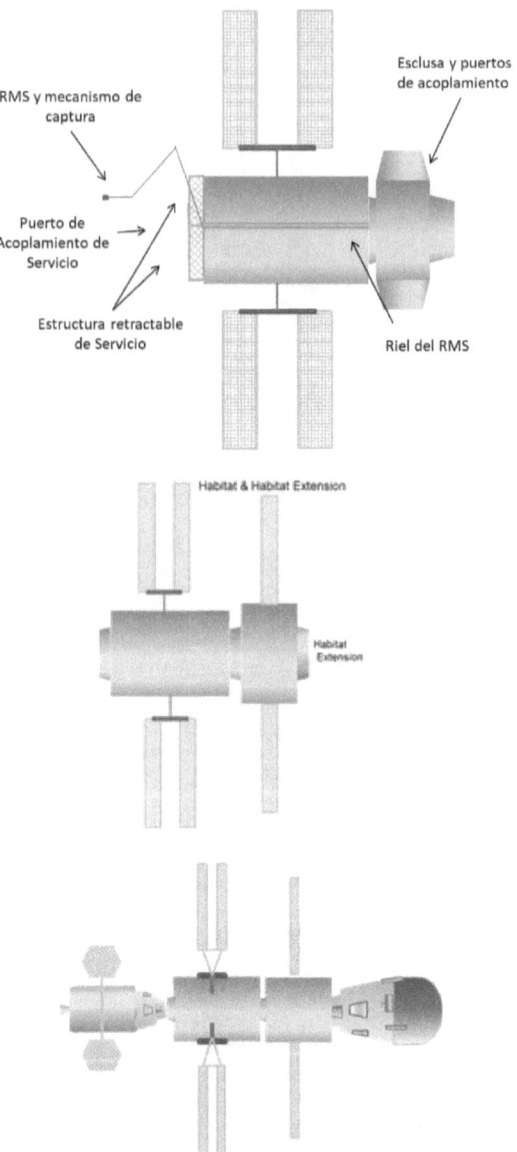

Estación Orbital de Servicio
EOSS

Esclusa y puertos
de acoplamiento

RMS y mecanismo de
captura

Puerto de
Acoplamiento de
Servicio

Estructura retractable
de Servicio

Riel del RMS

Habitat & Habitat Extension

Habitat
Extension

Vehículo Tripulado para exploración del Espacio Profundo+Habitat+Mars Lander

Mars Lander

Mars Lander "Endeavour"

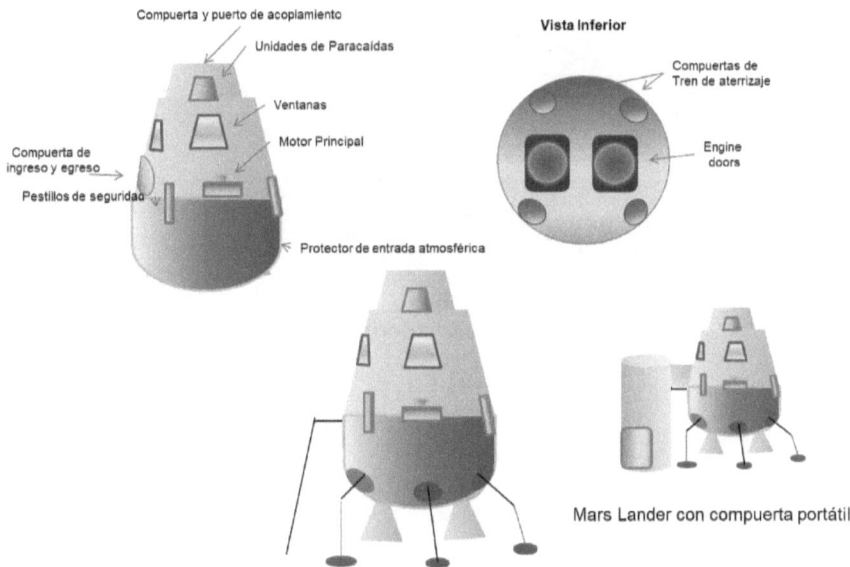

Compuerta y puerto de acoplamiento

Unidades de Paracaídas

Ventanas

Motor Principal

Compuerta de ingreso y egreso

Pestillos de seguridad

Protector de entrada atmosférica

Vista Inferior

Compuertas de Tren de aterrizaje

Engine doors

Mars Lander con compuerta portátil

Componentes de Terra Camp

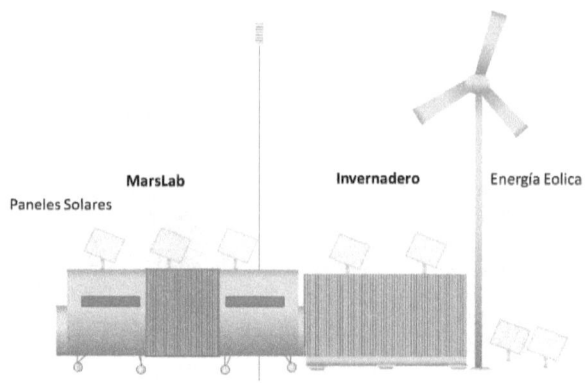

Paneles Solares

MarsLab Invernadero Energía Eolica

Invernadero

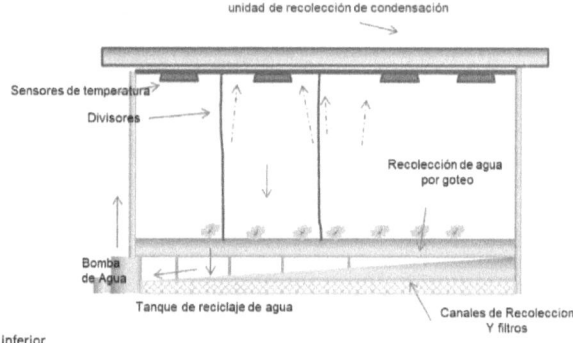

unidad de recolección de condensación

Sensores de temperatura

Divisores

Recolección de agua por goteo

Bomba de Agua

Tanque de reciclaje de agua

Canales de Recoleccion Y filtros

Estructura principal de irrigación inferior

Canales Móviles de irrigación

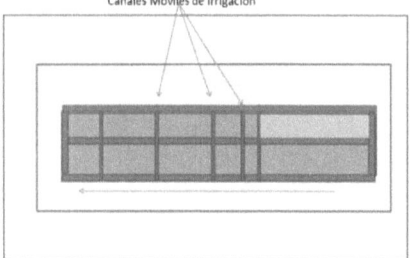

Mars Rover

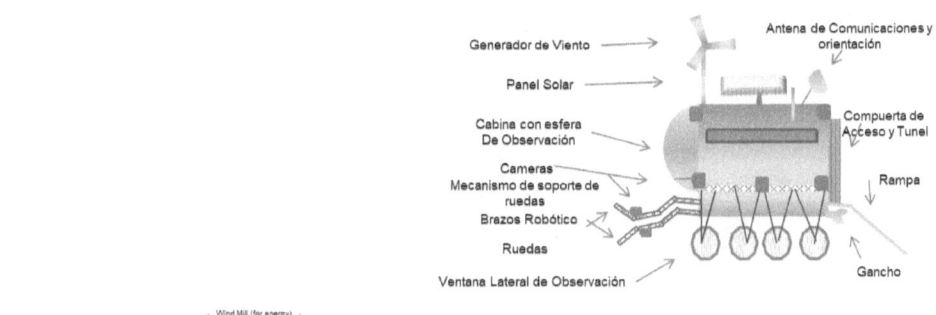

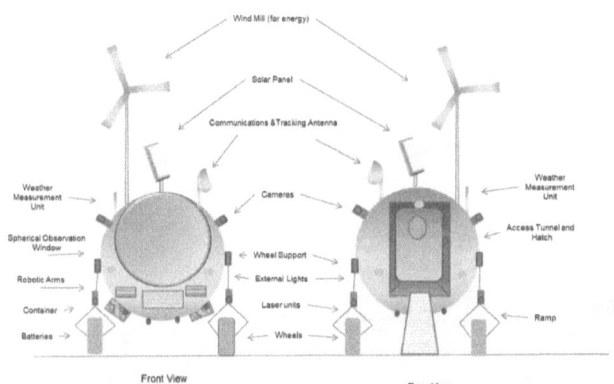

Front View

Rear View

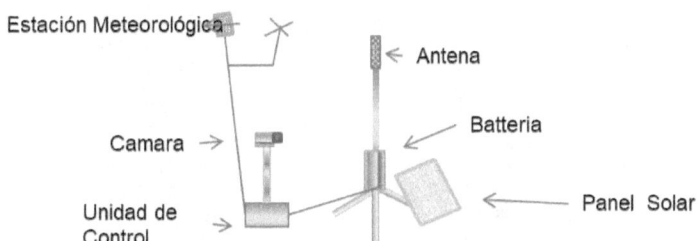

Unidad de Comunicación Remota

Taladro Para Extraccion de Muestras Profundas

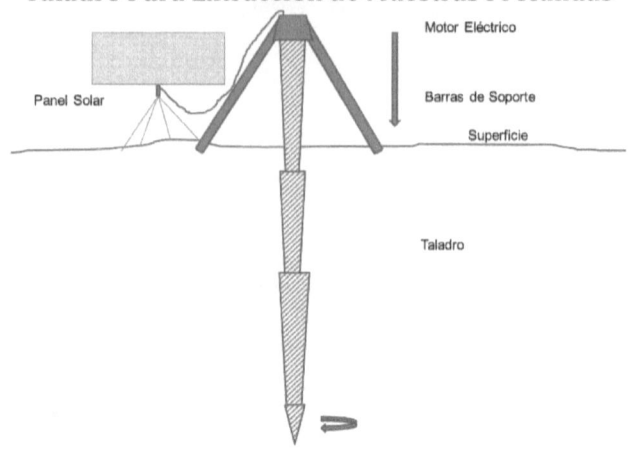

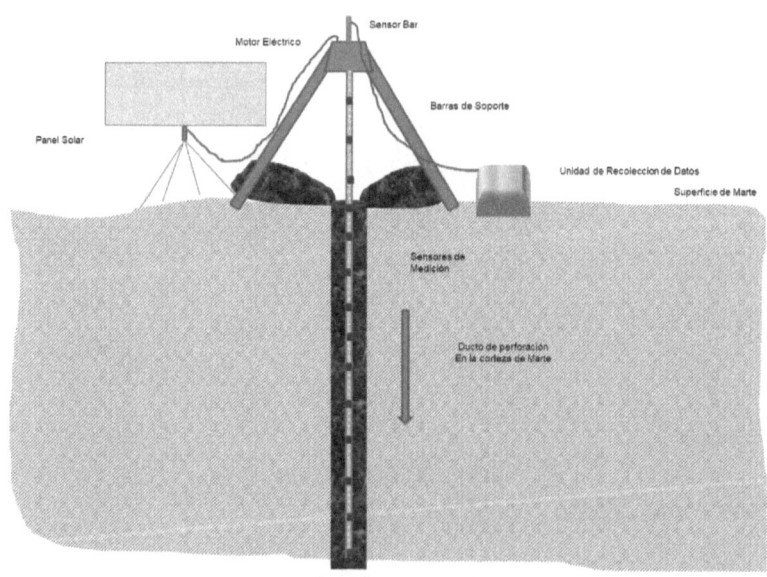

640

Mars Rocket (MR)

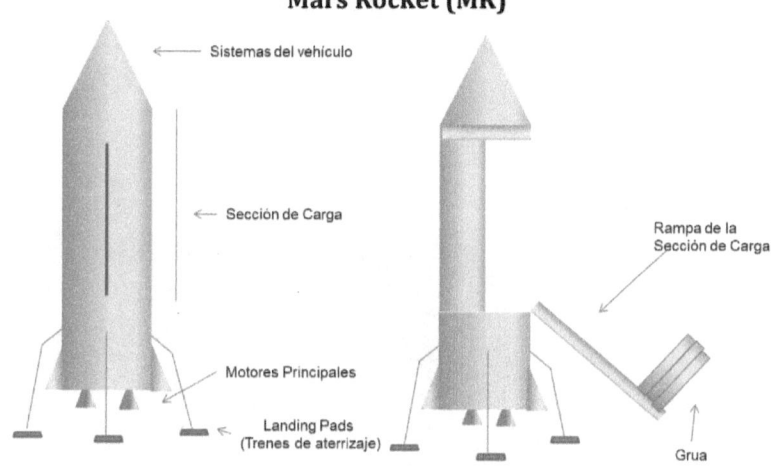

Sistemas del vehículo

Sección de Carga

Rampa de la
Sección de Carga

Motores Principales

Landing Pads
(Trenes de aterrizaje)

Grua

Secuencia de descarga del MarsLab

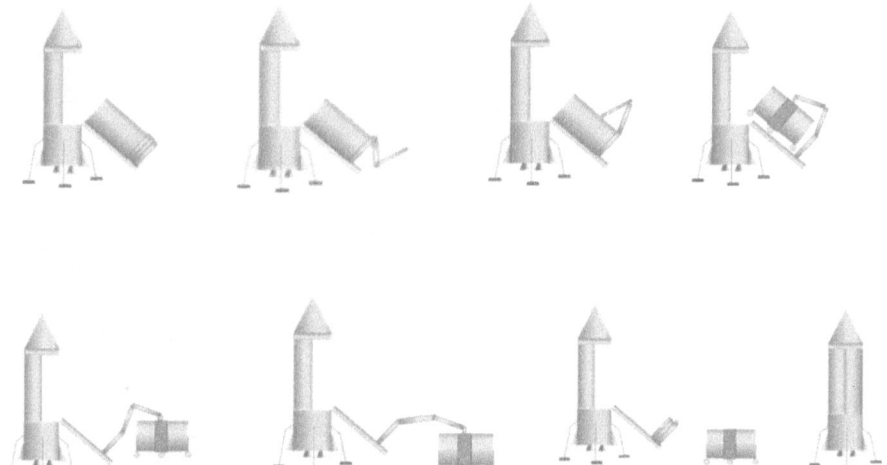

Drone de Exploración de MarteMED-1

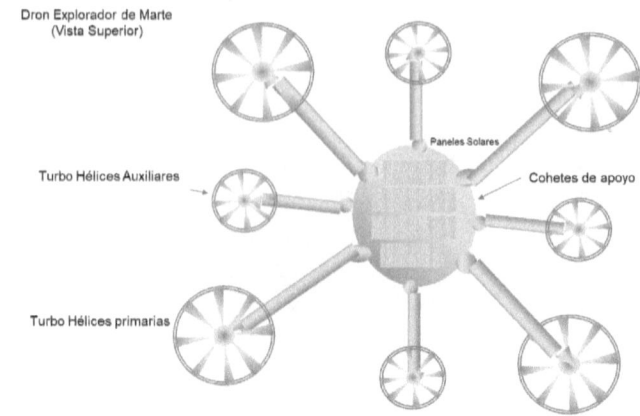

Dron Explorador de Marte
(Vista Superior)

Paneles Solares

Turbo Hélices Auxiliares

Cohetes de apoyo

Turbo Hélices primarias

Vista Lateral

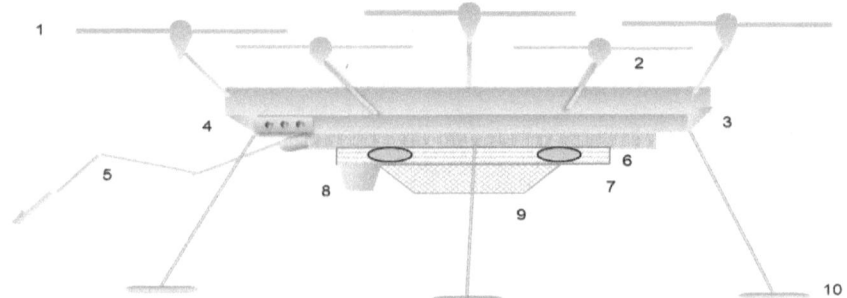

1 Helices Primarias (4)

2 Helices' Auxiliares (4)

3.Compartimiento de electronica y baterias de Plutonio

4 Juego de herramientas del Brazo Robot

5 Brazo Robot

6 Camara rotacional

7 camaras (4)

8 Contenedores de Muestras

9 Soporte y mecanismo de acoplamiento

Red Satelital de Comunicaciones en la órbita de Marte

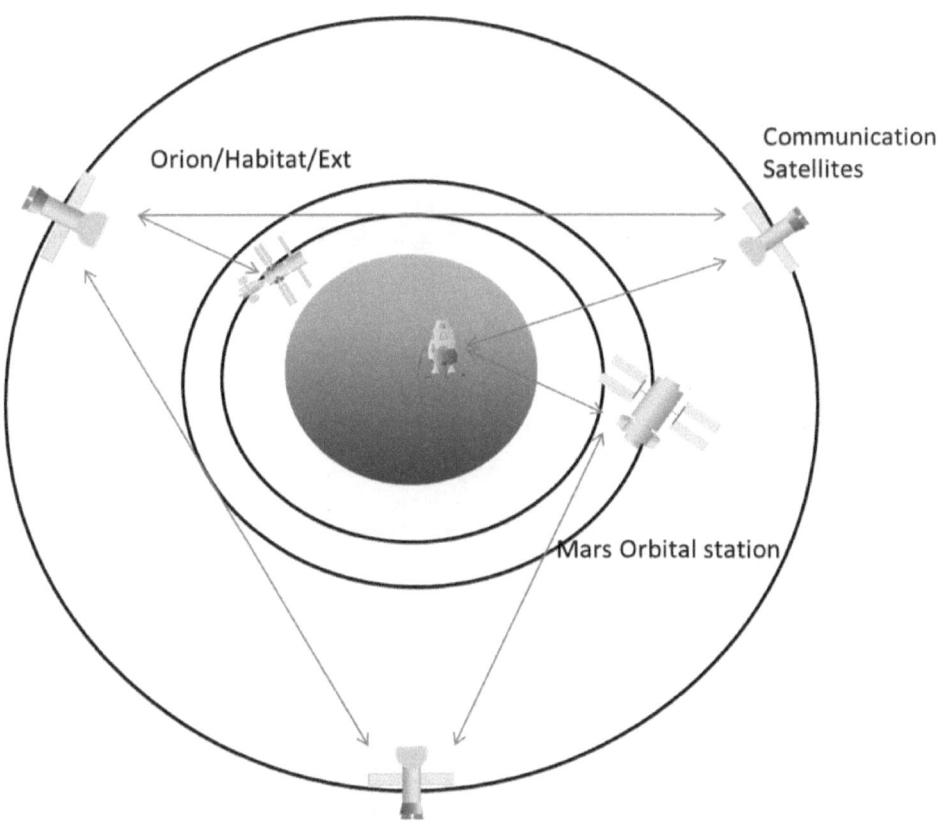

Orion/Habitat/Ext

Communication Satellites

Mars Orbital station

Operaciones de rescate y cuarentena
Astro-Heli

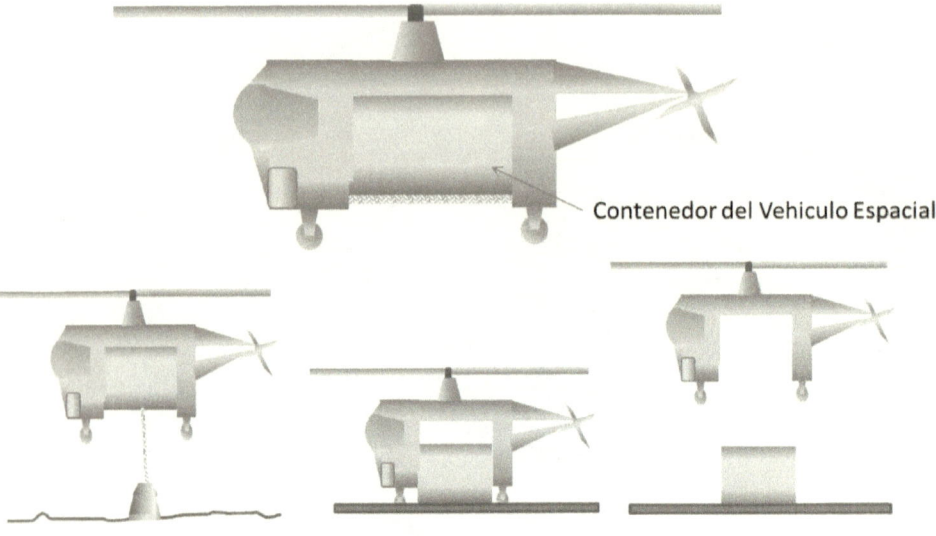

Contenedor del Vehiculo Espacial

Recuperaciones   Entrega del contenedor   Liberacion del contenedor

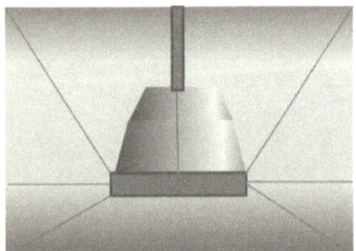

Vista interior del contenedor de vehiculos
con el vehiculo tripulado de exploracion del Espacio Pprofundo asegurado

Casa Movil de Cuarentena

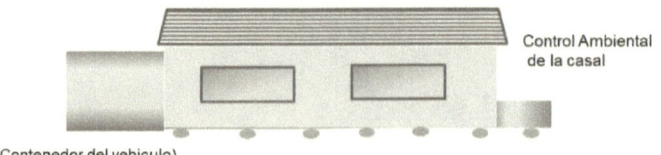

Control Ambiental
de la casal

Contenedor del vehiculo)

Coordenadas de aterrizaje en Marte y Excursiones

(Información de mapas de sitios Web de la NASA`s: Explores NASA's Mars Map & JPL Mars Trek)

Terra Camp

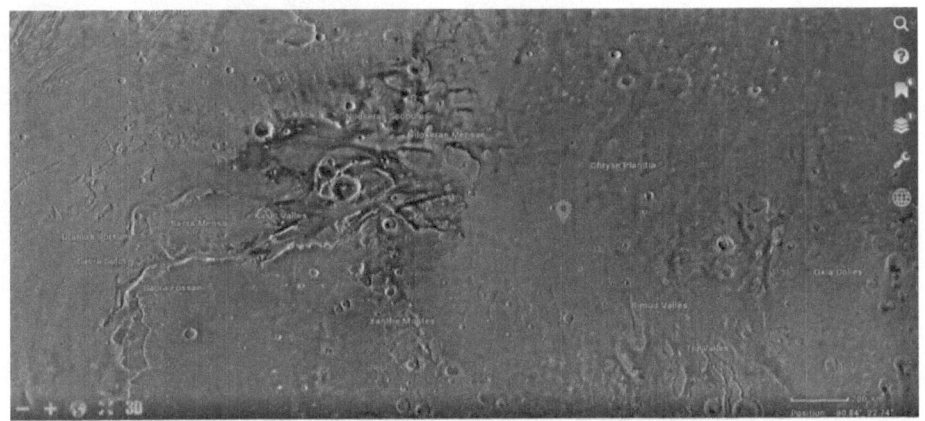

Excursión 1

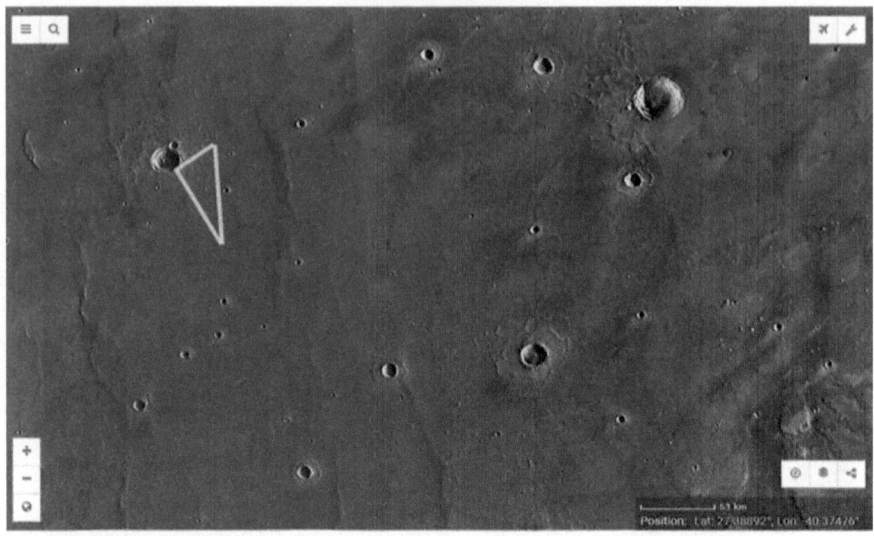

Origen	Lat N	Long w	Kilometros	Destino
Terra Camp	24.58	44.27	77.45	Prueba de excavacion (Drill)
Prueba de Excavacion (Drill)	25.88	44.37	36.16	Guaymas Crater
Guaymas Crater	25.54	44.88	65.12	Terra Camp

Excursión 2

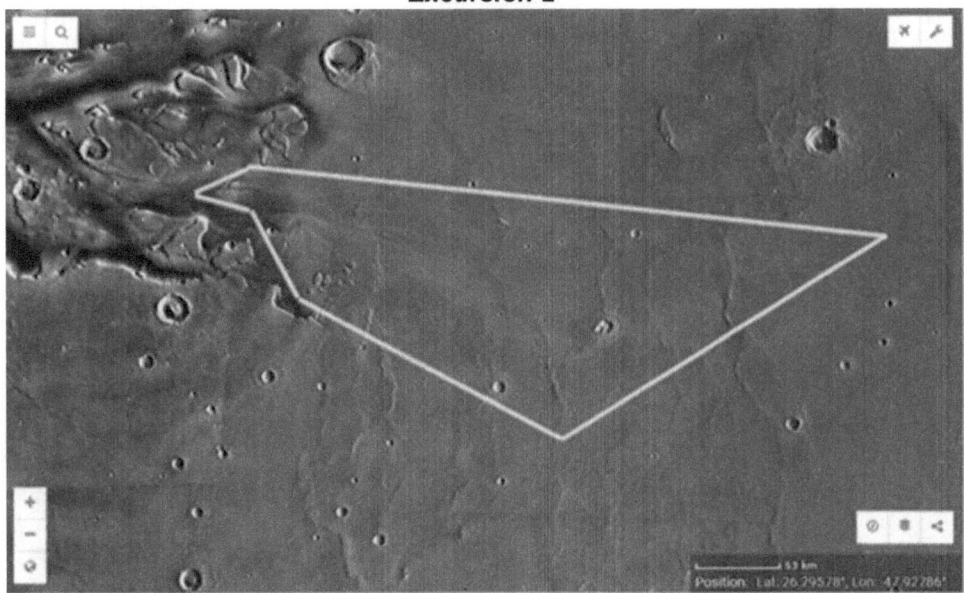

origen	Lat N	Long w	Kilometers	Destino
Terra Camp	24.58	44.27	240.72	Viking 1
Viking 1	22.27	47.95	184.91	Estación T1E2-2
Estación T1E2-2	23.86	50.88	65.57	Estación T1E2-3
Estación T1E2-3	24.87	51.42	34.38	Estación T1E2-4
Estación T1E2-4	25.04	52.05	36.16	Estación T1E2-5
Estación T1E2-5	25.35	52.45	386	Terra Camp

Excursión 3

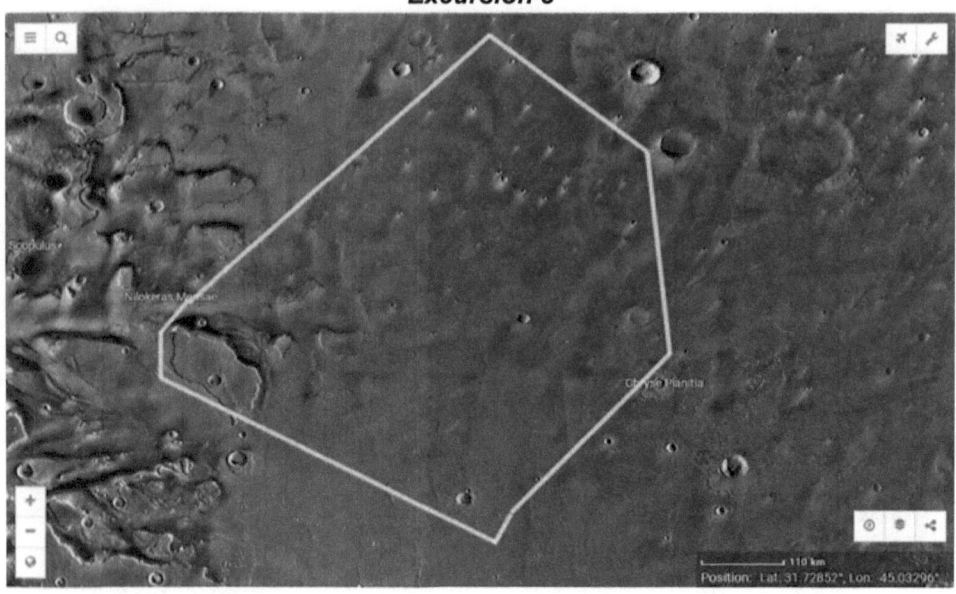

Origen	Lat N	Long w	Kilometros	Destino
Terra Camp	24.58	44.27	47.81	Estación T1E3-1
Estación T1E3-1	25.3	43.89	289.91	Estación T1E3-2
Estación T1E3-2	29.14	40.17	279.88	Estación T1E3-3
Estación T1E3-3	33.93	40.74	242.53	Estación T1E3-4
Estación T1E3-4 (Estación MSV1)	36.72	44.5	517,46	Estación T1E3-5
Estación T1E3-5 (Nilokeras Mensae)	30.39	51.4	54.48	Estación T1E3-6
T1E3-6	29.7	52.15	68.86	Estación T1E3-7
Estación T1E3-7	28.53	52.19	479.67	Terra Camp
			1463.14	

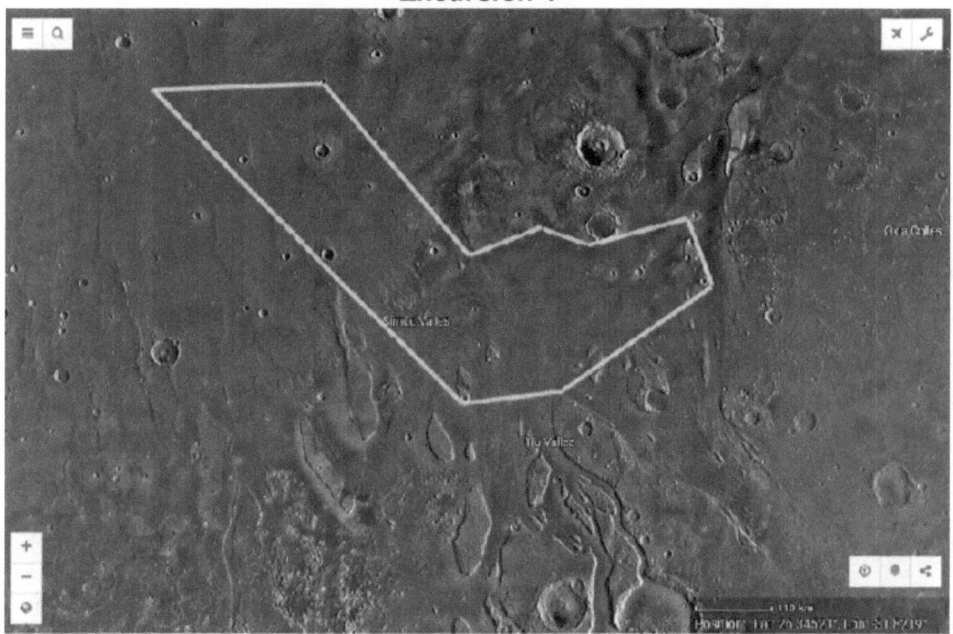

Excursion 4 South South-East

origen	Lat N (origen)	Long w (Origen)	Kilometros al destino	Destino
Terra Camp	24.58	44.27	313.73	Estación T1E4-1
Estación T1E4-1	20.57	40.37	277.98	Estación T1E4-2
Estación T1E4-2	17	36.89	136.29	Estación T1E4-3
Estación T1E4-3	17.48	31.57	237.73	Estación T1E4-4
Estación T1E4-4	19.89	31.03	98.28	Estación T1E4-5
Estación T1E4-5	21.5	31.58	135.52	Estación T1E4-6
Estación T1E4-6	20.87	33.95	61.41	Estación T1E4-7
Estación T1E4-7	21.26	35.01	102.55	Estación T1E4-8
Estación T1E4-8	20.64	36.76	305.11	Estación T1E4-9
Estación T1E4-9	24.69	40.21	213.86	Terra Camp
			1882.46	

Excursión 5

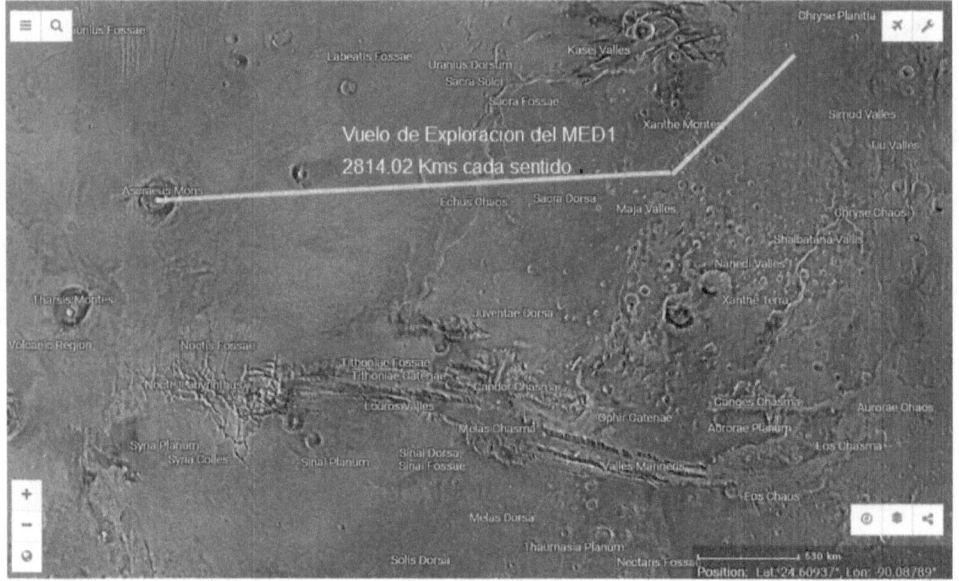

Vuelo de Exploración del MED1
2814.02 Kms cada sentido

Desde Terra Camp a 13.71N 56.07 W (928 Kms.)

Referencias

Mars Society Papers:

http://www.marspapers.org/#/papers

> Mars Multi Lander Exploration Mission - An Unmanned Mission To Mars. M. Cooper

> Human Mars Exploration Roadmap Summary (2027 – 2056). M. Cooper

> One Day In The Life On Mars: An Essay About The First Human-Martians. M. Cooper

> 2024 – 2027 A.D.: A Mars Odyssey. M. Cooper

Web Sites:

> Explore Nasa's Mars Map

> Mars Trek (JPL NASA)

> www.windows2universe.org/?page=/mars/mars_orbit.html

> NASA.gov

> ESA.int

> JAXA.jp

> www.asc-csa.gc.ca/eng/default.asp

> en.roscosmos.ru

> www.cnsa.gov.cn/n6443408/index.html

> www.gov.uk/government/organisations/uk-space-agency

> www.space.gov.il/en

> www.isro.gov.in

> www.dlr.de/dlr/en/desktopdefault.aspx/tabid-10002/

> www.arianespace.com

> Wikipedia

United Kingdom Space Agency
UKSA

National Aeronautics and Space Administration
NASA,
JPL (Jet Propulsion Laboratory)
SLS
ORION
KSC (Kennedy Space Center)
Neil A Armstrong Operation and Checkout Building
PAD 39A
JSC (Johnson Space Center)
Apollo program
ISS

Japan Space Agency
JAXA
KIBO

European Space Agency
ESA
Ariane (CNES)
Kourou Space Center
Columbus Module

German Space Center
DLR

Chinese Space Agency
CNSA
Tiangon
ShenZhou
LongMarch Rockets
Jiuquan Launch Center
Hainan Launch Center

Russian Federal Space Agency (Roscosmos)
Baikonur Cosmodrome
Soyuz
Energya

Indian Space Research Organization
ISRO

Canadian Space Agency
CSA

Australian Space Agency

CSIRO

Italian Space Agency
ASI

Korean Space Agency

Ukraine Space Agency

United Arab Emirates Space agency